中国气象服务协会气象装备专业委员会　协编

中国气象技术装备样本

（2022版）

中国气象局气象探测中心　组编
李良序　主编

气象出版社
China Meteorological Press

《中国气象技术装备样本(2022版)》

编 委 会

主　编: 李良序

副主编: 王建凯　邵　楠　沙奕卓　朱永超

气象局编写组(按装备方向排序):

赵均壮　张　宇　李斐斐　雷　勇　安　涛　刘达新　陈冬冬　张　鑫
张家斌　庞文静　荆俊山　吴东丽　张全军　邵长亮　郭宗珍　陈玉宝
步志超　崔　明　韩　旭　陶　法　胡树贞　郭启云　李　欣　茆佳佳
梁　宏　吴　蕾　李瑞义　杨馨蕊　李肖霞　张志龙　郭　然　边泽强
陈　曦　崇　伟

企业编写组(按企业名称拼音排序):

安徽科创中光科技股份有限公司	胡国兴
安徽蓝盾光电子股份有限公司	苏晓东　许　明
安徽新谱光电科技有限公司	马文斌　沈学勇
安徽中科谱锐达光电有限公司	丁言志
北方天穹信息技术(西安)有限公司	雷连发　卢建平
北京艾沃思科技有限公司	徐宝东　刘　琦
北京爱尔达电子设备有限公司	万　豪　张文佳
北京东创旭新测控技术有限公司	张锦孚　姜瑞娥
北京华创维想科技开发有限责任公司	胡玉峰　武铁飞
北京华云东方探测技术有限公司	杜建革　刘银锋
北京聚恒博联科技有限公司	翟东力　赵　静
北京康斯特仪表科技股份有限公司	何循海　赵延龄
北京莱森泰克科技有限公司	马翠英　雷云臻
北京朗净时代环境科技有限公司	王红春　陈清文
北京迈特高科技术有限公司	贺艳云　欧阳俊
北京普晟环境科技有限公司	鲍耸然　李小静
北京市国瑞智新技术有限公司	许　超　成睿彬
北京是卓科技有限公司	张志伟　张景秀
北京沃斯彤科技有限公司	俞增胜　赖　文

北京遥测技术研究所　胡涛涛　曹恩达
北京依派伟业数码科技有限公司　罗宝音　谢　舟
北京志晨科技有限公司　糜自年
北京中科宇天科技发展有限公司　李建成　范铜堂
长春华信气象科技有限公司　肖建伟　赵　凯
长春金太阳光电设备技术有限公司　王　蕊　梁　军
长春气象仪器有限公司　周　炜　董再新
成都锦江电子系统工程有限公司　黄　轶　韦　一　谭　学
成都远望科技有限责任公司　罗继成　付晓君
成都远望探测技术有限公司　史作锋　舒　伟　李佩芝
广东华风锐进科技有限公司　尹　航　付　裕
广东纳睿雷达科技股份有限公司　包晓军　刘远曦　曹虎文
广东省气象计算机应用开发研究所　黄飞龙　黄宏智　霍　亚
广州禾信仪器股份有限公司　江　磊　陈　文
广州市双一气象器材有限公司　林秀萍　杨书娟
航天新气象科技有限公司　李　宁　严立状
杭州浅海科技有限责任公司　姜　飞　郭　臣　闫文辉
杭州微智兆智能科技有限公司　王静雷　柳世波
合肥中科光博量子科技有限公司　徐纬煜　况志强
合肥中科环光技术有限公司　范广强　付毅宾
河南中原光电测控技术有限公司　吴　苏
华纳创新(北京)科技有限公司　谈际良　于海波
华云敏视达雷达(北京)有限公司　黄　朕　刘依楠　梁学东
华云升达(北京)气象科技有限责任公司　金佳宁　李　楠　窦　源
聚光科技(杭州)股份有限公司　李世杰　操　晚
凯迈(洛阳)环测有限公司　魏国栓　符晓铭
来山(北京)生态科技有限公司　杨　波　韩玉薪
南京大桥机器有限公司　张　健　魏建波　石玉文
南京恩瑞特实业有限公司　陶　晶　李　忱　肖　齐
南京牧镭激光科技股份有限公司　陈　琦
南京思摩特传感器有限公司　王亮亮　徐君龙　吴熔冰
南京微麦科斯电子科技有限责任公司　李　忱　林思夏
青岛华航环境科技有限责任公司　王彩霞　李肖雅　苏豆豆
青岛镭测创芯科技有限公司　秦胜光　王希涛　王琪超
赛默飞世尔科技(中国)有限公司　闫　萌　姜建清　王　朝
山东省经海仪器设备有限公司　裴　亮　惠　力　杨俊贤
上海纪本电子仪器有限公司　戴明晨
上海雷探科技有限公司　黄传禄　于永杰
上海气象仪器厂有限公司　夏国瑞　王洪艳
上海司南卫星导航技术股份有限公司　倪国勋　祝　天　王　恒

上海长望气象科技股份有限公司	方佳言	施东明	阎　红
深圳大舜激光技术有限公司		徐文静	王岚萱
四川西物激光技术有限公司		李扬聪	徐剑平
四创电子股份有限公司	张晓飞	王志卓	程张凡
苏州三维流体技术有限公司		沈　明	姚伟健
太原市太航压力测试科技有限公司	闫晋平	刘朝彤	郭建成
太原无线电一厂有限公司		卢　轶	王建红
天津华云天仪特种气象探测技术有限公司		杨加春	徐　洁
天津云天环境科技有限公司			贺　军
维萨拉(北京)测量技术有限公司		梁　志	杨　嵩
无锡智鸿达电子科技有限公司			陈光日
无锡中科光电技术有限公司		杜　鹏	陈晓龙
武汉天虹环保产业股份有限公司		朱　涛	胡　超
西安八阵图电子科技有限公司	朱鸿熙	朱亚鹏	董吉印
西安华腾微波有限责任公司	王　刚	李　毅	周学华
浙江恒达仪器仪表股份有限公司		潘志东	毛传林
浙江宜通华盛科技有限公司	杨　文	许平安	尹春香
中船鹏力(南京)大气海洋信息系统有限公司	陆小虎	邵世卿	陈　超
中国电子科技集团公司第二十二研究所	陈后财	刘　萱	岳增祥
中国化工株洲橡胶研究设计院有限公司	孙建华	梁　勇	谌志鹏
中国科学院大气物理研究所	马舒庆	潘继东	陈洪滨
中环天仪(天津)气象仪器有限公司	马剑哲	郭玉洁	郭金慧
佐格微系统(杭州)有限公司	陈凌江	缪琛彪	吴喜连

前　言

气象观测是气象业务的基础，气象观测装备现代化是气象现代化最显著的标志。随着科技进步和我国经济的不断快速发展，一大批新型气象技术装备进入业务列装使用，我国已形成了天基、空基、地基相结合且门类齐全、技术先进的综合气象观测系统，在天气气候预报预测和服务中发挥重要作用，为我国气象防灾减灾、应对气候变化和生态文明建设做出了重大贡献。

《中国气象技术装备样本》（简称《样本》）是全面系统介绍我国气象探测技术装备的重要业务技术资料，对全国气象观测、技术保障等业务具有重要参考作用，同时也是对我国气象装备厂家产品和能力进行宣传的重要媒介。中国气象局先后于1991年、2000年、2010年编印过《样本》，后来一直没再编制更新的装备样本。十几年来，随着自动化、信息化和智能化技术在气象观测领域的深入应用，新的观测技术和观测设备如雨后春笋般推陈出新，原来的《样本》已经无法满足各级气象部门、科研院校等全面了解我国最新气象技术装备情况的迫切需求。

中国气象局气象探测中心作为综合气象观测系统运行和技术保障的国家级业务单位，牵头组织了《中国气象技术装备样本（2022版）》的编制工作。2022版《样本》主要介绍了我国自主研制生产的仪器装备，分为已获装备许可证的仪器装备和未获装备许可证的仪器装备两大部分，共收集地基观测类、地基遥感类、海基观测类、空基观测类和装备保障类等520种气象装备，其中已取得许可证的装备168种（第一部分），未取得许可证的装备352种（第二部分），涉及厂家/研究单位80余个。2022版《样本》详细介绍了每种设备（仪器）的观测原理、功能特点、组成结构、性能指标和业务应用，并配有大量的产品图片和应用效果图，较为翔实地反映了2010年以来我国气象装备研制方面的成果和技术进步。《样本》可作为气象专业技术人员的案头工具书，也可供气象探测人员在日常工作中参考使用。

"十四五"时期将开启全面建设社会主义现代化国家的新征程，在新的发展阶段和全球气候变化背景下，气象预报、预测和服务都对气象观测提出了更高的要求。纵观当今国际气象观测先进技术，已然与计算机、移动互联网、物联网等高新技术紧密相连，朝着自动化、智能化、网络化的方向发展，气象观测要素不断扩展，其准确性、稳定性和可靠性进一步提升，科技含量的提升必然导致气象观测技术和装备更新换代速度的加快。气象观测技术新一轮发展已经拥有了坚实的科技基础。

在2022版《样本》出版之际，希望相关企业、高校和科研院所充分应用现代材料、电子、信息以及新一代人工智能等高新技术，推动气象观测技术装备不断向自动化、信息化和智能化方向发展，为我国气象事业高质量发展贡献力量。

《样本》涉及厂家和装备较多，由于时间匆忙，难免存在疏漏之处，欢迎广大读者批评指正！

《中国气象技术装备样本（2022版）》编委会

2023年6月

目 录

第二部分 未获装备许可证的仪器装备

第一部分

已获装备许可证的仪器装备

1 地基观测装备

1.1 地面观测仪器装备

1.1.1 DYYZ-Ⅱ型自动气象站(长春气象仪器)

(1)观测原理

DYYZ-Ⅱ型自动气象站的简单工作原理和工作过程为:自然环境气象状况的变化,引起各气象要素传感器变化,使得相应的传感器输出的电信号产生变化。气压、温度、湿度、风向、风速和雨量诸要素传感器所感应的不同物理量,经过相应的电路转换成标准的电压模拟量和数字量,然后由数据采集器 MCU 按时序采集、计算,得出各个气象要素的实时值,可供实时显示。采集器每分钟向数据处理微机发送数据,数据处理微机每分钟即可更新一次数据,正点数据存盘。同时,以统一规格的数据形式进行显示、存储、打印。

(2)功能特点

可对地面多种气象要素(气压、气温、湿度、风向、风速、雨量、地温)进行定时自动采集、计算、处理、显示、存储、通信和打印,提高了观测时效,消除了人工读数误差、减轻了观测人员的劳动强度。该设备的应用,为地面气象观测自动化奠定了基础。该自动气象站是一种全新的地面气象自动观测微机处理系统,在许多领域都可应用,如气象、农牧业、林业、航海、工业现场、航空、环境保护以及科学实验等,是一套较为先进的科学仪器。经过长时间、多用户的实际应用,系统稳定可靠。

(3)组成结构

采用数据采集器+传感器的二级系统结构,数据采集器由 51 单片机数字板、模拟放大、电源、接口板、LCD(液晶)显示器、薄膜键盘面板和机箱组成(图 1.1.1.1)。

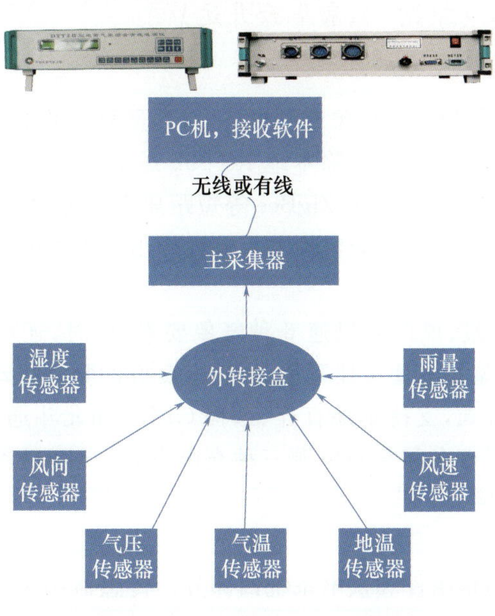

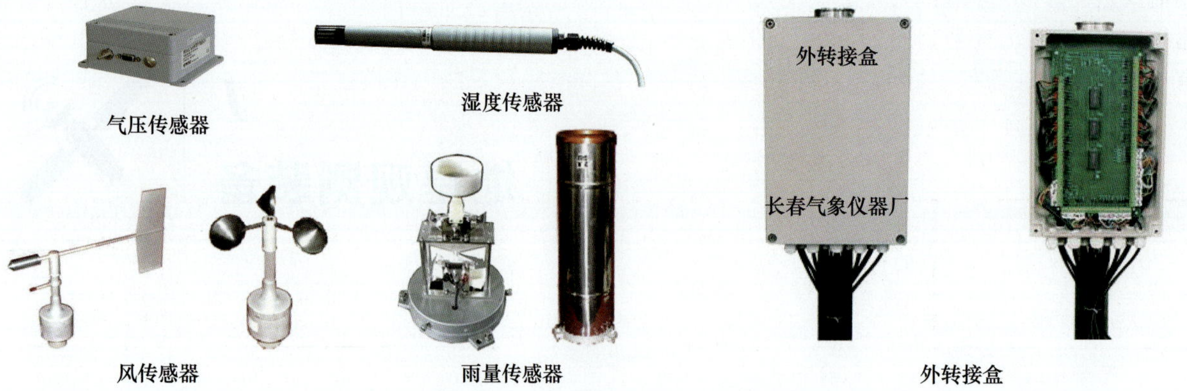

图 1.1.1.1　DYYZ-Ⅱ型自动气象站系统构成

(4)性能指标(表 1.1.1.1)

表 1.1.1.1　DYYZ-Ⅱ型自动气象站性能指标

测量要素	范围	分辨力	最大允许误差
气压	500～1100 hPa	0.1 hPa	±0.3 hPa
气温	−50～50 ℃	0.1 ℃	±0.2 ℃
相对湿度	0～100%	1%(天气观测)	±5%
风向	0°～360°	3°	±5°
风速	0～60 m/s	0.1 m/s	±(0.5+0.3 v) m/s，v 为实际风速
降水量	0～4 mm/min	0.1 mm	±0.4 mm(≤10 mm)； ±4%(10 mm)
地表温度	−50～50 ℃	0.1 ℃	±0.5 ℃

(5)业务应用

装备许可证编号：SXZ-43-2018。

启用时间：2000 年。

应用领域：主要应用于国家基本气象站、各种(常规)气象观测站、其他行业(如林业、农业、电力、军事、环保、水利等)气象监测站。

1.1.2　DZB1 型便携式自动气象站(北京华云升达)

(1)观测原理

DZB1 型便携式自动气象站作为一款气象观测设备，对测量数据的准确性要求很高。同时，根据功能规格需求书，便携站需要兼容多种通信方式，除本地 RS-232 通信外，还需要支持 GPRS/北斗卫星两种远程无线通信，同时可选择 WiFi/蓝牙/点对点/ZigBee 等短距离无线传输模块。采集器本身的串口资源有限，在扩展支持多种类型的串口设备时，对兼容性和可靠性提出了很高的要求。

(2)功能特点

可测量温度、湿度、气压、雨量、风向和风速 6 种气象要素，同时，还可根据需要进行观测要素扩展。具有体积小、质量轻、便于运输、架设方便快捷等特点；具有良好的野外机动性能，易于车载、携带，抗震性能好，安装方便；支持多种通信方式，支持本地直连、远程 GPRS 和北斗通信，以及本地短距离无线传输；充电方式多样，具有太阳能、交流市电和车载电源三种充电方式；观测要素可扩展，用户可以根据需要进行扩展，以满足用户的特殊观测需要。

(3)组成结构

主要包括传感器、采集器、通信组件和供电系统四部分。传感器用于测量气象要素，是根据不同的观测需要进行扩展，标准配置包括温度、湿度、风向、风速、气压、雨量。采集器负责自动气象站所有传感器输出信号的采集、计算、报文生成和本地存储。通信组件将采集器处理后的数据传输到计算机，可以采用有线通信或无线通信。供电系统负责整个自动气象站系统运行的电力供应。

(4)性能指标(表 1.1.2.1)

表 1.1.2.1　DZB1 型便携式自动气象站性能指标

要素	主要指标
气温	测量范围：−50～50 ℃；分辨力：0.1 ℃；最大允许误差：±0.2 ℃
相对湿度	测量范围：5%RH～100%RH；分辨力：1%RH；最大允许误差：±4%RH(≤80%RH)，±8%RH(>80%RH)
风向	测量范围：0°～360°；分辨力：2.8°；最大允许误差：±5°
风速	测量范围：0～60 m/s；分辨力：0.1 m/s；最大允许误差：±(0.5+0.03 v)m/s，v 为实际风速
气压	测量范围：500～1100 hPa；分辨力：0.1 hPa；最大允许误差：±0.3 hPa
雨量	测量范围：雨强 0～4 mm/min(0.1 mm 翻斗)；分辨力：0.1 mm；最大允许误差：±0.4 mm(≤10 mm)，±4%(>10 mm)
平均功耗	六要素自动气象站(加 GPRS 通信模块、10 min 通信密度)，平均功耗≤2.0 W
环境适应性	工作温度：−40～60 ℃(电气部分)；相对湿度：5%RH～100%RH；大气压力：450～1060 hPa
抗盐雾腐蚀	满足《电工电子产品环境试验 第 2 部分：试验方法 试验 Ka：盐雾》(GB/T 2423.17—2008)
电磁兼容性	浪涌(冲击)抗扰度满足《电磁兼容 试验和测量技术 浪涌(冲击)抗扰度试验》(GB/T 17626.5—2019)； 电快速瞬变脉冲群抗扰度满足《电磁兼容 试验和测量技术 电快速瞬变脉冲群抗扰度试验》(GB/T 17626.4—2018)； 射频电磁场辐射抗扰度满足《电磁兼容 试验和测量技术 射频场感应的传导骚扰抗扰度》(GB/T 17626.6—2017)； 静电放电抗扰度满足《电磁兼容 试验和测量技术 静电放电抗扰度试验》(GB/T 17626.2—2018)
可靠性要求	平均故障间隔时间(MTBF)≥5000 h

(5)业务应用

装备许可证编号：SXZ-55-2018。

启用时间：2018 年。

应用领域：DZB1 型便携式自动气象站是为适应小区域气候监测而设计的产品，可放在各种现场环境(田间、树林、建筑、山谷等)的随意位置使用(图 1.1.2.1、图 1.1.2.2)。

图 1.1.2.1　DZB1 型便携式自动气象站应用场景

图 1.1.2.2　观测场上的 DZB1 型便携式自动气象站

1.1.3 DZB2 型便携式自动气象站（天津中环天仪）

（1）观测原理

DZB2 型便携式自动气象站（图 1.1.3.1），实现对气温、气压、相对湿度、风向、风速、雨量六要素的数据采集、质控、存储和传输；同时小巧结构设计也满足自动气象站的便携性需求。自动气象站传感器负责采集各气象要素并转换成模拟数字信号，采集器对气象要素传感器测量信号进行采集，并对采样数据进行数据计算处理、数据质量控制、数据记录存储；再经过通信单元将数据传输至中心站软件。

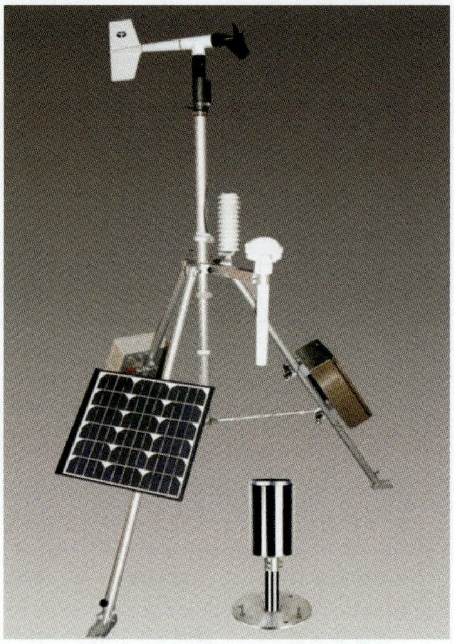

图 1.1.3.1 DZB2 型便携式自动气象站安装示意图

（2）功能特点

气象要素测量：能测量风向、风速、降水量、气温、湿度、气压等气象要素。数据传输：支持本地有线/无线 GPRS、卫星传输等。供电：供电使用便携太阳能板和小型锂电池，设备可以随搭随用。中心站软件：具有数据保存、报文生成及上传、界面显示分析、系统报警、补调等功能。环境适应性：传感器及系统耐高低温、防霉防潮，满足陆地及海洋气候环境要求；使用可单人搬运的轻便支架，传感器安装简单，线缆连接使用航空插头；在实现单人安装整站的基础上，同时保证了采集精确性和及时性。

（3）组成结构

基于现代嵌入式系统技术构建，采用了国际标准并遵循标准、开放的技术路线进行设计，它由硬件和软件两大部分组成。硬件包括采集器、传感器（包含温、湿、风、压、雨）、支架三部分；软件包括嵌入式软件、业务软件两部分。其结构如图 1.1.3.2 所示。

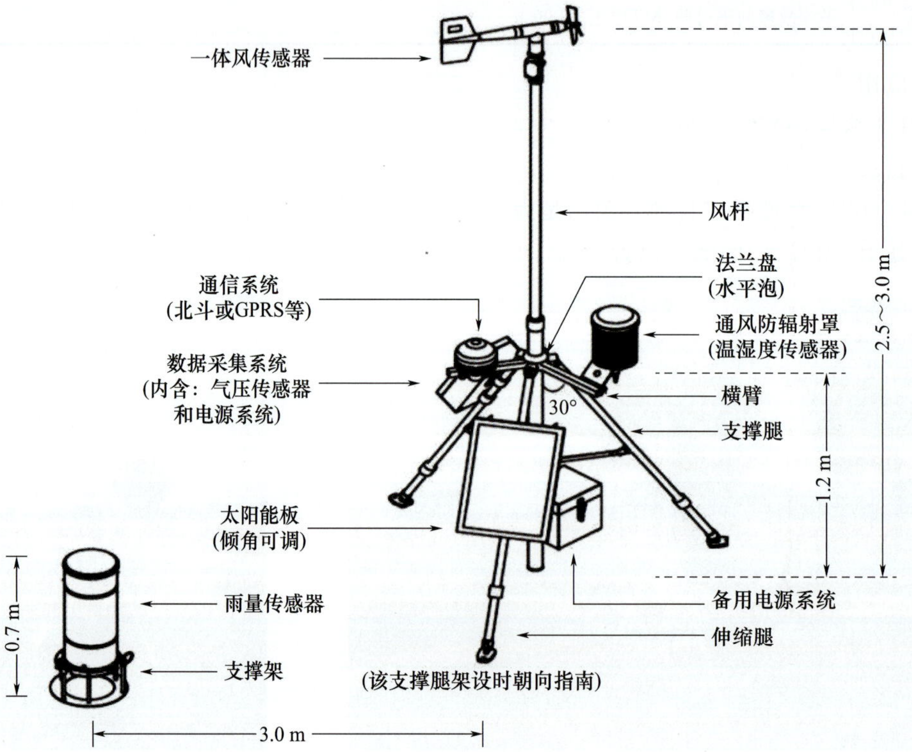

图 1.1.3.2 DZB2 型便携式自动气象站组成结构图

(4)性能指标(表 1.1.3.1)

表 1.1.3.1 DZB2 型便携式自动气象站性能指标

测量要素	范围	分辨力	最大允许误差
气压	450～1100 hPa	0.1 hPa	±0.3 hPa
气温	−50～50 ℃	0.1 ℃(天气观测)	±0.2 ℃(天气观测)
相对湿度	5%～100%	1%	±3%(≤80%)
			±5%(>80%)
风向	0°～360°	3°	±5°
风速	0～60 m/s	0.1 m/s	±(0.5+0.03 v)m/s,v 为实际风速
降水量	翻斗 0.1 mm; 雨强 0～4 mm/min	0.1 mm	±0.4 mm(≤10 mm)
			±4%(>10 mm)

(5)业务应用

装备许可证编号:SXZ-26-2018。

启用时间:2014 年。

应用领域:DZB2 型便携式自动气象站采用一体化设计,组装便捷,能固定安装也能车载。可以用笔记本直接读取数据,也可以通过各种无线途径将数据远程传输到中心台站,便携式自动气象站的数据可以并入区域站软件中,便于数据的后期处理及使用。主要应用于气象保障、突发事件的响应、森林火灾的气象监测及临时气象观测点等。

1.1.4 DZB4 型便携式自动气象站(航天新气象)

(1)观测原理

DZB4 型便携式自动气象站(图 1.1.4.1、图 1.1.4.2)是一种便携式地面自动气象观测设备,可以测量风向、风速、温度、湿度、雨量和气压等气象要素。本产品可以用笔记本电脑在现场读取数据,同时支持 GPRS、DCP 卫星通信等方式接入地面气象监测网。数据采集器以单片机为基础,通过其内置程序控制传感器采样频率,实现不同气象要素的数据采集、计算、存储和传输。

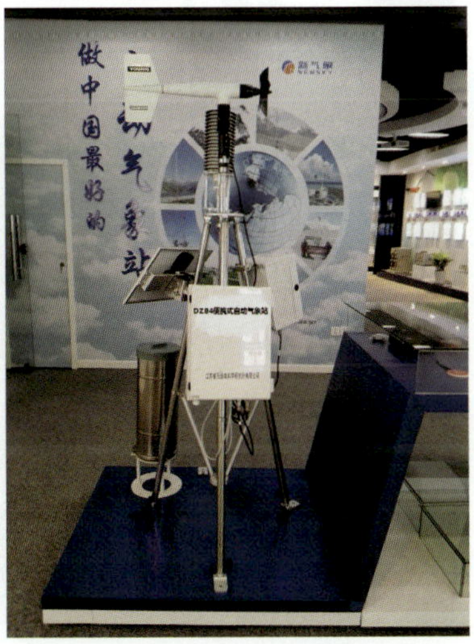

图 1.1.4.1 DZB4 型便携式自动气象站外观图

图 1.1.4.2 DZB4 型便携式自动气象站安装效果图

(2)功能特点

整机为室外型设计,能够迅速地安装和使用;可同时测量常规气象要素和空气质量要素;精心的结构设计，设计紧凑、结实耐用且质量轻；可靠的三防设计，防护级别达到 IP65 级；无须建设基础预埋等，现场可快速安装、使用及拆卸；经过现场验证的可靠性和精度；功耗低，支持太阳能供电；自带有机发光二极管(OLED)显示屏。

(3)组成结构

DZB4 型便携式自动气象站由数据采集器、传感器、电源、通信模块和安装支架等几个部分组成。

(4)性能指标(表 1.1.4.1)

表 1.1.4.1　DZB4 型便携式自动气象站测量性能

测量要素	范围	分辨力	最大允许误差
风向	0°～360°	1°	±3°
风速	0～60 m/s	0.1 m/s	±0.3 m/s
温度	－50～50 ℃	0.1 ℃	±0.2 ℃
相对湿度	0～100%	1%	±3%(≤80%)； ±5%(>80%)
雨量	0～999.9 mm	0.1 mm	±0.4 mm(≤10 mm)； ±4% (>10 mm)
气压	500～1100 hPa	0.1 hPa	±0.2 hPa

(5)业务应用

装备许可证编号：SXZ-35-2018。

启用时间：2018 年。

应用领域：特别适用于突发性灾害性天气的现场监控、突发事件(如火灾、洪涝灾害)的响应以及学校科研教学、流动气象观测哨、短期科学考察、季节性生态监测等。

1.1.5　DZB5 型便携式自动气象站(上海气象仪器)

(1)观测原理

DZB5 型便携式自动气象站(图 1.1.5.1)上挂接的各传感器实时采集数据信息，可以按照用户设置的时间间隔实时发送测量数据，有显示终端可以进行现场读数，也可以通过 RS-232 或 RS-485 方式通信将测量并存储的数据输出到计算机，形成文本文件。

图 1.1.5.1　DZB5 型便携式自动气象站

(2)功能特点

该装备应用现代气象传感技术、数据采集与通信技术，采用积木式结构，基本功能为六要素自动气象站，可扩充辐射、能见度等其他观测要素。该设备功耗低，可使用多种组合方式供电、支持多种通信方式，并可现场显示观测数据。DZB5 型便携式自动气象站为中国气象局的定型产品，其技术参数及数据格式符合气象自动业务规定，与目前气象系统使用中的固定式新型自动气象站兼容，既可为防灾减灾、重大社会活动、科学试验等临时需求提供气象保障服务，又可兼顾满足特殊情况下自动气象站的应急备份和加密观测功能，是移动应急观测系统的重要组成部分。

(3)组成结构

DZB5 型便携式自动气象站主要由硬件和软件两部分组成。硬件可分成气象要素传感器、数据采集单元(即数据采集器)、通信传输模块、供电单元及支架等，其中数据采集单元、气压传感器、通信传输模块、供电单元等部件安装在密封的数据采集箱里；软件为采集器嵌入式软件、本地终端操作软件及中心站组网软件。

(4)性能指标(表 1.1.5.1)

表 1.1.5.1 DZB5 型便携式自动气象站性能指标

测量要素	范围	分辨力	最大允许误差	备注
温度	−50～50 ℃	0.1 ℃	±0.2 ℃	
相对湿度	0～100%	1%	±5%	
气压	500～1100 hPa	0.1 hPa	±0.3 hPa	
风向	0°～360°	1°	±5°	启动风速≤1.0 m/s
风速	0～60 m/s	0.1 m/s	±(0.5+0.03v)m/s	v 为实际风速
雨量	0～999.9 mm	0.1 mm	±0.4 mm(≤10 mm); ±4%(>10 mm)	

(5)业务应用

装备许可证编号:SXZ-64-2018。

启用时间:2014 年。

应用领域:DZB5 型便携式自动气象站为中国气象局的定型产品,与目前气象系统使用中的固定式新型自动气象站兼容,既可为防灾减灾、重大社会活动、科学试验等临时需求提供气象保障服务,又可兼顾满足特殊情况下自动气象站的应急备份和加密观测功能,是移动应急观测系统的重要组成部分。

1.1.6 DZB6 型便携式自动气象站(长春华信)

(1)观测原理

DZB6 型便携式自动气象站(图 1.1.6.1、图 1.1.6.2)是一种新型地面自动观测气象站,可以测量常规气象要素,如大气温度、湿度、风向、风速、气压、雨量等,根据实际需要可扩展辐射、地表温度及能见度的测量。数据通过嵌入式芯片进行采集、处理、存储和传输,系统采用总线加传感器的设计模式,模块化组成,可扩展性强、运行稳定,支持多种通信方式,符合中国气象局标准要求。

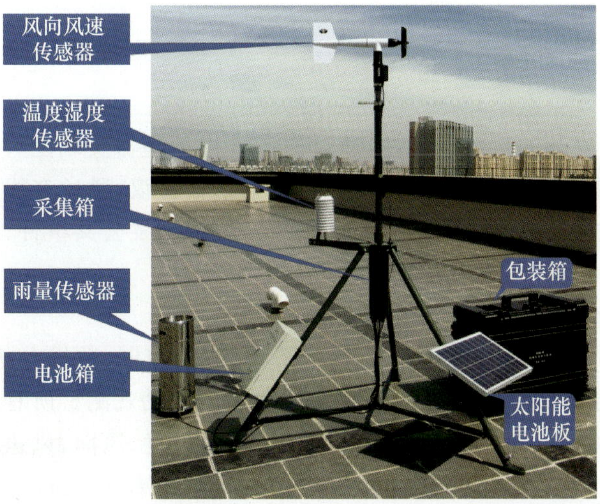

图 1.1.6.1 DZB6 型便携式自动气象站组成结构图

图 1.1.6.2 DZB6 型便携式自动气象站现场装备图

(2)功能特点

该自动气象站作为新一代便携式自动气象站,无论从结构设计还是电气设计都处于领先水平。突出便携性的机械设计:设备打好包装后,可以单人携带。产品的质量控制:产品的质量做到最轻化处理,单人搬运毫无负担。模块化的结构设计:可以保证快速安装和拆卸包装。三防设计:防护水平达到 IP65 级别。低功耗:仅仅依靠太阳能就可以正常全负荷工作。大容量存储:主板存储和大容量存储卡可以充分满足存储功能。多种通信方式：产品可以通过串口、近距离无线、GPRS、CDMA 和北斗等多种通信方式传输数据。标准软件接口：产品的数据格式兼容中国气象局 CAWS 系列和 OSSMO 系列软件。

（3）组成结构

DZB6 型便携式自动气象站由数据采集单元、传感器、供电单元、通信模块和外围部件等几个部分组成，采用模块化设计，每个模块均可以独立拆卸。

风向风速传感器测量风向、风速；温湿度传感器测量温度、湿度；雨量传感器测量雨量；采集箱为放置采集板的密封箱；太阳能电池板提供气象站所需能源；电池箱为放置蓄电池的密封箱；包装箱为设备包装箱。

（4）性能指标（表 1.1.6.1）

表 1.1.6.1　DZB6 型便携式自动气象站性能指标

测量要素	范围	分辨力	最大允许误差
气压	500～1100 hPa	0.1 hPa	±0.2 hPa
气温	－50～50 ℃	0.1 ℃	±0.2 ℃
相对湿度	5%～100%	1%	±4%(≤80%)； ±8%(>80%)
风向	0°～360°	1°	±5°
风速	0～60 m/s	0.1 m/s	±0.5 m/s(≤10 m/s)； ±5%(>10 m/s)
降水量	雨强 0～4 mm/min	0.1 mm	±0.4 mm(≤10 mm)； ±4%(>10 mm)

（5）业务应用

装备许可证编号：SXZ-05-2015。

启用时间：2013 年。

应用领域：该自动气象站是根据气象部门为提升移动观测能力，满足重要观测设施应急备份以及加密观测的需要，满足防灾减灾、重大社会活动、突发公共事件和科学试验等气象保障服务的需求而研制的一种便携式气象站。

1.1.7　DZB7 型便携式自动气象站（洛阳凯迈）

（1）观测原理

DZB7 型便携式自动气象站是一套便于运输、安装的自动气象站，通过嵌入式微处理器实现全天候连续监测大气温度、相对湿度、气压、雨量、风向、风速等气象要素，并且按照要求的通信协议，通过有线或者无线通信方式，实时上传采集的气象信息，可以很好地满足防灾减灾、重大社会活动、突发公共事件、科学试验等气象保障服务的需求。

（2）功能特点

可实现大气温度、相对湿度、气压、风向、风速、雨量等气象要素的数据采集、质量控制、数据分析、数据存储和数据传输等功能，配合综合观测系统业务软件可实现观测区域气象要素的自动观测。所有传感器、采集器均经过严格的实验验证，具有良好的稳定性；可连续测量气温、气压、相对湿度、风向、风速和雨量等气象要素数据；实现数据监测和存储时间同步，输出时间间隔可调，具有多个扩展接口；实现连续一个月的分钟数据存储，数据加密传输；多种供电方式可选，支持太阳能和市电自由选择；设备支持组网应用，实现多区域气象数据的同时监测和分析；设备便于机动携带，可快速拆装，可靠性高，环境适应性强。

（3）组成结构

DZB7 型便携式自动气象站由硬件和软件两部分组成。硬件系统由气象传感器、采集系统、供电系统、通信系统和结构支架组成。气象传感器包括温度传感器、湿度传感器、气压传感器、风向风速传感器和雨量传感器；采集系统主要由数据采集器组成；供电系统包括太阳能电池板、蓄电池和电源转换模块；通信系统包括本地 RS-232 数据接口和串口服务器；结构支架包括三脚架和采集箱。软件系统由嵌入式软件、本地终端显示软件和中心站组网软件组成。整体系统构成如图 1.1.7.1 所示。

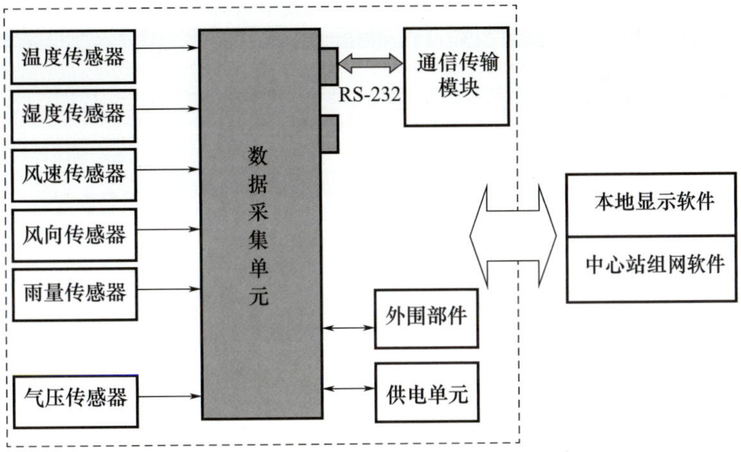

图 1.1.7.1　DZB7 型便携式自动气象站系统构成图

(4)性能指标(表 1.1.7.1)

表 1.1.7.1　DZB7 型便携式自动气象站性能指标

测量要素	范围	分辨力	最大允许误差
气温	−50～50 ℃	0.1 ℃	±0.2 ℃
气压	500～1100 hPa	0.1 hPa	±0.3 hPa
相对湿度	5%～100%	1%	±3%(≤80%)
			±5%(>80%)
风向	0°～360°	2.8°	±5°
风速	0～60 m/s	0.1 m/s	±(0.5+0.03 v)m/s,v 为实际风速
降水量	雨强 0～4 mm/min	0.1 mm	±0.4 mm(≤10 mm)
			±4%(>10 mm)

(5)业务应用

装备许可证编号:SXZ-17-2016。

启用时间:2016 年。

应用领域:主要应用于国家基本气象站、各种(常规)气象观测站,其他行业(如农林业考察、环保、考古、机场、种植、抢险、水文、军事、仓储、森林防火、科学研究等众多领域)气象监测站(图 1.1.7.2～图 1.1.7.4)。

图 1.1.7.2　DZB7 型便携式自动气象站在气象观测场的应用场景

图 1.1.7.3　DZB7 型便携式自动气象站在科研气象观测站的应用场景

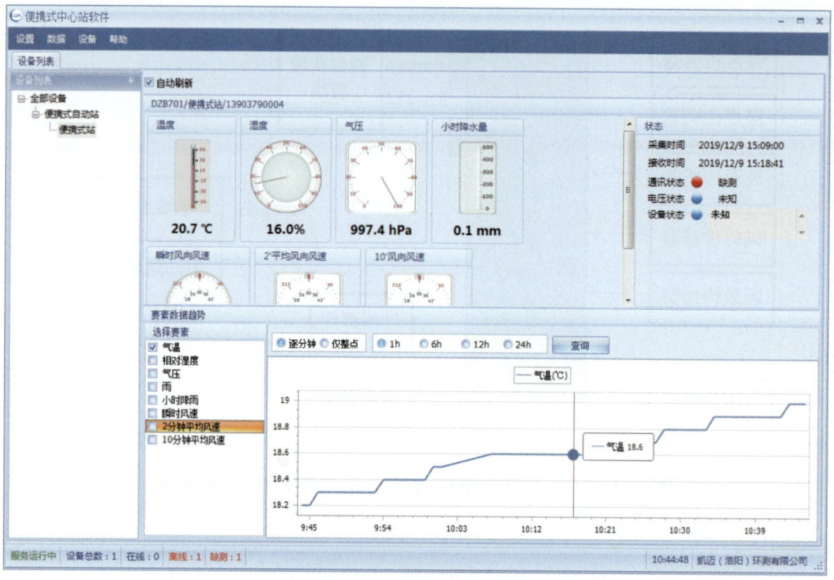

图 1.1.7.4　DZB7 型便携式自动气象站应用软件界面

1.1.8　DZZ1-2 型自动气象站（广东气象计算机所）

（1）观测原理

DZZ1-2 型自动气象站（图 1.1.8.1）按照《新型自动气象（气候）站功能需求书》的要求，按照统一标准、统一功能、统一结构、统一方法、统一规范的设计思路，做到各部件或模块互换的通用性，并且满足现有气象观测站的气候观测、天气观测和区域观测业务的需要，在气象观测业务中推广应用。

（2）功能特点

可连续自动探测和记录风向、风速、气温、湿度、气压、地下不同层次的地温、草面温度、降水量、蒸发量等要素，并进行数据转换、数据质量控制、统计处理、显示、存储和远距离传输。配合台站地面综合观测业务软件（ISOS）相关功能，实现地面气象观测全要素自动观测，具有以下功能特点：

高稳定性：所有传感器、采集器均经过严格的实验验证；

良好的扩展性：系统基于总线结构设计，可根据实际需要配置不同分采；

具有多传感器融合处理技术：对气温、湿度和雨量 3 个要素可配置 3 个同一型号的传感器，通过对测量值对比分析和统计，得到优化的更趋于真值的观测数据，提高了观测数据的连续性和可信度；

环境适应性强：设备能够长期在气候恶劣环境下运行，设备在电路和外壳设计、防雷和电磁屏蔽、连接方式接口和防护罩保护、材料和工艺等各方面均经过多年运行检验。

（3）组成结构

该自动气象站是专门用于气象地面观测数据的自动采集、计算处理和存储的设备。其主要由数据采集器、基本气象要素传感器、电源系统、通信系统和终端主控制机组成。自动气象站采用 CAN（Controller Area Network，控制器区域网）总线结构，可以挂接多种其他功能的分采集器，比如辐射分采、气候观测分采、土壤水分分采等。主采集设备通过 RS-232 端口与终端微机通信，使数据最终能够在业务平台上被解析使用。主采集设备还具备 USB 端口、RJ45 网络端口、RS-485 端口等多种通信接口，可以连接更多的智能设备或者同时使用多种通信方式。其结构如图 1.1.8.2 所示。

图 1.1.8.1　DZZ1-2 型自动气象站

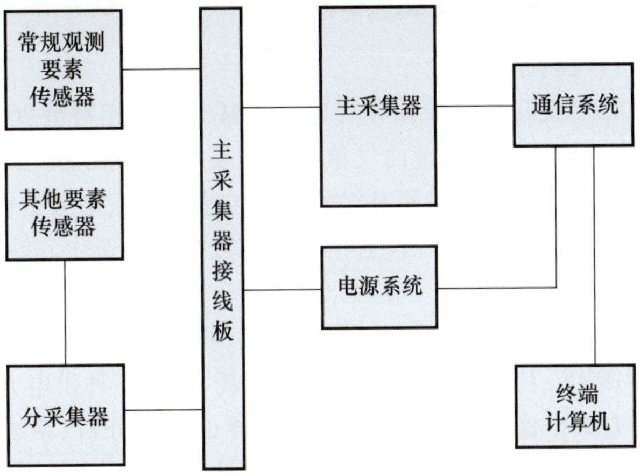

图 1.1.8.2　DZZ1-2 型自动气象站系统构成图

(4)性能指标(表 1.1.8.1)

表 1.1.8.1　DZZ1-2 型自动气象站性能指标

测量要素	范围	分辨力	最大允许误差
气压	500～1100 hPa	0.1 hPa	±0.3 hPa
气温	−50～50 ℃	0.1 ℃	±0.2 ℃
相对湿度	5%～100%	1%	±3%(≤80%)
			±5%(>80%)
露点温度	−60～50 ℃	0.1 ℃	±0.5 ℃
风向	0°～360°	3°	±5°
风速	0～60 m/s	0.1 m/s	±(0.5+0.03 v)m/s,v 为实际风速
降水量	翻斗 0.1 mm; 雨强 0～4 mm/min	0.1 mm	±0.4 mm(≤10 mm)
			±4%(>10 mm)
	翻斗 0.5 mm; 雨强 0～10 mm/min	0.5 mm	±0.5 mm(≤10 mm)
			±5%(>10 mm)
	称重:0～400 mm	0.1 mm	±0.4 mm(≤10 mm)
			±4%(>10 mm)
地表温度	−50～80 ℃	0.1 ℃	±0.2 ℃(−50～50 ℃)
			±0.5 ℃(50～80 ℃)
浅层地温	−40～60 ℃	0.1 ℃	±0.3 ℃
深层地温	−30～40 ℃	0.1 ℃	±0.3 ℃
蒸发量	0～100 mm	0.1 mm	±0.2 mm(≤10 mm)
			±2%(>10 mm)
能见度	10～30000 m	1 m	±10%(≤1500 m)
			±20%(>1500 m)

(5)业务应用

装备许可证编号:SXZ-33-2018。

启用时间:2003 年。

应用领域：主要应用于国家级地面气象站、各种（常规）气象观测站，其他行业（如水利、农业、生态、旅游等）气象监测站。

1.1.9 DZZ2 型自动气象站（天津中环天仪）

（1）观测原理

DZZ2 型自动气象站可实现对气温、气压、相对湿度、风向、风速、雨量六要素的数据采集、质控、存储和传输等功能。满足地面气象观测全要素自动观测。自动气象站中传感器负责采集各气象要素并转换成模拟数字信号，采集器对气象要素传感器测量信号进行采集，并对采样数据进行计算处理、数据质量控制、数据记录存储；再经过通信单元将数据传输至中心站软件。

（2）功能特点

气象要素测量：能测量风向、风速、降水量、气温、湿度、气压等气象要素。数据传输：支持本地有线/无线 GPRS、卫星传输等。供电：低功耗，适用多种供电方式，提高了自动气象站的环境适应性。中心站软件：具有数据保存、报文生成及上传、界面显示分析、系统报警、补调等功能。环境适应性：传感器及系统具有耐高低温、防霉防潮处理，满足陆地及海洋气候环境要求。

（3）组成结构

由气象设备和数据监控中心两部分组成。气象设备由传感器、数据采集器和外围设备（电源、通信、外存储器等）组成；数据监控中心由数据监控服务器和数据监控中心软件组成。台站主体包括采集器、各要素传感器等采集设备组成，主要实现现场温度、湿度、风向、风速、气压、湿度、降水量等要素的采集；采集器形成的数据串采用 GPRS 方式与手机短信方式或者有线方式将数据发送至数据中心软件，实现现场数据的收集（图 1.1.9.1）。

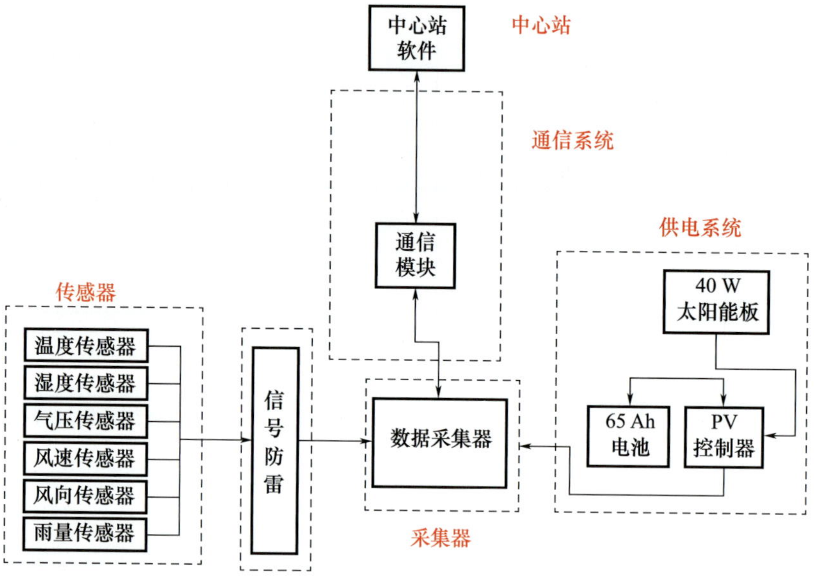

图 1.1.9.1　DZZ2 型自动气象站组成结构图

（4）性能指标（表 1.1.9.1）

（5）业务应用

装备许可证编号：SXZ-66-2018。

启用时间：2013 年。

应用领域：DZZ2 型自动气象站适用于室外观测，并通过 4G 网络、手机短信或者有线方式进行数据的传输。单站或组网应用于气象、机场、环境监测、海洋、军事、农林、水文、交通运输和科教等领域（图 1.1.9.2）。

表 1.1.9.1 DZZ2 型自动气象站性能指标

测量要素	范围	分辨力	最大允许误差
气压	450～1100 hPa	0.1 hPa	±0.3 hPa
气温	−50～50 ℃	0.1 ℃(天气观测)	±0.2 ℃(天气观测)
相对湿度	5%～100%	1%	±3%(≤80%)
			±5%(>80%)
风向	0°～360°	3°	±5°
风速	0～60 m/s	0.1 m/s	±(0.5+0.03 v)m/s, v 为实际风速
降水量	翻斗 0.1 mm ; 雨强 0～4 mm/min	0.1 mm	±0.4 mm(≤10 mm)
			±4%(>10 mm)

图 1.1.9.2 DZZ2 型自动气象站现场应用图

1.1.10 DZZ3 型自动气象站(上海气象仪器)

(1)观测原理

主采集器上挂接各类基本气象要素传感器,对采样数据进行控制运算、数据计算处理、数据质量控制、数据记录存储,实现数据通信和传输,与终端微机或远程数据中心进行交互。

分采集器负责所接入传感器对应气象要素的测量,对挂接的传感器按预定的采样频率进行扫描,收到主采集器发送的同步信号后,将获得的采样数据通过总线发送给主采集器。

(2)功能特点

DZZ3 型自动气象站是一种新型自动气象站,应用气象传感技术、总线式数据采集器技术、微机与通信技术,对大气温度、湿度、气压、风向、风速、降水量、地温、蒸发、能见度等气象要素进行全自动实时观测。该产品中的数据采集器为自动站的核心部件,系自主研发,测量精度高、实时性强、任务可组态并可根据用户需要通过串口或者 CAN 总线增、减观测要素;通信方式灵活多样,有线局域网、无线 GPRS 等多种通信方式由用户任选,实现数据传输及观测组网要求;存储功能强大,供电方式灵活。

(3)组成结构

由数据采集器、传感器、电源部件、数据传输模块和外围选配组件五部分组成。

(4)性能指标(表 1.1.10.1)

表 1.1.10.1 DZZ3 型自动气象站性能指标

测量要素	测量范围	分辨力	测量精度
气压	450～1100 hPa	0.1 hPa	±0.3 hPa
气温	−50～50 ℃	0.1 ℃	±0.1 ℃(气候观测)
			±0.2 ℃(天气观测)
相对湿度	5%～100%	1%	±3%(≤80%);±5%(>80%)
风向	0°～360°	3°	±5°
风速	0～60 m/s	0.1 m/s	±(0.5+0.03 v)m/s,v 为实际风速
降水量	0～4 mm/min (翻斗 0.1 mm)	0.1 mm	±0.4 mm(≤10 mm); ±4%(>10 mm)
地表温度	−50～80 ℃	0.1 ℃	±0.2 ℃(−50～50 ℃); ±0.5 ℃(50～80 ℃)

续表

测量要素	测量范围	分辨力	测量精度
浅层地温	−40～60 ℃	0.1 ℃	±0.3 ℃
深层地温	−30～40 ℃	0.1 ℃	±0.3 ℃
蒸发量	0～100 mm	0.1 mm	±0.2mm(≤10 mm)； ±2%(>10 mm)
能见度	0～30000 m	1 m	±10%(≤1500 m)； ±20%(>1500 m)

(5)业务应用

装备许可证编号：SXZ-11-2016。

启用时间：2012 年 6 月 20 日。

应用领域：该自动气象站可以满足现有气象观测站的气候观测、天气观测和区域观测业务的需要，广泛应用于气象、军事、环保、生态等领域。

1.1.11 DZZ4 型自动气象站(航天新气象)

(1)观测原理

DZZ4 型自动气象站具有高精度、高稳定、易维护、低功耗、易扩展和实时远程监控等特点。按照"主采集器＋外部总线＋分采集器＋传感器＋外围设备"的结构设计，对主(分)采集器、总线结构、传感器、外围设备、软件、现场标校设备的各个部分，从功能、结构、通信协议、数据采集、数据存储、数据质量控制、数据传输、电气接口标准、生产工艺等进行全面的标准化规定。

(2)功能特点

严格按照且完全满足中国气象局《新型自动气象(气候)站功能需求书(修订版)》的要求而研制的新一代自动气象站，其技术指标完全满足或优于其要求并获得气象专用技术装备使用许可证，同时，该产品还获得国家高新技术产品认证。采用当今成熟的、稳定的、先进的电子测量、数据传输和控制系统技术，基于厂家多年的自动气象站专业设计经验而设计、制造。

适合于各类业务应用。DZZ4 型自动气象站常见的应用有常规六要素(观测气温、相对湿度、气压、风向、风速、雨量)以及地温(含草温、地表温度、浅层地温、深层地温)；可扩充蒸发、能见度、称重降水、辐射、雪深、云量、云高、天气现象等。

基于 CAN 总线技术设计。自动气象站的核心是基于 CAN 总线技术和国际标准 CANopen 协议进行设计。为了实现自动气象站的集约化和一般业务应用，将基本气象要素传感器直接挂接在主采集器上；同时可以对自动气象站进行不同的配置，以实现不同观测任务或满足不同类别气象观测站的需要，以最大限度地方便维护和降低维护成本。

系统可扩展性。在已建自动气象站扩展新的测量要素或增加传感器时，不需要对系统已有的传感器连接、布线做改动，只需要将新的分采集器(传感器)加入到系统中，并进行简单的软件升级(配置)。

专业化的业务软件。基于 B/S 和 C/S 架构设计开发的业务软件，界面简洁、内容丰富、容易操作。实时统一的监控管理平台：设备状态监控(如信号强度、电池续航剩余天数、太阳能板充电效率、传感器状态等)、数据传输、数据质量监控、阈值预警、数据分析与统计、基于 4G 通信在线升级功能、站点环境监控和告警(报警)。

系统稳定性、可靠性高。厂家拥有 60 年的地面气象自动化观测专业开发和服务经验、建有完整的可靠性实验室和可靠性管理体系，设备经过专业的可靠性设计、试验和验证，MTBF(平均故障间隔时间)大于 10000 h。

(3)组成结构

自动气象站由传感器、采集器和外围设备组成。采集器由一个主采集器和若干分采集器构成，采集器之间采用 CAN 总线(一对双绞线)互连。在现场只需接入新的分采集器和传感器,就可以快速部署,从而实现功能扩充,满足监测需求的变化(图 1.1.11.1)。

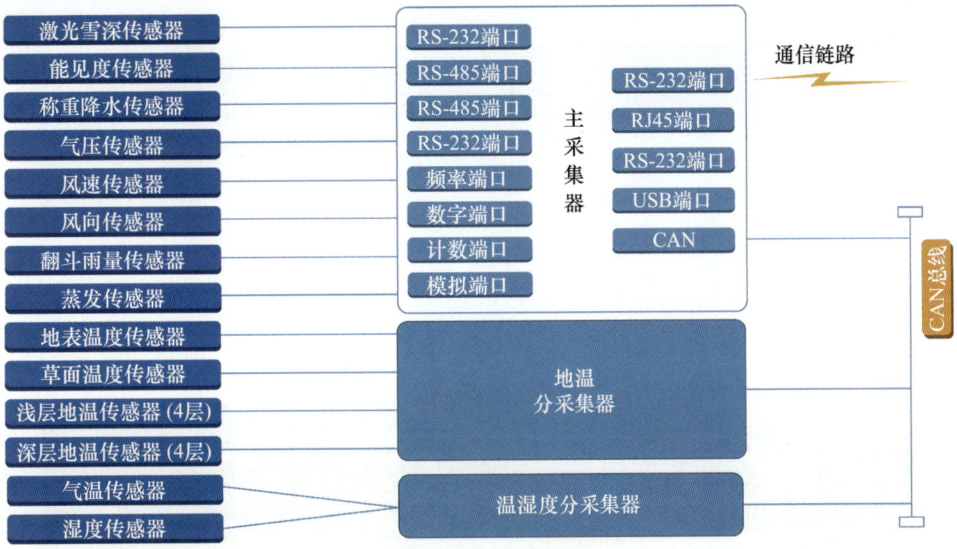

图 1.1.11.1　DZZ4 型自动气象站系统构成图

(4)性能指标(表 1.1.11.1)

表 1.1.11.1　DZZ4 型自动气象站性能指标

测量要素	范围	分辨力	最大允许误差
气压	500～1100 hPa	0.1 hPa	±0.3 hPa
气温	−50～50 ℃	0.1 ℃	±0.2 ℃
相对湿度	5%～100%	1%	±3%(≤80%)
			±5%(>80%)
露点温度	−60～50 ℃	0.1 ℃	±0.5 ℃
风向	0°～360°	3°	±5°
风速	0～60 m/s	0.1 m/s	±(0.5+0.03 v)m/s,v 为实际风速
降水量	翻斗: 雨强 0～4 mm/min	0.1 mm	±0.4 mm(≤10 mm)
			±4%(>10 mm)
	称重:0～600 mm	0.1 mm	±0.3 mm(≤10 mm)
			±3%(>10 mm)
能见度	10～30000 m	1 m	±10%(≤1000 m)
			±20%(>1000 m)
蒸发量	0～100 mm	0.1 mm	±0.2 mm(≤10 mm)
			±2%(>10 mm)
雪深	0～200 cm	0.1 cm	±1 cm
浅层地温 (5 cm、10 cm、15 cm、20 cm)	−40～60 ℃	0.1 ℃	±0.3 ℃
深层地温 (40 cm、80 cm、160 cm、320 cm)	−30～40 ℃	0.1 ℃	±0.3 ℃

(5)业务应用

装备许可证编号:SXZ-13-2016。

启用时间：2016 年。

应用领域：主要应用于国家基本气象站、各种（常规）气象观测站、其他行业（如林业、农业、石油、电力、水利等）气象监测站（图 1.1.11.2）。

图 1.1.11.2　DZZ4 型自动气象站应用场景

1.1.12　DZZ5 型自动气象站（北京华云升达）

（1）观测原理

DZZ5 型自动气象站是为了满足中国气象局针对目前和未来若干年内对地面气象探测业务的需求，而专门设计、研制的多功能综合气象观测系统，采用的是“主采集器＋外部总线＋分采集器＋传感器＋外围设备”的结构设计方式。实现全要素、综合观测的功能，同时具备高性能、多功能的综合数据处理能力。

（2）功能特点

该自动气象站是按照统一标准、统一功能、统一结构、统一方法、统一规范的设计思路，做到各部件或模块互换的自适应，形成统一型号的第二代自动气象站，以满足现有气象观测站的气候观测、天气观测和区域观测业务的需要。

高精度、高稳定、易维护、低功耗、易扩展和实时远程监控的能力；按照“主采集器＋外部总线＋分采集器＋传感器＋外围设备”的结构设计，太阳和其他杂光对探测的干扰降到最低；采用嵌入式系统技术大大提高数据采集系统的数据处理能力，实现在数据采集器端完成高速、复杂的数据运算处理能力；核心控制单元采用以 ARM9 为架构的 32 位处理器，系统采用总线式结构设计。

（3）组成结构

基于现代总线技术和嵌入式系统技术构建，采用了国际标准并遵循标准、开放的技术路线进行设计，由硬件和软件两大部分组成。硬件包括数据采集器（完成相关的气象要素的数据采集、转换计算、质量控制、数据存储等）、外部总线（连接各数据采集器系统，把各分采集系统的观测数据传送到主采集器中）、传感器（气象要素探测传感器，输出信号类型包括模拟信号、数字脉冲、数字电平以及串口数据方式）、外围设备（维持自动站系统正常工作的外部设备，包括电源供电系统、防雷系统、授时系统、通信系统等）四个主要部分；软件包括嵌入式软件、业务软件两部分（图 1.1.12.1）。

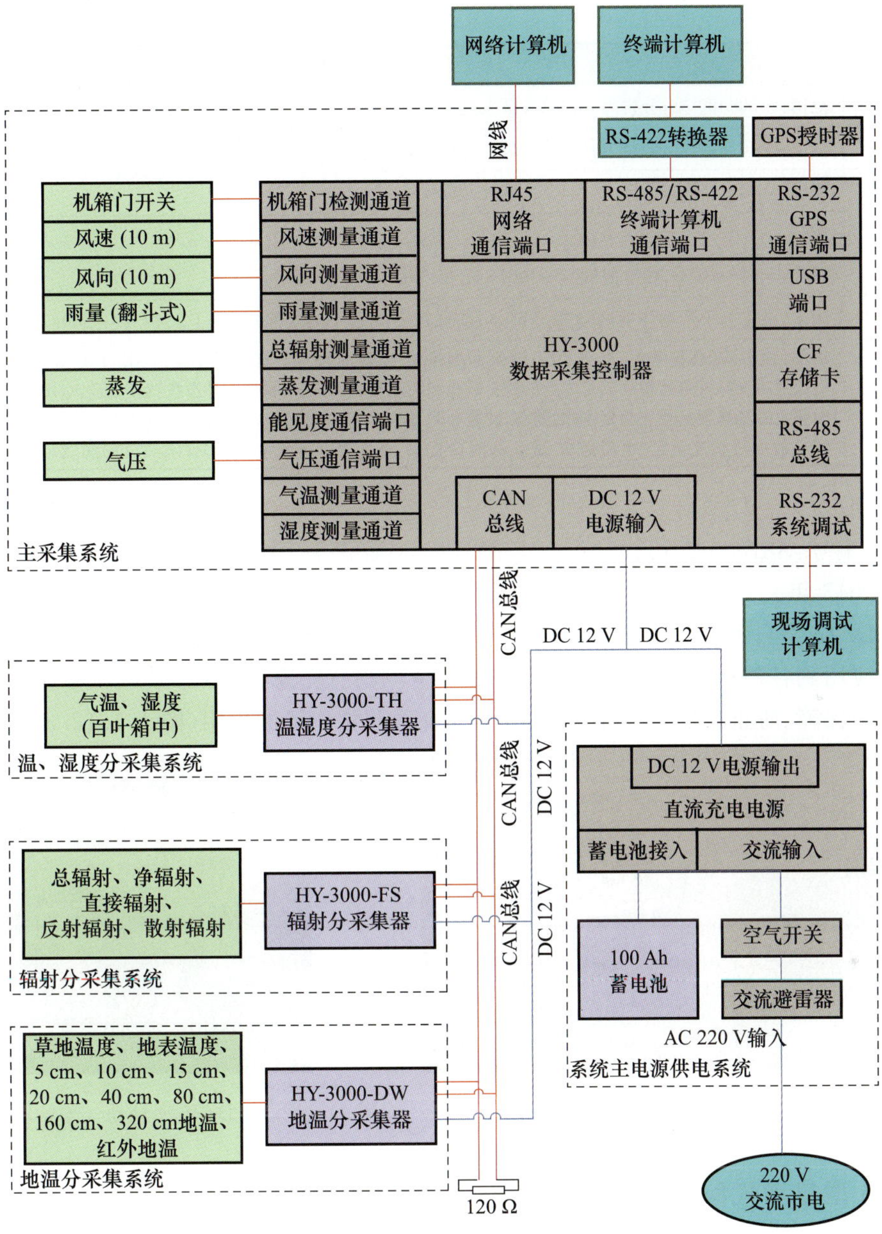

图 1.1.12.1　DZZ5 型自动气象站组成结构图

(4)性能指标(表 1.1.12.1)

表 1.1.12.1　DZZ5 型自动气象站性能指标

要素	主要指标
气压	范围:450～1100 hPa;分辨力:0.1 hPa;最大允许误差:±0.3 hPa
气温	范围:−50～50 ℃;分辨力:0.1 ℃(天气观测);0.01 ℃(气候观测);最大允许误差:±0.2 ℃(天气观测),±0.1 ℃(气候观测)
相对湿度	范围:5%RH～100%RH;分辨力:1%RH;最大允许误差:±3%RH(≤80%RH),±5%RH(>80%RH)
露点温度	范围:−60～50 ℃;分辨力:0.1 ℃;最大允许误差:±0.5 ℃
风向	范围:0°～360°;分辨力:3°;最大允许误差:±5°
风速	范围:0～60 m/s;分辨力:0.1 m/s;最大允许误差:±(0.5+0.03 v)m/s,v 为实际风速
降水量	雨强:0～4 mm/min;分辨力:0.1 mm; 最大允许误差:±0.4 mm(≤10 mm),±4%(>10 mm)

续表

要素	主要指标
地表温度	范围：−50～80 ℃；分辨力：0.1 ℃；最大允许误差：±0.2 ℃（−50～50 ℃），±0.5 ℃（50～80 ℃）
浅层地温	范围：−40～60 ℃；分辨力：0.1 ℃；最大允许误差：±0.3 ℃
深层地温	范围：−30～40 ℃；分辨力：0.1 ℃；最大允许误差：±0.3 ℃
防护等级	IP65
环境适应性	温度：−60～60 ℃；相对湿度：0～100%；气压：450～1060 hPa
抗盐雾腐蚀	满足《电工电子产品环境试验 第2部分：试验方法 试验Ka：盐雾》（GB/T 2423.17—2008）
电磁兼容性	浪涌（冲击）抗扰度满足《电磁兼容 试验和测量技术 浪涌（冲击）抗扰度试验》（GB/T 17626.5—2019）； 电快速瞬变脉冲群抗扰度满足《电磁兼容 试验和测量技术 电快速瞬变脉冲群抗扰度试验》（GB/T 17626.4—2018）； 射频电磁场辐射抗扰度满足《电磁兼容 试验和测量技术 射频场感应的传导骚扰抗扰度》（GB/T 17626.6—2017）； 静电放电抗扰度满足《电磁兼容 试验和测量技术 静电放电抗扰度试验》（GB/T 17626.2—2018）

（5）业务应用

装备许可证编号：SXZ-05-2013。

启用时间：2013年。

应用领域：DZZ5型自动气象站是中国气象局下一代国家级的基准站、基本站的重要列装产品。同时，可以广泛地应用到各种相关的行业，诸如农业、环保、水文、交通、能源等领域。在应对气候变化的研究、人民日常生活保障、防止自然灾害等方方面面，都有着非常广泛的应用（图1.1.12.2和图1.1.12.3）。

图1.1.12.2 DZZ5型自动气象站应用场景1

图1.1.12.3 DZZ5型自动气象站应用场景2

1.1.13 DZZ6型自动气象站（天津中环天仪）

（1）观测原理

DZZ6型自动气象站基于现代总线技术和嵌入式系统技术构建，采用当今成熟的、稳定的、先进的电子测量、数据传输和控制系统技术，按照"主采集器＋外部总线＋分采集器＋传感器＋外围设备"的结构设计，按照统一标准、统一功能、统一结构、统一方法、统一规范的设计思路，设计基于现代总线技术和嵌入式系统技术构建的自动气象站，满足地面气象观测全要素自动观测。

自动气象站的核心是基于CAN总线技术和国际标准CANopen协议进行设计，为了实现自动气象站的最小配置，将基本气象要素传感器直接挂接在主采集器上。可以对自动气象站进行不同的配置，以实现不同观测任务或满足不同类别气象观测站的需要。

（2）功能特点

可实现温、湿、风、压、雨、地温（10层）、蒸发、能见度、称重降水、雪深等要素的数据采集、质控、存储和传输等功能，配合台站地面综合观测业务软件（ISOS）相关功能，实现地面气象观测全要素自动观测。按统一接口、统一算法、统一质控方法，因此，整套设备均具有良好的可维护性；所有传感器均经过严格的实验验证，具有良好的稳定性和互换性；基于总线结构构件，可根据实际系统需要配置不同分采，实现多种要素的接入，具有良好的扩展性。

(3)组成结构

采用了国际标准并遵循标准、开放的技术路线进行设计，由硬件和软件两大部分组成。硬件包括采集器(1 个主采集器和地温分采、温湿分采、气温多传感器标准控制器和降水多传感器标准控制器)、外部总线、传感器(包含温、湿、风、压、雨、地温(10 层)、蒸发等要素、能见度、称重降水、雪深观测仪)、外围设备四部分。软件包括嵌入式软件、业务软件两部分。系统结构见图 1.1.13.1。

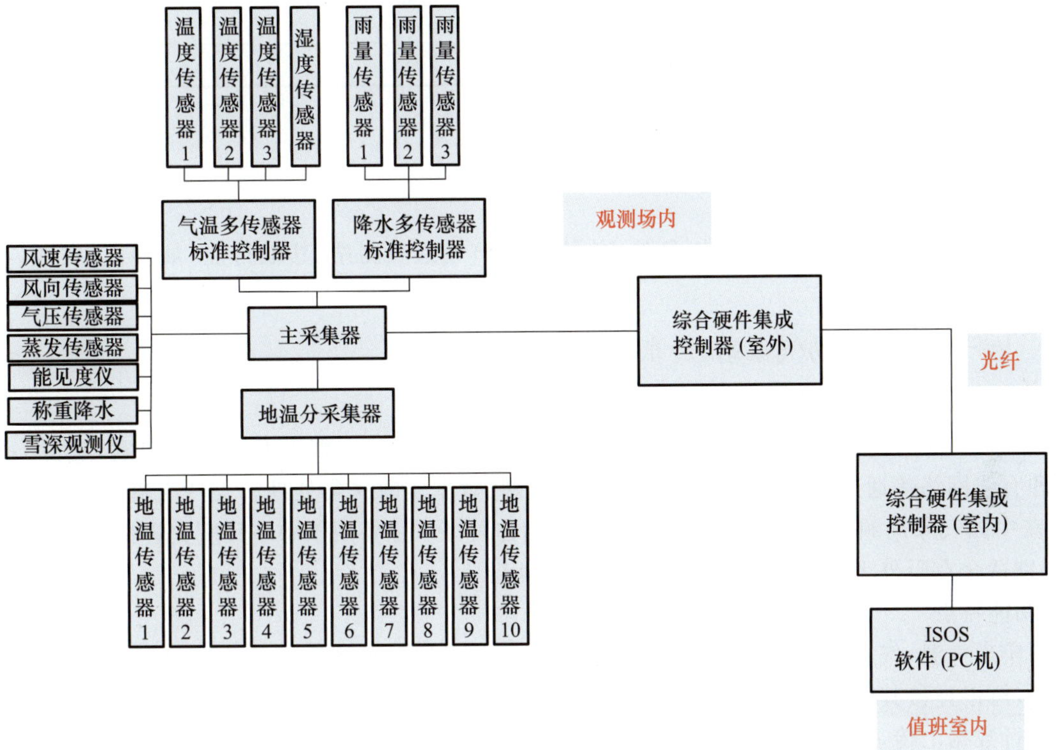

图 1.1.13.1　DZZ6 型自动气象站系统结构图

(4)性能指标(表 1.1.13.1)

表 1.1.13.1　DZZ6 型自动气象站性能指标

测量要素	范围	分辨力	最大允许误差
气压	450～1100 hPa	0.1 hPa	±0.3 hPa
气温	−50～50 ℃	0.1 ℃	±0.2 ℃
相对湿度	5%～100%	1%	±3%(≤80%)
			±5%(>80%)
露点温度	−60～50 ℃	0.1 ℃	±0.5 ℃
风向	0°～360°	3°	±5°
风速	0～60 m/s	0.1 m/s	±(0.3+0.03 v)m/s，v 为实际风速
降水量	雨强：0～4 mm/min	0.1 mm	±0.4 mm(≤10 mm)
			±4%(>10 mm)
	称重：0～400 mm	0.1 mm	±0.4 mm(≤10 mm)
			±4%(>10 mm)
地表温度	−50～80 ℃	0.1 ℃	±0.2 ℃(−50～50 ℃)
			±0.5 ℃(50～80 ℃)
浅层地温	−40～60 ℃	0.1 ℃	±0.3 ℃
深层地温	−30～40 ℃	0.1 ℃	±0.3 ℃

续表

测量要素	范围	分辨力	最大允许误差
蒸发量	0～100 mm	0.1 mm	±0.2 mm(≤10 mm)
			±2%(>10 mm)
能见度	10～30000 m	1 m	±10%(≤1500 m)
			±20%(>1500 m)
积雪深度	0～2 m	1 mm	±10 mm

(5)业务应用

装备许可证编号：SXZ-16-2016。

启用时间：2012 年。

应用领域：主要应用于国家基本气象站、各种(常规)气象观测站、其他行业(如林业、农业、石油、电力、水利等)气象监测站。

1.1.14 WP3103 型自动气象站(广东气象计算机所)

(1)观测原理

WP3103 型自动气象站能自动测量风向、风速、气温、湿度、气压、湿度和降水等要素，支持 GPRS、北斗卫星和有线网络等通信方式，实现区域站点统一组网、数据实时采集处理。支持交流电和太阳能供电。2002 年获中国气象局颁发的“气象专用技术装备使用许可证”，主要用于中小尺度灾害性天气系统的自动监测，特别适合在野外无人值守的恶劣环境条件下使用。

(2)功能特点

主要实现气温、气压、相对湿度、风向、风速、雨量六要素的气象观测数据采集，同时预留多种扩展通信口能力，可以连接其他功能的传感器，比如多层温度传感器等。采集设备可以通过有线、4G 或北斗通信方式进行数据上传，使数据能够在业务平台上被解析使用。

高可靠性和稳定性：可长时间连续运转、无人值守、具备远程遥控操控工作的能力。良好的可维护性：功能模块化，故障定位方便，维护方便。良好的扩展性：留模拟量以及数字量端口，利于测量要素的扩展。较强环境适应性：全不锈钢构造，抗风防辐射、防腐蚀。

(3)组成结构

WP3103 型自动气象站系统构成如图 1.1.14.1 所示。

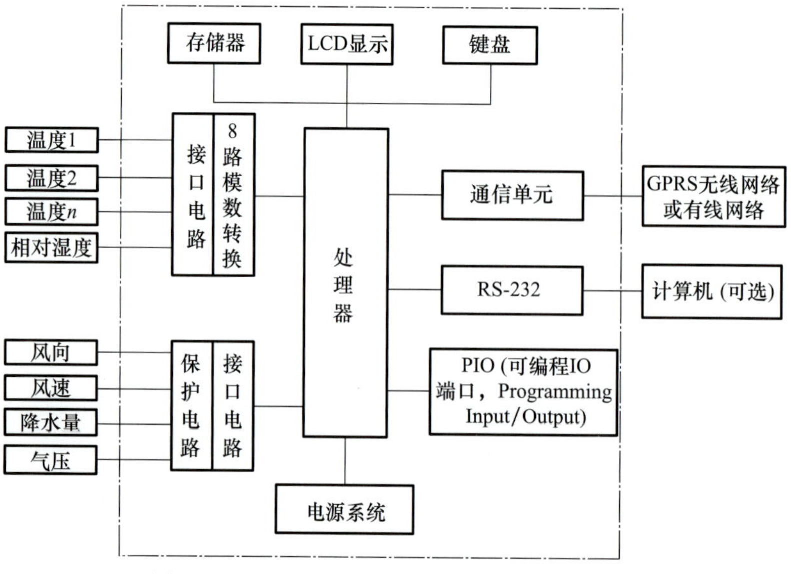

图 1.1.14.1 WP3103 型自动气象站系统构成图

(4)性能指标(表 1.1.14.1)

表 1.1.14.1 WP3103 型自动气象站性能指标

<table>
<tr><th>测量要素</th><th>范围</th><th>分辨力</th><th>最大允许误差</th></tr>
<tr><td>气压</td><td>550～1060 hPa</td><td>0.1 hPa</td><td>±0.3 hPa</td></tr>
<tr><td>气温</td><td>−50～50 ℃</td><td>0.1 ℃</td><td>±0.2 ℃</td></tr>
<tr><td rowspan="2">相对湿度</td><td rowspan="2">0～100%</td><td rowspan="2">1%</td><td>±4%(≤80%)</td></tr>
<tr><td>±8%(>80%)</td></tr>
<tr><td>风向</td><td>0°～360°</td><td>3°</td><td>±5°</td></tr>
<tr><td>风速</td><td>0～60 m/s</td><td>0.1 m/s</td><td>±(0.5+0.03 v)m/s,v 为实际风速</td></tr>
<tr><td rowspan="2">降水量</td><td rowspan="2">翻斗 0.1 mm ;
雨强 0～4 mm/min</td><td rowspan="2">0.1 mm</td><td>±0.4 mm(≤10 mm)</td></tr>
<tr><td>±4%(>10 mm)</td></tr>
<tr><td>环境条件</td><td colspan="3">相对湿度:0～100%;抗风强度:阵风 75 m/s;供电:交流 220 V,直流 9～15 V;采集器功耗<5 W;实时时钟走时误差<30 s/月;交流断电后备供电时间≥14 d;可靠性:平均故障间隔时间>2500 h;防雷性能:感应雷电压<5 kV,电流<1500 A,响应时间<10～12 s</td></tr>
</table>

(5)业务应用

装备许可证编号:SXZ-34-2018。

启用时间:2002 年。

应用领域:主要应用于区域站、雨量站、各种(常规)气象观测站及其他行业(如水利、农业、生态、旅游等)气象监测站(图 1.1.14.2)。

图 1.1.14.2 WP3103 型自动气象站应用场景

1.1.15 ZQZ-A 型自动气象站(航天新气象)

(1)观测原理

基于《地面气象观测规范》规定的采集速度对经过信号调整处理后的传感器信号进行扫描采样,对模拟信号进行 A/D 转换并计算,对数字量信号进行计数统计,完成各气象要素的数据采集。

根据选定的通信方式和通信模块,用相应的通信协议实行与中心站的数据传输和命令交互。通信技术主要采用无线 GPRS/CDMA 1X 技术,在没有无线 GPRS/CDMA 1X 网络的地方可以采用卫星 DCP 平台,在少数站点也可以采用或兼容有线通信方式,如 RS-232/RS-485、CAN、PSTN 等。

(2)功能特点

ZQZ-A 型自动气象站(图 1.1.15.1)是一款真正适用于野外无人值守环境、全天候、全自动化运行的中小尺度自动气象站。可测量温度、雨量、风向、风速等，同时也可兼容相对湿度、气压、紫外线、能见度等。它具有以下特点：全自动、野外工作，工作环境温度－40～50 ℃；微功耗，采集器功耗仅为 0.4 W；支持交流供电，更适合太阳能供电；模块化设计，易于安装和维护。

（3）组成结构

ZQZ-A 型自动气象站由数据采集器、传感器、通信模块、电源、安装结构件组成，如图 1.1.15.2所示。

图 1.1.15.1　ZQZ-A 型自动气象站

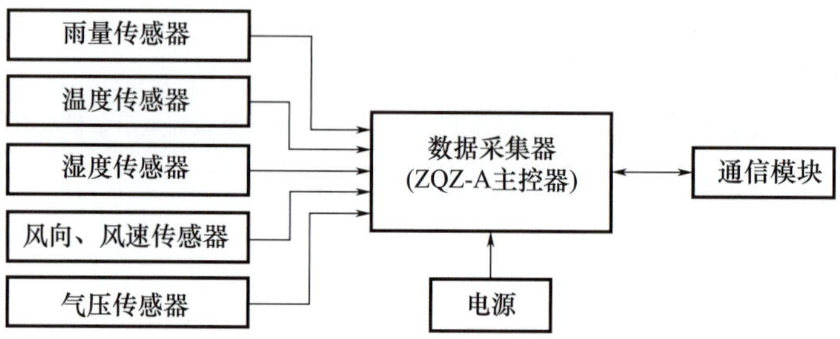

图 1.1.15.2　ZQZ-A 型自动气象站系统构成图

（4）性能指标（表 1.1.15.1）

表 1.1.15.1　ZQZ-A 型自动气象站性能指标

测量要素	范围	分辨力	最大允许误差
气温	－50～50 ℃	0.1 ℃	±0.2 ℃
雨量	0～999.9 mm； 雨强 0～4 mm/min	0.1 mm	±0.4 mm(≤10 mm)； ±4%(>10 mm)
风向	0°～360°	2.8°	±5°
风速	0～75 m/s	0.1 m/s	±(0.5+0.03 v)m/s，v 为实际风速
相对湿度	0～100%	1%	±3%(≤80%)； ±5%(>80%)
气压	500～1100 hPa	0.1 hPa	±0.3 hPa

（5）业务应用

装备许可证编号：SXZ-16-2016。

启用时间：2016 年。

应用领域：主要应用于国家基本气象站、各种（常规）气象观测站、其他行业（如林业、农业、石油、电力、水利等）气象监测站。

1.1.16　ZQZ-CⅡ型自动气象站（航天新气象）

（1）观测原理

ZQZ-CⅡ型自动气象站（图 1.1.16.1）传感器将对应气象要素的变化转换成电量的相应变化。这种变化由单片机控制的数据采集器所采集，进行线性化和定标处理，实现工程量到要素量的转换，并对数据进行质量控制。经过预处理后得出各个气象要素的实时值，既可以在采集器面板上显示，又可传输到微机上显示。

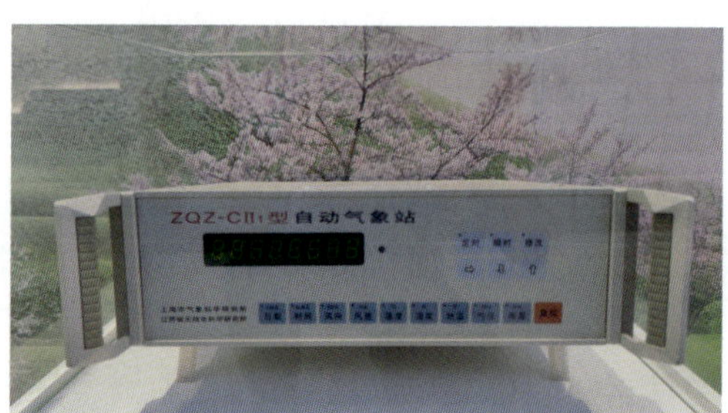

图 1.1.16.1　ZQZ-CⅡ型自动气象站产品图

数据采集器中的观测数据传输到微机进行计算处理后按设

定的菜单显示在微机屏幕上。其中，正点数据按统一的格式生成数据文件存储在计算机中。键入人工观测数据后，可按规定格式生成各种气象报告电码。对自动观测和人工观测的资料进一步加工处理，可生成业务上的各种数据文件和气象报表。利用配备的打印机可打印输出这些数据文件和各类气象报表。

(2)功能特点

用于自动测量气压、温度、湿度、风向、风速、雨量、草面/雪面温度、地表温度、浅层地温、深层地温等气象要素。配备微机和“业务测报软件”后，还可实现自动编制报表。产品整体设计充分考虑自动气象站恶劣的环境条件，从选材、结构、工艺、防护等方面采用先进适用的技术手段，提高产品的环境适应性，使之足以适应我国各地的气候条件，如温度范围达到－50～50 ℃、抗风强度达到 60 m/s 等。

(3)组成结构

ZQZ-CⅡ型自动气象站由传感器、数据采集、数据处理、后备电源等部分组成。传感器部分和数据采集器部分可以通过电缆直接连接，也可以通过室外接线盒连接。

传感器部分包括气压、气温、地温、相对湿度、风向、风速和雨量传感器。相对湿度传感器有通风干湿表和电容式湿度传感器组两种，地温传感器包括地表温度、浅层地温和深层地温各四只。

数据采集器内包含接口单元、中央处理单元、存储单元和显示单元等，如图 1.1.16.2 所示。

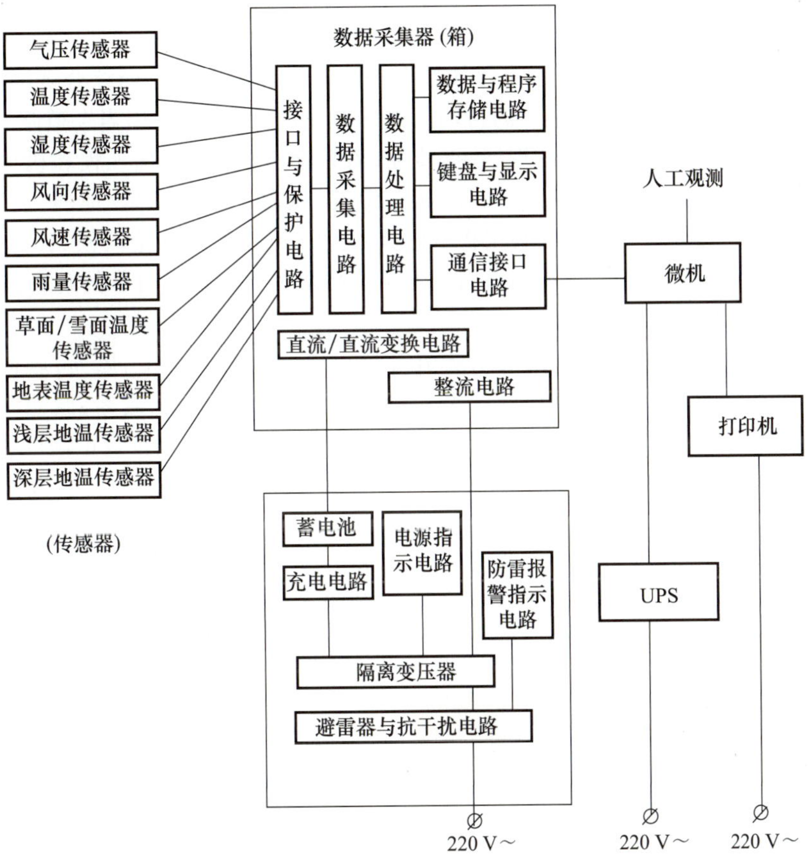

图 1.1.16.2 ZQZ-CⅡ型自动气象站系统结构图

(4)性能指标(表 1.1.16.1)

表 1.1.16.1 ZQZ-CⅡ型自动气象站性能指标

测量要素	范围	分辨力	最大允许误差
气温	－50～50 ℃	0.1 ℃	±0.2 ℃
雨量	翻斗： 雨强 0～4 mm/min	0.1 mm	±0.4 mm(≤10 mm)； ±4%(>10 mm)
风向	0°～360°	3°	±5°

续表

测量要素	范围	分辨力	最大允许误差
风速	0～60 m/s	0.1 m/s	±(0.5+0.03 v)m/s，v 为实际风速
相对湿度	0～100%	1%	±3%(≤80%)； ±5%(>80%)
气压	550～1060 hPa	0.1 hPa	±0.3 hPa
地表温	−50～80 ℃	0.1 ℃	±0.5 ℃
浅层地温	−40～60 ℃	0.1 ℃	±0.4 ℃
深层地温	−30～40 ℃	0.1 ℃	±0.3 ℃

(5)业务应用

装备许可证编号：SXZ-25-2018。

应用领域：主要应用于国家基本气象站、各种(常规)气象观测站、其他行业(如林业、农业、石油、电力、水利等)气象监测站。

1.1.17 DZZJ1 型公路交通气象观测站(航天新气象)

(1)观测原理

厂家自主研发、生产的 DZZJ1 型公路交通气象观测站是结合中国气象局综合观测司下发的《公路交通气象观测站功能规格需求书》，基于多年的自动气象站专业设计经验，采用当今道路气象观测领域内成熟、稳定、先进的多种传感器测量、信号处理、数据传输、后台业务软件、电气工程和机械等技术综合设计而成，满足道路交通的综合观测。该产品集气温、相对湿度、风向、风速、雨量、地温、能见度、天气现象和道面状况等测量要素于一身，是一套充分利用物联网技术感知道路状况的全天候、智能化的观测系统，为道路交通的路面状况、能见度、横风、降水和路面高低温等测量及预警提供可靠的解决方案。

(2)功能特点

具有可靠性、准确性、易维护、易扩展、安全防盗等特点；气温、相对湿度、风向、风速和路基温度传感器均由厂家自主开发并经由中国气象局设计定型；整机进行了高温、高湿、盐雾、振动和淋雨等环境和电磁兼容检验等 12 项检验，并顺利通过各项试验；数据通信协议及报文格式符合中国气象局的数据格式要求；专业化的业务软件，实现数据完整和准确落地，提供气象要素及设备状态的监测、报警和预警等功能。

(3)组成结构

基于新型自动站技术构建，它由硬件和软件两大部分组成。硬件包括数据采集器、传感器、立柱和安装支架和其他外围设备如供电电源、CF 数据存储卡、通信设备、中心站服务器等；软件包括采集器嵌入式软件、中心站业务软件两部分(图 1.1.17.1)。

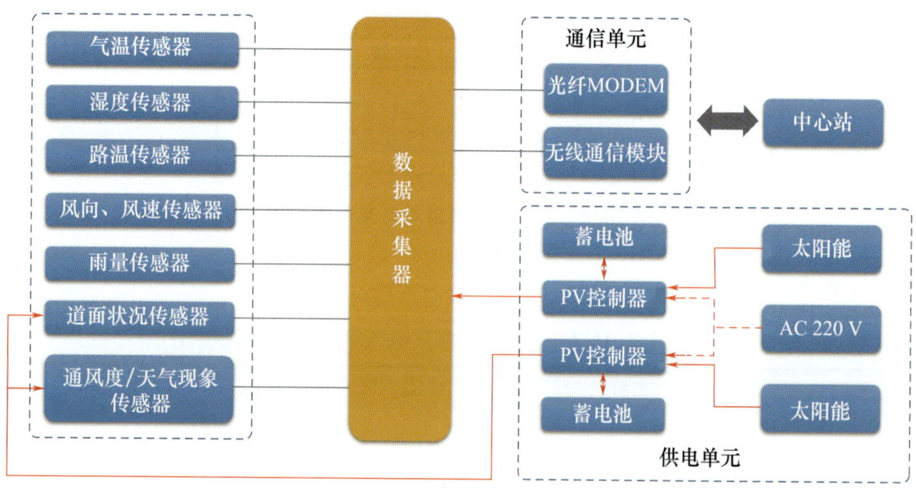

图 1.1.17.1　DZZJ1 型公路交通气象观测站系统构成图

(4)性能指标(表 1.1.17.1)

表 1.1.17.1 DZZJ1 型公路交通气象观测站性能指标

要素	范围	分辨力	准确度
气温	−50～60 ℃	0.1 ℃	±0.2 ℃
相对湿度	5%～100%	1%	±3%(≤80%);±5%(>80%)
风向	0°～360°	3°	±5°
风速	0～60 m/s	0.1 m/s	±(0.4+0.03 v)m/s,v 为实际风速
降水量	0～999.9 mm	0.1 mm	±0.3 mm(≤10 mm);±3%(>10 mm)
能见度	10～10000 m	1 m	±10%(≤1500 m);±20%(>1500 m)
埋入式路基温度	−60～80 ℃	0.1 ℃	±0.5 ℃
遥感式路面温度	−50～80 ℃	0.1 ℃	±0.4 ℃
路基温度	−60～80 ℃	0.1 ℃	±0.3 ℃
天气现象	降水类型:雨、冻雨、毛毛雨、冻毛毛雨、雨夹雪、雪、冰粒; 视程障碍:雾、轻雾、霾(烟雾、沙尘)或晴朗		
路面状况	干燥、潮湿、积水、积雪、结冰、冰水混合物、水厚、冰厚、雪厚、湿滑系数		

(5)业务应用

装备许可证编号:SXZ-04-2018。

启用时间:2018 年。

应用领域:主要应用于道路交通气象观测等(图 1.1.17.2、图 1.1.17.3)。

图 1.1.17.2 DZZJ1 型公路交通气象观测站应用场景 1

图 1.1.17.3 DZZJ1 型公路交通气象观测站应用场景 2

1.1.18 DZZJ2 型公路交通气象观测站（上海气象仪器）

（1）观测原理

该气象观测站外站（自动气象信息监测站）的各类气象传感器负责实时采集该站环境的天气现象、能见度、路面状况、路面温度、路基温度、风向、风速、温度、湿度、雨量等气象数据，并进行存储，然后按照监控中心站命令，向气象监控中心发送气象数据和状态信息。

气象监控中心则是负责对自动气象信息监测站气象数据收集、数据处理与存储入库、气象信息浏览、预警信息发布控制，外站工作状态监控、远程维护等。

（2）功能特点

该观测站是一种结构紧凑、使用灵活、结实耐用、低功耗的气象测量系统。它采用了最新的测量和通信技术，为多种气象和路面参数提供可靠、连续的数据。传感器均为国家大气监测项目所选用的传感器；数据采集器为厂家自主研发，具有测量精度高、实时性强、任务可组态并可根据用户需要通过 CAN 总线增、减观测要素；通信方式灵活多样，有线局域网、无线 GPRS 等多种通信方式由用户任选，实现数据传输及组网观测要求；存储功能强大，供电方式灵活。

（3）组成结构

主要由气象监控中心站和外站（自动气象监测站）组成。中心站安装在监控指挥中心，由计算机、软件、通信设备（如路由器、交换机、网卡）等组成。外站是指分布于公路沿线的若干的自动气象信息监测站。气象监控中心由硬件和软件两部分组成。硬件主要包括 WEB 服务器、数据服务器、计算机、通信设备等。软件主要包括数据收集存储管理软件和数据应用软件。

（4）性能指标（表 1.1.18.1）

表 1.1.18.1 DZZJ2 型公路交通气象观测站性能指标

要素		范围	分辨力	最大允许误差	采样速率
天气要素	气温	−50～50 ℃	0.1 ℃	±0.2 ℃	30 次/min
	相对湿度	5%～100%	1%	±3%（≤80%）； ±5%（>80%）	30 次/min
	风向	0～360°	3°	±5°	1 次/s
	风速	0～60 m/s	0.1 m/s	±(0.5+0.03 v)m/s，v 为实际风速	4 次/s
	降水量	0～4 mm/min	0.1 mm	±0.4 mm（≤10 mm）； ±4%（>10 mm）	1 次/min
	能见度	10～30000 m	1 m	±10%（≤1500 m）； ±20%（>1500 m）	4 次/min
	天气现象	可识别有/无降水，降水类型（雨、雪、雨夹雪），降水强度（微量、小、中、大、特大等），可识别雾、霾、沙尘等视程障碍现象			
路面状态	路面温度	−50～80 ℃	0.1 ℃	±0.3 ℃	30 次/min
	路基温度	−50～80 ℃	0.1 ℃	±0.3 ℃	30 次/min
	冰层厚度	0～2 mm	0.01 mm	±0.01 mm	1 次/min
	水膜厚度	0～2 mm	0.01 mm	±0.01 mm	1 次/min
	雪层厚度	0～10 mm	0.01 mm	±0.01 mm	1 次/min
	路面状态	可检测干燥、潮湿、积水、结冰、积雪五种路面状态			1 次/min

（5）业务应用

装备许可证编号：SXZ-58-2019。

启用时间：2019 年 9 月 10 日。

应用领域：主要应用于公路环境监测，可以有效地提高灾害应急服务能力，减少交通气象灾害给人民群众生命财产安全带来的损失。同时，可有效地提高交通运输效率（图 1.1.18.1）。

图 1.1.18.1　DZZJ2 公路交通气象观测站应用场景

1.1.19　DZZJ3 型公路交通气象观测站（北京华云升达）

（1）观测原理

DZZJ3 型公路交通气象观测站利用现有成熟传感器产品和数据采集器，推出具有实时测量基本气象要素（气温、湿度、风向、风速、雨量）和交通气象要素（能见度、天气现象、路面温度、路基温度、路面状况）能力的综合性自动气象站，能够对雾、路面结冰等高速公路所需的各种监测要素进行实时监测和报警，并通过远程传送数据发送到监测管理中心。

（2）功能特点

该观测站的全部观测要素均可进行选配，用户可依据实际需要进行删减，删减后不需要对系统进行设置，也不需要更新系统程序。

采用尽可能多的一体化部件，减少机械部件的数量；简化安装过程，同时在防盗、线缆内置方面进行了专门设计；设备的整体外观简洁，具有了良好的防盗性能和走线安全性；道面状态监测手段多样，用户可依据观测数据需要和现场施工条件进行灵活选择；观测要素可删减，全部观测要素均可进行选配，用户可依据实际需要进行删减；通信方式多样；具有分钟数据保全机制，确保数据在第一时间补传，数据传输可靠性好。

（3）组成结构

包括传感器、采集器、通信和供电四部分。传感器用于测量气象要素，是根据不同的观测需要，可配置不同的传感器。采集器负责自动气象站所有传感器输出信号的采集、计算、报文生成和本地存储。通信组件用于将采集器处理后的数据传输到计算机，可以采用有线通信或无线通信。供电子系统用以提供整个自动气象站系统运行的电力供应。一般分为交流供电、太阳能供电、交直流供电和风光互补供电系统这四种方式。

（4）性能指标（表 1.1.19.1）

表 1.1.19.1　DZZJ3 型公路交通气象观测站性能指标

要素	主要指标
气温指标	范围：－50～50 ℃；分辨力：0.1 ℃；最大允许误差：±0.2 ℃
相对湿度	范围：5%RH～100%RH；分辨力：1%RH；最大允许误差：±3%RH（≤80%RH），±5%RH（>80%RH）
风向	范围：0°～360°；分辨力：3°；准确度：±5°
风速	范围：0～60 m/s；分辨力：0.05 m/s； 准确度：±0.3 m/s（风速≤10 m/s）；0.03 v m/s（风速>10 m/s），v 为实际风速
降水量	雨强范围：0～4 mm/min；分辨力：0.1 mm；准确度：±0.4 mm（≤10 mm），±4%（>10 mm）
能见度	范围：10～50000 m；分辨力：1 m；准确度：±10%（≤10 km），±15%（>10 km）
路面温度	范围：－50～80 ℃；分辨力：0.1 ℃；准确度：±0.3 ℃
路基温度（－10 cm）	范围：－50～60 ℃；分辨力：0.1 ℃；准确度：±0.3 ℃
路面状况	DZZJ3A 型：能区分干燥、潮、湿（积水）、结霜（配合 DST111）、积雪、结冰、融雪（冰水混合物）7 种路面状况，能测量水膜厚度、冰层厚度、雪层厚度，输出路面湿滑系数和报警信息； DZZJ3B 型：能区分干燥、潮、潮有融雪剂、湿（积水）、积水有融雪剂、结霜、积雪、结冰 8 种路面状况，此外，还能输出冰点温度、融雪剂浓度和预警信息
天气现象	可识别有/无降水，可输出 7 种不同类型的降水（雨、冰雨、毛毛雨、冰毛毛雨、混合雨/雪、雪和冰雹）和降水强度，可识别视程障碍现象，如雾气（薄雾）、霾（烟雾或沙）或者晴朗；能够对各种天气状况下的能见度进行观测，观测性能同本表能见度仪的技术要求
环境适应性	气温：－40～60 ℃；地面温度：－50～80 ℃；相对湿度：10%～100%
功耗	标准配置整机功耗≤12 W
抗盐雾腐蚀	满足《电工电子产品环境试验 第 2 部分：试验方法 试验 Ka：盐雾》（GB/T 2423.17—2008）
电磁兼容性	浪涌（冲击）抗扰度满足《电磁兼容 试验和测量技术 浪涌（冲击）抗扰度试验》（GB/T 17626.5—2019）； 电快速瞬变脉冲群抗扰度满足《电磁兼容 试验和测量技术 电快速瞬变脉冲群抗扰度试验》（GB/T 17626.4—2018）； 射频电磁场辐射抗扰度满足《电磁兼容 试验和测量技术 射频场感应的传导骚扰抗扰度》（GB/T 17626.6—2017）； 静电放电抗扰度满足《电磁兼容 试验和测量技术 静电放电抗扰度试验》（GB/T 17626.2—2018）
可靠性要求	平均故障间隔时间（MTBF）≥5000 h

（5）业务应用

装备许可证编号：SXZ-52-2018。

启用时间：2018 年。

应用领域：DZZJ3 型公路交通气象观测站面向交通气象相关行业市场，是可根据用户的不同需求提供观测要素、通信方式、供电方式的不同配置方案，既能满足无人值守的野外恶劣环境，也能适应城市或近郊等环境（图 1.1.19.1、图 1.1.19.2）。

图 1.1.19.1　DZZJ3 型公路交通气象观测站应用场景 1

图 1.1.19.2　DZZJ3 型公路交通气象观测站应用场景 2

1.1.20 DZZJ7 型公路交通气象观测站(洛阳凯迈)

(1)观测原理

DZZJ7 型公路交通气象观测站是基于嵌入式系统技术构建、按照"主采集器＋传感器＋外围设备"的结构设计，并按照统一标准、统一功能、统一结构、统一方法、统一规范的设计思路设计的新型自动气象站，达到国家高速公路及省级道路区域气象观测业务的需要。

(2)功能特点

可实现气温、湿度、风向、风速、降水量、路面温度、路基温度(－10 cm)、能见度、路面状况等要素的数据采集、质控、存储和传输等功能，配合综合气象观测软件相关功能，可实现公路区域气象观测全要素自动观测及预警功能。

所有传感器、采集器均经过严格的实验验证，具有良好的稳定性；可连续测量气温、相对湿度、风向、风速、降水量、能见度、路面温度、路基温度和路面状况等气象要素数据；实现数据监测和存储时间同步，输出时间间隔可调，具有多个扩展接口；实现连续一个月的分钟级数据存储，数据加密传输；多种供电方式可选，支持太阳能和市电自由选择；设备支持有线(光纤)和无线(4G)组网应用，实现多区域气象数据的同时监测和分析；设备可快速拆装，可靠性高，环境适应性强。

(3)组成结构

由硬件和软件两大部分组成。硬件包括采集器、传感器、结构件、太阳能电池板、蓄电池、电控箱、电池箱等外围设备等部分。软件包括嵌入式软件、业务软件两部分(图 1.1.20.1)。

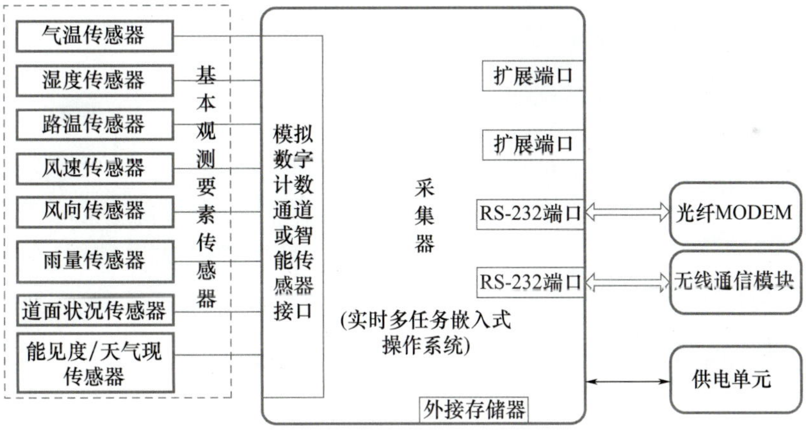

图 1.1.20.1 DZZJ7 型公路交通气象观测站系统构成图

(4)性能指标(表 1.1.20.1)

表 1.1.20.1 DZZJ7 型公路交通气象观测站性能指标

要素	范围	分辨力	最大允许误差
风速	0～60 m/s	0.05 m/s	±0.3 m/s(≤10 m/s)； ±0.03 v(>10 m/s)，v 为实际风速
风向	0°～360°	2.5°	±3°
气温	－50～50 ℃	0.1 ℃	0.2 ℃
相对湿度	0～100%	1%	±2%(<90%)； ±3%(90%～100%)
降水量	雨强 4 mm/min	0.1 mm	±0.4 mm(≤10 mm)； ±4%(>10 mm)

续表

要素	范围	分辨力	最大允许误差
路基温度	−40～60 ℃	0.1 ℃	±0.4 ℃
路面温度	−50～80 ℃	0.1 ℃	±0.5 ℃
能见度	10～10000 m	1 m	±10%(≤1500 m)； ±20%(>1500 m)
天气现象	可识别有/无降水，降水类型(雨、雪、雨夹雪)，降水强度(微量、小、中、大、特大等)；可识别雾、霾、沙尘等视程障碍现象；能够对各种天气状况下的能见度进行观测，观测性能同本表能见度的技术要求		
路面状态	能准确区分干燥、潮湿、积水、结冰、积雪等路面状态，以及水膜厚度、冰层厚度、雪深、湿滑系数等		

(5)业务应用

装备许可证编号：SXZ-69-2019。

启用时间：2019 年。

应用领域：主要应用于高速公路、普通道路等公路交通气象观测(图 1.1.20.2～图 1.1.20.4)。

图 1.1.20.2　DZZJ7 型公路交通气象观测站在省道公路的应用场景

图 1.1.20.3　DZZJ7 型公路交通气象观测站在高速公路的应用场景

图 1.1.20.4　DZZJ7 型公路交通气象观测站应用软件界面

1.1.21 DZZJ9 型公路交通气象观测站(天津中环天仪)

(1)观测原理

DZZJ9 型公路交通气象观测站,通过对温、湿、风、压、雨、路温、路况、能见度八要素的数据采集、质控、存储和传输,实现了对公路气象的实时监测、预警和预测。

自动站传感器负责采集各气象要素并转换成模拟数字信号,采集器对气象要素传感器测量信号进行采集,并对采样数据进行数据计算处理、数据质量控制、数据记录存储;再经过通信单元将数据传输至中心站软件。

(2)功能特点

数据传输:支持本地有线/无线 GPRS、卫星传输等。供电:采用太阳能供电,系统可满足无充电条件下正常运行 15 d。中心站软件:具有数据保存、报文生成及上传、界面显示分析、系统报警、补调等功能。环境适应性:传感器及系统具有耐高低温、防霉防潮处理,满足陆地及海洋气候环境要求;设备测量使用模块化结构,可在不变动主结构与机箱内部条件下增、减传感器;公路站核心路况传感器有遥感式和埋入式可选,采集方式多样;合页设计使立杆安装便捷,整体设备避雷防腐且维护方便,适合公路无人看守等地点安装。

(3)组成结构

基于现代嵌入式系统技术构建,采用了国际标准并遵循标准、开放的技术路线进行设计,它由硬件和软件两大部分组成。硬件包括采集器、传感器(包含温、湿、风、压、雨、路温、路况、能见度)、外围设备三部分;软件包括嵌入式软件、业务软件两部分(图 1.1.21.1)。

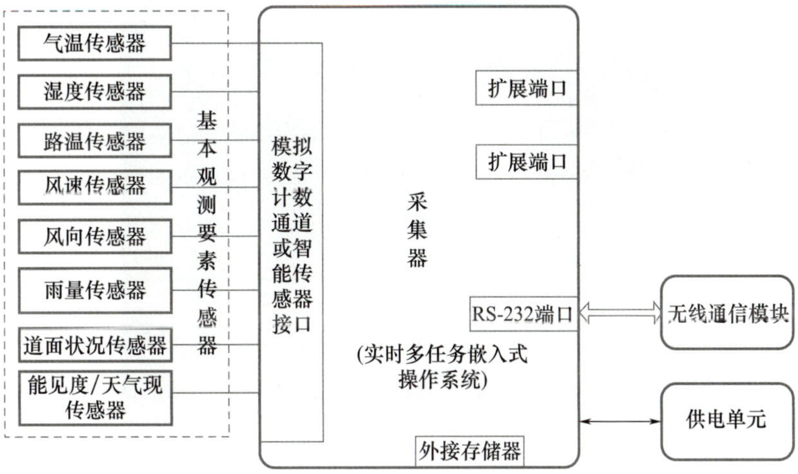

图 1.1.21.1 DZZJ9 型公路交通气象观测站组成结构图

(4)性能指标(表 1.1.21.1)

表 1.1.21.1 DZZJ9 型公路交通气象观测站性能指标

要素	范围	分辨力	最大允许误差
气压	450~1100 hPa	0.1 hPa	±0.3 hPa
气温	−50~50 ℃	0.1 ℃(天气观测)	±0.2 ℃(天气观测)
相对湿度	5%~100%	1%	±3%(≤80%)
			±5%(>80%)
风向	0°~360°	3°	±5°
风速	0~60 m/s	0.1 m/s	±(0.5+0.03 v)m/s,v 为实际风速
降水量	翻斗 0.1 mm; 雨强 0~4 mm/min	0.1 mm	±0.4 mm(≤10 mm)
			±4%(>10 mm)

续表

要素	范围	分辨力	最大允许误差
能见度	0～4 mm/min	0.1 mm	±0.4 mm(≤10 mm)
			±4%(>10 mm)
路面温度	−50～80 ℃	0.1 ℃	±0.2 ℃
路基温度	−50～80 ℃	0.1 ℃	±0.2 ℃
路面状况	准确区分干燥、潮湿、积水、结冰、积雪等5种路面状态，能测量水膜厚度、冰层厚度、雪层厚度，如果采用埋入式路面传感器，除满足以上要求外，还需有冰点温度、融雪剂浓度		

(5)业务应用

装备许可证编号：SXZ-54-2019。

启用时间：2019年。

应用领域：应用于高速公路、省道、国道等易由天气因素带来交通故障的地段(图1.1.21.2)。

图1.1.21.2　DZZJ9型公路交通气象观测站应用场景

1.1.22　DSC1型称重式降水传感器(航天新气象)

(1)观测原理

DSC1型称重式降水传感器(图1.1.22.1)基于单点测压原理，结合了降水测量、机械、电气工程、信号处理软件等方面的技术，是一个可靠的、一体化的仪器。传感器既可以作为单独的传感器挂接在自动气象站上，也可以作为独立的降水观测仪使用，使观测结果客观化、观测资料连续化，减少台站观测人员的工作量，进一步提高观测质量和观测效率。

(2)功能特点

该传感器是一种适合固态、液态和混合态降水总量及降水强度测量的、全自动、全天候降水观测仪器。适合在苛刻现场条件进行全天候降水测量；具有高可靠性、高准确性、易维护、易扩展等特点；有自动排水功能(可选)，免维护周期可长达一年。

(3)组成结构

仪器由硬件和处理软件组成。其硬件可分为称重单元、处理单元和外围组件(图1.1.22.2)。

图 1.1.22.1　DSC1 型称重式降水传感器产品图

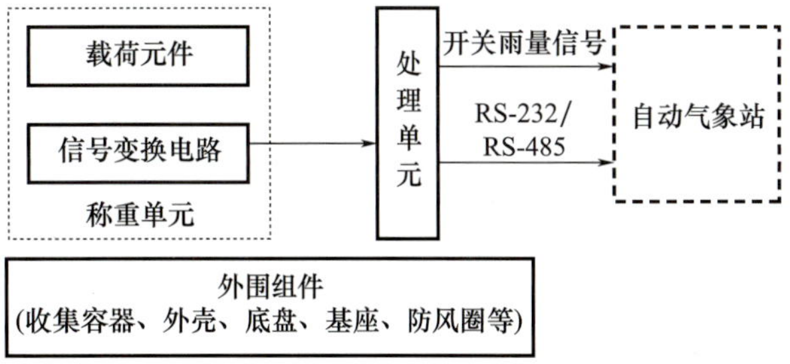

图 1.1.22.2　DSC1 型称重式降水传感器系统构成图

(4)性能指标(表 1.1.22.1)

表 1.1.22.1　DSC1 型称重式降水传感器性能指标

要素	指标	要素	指标
承水口内径	$200_{0}^{+0.6}$ mm	可容纳降水量	600 mm
分辨力	0.1 mm	降水强度	≤10 mm/min
最大允许误差 (强度≥0.5 mm/h)	±0.3 mm(≤10 mm); ±3%(>10 mm)	开关量接口	每 0.1 mm 降水,开关闭合一次; 开关闭合时间:100±10 ms (可配置范围:50～500 ms)
测量稳定性	年漂移≤0.2 mm	质量分辨力	1 g
最大载荷量	30 kg	工作电压	DC 9～15 V
通信接口	RS 232	功耗	<1 W

(5)业务应用

装备许可证编号:SXZ-15-2019。

启用时间:2019 年。

应用领域:该传感器广泛应用于气象、水文、海洋、航空、军事等领域。

1.1.23　DSC2 型称重式降水传感器(北京华云升达)

(1)观测原理

DSC2 型称重式降水传感器(图 1.1.23.1)基于载荷测量技术原理设计,具有自动监测系统,无内部加热,内部无可移动部分。

(2)功能特点

该传感器用称重原理去测量降水量。它可以准确、及时地存储、输出分钟、小时的降水量的数据。具有自动监测功能;安装方便和维护简单,可长期在野外应用;可自动计算出降水强度,还可根据需要设置间隔时间进行实时观测,可达到每分钟测量数次的观测密度;配置灵活、测量精

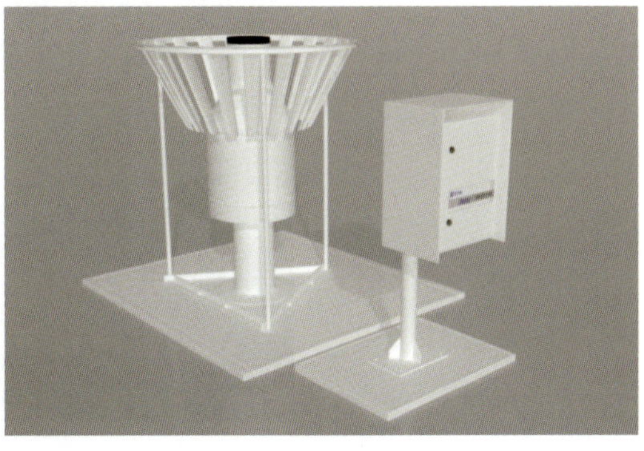

图 1.1.23.1　DSC2 型称重式降水传感器产品图

确;结构设计合理;通用型数据采集系统,保证数据可靠性。

(3)组成结构

由硬件和处理软件组成。硬件分为称重单元、处理单元和外围组件。称重单元是称重降水传感器的重要组成部分。处理单元由中央处理器、时钟电路、数据存储器、接口、控制电路等部分构成。外围组件包括收集容器、外壳、底盘、底座组件、防风圈等。软件在处理单元中运行,具有数据采集、数据处理、数据存储和数据输出功能。

(4)性能指标(表 1.1.23.1)

表 1.1.23.1　DSC2 型称重式降水传感器性能指标

要素	主要指标
承水口直径	$200_{0}^{+0.6}$ mm
量程	0～400 mm 降水量
分辨力	0.1 mm
最大测量误差	±0.4 mm(≤10 mm);±4%(>10 mm)
测量稳定性	年漂移≤0.4 mm。一年后复测应满足最大测量误差要求
功耗	功耗<1 W
环境适应性	工作温度:−45～60 ℃;储存温度:−45～80 ℃;相对湿度:5%～100%;大气压力:450～1060 hPa
抗盐雾腐蚀	满足《电工电子产品环境试验 第 2 部分:试验方法 试验 Ka:盐雾》(GB/T 2423.17—2008)
电磁兼容性	浪涌(冲击)抗扰度满足《电磁兼容 试验和测量技术 浪涌(冲击)抗扰度试验》(GB/T 17626.5—2019); 电快速瞬变脉冲群抗扰度满足《电磁兼容 试验和测量技术 电快速瞬变脉冲群抗扰度试验》(GB/T 17626.4—2018); 射频电磁场辐射抗扰度满足《电磁兼容 试验和测量技术 射频场感应的传导骚扰抗扰度》(GB/T 17626.6—2017); 静电放电抗扰度满足《电磁兼容 试验和测量技术 静电放电抗扰度试验》(GB/T 17626.2—2018)
可靠性要求	平均故障间隔时间(MTBF)≥3000 h

(5)业务应用

装备许可证编号:SXZ-05-2019。

启用时间:2019 年。

应用领域:DSC2 型称重式降水传感器是一种可以长期在野外使用,并可自动测量固态降水的设备。它一般应用于气象预报,道路监控、机场、能源公司,雪崩预报以及农业研究(图 1.1.23.2)。

图 1.1.23.2　DSC2 型称重式降水传感器现场应用图

1.1.24 DSC3 型称重式降水传感器(天津华云天仪)

(1)观测原理

DSC3 型称重式降水传感器基于载荷测量技术原理，通过测量落到盛水桶中降水的重量，根据水的密度换算成降水的体积，再根据承水口面积计算出盛水桶中收集的降水总量。

(2)功能特点

该仪器是按照统一标准、统一功能、统一结构、统一方法、统一规范的设计思路，形成的性能可靠、准确性高、易维护、易备份的智能称重式降水测量仪，具备非易失存储功能，可存储 31 d 分钟级观测要素及状态要素，掉电不丢失。该测量仪具有 RS-232 三线制串行接口，可扩展连接 ZigBee、4G、GPRS、北斗卫星等通信模块，实现数据传输和组网观测。能够实现信号采集、数据处理、质量控制、自检测、自诊断、自恢复等功能，为设备研制、生产和测试评估提供重要依据。

(3)组成结构

由测量单元、感应器件、连接线、防风圈、外壳体以及立柱等组成。测量单元完成对大气降水量数据的采样数据，对采样数据进行控制运算、数据质量控制、数据记录存储、实现数据通信和传输，与终端微机或远程数据中心进行交互；感应器件对重量进行感应；连接线用于智能测量仪供电和与上位机通信；防风圈减小风对降水测量的影响；外壳体用来固定和防护测量单元和感应器件；立柱用来安装固定称重测量仪(图 1.1.24.1)。

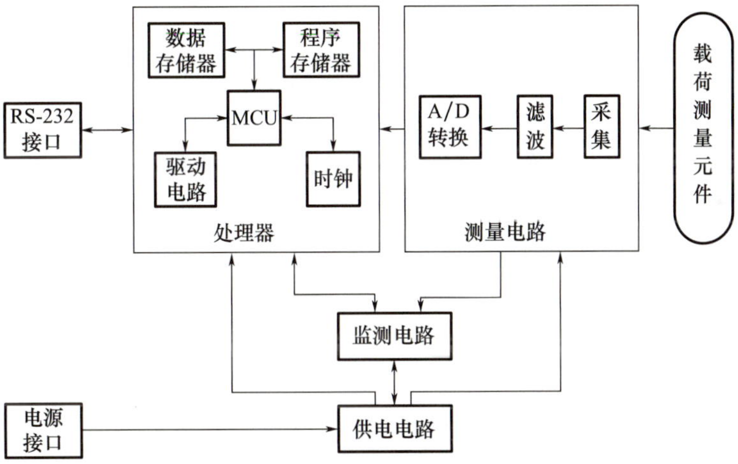

图 1.1.24.1 DSC3 型称重式降水传感器结构图

(4)性能指标(表 1.1.24.1)

表 1.1.24.1 DSC3 型称重式降水传感器性能指标

测量要素	主要指标
承水口直径	$200_{0}^{+0.6}$ mm
测量范围	0～400 mm
分辨力	0.1 mm
最大允许误差	±0.4 mm(≤10 mm)；±4%(>10 mm)

(5)业务应用

装备许可证编号：SXZ-11-2020。

启用时间：2020 年 3 月 11 日。

应用领域：该仪器可与其他气象要素的智能测量仪灵活配置，组成多维度的观测网络，适用于气象、军事、科考、生态、体育比赛、环保、消防等机动气象观测领域(图 1.1.24.2)。

图 1.1.24.2 DSC3 型称重式降水传感器应用场景

1.1.25 DSD2 型自动雨量站（天津中环天仪）

（1）观测原理

DSD2 型自动雨量站是一种可以自动观测、自动存储的气象设备，可以实时监测雨量、温度等气象要素，自动雨量站主要由气象传感器、数据采集器、外围设备（电源、通信设备等）组成。

传感器将气象观测要素物理量转换成电信号或数字信号，数据采集器对气象、要素传感器测量信号进行采集，并对采样数据进行控制运算、数据计算处理、数据质量控制、数据记录存储，然后由通信设备将观测数据传输到本地数据显示终端或远程数据监控中心的计算机上。

（2）功能特点

该自动雨量站是为了满足中国气象局针对目前和未来若干年内对地面探测业务的需求，而专门设计、研制的多功能综合气象系统。

支持本地有线/无线传输和远程 2G/3G/4G、北斗卫星传输等，支持北斗和 2G/3G/4G 双模冗余通信提高数据传输的可靠性；具备高性能、多功能的数据处理能力；具备较强的耐酸雨、防水、防尘能力；采集准确度高、运行稳定可靠；具备出色的防雷击能力；低功耗、易扩展；方便安装、便于维护；采用蓄电池供电并支持交流电源、太阳能等辅助电源为蓄电池浮充电，蓄电池容量可满足 15 d 超长待机。

（3）组成结构

基于现代嵌入式系统技术构建，采用了国际标准并遵循标准、开放的技术路线进行设计，由硬件和软件两大部分组成。硬件包括采集器、传感器、外围设备三部分；软件包括嵌入式软件、业务软件两部分。

（4）性能指标（表 1.1.25.1）

表 1.1.25.1 DSD2 型自动雨量站性能指标

测量要素	范围	分辨力	最大允许误差
温度	−50～50 ℃	0.1 ℃	±0.2 ℃
降水量	翻斗 0.1 mm； 雨强 0～4 mm/min	0.1 mm	±0.4 mm(≤10 mm)； ±4%(>10 mm)

（5）业务应用

装备许可证编号：SXZ-66-2018。

启用时间：2014 年。

应用领域：DSD2 型自动雨量站是专为观测山洪地质灾害多发地区地面降雨和空气温度而设计的全天候气象监测设备。该系统由集成一体化的高准确度数据采集器、太阳能充电控制、蓄电池等和相关传感器组成，可在无人值守的恶劣环境下全天候、全自动正常运行（图 1.1.25.1）。

图 1.1.25.1　DSD2 型自动雨量站应用场景

1.1.26　DSD21 型翻斗式自动雨量站（北京华云升达）

（1）观测原理

DSD21 型翻斗式自动雨量站由一体化的高精度数据采集器（含智能 GPRS/CMDA/SMS 模块）、太阳能充电控制、蓄电池等和相关雨量传感器组成，可在无人值守的恶劣环境下全天候、全自动正常运行。

（2）功能特点

能够准确地预报、预警诱发山洪等灾害发生的强降水灾害性天气，及时发布气象预警服务信息；采用全自动设计，适合野外工作，适应各种不同安装环境；一体化设计，结构紧凑，安装方便，即插即用；低功耗，备有后备电池，可长时间使用；高可靠性，免日常维护；支持多种通信方式（GPRS/CDMA，北斗通信）；使用新型材料，防盗设计。

（3）组成结构

由硬件和软件组成。硬件可分为翻斗雨量传感器、数据处理单元、供电单元、通信控制单元、无线传输模块及外围组件，其软件可分为采集软件和业务软件两种。采集软件运行在雨量计的数据处理单元中，具有数据采集、数据处理、数据存储和数据传输功能。业务软件用于处理雨量计观测数据，是安装在终端微机中的应用软件。

（4）性能指标（表 1.1.26.1）

表 1.1.26.1　DSD21 型翻斗式自动雨量站性能指标

要素	主要指标
0.1 mm 雨量传感器	降雨强度：0～4 mm/min；分辨力：0.1 mm； 准确度：±0.4 mm(≤10 mm)；±4%(>10 mm)
0.5 mm 雨量传感器	降雨强度：0～10 mm/min；分辨力：0.5 mm； 准确度：±0.5 mm(≤10 mm)；±5%(>10 mm)

续表

要素	主要指标
功耗	传感器：<0.5 W；通信模块(GPRS 或 CDMA)：<0.5 W(待机)；<2 W(峰值)
环境适应性	工作温度：−40～60 ℃(电气部分)；0～60 ℃(传感器部分、正常工作)；−45～0 ℃(传感器部分、不损坏)。相对湿度：5%～100%；大气压力：450～1060 hPa
防护等级	IP65
抗盐雾腐蚀	满足《电工电子产品环境试验 第 2 部分：试验方法 试验 Ka：盐雾》(GB/T 2423.17—2008)
电磁兼容性	浪涌(冲击)抗扰度满足《电磁兼容 试验和测量技术 浪涌(冲击)抗扰度试验》(GB/T 17626.5—2019)； 电快速瞬变脉冲群抗扰度满足《电磁兼容 试验和测量技术 电快速瞬变脉冲群抗扰度试验》(GB/T 17626.4—2018)； 射频电磁场辐射抗扰度满足《电磁兼容 试验和测量技术 射频场感应的传导骚扰抗扰度》(GB/T 17626.6—2017)； 静电放电抗扰度满足《电磁兼容 试验和测量技术 静电放电抗扰度试验》(GB/T 17626.2—2018)
可靠性要求	平均故障间隔时间(MTBF)≥15000 h

(5)业务应用

装备许可证编号：SXZ-29-2013。

启用时间：2013 年。

应用领域：DSD21 型翻斗式自动雨量站是专门针对中小流域治理和中小水库除险加固专项监测而研制，以全新的理念、全新的设计和高性能、高稳定性、高可靠性的技术要求研制生产高性价比的产品。广泛应用于气象、水文、农业和环保等领域(图 1.1.26.1、图 1.1.26.2)。

图 1.1.26.1 DSD21 型翻斗式自动雨量站

图 1.1.26.2 DSD21 型翻斗式自动雨量站应用场景

1.1.27 DSD22 型翻斗式自动雨量站(航天新气象)

(1)观测原理

DSD22 型翻斗式自动雨量站采用当今成熟的、稳定的、先进的电子测量、数据传输和控制系统技术，基于厂家多年的自动雨量站专业设计经验而设计、制造，具有高可靠性、高准确性、易维护性等特点。

(2)功能特点

该站(图 1.1.27.1)基于嵌入式系统技术构建,采用了国际标准并遵循标准、开放的技术路线进行设计,并对采集器、传感器、外围设备、软件、现场标校设备的各个部分,从功能、结构、通信协议、数据采集、数据存储、数据质量控制、数据传输、电气接口标准、生产工艺等进行全面的标准化规定。雨量站具有高精度、高稳定、易维护、低功耗、易扩展和实时远程监控等特点,可持续监测突发强降水,既可以作为雨量监测站独立使用,也可以作为雨量智能传感器接入新型自动气象站上,还能够兼容现有自动气象站。

(3)组成结构

由智能数据采集器、翻斗雨量传感器、供电单元和无线通信模块构成(图 1.1.27.2)。

图 1.1.27.1　DSD22 型翻斗式自动雨量站

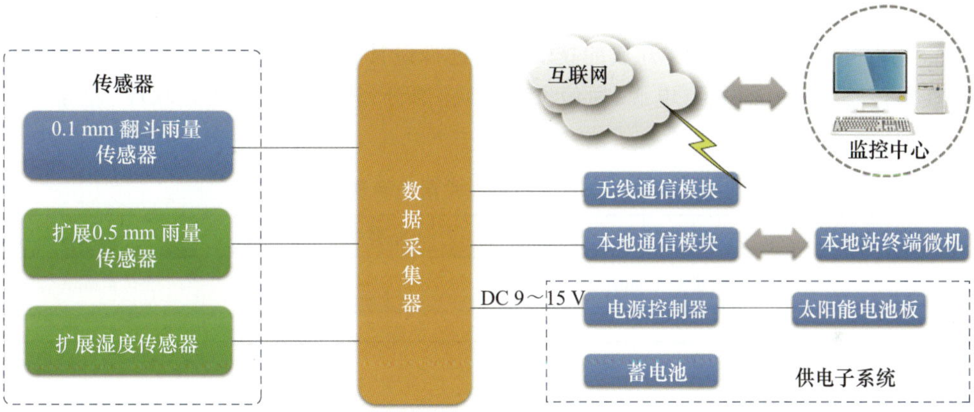

图 1.1.27.2　DSD22 型翻斗式自动雨量站系统构成图

(4)性能指标(表 1.1.27.1)

表 1.1.27.1　DSD22 型翻斗式自动雨量站性能指标

测量要素	范围	分辨力	最大允许误差
降水量	雨强:0～4 mm/min	0.1 mm	±0.4 mm(≤10 mm); ±4%(>10 m)
	雨强:0～10 mm/min	0.5 mm	±0.5 mm(≤10 mm); ±5%(>10 mm)
气温	−50～50 ℃	0.1 ℃	±0.2 ℃

(5)业务应用

装备许可证编号:SXZ-27-2018。

启用时间:2018 年。

应用领域:主要应用于国家基本气象站、各种(常规)气象观测站、其他行业(如林业、农业、石油、电力、水利等)气象监测站。

1.1.28　DSD24 型翻斗式自动雨量站(天津中环天仪)

(1)观测原理

DSD24 型翻斗式自动雨量站是一种可以自动观测、自动存储气象条件的设备,可以实时监测雨量要

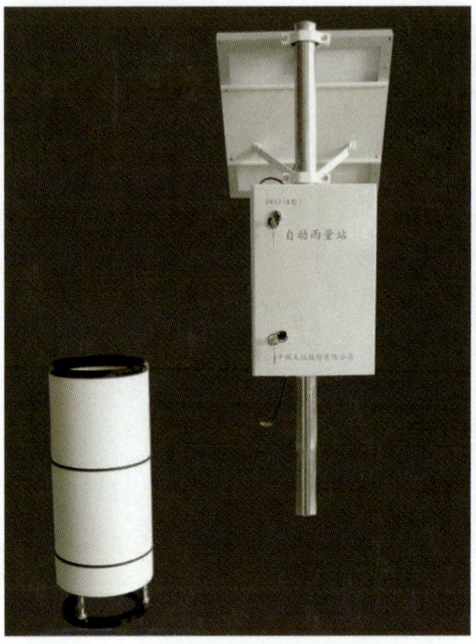

图 1.1.28.1　DSD24 型翻斗式自动雨量站

素，传感器将气象观测要素物理量转换成电信号或数字信号，数据采集器对气象、要素传感器测量信号进行采集，并对采样数据进行控制运算、数据计算处理、数据质量控制、数据记录存储，然后由通信设备将观测数据传输到本地数据显示终端或远程数据监控中心的计算机上。

(2)功能特点

该站(图 1.1.28.1)支持本地有线/无线传输和远程 2G/3G/4G、北斗卫星传输等，支持北斗和 2G/3G/4G 双模冗余通信提高数据传输的可靠性；具备高性能、多功能的数据处理能力；具备较强的耐酸雨、防水、防尘能力；采集准确度高、运行稳定可靠；具备出色的防雷击能力；低功耗、易扩展；方便安装、便于维护；采用蓄电池供电并支持交流电源、太阳能等辅助电源为蓄电池浮充电，蓄电池容量可满足 15 d 超长待机。

(3)组成结构

基于现代嵌入式系统技术构建，采用了国际标准并遵循标准、开放的技术路线进行设计，由硬件和软件两大部分组成。硬件包括数据采集器、气象传感器、外围设备(电源、通信设备等)三部分；软件包括嵌入式软件、业务软件两部分。

(4)性能指标(表 1.1.28.1)

表 1.1.28.1　DSD24 型翻斗式自动雨量站性能指标

测量要素	范围	分辨力	最大允许误差
降水量	雨量 0.1 mm； 雨强 0～4 mm/min	0.1 mm	±0.4 mm(≤10 mm)； ±4%(>10 mm)

(5)业务应用

装备许可证编号：SXZ-66-2018。

启用时间：2014 年。

应用领域：该自动雨量站是专为观测山洪地质灾害多发地区地面降雨和空气温度而设计的全天候气象监测设备。该系统由集成一体化的高准确度数据采集器、太阳能充电控制、蓄电池等和相关传感器组成，可在无人值守的恶劣环境下全天候、全自动正常运行。

1.1.29　DSD25 型翻斗式自动雨量站(上海气象仪器)

(1)观测原理

通过 DSD25 型雨量采集器测量传感器输出的雨量开关信号，完成传感器的信号采样，然后对采样值进行数据运算处理、质量控制、记录存储，观测数据和状态数据通过质量控制，按照设定的通信方式和传输间隔进行数据发送，也可以远程响应命令，进行通信方式和传输时间间隔调整，实现数据通信和传输。

(2)功能特点

DSD25 型翻斗式自动雨量站是应用微机、通信、电源技术于一体的先进降雨量观测设备，具有对降水进行自动采集、计算、显示、存储、通信、告警等功能。用户可根据实际观测点条件进行选择，采集部件有室内型亦有室外型，通信方式有有线传输也有无线传输方式，既可在市电状态下工作也可采用太阳能供电，可以区域性组网观测亦可单站/自记观测。

(3)组成结构

由数据采集器、雨量传感器、供电系统、通信系统和外围部件组成。组网观测时，系统由中心站和自动雨量站组成，中心站由计算机、软件等组成。

(4)性能指标(表 1.1.29.1)

表 1.1.29.1 DSD25 型翻斗式自动雨量站性能指标

要素		范围	分辨力	测量精度
降水量		0～999.9 mm	0.1 mm	±0.4 mm(≤10 mm); ±4%(>10 mm)
工作环境	温度	−5～40 ℃		
	相对湿度	0～100%		
通信方式		PSTN/GSM/GPRS/CDMA 可选		
时钟精度		月累计误差≤15 s		

(5)业务应用

装备许可证编号:SXZ-61-2018。

启用时间:2014 年 9 月 9 日。

应用领域:该设备可实现各类条件地区雨量观测自动化、遥测化、数字化,广泛应用于气象、水利水文、科学研究、防灾减灾等雨情监测领域。

1.1.30 DSG1 型降水现象仪(航天新气象)

(1)观测原理

DSG1 型降水现象仪(图 1.1.30.1)是一种基于激光衰减原理而设计的降水现象自动化观测仪器,传感器主要测量粒子直径、粒子的降落速度并通过计算得到各种降水类型,包括毛毛雨、小雨、雨、雨夹雪、雪、米雪、冻雨、冰雹。其中,视频采集器为各类天气现象(或气象要素)的自动观测识别提供视频,基于计算机视觉和深度学习技术的识别软件,可通过其获取的视频资料实现大气现象的实时自动识别。

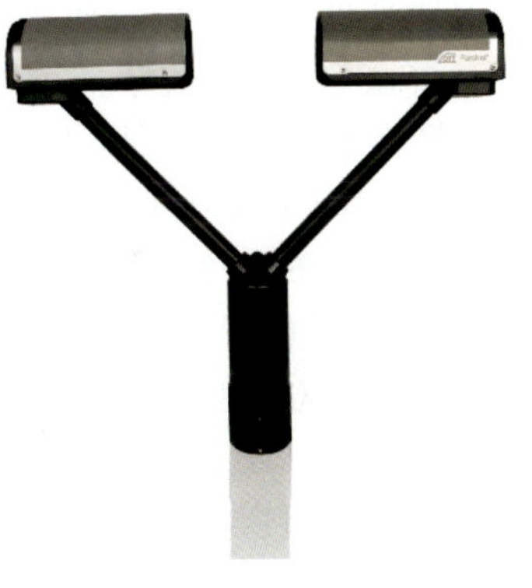

图 1.1.30.1 DSG1 型降水现象仪产品图

(2)功能特点

可观测各种降水类型,其中,液态降水类型粒径的测量范围为0.2～5 mm,固态降水类型粒径测量范围为 0.2～2.5 mm,速度范围为 0.2～20 m/s,并且输出辅助信息(降水滴谱、降水强度、雷达反射率、大气的能见度);识别类型全面、准确度高;可同时报出降水强度和降水量;内部有加热功能;高可靠性;易使用、易维护、环境适应性强。

(3)组成结构

DSG1 型降水现象仪主要由视频采集器和控制处理器组成。

(4)性能指标(表 1.1.30.1)

表 1.1.30.1 DSG1 降水现象仪性能指标

要素	主要指标	要素	主要指标
判断类型	毛毛雨、小雨、雨、雨夹雪、雪、米雪、冻雨、冰雹	识别准确度	≥90%
供电方式	AC 220 V 或者 DC 10～24 V	通信方式	RS-232
工作温度	−45～50 ℃	环境适应性	抗震动、抗盐雾腐蚀
工作湿度	0～100%RH	大气压力	450～1060 hPa
降水强度	≤10 mm/min	抗风能力	≤75 m/s

(5)业务应用

装备许可证编号:SXZ-20-2020。

启用时间:2020 年。

应用领域：广泛应用于交通控制、气象监测与服务、科学研究、机场观测、公路气象监测、水文地理学、气象雷达数据校正等应用领域。

1.1.31 DSG2 型降水现象仪（安徽蓝盾）

（1）观测原理

DSG2 型降水现象仪是由一个数字信号处理器控制的光学式测量仪器。它发射近红外的脉冲光，由红外光敏二极管接收并检测降水粒子引起的光强度变化。接收脉冲光的强度经光电传感器转换成线性比例的电信号，再经过模/数信号转换后，通过专门算法统计降水粒子谱分布，反演降水天气现象，具有实时、准确、自动在线监测的优点。

（2）功能特点

DSG2 型降水现象仪依据中国气象局《降水现象仪功能规格需求书（试行版）》中相关要求和规定进行设计，测量与降水气象相关的量。它可以用于自动气象站的降水类型监测，以及降水的谱分布监测，为实现气象观测业务的自动化提供了必要的途径。

经过国内多个气候条件下的全天候考核，具有良好的稳定性、可靠性；系统在设计时充分考虑了系统的易维护性，确保系统在使用中出现故障时，在最短的时间内恢复运行；系统模块设计集成度高、功能强、接口简单、维护方便。

（3）组成结构

由三个主要部件构成（图 1.1.31.1）。①传感器横臂，包括光学部件、发射机、接收机和装有加热器的保护罩；②电子元件屏蔽箱，包括数字信号处理器（DSP）、电源、模/数（AC/DC）转换器、温度控制器、防雷器和数据传输光电隔离器；③风杆，包括固定在基础或其他平面里的机械部件，以及对横杆和电子元件箱的支撑。

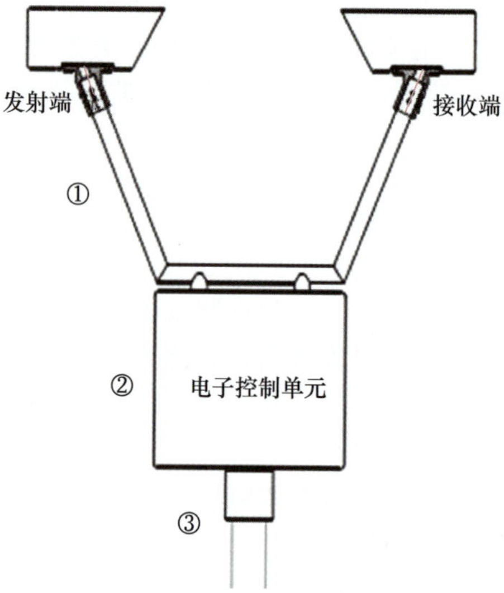

图 1.1.31.1　DSG2 型降水现象仪组成结构图

（4）性能指标（表 1.1.31.1）

（5）业务应用

装备许可证编号：SXZ-19-2020。

启用时间：2016 年。

应用领域：主要应用于国家基本气象站、各种（常规）气象观测站、其他行业（如交通、农业和水利等）气象监测站（图 1.1.31.2）。

表 1.1.31.1　DSG2 型降水现象仪性能指标

要素	范围	最大允许误差
降水粒子尺寸	0.2～8 mm	±10%
降水粒子下落速度	0.2～20 m/s	±15%
降水强度	0.005～250 mm/h	雨量为 0.5～20 mm/h 时，误差≤15%；天气现象为雪时，误差≤30%
降水天气现象识别	毛毛雨、小雨/雨、雨、雨夹雪、雪、米雪、冻雨、冰雹	>95%

图 1.1.31.2　DSG2 型降水现象仪业务应用场景

1.1.32 DSG3型降水现象仪(天津中环天仪)

(1)观测原理

降水粒子因其物理特性的差异,在粒径和下落末速度的分布上有各自的对应关系。根据降水粒子对激光信号的衰减影响程度,检测降水粒子的粒径和下落末速度,确定降水粒子的图谱分布,输出降水现象类型。

当激光束里没有降水粒子降落穿过时,接收装置收到最强的激光信号,输出最大的电压值。当降水粒子穿过水平激光束时,以其相应的粒径遮挡部分激光束,从而使接收装置输出的电压下降。通过电压的大小可以确定降水粒子的粒径大小,从而实现降水粒子的粒径检测;粒子下降通过水平激光束需要一定的时间,通过检测电子信号的持续时间,即从降水粒子开始进入激光束到完全离开激光束所经历的时间,可以推导出降水粒子的下降速度。DSG3型降水现象仪工作原理如图1.1.32.1所示。

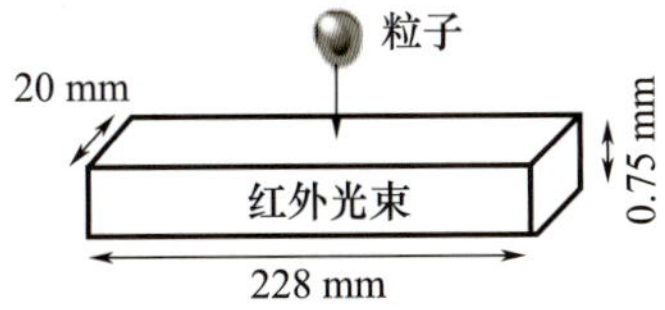

图1.1.32.1 DSG3型降水现象仪工作原理图

(2)功能特点

DSG3型降水现象仪根据气象观测需求而设计定型,能够对雨、雪、雨夹雪、毛毛雨和冰雹等多种降水天气现象进行全天候自动监测。该降水现象仪低功耗、高稳定性、高精度、可无人值守;多种供电方式,如交流电、太阳能等;可靠电源控制系统,可保证降水现象仪在各种供电环境下连续运行;支持多种通信方式,具备强大远程监控功能;数据采集系统内核可靠性强,数据处理规范。

(3)组成结构

降水现象仪主要由传感器、数据采集单元、供电控制单元和附件等部分组成,组成结构如图1.1.32.2所示。降水现象传感器:传感器包括激光发射和接收、控制处理单元、温度控制等。数据采集单元:数据采集单元负责处理采样的降水粒子大小、速度、数量等信息,对采样样本进行质量控制、运算处理,输出降水现象类型、雨滴图谱、仪器工作状态等信息。供电控制单元:降水现象仪采用DC 12 V供电,应配蓄电池,供电控制单元将交流电源或辅助电源(太阳能、风能等)进行转换,并为蓄电池充电。降水现象仪附件包括安装底座、立柱、基础预埋件等。

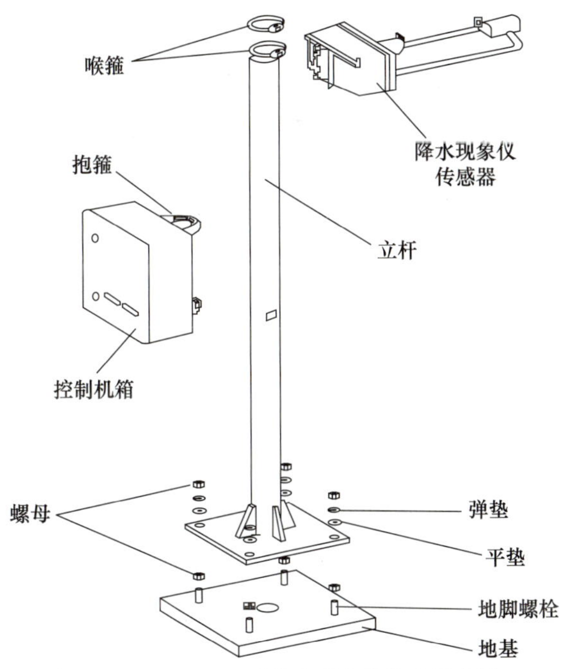

图1.1.32.2 DSG3型降水现象仪结构示意图

(4)性能指标(表1.1.32.1)

表1.1.32.1 DSG3型降水现象仪测量性能指标

要素	主要指标	要素	主要指标
环境条件	−40～70 ℃,0～100%RH	粒子速度	0.2～20 m/s
防护等级	IP65	降水类型	毛毛雨、雨、雪、雨夹雪、冰雹

续表

要素	主要指标	要素	主要指标
激光二极管	785 nm,最大 0.5 mW 光能	雨、雪识别率	>99%
激光等级	激光等级 1M (EN 60825-1:1994 A2:2001)	最小强度	<0.001 mm/h (毛毛雨)
调解频率	172.8 kHz	最大强度	1200 mm/h
发光二极管	日光滤光器(<700 nm)	降水能见度 MOR	0~99999 m
测量范围	40~47 cm^3(仪器参数)	雷达反射率	−9.9~99.9 dBZ
粒子大小	∅0.16 mm~8 mm		

(5)业务应用

装备许可证编号:SXZ-21-2020。

启用时间:2020 年。

应用领域:主要应用于国家基准气候站、国家基本气象站等气象台站、其他行业(如林业、农业、水利等)气象监测站。

1.1.33 DSG4 型降水现象仪(北京华创维想)

(1)观测原理

DSG4 型降水现象仪一款采用激光遥测技术对降水过程进行分析、记录的全自动监测设备,可对各种降水过程进行精确测量。通过一个快速的数字化信号处理器完成数据获取和存储,测量的基本参数为降水的粒径和速度,由此推导出降水类型以及相关数据。

(2)功能特点

该仪器经过统计降水粒子在速度和粒径上的分布(雨滴谱),能够自动实现降水天气现象要素观测、数据采样、存储和处理,并按照规定数据格式输出。

"32×32 级"雨滴谱粒径与速度激光测量;降水过程、天气现象、降水动能、交通预警、雷达校准;19 种降水天气现象码分钟级记录数据;固态、液态、混合态降水量测量;集采集处理、存储、通信一体化测量仪器;数据卡海量分钟级数据存储;配套数据记录分析软件;可太阳能供电与加热控制;容易安装,固定与便携两种组配方式可选。

(3)组成结构

DSG4 型降水现象仪由雨滴谱传感器、采集单元、供电单元以及伺服立杆组成。

(4)性能指标(表 1.1.33.1)

表 1.1.33.1 DSG4 型降水现象仪性能指标

要素		主要指标
测量	粒径范围	0.062~24.500 mm;分辨力:32 等级
	速度范围	0.050~20.800 m/s;分辨力:32 等级
	粒子数	0~99999
	降水类型	8 种降水类型(雨、阵雨、毛毛雨、雪、阵雪、雨夹雪、阵性雨夹雪、冰雹)
	降水现象识别准确率	≥90%
	精度	人工观测相符率>97%
功能	天气现象	当前天气现象代码
	雨滴谱图	降水谱图数据
	数据格式	以中国气象局气象探测中心发布的《地面观测气象数据字典》中天气现象部分数据格式为准
	数据输出频次	1 次/min
数据采集	中央处理单元	32 位嵌入式处理器
	接口	RS-232
	数据存储	板载存储卡

(5)业务应用

装备许可证编号:SXZ-35-2020。

启用时间:2015 年。

应用领域:主要应用于局地气象预报、山岳风景区洪水预警监测、气候生态环境观测研究以及强降水泥石流天气预警(图 1.1.33.1～图 1.1.33.3)。

图 1.1.33.1　DSG4 型降水现象仪应用场景 1

图 1.1.33.2　DSG4 型降水现象仪应用场景 2

图 1.1.33.3　DSG4 型降水现象仪应用场景 3

1.1.34　DSG5 型降水现象仪(北京华云升达)

(1)观测原理

DSG5 型降水现象仪是一种采用现代激光技术的光学测量系统,用于测量降水(液态、固态、混合)粒子直径、速度、分布密度、雨强、累计雨量、天气现象、能见度等气象参数的集雨滴谱分析仪、高精度全天候雨量计、天气现象识别仪和能见度仪等功能于一体的仪器,可识别毛毛雨、雨、雪、雨夹雪和冰雹在内的五种降水现象。

(2)功能特点

采用一体化的结构设计,选用优质的耐腐蚀材料、采用经过优化处理的核心算法,使用目前成熟稳定的 RS-485 和 RS-232 方式进行数据传输和系统控制。具有可靠性好、准确性高、易安装维护等特点;采用防溅网,有效防止溅落的水滴进入测量区域;采用 U 形结构,有效防止溅起的水滴进入测量区域;引入温度变量作为判断的依据,有效提高了判断的准确性;优化算法剔除对冰雹的误判。

(3)组成结构

由传感器、数据采集、外围设备及相关软件构成等部分组成。降水传感器检测降水信号,并区分降水类型。数据采集部分指数据采集箱,内含接口单元、中央处理单元、存储单元等。外围设备包括供电电源和通信接口等。采集软件运行在数据采集控制单元中,应包含数据采集、通信、控制、支持时间同步、采集参数自动保存、自重启、降水现象观测与识别、参数设置与信息查看等功能(图 1.1.34.1)。

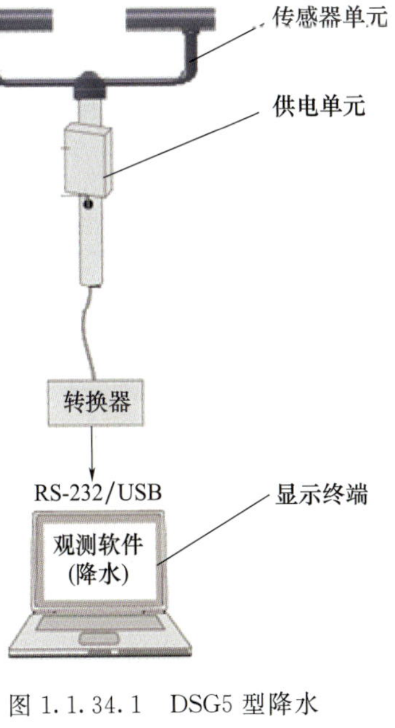

图 1.1.34.1　DSG5 型降水现象仪系统构成图

（4）性能指标（表 1.1.34.1）

表 1.1.34.1 DSG5 型降水现象仪性能指标

要素	主要指标
降水类天气现象识别	准确率≥90％
降水天气现象识别类型	雨、毛毛雨、雪、雨夹雪、冰雹
资料输出类型	天气现象代码数据、降水谱图数据
资料输出频次	1 min
环境适应性	工作温度：−40～50 ℃；相对湿度：10％～100％；大气压力：450～1060 hPa；太阳辐射：1120 W/m²；降水强度：0～6 mm/min
抗盐雾腐蚀	满足《电工电子产品环境试验 第 2 部分：试验方法 试验 Ka：盐雾》（GB/T 2423.17—2008）
机械条件	正弦稳态振动：位移 1.5 mm；加速度 5 m/s²；频率 2～9 Hz；9～200 Hz； 非稳态振动（冲击）：峰值加速度 40 m/s²；自由跌落：高度 0.25 m；倾跌角度：30°
电磁兼容性	浪涌（冲击）抗扰度满足《电磁兼容 试验和测量技术 浪涌（冲击）抗扰度试验》（GB/T 17626.5—2019）；电快速瞬变脉冲群抗扰度满足《电磁兼容 试验和测量技术 电快速瞬变脉冲群抗扰度试验》（GB/T 17626.4—2018）；射频电磁场辐射抗扰度满足《电磁兼容 试验和测量技术 射频场感应的传导骚扰抗扰度》（GB/T 17626.6—2017）；静电放电抗扰度满足《电磁兼容 试验和测量技术 静电放电抗扰度试验》（GB/T 17626.2—2018）
可靠性要求	平均故障间隔时间（MTBF）≥3000 h

（5）业务应用

装备许可证编号：SXZ-03-2016。

启用时间：2016 年。

应用领域：该降水现象仪是地面气象观测中最基本的项目之一，降水类型、降水强度、降水量以及雷达反射率等项目的准确判别为气象、水文、农业和资源环境等科学研究提供了重要依据；对农业生产、交通运输和防灾减灾等领域有重大的实用价值（图 1.1.34.2、图 1.1.34.3）。

图 1.1.34.2 DSG5 型降水现象仪应用场景 1

图 1.1.34.3 DSG5 型降水现象仪应用场景 2

1.1.35 DSG9 型雨滴谱式降水现象仪（北京聚恒博联）

（1）观测原理

DSG9 型雨滴谱式降水现象仪（图 1.1.35.1、图 1.1.35.2）是一款自动连续监测降水粒子谱、降水天气现象类型的传感器。利用近红外光的前向散射原理，根据监测降水粒子通过采样区时的前向散射信号，通过降水颗粒穿过光带时接收光能的变化来计算降水粒子的下落速度和粒径大小，并根据降水粒子谱的经验模型推算出降水滴谱、降水类型、降水动能、降水强度、雷达反射率和大气能见度等信息，自动判别输出降水天气现象。

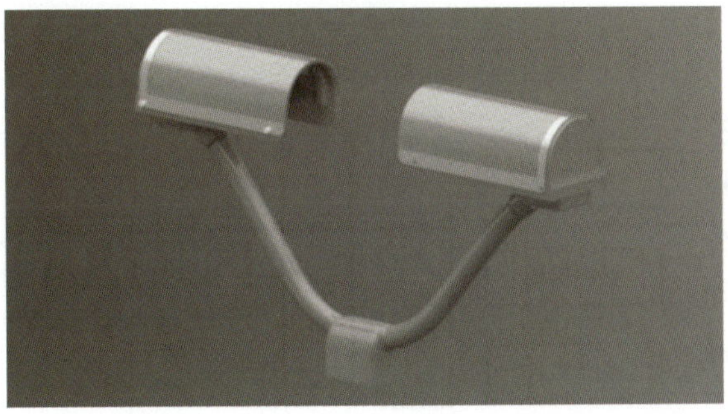

图 1.1.35.1　DSG9 型雨滴谱式降水现象仪产品图

图 1.1.35.2　DSG9 型雨滴谱式降水现象仪安装效果图

（2）功能特点

采用一体化设计、体积小巧、安装方便、维护简单；性能稳定可靠、数据准确、环境适应性强；发射及接收端覆盖独特的防溅罩，有效避免降水粒子溅落至采样区；可选配专业应用软件，用于接收仪器观测结果，图像化显示雨滴谱；可选配标准装置。

（3）组成结构

主要由降水现象传感器、电控箱和立柱三大部分组成。降水现象传感器主要包括光学部分、电学部分和结构部分，实现数据的采集、接收、转换、处理、计算等功能；电控箱包括通信模块、防雷模块和供电模块，为设备提供电源、通信以及防雷功能；立柱主要用于支撑传感器和电控箱。

（4）性能指标（表 1.1.35.1）

表 1.1.35.1　DSG9 型雨滴谱式降水现象仪性能指标

要素	主要指标	要素	主要指标
尺寸（长×宽×高）	660 mm×450 mm×120 mm（降水现象传感器）	数据输出频次	1 min
质量	≤7 kg（降水现象传感器）	电源	AC 220 V（±15%），50±2.5 Hz（DC 12～24 V 降水现象传感器）
粒子测量范围	粒径：0.2～25 mm；速度：0.2～20 m/s	功耗	≤60 W（≤4 W，降水现象传感器）
粒径分布	32 个粒径级别、32 个速度级别	通信	RS-232/RS-485 可选
降水类型	雨、毛毛雨、雪、雨夹雪、冰雹 5 种天气现象	工作环境	温度：−45～50 ℃；相对湿度：0～100%
降水类型识别准确率	≥90%	储存环境	温度：−50～60 ℃；相对湿度：0～100%

（5）业务应用

装备许可证编号：SXZ-43-2020。

启用时间：2020 年 7 月。

应用领域：主要应用于气象观测[如国家基本气象站、各种（常规）气象观测站等]、科研院所、人工影响天气等领域。

1.1.36　DSJ1 型超声波雪深观测仪（北京华云升达）

（1）观测原理

DSJ1 型超声波雪深观测仪是基于超声波原理设计的，通过测量超声波脉冲发射和返回的时间得出从传感器探头到目标的距离，最常见的是用于测量雪深和水深。雪深观测仪不仅满足地面气象观测规范中积雪深度测量，也适用于水面高度、植被高度等其他应用。

（2）功能特点

不仅满足地面气象观测规范中积雪深度测量，也适用于水面高度、植被高度等其他测量。不仅可以作为单独的雪深智能传感器接在传统的自动气象站上，也可以作为自动观测仪单独使用，具有微功耗、安装方便、免维护等特点；适合长期连续地测量积雪深度、时段降雪量等；传感器的坚固铝制外壳可以抵挡恶劣环境；超声波感应面具有独特的防沙保护罩设计。

（3）组成结构

DSJ1 型超声波雪深观测仪由硬件和软件组成。硬件分为测距传感器、环境温度传感器、数据处理单元、通信单元、供电控制单元和结构安装组件。软件分为嵌入式软件和业务软件。嵌入式软件置于数据处理单元内，用于数据采集、数据处理、数据存储和数据输出。业务软件安装在终端计算机中用于处理自动雪深观测数据，生成相关报文（图 1.1.36.1）。

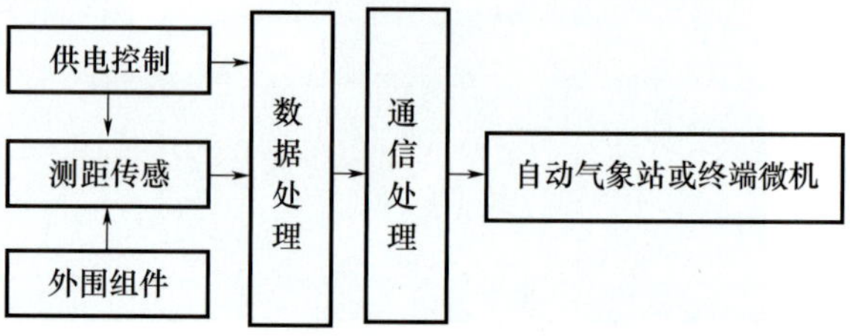

图 1.1.36.1　DSJ1 型超声波雪深观测仪系统构成

（4）性能指标（表 1.1.36.1）

表 1.1.36.1　DSJ1 型超声波雪深观测仪性能指标

要素	主要指标
雪深量程	0～200 cm（北方型），0～150 cm（普通型）
分辨力	0.1 cm
准确度	±1 cm（实验室环境下测试指标）
功耗	观测仪应采用低功耗设计，功耗＜2 W
环境适应性	工作温度：−45～40 ℃；储存温度：−45～60 ℃； 相对湿度：5%～100%；大气压力：450～1060 hPa
抗盐雾腐蚀	满足《电工电子产品环境试验 第 2 部分：试验方法 试验 Ka：盐雾》（GB/T 2423.17—2008）
电磁兼容性	浪涌（冲击）抗扰度满足《电磁兼容 试验和测量技术 浪涌（冲击）抗扰度试验》（GB/T 17626.5—2019）； 电快速瞬变脉冲群抗扰度满足《电磁兼容 试验和测量技术 电快速瞬变脉冲群抗扰度试验》（GB/T 17626.4—2018）； 射频电磁场辐射抗扰度满足《电磁兼容 试验和测量技术 射频场感应的传导骚扰抗扰度》（GB/T 17626.6—2017）； 静电放电抗扰度满足《电磁兼容 试验和测量技术 静电放电抗扰度试验》（GB/T 17626.2—2018）
可靠性要求	平均故障间隔时间（MTBF）≥3000 h

（5）业务应用

装备许可证编号：SXZ-44-2019。

启用时间：2019 年。

应用领域：DSJ1 型超声波雪深观测仪是一种可以实现雪深自动化连续监测的雪深测量仪器，广泛应用于气象预报，道路、机场、能源监控，雪崩预报，农业研究以及各环境监测部门（图 1.1.36.2、图 1.1.36.3）。

图 1.1.36.2　DSJ1 型超声波雪深观测仪应用场景 1

图 1.1.36.3　DSJ1 型超声波雪深观测仪应用场景 2

1.1.37 DSS1 型雪深观测仪(航天新气象)

(1)观测原理

DSS1 型雪深观测仪(图 1.1.37.1、图 1.1.37.2)采用相位法激光测距原理，激光测距单元由高稳定的激光发射器、接收器、前置控制器组成，采用相位法测距，用无线电波段频率，对激光束进行调制并测定调制光往返测线一次所产生的相位延迟，再根据调制光的波长，换算此相位延迟所代表的距离，即用间接方法测定出光经往返测线所需的时间，得到距离值。同时，激光测距单元还检测反射激光信号的强度变化。距离、信号强度等数据送至处理单元进行处理。

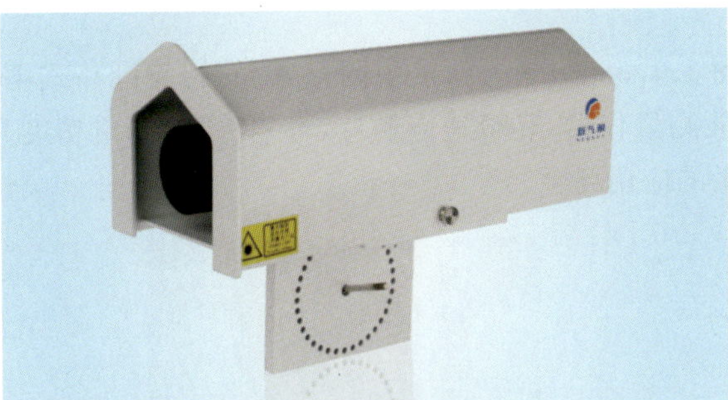

图 1.1.37.1 DSS1 型雪深观测仪产品图

图 1.1.37.2 DSS1 型雪深观测仪安装效果图

(2)功能特点

它结合了激光测距、电气工程、信号处理、软件等方面的技术，是一个可靠的自动化观测仪器，适合在苛刻现场条件进行雪深测量。产品具有高可靠性、高准确性、易使用、易维护等特点。

(3)组成结构

雪深观测仪由硬件和软件两部分组成。硬件由数据采集器、传感器和外围设备组成，外围设备包括通信单元、供电单元、防雷模块、加热单元、测雪板、终端微机、立柱等，软件包括采集器嵌入式软件、业务应用软件和现场标定工具软件(图 1.1.37.3)。

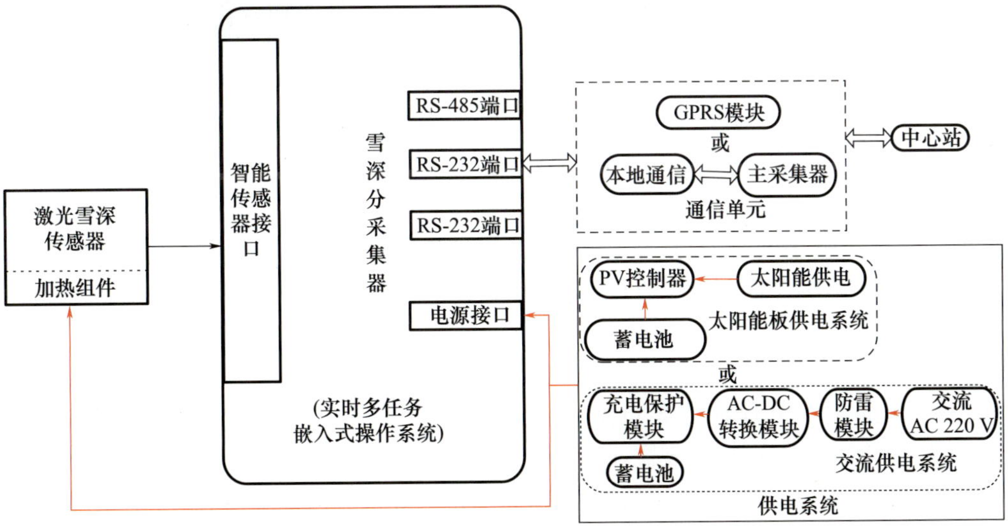

图 1.1.37.3 DSS1 型雪深观测仪系统构成图

（4）性能指标（表 1.1.37.1）

表 1.1.37.1　DSS1 型雪深观测仪性能指标

要素	主要指标	要素	主要指标
测量范围	0～200 cm	分辨力	0.1 cm
最大允许误差	±1 cm		

（5）业务应用

装备许可证编号：SXZ-08-2019。

启用时间：2019 年。

应用领域：主要应用于国家基本气象站、各种（常规）气象观测站、其他行业（如林业、农业、石油、电力、水利等）气象监测站。

1.1.38　DSDZ1 型智能翻斗式雨量测量仪（航天新气象）

（1）观测原理

DSDZ1 型智能翻斗式雨量测量仪（图 1.1.38.1、图 1.1.38.2）是一款按中国气象局《智能翻斗式雨量测量仪-I 型功能规格需求书》要求开发的高精度雨量智能测量仪器，环境适应性好、可靠稳定、测量精度高、易维护，适用于地面气象观测业务等需要高精度雨量测量的应用场合。

图 1.1.38.1　DSDZ1 型智能翻斗式雨量测量仪产品图 1

图 1.1.38.2　DSDZ1 型智能翻斗式雨量测量仪产品图 2

（2）功能特点

该测量仪具备自处理、自适应、自诊断、自恢复以及在线升级和即插即用等技术特点，支持《地面气象要素编码与数据格式》（GB/T 33695—2017），可以通过串口或外接无线通信设备接入集成处理器，完成组网成站。

（3）组成结构

由敏感元件、测量电路、处理器、监测电路、供电电路、外围组件构成。敏感元件采用高精度翻斗传感器；测量电路由脉冲检测电路实现，实现翻斗脉冲计数；处理器采用集成了 MCU 控制单元、数据存储器、程序存储器、驱动电路、时钟等的 Cortex 处理器；监测电路实现仪器内部电压、温度以及翻斗状态等内部状态的检测和监控；供电电路将外部输入电源转换为内部电路所需的各种电源（图 1.1.38.3）。

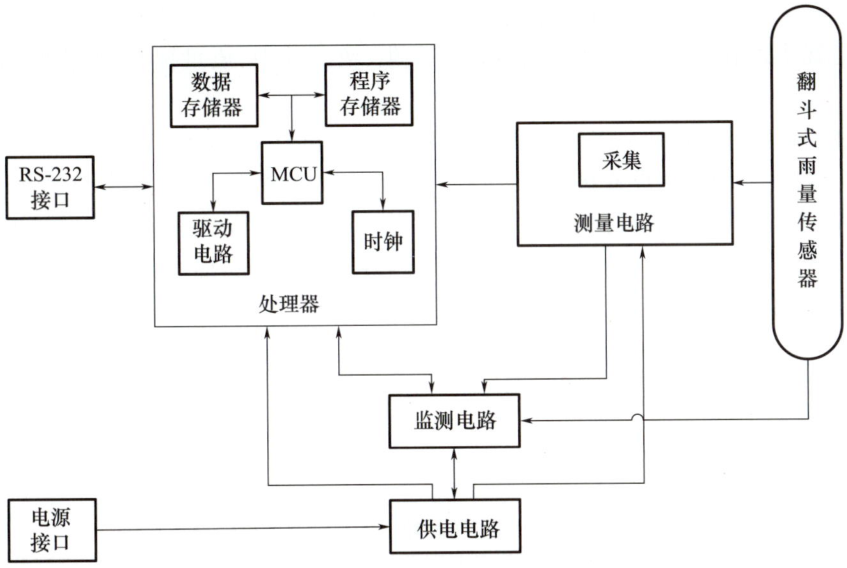

图 1.1.38.3 DSDZ1 型智能翻斗式雨量测量仪内部结构图

(4)性能指标(表 1.1.38.1)

表 1.1.38.1 DSDZ1 型智能翻斗式雨量测量仪测量性能

要素	主要指标	要素	主要指标
测量范围	雨强:0~4 mm/min	分辨力	0.1 mm
最大允许误差	±0.4 mm(≤10 mm);±4%(>10 mm)	稳定性	±0.4 mm/a(≤10 mm);±4%/a(>10 mm)

(5)业务应用

装备许可证编号:SXZ-20-2019。

启用时间:2019 年。

应用领域:主要应用于国家基本气象站、各种(常规)气象观测站、其他行业(如林业、农业、石油、电力、水利等)气象监测站(图 1.1.38.4)。

图 1.1.38.4 DSDZ1 型智能翻斗式雨量测量仪应用场景

1.1.39 DSDZ2 型智能翻斗式雨量测量仪(天津中环天仪)

(1)观测原理

DSDZ2 型智能翻斗式雨量测量仪(图 1.1.39.1)是用来测量降水的测量仪。由该仪器表面积为 314 cm^2 的承雨口收集的雨水,经过漏斗流入上翻斗,当上翻斗流入一定量的雨水后翻转,倒空翻斗内的雨水,同时上翻斗的另一斗室开始接水。上翻斗流出的雨水经上塑壳流入计量翻斗中,当计量翻斗流入一定量的雨水后,计量翻斗翻转,倒空翻斗内的雨水,同时雨水流入计量翻斗的另一斗室,计量翻斗的每次翻转动作输出一个脉冲信号(1 脉冲=0.1 mm 降雨量),通过电缆传输到采集系统,数据采集装置通过对脉冲信号的处理即可得到相应的降雨量数据。

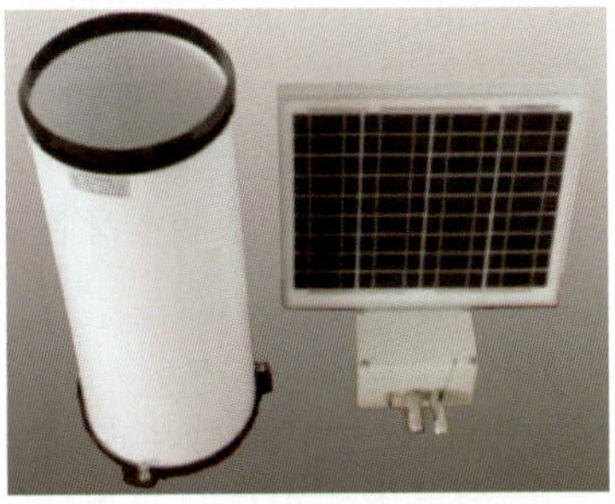

图 1.1.39.1 DSDZ2 型智能翻斗式雨量测量仪

（2）功能特点

按照统一标准、统一功能、统一结构、统一方法、统一规范的设计思路，形成性能可靠、准确性高、易维护、易备份的智能翻斗式雨量测量仪，能够实现信号采集、数据处理、质量控制、自检测、自校准、自诊断、自恢复等功能。

自处理：对观测数据进行自动采集、运算、质量控制、存储和传输；自适应：自主适应采集模式、通信模式和处理模式；自诊断：自动检测设备状态、质量控制、计量检定、报警等信息，自动诊断出设备工作是否正常以及进行故障定位，便于实时监控和维护保障；自恢复：根据设备状态信息和自诊断结果，自动恢复到标准状态；在线升级：通过规定的通信接口，实现程序在线升级；即插即用：根据标准化的数据格式和接口，实现即插即用，能生成二维码标识信息，便于设备入网管理。

（3）组成结构

由翻斗式雨量传感器、测量电路、监测电路、处理器、供电电路、电源接口和 RS-232 接口组成，测量电路包含采集模块，处理器包括 MCU 控制单元、数据存储器、程序存储器、驱动电路、时钟等。

（4）性能指标（表 1.1.39.1）

表 1.1.39.1　DSDZ2 型智能翻斗式雨量测量仪性能指标

测量要素	范围	分辨力	最大允许误差
降水量	雨强 0～4 mm/min	0.1 mm	±0.4 mm(≤10 mm)； ±4%(>10 mm)

注：具有雨量筒筒口堵塞监测，具有雨量筒上翻斗状态监测，具有计数翻斗状态监测等功能。

（5）业务应用

装备许可证编号：SXZ-34-2019。

启用时间：2019 年 5 月 15 日。

应用领域：应用范围广泛，如气象站、船舶、石油平台、环境保护等方面。

1.1.40　DSDZ3 型智能翻斗式雨量测量仪（北京华云升达）

（1）观测原理

DSDZ3 型智能翻斗式雨量测量仪（图 1.1.40.1）是用于测量地面降雨量的仪器，采用良好的感应元件和材料，以高精度低功耗微型化方式，设计完成该款传感器，整台设备接口规范，结构简单，安装方便。本产品通过RS-232 的方式将采集到的数据报文按约定的通信协议上传。

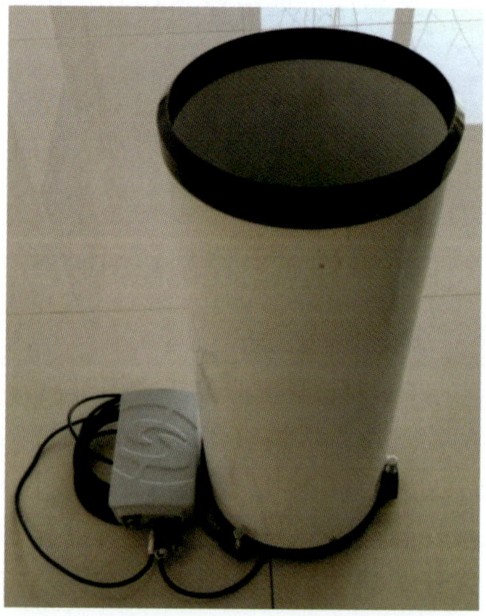

图 1.1.40.1　DSDZ3 型智能翻斗式雨量测量仪样机

（2）功能特点

能够实现信号采集、数据处理、质量控制、自检测、自诊断、自恢复等功能。各探测点采用良好的感应元件和材料，以高精度低功耗微型化方式，数字化及智能化思路设计完成该款传感器。通过承雨口检测点、汇集漏斗检测点和计数翻斗干簧管等多点动态监测，相互配合，实现对传感器本身各工作状态的实时监测，提高了设备的可靠性。

（3）组成结构

DSDZ3 型智能翻斗式雨量测量仪是用于测量地面降雨量的仪器，同时能够实现信号采集、数据处理、质量控制、自检测、自诊断、自恢复等功能。智能翻斗式雨量测量仪电路由采集单元、处理单元、通信单元、存储单元、时钟单元、供电单元组成（图 1.1.40.2）。

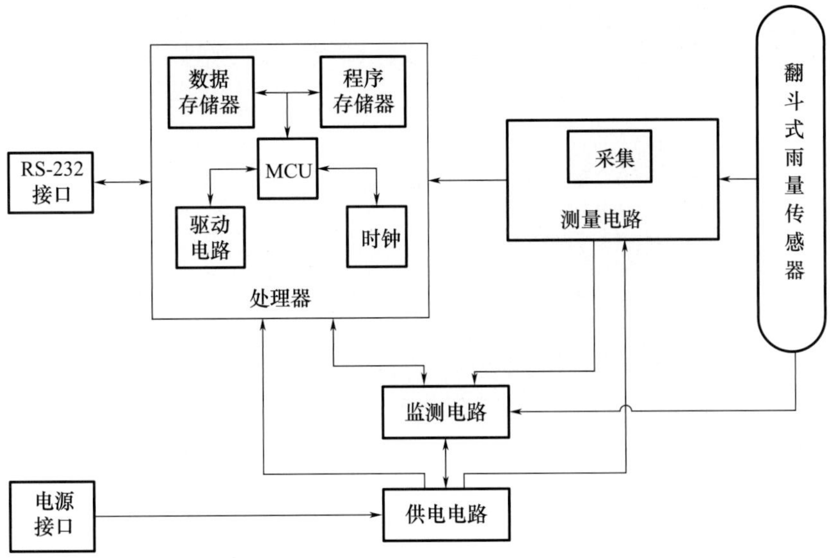

图 1.1.40.2　DSDZ3 型智能翻斗式雨量测量仪组成结构图

(4)性能指标(表 1.1.40.1)

表 1.1.40.1　DSDZ3 型智能翻斗式雨量测量仪性能指标

要素	主要指标
雨强测量范围	0～4 mm/min
分辨力	0.1 mm
最大允许误差	±0.4 mm(≤10 mm);±4%(>10 mm)
使用温度范围	0～50 ℃
稳定性	1 年偏差在最大允许误差内
功耗	整机功耗≤0.15 W,如采用蓄电池供电,蓄电池容量应≥4 Ah
环境适应性	温度:－60～60 ℃;相对湿度:0～100%;气压:550～1060 hPa
抗盐雾腐蚀	满足《电工电子产品环境试验 第 2 部分:试验方法 试验 Ka:盐雾》(GB/T 2423.17—2008)
机械条件	满足《电工电子产品环境试验 第 2 部分:试验方法 试验 Fc:震动(正弦)》(GB/T 2423.10—2008); 满足《电工电子产品环境试验 第 2 部分:试验方法 试验 Ed:自由跌落》(GB/T 2423.8—1995)
电磁兼容性	浪涌(冲击)抗扰度满足《电磁兼容 试验和测量技术 浪涌(冲击)抗扰度试验》(GB/T 17626.5—2019); 电快速瞬变脉冲群抗扰度满足《电磁兼容 试验和测量技术 电快速瞬变脉冲群抗扰度试验》(GB/T 17626.4—2018); 射频电磁场辐射抗扰度满足《电磁兼容 试验和测量技术 射频场感应的传导骚扰抗扰度》(GB/T 17626.6—2017); 静电放电抗扰度满足《电磁兼容 试验和测量技术 静电放电抗扰度试验》(GB/T 17626.2—2018)
可靠性要求	平均故障间隔时间(MTBF)≥8000 h

(5)业务应用

装备许可证编号:SXZ-31-2019。

启用时间:2019 年。

应用领域:DSDZ3 型智能翻斗式雨量测量仪可以实时测量采集地面的降水量,既能满足无人值守的野外恶劣环境,也能适应城市或近郊环境(图 1.1.40.3)。

图 1.1.40.3　DSDZ3 型智能翻斗式雨量测量仪应用场景

1.1.41　DSDZ4 型智能翻斗式雨量测量仪（上海气象仪器）

（1）观测原理

承水器收集的降雨通过漏斗进入上翻斗，由于本身重力作用使上翻斗翻转，水进入汇集漏斗，再注入计量翻斗，计量翻斗把降水倾倒到计数翻斗，使计数翻斗翻转一次，与它相关的磁钢对干簧管扫描一次，干簧管因磁化而瞬间闭合一次，从而产生一个开关信号。

（2）功能特点

DSDZ4 型智能翻斗式雨量测量仪（图 1.1.41.1）是按照统一标准、统一功能、统一结构、统一方法、统一规范的设计思路，形成的性能可靠、准确性高、易维护、易备份的智能翻斗式雨量测量仪，具备非易失存储功能，可存储 31 d 分钟级观测要素及状态要素，掉电不丢失。该测量仪具有 RS-232 三线制串行接口，可扩展连接 ZigBee、4G、GPRS、北斗卫星等通信模块，实现数据传输和组网观测。能够实现信号采集、数据处理、质量控制、自检测、自诊断、自恢复等功能，为设备研制、生产和测试评估提供重要依据。

（3）组成结构

由测量单元、感应器件、测量单元壳体以及连接线组成。感应单元完成对降水量的采样，并对采样数据进行计算处理、质量控制、记录存储、通信传输，与上位机进行指令交互；感应单元进行翻斗式雨量感应；测量单元壳体用来固定和防护测量单元；连接线则用于智能测量仪供电和与上位机通信（图 1.1.41.2）。

图 1.1.41.1　DSDZ4 型智能翻斗式雨量测量仪安装效果图

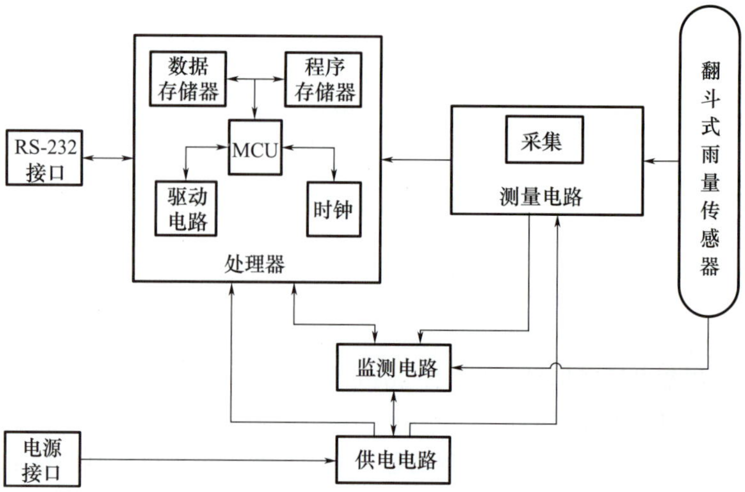

图 1.1.41.2　DSDZ4 型智能翻斗式雨量测量仪结构图

(4)性能指标(表 1.1.41.1)

表 1.1.41.1　DSDZ4 型智能翻斗式雨量测量仪性能指标

测量要素	范围	分辨力	最大允许误差
雨强	0～4 mm/min	0.1 mm	±0.4 mm(≤10 mm); ±4%(>10 mm)

(5)业务应用

装备许可证编号:SXZ-15-2020。

启用时间:2020 年 3 月 20 日。

应用领域:该智能测量仪可与其他气象要素的智能测量仪灵活配置,组成多维度的观测网络,适用于气象、军事、科考、生态、体育比赛、环保、消防等机动气象观测领域。

1.1.42　DSZ1 型智能称重式降水测量仪(航天新气象)

(1)观测原理

DSZ1 型智能称重式降水测量仪(图 1.1.42.1)基于载荷测量技术原理设计,通过对质量变化的快速响应测量降水量,既可以输出开关量信号接入现有自动气象站,也可作为智能传感器挂接在其他采集系统上。

(2)功能特点

该测量仪具备自处理、自适应、自诊断、自恢复以及在线升级和即插即用等技术特点,支持《地面气象要素编码与数据格式》(GB/T 33695—2017),可以通过串口或外接无线通信设备接入集成处理器,完成组网成站。

(3)组成结构

由敏感元件、测量电路、处理器、监测电路、供电电路、外围组件构成。敏感元件采用高精度载荷测量元件;测量电路由高精度 A/D 电路构成,实现模拟量到数字量的转换;处理器采用集成了 MCU 控制单元、数据存储器、程序存储器、驱动电路、时钟等的 Cortex 处理器;监测电路实现仪器内部电压、温度等内部状态的检测和监控;供电电路将外部输入电源转换为内部电路所需的各种电源(图 1.1.42.2)。

图 1.1.42.1　DSZ1 型智能称重式降水测量仪安装效果图

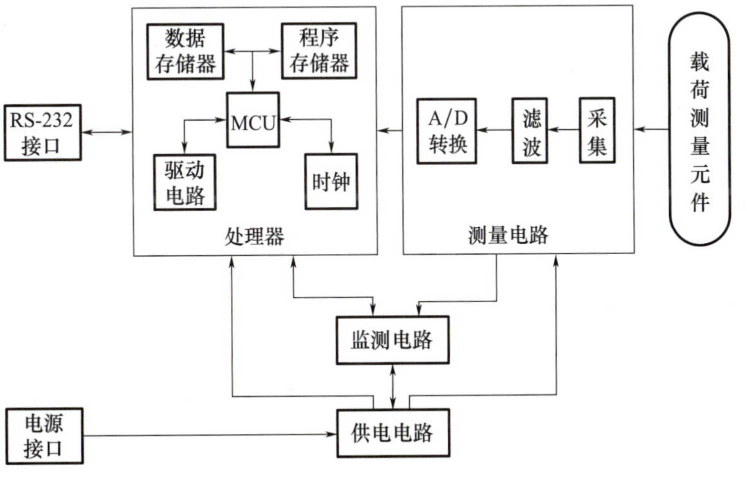

图 1.1.42.2　DSZ1 型智能称重式降水测量仪内部结构图

（4）性能指标（表 1.1.42.1）

表 1.1.42.1　DSZ1 型智能称重式降水测量仪性能指标

要素	主要指标	要素	主要指标
测量范围	0～400 mm	稳定性	±0.4 mm/a(≤10 mm)； ±4%/a(>10 mm)
分辨力	0.1 mm	最大允许误差	±0.4 mm(≤10 mm)； ±4%(>10 mm)

（5）业务应用

装备许可证编号：SXZ-27-2019。

启用时间：2019 年。

应用领域：主要应用于国家基本气象站、各种（常规）气象观测站、其他行业（如林业、农业、石油、电力、水利等）气象监测站。

1.1.43　DSZ2 型智能称重式降水测量仪（北京华云升达）

（1）观测原理

DSZ2 型智能称重式降水测量仪采用良好的感应元件和材料，以高精度低功耗微型化方式，整台设备接口规范，结构简单，安装方便。本产品通过 RS-232 的方式将采集到的数据报文按约定的通信协议上传。

（2）功能特点

能够实现信号采集、数据处理、质量控制、自检测、自诊断、自恢复等功能；自动检测设备状态、质量控制、计量检定、报警等信息；自动诊断出设备工作是否正常以及进行故障定位；实时监控和维护保障监测，提高了设备的可靠性。

（3）组成结构

由称重式降水传感器、测量电路、监测电路、处理器、供电电路、电源接口和 RS-232 接口组成（图 1.1.43.1）。

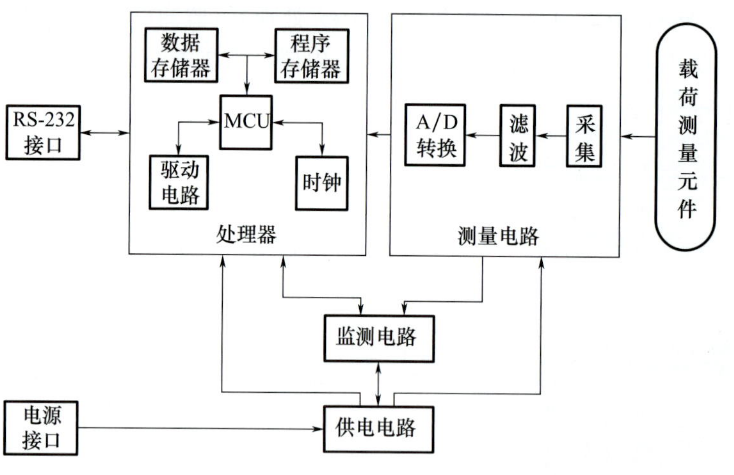

图 1.1.43.1　DSZ2 型智能称重式降水测量仪组成结构图

（4）性能指标（表 1.1.43.1）

表 1.1.43.1　DSZ2 型智能称重式降水测量仪性能指标

要素	主要指标
承水桶容量范围	0～400 mm
分辨力	0.1 mm

续表

要素	主要指标
最大允许误差	±0.4 mm(≤10 mm);±4%(>10 mm)
使用温度范围	−45～60 ℃
稳定性	1 年偏差在最大允许误差内
功耗	整机功耗≤1.2 W;如采用蓄电池供电,蓄电池容量应≥25 Ah
环境适应性	温度:−60～60 ℃;湿度:0～100%RH;气压:550～1060 hPa;最大抗阵风能力:60 m/s;最大降水强度:6 mm/min
抗盐雾腐蚀	零件镀层耐 48 h 盐雾沉降试验
电磁兼容性	浪涌(冲击)抗扰度满足《电磁兼容 试验和测量技术 浪涌(冲击)抗扰度试验》(GB/T 17626.5—2019); 电快速瞬变脉冲群抗扰度满足《电磁兼容 试验和测量技术 电快速瞬变脉冲群抗扰度试验》(GB/T 17626.4—2018); 射频电磁场辐射抗扰度满足《电磁兼容 试验和测量技术 射频场感应的传导骚扰抗扰度》(GB/T 17626.6—2017); 静电放电抗扰度满足《电磁兼容 试验和测量技术 静电放电抗扰度试验》(GB/T 17626.2—2018)
可靠性要求	平均故障间隔时间(MTBF)≥8000 h

(5)业务应用

装备许可证编号:SXZ-36-2019。

启用时间:2019 年。

应用领域:可以实时测量采集地面的降水量,主要适用于陆地上降水观测。既能满足无人值守的野外恶劣环境,也能适应城市或近郊环境(图 1.1.43.2、图 1.1.43.3)。

图 1.1.43.2 DSZ2 型智能称重式降水测量仪应用场景 1

图 1.1.43.3 DSZ2 型智能称重式降水测量仪应用场景 2

1.1.44 DSZ3 型智能称重式降水测量仪(天津中环天仪)

(1)观测原理

DSZ3 型称重式降水传感器的核心是一种基于电阻应变技术载荷元件,通过对重量变化的快速响应测量和计算出降水量。主板上的处理器(MCU)通过 OPD(降水发生探测器)判断是否有降水发生,OPD 只有判断有降水发生,才会使判断有降水发生过程时载荷元件测量的重量信号进行输出,同时结合温度、风等环境干扰要素的过滤与修正,得到准确的降水量值。

(2)功能特点

按照统一标准、统一功能、统一结构、统一方法、统一规范的设计思路,形成性能可靠、准确性高、易维护、易备份的智能称重式降水测量仪,能够实现信号采集、数据处理、质量控制、自检测、自校准、自诊断、自恢复等功能。

自处理：对观测数据进行自动采集、运算、质量控制、存储和传输；自适应：自主适应采集模式、通信模式和处理模式；自诊断：自动检测设备状态、质量控制、计量检定、报警等信息，自动诊断出设备工作是否正常以及进行故障定位，便于实时监控和维护保障；自恢复：根据设备状态信息和自诊断结果，自动恢复到标准状态；在线升级：通过规定的通信接口，实现程序在线升级；即插即用：根据标准化的数据格式和接口，实现即插即用，能生成二维码标识信息，便于设备入网管理。

(3)组成结构

由称重式降水传感器、测量电路、监测电路、处理器、供电电路、电源接口、RS-232 接口和外围组件组成(图 1.1.44.1)。测量电路包括采集、滤波、A/D 转换等模块，处理器包括 MCU 控制单元、数据存储器、程序存储器、驱动电路、时钟等。

图 1.1.44.1　DSZ3 型智能称重式降水测量仪结构

(4)性能指标(表 1.1.44.1)

表 1.1.44.1　DSZ3 型智能称重式降水测量仪性能指标

测量要素	范围	分辨力	最大允许误差
降水量	0～400 mm	0.1 mm	±0.4 mm(≤10 mm)； ±4%(>10 mm)

(5)业务应用

装备许可证编号：SXZ-35-2019。

启用时间：2019 年 5 月 15 日。

应用领域：应用范围广泛，如气象站、船舶、石油平台、环境保护等方面。

1.1.45　SDM6A 型雨量器(天津中环天仪)

(1)观测原理

SDM6A 型雨量器(图 1.1.45.1)是用来收集降水的专用器具，并通过与之配套的雨量量筒，用来测定以毫米为单位的降水量。

(2)功能特点

整体结构采用不锈钢材料，造型美观大方、耐候性好，使用寿命更长。

(3)组成结构

由承水器、导水漏斗、底筒、安装架、储水器、盖子和雨量量筒等部分组成。

图 1.1.45.1　SDM6A 型雨量器

(4)性能指标(表 1.1.45.1)

表 1.1.45.1　SDM6A 型雨量器性能指标

要素	主要指标	要素	主要指标
承水口面积	314 cm^2	工作环境	−50～45 ℃
雨量量筒量程	0.05～10 mm；最小分度：0.1 mm (最底下 0.1 mm 分度为 0.05 mm)	质量	6.15 kg
储水器容量	2000～2500 mL		

(5)业务应用

装备许可证编号：SXZ-13-2019。

启用时间：2019 年。

应用领域：SDM6A 型雨量器主要用于气象台(站)。

1.1.46 SJ1 型虹吸式雨量计(上海气象仪器)

(1)观测原理

降水进入承水器后,经下部的漏斗流入小漏斗、进入浮子室,浮子室是一个圆筒,筒内装有浮子,降水进入而使浮子上升。在浮子杆上装有记录笔,记录笔尖在自记钟筒上作出记录,在浮子室内的降水达到一定高度时由虹吸管在短时间内将水排出,存放在储水瓶内。

(2)功能特点

SJ1 型虹吸式雨量计(图 1.1.46.1)利用内部浮子室的浮子随降水上升带动记录笔,在记录纸上形成记录来反映降水情况,再根据虹吸原理排出降水。精度高达 0.5 mm。

(3)组成结构

虹吸式雨量计是由承水器、浮子室组、自记钟、外壳、雨量杯和口径圈所组成。承水器和口径圈用以规定面积承接降水;浮子室组用于储水,实现虹吸;雨量杯用来精确测量虹吸雨量计的降水;自记钟是固定在记录钟筒的底板上,自记钟筒由机械钟推动笔挡,在更换记录纸时拨开记录笔,便于取下记录钟筒。外壳是支持整个仪器的结构,并起保护内部结构的作用,外壳用于保护内部结构,外壳的门上装有观察窗,便于观看记录情况。

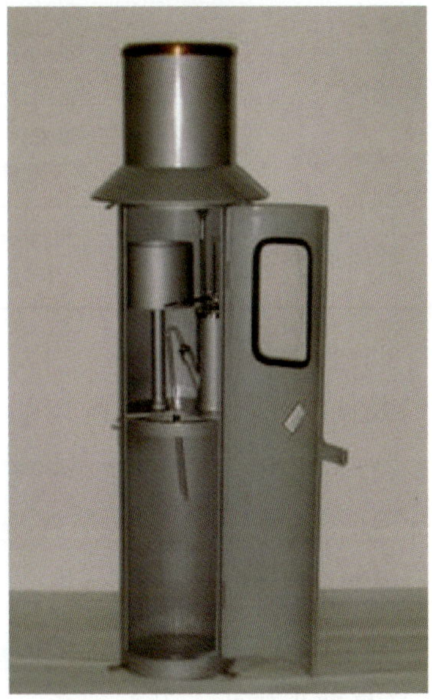

图 1.1.46.1 SJ1 型虹吸式雨量计实物图

(4)性能指标(表 1.1.46.1)

表 1.1.46.1 SJ1 型虹吸式雨量计性能指标

要素	主要指标	要素	主要指标
承水口径	$200_{0}^{+0.6}$ mm	记录时间	26 h 自记钟旋转一周
测量范围	0.1～10 mm	时间偏差	±5 min/24h
误差	±0.05 mm	外形尺寸	350 mm(直径)×1182 mm(高)
降水强度范围	0.1～40 mm/10min		

(5)业务应用

装备许可证编号:SXZ-40-2019。

启用时间:2005 年 4 月 30 日。

应用领域:适用于气象台(站)、水文站、农业、林业等有关部门,用来连续自动记录液态降水量。

1.1.47 SL2-1 型雨量传感器(天津中环天仪)

(1)观测原理

雨水通过一个表面积为 200 cm^2 的接收器,进入 SL2-1 型雨量传感器里,再通过一个过滤斗流入翻斗里,当翻斗流入一定量的雨水后,翻斗翻转,倒空斗里的水,翻斗的另一边又开始接水,翻斗的每次翻转动作输出一个脉冲信号(1 脉冲=0.1 mm 降雨量)。通过电缆传输到采集系统,数据采集装置通过对脉冲信号的处理即可得到相应的降雨量数据。

(2)功能特点

SL2-1 型雨量传感器用来测量地面降雨,其输出为脉冲信号,内部结构紧凑,操作维护简单。该产品能通过电缆直接与数据采集系统连接,支持数据传输和自动化处理,适合于自动气象站及雨量站使用。

(3)组成结构

由外筒、安装板、翻斗、水平器、底盘、螺栓、支架等部分组成。

(4)性能指标(表 1.1.47.1)

表 1.1.47.1　SL2-1 型雨量传感器性能指标

要素	主要指标	要素	主要指标
承水口直径	$159.6_{0}^{+0.6}$ mm	环境温度	0～60 ℃
分辨力	0.1 mm	结构形式	单翻斗式
测量范围	雨强:0～4 mm/min; 雨量>0.1 mm	输出方式:开关信号	接触功率:max 0.5W/Vcc,max DC 42 V; 脉冲宽度≥50 ms
测量允许误差	±0.4 mm(≤10 mm); ±4%(>10 mm)		

(5)业务应用

装备许可证编号:SXZ-12-2019。

应用领域:SL2-1 型雨量传感器用来测量地面降雨,广泛应用于气象、林业等部门。

1.1.48　SL3-1 型雨量传感器(上海气象仪器)

(1)观测原理

雨水由承水口汇集,进入上翻斗,然后进入计量翻斗计量,计量翻斗翻动一次为 0.1 mm 降水量。随之雨水由计量翻斗倒入计数翻斗,在计数翻斗的中部装有一块磁钢,磁钢的上边装有干簧开关,计数翻斗翻转一次,则干簧管闭合一次,由此干簧管的闭合送出一个信号,干簧开关的闭合由数据采集器监测并计算出雨量的数值。

(2)功能特点

SL3-1 型雨量传感器(图 1.1.48.1)是一种通过翻斗计量雨量的传感器。适用于气象台(站)、水文、农业、林业、铁路、环保等有关部门用以测量液体降水量、降水强度,根据需求分辨力可分为 0.1 mm、0.2 mm、0.5 mm,仪器感应器用二芯电缆连接,输出机械触点信号(干簧管)。

(3)组成结构

SL3-1 型雨量传感器主要由承水器、上翻斗、计量翻斗、计数翻斗等构成。

(4)性能指标(表 1.1.48.1)

图 1.1.48.1　SL3-1 型雨量传感器实物图

表 1.1.48.1　SL3-1 型雨量传感器性能指标

要素	主要指标	要素	主要指标
承水口径	$200_{0}^{+0.6}$ mm	测量最小分度	SL3-1 为 0.1 mm; SL3-1(0.2)为 0.2 mm
刃口角度	$45°_{-5°}^{\ 0°}$	最大允许误差	±0.4 mm(≤10 mm);±4%(>10 mm)
测量降水强度	4 mm/min 以内		

(5)业务应用

装备许可证编号:SXZ-37-2019。

启用时间:2006 年 9 月 20 日。

应用领域：仪器适用于气象台(站)、水文站、排灌、农业、林业等有关部门用以测量液体降水量、降水强度。

1.1.49 SM1 型雨量器(上海气象仪器)

(1)观测原理

雨水通过导水漏斗进入储水瓶，降雨结束后，将储水瓶取回室内，小心地将瓶内的水倒入雨量杯内，但要注意倒完，然后从雨量杯刻度上读取降水量。对于固体降水(如雪)，水筒取回室内后，待雪融化后立即用雨量杯量取。

(2)功能特点

SM1 型雨量器(图 1.1.49.1)是反映一场降水的结果量的仪器。从承水器进入的降水全部有效收集，再用专业降水量杯测量降水，可真实地记录降水总量。

(3)组成结构

由承水器、导水漏斗、筒体、储水瓶、安装框架、盖及雨量杯所组成。承水器系高 230 mm、口径为200 mm的圆柱形器皿与筒体连接是便于套上取下；导水漏斗系铜制的锥形漏斗，下连导水管，以便雨水导入储水瓶，并与承水器旋钮配合；筒体系镀锌铁皮制成的圆柱形圆筒，在筒口约 40 mm 处有固定卡箍，限制承水器套入的深度；雨量杯系玻璃制造专用于测量降水量。

图 1.1.49.1 SM1 型雨量器实物图

(4)性能指标(表 1.1.49.1)

表 1.1.49.1 SM1 型雨量器性能指标

要素	主要指标	要素	主要指标
测量口径	200 mm	外形尺寸	直径 210 mm，高度 1030 mm

(5)业务应用

装备许可证编号：SXZ-62-2018。

启用时间：2005 年 4 月 30 日。

应用领域：雨量器是选用于气象台(站)及农业、林业等单位用来测定大气中的降水和降雪量的仪器。

1.1.50 DFC1 型光电式数字日照计(航天新气象)

(1)观测原理

DFC1 型光电式数字日照计用于自动测量日照时数。当直接辐照度大于 120 W/m^2 时，传感器输出高电平(1 V)；当直接辐照度小于 120 W/m^{2}时，传感器输出低电平(0 V)；统计传感器输出为高电平的时间就可得到某段时间的日照时数。为减小霜、露等对测量的影响，传感器配有 1 W 和 10 W 两级加热功能，用户可根据自身需要手动开启加热，也可与采集器、继电器等配合自动开启加热。该传感器除了可输出模拟式的日照电平信号，还可通过 RS-232 接口输出符合中国气象局规定格式的数据。

(2)功能特点

高精度、高可靠性，且配有两级加热功能；可以在任何纬度、经度操作，无须校准；结构紧凑，质量轻，架设方便；无移动部件，无日常维护需求。

(3)组成结构

日照计由敏感元件、测量电路、处理器、监测电路、供电电路、外围组件构成。

（4）性能指标（表 1.1.50.1）

表 1.1.50.1　DFC1 型光电式数字日照计性能指标

要素	主要指标	要素	主要指标
光谱范围	400～1100 nm	月累计误差	±10%
直接辐照度阈值	120±24 W/m^2	日照电平信号	有日照：1±0.1 V； 无日照：0±0.1 V

（5）业务应用

装备许可证编号：SXZ-05-2018。

启用时间：2018 年。

应用领域：主要应用于国家基本气象站、各种（常规）气象观测站、其他行业（如林业、农业、石油、电力、水利等）气象监测站（图 1.1.50.1、图 1.1.50.2）。

图 1.1.50.1　DFC1 型光电式数字日照计应用场景 1

图 1.1.50.2　DFC1 型光电式数字日照计应用场景 2

1.1.51　DFC2 型光电式数字日照计（北京华云升达）

（1）观测原理

DFC2 型光电式数字日照计以高性能嵌入式微控制器为核心，设计集光电信号采集、处理、存储、通信、实时时钟为一体的数字日照传感器。采用良好的感应元件和材料，以高精度低功耗微型化方式，设计完成该款自动日照计，其感应部件和数据采集处理单元集成在光筒内，可以根据应用需求选择是否外接采集器。

（2）功能特点

这是一款基于总辐射-散射辐射测量原理、无须机械转动的高精度数字化光电式的日照观测设备，具有安装快捷、观测精度高、功耗低等特点，可测量太阳直接辐射和日照时数，并提供实时可靠的数据，可为农业和旅游业等提供精确的日照时数信息。

基于总辐射-散射辐射测量原理，设计无须机械转动的自动日照计；微处理器应用软件中内嵌日照直接辐射修正模型，可根据时间和经度纬度等信息对太阳高度角等的影响进行修正，减少季节变化等引起的测量误差;光电信号高精度采集电路及自调零控制;高度集成化、低功耗、稳定可靠的微控制电路系统。

(3)组成结构

主要包含日照传感器、采集系统、供电系统和安装支架四部分。日照传感器采用三个光电感应器件测量太阳总辐射和散射辐射,计算出太阳直接辐射,并判断累计日照时数。采集系统用于扩展功能,可以将前端传感器采集到的日照时数收集起来,并可以通过多种方式和外界进行信息交互。供电系统用于提供自动日照计运行的电力供应,采用外部交流市电供电方式。安装支架用于固定传感器和供电箱。

(4)性能指标(表 1.1.51.1)

表 1.1.51.1 DFC2 型光电式数字日照计性能指标

要素	主要指标
光谱范围	400～1100 nm
最大允许误差	±10%/月
年稳定性	±5%
阈值	直接辐照度 120 W/m^2
阈值的最大允许误差	±24 W/m^2
功耗	加热:为了防止结露和雪霜,传感器具备加热功能;功耗:<1 W(不含加热),<15 W(含加热)
环境适应性	工作环境温度:−40～60 ℃;相对湿度:0～100%RH;大气压力:450～1100 hPa
抗盐雾腐蚀	按《环境试验 第 2 部分:试验方法 试验 Kb:盐雾,交变(氯化钠溶液)》(GB/T 2423.18—2021),零件镀层满足耐 48 h 盐雾沉降试验的要求
电磁兼容性	浪涌(冲击)抗扰度满足《电磁兼容 试验和测量技术 浪涌(冲击)抗扰度试验》(GB/T 17626.5—2019); 电快速瞬变脉冲群抗扰度满足《电磁兼容 试验和测量技术 电快速瞬变脉冲群抗扰度试验》(GB/T 17626.4—2018); 射频电磁场辐射抗扰度满足《电磁兼容 试验和测量技术 射频场感应的传导骚扰抗扰度》(GB/T 17626.6—2017); 静电放电抗扰度满足《电磁兼容 试验和测量技术 静电放电抗扰度试验》(GB/T 17626.2—2018)
可靠性要求	平均故障间隔时间(MTBF)≥5000 h

(5)业务应用

装备许可证编号:SXZ-06-2018。

启用时间:2018 年。

应用领域:DFC2 型光电式数字日照计具有自动观测、性价比高、精度高、维护方便等特点。其应用对监测天气气候状况、农业生产、太阳能开发、建筑规划与设计、环境监测等都有重要意义(图 1.1.51.1、图 1.1.51.2)。

图 1.1.51.1 DFC2 型光电式数字日照计产品图

图 1.1.51.2 DFC2 型光电式数字日照计应用场景

1.1.52 DFC3 型光电式数字日照计（天津中环天仪）

（1）观测原理

光电式数字日照传感器共有 3 个光电感应器件，3 个光电感应器件以同轴形式放置于光筒内（图 1.1.52.1），其中一个用于测量总辐射，另外两个由于遮光罩特殊的全分天空方式，不同时暴露于阳光下，用于测量散射辐射，输出电压信号。数据处理模块由硬件和应用软件组成，其中硬件包括微处理器、A/D 转换电路、存储器、时钟和监控电路等，通过应用软件完成对光电感应器件输出信号的采集、处理、存储和传输工作。

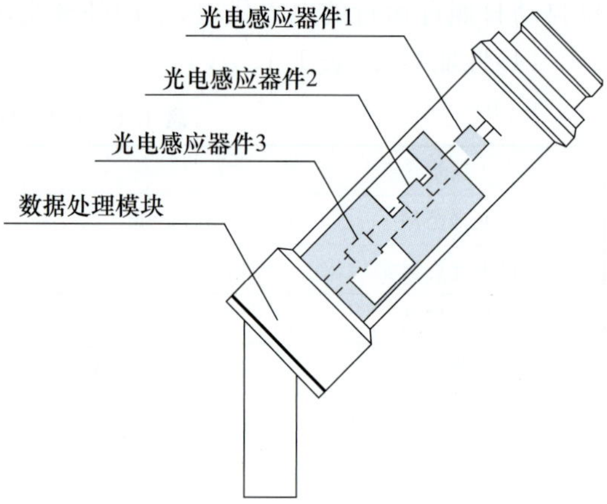

图 1.1.52.1 DFC3 型光电式数字日照计光电感应器件

（2）功能特点

用于连续测量日照时数，仪器本身没有移动部件、耗电量低，同时不需要人工更换配件，可以进行野外的长期观测。使用三个特殊设计的光电二极管，可以准确地测量出太阳照射时间。内置加热器可以防止雨雪、霜降等对观测产生的不利影响，也可以根据实际需要选择内部恒温控制器。

（3）组成结构

由光电感应器件、数据处理模块、通信接口、外置电源接口、加热模块等组成。

（4）性能指标（表 1.1.52.1）

表 1.1.52.1 DFC3 型光电式数字日照计性能指标

要素	主要指标	要素	主要指标
供电	AC 220 V	阈值最大允许误差	±24 W/m²
传感器供电	DC 9～15 V	最大允许误差	±10%/月
光谱范围	400～1100 nm	年稳定性	±5%
阈值	直接辐照度 120 W/m²	传感器功耗	<2 W(无加热,DC 12 V 供电); <15 W(加热,DC 12 V 供电,用于清除露、霜)

（5）业务应用

装备许可证编号：SXZ-23-2018。

启用时间：2018 年。

应用领域：这是一种可以测量日照并实时记录日照时间的自动化日照时数观测仪器，采用一体化设计思路，无须外挂采集器，直接输出日照时数，具有观测精度高、性能稳定、维护方便等优点，改善了传统人工观测方式的一些弊端。能够为农业、工业、太阳能利用等提供可靠的日照观测数据，在指导农作物生长、畜牧生产、太阳能电厂运行等方面具有重要意义。

1.1.53 FJ2 型日照计（上海气象仪器）

（1）观测原理

FJ2 型日照计安置时筒身轴线要对准正北方向，可借座架上的南北线来决定，与筒身相连的纬度板同座架上指零刻线的角度需与观测地点的纬度相合，这样使圆筒两侧固定两个进光小孔照射进当时阳光，在圆筒内壁安有自记纸，自记纸上涂有感光混液，因而阳光能直接射至自记纸上留下痕迹，待日落后取出用清水漂洗，即能观察日照时数与起讫时间。

(2)功能特点

FJ2 型日照计(图 1.1.53.1)为记录太阳不被云遮盖所照过的时数,并在自记纸上显示阳光照射的起讫时间。

(3)组成结构

由金属筒身及座架组成,筒身两侧各有一个小孔,分别让上午、下午的日光射入筒内,两孔距离的角度 120°前后位置错开,以免上午、下午日影重合,筒上有一隔光板,其边缘与小孔组成的平面系垂直于地平面;隔光板的主要作用是能将上午、下午日光明确分开,除真太阳时正午,两进光孔同时进光外,其余时间均只有一孔可以让日光进入,筒身端有一圆盖,可以将筒口盖住不让日光进入,筒内有一压纸的弹性金属夹用来压住自记纸。

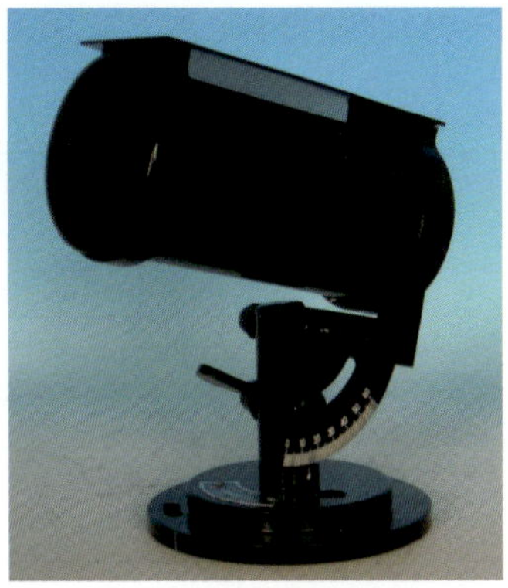

图 1.1.53.1 FJ2 型日照计实物图

(4)性能指标(表 1.1.53.1)

表 1.1.53.1 FJ2 型日照计性能指标

要素	主要指标	要素	主要指标
日照记录时间	05:00—19:00	记录时间误差	±3 min
纬度适用范围	0°～60°	外形尺寸(长×宽×高)	175 mm×175 mm×130 mm

(5)业务应用

装备许可证编号:SXZ-01-2019。

启用时间:2005 年 4 月 30 日。

应用领域:FJ2 型日照计主要应用于气象台(站)、农场、矿山、林业等行业。

1.1.54 DFD1 型热电式数字长波辐射表(北京华创维想)

(1)观测原理

DFD1 型热电式数字长波辐射表(图 1.1.54.1、图 1.1.54.2)基于辐射感应元件和嵌入式系统技术构建,按照一体化的产品设计思路,技术结构更先进、性能指标更精良,满足气象、气候和社会化服务对辐射观测数据不断增长的需求。

图 1.1.54.1 DFD1 型热电式数字长波辐射表产品图

图 1.1.54.2 DFD1 型热电式数字长波辐射表安装效果图

(2)功能特点

主要用于自动测量来自大气和地球表面波长范围为 4～50 μm 的红外辐射,对波长 4～50 μm 红外辐射的敏感性较强;硅罩发热影响误差较小;余弦响应误差小;有较好的稳定性。

(3)组成结构

由感应元件、滤光硅罩、温度补偿线路板、数据处理模块、防护罩及水平泡组成。

（4）性能指标（表 1.1.54.1）

表 1.1.54.1　DFD1 型热电式数字长波辐射表性能指标

要素	主要指标	要素	主要指标
光谱范围（50%的透过率）	4～50 μm	倾斜响应	±1%
响应时间（95%）	30 s	零点偏移 B：对 5 K/h 的温度变化	<5 W/m²
非线性（辐照度－250～250 W/m²）	±1%	年稳定性	±3%
温度响应（－20～25 ℃）	±1%	不确定度（95%的置信水平）每天的总量	5%

（5）业务应用

装备许可证编号：SXZ-48-2019。

启用时间：2019 年。

应用领域：可广泛应用于土壤气象中的蒸散发研究、气象学中的辐射平衡研究、辐射能量应用中的辐射热量交换研究及高速公路路面状况变化趋势监测等领域。

1.1.55　DFD2 型热电式数字长波辐射表（天津中环天仪）

（1）观测原理

DFD2 型热电式数字长波辐射表（图 1.1.55.1）的感应元件基于热电堆原理进行测量，热电堆的响应对应于表面黑色涂层吸收的全部辐射能量，黑色涂层是一种无光谱选择性的涂料，热电堆上表面吸收能量之后温度升高，与下表面产生温度差，进而产生温差电动势，温差电动势大小与总辐射大小成正比例。测温元件测量温度，并参与长波辐照度的计算。数据处理模块实现对长波辐射信号的采集、处理、存储并上传至终端电脑，同时能够对数字式长波辐射表的状态进行实时监控。

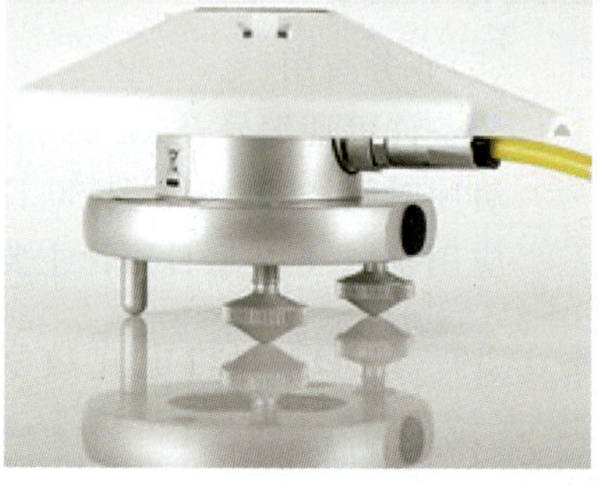

图 1.1.55.1　DFD2 热电式数字长波辐射表

（2）功能特点

可以精确测量长波辐射；具有自处理功能，能对观测数据进行自动采集、运算、质量控制、存储和传输；能够自主适应采集模式、通信模式和处理模式；能够自动检测设备状态、质量控制、计量检定、报警等信息，自动诊断出设备工作是否正常以及进行故障定位，便于实时监控和维护保障；可以通过规定的通信接口，能够实现程序在线升级；具有即插即用的特点，根据标准化的数据格式和接口，能够实现即插即用。

（3）组成结构

硬件组成主要包括滤光玻璃罩、辐射感应元件（含测温元件）、数据处理模块以及其他硬件部件。数据处理模块主要包括处理器（CPU）、模数 A/D 转换、时钟、存储 RAM、存储 ROM、电源和通信接口等。

（4）性能指标（表 1.1.55.1）

表 1.1.55.1　DFD2 型热电式数字长波辐射表性能指标

要素	测量范围与误差	要素	测量范围与误差
光谱范围	4.5～42 μm	温度响应（－20～25 ℃）	±1%
响应时间（95%）	<30 s	倾斜响应	±1%
稳定性	±3%	零点偏移 B：对 5 K/h 的温度变化	<5 W/m²
非线性（－250～250 W/m²）	±1%		

(5)业务应用

装备许可证编号:SXZ-56-2019。

启用时间:2019 年。

应用领域:这是一种用于精确测量长波辐射的自动化气象仪器,根据安装状态不同,可分别测量大气长波辐射、地面长波辐射,可满足气象、气候和社会化服务对辐射观测数据不断增长的需求。

1.1.56 DFD3 型热电式数字长波辐射表(航天新气象)

(1)观测原理

DFD3 型热电式数字长波辐射表(图 1.1.56.1、图 1.1.56.2)的光谱范围是 4.5～42 μm,采用新一代先进热电堆技术,并内置高精度温度传感器,信号经过数字电路处理后,可获得被测目标发射的长波辐射,可用于测量地球表面和地球大气产生的远红外辐射量以及其他常温物体发出的远红外辐射量。

图 1.1.56.1　DFD3 型热电式数字长波辐射表产品图

(2)功能特点

高精度、高可靠性、长期稳定性,已成功应用于南极中山站辐射观测;集数字化与智能化于一体,具备状态监控和状态自检功能;入射窗口表面独特的光学薄膜,降低太阳短波辐射引起的窗口热偏移;实时监控内部温度,通过多项式算法修正温度响应误差,满足在更广泛的环境下使用;支持 RS-232(标准)或 RS-485(可选)数字输出。

(3)组成结构

由硅制弧形滤光罩、感应元件(热电堆)、热敏电阻、表体、遮光板、干燥剂窗口等部件组成。感应元件由快速响应的绕线电镀式多结点热电堆组成,感应面涂有进口高吸收无光黑色涂层,吸收辐射能,产生的热量通过热电阻,使热电堆温度变化并转化为电压信号。

图 1.1.56.2　DFD3 型热电式数字长波辐射表安装效果图

(4)性能指标(表 1.1.56.1)

表 1.1.56.1　DFD3 型热电式数字长波辐射表性能指标

要素	主要指标	要素	主要指标
光谱范围 (50%透射率)	4.5～42 μm	响应时间 (95%响应)	<30 s
年稳定性	±3%	温度响应 (−20～25 ℃)	±1%
零点偏移 B:对 5 K/h 的温度变化	<5 W/m²	非线性 (−250～250 W/m²)	±1%

续表

要素	主要指标	要素	主要指标
倾斜响应	±1%	窗口热偏移	<15～1000 W/m²
不确定度(95%的置信水平每天的总量)	5%	加热功耗	输入电压:DC 9～15 V; 功耗:1.5 W@DC 12 V
校准追溯	WISG	建议检定周期	每两年一次

(5)业务应用

装备许可证编号:SXZ-63-2019。

启用时间:2019 年。

应用领域:主要应用于国家基本气象站、各种(常规)气象观测站、其他行业(如林业、农业、石油、电力、水利等)气象监测站。

1.1.57 DFD4 型热电式数字长波辐射表(北京华云升达)

(1)观测原理

DFD4 型热电式数字长波辐射表(图 1.1.57.1、图 1.1.57.2)采用良好的感应元件和材料,整台设备接口规范,结构简单,安装方便。本产品通过 RS-232 的方式将采集到的数据报文按约定的通信协议上传。

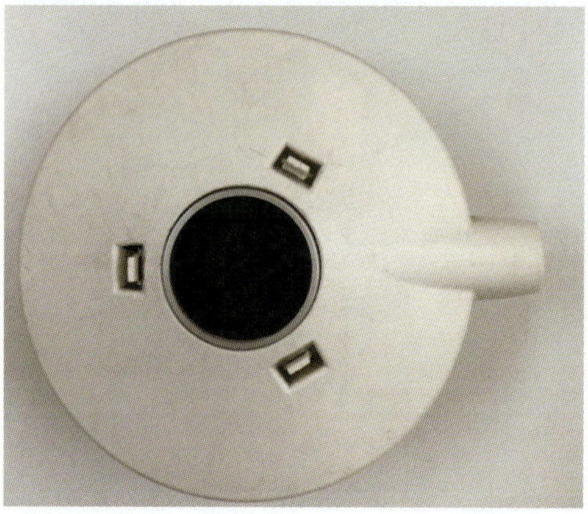

图 1.1.57.1 DFD4 型热电式数字长波辐射表产品图 1

图 1.1.57.2 DFD4 型热电式数字长波辐射表产品图 2

(2)功能特点

长波辐射表可以在任何气象条件下进行长期连续观测。带有防水插头的信号电缆便于安装,配备的太阳遮挡环使传感器热化效应大幅降低。仪器内置的干燥剂仅需用户少量的维护即可。可测量波长为 4～42 μm 的大气辐射和地面反射辐射。硅玻璃罩上的滤光光栅可以阻挡短波太阳辐射。根据内置的温度传感器的温度数据计算出长波辐射温度补偿项,保证测量的准确性。

(3)组成结构

由硬件、软件、配套设备三部分组成。硬件部分主要包括滤光片、辐射感应元件(含测温元件)、数据处理模块以及其他硬件部件(例如防护罩、干燥剂、水平泡、调平螺丝等)。软件部分主要分为三个功能模块,包括数据采集模块、数据处理模块和数据通信模块。配套设备包括加热通风器、全自动太阳跟踪/遮光装置、电源、安装支架等部分。

(4)性能指标(表 1.1.57.1)

表 1.1.57.1　DFD4 型热电式数字长波辐射表性能指标

要素	主要指标
光谱范围	4.5～42 μm(峰值的 50%)
响应时间	30 s(95%)
非线性	±1%(辐照度−250～250 W/m²)
灵敏度的温度响应	±1%(−20～25 ℃)
倾斜响应	±1%
零点偏移 B:对 5 K/h 的温度变化	<5 W/m²
适用温度范围	−40～80 ℃
年稳定性	±3%
功耗	总体功耗≤0.5 W;全自动太阳跟踪器/遮光装置的功耗≤5 W;加热通风器的风机功耗≤5 W;加热功耗≤5 W 或≤10 W
环境适应性	工作温度−40～60 ℃;相对湿度 0～100%;大气压力 550～1060 hPa
抗盐雾腐蚀	零件镀层应满足耐 48 h 盐雾沉降试验的要求
防护等级	IP65
电磁兼容性	浪涌(冲击)抗扰度满足《电磁兼容 试验和测量技术 浪涌(冲击)抗扰度试验》(GB/T 17626.5—2019)等级 2 规定;电快速瞬变脉冲群抗扰度满足《电磁兼容 试验和测量技术 电快速瞬变脉冲群抗扰度试验》(GB/T 17626.4—2018)等级 2 规定;控制和信号端口满足《电磁兼容 试验和测量技术 电快速瞬变脉冲群抗扰度试验》(GB/T 17626.4—2018)等级 4 规定;射频电磁场辐射抗扰度满足《电磁兼容 试验和测量技术 射频场感应的传导骚扰抗扰度》(GB/T 17626.6—2017)等级 2 规定
可靠性要求	平均故障间隔时间(MTBF)≥8000 h

(5)业务应用

装备许可证编号:SXZ-61-2019。

启用时间:2019 年。

应用领域:可以根据测试需求的不同实现不同的观测内容,通常包括大气长波辐射、地球长波辐射。既能满足无人值守的野外恶劣环境,也能适应城市或近郊环境。

1.1.58　DFN1 型热电式数字总辐射表(北京华创维想)

(1)观测原理

DFN1 型热电式数字总辐射表(图 1.1.58.1、图 1.1.58.2)基于辐射感应元件和嵌入式系统技术构建,按照一体化的产品设计思路,技术结构更先进、性能指标更精良,满足气象、气候和社会化服务对辐射观测数据不断增长的需求。根据安装状态不同,总辐射表可分别测量太阳总辐射、反射辐射,或借助遮光装置测量散射辐射。

(2)功能特点

是一款自动测量接收地球平面上辐照度的智能辐射表。主要用来测量波长范围为 0.3～3 μm 的太阳总辐射。符合中国气象局气象观测专用技术装备需求;适用于各种恶劣环境;无源精确测量;灵敏度高。

(3)组成结构

由感应元件、双层石英玻璃罩、温度补偿线路板、数据处理模块、防护罩等组成。

图 1.1.58.1　DFN1 型热电式数字总辐射表产品图

图 1.1.58.2　DFN1 型热电式数字总辐射表安装效果图

(4)性能指标(表 1.1.58.1)

表 1.1.58.1　DFN1 型热电式数字总辐射表性能指标

要素	主要指标	要素	主要指标
响应时间(95%响应)	<20 s	非线性	±1%
零点偏移 B	相对于 200 W/m² 净热辐射(通风):±15 W/m²; 相对于环境温度变化 5 K/h:±4 W/m²	倾斜响应	±2%
稳定性(变化/年,满量程的百分率)	±1.5%	光谱范围	300～3000 nm
方向性响应	±20 W/m²	不确定度(95%的置信水平)	每小时的总量:8%; 每天的总量:5%
温度响应	±4%		

(5)业务应用

装备许可证编号:SXZ-49-2019。

启用时间:2019 年。

应用领域:可广泛应用于气象探测、大气环境监测、气候观测、太阳能利用、农业、建筑物理研究等太阳辐射能量的测量。

1.1.59　DFN2 型热电式数字总辐射表(天津中环天仪)

(1)观测原理

DFN2 型热电式数字总辐射表的辐射感应元件基于热电堆原理进行测量,热电堆的响应对应于表面黑色涂层吸收的全部辐射能量,黑色涂层是一种无光谱选择性的涂料,热电堆上表面吸收能量之后温度升高,与下表面产生温度差,进而产生温差电动势,温差电动势大小与总辐射大小成正比例。数据处理模块对总辐射信号(温差电动势)的采集、处理、存储并上传至终端电脑(综合集成硬件控制器),同时能够对数字式热电式数字总辐射表的状态进行实时监控。

(2)功能特点

该辐射表可以精确测量总辐射;具有自处理功能,能对观测数据进行自动采集、运算、质量控制、存储和传输;能够自主适应采集模式、通信模式和处理模式;能够自动检测设备状态、质量控制、计量检定、报警等信息,自动诊断出设备工作是否正常以及进行故障定位,便于实时监控和维护保障;可以通过规定的通信接口,能够实现程序在线升级;根据标准化的数据格式和接口,能够实现即插即用。

(3)组成结构

主要包括滤光玻璃罩、辐射感应元件、数据处理模块以及其他硬件部件。数据处理模块主要包括处理器(CPU)、模数 A/D 转换、时钟、存储 RAM、存储 ROM、电源和通信接口等。

(4)性能指标(表 1.1.59.1)

表 1.1.59.1　DFN2 型热电式数字总辐射表性能指标

要素	主要指标	要素	主要指标
响应时间(95%)	<20 s	温度响应	±4%
零点偏移 B	相对于 200 W/m² 净热辐射(通风):±15 W/m²; 相对于环境温度变化 5 K/h:±4 W/m²	非线性	±1%
稳定性	±1.5%	倾斜响应	±2%
方向性响应	±20 W/m²	光谱范围	300～3000 nm

(5)业务应用

装备许可证编号:SXZ-55-2019。

启用时间:2019 年。

应用领域:该辐射表是一种用于精确测量总辐射的自动化气象仪器,无须挂接采集器,直接输出满足中国气象局格式要求的辐射观测数据。根据安装状态不同,该辐射表可分别测量太阳总辐射、反射辐射,或借助遮光装置测量散射辐射,可满足气象、气候和社会化服务对辐射观测数据不断增长的需求。

1.1.60　DFN3 型热电式数字总辐射表(北京华云升达)

(1)观测原理

DFN3 型热电式数字总辐射表(图 1.1.60.1)采用良好的感应元件和材料,整台设备接口规范,结构简单,安装方便。本产品通过 RS-232 的方式将采集到的数据报文按约定的通信协议上传。

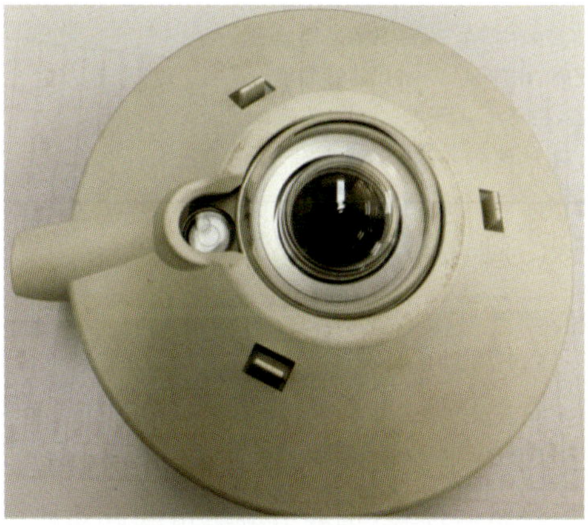

图 1.1.60.1　DFN3 型热电式数字总辐射表产品图

(2)功能特点

体积小巧、质量轻、安装简便,拥有高质量的玻璃罩以及优化设计的具备温度补偿的探测器,具备较快的响应速度、较高的精度,能满足更高级别应用。全密封设计使其内部的热电偶能够避免外部环境的影响。

(3)组成结构

由硬件、软件、配套设备三部分组成。硬件部分主要包括滤光玻璃罩、辐射感应元件(含测温元件)、数据处理模块以及其他硬件部件(如防护罩、干燥剂、水平泡、调平螺丝等)。软件部分主要分为三个功能模块,包括数据采集模块、数据处理模块和数据通信模块。配套设备包括加热通风器、全自动太阳跟踪/遮光装置、电源、安装支架等部分。

（4）性能指标（表 1.1.60.1）

表 1.1.60.1　DFN3 型热电式数字总辐射表性能指标

要素	主要指标	要素	主要指标
响应时间（95%响应）	5 s	光谱范围	300～3000 nm
零点偏移 B	相对于 200 W/m² 净热辐射（通风）：±7 W/m²； 相对于环境温度变化：5 K/h±2 W/m²	功耗	总体功耗≤0.5 W； 全自动太阳跟踪/遮光装置的功耗≤5 W； 加热通风器的风机功耗≤5 W
稳定性（变化/年）	±0.5%	环境适应性	工作温度−40～60 ℃；相对湿度 0～100%；大气压力 550～1060 hPa
方向性响应（假定垂直入射的响应对所有方向都是有效的，当垂直入射的辐照度为1000 W/m² 时，所引起的误差范围）	±10 W/m²	抗盐雾腐蚀	零件镀层应满足耐 48 h 盐雾沉降试验的要求
温度响应（−10～40 ℃）	±1%	防护等级	IP65
非线性（由于辐照度在 100～1000 W/m² 范围内的变化引起的对 500 W/m² 响应度的百分率偏差）	±0.2%	电磁兼容性	浪涌（冲击）抗扰度满足《电磁兼容 试验和测量技术 浪涌（冲击）抗扰度试验》（GB/T 17626.5—2019）等级 2 规定； 电快速瞬变脉冲群抗扰度满足《电磁兼容 试验和测量技术 电快速瞬变脉冲群抗扰度试验》（GB/T 17626.4—2018）等级 2 规定； 控制和信号端口满足《电磁兼容 试验和测量技术 电快速瞬变脉冲群抗扰度试验》（GB/T 17626.4—2018）等级 4 规定； 射频电磁场辐射抗扰度满足《电磁兼容 试验和测量技术 射频场感应的传导骚扰抗扰度》（GB/T 17626.6—2017）等级 2 规定
倾斜响应［在 1000 W/m² 辐照度时，由于从 0°～90°的倾斜变化，相对于 0°倾斜（水平）的响应度的百分率偏差］	±0.2%	可靠性要求	平均故障间隔时间（MTBF）≥8000 h

（5）业务应用

装备许可证编号：SXZ-60-2019。

启用时间：2019 年。

应用领域：可以根据测试需求的不同实现不同的观测内容，通常包括总辐射、散射辐射、反射辐射。既能满足无人值守的野外恶劣环境，也能适应城市或近郊环境。适用于从极地到沙漠的广阔环境，在气象观测、太阳能研究、全球气候研究、材料测试、建筑物理学、温室监测等众多领域有着广泛的应用（图 1.1.60.2）。

图 1.1.60.2　DFN3 型热电式数字总辐射表应用场景

1.1.61 DFN4 型热电式数字总辐射表(航天新气象)

(1)观测原理

DFN4 型热电式数字总辐射表(图 1.1.61.1)采用最新一代的热电堆感应器件吸收太阳辐射,将辐射能量转换为热量,在感应器件的两端形成温差,从而产生一个与入射太阳辐射成正比的感应电动势,可用于测量光谱范围从 0.3～3.0 μm 并以 2π 球面度立体角入射到水平面上的太阳总辐射,也可以用于测量倾斜面上接收到的总辐射,以及反向安装用于测量地面反射辐射。该产品安装在太阳跟踪器上并与遮光装置配合使用时,还可用于测量太阳散射辐射。

图 1.1.61.1 DFN4 型热电式数字总辐射表产品图

(2)功能特点

高精度、高可靠性、长期稳定性,已在南极中山站稳定运行多年;集数字化与智能化于一体,具备状态监控和状态自检功能;响应速度快,接近完美的余弦特性,保证了测量的准确性;实时监控内部温度,通过多项式算法修正温度响应误差,满足在更广泛的环境下使用;支持 RS-232(标准)或 RS-485(可选)数字输出。

(3)组成结构

由双层石英玻璃罩、感应元件、遮光板、表体、干燥剂等部分组成。

(4)性能指标(表 1.1.61.1)

表 1.1.61.1 DFN4 型热电式数字总辐射表性能指标

要素	主要指标	要素	主要指标
依据 ISO 9060/WMO 总的分级	一级总辐射表(Class B)	非线性(100～1000 W/m²)	±1%
响应时间(95%响应)	<20 s	年稳定性	±1.5%
零点偏移 A:相对于 200 W/m² 净热辐射(通风)的响应	±15 W/m²	零点偏移 B:相对于环境温度变化 5 K/h 的响应	±4 W/m²
方向性响应	±20 W/m²	温度响应(−10～40 ℃)	±4%
倾斜响应	±2%	光谱范围(50%)	300～3000 nm
不确定度(95%的置信水平):每天的总量	5%	运行功耗(输入电压:DC 9～24 V)	<100 mW(峰值)
建议校准周期	每两年一次	校准追溯	溯源至 WRR

(5)业务应用

装备许可证编号:SXZ-59-2019。

启用时间:2019 年。

应用领域:广泛应用于气象行业中太阳辐射精确观测、地球表面太阳辐射能量收支状况、光伏发电厂太阳辐射监测、材料室外测试、高校及科研院所太阳辐射研究等领域(图 1.1.61.2)。

图 1.1.61.2 DFN4 型热电式数字总辐射表应用场景

1.1.62 DFZ1 型热电式数字直接辐射表（航天新气象）

（1）观测原理

DFZ1 型热电式数字直接辐射表（图 1.1.62.1）用来测量来自太阳表面以及太阳周围很小范围环日区域的，以瓦每平方米为单位，直接入射在一个确定区域表面的太阳辐射通量。光学系统真实地透过 200～4000 nm 波长范围的太阳光谱，测量的全开敞角可以精确到 5°，从而得以确保传感器准确地测量太阳直接辐射。

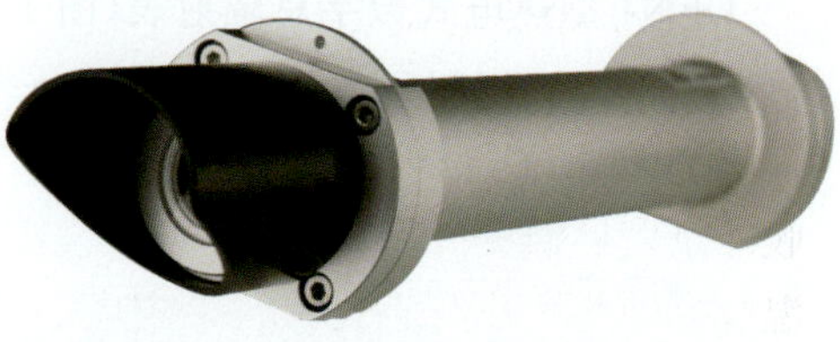

图 1.1.62.1 DFZ1 型热电式数字直接辐射表产品图

辐射表采取完全无源工作方式进行测量，利用一个热电偶传感器生成一个与辐射通量成正比的小的输出电压。按照最新版本的 ISO-9060 和 WMO 标准，DFZ1 最大测量值可达到 2000 W/m^2。

（2）功能特点

用来测量来自太阳表面以及太阳周围很小范围环日区域的直接入射在一个确定区域表面的太阳辐射通量；测量的全开敞角可以精确到 5°；采取完全无源工作方式进行测量；配有低功耗窗口加热器，确保在太阳升起之前消除镜头上的结露与结霜（在加热功能开启时，需要额外的供电电源）；适应性强，满足多种气候环境需求。

（3）组成结构

主要由热电偶传感器、光筒、干燥剂筒、一对小孔瞄准器组成（图 1.1.62.2）。

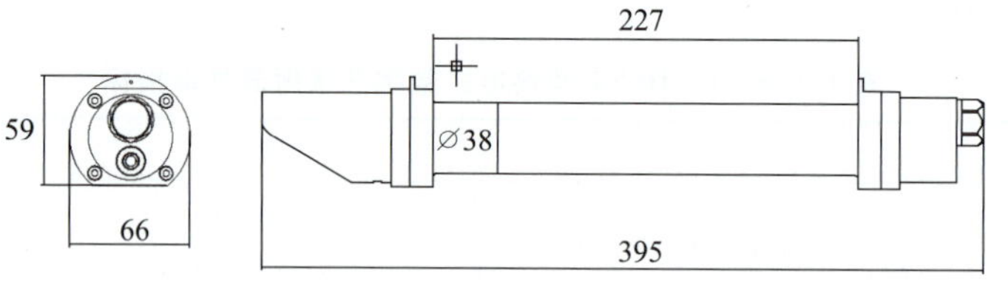

图 1.1.62.2 DFZ1 型热电式数字直接辐射表结构尺寸图（单位：mm）

（4）性能指标（表 1.1.62.1）

表 1.1.62.1 DFZ1 型热电式数字直接辐射表性能指标

要素	主要指标	要素	主要指标
依据 ISO 9060/WMO 总的分级	一级直接辐射传感器	光谱范围	300～3000 nm
响应时间（95%响应）	<18 s	测量范围	0～2000 W/m^2
灵敏度范围	7～14 μV/(W/m^2)	稳定性	±1%
全开敞角	5°	倾角	1°
倾斜响应	≤±0.5%(0°～90°)	温度响应	≤±2%(−10～40 ℃)
加热器（输入电压）	DC 9～15 V	加热器（功耗）	1.2 W@DC 12 V
年稳定度	≤±1%	校准追溯	溯源至 WRR

（5）业务应用

装备许可证编号：SXZ-12-2020。

启用时间：2020 年。

应用领域：广泛应用于气象、水文、太阳能资源观测、农业、建筑材料老化及大气污染等部门太阳辐射能量的测量。

1.1.63　DFZ2 型热电式数字直接辐射表（天津中环天仪）

（1）观测原理

DFZ2 型热电式数字直接辐射表（图 1.1.63.1）的感应元件基于热电堆原理进行测量，热电堆的响应对应于表面黑色涂层吸收的全部辐射能量，黑色涂层是一种无光谱选择性的涂料，热电堆上表面吸收能量之后温度升高，与下表面产生温度差，进而产生温差电动势，温差电动势大小与直接辐射大小成正比例。数据处理模块对直接辐射信号（温差电动势）的采集、处理、存储并上传至终端电脑（综合集成硬件控制器），同时能够对数字式直接辐射表的状态进行实时监控。

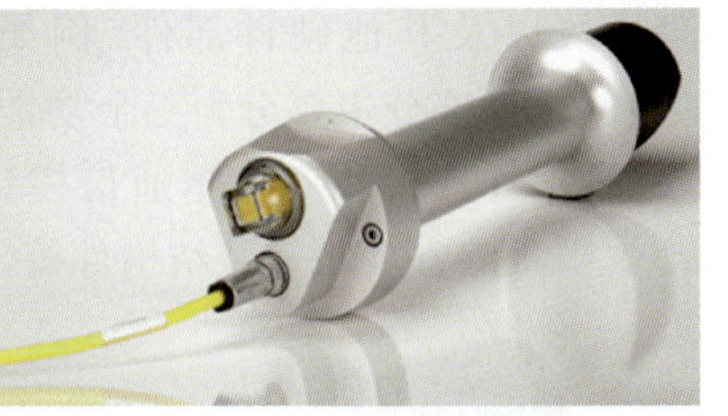

图 1.1.63.1　DFZ2 型热电式数字直接辐射表

（2）功能特点

该可以测量太阳直接辐射；具有自处理功能，能对观测数据进行自动采集、运算、质量控制、存储和传输；能够自主适应采集模式、通信模式和处理模式；能够自动检测设备状态、质量控制、计量检定、报警等信息，自动诊断出设备工作是否正常以及进行故障定位，便于实时监控和维护保障；可以通过规定的通信接口，能够实现程序在线升级；根据标准化的数据格式和接口，能够实现即插即用。

（3）组成结构

主要包括外壳、石英玻璃、辐射感应元件、数据处理模块以及其他硬件部件。数据处理模块主要包括处理器（CPU）、模数 A/D 转换、时钟、存储 RAM、存储 ROM、电源和通信接口等。

（4）性能指标（表 1.1.63.1）

表 1.1.63.1　DFZ2 型热电式数字直接辐射表性能指标

要素	主要指标	要素	主要指标
响应时间（95%）	<8 s	倾斜响应	±0.5%
零点偏移：相对于环境温度变化 5 K/h 的响应	±4 W/m^2	半敞开角	2.5°±0.1°
稳定性	±0.5%	斜角	1°±0.1°
温度响应	±2%	光谱范围	300～3000 nm
非线性	±0.5%		

（5）业务应用

装备许可证编号：SXZ-16-2020。

启用时间：2020 年。

应用领域：这是一种用于精确测量直接辐射的自动化气象仪器，无须挂接采集器，直接输出满足中国气象局格式要求的辐射观测数据。根据安装状态不同，该辐射表可测量太阳直接辐射，可满足气象、气候和社会化服务对辐射观测数据不断增长的需求。

1.1.64　DFZ3 型热电式数字直接辐射表（北京华云升达）

（1）观测原理

DFZ3 型热电式数字直接辐射表（图 1.1.64.1、图 1.1.64.2）采用良好的感应元件和材料整台设备接口规范，结构简单，安装方便。通过 RS-232 的方式将采集到的数据报文按约定的通信协议上传。

（2）功能特点

该辐射表体积小巧、质量轻、安装简便，拥有高质量的玻璃罩以及优化设计的具备温度补偿的探测器，具备较快的响应速度、较高的精度，能满足更高级别应用。全密封设计使其内部的热电偶能够避免外部环境的影响。

（3）组成结构

由硬件、软件、配套设备三部分组成。硬件组成主要包括光筒、遮光罩、辐射感应元件（含测温元件）、数据处理模块以及其他硬件部件（例如光筒、遮光罩、干燥剂等）。软件部分主要分为三个功能模块，包括数据采集模块、数据处理模块和数据通信模块。配套设备包括全自动太阳跟踪、电源、安装结构件等部分。

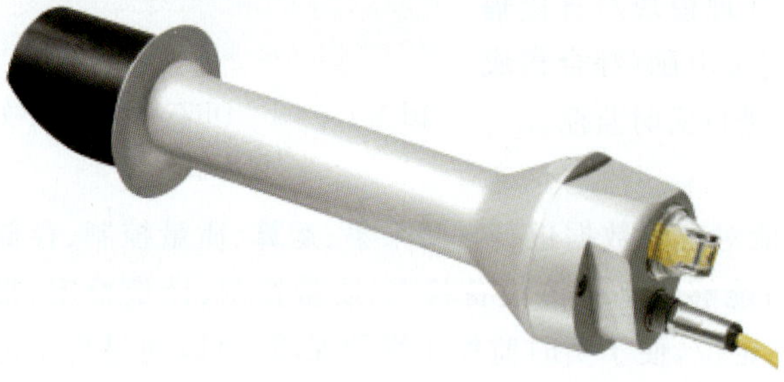

图 1.1.64.1　DFZ3 型热电式数字直接辐射表产品图

图 1.1.64.2　DFZ3 热电式数字直接辐射表安装效果图

（4）性能指标（表 1.1.64.1）

表 1.1.64.1　DFZ3 型热电式数字直接辐射表性能指标

要素	主要指标	要素	主要指标
响应时间（95%）	＜20 s	斜角 β	1°±0.1°
零点偏移：相对于环境温度变化 5 K/h	±4 W/m²	功耗	总体功耗≤0.5 W，全自动太阳跟踪装置功耗≤5 W
年稳定性	±0.5%	环境适应性	工作温度：−40～60 ℃；相对湿度：0～100%；大气压力：550～1060 hPa
温度响应（由于环境温度在间隔 50 K 内的变化引起的最大百分率误差）	±2%	抗盐雾腐蚀	零件镀层应满足耐 48 h 盐雾沉降试验的要求
非线性（由于辐照度在 100～1000 W/m² 范围内变化引起的对 500 W/m² 响应度的百分率偏差）	±0.5%	防护等级	IP65
倾斜响应（在 1000 W/m² 辐照度时由于从 0°～180° 的倾斜变化，相对于 0° 倾斜水平的响应度的百分率偏差）	±0.5%	电磁兼容性	静电放电抗扰度：接触放电±4 kV，空气放电±8 kV；电快速瞬变脉冲群抗扰度：直流电源接口±1 kV 5 kHz，控制和信号端口±2 kV 5 kHz； 浪涌冲击抗扰度：线对地±1 kV； 射频场感应的传导骚扰抗扰度：0.15～80 MHz 3 V 80%AMK(1 kHz)
半敞开角 α	2.5°±0.1°	可靠性要求	平均故障间隔时间（MTBF）≥8000 h

（5）业务应用

装备许可证编号：SXZ-17-2020。

启用时间：2020 年。

应用领域：DFZ3 型热电式数字直接辐射表实时采集环境直接辐射，既能满足无人值守的野外环境，也能适应城市或近郊环境。此仪器从极地到沙漠的广阔环境，在气象观测、太阳能研究、全球气候研究、材料测试、建筑物理学、温室监测等众多领域有着广泛的应用。

1.1.65 DNQ1 型前向散射式能见度仪（北京华云升达）

(1)观测原理

DNQ1 型前向散射式能见度仪（图 1.1.65.1）是一种光学传感器，用于测量能见度（气象光学距离/MOR）。该仪器使用前向散射测量原理测量能见度，根据光学信号检测和测量降水水滴，并使用此信息处理散射测量结果。

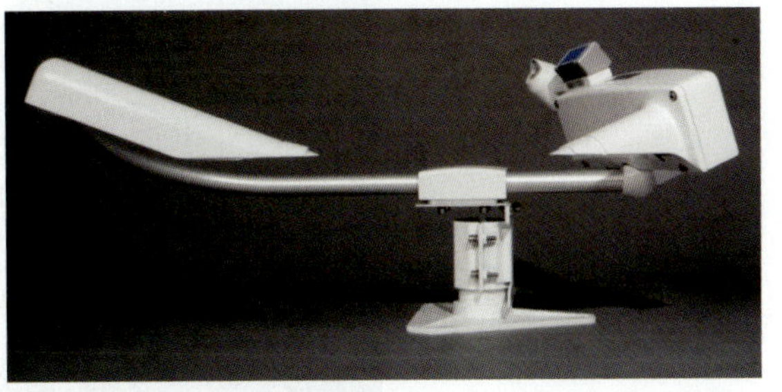

图 1.1.65.1 DNQ1 型前向散射式能见度仪产品图

(2)功能特点

采用锁相放大技术，使得测试数据更精准，发射镜头和接收镜头都采用了污染探测技术，有效地增加了测量精度。其能够在无人值守的条件下工作很长的时间周期，维护工作只需要在设备有镜头污染报警时清洁镜头，如可定期清洁检查更佳。

一体化轻巧结构设计，可对大气能见度进行连续监测；太阳和其他杂光对探测的干扰降到最低；发射单元和接收单元窗口透镜有特有的窗口检污装置以及报警功能；IP65 防护等级、抗盐雾腐蚀；校准维护非常方便；配有标准的 RS-232 和 RS-485 通信接口。

(3)组成结构

由能见度传感器、数据采集系统、供电系统、机箱和安装支架等组成。其中能见度传感器是系统核心部分，通过内置程序自动完成数据采集并将采集到的数据传输至数采器，数采器进行数据处理、数据存储。通过与数采器相连的微机上运行的相关软件，可以将数采器内部存储的定时数据卸载并进行处理，从而得到能见度气象数据。供电系统为监测站运行提供所需的能源。可以使用远程 GPRS 或直联方式，通过相关软件获取数据。

(4)性能指标（表 1.1.65.1）。

表 1.1.65.1 DNQ1 型前向散射式能见度仪性能指标

要素	主要指标	要素	主要指标
测量范围	10～35000 m	抗盐雾腐蚀	满足《电工电子产品环境试验 第 2 部分：试验方法 试验 Ka：盐雾》(GB/T 2423.17—2008)
准确度	±10％(10～10 km)；±20％(10～35 km)	电磁兼容性	浪涌(冲击)抗扰度满足《电磁兼容 试验和测量技术 浪涌(冲击)抗扰度试验》(GB/T 17626.5—2019)； 射频电磁场辐射抗扰度满足《电磁兼容 试验和测量技术 射频场感应的传导骚扰抗扰度》(GB/T 17626.6—2017)； 静电放电抗扰度满足《电磁兼容 试验和测量技术 静电放电抗扰度试验》(GB/T 17626.2—2018)
功耗	6 W(非加热状态)；65 W(加热状态)	可靠性要求	平均故障间隔时间(MTBF)≥3600 h
环境适应性	环境温度：－45～50 ℃；相对湿度：10％～100％；大气压力：450～1060 hPa		

(5)业务应用

装备许可证编号：SXZ-13-2013。

启用时间：2013 年。

应用领域：该能见度仪可应用于气象预报、道路监控、机场以及农业研究，具有较高运行可靠性，为天气预报和服务提供高质量的观测数据。完全满足相应的技术和规范要求，适合在地面综合观测气象系统中推广使用(图 1.1.65.2)。

图 1.1.65.2　DNQ1 型前向散射式能见度仪应用场景

1.1.66　DNQ2 型前向散射式能见度仪(安徽蓝盾)

(1)观测原理

DNQ2 型前向散射式能见度仪是由一个微处理器控制的前向散射式测量仪器。发射器以红外 LED 作为光源，经脉冲调制后照射到采样空间，采样空间内的大气粒子对光产生散射，位于发射器和接收器同平面上固定散射角度 θ 的散射光束照射到光电探测器上，经过放大和模/数转换后，由 CPU 通过专门算法转化为能见度(气象光学视程)，并通过 RS-232 接口输出。

(2)功能特点

利用光电仪器获取大气透射相关参数，按照气象学要求通过专门算法转化成能见度，可以连续自动测量，易于与国内外多款自动气象站产品集成，符合气象和交通等行业标准相关要求。

工业级元器件，稳定性强；接收光路上具有遮光、消光结构，避免车灯、太阳和其他杂光的干扰；具有 16 位以上的 A/D 转换电路，测量精度高；标准通信接口，且设备拆装简易，易于集成到国内外多款自动气象站产品中。

(3)组成结构

该能见度仪由传感器、采集器和其他外围设备(如电源、无线通信部件)等部分组成。传感器部分包括发射器、接收器和控制处理器等。采集器内含接口单元、中央处理单元、存储单元和显示单元(选配)等。

(4)性能指标(表 1.1.66.1)

表 1.1.66.1　DNQ2 型前向散射式能见度仪性能指标

测量要素	范围	准确度	时间常数
能见度	10 m～10 km	±10%	1 min
	10～50 km	±20%	

(5)业务应用

装备许可证编号：SXZ-14-2017。

启用时间：2013 年。

应用领域：主要应用于国家基本气象站、各种(常规)气象观测站、其他行业(如道路交通、航空和环保监测等领域)气象监测站(图 1.1.66.1)。

图 1.1.66.1　DNQ2 型前向散射式能见度仪应用场景

1.1.67　DNQ3 型前向散射式能见度仪(洛阳凯迈)

(1)观测原理

DNQ3 型前向散射式能见度仪是一种利用光的前向散射原理，采用微处理器控制的大气能见度监测仪器。其通过红外光脉冲测量大气中悬浮粒子的前向散射光强度，采用精确的算法将测量值转换成气象能见度值，可广泛应用于相关行业的观测场站。

(2)功能特点

根据气象业务的特点，该能见度仪功能齐全，具有全量程能见度监测、低温环境下的设备加热、自校准、对时、大容量数据存储等功能，可连接台站地面综合观测业务软件(ISOS)，能够在全天候环境下使用。

结构简单、可靠性高、功耗低，使用维护方便；可对工作电压、内部温度和接收器工作状态等进行实时监测；具备自加热、外场可校准功能；适用于移动载体和固定站点，可在多领域、行业应用。

(3)组成结构

该能见度仪由传感器、电控箱、支架和电缆等部分组成。传感器的发射器通过红外发光管发出一束红外光射入大气。接收器将特定体积大气的前向散射光汇聚到光电传感器的接收面上，并将其放大处理，转换为与大气能见度成反比关系的电信号。此信号经处理送至控制器的数采单元，经 CPU 采样和计算得到大气能见度值，并通过通信接口送至计算机进行显示和输出。支架承载发射器、接收器、电控箱，用于该能见度仪在观测场所的安装和定位。

（4）性能指标（表 1.1.67.1）

表 1.1.67.1 DNQ3 型前向散射式能见度仪性能指标

要素	主要指标	要素	主要指标
测量范围	10～50000 m	通信方式	RS-232、RS-485、无线传输等可选
测量误差	±10%（10～5000 m）	质量	系统≤60 kg；传感器≤9 kg
	±20%（5000～50000 m）		
分辨力	1 m	外形尺寸（长×宽×高）	731 mm×318 mm×2949 mm
数据更新频率	1 min	平均故障间隔时间	≥5000 h

（5）业务应用

装备许可证编号：SXZ-62-2019。

启用时间：2013 年。

应用领域：主要应用于国家基本气象站、各种（常规）气象观测站、其他行业（如海洋、电力、机场等）气象监测站（图 1.1.67.1、图 1.1.67.2）。

图 1.1.67.1 DNQ3 型前向散射式能见度仪应用场景 1

图 1.1.67.2 DNQ3 型前向散射式能见度仪应用场景 2

1.1.68 DNQ4 型前向散射式能见度仪（北京聚恒博联）

（1）观测原理

DNQ4 型前向散射能见度仪（图 1.1.68.1）是一款可对大气水平能见度进行全天候连续在线监测的仪器。它根据大气中气溶胶粒子对激光的前向散射原理，通过主动发射红外光束和测量采样区内大气悬浮颗粒对光束的散射光强，计算大气消光系数，并反演出能见度值。

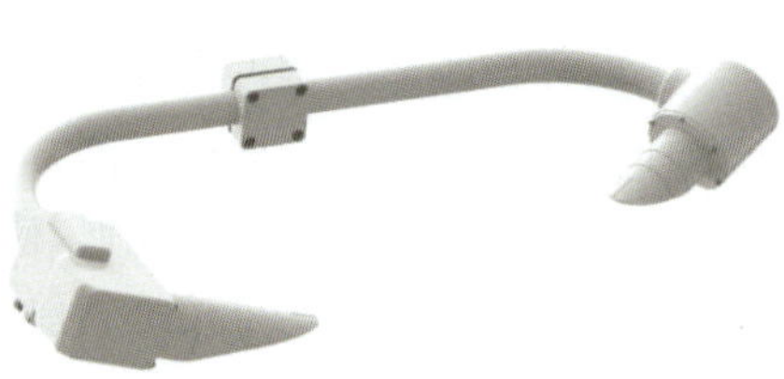

图 1.1.68.1 DNQ4 型前向散射能见度仪产品图

（2）功能特点

采用一体化设计、体积小巧、安装方便、维护简单；性能稳定可靠、环境适应性强；数据准确，配置《地面观测数据字典》协议，可接入气象台站地面综合观测业务软件，满足道路交通、航空机场、气象和环境监测等领域的应用要求。

（3）组成结构

由能见度传感器、电控箱和立柱三大部分组成。能见度传感器主要包含光学部分、电学部分和结构部分，实现数据的采集、接收、转换、处理、计算等功能；电控箱包括通信模块、防雷模块和供电模块，为设备提供电源、通信以及防雷功能；立柱主要用于支撑传感器和电控箱。

(4)性能指标(表 1.1.68.1)

(5)业务应用

装备许可证编号：SXZ-14-2020。

启用时间：2020 年 3 月。

应用领域：主要应用于气象观测[如国家基本气象站、各种(常规)气象观测站等]、科研、交通安全保障、城市雾/霾监测等领域(图 1.1.68.2)。

表 1.1.68.1　DNQ4 型前向散射能见度仪性能指标

要素	主要指标	
尺寸 (长×宽×高)	735 mm×350 mm×90 mm (能见度传感器)	440 mm×248 mm×495 mm (电控箱)
质量	≤3 kg(能见度传感器)	≤16 kg(电控箱)
测量范围	10～30000 m	
测量误差	±10%(≤1500 m),±20%(>1500 m)	
数据输出间隔	60 s(默认)	
电源	AC 220 V(±10%),50 Hz(±6%) (DC 10～24 V 能见度传感器)	
功耗	≤10 W(<5 W,能见度传感器)	
通信	RS-232/RS-485 可选	
工作环境	温度：−45～50 ℃；湿度：0～100%RH	
储存环境	温度：−50～60 ℃；湿度：0～100%RH	

图 1.1.68.2　DNQ4 型前向散射能见度仪应用场景

1.1.69　DUJ1 型激光云高仪(洛阳凯迈)

(1)观测原理

DUJ1 型激光云高仪(图 1.1.69.1)是一种依据激光测距原理，采用后向散射探测技术的云底高度监测仪器。发射器发射周期性的激光脉冲，接收器接收云层和大气的后向散射信号，处理器对接收信号进行数据处理，经多重反演运算，得到各高度大气的消光系数，从而判断云层并计算云底高度值。

图 1.1.69.1　DUJ1 型激光云高仪安装效果图

(2)功能特点

该云高仪符合《激光云高仪功能规格需求书(试行版)》的要求，可测量最多 3 层云的云底高度、穿透厚度，根据前 30 min 的云高观测结果计算统计云量，天空模糊时计算垂直能见度，可连接台站地面综合观测业务软件(ISOS)，能够在全天候环境下使用。

可自动测量并输出云底高度、穿透厚度、云量等，天空模糊时计算垂直能见度；具有数据存储与历史数据查询功能；具有自动加热和吹风功能，有效减缓镜头污染；能对云底高度进行实时、连续的自动化观测；具有测量性能好，可靠性好，便于安装调试且具有自主知识产权的特点。

（3）组成结构

该云高仪由发射器、接收器、处理器、接口控制、电源和光学组件等几部分组成。发射器主要由发射光学系统及发射器电路组成，发射器通过机械装置固定在机芯的发射筒中，仪器工作时发出周期性的红外脉冲光信号。接收器主要由接收光学系统及接收器电路组成，接收器通过机械装置固定在机芯的接收筒中，仪器工作时接收大气回波信号。

（4）性能指标（表 1.1.69.1）

表 1.1.69.1　DUJ1 型激光云高仪性能指标

要素	主要指标	要素	主要指标
测量范围	15～10000 m	通信方式	RS-232、RS-485、无线传输等可选
测量精度	±20 m(<150 m)； ±10%(150～300 m)；±20%(>300 m)	外形尺寸(长×宽×高)	573 mm×327 mm×743 mm
固体目标测量精度	±10 m	质量	≤60 kg
分辨力	5 m	平均故障间隔时间	≥15000 h
数据更新频率	15～300 s 可设	供电方式	AC 220 V，市电断电时蓄 电池自动续航≥12 h
可探测云层数	3 层	功耗	100 W(不加热)；≤500 W(加热)

（5）业务应用

装备许可证编号：SXZ-70-2019。

启用时间：2012 年。

应用领域：主要应用于国家基本气象站、各种（常规）气象观测站、其他行业（如海岛、机场等）气象监测站。

1.1.70　DUJ2 型激光云高仪（北京华云升达）

（1）观测原理

DUJ2 型激光云高仪（图 1.1.70.1）可准确地测量云底高度，为天气预报提供预报依据。从地面向上空发射激光脉冲，光束在空气（含水汽、气溶胶及其他细小物质）中会有后向散射，遇到液体水滴和固体冰晶会发生多次反射和折射，光束到达接收探头的时间含有高度信息，通过软件算法可以解算出云底高度。

图 1.1.70.1　DUJ2 型激光云高仪安装效果图

（2）功能特点

采用单镜头测量技术，保证了在低空条件下云高仪也有强和稳定的信号。探测范围为 30～7500 m；采用可在低海拔地区进行精确测量的单光学镜头技术；在所有天气条件下运行可靠，降水时垂直能见度和测云也可正常进行；测量迅速，可以测量整块云底下面的薄云；进行模块化设计，便于安装和维护；配有丰富的自诊断功能可进行故障分析；具有对眼睛无伤害的激光雷达；具有自动加热吹风控制系统、窗口自动监测系统。

（3）组成结构

由激光云高传感器、数据采集系统、供电系统、机箱和安装支架等组成。其中激光云高传感器是系统核心部分，通过内置程序可以自动完成数据采集并将采集到的数据传输至数据采集器，至数据采集器进行数据处理和数据存储。通过与至数据采集器相连的微机上运行的相关软件，可以将至数据采集器内部存储的定时数据卸载并进行处理，从而得到云高气象数据。供电系统为监测站运行提供所需的能源。可以使用远程 GPRS 或直联方式，通过相关软件获取数据。

（4）性能指标（表 1.1.70.1）

表 1.1.70.1　DUJ2 型激光云高仪性能指标

要素	主要指标	要素	主要指标
云高测量范围	30～7500 m	时钟精度	实时时钟走时误差≤15 s/月
云高最小分辨力	10 m	环境适应性	工作温度：−45～50 ℃；储存温度：−45～70 ℃；相对湿度：5%～100%；大气压力：450～1060 hPa；降水强度：0～6 mm/min；抗风强度：60 m/s
可报告云层数（统计综合）	≥3 层	抗盐雾腐蚀	零件镀层应满足耐 48 h 盐雾沉降试验的要求
固定目标物距离测量误差	10 m	防护等级	IP65
激光发射重复频率	10 kHz	电磁兼容性	浪涌（冲击）抗扰度满足《电磁兼容 试验和测量技术 浪涌（冲击）抗扰度试验》（GB/T 17626.5—2019）；电快速瞬变脉冲群抗扰度满足《电磁兼容 试验和测量技术 电快速瞬变脉冲群抗扰度试验》（GB/T 17626.4—2018）；射频电磁场辐射抗扰度满足《电磁兼容 试验和测量技术 射频场感应的传导骚扰抗扰度》（GB/T 17626.6—2017）；静电放电抗扰度满足《电磁兼容 试验和测量技术 静电放电抗扰度试验》（GB/T 17626.2—2018）
接收器视场角	0.83 mrad	可靠性要求	平均故障间隔时间（MTBF）≥3000 h
通信传输	支持串口 RS-232/485/422 和 RJ45 传输方式		

（5）业务应用

装备许可证编号：SXZ-72-2019。

启用时间：2019 年。

应用领域：云是地面观测中的一个项目，而云高的变化对分析天气系统的未来演变是重要参考依据。该云高仪可长期在野外应用，也适合沙漠地区和热带潮湿等极端环境。

1.1.71　DUJ3 型激光云高仪（北京华云升达）

（1）观测原理

DUJ3 型激光云高仪可用来测量云底高度。其从地面向上空发射激光脉冲，光束在空气（含水汽、气溶胶及其他细小物质）中会有后向散射，遇到液体水滴和固体冰晶会发生多次反射和折射，光束到达接收探头的时间含有高度信息，通过软件算法可以解算出云底高度。

（2）功能特点

采用单镜头测量技术，保证了在低空条件下云高仪也有强和稳定的信号。云报告范围为 30～15000 m；回波剖面范围为 0～15000 m；报告周期可设置 6～120 s 或轮询；报告数量云层（多达 3 层）及状态信息；采用可在低海拔地区进行精确测量的单光学镜头技术；在所有天气条件下进行全天候测量；进行模块化设计，便于安装和维护；配有丰富的自诊断功能可进行故障分析；具有对眼睛无伤害的激光雷达，激光云高仪具有自动进行时钟同步功能。

（3）组成结构

DUJ3 型激光云高仪主要由激光云高传感器、数据采集系统、供电系统、机箱和安装支架等组成。其中激光云高传感器是系统核心部分，通过内置程序可以自动完成数据采集并将采集到的数据传输至数据采集器，数据采集器进行数据处理和数据存储。通过与数据采集器相连的微机上运行的相关软件，可以将数据采集器内部存储的定时数据卸载并进行处理，从而得到云高气象数据。供电系统为监测站运行提供所需的能源。可以使用远程 GPRS 或直联方式，通过相关软件获取数据。

（4）性能指标（表 1.1.71.1）

表 1.1.71.1　DUJ3 型激光云高仪性能指标

要素	主要指标	要素	主要指标
云高测量范围	30～15000 m	通信传输	支持串口 RS-232/485/422
云高最小分辨力	10 m	时钟精度	实时时钟走时误差≤15 s/月
可探测云层数	≥3 层	环境适应性	工作温度：−45～50 ℃；储存温度：−45～70 ℃；相对湿度：5%～100%；大气压力：450～1060 hPa；降水强度：0～6 mm/min；抗风强度：60 m/s
固定目标物距离测量误差	10 m	抗盐雾腐蚀	零件镀层应满足耐 48 h 盐雾沉降试验的要求
激光发射重复频率	6500 Hz	防护等级	IP65
接收器视场角	0.56 mrad	电磁兼容性	浪涌（冲击）抗扰度满足《电磁兼容 试验和测量技术 浪涌（冲击）抗扰度试验》（GB/T 17626.5—2019）；电快速瞬变脉冲群抗扰度满足《电磁兼容 试验和测量技术 电快速瞬变脉冲群抗扰度试验》（GB/T 17626.4—2018）；射频电磁场辐射抗扰度满足《电磁兼容 试验和测量技术 射频场感应的传导骚扰抗扰度》（GB/T 17626.6—2017）；静电放电抗扰度满足《电磁兼容 试验和测量技术 静电放电抗扰度试验》（GB/T 17626.2—2018）
功耗	≤25 W（测量单元）；≤100 W（内部加热器）；≤300 W（暖风机）	可靠性要求	平均故障间隔时间（MTBF）≥3000 h

（5）业务应用

装备许可证编号：SXZ-74-2019。

启用时间：2019 年。

应用领域：云是地面观测中的一个项目，而云高的变化对分析天气系统的未来演变是重要参考依据。DUJ3 型激光云高仪准确地测定云高，为天气预报提供预报依据很有必要。具有自动加热吹风控制系统、窗口自动监测系统，安装方便、维护简单，可长期在野外应用，也适合沙漠地区和热带潮湿等极端环境（图 1.1.71.1、图 1.1.71.2）。

图 1.1.71.1　DUJ3 型激光云高仪业务应用场景 1

图 1.1.71.2　DUJ3 型激光云高仪业务应用场景 2

1.1.72 DUJ4型激光云高仪(北京聚恒博联)

(1)观测原理

DUJ4型激光云高仪(图1.1.72.1)是一款自动连续监测云底高度的传感器。该产品利用米散射激光雷达技术,以特定频率主动发射红外脉冲激光光束,并以固定时间间隔探测大气后向散射信号,获得随高度分布的回波廓线,通过信号处理和算法反演运算,得到各高度层大气消光系数,并自动分析识别云层,计算输出云底高度、云层厚度、统计云量,天空模糊状态下可计算垂直能见度。

图1.1.72.1 DUJ4型激光云高仪产品图

(2)功能特点

该云高仪采用斜面窗口设计,具备镜头污染检测和自动清洁(镜头加热)功能,能有效去除镜头积雪积冰,提高降水天气状况下的观测效果;体型轻便小巧、安装方便、维护简单,性能稳定可靠、环境适应性强,既适用于固定地基观测,也可通过配置减震附件用于车载、船载等机动观测;数据准确丰富,状态自检完善,配置多种协议,可接入气象台站地面综合观测业务系统;可选配套专业应用软件,能计算显示大气边界层高度,并以伪彩图形式直观显示云层、气溶胶的时空分布及演变信息。

(3)组成结构

由光学系统、电学系统、结构系统、嵌入式软件系统和处理软件五部分组成。光学系统主要将发射的激光进行准直后发射进入大气,并接收大气后向散射的激光,将其汇聚至激光接收器,滤除其他波段的杂波,消除其对检测结果的影响和保护光/电及电/光元器件。电学系统主要为嵌入式软件系统提供良好的运行平台,受嵌入式软件系统的控制完成激光雷达的所有功能及部分性能。结构系统为光学系统和电学系统提供支撑和保护,并具有更加良好的密封性能、耐盐雾腐蚀性能、抗机械振动性能和力学性能。嵌入式软件系统运行于电学系统之中,操控电学系统完成整机需要完成的功能和部分性能,具有快速响应及优秀的数据交互能力。处理软件系统运行于计算机之上,主要完成向设备发布命令、设置参数、接收设备的数据信息并进行解析、数据存储和显示这一系列功能。操作方面,显示简练,具有优秀的移植性和操作性。

(4)性能指标(表1.1.72.1)

表1.1.72.1 DUJ4型激光云高仪技术指标

要素	主要指标	要素	主要指标
尺寸(长×宽×高)	≤340 mm×220 mm×490 mm	数据输出间隔	60 s(默认)
质量	≤16 kg	电源	AC 198~242 V,50±2 Hz或DC 24 V
云底高度测量范围	15 m~12 km	功耗	≤10 W(不加热),≤100 W(加热)
云底高度测量准确度	±15 m(<150 m);±10%(150~300 m);±20%(>300 m)	通信	RS-232/RS-485可选
固体目标测量误差	±15 m	工作环境	温度:−45~50 ℃;湿度:5%RH~100%RH
空间分辨率	5 m	储存环境	温度:−55~60 ℃;湿度:5%RH~100%RH

(5)业务应用

装备许可证编号:SXZ-23-2020。

启用时间:2020年5月。

应用领域：主要应用于气象观测[如国家基本气象站、各种(常规)气象观测站等]、云观测与研究、航空气象保障、航海气象保障、军事气象保障等领域。

1.1.73 DWZ1 型智能气温测量仪（北京华云升达）

(1)观测原理

DWZ1 型智能气温测量仪(图 1.1.73.1)是采用良好的感应元件和材料，以高精度低功耗微型化方式，设计完成的一款传感器，整台设备接口规范，结构简单，安装方便。本产品通过 RS-232 的方式将采集到的数据报文按约定的通信协议上传。

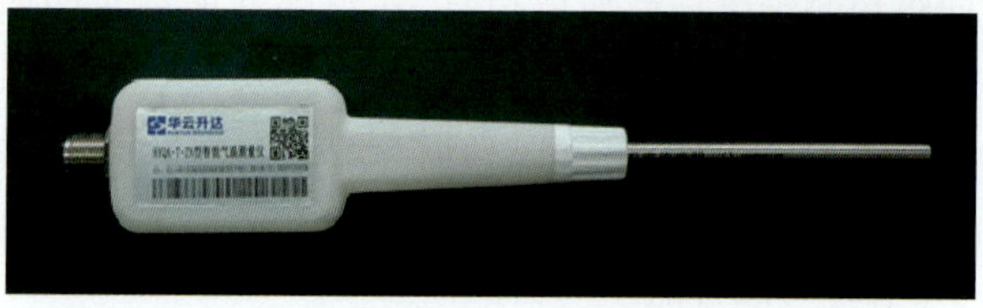

图 1.1.73.1 DWZ1 型智能气温测量仪产品图

(2)功能特点

该气温测量仪使用了高精度、低功耗、低噪声、完整模拟前端，内置一个 16 位 Σ-Δ 型 ADC，含有 3 个差分模拟输入，集成了片内低噪声仪表放大器的高性能模数转换器，提高了测量精度和设备稳定性。

保证数据的准确性和实时性；采集到的数据按照通信协议标准，通过标准接口发送出去；积极、迅速地响应其他设备的各种通信命令。

(3)组成结构

由铂电阻感应元件、测量电路、监测电路、处理器、供电电路、电源和 RS-232 接口组成，测量电路包括采集、滤波、A/D 转换和校准电路等模块，处理器包括 MCU 控制单元、数据存储器、程序存储器、驱动电路、时钟等(图 1.1.73.2)。

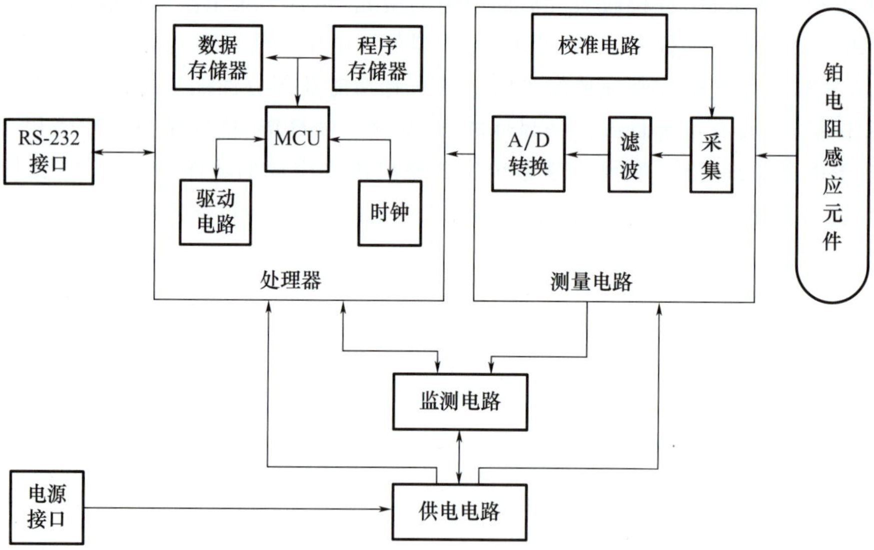

图 1.1.73.2 DWZ1 型智能气温测量仪组成结构图

(4)性能指标(表 1.1.73.1)

表 1.1.73.1 DWZ1 型智能气压测量仪性能指标

要素	主要指标
测量范围	−50～50 ℃
分辨力	0.01 ℃
最大允许误差	±0.1 ℃

续表

要素	主要指标
功耗	整机功耗不大于 0.15 W； 蓄电池容量应≥4 Ah(采用蓄电池供电)
环境适应性	温度：−60～60 ℃；湿度：0～100%RH；气压：550～1060 hPa
抗盐雾腐蚀	满足《电工电子产品环境试验 第 2 部分：试验方法 试验 Ka：盐雾》(GB/T 2423.17—2008)
机械条件	满足《军用装备实验室环境试验方法 第 16 部分：振动试验》(GJB 150.16A—2009)； 满足《电工电子产品环境试验 第 2 部分：试验方法 试验 Ed：自由跌落》(GB/T 2423.8—1995)； 满足《电工电子产品环境试验 第 2 部分：试验方法 试验 Ea 和导则：冲击》(GB/T 2423.5—1995)
电磁兼容性	浪涌(冲击)抗扰度满足《电磁兼容 试验和测量技术 浪涌(冲击)抗扰度试验》(GB/T 17626.5—2019)； 电快速瞬变脉冲群抗扰度满足《电磁兼容 试验和测量技术 电快速瞬变脉冲群抗扰度试验》(GB/T 17626.4—2018)； 射频电磁场辐射抗扰度满足《电磁兼容 试验和测量技术 射频场感应的传导骚扰抗扰度》(GB/T 17626.6—2017)； 静电放电抗扰度满足《电磁兼容 试验和测量技术 静电放电抗扰度试验》(GB/T 17626.2—2018)
可靠性要求	平均故障间隔时间(MTBF)≥8000 h

(5)业务应用

装备许可证编号：SXZ-19-2019。

启用时间：2019 年。

应用领域：可以实时采集环境温度，既能满足无人值守的野外恶劣环境，也能适应城市或近郊环境，对提高气象仪器国产化程度，推动气象探测系统的快速发展，以满足日益增长的气象防灾减灾需求，具有重要的科学意义和应用前景(图 1.1.73.3)。

图 1.1.73.3 DWZ1 型智能气温测量仪应用场景

1.1.74 DWZ2 型智能气温测量仪(航天新气象)

(1)观测原理

DWZ2 型智能气温测量仪(图 1.1.74.1)是一款按中国气象局《智能气温测量仪-I 型功能规格需求书》要求开发的高精度智能气温测量仪器，适用于地面气象观测业务等需要高精度土壤温度测量的应用场合。采用高精度线绕铂电阻，根据金属铂的电阻随温度变化的规律来测量温度。

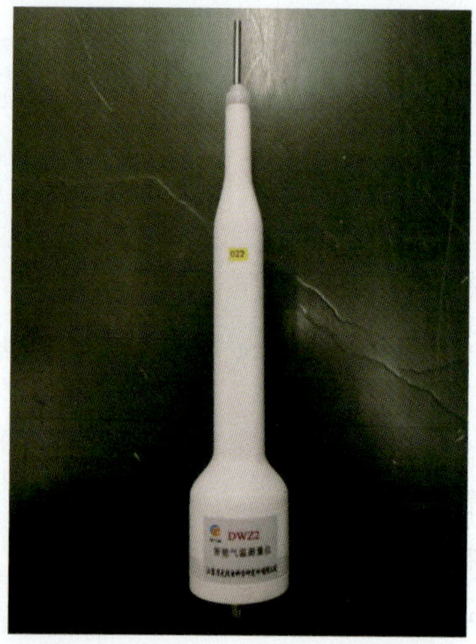

图 1.1.74.1 DWZ2 型智能气温测量仪产品图

(2)功能特点

该气温测量仪具备自处理、自适应、自诊断、自恢复以及在线升级和即插即用等技术特点，环境适应性好、可靠稳定、测量精度高、易维护，支持《地面气象要素编码与数据格式》(GB/T 33695—2017)，可以通过串口或外接无线通信设备接入集成处理器，完成组网成站。

(3)组成结构

由敏感元件、测量电路、处理器、监测电路、供电电路、外围组件构成。敏感元件采用高精度线绕铂电阻，是实现仪器高精度测温的关键部件；测量电路由高精度 A/D 转换器等构成，实现模拟量到数字量的转换；处理器采用集成了 MCU 控制单元、数据存储器、程序存储器、驱动电路、时钟等的 Cortex 处理器；监测电路实现仪器内部电压、温度等内部状态的检测和监控；供电电路将外部输入电源转换为内部电路所需的各种电源(图 1.1.74.2)。

(4)性能指标(表 1.1.74.1)

表 1.1.74.1 DWZ2 型智能气温测量仪性能指标

要素	主要指标	要素	主要指标
测量范围	−50～50 ℃	稳定性	±0.1 ℃/2a
分辨力	0.01 ℃	其他	时间常数：≤20 s(通风速度 2.5 m/s)
最大允许误差	±0.1 ℃		

(5)业务应用

装备许可证编号：SXZ-23-2019。

启用时间：2019 年。

应用领域：主要应用于国家基本气象站、各种(常规)气象观测站、其他行业(如林业、农业、石油、电力、水利等)气象监测站(图 1.1.74.3)。

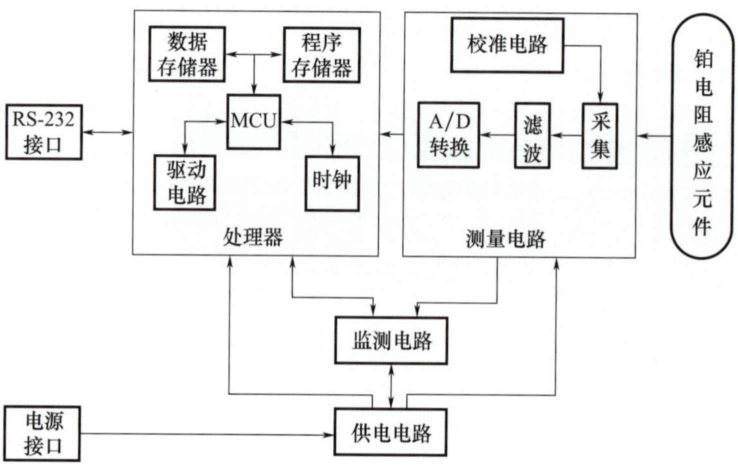

图 1.1.74.2 DWZ2 型智能气温测量仪内部结构图

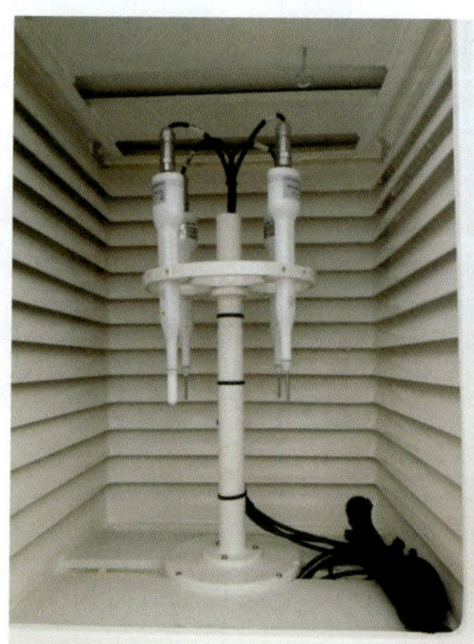

图 1.1.74.3 DWZ2 型智能气温测量仪应用场景

1.1.75 DWZ3型智能气温测量仪(上海气象仪器)

(1)观测原理

DWZ3型智能气温测量仪(图1.1.75.1)利用铂电阻的阻值随温度变化而变化特性感应温度信号,而后经过测量电路,采集电路通过分时扫描方式实时采集各感应元件原始信号;滤波电路和A/D转换电路将采集到的模拟信号转换成数字信号,并利用高精度标准电阻对采集电路进行实时校准。最后经过处理器完成数据处理和设备管理。

(2)功能特点

该气温测量仪是按照统一标准、统一功能、统一结构、统一方法、统一规范的设计思路,形成的性能可靠、准确性高、易维护、易备份的智能气温测量仪,具备检测电路和非易失存储功能,可存储31 d分钟级观测要素及状态要素,掉电不丢失。该测量仪具有RS-232三线制串行接口,可扩展连接ZigBee、4G、GPRS、北斗卫星等通信模块,实现数据传输和组网观测。能够实现信号采集、数据处理、质量控制、自检测、自诊断、自恢复等功能,为设备研制、生产和测试评估提供重要依据。

(3)组成结构

由智能气温测量仪和连接线组成。智能气温测量仪完成对大气温度的采样,并对采样数据进行计算处理、质量控制、记录存储、通信传输,与上位机进行指令交互;连接线用于智能测量仪供电和与上位机通信(图1.1.75.2)。

图1.1.75.1 DWZ3型智能气温测量仪产品图

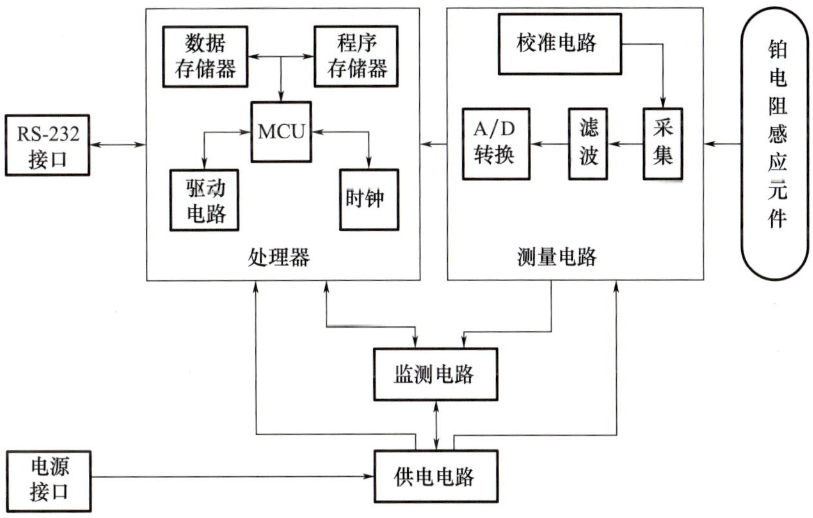

图1.1.75.2 DWZ3型智能气温测量仪结构图

(4)性能指标(表1.1.75.1)

表1.1.75.1 DWZ3型智能气温测量仪性能指标

测量要素	测量范围	分辨力	测量精度
气温	−50~50 ℃	0.01 ℃	±0.1 ℃

(5)业务应用

装备许可证编号:SXZ-04-2020。

启用时间:2020年1月20日。

应用领域:可与其他气象要素的智能测量仪灵活配置,组成多维度的观测网络,适用于气象、军事、科考、生态、体育比赛、环保、消防等机动气象观测领域。

1.1.76 DWZ4 型智能气温测量仪（天津中环天仪）

（1）观测原理

DWZ4 型智能气温测量仪（图 1.1.76.1）利用铂电阻的阻值随温度变化而变化的特性来准确感应空气温度。

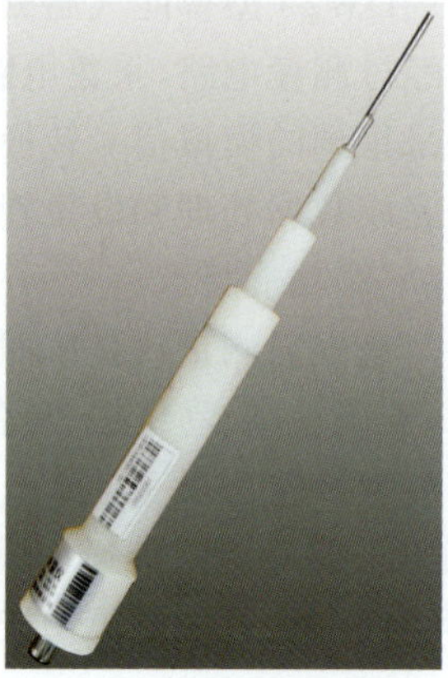

图 1.1.76.1 DWZ4 型智能气温测量仪

（2）功能特点

该测量仪用来测量空气温度，按照统一标准、统一功能、统一结构、统一方法、统一规范的设计思路，形成性能可靠、准确性高、易维护、易备份的智能气温测量仪，能够实现信号采集、数据处理、质量控制、自检测、自校准、自诊断、自恢复等功能。

自处理：对观测数据进行自动采集、运算、质量控制、存储和传输；自适应：自主适应采集模式、通信模式和处理模式；自校准：内置万分之五及以上高精度标准电阻。通过自动校准策略确保测量电路准确；自诊断：自动检测设备状态、质量控制、计量检定、报警等信息，自动诊断出设备工作是否正常以及进行故障定位，便于实时监控和维护保障；自恢复：根据设备状态信息和自诊断结果，自动恢复到标准状态；在线升级：通过规定的通信接口，实现程序在线升级；即插即用：根据标准化的数据格式和接口，实现即插即用，能生成二维码标识信息，便于设备入网管理。

（3）组成结构

由铂电阻感应元件、测量电路、监测电路、处理器、供电电路、电源、RS-232 接口和外围组件组成，测量电路包括采集、滤波、A/D 转换和校准电路等模块，处理器包括 MCU 控制单元、数据存储器、程序存储器、驱动电路、时钟等。

（4）性能指标（表 1.1.76.1）

表 1.1.76.1 DWZ4 型智能气温测量仪性能指标

测量要素	测量范围	分辨力	最大允许误差
气温	−50～50 ℃	0.01 ℃	±0.1 ℃

（5）业务应用

装备许可证编号：SXZ-07-2020。

启用时间：2020 年 1 月 20 日。

应用领域：应用范围广泛，如气象站、船舶、石油平台、环境保护等方面。

1.1.77 WJ1 型双金属温度计（上海气象仪器）

（1）观测原理

WJ1 型双金属温度计（图 1.1.77.1）以双金属片为温度感应元件，利用其挠度随温度而改变的特性，通过机械的传动放大机构，带动记录笔尖在记录纸上作出温度记录曲线。

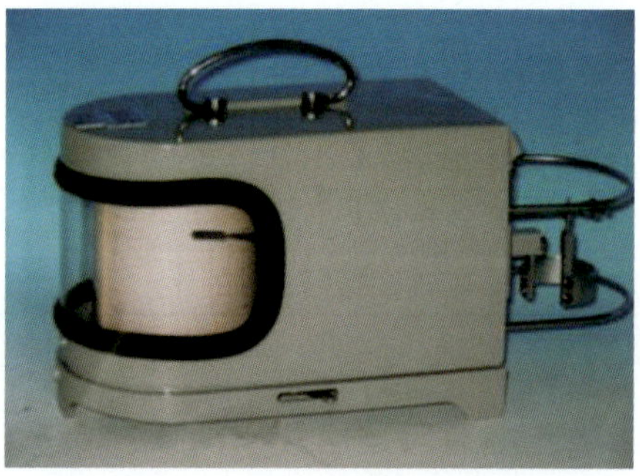

图 1.1.77.1 WJ1 型双金属温度计实物图

（2）功能特点

WJ1 型双金属温度计用于连续自动记录环境的空气温度，分日记型和周记型两种。

（3）组成结构

由双金属片、自记钟组和罩壳组成。双金属片作为温度感应元件，利用其挠度随温度而改变的特性，通过机械的传动放大机构，带动记录笔尖在记录纸上作出温度记录曲线；自记钟组为钟筒随时间带动记录纸记录温度；罩壳起保护内部结构的作用。

(4)性能指标(表 1.1.77.1)

表 1.1.77.1 WJ1 型双金属温度计性能指标

要素	主要指标	要素	主要指标
测量范围	−35～45 ℃	钟筒转一周时间	26 h(日记型);176 h(周记型)
最小分格	1 ℃	钟筒走时精度	±5 min/24 h(日记型);±30 min/7 d(周记型)

(5)业务应用

装备许可证编号:SXZ-07-2019。

启用时间:2005 年 4 月 30 日。

应用领域:该仪器主要适用于气象台(站)、农场、矿山、林业等行业。

1.1.78 DPX1 型玻璃钢百叶箱(北京华云升达)

(1)观测原理

DPX1 型玻璃钢百叶箱除连接件、内部木隔板等少量零件外,全部由玻璃纤维增强塑料加工制成,符合世界气象组织发布的《气象仪器和观测方法指南》中提出的技术要求,按照中华人民共和国气象行业标准设计生产。

(2)功能特点

从外观看,由于采用模压方式成型,外观光滑,成型饱满均一。所有玻璃钢零部件外表面均为白色且色泽均匀,平整、光洁、无裂纹;玻璃纤维层间无脱胶分层现象;叶片厚度均匀,边缘无缺口、毛刺等缺陷。轴向平直,无明显扭曲;铰链装在箱门的左边,定位牢固;箱门转动灵活,并能由锁扣锁紧;顶盖不得开裂、漏水,与四根连接杆的连接应牢固;高强度、零收缩、免维护、易流水线生产、一致性好、使用寿命长;与木质百叶箱和手糊玻璃钢百叶箱相比,强度高且性能稳定,具有优越的耐腐蚀性、耐候性,长时间使用在野外环境下,面对风、雨、雪、阳光直射等自然因素的影响,其性能保持不变。

(3)组成结构

由顶盖、箱体、连接支架和立柱四个主要部分组成。顶盖表面采用玻璃纤维布树脂,内嵌纸质蜂窝芯;箱体包括箱体百叶、箱门、顶部通风口、内部木质隔板;连接支架为热镀锌钢材或 304 不锈钢材质;立柱整体为玻璃钢材质。

辅件包括铰链、搭扣、连接螺钉、连接杆、预埋件、定位板、拉线等,用于各部分连接,整体固定(图 1.1.78.1、图 1.1.78.2)。

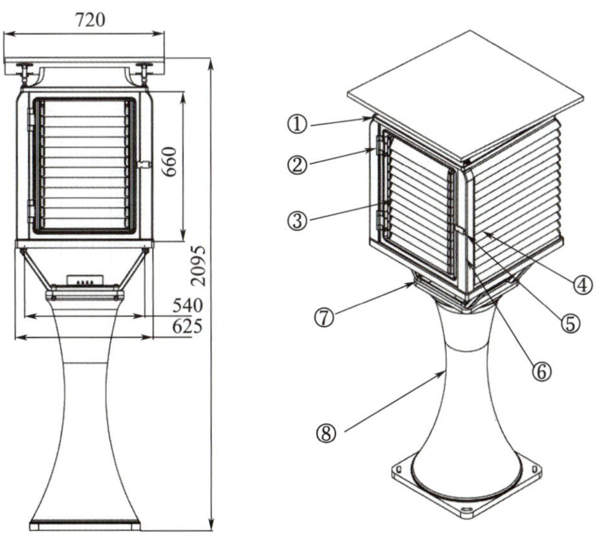

图 1.1.78.1 DPX1 玻璃钢百叶箱结构图(单位:mm)
①—通风上盖;②—铰链;③—一字形叶片;④—U 形百叶;⑤—锁扣;⑥—门框;⑦—底座;⑧—立柱

图 1.1.78.2 DPX1 型玻璃钢百叶箱安装效果图

（4）性能指标（表 1.1.78.1）

表 1.1.78.1　DPX1 玻璃钢百叶箱性能指标

要素	主要指标	要素	主要指标
箱内尺寸（宽×深×高）	466 mm×462 mm×618 mm	高度	250 mm
顶盖尺寸（宽×深×高）	720 mm×780 mm×21 mm	巴氏硬度	≥30
质量	40±2 kg	弯曲强度	≥147 MPa

（5）业务应用

装备许可证编号：SXZ-08-2016。

启用时间：2016 年。

应用领域：这是适合我国广大地理气候环境使用的新型气象实用装置，广泛应用于气象、化工、环保、农业、油田勘探等行业。

1.1.79　DHC1 型智能湿度测量仪（北京华云升达）

（1）观测原理

DHC1 型智能湿度测量仪（图 1.1.79.1）采用良好的感应元件和材料，以高精度低功耗微型化方式，设计完成该款传感器，整台设备接口规范，结构简单，安装方便。本产品通过 RS-232 的方式将采集到的数据报文按约定的通信协议上传。

（2）功能特点

采用 Hygromer IN-1 传感器，快速的反应时间、良好的线性、较低的湿滞，以及很小的湿度漂移，使得湿度测量更加可靠。探头结构牢固，测量传感器使用聚乙烯过滤器作为保护；适合于温度时常变化的环境；新的薄膜过滤器加速了相对湿度的测量；基片上有防止化学物质腐蚀的涂层，对化学颗粒物抵抗力更佳。

（3）组成结构

由湿敏电容感应元件、温度补偿电路、测量电路、监测电路、处理器、供电电路、电源和 RS-232 接口组成，测量电路包括采集、滤波、A/D 转换等模块，处理器包括 MCU 控制单元、数据存储器、程序存储器、驱动电路、时钟等。主要完成湿度实时采集、湿度数据计算、数据传输等功能（图 1.1.79.2）。

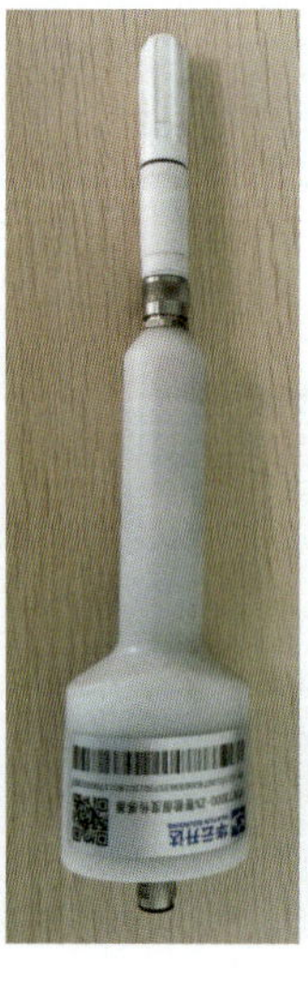

图 1.1.79.1　DHC1 型智能湿度测量仪产品图

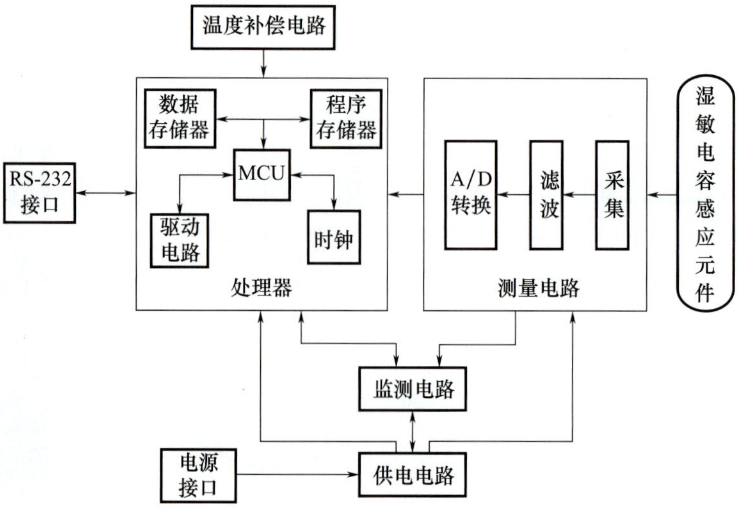

图 1.1.79.2　DHC1 型智能湿度测量仪组成结构

(4)性能指标(表 1.1.79.1)

表 1.1.79.1 DHC1 型智能湿度测量仪性能指标

要素	主要指标
测量范围	5%RH～100%RH
分辨力	1%RH
最大允许误差	±2%RH(≤80%RH);±3%RH(>80%RH)
露点温度测量范围	−40～50 ℃
功耗	功耗不大于 0.15 W
环境适应性	温度:−60～60 ℃;湿度:0～100%RH;气压:450～1060 hPa
抗盐雾腐蚀	满足《电工电子产品环境试验 第 2 部分:试验方法 试验 Ka:盐雾》(GB/T 2423.17—2008)
机械条件	满足《电工电子产品环境试验 第 2 部分:试验方法 试验 Fc:震动(正弦)》(GB/T 2423.10—2008); 满足《电工电子产品环境试验 第 2 部分:试验方法 试验 Ed:自由跌落》(GB/T 2423.8—1995)
电磁兼容性	浪涌(冲击)抗扰度满足《电磁兼容 试验和测量技术 浪涌(冲击)抗扰度试验》(GB/T 17626.5—2019); 电快速瞬变脉冲群抗扰度满足《电磁兼容 试验和测量技术 电快速瞬变脉冲群抗扰度试验》(GB/T 17626.4—2018); 射频电磁场辐射抗扰度满足《电磁兼容 试验和测量技术 射频场感应的传导骚扰抗扰度》(GB/T 17626.6—2017); 静电放电抗扰度满足《电磁兼容 试验和测量技术 静电放电抗扰度试验》(GB/T 17626.2—2018)
可靠性要求	平均故障间隔时间(MTBF)≥8000 h

(5)业务应用

装备许可证编号:SXZ-25-2019。

启用时间:2019 年。

应用领域:该仪器是基于湿度变化能导致湿敏电容发生变化的特点进行空气湿度测量的,广泛应用于国防、科研、煤炭开采和井下监测以及人民生活等,既能满足无人值守的野外恶劣环境,也能适应城市或近郊环境(图 1.1.79.3)。

图 1.1.79.3 DHC1 型智能湿度测量仪应用场景

1.1.80 DHC2 型智能湿度测量仪(航天新气象)

(1)观测原理

DHC2 型智能湿度测量仪(图 1.1.80.1)是一款按中国气象局《智能湿度测量仪-I 型功能规格需求书》要求开发的一体化高精度湿度智能测量仪器,环境适应性好、可靠稳定、测量精度高、易维护,适用于地面气象观测业务等需要高精度湿度测量的应用场合。

（2）功能特点

该测量仪具备自处理、自适应、自诊断、自恢复以及在线升级和即插即用等技术特点，支持《地面气象要素编码与数据格式》(GB/T 33695—2017)，可以通过串口或外接无线通信设备接入集成处理器，完成组网成站。

（3）组成结构

该测量仪由敏感元件、测量电路、处理器、监测电路、供电电路、外围组件构成。敏感元件采用高精度湿敏电容，是实现仪器高精度测湿的关键部件；测量电路由高精度 A/D 转换器等构成，实现模拟量到数字量的转换；处理器采用集成了 MCU 控制单元、数据存储器、程序存储器、驱动电路、时钟等的 Cortex 处理器；监测电路实现仪器内部电压、温度等内部状态的检测和监控；供电电路将外部输入电源转换为内部电路所需的各种电源（图 1.1.80.2）。

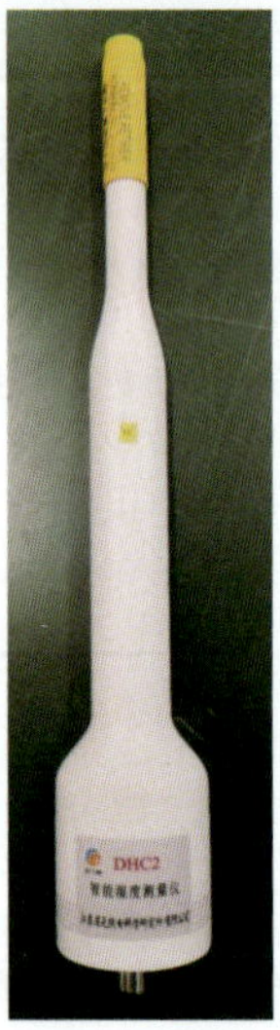

图 1.1.80.1　DHC2 型智能湿度测量仪产品图

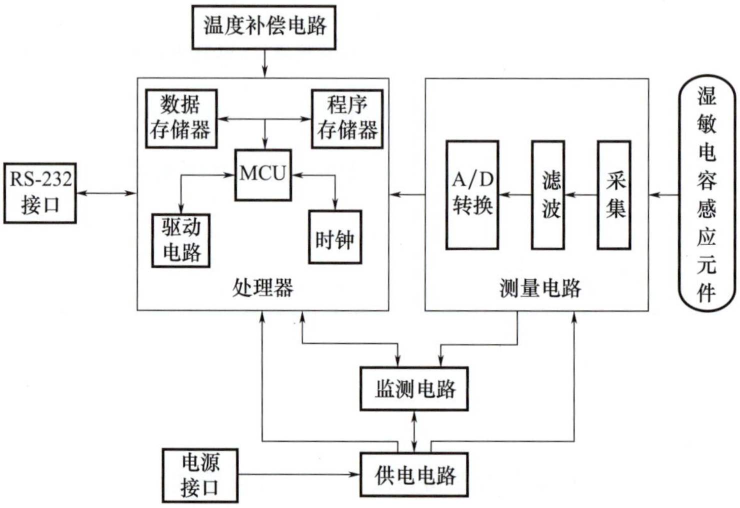

图 1.1.80.2　DHC2 型智能湿度测量仪结构图

（4）性能指标（表 1.1.80.1）

表 1.1.80.1　DHC2 型智能湿度测量仪技术指标

要素	主要指标	要素	主要指标
测量范围	5%～100%	稳定性	±2%/a(≤80%)； ±3%/a(>80%)
最大允许误差	±2%(≤80%)； ±3%(>80%)	其他	时间常数≤40 s
分辨力	1%		

（5）业务应用

装备许可证编号：SXZ-24-2019。

启用时间：2019 年。

应用领域：主要应用于国家基本气象站、各种（常规）气象观测站、其他行业（如林业、农业、石油、电力、水利等）气象监测站（图 1.1.80.3）。

图 1.1.80.3　DHC2 型智能湿度测量仪业务应用场景

1.1.81 DHC3 型智能湿度测量仪（天津中环天仪）

（1）观测原理

DHC3 型智能湿度测量仪利用湿敏电容的电容值与空气相对湿度正相关的特性来准确感应空气湿度。当大气中水汽透过上电极进入介质层，介质层吸收水汽后，介质系数发生变化，导致电容器电容量发生变化，电容量的变化正比于相对湿度。

（2）功能特点

该测量仪用来测量空气湿度。按照统一标准、统一功能、统一结构、统一方法、统一规范的设计思路，形成性能可靠、准确性高、易维护、易备份的智能湿度测量仪，能够实现信号采集、数据处理、质量控制、自检测、自校准、自诊断、自恢复等功能。

自处理：对观测数据进行自动采集、运算、质量控制、存储和传输；自适应：自主适应采集模式、通信模式和处理模式；自诊断：自动检测设备状态、质量控制、计量检定、报警等信息，自动诊断出设备工作是否正常以及进行故障定位，便于实时监控和维护保障；自恢复：根据设备状态信息和自诊断结果，自动恢复到标准状态；在线升级：通过规定的通信接口，实现程序在线升级；即插即用：根据标准化的数据格式和接口，实现即插即用，能生成二维码标识信息，便于设备入网管理。

（3）组成结构

由湿敏电容感应元件、温度补偿电路、测量电路、监测电路、处理器、供电电路、电源、RS-232 接口和外围组件组成，测量电路包括采集、滤波、A/D 转换等模块，处理器包括 MCU 控制单元、数据存储器、程序存储器、驱动电路、时钟等。

（4）性能指标（表 1.1.81.1）

表 1.1.81.1 DHC3 型智能湿度测量仪性能指标

测量要素	范围	分辨力	最大允许误差
相对湿度	0～100%	1%	±2%(≤80%)；±3%(>80%)

（5）业务应用

装备许可证编号：SXZ-29-2019。

启用时间：2019 年 5 月 15 日。

应用领域：广泛应用于气象站、船舶、石油平台、环境保护等领域。

1.1.82 DHC4 型智能湿度测量仪（上海气象仪器）

（1）观测原理

DHC4 型智能湿度测量仪（图 1.1.82.1）利用湿敏电容的电容值与空气相对湿度正相关的特性来准确感应空气湿度，而后经过测量电路，采集电路实时将空气相对湿度转换成电压信号，滤波电路和 A/D 转换电路，将采集到的模拟信号转换成数字信号，而后通过温度补偿电路对湿敏电容感应元件漂移进行温度补偿。最后经过处理器完成数据处理和设备管理。

（2）功能特点

该测量仪是按照统一标准、统一功能、统一结构、统一方法、统一规范的设计思路，形成的性能可靠、准确性高、易维护、易备份的智能湿度测量仪，具备检测电路和非易失存储功能，可存储31 d 分钟级观测要素及状态要素，掉电不丢失。

该测量仪具有 RS-232 三线制串行接口，可扩展连接 ZigBee、4G、GPRS、北斗卫星等通信模块，实现数据传输和组网观测。能够实现信号采集、数据处理、质量控制、自检测、自诊断、自恢复等功能，为设备研制、生产和测试评估提供重要依据。

（3）组成结构

由测量单元、感应器件、连接线、外壳体等组成。测量单元完成对相对湿度的采样，并对采样数据进行计算处理、质量控制、记录存储、通信传输，与上位机进行指令交互；感应器件对湿度进行感应；连接线用于智能测量仪供电和与上位机通信；外壳体用来固定和防护测量单元（图 1.1.82.2）。

图 1.1.82.1　DHC4 型智能湿度测量仪产品图

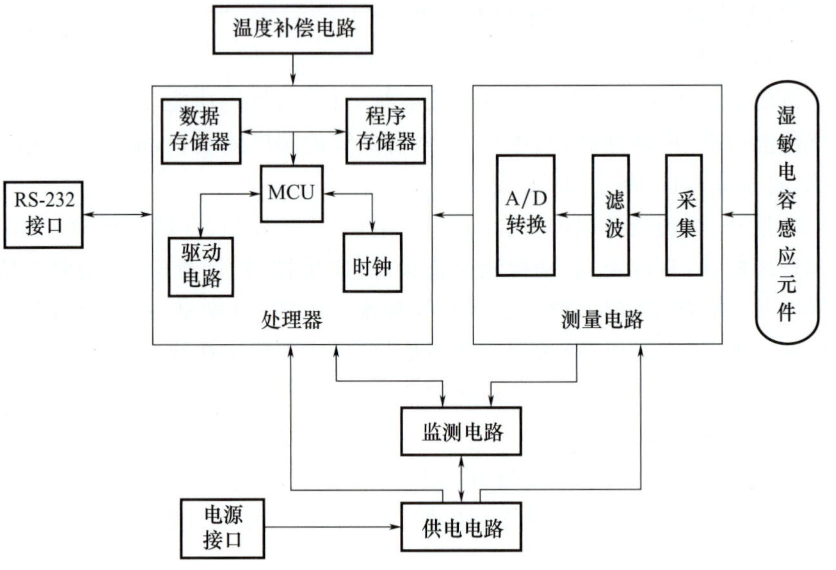

图 1.1.82.2　DHC4 型智能湿度测量仪结构图

（4）性能指标（表 1.1.82.1）

表 1.1.82.1　DHC4 型智能湿度测量仪性能指标

测量要素	范围	分辨力	测量精度
相对湿度	5%～100%	1%	±2%(≤80%)；±3%(>80%)

（5）业务应用

装备许可证编号：SXZ-01-2020。

启用时间：2020 年 1 月 20 日。

应用领域：DHC4 型智能湿度测量仪可与其他气象要素的智能测量仪灵活配置，组成多维度的观测网络，适用于气象、军事、科考、生态、体育比赛、环保、消防等机动气象观测领域。

1.1.83　HJ1 型毛发湿度计（上海气象仪器）

（1）观测原理

HJ1 型毛发湿度计（图 1.1.83.1）以毛发为湿度感应元件，利用其随空气相对湿度高低而改变其长度的特性，通过传动放大机构，带动记录笔尖在记录纸上作出相对湿度的记录曲线。仪器的传动放大机构系利用杠杆原理，其中有弧片形的传动系统，可将原为非线性的位移量转变为线性的位移量，使记录笔尖作记录时能适应等分分格的记录纸，传动放大机构中有调节放大倍率的螺钉，在仪器的支架上有调节笔尖基点位置的螺套。

图 1.1.83.1　HJ1 型毛发湿度计实物图

(2)功能特点

该湿度计用于连续自动记录环境的空气相对湿度,仪器分日记型及周记型两种。

(3)组成结构

由测湿元件组、自记钟组和壳组组成。

(4)性能指标(表 1.1.83.1)

表 1.1.83.1　HJ1 型毛发湿度计性能指标

要素	主要指标	要素	主要指标
测量范围	30%RH~100%RH	钟筒转一周时间	26 h(日记型);176 h(周记型)
记录范围	0~100%RH	钟筒走时精度	±5 min/24 h(日记型);±30 min/7 d(周记型)
最小分格	1%RH		

(5)业务应用

装备许可证编号:SXZ-14-2019。

启用时间:2005 年 4 月 30 日。

应用领域:主要适用于气象台(站)、农场、矿山、林业等行业。

1.1.84　HM4 型毛发湿度表(上海气象仪器)

(1)观测原理

HM4 型毛发湿度表(图 1.1.84.1)根据脱脂后的人发能随相对湿度的大小而改变其长度的特性而设计。

(2)功能特点

HM4 型毛发湿度表用来测定空气的相对湿度。

(3)组成结构

该仪器的毛发上端固定在架子上部的调节器的小孔上,下端固定在下部的弧块上,弧块与重锤相关联,因之重锤使毛发紧张,弧块的横梢与指针一起固定在轴上,当毛发伸缩时相关地带动着指针在刻度尺前偏转,刻度尺上是刻着表示相对湿度百分数的刻度线。

(4)性能指标(表 1.1.84.1)

表 1.1.84.1　HM4 型毛发湿度表性能指标

测量要素	测量范围	分辨力	测量精度
相对湿度	30%~100%	1%	±5%

图 1.1.84.1　HM4 型毛发湿度表实物图

(5)业务应用

装备许可证编号:SXZ-09-2019。

启用时间:2005 年 4 月 30 日。

应用领域:该仪器主要适用于气象台(站)、农场、矿山、林业等行业。

1.1.85　DEB1 型智能风测量仪(北京华云升达)

(1)观测原理

DEB1 型智能风测量仪(图 1.1.85.1)以高集成度、低功耗的微处理器为中心,辅以少量外围电路完成该款传感器的设计。其感应部件竖立在测风支架上,数据采集处理供电单元集成在采集板上,采用太阳能供电方式,整台设备连接线少,结构简单,安装方便。本产品通过 RS-232 的方式将采集到的数据报文按约定的通信协议上传。

(2)功能特点

采用集成一体化技术,一个数字式一体化的风向风速传感器。

能够同时测量风向风速值；获得瞬时风向风速值之后，再对数据做滑动平均获得不同时间段的分钟平均值；最终对信号进行集中处理、存储、修订数据，保证数据的准确性和实时性。

图 1.1.85.1　DEB1 型智能风测量仪产品图

（3）组成结构

从外部结构上共分为两大部分，风向风速传感器和采集处理板。其中采集处理板集成了采集处理单元、通信单元、存储单元、时钟单元。采集处理单元以 TI 低功耗芯片 MSP430F5438A 为核心。通信单元中 MSP430F5438A 串口单元负责通信，RS-232 通信电路主要是完成 TTL 电平转换成 RS-232 电平的功能。存储单元由 flash 组成，能够保存不少于 30 d 的分钟级数据。并且在系统断电后，已经被保存的数据不会丢失。另外，系统还具有外部的硬时钟单元（图 1.1.85.2）。

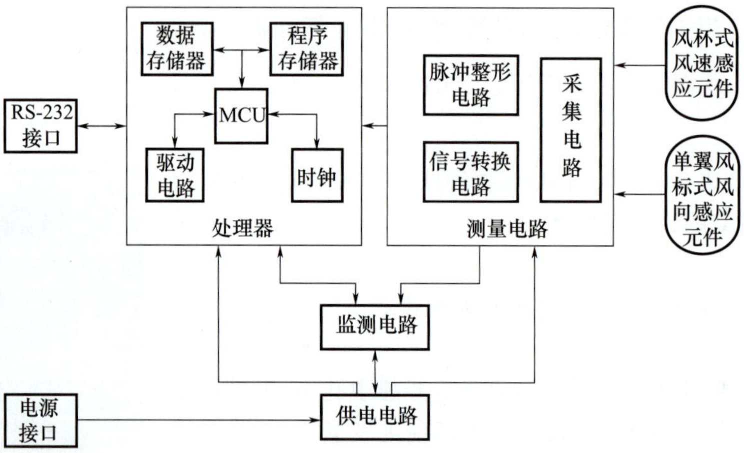

图 1.1.85.2　DEB1 型智能风测量仪组成结构

（4）性能指标（表 1.1.85.1）

表 1.1.85.1　DEB1 型智能风测量仪性能指标

要素	主要指标
风速性能	测量范围：0～60 m/s；分辨力：0.1 m/s；最大允许误差：±0.3 m/s（≤10 m/s），±3%v（>10 m/s，v 为实际风速）；启动风速≤0.5 m/s
风向性能	测量范围：0°～360°；分辨力：3°；最大允许误差：±5°；启动风速≤0.5 m/s
功耗	整机功耗不大于 1 W。如采用蓄电池供电，蓄电池容量应不小于 20 Ah
环境适应性	温度：−45～60 ℃；相对湿度：0～100%；气压：450～1060 hPa
抗盐雾腐蚀	满足《电工电子产品环境试验 第 2 部分：试验方法 试验 Ka：盐雾》（GB/T 2423.17—2008）
机械条件	满足《军用装备实验室环境试验方法 第 16 部分：振动试验》（GJB 150.16A—2009）； 满足《军用装备实验室环境试验方法 第 18 部分：冲击试验》（GJB 150.18A—2009）
电磁兼容性	浪涌（冲击）抗扰度满足《电磁兼容 试验和测量技术 浪涌（冲击）抗扰度试验》（GB/T 17626.5—2019）； 电快速瞬变脉冲群抗扰度满足《电磁兼容 试验和测量技术 电快速瞬变脉冲群抗扰度试验》（GB/T 17626.4—2018）； 射频电磁场辐射抗扰度满足《电磁兼容 试验和测量技术 射频场感应的传导骚扰抗扰度》（GB/T 17626.6—2017）； 静电放电抗扰度满足《电磁兼容 试验和测量技术 静电放电抗扰度试验》（GB/T 17626.2—2018）
可靠性要求	平均故障间隔时间（MTBF）≥8000 h

（5）业务应用

装备许可证编号：SXZ-21-2019。

启用时间：2019 年。

应用领域：DEB1 型智能风测量仪可以实时采集风向风速，既能满足无人值守的野外恶劣环境，也能适应城市或近郊环境(图 1.1.85.3)。

图 1.1.85.3　DEB1 型智能风测量仪应用场景

1.1.86　DEB2 型智能风测量仪(航天新气象)

(1)观测原理

DEB2 型智能风测量仪(图 1.1.86.1)是一款按中国气象局《智能风测量仪-I 型功能规格需求书》要求开发的高精度风智能测量仪器，环境适应性好、可靠稳定、测量精度高、易维护，适用于地面气象观测业务等需要高精度风测量的应用场合。

(2)功能特点

该测量仪具备自处理、自适应、自诊断、自恢复以及在线升级和即插即用等技术特点，支持《地面气象要素编码与数据格式》(GB/T 33695—2017)，可以通过串口或外接无线通信设备接入集成处理器，完成组网成站。

(3)组成结构

由敏感元件、测量电路、处理器、监测电路、供电电路、外围组件构成。风速敏感元件采用高精度风杯，风向敏感元件采用高精度风标；测量电路由脉冲检测电路和码盘等构成，实现模拟量到数字量的转换；处理器采用集成了 MCU 控制单元、数据存储器、程序存储器、驱动电路、时钟等的 Cortex 处理器；监测电路实现仪器内部电压、温度等内部状态的检测和监控；供电电路将外部输入电源转换为内部电路所需的各种电源(图 1.1.86.2)。

图 1.1.86.1　DEB2 型智能风测量仪产品图

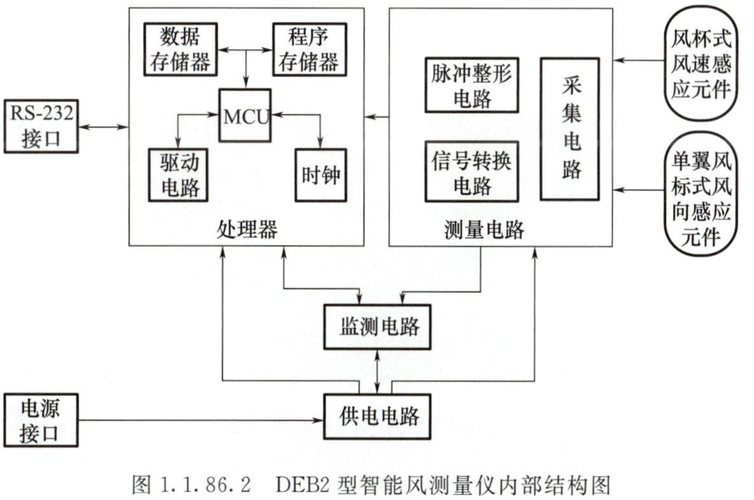

图 1.1.86.2　DEB2 型智能风测量仪内部结构图

（4）性能指标（表 1.1.86.1）

表 1.1.86.1 DEB2 型智能风测量仪性能指标

要素	主要指标		要素	主要指标	
风向	测量范围	0°～360°	风速	测量范围	0～60 m/s
	分辨力	3°		分辨力	0.1 m/s
	最大允许误差	±5°		最大允许误差	±0.5 m/s(≤5 m/s)；±10%(>5 m/s)
	稳定性	±5(°)/2 a		稳定性	±0.5 m/(s·2 a)(≤5 m/s)；±10%/2 a(>5 m/s)
	其他	启动风速≤0.5 m/s		其他	启动风速≤0.5 m/s

（5）业务应用

装备许可证编号：SXZ-22-2019。

启用时间：2019 年。

应用领域：主要应用于国家基本气象站、各种（常规）气象观测站、其他行业（如林业、农业、石油、电力、水利等）气象监测站（图 1.1.86.3）。

图 1.1.86.3 DEB2 型智能风测量仪应用场景

1.1.87 DEB3 型智能风测量仪（天津中环天仪）

（1）观测原理

风速测量是利用一个低惯性的风杯部件作为感应部件，其感应部件随风旋转并带动风速码盘进行光电扫描，输出相应的电脉冲信号。风向测量是利用一个低惯性的风向标部件作为感应部件，风向标部件随风旋转，带动转轴下端的风向码盘。

（2）功能特点

DEB3 型智能风测量仪（图 1.1.87.1）是用来测量风速风向的测量仪。按照统一标准、统一功能、统一结构、统一方法、统一规范的设计思路，形成性能可靠、准确性高、易维护、易备份的智能风测量仪，能够实现信号采集、数据处理、质量控制、自检测、自校准、自诊断、自恢复等功能。

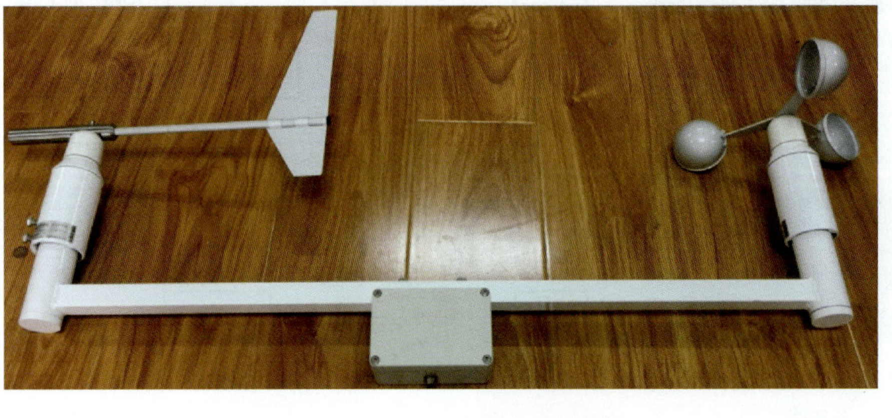

图 1.1.87.1 DEB3 型智能风测量仪

自处理：对观测数据进行自动采集、运算、质量控制、存储和传输；自适应：自主适应采集模式、通信模式和处理模式；自诊断：自动检测设备状态、质量控制、计量检定、报警等信息，自动诊断出设备工作是否正常以及进行故障定位，便于实时监控和维护保障；自恢复：根据设备状态信息和自诊断结果，自动恢复到标准状态；在线升级：通过规定的通信接口，实现程序在线升级；即插即用：根据标准化的数据格式和接口，实现即插即用，能生成二维码标识信息，便于设备入网管理。

(3)组成结构

由风杯式风速感应元件、单翼风标式风向感应元件、测量电路、监测电路、处理器、供电电路、电源、RS-232 接口和外围组件组成，测量电路包括采集、脉冲整形、信号转换电路等模块，处理器包括 MCU 控制单元、数据存储器、程序存储器、驱动电路、时钟等。

(4)性能指标(表 1.1.87.1)

表 1.1.87.1　DEB3 型智能风测量仪性能指标

测量要素	测量范围	分辨力	最大允许误差
风速	0～60 m/s	0.1 m/s	±0.3 m/s(≤10 m/s)； ±0.03 v(>10 m/s)， v 为实际风速
风向	0°～360°	3°	±5°

(5)业务应用

装备许可证编号：SXZ-33-2019。

启用时间：2019 年 5 月 15 日。

应用领域：应用范围广泛，如气象站、船舶、石油平台、环境保护等领域。

1.1.88　DEB4 型智能风测量仪(上海气象仪器)

(1)观测原理

风杯转动时，风杯风速感应元件得到与风杯转速成正比的脉冲信号。风标转动时，带动格雷码盘(常用七位，分辨力为 2.8°)，按照码盘切槽的设计，码盘每转动 2.8°，光电管组就会产生新的七位并行格雷码输出。而后经过测量电路采集电路完成风向风速原始信号的采集；脉冲整形电路将风速信号转换成处理单元可以进行计数的脉冲信号；信号转换电路完成格雷码信号的转换。最后经过处理器完成数据处理、设备管理，并协同完成各模块相关功能。

(2)功能特点

DEB4 型智能风测量仪是按照统一标准、统一功能、统一结构、统一方法、统一规范的设计思路，形成的性能可靠、准确性高、易维护、易备份的智能风测量仪，具备检测电路和非易失存储功能，可存储 31 d 分钟级观测要素及状态要素，掉电不丢失。该测量仪具有 RS-232 三线制串行接口，可扩展连接 ZigBee、4G、GPRS、北斗卫星等通信模块，实现数据传输和组网观测。能够实现信号采集、数据处理、质量控制、自检测、自诊断、自恢复等功能，为设备研制、生产和测试评估提供重要依据。

(3)组成结构

主要由智能风测量仪、风速传感器、风向传感器、风传感器横臂以及连接线组成。智能风测量仪完成对风向和风速的采样，并对采样数据进行计算处理、质量控制、记录存储、通信传输，与上位机进行指令交互；风速传感器用于测量风速，并转换为频率信号；风向传感器用于测量风向，并转换为电平信号；风传感器横臂用于安装固定风向、风速传感器；连接线用于智能测量仪供电和与上位机通信(图 1.1.88.1、图 1.1.88.2)。

图 1.1.88.1　DEB4 型智能风测量仪外观

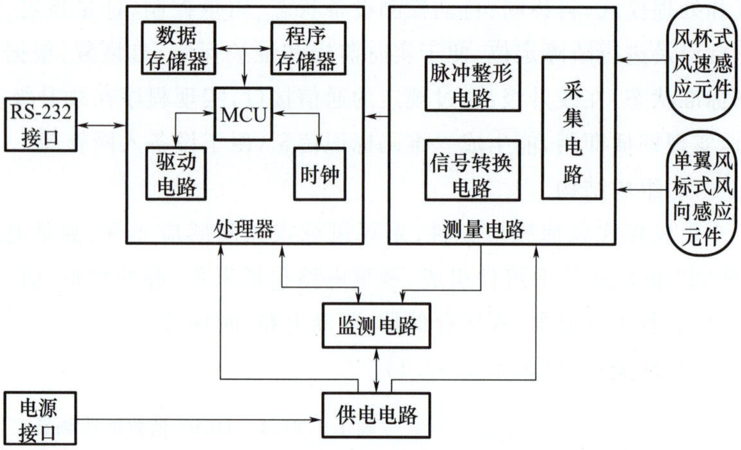

图 1.1.88.2　DEB4 型智能风测量仪结构图

(4)性能指标(表 1.1.88.1)

表 1.1.88.1　DEB4 型智能风测量仪性能指标

测量要素	测量范围	分辨力	测量精度	启动风速
风向	0°～360°	3°	±5°	≤0.5 m/s
风速	0～60 m/s	0.1 m/s	±0.5 m/s(≤5 m/s)；±10%(>5 m/s)	≤0.5 m/s

(5)业务应用

装备许可证编号：SXZ-02-2020。

启用时间：2020 年 1 月 20 日。

应用领域：该智能测量仪可与其他气象要素的智能测量仪灵活配置，组成多维度的观测网络，适用于气象、军事、科考、生态、体育比赛、环保、消防等机动气象观测领域。

1.1.89　DEM6 型三杯风向风速表(天津中环天仪)

(1)观测原理

DEM6 型三杯风向风速表用于测量风向和一分钟时间内平均风速。风速表的旋杯是风速表的感应元件，它的转速与风速有一个固定的关系。风速表主要就是根据这个基本原理制成的。风速表的方向盘在顶针上自由摆动，最后稳定下来，其南北刻度线与磁子午线重合。当风吹来时，风向标指向风的来向。

(2)功能特点

该风向风速表体积小，质量轻，功能全，读数方便，测量迅速。特别适宜野外恶劣环境下测量风向、风速。

(3)组成结构

该风向风速表由三部分组成(图 1.1.89.1)。风向仪(图 1.1.89.1a)包括风向标 1、方向盘 2、小套管制动部件 3；风速表(图 1.1.89.1b)由十字护架 4、感应组件旋杯 5、风表主体机 6 组成；手柄 7(图 1.1.89.1c)由一段空心管和一个带螺纹的零件组成。三部分可以通过螺纹连接在一起。

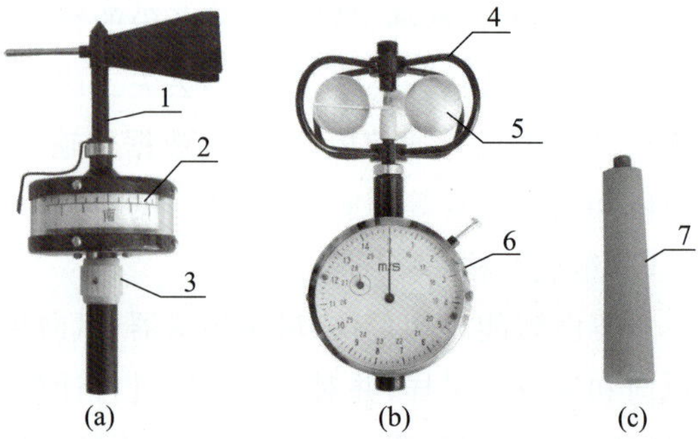

图 1.1.89.1　DEM6 型三杯风向风速表结构图

1. 风向标；2. 方向盘；3. 小套管制动部件；4. 十字护架；5. 感应组件旋杯；6. 风表主体机；7. 手柄

(4)性能指标(表 1.1.89.1)

表 1.1.89.1　DEM6 型三杯风向风速表性能指标

要素	主要指标	要素	主要指标
风速	1～30 m/s	测量精度	风速≤0.4 m/s(修正后)
			风向:±10°(读取方位时不大于 1 个方位)
风向	0°～360°(分 16 个方位)	仪器质量	0.5 kg
旋杯的启动风速	≤0.8 m/s	仪器尺寸(长×宽×高)	360 mm×70 mm×75 mm

(5)业务应用

装备许可证编号:SXZ-06-2019。

启用时间:2019 年。

应用领域:适用于气象、水文、矿山及野外考察,特别适合于野外恶劣环境下对风向、风速的测量。

1.1.90　DYG1 型智能气压测量仪(北京华云升达)

(1)观测原理

DYG1 型智能气压测量仪(图 1.1.90.1)产品采用良好的感应元件和材料,以高精度低功耗微型化方式,设计完成该款传感器,整台设备接口规范,结构简单,安装方便。通过 RS-232 的方式将采集到的数据报文按约定的通信协议上传。

(2)功能特点

使用芯片 MSP430F5438A 为控制核心,将前端传感器输出的气压信号进行处理,通过 CPU 控制将数据打包、存储,并发送给采集器或上位机。实现了设备的一体化,加载了满足气象通信要求的协议,能够较好地实现人机交互;机壳选用铝合金材料,表面氧化处理耐候性强,可适应潮湿、盐雾环境;内部传感器、电路选用高集成度芯片,结构紧凑,实现了设备小型化智能化设计。

(3)组成结构

由压敏元件、测量电路、监测电路、处理器、供电电路、电源和 RS-232 接口组成,测量电路包括采集、滤波放大、A/D 转换电路等模块,处理器包括 MCU 控制单元、数据存储器、程序存储器、驱动电路、时钟等(图 1.1.90.2)。

图 1.1.90.1　DYG1 型智能气压测量仪产品图

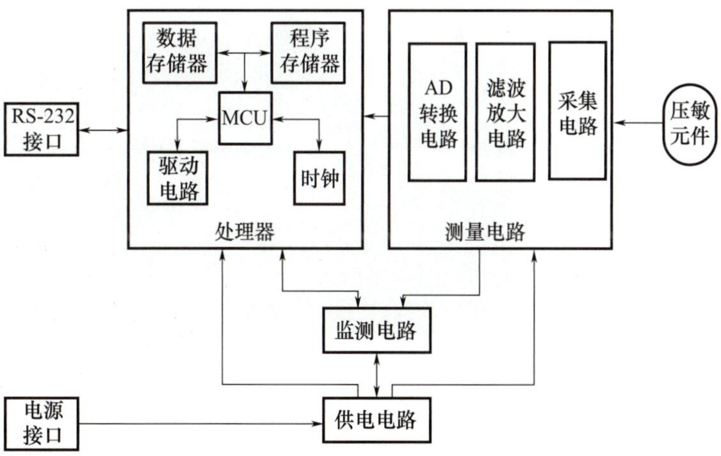

图 1.1.90.2　DYG1 型智能气压测量仪组成结构图

（4）性能指标（表 1.1.90.1）

表 1.1.90.1　DYG1 型智能气压测量仪性能指标

要素	主要指标
测量范围	800～1100 hPa（基本型）；450～900 hPa（高原型）
分辨力	0.1 hPa
最大允许误差	±0.2 hPa
使用温度范围	−40～50 ℃
稳定性	1 年偏差不大于±0.2 hPa
功耗	≤1.5 W（如采用蓄电池供电，蓄电池容量≥30 Ah）
环境适应性	温度：−60～60 ℃；湿度：0～100%RH；气压：450～1100 hPa
抗盐雾腐蚀	满足《电工电子产品环境试验 第 2 部分：试验方法 试验 Ka：盐雾》（GB/T 2423.17—2008）
机械条件	满足《军用装备实验室环境试验方法 第 16 部分：振动试验》（GJB 150.16A—2009）； 满足《电工电子产品环境试验 第 2 部分：试验方法 试验 Ed：自由跌落》（GB/T 2423.8—1995）； 满足《电工电子产品环境试验 第 2 部分：试验方法 试验 Ea 和导则：冲击》（GB/T 2423.5—1995）
电磁兼容性	浪涌（冲击）抗扰度满足《电磁兼容 试验和测量技术 浪涌（冲击）抗扰度试验》（GB/T 17626.5—2019）； 电快速瞬变脉冲群抗扰度满足《电磁兼容 试验和测量技术 电快速瞬变脉冲群抗扰度试验》（GB/T 17626.4—2018）； 射频电磁场辐射抗扰度满足《电磁兼容 试验和测量技术 射频场感应的传导骚扰抗扰度》（GB/T 17626.6—2017）； 静电放电抗扰度满足《电磁兼容 试验和测量技术 静电放电抗扰度试验》（GB/T 17626.2—2018）
可靠性要求	平均故障间隔时间（MTBF）≥8000 h

（5）业务应用

装备许可证编号：SXZ-17-2019。

启用时间：2019 年。

应用领域：该测量仪能够实时测试气压，既能满足无人值守的野外恶劣环境，也能适应城市或近郊环境，被广泛应用于航空、航天、发动机检测及气象监测等领域对大气压力进行精确、稳定的测量（图 1.1.90.3）。

图 1.1.90.3　DYG1 型智能气压测量仪应用场景

1.1.91　DYG2 型智能气压测量仪（航天新气象）

（1）观测原理

DYG2 型智能气压测量仪（图 1.1.91.1、图 1.1.91.2）是一款按中国气象局《智能气压测量仪-I 型功能规格需求书》要求开发的一体化高精度气压智能测量仪器，环境适应性好、可靠稳定、测量精度高、易维护，适用于地面气象观测业务等需要高精度气压测量的应用场合。利用高精度压敏电容作为敏感元件，将被测压力转换成电容值改变的压力传感器。这种压力传感器一般采用圆形金属薄膜或镀金属薄膜作为电容器的一个电极，当薄膜感受压力而变形时，薄膜与固定电极之间形成的电容量发生变化，通过测量电路即可输出与气压成一定关系的电信号。

图 1.1.91.1　DYG2 型智能气压测量仪产品图 1

图 1.1.91.2　DYG2 型智能气压测量仪产品图 2

(2)功能特点

该测量仪具备自处理、自适应、自诊断、自恢复以及在线升级和即插即用等技术特点，支持《地面气象要素编码与数据格式》(GB/T 33695—2017)，可以通过串口或外接无线通信设备接入集成处理器，完成组网成站。

(3)组成结构

由敏感元件、测量电路、处理器、监测电路、供电电路、外围组件构成；敏感元件采用高精度压敏电容，是实现仪器高精度测气压的关键部件；测量电路由高精度 A/D 转换器等构成，实现模拟量到数字量的转换；处理器采用集成了 MCU 控制单元、数据存储器、程序存储器、驱动电路、时钟等的 Cortex 处理器；监测电路实现仪器内部气压、温度等内部状态的检测和监控；供电电路将外部输入电源转换为内部电路所需的各种电源(图 1.1.91.3)。

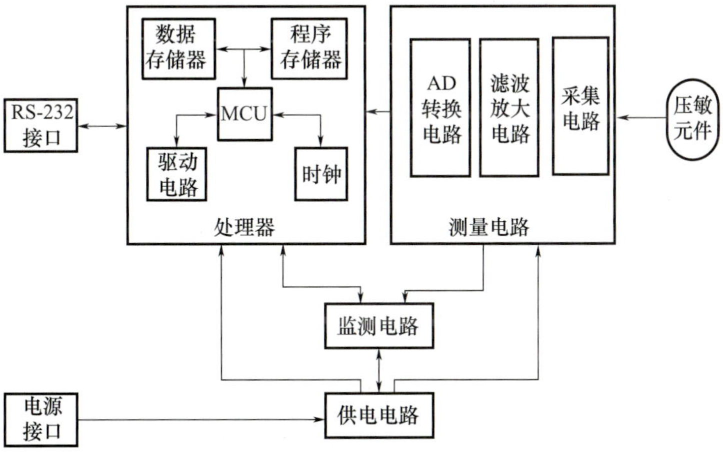

图 1.1.91.3　DYG2 型智能气压测量仪内部结构图

(4)性能指标(表 1.1.91.1)

表 1.1.91.1　DYG2 型智能气压测量仪性能指标

测量要素	范围	分辨力	最大允许误差	稳定性
气压	500～1100 hPa(基本型) 450～900 hPa(高原型)	0.1 hPa	±0.2 hPa	±0.2 hPa/a

(5)业务应用

装备许可证编号:SXZ-26-2019。

启用时间:2019 年。

应用领域:主要应用于国家基本气象站、各种(常规)气象观测站、其他行业(如林业、农业、石油、电力、水利等)气象监测站。

1.1.92 DYG3 型智能气压测量仪(天津中环天仪)

(1)观测原理

DYG3 型智能气压测量仪的气压测量原理基于高级 RC 振荡器和基准电容器,并据此持续测量电容性压力传感器。

(2)功能特点

该仪器用来测量大气压力。按照统一标准、统一功能、统一结构、统一方法、统一规范的设计思路,形成性能可靠、准确性高、易维护、易备份的智能气压测量仪,能够实现信号采集、数据处理、质量控制、自检测、自校准、自诊断、自恢复等功能。

自处理:对观测数据进行自动采集、运算、质量控制、存储和传输;自适应:自主适应采集模式、通信模式和处理模式;自诊断:自动检测设备状态、质量控制、计量检定、报警等信息,自动诊断出设备工作是否正常以及进行故障定位,便于实时监控和维护保障;自恢复:根据设备状态信息和自诊断结果,自动恢复到标准状态;在线升级:通过规定的通信接口,实现程序在线升级;即插即用:根据标准化的数据格式和接口,实现即插即用,能生成二维码标识信息,便于设备入网管理。

(3)组成结构

由压敏元件、测量电路、监测电路、处理器、供电电路、电源和 RS-232 接口组成,测量电路包括采集、滤波放大、A/D 转换电路等模块,处理器包括 MCU 控制单元、数据存储器、程序存储器、驱动电路、时钟等。

(4)性能指标(表 1.1.92.1)

表 1.1.92.1 DYG3 型智能气压测量仪性能指标

测量要素	测量范围	分辨力	最大允许误差
气压	500～1100 hPa	0.1 hPa	±0.2 hPa

(5)业务应用

装备许可证编号: SXZ-39-2019。

启用时间:2019 年 5 月 24 日。

应用领域:应用范围广泛,如气象站、船舶、石油平台、环境保护等领域。

1.1.93 DYG4 型智能气压测量仪(上海气象仪器)

(1)观测原理

DYG4 型智能气压测量仪(图 1.1.93.1)利用压敏元件准确感应大气压力的变化。而后经过测量电路,经采集电路实时采集气压原始信号,滤波放大电路和 A/D 转换电路将采集到的模拟信号转换成数字信号。最后经过处理器完成数据处理、设备管理工作,并协调完成各模块相关功能。

(2)功能特点

该仪器是按照统一标准、统一功能、统一结构、统一方法、统一规范的设计思路,形成的性能可靠、准确性高、易维护、易备份的智能气压测量仪,能够实现信号采集、数据处理、质量控制、自检测、自诊断、自恢复等功能,为设备研制、生产和测试评估提供重要依据。

(3)组成结构

由测量单元、感应单元、外壳体以及连接线组成。测量单元完成对大气压力的采样，并对采样数据进行计算处理、质量控制、记录存储、通信传输，与上位机进行指令交互；感应单元进行气压感应；外壳体用来固定和防护测量单元和感应单元；连接线则用于智能测量仪供电和与上位机通信(图 1.1.93.2)。

图 1.1.93.1 DYG4 型智能气压测量仪产品图

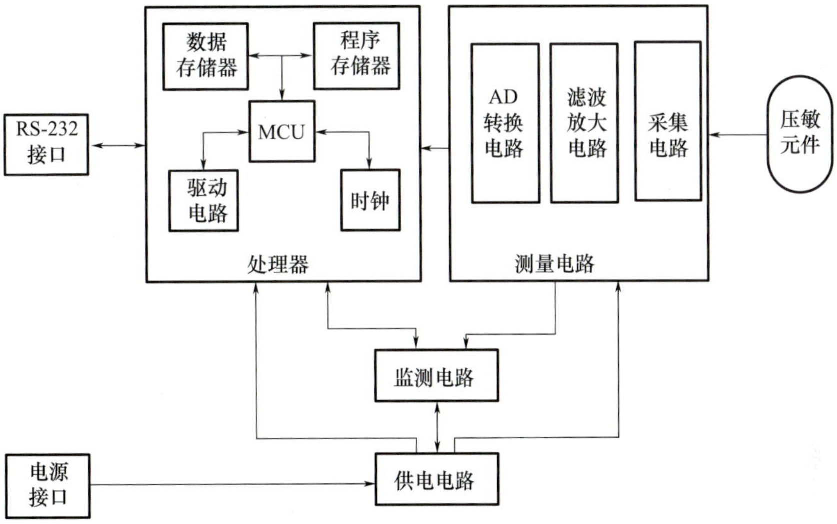

图 1.1.93.2 DYG4 型智能气压测量仪结构图

(4)性能指标(表 1.1.93.1)

表 1.1.93.1 DYG4 型智能气压测量仪性能指标

测量要素	测量范围	分辨力	测量精度
气压	800～1100 hPa(基本型)	0.1 hPa	±0.2 hPa
	450～1100 hPa(高原型)		

(5)业务应用

装备许可证编号：SXZ-03-2020。

启用时间：2020 年 1 月 20 日。

应用领域：可与其他气象要素的智能测量仪灵活配置，组成多维度的观测网络，适用于气象、军事、科考、生态、体育比赛、环保、消防等机动气象观测领域。

1.1.94 DTC1 型智能土壤温度测量仪(北京华云升达)

(1)观测原理

DTC1 型智能土壤温度测量仪(图 1.1.94.1)采用良好的感应元件和材料，以高精度低功耗微型化方式，设计完成该款传感器，整台设备接口规范，结构简单，安装方便。本产品通过 RS-232 的方式将采集到的数据报文按约定的通信协议上传。

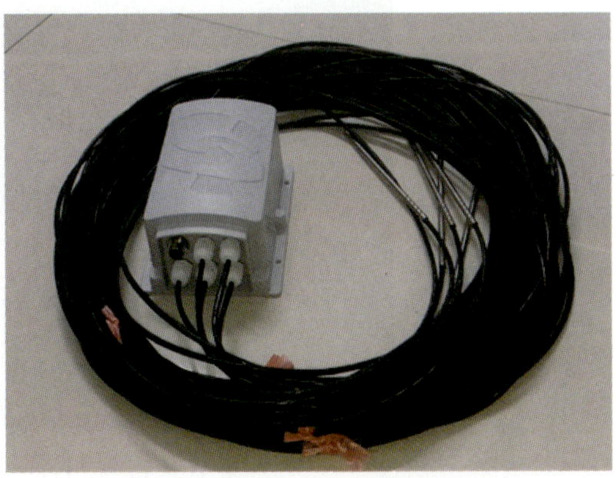

图 1.1.94.1 DTC1 型智能土壤温度测量仪产品图

(2)功能特点

能够实时测量环境温度，采集单元主要由 Pt100 铂电阻、模数转换器组成，模数转换器将 Pt100 铂电阻阻值模拟信号转换为数字信号。可最多采集 8 层土壤温度数据；使用了高精度、低功耗、低噪声、完整模拟前端，内置一个 16 位 Σ-Δ 型 ADC，含有 3 个差分模拟输入；集成了片内低噪声仪表放大器的高性能模数转换器；提高了测量精度和设备稳定性。

（3）性能指标（表 1.1.94.1）

表 1.1.94.1　DTC1 型智能土壤温度测量仪性能指标

要素	主要指标
测量范围	－50～80 ℃
分辨力	0.1 ℃
最大允许误差	地表温度：±0.2 ℃（－50～50 ℃），±0.3 ℃（50～80 ℃）； 土壤温度/草面温度：±0.3 ℃
功耗	≤0.5 W（整机）；蓄电池容量应≥4 Ah（如采用蓄电池供电）
环境适应性	温度：－60～60 ℃；湿度：0～100%RH；气压：450～1060 hPa
抗盐雾腐蚀	满足《电工电子产品环境试验 第 2 部分：试验方法 试验 Ka：盐雾》（GB/T 2423.17—2008）
机械条件	满足《电工电子产品环境试验 第 2 部分：试验方法 试验 Fc：震动（正弦）》（GB/T 2423.10—2008）； 满足《电工电子产品环境试验 第 2 部分：试验方法 试验 Ed：自由跌落》（GB/T 2423.8—1995）
电磁兼容性	浪涌（冲击）抗扰度满足《电磁兼容 试验和测量技术 浪涌（冲击）抗扰度试验》（GB/T 17626.5—2019）； 电快速瞬变脉冲群抗扰度满足《电磁兼容 试验和测量技术 电快速瞬变脉冲群抗扰度试验》（GB/T 17626.4—2018）； 射频电磁场辐射抗扰度满足《电磁兼容 试验和测量技术 射频场感应的传导骚扰抗扰度》（GB/T 17626.6—2017）； 静电放电抗扰度满足《电磁兼容 试验和测量技术 静电放电抗扰度试验》（GB/T 17626.2—2018）
可靠性要求	平均故障间隔时间（MTBF）≥8000 h

（4）业务应用

装备许可证编号：SXZ-25-2019。

启用时间：2019 年。

应用领域：主要适用于陆地上土壤温度的观测，也可扩展用于地表温度或草面温度的测量。既能满足无人值守的野外恶劣环境，也能适应城市或近郊等环境（图 1.1.94.2）。

图 1.1.94.2　DTC1 型智能土壤温度测量仪应用场景

1.1.95 DTC2 型智能土壤温度测量仪（航天新气象）

（1）观测原理

DTC2 型智能土壤温度测量仪（图 1.1.95.1）是一款按中国气象局《智能土壤温度测量仪-I 型功能规格需求书》要求开发的高精度土壤温度智能测量仪器，环境适应性好、可靠稳定、测量精度高、易维护，适用于地面气象观测业务等需要高精度土壤温度测量的应用场合。采用高精度线绕铂电阻，是实现仪器高精度测温的关键部件，根据金属铂的电阻随温度变化的规律来测量温度。

（2）功能特点

该测量仪具备自处理、自适应、自诊断、自恢复以及在线升级和即插即用等技术特点，支持《地面气象要素编码与数据格式》（GB/T 33695—2017），可以通过串口或外接无线通信设备接入集成处理器，完成组网成站。

（3）组成结构

DTC2 型智能土壤温度测量仪由敏感元件、测量电路、处理器、监测电路、供电电路、外围组件构成（图 1.1.95.2）。

图 1.1.95.1 DTC2 型智能土壤温度测量仪产品图

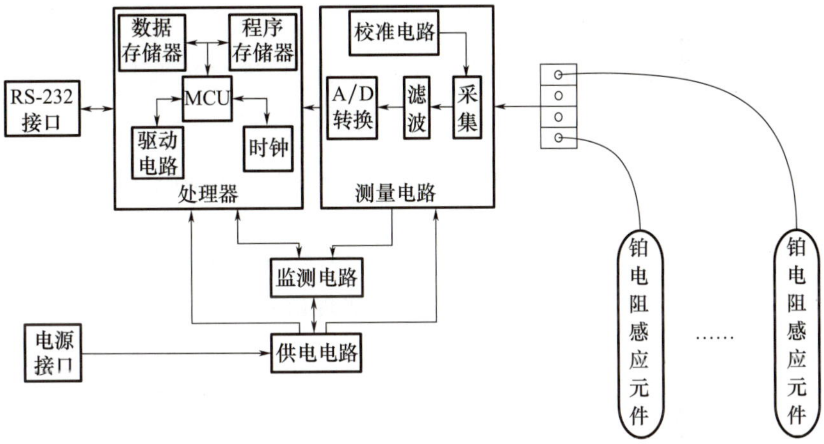

图 1.1.95.2 DTC2 型智能土壤温度测量仪内部结构图

（4）性能指标（表 1.1.95.1）

表 1.1.95.1 DTC2 型智能土壤温度测量仪性能指标

要素	主要指标	要素	主要指标
测量范围	−50～80 ℃	稳定性	地表温度：±0.2 ℃/2 a（−50～50 ℃）， ±0.3 ℃/2 a（50～80 ℃）； 土壤温度/草面温度：±0.3 ℃/2 a
分辨力	0.1 ℃	其他	时间常数≤20 s
最大允许误差	地表温度：±0.2 ℃（−50～50 ℃）， ±0.3 ℃（50～80 ℃）； 土壤温度/草面温度：±0.3 ℃		

（5）业务应用

装备许可证编号：SXZ-28-2019。

启用时间：2019 年。

应用领域：主要应用于国家基本气象站、各种（常规）气象观测站、其他行业（如林业、农业、石油、电力、水利等）气象监测站（图 1.1.95.3）。

图 1.1.95.3　DTC2 型智能土壤温度测量仪应用场景

1.1.96　DTC3 型智能土壤温度测量仪（天津中环天仪）

（1）观测原理

DTC3 型智能土壤温度测量仪利用铂电阻的阻值随温度变化而变化的特性来准确感应温度。

（2）功能特点

按照统一标准、统一功能、统一结构、统一方法、统一规范的设计思路，形成性能可靠、准确性高、易维护、易备份的智能土壤温度测量仪，能够实现信号采集、数据处理、质量控制、自检测、自校准、自诊断、自恢复等功能。

自处理：对观测数据进行自动采集、运算、质量控制、存储和传输；自适应：自主适应采集模式、通信模式和处理模式；自校准：内置万分之五及以上高精度标准电阻，通过自动校准策略确保测量电路准确；自诊断：自动检测设备状态、质量控制、计量检定、报警等信息，自动诊断出设备工作是否正常以及进行故障定位，便于实时监控和维护保障；自恢复：根据设备状态信息和自诊断结果，自动恢复到标准状态；在线升级：通过规定的通信接口，实现程序在线升级；即插即用：根据标准化的数据格式和接口，实现即插即用，能生成二维码标识信息，便于设备入网管理。

（3）组成结构

由铂电阻感应元件、测量电路、监测电路、处理器、供电电路、电源和 RS-232 接口组成。其中测量电路包括采集、滤波、A/D 转换和校准电路等模块，处理器包括 MCU 控制单元、数据存储器、程序存储器、驱动电路、时钟等。该土壤温度测量仪支持 10 路土壤温度，可同时进行多层土壤温度或地表温度、草面温度的测量，感应元件数量可根据实际需求进行调减。

（4）性能指标（表 1.1.96.1）

表 1.1.96.1　DTC3 型智能土壤温度测量仪性能指标

测量要素	测量范围	分辨力	最大允许误差
土壤温度	−50～80 ℃	0.1 ℃	±0.3 ℃

（5）业务应用

装备许可证编号：SXZ-32-2019。

启用时间：2019 年 5 月 15 日。

应用领域：应用范围广泛，如气象站、船舶、石油平台、环境保护等领域。

1.1.97 DTC4 型智能土壤温度测量仪(上海气象仪器)

(1)观测原理

DTC4 型智能土壤温度测量仪利用铂电阻的阻值随温度变化而变化特性感应温度信号,而后经过测量电路,采集电路通过分时扫描方式实时采集各感应元件原始信号;滤波电路和 A/D 转换电路将采集到的模拟信号转换成数字信号,并利用高精度标准电阻对采集电路进行实时校准。最后经过处理器完成数据处理和设备管理。

(2)功能特点

按照统一标准、统一功能、统一结构、统一方法、统一规范的设计思路,形成性能可靠、准确性高、易维护、易备份的智能土壤温度测量仪,具备检测电路和非易失存储功能,可存储 31 d 分钟级观测要素及状态要素,掉电不丢失。该测量仪具有 RS-232 三线制串行接口,可扩展连接 ZigBee、4G、GPRS、北斗卫星等通信模块,实现数据传输和组网观测。能够实现信号采集、数据处理、质量控制、自检测、自诊断、自恢复等功能,为设备研制、生产和测试评估提供重要依据。

(3)组成结构

由智能土壤温度测量仪、土壤温度传感器、连接线、浅层地温支架以及草温支架组成。该测量仪主要完成对各层土壤温度的采样,并对采样数据进行计算处理、质量控制、记录存储、通信传输,与上位机进行指令交互;土壤温度传感器用于测量温度,并转换为电阻值;连接线用于智能测量仪供电和与上位机通信;浅层地温支架以及草温支架分别用来浅层地温传感器和草面温度传感器(图 1.1.97.1)。

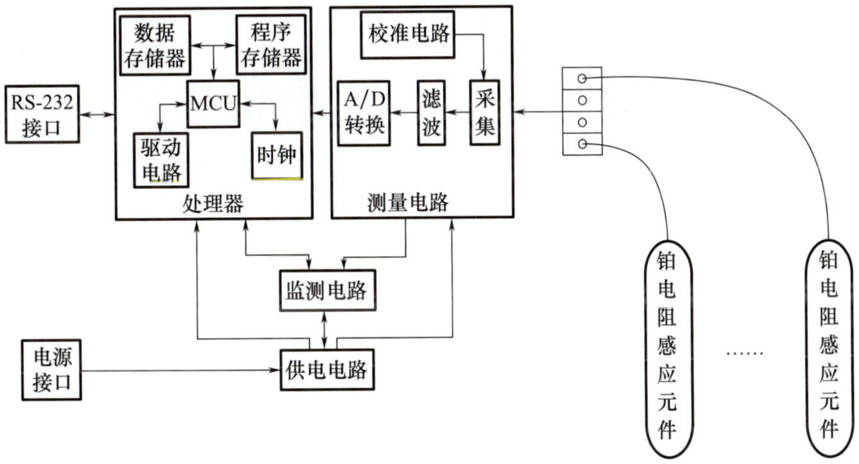

图 1.1.97.1 DTC4 型智能土壤温度测量仪结构图

(4)性能指标(表 1.1.97.1)

表 1.1.97.1 DTC4 型智能土壤温度测量仪性能指标

测量要素	测量范围	分辨力	最大允许误差
温度	−50~80 ℃	0.1 ℃	地表温度:±0.2 ℃(−50~80 ℃); 土壤温度/草面温度:±0.3 ℃

(5)业务应用

装备许可证编号:SXZ-05-2020。

启用时间:2020 年 1 月 20 日。

应用领域:该智能测量仪可与其他气象要素的智能测量仪灵活配置,组成多维度的观测网络,适用于气象、军事、科考、生态、体育比赛、环保、消防等机动气象观测领域(图 1.1.97.2)。

图 1.1.97.2　DTC4 型智能土壤温度测量仪应用场景

1.1.98　DHM2 型通风干湿表(天津中环天仪)

(1)观测原理

DHM2 型通风干湿表(图 1.1.98.1)的两只水银温度表组成一对干球和湿球温度表，为了避免太阳照射和防止热辐射的影响，温度表的球部外面均罩着一个双层的护管以使其反射热辐射。通风器和通风管道是构成温度表球部通风的主要部分。开动通风器，使通风器和通风管道内的空气变为稀薄，于是外部空气就从温度表球部护管流向通风管道和通风器，这就使得温度表球部处在具有一定速度的气流中，根据这时的干球温度和湿球温度就可查算得相应空气湿度的绝对值或相对值。

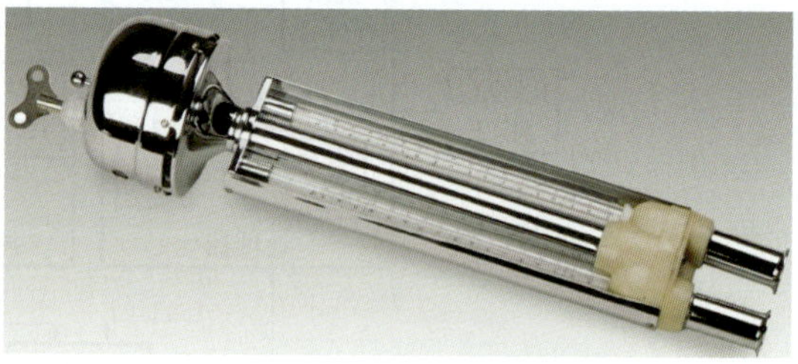

图 1.1.98.1　DHM2 型通风干湿表

(2)功能特点

该表结构简单，工艺性强，使用简便。其主要适用于测定空气的温度和相对湿度，产品适合野外操作，是测量温度和湿度的二等测量标准。

(3)组成结构

DHM2 型通风干湿表由两只相同的水银温度表、双层护管、通风器和通风管道组成。

(4)性能指标(表 1.1.98.1)

表 1.1.98.1　DHM2 型通风干湿表性能指标

要素	范围	要素	范围
环境温度	−10～45 ℃	通风器的全部作用时间	≥9 min
湿度测量范围	10%RH～100%RH	仪器净重	1 kg
温度测量范围	−36～46 ℃；−26～51 ℃	仪器外形尺寸(长×宽×高)	92.5 mm×92.5 mm×415 mm
通风器开动后温度表球部周围的通风速度	在第 4 分钟末不得小于 2.5 m/s；在第 6 分钟末不得小于 2.2 m/s；在第 6 分钟末前，每分钟通风速度的变化量不应大于 0.2 m/s		

(5)业务应用

装备许可证编号:SXZ-53-2018。

启用时间:2018 年。

应用领域:该表适用于气象台(站)及有关部门测定空气的温度和湿度。

1.1.99 HM3 型通风干湿表(上海气象仪器)

(1)观测原理

在通风条件下,读取干湿两表的示值,经过换算得到湿度值。

(2)功能特点

HM3 型通风干湿表精确度较高,携带方便,便于野外操作使用。

(3)组成结构

由通风机构及温度表架两部分组成,两者由中心管的螺纹连接成一体。仪器的温度表球部是装在与风扇相通的三通管中,利用电动通风装置使球部处于一个恒定速度的气流中,由于球部的金属护管表面镀有亮铬,以防止阳光辐射,因此,仪器不必放置在百叶箱内,可以露天装置。

(4)性能指标(表 1.1.99.1)

表 1.1.99.1 HM3 型通风干湿表性能指标

要素	主要指标	要素	主要指标
温度测量范围	−50~50 ℃;−35~45 ℃	通风速度	2.5 m/s 以上
最小分度	±0.2 ℃	电源	AC 220 V,50 Hz
湿度测量范围	10%RH~100%RH		

(5)业务应用

装备许可证编号:SXZ-42-2019。

启用时间:2005 年 4 月 30 日。

应用领域:适用于气象台(站)、工矿企业实验室及科研单位测定空气温度、相对湿度。

1.1.100 AM3 型蒸发皿(上海气象仪器)

(1)观测原理

每天在规定时间(一般在 20 时)观测一次,于前一天用量杯(口径 200 mm 雨量专用量杯)盛清水20 mm,注入皿中,经 24 h 后,到本日规定观测时间将皿内剩水回倒入量杯中,测量其所失之量,即为本日的蒸发量。观测后再换清水用量杯盛 20 mm 水注入蒸发皿内,使皿内保持 20 mm 的水量。

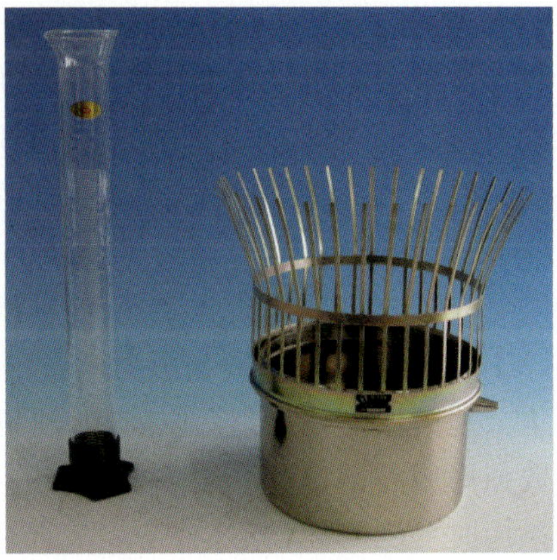

图 1.1.100.1 AM3 型蒸发皿产品图

(2)功能特点

AM3 型蒸发皿(图 1.1.100.1)适用于测量大气中的水分蒸发量。

(3)组成结构

主要由铜皿和防禽圈所组成。铜皿有一定深度,口径为 200 mm 的铜制圈盆,皿壁边上装有倒水小嘴,口缘带有刃口。防禽圈系似栅栏形的环状圈,上端的齿向外伸出喇叭口状。

(4)性能指标(表 1.1.100.1)

表 1.1.100.1 AM3 型蒸发皿性能指标

要素	主要指标	要素	主要指标
口径	200 mm	外形尺寸	Ø322 mm×278 mm

（5）业务应用

装备许可证编号：SXZ-04-2019。

启用时间：2005 年 4 月 30 日。

应用领域：蒸发皿主要适用于气象台（站）、农场、矿山、林业等行业。

1.1.101 ADM7 型蒸发器（天津中环天仪）

（1）观测原理

ADM7 型蒸发器是用于测定大气中一定时间间隔内水的蒸发量的仪器。每天 20 时进行测量，测量前一天 20 时注入的 20 mm 清水（即今日原量）经 24 h 蒸发后剩余的水量，记入观测簿余量栏。然后倒掉余量，重新量取 20 mm（干燥地区和干燥季节须量取 30 mm）清水注入蒸发器内，并记入次日原量栏，进行蒸发量计算。

（2）功能特点

该产品主要零部件采用不锈钢板材料加工制成。结构紧凑、造型美观、坚固耐用、实用性强。

（3）组成结构

蒸发器构造简单，它是由不锈钢质皿和镀锌纯化成彩虹红色的钢质防禽圈组成，皿是由内径 20 cm 的承水口、圆筒以及出水口构成。

（4）性能指标（表 1.1.101.1）

表 1.1.101.1 ADM7 型蒸发器性能指标

要素	主要指标	要素	主要指标
蒸发器面积	314±3 cm^2	质量	2 kg
刃口面内径	200±0.6 mm	尺寸	Ø340 mm×277.8 mm

（5）业务应用

装备许可证编号：SXZ-44-2018。

启用时间：2018 年。

应用领域：ADM7 型蒸发器适用于水文、气象台（站）等部门业务使用。

1.1.102 ADTD 型闪电定位仪（北京华云东方）

（1）观测原理

观测闪电发生过程中辐射的低频/甚低频电磁波信号，包括磁场信号和电场信号。采用线圈，通过电磁感应现象测量磁场变化信号，通过正交线圈测量东西和南北方向上的磁场信号分量，通过分量的大小确定磁场的来向；采用平板天线，利用电荷感应原理测量电场变化信号；采集闪电波形到达设备的时间，通过时差测向综合法确定闪电的位置。

（2）功能特点

ADTD 型雷电定位系统是一套专门探测云地闪的系统，它通过监测云地闪辐射的甚低频和低频（VLF/LF）信号，再经波形判断给出闪电信号到达传感器的精确时间。ADTD 型闪电定位仪能够准确采集云地闪波形峰点到达时间，时间精度达到了 0.1 μs。由多个 ADTD 型闪电定位仪、中心站数据处理机、数据库服务器、WEB 服务器组成。中心定位处理软件采用时差测向混合定位算法，保证了定位精度。如果想获得有效的雷电观测定位数据，则应该由 3 个或以上闪电定位仪组成探测网络。

（3）组成结构

主要部件有保护罩、支架、天线组、接收机、供电电源等。布置在不同地理位置上的 N 台闪电定位仪可以构成一个雷击探测定位系统网（图 1.1.102.1）。

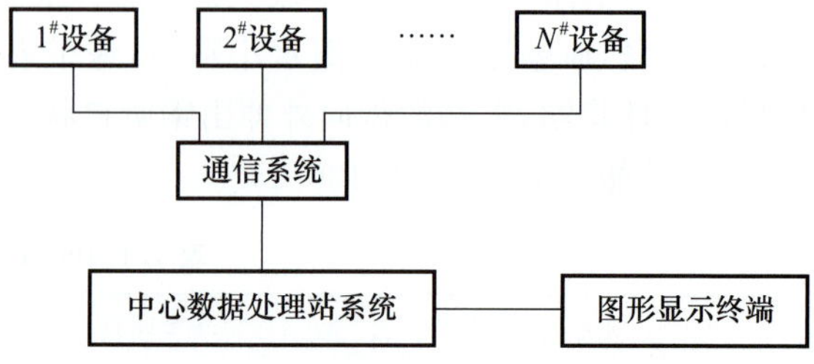

图 1.1.102.1 ADTD 型闪电定位仪结构图

(4)性能指标(表 1.1.102.1)

表 1.1.102.1　ADTD 型闪电定位仪性能指标

要素	主要指标	要素	主要指标
测量距离	≥300 km	环境温度	−40～50 ℃
测向精度	≤±1°(理论)	工作温度	−40～60 ℃
探测效率	≥80%	相对湿度	0～100%
闪电处理时间	≤1 ms	抗风能力	8 级风
系统时间精度	≤1×10^{-7}s	可靠性	平均故障间隔时间≥8000 h
供电电源	AC 220 V(+10%,−15%),50±3 Hz		

(5)业务应用

装备许可证编号:SXZ-02-2017。

启用时间:2017 年。

应用领域:主要应用于国家基本气象站、各种(常规)气象观测站和其他行业(如林业、农业、石油、电力、水利等)气象监测站(图 1.1.102.2)。

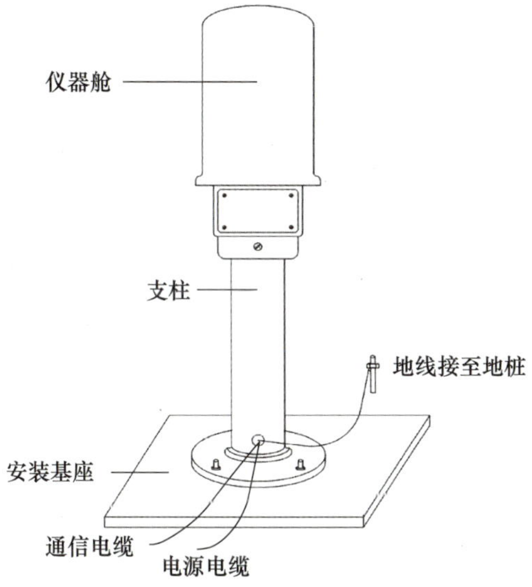

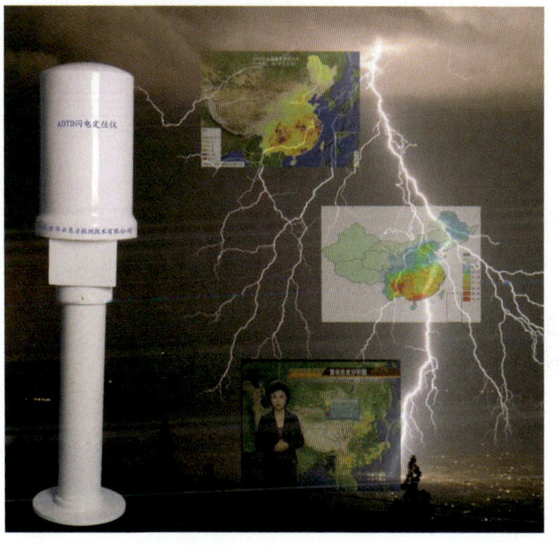

图 1.1.102.2　ADTD 型闪电定位仪产品及应用图

1.1.103　AEFI 型大气电场仪(北京华云东方)

(1)观测原理

AEFI 型大气电场仪传感器基于电荷感应原理,利用接地金属板对电场的屏蔽作用,使另一金属板上的感应电荷发生周期性变化而形成电流,然后通过检测电流的大小来检测电场强度。传感器有两组大小一致、均匀分布的扇形金属片,分别称之为定子(感应片)和转子(接地金属屏蔽片)。转子通过轴与电机相连,可自由转动。当转子旋转时,定子交替地暴露在外电场中或被接地屏蔽片遮挡,这样周而复始,便产生交变输出信号。通过测量交变输出信号就可以测量出外电场。

(2)功能特点

能够实时探测其周围地区的大气电场信号,可了解其周围地区雷暴的发展活动状况,并预测剧烈暴风雨的可能性,具备以下特点。核心处理芯片采用低功耗、高性能 ARM 芯片,加上完善的外围电路,设备功耗更低,可扩展性更强。探头部分采用 304 不锈钢制造,保证长时间不受环境腐蚀。传感器探头与数据采集部分采用分体设计,便于后期管理维护,避免因为某一部分故障而需要更换整套设备。上位机软件具备组网功能，软件可同时接收和处理闪电定位数据，大大提高雷电预警的准确性。本设备带有 GPS 模块，保证了设备数据时间的准确性。通信接口增加防雷防浪涌保护，保护 AEFI 免遭雷电冲击波袭击。探头采用朝下设计方式，避免因为灰尘、雨雪等干扰扇片转动，影响电场监测。

(3)组成结构

该产品是一种高集成探测设备，室外设备直接将探测结果进行 AD 转换，通过串口传给 GPRS 无线通信模块、室内计算机或室内串口服务器。主要由采集箱、传感器探头、GPRS 天线、通用模块电源、空气开关、电源防雷模块、立柱、无线通信模块、串口服务器、太阳能供电系统等组成(图 1.1.103.1)。

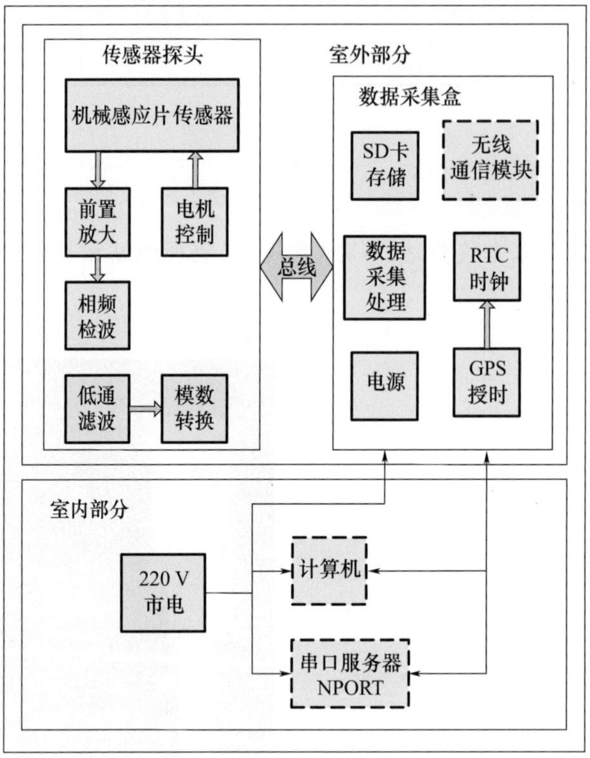

图 1.1.103.1 AEFI 型大气电场仪组成结构图

(4)性能指标(表 1.1.103.1)

表 1.1.103.1 AEFI 型大气电场仪性能指标

要素	主要指标	要素	主要指标
测量范围	−50～50 kV/m	响应时间	≤50 ms
分辨力	10 V/m	通信方式	可采用有线/无线 GPRS 传输
灵敏度	≤20 V/m	数据接口	RS-232，默认 9600 bps，可通过命令修改
线性度	≤1%	供电	AC 100～260 V(50 Hz)/太阳能供电接口已配
误差	≤5%	设备可靠性和可维护性	连续工作时间(常年开机)≥7×24 h； 平均故障间隔时间(MTBF)≥4800 h； 平均故障修复时间(MTTR)<0.5 h
电机转速稳定度	<1%	环境适应性	工作环境温度：−40～60 ℃； 相对湿度：10%～100%； 储存环境温度：−50～60 ℃； 抗降水：降水强度≤300 mm/h，正常工作； 抗风：风速≤30 m/s，正常工作； 防尘防水：IP65
功率	≤3 W		

(5)业务应用

装备许可证编号:SXZ-28-2017。

启用时间:2017 年。

应用领域:可用于常规气象业务预报、森林雷击预警、航空航天保障和电力系统安全等服务;也可以为建筑施工、工厂、油库、旅游景点、体育场、娱乐场和矿区等重要场所提供短时雷暴监测和预报(图 1.1.103.2)。

图 1.1.103.2　AEFI 型大气电场仪应用场景

1.1.104　DDW1 型全闪闪电定位仪(北京华云东方)

(1)观测原理

DDW1 型全闪闪电定位仪的磁环天线和平板天线,分别用来探测大气中磁场和电场的变化。磁环天线利用的是电磁感应定律,指因线圈中磁通量变化产生感应电动势的现象。平板天线是利用导体在电场中产生感应电荷的原理。该设备能够记录雷电发生的精确时间、方向和放电波形特征等信息。雷电监测系统是通过几个子站同时响应同一个闪电辐射的电磁场,利用时间到达差法(TOA)确定闪电发生的位置和时间。

(2)功能特点

该系统可提供精准的闪电发生时间和位置数据,可监测大气中有效范围内的全部地闪和部分云闪,通过软件算法可动态显示雷暴活动的方向和区域。在保障现有业务的基础上,可扩展精细化单次闪电发生过程。属全闪监测定位系统;地闪探测效率达 95%以上,云闪探测效率达 50%以上,定位精度在 500 m 以内,重定位精度达到 150 m;可观测雷电密度、雷暴轨迹等活动;三维显示雷电定位结果;设备定时自检、校准及自诊断;设备输出原始雷电数据并实时显示雷电回击波形,满足事后分析及科研应用;军工级的元器件筛选和生产工艺,可靠性高,易于生产与维护;中心站具有对台站设备的配置、管理功能;通过神经网络算法等机器学习,实时监测雷暴并且预警雷暴的发生及消失,实现短时临近预警。

(3)组成结构

DDW1 型全闪闪电定位仪主要由数据采集单元、供电电源、磁环天线、GPS 天线、支架、工程塑料外壳以及通信模块组成。DDW1 雷电监测定位系统由设备组网加以中心站软件组成(图 1.1.104.1、图 1.1.104.2)。

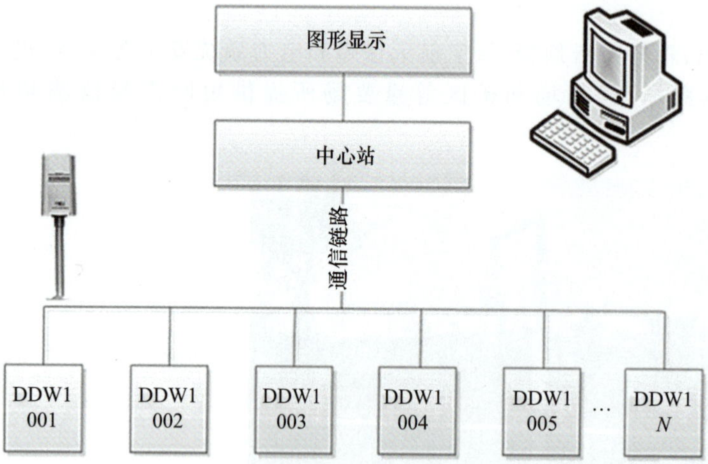

图 1.1.104.1　DDW1 型全闪闪电定位系统结构图

图 1.1.104.2　DDW1 型全闪闪电定位仪安装效果图

（4）性能指标（表 1.1.104.1）

表 1.1.104.1　DDW1 型全闪闪电定位仪性能指标

要素	主要指标	要素	主要指标
雷电类型	云闪、云地闪	功耗	＜20 W
探测频段	1～400 kHz	工作温度	−40～60 ℃
灵敏度	300 km 处 5 kA 回击电流	相对湿度	5%～100%
时间精度	0.1 μs	抗风等级	12 级
回击分辨力	＜0.5 μs	盐雾等级	适应沿海、海岛工作
建议组网距离	60～100 km	组网探测效率	100%（地闪）；63%（回击）；52%（云闪）
授时精度	＜10 ns	组网定位误差（中值）	448 m
平均故障间隔时间	≥8000 h	组网峰值电流强度相对误差（绝对值）中值	12.6%

* 注：以上组网数据来源人工引雷测试数据。

（5）业务应用

装备许可证编号：SXZ-30-2019。

启用时间：2019 年。

应用领域：满足民航机场、林业、城市规划、航空航天、石油石化等敏感领域对闪电探测的需求。

1.1.105　DPZ1 型综合集成硬件控制器（北京华云东方）

（1）观测原理

DPZ1 型综合集成硬件控制器（图 1.1.105.1、图 1.1.105.2）高度集成多串口通信、信号转换、光电隔离、数据转换和光电转换（光猫）等功能模块，通过光纤将采用不同通信方式的多个设备数据进行远距离传输。

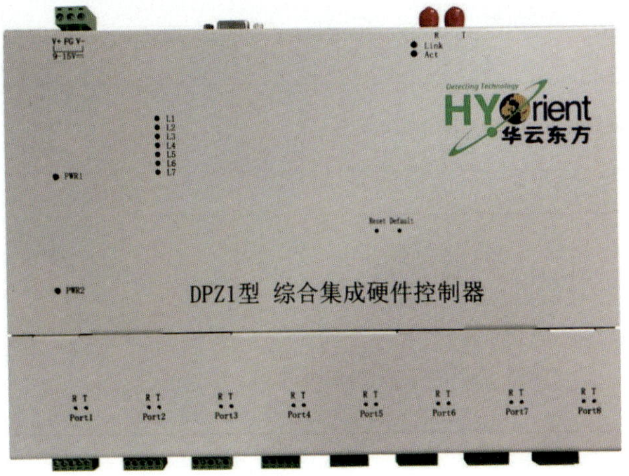

图 1.1.105.1 DPZ1 型综合集成硬件控制器产品图 1

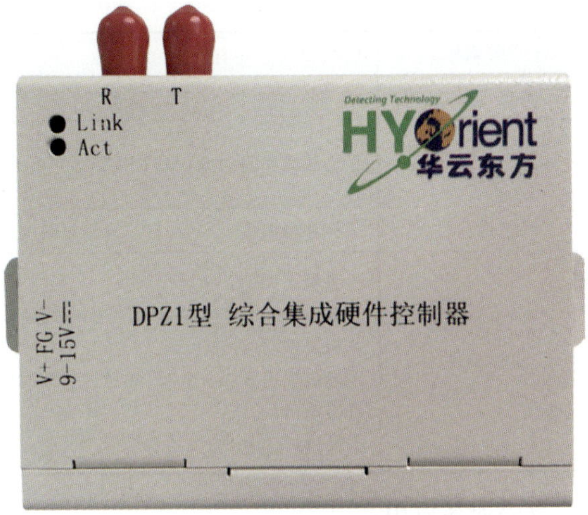

图 1.1.105.2 DPZ1 型综合集成硬件控制器产品图 2

(2)功能特点

该仪器有效解决了气象业务台站原有观测系统“四多”(通信线路多、终端设备多、软件系统多、数据标准多)和“四低”(系统可靠性低、利用率低、可维护性低、可扩展性低)的实际问题。集成度高:将多串口通信、信号转换、光电隔离、数据转换和光电转换(光猫)等功能高度集成在一起,设备安装方便、连接简单。通信方式设置灵活:具有 8 路可插拔串口传输模块(支持 RS-232/485/422 通信方式),用户可根据实际需求灵活设置每路接口的通信方式。支持数据转换功能:可根据台站非数据字典格式的设备开发数据转换模块,完成观测设备固定数据格式到数据字典格式的转换,以便设备快速接入 ISOS 软件。高可靠性:工业级的元器件筛选及生产工艺,部分器件采用军工级的元器件筛选及生产工艺,保证仪器稳定运行。

(3)组成结构

DPZ1 型综合集成硬件控制器由通信控制模块(含 8 个串口传输模块)、光电转换模块(光猫)组成。

(4)性能指标(表 1.1.105.1)

表 1.1.105.1 DPZ1 型综合硬件控制器性能指标

要素	主要指标
通信波特率	115200、57600、38400、19200、9600、4800、2400、1200(初始默认 9600)
通信接口	①8 个可插拔串口传输模块(支持 RS-232/485/422 通信方式,默认 RS-232);②4 个 RJ45 接口(其中 1 个为 8 串口转以太网接口,3 个为以太网转光纤接口);③1 组 ST 光纤收发接口(支持 1300 nm 多模光纤);④1 个 RS-232 DB9 母口(调试口);⑤1 个 USB 母口(B 型)(调试口);⑥1 个 USB 母口(A 型)(预留);⑦SD 卡插槽(数据存储)
指示灯	①2 个电源指示灯;②7 个状态指示灯;③8 个 RS-232/485/422 接口通信指示灯;④2 组 ST 光纤收发接口通信指示灯(通信控制模块和光电转换模块)
按键	①1 个系统复位按键;②1 个恢复出厂设置按键
通信距离	内部集成了光纤接口,室内配备以太网光纤转换器实现 100Base-TX(RJ45)和 100Base-FX(光纤信号)的转换;最大有线传输距离≥500 m
通信防雷	内部采用光电隔离和浪涌保护,可抑制电磁干扰
供电电源	单相 AC 220 V(50 Hz)±10%
整机功耗	<8 W
存储卡容量	1 GB
数据到报率	99.9%

续表

要素	主要指标
数据准确性	99.9%
设备可靠性和可维护性	平均故障间隔时间(MTBF)≥8000 h；平均故障修复时间(MTTR)≤0.5 h
环境适应性	工作环境温度：−40～60 ℃；相对湿度：5%～95%；防尘防水：IP5X
机械条件	正弦稳态振动： ①频率：2～9 Hz，位移：1.5 mm；②频率：9～200 Hz，加速度：5 m/s^2 非稳态振动(冲击)： ①峰值加速度：40 m/s^2；②脉冲持续时间：6 ms；③次数：1000 次 自由跌落： ①高度：0.5 m；②跌落次数：2 次

(5)业务应用

装备许可证编号：SXZ-15-2015。

启用时间：2015 年。

应用领域：可实现自动气象站满足数据传输协议和数据格式规范要求的云、能见度、降水现象等新型观测设备的灵活接入与配置。

1.1.106 DPZ2 型综合集成硬件控制器(北京华云东方)

(1)观测原理

DPZ2 型综合集成硬件控制器高度集成多串口通信、信号转换、磁耦隔离、数据转换和光电转换(光猫)等功能模块，通过光纤将采用不同通信方式的多个设备数据进行远距离传输。

(2)功能特点

支持二次开发以及多路 TCP 会话数功能，极大地满足了未来台站更多更新业务发展的要求，设备安装方便、连接简单；通信方式设置灵活：具有 16 路 RS-232/485/422 接口，用户可根据实际需求灵活设置每路接口的通信方式。支持数据转换功能：可根据台站非数据字典格式的设备开发数据转换模块，完成观测设备固定数据格式到数据字典格式的转换，以便设备快速接入 ISOS 软件。支持二次开发功能：可根据客户需要，加载定制化软件。支持多台设备级联：一台电脑可管理更多的观测设备。支持多路 TCP 会话数：最多支持 6 路会话数访问每路串口，更加方便更多的应用需求。高可靠性：军工级的元器件筛选及生产工艺，保证仪器稳定运行。

(3)组成结构

主要由机箱、立柱、通信控制模块、光电转换模块、电源适配、蓄电池及供电系统组成。

(4)性能指标(表 1.1.106.1)

表 1.1.106.1　DPZ2 型综合集成硬件控制器性能指标

要素	主要指标
通信波特率	110 bps～460.8 kbps(初始默认 9600)
通信接口	①16 路防雷 RS-232/485/422 接口(采用 5 位接线端子，初始默认 RS-232)；②4 路 RJ45 以太网接口；③2 组 ST 光纤收发接口(双纤单模，支持多模光纤)；④1 路 console 口(调试口)；⑤3 路 USB 母口(2 路 A 型，1 路 B 型)；⑥1 路 SD 卡插槽(数据存储)；⑦1 路天线接口(ZigBee 接口)
指示灯	①1 个电源指示灯；②1 个状态指示灯；③32 个 RS-232/485/422 接口通信指示灯；④8 个 RJ45 网口通信指示灯；⑤2 个光纤收发接口通信指示灯
按键	1 个恢复出厂设置按键

续表

要素	主要指标
通信距离	内部集成了光纤接口，室内配备以太网光纤转换器实现 100Base-TX(RJ45)和 100Base-FX(光纤信号)的转换；最大有线传输距离≥10 km
通信防雷	内部采用磁耦隔离和浪涌保护，可抑制电磁干扰
供电电源	单相 AC 220 V(50 Hz)±10%。蓄电池采用 12 V、38 Ah，保证综合集成硬件控制器在无外电情况下可正常工作 24 h 以上
整机功耗	≤10 W
设备可靠性和可维护性	平均故障间隔时间(MTBF)≥5000 h；平均故障修复时间(MTTR)≤0.5 h
环境适应性	工作环境温度：−40～60 ℃；相对湿度：5%～95%；大气压力：550～1060 hPa；抗降水：降水强度≤300 mm/h；抗风：风速≤30 m/s；防尘防水：IP65

(5)业务应用

装备许可证编号：SXZ-12-2016。

启用时间：2016 年。

应用领域：满足气象、通信、电力系统等行业，实现串口到以太网口数据的双向透明传输。

1.1.107 DPZ3 型气象智能集成处理器(航天新气象)

(1)观测原理

DPZ3 型气象智能集成处理器(图 1.1.107.1)是一款按中国气象局《气象智能集成处理器-I 型功能规格需求书》要求开发的气象智能集成处理器并获气象装备使用许可证，可以实现观测数据的处理，同时根据不同应用需求自动完成设备组网和管理，并进行远程升级。

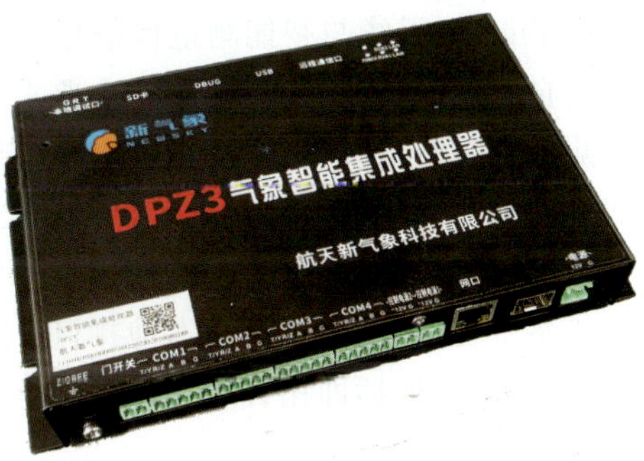

图 1.1.107.1 DPZ3 型气象智能集成处理器产品图

(2)功能特点

具有环境适应性好、可靠稳定、易维护等特点，适用于地面气象观测业务等应用场合。具备 RS-232/485/422 串口，以适应接入不同通信接口的智能测量仪；内部集成光模块，具备对外提供光口通信的功能；内置动态链接库层，可支撑第三方的应用层软件；环境适应性好、可靠稳定、易维护等；具有远程自动升级功能。

(3)组成结构

DPZ3 气象智能集成处理器由高性能处理器、高精度时钟电路、存储器、I/O 接口(ZigBee 接口、RS-232、以太网接口、光纤接口、USB 接口、SD 卡接口)、监测电路、供电接口和指示灯等构成。

(4)性能指标(表 1.1.107.1)

表 1.1.107.1 DPZ3 型气象智能集成处理器性能指标

要素	主要指标
处理器	支持嵌入式操作系统(Linux)，主频≥100 MB 的 32 位处理器
接口	ZigBee 接口；2 个 RS-232/485/422 串口作为与智能测量仪通信扩展接口；2 个 RS-232 串口作为 GPRS/北斗无线通信模块和 1 个导航卫星(GPS 或北斗)校时模块接口；1 个光纤通信口、1 个 RJ45 网口、1 个 USB 接口用于通信扩展；直流电源接口；1 个 SD 卡接口

(5)业务应用

装备许可证编号：SXZ-09-2020。

启用时间：2020 年。

应用领域：主要应用于国家基本气象站、各种(常规)气象观测站。

1.1.108　DPZ4 型智能集成处理器(天津中环天仪)

(1)观测原理

我国现有的地面气象观测站主要采用“主采集器＋外部总线＋分采集器＋传感器＋外围设备”的结构设计，采集器的功能是接收传感器数据，进行必要的处理并发送至台站业务软件。这种自动站体系架构易于实现多要素的整站集成，但数据只是由传感器经采集器单向传输至业务软件，传感器和采集器之间缺乏双向交互功能。同时，由于采集器接口形式单一，不易扩展，无法按照规则实现设备的动态管理和组网。

智能集成处理器可以实现观测数据的处理，同时根据不同应用需求自动完成设备组网和管理，并进行远程升级。满足地面气象观测温度、湿度、气压、雨量、风向、风速、土壤温度、土壤水分、称重雨、红外地面温度以及总辐射的观测要求。

(2)功能特点

DPZ4 型智能集成处理器主要收集智能测量仪采集到的气象信息，完成数据整合、综合质量控制等。以实现观测数据的处理，同时根据不同应用需求自动完成设备组网和管理，并进行远程升级。按照统一标准、统一功能、统一结构、统一方法、统一规范的设计思路，形成规格一致、性能可靠的智能集成处理器。通过 ZigBee 无线与智能测量仪进行交互，实时控制各个智能测量仪，保证智能测量仪数据传输正常。

自组网：对网络中的多个符合要求的测量仪按照规则进行自主组网，可实现多要素观测。自处理：对观测数据进行自动采集、运算、综合质量控制、存储和传输。自适应：能自主适应多种通信模式。自诊断：能自动检测测量仪及集成处理器的状态、数据质量、通信状态等信息，自动诊断出设备及数据是否正常以及进行故障定位，便于实时监控和维护保障。自恢复：能根据设备状态信息和自诊断结果，自动恢复到标准状态。在线升级：可通过本地接口或远程网络，实现程序在线升级。即插即用：在标准化的数据格式和接口，能实现即插即用；能生成二维码标识信息，便于设备入网管理。

(3)组成结构

由硬件电路和嵌入式软件组成。硬件电路包含高性能处理器、高精度时钟电路、存储器、I/O 接口(ZigBee 接口、RS-232、以太网接口、光纤接口、USB 接口、SD 卡接口)、监测电路、供电接口和指示灯等。嵌入式软件包括主控制模块、数据采集处理和监控模块、通信模块和软件升级模块。

(4)性能指标(表 1.1.108.1)

表 1.1.108.1　DPZ4 型智能集成处理器性能指标

要素	主要指标	要素	主要指标
操作系统	Linux 系统	功耗	≤4 W
处理器	主频≥100 MB 的 32 位处理器	平均故障修复时间	≥8000 h
接口	ZigBee 接口、RS-232/485/422 串口、光纤口、RJ45 网口、USB 接口、SD 卡口等	平均维修时间	≤30 min
工作电压	DC 9～15 V		

(5)业务应用

装备许可证编号：SXZ-26-2020。

启用时间：2020 年 6 月 1 日。

应用领域：应用范围广泛，如气象站、船舶、石油平台、环境保护等领域。

1.2 大气成分观测仪器

1.2.1 TCYⅠ1型（北方版）/TCYⅡ1型（南方版）酸雨自动观测系统（浙江恒达）

（1）观测原理

酸雨自动观测设备由酸雨自动观测设备和数据综合处理软件组成。自动降水采样器须安装在室外观测场，分体式的降水样品自动分析仪安装在室内；一体式的降水样品自动分析仪安装在观测场；数据综合处理软件安装在观测室内的计算机中。

（2）功能特点

感应到降水时，自动采集降水样品；对降水样品的 pH（酸碱度）、K（电导率）和温度进行自动测量，可通过网络自动上传测量数据和仪器工作状态，完成自动校准和自检。当出现故障时，可驱动置于室内的声光报警单元发出声光报警，提示系统的维护管理人员及时对设备进行维护。

辅助观测要素包括降水开始和结束时间、环境温度、降水样品采集量、pH 电极校准信息、电导率电极校准信息。

（3）组成结构

① Ⅰ型酸雨自动观测系统（简称分体式）

适用于冬季气候条件较差（极端气温在－10 ℃以下）或温差变化较大的地区。由分体式的降水采样器和降水样品分析仪两部分组成（图 1.2.1.1）。自动降水采样器主要部件包括支架（箱体）、感雨器、降水采样桶及采样袋、采样桶启闭机构（即采样桶盖）、温度传感器和采样桶降温装置、控制/数据记录单元。降水样品自动分析仪主要包括机箱、pH 电极及测量池、电导率电极及测量池、温度传感器、控制阀组、液体容器及管路、控制/记录/显示/通信单元等。

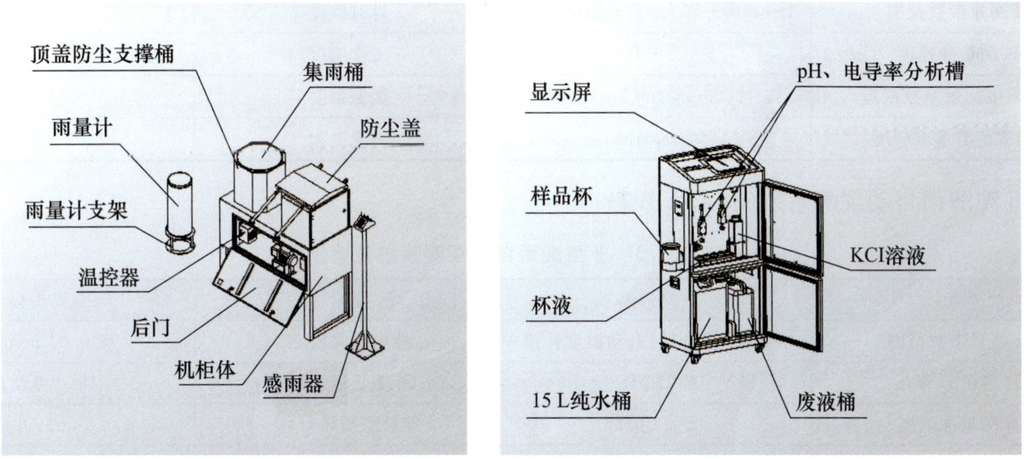

(a) 采样器　　(b) 分析仪

图 1.2.1.1　分体式酸雨自动观测系统结构图

降水采样器安装于室外，自动收集降水样品，记录采样过程中的相关数据和信息。降水样品分析仪安装于室内，在较好的温度条件下对降水样品的 pH（酸碱度）、K（电导率）和温度等进行自动测量，并记录和存储有关测量结果。

② Ⅱ型酸雨自动观测系统（简称一体式）（图 1.2.1.2）

适用于气候条件较为温和（极端气温在－10 ℃以上）或温差变化较小的地区。为户外全自动一体式采样分析系统，由集成在一起的降水采样器和降水样品分析仪构成，安装于户外。降水采样器主要部件包括支架（箱体）、感雨器、降水采样桶及采样袋、采样桶启闭机构（即采样桶盖）、温度传感器和采样桶降温装置、降水样品转移管路及控制阀、采样袋自动更换机构或采样桶自动清洗机构、采样桶自动融冰机构、控制/数据记录单元。降水样品自动分析仪主要包括机箱、pH 电极及测量池、电导率电极及测量池、温度传感器、控制阀组、液体容器及管路、控制/记录/显示/通信单元等。

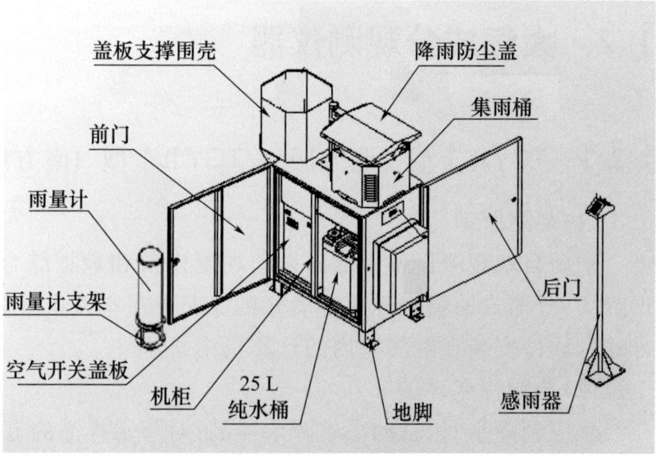

图 1.2.1.2　一体式酸雨自动观测系统结构图

(4)性能指标

① Ⅰ型酸雨自动观测系统

Ⅰ型酸雨自动观测系统降水采样器性能指标见表 1.2.1.1，降水样品分析仪性能指标见表 1.2.1.2。

表 1.2.1.1　Ⅰ型酸雨自动观测系统降水采样器的主要技术指标

要素	主要指标	要素	主要指标
干湿沉降桶内径	400 mm	开盖动作时间	≤15 s(可设置)
计时精度	±10 s/月	关盖延迟时间	≤3 min(可设置)
测温精度	±0.3 ℃	抗风能力	≥10 级
感应器灵敏度	≤0.04 mm/h	工作温度	−50～50 ℃
信息存储量	>1000 条	相对湿度	≤100%(25 ℃)

表 1.2.1.2　Ⅰ型酸雨自动观测系统降水样品分析仪的主要技术指标

要素	主要指标	要素	主要指标
pH 测量参数范围	0～14(0～50 ℃)自动温度补偿	计时误差	≤0.1%
pH 测量准确度	±0.1	工作温度	10～35 ℃
电导率值测量参数范围	5～2000 μS/cm(5～40 ℃)	测温精度	±0.3 ℃
电导率值测量准确度	≤±2%FS	绝缘电阻	≥25 MΩ

② Ⅱ型酸雨自动观测系统(表 1.2.1.3)

表 1.2.1.3　Ⅱ型酸雨自动观测系统性能指标

要素	主要指标	要素	主要指标
pH 测量参数范围	0～14(0～50 ℃)自动温度补偿	感雨器灵敏度	≤0.04 mm/h
pH 测量分辨力	0.01 pH	开盖延迟时间	≤15 s(可设置)
pH 测量准确度	±0.1 pH	起始监测降雨量	≤0.5 mm(可设置)
电导率值测量参数范围	0.1 ～2000 μS/cm	关盖延迟时间	≤3 min(可设置)
电导率值测量分辨力	0.01 μS/cm	计时误差	≤0.1%
电导率值测量准确度	≤2%FS	工作温度	−10～50 ℃
雨量分辨力	0.1 mm	绝缘电阻	≥25 MΩ
雨量精度	±0.4 mm(≤10 mm)； ±4%(>10 mm)	绝缘强度(耐压)	1.5 kV
测温精度	±0.3 ℃	噪声	≤60 dB(A)
接雨漏斗内径	400±2 mm	相对湿度	≤100%

(5)业务应用

装备许可证编号：SXZ-08-2021(Ⅰ型酸雨自动观测系统)，SXZ-07-2021(Ⅱ型酸雨自动观测系统)。

1.3 生态气象观测仪器

1.3.1 DTD2 型冻土自动观测仪(北京华云升达)

(1)观测原理

DTD2 型冻土自动观测仪是根据含有水分土壤的冻融特性,通过测量水的相态(频域反射、温度反演),采用阈值判断方法测量土壤冻结深度的仪器。完成对传感器的控制与采样,对采样数据进行计算处理、质量控制、存储、通信和传输,与终端进行交互。

(2)功能特点

与现行冻土器测量分辨力保持一致,提高探测灵敏度,优化结构设计,沿用冻土器安装方法,研制出全电子、自动化的冻土层次和冻土深度观测的仪器。全面采用数字式智能传感器的设计思路;采用数据字典方式的通信协议,兼容现有业务系统;全系统的多点智能监控设计;增加远程智能控制交互命令适用于严苛环境。

(3)组成结构

包括硬件和软件两部分。硬件主要有传感器、数据采集器、供电单元和外围设备等,支持接入综合集成硬件控制器;软件为嵌入式软件。本产品通信方式包括有线通信和无线通信,有线通信为通过采集器 RS-232 或 RS-485 等通信接口接入综合集成硬件控制器或计算机终端,实现与上位机的数据通信;无线通信指通过采集器 RS-232 或 RS-485 等通信接口与无线通信模块相连,实现与中心站的数据通信。

(4)性能指标(表 1.3.1.1)

表 1.3.1.1 DTD2 型冻土自动观测仪性能指标

要素	主要指标
测量范围	0～450 cm。根据当地可能出现的最大冻土深度,超过 150 cm 冻结层的地区可采取分段式方法,采用规格适宜的传感器,采用分段观测的方式,便于安装、维护
分辨力	1 cm
准确度	±2 cm
传输方式	具有 RS-232/RS-485 通信接口用于数据通信
最大时钟误差	自带高精度实时时钟,时钟误差≤15 s/月
校时方式	校时误差<1 s(接受业务终端软件校时)
电源功率	DC 12 V,3 W
环境适应性	空气温度:−50～60 ℃;相对湿度:5%～100%;降水强度≤6 mm/min
电磁兼容性	浪涌(冲击)抗扰度满足《电磁兼容 试验和测量技术 浪涌(冲击)抗扰度试验》(GB/T 17626.5—2019);电快速瞬变脉冲群抗扰度满足《电磁兼容 试验和测量技术 电快速瞬变脉冲群抗扰度试验》(GB/T 17626.4—2018);射频电磁场辐射抗扰度满足《电磁兼容 试验和测量技术 射频场感应的传导骚扰抗扰度》(GB/T 17626.6—2017);静电放电抗扰度满足《电磁兼容 试验和测量技术 静电放电抗扰度试验》(GB/T 17626.2—2018)
可靠性	平均故障间隔时间(MTBF)>8000 h

(5)业务应用

装备许可证编号:SXZ-31-2020。

启用时间:2020 年。

应用领域:符合国家气象发展规划要求,可以应用到气象、水利、交通、建筑、科研等部门。既能满足无人值守的野外环境,也能适应城市或近郊环境(图 1.3.1.1、图 1.3.1.2)。

图 1.3.1.1　DTD2 型冻土自动观测仪应用场景 1

图 1.3.1.2　DTD2 型冻土自动观测仪应用场景 2

1.3.2　DTD4 型冻土自动观测仪（天津中环天仪）

（1）观测原理

DTD4 型冻土自动观测仪（图 1.3.2.1）采用测温式原理，根据水结成冰或冰融成水的温度变化特性，结合算法确定冻点，获得冻结层次和上下限深度。

（2）功能特点

用于观测土壤的冻结层次和冻结深度；一体化设计，传感器内置采集系统，可实现自动化观测；维护方便，不需要添加任何介质，性能稳定；可提供地温实时数据，冻土自动观测仪可以整年运行（区别于其他冻土自动观测设备只能冬季运行，其他时间的数据没有任何意义），所提供的地温数据是气候学、水文学、生态学、生物化学等研究领域的重要要素之一；容易实现量值溯源，气象部门计量检定机构均可以对温度传感器进行检定，可以定期地对基于温度测量的冻土自动观测仪进行标校，使获取的数据更加准确。设备原理与人工冻土仪相同，不考虑土壤的湿度、酸碱度以及土壤构成等影响因素，观测地温 0 ℃的位置，有利于历史数据的延续。深度可以自由组合，50～450 cm 范围内，以 50 cm 为单位组合。

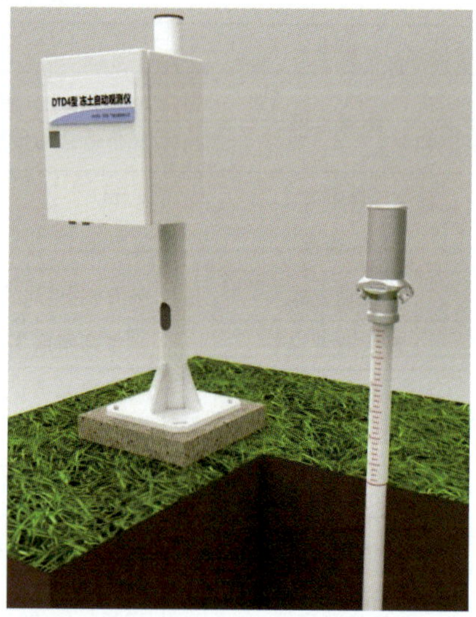

图 1.3.2.1　DTD4 型冻土自动观测仪

（3）组成结构

由观测仪、供电系统和外围部件组成。观测仪包括温度感应元件、补偿电路、测量电路、监测电路、处理器、供电电路、通信接口和结构件。供电系统包括开关电源、防雷模块和蓄电池。外围部件包括机箱和立杆。

（4）性能指标（表 1.3.2.1）

表 1.3.2.1　DTD4 型冻土自动观测仪性能指标

测量要素	测量范围	分辨力	最大允许误差
冻土	0～450 cm	1 cm	±2 cm

(5)业务应用

装备许可证编号：SXZ-28-2020。

启用时间:2020 年 6 月 15 日。

应用领域:应用范围广泛,如气象站、生态站、环境保护、建筑业等领域。

1.3.3 DTD5 型冻土自动观测仪(河南中原测控)

(1)观测原理

DTD5 型冻土自动观测仪是根据水与冰相变后电阻发生改变的特性,利用水做感应介质,每 1 cm 设置一个电极,根据每层电极检测信号间接判别的土壤冻融状态,建立数学模型,计算出土壤冻结层次及其上限和下限深度。

(2)功能特点

该仪器能够对土壤冻结层次及其上限和下限深度多种要素进行全天候自动监测,原理、构造与目前业务使用的达尼林冻土器更接近,历史观测资料延续性好;采用硅胶管垂直设计,可有效防止水柱冻结膨胀,同时水电解产生的气体会漂浮至顶部,不影响电极的正常检测;稳定性强、测量精度高,不受外界融雪、水分迁移等因素影响;设备模块化设计,轻便简单,便于运输安装,维护方便;可人工查看冻结深度进行自校验和验证。

(3)组成结构

由软件和硬件两部分组成。软件为嵌入式软件,硬件主要由传感器、数据采集器、供电单元和外围设备等组成,可接入综合集成硬件控制器,如图 1.3.3.1 所示。

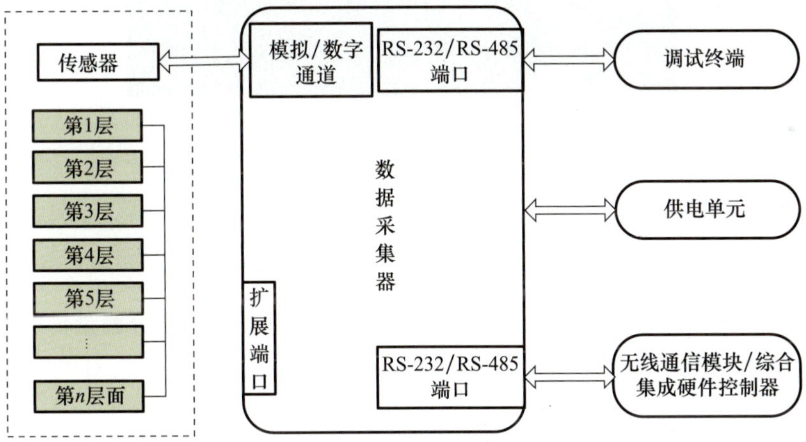

图 1.3.3.1 DTD5 型冻土自动观测仪组成图

(4)性能指标(表 1.3.3.1)

表 1.3.3.1 DTD5 型冻土自动观测仪性能指标

要素	主要指标	要素	主要指标
测量要素	冻结层次及上下限深度	通信方式	RS-232/RS-485,可扩展
测量深度	0～450 cm,根据当地可能出现的最大冻土深度,采用规格适宜的传感器。可采用分段观测的方式,便于安装、维护	供电方式	供电方式:AC 220 V; 蓄电池:在无充电条件下 7 d 正常工作; 输入电压:DC 12 V
分辨力	1 cm	功耗	≤2 W
最大允许误差	±2 cm	平均故障间隔时间	>8000 h
工作温度	−40～85 ℃	防护等级	IP65

（5）业务应用

装备许可证编号：SXZ-29-2020。

启用时间：2020 年。

应用领域：主要用于国家基准气候站、国家基本气象站，为气候变化研究提供科学的数据资料，为气象灾害预警预报服务提供决策依据（图 1.3.3.2）。

图 1.3.3.2　DTD5 型冻土自动观测仪应用场景

1.3.4　DZN1 型自动土壤水分观测仪（上海气象仪器）

（1）观测原理

DZN1 型自动土壤水分观测仪是应用频域反射法（FDR）原理的土壤水分测量传感器和总线式数据采集技术于一体的土壤水分自动化测量系统。

（2）功能特点

该系统根据业务需要可配备微机，可显示实时和整点土壤相对湿度、体积含水量、重量含水率、贮水量等动态变化曲线并自动生成标准数据文件。根据用户需要，系统可进行扩展，数据采集器可扩展接入风向、风速、温度、湿度、气压、雨量、地温等气象传感器。

（3）组成结构

由硬件和软件组成。硬件包括传感器、采集器和外围设备三部分。软件包括采集软件和计算机软件两种。其中，台站式土壤水分观测仪的计算机软件安装在观测室的计算机内；野外式土壤水分观测仪需在中心站安装中心站监控软件。

（4）性能指标（表 1.3.4.1）

表 1.3.4.1　DZN1 型自动土壤水分观测仪性能指标

测量要素	测量范围	分辨力	测量精度
土壤体积含水量	0～100%	0.1%	≤±2%（0～40%）； ≤±3%（40%～100%）
土壤温度	−50～80 ℃	0.1 ℃	±0.3 ℃

(5)业务应用

装备许可证编号:SXZ-40-2020。

启用时间:2009 年 9 月。

应用领域:该仪器可应用在气象、农业、生态、林业、地质灾害等领域对于土壤水分的自动观测与科学研究(图 1.3.4.1)。

图 1.3.4.1　DZN1 型自动土壤水分观测仪应用场景

1.3.5　DZN2 型自动土壤水分观测仪(河南中原测控)

(1)观测原理

DZN2 型自动土壤水分观测仪采用电容式频域反射法(FDR)原理进行土壤水分测量,通过检测因土壤中含水量变化引起的振荡电路固有频率变化,从而反演出土壤水分。

(2)功能特点

根据自动土壤水分观测仪功能需求书要求设计定型,能够测量土壤体积含水量、重量含水量、相对湿度以及有效水储存量,实现无人值守、实时测量;采用 FDR 检测技术,测量准确度高;插管式设计,安装、维修、检定简便;多个站点联网,便于大面积、分区域土壤水分监测;模块化设计,自动化程度高,设备稳定可靠;持续技术升级,单参数调整,简化标定流程。

(3)组成结构

由土壤水分探测器、采集器、太阳能电源控制器、太阳能电池板、蓄电池、中心服务器组成。采集器通过 RS-485 将探测器采集的数据进行存储,定时通过 4G 无线网络将数据传送至中心服务器,用户浏览器可以通过宽带网络读取中心服务器存储的数据,进行客户端数据浏览(图 1.3.5.1)。

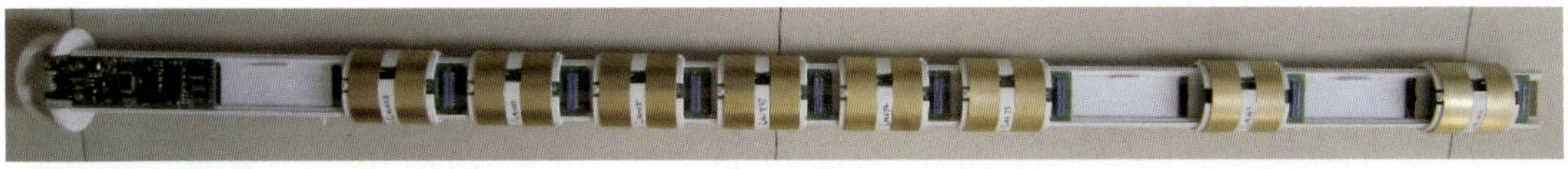

图 1.3.5.1　DZN2 型自动土壤水分观测仪组成图

(4)性能指标(表 1.3.5.1)

表 1.3.5.1　DZN2 自动土壤水分观测仪性能指标

要素	性能指标	要素	性能指标
测量范围(体积含水量)	0~50%	功耗(平均功耗)	≤2 W
分辨力	0.1%	传感器重复性误差	≤0.5%
最大允许误差	±2.5%(实验室);±5%(田间)		

（5）业务应用

装备许可证编号：SXZ-33-2020。

启用时间：2009 年。

应用领域：DZN2 型自动土壤水分观测仪适用于土壤墒情网络建设、野外无人值守考察站建设、防灾减灾监测项目，主要应用于气象、农业、水利等行业的土壤墒情监测，目前设备遍布全国 15 个省（区、市）气象、农业、水利部门（图 1.3.5.2）。

图 1.3.5.2　DZN2 型自动土壤水分观测仪应用场景

1.3.6　DZN3 型自动土壤水分观测仪（北京华云升达）

（1）观测原理

DZN3 型自动土壤水分观测仪（图 1.3.6.1、图 1.3.6.2）采用土壤水分频域反射（FDR）测量技术及多通道数据采集技术，能够准确及时地测量土壤含水量，完成土壤水分储存量信息的采集、处理、存储及传输。定时、连续地测定不同地点、不同深度的土壤水分状况，即时获取监测区域内的土壤水分分布数据，对监测数据做加工处理和分析，生成各种应用产品，提供土壤墒情监测、农田合理施水、宜种作物选择、旱情预测等即时有效的服务。

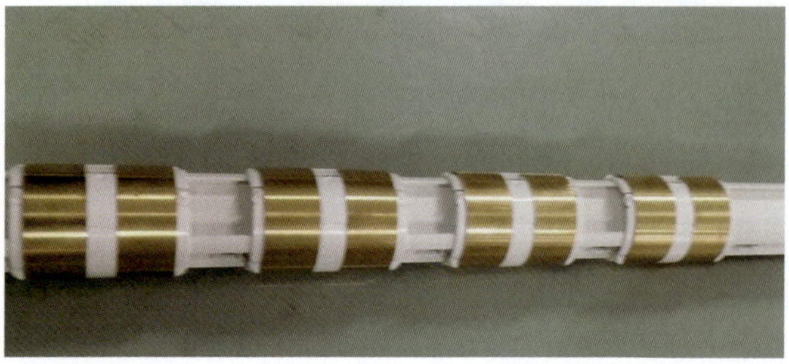

图 1.3.6.1　DZN3 型自动土壤水分观测仪外观图

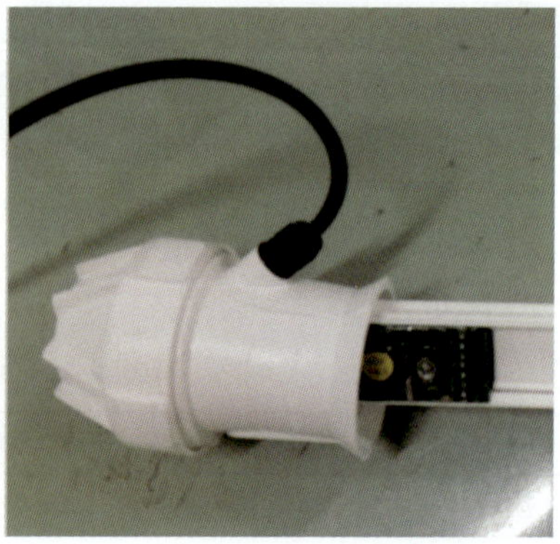

图 1.3.6.2　DZN3 型自动土壤水分观测仪细节图

(2)功能特点

适用于我国各气候区主要土壤类型,安装方便、性能稳定、可靠性高、维护及检定极为方便。其具有多种通信能力,能满足不同需求,包括有线、移动通信(GPRS/CDMA、GSM 短信)等;能提供交流、直流、太阳能等多种供电方式选择;提供专业化的数据存储、分析、报表、图形显示等功能。采用 FDR 测量技术、电容原理测量土壤水分;传感器位置可调,可分别测量不同深度的土壤体积含水量;传感器配制灵活、测量精度高、性能稳定;安装时不破坏土壤结构,操作方便、可靠性高;安装、维护及检定极为方便;能安装多个传感器,可同时进行不同层次的土壤水分观测。

(3)组成结构

主要由室内部分和室外部分组成。室内部分主要是微机终端,用于对采集数据处理,通过应用软件实现对采集器的实时数据采集和监控。室外部分包括传感器、数据采集器、通信单元和系统电源四部分(图 1.3.6.3)。

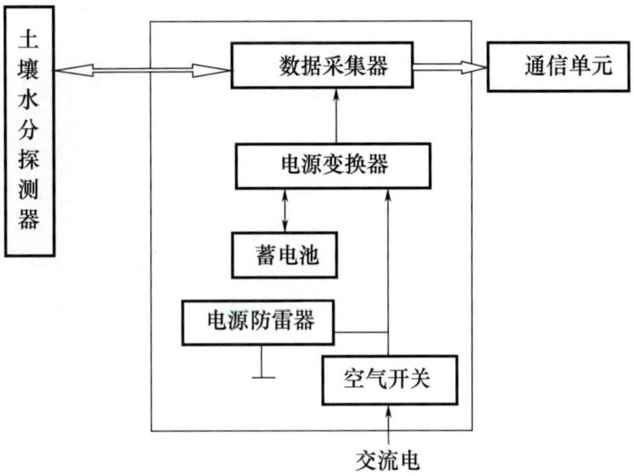

图 1.3.6.3 DZN3 型自动土壤水分观测仪系统构成图

(4)性能指标(表 1.3.6.1)

表 1.3.6.1 DZN3 型自动土壤水分观测仪性能指标

要素	主要指标
测量范围	0～100%土壤体积含水量
准确度	±2.5%土壤体积含水量(实验室); ±5%土壤体积含水量(田间)
分辨力	0.1%体积含水量
环境适应性	室内部分,温度:0～40 ℃;相对湿度:0～90%。 室外部分,温度:－40～50 ℃;相对湿度:0～100%
抗盐雾腐蚀	满足《电工电子产品环境试验 第 2 部分:试验方法 试验 Ka:盐雾》(GB/T 2423.17—2008)
机械条件	满足《电工电子产品环境试验 第 2 部分:试验方法 试验 Fc:震动(正弦)》(GB/T 2423.10—2008); 满足《电工电子产品环境试验 第 2 部分:试验方法 试验 Ed:自由跌落》(GB/T 2423.8—1995)
电磁兼容性	电源瞬态敏感度应能通过《电子测量仪器电磁兼容性试验规范 电源瞬态敏感度试验》(GB 6833.4—1987)规定的有关试验; 传导敏感度应能通过《电子测量仪器电磁兼容性试验规范 传导敏感度试验》(GB 6833.6—1987)规定的有关试验
数据采集器功耗	平均功耗<3 W(数据采集器在连接上所有传感器后正常直流工作条件下)

(5)业务应用

装备许可证编号：SXZ-09-2013。

启用时间：2013 年。

应用领域：DZN3 型自动土壤水分观测仪适用于农业气象、生态环境及水文环境监测。掌握土壤水分变化规律，对农业生产、干旱监测预测和其他相关生态环境监测预测服务和理论研究都具有重要意义(图 1.3.6.4 和图 1.3.6.5)。

图 1.3.6.4　DZN3 型自动土壤水分观测仪应用场景 1

图 1.3.6.5　DZN3 型自动土壤水分观测仪应用场景 2

2 地基遥感装备

2.1 天气雷达

2.1.1 CINRAD/CA 型新一代天气雷达(北京敏视达)

(1)观测原理

CINRAD/CA 型新一代天气雷达是根据云雨降水目标物对电磁波的后向散射原理来探测降水目标物,根据接收的后向散射电磁波的延迟、振幅、相位、频率、偏振状态等信息推断相应天气系统,尤其是降水天气系统的内部结构和风场特征。它是分析中小尺度天气系统、警戒强对流危险天气和对灾害性天气监测预测的重要手段,尤其是在短时临近预报中发挥着举足轻重的作用。

(2)功能特点

该雷达具有大天线、高增益、高发射功率、中脉冲宽度、宽动态范围、高接收灵敏度等特点,能有效地监测与强降水、风害伴随的灾害性天气。

具有较准确的测量回波强度的能力,进而较好地估测降水强度和估测较大范围内的降水累计量。

主要雷达参数通过专用雷达参数测试平台可准确地定标和测量,保证回波强度和速度的较准确测量。

有专用雷达参数测试平台和较完善的机内测试功能,实现在线自动校准和参量自我调整、修正,保证雷达定量估测降水的精度。

采用速调管发射的全相干脉冲多普勒体制,其优良的相干性能,通过地物对消处理,可减少地物杂波对估测降水的影响。

具有较完善的监控系统,出现参数超限或故障,能自动报警并采取相关保护措施,保证雷达能长期连续运行,保障雷达获取数据的质量和数据的存储管理等。

针对不同的天气状况,选择不同的体扫和工作模式,空域覆盖最佳化;针对不同的探测空域,采用不同的信号形式,通过地物抑制和电磁干扰抑制,有效缓解了多普勒测距与测速矛盾。

(3)组成结构

该雷达是一个智能型的雷达系统,它综合了先进的雷达技术、计算机技术、通信技术,集成探测、资料采集、处理、分发、存储等多种功能于一体。总体上雷达由雷达数据采集(RDA)、产品生成(RPG)、用户终端(PUP)三大部分组成。

雷达数据采集:雷达主要硬件都集中在这一部分,RDA 包括天线、天线罩、馈线、天线座、伺服系统、发射机、接收机、信号处理器等。产品生成:由计算机及通信接口等组成,对采集的雷达观测数据进行处理后形成多种分析、识别、预警预报产品,重点在软件系统的设计(软件编程、产品算法等)、运行。用户终端:由计算机及通信接口等组成,对形成的产品进行图形、图像显示。

（4）性能指标（表 2.1.1.1）

表 2.1.1.1　CINRAD/CA 型新一代天气雷达性能指标

要素	主要指标	
雷达作用距离	反射率	≥400 km
	径向速度和谱宽	≥200 km
参数测量误差	回波强度	≤1 dB
	速度	≤1 m/s
	谱宽	≤1 m/s
定位精度	距离	≤50 m
	方位	≤0.2°
	仰角	≤0.2°
发射机	发射频率范围	5.3～5.7 GHz（固定频点）
	峰值输出功率	≥0.25 MW
	平均输出功率	75～325 W
	脉冲宽度	1.0 μs、2.0 μs
	发射机输出极限改善因子	≥52 dB
	脉冲重复频率（PRF）	300～450 Hz（宽脉冲）；300～1300 Hz（窄脉冲）
天线/天线座	天线形式	C 波段中心馈电抛物面
	天线尺寸	4.5 m±10 mm
	波束宽度	1.0°针状波束
	天线增益	≥43 dB
	第一副瓣电平	≤−29 dB
	极化形式	线性水平极化

要素	主要指标	
接收机/信号处理器	接收机工作频段	5.3～5.7 GHz
	中频带宽	宽带：1.00±0.05 MHz（脉宽 1.0 μs）
		窄带：0.50±0.05 MHz（脉宽 2.0 μs）
	数字中频 A/D 转换位数	≥16 bit
	动态范围	≥95 dB
	接收机噪声系数	≤3 dB
	最小可测功率	≤−108.0 dBm（窄脉冲）；≤−111.0 dBm（宽脉冲）
	系统相位噪声	≥52 dB
	杂波对消/抑制	5.3～5.7 GHz
伺服分系统	天线定位精度（最大误差）	在±0.10°范围内（方位和俯仰）
	体积扫描	VCP11、VCP21、VCP31、VCP41（高山模式）
	天线扫描最大速度	36(°)/s（方位）；36(°)/s（俯仰）
系统	距离分辨率	150 m
	系统相位噪声	≤0.15°
其他		自动标校系统
		机内噪声源自动检测噪声系数
		机内射频测试信号源自动标定接收机特性曲线
		全机自动标校功能
		完善的 BITE，完成自动监测功能

（5）业务应用

装备许可证编号：SXZ-02-2019。

启用时间：2006 年 3 月 10 日。

应用领域：主要应用于国家天气雷达站、其他行业（如机场、林业、水利、兵团等）天气雷达站。

2.1.2　CINRAD/CB 型新一代天气雷达（北京敏视达）

（1）观测原理

CINRAD/CB 型新一代天气雷达（图 2.1.2.1、图 2.1.2.2）是根据云雨降水目标物对电磁波的后向散射原理来探测降水目标物，根据接收的后向散射电磁波的延迟、振幅、相位、频率、偏振状态等信息推断相应天气系统，尤其是降水天气系统的内部结构和风场特征。它是分析中小尺度天气系统、警戒强对流危险天气和对灾害性天气监测预测的重要手段，尤其是在短时临近预报中发挥着举足轻重的作用。

（2）功能特点

该雷达具有大天线、高增益、高发射功率、中脉冲宽度、宽动态范围、高接收灵敏度等特点，能有效地监测与强降水、风害伴随的灾害性天气；具有较准确的测量回波强度的能力，进而较好地估测降水强度和估测较大范围内的降水累计量；主要雷达参数通过专用雷达参数测试平台可准确地定标和测量，保证回波强度和速度的较准确测量；有专用雷达参数测试平台和较完善的机内测试功能，实现在线自动校准和参量自我调整、修正，保证雷达定量估测降水的精度；采用速调管发射的全相干脉冲多普勒体制，其优良的相干性能，通过地物对消处理，可减少地物杂波对估测降水的影响；具有较完善的监控系统，出现参数超限或故障，能自动报警并采取相关保护措施，保证雷达能长期连续运行，保障雷达获取数据的质量和数据的存储管理等；针对不同的天气状况，选择不同的体扫和工作模式，空域覆盖最佳化；针对不同的探测空域，采用不同的信号形式，通过地物抑制和电磁干扰抑制，有效缓解了多普勒测距与测速矛盾。

图 2.1.2.1　CINRAD/CB 型新一代天气雷达天线及天线座设备

图 2.1.2.2　CINRAD/CB 型新一代天气雷达机房设备图

（3）组成结构

该雷达是一个智能型的雷达系统，它综合了先进的雷达技术、计算机技术、通信技术，集成探测、资料采集、处理、分发、存储等多种功能于一体。总体上雷达由雷达数据采集（RDA）、产品生成（RPG）、用户终端（PUP）三大部分组成。

雷达数据采集：雷达主要硬件都集中在这一部分，RDA 包括天线、天线罩、馈线、天线座、伺服系统、发射机、接收机、信号处理器等。产品生成：由计算机及通信接口等组成，对采集的雷达观测数据进行处理后形成多种分析、识别、预警预报产品，重点在软件系统的设计（软件编程、产品算法等）、运行。用户终端：由计算机及通信接口等组成，对形成的产品进行图形、图像显示。

（4）性能指标（表 2.1.2.1）

表 2.1.2.1　CINRAD/CB 型新一代天气雷达性能指标

要素		主要指标
雷达作用距离	反射率	≥400 km
	径向速度和谱宽	≥200 km
参数测量误差	回波强度	≤1 dB
	速度	≤1 m/s
	谱宽	≤1 m/s
定位精度	距离	≤50 m
	方位	≤0.2°
	仰角	≤0.2°
发射机	发射频率范围	5.3～5.7 GHz（固定频点）
	峰值输出功率	≥0.25 MW
	平均输出功率	75～325 W
	脉冲宽度	1.0 μs、2.0 μs
	发射机输出极限改善因子	≥52 dB
	脉冲重复频率（PRF）	300～450 Hz（宽脉冲）；300～1300 Hz（窄脉冲）

要素		主要指标
接收机/信号处理器	接收机工作频段	5.3～5.7 GHz
	中频带宽	宽带：1.00±0.05 MHz（脉宽 1.0 μs）
		窄带：0.50±0.05 MHz（脉宽 2.0 μs）
	数字中频 A/D 转换位数	≥16 bit
	动态范围	≥95 dB
	接收机噪声系数	≤3 dB
	最小可测功率	≤−108.0 dBm（窄脉冲）；≤−111.0 dBm（宽脉冲）
	系统相位噪声	≥52 dB
	杂波对消/抑制	5.3～5.7 GHz
伺服分系统	天线定位精度（最大误差）	在±0.10°范围内（方位和俯仰）
	体积扫描	VCP11、VCP21、VCP31、VCP41（高山模式）
	天线扫描最大速度	36(°)/s（方位）；36(°)/s（俯仰）

续表

要素		主要指标
天线/天线座	天线形式	C 波段中心馈电抛物面
	天线尺寸	4.5 m±10 mm
	波束宽度	1.0°针状波束
	天线增益	≥43 dB
	第一副瓣电平	≤−29 dB
	极化形式	线性水平极化

要素		主要指标
系统	距离分辨率	150 m
	系统相位噪声	≤0.15°
其他		自动标校系统
		机内噪声源自动检测噪声系数
		机内射频测试信号源自动标定接收机特性曲线
		全机自动标校功能
		完善的 BITE，完成自动监测功能

（5）业务应用

装备许可证编号：SXZ-12-2015。

启用时间：2005 年 3 月 20 日。

应用领域：主要应用于国家天气雷达站、其他行业（如机场、林业、水利、兵团等）天气雷达站。

2.1.3 CINRAD/CC 型、CINRAD/CCJ 型 C 波段多普勒天气雷达（四创电子）

（1）观测原理

C 波段全相参多普勒天气雷达采用全相参多普勒体制，发射水平极化电磁波，经雷达天线定向辐射出去，电磁波在大气中传播，遇到雨滴、雪花、冰雹等粒子时，产生后向散射传播至雷达天线，经接收机放大和信号处理运算，获取降水粒子的空间位置和各种气象参数估值，从而实现对天气目标的判断识别。

（2）功能特点

能够监测台站周围高度 24 km 以下、400 km 范围内天气目标的位置、强度，200 km 范围内天气目标径向速度、速度谱宽等多普勒参数，实现天气目标的自动识别、跟踪和分析，有效监测预警危险天气，为气象预报人员提供丰富全面的分析资料。

高增益、低副瓣抛物面天线；宽频带、多工作频率点可选，抗干扰能力强；发射频谱控制，降低占用带宽；双通道、大动态数字中频接收机；基于通用服务器的软件化信号处理，精细化回波处理；采用 DDS（直接数字合成）技术实现系统全自动标校；网络化系统架构，组网灵活；无人值守、远程遥控；自动举升、调平系统（机动式/可移式）。

（3）组成结构

主设备包括天馈分系统、伺服分系统、发射分系统、接收分系统、信号处理分系统、监控与标校分系统、数据处理与应用分系统、电源分系统等。

按结构配置划分为室外天馈单元，主机单元和终端单元。室外天馈单元主要包括天线罩、天线转台、馈线等；主机单元包括发射机柜、接收机柜、综合机柜，主要配置发射机、接收机、伺服分机、服务器、网络交换机及配电分机等；终端单元包括监控终端、产品终端等（图 2.1.3.1）。

具有固定式、机动式、方舱可移式三种结构安装形式。固定式雷达（图 2.1.3.2）安装在固定的塔楼或者铁塔上，安装后不可移动。方舱可移式雷达（图 2.1.3.3）安装在一个固定钢结构平台上，通过支撑腿和举升机构完成雷达天线的举升的撤收，使用时，通过普通货车运输至指定位置。

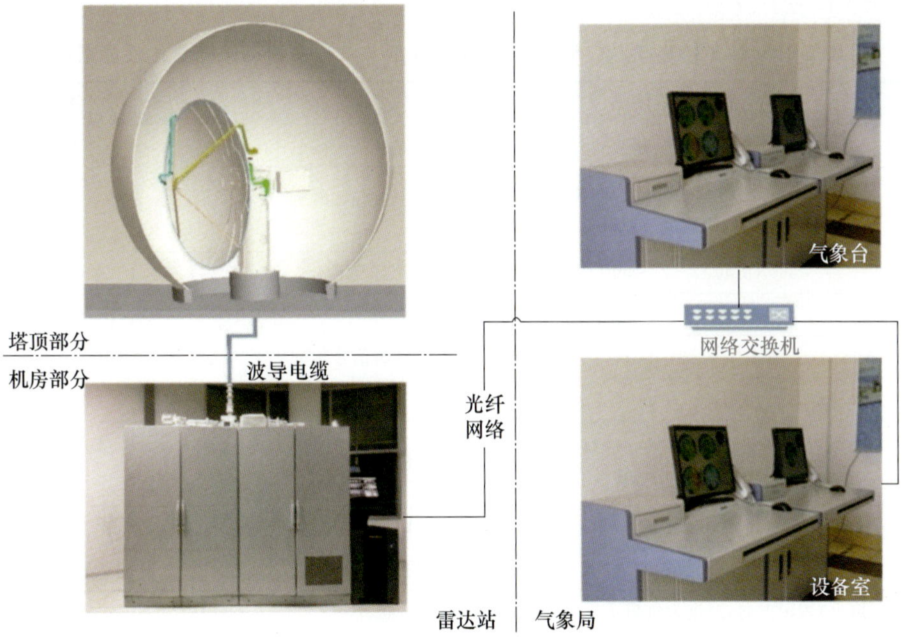

图 2.1.3.1　C 波段全相参多普勒天气雷达组成示意图

图 2.1.3.2　固定式雷达外观

图 2.1.3.3　方舱可移式雷达外观

（4）性能指标（表 2.1.3.1）

表 2.1.3.1　CINRAD/CC 型、CINRAD/CCJ 型 C 波段多普勒天气雷达性能指标

要素	主要指标	要素	主要指标
工作频率	5300～5700 MHz，多点可选	发射功率	≥250 kW
距离范围	400 km（强度）、200 km（径向速度、谱宽、双偏振参数）	发射脉宽	1 μs、2 μs
扫描范围	0°～360°（方位）；−2°～90°（俯仰）	动态范围	≥110 dB
参数范围	强度：−15～85 dBZ	最小可测信号功率	≤−110 dBm(1 μs)
	速度*：−48～48 m/s		
	谱宽：0～16 m/s		
工作电源	AC 380 V±10%，50±2 Hz；整机功耗≤15 kW	噪声系数	≤3.0 dB
天线口径	3.2 m（移动式）；4.5 m（固定式）；8.54 m（固定式）	距离库长	150 m
发射机体制	速调管	地物杂波抑制比	≥50 dB

注：* 速度的负号（−）表示方向，速度为负表示气象目标靠近雷达。后同。

（5）业务应用

装备许可证编号：SXZ-73-2019（固定式）、SXZ-65-2014（可移式）。

启用时间：2000 年（固定式）、2002 年（可移式）。

应用领域：中国气象局新一代天气雷达组网观测设备；中国气象局各省（区、市）人工影响天气办公室；民用、军用航空气象保障；各大科研院所科学研究、教学。

2.1.4　CINRAD/CD 型新一代天气雷达（成都锦江电子）

（1）观测原理

CINRAD/CD 型新一代天气雷达（图 2.1.4.1、图 2.1.4.2）利用云雨目标物对雷达所发射电磁波的散射回波来测定其空间位置、强弱分布、垂直结构等，利用物理学上的多普勒效应来测定降水粒子的径向运动速度，推断降水云体的移动速度、风场结构特征、垂直气流速度等。雷达工作时，首先由频率合成器产生 C 波段探测脉冲信号，该信号经再次脉冲调制以及多级放大后，由天馈分系统定向辐射到探测空间中，辐射路径上的云雨目标物对电磁波产生散射作用，形成叠加了云雨滴谱、运动、衰减、传播信息的电磁波能量会反射并被雷达天馈分系统接收到，通过处理后得到云雨目标的强度、速度、谱宽等数据信息。

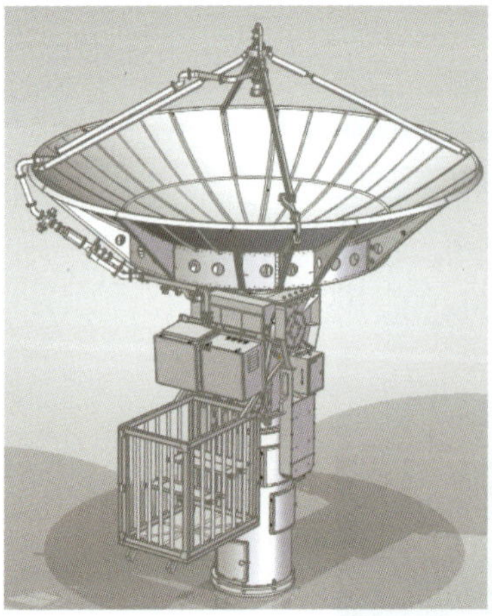

图 2.1.4.1　CINRAD/CD 型新一代天气雷达室外天线装置

图 2.1.4.2　CINRAD/CD 型新一代天气雷达室内电子机柜

(2)功能特点

该雷达工作于 C 波段，采用全相参、脉冲多普勒、速调管放大链技术体制，可探测和测量的对象包括降水、热带气旋、雷暴、中尺度气旋、龙卷、冰雹、冻雨、冻结层、融化层等，能及时、连续、准确地探测和测量周围半径 450 km 范围内目标的强度变化和位置，能对半径 200 km 范围内目标的强度进行定量测量，对半径 150 km 范围内目标的风场结构和频谱宽度进行准确测量。对于监测热带气旋、雷暴、中尺度气旋、龙卷、强风切变、下击暴流等灾害性天气的发生、发展、消亡过程有显著作用，是未来短期和短时天气预报的重要手段。具有宽动态范围、高接收灵敏度等特点的先进前置接收机技术；具有自动、连续运行和在线标校技术；具有智能故障定位及健康管理技术。

(3)组成结构

CD 雷达由天馈、发射、接收、信号处理、终端、伺服、监控、配电 8 个分系统以及天线罩、波导充气机等配套设备组成。

(4)性能指标(表 2.1.4.1)

表 2.1.4.1　CINRAD/CD 型天气雷达性能指标

要素	主要指标
技术体制	全相参脉冲多普勒体制
工作频率	5300～5700 MHz(点频工作)
探测空间范围	强度监测最大距离≥450 km；强度测量最大距离≥200 km；速度监测最大距离≥200 km；方位角扫描范围：0°～360°；仰角扫描范围：－2°～90°；高度范围：0～24 km
探测参数范围	强度：－35～75 dBZ；速度：－48～48 m/s；谱宽：0～16 m/s
测量误差	距离定位≤50 m；方位角、俯仰角≤0.05°；强度≤1 dBZ；速度、谱宽≤1 m/s
分辨力	距离≤150 m(窄脉冲)；方位角、俯仰角≤0.01°；强度≤0.5 dBZ；速度、谱宽≤0.5 m/s
相位噪声	≤0.15°
地物杂波抑制比	≥52 dB
输出产品	基本气象产品：平面位置显示(PPI)、距离高度显示(RHI)、等高平面位置显示(CAPPI)、垂直剖面(VCS)、组合反射率因子(CR)。 物理量产品：回波顶高、垂直累计液态水含量、累计降水量。 风暴识别产品：风暴单体识别和追踪、冰雹识别、中尺度气旋识别、龙卷涡旋特征识别、风暴结构分析。 风场反演产品：速度方位显示、垂直风廓线、风切变
可靠性/可维修性	平均故障间隔时间(MTBF)≥1500 h；平均故障修复时间(MTTR)≤0.5 h
电源	采用三相五线制，电压 380±38 V，频率 50±1.5 Hz，功耗≤15 kW(不包括空调)
环境适应性	工作环境温度：－40～55 ℃(室外、罩内装置)，0～40 ℃(室内装置)，10～30 ℃(计算机终端设备)； 工作相对湿度(30 ℃)：95%～98%(室外、罩内装置)，90%～96%(室内装置)，80%(计算机终端设备) 储存温度：－40～60 ℃；储存相对湿度：95%～98%(30 ℃)；海拔高度：≤5000 m 时，均能正常工作

(5)业务应用

装备许可证编号：SXZ-06-2021。

启用时间：2021 年。

应用领域：该装备属于大型地基雷达，可应用于强对流天气的监测和预警、大范围降水的定量测量、云雨粒子相态的识别、科学研究等方面。

2.1.5　CINRAD/SA 型新一代天气雷达(北京敏视达)

(1)观测原理

CINRAD/SA 型新一代天气雷达是根据云雨降水目标物对电磁波的后向散射原理来探测降水目标物，根据接收的后向散射电磁波的延迟、振幅、相位、频率、偏振状态等信息推断相应天气系统，尤其是降水天气系统的内部结构和风场特征。它是分析中小尺度天气系统、警戒强对流危险天气和对灾害性天气监测预测的重要手段，尤其是在短时临近预报中发挥着举足轻重的作用。

(2)功能特点

该雷达具有大天线、高增益、高发射功率、宽脉冲宽度、宽动态范围、高接收灵敏度等特点，能有效地监测与强降水、风害伴随的灾害性天气；具有较准确的测量回波强度的能力，进而较好地估测降水强度和估测较大范围内的降水累计量；主要雷达参数通过专用雷达参数测试平台可准确地定标和测量，保证回波强度和速度的较准确测量；有专用雷达参数测试平台和较完善的机内测试功能，实现在线自动校准和参量自我调整、修正，保证雷达定量估测降水的精度；采用速调管发射的全相干脉冲多普勒体制，其优良的相干性能，通过地物对消处理，可减少地物杂波对估测降水的影响；具有较完善的监控系统，出现参数超限或故障能自动报警并采取相关保护措施，保证雷达能长期连续运行，保障雷达获取数据的质量和数据的存储管理等；针对不同的天气状况，选择不同的体扫和工作模式，空域覆盖最佳化；针对不同的探测空域，采用不同的信号形式，通过地物抑制和电磁干扰抑制，有效缓解了多普勒测距与测速矛盾。

(3)组成结构

该雷达是一个智能型的雷达系统，它综合了先进的雷达技术、计算机技术、通信技术，集成探测、资料采集、处理、分发、存储等多种功能于一体。总体上雷达由雷达数据采集(RDA)、产品生成(RPG)、用户终端(PUP)三大部分组成。

雷达数据采集：雷达主要硬件都集中在这一部分，RDA包括天线、天线罩、馈线、天线座、伺服系统、发射机、接收机、信号处理器等。

产品生成：由计算机及通信接口等组成，对采集的雷达观测数据进行处理后形成多种分析、识别、预警预报产品，重点在软件系统的设计(软件编程、产品算法等)、运行。用户终端：由计算机及通信接口等组成，对形成的产品进行图形、图像显示。

(4)性能指标(表2.1.5.1)

表2.1.5.1 CINRAD/SA型新一代天气雷达性能指标

要素		主要指标
雷达作用距离	反射率	≥460 km
	径向速度和谱宽	≥230 km
参数测量误差	回波强度	≤1 dB
	速度	≤1 m/s
	谱宽	≤1 m/s
定位精度	距离	≤50 m
	方位	≤0.1°
	仰角	≤0.1°
发射机	发射频率范围	2.7～3.0 GHz
	峰值输出功率	≥0.65 MW
	平均输出功率	300～1800 W
	脉冲宽度	1.57 μs、4.70 μs
	发射机输出极限改善因子	优于55 dB
	脉冲重复频率(PRF)	300～452 Hz(宽脉冲)；300～1304 Hz(窄脉冲)

要素		主要指标
天线/天线座	天线形式	S波段中心馈电抛物面天线
	天线尺寸	8.53 m(外径)
	波束宽度	1.0°针状波束
	天线增益	≥44 dB
	第一副瓣电平	≤−29 dB
	极化形式	线性水平极化
接收机/信号处理器	接收机工作频段	2.7～3.0 GHz
	中频带宽	宽带：0.63±0.05 MHz(脉宽1.57 μs)
		窄带：0.21±0.05 MHz(脉宽4.7μs)
	数字中频A/D转换位数	≥16 bit
	动态范围	≥95 dB
	接收机噪声系数	≤3 dB
	最小可测功率	≤−110 dBm(窄脉冲)；≤−114 dBm(宽脉冲)
	系统相位噪声	≤0.1°
	杂波对消/抑制	≥55 dB

续表

要素		主要指标
伺服分系统	天线定位精度（最大误差）	在±0.10°范围内（方位和俯仰）
	体积扫描	VCP11、VCP21、VCP31、VCP41（高山模式）
	天线扫描最大速度	36(°)/s(方位)；36(°)/s(俯仰)
系统指标	距离分辨率	250 m
	系统相位噪声	≤0.1°

要素	主要指标
其他	自动标校系统
	机内噪声源自动检测噪声系数
	机内射频测试信号源自动标定接收机特性曲线
	全机自动标校功能
	完善的 BITE，完成自动监测功能

（5）业务应用

装备许可证编号：SXZ-15-2016。

启用时间：2001 年 9 月 29 日。

应用领域：主要应用于国家天气雷达站、其他行业（如机场、林业、水利、兵团等）天气雷达站。

2.1.6 CINRAD/SC 型天气雷达（成都锦江电子）

（1）观测原理

CINRAD/SC 型天气雷达利用云雨目标物对雷达所发射电磁波的散射回波来测定其空间位置、强弱分布、垂直结构等，利用物理学上的多普勒效应来测定降水粒子的径向运动速度，推断降水云体的移动速度、风场结构特征、垂直气流速度等。

双偏振技术升级后，还可以利用不同的降水粒子对不同极化（通常是水平线极化和垂直线极化）电磁波的散射特性的差异来区分不同的降水，从而达到对降水类型的识别和分类，并提高雨强估值精度。雷达工作时，首先由频率合成器产生 S 波段探测脉冲信号，该信号经再次脉冲调制以及多级放大后，由天馈分系统定向辐射到探测空间中，辐射路径上的云雨目标物对电磁波产生散射作用，形成叠加了云雨滴谱、运动、衰减、传播信息的电磁波能量会反射并被雷达天馈分系统接收到，并通过处理后得到云雨目标的强度、速度、谱宽乃至双偏振等数据信息。

（2）功能特点

该雷达工作于 S 波段，采用全相参、脉冲多普勒、速调管放大链技术体制，可探测和测量的对象包括降水、热带气旋、雷暴、中尺度气旋、龙卷、冰雹、冻雨、冻结层、融化层等，能及时、连续、准确地探测和测量周围半径 500 km 范围内目标的强度变化和位置，能对半径 250 km 范围内目标的强度进行定量测量，对半径 150 km 范围内目标的风场结构和频谱宽度进行准确测量。对于监测热带气旋、雷暴、中尺度气旋、龙卷、强风切变、下击暴流等灾害性天气的发生、发展、消亡过程有显著作用，是未来短期和短时天气预报的重要手段。

采用 S 波段，具有雨区衰减小、探测距离远、测速范围大的特点；具有先进的接收机上天线技术；具有双通道幅相一致性技术；具有大口径、高对称性、低交叉偏振比双偏振天线技术；具有自动、连续运行和在线标校技术；具有智能故障定位及健康管理技术；具有双偏振雨强计算和水凝结物识别软件设计技术。

（3）组成结构

由天馈、发射、接收、信号处理、终端、伺服、监控、配电 8 个分系统以及天线罩、波导充气机等配套设备组成。

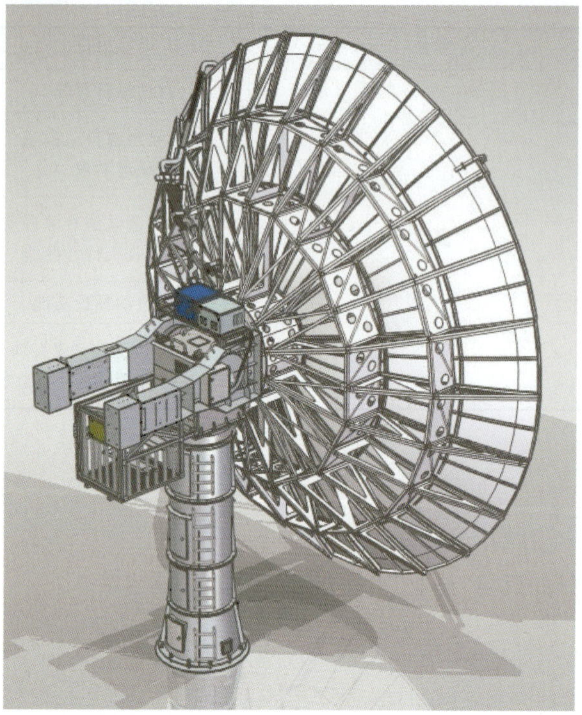

图 2.1.6.1　CINRAD/SC 型天气雷达室外天线装置

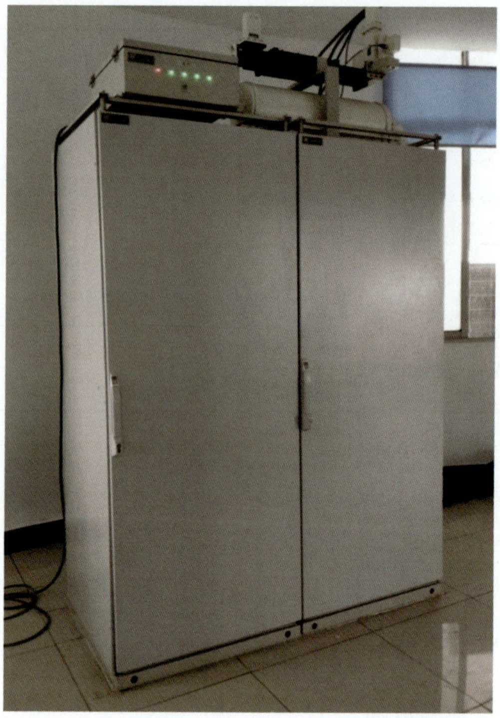

图 2.1.6.2　CINRAD/SC 型天气雷达室内电子机柜

（4）性能指标（表 2.1.6.1）

表 2.1.6.1　CINRAD/SC 型天气雷达性能指标

要素	主要指标
技术体制	全相参脉冲多普勒体制/全相参脉冲多普勒双线偏振体制
工作频率	2700～3100 MHz(点频工作)
探测空间范围	强度监测最大距离≥500 km；强度测量最大距离≥250 km；速度监测最大距离≥250 km；双偏振参数监测最大距离≥250 km；方位角扫描范围：0°～360°；仰角扫描范围：−2°～90°；高度范围：0～24 km
探测参数范围	强度：−35～80 dBZ；速度：−48～48 m/s；谱宽：0～16 m/s；差分反射率因子：−7.9～7.9 dB；相关系数：0～1.0；差分传播相移：0°～360°；差分传播相移率：−2 (°)/km～10 (°)/km；退偏振比：−44～6 dB
测量误差	距离定位≤50 m；方位角、俯仰角≤0.05°；强度≤1 dBZ；速度、谱宽≤1m/s；差分反射率因子≤0.2 dB；相关系数≤0.01；差分传播相移≤3°；退偏振比≤0.3 dB
分辨力	距离≤250 m(窄脉冲)；方位角、俯仰角≤0.01°；强度≤0.5 dBZ；速度、谱宽≤0.5 m/s；差分反射率因子≤0.1 dB；相关系数≤0.005；差分传播相移≤0.1°；差分传播相移率≤0.1 (°)/km；退偏振比≤0.1 dB
相位噪声	≤0.06°
地物杂波抑制比	≥60 dB
输出产品	基本气象产品：平面位置显示(PPI)、距离高度显示(RHI)、等高平面位置显示(CAPPI)、垂直剖面(VCS)、组合反射率因子(CR)、其中 PPI、RHI 和 VCS 支持显示双偏振量； 物理量产品：回波顶高、垂直累计液态水含量、累计降水量； 风暴识别产品：风暴单体识别和追踪、冰雹识别、中尺度气旋识别、龙卷涡旋特征识别、风暴结构分析； 风场反演产品：速度方位显示、垂直风廓线、风切变； 双偏振反演产品：粒子相态识别、融化层识别、双偏振定量降水估测和滴谱反演
可靠性/可维修性	平均故障间隔时间(MTBF)≥1500 h；平均故障修复时间(MTTR)≤0.5 h
电源	采用三相五线制，电压 380±38 V，频率 50±1.5 Hz，功耗≤30 kW(不包括空调)

续表

要素	主要指标
环境适应性	工作环境温度：－40～55 ℃（室外、罩内装置），0～40 ℃（室内装置），10～30 ℃（计算机终端设备）； 工作相对湿度（30 ℃）：95%～98%（室外、罩内装置），90%～96%（室内装置），80%（计算机终端设备）； 储存温度：－40～60 ℃； 储存相对湿度：95%～98%（30 ℃）； 海拔高度：≤3000 m 时，均能正常工作

（5）业务应用

装备许可证编号：SXZ-59-2018。

启用时间：2018 年 11 月 12 日。

应用领域：该装备属于大型地基雷达，可应用于强对流天气的监测和预警、大范围降水的定量测量、云雨粒子相态的识别、科学研究等方面。

2.1.7 YLD1 型全固态 X 波段全相参多普勒天气雷达（西安华腾）

（1）观测原理

YLD1 型全固态 X 波段全相参多普勒天气雷达利用降水粒子对脉冲电磁波的后向散射来探测降水的分布、强度和垂直结构，还利用降水回波与发射重复频率之间的多普勒频差来测定降水粒子的径向速度，并以此推断风速分布、垂直气流速度、大气湍流、降水粒子谱分布等。

（2）功能特点

该雷达可监测周围高度 24 km 以下，300 km 范围内天气目标的位置、强度，定量测量 150 km 范围内天气目标的位置、强度、平均多普勒速度和速度谱宽等多个参数，为气象灾害的研究和防治提供准确、高效的探测数据。

雷达采用全固态、全相参多普勒、脉冲压缩体制；大、小时宽相结合的大工作比固态发射机；接收机灵敏度高、动态范围大；高稳定度、低相噪频率源；大、小时宽相结合的脉冲压缩信号波形，中频数字下变频信号处理器；具有先进的气象产品生成软件；系统具有实时标定、故障监测和定位功能，保证了测量数据的准确性；模块化设计，单元式结构工作性能稳定、可靠、维修方便；具有使用灵活、方便、机动性强等特点。

（3）组成结构

使用喇叭前馈式圆抛物面天线，整个系统主要由天馈线、天线座及伺服系统、发射及接收机、频率源、信号处理器、显示及控制终端、供电配电系统等部分组成，外场安装架设天气雷达，室内安装雷达显示及控制终端，中间采用光纤进行数据传输，天气雷达产品如图 2.1.7.1 所示。

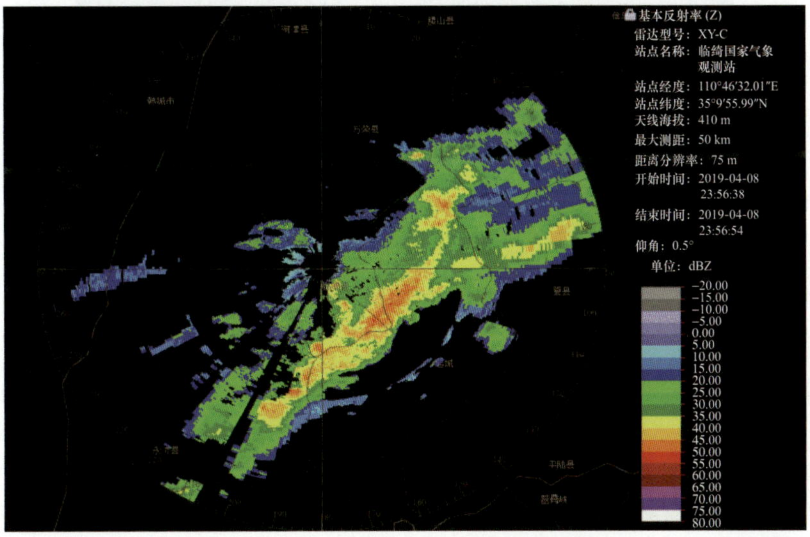

图 2.1.7.1 YLD1 型全固态 X 波段全相参多普勒天气雷达产品图片

(4)性能指标(表 2.1.7.1)

表 2.1.7.1　YLD1 型全固态 X 波段全相参多普勒天气雷达性能指标

要素	主要指标		
雷达型号	YLD1		
雷达体制	全固态、全相参多普勒、脉冲压缩		
扫描方式	PPI、RHI、体扫、扇扫、定点		
工作频率	X 波段，9.3～9.5 GHz		
分辨率	75 m		
类型	单通道型	轻小型	轻小型双偏振型
探测类型	警戒：300 km	警戒：100 km	警戒：100 km
	定量：150 km	定量：75 km	定量：75 km
有效天线口径	1.8 m/2.4 m	1.2 m	1.2 m
发射机功率	⩾200 W	⩾30 W/100 W	⩾100 W
架设方式	固定、移动		
电源要求	AC 220 V/50 Hz，功耗⩽1 kW，可选配 UPS 和发电机		
参数测量范围	强度：－15～75 dBZ；速度：－32～32 m/s；谱宽：0～16 m/s		
气象产品	基本反射率、径向速度、速度谱宽(30 多种气象产品)		

(5)业务应用

装备许可证编号：SXZ-31-2018。

启用时间：2018 年。

应用领域：该雷达广泛应用于区域补盲、山洪和中小尺度的灾害性天气监测、应急气象保障、人工影响天气、机场气象监测等重点区域防护领域(图 2.1.7.2)。

图 2.1.7.2　YLD1 型全固态 X 波段全相参多普勒天气雷达应用场景

2.1.8　YLD1-D 型全固态 X 波段双线偏振多普勒天气雷达(西安华腾)

(1)观测原理

YLD1-D 型全固态 X 波段双偏振多普勒天气雷达利用雨、雪等降水粒子对脉冲电磁波的散射和吸收，即利用散射回波来探测降水的分布、强度和垂直结构，还利用降水回波与发射重复频率之间的多普勒频差来测定降水粒子的径向速度，并以此推断风速分布、垂直气流速度、大气湍流、降水粒子谱分布等。气象雷达回波不仅可以确定探测目标的空间位置、形状、尺度、移动和发展变化等宏观特性，还可以根据回波信号的振幅、相位、频率和偏振度等确定目标物的各种物理特性，例如云中含水量、降水强度、风场、铅直气流速度、大气湍流、降水粒子谱、云和降水粒子相态以及闪电等。

(2)功能特点

具备数据采集、处理、传输、存储、标定、质量控制、状态监控和远程配置及软件升级等功能。雷达采用全固态、全相参、双发双收、精准温控;大、小时宽相结合的大工作比固态发射机;接收机灵敏度高、动态范围大;高稳定度、低相噪频率源;精准恒温控制系统,极大地保证雷达收发通道稳定性;大、小时宽相结合的脉冲压缩信号形式,中频数字下变频信号处理器;具有先进的气象产品生成软件;系统具有实时标定、故障监测和定位功能,保证了测量数据的准确性;模块化设计,单元式结构工作性能稳定、可靠、维修方便。

(3)组成结构

由天馈分系统、收发分系统、信号处理分系统、显示与控制终端分系统、电源分系统、标校分系统、伺服控制分系统、监测控制分系统、标准输出控制单元以及其他附属设备等组成,雷达产品如图 2.1.8.1 所示。

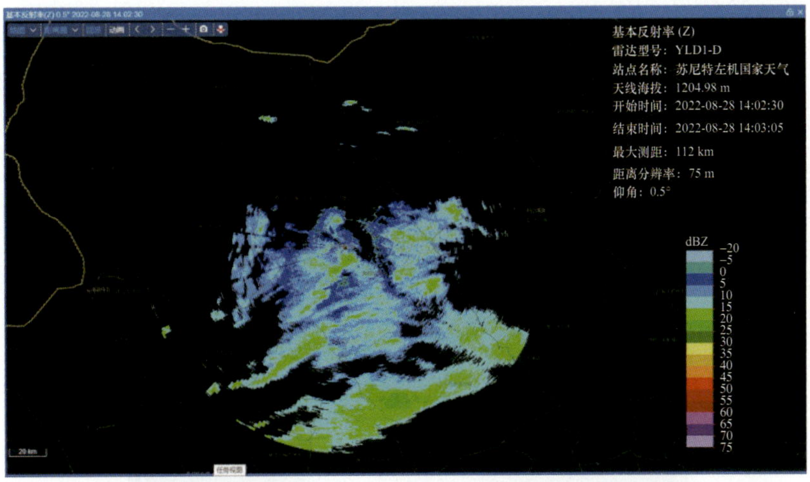

图 2.1.8.1　YLD1-D 型全固态 X 波段双线偏振多普勒天气雷达产品图片

(4)性能指标(表 2.1.8.1)

表 2.1.8.1　YLD1-D 型全固态 X 波段双线偏振多普勒天气雷达性能指标

要素		主要指标
雷达型号		YLD1-D
雷达体制		全固态、全相参多普勒、脉冲压缩
扫描方式		PPI、RHI、体扫、扇扫、定点
工作频率		X 波段,9.3～9.5 GHz
分辨率		距离≤75 m ,角度≤1°
探测距离范围		警戒≥150 km ,定量≥75 km
测量范围	强度	−15～80 dBZ
	速度	−48～48 m/s
	谱宽	0～16 m/s
	差分反射率因子	−7.9～7.9 dB
	差分传播相移	−180°～180°
	差分传播相移率	−2(°)/km～10(°)/km
	退偏振比	−44～6 dB(单发双收或交替发射模式)
	相关系数	0～1
系统相位噪声		≤0.2°
地物杂波抑制比		≥50 dB

续表

要素	主要指标
输出参数	强度、速度、谱宽、差分反射率因子、差分传播相移、差分传播相移率、退偏振比（根据工作模式可选）、相关系数
平均故障间隔时间(MTBF)	≥2000 h
平均故障修复时间(MTTR)	≤0.5 h
架设方式	固定、移动
电源要求	AC 220 V/50 Hz，功耗≤3 kW，可选配 UPS 和发电机

(5)业务应用

装备许可证编号：SXZ-06-2020。

启用时间：2020 年。

应用领域：该雷达广泛应用于区域补盲、山洪和中小尺度的灾害性天气监测、应急气象保障、人工影响天气、机场气象监测等重点区域防护领域(图 2.1.8.2)。

图 2.1.8.2　YLD1-D 型全固态 X 波段双线偏振多普勒天气雷达应用场景

2.1.9　YLD2-D 型 X 波段双线偏振多普勒天气雷达（速调管）（北京敏视达）

(1)观测原理

YLD2-D X 波段双线偏振多普勒天气雷达(速调管)是根据云雨降水目标物对电磁波的后向散射原理来探测降水目标物，通过同时发射水平和垂直极化电磁波，根据接收的后向散射电磁波的延迟、振幅、相位、频率、偏振状态等信息，可探测到气象目标的线性退极化比、差分反射率因子、差分传播相移、差分传播相移率、相关系数等信息，反演降水粒子形状、尺寸、指向角的分布情况，进行降水类型的分类和识别。

(2)功能特点

该雷达具有小天线、高增益、高发射功率、宽脉冲宽度、宽动态范围、高接收灵敏度、高分辨率等特点，能有效地监测与强降水、风害伴随的灾害性天气；具有较准确的测量回波强度的能力，进而较好地估测降水强度和估测较大范围内的降水累计量；主要雷达参数通过专用雷达参数测试平台可准确地定标和测量，保证回波强度和速度的较准确测量；有专用雷达参数测试平台和较完善的机内测试功能，实现在线自动校准和参量自我调整与修正，保证雷达定量估测降水的精度；采用速调管发射的全相干脉冲多普勒体制，并通过 Burst 信号幅相校正大大提高系统相位噪声技术指标，其优良的相干性能，通过地物对消处理，可大大减少地物杂波对估测降水的影响；具有较完善的监控系统，出现参数超限或故障能自动报警并采取相关保护措施，保证雷达能长期连续运行，保障雷达获取数据的质量和数据的存储管理等；针对不同的天气状况，选择不同的体扫和工作模式，空域覆盖最佳化；针对不同的探测空域，采用不同的信号形式，通过地物抑制和电磁干扰抑制，有效缓解了多普勒测距与测速矛盾；产生幅度和相位可变的测试信号，能够实现双偏振参数测试、回波强度定标与速度检验等。

（3）组成结构

作为一个智能型的雷达系统，它综合了先进的雷达技术、计算机技术、通信技术，集成探测、资料采集、处理、分发、存储等多种功能于一体。总体上雷达由雷达数据采集（RDA）、产品生成（RPG）、用户终端（PUP）三大部分组成（图 2.1.9.1）。雷达数据采集：雷达主要硬件都集中在这一部分，RDA 包括天线、天线罩、馈线、天线座、伺服系统、发射机、接收机、信号处理器等。产品生成：由计算机及通信接口等组成，对采集的雷达观测数据进行处理后形成多种分析、识别、预警预报产品，重点在软件系统的设计（软件编程、产品算法等）、运行。用户终端：由计算机及通信接口等组成，对形成的产品进行图形、图像显示。

（4）性能指标（表 2.1.9.1）

表 2.1.9.1　YLD2-D 型 X 波段双线偏振多普勒天气雷达（速调管）性能指标

要素		主要指标
雷达作用距离	反射率	≥150 km
	径向速度和谱宽	≥150 km
	双偏振距离	≥150 km
	高度距离	≥24 km
参数测量误差	回波强度	≤1 dB
	速度	≤1 m/s
	谱宽	≤1 m/s
	差分反射率因子	0.2 dB
	差分传播相移	3°
	相关系数	0.01
定位精度	距离	≤75 m
	方位	≤0.1°
	仰角	≤0.1°
发射机	发射频率范围	9.3～9.5 GHz
	峰值输出功率	≥75 kW
	平均输出功率	150～1200 W
	脉冲宽度	0.5 μs、1.0 μs
	发射机输出极限改善因子	优于 50 dB
	脉冲重复频率（PRF）	300～1000 Hz（宽脉冲）； 300～3000 Hz（窄脉冲）
天线/天线座	天线形式	X 波段中心馈电抛物面天线
	天线尺寸	2.4 m（外径）
	波束宽度	1.0°针状波束
	天线增益	≥44 dB
	第一副瓣电平	≤−29 dB
	极化形式	双极化：线性水平极化和垂直极化

要素		主要指标
接收机/信号处理器	接收机工作频段	9.3～9.5 GHz
	中频带宽	宽带：2 MHz（脉宽 0.5 μs） 窄带：1 MHz（脉宽 1.0 μs）
	数字中频 A/D 转换位数	≥16 位
	动态范围	≥95 dB
	接收机噪声系数	≤3 dB
	最小可测功率	≤−107 dBm（窄脉冲）； ≤−110 dBm（宽脉冲）
	杂波对消/抑制	≥60 dB
伺服分系统	天线定位精度（最大误差）	在±0.1°范围内（方位和俯仰）
	体积扫描	VCP11D、VCP21D、VCP31D、VCP23D（高重频模式）
	天线扫描最大速度	36(°)/s（方位）； 12(°)/s（俯仰）
系统指标	距离分辨率	75 m
	系统相位噪声	≤0.2°
其他		自动标校系统
		机内噪声源自动检测噪声系数
		机内射频测试信号源自动标定接收机特性曲线
		全机自动标校功能
		完善的 BITE，完成自动监测功能

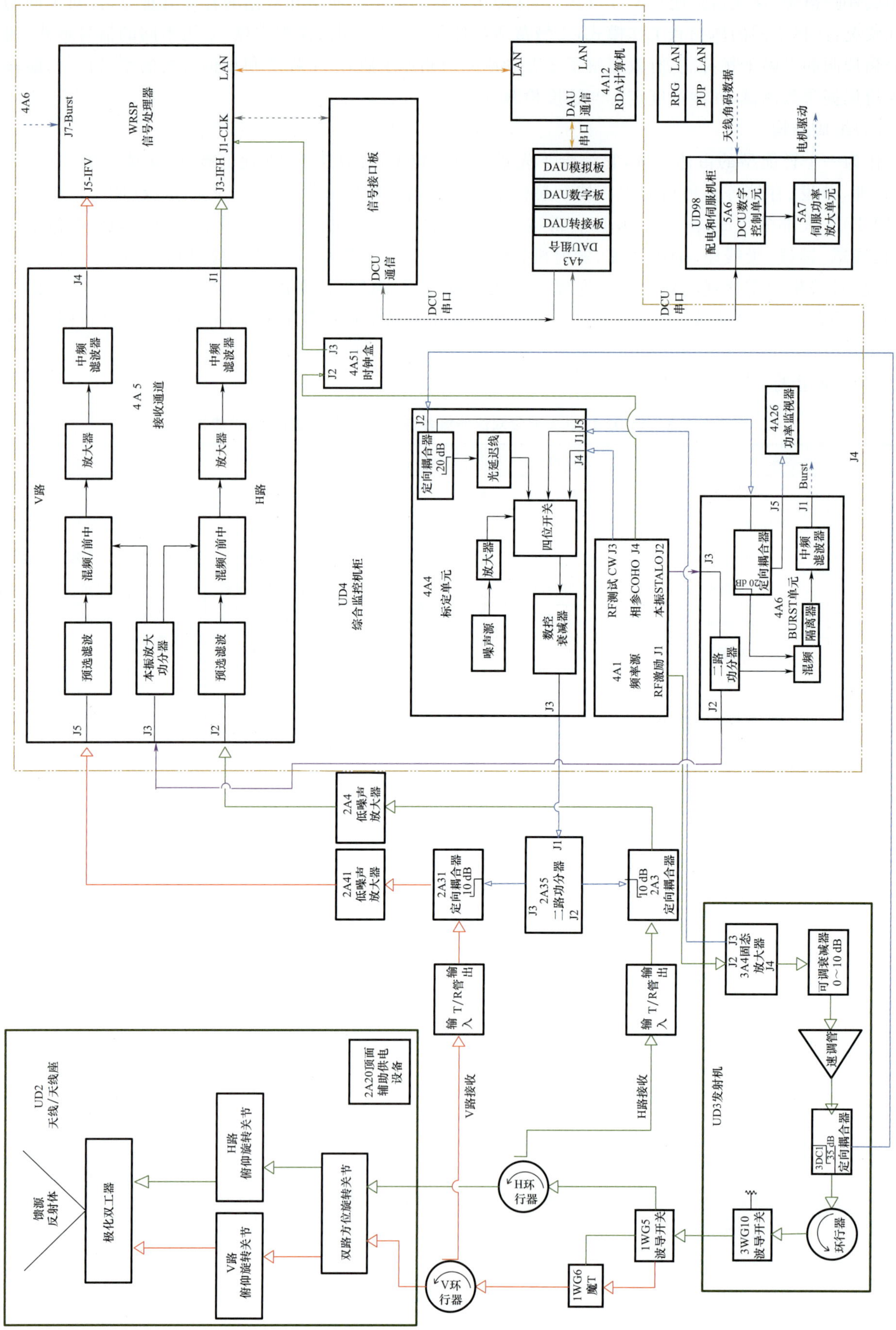

图 2.1.9.1 YLD2-D型X波段双线偏振多普勒天气雷达（速调管）信号流程图

(5)业务应用

装备许可证编号:SXZ-25-2021。

启用时间:2015 年 11 月。

应用领域:主要应用于国家天气雷达站、其他行业(如机场、林业、水利、兵团等)天气雷达站(图 2.1.9.2～图 2.1.9.4)。

图 2.1.9.2　YLD2-D 型 X 波段双线偏振多普勒天气雷达(速调管)应用场景

图 2.1.9.3　YLD2-D 型 X 波段双线偏振多普勒天气雷达(速调管)机房正面图

图 2.1.9.4　YLD2-D 型 X 波段双线偏振多普勒天气雷达(速调管)机房背面图

2.1.10　YLD2-D 型 X 波段双线偏振多普勒天气雷达(全固态)(北京敏视达)

(1)观测原理

YLD2-D 天 X 波段双线偏振多普勒气雷达(全固态)(图 2.1.10.1)是根据云雨降水目标物对电磁波的后向散射原理来探测降水目标物,通过同时发射水平和垂直极化电磁波,根据接收的后向散射电磁波的延迟、振幅、相位、频率、偏振状态等信息,可探测到气象目标的线性退极化比、差分反射率因子、差分传播相移、差分传播相移率、相关系数等信息，反演降水粒子形状、尺寸、指向角的分布情况，进行降水类型的分类和识别。

（2）功能特点

该雷达具有小天线、高增益、宽脉冲宽度、宽动态范围、高接收灵敏度、高分辨率等特点，能有效地监测与强降水、风害伴随的灾害性天气；具有较准确的测量回波强度的能力，进而较好地估测降水强度和估测较大范围内的降水累计量；主要雷达参数通过专用雷达参数测试平台可准确地定标和测量，保证回波强度和速度的较准确测量；有专用雷达参数测试平台和较完善的机内测试功能，实现在线自动校准和参量自我调整和修正，保证雷达定量估测降水的精度；采用全固态发射机发射的全相干多普勒体制，相噪水平高、无高压、功耗低、安全系数高、可靠性强，同时通过多脉冲组合发射和脉冲压缩信号处理模式，实现高分辨率和远探测距离；具有较完善的监控系统，出现参数超限或故障能自动报警并采取相关保护措施，保证雷达能长期连续运行，保障雷达获取数据的质量和数据的存储管理等；针对不同的天气状况，选择不同的体扫和工作模式，空域覆盖最佳化；针对不同的探测空域，采用不同的信号形式，通过地物抑制和电磁干扰抑制，有效缓解了多普勒测距与测速矛盾；产生幅度和相位可变的测试信号，能够实现双偏振参数测试、回波强度定标与速度检验等。

图 2.1.10.1　YLD2-D 型 X 波段双线偏振多普勒天气雷达（全固态）设备图

（3）组成结构

作为一个智能型的雷达系统，它综合了先进的雷达技术、计算机技术、通信技术，集成探测、资料采集、处理、分发、存储等多种功能于一体。总体上雷达由雷达数据采集（RDA）、产品生成（RPG）、用户终端（PUP）三大部分组成（图 2.1.10.2）。雷达数据采集：雷达主要硬件都集中在这一部分，RDA 包括天线、天线罩、馈线、天线座、伺服系统、发射机、接收机、信号处理器等。产品生成：由计算机及通信接口等组成，对采集的雷达观测数据进行处理后形成多种分析、识别、预警预报产品，重点在软件系统的设计（软件编程、产品算法等）、运行。用户终端：由计算机及通信接口等组成，对形成的产品进行图形、图像显示。

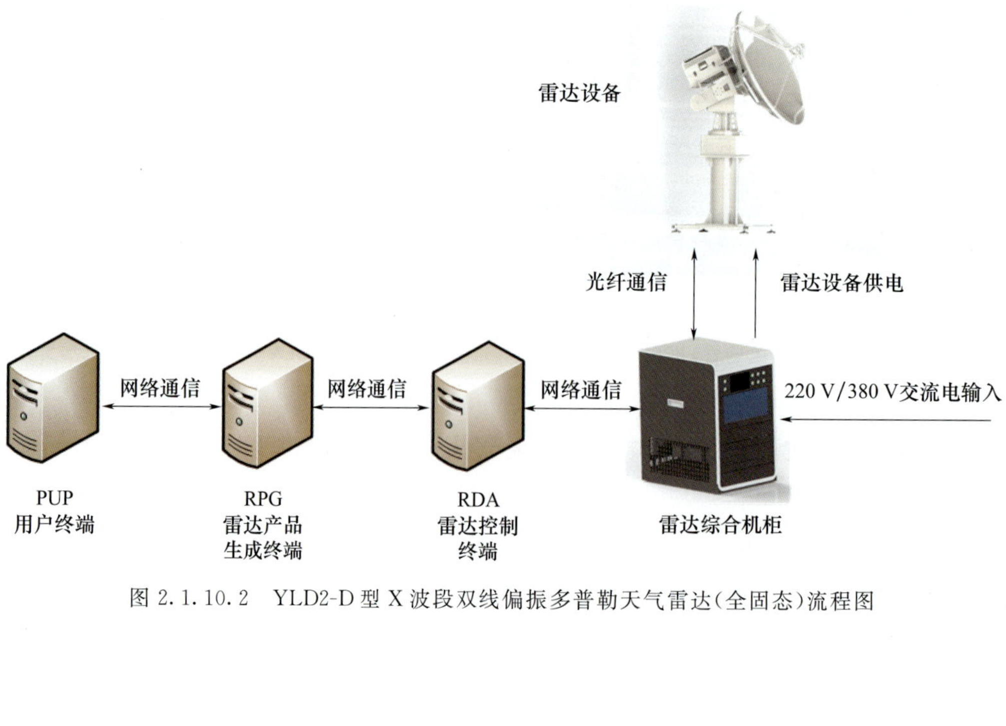

图 2.1.10.2　YLD2-D 型 X 波段双线偏振多普勒天气雷达（全固态）流程图

(4)性能指标(表 2.1.10.1)

表 2.1.10.1　YLD2-D 型 X 波段双线偏振多普勒天气雷达(全固态)性能指标

要素		主要指标
雷达作用距离	反射率	≥150 km
	径向速度和谱宽	≥150 km
	双偏振距离	≥150 km
	高度距离	≥24 km
参数测量误差	回波强度	≤1 dB
	速度	≤1 m/s
	谱宽	≤1 m/s
	差分反射率因子	0.2 dB
	差分传播相移	3°
	相关系数	0.01
定位精度	距离	≤75 m
	方位	≤0.1°
	仰角	≤0.1°
发射机	发射频率范围	9.3～9.5 GHz
	峰值输出功率	≥1000 W
	平均输出功率	15～100 W
	脉冲宽度	0.5～200 μs
	发射机输出极限改善因子	优于 50 dB
	脉冲重复频率(PRF)	300～5000 Hz
天线/天线座	天线形式	X 波段中心馈电抛物面天线
	天线尺寸	2.4 m(外径)
	波束宽度	1.0° 针状波束
	天线增益	≥44 dB
	第一副瓣电平	≤−29 dB
	极化形式	双极化:线性水平极化和垂直极化

要素		主要指标
接收机/信号处理器	接收机工作频段	9.3～9.5 GHz
	中频带宽	0.5 MHz(带宽 2 μs); 1 MHz(带宽 1 μs); 2 MHz(带宽 0.5 μs)
	数字中频 A/D 转换位数	≥16 位
	动态范围	≥95 dB
	接收机噪声系数	≤3 dB
	最小可测功率	≤−110 dBm(带宽 1 MHz); ≤−107 dBm(带宽 0.5 MHz)
	杂波对消/抑制	≥60 dB
伺服分系统	天线定位精度(最大误差)	在±0.1°范围内(方位和俯仰)
	体积扫描	VCP11D、VCP21D、VCP31D、VCP23D(高重频模式)
	天线扫描最大速度	36(°)/s(方位); 12(°)/s(俯仰)
系统指标	距离分辨率	75 m
	系统相位噪声	≤0.2°
其他		自动标校系统
		机内噪声源自动检测噪声系数
		机内射频测试信号源自动标定接收机特性曲线
		全机自动标校功能
		完善的 BITE,完成自动监测功能

(5)业务应用

装备许可证编号:SXZ-25-2021。

启用时间:2020 年 7 月。

应用领域:主要应用于国家天气雷达站、其他行业(如机场、林业、水利、兵团等)天气雷达站(图 2.1.10.3和 2.1.10.4)。

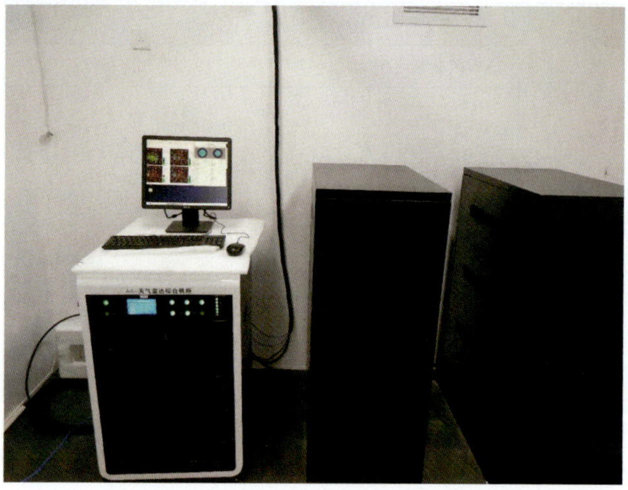

图 2.1.10.3　YLD2-D 型 X 波段双线偏振多普勒天气雷达（全固态）机房图

图 2.1.10.4　YLD2-D 型 X 波段双线偏振多普勒天气雷达（全固态）应用场景

2.1.11　YLD3-D 型 X 波段双线偏振多普勒天气雷达（四创电子）

（1）观测原理

YLD3-D 型 X 波段双线偏振多普勒天气雷达（图 2.1.11.1）采用全固态、全相参、双线偏振脉冲多普勒体制，发射水平极化电磁波，经雷达天线定向辐射出去，电磁波在大气中传播，遇到雨滴、雪花、冰雹等粒子时，产生后向散射传播至雷达天线，经接收机放大和信号处理运算，获取降水粒子的空间位置和各种气象参数估值，从而实现对天气目标的判断识别。

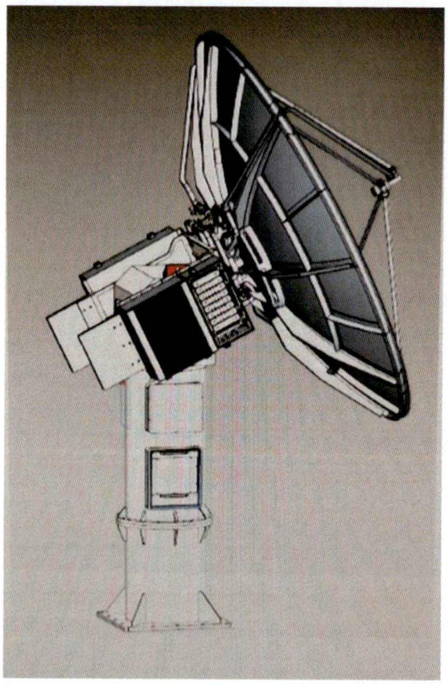

图 2.1.11.1　YLD3-D 型 X 波段双线偏振多普勒天气雷达

（2）功能特点

雷达系统能够连续监测雷达周围 150 km 范围以内中小尺度强对流天气的发生、发展变化，全面获取 75 km 范围内的风场、大气湍流状况、降雨类型、降雨强度、降雨量分布以及降雨云内部粒子相态、粒子尺度谱分布等信息；处理生成探测区域降水量、降水类型、雷暴、大风、下击暴流等气象保障产品。

高增益、低副瓣、高交叉极化隔离度天线；收发及馈线前置天线转台，双通道辐相一致性好；通用型高性能数字收发加服务器平台软件化信号处理，实现对回波精细化处理；全链路双通道一致性在线标校，消除系统误差；可实现无人值守、全天候连续工作。

（3）组成结构

雷达可分成三个工作单元，工作单元一为天线单元，安装于楼顶，主要包括天线、馈线、转台、发射分系统、接收分系统等；工作单元二为雷达主机，由一个 19 英寸①标准机柜组成，主要包括信号处理分系统、监控分系统、伺服分系统和电源分系统等；工作单元三为数据处理终端，分为监控终端和产品终端。

① 1 英寸＝2.54 cm。

（4）性能指标（表 2.1.11.1）

表 2.1.11.1　YLD3-D 型 X 波段双线偏振多普勒天气雷达性能指标

要素	主要指标	要素	主要指标
工作频率	9300～9500 MHz，多点可选	发射功率	≥200 W
距离范围	150 km（警戒）；75 km（定量）	发射脉宽	0.5～200 μs
扫描范围	0°～360°（方位）；−2°～90°（俯仰）	动态范围	≥95 dB
参数范围	强度：−15～80 dBZ	最小可测信号功率	≤−110 dBm（1 μs）
	速度：−48～48 m/s		
	谱宽：0～16 m/s		
工作电源	AC 220 V±10%，50±2 Hz；整机功耗≤3 kW	噪声系数	≤3.0 dB
天线口径	2.4 m	距离库长	≤75 m
发射机体制	全固态体制	地物杂波抑制比	≥50 dB

（5）业务应用

装备许可证编号：SXZ-22-2021。

启用时间：2021 年 10 月 18 日。

应用领域：雷达用来分析中小尺度天气系统，警戒强对流危险天气，为使用单位提供实时的空中气象信息。可用于气象部门天气探测、机场航空气象保障、人工影响天气部门作业指挥，以及为农垦单位提供灾害天气预警等。

2.1.12　YLD4-D 型 X 波段双线偏振多普勒天气雷达（航天新气象）

（1）观测原理

YLD4-D 型 X 波段双线偏振多普勒天气雷达工作于 X 频段，采用同时发射同时接收双极化、脉冲多普勒体制，利用粒子对电磁波的散射作用，完成对站点周围 150 km 范围内天气目标的发生、发展，以及强度和位置的实时监测，探测作用范围内云、雨等天气目标，实时获取探测目标相对于雷达距离、方位、强度（Z）、速度（V）、谱宽（W）、差分反射率因子（ZDR）、差分传播相移（φDP）、差分传播相移率（KDP）、退偏振比（LDR）及相关系数（ρHV）等回波及反演产品，通过进一步的数据处理，生成云物理量产品、风场产品、强天气识别产品和双极化产品等气象产品，实现对天气目标的自动识别、跟踪、分析，监测预警危险性天气，为气象预报人员提供丰富全面的分析资料，有效提高气象保障能力（图 2.1.12.1）。

（2）功能特点

雷达采用全固态、全相参多普勒、双线偏振体制；高性能全固态发射机和馈线系统；使用高灵敏度、大动态范围接收机；集成一体化结构设计和环控系统；先进的气象产品生成软件；主被结合内外兼具的系统监测和标校功能；模块化设计，单元式结构工作性能稳定、可靠、维修方便；具有良好的电磁兼容性和抗干扰能力等特点。

（3）组成结构

由天馈分系统、发射分系统、接收和频综分系统、信号处理分系统、伺服分系统、显控和终端分系统、配电分系统、通信分系统、标校分系统以及附属设备等部分组成。室外主要安装天线座（包含机箱、天线等），室内安装雷达显示及控制终端，中间采用光纤进行数据传输。

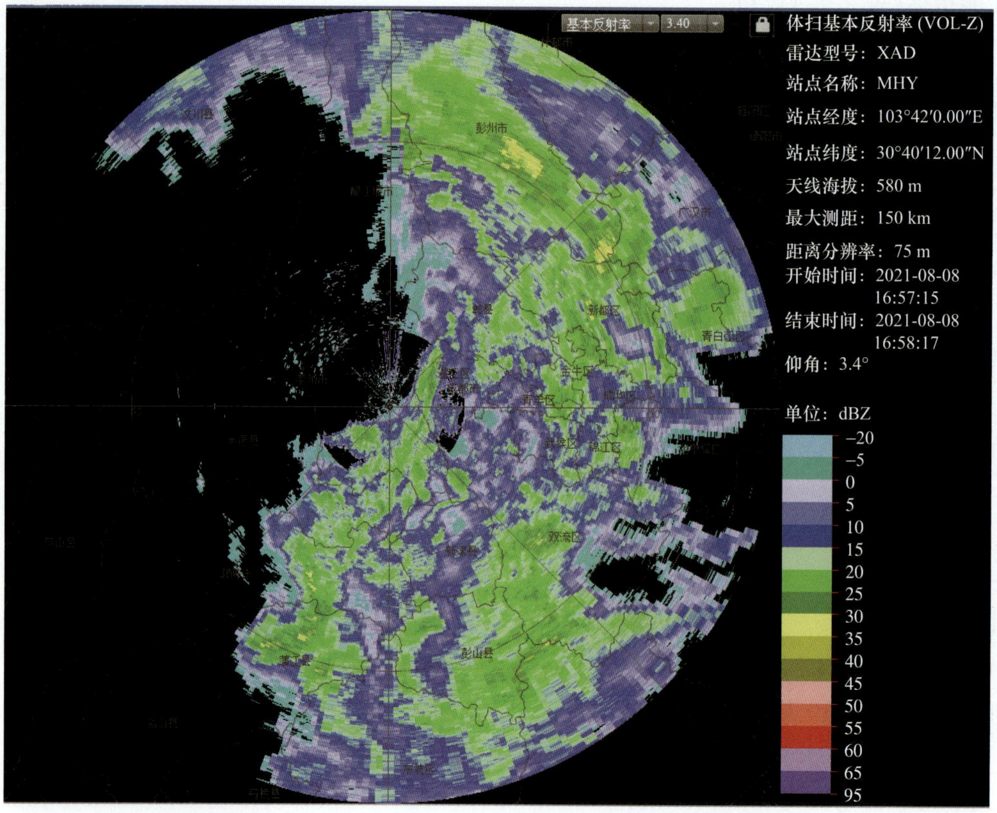

图 2.1.12.1　YLD4-D 型 X 波段双线偏振多普勒天气雷达产品图片

(4)性能指标(表 2.1.12.1)

表 2.1.12.1　YLD4-D 型 X 波段双线偏振多普勒天气雷达性能指标

项目		主要指标	项目		主要指标
雷达体制		全固态、全相参多普勒、脉冲压缩、双线偏振体制	发射功率		≥400 W
工作频率		9.3～9.5 GHz 范围内可选，10 MHz 频点步进，共 20 个点	电源要求		单相 AC 220 V±10%，50 Hz±5%
探测距离范围		≥150 km(警戒)；≥75 km(定量)	质量(标准配置，参考值)		≤1200 kg(不包括天线罩)
分辨率		≤75 m	地物杂波抑制比		≥50 dB
测量范围	强度	−15～80 dBZ	测量范围	差分传播相移	−180°～180°
	速度	−48～48 m/s		差分传播相移率	−2(°)/km～10(°)/km
	谱宽	0～16 m/s		相关系数	0～1
	差分反射率因子	−7.9～7.9 dB			

(5)业务应用

装备许可证编号：SXZ-24-2021。

启用时间：2021 年。

应用领域：该雷达广泛应用于中近距离区域补盲探测、山洪和中小尺度的灾害性天气监测、地形复杂天气多变地区监测、应急气象保障、网络化应用、人工影响天气、机场气象监测等重点区域防护领域(图 2.1.12.2～图 2.1.12.4)。

图 2.1.12.2　YLD4-D 型 X 波段双线偏振多普勒天气雷达应用场景(高塔式)

图 2.1.12.3　YLD4-D 型 X 波段双线偏振多普勒天气雷达应用场景(楼顶式)

图 2.1.12.4　YLD4-D 型 X 波段双线偏振多普勒天气雷达应用场景(雷达室外部分)

2.1.13　YLD5-D 型 X 波段双线偏振多普勒天气雷达(南京恩瑞特)

(1)观测原理

YLD5-D 型 X 波段双线偏振多普勒天气雷达(图 2.1.13.1)能够测量降水的位置、强度、径向速度及速度谱宽等参数,增加双线偏振功能还可提高降水测量精度、抑制杂波,获取更多有关降水粒子形状和相态的信息,为用户气象保障提供及时精确气象探测资料,更有利于对中小尺度风暴、暴雨、风切变、冰雹、龙卷、大风等灾害性天气的有效监测和预警。

(2)功能特点

产品多样;采用通用化、系列化、组合化模块设计技术,可扩展性强;采用完善的自动标定技术,回波数据测量准确;气象应用产品丰富,对灾害性天气可自动识别和报警;可靠性和稳定性高,可全天候连续运行;采用远程遥控技术,支持无人值守;支持固定、车载、方舱等多种装载方式,使用方便。

(3)组成结构

室外设备包括天线罩、天线、馈线、天线座、高频箱等,高频箱安装于天线座支臂侧,其内安装全固态发射机、接收机、信号处理器、电源等。室内设备包括雷达综合机柜、监控终端,综合机柜内安装有远程配电系统、伺服系统、数据处理、产品终端等（图 2.1.13.2）。

图 2.1.13.1 YLD5-D 型 X 波段双线偏振多普勒天气雷达装备图

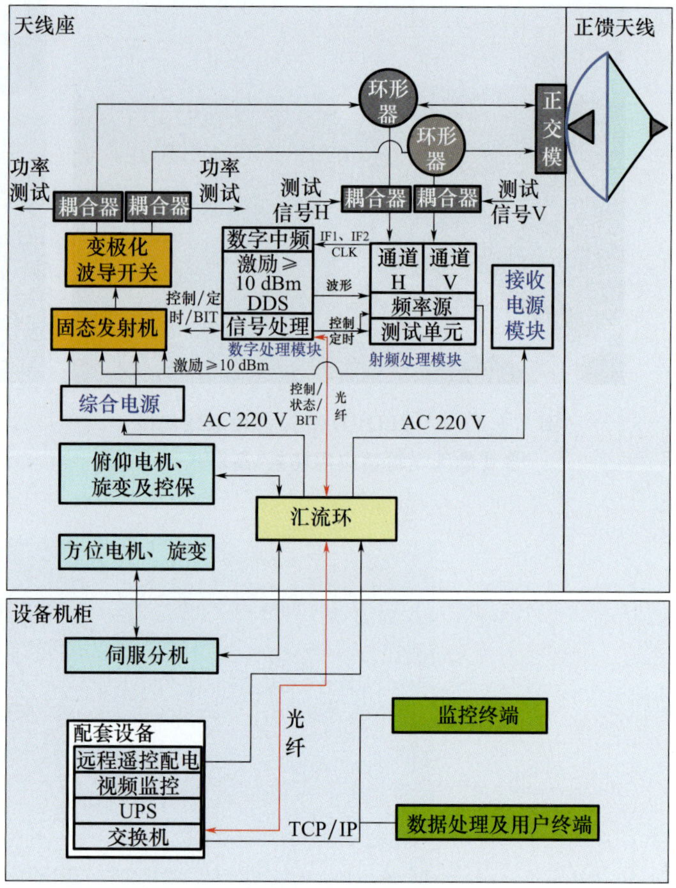

图 2.1.13.2 YLD5-D 型 X 波段全相参多普勒天气雷达结构图

（4）性能指标（表 2.1.13.1）

表 2.1.13.1 YLD5-D 型 X 波段全相参双线偏振多普勒天气雷达性能指标

要素		主要指标	
系统	工作频段	9300～9500 MHz（点频工作）	
	雷达体制	双线偏振	双线偏振
	监测距离	240 km	120 km
	测量距离	120 km	60 km
	强度测量范围	−15～80 dBZ	
	速度测量范围	−48～48 m/s	
	谱宽测量范围	0～16 m/s	
天线	天线口径	4.5 m	2.4 m
	天线增益	≥49 dBi	≥44 dBi
	波束宽度	≤0.55°	≤1.0°
发射机	体制	全固态	
	发射功率	500 W	
	脉冲宽度	0.5～200 μs	
	极限改善因子	≥50 dB	

续表

要素		主要指标
接收机	通道数	2 通道
	动态范围	≥95 dB
	噪声系数	≤3 dB
信号处理	A/D	16 bit,80 MHz
	距离库长	30 m/60 m
	距离库数	≥2000
	杂波抑制	≥50 dB
	输出基本产品	强度(Z)、速度(v)、谱宽(W)、差分反射率(ZDR)、线性退极化比(LDR)、差分传播相移(φDP)、比差分传播相移(KDP)、零相关系数(ρhv)
环境条件	环境温度湿度	室外:−50～50 ℃;湿度 5%RH～100%RH; 室内:−25～50 ℃;湿度 10%RH～90%RH
	海拔高度	≤3000 m
	雷达供电	单相 AC 220 V±10%/三相 AC 380 V±10%,50 Hz±5%
	整机功耗	≤6 kW

(5)业务应用

装备许可证编号:SXZ-26-2021。

启用时间:2022 年 5 月。

应用领域:该雷达特别适合对重点城市或区域低空天气进行监测和预警,形成对新一代天气雷达探测网的有效补充,可应用于各级气象部门、部队、高校科研院所,在航空、农业、人影、交通、水利、大气物理研究等领域也有广泛应用。

2.1.14 YLD6-D 型 X 波段双线偏振多普勒天气雷达(成都远望探测)

(1)观测原理

YLD6-D 型 X 波段双线偏振多普勒天气雷达(图 2.1.14.1)利用降水粒子对电磁波的散射作用,能够实现对站点周围空域的降水定量估测、降水粒子识别,还可以探测降水云中流场径向分量及风暴中气流和湍流的活动区,有助于了解降水微物理结构,带来更多、更全面的分析资料。雷达系统对小区域降水、雹云、龙卷、气旋等小尺度强天气的识别、小尺度云系发展的监测方面有其独特的监测预警作用,能按照规定数据格式输出相应的气象数据资料。

图 2.1.14.1 YLD6-D 型 X 波段双线偏振多普勒天气雷达装备图

雷达系统通过双线偏振工作模式,在获取气象目标的幅度信息、相位信息的同时,不仅可通过回波偏振信息识别回波粒子相态,计算气象目标中云微物理量场信息,进一步提升雷达定量测量降水、云中含水量等精确性提高测雨精度;而且还可以通过风场分析,识别水平及垂直场上风场的变化情况,明晰对流系统所处的生命周期,增强了其对气象目标发展状况的把握能力,提升雷达对危险天气的预警预报能力。

结合偏振雷达更容易区分云内平面形和柱状冰晶、大云滴、冰雹、雨滴以及雪花等不同的水成物粒子。尤其是在双偏振多普勒雷达的作用下可以对粒子形状及密度变化情况进行观测,还能对云内冰晶的初生进行观测，快速识别过冷水晶化等物理过程出现的时机及在云中的位置。相关研究表明，在人工影响天气中引入双偏振雷达，尤其是在短时临近预报与人工影响天气工作方面均发挥着十分重要的作用。

（2）功能特点

YLD6-D型X波段双线偏振多普勒天气雷达可对站点周围150 km范围内空域的天气目标定量监测。高时空分辨率的探测特点，不仅补足了新一代天气雷达在远距离低空探测的盲区，更是对把握中小尺度强对流天气过程的发生发展提供了有力的数据依据。

雷达采用双线偏振多普勒全相参体制，偏振方式包括同发同收体制，即同时发射水平、垂直线偏振波，同时接收水平、垂直线偏振波；单发双收体制，即发射水平偏振波，同时接收水平、垂直线偏振波。除此之外，该雷达系统具有自动或人工干预检测和标定功能，并可根据标定结果对探测数据进行必要的修正，以保证其准确性。

采用大占空比全固态功率合成发射机实现X波段千瓦级的发射功率；采用双通道大动态范围数字接收机实现雷达系统超过100 dB的接收动态范围；采用高稳定频率源与全相参系统实现雷达超过45 dB的地物杂波抑制能力；系统连续运行，能在预置的扫描策略控制下覆盖一个体积空间，提供气象评估数据；具有自动故障检测、报警、远程控制与实时监测功能；具备组网协同控制功能。

（3）组成结构

由天线罩、天馈系统、伺服转台、X波段收发系统、信号处理器、终端系统和综合控制系统组成。外场安装包括天线罩、天线系统、收发系统与伺服转台，室内安装雷达终端系统与综合控制系统，中间通过光纤进行通信与控制。

（4）性能指标（表2.1.14.1）

表2.1.14.1　YLD6-D型X波段双偏振多普勒天气雷达性能指标

<table>
<tr><th colspan="3">要素</th><th>主要指标</th></tr>
<tr><td colspan="3">频率</td><td>9.3～9.5 GHz</td></tr>
<tr><td colspan="3">极化方式</td><td>线性水平、垂直极化</td></tr>
<tr><td colspan="3">反射面直径</td><td>≥2.4 m</td></tr>
<tr><td colspan="3">水平波束宽度(3 dB)</td><td>≤1°</td></tr>
<tr><td colspan="3">垂直波束宽度(3 dB)</td><td>≤1°</td></tr>
<tr><td rowspan="2">增益</td><td colspan="2">水平</td><td>≥44 dB</td></tr>
<tr><td colspan="2">垂直</td><td>≥44 dB</td></tr>
<tr><td colspan="3">第一副瓣电平</td><td>≤−29 dB</td></tr>
<tr><td colspan="3">远端副瓣电平(±10°以外)</td><td>≤−40 dB</td></tr>
<tr><td colspan="3">交叉极化隔离度</td><td>≥35 dB</td></tr>
<tr><td rowspan="11">伺服系统</td><td colspan="2">天线扫描方式</td><td>PPI、RHI、体扫、扇扫、任意指向</td></tr>
<tr><td rowspan="2">天线扫描范围</td><td>方位</td><td>0°～360°连续扫描</td></tr>
<tr><td>俯仰</td><td>−2°～92°～182°往返扫描</td></tr>
<tr><td rowspan="2">天线扫描速度</td><td>方位</td><td>0～60(°)/s(误差≤5%)</td></tr>
<tr><td>俯仰</td><td>0～60(°)/s(误差≤5%)</td></tr>
<tr><td colspan="2">天线控制方式</td><td>预置全自动、人工干预自动/手动控制</td></tr>
<tr><td rowspan="2">天线定位精度</td><td>方位</td><td>≤0.05°</td></tr>
<tr><td>俯仰</td><td>≤0.05°</td></tr>
<tr><td>天线控制字长</td><td colspan="2">≥16 bit</td></tr>
<tr><td>角度编码器字长</td><td colspan="2">≥16 bit</td></tr>
</table>

续表

要素		主要指标
收发系统	工作频率	9.3～9.5 GHz
	脉冲峰值功率	≥1000 W
	脉冲重复频率	200～5000 Hz
	工作频率	9.3～9.5 GHz
	噪声系数	≤3 dB
	线性动态范围	≥100 dB
	最小可测功率(灵敏度)	≤−107 dBm(带宽 2 MHz)
		≤−110 dBm(带宽 1 MHz)
供电系统	供电方式	市电/发电机
	电压	单相 AC 220 V±10%
	频率	50 Hz± 5%
	耗电量	≤3000 W (含计算机)

(5)业务应用

装备许可证编号:SXZ-23-2021。

启用时间:2021 年 10 月。

应用领域:该雷达广泛应用于区域补盲、执行人工影响天气、应急现场气象保障和科学试验任务,为发布灾害性天气预报、警报和科学研究提供实时、准确的天气实况,系统通用性强、稳定性高、功能扩展灵活。

2.1.15 YLD7-D 型 X 波段双线偏振多普勒天气雷达(成都锦江电子)

(1)观测原理

YLD7-D 型 X 波段全固态双偏振多普勒天气雷达(图 2.1.15.1)同时发射水平、垂直偏振的电磁波,并同时接收来自云、雨、冰雹等气象目标的后向散射信号。除获取气象目标的位置及强度、速度等参数估值外,还利用气象目标对不同偏振态电磁波的散射差异,得到其双偏振参数,形成双偏振相关的气象产品。

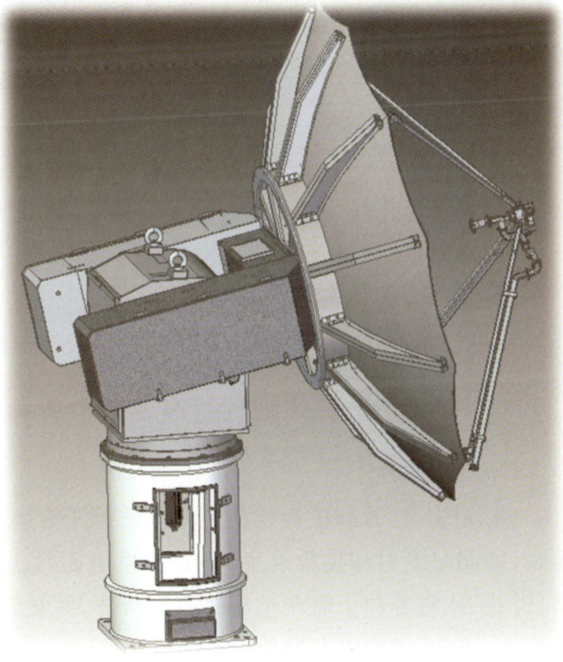

图 2.1.15.1 YLD7-D 型 X 波段双线偏振多普勒天气雷达装备图

(2)功能特点

采用全固态双发双收全相参脉冲多普勒双线偏振体制,同时具有单发双收多普勒体制。可监测台站周围 150 km 范围内的暴雨、冰雹、大面积降水及其他空中气象目标,探测 75 km 范围内各种气象目标的大气风场,对台风、阵风锋、下击暴流、风切变、冰雹等灾害性天气进行有效监测和预警。运用偏振技术对 75 km 范围内的降水量分布和区域降水量进行较准确的估测,极大地提高了雷达对降水量估测的精度。运用偏振技术,探测云、雨目标的差分反射率因子(ZDR)、差分传播相移(KDP)、相关系数(ρhv)等单偏振天气雷达所不具有的参数,能鉴别水凝结物的类型。

采用X波段全固态发射机、高增益锐波束天线和低噪声高灵敏度接收机；采用了大口径、高对称性、低交叉偏振比双偏振天线技术，在保证高增益、低副瓣、锐波束的同时，并具有低交叉偏振电平、高波束一致性；采用了大动态数字中频线性接收技术，实现了低噪声、大动态范围、高估值精度的线性接收；采用了高精度信号处理技术，保证了多普勒参数的准确提取；雷达各分系统都具有运行监测、故障告警和自保的功能，具有完备的在线强度、速度等参数自动定标分系统，具有先进的数据传输和通信能力，可通过它与外部雷达终端用户联网，提高雷达数据的利用率；雷达除了实时地提供各类降水天气的回波图像分布信息外，还具有实时对各类灾害性天气进行自动识别、追踪的能力，对冰雹、龙卷气旋、风切变、下击暴流等恶劣天气，提供多种监测、预警产品；分析应用系统具有开放型的结构，具有可升级和可开发能力。

（3）组成结构

该雷达主要包括天线罩、天线装置（包含天线分系统）、馈线分系统、发射分系统、接收分系统、监控分系统、信号处理器、伺服分系统、数据处理与终端显示分系统。

（4）性能指标（表2.1.15.1）

表2.1.15.1 YLD7-D型双线偏振多普勒天气雷达结性能指标

<table>
<tr><th colspan="2">要素</th><th>主要指标</th><th colspan="2">要素</th><th>主要指标</th></tr>
<tr><td colspan="2">雷达型号</td><td>YLD7-D</td><td rowspan="7">参数范围</td><td>强度</td><td>−15～80 dBZ</td></tr>
<tr><td colspan="2">工作频率</td><td>9.3～9.5 GHz</td><td>速度</td><td>−48～48 m/s</td></tr>
<tr><td colspan="2">雷达体制</td><td>全固态、双偏振、脉冲压缩</td><td>谱宽</td><td>0～16 m/s</td></tr>
<tr><td colspan="2" rowspan="2">扫描方式</td><td rowspan="2">PPI、RHI、体扫、扇扫、定点</td><td>差分反射率</td><td>−10～10 dB</td></tr>
<tr><td>差分传播相移</td><td>−180°～180°</td></tr>
<tr><td rowspan="2">扫描范围</td><td>方位</td><td>0°～360°连续</td><td>差分传播相移率</td><td>−2(°)/km～10(°)/km</td></tr>
<tr><td>俯仰</td><td>−2°～90°</td><td>相关系数</td><td>0～1</td></tr>
<tr><td rowspan="2">分辨率</td><td>距离</td><td>75 m</td><td>天线口径</td><td colspan="2">2.4 m</td></tr>
<tr><td>角度</td><td>1°</td><td>发射机功率</td><td colspan="2">H/V偏振>200 W</td></tr>
<tr><td rowspan="2">探测范围</td><td>警戒</td><td>150 km</td><td>接收机灵敏度</td><td colspan="2">≤−110 dBm(1 μs)</td></tr>
<tr><td>定量</td><td>75 km</td><td>地物杂波抑制比</td><td colspan="2">≥50 dB</td></tr>
</table>

（5）业务应用

装备许可证标号：SXZ-27-2021。

启用时间：2018年4月。

应用领域：用于天气监测、强对流危险天气预警、气象预报及机场航空气象保障、人影气象保障等。

2.1.16 YLD8-D型X波段双线偏振多普勒天气雷达（南京中船鹏力）

（1）观测原理

YLD8-D型X波段双线偏振多普勒天气雷达采用双线偏振全相参体制，偏振方式主要采用双发双收模式，即同时发射和接收水平、垂直偏振电磁波。当两种不同偏振状态的电磁波在大气中传输，遇到雨滴、雪花、冰雹等粒子时产生后向散射回波，并被雷达天馈分系统接收到，通过信号处理后得到降水目标的强度、速度、谱宽以及偏振参量信息。

（2）功能特点

采用固态发射、接收机恒温、多通道接收、在线标定以及实时故障检测和报警等关键技术，全面考虑了双通道幅度相位一致性、整机动态范围和系统稳定性等核心问题，确保雷达稳定可靠。在信号处理方面，该雷达采用脉冲压缩和多脉冲补盲技术，结合天气探测需求优化波形设计，保证雷达系统具备很高的距离分辨率以及足够的弱回波探测能力，并兼顾多个脉冲之间的探测连续性。在参量估算方面，针对地物和噪声等影响双偏振数据的重要因素，采用了地物识别与双偏振频域地物抑制的处理方法以及基于多阶相关的噪声实时估算方法，重点解决地物位置以及低信噪比情况下参量估算问题，提升了雷达的数据质量和数据应用范围。此外，针对固态雷达的距离副瓣问题，采用了基于相邻距离库相关性的识别和修正方法，以减轻距离副瓣对降水回波观测的影响，进一步提高雷达数据质量。

（3）组成结构

该雷达可分为本地系统和远程系统两大部分。本地系统包含雷达主机和本地终端，组成结构如图 2.1.16.1所示。发射机、接收机、信号处理器分系统均安装在组合机箱内，直接与天馈线连接，形成一体化的主机结构。雷达主机结构设计综合考虑了环境适应性、电磁兼容性和可维修性等要求，并在机壳预留接地端。本地终端包括信号处理软件、状态监控与显示终端两部分。

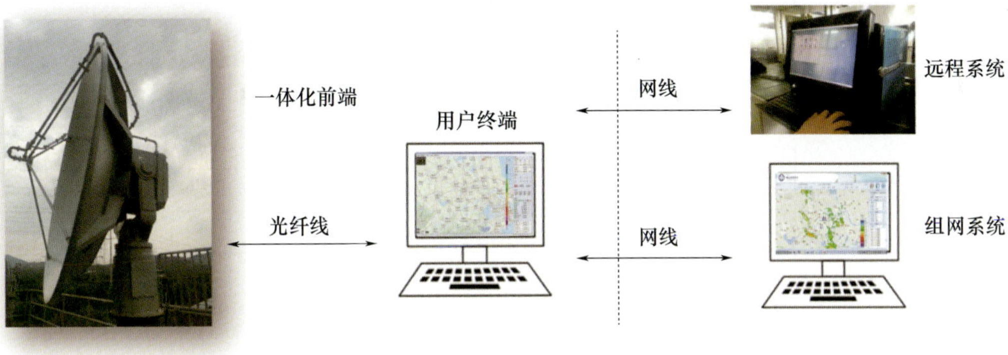

图 2.1.16.1　YLD8-D 型 X 波段双线偏振多普勒天气雷达组成结构示意

该雷达具有固定式和机动式两种典型结构安装形式。固定式雷达（图 2.1.16.2）安装在固定的塔楼或者铁塔上，安装后不可移动。机动式雷达（图 2.1.16.3）安装在载车平台上，经过改装后，通过支撑腿实现平台调平，使用升降系统完成雷达天线的举升和撤收。使用时，可机动到指定任务位置。

图 2.1.16.2　YLD8-D 型 X 波段双线偏振多普勒天气雷达（固定式）

图 2.1.16.3　YLD8-D 型 X 波段双线偏振多普勒天气雷达（机动式）

（4）性能指标（表 2.1.16.1）

表 2.1.16.1　YLD8-D 型 X 波段双线偏振多普勒天气雷达性能指标

要素		主要指标
雷达体制		全固态、双线偏振体制
工作频率		9.3～9.5 GHz 范围内可选
整机寿命		≥15 a
探测距离范围		警戒≥240 km，定量≥120 km
近距离盲区范围		≤200 m
分辨率	距离	≤75 m
	角度	≤1°
测量范围	强度	−15～80 dBZ
	速度	−48～48 m/s
	谱宽	0～16 m/s
	差分反射率因子	−7.9～7.9 dB
	差分传播相移	−180°～180°
	差分传播相移率	−2(°)/km～10(°)/km
	退偏振比	−44～6 dB(单发双收模式)
	相关系数	0～1
测量精度（均方误差）	距离	≤37.5 m
	强度	≤1 dB
	速度	≤1 m/s
	谱宽	≤1 m/s
	差分反射率因子	≤0.2 dB
	差分传播相移	≤2°
	差分传播相移率	≤0.2(°)/km
	退偏振比	≤0.3 dB(单发双收模式)
	相关系数	≤0.01
100 km 处最小反射率因子		≤8 dBZ
系统相位噪声		≤0.18°
地物杂波抑制比		≥50 dB
输出参数		强度、速度、谱宽、差分反射率因子、差分传播相移、差分传播相移率、退偏振比(单发双收模式)、相关系数
电源要求		单相 AC 220 V±10%，50 Hz±5%
单雷达质量		≤400 kg
环境要求	工作温度	舱外装置：−40～50 ℃，舱内装置：0～40 ℃
	储存温度	−40～60 ℃
	最大湿度(30 ℃条件下)	舱外装置≤95%RH，舱内装置≤90%RH
	工作高度	海拔高度≤3000 m
	冲击、振动、淋雨	符合《军用装备实验室环境试验方法》(GJB 150A—2009)，且满足野外运输要求
	抗干扰	电源干扰、电磁干扰、无线电频率干扰
	其他	防水、防霉、防盐雾

续表

要素	主要指标
整机功耗(峰值)	≤1.6 kW
平均故障间隔时间(MTBF)	≥3000 h
平均故障修复时间(MTTR)	≤0.5 h

(5)业务应用

装备许可证编号:SXZ-49-2021。

启用时间:2021年。

应用领域:该雷达具备降水粒子相态识别能力,能有效改善降雨估计精度,提高预报准确性。主要应用于实时天气观测、短时临近预报、应急气象保障和人工影响天气等场合。

2.1.17 YLX1型X波段单偏振一维相控阵天气雷达(浙江宜通华盛)

(1)观测原理

传统天气雷达对强对流、突发性天气的预警预报能力不足,同时越强的对流天气发展速度越快,空间尺度越小,对监测设备的时空分辨率要求越高。YLX1型X波段单偏振一维相控阵天气雷达(图2.1.17.1)采用了有源相控阵技术,水平方向机械扫描、垂直方向电子扫描,显著提升了体积扫描的空间覆盖度和时间分辨率,可观测到短时强天气等小尺度的核心结构。最终结合多台相控阵雷达的协同观测资料及其他探测资料进行三维数据融合对客户进行实时三维气象流场的直观呈现。可对短时强降水、中小尺度风暴、冰雹、强风切变、龙卷、下击暴流等灾害性天气进行实时监测和自动报警,提高了气象保障能力。

图2.1.17.1 YLX1型X波段单偏振一维相控阵天气雷达产品图

(2)功能特点

采用全固态一维有源相控阵体制,雷达通过数字多波束相控阵技术、宽发窄收技术、固态有源技术等先进相控阵雷达技术,1 min内可快速完成垂直方向0～90°、方位方向0～360°整个空间的体积扫描,大大提高了体积扫描的空间覆盖度和时间分辨率;同时具备大动态范围、高灵敏度、低副瓣、波束控制灵活、全覆盖扫描能力;自主研发的软件化信号处理、新型定标技术等自主创新研发技术,提高雷达的应用灵活性、测量精度可靠性;为了获取真实的天气系统动力场结构,将相控阵天气雷达和同步组网技术、协同控制处理技术相结合,形成了国内外领先的阵列天气雷达系统,通过多部相控阵收发子阵雷达按三角形布局,深入研究与突破同步扫描技术、数据融合技术、误差校正技术、三维实时显示技术等限制,实现相控阵阵列天气雷达系统快速输出高分辨、全覆盖的准确风场、强度场,通过数据融合为客户呈现精准三维流场产品,为新型短时临近预报预警系统提供重要基础。

(3)组成结构

该雷达主要由数据采集雷达前端、同步控制&数据处理、数据呈现&应用用户终端三部分组成。整体采用集成化设计,所有分机和雷达主机服务器都集中到天线背面盒体中,只需要通过一根电源线供电,通过互联网络与操控显示终端进行数据传输通信即可,前端雷达主机主要包含天馈线系统、伺服系统、收发分系统、信号处理分系统、监控与显示终端和附属设备等。产品终端子系统负责数据处理产品生成,用户终端子系统作为产品展示具有良好的人机界面,功能全面,操作灵活方便。

（4）性能指标（表 2.1.17.1）

表 2.1.17.1 YLX1 型 X 波段单偏振一维相控阵天气雷达性能指标

要素	主要指标	要素	主要指标
雷达体制	全固态单极化有源相控阵	距离分辨率	30 m
扫描方式	数字多波束	波束宽度	水平：1.6°；垂直：1.6°
工作频率	9.3～9.5 GHz	波束数	⩾16
峰值发射功率	⩾320 W	体扫范围	水平：0°～360°；垂直：0°～90°
天线尺寸（长×宽）	1.2 m×1.4 m	体扫时间	12 s/24 s/30 s/48 s/60 s（可按需求设置）
天线最大副瓣	⩽−25 dB	整机功耗	⩽1.5 kW（220 V/50 Hz）
天线阵元数量	64	设备尺寸（长×宽×高）	1650 mm×1460 mm×2770 mm
探测距离	⩾60 km	设备质量	⩽850 kg

（5）业务应用

装备许可证编号：SXZ-12-2022。

启用时间：2018 年 6 月。

应用领域：主要应用于城市精细化智能天气探测预警、强灾害天气“冰雹”、强灾害天气“龙卷”、航空气象精细化保障、其他行业（如人影、海洋、船舶等）监测。

2.1.18 YLX1-D 型 X 波段双线偏振一维相控阵天气雷达（浙江宜通华盛）

（1）观测原理

强对流天气尺度小、突发性强、天气剧烈、破坏性强，天气雷达是监测预警强对流天气最有效的手段，可以观测强对流天气系统底部、中部、上部的多种参数。越强的对流天气发展速度越快，空间尺度越小，对监测设备的时空分辨率要求越高。同时，天气雷达的目标不是单目标，而是云和降水等散射粒子，这些粒子由于大气中的湍流和降落速度不同，相对于雷达的位置存在随机变化，因此，讨论气象雷达的探测信息必须考虑这些微粒子的群聚性、叠加性和随机性。双偏振技术的最大潜能在于其精确反演模式状态和微物理参数的能力，通过双偏振技术能够判断目标的数据质量和水凝物的相态，识别探测目标的大小和数目等，极大改善探测天气目标的精准程度。

图 2.1.18.1 YLX1-D 型 X 波段双线偏振一维相控阵天气雷达产品图

YLX1-D 型 X 波段双线偏振一维相控阵天气雷达（图 2.1.18.1）为全固态全相参有源相控阵体制，采用俯仰电扫、方位机扫的方式。雷达通过向空中发射电磁波，接收目标后向散射的回波信号，从回波信号中提取有用的参数，完成对天气目标的测量。系统发射水平和垂直电磁波。电磁波照射到各种降水粒子上，其后向散射回波中包含了粒子的状态信息，输出反射率、差分反射率、差分传播相移、相关系数和差分传播相移率等参量，根据这些参量，推导出降水量和降水粒子的形状、尺寸、指向、相态、滴谱分布及降水类型。同时，利用多普勒测风技术，获得天气系统径向速度，利用相控阵雷达技术实现快速扫描，获取高时间和空间分辨率信息，最终结合多台双偏振雷达观测资料及其他探测资料进行三维数据融合对天气系统发生与发展进行三维实时呈现，发挥天气雷达最大效用。

（2）功能特点

该雷达采用全固态双线偏振体制，运行稳定可靠，利用云和降水对电磁波的散射作用，对作用范围内云雨的空间位置与分布、强度、速度、谱宽和双极化参数等进行定量探测，获取目标的形状、相态和空间取向等特征。具备连续不间断工作能力和不同环境和天气条件下工作和探测的能力；雷达通过双偏振技术、数字多波束相控阵技术、宽发窄收技术、固态有源技术等先进相控阵雷达技术，具备大动态范围、高灵敏度、低副瓣、波束控制灵活、全覆盖扫描能力，能够实现 60 km 范围内全空域定量探测、120 km 范围内全空域的有效预警；同时还具备自主研发的软件化信号处理、新型定标技术等自主创新研发技术，实现雷达模式灵活多变、雷达测量数据高精度可靠；为了获取真实的天气系统动力场结构，将相控阵天气雷达和同步组网技术、协同控制处理技术相结合，形成了国内外领先的阵列天气雷达系统，多部双偏振相控阵雷达作为子阵按三角形布局作为基础阵列，也可根据探测目标区域要求进行扩展布局，阵列天气雷达系统通过热力学探测和动力学探测相结合构建的精准三维流场产品，作为国内唯一分析和研究对流系统动力特征及其演变的天气产品，为新型短时临近预报预警系统提供重要基础。

(3)组成结构

该雷达主要由数据采集子阵雷达、同步控制 & 数据处理、数据呈现 & 应用三部分组成。雷达主机主要包含天馈线系统、伺服系统、收发分系统、信号处理分系统、监控与显示终端和附属设备等。其中，收发分系统又依据其功能细分为收发单元(包括发射通道、接收通道)、标定单元、波束控制与合成单元，主要负责双线偏振相控阵雷达的波束指向和信号收发，而系统其余单元则负责雷达天线转动控制、信号处理和监控功能。终端由通用计算机(或工作站)及显示器组成。

(4)性能指标(表 2.1.18.1)

表 2.1.18.1　YLX1-D 型 X 波段双线偏振一维相控阵天气雷达性能指标

要素	主要指标	要素	主要指标
雷达体制	全固态双极化有源相控阵	极限改善因子	≥55 dB
扫描方式	数字多波束	天线尺寸(长×宽)	1.2 m×1.4 m
工作频率	9.3～9.5 GHz	天线最大副瓣	≤−25 dB
峰值发射功率	≥320 W	天线阵元数量	128
探测距离	≥60 km	波束宽度	水平:1.6°;垂直:1.6°
速度探测范围	−64～64 m/s	波束数	≥16
距离分辨率	30 m	体扫范围	方位:0°～360°;俯仰:−2°～70°
强度探测精度	≤1.0 dBZ	体扫时间	24 s/30 s/48 s/60 s(可按需求设置)
速度探测精度	≤1.0 dBZ	整机功耗	≤3 kW(220 V/50 Hz)
谱宽探测精度	≤1.0 m/s	设备尺寸(长×宽×高)	1550 mm×1390 mm×2000 mm
系统动态范围	≥95 dB	设备质量	≤930 kg

(5)业务应用

装备许可证编号:SXZ-03-2022。

启用时间:2019 年 12 月。

应用领域:该雷达主要用于连续不间断地以高时间、高空间分辨率获取系统探测范围内的中小尺度风暴、冰雹、强风切变、气旋、龙卷、大风等气象目标宏观、微观和动力学特性及时空变化信息，可应用于大气科学研究、人工影响天气、天气自动化观测、机场气象保障、军事气象保障等方面和领域，能够强化对中小尺度天气系统的探测，增强对灾害性天气系统精细结构的探测，改善降水定量测量精度，提高人工影响天气作业、天气数值预报和气候模式的水平。

2.1.19 YLX2-D 型 X 波段双线偏振一维相控阵天气雷达(广东纳睿雷达)

(1)观测原理

YLX2-D 型 X 波段双线偏振一维相控阵天气雷达综合了双极化探测、相控阵技术、脉冲多普勒等多种雷达体制的优点。通过双极化探测技术，该雷达具有识别降水粒子的形状、尺寸和相态等获取天气系统丰富探测信息的优势；通过相控阵技术，该雷达具有快速电子扫描、获取高时空分辨率信息的特点；此外，该雷达还能通过多普勒技术探测天气系统的径向速度。因此，该雷达特别适用于高效准确地监测快速变化的中小尺度强对流天气，在探测天气系统内部完整、精细的结构以及区分降水系统的粒子相态上拥有极大的优势，从而获得更准确的降水估计和更加有效的天气探测功能，成为监测、预警强对流天气的有效手段。

（2）功能特点

双极化与相控阵技术相结合，时间分辨率最快 45 s，空间分辨率 30 m，能够快速探测雷达上空周围天气目标的位置、强度（Z）、平均径向速度（V）、速度谱宽（SW）、差分强度（ZDR）、差分相位（PhiDP）、比差分相位（KDP）、相关系数（CC）等参数；具有监测台站周围 45 km 范围内中小尺度强对流天气系统的生成、发展、消散动等状态的能力。灵活的波束控制和快速扫描模式提高了对中小尺度强对流天气系统的探测精度和质量；网络化的协同观测能力可获得真正的气象目标三维信息，有效消除现有天气雷达探测盲区，提高局部地区的短时临近预报的准确性；无须球形天线罩和雷达机房，具有较强的环境适应性，可在全国范围内部署；全固态和商业现货 COTS 系统设计提升性能价格比和系统可靠性，并实现高度集成和小型化。

（3）组成结构

该雷达主要由天线阵面分系统、雷达底座分系统和用户终端三部分组成（图 2.1.19.1）。

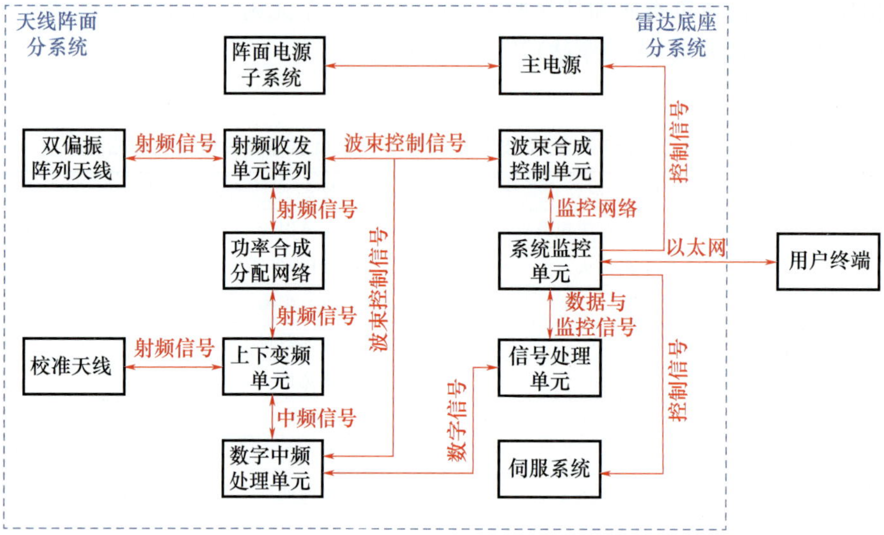

图 2.1.19.1　YLX2-D 型 X 波段双线偏振一维相控阵天气雷达系统结构图

天线阵面分系统负责雷达的信号发射/接收、数字中频处理等一系列前端工作，其主要包含 X 波段双极化阵列天线、射频子系统、数字中频处理单元、阵面电源子系统、校准天线等。雷达底座分系统负责雷达整体的控制、信号处理、网络通信等一系列后端的工作，其主要包含波束合成与控制单元、系统监控单元、信号处理单元、主电源和伺服系统。用户终端负责对雷达进行控制、生成并显示各种气象产品，其主要包含雷达控制软件、气象产品生成软件和气象产品显示软件。

（4）性能指标（表 2.1.19.1）

表 2.1.19.1　YLX2-D 型 X 波段双线偏振一维相控阵天气雷达性能指标

要素	主要指标	要素	主要指标
雷达体制	全相参多普勒、一维机扫、一维相扫、双极化	探测距离	≥45 km
工作频率	9.3～9.5 GHz	速度探测范围	−64～64 m/s
峰值发射功率	≥300 W	距离分辨率	≤30 m
天线类型	双极化平面相控阵天线	体扫范围	水平：0°～360°；垂直：−2°～60°
天线最大副瓣	≤−23 dB	体扫时间	45 s(快速)；92 s(标准)
极化方式	水平极化、垂直极化、水平和垂直双极化	整机功耗	≤4 kW(220 V/50 Hz)
交叉极化隔离度	≥30 dB	设备质量	≤1200 kg
双极化产品	差分强度（ZDR）、差分相位（PhiDP）、比差分相位（KDP）、相关系数（CC）		

(5)业务应用

装备许可证编号:SXZ-04-2022。

启用时间:2017 年 3 月。

应用领域:该雷达可以覆盖城市或指定预警区域,为气象业务部门提供高时空分辨率的实时气象数据,对气旋、暴雨、风切变、冰雹、龙卷风、大风等低空中小尺度强对流天气进行有效监测和预警,为应对各种特殊极端天气事件提供应急综合气象信息支持。该雷达也可以为机场、林业、水利、交通等部门提供精细化的气象保障。

2.2 风廓线雷达

2.2.1 TWP8-L 波段低对流层风廓线雷达(北京敏视达)

(1)观测原理

TWP8-L 波段低对流层风廓线雷达是利用大气湍流引起的大气折射指数起伏对电磁波的散射作用,采用多普勒雷达技术探测大气风速、风向及垂直气流等参量随高度分布的遥感设备。该雷达工作时,首先由雷达系统产生 L 波段探测脉冲信号,该信号经多级放大后由天馈分系统辐射到空间中,经大气对电磁波的散射作用,一部分叠加了大气运动信息的电磁波能量将会反射并被风廓线雷达天馈分系统所接收到,并通过处理后得到各高度层风速、风向、大气折射率结构常数等数据信息。

(2)功能特点

采用全相参脉冲多普勒体制,全固态分布式有源相控阵、中频数字接收机、相位编码脉冲压缩、可编程数字信号处理器和远地遥控操作等新技术,能以高时空分辨率,连续提供 150 m～6 km 探测高度范围内的大气水平风场、垂直气流、大气折射率结构常数等气象要素随高度的分布;连续获取探测地域的大气折射结构波动和湍流起伏等气象信息。主要具备以下特点:无人值守、自动、连续运行的业务系统;标准化、模块化结构,系统间各模块无须调整可互换,特别适用于业务网;完善的自动、实时机内在线标定标校和自检功能有效保证探测资料的稳定性和测量精度;基于计算机网络的数据互传和远程监视、控制和诊断功能,系统可方便实现风廓线雷达组网,具备全网监控的技术特性。

(3)组成结构

该雷达主要由天馈分系统、发射分系统、接收分系统、信号处理分系统、数据处理及应用终端分系统、监控分系统、标定分系统、配电分系统等组成,用户可根据需求选配无线电声学探测(RASS)分系统。

其中天馈分系统、天线阵支撑、屏蔽网等主要安装在室外,如图 2.2.1.1 所示;室内设备主要由发射分系统、接收分系统、信号处理分系统、数据处理及应用终端分系统、监控分系统等组成,如图 2.2.1.2 所示。

图 2.2.1.1 TWP8-L 波段低对流层风廓线雷达室外设备

图 2.2.1.2 TWP8-L 波段低对流层风廓线雷达室内设备(综合发射机柜)

(4)性能指标(表 2.2.1.1)

表 2.2.1.1　TWP8-L 波段低对流层风廓线雷达性能指标

要素	主要指标
雷达体制	全相参脉冲多普勒体制
采用技术	相控阵天线技术、全固态发射技术、数字接收机技术、脉冲压缩技术
工作频率	在 1270～1295 MHz 和 1300～1375 MHz 范围内选择工作频点
最高探测高度	≥6 km
最低探测高度	150 m
测量范围	风速测量范围:0～60 m/s;风向测量范围:0°～360°
测量误差(均方根偏差)	风速测量误差≤1.5 m/s;风向测量误差≤10°
分辨率	风速分辨率:0.2 m/s;风向分辨率:0.5°。高度分辨率:低模式为 120 m,高模式为 240 m(采用脉冲压缩技术);时间分辨率:3 波束工作时为 3 min,5 波束工作时为 6 min
相干性	系统相位噪声≤0.1°
输出产品	功率谱和谱的零、一、二阶矩;回波信噪比;水平风速、风向;垂直气流速度和方向;大气折射率结构指数
可靠性/维修性	平均故障间隔时间(MTBF)≥2500 h,平均故障修复时间(MTTR)≤30 min
电源	采用交流电源 380/220 V±10%,50 Hz±5%;功耗≤10 kW
环境适应性	适应温度:室外:−40～50 ℃,室内:0～30 ℃。适应湿度:室外:≤100%RH,室内:≤95%RH。 抗风能力:能经受不大于 50 m/s 的阵风风速(或不大于 30 m/s 的平稳风速),在上述情况下,天线和电磁屏蔽网不产生永久性变形或破坏。其他环境适应性:防盐雾、防霉、防沙尘和防雷击能力。 绝缘电阻≥10 MΩ,接地电阻≤4 Ω;电磁兼容性:应具有静电屏蔽、电磁屏蔽设计,设备地线中模拟地线(Ga)与数字地线(Gd)和安全地线(Gp)要严格分开,以增强设备的抗干扰能力

(5)业务应用

装备许可证编号:SXZ-03-2021。

启用时间:2021 年 1 月 21 日。

应用领域:该雷达是中国风廓线观测网的主力观测装备之一,在北京、辽宁、广东、四川、海南、重庆等地共安装 26 套,且均正常业务运行。

2.2.2　CFL-06 型低对流层风廓线雷达(航天新气象)

(1)观测原理

CFL-06 型低对流层风廓线雷达是利用大气湍流引起的大气折射指数起伏对电磁波的散射作用,采用多普勒雷达技术探测大气风速、风向及垂直气流等参量随高度分布的遥感设备。该雷达工作时,首先由雷达系统产生 L 波段探测脉冲信号,该信号经多级放大后由天馈分系统辐射到空间中,经大气对电磁波的散射作用,一部分叠加了大气运动信息的电磁波能量将会反射并被风廓线雷达天馈分系统所接收到,并通过处理后得到各高度层风速、风向、大气折射率结构常数等数据信息。

(2)功能特点

该雷达采用全相参脉冲多普勒体制,全固态分布式有源相控阵、中频数字接收机、相位编码脉冲压缩、可编程数字信号处理器和远地遥控操作等新技术,能以高时空分辨率,连续提供 150 m～6 km 探测高度范围内的大气水平风场、垂直气流、大气折射率结构常数等气象要素随高度的分布;连续获取探测地域的大气折射结构波动和湍流起伏等气象信息。

该雷达主要具有以下特点:智能的故障定位与自动标定系统;先进的信号处理与数据处理技术;高可靠性的分布式固态有源相控阵;便捷的断电自关闭/来电自启动功能;全面的远程监控能力,支持无人值守。

(3)组成结构

该雷达由天馈分系统、发射分系统、接收分系统、信号处理分系统、数据处理及应用终端分系统、监控分系统、标定分系统、配电分系统等组成,用户可根据需求选配无线电声学探测(RASS)分系统。室内设备主要由信号处理分系统、数据处理及应用终端分系统、监控分系统等组成,如图 2.2.2.1 所示。天馈分系统、发射分系统、接收分系统主要安装在室外,如图 2.2.2.2 所示。

图 2.2.2.1 CFL-06 型低对流层风廓线雷达室内设备

图 2.2.2.2 CFL-06 型低对流层风廓线雷达室外设备

(4)性能指标(表 2.2.2.1)

表 2.2.2.1 CFL-06 型低对流层风廓线雷达性能指标

要素	主要指标
雷达体制	全相参脉冲多普勒体制
采用技术	相控阵天线技术、全固态发射技术、数字接收机技术、脉冲压缩技术
工作频率	在 1270～1295 MHz 和 1300～1375 MHz 范围内选择工作频点
最大探测高度	≥6 km
最小探测高度	150 m
测量范围	风速测量范围:0～60 m/s;风向测量范围:0°～360°
测量误差(均方根偏差)	风速测量误差:≤1.5 m/s;风向测量误差:≤10°
分辨率	风速分辨率:0.2 m/s;风向分辨率:0.5°。高度分辨率:低模式为 120 m,高模式为 240 m(采用脉冲压缩技术);时间分辨率:3 波束工作时为 3 min,5 波束工作时为 6 min
相干性	系统相位噪声≤0.1°
输出产品	功率谱和谱的零、一、二阶矩;回波信噪比;水平风速、风向;垂直气流速度和方向;大气折射率结构常数
可靠性/维修性	平均故障间隔时间(MTBF)≥2500 h,平均故障修复时间(MTTR)≤30 min
电源	采用交流电源 380/220 V±10%,50 Hz±5%;功耗≤10 kW
环境适应性	适应温度:室外为−40～50 ℃,室内为 0～30 ℃;适应湿度:室外为≤100%RH,室内为≤95%RH; 抗风能力:能经受不大于 50 m/s 的阵风风速(或不大于 30 m/s 的平稳风速),在上述情况下,天线和电磁屏蔽网不产生永久性变形或破坏; 其他环境适应性:防盐雾、防霉、防沙尘和防雷击能力;绝缘电阻≥10 MΩ,接地电阻≤4 Ω; 电磁兼容性:应具有静电屏蔽、电磁屏蔽设计,设备地线中模拟地线(Ga)与数字地线(Gd)和安全地线(Gp)要严格分开,以增强设备的抗干扰能力

(5)业务应用

装备许可证编号:SXZ-04-2021。

启用时间:2021 年 1 月 21 日。

应用领域:该雷达是中国风廓线观测网的主力观测装备之一,在京津冀地区、福建省、浙江省等地共安装 64 套,且均正常业务运行。

2.2.3　CLC-11-F 型对流层风廓线雷达(南京恩瑞特)

(1)观测原理

CLC-11-F 型固定式 L 波段对流层风廓线雷达采用全固态全相参有源相控阵脉冲多普勒体制，属于遥感设备，已经成为连续、实时遥感大气风场的有效工具，特别适合需要无球测风的场合。雷达的主要目标是 6～8 km 以下晴空大气湍流，利用布拉格散射原理探测随风飘动的湍团中大气折射率结构常数的变化，进而导出大气中风向风速的真实情况。

(2)功能特点

采用自动高/低组合工作模式和本/遥控制方式；全网监控，可无人值守全天候连续运行；全相参脉冲多普勒体制；有源相控平面阵列天线；分布式全固态发射机；超高灵敏度、大动态数字接收机；高性能可编程信号处理器；智能化数据处理终端；完善的 BIT 及自动定标功能。

(3)组成结构

主要设备有天馈线系统、分布式全固态收发系统、数字接收系统、波束控制系统、信号处理系统、数据处理及产品生成系统、自动定标系统、用户终端等(图 2.2.3.1 和图 2.2.3.2)。

图 2.2.3.1　CLC-11-F 型对流层风廓线雷达室内设备

图 2.2.3.2　CLC-11-F 型对流层风廓线雷达室外设备

(4)性能指标(表 2.2.3.1)

表 2.2.3.1　CLC-11-F 型对流层风廓线雷达性能指标

要素	主要指标	要素	主要指标
工作频率	1270～1295 MHz;1300～1375 MHz	风向测量范围	0°～360°
最高探测高度	6～8 km	风速测量精度	≤1.5 m/s(RMS)
最低探测高度	150 m	风向测量精度	≤10°(RMS)
高度分辨率	120 m;240 m	电源	单相 220 V±10%,50 Hz±5%
径向速度分辨率	≤0.2 m/s	整机功耗	≤6 kW
时间分辨率	3 波束指向:≤3 min;5 波束指向:≤6 min	输出产品	各高度层功率谱数据;各高度层的水平/垂直风向、风速、信噪比、C_n^2 数据和时序图;各高度层大气虚温数据和时序图(配备 RASS);探测数据气象报表文件
风速测量范围	0～80 m/s		
垂直风速	±20 m/s		

(5)业务应用

装备许可证编号：SXZ-21-2021。

启用时间：2021 年 10 月 18 日。

应用领域：风廓线雷达主要用于各级气象部门，在航空保障、空气污染潜势预报和空气质量预报以及城市环境气象应用服务等方面有着广泛的应用前景。

2.2.4 WP6000-LT 对流层风廓线雷达(四创电子)

(1)观测原理

WP6000-LT 对流层风廓线雷达主要以晴空大气作为探测对象,利用大气湍流对电磁波的散射作用对大气风场等物理量进行探测的遥感设备,风廓线雷达发射的电磁波在大气传播过程中由于大气湍流造成的折射率分布不均匀而产生散射,其中后向散射能量被风廓线雷达所接收。雷达回波可根据多普勒效应确定气流沿雷达波束方向的速度分量,并根据回波信号往返时间确定回波的位置。为了获取雷达上空的三维风速信息,风廓线雷达通过一个垂直指向天顶波束和四个在东南西北均匀分布的倾斜波束进行探测,最终获取径向速度、速度谱宽、信噪比等气象信息。根据一个探测周期内获取的基础数据,进一步计算可以得到包括风速、风向、大气折射率结构常数在内的多种气象资料。

(2)功能特点

该雷达采用相控阵体制,能够以更高的时间分辨率和空间分辨率,连续、实时地探测近地面至 6～8 km 高度上的平均风向和风速,给出风的垂直廓线以及大气折射率结构常数等气象要素随高度的分布。

雷达具有以下技术特点:宽带有源低副瓣相控阵天线技术;全固态 T/R 组件技术;发射频谱控制,降低占用带宽;超高灵敏度、大动态数字接收机;自适应低空地物杂波处理算法;图形化终端,界面友好,操作方便;一键自动开、关机及上电自动恢复。

(3)组成结构

该雷达有固定式(图 2.2.4.1)和机动式(图 2.2.4.2)两大类。

固定式雷达系统设备包括三个部分:天线及屏蔽网、室外电子机柜、室内设备(UPS 及终端)。发射机、接收机、信号处理、标定、监控、配电等分系统均安装在室外电子机柜内,电子机柜安装在天线阵面下。数据处理及应用终端安装于室内终端内。

机动式专有货车经过改装后,将天线安装在车辆方舱顶部,雷达设备安装在车辆方舱内部,通过安装在车辆底盘上的支撑腿实现车辆的稳定。使用时可直接机动到指定位置。

图 2.2.4.1 固定式 WP6000-LT 对流层风廓线雷达

图 2.2.4.2 机动式 WP6000-LT 对流层风廓线雷达

(4)性能指标(表 2.2.4.1)

表 2.2.4.1 WP6000-LT 对流层风廓线雷达性能指标

要素	主要指标
工作频率	1280 MHz/1360 MHz
最高探测高度	≥6 km
最低探测高度	60 m
测量范围	风速:0～60 m/s;风向:0°～360°;垂直气流:0～20 m/s

续表

要素	主要指标
测量误差	风速≤1.5 m/s；风向≤10°；垂直速度：0.2 m/s
分辨率	风速≤0.2 m/s；风向≤0.5°；高度分辨率：60 m（低模式），120 m（高模式）；时间分辨率：3 min（3 波束），6 min（5 波束）
天线类型	二维相扫微带平面相控阵
发射机体制	全固态
发射功率	≥8 kW
相位噪声	≤0.1°
动态范围	≥90 dB
系统灵敏度	≤−150 dBm
工作电源	AC 220 V±10%，50±2 Hz；功耗≤6 kW
输出产品	功率谱和谱的零、一、二阶矩，回波信噪比，水平风速、风向，垂直气流速度和方向，大气折射率结构常数，大气虚温（选配 RASS 时）

（5）业务应用

装备许可证编号：SXZ-20-2021。

启用时间：2021 年 10 月 18 日。

应用领域：该风廓线雷达作为连续、实时遥感大气风场的探测设备，特别适合高空连续风场探测和需要无球探测测风的场合，如机场或机场航道附近等，WP6000-LT 对流层风廓线雷达在大气科学研究、天气预报、火箭发射保障、飞机起降、空气污染潜势预报、空气质量预报以及城市环境气象应用服务等许多方面有着广泛的应用前景。目前 WP6000-LT 对流层风廓线雷达共有 11 部，分别应用于中国气象局系统、民航系统及军方系统内，且均正常业务运行。

2.3 激光雷达

2.3.1 LGJ-01 气溶胶激光雷达（安徽蓝盾）

（1）观测原理

LGJ-01 气溶胶激光雷达通过向大气中发射激光光束，在传播路径上被大气气溶胶粒子、云粒子散射和吸收，得到关于气体原子、分子、大气气溶胶粒子和云等大气成分的信息。反演相对应高度（距离）的大气气溶胶后向散射系数或消光系数。利用激光雷达同时探测后向散射光中的平行分量和垂直分量回波信号，即可获得大气气溶胶粒子的退偏振比垂直廓线。激光雷达具有分辨率高、抗有源干扰能力强、低空探测性能好、体积小、质量轻等优点，已成为测量大气气溶胶和云雾粒子的重要技术手段。

（2）功能特点

该雷达具有体积小、质量轻、灵敏度高等特点，环境适应性强，可以野外全天候无人值守监测。激光雷达可以得到大气不同高度气溶胶强弱信号，反演光学厚度、消光系数、退偏振比、云信息、边界层高度、后向散射系数、颗粒物浓度、垂直能见度等参数。可根据用户需要选择垂直对天观测、扫描观测、移动走航测三种工作模式。该雷达探测盲区小，灵敏度高；野外适应性好，可长期无人值守监测；具备偏振通道；立体观测，污染源精确捕捉。

（3）组成结构

该雷达主要由激光发射系统、光学接收系统、信号采集系统及数据处理系统四部分组成，以及配套软件等其他附属设备（图 2.3.1.1）。激光雷达发射系统主要包括 Nd:YAG 固体激光器、扩束器等其他光学元件。接收系统由接收望远镜和后继分光部件组成。信号采集系统通常由光电探测器、采集卡组成。数据处理系统主要由工控机和配套处理软件组成。

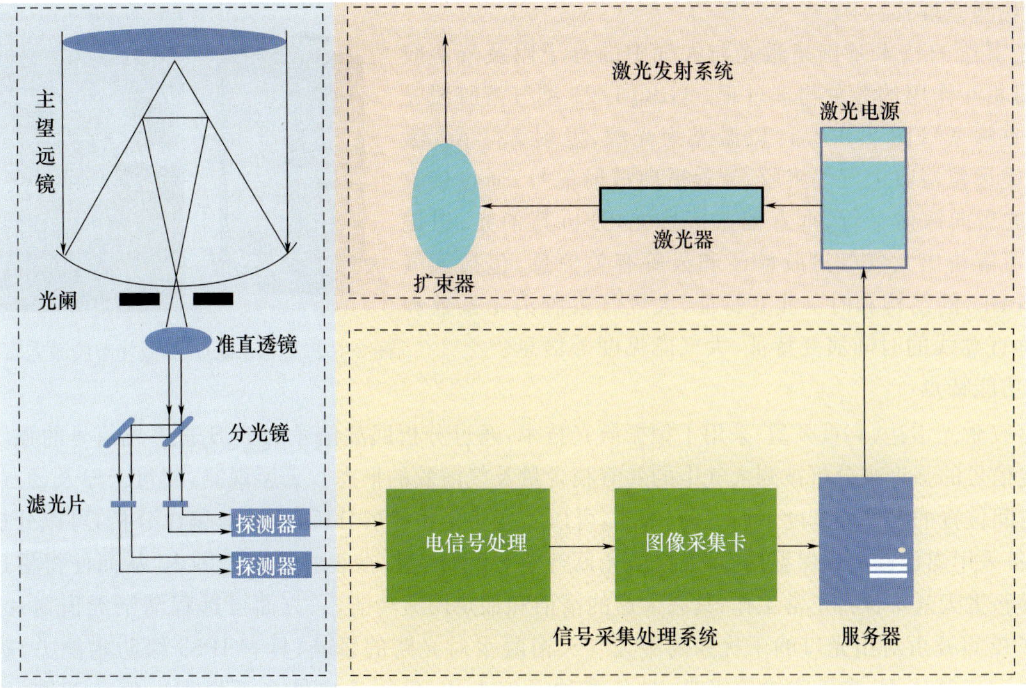

图 2.3.1.1 LGJ-01 气溶胶激光雷达结构图

(4)性能指标(表 2.3.1.1)

表 2.3.1.1 LGJ-01 气溶胶激光雷达性能指标

要素		主要指标
性能指标	时间分辨率	1 s～30 min 可调
	空间分辨率	7.5 m/可调
	探测盲区	75 m
	最大探测距离	15 km
发射单元	激光波长	532 nm,或加配其他波长
	脉冲重复频率	10～3 kHz
	单脉冲能量	1～250 mJ
	泵浦方式	二极管泵浦为主,部分闪光灯泵浦
接收单元	望远镜口径	≥120 mm
	分光系统	滤光片分光
	通道	至少 2 个通道,带偏振通道
数据采集系统	探测器	光电倍增管
	采集系统	模拟采集或光子计数采集

(5)业务应用

装备许可证编号:SXZ-15-2022。

启用时间:2022 年。

应用领域:气溶胶激光雷达是一种主动的遥感探测工具,具有探测精度高、方向性强、相干性高,并能连续进行探测等特点,能够测量探测点上空的气溶胶的空间分布情况。对大气气溶胶等多种参数进行监测,同时可以区分区域传输的高度、强度和种类。大气气溶胶激光雷达在大气探测领域发挥着不可或缺的作用。

2.3.2 GBQ L-01 型气溶胶激光雷达（合肥中科光博）

（1）观测原理

激光雷达的技术基础是激光与大气中的分子以及气溶胶粒子之间相互作用的各种物理过程。GBQ L-01 型气溶胶激光雷达（高重频型）（图 2.3.2.1）以激光为光源，发射 532 nm 激光，接收望远镜接收大气气溶胶、云等后向散射信号，通过接收 532 nm 的后向散射平行、垂直偏振信号光，分析其消光、退偏振特性，可解析出大气气溶胶粒子和云等有关信息，包括大气边界层（PBL）的结构和时空演变特征、大气气溶胶消光系数和退偏比垂直廓线的时间演变特征、大气能见度等信息。

图 2.3.2.1　GBQ L-01 型气溶胶激光雷达产品图

（2）功能特点

气溶胶激光雷达（高重频型）采用了偏振激光技术，通过分析回波信号的 P、S 通道光信号的强度比值及总体回波信号的强度来分析被测大气中的气溶胶含量及气溶胶的形态。云层观测，测量云厚及云层；遥感测量不同空间位置的大气能见度；垂直探测大气，可以实现污染边界层分析；通过退偏比分析，可以分析气溶胶形态；设备采用温控调节和保温措施，确保激光器等重要部件工作在正常温度范围内，从而使得雷达设备在高低温等恶劣天气下保持正常工作；具有天窗的清洁和加热两大功能，一方面可远程清洁天窗窗片，另一方面解决了夜间蚊虫对出光口的干扰和高湿天气天窗凝水对光路的影响；具有 IP55 级防水能力，确保仪器在淋雨时可正常使用；整机防护等级高，具备多种通信方式，可用于户外全天候无人值守工作；具备手机 APP、网页、电脑软件等多种分析软件应用形式，极大程度方便用户使用与数据人员数据分析。

（3）组成结构

该雷达主要由激光雷达主机、激光器及电源、工控机、UPS 电源、方舱（选配）等组成（图 2.3.2.2）。工控机控制激光器出光后，先经过扩束准直再发射到大气中，望远镜接收后向散射的回波信号，经由光电探测器将光信号转换为电信号，送入采集卡，在工控机中进行数据分析与存储，并且与服务器通信，将采集分析的数据发送给服务器；系统供电先经过 UPS 稳压，同时具有掉电保护功能；工控机控制天窗雨刮和吹扫装置，进行窗片的清洁除雾。

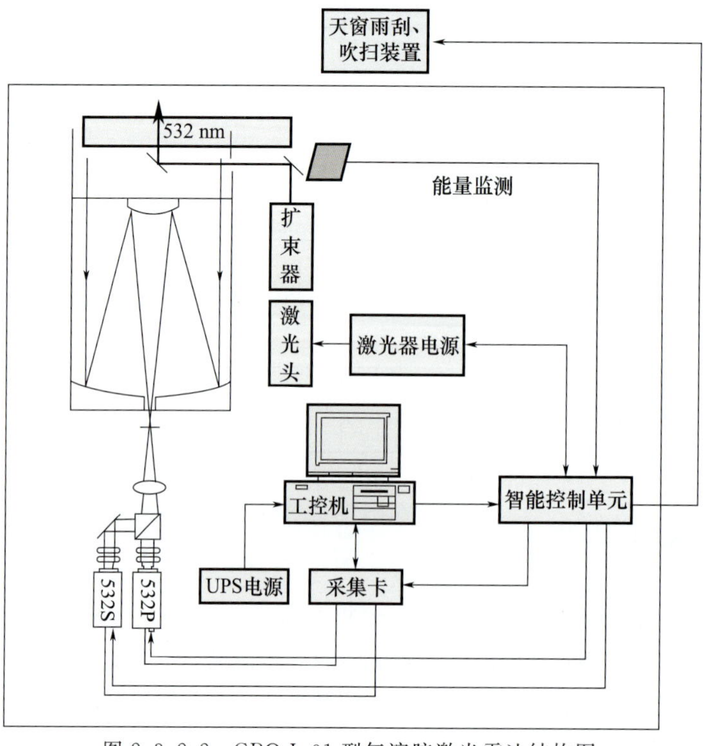

图 2.3.2.2　GBQ L-01 型气溶胶激光雷达结构图

(4)性能指标(表 2.3.2.1)

表 2.3.2.1 GBQ L-01 型气溶胶激光雷达性能指标

要素		主要指标
性能指标	时间分辨率	1 min,可调
	空间分辨率	7.5 m 及其倍数可调
	探测盲区	≤45 m
	最大探测距离	≥10 km(白天); ≥15 km(夜间)
发射单元	激光波长	532 nm
	脉冲重复频率	≥3 kHz
	单脉冲能量	≥1 mJ
	激光器寿命	>16000 h

要素		主要指标
接收单元	接收口径	≥200 mm
	望远镜类型	卡塞格林
	收发模式	收发同轴
	接收视场角	≤2 mrad
	通道	2 个通道,带偏振通道
数据采集系统	探测器	光电倍增管
	采样精度	16 bit
	采样频率	100 MHz
环境适应性	环境温度	−40～55 ℃
	相对湿度	≤90%
	大气压	80～106 kPa
	供电电压	AC 220 V 市电

(5)业务应用

装备许可证编号:SXZ-30-2021。

启用时间:2021 年。

应用领域:识别大气中气溶胶、云、边界层等物理特性变化;云雨过程捕捉和云相态连续观测,满足气溶胶与云相互作用、降水对气溶胶影响等研究的需要;机场、高速公路和道路能见度的测量;颗粒物监测,适用于沙尘、雾、霾的长期观测和大气污染溯源分析。

2.3.3 YLJ1 型拉曼和米散射气溶胶激光雷达(无锡中科光电)

(1)观测原理

YLJ1 型拉曼和米散射气溶胶激光雷达(图 2.3.3.1)采用 Nd:YAG 激光器的 355 nm、532 nm、1064 nm 波段作为发射光源,经过内部扩束镜系统和反射镜后射向大气,大气的后向散射回波信号经过接收光学系统(望远镜)接收后通过分光元件将光束分离后分别进入 8 个探测通道[355 nm(P)、355 nm(S)、386 nm、407 nm、532 nm(P)、532 nm(S)、607 nm、1064 nm]的探测器中进行回波信号的接收,光电探测器将光信号转化为电信号,然后对电信号进行滤波、去噪、放大、采样等计算处理,最后通过算法反演在软件界面上将测量结果以伪彩图和曲线图的形式展现出来。

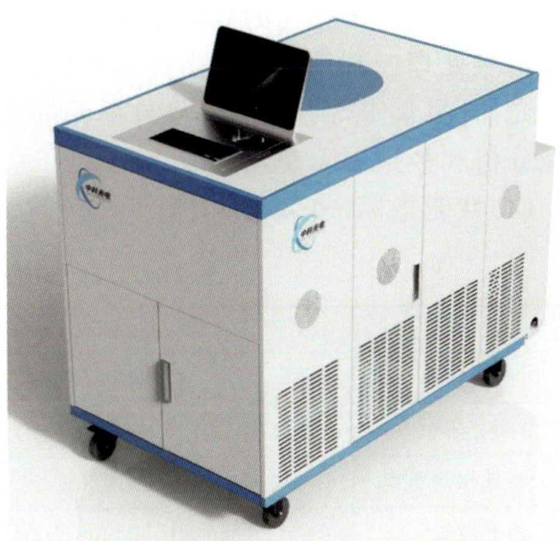

图 2.3.3.1 YLJ1 型拉曼和米散射气溶胶激光雷达产品外观图

(2)功能特点

该雷达能够实现多波长气溶胶消光廓线、退偏振比廓线、水汽廓线、边界层高度、光学厚度、云信息等探测。设备集成度高,部件采用模块化设计,具有可靠性高、维护成本低、维护要求低、使用寿命长、自动出图、无人值守、全天候工作等优点。

(3)组成结构

该雷达主要由激光发射系统、光学接收系统、光谱分光系统、光电转换与数据采集系统和信号处理控制系统组成(图 2.3.3.2)。

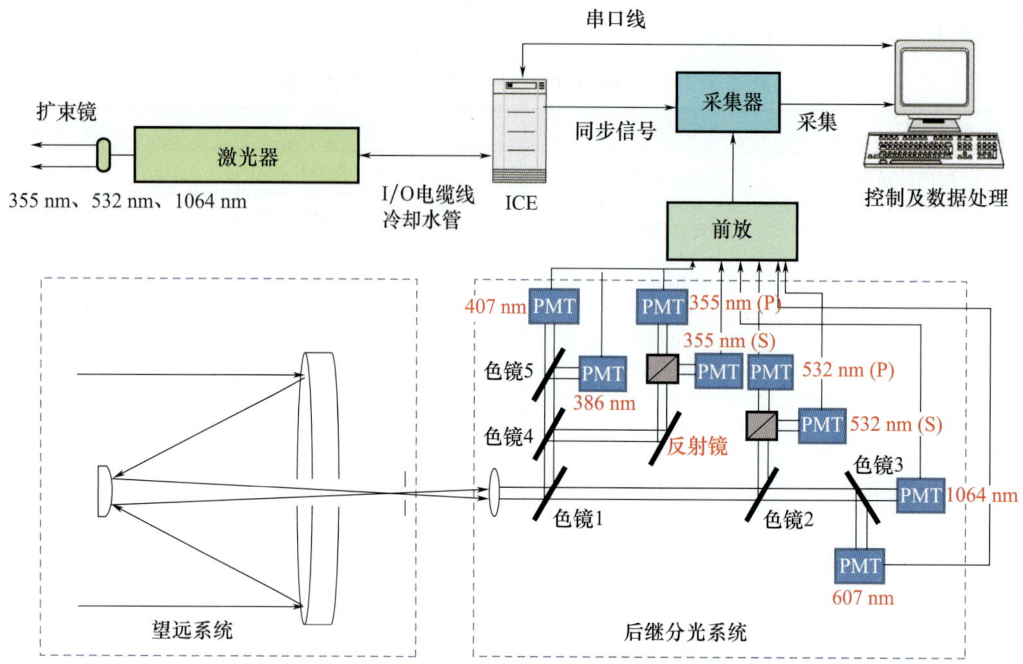

图 2.3.3.2　YLJ1 型拉曼和米散射气溶胶激光雷达系统架构图

激光发射系统主要由激光器、扩束器、反射镜构成。激光器向大气中发射 355 nm、532 nm、1064 nm 波长探测光，经过整形和发射后指向性入射到大气中去。

光学接收系统主要由望远镜和光阑构成，用于将大气中的各类散射信号进行统一的汇聚收集，送入后续的分光系统进行分离。

光谱分光系统主要由准直透镜、色镜、反射镜构成。用于将望远镜汇聚的所有光信号根据特定的波长需求进行单独分离，并滤除杂散光，送入后端的光电转换与数据采集系统，准备将指定波长的光信号转换为电信号。

光电转换与数据采集系统主要由光电探测器、电路放大器、数据采集器等单元构成。通过光电探测器将微弱的光信号转换为电信号，并经过电路上的滤波、去噪、放大、采样等操作后将时域空间的连续信号转换为计算机可存储的数字信号。

信号处理控制系统主要由嵌入式控制系统、数据采集分析软件单元构成。通过嵌入式控制系统实现和激光器、采集卡等各个外部硬件单元的通信交互，通过上位机软件实现整个雷达的数据采集运行、数据处理分析和数据展示交互功能。

（4）性能指标（表 2.3.3.1）

表 2.3.3.1　YLJ1 型拉曼和米散射气溶胶激光雷达性能指

要素	主要指标	要素	主要指标
时间分辨率	1～30 min 可调	望远镜口径	≥250 mm
空间分辨率	7.5 m（倍数可调）	分光系统	滤光片分光
最大有效探测距离	≥10 km	通道数	8 个
激光波长	355 nm、532 nm、1064 nm	探测器	光电倍增管
脉冲重复频率	1 kHz	接收通道	355 nm 垂直、355 nm 平行、532 nm 垂直、532 nm平行、1064 nm、386 nm 氮分子拉曼、407 nm 水汽分子拉曼、607 nm 氮分子拉曼
激光能量	≥1 mJ@1064 nm； ≥0.5 mJ@532 nm； ≥0.3 mJ@355 nm		

（5）业务应用

装备许可证编号：SXZ-37-2021。

启用时间：2021 年。

应用领域：①高质量的垂直廓线信息，通过实时监测大气气溶胶、水汽廓线、污染物混合层高度等高精度数据产品，为人工影响天气改善空气质量试验及评估提供精确数据；②预报预警数据支撑，通过温度廓线、湿度廓线、云高等数据产品，为突发性、灾害性天气预警提供数据支撑；③模式同化基础数据，通过数据同化进入天气预报模式，全面提升天气预报模式准确度、灾害性天气预报预警能力；④提供其他气溶胶激光雷达的标定，由于其高精度，可为周边气溶胶激光雷达提供标定服务，保证组网雷达中气溶胶激光雷达的一致性。

2.3.4 YLJ2 型拉曼和米散射气溶胶激光雷达（北京遥测）

（1）观测原理

YLJ2 型拉曼和米散射气溶胶激光雷达是一种“三波长八通道”大气探测激光雷达，它以激光为光源，垂直向上向大气中发射窄线宽的 355 nm、532 nm、1064 nm 三波长激光，接收大气层中气溶胶、云层、大气分子的 355 nm 平行偏振、355 nm 垂直偏振、532 nm 平行偏振、532 nm 垂直偏振、1064 nm 弹性散射回波信号以及 386 nm 氮分子拉曼、407 nm 水汽分子拉曼、607 nm 氮分子拉曼回波信号，利用相应的反演方法对接收到的回波信号进行处理，得到气溶胶消光系数、气溶胶后向散射系数、气溶胶粒子退偏振比、云信息、光学厚度、污染物混合层高度、能见度、颗粒物浓度廓线等信息，其大气探测原理如图 2.3.4.1 所示。

（2）功能特点

该雷达具有 355 nm、532 nm、1064 nm“三波长”激光，355 nm 平行、355 nm 垂直、532 nm 平行、532 nm垂直、386 nm、407 nm、607 nm、1064 nm“八通道”，米散射、瑞利散射、拉曼散射和偏振探测能力；能够在复杂天气条件下长期运行，工作性能稳定，实现对大气的立体实时探测，获得气溶胶、云层信息，满足气象、环保等领域的科学研究和业务运行要求；具备多设备区域组网探测能力。

（3）组成结构

YLJ2 型拉曼和米散射气溶胶激光雷达由激光发射分系统、接收分系统、光电转换和数据采集分系统、电源分系统、综合控制分系统和环控分系统等组成（图 2.3.4.2）。激光发射分系统主要由激光器及其控制器组成，是系统的发射分系统。接收分系统包含望远镜和光学处理单元，望远镜接收激光与大气相互作用反射的光回波信号，光学处理单元对望远镜接收的光信号进行分光处理。光电转换与数据处理分系统包含探测器和数据采集与处理单元，探测器将接收分系统输出的光信号转换为电信号，数据采集与处理单元接收探测器输出的电信号，并进行数据处理。电源分系统为系统内部各电子单机提供所需的电源。综合控制分系统是整个系统的控制中枢，向系统内部各电子单机发送控制指令，并接收其返回的状态和数据等。环控分系统为系统提供稳定的工作环境。

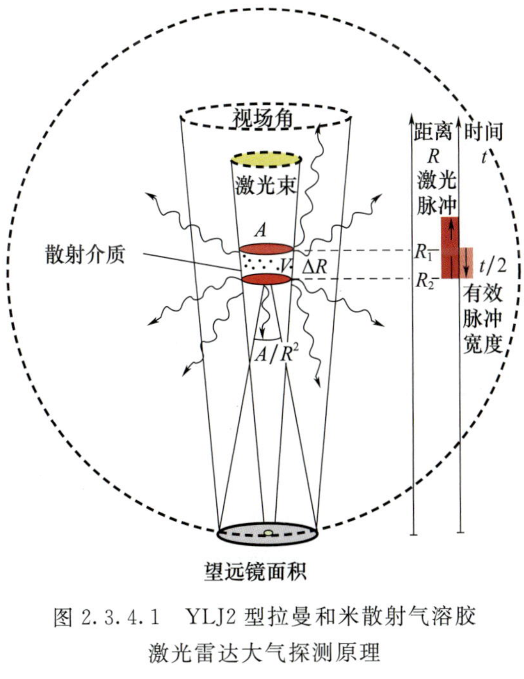

图 2.3.4.1 YLJ2 型拉曼和米散射气溶胶激光雷达大气探测原理

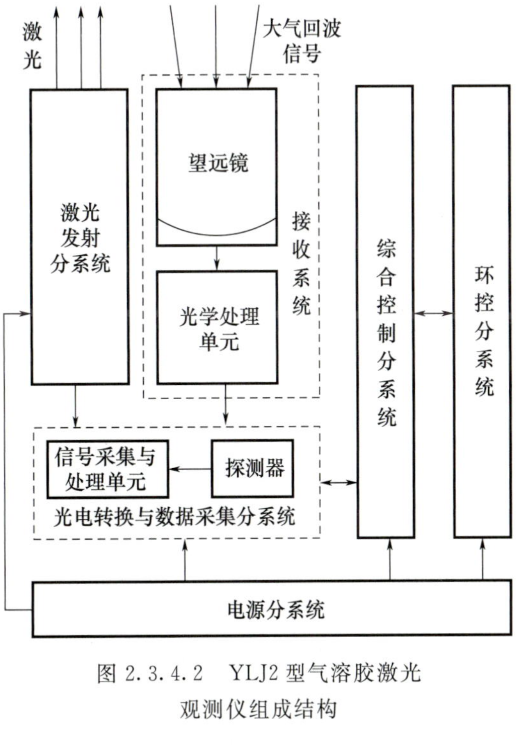

图 2.3.4.2 YLJ2 型气溶胶激光观测仪组成结构

（4）性能指标（表 2.3.4.1）

表 2.3.4.1　YLJ2 型拉曼和米散射气溶胶激光雷达性能指标

要素		主要指标
发射系统	工作波长	355 nm、532 nm、1064 nm
	脉冲宽度	≤50 ns
	激光能量	≥1 mJ@1064 nm； ≥0.5 mJ@532 nm； ≥0.3 mJ@355 nm
	发射激光脉冲线宽	≤0.2 nm
	发射激光的偏振比	≥100∶1
接收系统	望远镜类型	反射式望远镜
	工作波长	300～2000 nm
	望远镜口径	≥250 mm
	接收通道	355 nm 垂直、355 nm 平行、532 nm 垂直、532 nm 平行、1064 nm、386 nm 氮分子拉曼、407 nm 水汽分子拉曼、607 nm 氮分子拉曼
光电转换和数据采集系统	光电探测器类型	APD/ PMT
	光电探测器模式	光子计数
	数据采集器采样频率	≥ 10 MHz
	计数率	≥200 M c/s
	干涉滤光片带宽抑制	≥OD4
性能指标	有效探测范围	≥10 km
	空间分辨率	7.5 m（倍数可调）
	时间分辨率	1～30 min
	数据产品种类	气溶胶消光系数、气溶胶后向散射系数、气溶胶粒子退偏振比、云信息、光学厚度、污染物混合层高度、能见度、颗粒物浓度廓线
	距离测量精度	不大于其空间分辨率
	数据格式	符合《拉曼和米散射气溶胶激光雷达功能需求书》数据字典的要求
标校项目	系统线性度	≥95%
	大气瑞利信号拟合一致性	相对偏差≤15%
设备	电磁兼容性要求	产品通过电快速瞬变脉冲群抗扰度测试、浪涌抗扰度测试、静电放电抗扰度测试、电压暂降和短时中断抗扰度测试，满足产品电磁兼容性要求
	平均无故障运行时间	≥1000 h
	工作温度	−40～50 ℃（舱外）； 10～30 ℃（舱内）
	电源要求	单相，AC 220 V±15%，50 Hz±5%
	激光器寿命	≥3000 h

（5）业务应用

装备许可证编号：SXZ-36-2021。

启用时间：2021 年。

应用领域：大气环境监测：对城市空间大气的三维立体实时检测；雾、霾、沙尘暴等全天候连续监测预警；城市污染源定位及扩散路径追踪；本地和外地污染源输送路径及分布检测；$PM_{2.5}$ 和 PM_{10} 粒子浓度测量。气候气象研究：能见度测量；气溶胶类型垂直分布研究；云特性空间分布研究；气溶胶光学和微物理参数反演；大气湿度空间探测；气象检测仪器校准（图 2.3.4.3）。

图 2.3.4.3　YLJ2 型拉曼和米散射气溶胶激光雷达设备应用场景

2.4 毫米波雷达

2.4.1 YLU1 型 Ka 波段毫米波测云雷达（对顶式雷达）、HT104 型 W 波段毫米波测云雷达（对顶式雷达）、HTCR-1000 型 Ka 波段毫米波测云雷达（扫描式雷达）（西安华腾）

（1）观测原理

毫米波测云雷达利用云粒子对毫米波的散射特性反演云宏观和微观结构，连续观测云的水平和垂直结构变化，获取云底高、云顶高、云体厚度等宏观参数和反射率、速度、谱宽、液态水含量及云的分层结构等。根据电磁波极化方式有单偏振和双偏振毫米波测云雷达，利用双偏振毫米波测云雷达可以识别云粒子相态。

（2）功能特点

毫米波测云雷达具有数据采集、处理、通信、存储、自动标定、质量控制、状态监控、远程配置及软件升级等功能，雷达通过时间积分的方式获取积分云量，实现云高和云量同时观测，并按照规定数据格式输出。

全固态发射机，免维护、体积小、寿命长、安全系数高；全相参工作模式，相位稳定度高，可靠性强；高性能高平衡性接收系统，偏振参量精度高；大口径天线，天线增益高、角度分辨率高；雷达结构紧凑、架设维护方便；自带刚性口面罩，不积水、不结冰、八级风不损坏；使用和运行成本低。

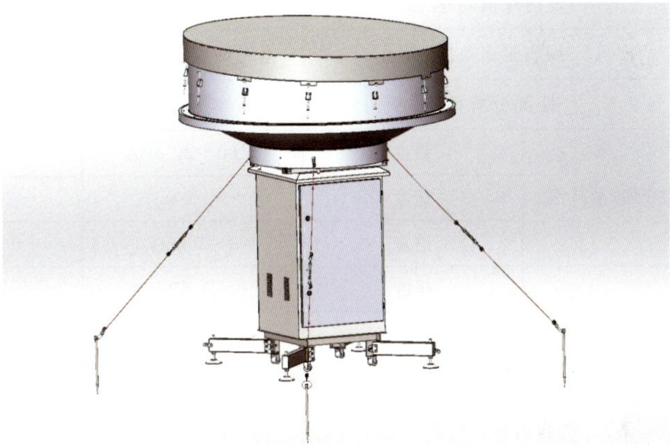

图 2.4.1.1 YLU1 型 Ka 波段对顶式云雷达产品外观

（3）组成结构

毫米波测云雷达分为对顶式和扫描式。对顶式毫米波测云雷达有 YLU1 型 Ka 波段毫米波测云雷达（图 2.4.1.1）和 HT104 型 W 波段毫米波测云雷达（图 2.4.1.2）；扫描式毫米波雷达目前有 HTCR-1000 型 Ka 波段毫米波测云雷达（图 2.4.1.3）。

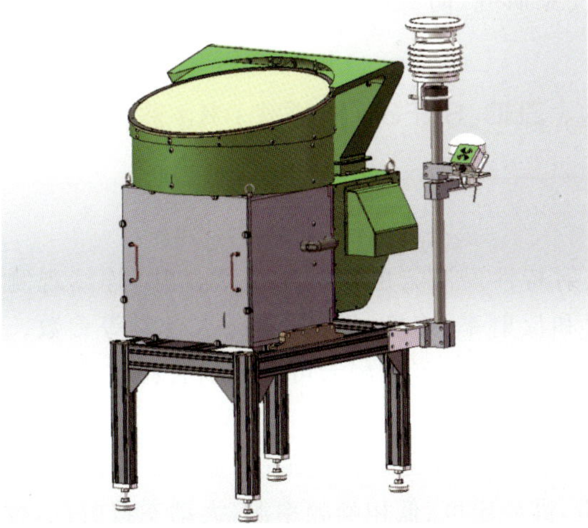

图 2.4.1.2 HT104 型 W 波段对顶式云雷达产品外观

图 2.4.1.3 扫描式云雷达产品外观

对顶式测云雷达抛物面天线固定指向垂直顶空工作，整个系统由两个部分组成，外场安装毫米波云雷达，室内安装云雷达产品输出器，中间采用光纤或者千兆网进行数据传输。

扫描式云雷达除了对顶式云雷达的全部功能外，还增加了高精度伺服转台系统和高性能在线标定系统。扫描式云雷达可灵活完成 THI、PPI、RHI、CPPI 等多种扫描模式，能实现在线标定雷达发射功率、线性动态范围、噪声系数、地物抑制能力等相关参数。

（4）性能指标（表 2.4.1.1）

表 2.4.1.1　毫米波测云雷达性能指标

<table>
<tr><th colspan="2">要素</th><th colspan="3">主要指标</th></tr>
<tr><td colspan="2">雷达型号</td><td colspan="2">对顶式</td><td>扫描式</td></tr>
<tr><td colspan="2">雷达体制</td><td colspan="2">全固态、全相参</td><td>全固态、全相参、双偏振（单发双收、双发双收）</td></tr>
<tr><td colspan="2">扫描方式</td><td colspan="2">垂直天顶</td><td>机械扫描</td></tr>
<tr><td colspan="2">工作频率</td><td>94 GHz</td><td>35 GHz</td><td>35 GHz</td></tr>
<tr><td rowspan="2">天线扫描方式</td><td>方位</td><td>无</td><td>无</td><td>0°～360°</td></tr>
<tr><td>俯仰</td><td>90°</td><td>90°</td><td>－2°～92°往返扫描</td></tr>
<tr><td colspan="2">天线口径</td><td>≥0.5 m</td><td>≥1.2 m</td><td>≥1.6 m</td></tr>
<tr><td colspan="2">发射峰值功率</td><td>≥2 W</td><td>≥20 W</td><td>≥100 W</td></tr>
<tr><td colspan="2">探测距离范围</td><td>垂直高度≥10 km</td><td>垂直高度≥15 km</td><td>≥30 km</td></tr>
<tr><td colspan="2">距离分辨率</td><td>≤15 m</td><td>≤30 m</td><td>≤30 m</td></tr>
<tr><td rowspan="3">参数测量范围</td><td>强度</td><td>－60～20 dBZ</td><td>－45～35 dBZ</td><td>－50～50 dBZ</td></tr>
<tr><td>速度</td><td>－9～9 m/s</td><td>－26～26 m/s</td><td>－26～26 m/s</td></tr>
<tr><td>谱宽</td><td>0～9 m/s</td><td>0～16 m/s</td><td>0～8 m/s</td></tr>
<tr><td rowspan="3">参数测量精度</td><td>强度</td><td>≤1 dBZ</td><td>≤1 dBZ</td><td>≤1 dBZ</td></tr>
<tr><td>速度</td><td>≤0.5 m/s</td><td>≤0.5 m/s</td><td>≤0.5 m/s</td></tr>
<tr><td>谱宽</td><td>≤0.5 m/s</td><td>≤0.5 m/s</td><td>≤0.5 m/s</td></tr>
<tr><td colspan="2">地物杂波抑制比</td><td>≥40 dB</td><td>≥40 dB</td><td>≥40 dB</td></tr>
</table>

（5）业务应用

装备许可证编号：SXZ-75-2019。

启用时间：2019 年。

应用领域：Ka 波段毫米波测云雷达可广泛应用在气象研究、防灾减灾、天气预报、人工影响天气、航空气象保障、农业、电力、水利等领域。

2.4.2　YLU4（对顶式）Ka 波段毫米波测云雷达、ZHD_SKFS（扫描式）Ka 波段毫米波测云雷达（无锡智鸿达）

（1）观测原理

Ka 波段毫米波测云雷达利用云粒子对毫米波的散射特性反演云的宏观和微观结构，连续观测云的水平和垂直结构变化，获取云底、云顶、云厚等宏观参数和反射率、速度、谱宽、液态水含量等参数。根据电磁波极化方式有单偏振和双偏振毫米波测云雷达，利用双偏振毫米波测云可以识别云粒子的相态。

（2）功能特点

Ka 波段（8.6 mm）毫米波测云雷达是一种全固态、全相参、脉冲压缩多普勒雷达，工作频率为35 GHz，采用 1.8 m 口径圆形抛物面天线，固态功率器件合成发射机，高稳定度、低相噪频率源，大动态接收机，数字式信号处理机，并具有发射机脉冲功率测量、接收机噪声系数测量、接收机特性的检测和标定等功能。

雷达主要探测参数为云、雾、降水系统的反射率强度、径向速度、速度谱宽等一次数据。该系统由天馈线、发射机、接收机与频率综合器、信号处理、天线控制、数据处理与显示控制及附属设备组成。

属全相参、全固态脉冲多普勒雷达；系统高集成度、高性能、高可靠性；小尺寸、小体积、轻量化天线设计；抗风防潮、全天候户外运行；超大功率，实际探测性能可达 20 km；完全满足对流层云的垂直观测；使用方便，运行成本低。

软件具有数据采集、处理、通信、存储、自标定、质量控制、状态监控和远程配置及软件升级等功能，能够获取云体反射率因子、云粒子径向移动速度、速度谱宽和云底高、云顶高、云水含量等云信息，并按照规定数据格式输出等功能。系统有多点监控（电压、电流、功率）和易扩展等特点。

（3）组成结构

Ka 波段毫米波测云雷达分为对顶式（图 2.4.2.1）和扫描式两种。对顶式测云雷达抛物面天线固定指向垂直顶空工作，整个系统由两个部分组成，室外安装毫米波云雷达，室内安装云雷达产品输出器，中间采用光纤或者千兆网进行数据传输。扫描式测云雷达除了对顶式测云雷达的全部功能外，还增加了高精度伺服转台系统和高性能在线标定系统。扫描式测云雷达可灵活完成 PPI、RHI、CAPPI、VOL、sPPI、sRHI 和垂直指向等扫描模式，支持不同模式的自由切换。能实现在线标定雷达发射功率、线性动态范围、噪声系数、地物杂波抑制能力等相关参数，支持固定式和机动式安装方式。

图 2.4.2.1　对顶式测云雷达外观

（4）性能指标（表 2.4.2.1）

表 2.4.2.1　Ka 波段毫米波测云雷达（YLU4 对顶式和 ZHD_SKFS 扫描式）性能指标

要素		主要指标	
雷达型号		YLU4 对顶式	ZHD_SKFS 扫描式
雷达体制		全固态、全相参、脉冲多普勒	全固态、全相参、脉冲多普勒
扫描方式		垂直顶空固定指向	机械扫描
工作频率		35 GHz±100 MHz	
天线扫描方式	方位	无	0°～360°
	俯仰	90°	−2°～92°往返扫描
天线口径		≥1.8 m	
发射峰值功率		≥20 W	≥100 W
探测距离范围		0～15 km	0～15 km/30 km/60 km
分辨率	距离	30 m/15 m	
	盲区	≤300 m	
基本数据测量范围	反射率因子	−40～30 dBZ	−40～30 dBZ
	接收灵敏度	−120 dBm(5 us 脉宽)	
	速度	−15～15 m/s	
	谱宽	0～15 m/s	
参数测量精度	反射率因子	≤1 dBZ	
	速度	≤1 m/s	
	谱宽	≤1 m/s	
10 km 处可探测最小反射率因子		≤30 dBZ	≤30 dBZ
测量范围		150～15000 m	0～60 km(15 km、30 km、60 km 可选)

（5）业务应用

装备许可证编号：2020LP5963。

启用时间：2019 年。

应用领域：Ka 波段毫米波测云雷达主要应用于全球气候变化、云物理研究、气象预报、气象防灾减灾工作，以及其他行业（如林业、农业、电力、水利等）气象监测站。

2.5 微波辐射计

2.5.1 YKW2 型地基微波辐射计（北京爱尔达）

（1）观测原理

YKW2 型地基微波辐射计（图 2.5.1.1～图 2.5.1.3）是基于大气微波遥感技术的气象观测设备，主要依据大气对不同微波频段辐射吸收上的差异，选择不同微波通道探测大气亮度温度（亮温）变化，再通过反演方法实现大气物理量测量。根据大气吸收光谱可知，22.2 GHz 附近和 183 GHz 附近表现为水汽谐振带，60 GHz 和 118.75 GHz 附近表现为大气氧气谐振带，微波辐射计正是通过对水汽谐振带和氧气谐振带的测量获取大气亮温，进而实现物理量反演。本微波辐射计采用 K 波段（22～31 GHz）的水汽谐振带和 V 波段（51～59 GHz）的氧气谐振带进行测量。微波辐射计被动接收天线视场范围内的各种物体自身所辐射、散射或反射的微波能量，并把它等效变换成黑体温度来反演温度、湿度曲线。

图 2.5.1.1　YKW2 型地基微波辐射计实物图 1

图 2.5.1.2　YKW2 型地基微波辐射计实物图 2

图 2.5.1.3　YKW2 型地基微波辐射计实物图 3

(2)功能特点

该微波辐射计是基于大气微波遥感技术的气象观测设备，工作在K波段(22～31 GHz)和V波段(51～59 GHz)内，通过在典型的大气氧气窗口微波V波段和大气水汽窗口微波K波段内选择合适的频率，利用对大气微波辐射的遥感测量，反演获得地面至10 km大气温度廓线、湿度廓线、液态水廓线等信息，可实现对中小尺度强天气系统大气层结的监测和预警、云物理特征的监测、人工影响天气科研及业务的应用、雾霾天气等边界层大气环境质量的监测等。

(3)组成结构

该微波辐射计主要由微波辐射计主体、外围设备和系统软件三大部分组成，微波辐射计主体包括抛物面天线、光栅、波纹馈源、K波段接收机、V波段接收机、内置计算机等；外围设备包括地面气象站、GPS接收器、红外测云仪、鼓风机和加热器等；系统软件包括客户端软件和反演软件。

(4)性能指标(表2.5.1.1)

表2.5.1.1 HTG4型微波辐射计性能指标

要素	主要指标	要素	主要指标
气象产品	大气温度的垂直分布，大气湿度垂直分布，液态水路径(LWP)，积分液态水含量(IWV)	湿度垂直分辨率	≤50 m(0～500 m)；≤150 m(500～2000m)；≤250 m(2000～10000 m)
接收单元设计	接收机并行测量体制；温度和湿度接收通道个数分别不小于7个	水汽密度测量误差	≤1 g/m^3
工作频率	V-Band:51～59 GHz;K-band:22～32 GHz	相对湿度测量误差	≤15%
积分时间	最小积分时间≤1 s，用户可调	对流层温度垂直分辨率	≤100 m(0～1000 m)；≤200 m(1000～2000 m)；≤400 m(2000～10000 m)
廓线采样速率	最低采样速率≤10 s，用户可调	温度测量误差	1.0 K
亮温	探测范围:0～800 K；测量误差:±1 K(绝对定标后)；长期稳定性:<1.2 K/a		

(5)业务应用

装备许可证编号:SXZ-31-2021。

启用时间:2021年11月1日。

应用领域:高精度短时临近天气预报；人工影响天气有效作业时机预报；重要活动气象保障；航天航空；大气监测；灾害天气预警。

2.6 地基导航卫星水汽探测系统

2.6.1 YQS1型地基导航卫星水汽探测系统(北京敏视达)

(1)观测原理

全球导航卫星发射的载波信号在穿过大气层时受到大气的折射而延迟，将该延迟量作为待定参数引入到解算模型中，并逐项考虑误差的来源和消除的办法，精密的大气延迟量(毫米级)可以与定位参数一同求解出来。大气延迟可划分为电离层延迟和对流层延迟。通过采用双频技术，可以将电离层延迟订正到毫米级，得到对流层天顶总延迟(Z_t)，对流层天顶总延迟可分为静力延迟(Z_h)和湿项延迟(Z_w)。

静力延迟与地面气压有关，假设静力平衡，中性大气的静力延迟公式如下：

$$Z_h=[(2.2279\pm0.0024)]\frac{P_0}{f(\lambda,H)}$$

式中，P_0为地面气压(hPa)。

$$f(\lambda,H)=1-0.00266\cos(2\lambda)-0.00028H$$

式中，λ为地理纬度，H 为海拔高度(km)。

从总延迟中减去静力延迟 Z_h 而得到湿项延迟 Z_w。

站点的大气可降水量(PW)通过下式计算：

$$PW=\frac{10^6}{\rho_w R_v\left(\frac{k_3}{T_m}+k'_2\right)}\cdot Z_W=\Pi\cdot Z_W$$

式中，ρ_w为液态水密度，R_v 为水汽的气体常数，k'_2 和 k_3 为实验常数，T_m 为大气加权平均温度，定义如下：

$$T_m=\frac{\int(P_v/T)\mathrm{d}z}{\int(P_v/T^2)\mathrm{d}z}$$

式中，P_v 为水汽的分压，T 为温度。参数 T_m 与地面气温 T_s呈良好线性关系：

$$T_m=a+b\cdot T_s$$

在实际应用中可通过地面气温的观测确定这个参数。

(2)功能特点

YQS1 型地基导航卫星水汽探测系统依据《地基导航卫星水汽探测系统功能规格需求书》(气测函〔2022〕20 号)设计和定型，能够探测大气水汽含量的分布和变化情况。获取并处理导航卫星的观测数据、导航数据、地面气象数据，生成并输出单站对 V 流层天顶总延迟和大气可降水量产品，获取并输出系统状态数据。

低功耗、高稳定性、可无人值守；多种供电方式，如交流电、太阳能等；软硬件采用模块组合开放式设计，灵活组合应用；支持多种通信方式，具备远程监控功能；硬件、软件相结合的整机工作状态监控、故障隔离定位、自动告警、故障保护。

(3)组成结构

YQS1 型地基导航卫星水汽探测系统(图 2.6.1.1)由以下部分组成：导航卫星信号接收机、接收天线、标准输出控制单元、辅助气象要素测量单元。

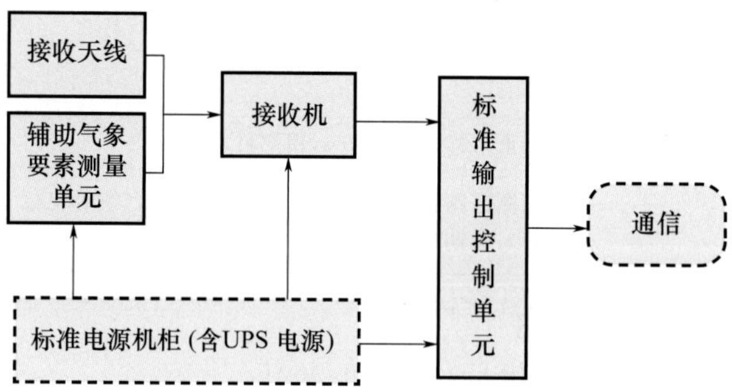

图 2.6.1.1 YQS1 型地基导航卫星水汽探测系统结构图

(4)性能指标(表 2.6.1.1～表 2.6.1.4)

表 2.6.1.1 接收机性能指标

要素	主要指标
对流层天顶总延迟最大允许误差	±18 mm
大气可降水量最大允许误差	±3 mm
时间分辨率	≤5 min
产品时延	≤5 min
载波频率	BeiDou/GPS/GLONASS/GALILEO
观测值	测距码、载波相位、原始信号强度；频点包括 BDS 系统 B1、B2A、B2B，GPS 系统 L1、L2、L5，GLONASS 系统 G1、G2，GALILEO 系统 E1、E5a、E5b
定位精度	平面 3 mm±0.3 ppm；高程 5 mm±0.3 ppm
冷启动首次定位时间	接收机在概略位置、概略时间、星历和历书未知的状态下开机，到首次能够在其后 10 s 连续输出三维定位误差<100 m 的定位数据，所需时间≤120 s
温启动首次定位时间	接收机在概略位置、概略时间、历书已知，星历未知的状态下开机，到首次能够在其后 10 s 连续输出三维定位误差<100 m 的定位数据，所需时间≤60 s

续表

要素	主要指标
热启动首次定位时间	接收机在概略位置、概略时间、星历和历书已知的状态下开机，到首次能够在其后 10 s 连续输出三维定位误差＜100 m 的定位数据，所需时间≤20 s
观测最大允许误差	测距码≤10 cm，载波相位≤0.01 周
自动校时	接收机能够自动校时，采样整秒时刻与卫星之差≤1 ms
钟频	晶振日稳定性≤10^{-8}
电池	内置集成电池连续工作时间≥12 h
数据传输	支持 TCP/IP、NTRIP 协议，内置 FTP 服务支持 FTP 主动上传
周跳出现频率	对于 24 h、采样率为 30 s 的零基线测量，最小卫星高度角取 0°，当卫星仰角在 10°～90°时，两个接收机每个周跳的观测量＞3000，当卫星仰角在 0°～10°时，两个接收机每个周跳的观测量＞1000
MP1、MP2 值	连续观测 24 h，截止高度角设置为 0°，采样间隔 30 s。仪器必须在 3 min 内完全锁定所有可见卫星并能正常记录观测数据；高度角在 10°以上的观测量中有效观测量＞95%；MP1、MP2 值均＜0.5 m
数据更新率	可同时设置不同的采样率，最高采样率≥20 Hz(非内插)
外接原子时钟接口	10 MHz 或 5 MHz
数据存储	自动记录观测数据，支持文件循环存储，可同时存储多种采样率的数据，接收机内置存储≥256 GB，存储数据溢出时具有自动覆盖功能，同时数据下载时，仍能进行卫星连续跟踪
可靠性	接收机平均故障间隔时间(MTBF)≥3000 h
信号通道	并行大于 500 通道
跟踪能力	多频同步跟踪地平仰角 0°以上的可用卫星
远程控制	终端 Web Service 具有监控显示卫星图、卫星接收状况、文件接收状况等功能；具有数据记录、存储等功能；具有数据的自动打包及上传等功能；具有日志记录、日志查询等功能；具有设备监控、网络监控、设备故障报警、软件故障报警等功能；具有设置选择记录内容、记录时段、记录间隔时间和记录格式等功能；具有设置站点名称、天线类型、通信协议、通信口传输速度等功能；可进行远程软件升级、远程参数设置和远程复位
功能	能够接收北斗、GPS、GLONASS 和 GALILEO 等导航卫星系统信号，可以自动同时接收到 4 颗以上导航卫星的信号，具有北斗 3 PPP-B2b 数据接收功能、可反演天顶对流层总延迟(ZTD)和单站大气可降水量(PWV)，实时生成小时产品和分钟级产品、接收机在非正常断电恢复供电后能自动重启、自动跟踪卫星、自动记录、恢复工作，并保持停电前的配置、接收机支持接收辅助气象要素测量单元提供的气象要素数据，并生成业务需要的气象观测要素产品
通信端口	RJ45 接口数量 1 个，RS-232 串口 2 个，USB 3.0 接口 2 个，WiFi 接口 1 个
功耗	接收机与扼流圈天线的整体功耗小于 8 W
工作温度	－40～65 ℃的环境下能长期连续正常工作
工作湿度	相对湿度≤100%的场合下能长期连续正常工作
接收机密封性	全密封防水，符合 IP67 标准
直流供电电压	9～36 V
交流转换器工作电压	110～240 V
体积和质量	接收机长 25 cm、宽 23 cm、高 10 cm，质量 3.5 kg
数据文件要求	地基导航卫星水汽探测系统生成导航文件、观测文件和气象文件符合 RINEX 3.03 及以上标准，实时流数据格式符合 RTCM 3.2 及以上标准，数据文件命名按照中国气象局相关 GNSS/MET 数据传输规范执行
防雷要求	电源线路做接地，采用电源、信号电涌保护器，防止或减少雷电波引入所产生的脉冲过电压和脉冲过电流，造成站点设备损坏或失效

表 2.6.1.2　天线性能指标

要素	主要指标
扼流圈天线相位中心偏差	<2 mm
天线绝对相位中心改正模型	具有国际上美国国家大地测量局(NGS),美国卫星导航系统与地壳形变观测研究大学联盟(UNAVCO)认证的或国内中国卫星导航定位应用管理中心授权,承担北斗卫星导航产品质量检测工作的机构认证的天线绝对相位中心改正模型
相位中心稳定度	天线的相位中心稳定度在一年内<1.0 mm,并有定向标志以满足高精度测量的要求
接收天线低噪声放大器的增益减去线缆损耗的增益	≥50 dB
带外抑制(100 MHZ)	≥30 dB
功能	天线与前置放大器密封为一体,负责接收导航卫星信号、采取防护与屏蔽措施,选用具有抗多路径效应的扼流圈天线,以减少多路径效应引起的载波相位观测误差
工作温度	−40～65 ℃的环境下能长期连续正常工作
工作湿度	相对湿度≤100%的场合下能长期连续正常工作
密封性	全密封防水,符合 IP67 标准
体积和质量	扼流圈天线直径 37 cm,高度 21 cm,质量 6 kg

表 2.6.1.3　辅助气象要素测量单元技术指标

要素	主要指标
气压测量	范围:450～1100 hPa;最大允许误差:±0.3 hPa
温度测量	范围:−40～65 ℃;最大允许误差:±0.2 ℃
湿度测量	范围:0～100%;最大允许误差:±10%
数据采样率	1 Hz
通信端口	RS-232 串口数量≥1,RS-485 串口数量≥1
数据输出频率	1 min
功能	提供气温、气压和相对湿度等观测,可选提供风向、风速、降水等观测、能获取气象要素并按照全球导航卫星通用气象文件的格式输出,具备防辐射罩
工作温度	−40～65℃的环境下能长期连续正常工作
工作湿度	相对湿度≤100%的场合下能长期连续正常工作
密封性	全密封防水,符合 IP67 标准

表 2.6.1.4　标准输出控制单元技术指标

要素	主要指标
主机	四核处理器,主频≥1.5 GHz,内存容量≥4 GB,硬盘存储容量≥128 GB
通信接口	RJ45 接口数量≥4,且所有接口均具备限速转发能力,RS-232 串口数量≥1 且带 12 V 电源引脚,USB-3.0 接口数量≥4,RS-485 串口数量≥1
系统	Linux 操作系统
软件架构	采用 B/S 架构
通信端口	具有数据资料上传、数据断点续传功能、接收机运行状态监控、环境监控、网络状态监控、接收机远程控制、异常告警和关键指标参数统计分析等功能、具有通信串口,可供接收机数据的输入功能
工作温度	−40～60 ℃的环境下能长期连续正常工作
工作湿度	相对湿度≤100%的场合下能长期连续正常工作

(5)业务应用

装备许可证编号:SXZ-28-2021。

启用时间:2013 年。

应用领域:利用地基导航卫星遥感气象观测技术探测大气空间参数,能够快速、有效地探测大气中的水汽分布和空间电离层电子数密度分布,因此,其应用也集中在这两方面。地基导航卫星遥感气象观测技术被广泛应用于天气、气候、人工影响天气和空间天气的研究和业务(图 2.6.1.2)。

图 2.6.1.2　YQS1 型地基导航卫星水汽探测系统应用场景

3 海基观测装备

3.1 海滨观测装备

3.1.1 DZC1船载自动气象站(航天新气象)

(1)观测原理

DZC1船载自动气象站是以DZZ4新型自动气象站为基础,根据船舶气象观测环境特点而专门设计的一款高精度船载自动气象站。

按规定的采样频率对气象传感器和水文传感器输出的信号进行采样,并转换成相应的原始采样值。对采集的数据进行加工处理(采用真风计算方法将设备安装载体走航时测得的视风转换为真风),得到相应的导出量、统计量(极值、总量、累计量等)。通过无线或有线的方式实现数据采集器与船载数据显示终端之间的数据传输。

(2)功能特点

DZC1船载自动气象站能在船舶航行过程中,可长期、自动、连续、全天候监测风向、风速、温度、湿度、气压、能见度等气象观测要素;同时还可根据需求增加海水表层温度、海水表层盐度等多种水文观测要素。

获取观测数据稳定性好、精度高、易备份;观测数据可通过公用移动网络、北斗卫星或海事卫星等通信终端向指定的数据监控中心实时传输,并按规定的数据格式存储;易维护、可靠性高、观测要素可扩展;船舶航行中自动解算输出真风数据。

(3)组成结构

由船载气象设备、陆上数据监控中心及陆上客户机组成(图3.1.1.1)。船载气象设备由传感器、数据采集器、外围设备(电源、通信、船舶定向定位仪等)组成。

(4)性能指标(表3.1.1.1)

表3.1.1.1 DZC1船载自动气象站性能指标

测量要素	测量范围	分辨力	准确度
真风向	0°～360°	1°	±10°
真风速	0～75 m/s	0.1 m/s	±(0.5+0.1 v)m/s,v为实际风速
相对风向	0°～360°	1°	±3°
相对风速	0～75 m/s	0.1 m/s	±(0.5+0.03 v)m/s,v为实际风速
气温	−50～70 ℃	0.1 ℃	±0.2 ℃
相对湿度	0～100%	1%	±4%(≤80%); ±8%(>80%)
气压	500～1100 hPa	0.1 hPa	±0.2 hPa
能见度	10～35000 m	1 m	±10%(≤1.5 km); ±20%(>1.5 km)

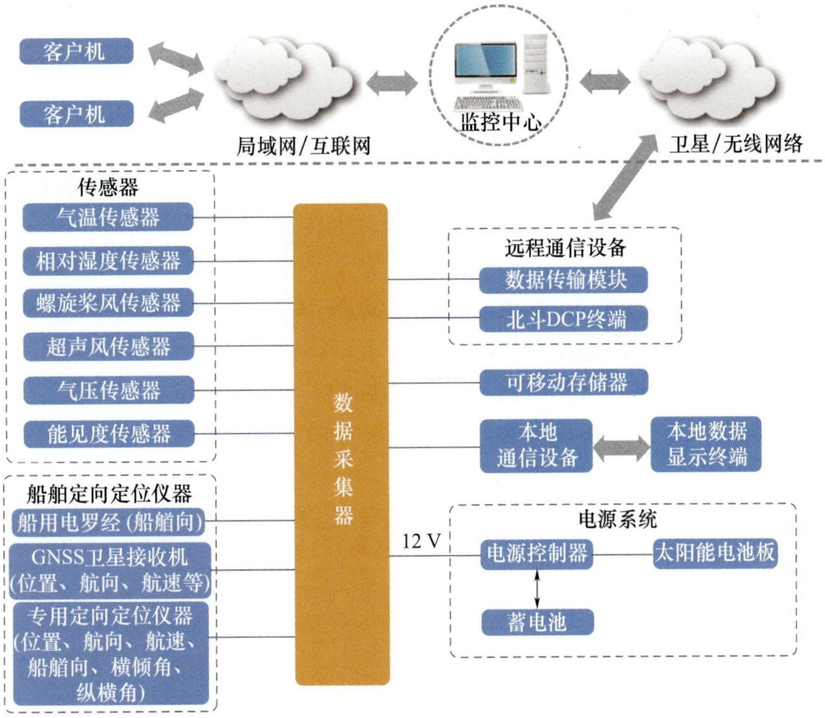

图 3.1.1.1 DZC1 船载自动气象站系统构成图

(5)业务应用

装备许可证编号:SXZ-03-2017。

启用时间:2017 年。

应用领域:该气象站可为海洋开发利用、养殖捕捞、航运等海洋气象预报预警服务以及海洋气候研究提供具有代表性、准确性和完整性的气象观测资料,适用于各类运输船、工业船、渔业船、港务船及海洋开发船等(图 3.1.1.2)。

图 3.1.1.2 DZC1 船载自动气象站应用场景

3.1.2 DZC2 船载自动气象站（北京华云升达）

（1）观测原理

DZC2 船载自动气象站按规定的采样频率对气象传感器和水文传感器输出的信号进行采样，并转换成相应的原始采样值。对采集的数据进行加工处理，得到相应的导出量、统计量（极值、总量、累计量等）。通过无线或有线的方式实现数据采集器与船载数据显示终端之间的数据传输。

（2）功能特点

该自动气象站能在船舶航行过程中，长期、自动、连续、全天候监测相关环境气象要素，适应环境气象观测的业务需求，满足观测数据的高精度和高稳定性要求；具备高可靠性、高准确性、易维护、易备份等特点；军工级电器标准，稳定性和可靠性得到保证；适应不同用户需求，传感器可灵活配置；多种通信方式，本地通信和远程无线通信可同时应用；船舶航行中自动解算输出真风数据。

（3）组成结构

由硬件和软件两部分组成。硬件由传感器、数据采集器、外围设备（电源、通信、船舶定向定位仪等）组成（图 3.1.2.1）。

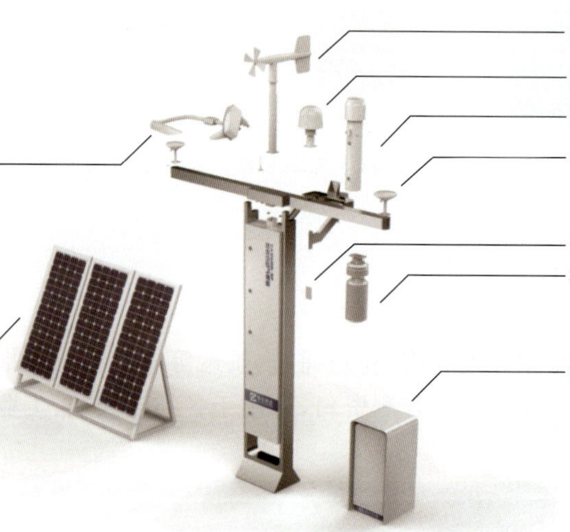

图 3.1.2.1 DZC2 船载自动气象站组成结构

船载自动气象站必备的观测项目是气温、相对湿度、风向、风速、气压、能见度；可选的观测项目是降水、海水温度等。船载自动气象站系统软件按使用场景分两种，一种适用于远程数据收集的场景，使用数据收集平台软件；另一种适用于船舶直接使用，使用船载终端软件。

（4）性能指标（表 3.1.2.1）

表 3.1.2.1 DZC2 船载自动气象站性能指标

要素	主要指标
气温	测量范围：−50～50 ℃；分辨力：0.1 ℃； 最大允许误差：±0.2 ℃
相对湿度	测量范围：5%RH～100%RH；分辨力：1%RH； 最大允许误差：±3%RH(≤80%RH)，±5%RH(>80%RH)
视风向	测量范围：0°～360°；分辨力：1°； 最大允许误差：±5°
视风速	测量范围：0～75 m/s；分辨力：0.1 m/s； 最大允许误差：±(0.5+0.03 v)m/s，v 为实际风速

续表

要素	主要指标
气压	测量范围:500～1100 hPa;分辨力:0.1 hPa; 最大允许误差:±0.3 hPa
能见度	测量范围:10～35000 m;分辨力:1 m; 最大允许误差:±10%(≤10000 m),±20%(>10000 m)
环境适应性	环境温度:－40～70 ℃;相对湿度:15%RH～100%RH; 大气压力:840～1060 hPa;太阳辐射:≤1120 W/m²; 环境风速:≤60 m/s;降水强度:≤6 mm/min
抗盐雾腐蚀	零件镀层应满足耐 48 h 盐雾沉降试验的要求
外壳防护等级	IP66
电磁兼容	浪涌(冲击)抗扰度满足《电磁兼容 试验和测量技术 浪涌(冲击)抗扰度试验》(GB/T 17626.5—2019); 电快速瞬变脉冲群抗扰度满足《电磁兼容 试验和测量技术 电快速瞬变脉冲群抗扰度试验》(GB/T 17626.4—2018); 射频电磁场辐射抗扰度满足《电磁兼容 试验和测量技术 射频场感应的传导骚扰抗扰度试验》(GB/T 17626.6—2017); 静电放电抗扰度满足《电磁兼容 试验和测量技术 静电放电抗扰度试验》(GB/T 17626.2—2018)
可靠性要求	满足平均故障间隔时间(MTBF)>5000 h 的要求

(5)业务应用

装备许可证编号:SXZ-24-2020。

启用时间:2020 年。

应用领域:该气象站安装在海洋中的各类运输船、工业船、渔业船、港务船、海洋开发船及舰船等上,也可安装在江湖等水面船舶上(图 3.1.2.2)。

图 3.1.2.2　DZC2 船载自动气象站应用场景

3.1.3 DZC5 船载自动气象站（天津中环天仪）

（1）观测原理

DZC5 型船载自动气象站是一种可以自动观测，自动存储观测数据的设备，可以实时监测风向、风速、气温、相对湿度、气压、能见度、雨量、表层海水温度、表层海水盐度等多种气象、水文要素。船载自动气象站通过传感器对气象、水文及船舶航行参数数据进行实时监测。

数据采集器实时采集传感器监测到的各种气象、水文等数据，传感器将海洋气象、水文观测要素物理量转换成电信号或数字信号，数据采集器对气象、水文要素传感器以及船舶定向定位仪等测量信号进行采集，并对采样数据进行控制运算、数据计算处理、数据质量控制、数据记录存储，然后由通信设备将观测数据传输到船载数据显示终端或远程数据监控中心的计算机上。

（2）功能特点

船载自动气象站以船舶为工作平台，在船舶航行时能连续观测海面的各类气象要素。能够实现对海洋气象的气温、气压、湿度、风向、风速、雨量、能见度等要素进行实时观测，还可配备海温、海盐等海洋水文要素的观测，并提供实时的经纬度和航行轨迹，通过无线网络或卫星平台向指定的中心发送数据，并按规定的数据文件格式存储数据。

采用双 GPS 定位系统，提高测量准确度；数据通过真风订正处理，获得真实的风测量数据；以北斗通信为主要通信模式，同时支持无线、本地有线、小型短波电台等多种通信方式；采用低功耗设计，具备船用交流、太阳能等多种供电方式；结构件采用 316 不锈钢材质，能够适应高盐、高湿的海洋恶劣环境。

（3）组成结构

由气象设备和数据监控中心两部分组成。气象设备由传感器、数据采集器和外围设备组成。数据监控中心由数据监控服务器和中心软件组成。台站主体包括采集器、各要素传感器等采集设备；采集器形成的数据将数据发送至本地，实现数据的本地显示；另一方面通过卫星终端将数据发送到指挥机，指挥机连接数据中心软件，实现现场数据的收集（图 3.1.3.1）。

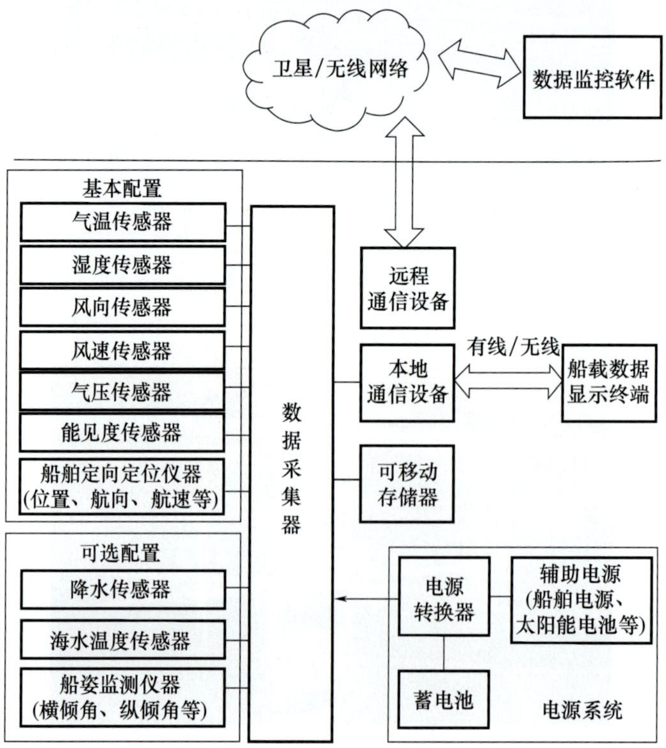

图 3.1.3.1 DZC5 船载自动气象站组成结构图

(4)性能指标(表 3.1.3.1)

表 3.1.3.1 DZC5 船载自动气象站性能指标

观测要素	范围	分辨力	最大允许误差
气压	800～1100 hPa	0.1 hPa	±0.3 hPa
气温	−50～50 ℃	0.1 ℃	±0.2 ℃
相对湿度	5%～100%	1%	±4%(≤80%)
			±8%(>80%)
真风向	0°～360°	1°	±10°
真风速	0～60 m/s	0.1 m/s	±(0.5+0.1 *v*)m/s,*v* 为实际风速
视风向	0°～360°	1°	±5°
视风速	0～75 m/s	0.1 m/s	±(0.5+0.03 *v*)m/s,*v* 为实际风速
能见度	10～20000 m	1 m	±10%(≤1500 m)
			±20%(>1500 m)
降水量	雨强:0～4 mm/min	0.1 mm	±0.4 mm(≤10 mm)
			±4%(>10 mm)
海水温度	−5～40 ℃	0.1 ℃	±0.2 ℃

(5)业务应用

装备许可证编号:SXZ-25-2020。

启用时间:2020 年。

应用领域:该气象站安装在海洋中的各类运输船、工业船、渔业船、港务船、海洋开发船及舰船等上,进行气象、海洋环境监测(图 3.1.3.2～图 3.1.3.4)。

图 3.1.3.2 DZC5 船载自动气象站应用场景

图 3.1.3.3 DZC5 船载自动气象站供电系统

图 3.1.3.4 多套 DZC5 船载自动气象站

3.1.4 DZH1 海滨(海岛、石油平台)自动气象站(航天新气象)

(1)观测原理

DZH1 海滨(海岛、石油平台)自动气象站是针对海洋气候环境高温、高湿、高盐雾、强风特点而专门设计的一款高精度海滨站。采用了高性能防腐材料以及先进的三防工艺制造,能够在海洋盐雾环境中长期工作；采用的抗强风设计，能够经受强台风的袭击。

（2）功能特点

可连续观测风向、风速、温度、湿度、气压、降水量、能见度等多种气象要素，还可根据需求增加海表温度、海表盐度、潮高等多种水文观测要求；同时该系统还提供风传感器的冗余热备份观测及原始采样数值的存储等扩展功能。该产品具有环境适应性好、可靠稳定、测量精度高、易维护、观测要素可扩充等特点。

（3）组成结构

由硬件及软件两部分组成。硬件由气象传感器、数据采集器、外围设备（电源、通信设备等）组成。软件主要实现观测数据的采集、监控管理及数据应用等功能（图 3.1.4.1）。

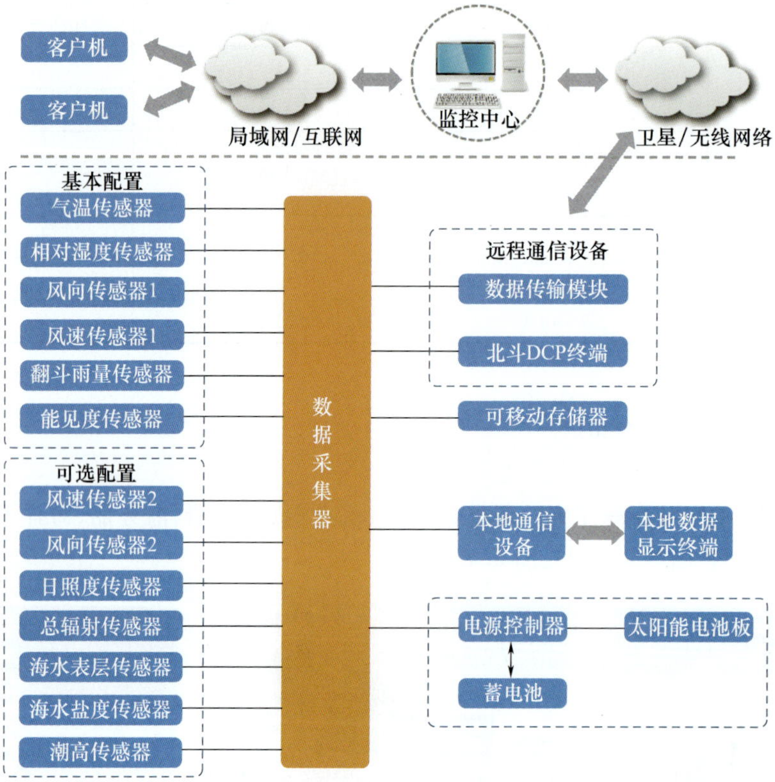

图 3.1.4.1 DZH1 海滨（海岛、石油平台）自动气象站系统构成

（4）性能指标（表 3.1.4.1）

表 3.1.4.1 DZH1 海滨（海岛、石油平台）自动气象站性能指标

测量要素	测量范围	分辨力	准确度
风向	0°～360°	3°	±5°
风速	0～100 m/s	0.1 m/s	±(0.5+0.03 v)m/s，v 为实际风速
气温	−50～60 ℃	0.1 ℃	±0.2 ℃
湿度	0～100%	1%	±4%(≤80%)
			±8%(>80%)
气压	500～1100 hPa	0.1 hPa	±0.3 hPa
翻斗雨量	雨强：0～4 mm/min	0.1 mm	±0.4 mm(≤10 mm)
			±4%(>10 mm)
能见度	10～35000 m	1 m	±10%(≤1.5 km)
			±20%(>1.5 km)

(5)业务应用

装备许可证编号:SXZ-21-2017。

启用时间:2017 年。

应用领域:主要应用于国家基本气象站、各种(常规)气象观测站、其他行业(如林业、农业、石油、电力、水利等)气象监测站(图 3.1.4.2、图 3.1.4.3)。

图 3.1.4.2 DZH1 海岛自动气象站

图 3.1.4.3 DZH1 石油平台自动气象站

3.1.5 DZH3 海滨(海岛、石油平台)自动气象站(北京华云升达)

(1)观测原理

DZH3 海滨(海岛、石油平台)自动气象站能满足海滨海洋气象(水文)要素观测自动化的需求,实时收集风向、风速、温度、相对湿度、气压、降水量等气象要素数据,能见度、总辐射、日照等扩展气象要素数据,表层海水温度、盐度、潮高等水文要素数据,并实时回传至本地或远程数据处理中心。通过中心站信息服务系统为用户提供海滨海洋气象水文信息。

(2)功能特点

具备高精度、高稳定性、易维护、低功耗、易扩展和实时远程监控等特点；数据采集准确，数据传输可靠性好；支持本地直连、公网移动网络和北斗卫星多种通信方式；支持交流、太阳能以及风能多种充电方式；观测要素可扩展和删减；适应海洋高湿、高盐雾、强风的气候环境；精度高、运行稳定可靠。

(3)组成结构

由海滨(海岛、石油平台)气象设备和数据监控中心两部分组成。海滨(海岛、石油平台)气象设备由传感器、数据采集器和外围设备(电源、通信、外存储器等)组成。数据监控中心由嵌入式软件和业务应用软件组成。采集器中运行的软件称为嵌入式软件，由嵌入式操作系统和应用软件组成。业务应用软件处理气象观测业务。

(4)性能指标(表 3.1.5.1)

表 3.1.5.1　DZH3 海滨(海岛、石油平台)自动气象站性能指标

要素	主要指标
气压	范围：500～1100 hPa；分辨力：0.1 hPa；最大允许误差：±0.25 hPa
气温	范围：−50～80 ℃；分辨力：0.1 ℃；最大允许误差：±0.2 ℃
相对湿度	范围：5%RH～100%RH；分辨力：1%RH； 最大允许误差：±2%RH(≤90%RH)，±3%(>90%RH)
风向	范围：0～360°；分辨力：1°；最大允许误差：±3°
风速	范围：0～100 m/s；分辨力：0.1 m/s；最大允许误差：±0.3 m/s 或 1% v(v 为实际风速)
降水量	雨强范围：0～4 mm/min；分辨力：0.1 mm； 最大允许误差：±0.4 mm(≤10 mm)，±4%(>10 mm)
能见度	范围：10 ～35000 m；分辨力：1 m； 最大允许误差：±10%(≤10 km)，±20%(>10 km)
环境适应性	环境温度：−40～70 ℃；相对湿度：15%RH～100%RH； 大气压力：840～1060 hPa；太阳辐射≤1120 W/m²； 抗风强度：100 m/s；降水强度：≤6 mm/min
防护等级	IP65
盐雾试验	通过《电工电子产品环境试验 第 2 部分：试验方法 试验 Ka：盐雾》(GB/T 2423.17—2008)规定 Ka 盐雾试验
电磁兼容	静电放电抗扰度： 接触放电：6 kV；空气放电：8 kV。 浪涌(冲击)抗扰度： 交流电源端口：线/地，2 kV，1.2/50 μs (电压)； 直流电源端口：线/地：1 kV，1.2/50 μs (电压)。 电快速瞬变脉冲群抗扰度： 交流电源端口：2 kV，5 kHz；直流电源端口：1 kV ，5 kHz； 信号端口：2 kV，5 kHz。 射频电磁场传导抗扰度： 0.15～80 MHz，3 V/m，80% AMk(1 kHz)。 射频电磁场辐射抗扰度： 80 MHz～2 GHz，10 V/m，80% AMk(1 kHz)
可靠性	平均故障间隔时间(MTBF)>5000 h 的要求

(5)业务应用

装备许可证编号：SXZ-18-2021。

启用时间：2021 年。

应用领域：该气象站是用于海滨海洋气象（水文）观测的新型自动气象站，适用于海滨海岛、岛礁和海上石油平台等（图 3.1.5.1 和图 3.1.5.2）。

图 3.1.5.1　DZH3 海滨（海岛、石油平台）自动气象站和风塔

图 3.1.5.2　DZH3 海滨（海岛、石油平台）自动气象站应用场景

3.1.6　DZH6 海滨（海岛、石油平台）自动气象站（天津中环天仪）

（1）观测原理

DZH6 海滨（海岛、石油平台）自动气象站以目前国内主流的新型自动气象站构架为基础，以新型站主采为核心，通过 CAN 总线加挂海洋要素分采方式实现基本要素和海洋要素的灵活接入；配置性能优良，通过本地、GPRS 和卫星多种通信方式实现数据的传输。

（2）功能特点

通信中采用 GPRS 和卫星同时运行的方式，实现采集器和中心站软件的实时交互，实现通信冗余，保证数据的完整性；中心站软件可以选配厂家自行编写的中心站软件，也可以连接统一版软件，使用灵活方便；结构设计中结构部件均采用耐腐蚀性强的材料（316 不锈钢）进行制作，防腐性能优良；太阳能板、百叶箱等设备防风、加固护理，这些设计均能有效提高系统的防风性能。

（3）组成结构

DZH6 海滨（海岛、石油平台）自动气象站由传感器、采集器、通信设备、供电设备、中心站 5 个部分组成（图 3.1.6.1）。

其中，传感器包括温度、湿度、螺旋桨式测风传感器以及气压、雨量、能见度、总辐射、海温海盐传感器；采集器为该系统的核心部件，实现数据采集、存储、传输功能；卫星终端或无线通信模块为通信设备实现数据的远程传输；供电系统包含电源模块、太阳能板、电池、PV 控制器等，为整套系统提供稳定电源；中心站由指挥机、软件等部分组成。

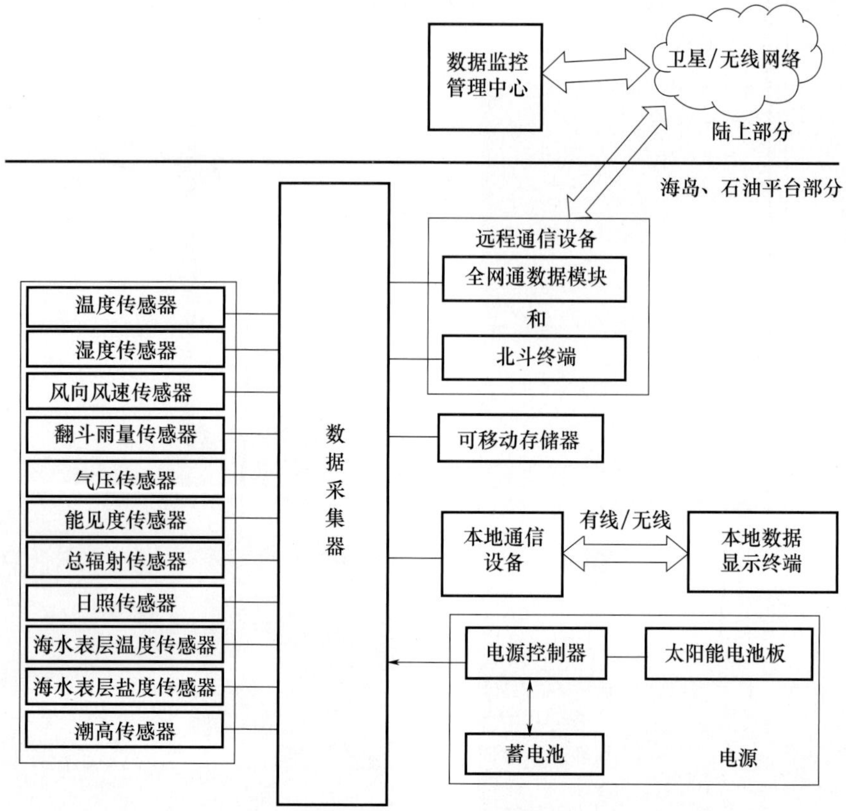

图 3.1.6.1 DZH6 海滨(海岛、石油平台)自动气象站系统构成

(4)性能指标(表 3.1.6.1)

表 3.1.6.1 DZH6 海滨(海岛、石油平台)自动气象站性能指标

测量要素	范围	分辨力	最大允许误差
气压	500～1100 hPa	0.1 hPa	±0.3 hPa
气温	−50～60 ℃	0.1 ℃	±0.2 ℃
相对湿度	0～100%	1%	±3%(≤80%)
			±5%(>80%)
风向	0°～360°	1°	±3°
风速	0～90 m/s	0.1 m/s	±(0.5+0.03 v)m/s,v 为实际风速
降水量	0～4 mm/min	0.1 mm	±0.4 mm(≤10 mm)
			±4%(>10 mm)
能见度	10～35000 m	1 m	±10%(10～10000 m)
			±15%(10000～35000 m)
海温	−2～36 ℃	0.001 ℃	±0.002 ℃
海盐	0～70 mS/cm	0.001 mS/cm	± 0.003 mS/cm

(5)业务应用

装备许可证编号:SXZ-23-2017。

启用时间:2017 年。

应用领域:DZH6 海滨(海岛、石油平台)自动气象站是为了满足海洋气候专门设计开发的固定式自动气象站。适应海洋气候,可用于海滨、海岛、石油平台对温度、湿度、气压、风向、风速、能见度、总辐射、海温、海盐等气象要素的观测(图 3.1.6.2～图 3.1.6.4)。

图 3.1.6.2 DZH6 海滨自动气象站

图 3.1.6.3 DZH6 海岛自动气象站

图 3.1.6.4 DZH6 石油平台自动气象站

3.2 海面观测装备

海面观测装备分为漂流观测仪、无人艇和锚碇浮标三类，其中锚碇浮标有三种型号；有气象装备许可证书的只有山东省经海仪器设备有限公司生产的 HZD2-1 型 10 米海洋气象锚碇浮标。

3.2.1 HZD2-1 型 10 米海洋气象锚碇浮标（山东经海仪器）

（1）观测原理

HZD2-1 型 10 米海洋气象锚碇浮标能实时测量风向、风速、气温、气压、湿度、雨量、辐射、能见度、波高、波向、波周期以及海水温度、盐度、流向、流速、浊度、叶绿素、溶解氧、放射性、营养盐、二氧化碳等，还可以根据搭载的测量仪器进行扩展。

10 米海气象锚碇浮标是随着科学技术的发展和海洋开发的需要而发展起来的一种现代化的“海洋水文气象参数综合观测系统”，是一个无人值守的自动海洋观测站，在恶劣的海洋环境下具有独立生存能力，浮标被锚定在海洋某一特定位置，浮标体搭载的电子仪器设备可以对海洋环境参数进行数据测量、数据处理、数据存储和数据通信，能够长期、定点、连续、实时、全天候自动观测海洋水文与气象各种要素，直接为海洋预报、防灾减灾、海洋开发、海上军事活动服务。

（2）功能特点

根据用户需要设置采样周期及加密机制，定时唤醒系统进行数据采集处理；采集器根据相应时序和系统工作参数，对系统中的所有设备进行加断电控制，对系统中的所有传感器的信号进行采集、处理；采集器在采样过程结束后，将处理后的数据存入系统的存储器，将处理后的数据进行编码后传送到通信系统；自动或根据遥控指令切换传感器或执行其他操作；在浮标遭到破坏时及时报警；采集间隔设计有 10 min、0.5 h、1 h、3 h 等工作模式；设有大容量存储卡，可存储 3 年以上的所有观测数据；设置有系统检测功能，可发出各类检测命令，显示检测结果，并对系统的故障进行分析、定位和测试；通信方式有 VHF、4G、北斗、天通、天启、铱星、C 站等。

（3）组成结构

海洋气象锚碇浮标由浮标体、系泊系统、自动观测设备、供电设备、安全辅助设备和岸基数据接收站等组成。浮标体直径 10 m，采用圆盘形钢制结构设计，通过系泊系统锚碇于特定海域固定站位用于安装自动观测设备的水面平台。供电设备采用太阳能电池、蓄电池组合供电方式。安全辅助设备是提供浮标在位安全工作的助航、定位与状态检测的设备。岸基数据接收站是数据接收、存储与转发的系统，由通信机、计算机及配套电源等组成（图 3.2.1.1 和图 3.2.1.2）。

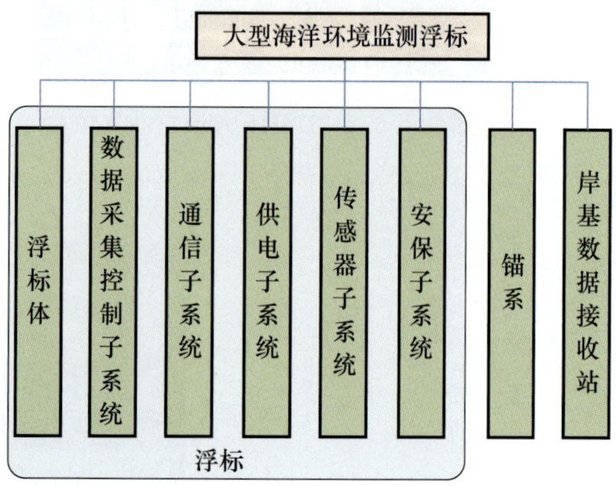

图 3.2.1.1 HZD2-1 型 10 米海洋气象锚碇浮标组成结构

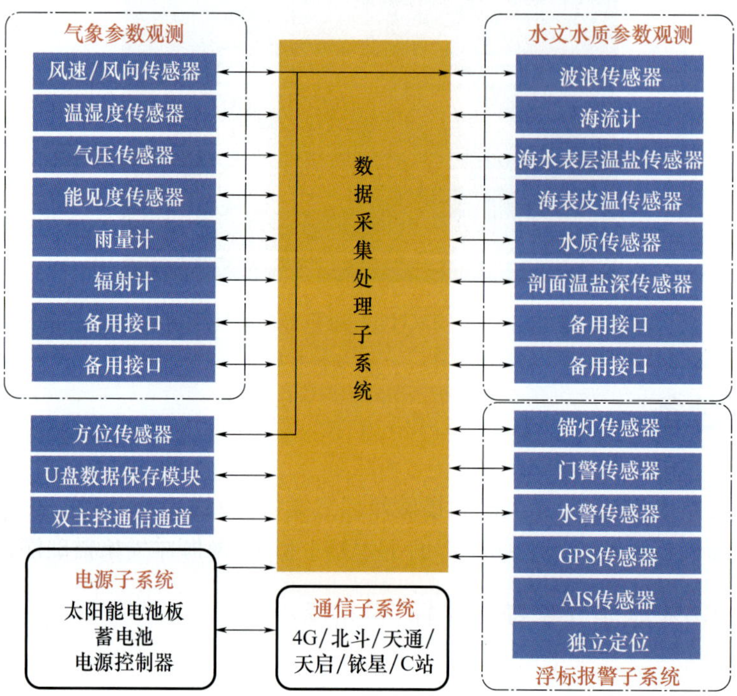

图 3.2.1.2 HZD2-1 型 10 米海洋气象锚碇浮标自动观测设备结构框图

(4)性能指标(表 3.2.1.1)

表 3.2.1.1 HZD2-1 型 10 米海洋气象锚碇浮标性能指标

要素	测量范围	最大允许误差	分辨力	备注
风速	0～90 m/s	±0.3 m/s(v≥20 m/s)或实测值的 1%	0.1 m/s	
风向	0°～355°	±3°	1°	5°开角
气温	−40～50 ℃	±0.3 ℃	0.01 ℃	
相对湿度	0～100%RH	±5%RH	1%RH	
气压	800～1100 hPa	±0.3 hPa	0.1 hPa	
能见度	10～20000 m	10%(10～10000 m);±15%(10～20 km)		
雨量	0～50 mm	±1 mm	0.1 mm	静止状态
方位	0°～359°	±2°	1°	
水温	−5～45 ℃	±0.05 ℃(0～35 ℃)	0.001 ℃	
海水皮温	−20～65 ℃	±0.2 ℃	0.1 ℃	
波高	0.2～25 m	±(0.1+5%H),H 为实际波高	0.1 m	
波周期	2～30 s	±0.5 s	0.1s	
波向	0°～359°	±10°	1°	
流速	0～500 cm/s	±(0.5 cm/s+0.5% v),v 为实际流速	0.1 cm/s	
流向	0°～359°	±5°	1°	
电导率	2～70 mS/cm	±0.05 mS/cm(2～65 mS/cm)	0.001 mS/cm	
总辐射	0～2800 W/m²	±2%	1 W/m²	
长波辐射	0～700 W/m²	±2%	1 W/m²	
叶绿素	0.1～400 μg/L	0.1 μg/L 或±1%	0.1 μg/L	
浊度	0～1000 FTU	±0.3 FTU 或±2%	0.1 FTU	

(5)业务应用

装备许可证编号:SXZ-41-2021。

启用时间:2013 年。

应用领域:广泛应用于海洋气象观测业务(图 3.2.1.3)。

图 3.2.1.3 HZD2-1 型 10 米海洋气象锚碇浮标应用场景

4 空基观测装备

4.1 探空仪器设备

4.1.1 GFE (L) 1 型高空气象探测雷达(南京大桥机器)

(1)观测原理

GFE(L)1 型高空气象探测雷达(图 4.1.1.1)是二次雷达，通过测定回答器的回答信号相对发射机主波的延长时间来实现测距，即将对距离的测量转化为对时间的测量。角跟踪采用了假单脉冲体制。当目标在天线轴指向方向上时，所接收到的探空信号不受调制，此时角误差信号为零，而目标偏离天线轴方向时，将产生角误差信号，调制度与目标相对天线轴方向的夹角有关，经雷达接收机放大、解调后送到天控分系统，由天控分系统控制天线完成角跟踪的功能。雷达与数字探空仪相配合可获取地面至 30 km高空范围内各层次的风向、风速、温度、气压、湿度等气象参数，为气象台(站)提供准确的气象资料。

图 4.1.1.1　GFE(L)1 型高空气象探测雷达

(2)功能特点

符合国际电联和我国无线电频率划分规定；采用比相假单脉冲体制，角跟踪精度高，体积小、质量轻；大量采用了微电脑及数字处理技术，实现了角度跟踪、距离跟踪、雷达控制、监控监测及数据接收、处理的全自动化；采用近程测距技术，使最近测距达 100 m 以内；采用电视监控手段，大大方便了起始抓球，提高了放球成功率；采用先进的 BIT 系统，自动检测故障、报警，并以图形的方式指出故障位置，提高可维修性；雷达终端软件具有气压-高度反算功能，使得雷达具有无线电经纬仪功能；雷达终端软件的数据处理操作简便，在探测结束后可立即输出符合中国气象局气象规范要求的报表、报文。

(3)组成结构

该雷达由天线装置、主机箱(包括主控箱和驱动箱)、计算机(包括计算机主机和显示器)、示波器、UPS 电源等部分组成。天线装置架设在室外的平地或楼顶的平台上，其余部分安放在室内。室内与室外距离最大不超过 30 m，由电缆相连。天线装置由天线阵、天线头、天线座(含发射机)、和差箱及摄像机等组成。

(4)性能指标(表 4.1.1.1)

表 4.1.1.1 GFE(L)1 型高空气象探测雷达性能指标

要素	主要指标	要素	主要指标
工作频率范围	1669～1681 MHz	气压量程/误差	5～1060 hPa/±1.0 hPa
距离	100 m～200 km	湿度量程/误差	0～100%/±3%
方位角	0°～360°	风速	1 m/s(≤10 m/s);10%(>10 m/s)
俯仰角	−2°～92°	风向	5°(>25 m/s);10°(≤25 m/s)
气温量程/误差	−90～50 ℃/±0.3 ℃		

(5)业务应用

装备许可证编号:SXZ-03-2010。

启用时间:2010 年 3 月 25 日。

应用领域:广泛用于气象、农业、水利、民航、环保、国防等领域。

4.1.2 GPZ2 型自动探空系统(南京大桥机器)

(1)观测原理

GPZ2 型自动探空系统是在 GPZ1 型自动探空系统(中国气象局综合观测司定型)的基础上,通过智能机器人实现无人操控的智能化高空气象观测系统。该系统采用导航测风体制,北斗/GPS 接收模块和高质量温度、气压、湿度传感器,探测从地面至35 km高度、斜距 200 km 范围内的风向、风速、气压、温度、湿度等气象要素,该系统能够在无人操作的情况下,通过预置时间或操作员在中心站发出控制指令,即可控制远端气象站进行高空气象探测。采用导航体制(北斗/GPS)进行风场和高度的测量,是一种新型的测风模式,其中高精度风场计算和数据质量控制是一项关键技术。

(2)功能特点

实现无人值守条件下从基测、充气、施放、探空数据获取、存储、传输等高空气象探测全部流程的自动化作业,主要用于在地面风力不超过八级(风速≤20.8 m/s)的情况下,自动探测获取从地面至 35 km 高度,斜距 200 km 范围内的大气温度、湿度、压力、风向、风速等气象信息;中心站与远端站之间根据地理、环境条件,主要采用光纤通信或者无线网桥通信,具有微波中继通信、4 G 移动通信、卫星通信的接口,具备光纤局域网、无线局域网数据传输能力以及 IP 电话语音通信能力;具备系统状态监测、视频监控、故障报警能力;具备远程控制、诊断和在线帮助能力;具备分析制作 0 ℃层、对流层顶、特性点(包括最高、最低温度、湿度层)、最大风层、终止层等的特性层观测数据的能力;具备分析制作位势高度、温度、湿度、露点、温度露点差、风等要素的规定层数据的能力;具备分析制作符合中国气象局和 WMO(世界气象组织)标准格式的探空报文、高空气象观测报表、气候月报等报表的能力;具备分析制作符合《中国人民解放军高空气象探测规范》要求的气象报文;该系统装载一次即可实现 60 次无人高空气象探测。

(3)组成结构

主要由自动放球分系统、高空探测分系统、气体储存与传输控制分系统、通信监控分系统、远程控制终端分系统、配电分系统和方舱及配套设备分系统 7 个分系统组成。其中,自动放球分系统实现探空仪和球皮的储存、取用、激活检测、充气、施放等功能;高空探测分系统实现高空气象五要素的探测获取和气象产品的分析制作;气体储存与传输控制分系统实现氢气或氦气的储存、输送、控制等功能;通信监控分系统实现中心站与远端站之间的互联互通以及设备运行状态监控功能;远程控制终端分系统实现中心站的远程监控与探测数据处理功能;配电分系统实现系统的电力供应、电能转换、电源分配和安全防护功能;方舱及配套设备分系统为其余 6 个分系统提供装载空间以及可控的环境保障功能。

（4）性能指标（表 4.1.2.1）

表 4.1.2.1　GPZ2 型自动探空系统性能指标

要素		主要指标
自动放球	探空仪装载量	≥60 只
	探空气球规格	300～750 g
	探空气球充气气体	氢气或氦气 （气体纯度≥99.7%）
	自动放球成功率	≥95%
	技术体制	基于北斗/GPS 卫星导航的探空系统

要素		主要指标
高空探空	温度	范围：−80～40 ℃； 最大允许误差：±0.2 ℃
	相对湿度	范围：15%～95%； 最大允许误差：±5%(≥−25 ℃)， ±10%(<−25 ℃)
	气压（传感器测量）	范围：100～1050 hPa； 最大允许误差：±2.0 hPa (≥500 hPa)， ±1.0 hPa(<500 hPa)
	气压（高度反算）	±1.0 hPa(<100 hPa)
	风向	±5°（风速>3 m/s，双施放标准差）
	风速	±0.5 m/s（双施放标准差）
	探测范围	最大探测高度≥36 km， 最大探测斜距≥200 km

（5）业务应用

装备许可证编号：SXZ-42-2020。

启用时间：2020 年 8 月 4 日。

应用领域：该系统可广泛应用于气象、农业、水利、民航、环保、国防等领域（图 4.1.2.1）。

图 4.1.2.1　GPZ2 型自动探空系统应用场景

4.1.3　GPZ3 型自动探空系统（北京华云东方）

（1）观测原理

全自动导航卫星探空系统在无人操作的情况下，通过预置时间自动运行（或操作员在中心站发出控制指令），实现从探空仪加载、探空仪检测、气球充气、探空仪施放、探空数据获取与处理、探测资料上传等高空气象探测全部流程的自动化作业。

（2）功能特点

可在无人值守甚至恶劣天气环境下自动完成全部流程。一次放球完毕或探测结束后，系统将自动恢复到待机状态，直至下次放球操作。

智能自我诊断。根据不同部件的状态生成事件和警报，显示有关机械控制器状态、探空相关事件、气象信息创建和传输以及自动气象站、自动装置、气缸组和空气压缩机等系统组件状态信息。

具备安全保障措施。系统出现非安全性故障时，能够切断部分电源，周边出现异常火源、用氢安全等其他有关安全紧急情况时，系统全部断电。

(3)组成结构

主要由气缸组、发射舱、自动气象站、托盘盒、储存架的自动控制室、自动控制软件、探空处理子系统、探空仪装载台、电气柜、接收天线、自动充气装置、视频监控子系统和环境检测联动装置等组成。

(4)性能指标(表 4.1.3.1)

表 4.1.3.1　GPZ3 型自动探空系统性能指标

要素	主要指标
自动放球子系统复位时间	≤15 min
自动放球成功率	≥95%
异常探空仪识别率	对加电异常、电压异常、温压湿传感器异常、定位异常、场强异常等 7 种异常探空仪识别率 100%
自动放球	探空仪装载量：60 只(一次装载满足常规探空业务一个月用量)； 探空气球规格：100～750 g； 探空气球充气气体：氢气或氦气(气体纯度≥99.7%)； 自动充气后气球平均升速：300～420 m/min
地面测量要素	可选配自动化地面气象要素测量仪，测量温度、湿度、气压、风向、风速、降水量、能见度等气象要素
通信监控	光纤局域网通信(调研常规使用距离和设备选型情况)： 传输媒介：野外光纤； 数据速率：自适应 100/1000 Mbps； 通信距离：≥20 km
	无线局域网通信(调研常规使用距离和设备选型情况)： 工作频率：5.725 GHz、5.850 GHz； 数据速率：≥54 Mbps； 通信距离：≥20 km
	IP 电话： 通信类型：语音通信； 通信方式：基于以上有线或无线通信手段的局域网通信模式

(5)业务应用

装备许可证编号：SXZ-23-2022。

启用时间：2022 年 10 月 8 日。

应用领域：主要应用于高空气象观测业务，高效减少人工施放成本，极大地提高探测数据的时效性和高效性。全自动导航卫星探空系统能够通过预设指令，经计算机远程控制，完成自动激活探空仪、自动充灌气球、自动释放无线电探空仪、自动接收探空仪信号、处理探空仪信号得到气象信息、发送气象信息到指定网络节点等功能。进一步推进高空气象观测自动化，减轻高空气象观测人员的劳动强度，实现自动探空系统的业务化，同时，加强我国在高空气象观测资料空白区的观测资料获取能力(图 4.1.3.1)。

图 4.1.3.1　GPZ3 型自动探空系统应用场景

4.1.4 GTC2 应急接收设备（南京大桥机器）

（1）观测原理

天线收集由气球携带的探空仪所发出的1675 MHz载波信号，再由射频组件对其进行放大、变频，室内分机对 30 MHz 中频信号进一步放大、解调得到气象码，经计算机的录取、处理后，得到所需要的气象资料。同时，该设备结合光学经纬仪测风，可完成二次测风雷达的基本功能。

（2）功能特点

该设备的功能是接收 GTS 系列数字探空仪所产生的气象码，从而获得温、压、湿气象参数，数据处理软件则依据中国气象局规范对录取数据进行处理，得出气象台站所需的气象产品。该设备的特点是体积小、质量轻、稳定可靠、操作简便。

（3）组成结构

基测箱由数据处理终端、解调分机、UPS 电源和天线装置等组成。

（4）性能指标（表 4.1.4.1）

表 4.1.4.1　GTC2 应急接收设备性能指标

要素	主要指标
探测范围	方位角：0°～360°（不连续、手控电动方式）
	仰角：0°～90°（手控电动方式）
	距离：≥80 km
波束宽度	2QE≤12°，2QH≤20°

图 4.1.4.1　GTC2 应急接收设备应用场景

（5）业务应用

装备许可证编号：SXZ-04-2010。

启用时间：2010 年 3 月 25 日。

应用领域：主要运用于中国气象局所属各台站，作为 L 波段雷达的应急备份设备（图 4.1.4.1）。

4.1.5 GTS11 型探空仪（南京大桥机器）

（1）观测原理

GTS11 型探空仪（图 4.1.5.1）采用嵌入式软件开发，配备相应的采集电路，实现对0～30 km 高空大气温度、湿度、气压的传感器测量，通过 L 波段无线调幅通信方式将采集的数据实时发送至地面接收系统。

图 4.1.5.1　GTS11 型探空仪产品图

（2）功能特点

该探空仪是配合地面 L 波段接收设备完成地面至 30km 高空各高度层的温度、气压、湿度与风向、风速的高精度综合气象探测仪器。具有体积小、质量轻的特点；采用新型温、湿、压传感器，探空质量高。

（3）组成结构

由温度、湿度、气压传感器及测量板、发射板、电池、发射天线、泡沫盒等组成。

(4)性能指标(表 4.1.5.1)

表 4.1.5.1 GTS11 型探空仪性能指标

要素	主要指标	要素	主要指标
风向	范围:0°～360°; 最大允许误差:±3°(风速>3 m/s,双施放标准差)	相对湿度	范围:0～100%;最大允许误差:±3%
		温度	范围:−90～50 ℃;最大允许误差:±0.2 ℃
风速	范围:0～100 m/s; 最大允许误差:±0.3 m/s(双施放标准差)	气压	±1.0 hPa(≥500 hPa)

(5)业务应用

装备许可证号:SXZ-7-2015。

启用时间:2015 年 9 月 15 日。

应用领域:广泛应用于气象、农业、水利、民航、环保等领域。

4.1.6 GTS12 型数字式电子探空仪(上海长望气象)

(1)观测原理

GTS12 型数字式电子探空仪(图 4.1.6.1)由充满氢气的气象气球携带升空,测量时地面雷达向它发出“询问信号”,回答器对应地发回“回答信号”。根据每一对询问与回答信号之间的时间间隔和回答信号的来向,可以测定探空仪在空间的位置,然后根据气象气球随风飘移的情况,可推算出高空的风向、风速。同时,探空仪的温度、湿度、气压传感器进行气象要素探测,对气象要素信息进行编码和信号调制,实时发送至地面雷达,完成地面至 36 km 垂直高度的温、压、湿、风向和风速的综合探测。

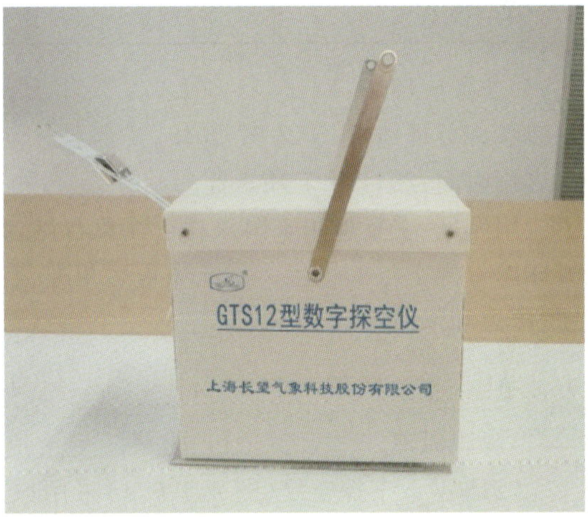

图 4.1.6.1 GTS12 型数字式电子探空仪产品图

(2)功能特点

根据高空气象观测规范要求设计定型,能够对高空大气的温度、湿度、气压、风向、风速进行原位探测,获得高空气象要素的垂直分布廓线。具有探测精度高、采样速度快、抗干扰能力强、可靠性高、操作使用方便等特点。

(3)组成结构

由温度传感器、湿度传感器、气压传感器、智能转换器、发射回答器、电池、保温盒和纸盒等组成。

(4)性能指标(表 4.1.6.1)

表 4.1.6.1 GTS12 型数字式电子探空仪性能指标

要素		主要指标
量程	温度	−90～50 ℃
	相对湿度	0～100%
	气压	5～1060 hPa
测量范围和不确定度(k=1)	温度	≤0.2 ℃(−80～50 ℃);≤0.3 ℃(−90～−80 ℃)
	相对湿度	15%～95%; ≤3%(>−25 ℃);≤6%(≤−25 ℃)
	气压	10～1050 hPa; ≤2 hPa(≥500 hPa);≤1 hPa(<500 hPa)

续表

要素		主要指标
基点(最大允许误差)	温度基点	±0.3 ℃
	相对湿度基点	±5%
	气压基点	±2.0 hPa
电气性能	载波中心频率	1675 (或 1676.5)±3 MHz
	载波频率稳定性	1672～1679.5 MHz
	发射功率	≥400 mW
	淬频频率	800±15 kHz
	接收灵敏度	≤20 μW/m
	测距缺口与欠饱和振幅比	≥30%,且无多缺口
	副载波频率	31.25(或 32.7)±0.5 kHz
	传输速率	1200 bps
	采样周期	≤1.5 s
外形尺寸	168 mm×80 mm×159 mm	
质量	≤400 g(包括电池)	

(5)业务应用

装备许可证编号:SXZ-67-2019。

启用时间:2014 年 1 月 9 日。

应用领域:主要应用于国家高空气象台站,是一次性使用的高空气象仪器。探空仪由充满氢气的气象气球携带升空与 L 波段二次测风雷达相配合,可综合观测地面至 36 km 范围内不同高度的大气温度、湿度、压力和风向、风速。

4.1.7 GTS13 型数字探空仪(太原无线电一厂)

(1)观测原理

GTS13 型数字探空仪(图 4.1.7.1)采用嵌入式软件开发,配备相应的采集电路,实现对 0～30 km 高空大气温度、湿度、气压的传感器测量,通过 L 波段无线调幅通信方式将采集的数据实时发送至地面接收系统。

图 4.1.7.1　GTS13 型数字探空仪产品图

(2)功能特点

该探空仪是配合地面 L 波段接收设备完成地面至 30 km高空各高度层的温度、湿度、气压与风向、风速的高精度综合气象探测仪器。具有体积小、质量轻的特点;采用新型温、湿、压传感器,探空质量高。

(3)组成结构

由温度、湿度、气压传感器及测量板、发射板、电池、发射天线、泡沫盒等组成。

(4)性能指标(表 4.1.7.1)

表 4.1.7.1　GTS13 型数字探空仪性能指标

要素		主要指标
量程	温度	−90～50 ℃
	相对湿度	0～100%
	气压	5～1060 hPa

续表

要素		主要指标
测量范围和不确定度(k=1)	温度	≤0.2 ℃(−80～50 ℃);≤0.3 ℃(−90～−80 ℃)
	相对湿度	15%～95%; ≤3%(>−25 ℃);≤3%(≤−25 ℃)
	气压	10～1050 hPa; ≤1.3 hPa(≥500 hPa);≤0.7 hPa(<500 hPa)
基点(最大允许误差)	温度基点	±0.3 ℃
	相对湿度基点	±5%
	气压基点	±1.5 hPa
电气性能	载波中心频率	1675±3 MHz
	载波频率稳定性	1672～1679.5 MHz
	发射功率	≥400 mW
	淬频频率	800±15 kHz
	接收灵敏度	≤20 μW/m
	测距缺口与欠饱和振幅比	≥30%,且无多缺口
	副载波频率	32.7±0.5 kHz
	传输速率	1200 bps
	采样周期	≤1.5 s
外形尺寸(长×宽×高)	165 mm×82 mm×212 mm	
质量	≤400 g (包括电池)	

(5)业务应用

装备许可证编号:SXZ-1-2016。

启用时间:2016 年 3 月 23 日。

应用领域:广泛应用于气象、农业、水利、民航、环保等领域。

4.1.8 JKZ1-1 型电子探空仪基测箱(上海长望气象)

(1)观测原理

JKZ1-1 型电子探空仪基测箱(图 4.1.8.1)是一台综合性检测设备,使用干湿球法测定测试区标准温度和湿度,使用数字气压传感器给出放球地点地面气压标准值,使用湿敏电容传感器测定零点测试室的标准湿度值,符合气象要素测量值传递要求,用于施放前对数字探空仪的温度、湿度、气压地面基值测定,确定探空仪是否符合施放要求。

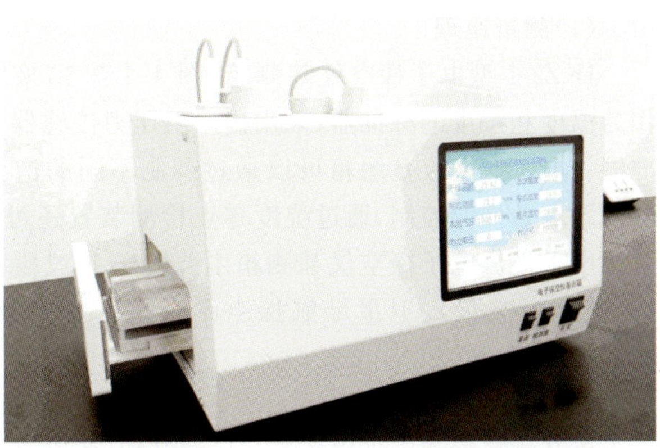

图 4.1.8.1 JKZ1-1 型电子探空仪基测箱产品图

(2)功能特点

该基测箱配有测量精度很高的铂电阻温度传感器、通风干湿表湿度传感器、气压传感器,作为温度、湿度和气压的标准器,通过 LED 显示,采用了双层循环式通风风道,对铂电阻和湿度传感器提供稳定的风场,可提供用于探空仪地面基测的标准设备,符合气象仪器计量检定要求,温度、气压等参数的测量准确度较 JKZ1 型探空仪基测箱有很大的提高。

(3)组成结构

该基测箱由标准器(通风干湿球温度表、气压传感器、湿敏电容传感器)、数据采集控制单元、智能显示终端单元、数据传输电路单元、供电单元、饱和盐及托盘和机箱等组成。

(4)性能指标(表 4.1.8.1)

表 4.1.8.1 JKZ1-1 型电子探空仪基测箱性能指标

温度、湿度、气压标准器				
参数名称	测量范围	最大允许误差	分辨力	年漂移
温度	0～40 ℃	±0.1 ℃	0.01 ℃	≤0.1 ℃
相对湿度	0～95%	±2%	0.1%	≤2%
气压	450～1060 hPa	±0.3 hPa	0.01 hPa	≤0.3 hPa
测试区环境指标				
测试区温度场稳定性	≤0.1 ℃/min	测试区温度场均匀性	≤0.1 ℃	
测试区湿度场稳定性	≤±2%/min	测试区湿度场均匀性	≤1%	
供电输出及电压测量				
数字可调 供电输出	DC −15～15 V 对地； DC 0～±15 V(对称输出)	≤0.2 V	数字调节分辨力:0.1 V	
电池赋能及电压测量	DC 0～40 V	≤0.2 V	0.1 V	
电源、尺寸及质量				
电源		AC 220 V±10%,50 Hz		
尺寸(长×宽×高)		42 cm×36 cm×37 cm		
质量		≤18 kg		

(5)业务应用

装备许可证编号:SXZ-49-2019。

启用时间:2019 年 6 月 14 日。

应用领域:该基测箱主要应用于国家高空气象台站,基测箱提供的气压、温度和湿度标准值,能够用于各类探空系统(L 波段雷达探空系统、卫星导航探空系统等)的地面基值测定。

4.1.9 JKZ2-1 型电子探空仪基测箱(北京国瑞智新)

(1)测量原理

JKZ2-1 型电子探空仪基测箱(图 4.1.9.1)采用通风干湿表作为温度和湿度的标准器;采用硅压阻压力传感器作为气压的标准器。电子探空仪基测箱可以通过调制不同的饱和盐溶液进行各种湿度条件的控制,通过湿度零点检测装置还可以提供 0%相对湿度条件。电子探空仪基测箱主要用于 L 波段雷达探空系统(改进型探空仪)、卫星导航探空系统电子探空仪的地面基值测定。

图 4.1.9.1 JKZ2-1 型电子探空仪基测箱产品图

(2)功能特点

该基测箱检测室采用环流式风洞结构,各段之间还设计了导流装置以减小紊流,形成稳定的测试环境;嵌入式通风干湿表巧妙地利用风道稳定段的恒定风速,实现高准确度湿度测量;采用多种饱和盐溶液产生 13%、33%、75%、95%等不同湿度条件,满足湿度传感器多点测试；基测箱配备零点测试筒，使用高效分子筛吸湿剂，5 min 内可达到 0%的湿度条件；基测箱配备可调输出电压，能够给被测探空仪提供电源；支持串口、网络等多种通信方式。

（3）组成结构

由箱体外壳、触摸屏、电路模块、零点检测室、电源模块、饱和器托盘、温湿检测室、通风干湿表和气压传感器等组成。

（4）性能指标（表 4.1.9.1）

表 4.1.9.1　JKZ2-1 型电子探空仪基测箱性能指标

<table>
<tr><th colspan="2">要素</th><th>主要指标</th><th>要素</th><th>主要指标</th></tr>
<tr><td rowspan="4">温度</td><td>测量范围</td><td>0～40 ℃</td><td>测试区相对温度场稳定性</td><td>≤0.1 ℃/min</td></tr>
<tr><td>分辨力</td><td>0.01 ℃</td><td>测试区温度场均匀性</td><td>≤0.1 ℃</td></tr>
<tr><td>最大允许误差</td><td>±0.1 ℃</td><td>测试区湿度场稳定性</td><td>≤±2%/min</td></tr>
<tr><td>温度标准器年漂移量</td><td>≤0.1 ℃</td><td>测试区湿度场均匀性</td><td>≤1%</td></tr>
<tr><td rowspan="4">相对湿度</td><td>测量范围</td><td>0～95%</td><td rowspan="2">输出电压(DC)</td><td rowspan="2">电压范围：−15～15 V；
调节分辨力：0.5 V</td></tr>
<tr><td>分辨力</td><td>0.1%</td></tr>
<tr><td>最大允许误差</td><td>±2%</td><td rowspan="2">通信</td><td rowspan="2">RS-232、USB、网口</td></tr>
<tr><td>相对湿度标准器年漂移量</td><td>≤2%</td></tr>
<tr><td rowspan="4">气压</td><td>测量范围</td><td>450～1060 hPa</td><td rowspan="2">电源</td><td rowspan="2">AC 220 V，50 Hz</td></tr>
<tr><td>分辨力</td><td>0.1 hPa</td></tr>
<tr><td>最大允许误差</td><td>±0.3 hPa</td><td>尺寸(长×宽×高)</td><td>440 mm×320 mm×220 mm</td></tr>
<tr><td>气压标准器年漂移量</td><td>≤0.3 hPa</td><td>质量</td><td>≤20 kg</td></tr>
</table>

（5）业务应用

装备许可证编号：SXZ-51-2018。

启用时间：2018 年。

应用领域：已陆续配备到部队气象台（站），各省、市气象局及气象传感器生产厂家使用。

4.1.10　JKZ3-1 型基测箱（南京大桥机器）

（1）观测原理

JKZ3-1 型基测箱（图 4.1.10.1）测试室的温度采用铂电阻测量，湿度通过干湿球法测量，气压采用硅谐振式气压传感器测量。程控电源采用降压开关型集成稳压芯片，具有完善的保护电路、电流限制、热关断电路等，可以实现电源的数字可调。

图 4.1.10.1　JKZ3-1 型基测箱产品图

（2）功能特点

能直接显示温度、相对湿度和大气压力值，通过切换应能显示露点温度；具备标准器修正值读写功能，并具有写入权限设置功能；标准器的输出值能传输至地面信号接收处理系统的计算机，并能在计算机显示其连续变化，能够通过计算机对卫星导航探空系统电子探空仪进行频率调整；基测箱具有故障检查功能，能够自检和故障报警，状态信息能自动上传。

（3）组成结构

该基测箱由标准器（干球温度计、湿球温度计、气压传感器）、测量显示传输单元（数据处理板、显示器）、检测室（检测室、湿度零点检测室）、电源、机箱、饱和盐托盘、电缆及附件组成。

(4)主要性能指标(表 4.1.10.1)

表 4.1.10.1　JKZ3-1 型基测箱主要性能指标

要素	主要指标
温度	测量范围:0～40 ℃;分辨力:0.01 ℃;最大允许误差:±0.1 ℃
相对湿度	测量范围:0～95%;分辨力:0.1%;最大允许误差:±2%
气压	测量范围:450～1060 hPa;分辨力:0.1 hPa;最大允许误差:±0.3 hPa

(5)业务应用

装备许可证编号:SXZ-38-2019。

启用时间:2019 年 5 月 24 日。

应用领域:可广泛用于 L 波段雷达探空系统(改进型探空仪)、北斗探空系统电子探空仪的地面基值测定。

4.1.11　JKZ4-1 型电子探空仪基测箱(太原无线电一厂)

(1)观测原理

JKZ4-1 型基测箱(图 4.1.11.1)测试室的温度采用铂电阻测量,湿度通过干湿球法测量,气压采用硅谐振式气压传感器测量。程控电源采用降压开关型集成稳压芯片,具有完善的保护电路、电流限制、热关断电路等,可以实现电源的数字可调。

(2)功能特点

能直接显示温度、相对湿度和大气压力值,通过切换应能显示露点温度;具备标准器修正值读写功能,并具有写入权限设置功能;标准器的输出值能传输至地面信号接收处理系统的计算机,并能在计算机显示其连续变化,能够通过计算机对卫星导航探空系统电子探空仪进行频率调整;基测箱具有故障检查功能,能够自检和故障报警,状态信息能自动上传。

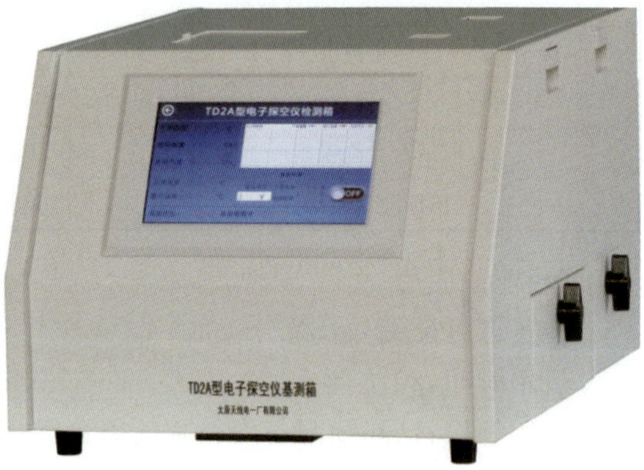

图 4.1.11.1　JKZ4-1 型基测箱产品图

(3)组成结构

该基测箱由标准器(干球温度计、湿球温度计、气压传感器)、测量显示传输单元(数据处理板、显示器)、检测室(检测室、湿度零点检测室)、电源、机箱、饱和盐托盘、电缆及附件组成。

(4)性能指标(表 4.1.11.1)

表 4.1.11.1　JKZ4-1 型基测箱性能指标

要素	范围	分辨力	最大允许误差
气温	0～40 ℃	0.01 ℃	±0.1 ℃
气压	450～1060 hPa	0.1 hPa	±0.3 hPa
相对湿度	0～95%	0.1%	±2%

(5)业务应用

装备许可证编号:SXZ-45-2019。

启用时间:2019 年 7 月 1 日。

应用领域:可广泛用于 L 波段雷达探空系统(改进型探空仪)、北斗探空系统电子探空仪的地面基值测定。

4.2 探空气球

4.2.1 300 克气象气球(中国化工株洲橡胶)

(1)观测原理

300 克气象气球采用天然胶乳为主要原料,配合适量配合剂制作而成。使用前在球体内充入一定量氢气(氦气),利用空气浮力直接或携带无线电探空仪升至 18000 m 以上高空。

(2)功能特点

作为探测仪器运载工具,其投资少,成本低;相对载荷大;飞行时间长;施放简便、灵活;携带各种探测仪器姿态稳定;测得的数据准确;环保安全。

(3)组成结构

为一次制作成型的胶乳制品,无须进行组装。

(4)性能指标(表 4.2.1.1)

表 4.2.1.1 300 克气象气球性能指标

要素		主要指标
执行标准		《气象气球 浸渍法天然胶乳气球》(QX/T 222—2013)
产品规格	质量	300±30 g
	长度	1400±100 mm
	球柄长度	≥100 mm
	球柄宽度	≤100 mm
拉伸性能	拉伸强度	≥17.5 MPa
	拉断伸长率	≥590%
热空气老化性能	拉伸强度	≥17.0 MPa
	拉断伸长率	≥590%
爆破直径		≥4.10 m
残余氯化钙含量		≤0.10%
臭氧老化性能	时间	≥2 h
	要求	试样在规定的时间内不发生龟裂、断裂或穿孔

(5)业务应用

装备许可证编号:SXZ-10-2018。

启用时间:1985 年。

应用领域:主要应用于地方(部队)高空站、高空天气站、探空站;气球配套气象仪器(装备)生产单位;气象研究机构、学校等。

4.2.2 750 克气象气球(中国化工株洲橡胶)

(1)观测原理

750 克气象气球(图 4.2.2.1)采用天然胶乳为主要原料,配合适量配合剂制作而成。使用前在球体内充入一定量氢气(氦气),利用空气浮力,直接或携带无线电探空仪升至 28000 m 以上高空。

(2)功能特点

作为探测仪器运载工具,其投资少,成本低;相对载荷大;飞行时间长;施放简便、灵活;携带各种探测仪器姿态稳定;测得的数据准确;环保安全。

图 4.2.2.1　750 克气象气球产品图

(3)组成结构

一次制作成型的为胶乳制品，无须进行组装。

(4)性能指标(表 4.2.2.1)

表 4.2.2.1　750 克气象气球主要性能指标

要素		主要指标
执行标准		《气象气球 浸渍法天然胶乳气球》(QX/T 222—2013)
产品规格	质量	750±50 g
	长度	2300±200 mm
	球柄长度	≥110 mm
	球柄宽度	≤100 mm
拉伸性能	拉伸强度	≥17.5 MPa
	拉断伸长率	≥590%
热空气老化性能	拉伸强度	≥17.0 MPa
	拉断伸长率	≥590%
爆破直径		≥6.30 m
残余氯化钙含量		≤0.10%
臭氧老化性能	时间	≥2 h
	要求	试样在规定的时间内不发生龟裂、断裂或穿孔

(5)业务应用

装备许可证编号：SXZ-11-2018。

启用时间：1986 年。

应用领域：主要应用于地方(部队)高空站、高空天气站、探空站；气球配套气象仪器(装备)生产单位；气象研究机构、学校等。

4.2.3 1600克气象气球(中国化工株洲橡胶)

(1)观测原理

1600克气象气球(图4.2.3.1)采用天然胶乳为主要原料,配合适量配合剂制作而成。使用前在球体内充入一定量氢气(氦气),利用空气浮力,直接或携带无线电探空仪升至35000 m以上高空。

(2)功能特点

作为探测仪器运载工具,其投资少,成本低;相对载荷大;飞行时间长;施放简便、灵活;携带各种探测仪器姿态稳定;测得的数据准确;环保安全。

(3)组成结构

为一次制作成型的乳胶制品,无须进行组装。

(4)性能指标(表4.2.3.1)

图4.2.3.1 1600克气象气球产品图

表4.2.3.1 1600克气象气球主要性能指标

要素		主要指标
执行标准		《气象气球 浸渍法天然胶乳气球》(QX/T 222—2013)
产品规格	质量	1600^{+120}_{-50} g
	长度	3150±250 mm
	球柄长度	≥120 mm
	球柄宽度	≤130 mm
拉伸性能	拉伸强度	≥17.5 MPa
	拉断伸长率	≥590 %
热空气老化性能	拉伸强度	≥17.0 MPa
	拉断伸长率	≥590 %
爆破直径		≥10.00 m
残余氯化钙含量		≤0.10 %
臭氧老化性能	时间	≥3 h
	要求	试样在规定的时间内不发生龟裂、断裂或穿孔

(5)业务应用

装备许可证编号:SXZ-48-2018。

启用时间:2005年。

应用领域:主要应用于地方(部队)高空站、高空天气站、探空站;气球配套气象仪器(装备)生产单位;气象研究机构、学校等。

4.2.4 广州厂气象气球(广州双一气象)

(1)观测原理

广州厂气象气球(图4.2.4.1)是用天然胶乳加工而成的橡胶制品,使用前在气球体内充入氢气或氦气等比空气密度小的气体,根据浮力原理气球会产生一个向上的浮力。按照不同使用要求,选用不同规格的气球将仪器或物件携带升至所需的高度进行高空观测活动,如携带探空仪的升空探测,使探空仪能测定不同高度的温度、湿度、气压、风速等气象数据并通过无线电信号发回地面,从而获得高空的气象要素值。

图 4.2.4.1 广州厂系列气象气球产品图

（2）功能特点

采用新工艺技术使气象气球具有较高的耐低温、耐臭氧和耐紫外线的能力，确保气球能达到需要的高度；气球主体材料选用优质天然胶乳，使气球的物理性能达到最佳状态，保持气球升空高度的稳定性；具有施放简便、承载能力强、姿态稳定、飞行时间长、施放不受地域和气候因素影响、灵活性高等优点。

（3）组成结构

气象气球是以优质的天然橡胶胶乳为主和适当的配合剂制造而成的胶乳气球，它由球柄和球身连接组成的一个整体，规格有 10～3000 g，颜色有本色、红色、黑色等。

（4）性能指标（表 4.2.4.1）

表 4.2.4.1 广州厂气象气球性能指标

类别	规格	颜色	质量/g	爆破直径/m	平均升空高度/m
测风测云气球	10 克	本色、红色、黑色	10～14	≥0.75	5000
	30 克		25～35	≥1.20	6000
探空气球	300 克	本色	270～330	≥4.70	20000
	750 克	本色	700～800	≥7.00	28000
	800 克	本色	750～850	≥7.05	30000
	1600 克	本色	1550～1720	≥10.20	36000

（5）业务应用

不同规格气象气球的装备许可证编号和启用时间见表 4.2.4.2。

表 4.2.4.2 不同规格气象气球的装备许可证编号和启用时间

规格	装备许可证编号	启用时间
10 克	SXZ-09-2017	2009-07-27
30 克	SXZ-10-2017	2009-07-27
300 克	SXZ-11-2017	2009-07-27
750 克	SXZ-11-2017	2009-07-27
800 克	SXZ-02-2018	2014-01-03
1600 克	SXZ-03-2018	2014-01-03

应用领域：气象气球广泛用于气象、农业、水利和特殊工程等行业，也是进行空间科学研究的重要而不可缺少的运载工具。

第二部分

未获装备许可证的仪器装备

5 地基观测装备

5.1 地面观测仪器装备

5.1.1 A/ZDQ-12A 型地面智能气象观测系统(北京爱尔达)

(1)观测原理

系统的配置方案主要分为气象数据采集分系统配置区和系统监控终端配置区。数据采集分系统配置区按照气象规范建立观测场。数据采集分系统配置区构成了地面气象信息获取系统,是一种标准的模块化结构,传感器根据需要进行灵活配置。数据采集处理器具备自适应能力,可配接各种气象传感器和探测设备,数据采集分系统配置区的传感器主要包括风向风速、温度、湿度、气压、云底高、能见度、太阳总辐射、光照度、雷电定位和大气电场等。实时监控显示终端主要配置在气象台设备室,主要完成对整个自动观测系统的状态监控、原始数据存储和系统维护,其显示的实时数据和状态信息可以通过映射的方式在观测业务处理终端或其他任何终端上进行显示,方便使用人员的监视。

(2)功能特点

该系统自动观测风、温度、湿度、气压、降水量、云底高、能见度、天气现象、光照度、雷电定位、大气电场、太阳总辐射 12 种气象要素,实现了智能数据采集和处理、自动识别传感器、运行状态监控、智能通信交互等功能,基于中标麒麟开发的软件,综合显示 12 种气象要素,数据库功能强大,直观友好,是气象自动观测的新设备,是数值天气预报、人工影响天气、航空气象保障等关键设备。

(3)组成结构

该系统由硬件和软件组成。硬件由传感器分系统、数据采集分系统和外部设备组成。外部设备主要包括供电设备、监控终端计算机、通信设备、10 m 风杆和安装架设附件等。软件由数据采集软件和监控终端软件组成。数据采集软件主要包括时序与逻辑控制、参数管理、解析处理、状态自检和通信交互五个功能模块。监控终端软件主要包括参数设置、信息管理、状态监控、数据采集及处理、基本极值和综合显示六个功能模块。

(4)性能指标(表 5.1.1.1)

表 5.1.1.1 A/ZDQ-12A 型地面智能气象观测系统性能指标

要素	主要指标	要素	主要指标
气温	−50～60 ℃	太阳总辐射	0～2000 W/m²
相对湿度	0～100%	光照度	0～200000 lx
风向	0°～360°	能见度	光学视程(MOR):10～35000 m
风速	0～60 m/s	可识别的天气现象种类	7 种不同降水现象(雨、冻雨、毛毛雨、冻毛毛雨、雪、雨夹雪、冰粒)和雾、轻雾、霾(烟雾、沙尘)或晴朗等
气压	500～1100 hPa	数据通信	有线、无线、4G、北斗
降水量	0～999.9 mm	供电方式	市电

续表

要素	主要指标	要素	主要指标
云底高	0～13000 m(斜距)	供电电压	AC 220 $V_{-15\%}^{+10\%}$
闪电	≥150 km	频率	50±2 Hz
大气电场	－100～100 kV/m (监测范围 20 km)		

(5)业务应用

部队战略气象保障；自然灾害预警分析数据提供；民用机场飞行气象保障；气象探测中心数据分析保障；各类大型活动气象保障；农业生产气象保障；交通道路气象保障。

5.1.2 A/ZDQ-12B 型地面智能气象观测系统(北京爱尔达)

(1)观测原理

A/ZDQ-12B 型地面智能气象观测系统(图 5.1.2.1 和图 5.1.2.2)的配置方案主要分为气象数据采集分系统配置区和系统监控终端配置区。数据采集分系统配置区按照气象规范建立观测场。数据采集分系统配置区构成了地面气象信息获取系统，是一种标准的模块化结构，传感器根据需要进行灵活配置。数据采集处理器具备自适应能力，可配接各种气象传感器和探测设备，数据采集分系统配置区的传感器主要包括风向风速、温度、湿度、气压、云底高、能见度、太阳总辐射、光照度、雷电定位和大气电场等。实时监控显示终端主要配置在气象台设备室，主要完成对整个自动观测系统的状态监控、原始数据存储和系统维护，其显示的实时数据和状态信息可以通过映射的方式在观测业务处理终端或其他任何终端上进行显示，方便使用人员的监视。

图 5.1.2.1 A/ZDQ-12B 型地面智能气象观测系统室外设备

图 5.1.2.2 A/ZDQ-12B 型地面智能气象观测系统室内设备

(2)功能特点

该系统能够对远区观测场周边的风向、风速、温度、湿度、气压、降水量、云底高、能见度(MOR/RVR)、天气现象、雷电定位、大气电场、太阳总辐射、光照度等气象要素实施自动数据采集、传输、处理、显示和存储，为气象保障实时提供所需的气象信息，提升地面气象全要素观测的自动化水平，为气象预报人员提供连续的地面观测信息，进而满足短临预报和数值预报的需求。采用太阳能电池供电，通过北斗卫星通信，满足无人值守的需求。

(3)组成结构

主要分为硬件部分和软件部分，硬件部分主要包括传感器分系统、数据采集分系统和外部设备。软件部分包括数据采集软件、北斗通信软件和监控终端软件，其中监控终端软件主要由参数配置、信息管理、数据采集及处理、基本极值和显示五个功能模块组成。

(4)性能指标(表 5.1.2.1)

表 5.1.2.1 A/ZDQ-12B 型地面智能气象观测系统性能指标

要素	主要指标
风向	测量范围:0°~360°;准确度:±2°;分辨力:0.1°
风速	测量范围:0~75 m/s;准确度:±0.1 m/s;分辨力:0.01 m/s
气温	测量范围:−50~60 ℃;准确度:±0.2 ℃;分辨力:0.01 ℃
相对湿度	测量范围:0~100%;准确度:±3%(≤80%),±5%(>80%);分辨力:0.1%
气压	测量范围:500~1100 hPa;准确度:±0.3 hPa;分辨力:0.01 hPa
降水量	测量范围:0~999.9 mm;准确度:±0.4 mm(≤10 mm),±4%(>10 mm);分辨力:0.1 mm
云底高	探测范围:0~13000 m(斜距);准确度:±5 m 或±1%;分辨力:2.5 m
能见度	测量范围:光学视程(MOR);10~35000 m;准确度:≤10%(≤10000 m);≤20%(>10000 m);分辨力:1 m
天气现象	可识别的天气现象种类:7 种不同降水现象(雨、冻雨、毛毛雨、冻毛毛雨、雪、雨夹雪、冰粒)和雾、轻雾、霾(烟雾、沙尘)或晴朗等;天气现象识别准确率:≥80%
大气电场	静电场测量范围:−100~100 kV/m(监测范围 20 km); 静电场测量分辨力:5 V/m;静电场测量误差:≤5%
闪电定位	探测目标:云闪和云地闪。测量范围:≥150 km。准确度:±5°(方位);≤20%(距离)。分辨力:方位:1°;距离:1 km
太阳总辐射	测量范围:0~2000 W/m²;准确度:±20 W/m²;分辨力:1 W/m²
光照度	测量范围:0~200000 lx;允许误差:5%;分辨力:1 lx
数据采集接口	①系统维护接口(数字通信):1 路 RS-232 接口; ②智能数字传感器总线接口(数字通信):13 路 RS-485 接口; ③气象采集数据传输接口(数字通信):1 路 RS-485 接口
硬件平台	①北斗指挥机 管理观测站数量≥100 个; ②控制终端 处理器:不低于 2×XeonE5-4617(2.9 GHz/6c);系统内存:不低于 16 G DDR3;系统存储容量≥4 TB
供电与通信能力要求	①供电系统 供电方式:太阳能充电+胶体蓄电池供电;充满电后单次持续供电时间≥7 d(不加热时)。 (保留市电接口,方便制造过程中检验、试验) ②数据通信 通信方式:支持有线(以太网/光纤),无线(北斗卫星);数据传输时延≤1 min(不含北斗自身延时);数据发送时间间隔:5~180 min 可调。 ③观测站本地存储能力 本地存储记录条数≥500000 条
功耗	系统最大功率≤1000 W
时钟精度	时钟月运行误差<15 s(遥控校时,实时校准)
环境适应性	①温度 a. 工作温度 室内设备:0~40 ℃;室外设备:−50~60 ℃。 b. 储运条件:−50~60 ℃。 ②相对湿度 室内设备:0~96%(30 ℃);室外设备:95%~98%(30 ℃)。 ③防沙尘 室外设备符合《军用气象装备定型试验方法 第 6 部分:环境适应性》(GJB 6556.6—2008)的有关要求。 ④抗风 风速≤60 m/s 时设备正常工作。 ⑤防雷电 直击雷防护,应满足《建筑物防雷设计规范》(GB 50057—2010)对第一类防雷建筑物的要求; 感应雷防护,电源系统、数据采集控制单元等应采用多级防护设计。 ⑥海拔高度 适应海拔≥4000 m。 ⑦能够与测风雷达、天气雷达等设备同时使用,不造成干扰

续表

要素	主要指标
安全性	①绝缘性 电源芯线之间及芯线与机箱之间的绝缘电阻≥2 MΩ。 ②机箱接地 机箱与接地端子之间的电阻应≤0.5 Ω。 ③接地电阻 接地端子与大地之间的电阻应≤5 Ω
可靠性	平均故障间隔时间（MTBF）≥3000 h
维修性	平均故障修复时间（MTTR）≤25 min（基层级），并满足下列条件： 维修人员：具有中专、高中及以上学历并进行过专业培训合格； 维修设备：在基层级必须根据系统保障要求配备相应的检测设备，并具备必要的备件

（5）业务应用

部队战略气象保障；自然灾害预警分析数据提供；民用机场飞行气象保障；气象探测中心数据分析保障；各类大型活动气象保障；农业生产气象保障；交通道路气象保障（图 5.1.2.3）。

图 5.1.2.3　A/ZDQ-12B 型地面智能气象观测系统应用场景

5.1.3　CAMA-AWOS 型民航自动气象观测系统（洛阳凯迈）

（1）观测原理

CAMA-AWOS 型民航自动气象观测系统依据中国民航气象相关标准设计开发，是一套集气象观测传感器设备、中央数据接收处理服务器、工作站和系统观测软件所组成的综合软硬件系统，为航空器起飞与着陆提供实时的地面气象观测数据，为机场气象观测人员、预报人员、塔台空管人员和机场维护人员提供相关的气象信息产品，满足不同业务人员的各种需求，以保证飞行安全。

（2）功能特点

具有测量气象光学视程（MOR）、风向、风速、气压、气温、湿度、降水量、云等气象要素的功能，并能够计算跑道视程（RVR）；能够精确计算水汽压、露点气温、海平面气压等气象要素；系统各用户终端具有按不同跑道分别显示系统测量和计算的实时气象要素的功能；具有存储实时数据、报文等信息的功能；具有对存储的历史资料进行查询、显示、统计、检索、输出等功能；具有 GPS、北斗基准时钟信息同步的功能；具有状态等监控信息及系统日志的显示、告警、存储、查询等功能；系统具有英文和中文界面支持的参数配置、数据显示、报文发送、信息查询功能；各用户终端具有危险天气告警、设备异常告警等功能；民航自动气象观测系统具有通过航空固定电信网（AFTN）发送报文的功能；系统能够自动生成每小时或每半小时一次的常规航空天气报告和特殊航空天气报告；具有直接修改预报报文错误和重新发送最后一份预报等功能；具有对外扩展接口，可接入航管气象信息系统和民航空管气象信息系统。

(3)组成结构

由室外和室内设备组成(图 5.1.3.1),其中室外气象观测设备(图 5.1.3.2)主要包括跑道两端延长地带的云高仪、跑道端观测场内的气象设备、中间带观测场内的气象设备、接地带观测场内的气象设备。室内设备主要包括通信设备、UPS 供电单元、GPS 授时服务器、中央数据处理单元、服务器和用户终端等。

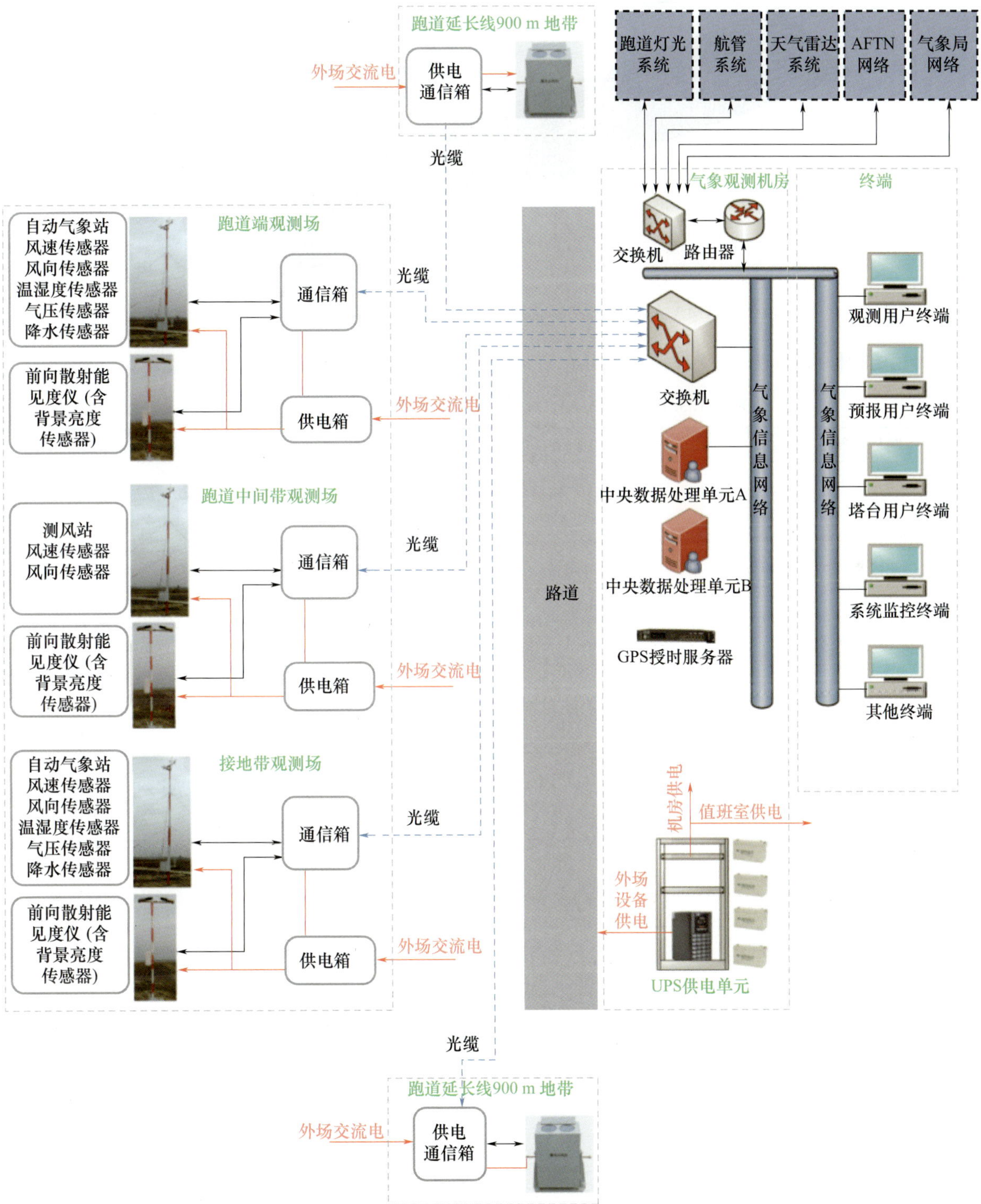

图 5.1.3.1 CAMA-AWOS 型民航自动气象观测系统组成结构

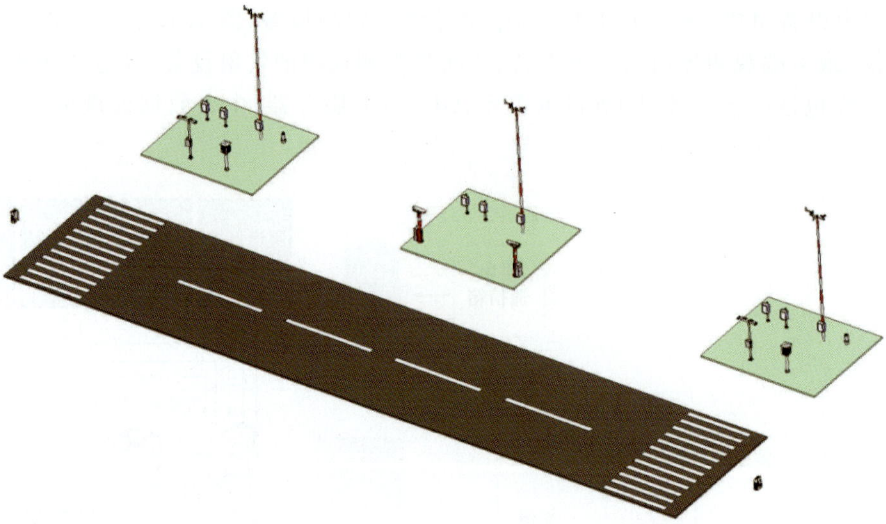

图 5.1.3.2 CAMA-AWOS 型民航自动气象观测系统室外气象观测设备布局示意图

（4）性能指标（表 5.1.3.1）

表 5.1.3.1 CAMA-AWOS 型民航自动气象观测系统性能指标

测量要素	范围	分辨力	最大允许误差
风速	0～75 m/s	0.5 m/s	±0.5 m/s(≤5 m/s)； ±10%(>5 m/s)
风向	0°～360°	1°	±5°
气压	500～1100 hPa	0.1 hPa	±0.3 hPa
气温	−50～50 ℃	0.1°	±0.2 ℃
相对湿度	0～100%	1%	±2%(≤90%)； ±3%(>90%)
雨量	0～500 mm	0.1 mm	±0.4 mm(≤5 mm)； ±2%(>5 mm)
云高	0～3000 m	10 m	±10 m(≤100 m)； ±10%(>100 m)
气象光学视程 (MOR)	10～10000 m	1 m	±50 m(≤600 m)； ±10%(600～1500 m)； ±20%(>1500 m)
跑道视程 (RVR)	10～2000 m	1 m	±10 m(≤400 m)； ±25 m(400～800 m)； ±10%(>800 m)
背景亮度	0～40000 cd/m²	1 cd/m²	±10%

（5）业务应用

主要应用于民用运输机场、通用机场及军用机场的地面气象自动观测。

5.1.4 CAMA-HJC01 型场站地面自动气象观测系统(洛阳凯迈)

(1)观测原理

CAMA-HJC01 型场站地面自动气象观测系统依据解放军地面气象观测规范等相关规范及标准设计开发,是一套集气象观测传感器设备、供电单元、数据传输单元、数据接收处理服务器和系统观测软件所组成的综合软硬件系统,为部队遂行作战、训练、国防科研试验等军事行动提供实时的地面气象观测数据,为天气预报、气候分析和科学研究提供并积累气象数据资料。

(2)功能特点

能够实时采集、处理和存储风向、风速、气温、相对湿度、气压、降水量、云底高、能见度、天气现象、总辐射、日照时数、光照度、地温和地面凝结现象等气象要素;能够精确计算水汽压、露点气温、海平面气压等气象要素;能够自动完成气象数据的采集、接收、处理、传输、分析显示、统计输出和存储等;能够手动下载、自动补传数据,确保数据的完整性;能够实现时钟管理和自动北斗授时功能;具有危险天气报警和设备工作故障报警功能;具有数据质量控制和器差修正功能;具有远程视频监控功能;具备无人值守工作能力,可保持连续不间断工作;支持多站组网功能;支持太阳能和市电混合供电方式;支持北斗、光纤、4G 等多种通信方式;具有测量要素、存储容量、通信方式可扩展性。

(3)组成结构

由室外和室内设备组成,其中室外气象观测设备主要包括气象传感器设备、数据采集、数据传输、外场系统供电和视频监控等。室内设备主要包括数据接收服务器、工作站、UPS 供电单元、北斗指挥机和交换机等(图 5.1.4.1~图 5.1.4.3)。

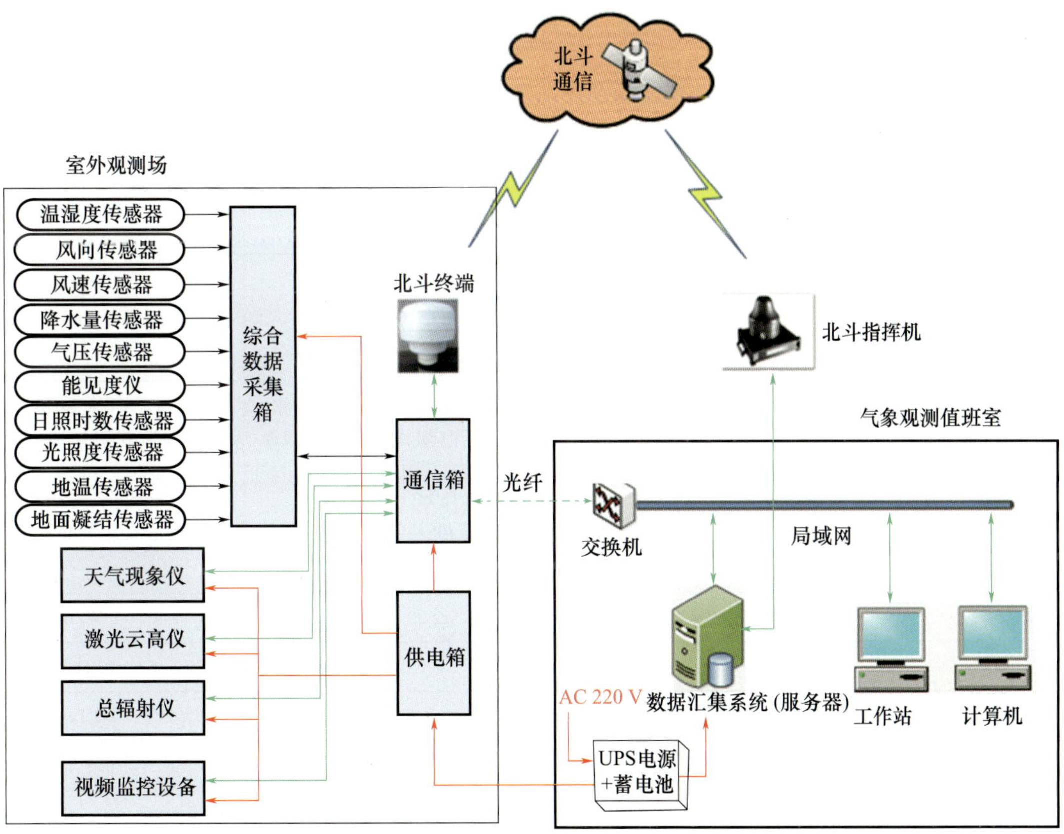

图 5.1.4.1 CAMA-HJC01 型场站地面自动气象观测系统组成结构

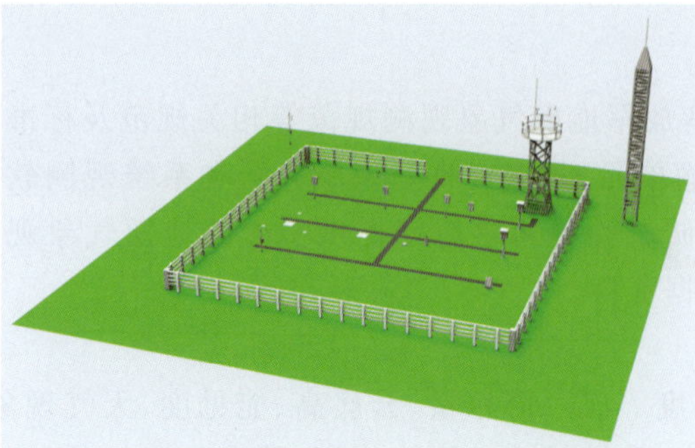

图 5.1.4.2　CAMA-HJC01 型场站地面自动气象观测系统外场布局

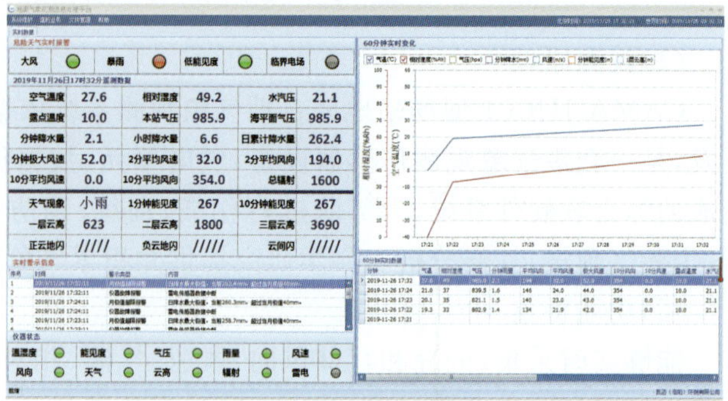

图 5.1.4.3　CAMA-HJC01 型场站地面自动气象观测系统软件界面

(4)性能指标(表 5.1.4.1)

表 5.1.4.1　CAMA-HJC01 型场站地面自动气象观测系统性能指标

要素	范围	最大允许误差	分辨力
空气温度	−50～50 ℃	±0.2 ℃	0.1 ℃
相对湿度	0～100%	±2%(≤90%)； ±3%(>90%)	1%
气压	500～1100 hPa	±0.15 hPa	0.01 hPa
风速	0～60 m/s	±0.3 m/s(≤10 m/s)； ±(0.05 v)m/s(>10 m/s)， v 为实际风速	0.1 m/s
风向	0°～360°	±3°	1°
雨量	0～999.9 mm	±0.4 mm(≤10 mm)； ±4%(>10 mm)	0.1 mm
能见度	10～30 km	±50 m(≤500 m)； ±10%(500～5000 m)； ±20%(>5000 m)	1 m
天气现象	可识别和反演降水(雨、冻雨、毛毛雨、冻毛毛雨、混合雨/雪、雪、冰粒)、雾(雾、轻雾)、风沙(扬沙、沙尘暴)、烟尘(烟、霾、浮尘)和风暴(大风)等天气现象		
激光云高仪	0～10000 m； 测量云层数≥3 层	±15 m(<150 m)； ±30 m(150～1500 m)； ±5%(>1500 m)	2.5 m
总辐射	0～2000 W/m²	±20 W/m²	1 W/m²
日照时数	0～24 h	±0.1 h	0.01 h
光照度	0～200 klx	±5%	1 lx
地温	−50～80 ℃	±0.4 ℃	0.1 ℃
地面凝结	地面凝结现象>90%		

(5)业务应用

主要应用于陆军、海军、空军、火箭军等场站的地面气象自动观测(图 5.1.4.4～图 5.1.4.6)。

(a) (b)

图 5.1.4.4 CAMA-HJC01 型场站地面自动气象观测系统应用场景 1

图 5.1.4.5 CAMA-HJC01 型场站地面自动气象观测系统应用场景 2

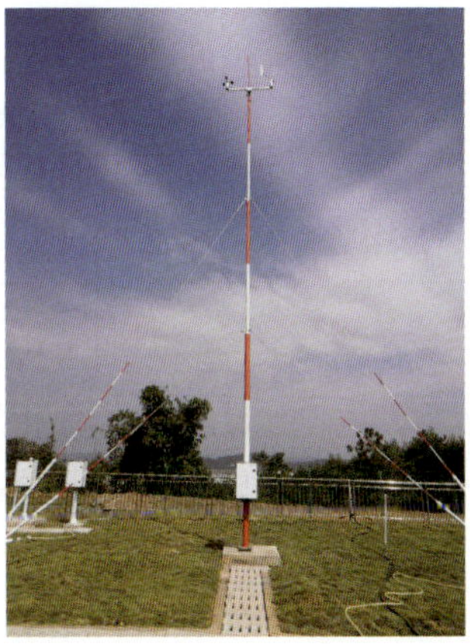

图 5.1.4.6 CAMA-HJC01 型场站地面自动气象观测系统应用场景 3

5.1.5 CAMA-ND 型凝冻现象观测站(洛阳凯迈)

(1)观测原理

CAMA-ND 型凝冻现象观测站是针对凝结类天气现象研发的自动化观测产品。观测站以结冰厚度定量监测为主,同时对周围环境进行图像或视频监控,并将监测数据通过无线通信方式传输到监控终端,利用布设在终端上的应用软件和网站,面向用户对数据进行多种形式的展示。

(2)功能特点

可实现本次结冰厚度、1 min 结冰厚度、10 min 结冰厚度、1 h 内累计结冰厚度、谐振频率、测量阶段、实景图像等要素的数据采集、质控、存储和传输等功能,配合凝冻现象观测系统数据接收软件相关功能,实现结冰厚度的自动观测。统一接口、统一算法、统一质控方法,维护性、互换性好;所有传感器、采集器均经过严格的实验验证,具有良好的稳定性;基于总线结构构建,可根据实际系统需要进行配置,具有良好的扩展性;配合天气现象仪可实现雨凇、雾凇凝冻现象识别。

(3)组成结构

该凝冻现象观测站由硬件和软件系统组成,硬件包括传感器、采集器、通信接口、系统电源和计算机等,系统软件有采集软件和业务软件。为了实现组网和远程监控,还需要配置中心站软件,将凝冻现象观测站与中心站连接形成自动气象观测系统。

凝冻现象观测站主要由气象监测传感器、数据采集处理单元、供电单元、通信单元、结构支撑组件组成，通过以CPU为核心的采集器集中采集和处理各个传感器信号（图5.1.5.1）。

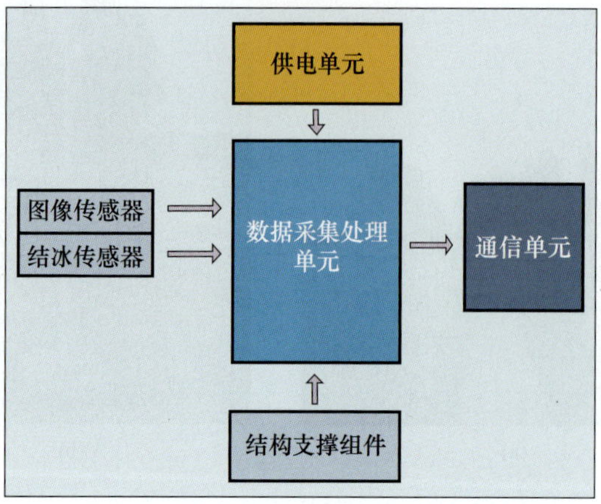

图5.1.5.1　CAMA-ND型凝冻现象观测站系统构成

（4）性能指标（表5.1.5.1）

表5.1.5.1　CAMA-ND型凝冻现象观测站性能指标

要素	主要指标
结冰厚度	测量范围：0～8 mm；分辨力：0.1 mm；测量精度：±0.3 mm
视频图像	最大分辨率：200万像素 主码流分辨率及帧率： 50 Hz：25 fps(1920×1080)、25 fps(1280×720)、25 fps(704×576) 60 Hz：30 fps(1920×1080)、30 fps(1280×720)、30 fps(704×480) 子码流分辨率及帧率： 50 Hz：25 fps(704×576)、25 fps(352×288) 60 Hz：30 fps(704×480)、30 fps(352×240) 视频编码标准：H.264MainProfile/H.265/M-JPEG
电源	太阳能供电系统，连续阴天情况下，蓄电池保证设备运行15 d
传输方式	标准配置中气象数据传输采用RS-232接口，图像传输采用RJ45接口，可通过功能模块扩展为GPRS/CDMA、北斗、RJ45等通信接口，通信协议满足主流气象软件平台

（5）业务应用

主要应用于国家基本气象站，各种（常规）气象观测站，其他行业（如林业、农业、石油、电力、水利等）气象监测站（图5.1.5.2～图5.1.5.4）。

图5.1.5.2　CAMA-ND型凝冻现象观测站观测场应用场景1

图5.1.5.3　CAMA-ND型凝冻现象观测站生态保护区应用场景2

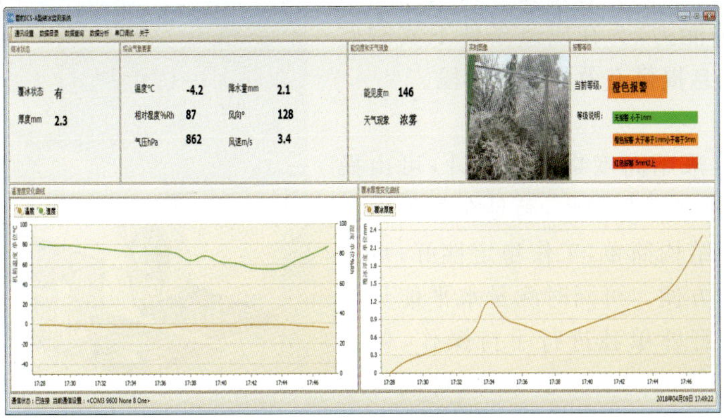

图 5.1.5.4　CAMA-ND 型凝冻现象观测站应用软件界面

5.1.6　CJY-1G（R）型前向散射式能见度仪（洛阳凯迈）

（1）观测原理

CJY-1G(R)型前向散射式能见度仪主要利用光的前向散射原理，采用微处理器控制的能见度测量和降水现象监测仪器，它发出红外光脉冲，测量降水颗粒通过设备采样区时的粒子下降速度和散射强度，反演出雨粒子、雪粒子、毛毛雨粒子和冰雹粒子，从而实现雨强监测和实时输出降水天气类型。

（2）功能特点

该能见度仪可接入背景亮度传感器，同时实现大气能见度、降水现象和背景光亮度的测量；具有全量程能见度监测、自校准、自动对时、大容量数据存储等功能，能够在全天候环境下使用。可同时测量大气能见度、降水现象和背景光亮度；针对舰船环境下的防盐雾、防腐蚀、防震动、抗强电磁干扰设计；可对光源能量、温度和窗口污染等信号进行监测；具备自加热、外场可校准功能；适用于移动载体和固定站点，可在多领域、行业应用。

（3）组成结构

由能见度传感器、电缆和校准装置等部分组成。

（4）性能指标（表 5.1.6.1）

表 5.1.6.1　CJY-1G(R)型前向散射式能见度仪性能指标

要素	主要指标	要素	主要指标
能见度测量范围	5～50000 m	背景光测量范围	2～40000 cd/m^2
能见度测量误差	±50 m(5～500 m)	测量误差	±10%
	±10%(500～5000 m)	数据更新频率	15 s、1 min
	±20%(5000～50000 m)	通信方式	RS-232 或 RS-485
能见度分辨力	1 m	质量	≤10 kg
输出降水天气现象类型	雨、毛毛雨、雪、冰雹、冰粒、雨夹雪等降水现象	外形尺寸(长×宽×高)	630 mm×363 mm×205 mm
		平均故障间隔时间	≥5000 h

（5）业务应用

主要应用于国家基本气象站、机场、舰船等。

5.1.7　CJY-2S 型手持式能见度仪（洛阳凯迈）

（1）观测原理

CJY-2S 型手持式能见度仪（图 5.1.7.1）集成了前向散射能见度仪和大气电场仪，主要用于野外环境下的能见度和电场监测，具有水平能见度和大气电场的连续测量及其数据传输能力，为在应急条件下实时监测能见度和大气电场信息提供有效的探测手段。

（2）功能特点

该手持式能见度仪采用高度集成化设计，可由操作人员随身携带，可随时展开和撤收，满足在野外应急情况下的能见度监测。结构简单，工作稳定性好，可靠性高，能耗低，使用维护方便。可同时测量水平能见度和大气电场强度；可在野外单独进行手持操作，体积小、质量轻；单独连续工作时间不少于 10 h；可同时进行蓝牙和有线方式数据传输。

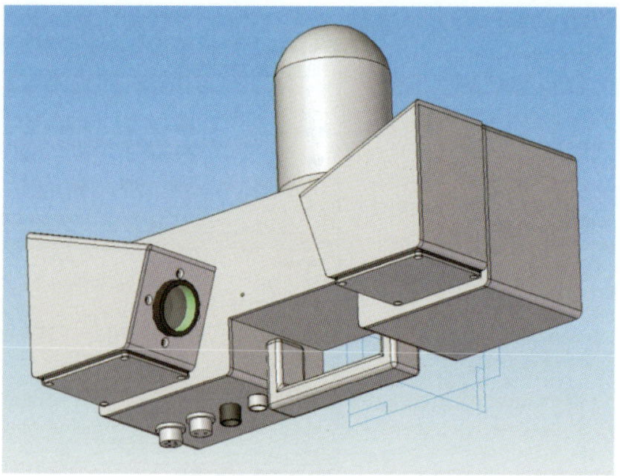

图 5.1.7.1　CJY-2S 型手持式能见度仪结构

（3）组成结构

由传感器单元、供电单元、数据传输单元、数据显示单元组成。

（4）性能指标（表 5.1.7.1）

表 5.1.7.1　CJY-2S 型手持式能见度仪性能指标

要素	主要指标	要素	主要指标
能见度测量范围	5～10000 m	数据更新频率	15 s，1 min
测量精度	±10%（5～5000 m）	平均故障间隔时间	≥15000 h
	±20%（5000～10000 m）		
电场测量范围	±100 kV/m	质量	≤3 kg
电场测量分辨力	50 V/m	外形尺寸（长×宽×高）	300 mm×260 mm×320 mm
电场测量误差	±10%FS	电源供电方式	直流/锂电池
通信方式	RS-232、蓝牙通信等可选	电源功耗	≤3.5 W

（5）业务应用

主要应用于机场、气象、海事、环保等多个领域。

5.1.8　CYY-2F 型浮标云高仪（洛阳凯迈）

（1）观测原理

CYY-2F 型浮标云高仪采用单光轴设计、激光雷达技术，利用光信号后向散射原理，发射器发射激光脉冲到大气中，接收器接收大气在不同高度上的后向散射信号，根据后向散射信号反演大气的消光系数廓线，计算所探测气柱的光学厚度以及所探测到的空气柱到设备的距离，从而得到所探测到的云层高度和发射激光对云层的穿透厚度。其具有测量性能好，可靠性好，便于安装调试且具有自主知识产权的特点。

（2）功能特点

采用单光轴设计，具有集成化程度高、质量轻、耐盐雾腐蚀、防太阳直射、抗震等功能和特点；可自动测量并输出 3 层云的云底高度、穿透厚度，统计计算云量，天空模糊时计算垂直能见度，具有数据存储与历史数据查询功能，能够在全天候环境下使用。

（3）组成结构

由发射器、接收器、处理器、接口控制、电源和光学组件等部分组成。发射器主要由发射光学系统及发射器电路组成，发射器通过机械装置固定在机芯的光筒中，仪器工作时发出周期性的红外脉冲光信号。接收器主要由接收光学系统及接收器电路组成，接收器通过机械装置固定在机芯的光筒中，仪器工作时接收大气回波信号。

（4）性能指标（表 5.1.8.1）

表 5.1.8.1　CYY-2F 型浮标云高仪性能指标

要素	主要指标	要素	主要指标
测量范围	15～5000 m	通信方式	RS-232 或 RS-485
测量精度	±20 m(≤150 m)； ±10%(150～300 m)； ±20%(>300 m)	外形尺寸 （长×宽×高）	573 mm×327 mm×743 mm
固体目标测量精度	±10 m	质量	≤30 kg
分辨力	5 m	平均故障间隔时间	≥5000 h
数据更新频率	15～300 s 可设	电源供电方式	DC 9～36 V
可探测云层数	3 层	电源功耗	≤10 W

（5）业务应用

主要应用于浮标、舰船等移动载体。

5.1.9　C06-H 型手持激光云高仪（北京聚恒博联）

（1）观测原理

C06-H 型手持激光云高仪（图 5.1.9.1）是一款手持监测云底高度、云层厚度、固体目标距离并实时显示测量结果的智能设备，既可手动单次测量，也可自动连续工作。该产品利用米散射激光雷达技术，以特定频率主动发射红外脉冲激光光束，并以固定时间间隔探测大气后向散射信号，获得随高度分布的回波廓线，通过信号处理和算法分析，自动识别云层，计算输出云底高度、云层厚度、固定目标距离。

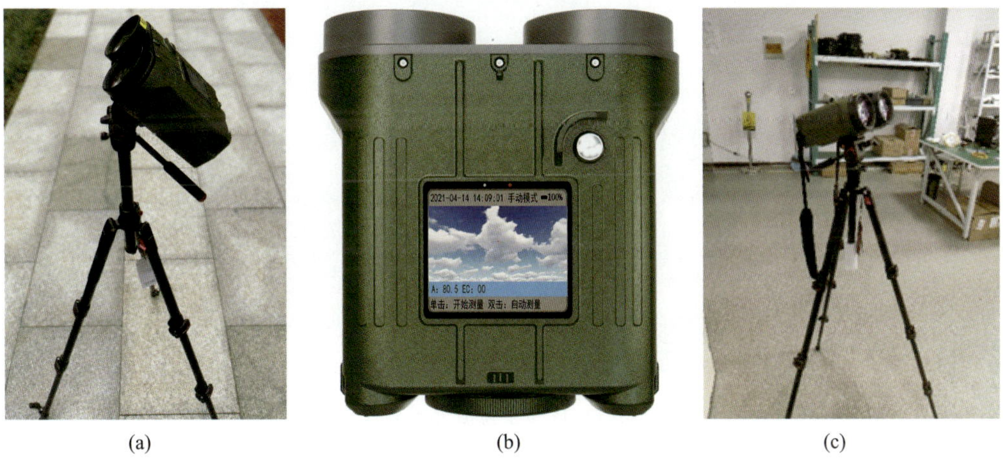

(a)　(b)　(c)

图 5.1.9.1　C06-H 型手持激光云高仪产品图

（2）功能特点

采用人体工学设计，观测方式多样，既可临时手持观测，也可安装于三脚架长时间连续观测。体积小，质量轻，不受布站空间条件限制，测量使用灵活，既可竖直，也可倾斜测量云底高度或固体目标物距离。设备内置锂电池，观测数据可实时显示在液晶屏上，同时存储于设备内部，方便日后读取进行数据分析。

（3）组成结构

由光学系统、电学系统、结构系统、嵌入式软件系统和处理软件系统五部分组成。光学系统主要将发射的激光进行准直后发射进入大气，并接收大气后向散射的激光，将其汇聚至激光接收器，滤除其他波段的杂波，消除其对检测结果的影响和保护光/电及电/光元器件；电学系统主要为嵌入式软件系统提供良好的运行平台,受嵌入式软件系统的控制完成激光雷达的所有功能及部分性能;结构系统为光学系统和电学系统提供支撑和保护,并具有更加良好的密封性能、耐盐雾腐蚀性能、抗机械振动性能和力学性能;嵌入式软件系统运行于电学系统之中,操控电学系统完成整机需要完成的功能和部分性能,具有快速响应及优秀的数据交互能力;处理软件系统运行于计算机之上,主要完成向设备发布命令、设置参数、接收设备的数据信息并进行解析、数据存储和显示这一系列功能,操作方便,显示简练,具有优秀的移植性和操作性。

(4)性能指标(表 5.1.9.1)

表 5.1.9.1 C06-H 型手持激光云高仪性能指标

要素		主要指标	要素		主要指标
物理规格	尺寸(长×宽×高)	229 mm×214 mm×106 mm	电气性能	电源	内置锂电池(配专用适配器)
	质量	≤2.5 kg		功耗	≤15 W
测量性能	云底高度测量范围	50～6000 m		通信方式	RS-485
	云底高度测量准确度	±15 m(<500 m);±10%(≥500 m)		工作时长(满电状态,25 ℃条件下)	≥500 次(手动模式);≥3 h(自动连续模式)
	固体目标测量范围	50～6000 m			
	固体目标测量准确度	±5 m	环境适应性	工作环境	温度:−45～55 ℃;相对湿度:0～95%
	仰角测量范围	0°～90°		储存环境	温度:−50～60 ℃;相对湿度:0～95%
	角度测量准确度	±0.8°		防护等级	IP65,防盐雾,抗腐蚀

(5)业务应用

主要应用于气象观测(如国家基本气象站、各种常规气象观测站等)、云观测与研究、航空气象保障、航海气象保障、军事气象保障等领域(图 5.1.9.2)。

图 5.1.9.2 C06-H 型手持激光云高仪应用场景

5.1.10 DUH1 云量自动观测仪(航天新气象)

(1)观测原理

DUH1 云量自动观测仪由可见光成像子系统和红外成像子系统组成。仪器根据云在可见光波段和红外波段上所表现出来的不同特性,进行全天时、不间断的自动观测,实时采集全天空可见光和红外辐射亮温图像数据,并计算云量数据。仪器兼顾了可见光成像子系统技术数据直观、时空分辨率高的优点以及红外技术在层状云观测和夜间云观测方面的优点,提供了更为完整、准确和实时的总云量、分云量观测数据。

(2)功能特点

该观测仪适用于替代人工对天空进行观测,使观测结果客观化、观测资料连续化,减少台站观测人员的工作量,进一步提高观测质量和观测效率。该设备的可见光和红外波段同时运行,可以全天候工作。

另外，该设备可靠性高，环境适应性强。

(3)组成结构

该观测仪包括可见光成像子系统(图 5.1.10.1)和红外成像子系统(图 5.1.10.2)。可见光成像子系统主要由可见光成像单元、太阳跟踪单元和采集箱组成，红外成像子系统由红外探测单元、旋转扫描单元、温湿度感应单元、感雨模块、采集箱和电源箱组成。

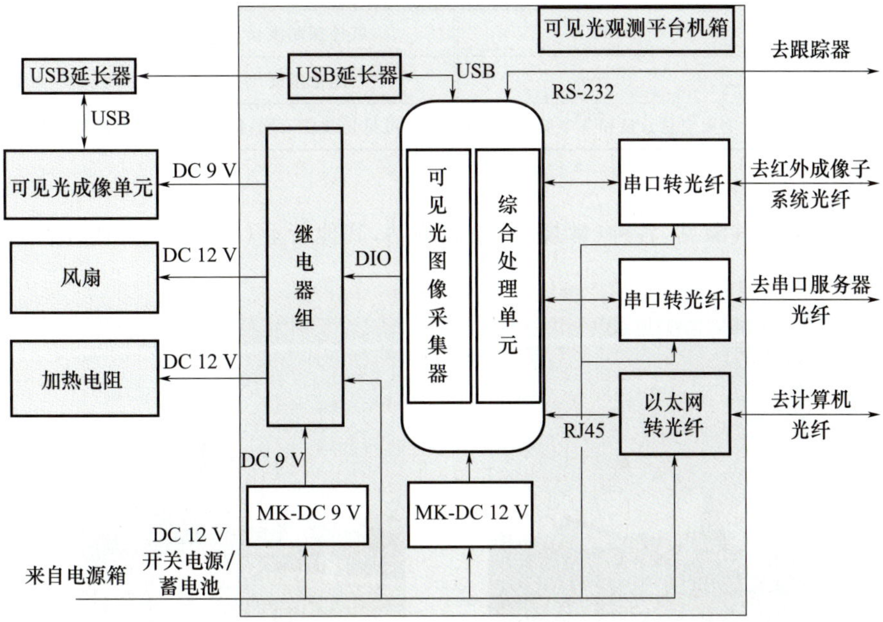

图 5.1.10.1 DUH1 云量自动观测仪可见光成像子系统

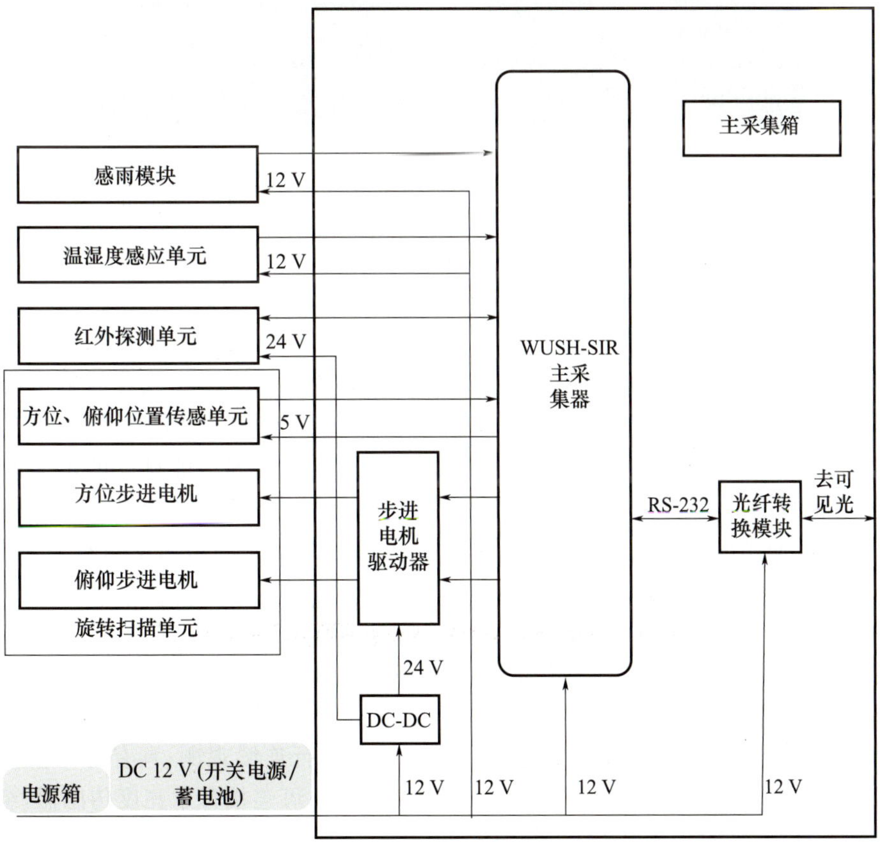

图 5.1.10.2 DUH1 云量自动观测仪红外成像子系统

（4）性能指标（表 5.1.10.1）

表 5.1.10.1　DUH1 云量自动观测仪性能指标

要素	主要指标	要素	主要指标
测云距离	0～10 km	分辨力	1%
云量范围	0～100%	测量范围	仰角＞15°
可见光像素	≥100 万	红外探测波长	8～14 μm
测云距离	10 min	测量精度	±20%（水平能见度≥2 km）
输出	全天空总云量和高中低分层云量数据；可见光波段云图；红外云图；红外温度分布数据		

（5）业务应用

主要应用于国家基本气象站，各种（常规）气象观测站，其他行业（如林业、农业、石油、电力、水利等）气象监测站（图 5.1.10.3）。

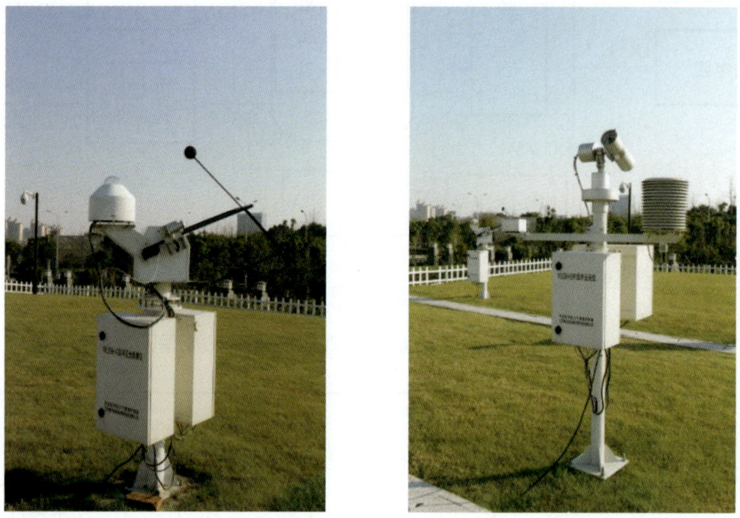

(a)　　(b)

图 5.1.10.3　DUH1 云量自动观测仪应用场景

5.1.11　DNT-1 型透射式能见度仪（洛阳凯迈）

（1）观测原理

DNT-1 型透射式能见度仪是一种采用测量发射器和接收器之间水平空气柱的平均消光（透射）系数反演能见度的仪器，其测量基于准直光束的散射和吸收导致的光的损失的原理，其采样空间为基线长度，观测资料代表性较好，光吸收不会影响测量准确度，所以这种测量原理与能见度的定义紧密相关。透射式能见度仪能够对能见度的真值给出非常好的近似，在航空等对能见度观测要求高的领域有不可替代的作用，也能为目前广泛使用的前向散射式能见度仪标校提供一个可靠的参考测量仪器，可连接背景亮度传感器，实现 RVR（跑道视程）测量。

（2）功能特点

这是唯一被航空领域认可的 RVR（跑道视程）测量仪器。其测量精度高，可作为标准器使用；可进行自动吹风，形成风帘，降低降水造成的窗口污染；内部配备蓄电池，市电断电时可自动续航；装备可靠性高、环境适应性强，适用于多种行业及领域。可对水平能见度进行连续观测；具有窗口玻璃污染检测及补偿功能；具有光路自动对准控制功能；具有能见度自动校准功能；可连接背景亮度传感器，组成 RVR（跑道视程）测量系统。

(3)组成结构

透射式能见度仪由发射单元、接收单元、能见度校准器、背景亮度传感器、支柱和电缆组成。

(4)性能指标(表 5.1.11.1)

表 5.1.11.1　DNT-1 型透射式能见度仪性能指标

<table>
<tr><th>要素</th><th colspan="2">主要指标</th><th>要素</th><th>主要指标</th></tr>
<tr><td>测量范围</td><td colspan="2">10～4000 m(30m)；
50～10000 m(100m)</td><td>质量</td><td>≤200 kg</td></tr>
<tr><td rowspan="2">测量误差</td><td>基线长 30 m</td><td>±10 m(≤400 m)；
±25 m(400～800 m)；
±10%(800～2000 m)；
±20%(2000～4000 m)</td><td rowspan="2">外形尺寸
(长×宽×高)</td><td rowspan="2">450 mm×1004 mm×2660 mm</td></tr>
<tr><td>基线长 100 m</td><td>±25 m(≤250 m)；
±10%(250～2000 m)；
±20%(2000～10000 m)</td></tr>
<tr><td>分辨率</td><td colspan="2">1 m</td><td>平均故障间隔时间</td><td>≥15000 h</td></tr>
<tr><td>通信方式</td><td colspan="2">RS-232、RS-485、无线传输等可选</td><td>电源供电方式</td><td>AC 220 V</td></tr>
<tr><td>数据更新频率</td><td colspan="2">15 s～1 min 可调</td><td>电源功耗</td><td>≤500 W</td></tr>
</table>

(5)业务应用

主要应用于机场等气象观测站。目前该设备已安装于江西南昌瑶湖机场、成都飞机工业集团试飞机场(图 5.1.11.1 和图 5.1.11.2)。

图 5.1.11.1　DNT-1 型透射式能见度仪应用场景 1

图 5.1.11.2　DNT-1 型透射式能见度仪应用场景 2

5.1.12　DNJ-1 型激光雷达能见度仪(洛阳凯迈)

(1)观测原理

DNJ-1 型激光雷达能见度仪主要采用激光遥感方式，获得扫描范围内的后向散射系数，并计算得到不同方向的能见度值，有效监测和识别海雾。其可实时显示能见度水平方向廓线、水平方向消光系数时空分布廓线、历史数据等。可应用于沿海领域对海上能见度和海雾进行实时、连续的自动化观测，具有测量性能高、可靠性好、人机交互良好、智能化程度高且具有自主知识产权的特点。

(2)功能特点

其主要功能是测量大气水平能见度、对海雾进行监测和预报，对于保障海上活动的安全以及交通运输、工业、渔业安全生产，具有十分重要的科学意义和实践价值。其主要应用于海洋台站、机场、气象等多个领域。该激光雷达能见度仪结构简单，工作稳定性好，可靠性高，能耗低，使用维护方便。可测量大气水平或斜程能见度；具有自动巡航扫描和雷达扫描功能；可对电源电压、光源能量、温度和窗口污染等信号进行监测；具有智能化实景监测功能。

（3）组成结构

由能见度传感器、转台、电控箱和电缆组成。

（4）性能指标（表 5.1.12.1）

表 5.1.12.1　DNJ-1 型激光雷达能见度仪性能指标

要素	主要指标	要素	主要指标
测量范围	50～40000 m	通信方式	RS-232、RS-485
空间采样范围	30～10000 m	尺寸（长×宽×高）	450 mm×1004 mm×2620 mm
测量精度	±50 m(50～500 m)； ±10%(500～1500 m)； ±20%(1500～10000 m)	质量	≤200 kg
数据更新频率	10 s～10 min 可调	平均故障间隔时间	≥15000 h
探测范围	水平 10 km（天气良好时）	电源供电方式	AC 220 V
扫描角度	0°～360°（水平）；0°～90°（垂直）	电源功耗	100 W（不加热）；≤500 W（加热）

（5）业务应用

主要应用于沿海区域气象观测站。目前该设备已安装于福建省沿海地段进行试用（图 5.1.12.1）。

(a)　　(b)

图 5.1.12.1　DNJ-1 型激光雷达能见度仪应用场景

5.1.13　NQ-Ⅰ型能见度测量仪（上海气象仪器）

（1）观测原理

NQ-Ⅰ型能见度测量仪采用前向散射原理对大气光学视程进行测量。

（2）功能特点

该能见度测量仪是采用先进光电探测技术、微机及通信技术对大气能见度进行准确有效测量的仪器。它采用前向散射原理对大气光学视程进行测量，可连续测量所选场所的盛行能见度。其工作性能稳定、测量精度高、安装维护方便。

采集器具有 RS-232、RS-485 双通信口，可组网观测；采集器存储容量为 128 MB，可存储 40 d 分钟级数据和小时级数据。能见度传感器测量范围可根据用户要求分别设定在 10 km、16 km、20 km、30 km、50 km。系统采用交流供电，蓄电池后备，无市电时可工作 12 h。耐盐雾。

(3)组成结构

由数据采集器、能见度测量部件、供电系统、通信系统和外围部件组成。

(4)性能指标(表 5.1.13.1)

表 5.1.13.1　NQ-Ⅰ型能见度测量仪性能指标

要素	主要指标	要素	主要指标
测量范围	6～50000 m	工作温度	－35～55 ℃
分辨力	1 m	抗风强度	≤60 m/s
测量精度	±10%(≤60 m,误差±6 m)	通信	RS-232/RS-485/GPRS/CDMA 任选

(5)业务应用

该仪器可广泛应用于气象、环保、交通等领域,可在沿海地区使用。

5.1.14　WUSH-FVV10 型能见度仪(航天新气象)

(1)观测原理

WUSH-FVV10 型能见度仪(图 5.1.14.1)是一种基于光学前向散射原理的用于测量能见度(气象光学视程,MOR)的传感器。该传感器有较强的抗污染能力,向下光学取样设计,遮光防护罩开口面为水平面,对降水及水平风携带的污染物有较好的防护作用,这种设计提供了精确的测量结果并降低了维护性要求。光学系统采用了大功率近红外 880 nm 波长阵列 LED 光源,优化取样容积大于 0.6 L,增加了取样代表性,同时光源功率的提高也增加了量程上限。

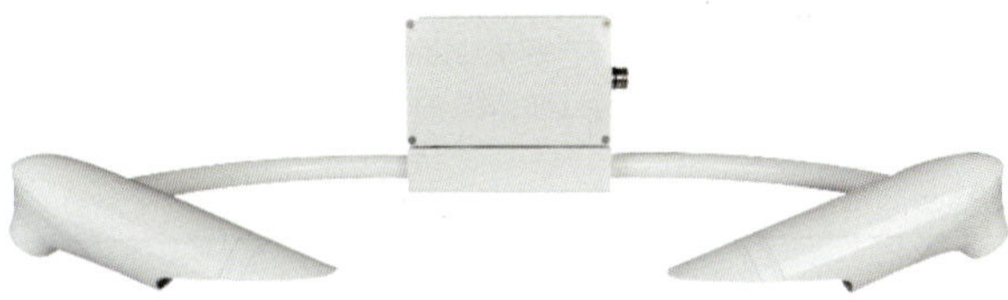

图 5.1.14.1　WUSH-FVV10 型能见度仪产品外观

(2)功能特点

可以实现能见度的精准测量,分辨率小于 1 m;优化设计采用 42°散射角;采用了基于时域过采样降噪;采用向下光学取样设计,对窗口具有更好的抗环境光干扰效果;具有高可靠性、长期稳定性;高度集成,质量轻,易于安装。

(3)组成结构

主要包括光发射单元、光接收单元及主控单元。从技术层面划分,可以分为光学系统、电路系统(硬件和嵌入式软件)及结构系统(图 5.1.14.2)。

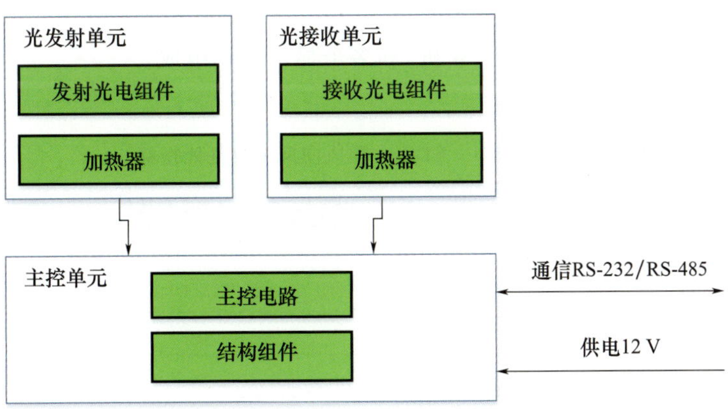

图 5.1.14.2　WUSH-FVV10 型能见度仪系统架构

（4）性能指标（表 5.1.14.1）

表 5.1.14.1 WUSH-FVV10 型能见度仪性能指标

要素	主要指标	要素	主要指标
散射角	42°	取样容积	0.6 L
测量范围	10～80000 m	分辨力	<1 m
精度	±10％（≤10000 m）； ±15％（>10000 m）	仪器一致性	±5％
更新速率	15 s	时间常数	60 s
供电	DC 12 V	数字接口	RS-232，RS-485
功耗	3 W（仪器功耗）； 6.5 W（窗口加热功耗）； 20 W（遮光罩加热）	光源安全等级	无危险类《灯和灯系统的光生物安全性》 （GB/T 20145—2006/CIE S 009/E：2002）
建议校准周期	每两年一次	校准追溯	溯源至 WRR
处理器	支持嵌入式操作系统（Linux），主频≥100 MB 的 32 位处理器	接口	ZigBee 接口；2 个 RS-232/485/422 串口作为与智能测量仪通信扩展接口；2 个 RS-232 串口，作为 GPRS/北斗无线通信模块和 1 个导航卫星（GPS 或北斗）校时模块接口；1 个光纤通信口、1 个 RJ-45 网口、1 个 USB 接口用于通信扩展；直流电源接口；1 个 SD 卡接口

（5）业务应用

广泛应用于自动气象站、高速公路、机场、灯塔、港口、船舰及其他海上平台领域。

5.1.15 EDZ-Ⅰ型风向风速仪（上海气象仪器）

（1）观测原理

风速采用三杯回转架式低惯性轻金属；风向采用单叶式低惯性轻金属风向标。

（2）功能特点

EDZ-Ⅰ型风向风速仪实时对风向与风速进行自动观测，计算其瞬时值、2 min 平均值、10 min 平均值、风变量、风极值。该仪器采用玫瑰图和数字方式显示风向、风速、风变量、极值及实时时钟。其具有较强存储能力，并配有各类通信接口，既可实现单站测量，也可实现多站测量，通过现场总线通信可实现梯度观测、局域观测，通过有线或无线通信可实现区域组网观测。该仪器智能化程度高、功能强、可靠性高、使用范围广。

（3）组成结构

由风向风速传感器、采集系统、主机（计算机）和多个显示终端组成。

（4）性能指标（表 5.1.15.1）

表 5.1.15.1 EDZ-Ⅰ型风向风速仪性能指标

要素	主要指标
风向	范围：0°～360°；精度：±3°
风速	范围：0～60 m/s；精度：±（0.5+0.03 v）m/s，v 为实际风速
抗风强度	75 m/s
启动风速	≤0.5 m/s
工作环境	温度范围：－40～50 ℃；相对湿度：≤100％
遥测距离	1200 m
时钟走时精度	月累计误差≤30 s

(5)业务应用

可广泛应用于各类气象台站，机场跑道风测量，港口、公路、生态梯度风观测等。

5.1.16 EDZ-Ⅳ型梯度测风站(上海气象仪器)

(1)观测原理

采用总线式结构，测量不同层次的风向、风速。

(2)功能特点

EDZ-IV 型梯度测风站应用传感器技术、微机与通信技术，实时对梯度风向、风速进行自动观测。该系统采用总线式结构，梯度风数量可按用户要求增减，观测高度不限，还可根据用户需要增加大气温度、湿度、雨量等观测。能够自动采集梯度风参数并转换为工程量，可接受远程访问及数据查询。系统具有较强存储能力及各类通信接口，通过有线或无线通信可实现区域组网观测。

(3)组成结构

EDZ-IV 型梯度测风站由测风传感器、智能变送器、数据采集器、电源、通信模块等组成。

(4)性能指标(表 5.1.16.1)

表 5.1.16.1 EDZ-IV 型梯度测风站性能指标

测量要素	测量范围	分辨力	测量精度
气压	500～1100 hPa	0.1 hPa	±0.3 hPa
气温	−50～50 ℃	0.1 ℃	±0.2 ℃
相对湿度	5%～100%	1%	±3%(≤80%);±5%(>80%)
风向	0°～360°	3°	±5°
风速	0～60 m/s	0.1 m/s	±(0.5+0.03 v)m/s, v 为实际风速
降水量	雨强 0～4 mm/min	0.1 mm	±0.4 mm(≤10 mm); ±4%(>10 mm)

(5)业务应用

可广泛应用于生态、风能研究及风力评估等领域的观测。

5.1.17 FR500 大气负离子监测仪(北京华创维想)

(1)观测原理

FR500 大气负离子监测仪采用双重圆筒电极之吉尔定电容法采集空气中特定负氧离子，并通过嵌入式系统技术构建，计算负氧离子浓度值，从而能够长期、自动、连续、全天候监测空气负(氧)离子浓度变化。

(2)功能特点

FR500 大气负离子监测仪能够输出空气清新指数，通过选配微气象、紫外辐射表输出舒适度指数、中暑指数和紫外线指数来适应环境气象观测的业务需求，满足观测数据的高精度和高稳定性要求。同时也可选配 AQM80-UMB 微空气质量站用于公园、旅游景区空气环境质量监测等。不仅伺服系统拥有智能通风降温、加热除湿的功能，使得设备适应高温高湿环境；并且测量系统具备程控负离子校零、离子标准差及绝缘度控制、自动升降档等特点，使其在野外恶劣环境下具有高可靠性、高准确性、免标校、免维护工作周期长、大容量存储等优势。该仪器符合中国气象局大气负离子自动观测仪功能规格需求书(第 2 版)要求。

(3)组成结构

包括 AD500 大气负离子监测仪、空气温湿度传感器、供电单元、通信单元及伺服立杆。

(4)性能指标(表 5.1.17.1)

表 5.1.17.1　FR500 大气负离子监测仪性能指标

指标	要素	主要指标数据
测量指标	大气负离子	双重圆筒直径及感应面积：内径：2.2 cm，外径：2.9 cm，有效截面积：40 cm^2
		电极间距及长度：间距：0.7 cm，长度：15.8 cm
		采样空气流量及流速：流量：430 cm^3/s，流速：1.3 m/s
		极板极化电压：DC 12 V
		测量范围：0～500000 ions/cm^3
		离子迁移率：≥0.4 $cm^2/(V \cdot s)$
		测量精度：≤±5%(0～50000)；≤±10%(>50000)
		最小分辨率：1 ions/cm^3
		传感器灵敏性：实时(0.3 s)测量值主机面板显示
	空气温湿度	空气温度：−50～60 ℃；精度：≤±0.2 ℃
		空气湿度：0～100%RH；精度：≤±3%RH
电力指标	交流单相电源	220 V±15%；频率：50±2.5 Hz
	可选太阳能供电	连阴天 5 d(蓄电池 12V 64 Ah×2，太阳能电池板 12 V 50 W×2)
	功耗	5～10 W(加热及通风功耗)

指标	要素	主要指标数据
功能指标	数据格式	YNAI 报文(依据中国气象局《地面观测气象数据字典》)和自定义报文
	负离子及温湿度	依据大气负离子自动观测仪功能规格需求书(第 2 版)；精度指标：完全符合并优于
	空气清新指数	5 级空气清新指数
	舒适度指数	9 级舒适度指数(选配微气象)
	中暑指数	5 级中暑指数(选配微气象)
	紫外线指数	5 级紫外线指数(选配紫外辐射)
数据接口、存储	采集器	嵌入式 32 位智能数据采集器数据存储；16 GB 板载存储卡
	数据输出频次	1 次/min
	通信接口	4 个 RS-232/RS-485 接口，1 个选配 USB 接口
	通信方式	GPRS、WiFi、有线直连/RJ45 以太网接口
	可选软件	YourWayWeb 智能可视化终端软件(软件可以更便利地观看测量结果)
	可选测量传感器	空气温湿度、紫外辐射
	可选外围设备	LED 屏实时数据现场发布

(5)业务应用

主要应用于生态环境负(氧)离子指标监测、天然氧吧负(氧)离子浓度监测、旅游景区清新指数监测(图 5.1.17.1)、郊野公园公共健康环境监测(图 5.1.17.2)。

图 5.1.17.1　FR500 大气负离子监测仪应用于旅游景点

图 5.1.17.2　FR500 大气负离子监测仪应用于公共健康环境监测(崂山)

5.1.18　HY-FLZ2A 型大气负离子自动观测仪(北京华云升达)

(1)观测原理

HY-FLZ2A 型大气负离子自动观测仪采用电容式吸入法设计，在采集筒的极化板上加载定量的极化电压，再让被测大气按设定的速度匀速通过传感器。大气中特定的小粒径离子在电场的作用下发生偏转，被采集棒所捕获。采集到的负离子电荷量经过采集器的处理，即可计算出负离子的电荷浓度值。

(2)功能特点

可对大气负离子浓度(离子偏移率在 0.4～1.0 范围内)进行准确测量。其具有测量准确、灵敏度高、易于维护、环境适应能力强的特点，能够实现全天候、不间断的离子浓度测量、存储和数据远传。设备的研制过程中兼顾了国内和国际通用技术规范，符合《空气离子测量仪通用规范》(GB/T 18809—2002)和中国气象局《大气负离子自动观测仪功能规格需求书》(气测函〔2016〕19 号)要求。

(3)组成结构

由硬件和软件组成，其中硬件部分包括大气负离子传感器(采集筒、风扇、微电流计、信号处理板、电源、嵌入式软件)、温湿度传感器、供电机箱及安装支架等。软件包括仪器控制处理软件和计算机数据采集处理软件。仪器控制处理软件主要由信号采集与处理模块、控制模块、系统检测与预警模块、数据存储与传输模块、信息显示模块等组成。计算机数据采集处理软件主要包括观测数据采集模块、存储模块、预处理模块、质量控制模块、图形显示模块等。

采集筒里极化板可提供定量的极化电压，采集端可采集到带电离子。风扇的作用是驱动空气按照定速流过极化板之间。微电流计可以把采集端采集到的带电离子的电量转化成可测量的电压。信号处理板包括小信号处理电路、实时时钟电路、存储电路、通信电路等。电源电路提供传感器所需要的 12 V、5 V、3.3 V 等不同伏值的电压。嵌入式软件负责数据的处理和解析，可以按要求把采集到的电压转化成单位体积的离子个数，另外，可以提供实时时钟、数据存储、RS-232 通信等软件功能。温湿度传感器用于测量空气的温湿度，为负离子传感器的驱湿加热提供辅助作用。供电机箱主要是交流电到直流电的转换，同时提供电池用于交流断电后的能源供给。

(4)性能指标(表 5.1.18.1)

表 5.1.18.1 HY-FLZ2A 型大气负离子自动观测仪性能指标

<table>
<tr><th>要素</th><th colspan="2">主要指标</th><th>要素</th><th colspan="2">主要指标</th></tr>
<tr><td rowspan="3">离子迁移率</td><td colspan="2" rowspan="3">K_p=0.4 cm^2/(V・s)，
最大允许误差±10%</td><td rowspan="3">大气负离子浓度</td><td>测量范围</td><td>10～5×10^6 个/cm^3</td></tr>
<tr><td>测量误差</td><td>±15%(≥100 个/cm^3)</td></tr>
<tr><td>最小分辨力</td><td>10 个/cm^3</td></tr>
<tr><td rowspan="3">空气温度</td><td>测量范围</td><td>−30～50 ℃</td><td rowspan="3">空气相对湿度</td><td>测量范围</td><td>10%～100%</td></tr>
<tr><td>分辨力</td><td>0.1 ℃</td><td>分辨力</td><td>1%</td></tr>
<tr><td>准确度</td><td>±0.5 ℃</td><td>准确度</td><td>±5%(≤80%)；±10%(>80%)</td></tr>
<tr><td rowspan="4">环境适应性</td><td>温度</td><td>−30～50 ℃</td><td colspan="2">防护等级</td><td>IP65</td></tr>
<tr><td>相对湿度</td><td>10%～100%</td><td colspan="2" rowspan="2">功耗</td><td rowspan="2"><4 W/@DC 12 V(未加热)；
<20 W/@DC 12 V(启动加热)</td></tr>
<tr><td>抗阵风能力</td><td>≤35 m/s</td></tr>
<tr><td>大气压力</td><td>550～1060 hPa</td><td colspan="2">可靠性要求</td><td>平均故障间隔时间>2500 h</td></tr>
</table>

(5)业务应用

HY-FLZ2A 型大气负离子自动观测仪性能稳定，测量精度高。近些年来已在辽宁、北京、河南、甘肃、陕西、浙江、湖南等地开展了长时间的观测，应用于大气负离子的自动化观测(图 5.1.18.1 和图 5.1.18.2)。

图 5.1.18.1 HY-FLZ2A 型大气负离子自动观测仪应用场景 1

图 5.1.18.2 HY-FLZ2A 型大气负离子自动观测仪应用场景 2

5.1.19　HY-FR1A 型冻雨自动观测仪(北京华云升达)

(1)观测原理

HY-FR1A 型冻雨自动观测仪依靠顶部探针对冻雨的发生进行探测，探针安装在传感器的顶端，冻雨从天空落下时其温度低于 0 ℃，但由于缺少凝结核，不会凝结成冰，依然保持液态，一旦打在探针上会迅速凝结成冰附着在探针表面。探针的谐振频率会随附着的冻雨质量增加而改变，通过检测谐振频率的变化即可测量冻雨。其属于对冻雨的发生结束时间，冻雨的积冰厚度进行准确测量的专业观测仪器，具有测量准确、灵敏度高、易于维护、环境适应能力强的特点，能够全天候、不间断地对冻雨的发生进行监测、存储和远传。

(2)功能特点

HY-FR1A 型冻雨自动观测仪巧妙的加热结构设计，定制了小巧的电热管，实现了以较小的加热功率迅速化冰，快速进入下一个冻雨测量周期，同时具有温度传感器和温度开关双重过热保护，保证即便在软件采集加热温度失效的情况下，温度开关仍能过热关断加热。

采用直流偏置，可以和激励共用一个线圈，这样能够通过直接改变直流的大小进行偏置磁场大小的调节，同样可以很好地起到消除倍频效应的效果。

具有冻雨发生的整个过程中的积冰厚度测量功能；具有加热化冰功能，以实现对冻雨发生过程的连续测量；探头部分设计光滑无死角，不易积灰尘；具有自动校准归零的功能；具有数据传输(有线和无线)功能。

(3)组成结构

由硬件和软件两部分组成，其中硬件部分包括冻雨传感器、电源系统、通信模块等，软件部分包括冻雨传感器嵌入式控制处理软件和计算机数据采集处理软件。

(4)性能指标(表 5.1.19.1)

表 5.1.19.1　HY-FR1A 型冻雨自动观测仪性能指标

要素		主要指标	要素		主要指标
积冰厚度	测量范围	0～2.5 mm(达到量程后可启动加热融冰，重复测量)	环境适应性	空气温度	−50～50 ℃
	分辨力	0.13 mm		空气相对湿度	0～100%
	误差	±0.13 mm(单次测量)		风速	≤60 m/s
温度检测	测量范围	−30～50 ℃		降水强度	76.2 mm/min
	分辨力	0.1 ℃		大气压力	550～1060 hPa
	准确度	±0.5 ℃	防护等级		IP65
平均功耗		<3 W(测量状态)；<90 W(加热融冰状态)	可靠性要求		平均故障间隔时间>2500 h

(5)业务应用

该观测仪采用机械谐振原理探测冻雨的发生，其简洁机械外观设计为传感器适应恶劣环境提供保证。能长期、自动、连续、全天候监测冻雨，适应环境气象观测的业务需求，满足观测数据的高精度和高稳定性要求(图 5.1.19.1 和图 5.1.19.2)。

图 5.1.19.1　HY-FR1A 型冻雨自动观测仪应用场景 1

图 5.1.19.2　HY-FR1A 型冻雨自动观测仪应用场景 2

5.1.20　HY-UWS01 型超声测风仪（北京华云升达）

（1）观测原理

HY-UWS01 型超声测风仪采用超声波飞行时间法进行水平方向的风速、风向测量。超声波在 2 个方向的传感器之间传递，超声波的飞行时间被检测电路和数字芯片计算获得。处理器按照超声波的飞行时间与风速的关系，计算得到当前环境的风向、风速。

（2）功能特点

该测风仪符合中国气象局风传感器的功能需求；采样频率可达 50 Hz；全金属外壳；免于一般维修的设计；对射的超声波传感器具有高信噪比；内部采用数字信号滤波算法有效降低干扰；采用低功耗处理器；IP67 的防护等级；全机身可进行加热除冰功能；可选量程；风洞环境内精确校准；无杯式传感器的启动风速限制。

（3）组成结构

由超声换能器组、测量控制单元、加热单元和外围组件等部分组成。超声换能器组由正交分布的多个超声换能器构成。测量控制单元由换能器驱动电路、信号处理电路、采集处理和控制电路、加热驱动和检测电路、电源管理电路、通信接口电路、状态检测电路等构成。加热单元由加热器组和加热检测元件等构成。外围组件包括连接器以及外壳、换能器臂、安装件等结构件。

（4）性能指标（表 5.1.20.1）

表 5.1.20.1　HY-UWS01 型超声测风仪性能指标

要素		主要指标	要素	主要指标
风速	测量范围	0～60 m/s	外壳	125 W
	最大允许误差	±0.1 m/s（低风速）；或±2%（精确校准）	串行通信接口	RS-485/RS-232
	分辨力	0.01 m/s	IP 等级	IP67
风向	测量范围	0°～359°	环境适应性	温度：−45～60 ℃；相对湿度：0～100%；气压：550～1060 hPa；最大抗阵风能力：75 m/s；最大雨强：6 mm/min
	最大允许误差	±2°		
	分辨力	1°		
工作电压		DC 9～36 V	抗盐雾腐蚀	《电工电子产品环境试验》（GB/T 2423.17—2008）

续表

要素	主要指标	要素	主要指标
功率	1 W	电磁兼容	《信息技术设备的无线电骚扰限值和测量方法》（GB/T 9254—2008）B级；《信息技术设备 抗扰度限值和测量方法》（GB/T 17618—2015）
加热电压	DC 24～36 V		
传感器横臂	115 W		

（5）业务应用

该测风仪广泛应用在很多领域中测量风向和风速；其响应快、可自动加热除冰、无机械损耗等，既能满足无人值守的野外恶劣环境，也能适应城市或近郊环境；可应用于专业气象观测站、海洋环境观测（如船载、海上平台、滨海站）、交通气象观测（如高速公路站、高铁沿线）、风能、环保行业等（图 5.1.20.1和图 5.1.20.2）。

图 5.1.20.1　HY-UWS01 型超声测风仪应用场景 1

图 5.1.20.2　HY-UWS01 型超声测风仪应用场景 2

5.1.21　HY-WP1A 型天气现象视频智能观测仪（北京华云升达）

（1）观测原理

这是一款通过不同角度的多个摄像机采集图像和视频数据，利用图像识别、深度学习、数据融合等技术，实现天气现象和云等气象要素智能观测的专业气象仪器。

（2）功能特点

通过不断完善识别算法，逐步实现对云、凝结类天气现象、积雪、结冰、雪深（可扩展视程障碍现象、降水类天气现象、电线积冰）观测要素的自动观测和智能识别。支持在前端设备完成图像识别和深度学习算法处理，直接输出识别结果。专业设计一体式集成摄像机组，外观简洁美观，安装、调试、使用、维护极为便利。通过采集的海量图像数据、常规气象要素观测等数据进行多源数据融合，不断完善智能识别算法模型，建设基于气象大数据的天气现象识别算法库。

（3）组成结构

该观测仪由硬件和软件组成。硬件主要由视频采集器、主控制器和辅助设备组成。其中视频采集器由 1 个鱼眼摄像机、1 个长焦摄像机和 1 个短焦摄像机组成；主控制器由小型运算平台、有线通信模块、无线通信模块和电源模块等组成；辅助设备包括立杆、支架、机箱等安装结构件以及观测识别所必需的标志物。软件主要有识别软件和控制管理软件，分别用于天气现象（或气象要素）的自动观测识别及对设备进行控制管理。

(4)性能指标(表 5.1.21.1)

表 5.1.21.1 HY-WP1A 型天气现象视频智能观测仪性能指标

要素	主要指标	要素	主要指标
识别的天气现象和气象要素种类	云(总云量、云状)、凝结天气现象(露、霜、雨凇、雾凇)、结冰、积雪、雪深	图像分辨率	>400 万像素
总云量识别一致率	≥80%(0~10 层云)	图片采样识别频率	1 min 间隔(常规);30 s 间隔(最低)
云状识别一致率	≥80%(可识别 29 类云、全天无云及视程障碍现象引起的云状无法辨明)	自动加热除雪能力	全部摄像机具备
露、霜、雨凇、雾凇识别一致率	≥80%(露);≥90%(霜、雨凇、雾凇)	夜间观测能力	长焦和短焦摄像机具备
结冰识别一致率	≥90%	数据存储能力	不少于 1 个月的识别结果数据和图像数据
积雪识别一致率	≥90%	外壳防护等级	IP65
雪深识别准确率	±1 cm	设备工作温度	−40~50 ℃
图片摄像单元	鱼眼摄像机、长焦摄像机、短焦摄像机		

(5)业务应用

该观测仪是专门为“天脸”智能观测研发,主要应用于国家级地面气象观测站,用于解决目前以人工观测为主的部分天气现象观测的自动化观测问题(图 5.1.21.1 和图 5.1.21.2)。

图 5.1.21.1 HY-WP1A 型天气现象视频智能观测仪应用场景 1

图 5.1.21.2 HY-WP1A 型天气现象视频智能观测仪应用场景 2

5.1.22 HY-ZN-ZK 型智能集成处理器(北京华云升达)

(1)观测原理

HY-ZN-ZK 型智能集成处理器高度集成多串口通信、信号转换、防雷隔离处理、数据转换,通过以太网口/4G/光纤的方式将采用不同通信方式的多个设备数据进行远距离传输,有效解决了数据只是由传感器经采集器单向传输至业务软件,传感器和采集器之间缺乏双向交互功能,且由于采集器接口形式单一,不易扩展,无法按照规则实现设备的动态管理和组网的不足。

(2)功能特点

从综合气象观测系统需求出发,以高性能嵌入式微控制器为核心,适用于综合气象观测业务,系统集成度高、功耗低,具备数据格式转换和数据存储功能,可根据业务需求进行快速的升级。观测设备接口均支持 RS-232/485/422 协议。

(3)组成结构

HY-ZN-ZK 型智能集成处理器(图 5.1.22.1)硬件电路包含高性能处理器、高精度时钟电路、存储器、I/O 接口(ZigBee 接口、RS-232、以太网接口、光纤接口、USB 接口、SD 卡接口)、监测电路、供电接口和指示灯等。处理器:智能集成处理器-Ⅰ型的核心部件,完成数据处理以及逻辑控制。嵌入式软件包括四个功能模块:主控制模块、数据采集处理和监控模块、通信模块和软件升级模块(图 5.1.22.2)。

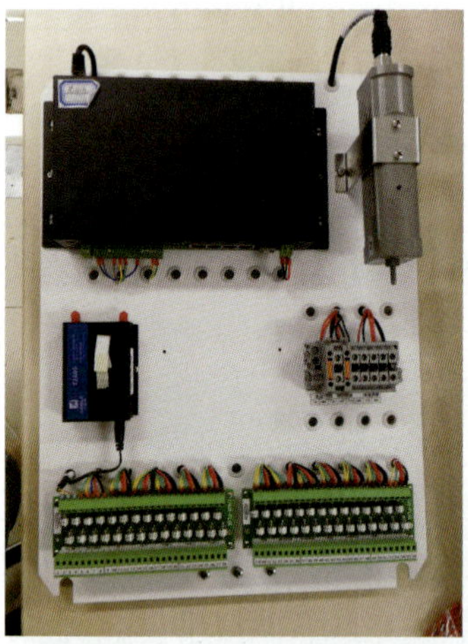

图 5.1.22.1 HY-ZN-ZK 型智能集成处理器

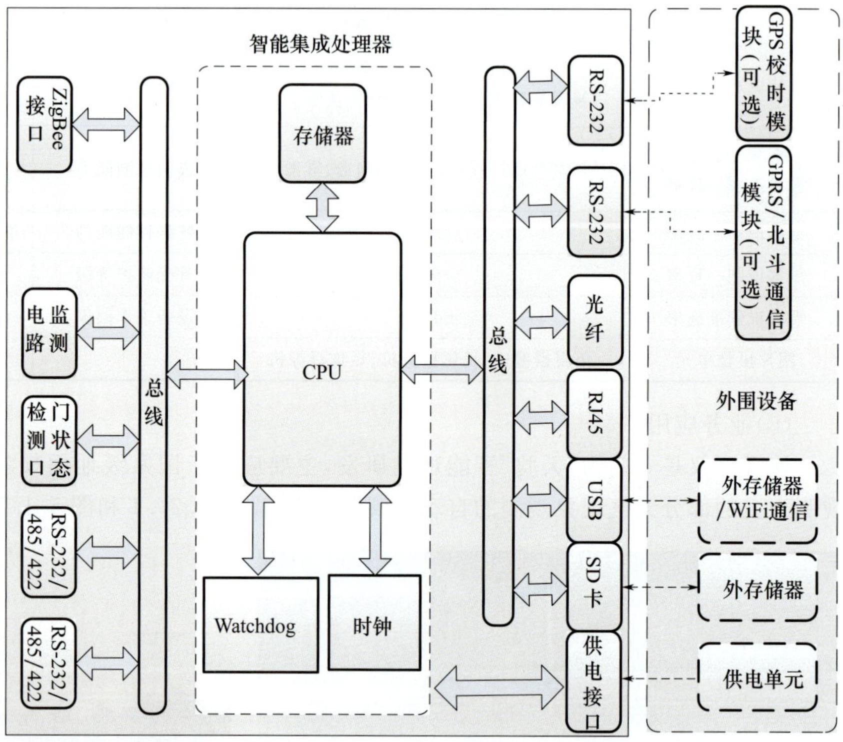

图 5.1.22.2 HY-ZN-ZK 型智能集成处理器组成结构

(4)性能指标(表 5.1.22.1)

表 5.1.22.1 HY-ZN-ZK 型智能集成处理器性能指标

要素	主要指标
硬件参数	处理器选用主频为 528 M 的 Arm Cortex-A7 内核的 32 位处理器,支持嵌入式 Linux 操作系统,内置 Watchdog 功能。 接口包括:1 个 ZigBee 接口;4 个 RS-232/485/422 串口,软件可切换配置,既可作为与智能测量仪的通信接口,也能连接 GPRS/北斗通信模块和导航卫星(GPS 或北斗)校时模块;1 个光纤通信口、4 个 RJ45 网口、1 个 USB 接口用于通信扩展;直流电源接口;1 个 SD 卡接口
软件参数	采用 Linux 操作系统,提供 TCP/IP 协议栈;编译环境支持 arm-2007q1;在 RS-232 调试口上提供了 Linux 终端控制台功能。 程序平均故障间隔时间(MTBF)≥8000 h,每个独立模块故障时不会导致其他模块死锁或瘫痪,程序意外死机后有自我重启功能。 具有远程自动升级功能
环境适应性	温度:−60～60 ℃;相对湿度:0～100%;气压:550～1060 hPa
抗盐雾腐蚀	满足《电工电子产品环境试验 第 2 部分:试验方法 试验 Ka:盐雾》(GB/T 2423.17—2008)

续表

要素	主要指标
机械条件	满足《军用装备实验室环境试验方法 第 16 部分：振动试验》(GJB 150.16A—2009)； 满足《电工电子产品环境试验 第 2 部分：试验方法 试验 Ea 和导则：冲击》(GB/T 2423.5—1995)
电磁兼容性	满足《电磁兼容 试验和测量技术 浪涌(冲击)抗扰度试验》(GB/T 17626.5—2019)； 满足《电磁兼容 试验和测量技术 电快速瞬变脉冲群抗扰度试验》(GB/T 17626.4—2018)； 满足《电磁兼容 试验和测量技术 射频场感应的传导骚扰抗扰度》(GB/T 17626.6—2017)； 满足《电磁兼容 试验和测量技术 静电放电抗扰度试验》(GB/T 17626.2—2018)
外壳防护等级	IP65

(5)业务应用

HY-ZN-ZK 型智能集成处理器是基于气象智能测量仪开展多要素观测的气象(气候)观测系统，可进行组网，完成观测任务，既能满足无人值守的野外恶劣环境，也能适应城市或近郊环境(图 5.1.22.3)。

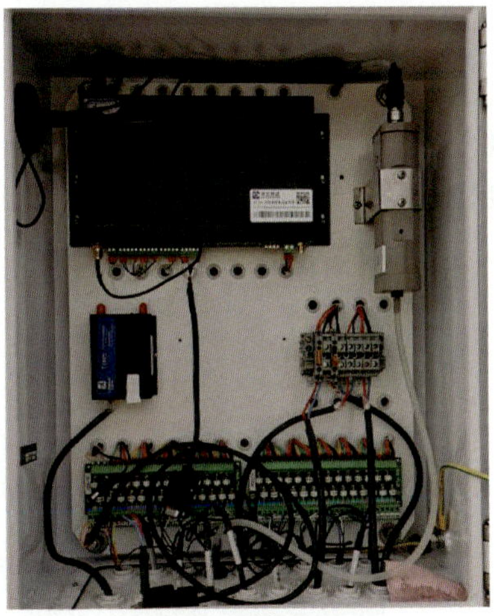

(a)

(b)

图 5.1.22.3　HY-ZN-ZK 型智能集成处理器应用场景

5.1.23　ICS-A 型谐振式冻雨传感器(洛阳凯迈)

(1)观测原理

ICS-A 型谐振式冻雨传感器(图 5.1.23.1)采用电磁谐振原理，由电磁振动线圈和解算器的交流放大器组成一个闭环振荡系统。当该闭环振荡系统达到稳态工作时，会产生一个固定频率的输出信号。在结冰条件下，该频率会随着冰层厚度增加而上升，此频率信号被后续电路放大、采样，进行数字信号处理及标度变换后，得到结冰强度和速度，数据可通过 RS-485 或者 RS-232 的数字量形式输出。

(2)功能特点

高精度结冰厚度检测，精度可达±0.3 mm；宽温区工作范围−40～70 ℃；设备内部电路板均经过三防处理，适应恶劣工作环境；通过国军标环境适应性和 EMC 电磁兼容认证；可接入已有公路、铁路、机场或气象部门的气象监测系统；组成包含结冰厚度探测以及预报的多参数检测系统。

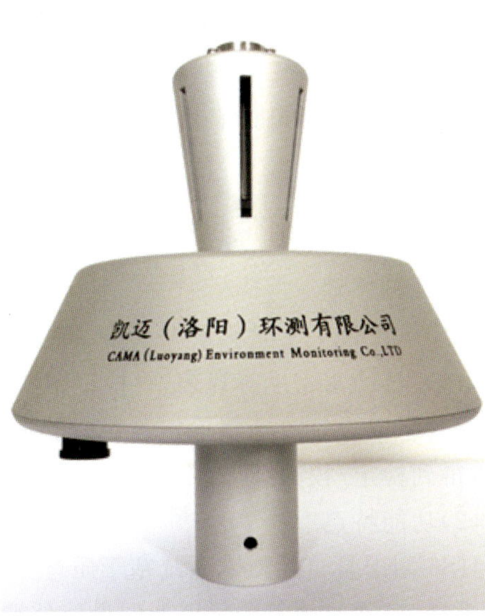

图 5.1.23.1　ICS-A 型谐振式冻雨传感器产品图

(3)组成结构

ICS-A 型谐振式冻雨传感器由振动部件、电磁谐振测量电路、监测电路、处理器、供电电路、电源和RS-232 接口组成，测量电路包括采集、滤波放大、A/D 转换电路等模块，处理器包括 MCU 控制单元、数据存储器、程序存储器、驱动电路、时钟等。

(4)性能指标(表 5.1.23.1)

表 5.1.23.1 ICS-A 型谐振式冻雨传感器性能指标

要素	主要指标	要素	主要指标
结冰厚度探测范围	0.3～8.0 mm	平均故障间隔时间	≥15000 h
结冰厚度探测精度	±0.3 mm	质量	<0.6 kg
共振频率	5950±35 Hz	尺寸(直径×高)	190 mm×200 mm
通信方式	RS-485	电源供电电压	DC 12±2 V
数据更新频率	2 s	电源功耗	<3 W
传输速率	9600 bps		

(5)业务应用

雨凇、雾凇天气现象的观测；道路路面/桥梁桥面结冰厚度监测及预报；电力塔杆/输电线路附冰厚度监测及预报；铁路轨道/转向架/接触网电线覆冰厚度监测及预报(图 5.1.23.2 和图 5.1.23.3)。

图 5.1.23.2 ICS-A 型谐振式冻雨传感器在气象观测场的应用场景

图 5.1.23.3 ICS-A 型谐振式冻雨传感器在铁路接触网覆冰监测的应用场景

5.1.24 JJS6 型雨量自动检定系统(天津中环天仪)

(1)观测原理

采用电子天平实时称量供水器中水的质量，计算供水器中输送至检定容器中的水的质量，作为质量标准值；通过纯水密度查算表，将检定容器中水的质量值换算为体积，除以承雨口面积，得到雨量标准值；使用蠕动泵以设定流速将检定容器中的水全部输送至被检雨量计；将雨量标准值与被检雨量计示值进行比较，得到检定/校准结果。

(2)功能特点

JJS6 型雨量自动检定系统基于质量测量、体积换算的原理，通过准确测量和精密控制供水器出水质量和流量，实现对雨量测量仪器的量值传递，具有量值准确、性能可靠、方便高效等特点。雨量量值准确复现与测量：通过测量和控制加水器出水质量，复现产生准确的标准雨量量值；雨强自动控制：通过控制加水器出水流量，控制发生模拟雨强；数据自动采集：采集雨量计的干簧管开关量、RS-232/RS-485 等不同形式的输出数据；干簧管作用时间测定：测定雨量计干簧管开关量导通作用时间，判断翻斗传感器平衡情况；自动检定：按照检定规程进行自动检定并生成数据记录、证书报告；温度自动修正功能：自动测量加水器水温并根据水温进行密度修正。

(3)组成结构

JJS6 型雨量自动检定系统(图 5.1.24.1)由控制台(图 5.1.24.2)、检定终端工作台(图 5.1.24.3)及系统软件构成。控制台由称量模块、供水模块、排水模块、分水泵、控制器模块、串口服务器等部分组成；检定终端工作台由分水阀、检定容器、检定泵、数据采集模块、检定端排水组件等部分组成。系统软件由基于 LabVIEW 的主软件及嵌入式软件组成。

图 5.1.24.1 JJS6 型雨量自动检定系统

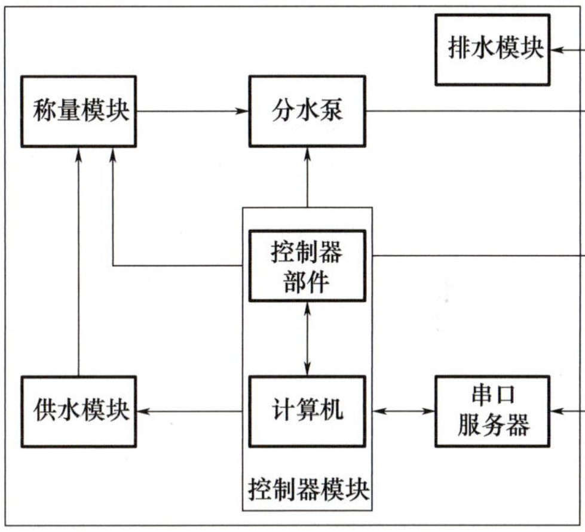

图 5.1.24.2 JJS6 型雨量自动检定系统控制台结构

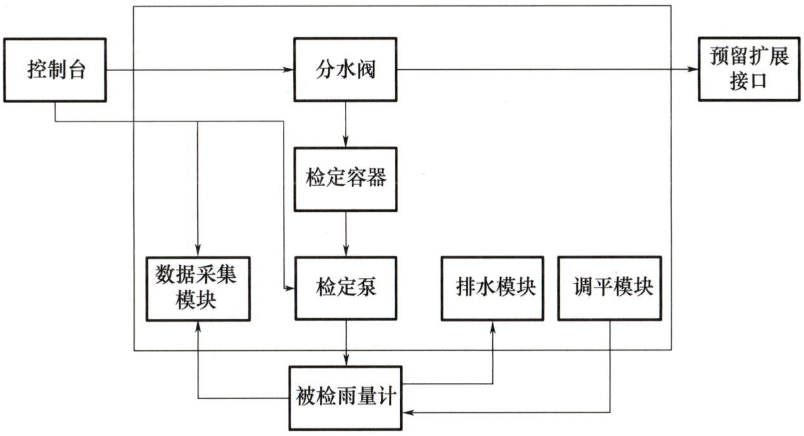

图 5.1.24.3 JJS6 型雨量自动检定系统检定终端工作台结构

(4)性能指标(表 5.1.24.1)

表 5.1.24.1 JJS6 型雨量自动检定系统性能指标

要素	主要指标	要素	主要指标
雨量控制范围	单次单点 0.4～30 mm 内自由设定，累计不低于 500 mm	数据通信接口	脉冲、RS-232、RS-485
雨量控制偏差	±0.1 mm	并行检定数量	2～8 台
雨强调节范围	0.5～10 mm/min	电源适应性	AC 220(1±10%)V，50±2 Hz
工作温度范围	20±5 ℃	功耗	<1 kW

（5）业务应用

应用范围广泛，包括省级计量检定所、水利水文检测中心等领域。

5.1.25 JZ1型自动气象站检测仪（上海气象仪器）

（1）观测原理

主板系统将各种标准、被测传感器的信号、被测采集器的采集通道进行采集、计算、转换，通过RS-232或WiFi信号，将数据上传至上位机软件。

（2）功能特点

JZ1型自动气象站检测仪是一个多要素的集成检测系统，该检测仪可以人工携带至现场，依靠自身的电池电源完成对自动气象站的气象传感器和采集器等设备的日常检查、故障判断及仪表维修等检测任务。检测的精度可满足区域自动站的各气象探测数据的质量的评估要求。测定的数据以规定格式存储和上报，构成区域自动气象站测试系统数据库。

在环境温度下，通过升温或制冷的方法实现一定范围的温度变化，可实现多点温度标校的功能；风向可以自动实现0°～360°多方位的风向标校；风速可以实现起动风速和0～30 m/s的风速标校；雨量可模拟1 mm/min、4 mm/min的雨强，实现对雨量的标校。采集器通过输入采集器信号源模拟气象信号来检测其通道的性能和数据处理的准确性。

（3）组成结构

该检测仪主要由仪表箱、湿度检测箱和附件箱组成。仪表箱是现场检测时的操作设备，主要完成主机对标准传感器和被测传感器的测量、计算、转换和输出，WiFi信号转换及温度发生装置和湿度检测箱的电气控制。湿度检测箱内主要放置标准湿度和气压传感器、湿度检测箱以及数据采集器信号源和多功能传感器连接器，是实现湿度检测的设备。附件箱内主要放置标准温度传感器、风向风速和雨量检测部件，是实现仪表箱检测功能的辅助设备。

（4）性能指标（表5.1.25.1）

表5.1.25.1 JZ1型自动气象站检测仪性能指标

测量要素	测量范围	分辨力	测量精度
温度	−60～80 ℃	0.01 ℃	±0.05 ℃
湿度	10%～100%	0.1%	±2%
气压	500～1100 hPa	0.01 hPa	±0.1 hPa
风向	0°～360°	1°	±1°
风速	2～30 m/s	0.01 m/s	±0.5 m/s(≤10 m/s)； ±(0.2+0.02 v)m/s(>10 m/s)， v为实际风速
雨量	314.16 mm		±1.5 mm

（5）业务应用

该仪器可作为一个标准校验的器具对我国各地目前在用的区域自动气象站的现场进行检测和标校。

5.1.26 JZF1型蒸发传感器检定仪（天津中环天仪）

（1）观测原理

JZF1型蒸发传感器检定仪是针对超声波蒸发传感器而开发的一种自动化检定仪器，采用嵌入式技术，实现了对蒸发传感器检定工作的自动控制、精确测量以及检定结果输出等。该仪器的检定工作在室内、室外现场均可进行。

通过步进电机的精确控制，使水位模拟金属片在蒸发传感器超声波路径上移动，可以模拟蒸发传感器计量检定规程上要求的水位检定点，可以模拟出不同的液面，同时配备高精度采集模块采集被检传感器的信号，对比液面高度及传感器输出，判断传感器的准确度是否符合要求，从而实现了蒸发传感器的自动检定，使用方便、精度高。

(2)功能特点

JZF1 型蒸发传感器检定仪能够实现对当前观测业务使用的 AG1、AG2、WUSH-TV2 蒸发传感器的自动检定。实现了传感器的自动化检定；高精度；可溯源性强；数据显示直观，操作简便。

(3)组成结构

主要由锂电池、触摸屏、控制电路板、光栅尺、步进电机、丝杠、水位模拟金属片、外壳等组成。

(4)性能指标(表 5.1.26.1)

表 5.1.26.1 JZF1 型蒸发传感器检定仪性能指标

要素	主要指标	要素	主要指标
使用环境	−10～50 ℃；0～95％	功耗	≤10 W
精度	光栅尺：±0.02 mm； 数显高度尺：±0.008 mm	尺寸 (长×宽×高)	400 mm×220 mm×390 mm
电源	DC 12 V	质量	13 kg

(5)业务应用

主要应用于 AG1、AG2、WUSH-TV2 蒸发传感器的自动检定业务。

5.1.27 TFU-Ⅰ型紫外线观测仪(上海气象仪器)

(1)观测原理

TFU-Ⅰ型紫外线观测仪是用于测量光谱在 UV-A、B 段太阳紫外辐射的自动化仪器。传感器采用带通式滤光片，将波长 280～400 nm 紫外线驻留在感光元件上；采集器应用嵌入式技术设计，对传感器信号进行采集、运算、存储等处理并数字显示。

(2)功能特点

该仪器具有分辨率高、抗干扰能力强等特点，接口可扩展至八通道，带标准 RS-232 通信接口。

(3)组成结构

该观测仪的硬件由室内、室外两部分组成。室外部分为紫外辐射表及支架，室内部分为紫外线观测仪采集器，该采集器包括采集板、电源部件、机箱等。

(4)性能指标(表 5.1.27.1)

表 5.1.27.1 TFU-I 型紫外线观测仪性能指标

测量要素	测量范围	分辨力	最大允许误差
紫外线	0～70 W/m^2	0.1 W/m^2	±5％(日累计)
总辐射	0～4000 W/m^2	5 W/m^2	±5％(日累计)
反射辐射	0～2000 W/m^2	1 W/m^2	±10％(日累计)
光合有效	光量子测定量程； 0～10000 W/m^2	1 umol/m^2	±5％(日累计)
净辐射表	−2000～2000 W/m^2	1 W/m^2	±5％(日累计)

(5)业务应用

可广泛应用于气象、环保、旅游等行业对紫外线的观测及预报。

5.1.28 TGQ1 型大口径闪烁仪(天津中环天仪)

(1)观测原理

当电磁辐射束在大气中传播时，它会因许多过程而变形。这些过程从光束中去除能量并导致信号衰减。影响 EM 辐射传播的最严重机制是空气折射率(n)的微小波动。这些折射率波动导致强度波动，这被称为闪烁。闪烁仪是一种可以通过在水平路径上透射光束来测量“闪烁量”的仪器。

图 5.1.28.1　TGQ1 型大口径闪烁仪外观

(2)功能特点

使用 TGQ1 型大口径闪烁仪(图 5.1.28.1)获得的 C_n^2 测量结果可以与气温、风速和气压的时间和空间相干气象观测数据结合，以得出自由对流感热通量(Hfree)。为此可以使用配套附件——气象传感器套件，该套件安装简易，只需连接到 TGQ1 型大口径闪烁仪接收器上即可。TGQ1 型大口径闪烁仪是独立运行的。同时还具有内部数字信号和数据处理以及数据存储功能。

与传统的点测量系统相比，其工作空间尺度与数字模型的网格框尺寸跟气象、水文和水资源管理研究中使用的卫星图像像素大小相当；在能量平衡和水量平衡研究中具有重要的应用前景；表面感热通量与潜热通量(LvE)跟蒸散量(ET)有关。对于这类测量，可以使用完整的 TGQ1 型大口径闪烁仪蒸散量系统来满足需求。

(3)组成结构

该仪器由一个发射器与一个接收器组成。发射器外壳中安装 LED 灯，发射近红外光谱范围内850 nm波长的光束。接收器光束通过孔径为 150 mm 的玻璃窗进入接收器(图 5.1.28.2)。

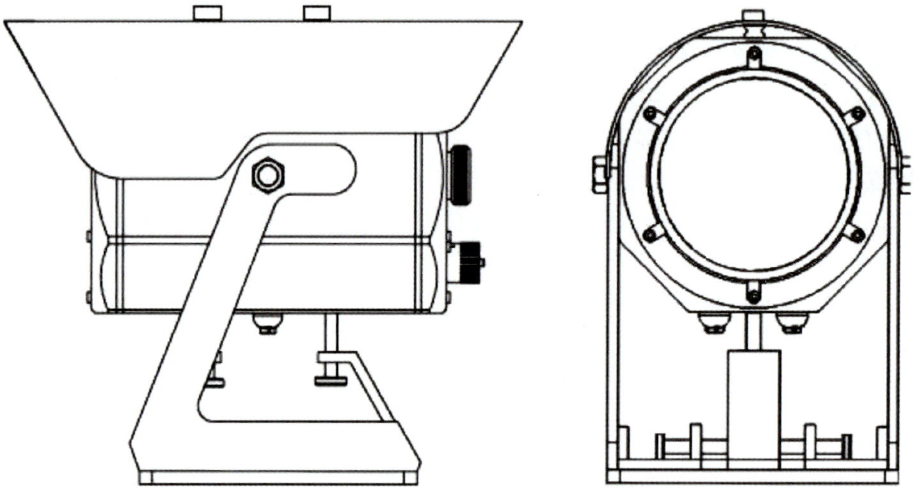

图 5.1.28.2　TGQ1 型大口径闪烁仪组成结构

(4)性能指标(表 5.1.28.1)

表 5.1.28.1　TGQ1 型大口径闪烁仪性能指标

要素	主要指标	要素	主要指标
测量路径长度	250～4.5 km	加热系统(防止霜冻和观测窗冷凝)	加热器关闭时最大达 3 W，开启加热器时最大达 51 W，一般 23 W
发射器孔径	150 mm	电源规格	DC 12 V(DC 9.6～18 V)
波长	850 nm	工作温度	−20～50 ℃
闪烁带宽	0.2～400 Hz	相对湿度	0～100%
载波频率	6.5～7 kHz(占空比 0.5)	环境防护等级	IP65

续表

要素	主要指标	要素	主要指标
通信选项	RS-232	单个发射器/接收器的质量	8.5 kg
模拟输出	有	外形尺寸(长×宽×高)	266 mm×229 mm×297 mm
仪器控制和数据显示	LCD 显示	气象传感器套件	可选
水平和倾斜调节	通过调节支架		

(5)业务应用

利用蒸散观测系统,结合卫星数据,我们可以绘制出一幅地表黄河水蒸散量、输运情况及降水的地域分布图。以卫星数据的像素点 4.5 km 为参考,布设多个区域观测站,可得到热通量、水汽通量及水汽输运等数据,能够更进一步达到监测水资源情况,解决各区域的供水矛盾等问题。

5.1.29 WUSH-DC1 大气电场仪(航天新气象)

(1)观测原理

WUSH-DC1 大气电场仪(图 5.1.29.1、图 5.1.29.2)采用场磨式结构,即由定子(感应片)和转子(接地屏蔽片)组成。转子以恒定的转速旋转时,感应片交替地暴露在电场中或被接地屏蔽片所遮挡,从而产生交变电场信号。该信号经放大处理和标定后可以表征大气电场的强度和方向。

图 5.1.29.1 WUSH-DC1 大气电场仪产品图

图 5.1.29.2 WUSH-DC1 大气电场仪安装效果图

(2)功能特点

WUSH-DC1 大气电场仪可以测量大气电场的强度和方向,具有量程宽、线性度高、准确性高、使用寿命长、低功耗、耐磨、耐腐蚀等特点。

(3)组成结构

由场磨式大气电场传感器、数据采集器、通信模块、电源系统和后台软件等构成(图 5.1.29.3)。

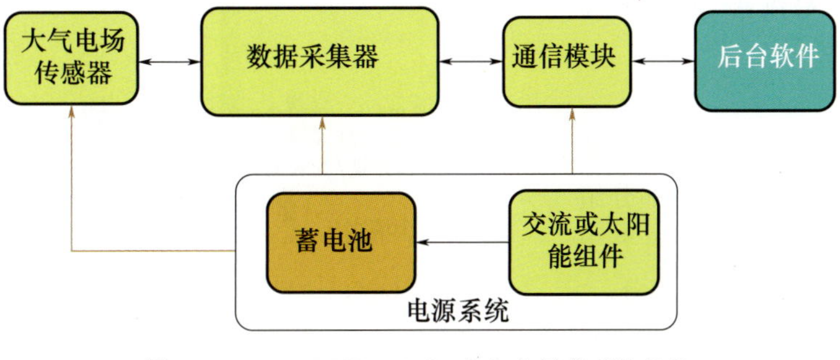

图 5.1.29.3 WUSH-DC1 大气电场仪系统架构

（4）性能指标（表 5.1.29.1）

表 5.1.29.1 WUSH-DC1 大气电场仪性能指标

要素	主要指标	要素	主要指标
测量范围	−100～100 kV/m	线性度	优于 1%
分辨力	6 V/m	稳定性	优于 1%
探测范围	0～15 km	工作电压	DC 10～15 V
功耗	400 mA@12 V	输出频率	80 Hz±1%

（5）业务应用

主要应用于地面大气电场气象观测和雷电预警。

5.1.30 WUSH-TL 型近地层通量观测系统（航天新气象）

（1）观测原理

WUSH-TL 型近地层通量观测系统采用涡度测量原理，利用超声风速仪、风向风速仪、温湿度传感器、H_2O/CO_2分析仪及数据采集器等快速测量大气近地层的物质交换和能量交换。红外气体分析仪为流线型设计，在流体经过传感器时，对被测流体的空气动力学影响降到最低；传感器窗口采用斜角设计，避水效果好；光学补偿技术，可容忍窗口的轻度污垢。系统采用低功耗设计，在大多数情况下，采用一块太阳能电池板外加一个蓄电池即可满足常规观测项目的海岛自动气象站供电。在特殊的观测环境下，也可选用风光互补系统及市电为系统供电。

（2）功能特点

该系统可用于 4～16 层梯度气象观测（梯度层数可由用户指定），每层可测量风向、风速、温度及气压等常规气象要素场，同时进行近地层大气温度、风向、风速、湿度、辐射、气压、降水量、蒸发量、土壤温度、土壤湿度、土壤热通量、地下水位、辐射通量、显热和潜热热量、动量通量、物质通量等要素的观测，以获取不同代表性下垫面区域近地层动力、热力结构及其各类能量收支、物质交换等多圈层相互作用过程综合信息。用户可以对这些原始数据进行后期处理（分析和插补），进而获得所需通量数据。其具有高可靠性、高准确性、易维护、易扩展等特点。

（3）组成结构

近地层通量观测系统由观测系统、通信网络、供电系统和采集计算机等部分组成（图 5.1.30.1）。其中观测系统可分为梯度观测部分、涡动协方差系统两部分。

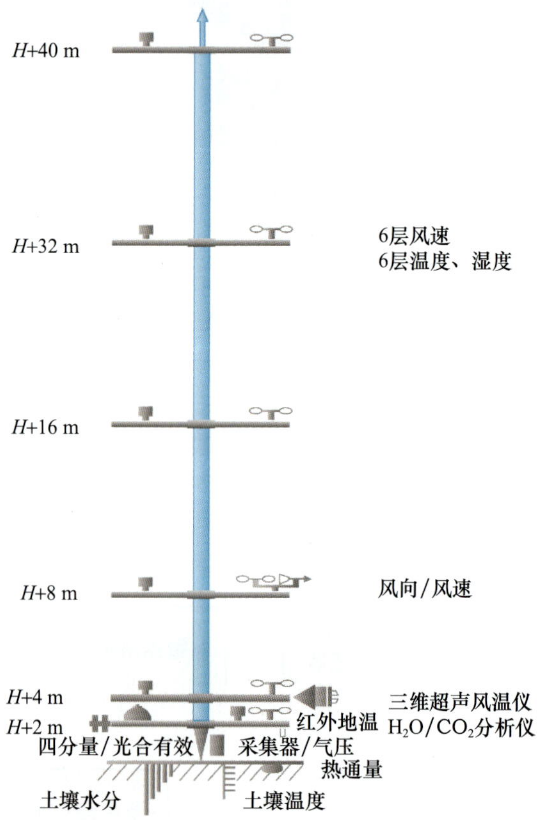

图 5.1.30.1 WUSH-TL 型近地层通量观测系统构成

(4)性能指标(表 5.1.30.1)

表 5.1.30.1 WUSH-TL 型近地层通量观测系统性能指标

<table>
<tr><th>CO_2/H_2O气体分析仪</th><th>CO_2</th><th>H_2O</th><th colspan="3">三维超声风速仪的测量</th></tr>
<tr><td>测量光路长</td><td colspan="2">15.37 cm</td><td rowspan="3">分辨力</td><td>U_x、U_y</td><td>1 mm/S</td></tr>
<tr><td>最大零偏</td><td>±0.55 mg/(m^3・℃);
±0.3 umol/(mol・℃)</td><td>±0.037 g/(m^3・℃);
±0.05 mmol/(mol・℃)</td><td>U_z</td><td>0.5 mm/S</td></tr>
<tr><td>增益漂移</td><td>±0.1%读数</td><td>±0.3%读数</td><td>超声虚温</td><td>0.025 ℃</td></tr>
<tr><td>与温度相关的
斜率漂移(最大)</td><td>±0.1%测值
(温度变化 1 ℃)</td><td>±0.3%测值
(温度变化 1 ℃)</td><td rowspan="3">测量精度</td><td rowspan="2">偏移误差</td><td>U_x、U_y<
±8.0 cm/S</td></tr>
<tr><td>测量精度(最大)</td><td>0.2 mg/m^3
(0.15 umol/mol)</td><td>0.0035 g/m^3
(0.006 mmol/mol)</td><td>U_z<
±4.0 cm/S</td></tr>
<tr><td>出厂标定范围</td><td>0~1830 mg/m^3
(0~1000 umol/mol)</td><td>0~42 g/m^3
(0~72 mmol/mol)</td><td>增益误差
(风向性与
水平偏差角)</td><td><±2%测值(±5°)
<±3%测值(±10°)
<±6%测值(±20°)</td></tr>
<tr><td>对 H_2O 的灵敏度
(最大)</td><td>±1.1×10^{-4}molCO_2
/molH_2O</td><td>N/A</td><td rowspan="2">测量范围</td><td>风速</td><td>±65.553 m/s</td></tr>
<tr><td>对 CO_2 的灵敏度
(最大)</td><td>N/A</td><td>±0.1 mol
H_2O/mol CO_2</td><td>超声虚温</td><td>−50~60 ℃</td></tr>
<tr><td colspan="3">风速传感器</td><td colspan="3">风向传感器</td></tr>
<tr><td>启动风速</td><td colspan="2">≤0.5 m/s</td><td colspan="3"></td></tr>
<tr><td>测量范围</td><td colspan="2">0~75 m/s</td><td colspan="3">0°~360°</td></tr>
<tr><td>准确度</td><td colspan="2">±(0.5+0.03 v)m/s,v 为实际风速</td><td colspan="3">±5°</td></tr>
<tr><td>抗风强度</td><td colspan="2">>75 m/s</td><td colspan="3">>75 m/s</td></tr>
</table>

(5)业务应用

广泛应用于中国科学院、中国林业科学研究院、中国农业科学院、中国气象局及各科研领域(图 5.1.30.2)。

图 5.1.30.2 WUSH-TL 型近地层通量观测系统应用场景

5.1.31 AEI365空气清新指数站（北京华创维想）

(1)观测原理

AEI365空气清新指数站是针对风景旅游区空气生态环境监测而设计的一款测量仪器，该仪器基于现代总线技术和嵌入式系统技术构建，按照用户需求组配传感器，为旅游气象预报部门提供实时监测数据来源，为公园景区管理部门提供空气清新质量实时监测指标发布数据。

(2)功能特点

AEI365空气清新指数站通过实时监测与景区空气清新指数密切相关的$PM_{2.5}$、PM_{10}、花粉、负氧离子、紫外辐射、蓝光辐射以及气压、气温、湿度、风、雨等关联微气象因子，输出游客关注的空气清新指数、紫外线指数、蓝天指数、空气质量指数、舒适度指数等指标数据。观测数据可基于数据库的Web数据浏览，具备低功耗、野外全自动、全天候观测的特点。

(3)组成结构

设备包含AD500大气负离子检测仪、AD300大气颗粒物检测仪、BLI30-UMB蓝天指数计、WS60-UMB智能微气象站、ES50-UMB智能微环境仪、UVT5智能紫外辐射表(以上观测要素可根据用户实际需求选择配置)、采集单元、供电单元及伺服立杆。

(4)性能指标(表5.1.31.1)

表5.1.31.1 AEI365空气清新指数站性能指标

指标	要素	主要指标数据
测量指标	$PM_{2.5}$	测量范围：0～2500 μg/m³；精度：±3%
	PM_{10}	测量范围：0～10000 μg/m³；精度：±3%
	负氧离子	测量范围：0～50000 ions/cm³；精度：±5%
	紫外辐射	光谱范围：280～400 nm；精度：±1%
	微气象	风向：测量范围：0°～359.9°；精度：±3° 风速：测量范围：0～75 m/s；精度：±3%(0～35 m/s)；±5%(>35 m/s) 空气温度：测量范围：−50～60 ℃；精度：±0.2 ℃ 相对湿度：测量范围：0～100%RH；精度：±2%RH 降水量：分辨率：0.01 mm；强度：0～200 mm/h；精度：±5%；类型：雨、雪、混合 大气压力：测量范围：300～1200 hPa；精度：±0.5 hPa
功能指标	空气质量指数	AQI空气指数和$PM_{2.5}$、PM_{10}浓度值
	空气清新指数	空气清新等级和负氧离子浓度值
	紫外线指数	紫外线指数和紫外线强度
	舒适度指数	舒适度指数和体感温度、风寒温度
	中暑指数	中暑指数和温、湿、风、降水量
	花粉指数	花粉等级和花粉浓度
	蓝天指数	蓝天指数和蓝光辐射通过率
设备配置	接口	标准：RS-232；可选：RS-485或GPRS
	通信与数据	采集通道：6个UMB协议接口 数据存储：16 GB板载存储卡 采集器：嵌入式32位智能数据采集器
电力指标	供电方式	交流220 V；可选太阳能供电
	仪器整机功耗	≤15 W，依配置而定

（5）业务应用

主要应用于国家基本气象站、公园、旅游景区等地方的空气质量环境监测预报（图 5.1.31.1 和图 5.1.31.2）。

图 5.1.31.1　AEI365 空气清新指数站应用场景 1
（景区公园生态指数监测与发布）

图 5.1.31.2　AEI365 空气清新指数站应用场景 2
（空气环境指数监测与服务）

5.1.32　DZQ1 型自动气候站（天津中环天仪）

（1）观测原理

DZQ1 型自动气候站（图 5.1.32.1）采用智能化测量仪和 ZigBee 无线传输技术，以集成处理器为核心集成部件，构建 DZQ1 型自动气候站，实现气温、降水量等气候基本要素的自动观测。

（2）功能特点

主要适用于陆地上自动气候站，包括有人气候站和无人气候站，如安装在海洋或其他水体之上，可在此基础上做适当调整和修改。

该自动气候站应用当今成熟的、稳定的、先进的电子测量、数据传输和控制系统技术，设计基于统一标准、统一功能、统一结构、统一方法、统一规范的设计思路，形成型号统一、性能可靠、准确性高、易维护、易备份、自动化的气候观测站，满足地面气象温度、湿度、气压、雨量、风向、风速、土壤温度等观测。具有自组网、自处理、自适应、自诊断、自恢复、在线升级和即插即用等特点。智能化测量仪采用一体化设计，具有安装方便、线缆少等特点，只需一根线缆给电信系统（供电和通信一体化）即可完成正常工作并把数据传输给集成处理器。

图 5.1.32.1　DZQ1 型自动气象站

（3）组成结构

由集成处理器、智能测量仪、供电系统、ZigBee 无线通信和外围部件组成。集成处理器由硬件和嵌入式软件组成，硬件包含高性能嵌入式处理器、高精度实时时钟电路、大容量程序存储器和数据存储器、ZigBee收发器、接口（通信口、以太网口、光纤口、USB 口、SD 卡口、供电口等）、检测电路和指示灯等。智能测量仪由感应器件和数据处理模块组成。

（4）性能指标（表5.1.32.1）

表5.1.32.1　DZQ1型自动气候站性能指标

测量要素	测量范围	分辨力	最大允许误差	测量要素	测量范围	分辨力	最大允许误差
气压	500～1100 hPa	0.1 hPa	±0.2 hPa	风速	0～60 m/s	0.1 m/s	±0.3 m/s(≤10 m/s)；±0.03 v(>10 m/s)，v为实际风速
气温	−50～50 ℃	0.01 ℃	±0.1 ℃				
相对湿度	0～100%	1%	±2%(≤80%)；±3%(>80%)	风向	0°～360°	3°	±5°
降水量	翻斗：雨强0～4 mm/min 称重：0～400 mm	0.1 mm	±0.4 mm(≤10 mm)；±4%(>10 mm)	土壤温度	−50～80 ℃	0.1 ℃	±0.3 ℃

（5）业务应用

应用范围广泛，如气象站、船舶、石油平台、环境保护等方面。

5.1.33　PAMS-Ⅰ型便携式自动气象站（上海气象仪器）

（1）观测原理

该装备综合传感器可实时采集数据信息，按照用户设置的时间间隔实时存储测量数据，有可选配的显示终端可以现场读数，也可以通过RS-232或RS-485方式通信将测量并存储的数据输出到计算机形成文本文件。

（2）功能特点

该自动气象站应用现代气象传感器技术、数据采集器技术、微机与通信技术，实时监测地区的大气温度、湿度、风向、风速、气压、降水量、地温等气象要素。仪器本身带有RS-232/RS-485接口，在现场可通过手抄器进行读数、存储，也可以在便携式微机显示出实时准确的气象信息；可手持、车载。

（3）组成结构

基本配置为综合传感器，可选配便携显示终端及地温传感器、专用电源、固定支架等。

（4）性能指标（表5.1.33.1）

表5.1.33.1　PAMS-Ⅰ型便携式自动气象站性能指标

测量要素	测量范围	分辨力	测量精度
温度	−50～50 ℃	0.1 ℃	±0.2 ℃
相对湿度	0～100%	1%	±5%
气压	500～1100 hPa	0.1 hPa	±0.3 hPa
风向	0°～360°	1°	±10°(启动风速≤1.0 m/s)
风速	0～40 m/s	0.1 m/s	±(0.5+0.03 v)，v为实际风速
雨量	0～4 mm/min	0.1 mm	±0.4 mm(≤10 mm)；±4%(>10 mm)
环境指标	综合传感器		手抄器
环境温度	−50～60 ℃		−50～60 ℃
环境湿度	0～100%RH		0～90%RH

（5）业务应用

较适用于军事、科考、生态、环保、消防、体育比赛等机动气象观测领域。

5.1.34　SAMS小型自动气象站（上海气象仪器）

（1）观测原理

SAMS小型自动气象站是一种结合了现代传感器技术和数据处理功能的自动化气象站，能够实时监测和记录多种气象要素，并通过数据处理和分析提供更全面的气象信息和功能，属于一体化结构的综合气象要素测量仪。

(2)功能特点

该气象站是一种将气象传感器与微处理技术高度集成，应用物联网技术，实现一体化、模块化、智能化、低功耗的新型便携式观测终端设备。其符合中国气象局便携式自动气象观测仪分级技术规范要求，可对大气温度、湿度、气压、风向、风速、降水量等气象要素进行全自动实时观测。可灵活组态；无人值守，对相关要素实时自动观测，测量精度高；安装灵活，多种通信方式和供电方式任选。

(3)组成结构

采用一体化结构，内部集成传感器模组、数据采集模组、电源模块、通信模块、摄像模组等。

(4)性能指标(表 5.1.34.1)

表 5.1.34.1 SAMS 小型自动气象站性能指标

测量要素	测量范围	分辨力	允许误差	
			甲级	乙级
温度	−50～60 ℃	0.1 ℃	±0.2 ℃	±0.5 ℃
相对湿度	0～100%	1%	±3%(≤80%)； ±5%(>80%)	±4%(≤80%)； ±8%(>80%)
风向	0°～360°	1°	±5°	
风速	0～60 m/s	0.1 m/s	±0.5 m/s(≤5 m/s)； ±10%(>5 m/s)	
气压	450～1100 hPa	0.1 hPa	±0.3 hPa	±0.6 hPa
降水量	雨强：0～4 mm/min	0.1 mm	±0.4 mm(≤10 mm)； ±4%(>10 mm)	

(5)业务应用

适用于短时临近气象观测、长期连续观测和移动应急观测。

5.1.35 YLCQ-2/T 型遥感式路面状况传感器(洛阳凯迈)

(1)观测原理

YLCQ-2/T 型遥感式路面状况传感器(图 5.1.35.1)采用遥感技术，利用多光谱测量技术能准确检测出道路表面结冰、积雪和积水的厚度，避免对道路的破坏，不会因为安装道路气象站引起对交通的干扰。遥感安装意味着不需要封闭道路、不需要切割路面，安装工作既安全又方便。维护量少，是道路气象系统组成中一项理想选择。

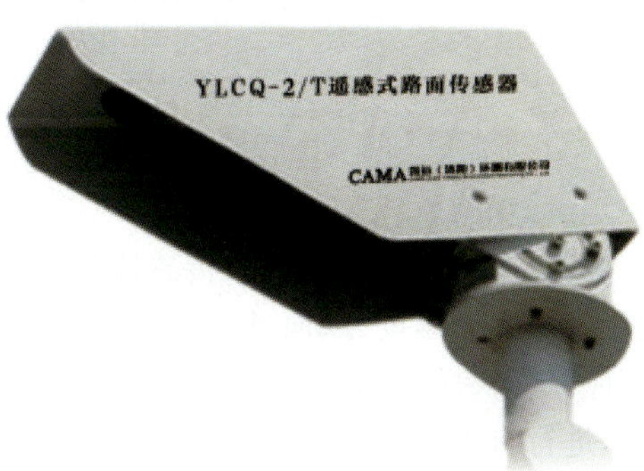

图 5.1.35.1 YLCQ-2/T 型遥感式路面状况传感器产品图

(2)功能特点

采用红外探测技术，远距离遥感非接触路面检测，最远测量距离 15 m；可测量路面温度、积水、积雪、结冰、湿滑程度等多种路面状况；安装、维护及施工方便，不破坏路面；可在高速公路、桥面、事故多发路段、雨雪多发路段等处使用；环境适应性强，高可靠性，免维护。

(3)组成结构

由光学探测系统、数据处理系统和结构外壳防护系统组成，能保证全天候在恶劣天气条件下提供精准路面状态数据。

(4)性能指标(表 5.1.35.1)

表 5.1.35.1　YLCQ-2/T 型遥感式路面状况传感器性能指标

要素	主要指标	要素	主要指标
路面状态	干燥、潮湿、结冰、积雪、冰水混合	检测直径	25.4 cm
路面温度	测量范围：−40～70 ℃	角度	30°～90°
水	测量范围：0.00～10 mm，分辨力：0.01 mm	通信方式	RS-485、RS-232
冰	测量范围：0.00～2 mm，分辨力：0.01 mm	质量	5 kg
雪	测量范围：0.00～10 mm，分辨力：0.01 mm	尺寸(长×宽×高)	400 mm×140 mm×250 mm
湿滑程度	0.00～1	供电电压	DC 12 V
监测距离	2～15 m	功耗	4 W

(5)业务应用

主要应用高速公路、国道、机场等混凝土和沥青路面(图 5.1.35.2 和图 5.1.35.3)。

图 5.1.35.2　YLCQ-2/T 型遥感式路面状况传感器交通气象应用场景 1

图 5.1.35.3　YLCQ-2/T 型遥感式路面状况传感器交通气象应用场景 2

5.1.36　ZQX-39 型一体式气象传感器(洛阳凯迈)

(1)观测原理

ZQX-39 型一体式气象传感器是一种能测量多种气象参数的一体化多要素微型气象站，同时测量大气温度、大气湿度、风向、风速、气压、雨量、照度、辐射、粉尘浓度九种主要环境参数。所有模块高度集成，响应时间快。内部还可以加装 GPS 全球定位模块和电子罗盘。以上各功能模块我们可以根据用户的需求，进行自由的组合装配，所以更能满足不同客户的使用。

(2)功能特点

坚实耐用的整体设计，便于安装，全天候测量；没有移动部件，整个系统免维护；MODBUS 通信协议，标准 RS-485/RS-232 输出；可加装电子罗盘、GPS 或北斗全球定位模块；内部自带加热装置，可确保在严寒气候下正常工作；带 $PM_{2.5}$ 检测的一体化自动气象站。

(3)组成结构(图 5.1.36.1)

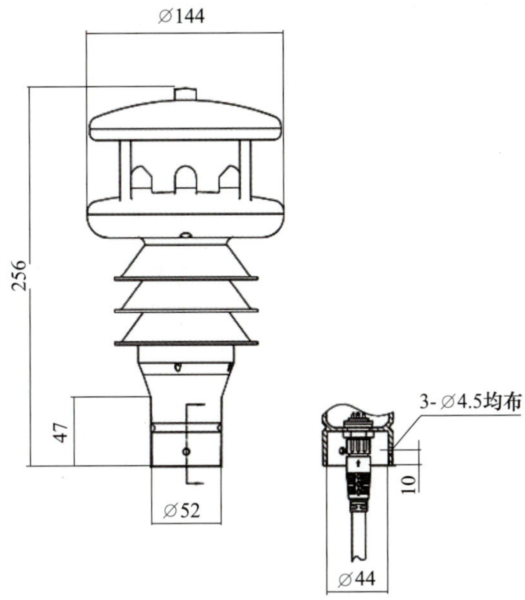

图 5.1.36.1 ZQX-39 型一体式气象传感器外观结构(单位:mm)

(4)性能指标(表 5.1.36.1)

(5)业务应用

主要应用于智慧城市、城市环境监测、农业自动气象监测站、高速公路沿线交通自动气象站、野外气象监测站、高压送变电线路、铁塔控制以及自动气象站等领域(图 5.1.36.2)。

表 5.1.36.1 ZQX-39 型一体式气象传感器性能指标

要素	范围	最大允许误差	分辨力
空气温度	−40～80 ℃	±1 ℃	0.1 ℃
相对湿度	0～100%	±2%	0.1%
气压	150～1020 hPa	±1 hPa	0.1 hPa
风速	0～60 m/s	±2%	0.01 m/s
风向	0°～359°	<3°	1°
雨强	0～10 mm/min	±4%	0.01 mm
总辐射	0～2000 W/m^2	5 W/m^2	±5%(日累计)
$PM_{2.5}$浓度	0～1000 μg/m^3	0.1 μg/m^3	±15%
PM_{10}浓度	0～1000 μg/m^3	0.1 μg/m^3	±15%
通信方式	RS-485、RS-232 等可选		
质量	≤2 kg		
供电电压	DC 12～24 V		
功耗	<3 W;<6 W(加热)		

图 5.1.36.2 ZQX-39 型一体式气象传感器在气象观测场的应用场景

5.2 大气成分观测仪器装备

5.2.1 EP 系列手持式大气负（氧）离子检测仪（北京依派伟业）

（1）观测原理

EP 系列手持式大气负(氧)离子检测仪(图 5.2.1.1)的负(氧)离子采集器采用同轴双圆柱双层结构设计，简称采集桶。外层金属层施加极化电压的负极，内层金属采集棒串接一个采样电阻，采样电阻的另一端施加极化电压的正极，这样形成了由采集棒指向外层金属层的电场。

采样风扇周期性工作。当采样风扇不工作时，采集桶内没有空气进入，采集桶内为稳态，既没有正离子，也没有负离子；当采样风扇工作时，新鲜空气按设定速度匀速进入采集桶，空气中特定的小粒径负离子在电场的作用下发生偏转，被采集棒所捕获。采集到的负离子电荷经采集器的处理，即可计算出负离子的电荷浓度值。

（2）功能特点

同轴双圆柱采集器具有优良的电磁屏蔽功能，能较好地克服静电对测量的不利影响；设备采用大屏幕液晶屏显示，显示内容丰富、美观；采用 U 盘或 TF 卡存储数据；无人值守工作，内置锂电池或提供外部电源适配器，串口将自动上传数据；体积小、质量轻、便于携带。

（3）组成结构

主要由 MCU 单片机、电源部分、极化电压及反馈、风扇控制及反馈、负离子采集、存储部分、串口七大部分组成(图 5.2.1.2)。

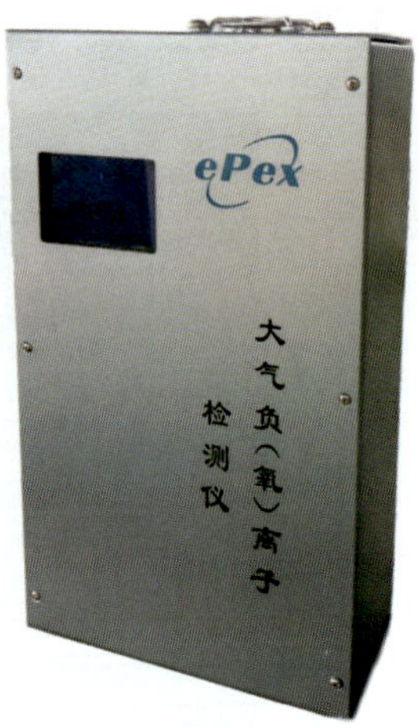

图 5.2.1.1 EP 系列手持式大气负(氧)离子检测仪样机

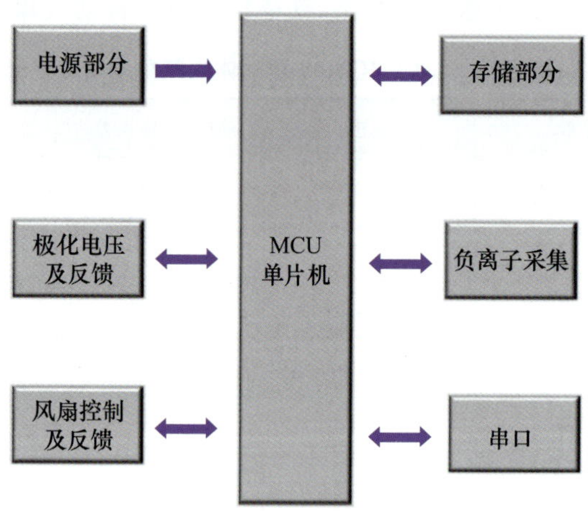

图 5.2.1.2 EP 系列手持式大气负(氧)离子检测仪组成结构

（4）性能指标(表 5.2.1.1)

表 5.2.1.1 EP 系列手持式大气负(氧)离子检测仪性能指标

要素	主要指标	要素	主要指标
工作环境	温度：−10～50 ℃；相对湿度：0～90%	测量误差	±20%
测量范围	10～199999999(个/cm^3)	通信方式	RS-232、USB
测量方法	电容式吸入法	数据存储	TF 卡存储
测量要素	小粒径负离子	其他供电	AC 220 V 电源适配器；内置锂电池 12 V(6 h)
测量分辨力	10 个/cm^3	功耗	<8 W

（5）业务应用

主要应用于气象、林业、旅游、环保、生态观测等管理部门或科研院校机构，从事大气负（氧）离子的移动观测、预报和研究，设备小而轻便，便于携带和随时随地地进行观测。

5.2.2 EP05 系列便携式大气负（氧）离子监测仪（北京依派伟业）

（1）观测原理

EP05 系列便携式大气负（氧）离子监测仪（图 5.2.2.1）的负（氧）离子采集器采用同轴双圆柱双层结构设计，简称采集桶。外层金属层施加极化电压的负极，内层金属采集棒串接一个采样电阻，采样电阻的另一端施加极化电压的正极，这样形成了由采集棒指向外层金属层的电场。

采样风扇周期性工作。当采样风扇不工作时，采集桶内没有空气进入，采集桶内为稳态，既没有正离子，也没有负离子；当采样风扇工作时，新鲜空气按设定速度匀速进入采集桶，空气中特定的小粒径负离子在电场的作用下发生偏转，被采集棒所捕获。采集到的负离子电荷经采集器的处理，即可计算出负离子的电荷浓度值。

（2）功能特点

同轴双圆柱采集器具有优良的电磁屏蔽功能，能较好地克服静电对测量的不利影响；超强抗潮能力，内置除湿装置，系统根据温度、湿度情况自动进行加热，有效防止结霜结露；设备采用大屏幕液晶屏显示，显示内容丰富、美观；采用 U 盘或 TF 卡存储数据；采用有线或 4G 无线通信，数据可传入远端服务器并保存，登录终端 Web 页面，可查看数据及设备的运行状态；无人值守工作，内置锂电池或提供外部电源适配器，将自动上传数据；设备上传精准的卫星定位、卫星授时；体积小、质量轻、便于携带。

（3）组成结构

主要由 MCU 单片机、电源部分、极化电压及反馈、风扇控制及反馈、负离子采集、存储部分、卫星定位、除湿装置八大部分组成（图 5.2.2.2）。

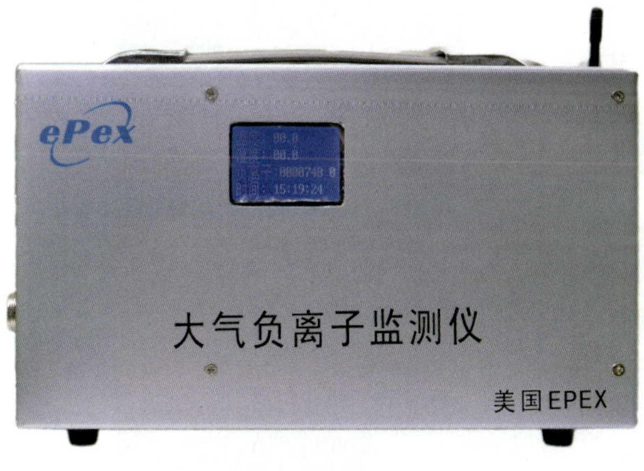

图 5.2.2.1 EP05 系列便携式大气负（氧）离子监测仪样机

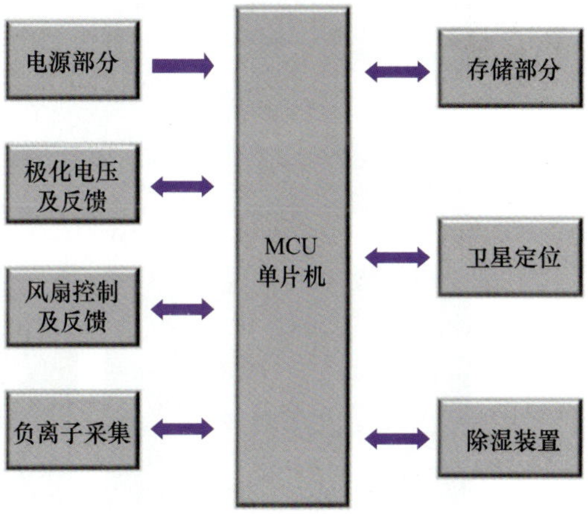

图 5.2.2.2 EP05 系列便携式大气负（氧）离子监测仪组成结构

（4）性能指标（表 5.2.2.1）

表 5.2.2.1 EP05 系列便携式大气负（氧）离子监测仪性能指标

要素	主要指标
工作环境	温度：−40～70 ℃；相对湿度：0～100%
测量范围	低浓度：0～9.99×10^4（个/cm^3）； 高浓度：10^5～9.99×10^8（个/cm^3）

续表

要素	主要指标
测量方法	电容式吸入法
测量要素	小粒径负离子
迁移率	0.4
测量分辨力	1 个/cm^3
测量误差	负离子工况浓度≥100(个/cm^3)时：±15%
观测频率	1 次/min
通信方式	4G、RS-232、RS-485
数据存储	TF 卡存储
电源及功力	市电 AC 220 V；内置电池 12 V(4 h)；功耗<10 W
数据分析系统	分级式软件管理系统，包含数据接收软件、数据入库软件和 Web 主页显示软件
其他功能	自动报警、卫星定位、防雷保护、防结露保护、防虫保护等功能
尺寸(长×宽×高)	400 mm×130 mm×200 mm

(5)业务应用

主要应用于气象、林业、旅游、环保、生态观测等管理部门或科研院校机构，从事大气负(氧)离子的移动观测、预报和研究，设备小而轻便，便于携带和随时随地地进行观测。该系列设备被选为 2016 年中国气象服务协会首届“中国天然氧吧”创建活动的唯一评审复核设备；为 2017—2020 年评审活动的主要复核设备。同时，该系列产品为气象、环境部门进行大气负氧离子固定观测站点的选点设备(图 5.2.2.3)。

图 5.2.2.3　EP05 系列便携式大气负(氧)离子监测仪应用场景

5.2.3　EP100 系列单机固定式大气负（氧）离子监测系统（北京依派伟业）

(1)观测原理

EP100 系列单机固定式大气负(氧)离子监测系统(图 5.2.3.1)的负(氧)离子采集器采用同轴双圆柱双层结构设计，简称采集桶。外层金属层施加极化电压的负极，内层金属采集棒串接一个采样电阻，采样电阻的另一端施加极化电压的正极，这样形成了由采集棒指向外层金属层的电场。

采样风扇周期性工作。当采样风扇不工作时，采集桶内没有空气进入，采集桶内为稳态，既没有正离子，也没有负离子；当采样风扇工作时，新鲜空气按设定速度匀速进入采集桶，空气中特定的小粒径负离子在电场的作用下发生偏转，被采集棒所捕获。采集到的负离子电荷经采集器的处理，即可计算出负离子的电荷浓度值。

(2)功能特点

本系列为单采集器配置，为单一进气管和排气管；同轴双圆柱采集器具有优良的电磁屏蔽功能，能较好地克服静电对测量的不利影响；超强抗潮能力，内置除湿装置，系统根据温度、湿度情况自动进行加热，有效防止结霜结露；设备采用大屏幕液晶屏显示，显示内容丰富、美观；采用U盘或TF卡存储数据；采用有线或4G无线通信，数据可传入远端服务器并保存，登录终端Web页面，可查看数据及设备的运行状态；无人值守工作，只需提供电源，将自动上传数据；设备上传精准的卫星定位、卫星授时；设备扩展功能强大、接口丰富，可同时接入多种传感器；采集风道防风的处理，进气喇叭口有利于负离子的收集，出气口弯头防雨、防风。

(3)组成结构

EP100系列单机固定式大气负(氧)离子监测系统主要由MCU单片机、电源部分、极化电压及反馈、风扇控制及反馈、负离子采集、外部扩展接口、存储部分、卫星定位、除湿装置九大部分组成(图5.2.3.2)。

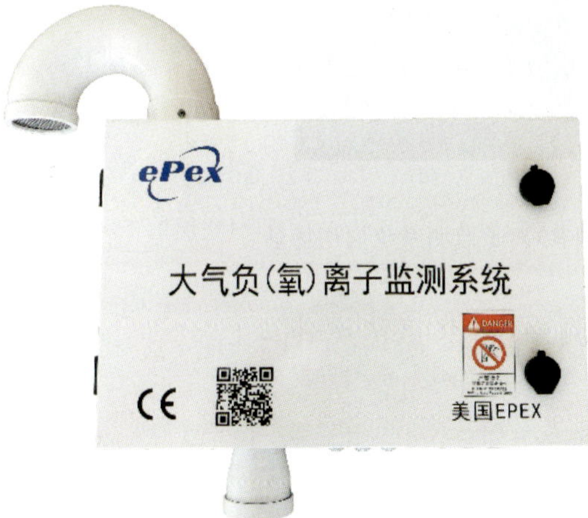

图5.2.3.1 EP100系列单机固定式大气负(氧)离子监测系统样机

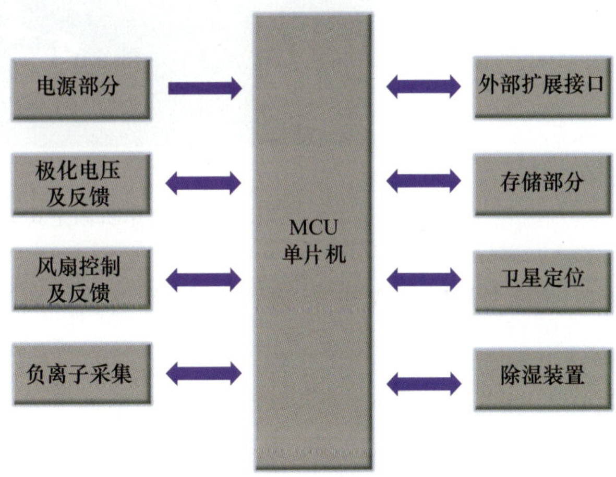

图5.2.3.2 EP100系列单机固定式大气负(氧)离子监测系统组成结构

(4)性能指标(表5.2.3.1)

表5.2.3.1 EP100系列单机固定式大气负(氧)离子监测系统性能指标

要素	主要指标	要素	主要指标
工作环境	温度：−30～70 ℃；相对湿度：0～100%	测量误差	负离子工况浓度≥100(个/cm³)时：±15%
测量范围	低浓度：$0\sim9.99\times10^4$(个/cm³)； 高浓度：$10^5\sim9.99\times10^8$(个/cm³)	观测频率	1次/5 min
测量方法	电容式吸入法	通信方式	4G、RS-232、RS-485、RJ45
测量要素	小粒径负离子	数据存储	TF卡存储
迁移率	≥0.4	电源及功率	市电AC 220 V；内置电池12 V(4 h)；功耗<15 W
测量分辨力	10个/cm³	数据分析系统	分级式软件管理系统，包含数据接收软件、数据入库软件和Web主页显示软件
采集器	单采集器	其他功能	自动报警、卫星定位、防雷保护、防结露保护、防虫保护等功能

(5)业务应用

主要应用于气象、林业、旅游、环保、生态观测等管理部门或科研院校机构,从事室外固定观测站大气负(氧)离子的观测、预报和研究。随着大气负(氧)离子监测网的建立及发布,大气负(氧)离子含量高的旅游场所(旅游景区、生态园区、森林公园)吸引了越来越多的游客,吸收空气中的"维生素";在医疗领域,建立休闲康养中心,人在充足的负离子环境中,可以消除疲劳,改善睡眠,起到较好的保健作用,还可以辅助治疗多种疾病;在环境保护方面,监测大气负(氧)离子浓度与大气环境的关系,对进行城市生态环境和空气质量的监测有着重要的意义。自 2016 年中国气象服务协会发起首届"中国天然氧吧"创建活动以来,60%以上的获评单位的大气负(氧)离子监测站点均采用北京依派的固定式大气负(氧)离子自动观测仪(图 5.2.3.3)。

图 5.2.3.3 EP100 系列单机固定式大气负(氧)离子监测系统应用场景

5.2.4 EP200 系列双机固定式大气负(氧)离子监测系统(北京依派伟业)

(1)观测原理

EP200 系列双机固定式大气负(氧)离子监测系统(图 5.2.4.1)的负(氧)离子采集器采用同轴双圆柱双层结构设计,简称采集桶。外层金属层施加极化电压的负极,内层金属采集棒串接一个采样电阻,采样电阻的另一端施加极化电压的正极,这样形成了由采集棒指向外层金属层的电场。采样风扇周期性工作。当采样风扇不工作时,采集桶内没有空气进入,采集桶内为稳态,既没有正离子,也没有负离子;当采样风扇工作时,新鲜空气按设定速度匀速进入采集桶,空气中特定的小粒径负离子在电场的作用下发生偏转,被采集棒所捕获。采集到的负离子电荷经采集器的处理,即可计算出负离子的电荷浓度值。

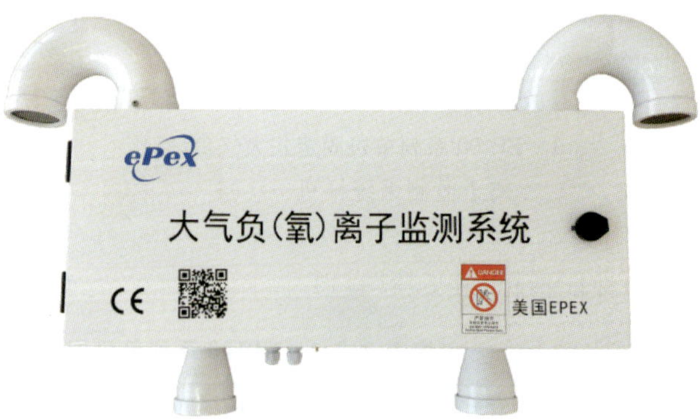

图 5.2.4.1 EP200 系列双机固定式大气负(氧)离子监测系统样机

(2)功能特点

本系列为双管负离子采集器配置,各采集器配有相应的进气管和排气管;设备采用双机轮换测量负离子。可延长设备工作时间,降低停机影响;同轴双圆柱采集器具有优良的电磁屏蔽功能,能较好地克服静电对测量的不利影响;超强抗潮能力,内置除湿装置,系统根据温度、湿度情况自动进行加热,有效防止结霜结露;设备采用大屏幕液晶屏显示,显示内容丰富、美观;采用 U 盘或 TF 卡存储数据;采用有线或 4G 无线通信,数据可传入远端服务器并保存,登录终端 Web 页面,可查看数据及设备的运行状态;无人值守工作，只需提供电源，将自动上传数据；设备上传精准的卫星定位、卫星授时；设备扩展功能强大、接口丰富，可同时接入多种传感器；采集风道防风的处理，进气喇叭口有利于负离子的收集，出气口弯头防雨、防风。

(3)组成结构

EP200 系列双机固定式大气负(氧)离子自动观测仪主要由 MCU 单片机、电源部分、极化电压及反馈、风扇控制及反馈、双管负离子采集、外部扩展接口、存储部分、卫星定位、除湿装置九大部分组成(图 5.2.4.2)。

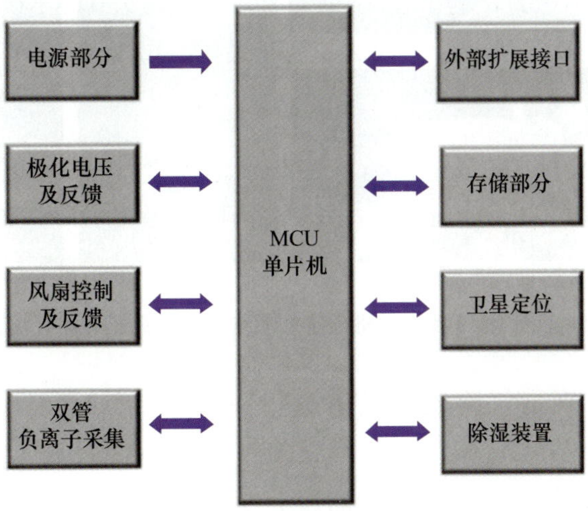

图 5.2.4.2　EP200 系列双机固定式大气负(氧)离子监测系统组成结构

(4)性能指标(表 5.2.4.1)

表 5.2.4.1　EP200 系列双机固定式大气负(氧)离子监测系统性能指标

要素	主要指标	要素	主要指标
工作环境	温度：−40～70 ℃；相对湿度：0～100%	测量误差	负离子工况浓度≥100(个/cm^3)时，±15%
测量范围	低浓度：0～9.99×10^4(个/cm^3)； 高浓度：10^5～9.99×10^8(个/cm^3)	观测频率	1 次/5 min
测量方法	电容式吸入法	通信方式	4G、RS-232、RS-485、RJ45
测量要素	小粒径负离子	数据存储	TF 卡存储
迁移率	≥0.4	电源及功率	市电 AC 220 V；内置电池 12 V(4 h)；功耗<15 W
测量分辨力	1 个/cm^3	数据分析系统	分级式软件管理系统，包含数据接收软件、数据入库软件和 Web 主页显示软件
采集器/工作模式	双采集器/双机轮换	其他功能	温湿度观测、自动报警、卫星定位、防雷保护、防结露保护、防虫保护等功能

(5)业务应用

主要应用于气象、林业、旅游、环保、生态观测等管理部门或科研院校机构，从事室外固定观测站大气负(氧)离子的观测、预报和研究。随着大气负(氧)离子监测网的建立及发布，大气负(氧)离子含量高的旅游场所(旅游景区、生态园区、森林公园)吸引了越来越多的游客，吸收空气中的“维生素”；在医疗领域，建立休闲康养中心，人在充足的负离子环境中，可以消除疲劳，改善睡眠，起到较好的保健作用，还可以辅助治疗多种疾病；在环境保护方面，监测大气负(氧)离子浓度与大气环境的关系，对进行城市生态环境和空气质量的监测有着重要的意义。自 2016 年中国气象服务协会发起首届“中国天然氧吧”创建活动以来，60%以上的获评单位的大气负(氧)离子监测站点均采用北京依派的固定式大气负(氧)离子自动观测仪(图 5.2.4.3)。

图 5.2.4.3　EP200 系列双机固定式大气负(氧)离子自动观测仪应用

5.2.5　HF-LIDAR 系列可视型气溶胶激光雷达(广东华风锐进)

(1)观测原理

激光雷达发射激光束到大气中，经过大气中的分子、颗粒物(云、烟尘、海盐等)散射，被激光雷达光学系统接收，将光信号转换为电信号，通过计算光在空气中的传播时间，得到不同距离(高度)上的回波信号，从而得到沿光束发射方向的气溶胶粒子分布情况。

(2)功能特点

紧凑型设计。该设备无外置控制箱，无外置工控机。结构紧凑、体积小巧，可选择车载式及固定式等多种安装方式，实现快速部署。在技术标准上，可视型气溶胶激光雷达通过了 TUV 认证，即国际公认的人眼安全认证。环境适应性强。整机实现 IP65 防护等级，室内、室外及车载均可使用。选择具有控温功能的防护箱，可 7 d/24 h 连续户外工作，恶劣环境适应性极强。具有摄像功能的激光雷达。创新性地在光学传感仓中内置了视频采集系统，可对扫描区域进行实时视频记录。性能出色的 3D 电机。3D 扫描电机进口自德国，单侧固定可装入车辆内部，携带方便，机械转动实现整体光路不变，保证监测数据的精准。更多强大数据产品。污染物分类，消散势能，云识别。具有鱼眼镜头的同轴摄像机，利用深度学习及人工智能算法，记录全天空云状分布(图 5.2.5.1 和图 5.2.5.2)。

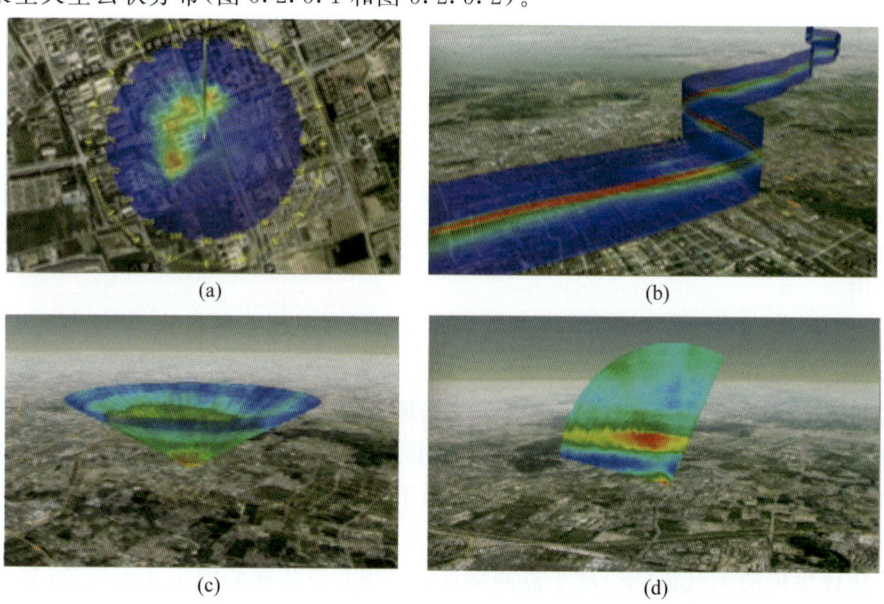

图 5.2.5.1　HF-LIDAR 系列可视型气溶胶激光雷达多种检测模式

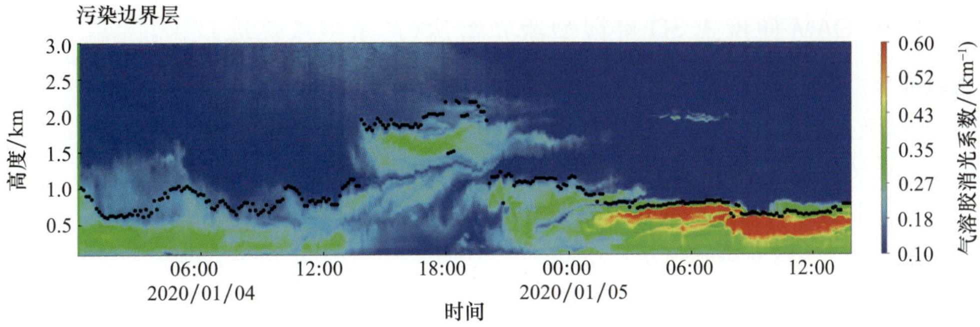

图 5.2.5.2　HF-LIDAR 系列可视型气溶胶激光雷达 PBL 层检测实例

(3)组成结构

采用一体化舱体,无外置控制箱,无外置工控机,IP65 防护等级,可配备空调及自动雨刷器。舱体内部包括光学发射与接收系统,数据采集控制系统以及摄像机。主要功能是发射激光,接收回波信号,并将光信号转换为电信号,进行数据采集、处理与存储。配置摄像系统,可进行雷达的快速定位及瞄准,并在扫描的同时监控影像,同步记录扫描结果。实时廓线及历史数据通过客户端呈现。

(4)性能指标(表 5.2.5.1)

表 5.2.5.1　HF-LIDAR 系列可视型气溶胶激光雷达性能指标

要素		主要指标	要素		主要指标
性能指标	时间分辨率	≥3 s	发射单元	激光波长	532 nm
	空间分辨率	7.5 m、15 m、30 m 用户可调		脉冲重复频率	2.5～4 kHz
	最大探测距离	≥20 km		单脉冲能量	20 μJ
	扫描周期	＜20 min		激光器类型	全固态激光器
	外壳防护等级	IP65	接收单元	望远镜口径	≥160 mm@主镜
	数据传输方式	4G/ WiFi/ LAN/ USB		望远镜类型	透射式同轴
	人眼安全	EN60825-1:2014		通道	2 个通道,带偏振通道
	冷却方式	风冷/内置空调	数据采集系统	探测器	CPM
	功耗	＜150 W(无空调温控箱)			
	整机质量	30 kg(无空调温控箱)		采集系统	单光子计数采集

(5)业务应用

本系列产品主要用于连续监测大气气溶胶的水平和立体分布,分析气溶胶的组成结构和时空演变,能够实时给出水平和垂直方向上 PM_{10}、$PM_{2.5}$ 的浓度分布,对灰霾、沙尘暴、降雨等天气过程进行实时监测。在气象和气候研究上的应用主要有以下方面:大气气溶胶垂直分布和时间演变;云基、云底高及多层云结构;大气边界层的结构和时间演变特征;非球形粒子(卷云、沙尘、烟尘等)与球形粒子(水汽、雾等)的探测区分;能见度测量(图 5.2.5.3)。

图 5.2.5.3　HF-LIDAR 系列可视型气溶胶激光雷达应用场景

5.2.6 HF-LIDAR-CAM 便携式3D可视型激光雷达（广东华风锐进）

（1）观测原理

激光雷达发射激光束到大气中，经过大气中的分子、颗粒物（云、烟尘、海盐等）散射，被激光雷达光学系统接收，将光信号转换为电信号，通过计算光在空气中的传播时间，得到不同距离（高度）上的回波信号，从而得到沿光束发射方向的气溶胶粒子分布情况。

（2）功能特点

紧凑型设计，该设备无外置控制箱，无外置工控机。其结构紧凑、体积小巧，可选择车载式及固定式等多种安装方式，实现快速部署，在技术标准上，3D可视型激光雷达通过了TUV认证，即国际公认的人眼安全认证；环境适应性强，整机实现IP65防护等级，室内、室外及车载均可使用，恶劣环境适应性极强。

具有摄像功能的激光雷达，创新性地在光学传感仓中内置了视频采集系统，可对扫描区域进行实时视频记录，性能出色的3D电机，3D扫描电机进口自德国，单侧固定可装入车辆内部，携带方便，机械转动实现整体光路不变，保证监测数据的精准，可反演多种参数，可实现多种参数的精确反演和直观显示，如AOD、PBL层、消光系数、PM_{10}/$PM_{2.5}$、云底高度等。

（3）组成结构

采用一体化舱体，无外置控制箱，无外置工控机，IP65防护等级。舱体内部包括光学发射与接收系统，数据采集控制系统以及摄像机。主要功能是发射激光，接收回波信号，并将光信号转换为电信号，进行数据采集、处理与存储。配置摄像系统，可进行雷达的快速定位及瞄准，并在扫描的同时监控影像，同步记录扫描结果。

（4）性能指标（表5.2.6.1）

表5.2.6.1 HF-LIDAR-CAM 便携式3D可视型激光雷达性能指标

要素		主要指标	要素		主要指标
性能指标	时间分辨率	≥3 s	发射单元	激光波长	532 nm
	空间分辨率	7.5 m、15 m、30 m用户可调		脉冲重复频率	2.5～4 kHz
	最大探测距离	≥20 km		单脉冲能量	20 μJ
	扫描周期	＜20 min		激光器类型	全固态激光器
	外壳防护等级	IP65	接收单元	望远镜口径	≥160 mm@主镜
	数据传输方式	4G/ WiFi/ LAN/ USB		望远镜类型	透射式同轴
	人眼安全	EN60825-1:2014		通道	2个通道，带偏振通道
	供电	12 V lithium battery；DC 12 V/15 A	数据采集系统	探测器	CPM
	功耗	＜150 W		采集系统	单光子计数采集
	整机质量	30 kg			

（5）业务应用

主要用于连续监测大气气溶胶的水平和立体分布，分析气溶胶的组成结构和时空演变，能够实时给出水平和垂直方向上PM_{10}、$PM_{2.5}$的浓度分布，对灰霾、沙尘暴、降雨等天气过程进行实时监测。在气象和气候研究上的应用主要有以下方面：大气气溶胶垂直分布和时间演变；云基、云底高及多层云结构；大气边界层的结构和时间演变特征；非球形粒子（卷云、沙尘、烟尘等）与球形粒子（水汽、雾等）的探测区分；能见度测量（图5.2.6.1）。

图 5.2.6.1　HF-LIDAR-CAM 便携式 3D 可视型激光雷达应用场景

5.2.7　HF-LIDAR PRO 型气溶胶激光雷达（广东华风锐进）

（1）观测原理

激光雷达发射激光束到大气中，经过大气中的分子、颗粒物（云、烟尘、海盐等）散射，被激光雷达光学系统接收，将光信号转换为电信号，通过计算光在空气中的传播时间，得到不同距离（高度）上的回波信号，从而得到沿光束发射方向的气溶胶粒子分布情况。

（2）功能特点

紧凑型设计。该设备无外置控制箱，无外置工控机。结构紧凑、体积小巧，可选择车载式及固定式等多种安装方式，实现快速部署。在技术标准上，3D 可视型激光雷达通过了 TUV 认证，即国际公认的人眼安全认证。环境适应性强。具有控温功能的防护箱，整机实现 IP65 防护等级，室内、室外均可使用，恶劣环境适应性极强。可反演多种参数。可实现多种参数的精确反演和直观显示，如 AOD、PBL 层、消光系数、$PM_{10}/PM_{2.5}$、云底高度等。更多强大数据产品。污染物分类，消散势能，云识别(图 5.2.7.1)。

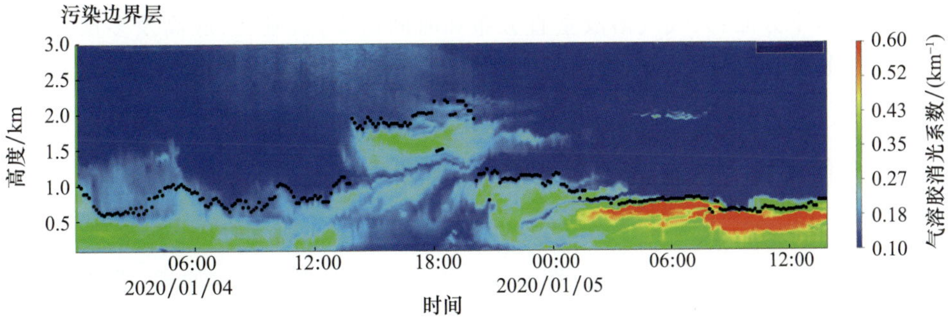

图 5.2.7.1　HF-LIDAR PRO 型气溶胶激光雷达 PBL 层检测实例

（3）组成结构

由激光器、摄像系统、激光发射和信号接收的光学系统、高灵敏度光电探测器、一个高速多道计数器和计算机以及控制和数据处理软件等组成。整机实现 IP65 防护且配备空调及自动雨刷器。具有鱼眼镜头的同轴摄像机，利用深度学习及人工智能算法，记录全天空云状分布。实时廓线及历史数据通过客户端呈现（图 5.2.7.2）。

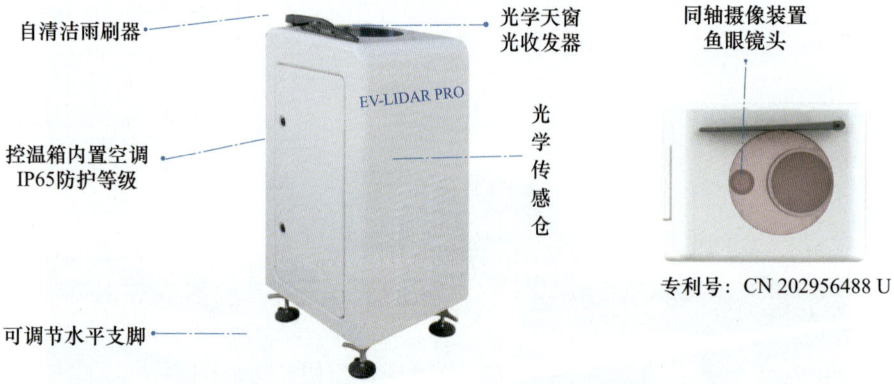

图 5.2.7.2　HF-LIDAR PRO 型气溶胶激光雷达组成结构

（4）性能指标（表 5.2.7.1）

表 5.2.7.1　HF-LIDAR PRO 型气溶胶激光雷达性能指标

要素		主要指标
性能指标	时间分辨率	≥3 s
	空间分辨率	7.5 m、15 m、30 m 用户可调
	最大探测距离	≥20 km
	外壳防护等级	IP65
	数据传输方式	4G/ WiFi/LAN/USB
	人眼安全	EN60825-1:2014
	控温方式	内置空调
	整机质量	50 kg

要素		主要指标
发射单元	激光波长	532 nm
	脉冲重复频率	2.5～4 kHz
	单脉冲能量	20 μJ
	激光器类型	全固态激光器
接收单元	望远镜口径	≥160 mm@主镜
	望远镜类型	透射式同轴
	通道	2 个通道，带偏振通道
数据采集系统	探测器	CPM
	采集系统	单光子计数采集

（5）业务应用

主要用于连续监测大气气溶胶的水平和立体分布，分析气溶胶的组成结构和时空演变，能够实时给出垂直方向上 PM_{10}、$PM_{2.5}$ 的浓度分布，对灰霾、沙尘暴、降雨等天气过程进行实时监测。在气象和气候研究上的应用主要有以下方面：大气气溶胶垂直分布和时间演变；云基、云底高及多层云结构；大气边界层的结构和时间演变特征；非球形粒子（卷云、沙尘、烟尘等）与球形粒子（水汽、雾等）的探测区分；能见度测量。

5.2.8　GBQ L-01 便携式大气气溶胶激光雷达（合肥中科光博）

（1）观测原理

GBQ L-01 便携式大气气溶胶激光雷达（图 5.2.8.1）基于大气激光遥测原理，通过测量激光与大气相互作用后的米散射信号，实现大气气溶胶（颗粒物、沙尘、云等）消光系数廓线、退偏振比廓线、边界层、光学厚度等因子的探测。整机采用便携式一体化设计，满足车载式和固定式两种应用模式，支持全自动、多方位的扫描，解析颗粒物空间立体分布状况。

（2）功能特点

高重频、高能量、超高信噪比；系统集成度高，光源、光学收发系统和信号采集处理控制系统一体化，整机便携；多应用模式，垂直观测、扫描观测、移动观测；环境适应性强，全密封设计，防护等级 IP65；数据产品丰富，可输出消光系数、退偏比、边界层、云信息、光学厚度、能见度等；防护等级 IP55 以上；户外机柜式与便携式可选。

(3)组成结构

该装备主要由激光雷达主机、扫描云台、电源适配器组成。激光雷达主机完成激光的发射控制,信号接收、处理,反演得到气溶胶信息,主要由光学发射模块、光学接收模块、信号采集处理模块、温度控制模块、通信模块组成,采用收发同轴光路设计,盲区小。

扫描云台实现雷达主机的整体水平和俯仰方向的旋转扫描。电源适配器为雷达主机和扫描云台提供受控的电源(图 5.2.8.2)。

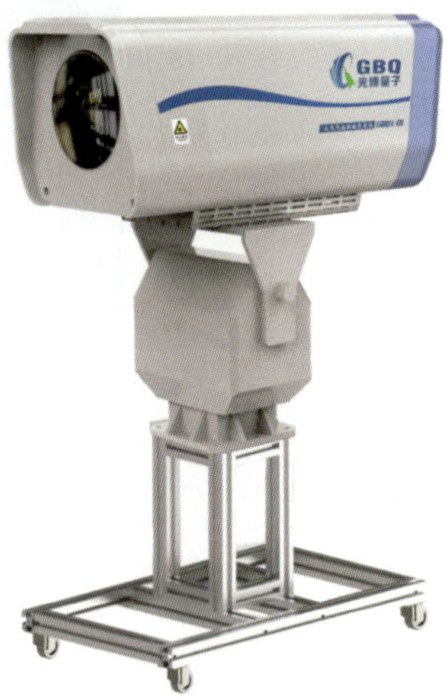

图 5.2.8.1　GBQ L-01 便携式大气气溶胶激光雷达产品外观

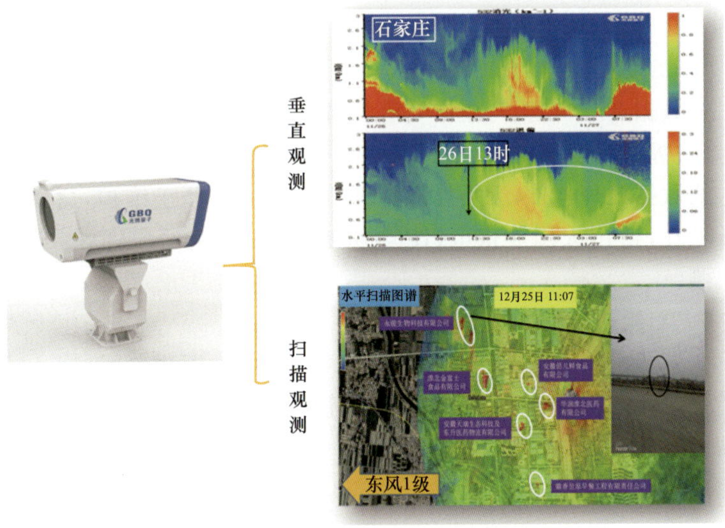

图 5.2.8.2　GBQ L-01 便携式大气气溶胶激光雷达垂直观测、水平观测图谱实例

(4)性能指标(表 5.2.8.1)

表 5.2.8.1　GBQ L-01 便携式大气气溶胶激光雷达性能指标

要素	主要指标	要素	主要指标
有效探测距离	最大垂直探测高度>15 km; 最大水平探测距离>8 km	采集卡指标	模拟采集、16 bit
时间分辨率	3 s～30 min 可调	扫描精度	最高可达 0.1°
空间分辨率	≤15 m 可选	扫描速度	0.1(°)/s ～30(°)/s 可调
盲区	≤45 m	工作温度	−40～55 ℃
气溶胶消光系数探测精度	30%(0.5～2 km);40%(2～5 km)	防护等级	IP65
测量通道	532 nm 偏振平行;532 nm 偏振垂直	产品质量	≤35 kg
光源指标	532 nm、5 kHz、400 μJ	产品尺寸	≤300 mm×300 mm×700 mm
接收口径	≥100 mm	产品功率	≤300 W
探测器	光电倍增管(PMT)		

(5)业务应用

主要应用于气象气候、环境监测等相关领域,特别是城市区域的颗粒物污染热点溯源和垂直输送观测应用,已在安徽、山东、山西、陕西、四川等多个地区,为环保部门、气象部门、高校以及科研院所等提供可靠的大气气溶胶立体探测产品和业务应用需求。

5.2.9 GBQ L-01 便携式红外激光雷达(合肥中科光博)

(1)观测原理

GBQ L-01 便携式红外激光雷达(图 5.2.9.1)基于大气激光遥测原理，通过测量红外激光与大气相互作用后的米散射信号，实现大气垂直结构分布、云层信息以及空间能见度、过冷水等大气要素的探测。整机采用手提式一体化设计，体积小巧；使用人眼不可见的 1064 nm 波长激光，隐蔽探测；支持全自动垂直、扫描探测。

(2)功能特点

数据产品丰富，可输出气溶胶消光系数、退偏振比、空间能见度、云层信息、边界层高度等；体积小、质量轻，可垂直、扫描探测；上电自启动，内置嵌入式数据处理器件，无须外部计算机；部署快，便于维护，适用于联网观测；低功耗，适用太阳能供电；IP65 防护等级，环境适应性强，全天时、全天候观测。

图 5.2.9.1 GBQ L-01 便携式红外激光雷达产品外观

(3)组成结构

主要由望远镜、光发射单元、光接收单元、探测单元、嵌入式处理单元、通信单元等组成。采用透射式望远镜，高频 1064 nm 激光器，探测单元采用高灵敏的 APD 探测器，嵌入式处理单元完成探测信号的采集、分析，同时还完成对敏感元件的恒温控制(图 5.2.9.2)。

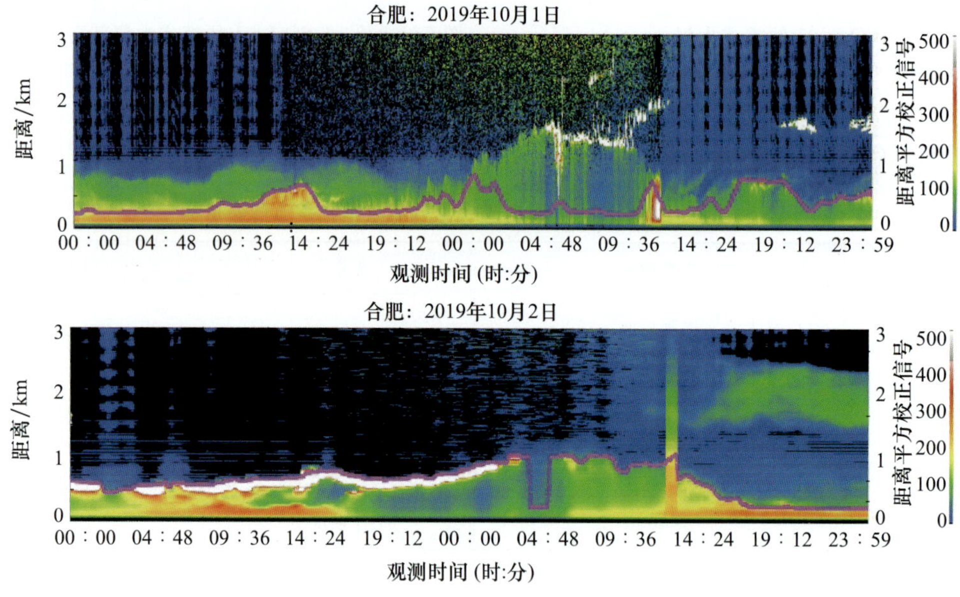

图 5.2.9.2 GBQ L-01 便携式红外激光雷达观测图谱实例

(4)性能指标(表 5.2.9.1)

表 5.2.9.1 GBQ L-01 便携式红外激光雷达性能指标

要素	主要指标	要素	主要指标
观测目标	气溶胶、云	软件	通过 TCP/IP、FTP，在网页或 APP 上实现仪器的全功能操作
发射波长	1064 nm	防护等级	IP65
有效探测距离	>6 km(气溶胶)； >10 km(云)	工作温度	−45～55 ℃

续表

要素	主要指标	要素	主要指标
时间分辨率	6 s～5 min 可选	尺寸(长×宽×高)	21 cm×23 cm×38 cm
空间分辨率	7.5 m	质量	16 kg
电源及功耗	DC 12～36 V,<50 W		

(5)业务应用

主要应用于气象、环保、民航等行业领域大气垂直结构、边界层高度、云底高度、云垂直结构和大气水平/垂直/斜程能见度的自动化实时探测。

5.2.10 GBQ L-03 大气水汽-气溶胶激光雷达（拉曼-米型）(合肥中科光博)

(1)观测原理

GBQ L-03 大气水汽-气溶胶激光雷达(拉曼-米型)(图 5.2.10.1)基于大气拉曼激光遥测原理,并在传统米散射激光雷达基础上增加了氮气拉曼散射通道和水汽拉曼散射通道,消除了气溶胶反演对激光雷达比的假设,提高气溶胶反演精度的同时,结合水汽拉曼散射信号实现了水汽混合比廓线的协同探测。

(2)功能特点

多波长、多通道、多参数同时观测:基于 532 nm 偏振、607 nm、660 nm 拉曼同时探测,实现大气中水汽和气溶胶垂直同步观测;结构紧凑,采用一体化智能方舱设计,将激光雷达系统、工作环境监测系统和数据传输系统集成在一起,在恶劣环境下,均可连续无人值守观测;时间分辨率高,更完整地呈现在各湿度条件下颗粒物转化的过程;空间分辨率高,提升了大气水汽和气溶胶垂直分布的微物理量解析能力。

(3)组成结构

主要包括高能激光器、工控机系统、光学接收单元、光学发射单元、UPS 电源等,532 nm 的高能激光经扩束后发射到大气中,光学接收单元接收后向散射的光信号,并分离出 532 nm 的偏振分量以及 607 nm 氮气通道和 660 nm 水汽通道,经集成在工控机内的高速多通道采集卡采集、分析,从而得到大气水汽和气溶胶的分布情况(图 5.2.10.2 和图 5.2.10.3)。

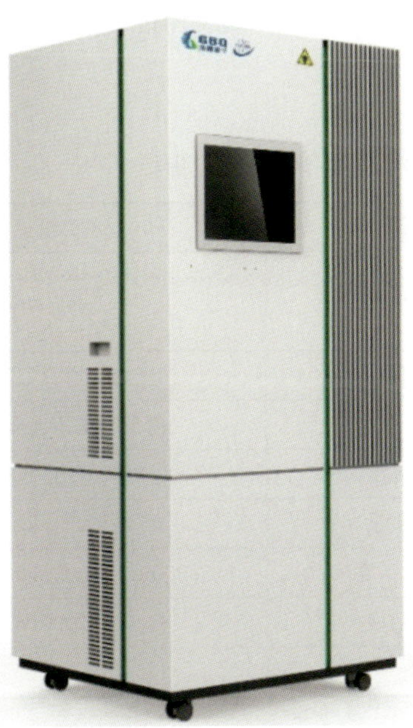

图 5.2.10.1 GBQ L-03 大气水汽-气溶胶激光雷达(拉曼-米型)产品外观

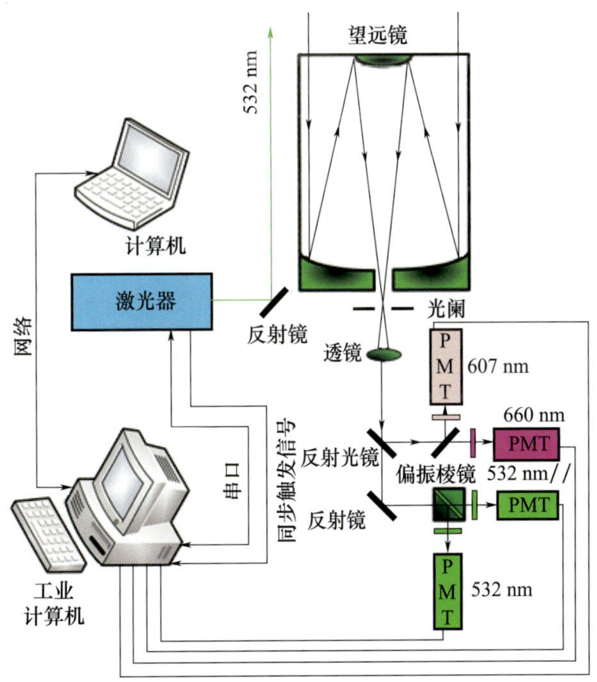

图 5.2.10.2 GBQ L-03 大气水汽-气溶胶激光雷达(拉曼-米型)系统结构

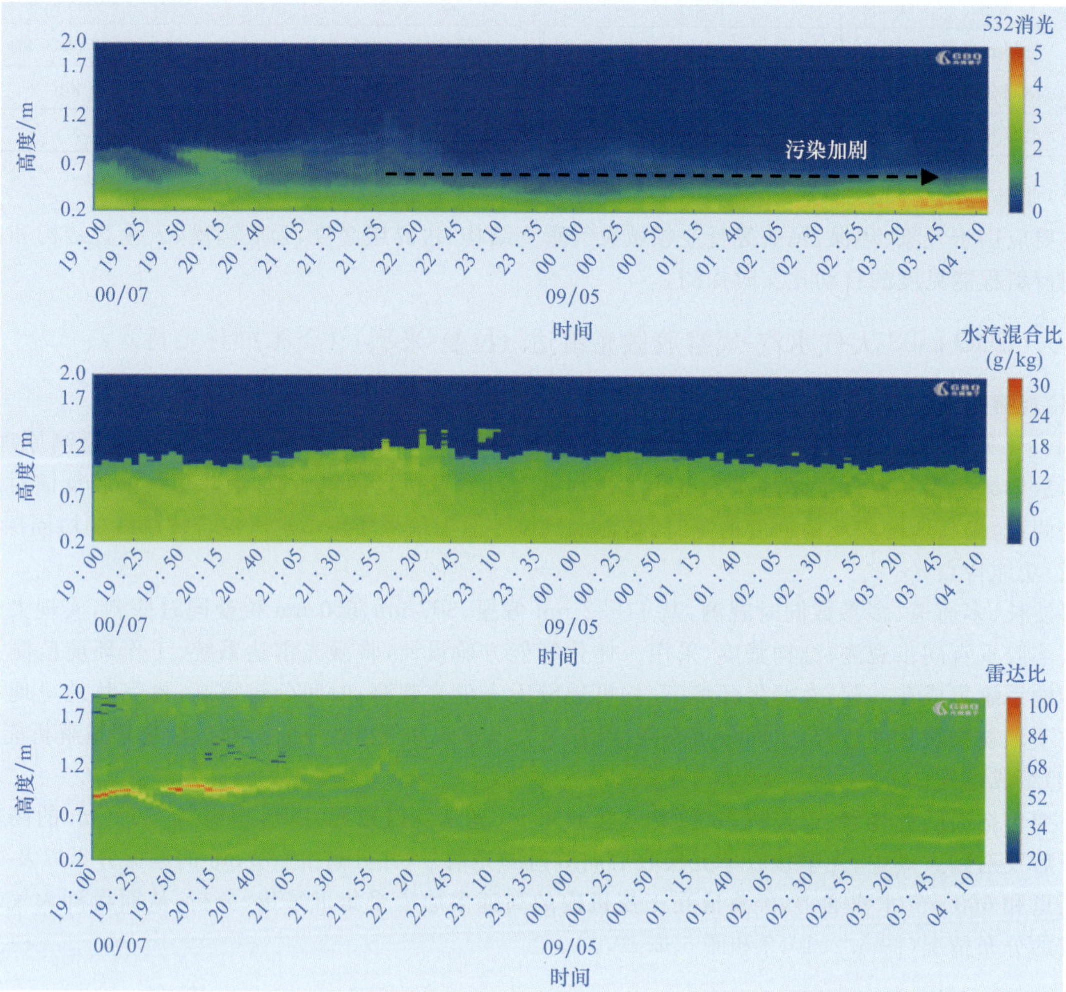

图 5.2.10.3　GBQ L-03 大气水汽-气溶胶激光雷达(拉曼-米型)观测图谱

(4)性能指标(表 5.2.10.1)

表 5.2.10.1　GBQ L-03 大气水汽-气溶胶激光雷达(拉曼-米型)性能指标

要素	主要指标	要素	主要指标
有效探测距离	>5 km(水汽)； >15 km(气溶胶)(能见度≥15 km)	接收口径	≥300 mm
时间分辨率	1～60 min 可调	探测器	光电倍增管(PMT)
空间分辨率	≤15 m 可选	采集卡指标	模拟采集＋光子计数
盲区	≤75 m	工作温度	10～35 ℃
气溶胶消光系数探测精度	20%(0.5～2 km)；40%(2～5 km)	产品质量	≤250 kg
水汽混合比探测精度	20%(0.5～2 km)；40%(2～5 km)	产品尺寸(长×宽×高)	≤800 mm×600 mm×1800 mm
测量通道	532 nm 偏振平行，532 nm 偏振垂直	产品功率	≤2000 W
光源指标	532 nm、10 Hz、200 mJ		

(5)业务应用

主要应用于气象气候、环境监测等相关领域，已在淮南、太原、潍坊等地应用，为环保部门、气象部门、高校以及科研院所等提供可靠的大气气溶胶-水汽立体探测产品和业务应用需求。

5.2.11 GBQ L-04 臭氧激光雷达(合肥中科光博)

(1)观测原理

GBQ L-04 臭氧激光雷达(图 5.2.11.1)基于差分吸收激光雷达遥测原理,可有效探测近地面到高空臭氧的分布状况,为掌握当前大气臭氧时空演变过程、解析臭氧污染成因提供重要的数据支撑。同时添加米散射通道探测气溶胶颗粒物,有效地同步观测灰霾污染期间高空臭氧、颗粒物之间的相互影响、相互转化过程,从而为探明整个立体空间范围内的大气复合污染过程提供有效的数据支撑。

(2)功能特点

该雷达结构紧凑,在恶劣天气下,均可连续无人值守观测;多参数观测,实现臭氧和气溶胶的立体探测;时空分辨率高,提高了臭氧、气溶胶垂直分布的微物理量解析能力。

(3)组成结构

主要由激光发射系统、光学接收系统、信号采集与数据处理单元、数据采集与分析软件等部分组成(图 5.2.11.2 和图 5.2.11.3)。

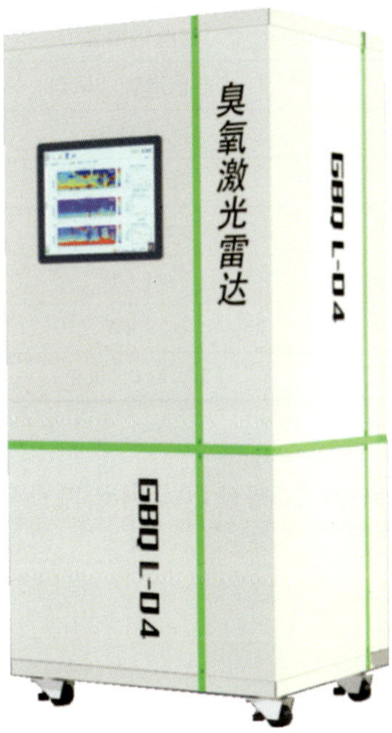

图 5.2.11.1 GBQ L-04 臭氧激光雷达产品外观

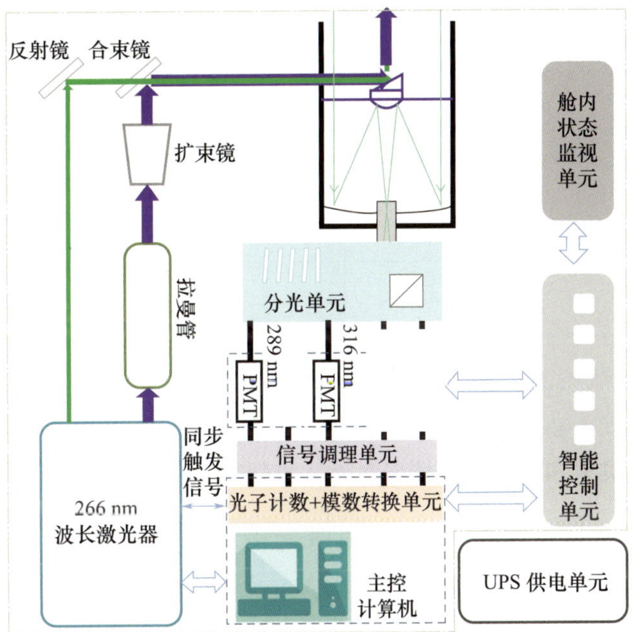

图 5.2.11.2 GBQ L-04 臭氧激光雷达系统结构

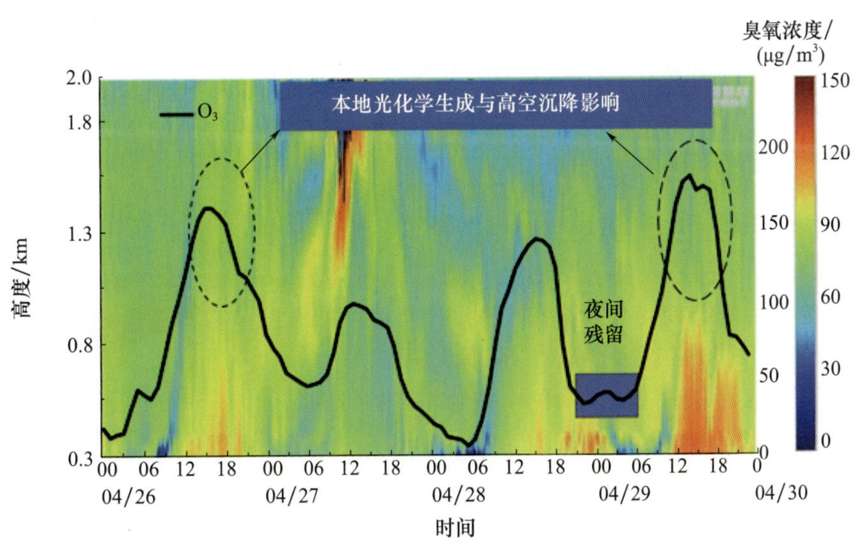

图 5.2.11.3 GBQ L-04 臭氧激光雷达定点垂直观测图谱

(4)性能指标(表 5.2.11.1)

表 5.2.11.1 GBQ L-04 臭氧激光雷达性能指标

要素		主要指标
总体指标	时间分辨率	5～30 min 可调
	空间分辨率	7.5～300 m 可调
	臭氧探测精度	优于 3 ppbv
	探测盲区	≤100 m
发射单元	发射波长	至少 266 nm、289 nm、316 nm
	激光器	Nd:YAG 激光器
	激光能量	≥10 mJ@316 nm,≥15 mJ@289 nm
接收单元	接收望远镜	卡塞格林式,有效口径≥250 mm
	接收视场角	≤0.2～3 mrad 可调
	接收通道	至少 289 nm、316 nm 两个通道
	探测器	光电倍增管
信号采集与处理单元	采集方式	光电倍增管(PMT)
	模拟数字转换器采样频率	≥20 MHz
	转换精度	≥16 bits
	主频	≥2.0 GHz
	内存	≥4 GB
其他参数	总功率	≤3 kW
	总质量	≤500 kg(含机柜)

(5)业务应用

主要应用于气象气候、环境监测等相关领域,为环保部门、气象部门、高校以及科研院所等提供可靠的臭氧和气溶胶立体探测产品和业务应用需求。

5.2.12 GBQ L-05 测风激光雷达(合肥中科光博)

(1)观测原理

GBQ L-05 测风激光雷达(图 5.2.12.1)基于多普勒相干探测原理,利用稳频激光作为照射光束,通过接收激光束对大气中随风漂移气溶胶的散射回波信号并与雷达本振光进行相干混频,通过中频信号的数字鉴频技术来获得气溶胶相对激光束的多普勒频移,结合雷达的光机扫描,实现在线测量环境大气风场信息。

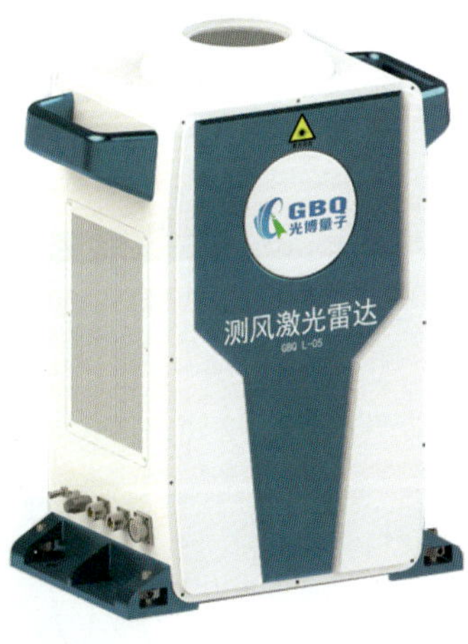

图 5.2.12.1 GBQ L-05 测风激光雷达产品外观

(2)功能特点

分辨率高:高角度分辨率、高速度分辨率、高距离分辨率、强抗干扰能力、出色的全天候工作能力,并能提供晴空条件下三维风场信息。适应性强:一体化设计、体积小便于安装使用、便于携带,尤其适合应用于车载平台等多种复杂使用环境。稳定性高:高精度的温度控制,保障光谱分析长期的稳定性和准确性,降低量程漂移。低功耗:仪器耗电量极低,无辐射,自带锂电池,在外部电源切断的情况下仍能够连续使用 1～2 h。

(3)组成结构

主要由激光雷达主机、配套软件等组成(图 5.2.12.2)。

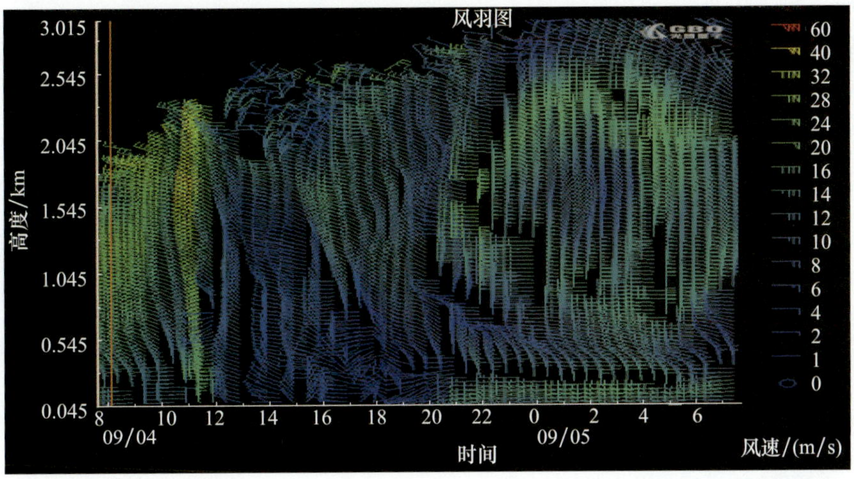

图 5.2.12.2　GBQ L-05 测风激光雷达垂直观测图谱-风羽图

(4)性能指标(表 5.2.12.1)

表 5.2.12.1　GBQ L-05 测风激光雷达性能指标

要素	主要指标	要素	主要指标
激光波段	1550 nm	高度分辨率	20 m/30 m/60 m/90 m/150 m 可设定,常用 30 m
工作方式	风廓线模式	全程风廓线数据刷新率	≤3 s
单波束径向测速范围	−40～40 m/s	工作温度	−30～50 ℃
风速测量范围	0～75 m/s	防护等级	IP65
风速测量精度	≤0.5 m/s	质量	≤30 kg
最大可探测高度	≥3000 m	尺寸(长×宽×高)	405 mm×280 mm×605 mm

(5)业务应用

GBQ L-05 测风激光雷达主要应用于气象气候、环境监测等相关领域,为环保部门、气象部门、高校以及科研院所等提供可靠的风廓线立体探测产品(水平风速、风向、垂直气流)和业务应用需求。

5.2.13　GBQ G-011 二维多轴差分吸收气体分析仪(合肥中科光博)

(1)观测原理

GBQ G-011 二维多轴差分吸收气体分析仪(图 5.2.13.1)属于基于被动差分吸收光谱技术(DOAS)的分析性仪器,是目前可实现 SO_2、NO_2、HCHO 垂直分布廓线以及水平分布遥测的在线监测仪器。通过区域范围的遥测可有效实现区域污染来源的精细化诊断,为当前大气污染治理和管理的科学化、精细化、差别化提供有效数据支撑和决策支持。

(2)功能特点

多组分同时测量:SO_2、NO_2、HCHO。高稳定性:高精度的温度控制,保障光谱分析长期的稳定性和准确性,降低仪器的漂移。系统集成度高:独立的模块化设计,仪器整体更加紧凑,安装使用方便。多应用场景:水平分布扫描、垂直多角度探测。

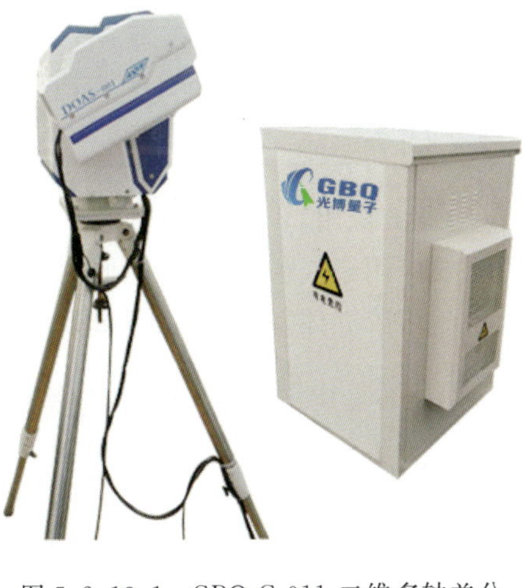

图 5.2.13.1　GBQ G-011 二维多轴差分吸收气体分析仪产品外观

(3)组成结构

主要由二维扫描和望远镜单元、光谱探测单元(光谱仪和 CCD)、温度控制单元、计算机控制系统及自动数据处理软件等组成(图 5.2.13.2)。

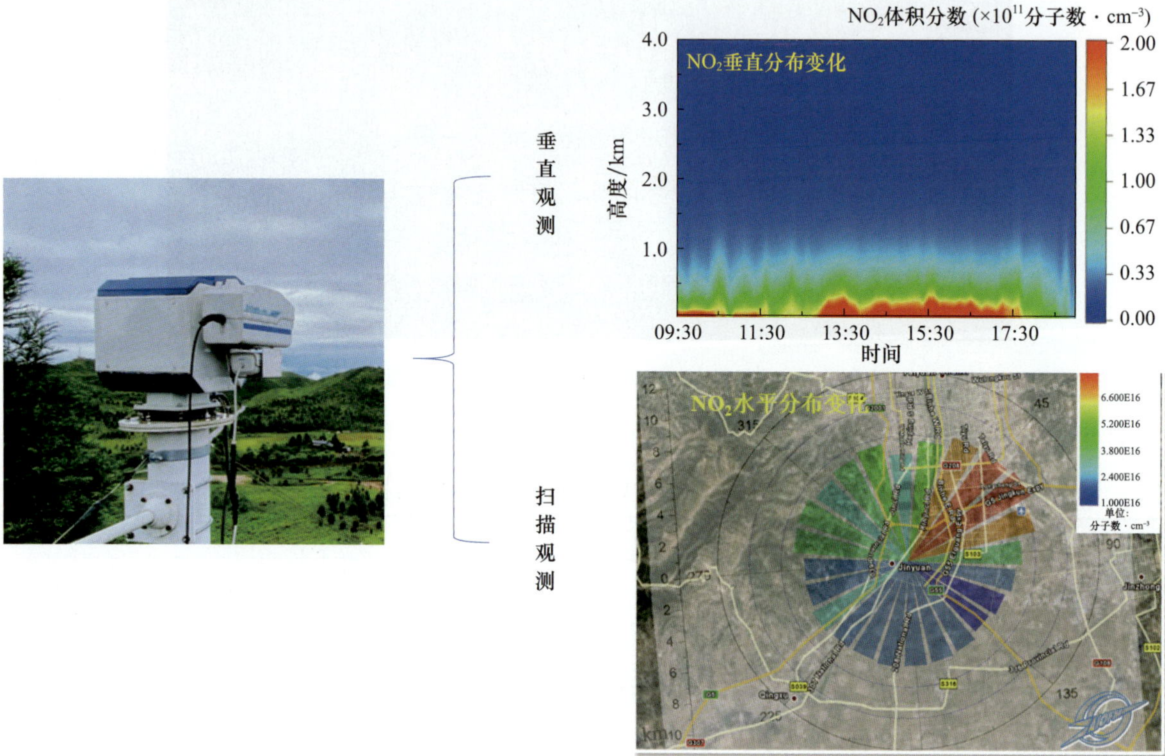

图 5.2.13.2　GBQ G-011 二维多轴差分吸收气体分析仪垂直观测、扫描观测图谱

(4)性能指标(表 5.2.13.1)

表 5.2.13.1　GBQ G-011 二维多轴差分吸收气体分析仪性能指标

要素	主要指标	要素	主要指标
监测因子	SO_2、NO_2、HCHO 的柱浓度、廓线及水平分布	望远镜观测仰角	0°～90°可调
检测限	1×10^{16} molec. /cm^2(≈3.74 ppm · m)	望远镜观测方位角	0°～360°可调
系统测量误差	<5%(NO_2),<10%(SO_2、HCHO)	角度指向精度	±0.2°
光谱范围	300～420 nm	温度控制精度	±0.2 ℃
光谱分辨率	优于 0.5 nm	接收光源角度	望远镜接收垂直照射和任意角度的太阳光

(5)业务应用

主要应用于气象气候、环境监测等相关领域,为环保部门、气象部门、高校以及科研院所等提供可靠的大气气溶胶立体探测产品、卫星数据,提供精确的地面污染气体廓线信息和业务应用需求。

5.2.14　RAL10 型拉曼气溶胶激光雷达(广东华风锐进)

(1)观测原理

RAL10 型拉曼气溶胶激光雷达(图 5.2.14.1)通过 387nm 通道测量 N_2 的振动拉曼后向散射来反演大气参数,相比于传统的米散射激光雷达能够提高大气消光系数、气溶胶后向散射比等参数的探测精度;结合 355 nm 的偏振通道,可实现对大气颗粒物的偏振性质、分布特征、云层变化等的精细实时探测。

图 5.2.14.1　RAL10 型拉曼气溶胶激光雷达产品外观

(2)功能特点

采用高精度的光子探测和拉曼通道 N_2 标定结合的方式，最大限度提高气溶胶激光雷达的精度；激光雷达组网应用中数据质量的控制；实现气溶胶分类的独特算法；获得专利的自动搜索和校准技术。

(3)组成结构

主要由发射系统、接收系统及光电探测系统等组成。雷达仓的主体功能是实现激光发射、接收回波信号以及将光信号转换为电信号。激光控制箱用于供电及驱动激光发射，并实现能量调节和同步控制，采用水冷方式控温。工控机及内置的采集卡不仅实现对光电倍增管获取数据的采集和处理且为其供电。所有部件集成在温度控制箱中，整机实现 IP65 防护，适应全天候户外环境，设备可在不同温度条件下稳定工作。

(4)性能指标(表 5.2.14.1)

表 5.2.14.1　RAL10 型拉曼气溶胶激光雷达性能指标

要素		主要指标
发射单元	激光波长	355 nm(平行偏振＋垂直偏振)，387 nm
	脉冲能量	30 mJ
	重复频率	20 Hz
	扩束后的发散角	＜0.25 mrad
	脉宽	＜7 ns
接收单元	望远镜类型	卡塞格林型
	带宽	0.3 nm
	接收通道	355 nm 水平，355 nm 垂直，387 nm 氮气拉曼
	视场角	0.5 mrad
探测单元	数据采集	355 nm 模拟采集，387 nm 光子计数
	采集卡采样频率	＞20 MHz
	空间分辨率	7.5～60 m 可调

(5)业务应用

拉曼气溶胶激光雷达通过长期连续观测，提供精确的大气反演数据。反演数据可以独立工作，也可以作为其他类型激光雷达的校准基准，以获得更好的精度。在气象领域可垂直监控大气气溶胶时空分布；监控云特征；分析雾/霾成因；分析沙尘暴过程；监测大气能见度；实现更为精细的污染物分类，可识别出大气分子、卷云、高积云、灰、尘、海洋型气溶胶、大陆型气溶胶、非球面气溶胶、混合层高度等(图 5.2.14.2)。

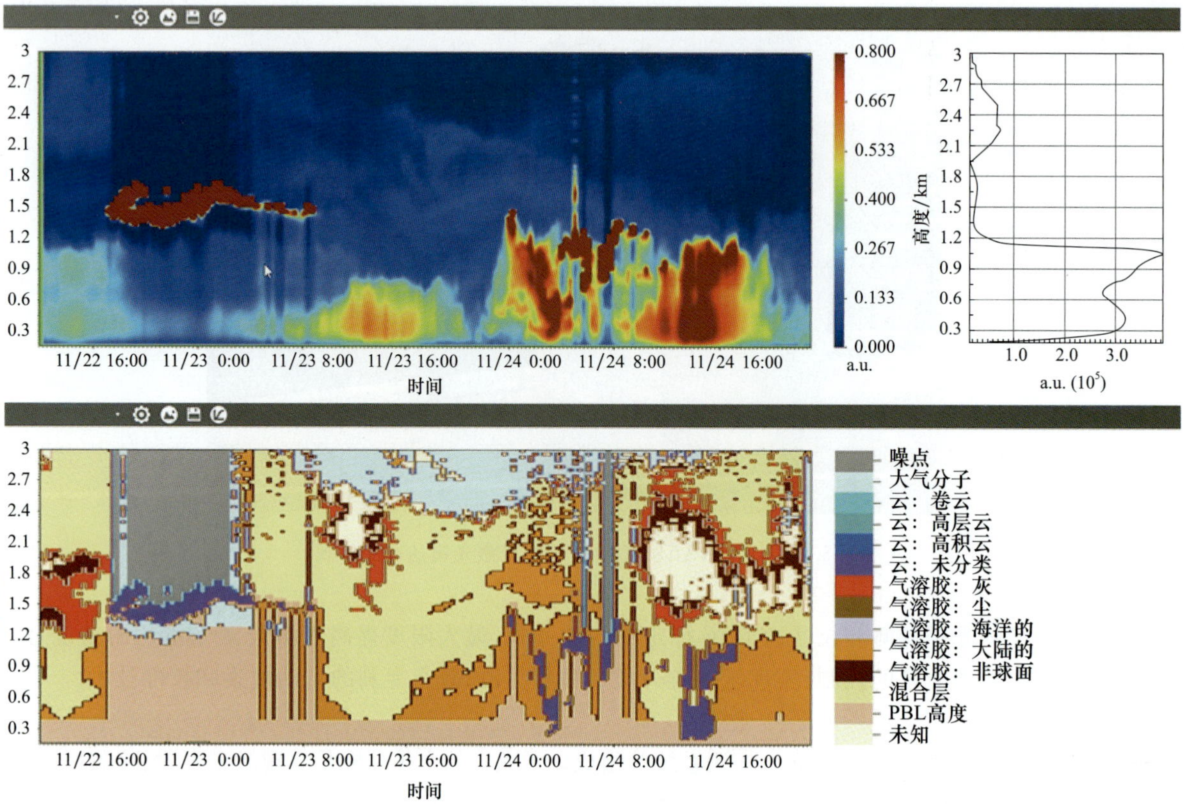

图 5.2.14.2 RAL10 型拉曼气溶胶激光雷达污染物分类

5.2.15 TRL20 型转动拉曼温廓线激光雷达（广东华风锐进）

（1）观测原理

TRL20 型转动拉曼温廓线激光雷达（图 5.2.15.1）激光器发射激光束，按照要求的方向射向被测大气，被测大气对探测激光束进行散射，其后向散射光信号被大口径接收望远镜接收。不同的回波信号经过对应的探测光路后被信号处理系统收集，进行存储、平滑、去背景等处理，根据转动拉曼散射激光雷达方程对处理后的光电探测信号进行反演，即可获取大气温度的垂直分布廓线。

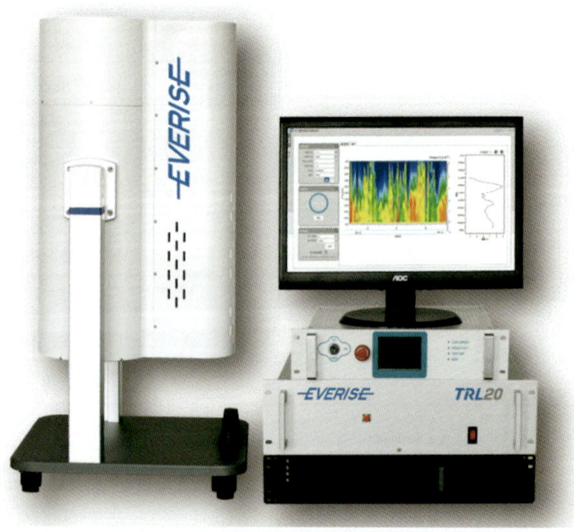

图 5.2.15.1 TRL20 型转动拉曼温廓线激光雷达产品外观

（2）功能特点

采用主动遥感测量，受天气影响小；灵敏度、空间分辨率高，能长期连续观测，实时获取大气温度廓线；测量精度不受大气中气溶胶和分子消光及风速和风向的影响；游标可以查看时空图上任意时刻的温度廓线逆温层数量、高度、厚度；无须校准，可适应各种环境；体积小，质量轻，易移动，可车载；安装及操作简单且维护成本低。

（3）组成结构

主要由发射系统、接收系统及光电探测系统等组成。激光发射系统包括激光器和扩束器。扩束器接在激光器出射口，对从激光器发射出的激光束进行整形和扩束。接收系统采用卡塞格林型反射式接收望远镜，其主要的结构包括一个主镜和一个次镜。接收系统还包括可调节孔径的小孔光阑，用来调节望远镜的接收视场角。光电探测系统主要由光电探测器和数据采集卡组成。信号探测器的主要功能是将光辐射信号转为电信号，其工作原理是基于光辐射与物质的相互作用产生的光电效应。使用光子计数模块对拉曼信号进行探测。

（4）性能指标（表 5.2.15.1）

表 5.2.15.1 RAL10 型转动拉曼温廓线激光雷达性能指标

要素		主要指标
仪器配置	工作原理	激光光谱
	反演方法	转动拉曼信号公式
	激光器	Nd:YAG 倍频激光器
	工作波长/口径	532 nm/200 mm
	单脉冲输出能量	50 mJ
	脉冲重复频率	20 Hz
	光束发散角	<0.1 mrad
	脉冲宽度	<10 ns
系统参数	接收望远镜	施密特卡塞格林
	滤光片带宽	10 nm
	探测器	双光子计数探测器
仪器性能	探测距离	3 km（与天气情况、能见度等有关）
	距离分辨率	15 m

（5）业务应用

温廓线激光雷达主要监测大气不同高度层的温度变化，进而为判断空气中的污染物扩散方向，判别逆温层、气溶胶（飘尘）、光化学烟雾和灰霾天气等灾害性天气的成因研究提供了有效手段（图 5.2.15.2）。

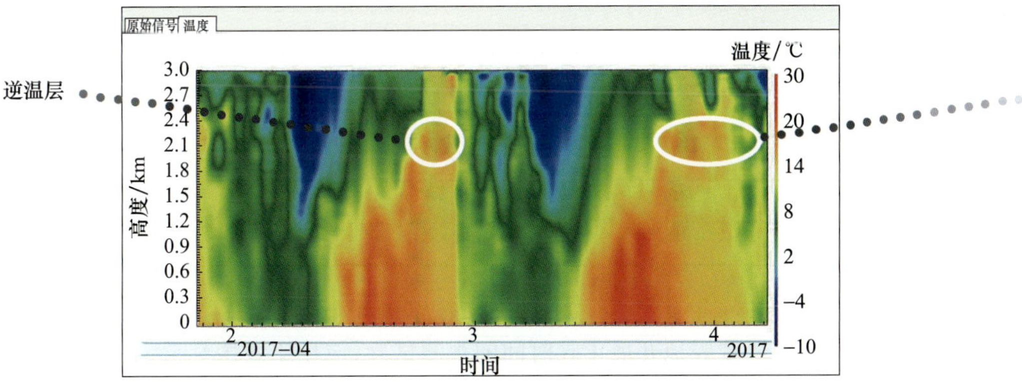

图 5.2.15.2 RAL10 型转动拉曼温廓线激光雷达测量实例

5.2.16 GA1301 高精度大气温室气体 CO_2/CH_4/H_2O 光谱分析仪（安徽新谱光电）

（1）观测原理

GA1301 高精度大气温室气体 CO_2/CH_4/H_2O 光谱分析仪是一种实时痕量气体监测仪，测量这些气体具有 ppbv 量级的灵敏度。该分析仪基于离轴积分腔吸收光谱结合噪声源技术，利用近红外激光实时测量分子的光谱特征。气体被激光在光学测量腔内循环，有效路径长度可达 20 km，吸收被有效增强，使得测量超痕量气体浓度成为可能。因此，该分析仪在变化的环境条件下保持高的线性度、高的精度和高的准确度，只需最小的校准。高精度积分腔的温度和压力控制系统，确保在很长一段时间内保证测量的精度。

（2）功能特点

该光谱分析仪可在几分钟内安装并运行，而且完全不需要样品准备或干燥；气体浓度实时显示，无须后处理，并持续存档到分析仪的内部硬盘驱动器；设计用于在实验室和恶劣的环境下工作，它可以在没有用户交互的情况下工作数月。分析仪可配置为通过以太网或可选调制解调器定时自动发送测量数据，并可通过 RS-232 接口实时输出数字格式数据和可选模拟输出。用户可以远程连接分析仪内部基于 Windows 的 PC，并通过标准的远程桌面连接或类似的远程登录软件来控制它。该仪器性能稳定，测量精度高。

（3）组成结构

主要由光学分系统和电学分系统组成，其中光学分系统包括但不限于光学谐振腔、激光器、高反镜和光电二极管；电学分系统包括但不限于温度压力输出模块、温度压力控制模块和采集模块。

激光器发出激光入射至光学谐振腔内，经过高反镜的多次反射，提高有效光程，出射至光电探测器上由采集模块进行数据采集。温度压力控制模块可以实时有效地控制和调节温度压力输出模块的功率，使光学谐振腔达到指定温度和压力，并让仪器正常工作。

（4）性能指标（表 5.2.16.1）

表 5.2.16.1　GA1301 高精度大气温室气体 CO_2/CH_4/H_2O 光谱分析仪性能指标

要素		主要指标		
痕量气体		CO_2	CH_4	H_2O
测量精度(5 min,1)		≤0.1 ppm	≤2 ppb	≤100 ppm
最大漂移(24 h,50 min 平均峰值)		≤0.2 ppm	≤5 ppb	≤200 ppm
测量范围		0～2000 ppm	0～20 ppm	0～3%
系统特征	内部温度控制	±0.001 ℃		
	内部压力控制	±0.01 Torr(±0.00001 atm)		
	待测气体温度	−10～45 ℃		
	待测气体压力	760～912 Torr(1～1.2 atm)		
	通信接口	RS-232，USB		
	管道适配	进气口 1/8"，出气口 1/4"，Swagelok		
	设备尺寸	530 mm×430 mm×225 mm		
	质量	18.75 kg		
	供电需求	AC 200～240 V，50/60 Hz		

（5）业务应用

近年来已在北京、山东、浙江、西藏等地开展了长时间的观测试验，应用于我国气象、生态等领域。

5.2.17　LHR201 全光纤大气温室气体 CO_2/CH_4 垂直廓线分析仪（安徽新谱光电）

（1）观测原理

LHR201 全光纤大气温室气体 CO_2/CH_4 垂直廓线分析仪是一种实时测量整层大气 CO_2、CH_4 垂直廓线分布的高精度光谱分析仪，光谱分辨率达到 0.003/cm，CO_2、CH_4 的测量精度分别达到 0.07 ppmv 和 1 ppbv。该分析仪是基于目前国际上最先进的高分辨率激光外差光谱技术，利用高精度太阳跟踪仪将收集到的太阳光与窄线宽的 DBF 激光器进行外差拍频，将光波频段变换到中波波段进行探测。

（2）功能特点

既保留了太阳光中所携带的大气分子吸收信息，也具有半导体激光器的窄线宽优点。具有高光谱分辨率（0.003/cm）、高探测灵敏度、体积小和质量轻等特点，便于携带，可在任何感兴趣的地方进行长期、自动、连续工作，且具有较高的稳定性、可靠性和可维护性。

（3）组成结构

由高分辨率激光外差光谱仪和高精度太阳跟踪仪两个部分组成。激光外差光谱仪通过单模光纤将收集到的太阳光耦合到激光外差装置中与本振激光在高速光电探测器上进行拍频，利用射频信号处理电路将拍频信号转化为以太阳光调制频率为特征的低频信号，通过锁相放大器的解调与激光波长的扫描得到高信噪比与高分辨率的大气透过率光谱。

高精度太阳跟踪仪由两个步进电机与减速驱动系统控制两个方向旋转，由电荷耦合器件读取太阳图像实现反馈控制，达到稳定的太阳跟踪。

（4）性能指标（表 5.2.17.1）

表 5.2.17.1　LHR201 全光纤大气温室气体 CO_2/CH_4 垂直廓线分析仪性能指标

要素		主要指标	要素		主要指标
高分辨率激光外差光谱仪	探测组分	CO_2、CH_4	高精度太阳跟踪仪	跟踪精度	0.14 mrad
	光谱分辨率	＜0.003/cm			
	CO_2探测精度	0.07 ppmv		质量	8 kg
	CH_4探测精度	1.0 ppbv			
	主机质量	10 kg		供电	AC 220 V
	供电	AC 220 V			
	功耗	20 W		功耗	60 W
	环境温度	−40～60 ℃			
	相对湿度	0～100%			

（5）业务应用

近些年来已在合肥、青海等地开展了长时间的观测试验。

5.2.18　HF-Wind30 多普勒测风激光雷达（广东华风锐进）

（1）观测原理

HF-Wind30 多普勒测风激光雷达是一个基于激光探测和测距技术的远程传感器。外差激光雷达的原理是利用激光通过空气中微粒（云和雾中的灰尘、水滴，污染的气溶胶，盐晶体，生物质燃烧气溶胶）后向散射回波信号产生的多普勒频移进行测量，通过分析这些测量信息直接得到高时空分辨率、高精度的实时风场数据。

（2）功能特点

该雷达取代了传统的风杯，提供了更灵活、更轻的解决方案；可用于任何海上固定平台或移动车辆或船舶；具有 GPS 功能，安装方便；可同时测量多个距离门的风；激光雷达网络，使多个激光雷达和工作站能够共同监测；环境适应性强（耐盐、耐湿、抗鸟类干扰）；易于维护，允许无人值守操作；专用电子陀螺仪和 GPS，确保在车辆或船舶上正常工作；远程访问实时数据和监测系统；结构紧凑，易于移动，便于室外安装；定期自动升级。

（3）组成结构

由光学窗口、雨刮、传送把手、锁扣、百叶窗、底脚等组成（图 5.2.18.1）。

图 5.2.18.1　HF-Wind30 多普勒测风激光雷达

（4）性能指标（表 5.2.18.1）

表 5.2.18.1　HF-Wind30 多普勒测风激光雷达性能指标

要素	主要指标	要素	主要指标
探测范围	40～300 m	风向测量精度	±1°
采集时间	1 s	测量方式	DBS（多普勒光束定向摆动扫描技术）
数据频率	1 Hz	激光人眼安全	Class 1 M 级别，（符合 IEC/EN60825-1 和 ANSI-Z136.1-2014 的 TUV 认证）
距离门	12 个	激光源	1.55 μm
分辨率	可设	光斑直径	40 mm
最大探测距离	300 m	防护等级	IP65（防尘和防溅水）
风速范围	0～60 m/s	供电	AC 220 V，100 W
风速测量精度	±0.1 m/s	质量	56 kg
风向范围	0°～360°	尺寸（长×宽×高）	573 mm×573 mm×680 mm

（5）业务应用

风场监测、重大事件监测、污染扩散监测、风能资源评估、恶劣天气观测、大气科学研究、工程安全监测。风场监测：在陆地或海上，能够进行剂量评估、测量、尾流场测量、低空急流效应预测，并能进行电厂选址研究。网络监测：中尺度或国家级监测网，高分辨率测风激光雷达监测网。重大事件监测：天气预报和风暴预警。

5.2.19　HF-Wind50 多普勒测风激光雷达（广东华风锐进）

（1）观测原理

HF-Wind50 多普勒测风激光雷达是一个基于激光探测和测距技术的远程传感器。外差激光雷达的原理是利用激光通过空气中微粒（云和雾中的灰尘、水滴，污染的气溶胶，盐晶体，生物质燃烧气溶胶）后向散射回波信号产生的多普勒频移进行测量，通过分析这些测量信息直接得到高时空分辨率、高精度的实时风场数据。多普勒频移与径向风速成正比。激光雷达可以直接探测到 40 个距离门处的风速和风向。

（2）功能特点

在中国科学院 IAP 气象观测塔上进行的 HF-Wind50 和 wind cups 对比试验表明，HF-Wind50 和 wind cups 的风速和风向相关系数达到 99.6% 以上，风速标准差达到 0.1698 m/s。利用高精度 GPS 模块、电子罗盘、陀螺仪等设备，对运动监测过程中的速度、航向角、俯仰角和横摇角进行修正，获得准确的实时风场轮廓。专用电子陀螺仪和 GPS，确保车辆或船舶的正常工作；对高盐、高温、高湿等恶劣环境条件适应性强；可选 4G 模块，支持远程数据访问；激光雷达网络使多个激光雷达和工作站能够共同监测；易于维护，允许无人值守操作。

（3）组成结构

由光学窗口、雨刮、传送把手、锁扣、百叶窗、底脚等组成（图 5.2.19.1）。

图 5.2.19.1　HF-Wind50 多普勒测风激光雷达

(4)性能指标(表 5.2.19.1)

表 5.2.19.1 HF-Wind50 多普勒测风激光雷达性能指标

要素	主要指标	要素	主要指标
探测范围	40～1000 m	风向测量精度	±1°
采集时间	1 s	测量方式	DBS(多普勒光束定向摆动扫描技术)
数据频率	1 Hz	激光人眼安全	Class 1 M 级别,(符合 IEC/EN60825-1 和 ANSI-Z136.1-2014 的 TUV 认证)
距离门	40 个	激光源	1.55 μm
分辨率	25～60 m	光斑直径	40 mm
最大探测距离	1000 m	防护等级	IP65(防尘和防溅水)
风速范围	0～60 m/s	供电	AC 220 V,600 W
风速测量精度	±0.1 m/s	质量	86 kg
风向范围	0°～360°	尺寸(长×宽×高)	835 mm×560 mm×770 mm

(5)业务应用

应用于污染扩散监测、风能资源评估、恶劣天气观测、大气科学研究。

5.2.20 HF-Wind60 多普勒测风激光雷达(广东华风锐进)

(1)观测原理

HF-Wind60 基于脉冲多普勒原理,可以在 60 m～3.5 km 范围内获得任意扫描几何体的准确实时风廓线。一种创新的结构检测算法使风激光雷达能够通过垂直和水平扫描来检测三维风场信息。该系统广泛应用于测风、环境气象监测、航空气象监测等领域。安装方便,对高盐、高温、高湿环境适应性强。

(2)功能特点

测试数据精度高,探测距离远,可高达 3.5 km;维护简单,无人值守,持续运行;激光雷达网络协同检测与分析;全方位测量;高时空分辨率和高精度;对高盐、高温、高湿环境适应性强。

(3)组成结构

由光学窗口、雨刮、扫描头、传送把手、锁扣、百叶窗、底脚、电源盒等组成(图 5.2.20.1)。

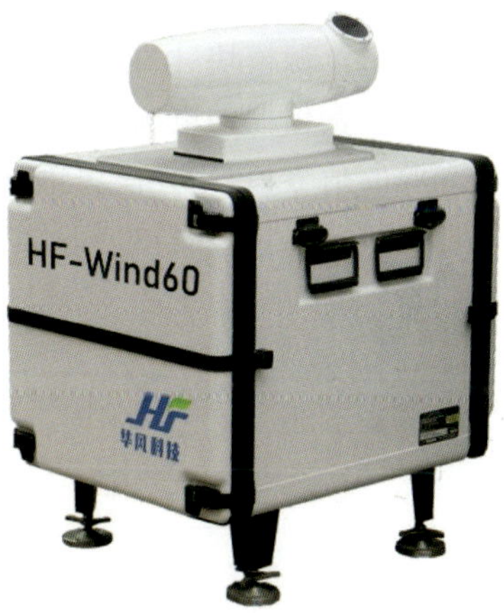

图 5.2.20.1 HF-Wind60 多普勒测风激光雷达

(4)性能指标(表 5.2.20.1)

表 5.2.20.1 HF-Wind60 多普勒测风激光雷达性能指标

要素	主要指标	要素	主要指标
探测范围	60～3500 m	激光人眼安全	Class 1 M 级别(符合 IEC/EN60825-1 和 ANSI-Z136.1-2014 的 TUV 认证)
分辨率	30 m,50 m,75 m,100 m	激光源	1.55 μm
最大探测距离	3500 m	光斑直径	120 mm
风速范围	0～60 m/s	防护等级	IP65(防尘和防溅水)
风速测量精度	±0.5 m/s	供电	AC 220 V,500～1000 W

续表

要素	主要指标	要素	主要指标
风向范围	0°～360°	质量	246 kg
风向测量精度	±2°	尺寸(长×宽×高)	1004 mm×800 mm×1500 mm
测量方式	DBS/PPI/RHI/LOS		

(5)业务应用

应用于极端天气监测；风能资源评估；空气质量监测；工程安全监测。

5.2.21 AE33 型七波长黑碳仪(北京迈特高科)

(1)观测原理

AE33 型七波长黑碳仪通过连续采集滤膜上的颗粒物来测量光的衰减，根据黑碳气溶胶在 370 nm、470 nm、520 nm、590 nm、660 nm、880 nm、950 nm 七个波段对透射光的衰减程度，获得黑碳气溶胶的浓度。黑碳气溶胶的浓度主要在 880 nm 波长测得，多波段连续测量可以更好获得气溶胶光学吸收、光学特性、辐射传输、排放源及源解析等多方面信息。

(2)功能特点

这是一款用于测量大气黑碳气溶胶浓度的自动观测设备，可每秒获得七个波段碳浓度，并实时区分生物质燃烧及化石燃料的占比，对气溶胶光学吸收、光学特性、辐射传输、排放源及源解析等信息的获取有很大帮助。仪器可长期、自动、连续运行，具有较好的稳定性、可靠性和易维护性。

(3)组成结构

主要由电源模块、主控模块、光源及检测模块、采样模块、显示模块、数据采集处理及传输模块组成。电源模块负责仪器的电源管理；主控模块用于处理控制仪器的各个动作；光源及检测模块用来提供仪器七个光源的信号值；采样模块负责处理仪器的采样；显示模块通过显示屏来实时显示测量的数据；数据采集处理及传输模块负责数据的解析、处理及数据的传输。

(4)性能指标(表 5.2.21.1)

表 5.2.21.1 AE33 型七波长黑碳仪性能指标

要素	主要指标
波长	370 nm,470 nm,520 nm,590 nm,660 nm,880 nm,950 nm
技术特点	双点位采样技术
滤带	带有聚四氟乙烯涂层的玻璃纤维膜
测量分辨力	0.001 $\mu g/m^3$ 或 1 ng/m^3
测量精度	0.03 $\mu g/m^3$(1 min,5 LPM)
检测限	<0.005 $\mu g/m^3$(1 h)
测量范围	0.01～100 $\mu gBC/m^3$
采样周期	1 s 或 60 s 可由采样者设置
流量	2～5 L/min 可调，如需加大流量，可使用外接泵实现
外观和接口	8.4 英寸 LED 彩色触摸屏，可实现远程界面操作
数据输出	通过 RS-232、Ethernet、USB 数据接口传输
数据存储	根据设定时间，数据传输到内置存储卡
电源功率	25 W
质量控制和质量保证	使用外接标准流量计进行手动/自动进行流量校准，通过动态零点进行噪声及漏气检查，使用标准可溯源的中性密度光学滤光片对仪器光学部件进行校准
环境温度和相对湿度	10～40 ℃，不结露

(5)业务应用

在气溶胶光学吸收特性、大气辐射传输等领域，本底站、各级气象台站、一院八所等单位对AE33型七波长黑碳仪有广泛使用。另外，海洋、环保、高校等行业也将AE33型七波长黑碳仪大量应用于黑碳气溶胶温室效应、棕碳、含碳物质燃烧排放、内燃机燃烧排放等领域的研究。

5.2.22 BPM-200大气粉尘监测仪(杭州聚光科技)

(1)观测原理

β射线法是大气颗粒物自动监测的一种推荐方法，可用于测量大气中TSP、PM_{10}、$PM_{2.5}$、$PM_{1.0}$等颗粒物的浓度。

同位素放射物(如C14)衰减时所散射出的高能电子，一般称为β射线，其具有较强的穿透力，当它穿过一定厚度的吸收物质时，其强度随吸收厚度增加而逐渐减弱，该过程称为β吸收。当吸收物质厚度远小于β射线的射程时，吸收近似满足Lambert-Beers Law。根据β射线不同的衰减强度、滤纸带截面积、抽气体积等参数计算得到颗粒物的质量浓度值。

(2)功能特点

中文触摸式彩屏，显示内容丰富，人性化的人机界面设计，方便的快捷菜单查询；采用动态加热方法解决雨天高湿天气对测量浓度影响；人性化的滤纸使用提醒功能，有效降低滤纸使用量，节省运行成本；仪器内置校准膜片，支持自动校准；自动存储校准数据、报警信息，方便运行状态查看；支持整点及周期测量模式，周期测量最短可为8 min；支持一键查询历史数据；性能稳定，测量精度高；支持远程软件系统升级，安全方便。

(3)组成结构

BPM-200大气粉尘监测仪(图5.2.22.1)主要包含采样系统和检测系统两个模块，其中采样系统包含切割器、采样管路、流量传感器、流量调节阀、采样泵等部件，通过采样泵提供采样动力，流量调节阀控制采样流量，流量传感器进行流量的实时测量监控，确保流量闭环控制，将流量精确控制在16.7 L/min。检测系统主要包含放射源和PMT探测器等部件，通过PMT探测器检测放射源透过采样斑的β粒子数来进行颗粒物浓度的精确测量。

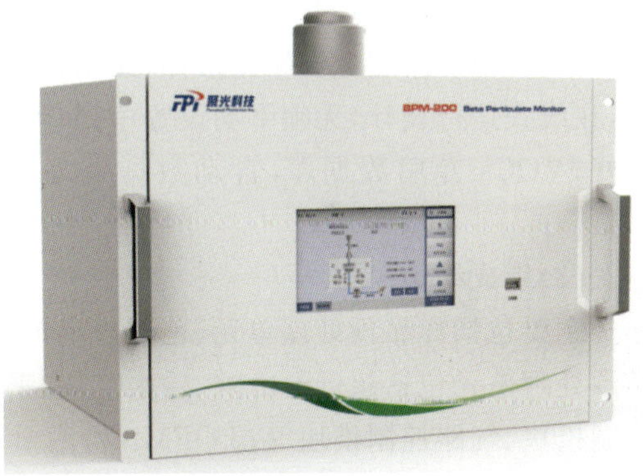

图5.2.22.1 BPM-200大气粉尘监测仪外观

(4)性能指标(表5.2.22.1)

表5.2.22.1 BPM-200大气粉尘监测仪性能指标

要素	主要指标	要素	主要指标
测量原理	β射线吸收法	工作温度	主机：0～50 ℃。采样单元：−30～50 ℃
分辨力	0.0001 mg/m³	环境湿度	0～95%(无凝露)
最低检测限	0.002 mg/m³(24 h均值)	环境相对压力	86～116 kPa
测量量程	0～1,2,5,10 mg/m³	通信接口	RS-232、RS-485、以太网
采样流量	16.7 L/min	输入	2路模拟量4～20 mA输入；12路数字量输入
流量误差	±1%FS	输出	2路模拟量4～20 mA输出； 2路模拟量1～5 V/0～5 V输出； 12路数字量输出；4路继电器输出
流量稳定性	≤±2%工作点流量	电源	AC 220±22 V,50±1 Hz
校准膜重现性	≤±2%标准值	仪表尺寸(高×宽×深)	310 mm×430 mm×400 mm

（5）业务应用

广泛应用于各个城市的国控监测网、省控监测网、区域背景监测及路边站监测等多个领域进行颗粒物监测管理，涵盖云南、广西、河北、河南、四川、武汉、徐州、宝鸡等地，市场占有率超20%。

5.2.23 GC-TOFMS-100大气VOCs在线监测系统（杭州聚光科技）

（1）观测原理

GC-TOFMS-100大气VOCs在线监测系统（图5.2.23.1）基于超低温富集与GC-FID/TOFMS技术相结合的原理。样品以一定流速被采集，经低温除水后在−150 ℃以下被液化浓缩，通过直热式加热脱附，样品被载气带入到色谱柱中。通过阀切换控制将样品分成两路，$C_2 \sim C_4$ 和 $C_5 \sim C_{12}$ 分别进入PLOT柱和DB-1柱中进行分离，分离后样品进入TOFMS检测器被检出。通过保留时间以及质谱离子碎片进行定性，内标法定量校准，实现VOCs样品准确测量。

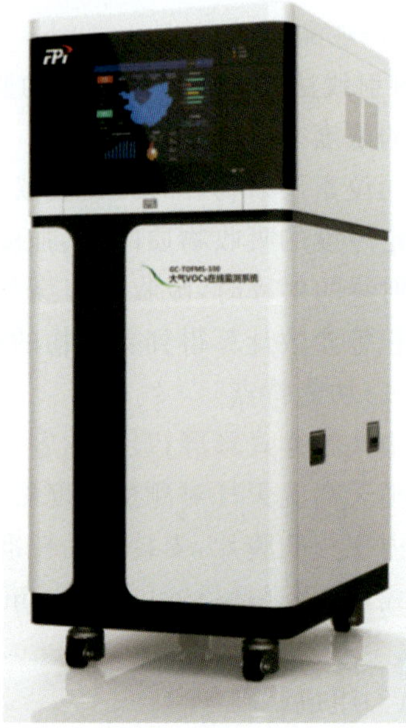

图5.2.23.1 GC-TOFMS-100大气VOCs在线监测系统外观

（2）功能特点

采用GC-TOFMS联用技术，可完成100多种VOCs分析；所有物质均用TOFMS检测，保留时间和特征离子双重定性，有效避免假阳性；全谱扫描，质谱信息完整，定性更准确；仪器分辨率高，质量准确度小于0.2 amu，采用双柱中心切割技术，分离效果好，不存在相互干扰；双冷阱超低温轮流采样，无采样时间盲点；全中文操作软件，在线式运行设计，无须手动设置序列；性能稳定，检出限低，稳定性好；VOCs专用数据库，自动数据处理，简单易用，减少运维工作量。

（3）组成结构

主要包括样品预处理单元、色谱分离单元、接口、TOFMS检测单元、仪器控制与数据处理单元等。样品预处理单元包括超低温冷阱、除水模块、采样模块、进样模块等；色谱分离单元包括色谱分离模块、温度控制模块、气路控制模块等；TOFMS检测单元包括EI离子源模块、离子传输模块、质量分析器、检测器、电路控制模块、真空控制模块等；仪器控制与数据处理单元包括工控机、仪器控制软件、数据处理软件等。

（4）性能指标（表5.2.23.1）

表5.2.23.1 GC-TOFMS-100大气VOCs在线监测系统性能指标

要素	主要指标	要素	主要指标
测量因子	PAMs、TO-15、醛酮、卤代烃等	EI源温度	150～200 ℃
量程范围	0～300 ppb，可扩展	质量范围	4～500 amu
检出限	0.01 ppb（苯），C2～C12≤0.1 ppb	质量准确度	≤0.2 amu
线性范围	R^2≥0.995	质量分辨率	≥800
重复性	≤5%	工作环境	温度：15～30 ℃；相对湿度：≤85%
24 h稳定性	≤10%	电源功率	AC 220 V，3000 W
分析周期	30～60 min		

（5）业务应用

该设备可广泛用于各级环境监测站、气象台（站）、化工园区、高校科研院所等场所中VOCs的在线监测，可以实现包括PAMs、TO-15、醛酮类等100多种VOCs准确定性定量测量。

5.2.24 HNAS01 温室气体梯度塔采样系统(北京华纳创新)

(1)观测原理

HNAS01 温室气体梯度塔采样系统用于向采样瓶内充入空气样品。采样系统进气口与外置采样泵连接,采样系统设有进气阀、出气阀、卸荷阀、流量计和压力表,进气阀、出气阀分别通过接口和样品罐入气口与出气口相连接,可用于控制吹扫或采样过程;样品空气通过比例卸荷阀控压后进入采样罐收集,可保证采样压力的稳定。

(2)功能特点

采用便携式箱体设计,内部可放置 2 个采样瓶,样品瓶位内覆 EVA 缓冲层,适用于玻璃等材质的采样瓶。系统具有压力和流量监测功能,内置泄压阀,可自动控制采样压力,使用时仅需连接外部采样泵和采样罐即可完成气体采样过程。所有配件均采用知名品牌产品,可靠耐用。

(3)组成结构

由箱体、进气管线、出气管线等部件组成。箱体为铝合金复合材质,内部包含 2 个样品瓶位,内覆 EVA 缓冲层。阀门管线采用 316L 不锈钢材质。采样器设有一个外部接口与气体供给装置连接,两个内部接口分别用于向样品瓶输送和排出气体。进气管线和出气管线上均设有开关阀,出气管线上还设有比例卸荷阀用于压力控制、抗震压力表用于压力监测、浮子流量计用于气体流量监测。

(4)性能指标(表 5.2.24.1)

表 5.2.24.1 HNAS01 温室气体梯度塔采样系统性能指标

要素	主要指标	要素	主要指标
进气接口	1/4 英寸卡套接口	箱体	铝合金复合材料,内覆 EVA 缓冲层,箱盖可垂直支撑
采样瓶接口	1/4 英寸卡套接口	适用样品瓶尺寸	Ø110 mm×410 mm
压力范围	0～60 psi(出厂设定为 30 psi)	可容纳样品瓶数量	2
流量范围	1～10 L/min	尺寸(长×宽×高)	560 mm×510 mm×210 mm
卸荷阀工作压力	10～300 psi 可调	质量	约 10 kg

(5)业务应用

此设备主要用于梯度塔采集空气样品,供分析测试使用。

5.2.25 LJHF3000 型全自动花粉检测仪(扩展型)(北京朗净)

(1)观测原理

LJHF3000 型全自动花粉检测仪(扩展型)(图 5.2.25.1)通过沙漏序列有效地收集花粉颗粒,利用半导体材料的散射激光光束、粒子计数器来检测花粉的数量和在空气中的浓度,实现数据实时输出。花粉浓度的计量结果根据 1 min 任意设定时间输出。光学系统采用半导体激光的前方及侧方散射两种方式进行花粉和纤维素的判断,通过软件可实现数据远距离传输。

图 5.2.25.1 LJHF3000 型全自动花粉检测仪(扩展型)外观

(2)功能特点

有高效自动的完整程序(从采样到出结果)。高度复杂的图像分析算法确保可靠的花粉识别和浓度预报,能快速准确测定花粉浓度并通过无线网络实时传输发布,省去烦琐的人工采样、显微镜计数等环节,实现系统自动化完成,大大减轻了研究人员工作量,且提高了数据结果的可靠性和准确性。机器将所有采集数据打包后通过 GPRS 无线传输发送到后台软件，对接各种气象报文，提供空气参数成分数据的保存与分析功能。上电自动启动；本机与服务器数据双重保存，数据上报率达 95%以上；性能稳定，测量精度高。

(3)组成结构

整体设备根据职能不同，具体分为四大部分单元：①主控电源单元，负责外接市电。②内供电路单元，多参数综合控制采集器，负责集中收集各路探头数据，同时存储并对外发送所有数据，为主机运算大脑。③全自动花粉采集单元，仪器内气泵将外部空气中的气传花粉颗粒吸入腔体内，通过激光正面和侧面同时分析与判断，辨别筛选出有效花粉源，将解析好的花粉数据传送给多参数综合控制采集器。④无线发送传输模块，负责对接大数据库云存储平台，将主机运算大脑内数据顺利送达。

(4)性能指标(表 5.2.25.1)

表 5.2.25.1 LJHF3000 型全自动花粉检测仪(扩展型)性能指标

要素	主要指标	要素	主要指标
传感器类型	LJHF3000	电力供应	AC 220 V(50/60 Hz)
测量方式	半导体激光束的正向和侧面散射(花粉)，半导体材料激光束的侧散射(其他粒子)	尺寸(宽×深×高)	约 400 mm×400 mm×600 mm
		保护功能	防雷、防风、防虫、防过载、掉线显示
测量范围	25～40 μm	显示方式	可同时显示多项参数；可以以数值、曲线、棒图及综合界面显示；云平台显示：多参数同时显示、实时曲线模式、数据表格模式
吸入空气量	4.1 L/min		
测量时间间隔	1～9999 min		
显示	LCD	数据分析系统	本地采集，大数据网络云平台分析软件，本机和云端双同步存储数据，微信显示功能，LED 发布显示功能，可直接通过 PC、iPad、手机登录 Internet 查看、下载数据；云平台下载或本机存储卡
I/O 接口	RS-232C、无线传输		
存储容量	10 年以上数据		

(5)业务应用

近些年来在廊坊市气象局、中国中医药研究院、北京市政工程公司等单位开展了长时间的观测应用项目，应用于我国气象、林业、医学、旅游、科研等行业。

5.2.26 Medusa 多种含卤温室气体高精度分析标校系统(北京华纳创新)

(1)观测原理

Medusa 多种含卤温室气体高精度分析标校系统设有两级预浓缩冷阱，待测物种样品通过进样口进入到一级低温冷阱预浓缩，进样量由质量流量控制器精确控制。进样后进行第一次样品转移，通过多通阀切换和对一级冷阱和二级冷阱温度的精准控制，将一级冷阱中的高挥发样品转移到二级冷阱，同时对这些物种样品进行再次浓缩和除杂，并由二级冷阱完成 GC-MS 进样过程。之后在不同温度下进行第二次样品转移和进样，最终完成整个分析流程。

(2)功能特点

该系统技术源自先进全球大气实验网(AGAGE)，是世界上最先进的含卤温室气体分析系统之一。系统使用基于 Linux 的 GCWerks 软件进行控制，流程控制、数据采集、结果标校均可在同一电脑上完成。采用高精度质量流量计控制进样流量，设有最低温度可达−180 ℃的超级制冷端用于样品捕集，捕集阱可快速完成变温过程，具有进样量大、分析精度高、灵敏度高的优点。

(3)组成结构

该系统包括预处理进样主机、色谱、质谱、真空泵组、制冷机、捕集阱加热器、计算机、气体组、标气等组件。

预处理进样主机是系统的核心部分，用于进行冷凝预浓缩和进样过程。核心部件是装有2个急速变温冷阱的制冷端，配有流量控制装置、电磁阀控制装置、干燥管等。色谱、质谱是主体分析设备，真空泵组为预处理进样主机和质谱提供真空，制冷机和捕集阱加热器分别为捕集阱提供冷源和加热温度控制功能。计算机安装Linux操作系统和GCWerks软件，可控制样品处理系统、捕集阱加热器以及配套仪器，接收GC-MS输出的色谱数据并自动计算结果。

(4)性能指标

Medusa多种含卤温室气体高精度分析标校系统性能指标见表5.2.26.1，部分主要监测物种精度见表5.2.26.2。

表5.2.26.1 Medusa多种含卤温室气体高精度分析标校系统性能指标

要素	主要指标	要素	主要指标
捕集阱数量	2	进样体积	2 L
捕集阱温度范围	−165～100 ℃		

表5.2.26.2 部分主要监测物种精度

观测物种	大气中的浓度/ppt	精度/%	观测物种	大气中的浓度/ppt	精度/%
HFC23	25	0.7	CCl4	95	1
HFC32	1	5	HFC143a	6.5	1.2
HFC134a	29	0.4	CFC11	257	0.15
HFC152a	4.2	1.2	CFC12	546	0.05
CFC113	80	0.2	CFC113	80	0.2

(5)业务应用

可以对大气中CFCs、HCFCs、Halons、HFCs、PFCs、SF_6、CH_3Cl、CH_3Br、$CHCl_3$、CH_3CCl_3、C_2HCl_3、C_2Cl_4、CCl_4等40余种卤代温室气体进行分析和标校。

5.2.27 Neph2300型三波长浊度仪(北京迈特高科)

(1)观测原理

Neph2300型三波长浊度仪在三个波长(450 nm、525 nm、635 nm)测量颗粒物的光学散射系数σ_{sp}，散射系数σ_{sp}可以反映颗粒物的污染程度，其值越高，大气中颗粒物的含量就越高，对应的能见度就越低。

(2)功能特点

这是一种用于观测大气气溶胶光学散射的自动观测设备。该仪器可对多种不同原因造成的空气污染和大气气溶胶光散射进行测量，还能应用于前向和后向散射、散射增强因子、波长指数和单散射反照率的研究，可为全球大气辐射平衡的研究提供重要信息。该仪器具有长期、自动、连续工作的特点，具有较高的稳定性、可靠性和可维护性。

(3)组成结构

主要由电源模块、光源模块、校准模块、腔室及检测模块、数据采集及处理模块五部分组成。电源模块负责仪器的电源管理；光源模块用于提供仪器的光源散射；校准模块负责仪器的日常校准功能；腔室及检测模块用于处理仪器测量及校准的场所及检测光源信号；数据采集及处理模块负责数据的记录、处理及传输。

（4）性能指标（表 5.2.27.1）

表 5.2.27.1　Neph2300 型三波长浊度仪性能指标

要素	主要指标	要素	主要指标
测量参数	颗粒物的光散射系数 σ_{sp} （波长 450 nm、525 nm 和 635 nm）	滤波	Kalman 数字滤波，滑动平均滤波（30 s），无滤波
波长	450 nm（蓝）、525 nm（绿）、635 nm（红）	光学	参比亮度测量
测量范围	0～20000/Mm	电源	AC 110～240 V、50/60 Hz 或 DC 12 V，带加热装置为 60 W
最低检测限	全散射和后向散射均为 0.3/Mm （可选 0.1/Mm）（1 min 均值）	最大存储容量	33 d 的 5 min 均值或 6 d 的 1 min 均值
总散射角	9°～170°或后向散射角 90°～170°	尺寸（长×宽×高）	700 mm×170 mm×215 mm
次级测量	样气温度、腔室温度、湿度、样气压力	质量	11.2 kg
样气流速	约为 5 L/min	环境温度	−20～45 ℃
校准气体	可选用 CO_2、SF_6、FM-200、R-12、 R-22、R-134 或用户定制气体	相对湿度	10%～95%
输出	4 个模拟输出（2 个电压，2 个电流） 和 RS-232 多点串口输出		

（5）业务应用

该仪器广泛应用于能见度、气溶胶散射系数、生物燃料燃烧的烟雾、森林和灌木火灾的监测及精细颗粒物（$PM_{2.5}$）研究，在气象、海洋、环保、科研领域广泛使用。

5.2.28　TJY-110 酸雨在线监测仪（天津云天）

（1）观测原理

TJY-110 酸雨在线监测仪（图 5.2.28.1）通过雨水感应器感知到降雨的发生，使用雨水自动采集装置收集降水样品，样品通过检测仪内部过滤系统之后进入 pH 和电导率测量池，仪器主控板通过内置的高精度 pH 计和电导率计测量出当前降水样品的 pH 和电导率值。同时，通过辅助传感器获取当前降水量以及环境参数（温度、湿度、气压）。

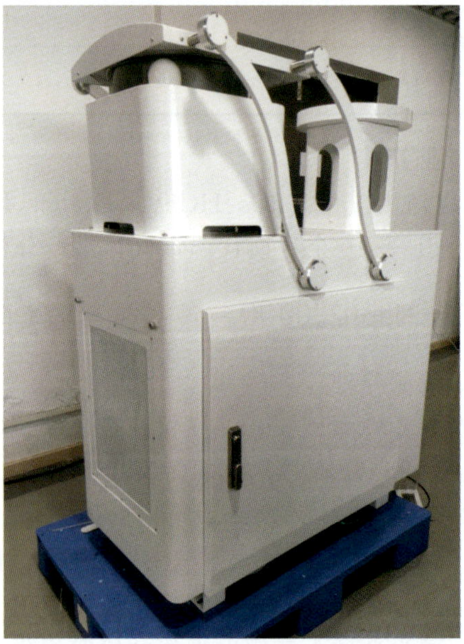

图 5.2.28.1　TJY-110 酸雨在线监测仪主机图

（2）功能特点

这是一种集降水 pH、降水电导率、降水量、环境温湿度等多参数自动采集、存储、传输和管理于一体的无人值守的气象环境监测仪器；可以实现定时自动校准 pH 计和电导率计的功能；具有能在野外多种环境下长期、自动、连续工作的特点，且具有较高的稳定性、可靠性和可维护性，测量精度高。

（3）组成结构

主要由降水自动采集单元、样品前处理单元、样品测量单元、环境感知单元、总控单元、供电单元、数据采集及处理单元 7 部分组成。降水自动采集单元用于在降水时段自动收集降水样品；样品前处理单元主要是对样品进行过滤；样品测量单元主要完成降水样品的 pH 和电导率值的测量；环境感知单元用于获取现场的降水状况和温湿度；总控单元用于控制工作模式、数据通信与存储等；供电单元负责仪器内部所有电源的管理；数据采集及处理单元则负责仪器的控制逻辑、数据采集、数据解析和数据处理。

（4）性能指标（表 5.2.28.1）

表 5.2.28.1　TJY-110 酸雨在线监测仪性能指标

要素	主要指标	要素	主要指标
pH 测量参数范围	0～14（0～50 ℃）自动温度补偿	感雨器灵敏度	优于 0.04 mm/h
pH 测量分辨力	0.01	开盖延迟时间	≤15 s（可设置）
pH 测量准确度	±0.1	起始监测降雨量	≤0.5 mm（可设置）
K 值测量参数范围	0.1～2000 μS/cm	关盖延迟时间	≤3 min（可设置）
K 值测量分辨力	0.01 μS/cm	计时误差	≤0.1%
K 值测量准确度	≤2%FS	工作环境	温度：－10～50 ℃；相对湿度：≤100%
雨量分辨力	0.1 mm	绝缘电阻	≥25 MΩ
雨量精度	±0.4 mm（≤10 mm）；±4%（>10 mm）	工作电压	AC 220±15% V
接雨漏斗内径	400±2 mm	仪器功率	<1000 W

（5）业务应用

近些年来，已在天津、北京、黑龙江、海南、新疆等地开展了长时间的观测试验，应用于我国气象、环保、农业等行业，可实现全天候的酸雨自动观测，为各行业提供准确、可靠的酸雨观测数据。

5.2.29　WAGA-100 水溶性气体-气溶胶化学组分在线分析仪（杭州聚光科技）

（1）观测原理

WAGA-100 水溶性气体-气溶胶化学组分在线分析仪（图 5.2.29.1）主要采用平行板湿式扩散管技术和蒸汽-气溶胶收集技术，其中 PPWD 技术可以捕集水溶性气体，而令气溶胶穿过，蒸汽-气溶胶收集技术可以捕集水溶性气溶胶。结合离子色谱检测技术和自动化控制，可以同时实现自动连续对大气中可溶性气体和气溶胶的监测，包括 SO_2、NH_3、HONO、HNO_3、氯盐、铵盐、硝酸盐、硫酸盐等。

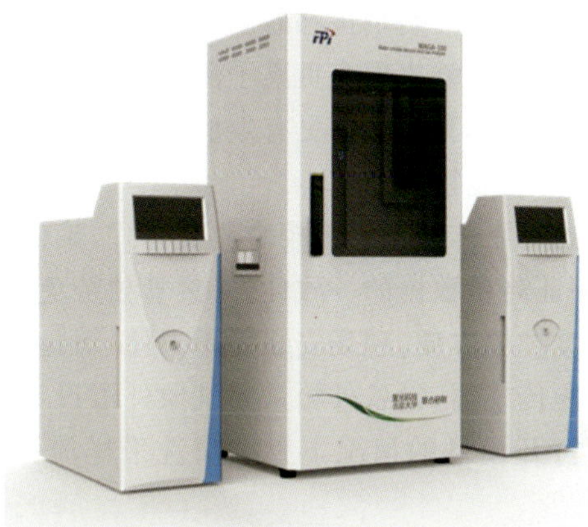

图 5.2.29.1　WAGA-100 水溶性气体-气溶胶化学组分在线分析仪外观图

（2）功能特点

该仪表可以实现痕量气体和颗粒物组分的自动监测，采用大流量的平行板溶蚀器设计，稳定高效的气体吸收效率，无须分流；微差压液面传感设计，采样流量实时反馈控制，准确探测收集液体积，保证测量准确性；数据自动分析和实时上传，基于污染监测与气象监测，进行污染来源分析和污染影响预警，可实时在线监测水溶性气体和颗粒物浓度。

（3）组成结构

由进样子系统、气体与气溶胶收集子系统、液体传输与进样子系统、离子色谱子系统、数据采集与分析子系统、人机交互子系统组成。

（4）性能指标（表 5.2.29.1）

表 5.2.29.1　WAGA-100 水溶性气体-气溶胶化学组分在线分析仪性能指标

要素	主要指标	要素	主要指标
可测气体组分	NH_3、HCl、HONO、HNO_3 和 SO_2	颗粒物粒径	PM_1、$PM_{2.5}$ 或 PM_{10}
可测颗粒物组分	F^-、Cl^-、NO_2^-、NO_3^-、SO_4^{2-}、Na^+、NH_4^+、K^+、Mg^{2+}、Ca^{2+} 等	仪器检出限	≤0.1 μg/m³（由通入系统的零空气三倍背景标准偏差决定）

续表

要素	主要指标	要素	主要指标
气体捕集效率	≥99%	采样流量及偏差	3～16.7 L/min;≤5%
颗粒物损失率	≤1%	离子色谱系统	压力范围:0～5000 psi;流速:0～3 mL/min; 流动相流量精密度:≤0.1%/准确度:≤0.1%; 检测器分辨力:0.00238 nS/cm;定量重现性:≤0.5%; 线性相关系数(NO_3^-):≥0.995
颗粒物捕集效率	≥99%		

（5）业务应用

该仪器的主要目标市场是环境监测超级站和背景站、科研单位等。目标客户和使用者应用要求如下:系统可连续自动监测,实现无人值守;实时进行污染气体和 $PM_{2.5}$ 组分的监控,对超标物种重点分析;结合气象参数,判断污染状态、大气氧化性等指标;可获得准确的高时间分辨率数据,以进行污染来源解析;可以应用于空气质量监测与监控、污染机制分析和污染来源解析。

5.2.30 WST-8自校准式多功能负氧离子监测系统（北京沃斯彤）

（1）观测原理

WST-8自校准式多功能负氧离子监测系统是基于气象双备份、自校准技术研发的一款多功能负氧离子检测仪,其采用多传感器动态连续校准式专利技术,采用四传感器工作,其中有三个传感器用于检测空气中负氧离子,剩余传感器测量正离子,再利用动态校准技术,对三个测量值进行计算,确保每个测量结果准确,彻底解决现有负离子测量数据可信度问题,实现精准化测量负离子变化,对相关性因素进行有效分析,为空气测量提供更有效的测试数据。

（2）功能特点

独有三传感器同步校准质控方式,确保数据的准确性和有效性;精准风机稳压电路,确保风机流速一致,保证测量数据的一致性;采集管独特免工具拆洗技术,方便用户自行维护;主机分离式结构设计,保证设备维护更方便;现场安装简单方便,对地理环境无特殊要求;实现各传感器自行错误报警,更快捷地发现问题传感器;设备外箱采用气象外罩设计,有效地防晒、防雨、防高温;设备采样筒采用锁扣式结构,可在不打开设备的情况下直接清洗采样筒;设备采用主机、外箱分离式设计,让设备维护更简便、更换更方便。

（3）组成结构

设备由传感器、风机、数据处理器、通信模块、电源、防雷模块组成,4个离子传感器采样空气中的离子量(3个采样负离子,1个采样正离子)风机为离子传感器提供抽样空气,使空气流经离子传感器,使传感器采样到空气离子数所,数据处理器计算传感器的检测数据,对数据进行分析,通过通信模块将数据发送到数据接收端,实现远程互相通信,电源为整个检测设备供电,防雷模块保护设备不受雷击,确保设备正常运行。

（4）性能指标（表5.2.30.1）

表5.2.30.1 WST-8自校准式多功能负氧离子监测系统性能指标

要素	主要指标
输入	AC 70～260 V宽电源输入与12 V太阳能电池输入
功耗	<15 W(平时工作);<20 W(除湿全功率)
防雷	达四级防雷水平,并有检测报告
抗干扰	具备辐射抗扰度四级、传导抗扰度三级、工频抗扰度三级能力

续表

要素	主要指标
防静电	具备静电放电二级能力
防水、防风、防雨	设备采用三防式机箱结构，顶层斜坡防雨防水，中间与主机箱采用隔空设计，有效的防晒高温
除湿	四采集器全智能除湿，可长时间在瀑布、湿地等高湿环境下工作
运输	具备振动冲击
工作环境	−50～70 ℃，0～98%
结构	三层机箱结构设计，主机分离式设计
传感器	四传感器负离子同步校准工作，同轴双圆柱式离子传感器，采集管与极化管活扣式安装，方便维护清洗
显示	3.2 英寸全彩 TFT 液晶显示屏，像素高达 480 px×320 px，16 位真彩，多参数同屏显示，曲线显示，设备状态显示
通信方式	GPRS，RS-232，RS-485，4G 等
数据存储	内置 Flash 存储传送失败数据，外置 USB 接口，可兼容高达 32 GB 数据 U 盘
系统时间	采用系统与服务器校时设计，保证系统时间与服务器同步
安装方式	立杆安装，抱箍结构，安全牢固
报警功能	各传感器独立错误显示报警，通信异常报警

(5)业务应用

环境清新空气指标数据监测；气象环境要素监测；空气清洁度要素监测；林业环境监测；环保数据监测；景区数据展示监测(图 5.2.30.1)。

图 5.2.30.1　WST-8 自校准式多功能负氧离子监测系统应用场景

5.2.31　CW193 全自动多波段太阳-天空光度计(长春金太阳)

(1)工作原理

直射或者经天空反射散射的太阳光经窄带滤光片滤光后形成单色光，再经光电探测器将单色光转换为电信号并输出，其原理如图 5.2.31.1 所示，根据实际应用需求选择各通道滤光片的波长，在 340～

1640 nm光谱范围内选取 9 个波长，系统设置可见和红外两个光学观测通道，通过滤光片轮切换实现各波长的观测，通过机械臂驱动光学探测头部高精度指向太阳进行太阳直射观测或者扫描天空实现天空反射散射的辐亮度观测，通过数据反演可获得气溶胶光学厚度、大气透过率、大气水汽总量等大气光学参量。

CW193 全自动多波段太阳一天空光度计（图 5.2.31.2）为全国产化智能型太阳光度计，采用模块化设计、一体集成模式，配置北斗/GPS、4G 网络通信模块。系统自动获取当地时间、位置、温湿度气压等环境信息，全自动智能运行获取太阳直射辐射观测、天空散射辐射观测数据，并通过远程网络交互实现远程数据传输、数据查看、曲线显示、历史数据下载、状态监控及远程指令发送等操作，能够实现多种太阳直射和天空散射辐射数据产品，适用于外场全自动无人值守观测。

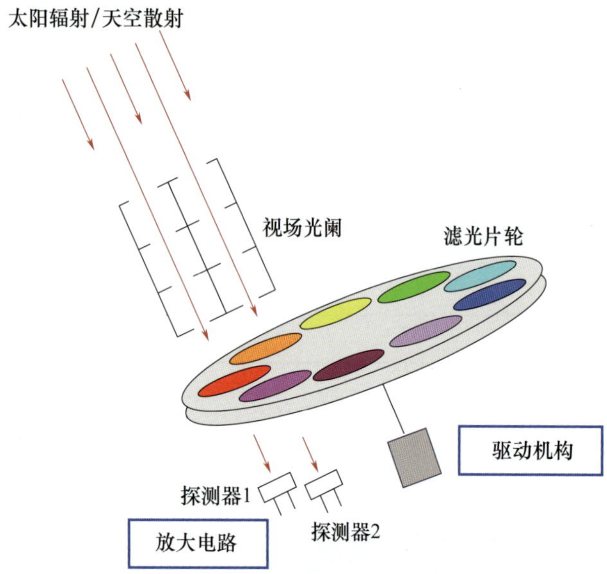

图 5.2.31.1　太阳光度计工作原理

图 5.2.31.2　CW193 全自动多波段太阳-天空光度计

(2)功能特点

高度集成及智能化应用：安装调整简单，加电即应用；便携设计：模块化设计、整机一体集成；关键参量在线获取：AOD、水汽总量实时在线获取；智能化应用：粗定位自修正功能、位置粗安装，自动搜寻太阳，安装误差自补偿；远程无线交互操作：内嵌 4G/北斗模块，实现远程交互：无线数据远程实时接收、历史数据下载、状态监控、故障远程在线研判、远程指令工作模式设置等功能；电源管理、雨雪自感应保护。

(3)组成结构

CW193 全自动多波段太阳-天空光度计由光学探测头部、智能机器人臂、测控单元组成。

(4)性能指标（表 5.2.31.1）

表 5.2.31.1　CW193 全自动多波段太阳-天空光度计性能指标

要素	主要指标	要素	主要指标
中心波长	340 nm、380 nm、440 nm、500 nm、675 nm、870 nm、936 nm、1020 nm、1640 nm	晴空水汽总量测量精度	相对精度：±20%
中心波长精度	±1 nm	数据存储	12 个月
光谱带宽	2 nm@340 nm，4 nm@380 nm，25 nm@1640 nm，10 nm@其余波段	观测记录	每 1.5 min 至少有 3 组全波长观测记录
带宽偏差	340 nm、380 nm 波段：±1 nm；其余波段：±2 nm	通信方式	有线（Type C）和无线（4G）

续表

要素	主要指标	要素	主要指标
主动跟踪精度	0.01°(太阳跟踪);0.05°(月亮跟踪)	供电	DC 12 V
视场角	1.3°	外壳防护等级	IP65
测量范围	0.02≤AOD≤4	环境温度	−25～50 ℃
测量重复性	±0.01%	相对湿度	0～100%

(5)业务应用

全自动太阳光度计是大气参数获取重要仪器,可测量多角度的太阳和天空光学参数信息,处理可得气溶胶光学厚度、大气水汽总量、波长指数 Angstrom 等大气参量,仪器通过严格比对可用于卫星辐射定标与检验、卫星遥感数据的大气订正、大气污染与大气环境参数监测、航天仪器校验飞行等领域,还应用于海洋和海岸带光学遥感。

CW193 全自动多波段太阳-天空光度计(图 5.2.31.3)已经形成了太阳天空版、月亮版等系列产品,开发了数据监控软件 DataMonitor 和数据产品反演软件,能够实现大气气溶胶光学厚度、大气透过率、水汽总量的实时在线获取及气溶胶粒子体积浓度分布、复折射指数、气溶胶单次散射反照率等多种天空散射辐射数据产品。

图 5.2.31.3　全自动多波段太阳-天空光度计观测应用场景

5.2.32　PSR 全自动太阳光度计(安徽中科谱锐达)

(1)观测原理

PSR 全自动太阳光度计(图 5.2.32.1)前置光学系统限制视场,采用滤光片分光,利用光电二极管测量到达地面的太阳直射光和天空扫描多角度漫射光。PSR 全自动太阳光度计在地面上接收到太阳直射光和天空漫射光,根据比尔-朗伯定律(Beer-Lambert law)等,计算反演大气气溶胶光学厚度、水汽总量、粒子谱等大气特性参数。

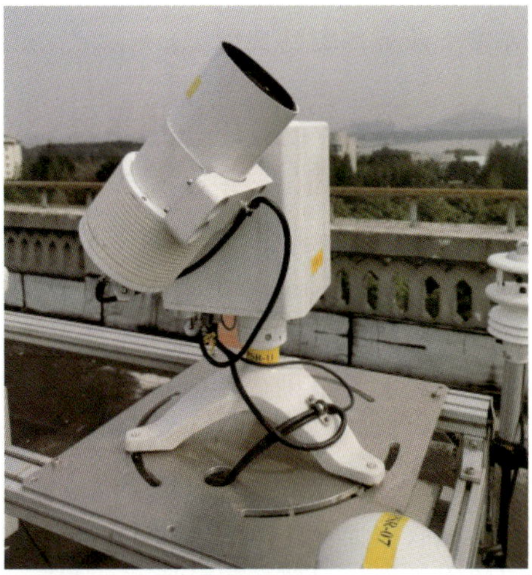

图 5.2.32.1　PSR 全自动太阳光度计

(2)功能特点

这是一种地基观测整层大气气溶胶光学特性的一体化自动观测设备。该太阳光度计测量太阳直接辐射和天空散射辐射,实现大气中气溶胶光学厚度等大气光学特性参数相关数据和信息的计算、记录和存储,能够在野外多种环境下长期、自动、连续工作。

9个通道独立设计，保证了每个通道设计的最优化和高信噪比；对温度敏感元件精密温控，避免温漂引入的测量偏差，保证测量的高精度；无须切换滤光片，每个通道同步独立工作，减少了通道间测量时间差异带来的误差；测量通道全固化，整机全密封，保持测量的长期高可靠性和高稳定性。

（3）组成结构

主要由光学头、二维转动机构、总控模块、供电箱、环境感知器、数据采集及处理软件6部分组成。光学头用于探测各波段的光谱辐射信号；二维转动机构通过改变方位角和天顶角，带动光学头部自动精密跟踪太阳；总控模块用于控制工作模式、数据通信与存储等；供电箱负责仪器的电源管理；环境感知器用于感知环境温、湿、压以及降水状况；数据采集及处理软件运行在电脑上，负责数据的解析和处理。

（4）性能指标（表5.2.32.1）

表 5.2.32.1 PSR全自动太阳光度计性能指标

要素	主要指标	要素	主要指标
中心波长	340 nm、380 nm、440 nm、500 nm、675 nm(670 nm)、870 nm、936 nm、1020 nm、1640 nm	稳定度	±5%/a
中心波长精度	±2 nm	观测记录	每3 min至少有3组全波长观测记录
光谱带宽	2 nm@340 nm、4 nm@380 nm、25 nm@1640 nm、10 nm@其余波段	通信方式	有线或无线方式
带宽偏差	340 nm、380 nm波段：±1 nm，其余波段：±2 nm	环境感知	具有雨水感知和温、湿、压感知功能
太阳跟踪精度	±0.1°	外壳防护等级	IP65或以上
视场角	≤1.3°	环境温度	−30～60 ℃
测量范围	0.04≤AOD≤2	相对湿度	0～100%
气溶胶光学厚度测量精度	≤0.04(@AOD=0.2)或相对精度±20%	供电	12 V/24 V直流供电或市电转换供电
晴空水汽总量测量精度	相对精度±20%	防雷	具备防直接雷击和雷击电磁脉冲的措施

（5）业务应用

PSR全自动太阳光度计主要应用于大气成分观测站、卫星遥感产品校验场、国家基准气候站、各类辐射气象站。PSR全自动太阳光度计在北京、合肥、敦煌、青海、大连、寿县基准观象台等地开展了和国际标准仪器的比对试验，具有良好的一致性，2020年率先通过了中国气象局气象探测中心组织的测试（中国气象局综合观测司气测函〔2020〕156号）。目前，PSR全自动太阳光度计已被锡林浩特、成都、大同、大连、长沙等多个业务气象站选用。

5.2.33 PFS-100光解光谱仪（杭州聚光科技）

（1）观测原理

PFS-100光解光谱仪（图5.2.33.1）主要利用光学石英接收头（diffuser）收集来自各个方向的太阳辐射，并将收集到的光辐射通过光纤连接至光谱仪，由光谱仪获得一定波长范围内的光谱信息，并将光谱数据传输至工控机，计算机根据出厂前对系统的校准，可将光谱扫描的信号转化为光化通量 $F(\lambda)$，通过光化通量与已知的吸收截面 $\sigma(\lambda)$ 和量子产率 $\varphi(\lambda)$ 积分计算得出光解速率常数。仪器能同时快速地获取大气中多种重

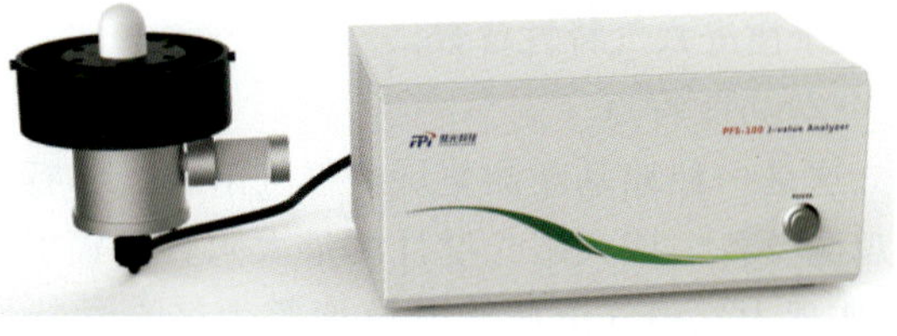

图 5.2.33.1 PFS-100光解光谱仪外观图

要物质的光解速率常数值 J。

(2)功能特点

设备通过光学接收头接收太阳辐射，并对各方向的太阳辐射有相同的角度响应。为减少光谱仪暗噪声，仪器对光谱仪CCD探测器进行制冷，同时通过结合不同积分时间光谱信息进一步提高仪器信噪比，并保证光谱仪主机在稳定站房内运行，以减少温、湿度给测量结果带来的误差。设备运行稳定，操作维护工作量小，可灵活配置测量参数，能实时、快速、准确地获得太阳光谱信息以及各物质光解速率常数值。

(3)组成结构

仪器主要由光学接收头、光谱仪以及工控机组成。光学接收头安装于室外屋顶等宽阔平台的支架上，保证周围无遮蔽物，通过石英光纤连接光学接收头与光谱仪。光谱仪主机在稳定站房内运行。仪器工控机置于室内，仪器主机与工控机通过USB进行数据传输及通信。

(4)性能指标(表5.2.33.1)

表5.2.33.1 PFS-100光解光谱仪性能指标

要素	主要指标
光学接收头	角度响应偏差小(约±5%)
校准平台	自主搭建校准平台
光谱波段范围	270～790 nm
测量物种	J(O1D)、J(HCHO-M)、J(HCHO-R)、$J(NO_2)$、$J(H_2O_2)$、J(HONO)、$J(NO_3$-M)及$J(NO_3$-R)的光解速率常数
光谱分辨率	0.75～0.85 nm(FWHM)
探测器类型	带TEC制冷的CCD
光谱测量时间	每个测量周期结合(如200 ms、80 ms、40 ms、20 ms等)不同积分时间的光谱数据，并进行多次(如25次)扫描结果平均以降低信噪比，使光谱测量结果更准确
时间分辨率	约10 s(依据设置的积分时间而定)

(5)业务应用

近些年来，已在广东、海南、湖北、上海、北京等地开展了长时间的观测试验，应用于京津冀、长三角、珠三角等地环保和气象的业务化监测。对于我国重点地区大气氧化物强度与构成、大气二次污染物形成的关键化学反应、大气污染演变等方面的研究起到了重要作用。

5.2.34 GCMS 2000便携式挥发性有机物监测仪(广州禾信)

(1)观测原理

大气样品通过前处理装置(如富集、固相微萃取等)和自动流路切换系统后进入低热容快速气相色谱柱，在色谱柱中实现样品分离，经过分离的样品电离后导入线形离子阱中进行质量分析，可同时获得被分析样品的指纹质谱图和气相色谱图，从而对大气复杂样品进行准确的定性和定量分析。

(2)功能特点

是专门针对现场有机污染物应急监测开发的新一代高性能便携式分析仪器。仪器将低热容快速气相色谱技术和最先进的线形离子阱质量分析器技术相结合，充分发挥了色谱分离效率高和质谱定性能力强的优势，能够快速地对有机污染物进行准确定性和定量检测，携带方便，能够现场分析大气中的VOCs，节约了采样和送样时间，及时快速地提供定性和定量结果。冷启动15 min进入检测状态，单次分析时间小于4 min。

(3)组成结构

GCMS 2000便携式挥发性有机物监测仪主要包括：①前处理装置(如富集、固相微萃取等)，实现大气样品的预处理及富集；②色谱分离系统，通过样品中各组分的沸点、极性或吸附性能不同色谱柱中实现样品分离；和③质谱监测系统，经过分离的样品电离后导入线形离子阱中进行质量分析，可同时获得被分析样品的指纹质谱图和气相色谱图，从而对复杂样品进行准确的定性和定量分析。

（4）性能指标（表 5.2.34.1）

表 5.2.34.1 GCMS 2000 便携式挥发性有机物监测仪性能指标

要素	主要指标	要素	主要指标
整机质量	≤19 kg（含电池、载气及真空系统）	重复性	RSD≤20％
可分析质量范围	40～500 m/z	电源	内置可充电电池和外接电源两种模式
质量分辨率	≤1 amu	电池	电池续航时间 2～4 h，主机内置单块电池，可实现热插拔
检出限	0.05 ppb	载气	内置高纯氦气瓶，也可使用外置氦气瓶
质量准确	±0.3 amu	质谱质量分析器	线性离子阱质量分析器
质量稳定性	±0.3 amu/8 h	质谱电离方式	70eV EI（非放射性离子化源）
线性度	R^2≥0.99	动态检测范围	不低于 6 个量级

（5）业务应用

主要应用在大气成分分析及气象应急保障，在大气环境事件突发时，可第一时间利用便携式气相色谱-质谱分析仪对事故点大气中的挥发性和部分半挥发性有机物的现场进行检测分析，精准定性、定量关键组分，有助于判断大气污染物的释放量、形态及浓度以及污染物的特点（包括毒性、挥发性、残留性）等，评估大气污染状况。

5.2.35 大气 PAN 在线监测系统（杭州聚光科技）

（1）观测原理

大气 PAN 在线监测系统基于 GC-ECD 气相色谱技术测量原理，以采样泵为动力，样品被采集到定量环中；由载气带入分离系统，在低温下分离后，被 ECD 检测器检出；检测电信号经处理由分析软件记录和输出，得到 PAN 浓度检测结果。PAN 校准仪基于光化学合成原理制成，丙酮和 NO 标气在紫外光照射下发生反应，能实时合成稳定的 PAN 标气，经零气稀释后为分析系统提供不同浓度校准气体。

（2）功能特点

可连续在线测量大气中 PAN，分析周期小于 5 min；检出限低，PAN 最低检出限可达 50 pptv；支持手动校准和自动校准两种模式，减少运维工作量；自带标气发生装置，可实时合成稳定 PAN 标气，降低运行成本；采用低温色谱柱分离，有效避免 PAN 热不稳定而分解；智能化操作系统，整个采样、分析和标定环节均为程序化自动运行；中文软件界面，方便用户操作，可远程控制，维护量低；完善的售后服务体系。

（3）组成结构

PANs-1000 在线监测系统（图 5.2.35.1）主要由 PANs-100 在线分析仪、PANs-200 自动校准仪、气源（载气、尾吹气和标气）以及数据采集与控制单元四部分构成。PANs-100 在线分析仪主要完成样品的采集、分析。PANs-200 校准仪主要实现 PAN 标气的合成与稀释，为系统校准提供所需浓度的标气。气源主要为 PANs-100 运行提供稳定、干净的载气和尾吹气，由钢瓶气和气体过滤器组成；同时为 PANs-200 提供配气所需丙酮标气、NO 标气、零空气等，由钢瓶标气

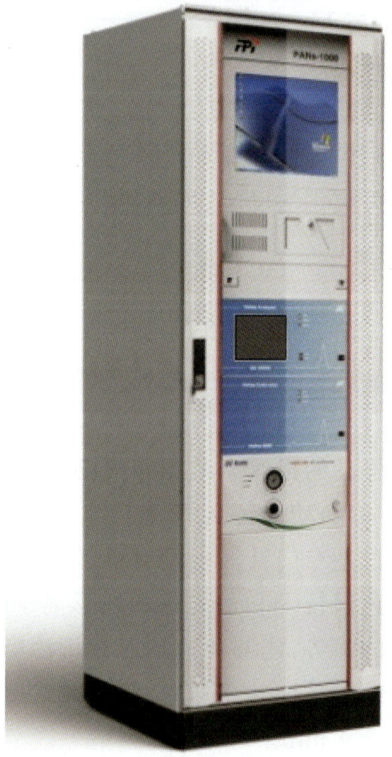

图 5.2.35.1 PANs-1000 在线监测系统外观图

和零气发生器组成。数据采集与控制单元主要实现 PANs-1000 系统运行数据的显示、处理、存储等功能。

(4)性能指标(表 5.2.35.1)

表 5.2.35.1 PANs-1000 在线监测系统性能指标

要素	主要指标	要素	主要指标
监测组分	PAN	通信	RS-232,4～20 mA,USB,Ethernet
最低检出限	50 pptv	软件操作	带 LCD 触摸屏,基于 Windows 操作系统开发的中文软件,可编辑方法,自动运行。方便用户查看实时谱图,查询历史数据,并提供报警信息
重复性	RSD≤3%(2 ppb)	环境湿度	≤85%(无凝露)
线性	R^2≥0.99	工作温度	15～30 ℃
分析周期	最小 5 min,可设定	电源	AC 220 V/500 W
校准	手动校准,支持自动校准		

(5)业务应用

近年来已在北京、上海、广东、四川、安徽、内蒙古等多地进行长期观测应用,目前国内销量已有 50 余套,应用于各级环境空气监测站、气象观测站、高校、科研院所等进行大气中痕量 PAN 在线监测。

5.2.36 大气臭氧探测激光雷达(合肥中科环光)

(1)观测原理

大气臭氧探测激光雷达(图 5.2.36.1)基于差分吸收原理,利用臭氧的吸收特性测量气体浓度的时空分布。激光雷达以高重复率向大气中发射紫外和可见光脉冲激光,脉冲激光的波长中一个波长位于臭氧吸收较强的位置,而另一个波长位于臭氧吸收很弱或无吸收的位置,利用臭氧对这两个波长的吸收差别,确定脉冲光共同路径上的臭氧浓度,从而说清臭氧区域污染跨界传输,定量评价区域光化学污染程度。

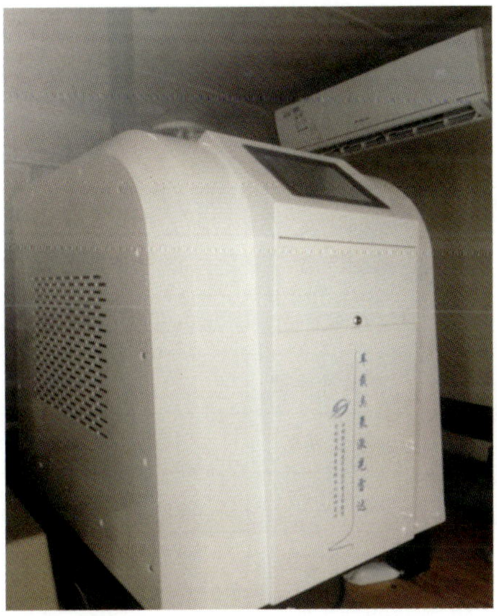

图 5.2.36.1 大气臭氧探测激光雷达外观图

(2)功能特点

灵敏度高、分辨率高;系统盲区小;一体化光机设计,信噪比高;光源稳定性强,可见光、紫外光多波长探测;全固态拉曼频移器,整机稳定性强;地基走航多平台兼用,实现“边走边测”。

(3)组成结构

大气臭氧探测激光雷达系统主要由发射系统、接收系统、信号转换处理系统和控制系统四部分组成(图 5.2.36.2)。

发射系统产生所需要的脉冲激光光束,主要包含光源、拉曼频移器和扩束器。拉曼频移器是将光源激光转化为一对或者多对满足差分吸收测量需求的多束脉冲激光。接收系统接收激光大气回波光信号,主要由望远镜系统和分光系统组成。望远镜系统用于接收发射激光光束在大气中的后向散射信号。分光系统是实现多束特定波长的光信号分离。信号转换处理系统将大气回波光信号转化为电信号,并进一步转化为计算机可识别的数字信号,主要包含探测器、电信号处理模块和数据采集模块。控制系统主要由计算机(或专用信号处理器)和配套的软件组成,实现整个雷达系统控制且得到臭氧的时空分布图并展示出来。

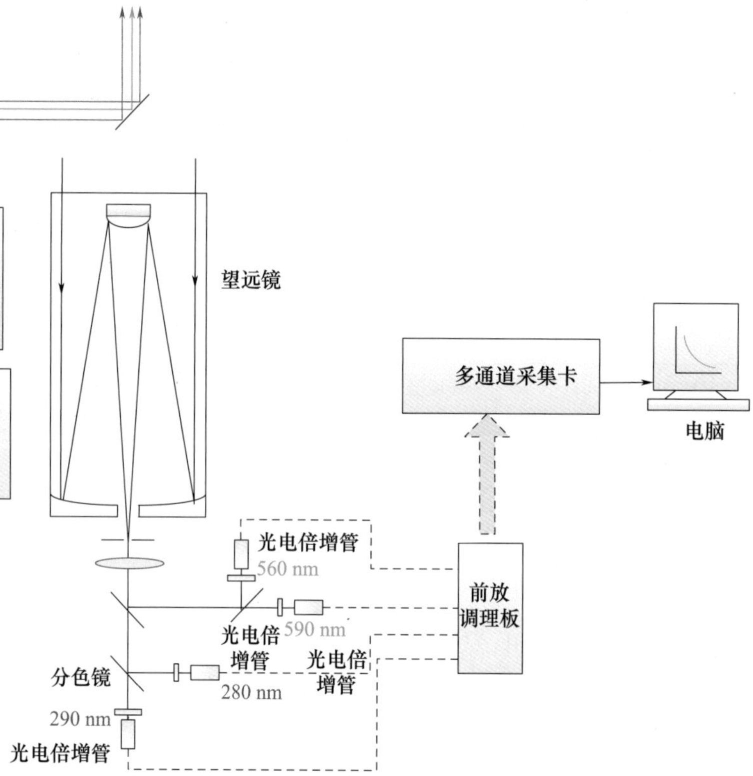

图 5.2.36.2　大气臭氧探测激光雷达结构图

（4）性能指标（表 5.2.36.1）

表 5.2.36.1　大气臭氧探测激光雷达性能指标

要素		主要指标	要素		主要指标
发射系统	激光器	半导体泵浦激光器	光学接收系统	接收望远镜	卡塞格林型
	探测波长	280 nm、295 nm、560 nm、590 nm		主镜直径	200 mm
	单脉冲能量	＞0.2 mJ		接收视场	0.5 mrad
	重复频率	100 Hz		滤光器	窄带滤光片
	发散角	0.3 mrad		探测器	PMT
	脉冲宽度	5 ns	数据产品		雷达回波信号空间分布；回波信噪比空间分布；臭氧浓度廓线；气溶胶消光系数廓线；臭氧污染层厚度
系统参数	空间分辨率	30～300 m（可调）			
	时间分辨率	30 s～30 min（可调）			
	探测灵敏度	优于 3 ppbv			
	探测高度	≥3 km（能见度＞5 km）			

（5）业务应用

大气臭氧探测激光雷达能够连续监测对流层臭氧的时空分布变化，指明低空到高空臭氧生成来源、污染强度以及支撑臭氧来源解析，构建光化学烟雾等污染预警预报体系，形成臭氧前驱体控制方案，并能够持续加强对二次细粒子的生成机制的研究和探索。同时，基于多源观测资料数据质量控制算法和融合算法，构建臭氧三维同化分析场，为发展更客观、准确的天气识别、预报预警方法研究和业务提供更精细、可靠的观测数据支撑。主要应用于国家气象站、各省(区、市)气象站、各种(常规)气象观测站、其他行业气象监测站等。

5.2.37 大气臭氧探测激光雷达 HF-O_3-Lidar(广东华风锐进)

(1)观测原理

大气臭氧探测激光雷达 HF-O_3-Lidar(图 5.2.37.1)利用待测气体的吸收特性测量气体的浓度。系统向大气中发射两个波长非常接近的激光束,其中一束激光的波长位于待测气体吸收强的位置,而另外一束激光波长位于待测气体吸收较弱或无吸收的位置,利用臭氧对两个激光波长吸收的差别,根据两个波长的回波信号确定激光共同路径上待测气体分子的浓度。

266 nm 激光经过拉曼管中氘气产生受激散射光 289 nm、316 nm,经过扩束器发射到大气中与臭氧、气溶胶等发生作用,后向散射光被望远镜接收,得到各个波长的信号,反演出大气中臭氧的浓度。

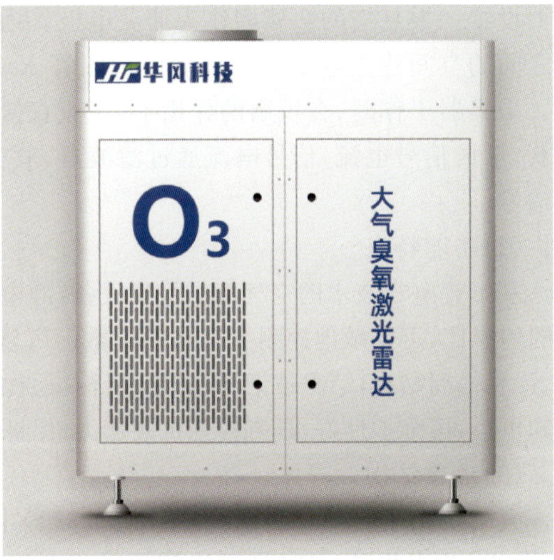

图 5.2.37.1 大气臭氧探测激光雷达 HF-O_3-Lidar 外观

(2)功能特点

采用 266nm 固态激光器,激光能量高,探测距离远;采用紫外波段高灵敏度光电倍增管,探测效能更高;卡塞格林式望远镜,收发同轴设计,接收效率高,盲区小于 100 m;系统采用石英光纤作为中继光学元件、采用光栅光谱仪作为分光元件,系统更稳定,信噪比更高;光子与模拟共采模块设计,信号范围更宽;环境适应性强(内置空调系统,防水设计);操作及维护简单,无须返厂。

(3)组成结构

由激光发射系统、接收光学系统、后继光学系统、信号探测与数据采集系统、控制及显示系统五大系统组成。

(4)性能指标(表 5.2.37.1)

表 5.2.37.1 大气臭氧探测激光雷达 HF-O_3-Lidar 性能指标

要素		主要指标	要素		主要指标
发射部分	探测波长	266 nm、289 nm、316 nm	接收部分	望远镜类型	卡塞格林型
	脉冲能量	≥90 mJ@266 nm; ≥15 mJ@289 nm; ≥10 mJ@316 nm		接收视场角	0.5 mrad
				望远镜口径	>290 mm
				分光元件	光栅
	重频	10 Hz	探测单元	数据采集	模拟和光子共采
	扩束后发散角	<0.2 mrad		探测器	光电倍增管
				采集卡采样频率	>20 MHz
	脉冲宽度	5 ns		可实现空间分辨率	30～300 m 可调

(5)业务应用

采用差分吸收的原理,针对臭氧的特定吸收带而设计,应用范围广,针对不同地区探测大气中臭氧的时空变化特征,分析其对生物的影响。积累臭氧长期数据,分析社会活动对大气臭氧浓度的影响;定点观测,分析臭氧形成过程,可区分臭氧是局部生成还是外部输送;定点观测,可预报高空臭氧污染对地面影响;多点或走航观测,可实现对区域臭氧浓度的统计分析,提前预警预报。与其他仪器协同观测,可分析臭氧与其他要素的关联性。

5.2.38 大气负离子自动观测系统（北京东创旭新）

（1）观测原理

系统核心单元采用了同轴电容（管电容）式离子采集器。采集器外围是一个金属圆管，圆管中心线位置上设置一根悬空的金属棒作为捕获电极。通过在圆管与内电极之间施加电压，可在圆管与中心捕获电极之间的空间建立电场。捕获电极从圆管末端引出至信号放大器。圆管一端开口，另一端设置轴流风扇。采集器工作时，在风扇的作用下，气流直接从圆管开口一端进，从另一端出。带电的离子被捕获电极捕获，形成信号电流，信号电流通过滤波器、放大器、AD 转换器等电路处理，转化为计算机可识别的数字量信号。

（2）功能特点

基于管电容技术的空气离子采集设备，静电屏蔽效果好，能较好地克服静电对测量的不利影响，具有较高的信噪比，可灵敏地探测空气离子个数。气流通过采集管时，负离子被捕获，转换为电流，经放大、AD 采样、计算得到结果，结果被记录、保存、传输（远程传输至服务器）。采管器稳定性好、可靠性高，中心感应棒可拆卸更换，可维护性好，具有较强抗潮能力，保证系统在高湿环境下正常工作。

（3）组成结构

大气负离子自动观测系统（图 5.2.38.1）主要由 220 V 空气开关、12 V/3 A 电源模块、温湿度测量模块、主机、防水机箱、GPRS 天线等构成。主机是核心装置，挂置于防水机箱内壁并紧固。主机是系统核心，主机内包含有管电容采集器、主板、GPRS 模块、接口等。采集管自机箱底部伸出箱外，吸入空气，经过采集管后，由机箱顶的排风口排出，完成空气采样。主机经 AD 转换获得数字信号，计算并保存，同时将结果通过 GPRS 无线发送到云服务器，服务器上运行采集软件，将数据保存到数据库。

（4）性能指标（表 5.2.38.1）

表 5.2.38.1 大气负离子自动观测系统性能指标

要素	主要指标	要素	主要指标
离子迁移率	0.4 $cm^2/(V \cdot s)$	实时时钟误差	±15 s/月
迁移率误差	±5%	功耗	<3 W，加热功率 30 W
离子测量范围	10～20×10^5 个/cm^3	进风口	587 mm^2，下进风、上出风
离子测量精度	±15%	环境适应性	温度：−30～60 ℃； 相对湿度：0～100%； 大气压：450～1100 hPa； 降水强度：6 mm/min；抗风：50 m/s
离子测量分辨力	10 个/cm^3	尺寸 （长×宽×高）	350 mm×150 mm×450 mm
数据刷新速率	1 min/5 min， 可软件设定	质量	15 kg
通信	GPRS 无线（支持断点续传）、 RS-232、RS-485（光电隔离）	安装方式	立杆安装，进气口离 地面高度 1.5 m
可维护性	感应电极能独立 拆卸、清洁、更换		

图 5.2.38.1 大气负离子自动观测系统结构图

（5）业务应用

近 5 年来，大气负离子自动观测系统已广泛安装在除台湾以外的全国各省（区、市）。气象局天然氧吧项目、国家林业和草原局森林氧吧项目使用相对较多。设备一般安装在公园、风景区、森林等野外场地。

5.2.39 大气环境挥发性有机物在线监测系统（环境 VOCs 在线）（武汉天虹环保）

（1）观测原理

环境大气通过采样系统采集后，进入浓缩系统，在超低温条件下，大气中的挥发性有机物在空毛细管捕集柱中被冷冻捕集；然后快速加热解析，使化合物进入 GCMS 分析系统；经色谱柱分离后被 FID 和 MS 检测器检测出来。

（2）功能特点

采用 GCMS 气质联用仪进行检测，可以对已知化合物和未知化合物进行定性、定量测定，目前主要检测除甲醛外的 116 种挥发性有机物（57 种 PAMS 物质、部分卤代烃物质、部分含氧 VOC 物质）；超低温空管捕集空气中痕量 VOCs，捕集效率和解析效率高于吸附剂，系统检出限低、重复性好；独特的双路捕集双路分析技术允许双检测器同时分析，提高数据的完整性和色谱分辨率；对低沸点易挥发性有机物（如乙烷、乙烯）有卓越的捕集和分析能力。

（3）组成结构

VOCs 主要由超低温预浓缩仪、GCMS、数据采集及处理软件、标气四部分组成。超低温预浓缩仪实现痕量 VOCs 的捕集；GCMS 实现挥发性有机物的定性、定量测定；数据采集及处理软件运行在工控机上，负责数据的解析和处理；标气实现采集数据的质控。

（4）性能指标（表 5.2.39.1）

表 5.2.39.1 大气环境挥发性有机物在线监测系统（环境 VOCs 在线）性能指标

要素	主要指标
监测方法	超低温空管捕集，GC-FID/MS，符合 HJ1010-2008
监测目标物	除甲醛外的 116 种挥发性有机物，57 种 PAMS 物质、部分卤代烃物质、部分含氧 VOC 物质
采样时间	单个样品采集时间≥45 min，且满足 1 h 时间数据分辨率
捕集技术	超低温空管捕集技术，捕集流量 20～100 mL/min 可调；捕集时间 0～60 min（可调），直接冷冻捕集 VOCs 组分，不使用任何吸附剂，消除吸附剂对不同组分的吸附脱附、效率不同的影响
样品聚焦技术	双通道双级冷阱富集，一级制冷除水，达到 −50 ℃，实现空气样本除水和一次聚焦，二级深冷，到 −150 ℃，实现二次聚焦
制冷系统	热声电制冷，体积小，功耗低，制冷温度达到 −150 ℃，温度波动 1 ℃
分析周期	<60 min，一次完整的工作循环包括样品采集、冷冻捕集、加热解析、GC-FID/MS 分析、加热反吹净化等五个步骤
线性相关性	≥0.995（≥80%的目标化合物）
保留时间漂移（R_2）	≤5%（24 h）
最低检出限（3.14 * SD）	C_2～C_5 碳氢化合物：≤0.06 ppb（丙烷）； C_6～C_{12} 碳氢化合物：≤0.07 ppb（苯）、≤0.06 ppb（正壬烷）； 卤代烃类挥发性有机物：≤0.01 ppb（1,2-二氯丙烷）； 含氧（氮）类挥发性有机物：≤0.06 ppb（丙酮）、≤0.05 ppb（甲基叔丁基醚）
电源及功率	AC 220 V，50 Hz，≤3000 W（含峰值）
氢空一体机	氢气纯度：99.999%，氢气流量：0～300 mL/min； 空气流量：0～2000 mL/min，氢气压力：0～0.4 MPa； 空气压力：0～0.4 MPa，工作噪声：<40 dB(A)
GC-MS	控温稳定性：≤±0.01 ℃/℃； 升温速率：0.1～150 ℃/min 连续可调； 柱温箱冷却：从 450 ℃降温至 35 ℃，小于 4 min（室温 25 ℃）； 质量分析器：石英镀金双曲面四极杆； 质量分析器独立温控：在 15～200 ℃可调； 谱库：NIST 谱库配合 DRS 解卷积功能，进行复杂基质中痕量化合物的分离与检测；可建立和编辑保留时间锁定（RTL）扫描/定量数据库和谱库（比如挥发性、半挥发性有机物等）； 全自动保留时间校正 AART 功能；自动创建 SIM 表

（5）业务应用

广泛应用在环保系统环境大气 VOCs 的自动连续监测中，如中国环境监测总站、北京市生态环境监测中心、北京市环境保护科学研究院。VOCs 是臭氧的重要前提物，该自动监测系统为臭氧污染防控提供了有力的原始数据。

5.2.40 大气颗粒物智能采样仪（16.67 L/min 四通道采样器）（武汉天虹环保）

（1）观测原理

大气颗粒物智能采样仪是一种四通道同源颗粒物采样仪，先经由 66.8 L/min 大流量 PM_{10} 切割后，分四路，每路流量 16.67 L/min，将颗粒物采集到有机或无机滤膜上，可实现对环境空气颗粒物质量浓度、有机和无机成分的采样。

（2）功能特点

16.67 L/min 四通道采样器四路恒流采样，实现四种（个）样品的同时采集和分别采集；半自动换膜结构，操作简便、密封性好；方便灵活的数据输出接口（CF 卡）；进口抽气泵排气采用过滤装置，无二次污染；嵌入式计算机数据采集和处理，具有高稳定性和高可靠性。

（3）组成结构

大气颗粒物采样仪主要由大流量 PM_{10} 切割器、四路分流装置、四路采样换膜装置、同源采样泵、数据采集及处理软件 5 部分组成。大流量 PM_{10} 切割器、四路分流装置、四路采样换膜装置、同源采样泵主要实现四路样品的恒流同源采集；数据采集及处理软件运行在工控机上，负责数据的解析和处理。

（4）性能指标（表 5.2.40.1）

表 5.2.40.1 大气颗粒物智能采样仪（16.7 L/min 四通道采样器）性能指标

要素	1 路	2 路	3 路	4 路	备注
流量范围/（L/min）	0～20	0～20	0～20	0～20	四路为同一个进气口
恒流流量/（L/min）	16.67	16.67	16.67	16.67	
恒流精度	±0.2 L/min				
大气压	测量范围：80～110 kPa；准确度：±0.1 kPa				
工作环境温度	−20～60 ℃				
TSP 采样入口	TSP 采样入口其性能满足国标要求，即入口速度为 0.3 m/s，入口宽度和高度之比为 0.625				切割器可选配
切割器粒径	PM_{10}：da_{50}＝10.0±1.0 μm				
	$PM_{2.5}$：da_{50}＝2.5±0.2 μm				
捕集效率的几何标准差	δ_g＝1.5±0.1（PM_{10}）				
	δ_g＝1.2±0.1（$PM_{2.5}$）				
滤膜	外径 d＝47 mm，滤膜对 0.3 μm 标准粒子的截留效率≥99.7％				
湿度测量范围	0～100％				
采样时间间隔	0～100 h				
平行性误差	±2.5％				
保存样本数目	1000 个（按照每天 24 h 一个样本的连续采样），可保存 3 年以上数据各种采样记录				可扩展

（5）业务应用

广泛应用在颗粒物源解析的采样中，如“2＋26 城市”京津冀、晋鲁豫，汾渭平原的源解析采样工作；在各大专院校的源解析采样中也有广泛应用。

5.2.41 大气细颗粒物水溶性组分及气态前体物在线监测系统(武汉天虹环保)

(1)观测原理

大气样品被抽入独特的采集分离装置后,气态污染物因扩散速率极快而被环形湿式扩散管吸收,气溶胶在惯性作用下穿透过去,被气溶胶收集装置捕集。大气气态和气溶胶水溶性组分变成溶液后,被交替输送至阴、阳两台离子色谱进行离子成分的全面解析,整个过程全自动进行。

(2)功能特点

该系统可以在线测量大气细颗粒物中水溶性的 F^-、Cl^-、NO_2^-、NO_3^-、SO_4^{2-}、Na^+、NH_4^+、K^+、Mg^{2+}、Ca^{2+} 和大气中的气态 HF、HCl、HONO、HNO_3、SO_2、NH_3 等。其应用领域广泛,可以监测大气和气溶胶中相关无机物的浓度,结合气象数据,对出现灰霾的成因进行解析,探索灰霾的形成过程和机理,为控制对策提供科学依据。

(3)组成结构

主要由气溶胶收集系统、气体样品和气溶胶样品分离系统、离子色谱分析系统、数据采集系统、抽气泵等五部分组成。

(4)性能指标(表 5.2.41.1)

表 5.2.41.1 大气细颗粒物水溶性组分及气态前体物在线监测系统性能指标

要素	主要指标	要素	主要指标
物种及检出限	单位:μg/m³ F^-:0.01;Cl^-:0.05;NO_2^-:0.03;NO_3^-:0.03;SO_4^{2-}:0.10;Na^+:0.01;NH_4^+:0.03;K^+:0.05;Mg^{2+}:0.05;Ca^{2+}:0.05	采样流量	16.67 L/min
测量范围	0~1000 μg/m³	供电	AC 220 V,50 Hz
采样粒径	标配 $PM_{2.5}$,可更换为 PM_1 或 PM_{10}	额定功率	450 W

(5)业务应用

该系统可以应用到环境监测部门进行 $PM_{2.5}$ 水溶性组分的常规监测、大气超级站进行区域大气环境综合监测评估和监察、高等院校和研究所等科研部门进行深入科学研究等。

5.2.42 大气重金属在线分析仪(武汉天虹环保)

(1)观测原理

大气重金属在线分析仪结合大气颗粒物自动富集技术,将一定动力学直径范围内(TSP、PM_{10} 或 $PM_{2.5}$)的颗粒物自动富集在卷状滤膜上,采用高度集成专利探测器和 X 射线荧光数字多道分析技术检测重金属颗粒物在 X 射线激光下产生的 X 光,通过定时、定流量的富集后颗粒直接测量出重金属的浓度,以实现颗粒物及铅、铁、铬、镉、砷等 30 种以上重金属含量的自动连续监测。

(2)功能特点

采用进口 X 射线荧光(XRF)检测器件与大气颗粒物自动富集技术完美结合;仪器按照美国 EPA IO-3.3 标准方法生产、主机采用国际标准 19 英寸机箱,既可安装在大气自动站的标准机柜上,也可以安装在移动监测车上;铅、砷、汞重金属含量精确测量,探测灵敏度“ng/m³”量级,重金属元素可扩展至 32 种;仪器内置 3 档滤光片,自动切换实现低背景测量;内置校准模块,横纵坐标同时自动校准;采用 EPA 认证的薄膜标样一次性标定,出厂后无须标定;具有 RS-232/485、USB、GPRS、以太网等多种数据传输方式,可以实现运行参数、状态以及数据的远程传输、监控和检验;软件采用先进的分层模块化设计,具有强大、灵活的数据设置、校准、保存、显示、查询、分析、传输等功能。用户还可以快速、方便地定制扩展其他任何自定义功能。

(3)组成结构

主要由大气颗粒物富集系统、卷膜系统、XRF分析测试系统、计算机控制系统、显示系统五部分组成。

(4)性能指标(表5.2.42.1)

表5.2.42.1 大气重金属在线分析仪性能指标

要素	主要指标	要素	主要指标
监测元素	Pb、As、Hg,用户需求扩展的元素 包括Cd、Cr、Cu、Zn、Ni、Ba等32种元素	线性相关系数	>0.99
测量范围	0～200 μg/m³	重复性	≤2%Pb
检出限	10 ng/m³量级	准确度	相对误差≤10%（Pb,与实验室方法对比）
采样流量	0～20 L/min可调	工作方式	连续自动监测
采样时间	10～1440 min,可自设定	运行性能	一年无故障运行,断电自恢复功能
分析时间	1～120 min,可自设定	工作环境	温度:－40～50 ℃;相对湿度:0～90%

(5)业务应用

大气重金属在线分析仪目前广泛应用在环保系统超级站建设中,是其中必测的一项重要指标。

5.2.43 AMMS-100大气重金属在线分析仪(杭州聚光科技)

(1)观测原理

AMMS-100大气重金属在线分析仪利用颗粒物切割头采集环境空气中空气动力学当量直径小于100、10、2.5 μm的颗粒物,用聚四氟乙烯(PTFE)有机微孔滤膜富集所采集的颗粒物,利用β射线吸收原理检测富集在滤膜上的颗粒物的浓度,利用XRF原理检测颗粒物中重金属元素的浓度。最终得出颗粒物体积浓度(μg/m³)、二十多种重金属元素体积浓度(ng/m³)以及重金属元素质量浓度(μg/g)。

(2)功能特点

可同时监测颗粒物浓度和其中重金属元素浓度;利用XRF技术,可同时监测汞、铅、镉、砷、铬等30种重金属元素;可针对用户需求定制其他检测元素监测模型;灵敏度高,重金属元素最低检出限达到10 pg/m³量级;真正的连续在线监测,无须样品预处理,无损检测,样品可保存;系统配有适合国内操作习惯的操作控制软件,界面直观、操作简单、控制方便;整个系统稳定,无须化学试剂、无废液,维护周期长。

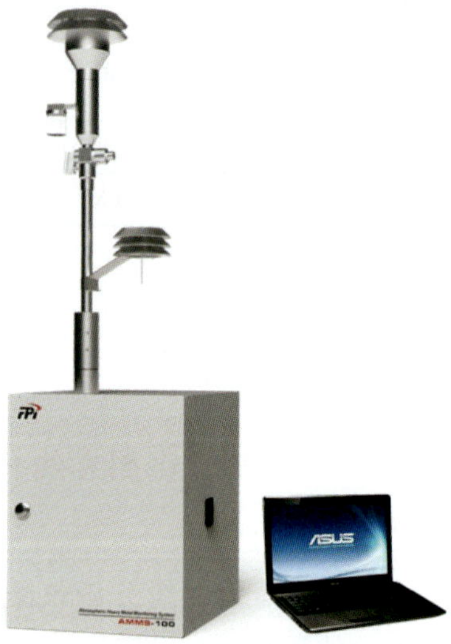

图5.2.43.1 AMMS-100大气重金属在线分析仪组成结构

(3)组成结构

AMMS-100大气重金属在线分析仪(图5.2.43.1)主要由采样子系统、β射线原位检测子系统、XRF子系统、运动子系统、控制子系统以及远程传输子系统六部分组成。

(4)性能指标(表5.2.43.1)

表5.2.43.1 AMMS-100大气重金属在线分析仪性能指标

要素	主要指标	要素	主要指标
测量项目	PM及Pb(铅)、Cd(镉)、Hg(汞)、 As(砷)、Cr(铬)等30种重金属元素	重金属重复性	<1.5%(Pb薄膜标样,浓度<5μg/cm²)
颗粒物测量范围	0～1、2、5、10 mg/m³	重金属线性度	相关系数>0.99
重金属测量范围	0～100 μg/m³	采样及分析时间	可设置,通常10～300 min

续表

要素	主要指标	要素	主要指标
颗粒物检出限	5 $\mu g/m^3$	滤膜更换周期	1～3个月
重金属检出限	0.01～10 ng/m^3量级(采样时间4 h、流速16.7 L/min)	采样流速	0～20 L/min可调节,通常维持在16.67 L/min
颗粒物重复性	校准膜重现性<2%	流量误差	±1%FS

(5)业务应用

该仪器可以广泛用于工业污染区、居民区、城市等环境空气质量监测场所中TSP、PM_{10}及$PM_{2.5}$中的铅、汞、铬、镉、砷等多种重金属污染物的在线监测。

5.2.44 SPAMS 0525单颗粒气溶胶质谱仪(广州禾信)

(1)观测原理

气溶胶颗粒通过进样管进入仪器,在三级差动真空条件下,不同颗粒由于粒径的不同导致不同的速度,颗粒在空气动力学透镜的作用下聚焦成为准直颗粒束,进入测径区,在测径区颗粒连续经过两束532 nm测径激光器发射的激光束,产生的散射光分别被椭球面镜反射聚焦到光电倍增管(PMT)上得以检测,通过时序电路测量两个PMT信号的时间间隔,就可以计算颗粒的飞行速度,进而换算出颗粒的空气动力学直径,另外,颗粒的速度还用来控制当颗粒到达电离区中心的时候电离激光出射激光将颗粒电离。颗粒进入电离区后,被266 nm Nd:YAG脉冲式固体激光器紫外脉冲激光电离产生正负离子,然后离子被双极型飞行时间质量分析器检测,可同时得到颗粒物的正负离子信息。

(2)功能特点

在线数据处理:可实时监测大气气溶胶中重金属、矿尘、黑炭、硫酸盐等难熔及易熔物质,同时给出大气气溶胶颗粒的粒径信息、化学成分信息、数浓度信息等;可实时显示化学成分组成数据:硫酸盐.硝酸盐、铵盐、氯离子、有机碳、黑炭、重金属等;离线式数据处理:以Matlab软件为平台,可实现最多500万个单颗粒信息进行同时分析;离线式数据处理系统可以对数据进行深度挖掘,获得特殊的信息,如不同的化学种类离了之间的混合状态。

(3)组成结构

主要包含进样系统、测径系统、电离系统和质谱分析系统。进样系统:通过空气动力学透镜引入颗粒物至真空系统聚焦颗粒物至中轴线。测径系统:两束测径激光测定单颗粒粒径精确触发266 nm激光电离颗粒物。电离系统:采用266 nm激光使单颗粒中的各种正负离子成分同时电离。质谱分析系统:采用双极飞行时间质谱,同时检测正负离子。

(4)性能指标(表5.2.44.1)

表5.2.44.1 SPAMS 0525单颗粒气溶胶质谱仪性能指标

要素	主要指标
进样系统	采用空气动力学透镜对大气颗粒物进行聚焦与传输,提高颗粒物聚焦与传输效率
测径系统	采用两台高精度、高稳定性532 nm绿光连续激光器,激光功率>50 mW,通过获得颗粒物在两束激光的漂移速度来测定颗粒物的空气动力学直径
离子源	采用高稳定性、高精度的266 nm Nd:YAG脉冲式固体激光器,最大能量5 mJ,最大重复频率20 Hz,无须载气,提供相应激光器说明书
质量分析器	采用飞行时间质谱质量分析器,双极质量分析器保证对产生的正负离子信息能够同时分析,正负离子质量分析器采用完全相同的结构设计,通道可对调
真空系统	三级差动真空系统每一级真空系统由一个涡轮分子泵提供所需真空度。二级真空度达到10^{-2}Pa量级,三级真空达到10^{-3}Pa量级

续表

要素	主要指标
在线数据采集软件	可显示不同污染源类贡献率随时间变化趋势，同时可给出大气颗粒物的粒径信息、化学成分信息、数浓度信息等，可实时显示化学成分组成数据硫酸盐、硝酸盐、铵盐、氯离子、有机碳、黑炭、重金属、其他，并能自动保存
离线式数据处理系统	以 Matlab 软件为平台，可实现最多 500 万个单颗粒信息进行同时分析；可对大数据进行深度挖掘，获得所需的颗粒物信息分析结果
粒径范围	200～2500 nm
粒径偏离度	≤5%
气溶胶颗粒检测速率	最高可达 14 个/s
分辨力	优于 800 FWHM
质量检测范围	1～600 amu
质量检测精度	优于±0.5 amu
测径速率	$PM_{2.5}$质量浓度均值>75 μg/m³，24 h 连续采样，每小时平均测径颗粒总数至少达到 10000 个

（5）业务应用

服务范围覆盖全国 31 个省（区、市）近 200 个城市，参与京津冀及周边区域组分网建设，向中国环境监测总站提供区域应急报告，单颗粒气溶胶质谱仪可以实时监测气溶胶中重金属、矿尘、黑炭、硫酸盐等难熔及易熔物质，同时给出大气气溶胶颗粒的粒径信息、化学成分信息，研究大气气溶胶粒子与云滴的化学成分相互作用，评价单个云状残渣颗粒的化学组成和混合状态。还可研究沙尘组分及混合状态及其粒径分布，加深对于中国沙尘污染成因及污染过程分析，并探讨气溶胶混合状态对沙尘粒子变化的影响。

5.2.45 高精度大气温室气体 N_2O、CO 分析仪（北京来山生态）

（1）观测原理

高精度大气温室气体 N_2O、CO 分析仪使用中红外激光吸收光谱技术，基于 Beer-Lambert 吸收定律以及目标分子在中红外波段基频跃迁的强吸收特征，有效利用了目标气体的吸收强度。同时，该分析仪采用长光程技术，使探测光在 40 cm 的有限长度内多次反射，将探测光与目标气体相互作用的距离有效提高到 76 m，从而实现了大气本底中痕量气体 N_2O 和 CO 分子 ppb 量级的稳定实时在线监测。此外，该分析仪采用高精度温度和压力控制系统，使得该分析仪能在长时间环境监测以及变化的环境条件下保持良好的测量准确性及测量精度。

（2）功能特点

无须样品预处理，可在几分钟内安装并运行，气体浓度实时在线显示，无须后处理，并持续存档到分析仪的内部硬盘驱动器；设计用于在实验室和恶劣的环境下工作，它可以在没有用户交互的情况下工作数月。分析仪可配置为通过以太网或可选调制解调器定时自动发送测量数据，并可通过 RS-232 接口实时输出数字格式数据和可选模拟输出。用户可以远程连接分析仪内部基于 windows 的电脑，并通过标准的远程桌面连接或类似的远程登录软件来控制它。

（3）组成结构

主要由光学分系统和电学分系统组成，其中光学分系统包括但不限于中红外激光器、多光程吸收池和光电探测器；电学分系统包括但不限于温度压力控制模块和数据采集处理模块。

激光器发出的探测光入射至多光程吸收池内，在光学吸收池内经过多次反射增加探测光与目标气体相互作用的有效距离，出射光由光电探测器接收并由数据采集处理模块进行采集并处理。温度压力控制模块可以实时有效地控制和调节系统的工作温度及压力，使仪器稳定正常工作。

(4)性能指标(表 5.2.45.1)

表 5.2.45.1 高精度大气温室气体 N_2O、CO 分析仪性能指标

要素		主要指标	
痕量气体		N_2O	CO
测量精度(10 s,1 σ)		<0.3 ppbv	<0.5 ppbv
测量精度(5 min,1 σ)		<0.1 ppbv	<0.1 ppbv
测量精度(1 h,1σ)		<0.03 ppbv	<0.05 ppbv
最大漂移(24 h/1 个月)(峰值,50 min 平均)		<0.5 ppbv	<0.5 ppbv
测量范围		0~3 ppmv	0~10 ppmv
系统特征	内部温度控制	±0.001 ℃	
	内部压力控制	±0.01 Torr(±0.00001 atm)	
	待测气体温度	−10~45 ℃	
	待测气体压力	760~912 Torr(1~1.2 atm)	
	通信接口	RS-232, USB	
	管道适配	进气口 1/8",出气口 1/4", Swagelok	
	设备尺寸(长×宽×高)	600 mm×430 mm×225 mm	
	质量	约 20 kg	
	供电需求	AC 200~240 V, 50/60 Hz	

(5)业务应用

近些年来,已在合肥等地开展了长时间的观测试验,应用于我国气象、生态等领域。

5.2.46 天霁高精度消耗臭氧层物质和含氟温室气体在线观测系统(北京华纳创新)

(1)观测原理

天霁高精度消耗臭氧层物质和含氟温室气体在线观测系统(以下简称天霁系统)采用双捕集阱超低温预浓缩进样系统,以气相色谱-质谱联用仪(GC-MS)为分析仪器,可实现大气中约 50 种消耗臭氧层物质(ODS)和含氟温室气体的高精度自动化观测。

天霁系统设有两个超低温捕集阱。气体样品经干燥除水后,通过高精度质量流控制器控制进样体积,在捕集阱 1 中被捕集和浓缩;再经过多次热解析和转移过程,使目标物从干扰组分中得到进一步分离,并在捕集阱 2 中再次浓缩后向 GC-MS 进样,完成整个分析过程。

(2)功能特点

天霁系统是国内首套商品化消耗臭氧层物质和含氟温室气体全要素高精度监测系统,具有监测物种全、检测限低、监测精度高、全自动化控制等特点。

(3)组成结构

天霁系统由主机、气相色谱仪、四级杆质谱仪、真空泵组、气体组、标气等组成。主机是系统的核心部分,用于进行冷凝预浓缩和进样过程。主机内置捕集阱、真空仓、深冷系统、捕集阱加热控制系统、阀门控制系统等组件。其中捕集阱是系统的核心部件,可实现−200 ℃的低温和从−160 ℃到 100 ℃的精确快速变温。主机内置控制电脑,运行自主开发的 ODSControl 控制软件,可根据预设程序全自动完成样品分析和数据采集过程。ODSControl 支持序列运行功能,可自动完成环境大气的连续监测或罐采样样品的自动顺序分析。系统还带有 ODSData 数据处理软件,可自动完成谱图积分、数据处理、结果比对、浓度标定等功能,能够实现分析结果的自动化处理、人工质量控制、自动浓度计算和本底值筛分。

（4）性能指标（表 5.2.46.1）

表 5.2.46.1　高精度消耗臭氧层物质和含氟温室气体在线观测系统性能指标

要素	主要指标
预浓缩方式	双冷阱，两级预浓缩
预浓缩温度	低于－150 ℃
制冷方式	内置式深冷系统
分析周期	1～1.5 h/样品
进样体积	0.05～4 L
进样接口数量	10 个
控制电脑	内置
显示器	集成式 13.3 英寸触摸显示屏
操作系统	Windows 10
可监测物种	1.《蒙特利尔议定书》管控的 ODS 氟氯碳化物（CFCs）：CFC-11、CFC-12、CFC-13、CFC-112、CFC-113、CFC-114、CFC-115 氢氟氯碳化物（HCFCs）：HCFC-22、HCFC-141b、HCFC-142b、HCFC-124、HCFC-133a、HCFC-132b 哈龙（Halons）：H-1301、H-1211、H-2402 四氯化碳 甲基氯仿（三氯乙烷） 甲基溴 2.《京都议定书》管控的含氟温室气体 氢氟碳化物（HFCs）：HFC-32、HFC-23、HFC-125、HFC-134a、HFC-152a、HFC-227ea、HFC-143a、HFC-236fa、HFC-365mfc、HFC-245fa、HFC-4310mee 全氟化碳（PFCs）：CF_4、PFC-116、PFC-218、PFC-318、C_4F_{10}、C_6F_{14} SF_6 NF_3 3. 其他 甲烷氯化物：CH_3Cl、CH_2Cl_2、$CHCl_3$ 甲烷溴化物：CH_2Br_2、$CHBr_3$ 三氯乙烯（PCE）、四氯乙烯（TCE） 硫酰氟 SO_2F_2、羰基硫（COS） 不饱和氟化物：HFO-1234yf、HFO-1234zeE、HCFO-1233zdE
检测限	0.1 ppt
精度	20 ppt 以上物种：＜1％；1～20 ppt 物种：1％～3％； 0.1～1 ppt 物种：3％～10％
监测浓度范围	0.1 ppt～ 1 ppm

（5）业务应用

天霁系统可用于背景站洁净大气消耗臭氧层物质（ODS）和含氟温室气体高精度监测、城市大气 ODS 和含氟温室气体高精度监测、大气监测中心站点空气样品 ODS 和含氟温室气体的自动化分析以及工业园区空气 ODS 和含氟温室气体全要素监测等场景。

天霁系统配合在线采样进样、数据处理等软硬件模块，即可为环境大气中 ODS 和含氟温室气体的连续在线观测提供完整解决方案。系统可将每天新生成的监测数据形成压缩数据包，自动通过相关业务数据传输系统上传至数据处理中心，完成数据处理、空气样品浓度计算等。数据处理中心还可提供长期运行精度分析、质量保证和质量控制、异常数据处理、大气浓度序列本底值筛分、月均和年均本底浓度值分析等功能。

5.2.47 红外吸收法一氧化碳分析仪（武汉天虹环保）

（1）观测原理

仪器采用气体滤波相关红外吸收法。基本工作原理为：CO 对特定波长（4.67 μm）的红外辐射有吸收的特性，其吸收强弱与 CO 浓度呈现一定关系。检测方法为：来自红外光源的红外线依次通过旋转的滤光轮中的 CO 与 N_2 滤光器，然后经窄带干扰滤光片进入光室。通过滤光轮中 CO 滤光器红外线被吸收，不能在光室中再吸收样气中的 CO 而形成参比光强，通过滤光轮中 N_2 滤光器，红外线不被吸收而照在光室的样气上，样气中 CO 吸收红外辐射，形成测量光强穿过光室照射在红外检测器上。通过两者的光强比，利用朗伯-比尔定律计算出样气中 CO 的浓度。

（2）功能特点

采用 7 英寸全触摸彩屏，监测值可在 ppb、ppm、μg/m³、mg/m³ 间任意切换；中文菜单式操作界面，操作简便；具有自动量程转换功能；监测值可图形显示，图形曲线可自由缩放；具有温度压力自动补偿功能；采用自适应优化算法，使响应时间和信噪比达到最佳；海量历史数据存储，一年有效数据，查询与输出功能（每 5min 一条）；具有多参数报警功能；特殊工艺的相关轮，可长期使用。

（3）组成结构

分析仪主要由主机、过滤器、流量控制装置、一氧化碳光电检测装置、温度控制装置和数据通信接口等组成。

（4）性能指标（表 5.2.47.1）

表 5.2.47.1 红外吸收法一氧化碳分析仪性能指标

要素	主要指标	要素	主要指标
测量原理	气体滤波相关红外吸收法	零点漂移	±0.1 ppm/24 h
量程范围	0～50 ppm（含 0～10、20、30 ppm 或更多可选量程）	量程漂移	±0.25 ppb/24 h（20%量程漂移） ±0.25 ppb/24 h（80%量程漂移）
示值误差	±1% FS	采样流量	（850±10%） mL/min
最低检测限	0.1 ppm	数字输出	RS-232、RS-485、USB、以太网
零点噪声	0.05 ppm	模拟输出	0～1 V、0～5 V、0～10 V、0～20 mA、4～20 mA 可选
重现性	<0.5%	最低分辨率	0.1 ppm
线性	<±1% FS	工作环境温度	0～40 ℃
上升响应时间	T90，<150 s		

（5）业务应用

红外吸收法一氧化碳分析仪是国标自动监测系统必测六项指标中的重要一项，广泛应用在环保系统国控点、市控点、乡街镇网格化自动监测中。

5.2.48 化学发光法氮氧化物分析仪（武汉天虹环保）

（1）观测原理

本仪器采用化学发光法。基本工作原理为：NO 和 O_3 发生反应生成带有能量的 NO_2，带有能量的 NO_2 释放能量时产生特定波长的荧光，这种荧光的强度与 NO 的浓度呈线性关系，光电管将光信号转变成电信号，测出 NO 的浓度。样气检测方法为：样气中的 NO_x 进入仪器分成二路，一路样气进入反应室，样气中 NO 与 O_3 发生反应，测出 NO 的浓度，另一路样气进入转换炉将样气中的 NO_2 转换成 NO，

再进入反应室与 O_3 发生反应，测出的就是 $NO_2+NO=NO_x$，用 NO_x 浓度减去 NO 浓度就是 NO_2 的浓度。

（2）功能特点

采用 7 英寸全触摸彩屏，监测值可在 ppb、ppm、$\mu g/m^3$、mg/m^3 间任意切换；中文菜单式操作界面，操作简便；具有自动量程转换功能；监测值可图形显示，图形曲线可自由缩放；具有温度压力自动补偿功能；采用自适应优化算法，使响应时间和信噪比达到最佳；海量历史数据存储，一年有效数据，查询与输出功能（每 5 min 一条）；具有多参数报警功能；采用双路单通道分时采样气路系统。

（3）组成结构

化学发光法氮氧化物分析仪主要由主机、过滤器、臭氧发生及转换装置、气体反应室流量控制装置、NO 光电检测装置、温度控制装置和数据通信接口等组成。

（4）性能指标（表 5.2.48.1）

表 5.2.48.1　化学发光法氮氧化物分析仪性能指标

要素	主要指标	要素	主要指标
测量原理	化学发光法	零点漂移	±0.5 ppb/24 h
量程范围	0～500 ppb（含 0～10、20、50、100、200ppb 或更多可选量程）	量程漂移	±5 ppb/24 h（20％量程漂移）；±10 ppb/24 h（80％量程漂移）
示值误差	±1％ FS	钼炉转换效率	＞98％
最低检测限	0.5 ppb	采样流量	500±10％ mL/min
零点噪声	0.25 ppb	数字输出	RS-232、RS-485、USB、以太网
重现性	＜1％	模拟输出	0～1 V、0～5 V、0～10 V、0～20 mA、4～20 mA 可选
线性	＜±1％ FS	最低分辨率	0.1 ppb（可定制 0.01 ppb）
响应时间	T90，＜150 s	工作环境温度	0～40 ℃

（5）业务应用

化学发光法氮氧化物分析仪广泛应用在环保系统国控点、市控点、乡街镇网格化自动监测中。

5.2.49　环境空气颗粒物自动换膜采样器（杭州微智兆）

（1）观测原理

环境空气颗粒物自动换膜采样器以恒速抽取定量体积的空气，使环境空气中的 $PM_{2.5}$ 和 PM_{10} 被截留在已知质量的滤膜上，根据采样前后滤膜的质量差和采样体积，计算出 $PM_{2.5}$ 和 PM_{10} 的浓度。

（2）功能特点

该仪器配备制冷系统，采样滤膜存储温度实现 4 ℃以下；能够实时上传采样数据，可通过云平台实现溯源能力；根据云平台反馈当地实时上传的自动监测浓度数据，可实现采样时间的动态管理；采样器采用现场无线控制模式实现操作即上云，实现数据质控提升用户使用体验；支持采样流量自动校准功能，采样器流量与标准流量计流量交互实现自动校准功能；可通过手机 App 监控采样器当前状态，并且可通过 App 查询采样器历史数据。

（3）组成结构

主要由 PM 切割器、滤膜运转机构、流量计、电磁阀、过滤器、真空泵、环境传感器、控制模块及处理软件组成。PM 切割器用于切割大于采集需求粒径的颗粒物；滤膜运转机构用于转运滤膜从空白膜位至采样口及采样膜位的机械运动机构；流量计用于实时测量采样管道内气体流量的传感器，控制器根据流量计反馈的流量实时调整采样泵转速来控制管道流量；电磁阀在采样器做气密性检测时用于封闭管道，控制器监测管道压降幅度，判定气密性是否合格；过滤器用于过滤管道内气体杂质和真空泵排出的废气；真空泵用于提供采样器的采样动力，可根据流量计反馈的数值实时调整转速；环境传感器用于收集当前采样的环境温度、环境湿度、环境大气压数据，为控制器提供计算依据；控制模块用于控制工作模式、数据通信以及数据存储等；处理软件负责下达用户指令和解析处理数据。

(4)性能指标(表 5.2.49.1)

表 5.2.49.1 环境空气颗粒物自动换膜采样器性能指标

要素	主要指标	要素	主要指标
额定流量	16.67 L/min	噪声	<60 dB
流量精度	<2%	工作温度	−20～50 ℃
采样时间	1 min～999 h，可调	工作相对湿度	0～100%
电源	AC 220 V±10%，50 Hz	防护等级	IP55
额定功率	230 W		

(5)业务应用

近年来，已在全国各地环境监测站，科研机构等开展了长时间稳定运行，该设备应用于环境监测大气气溶胶滤膜的手工法采样。

5.2.50 EVAIR-1000 型环境空气质量自动监测系统(广东华风锐进)

(1)观测原理

EVAIR-1000 型环境空气质量自动监测系统(图 5.2.50.1)主要由标准化的空气质量自动监测仪组成，各模块采用国家环境保护标准的分析方法，其中 SO_2 分析仪采用紫外荧光法、NO_x 分析仪采用化学发光法、CO 分析仪采用气体滤波相关红外吸收法、O_3 采用紫外吸收法、PM_{10} 和 $PM_{2.5}$ 分析仪采用 β 射线法。监测系统可对环境空气质量进行全天候的连续监测，实时监测空气中 SO_2、NO_x、O_3、CO、PM_{10} 和 $PM_{2.5}$ 等污染物浓度及气象状况，实时连续地反映一定区域的空气质量状况。

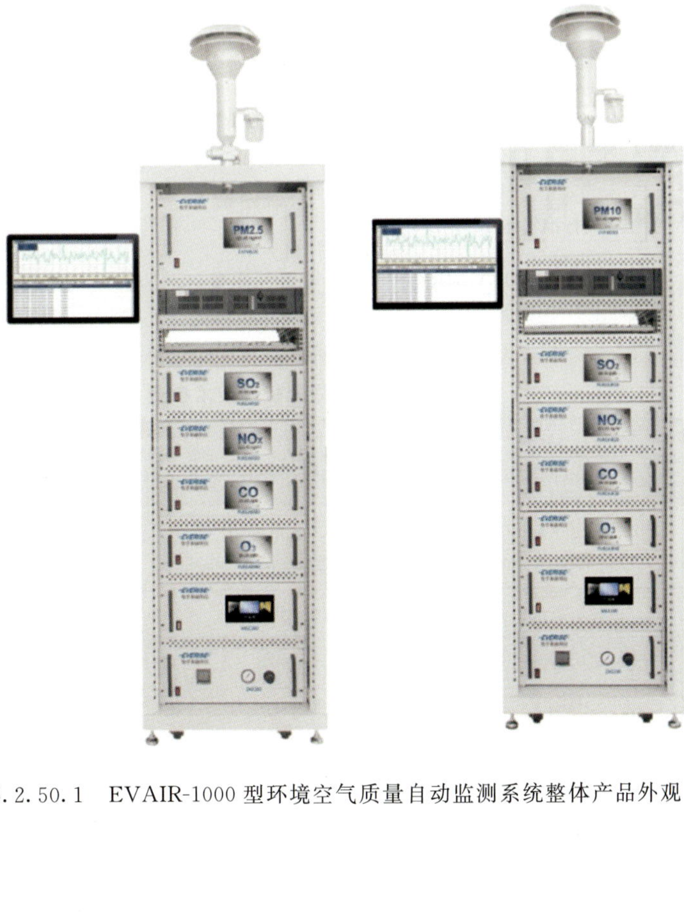

图 5.2.50.1 EVAIR-1000 型环境空气质量自动监测系统整体产品外观

(2)功能特点

工作原理符合国际标准(ISO,AFNOR,CEN,DIN);模块化设计和制造;彩色 LCD 液晶触摸屏,全触摸屏控制;最佳的灵敏度、稳定性和精度,技术成熟、维护量小;优化的电路设计,能耗更低,质量更轻,集成化程度高,防震性能好;自动量程设定,用户可编程设置量程和求取平均值的时间;手机 App 操控;自动远程校准。

(3)组成结构

主要由采样装置、气体分析仪、颗粒物分析仪、校准装置、气象系统、子站数据采集器等组成。其中,EVAIR-1000 型气体分析仪包括 SO_2 分析仪、NO_x 分析仪、O_3 分析仪、CO 分析仪;在 EVAIR-1000 气体污染物连续自动监测系统的基础上,配置 $EVPM_{100}$、$PM_{2.5}$ 及 $EVPM_{200}$、PM_{10} 颗粒物分析仪,可进行集气态污染物和颗粒物污染物为一体的环境空气质量全面监测。子站数据采集器能采集、处理和存储监测数据,按中心计算机指令定时或实时向中心计算机传输监测数据和设备工作状态信息。系统采集单元集成化,各单元相对独立,自成系统,稳定可靠,单元之间采用标准化数字接口进行连接,连接可靠,保证了整套系统的稳定可靠运行(图 5.2.50.2)。

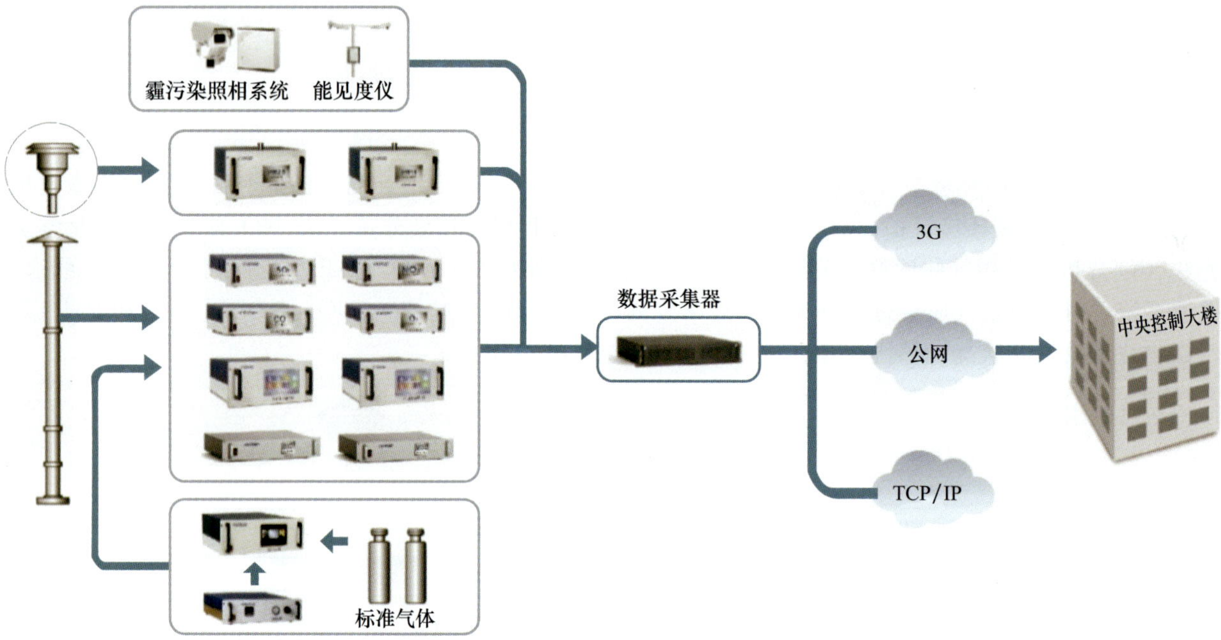

图 5.2.50.2　EVAIR-1000 型环境空气质量自动监测系统结构图

(4)性能指标(表 5.2.50.1 和表 5.2.50.2)

表 5.2.50.1　气体分析仪技术参数

要素	SO_2 分析仪(PUREAIR10)	NO_x 分析仪(PUREAIR20)	O_3 分析仪(PUREAIR40)	CO 分析仪(PUREAIR30)
测量范围	0～500 ppb,可扩展至 20 ppm	0～500 ppb,可扩展至 20 ppm	0～500 ppb,可扩展至 20 ppm	0～50 ppm
零点噪声	≤0.2 ppb	≤0.2 ppb	≤0.1 ppb	≤0.1 ppm
最低检出限	≤0.4 ppb	≤0.4 ppb	≤0.2 ppb	≤0.2 ppm
量程噪声	≤5 ppb	≤1% FS	≤1% FS	≤1 ppm
零点漂移	±1 ppb	±1 ppb	±1 ppb	±1 ppm
量程漂移	±1%	±1%	±1%	±1 ppm

表 5.2.50.2 颗粒物分析仪技术参数

要素	PM_{10}颗粒物分析仪(EVPM100)	$PM_{2.5}$颗粒物分析仪(EVPM200)
测量范围	0～10000 μg/m³,可编程	0～10000 μg/m³,可编程
测量周期	1 h、2 h、3 h、6 h、12 h、24 h……可选(最高可至 96 h)	1 h、2 h、3 h、6 h、12 h、24 h……可选(最高可至 96 h)
最低检出限	0.5 μg/m³(24 h 均值)	0.5 μg/m³(24 h 均值)
Beta 源	密封 C_{14}(1.67 MBq±10%)	密封 C14(1.67 MBq±10%)
操作温度	10～40 ℃	10～40 ℃

(5)业务应用

主要用于实时监测空气中 SO_2、NO_x、O_3、CO、PM_{10}和 $PM_{2.5}$等污染物浓度,反映城市空气质量状况。可以用于工业厂区无组织排放气体污染监测、应急监测环境评价监测、交通环境污染物控制、城市长期空气质量趋势分析、居民区/学校/医院/公园/森林的环境空气质量监测、固定污染源排放监测、化工厂/电厂/垃圾填埋场/焚烧站/港口/污水处理厂/仓储设施/地下设施等污染源对环境空气质量影响分析监测等。

5.2.51 AC-GCMS 1000 挥发性有机物在线监测系统(广州禾信)

(1)观测原理

环境空气通过不同进样口被抽取进入挥发性有机物在线监测仪的双通道气体捕集系统,通过超低温空管捕集技术,将样品中 VOCs 全组分高效捕集并浓缩于捕集管中,其中第一级超低温冷阱,实现对 VOCs 的高效富集,同时有效去除水、N_2、O_2、CO 等物质;第二级常温阱,吸附去除 CO_2;第三级超低温冷阱实现 VOCs 的二次冷冻聚焦,优化 VOCs 出峰效果;再采用快速加热将样品加热气化并由载气带入 GC-MS 完成在线定性与定量分析。

(2)功能特点

通过双通道全天候全自动采样,并自动监控 GC-MS 运行,实现全天无人值守连续在线监测。可在线直接进样,也可采用苏玛罐、气袋等方式实现离线进样,全程气路采用钝化处理的不锈钢管,有效防止 VOCs 在管中吸附。采用超低温冷阱空管捕集技术,实现对 C_2～C_{12}碳氢化合物、卤代烃、含氧化合物、含硫化合物等 100 多种 VOCs 的全组分浓缩富集,实时获取大气中挥发性有机物组分浓度并自动绘制浓度变化曲线,可周期性插入空白或标准样品,满足系统质控要求。

(3)组成结构

主要包括 VOCs 吸附浓缩在线采样系统、气相色谱分离系统、FID 及质谱监测系统。VOCs 吸附浓缩在线采样系统,采用超低温空管捕集技术,直接冷冻捕集 VOCs 组分,之后超快速加热解析样品进入分离系统。气相色谱分离系统,通过样品中各组分的沸点、极性或吸附性能不同,每种组分在色谱柱中的流动相和固定相之间形成分配或吸附平衡,使复杂样品逐步分离成单独组分进入检测系统。FID 及质谱监测系统,通过 FID 检测器分析低碳组分(C_2～C_4),通过 MS 检测器分析高碳碳组分(C_5～C_{12}),准确全面分析全组分 VOCs。

(4)性能指标(表 5.2.51.1)

表 5.2.51.1 AC-GCMS 1000 挥发性有机物在线监测系统性能指标

要素	主要指标
检测组分	包含 C_2～C_{12}碳氢化合物、卤代烃、含氧化合物、含硫化合物等在内的不少于 125 种挥发性有机物
检出限	5 ppt(苯)
线性相关性	95%以上组分线性系数>0.99
重复性	连续 7 次测定同一浓度标准气体,90%以上化合物 RSD≤10%
分析周期	小于 60 min,也可根据用户采样需求设定周期

续表

要素	主要指标
采样方式	双通道采样，周期内平均分布采样，在线或离线采样可选
气体捕集	采用超低温空管捕集技术，直接冷冻捕集 VOCs 组分，无须使用任何吸附剂，VOCs 吸附脱附效率更高，速度更快，并消除吸附剂对不同组分的吸附脱附效率不同的影响
气体浓缩	采用三级纯化浓缩技术，第一级超低温冷阱，冷却到−160 ℃，实现对 VOCs 的高效富集，同时有效去除水、N_2、O_2、CO 等物质；第二级常温阱，吸附去除 CO_2；第三级超低温冷阱，冷却到−160 ℃，实现 VOCs 的二次冷冻聚焦，优化 VOCs 出峰效果
捕集时间	1～30 min 可调

（5）业务应用

该产品主要应用于大气成分分析，目前协助地方客户初步完成 80 多个省、市、地区大气环境监测及成分数据分析工作，参加了 APEC 峰会、南京青奥会、南京亚青会、抗日战争胜利 70 周年纪念阅兵式和冬奥组委会对张家口大气环境考察等多次重大活动赛事的空气组分监测保障工作，城市环境空气质量实时监测、气象机理研究，VOCs 在环境中的迁移转化、灰霾成因研究等，为臭氧前体物 VOCs 的研究工作提供强有力的支持。

5.2.52 降水化学自动观测系统（浙江恒达）

（1）观测原理

降水化学自动观测系统由降水自动观测设备和数据综合处理软件组成。自动降水采样器须安装在室外，降水样品自动分析仪安装在室内；自动监测雨水中 pH（酸碱度）、K（电导率）、水温、F^-、Cl^-、SO_4^{2-}、NO_3^-、NH_4^+、Na^+、K^+、Mg^{2+}、Ca^{2+} 12 个参数的产品，并可扩展其他阴阳离子监测项目。数据综合处理软件安装在观测室内的计算机中。该产品可广泛应用于环保监测部门、气象监测部门、农林监测部门以及科研院所，可取代传统手工监测实现全自动化日常监测、分析酸雨成因以及预测酸雨影响等目的。

（2）功能特点

感应到降水时自动采集降水样品，并自动对降水样品的 pH（酸碱度）、K（电导率）、温度和阴离子、阳离子进行自动测量，可通过网络自动上传测量数据和仪器工作状态，完成 pH 自动校准和自检。当出现故障时，可驱动置于室内的声光报警单元发出声光报警，提示系统的维护管理人员及时对设备进行维护。

辅助观测要素包括降水开始和结束时间、环境温度、降水样品采集量、pH 电极校准信息、电导率电极校准信息。

（3）组成结构

系统由自动降水采样器和降水样品分析仪两部分组成（图 5.2.52.1）。自动降水采样器主要部件包括支架（箱体）、感雨器、降水采样桶、采样桶启闭机构（及采样桶盖）、温度传感器和采样桶降温装置、控制/数据记录单元。降水样品自动分析仪主要包括机箱、pH 电极及测量池、电导率电极及测量池、温度传感器/离子色谱仪、控制阀组、液体容器及管路、控制/记录/显示/通信单元等。

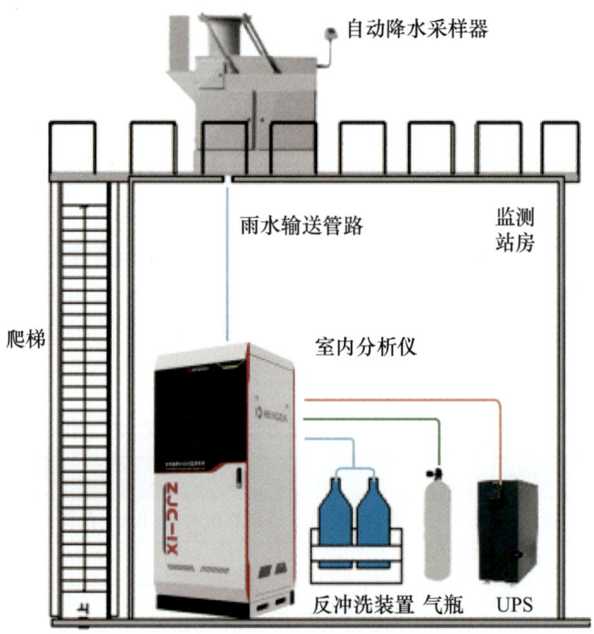

图 5.2.52.1 降水化学自动观测系统结构图

自动降水采样器安装于室外，自动收集降水样品，记录采样过程中的相关数据和信息。降水样品分析仪安装于室内，在较好的温度条件下对降水样品的 pH(酸碱度)、K(电导率)、水温、阴离子和阳离子等进行自动测量，并记录和存储有关测量结果。

(4)性能指标(表 5.2.52.1)

表 5.2.52.1　降水化学自动观测系统性能指标

要素	主要指标	要素	主要指标	要素	主要指标
阴离子测量性能					
F^- 测量范围	0.04～10 mg/L	F^- 检出限	0.01 mg/L	F^- 准确度	±5%
Cl^- 测量范围	0.04～10 mg/L	Cl^- 检出限	0.01 mg/L	Cl^- 准确度	±5%
$SO_4{}^{2-}$ 测量范围	0.08～10 mg/L	$SO_4{}^{2-}$ 检出限	0.02 mg/L	$SO_4{}^{2-}$ 准确度	±5%
$NO_3{}^-$ 测量范围	0.08～10 mg/L	$NO_3{}^-$ 检出限	0.02 mg/L	$NO_3{}^-$ 准确度	±5%
阳离子测量性能					
Na^+ 测量范围	0.04～10 mg/L	Na^+ 检出限	0.01 mg/L	Na^+ 准确度	±5%
$NH_4{}^+$ 测量范围	0.04～10 mg/L	$NH_4{}^+$ 检出限	0.01 mg/L	$NH4^+$ 准确度	±5%
K^+ 测量范围	0.04～10 mg/L	K^+ 检出限	0.01 mg/L	K^+ 准确度	±5%
Mg^{2+} 测量范围	0.04～10 mg/L	Mg^{2+} 检出限	0.01 mg/L	Mg^{2+} 准确度	±5%
Ca^{2+} 测量范围	0.04～10 mg/L	Ca^{2+} 检出限	0.01 mg/L	Ca^{2+} 准确度	±5%
pH、电导率测量性能					
pH 测量范围	0～14	pH 测量误差	±0.1	pH 分辨力	0.01
电导率测量范围	0～2000 μS/cm	电导率测量误差	±1%F.S	电导率分辨力	0.01 μS/cm
其他性能指标					
接雨漏斗内径	300±2 mm (惰性材质)	雨量精度	±0.4 mm(≤10 mm); ±4%(>10 mm)	降雨强度	≤4 mm/min (可选 10 mm/min)
起始监测降雨量	≤1 mm	雨量分辨力	0.1 mm	感雨器灵敏度	≤0.01 mm/h
测温精度	±0.5 ℃	计时误差	±0.1%	感雨器加热温控	20～50 ℃
开盖延迟时间	≤10 s(可设置)	关盖延迟时间	≤200 s(可设置)	噪声(日常)	≤60 dB(A)
功率	≤1.5 kW	绝缘电阻	≥150 MΩ	绝缘电压	1.5 kV
工作电压	AC 220 V±15%	工作环境	温度:0～50 ℃; 相对湿度:0～100%	室内机尺寸	800 mm×750 mm× 1800 mm

(5)业务应用

降水化学自动观测系统典型应用场景如图 5.2.52.2 所示。

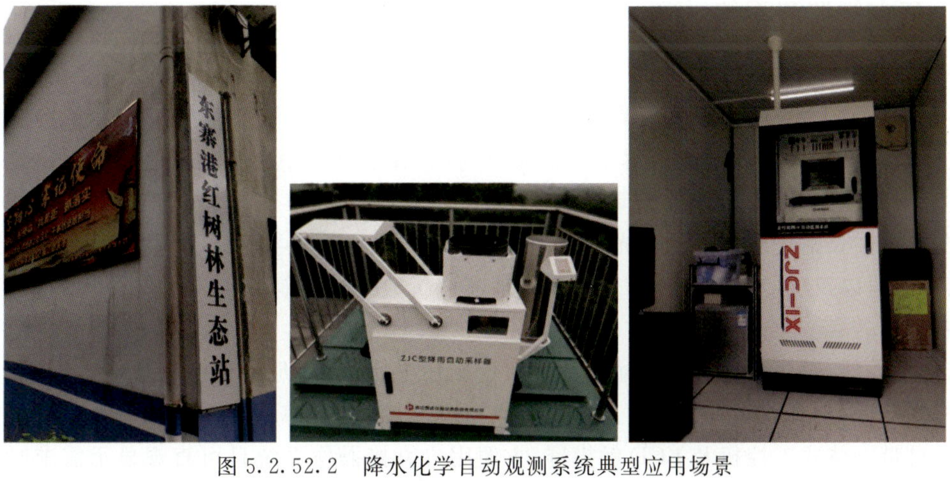

图 5.2.52.2　降水化学自动观测系统典型应用场景

5.2.53 XG-1000系列激光光腔衰荡气溶胶消光仪（广州禾信）

(1)观测原理

激光从高反射镜一端引入到腔体中，光束在两个高反射镜之间来回反射，在高反射镜的另一端用光电倍增管来监测激光光强的衰减过程，并通过激光光强在腔体内的衰减方程推算出激光的衰荡时间。通过分别检测样品和背景气体，计算出颗粒物的消光系数。

(2)功能特点

仪器可以实时进行数据分析，采集软件能够实时采集仪器光电信号，并处理为衰荡时间和消光系数，并对数据进行显示和保存，在线或离线对数据段进行简单的统计分析（数据点）；智能数据采集，能够设置仪器的测量时间方案，从而实现仪器定期自动校零功能；在直接测量大气情况下，仪器还可以提供（无降水天气条件下）大气能见度参考值。

(3)组成结构

主要包含进样系统、光源、光学谐振腔和检测器。进样系统：使用内外抛光的不锈钢管或者导电硅胶管将样品引入到仪器内部。光源：采用高精度、高稳定性的532 nm绿色脉冲激光器，脉冲频率1 kHz。光学谐振腔：采用平凹高反射率镜腔镜，凹面镀高反膜，高反镜与腔体之间设有高纯氮气进气口的护气装置，用于形成保护区，防止腔镜高反面不被颗粒物、水汽及其他腐蚀性气体污染。检测器：基于光电倍增管的光检测器，能够高灵敏度检测消光系数。

(4)性能指标（表5.2.53.1）

表5.2.53.1 XG-1000系列激光光腔衰荡气溶胶消光仪性能指标

要素	主要指标	要素	主要指标
消光系数检测范围	$0\sim4000\ m^{-6}$	消光系数不确定性	<3%
背景衰荡时间	>30 μs	高反镜反射率	>99.99%
衰荡时间检测限	<1 μs	仪器响应时间	<1 min
消光系数检测限	$<1\ m^{-6}$	功耗	<100 W

(5)业务应用

该仪器测得的消光系数是气象观测的常规项目，它代表当时的大气光学状态，预示天气变化，在天气预报和环境监测上具有实际意义，能见度的器测原理正是将大气消光系数与能见度联系起来，通过计算一定路径上的大气消光系数来确定能见度。消光仪还可以辅助气溶胶光学性质的分析，确定光学性质和风向的关系、光学性质和水溶性无机离子的关系。通过实验室烟雾舱实验，反演生物质燃烧气溶胶的折射指数，从而进一步了解气溶胶的光学特性。

5.2.54 甲醛在线监测系统（杭州聚光科技）

(1)观测原理

在氨存在的环境下，甲醛与乙酰丙酮进行反应，仪器通过内置的气泵将空气样品采集进入仪器。通过甲醛吸收模块将空气中的甲醛先溶解于甲醛吸收剂，吸收了空气中甲醛的甲醛溶液以一定的流速进入加热的反应池中与Hantzsch试剂进行反应，生成“3,5-二乙酰基-1,4二氢吡啶(DDL)”。DDL吸收特定波长的光，在特定波长附近发出强烈荧光，通过光电倍增管检测荧光可确定甲醛浓度。采样的流速、样品进入反应池的流速以及反应池的温度均通过微处理器进行数字化控制。

(2)功能特点

该系统检出限低；对外接口数据传输较竞争对手更加丰富，可满足用户多种传输需求；使用高增益检测器，并对检测器进行制冷，具有低噪声且稳定特点；仪器时间分辨率秒级/分钟级切换，可满足不同数据分辨率需求；自带一体式工控机及LCD触摸屏，方便用户直接操作系统且可直观显示需求时间内甲醛浓度随时间变化趋势；具有两点校准/多点校准可选功能，满足不同用户使用需求。

(3)组成结构

甲醛在线监测系统(图 5.2.54.1)主要由采样模块、吸收池模块、反应池模块、检测模块、流路控制模块、数据采集及控制模块、试剂模块等几部分组成，采样模块与吸收池模块用于将空气中的甲醛采样进入系统后经由试剂模块提供的甲醛吸收剂转换为液相甲醛并由流路控制模块传输至反应池模块，试剂模块同步将反应试剂输送至反应池模块，液相甲醛与反应试剂在反应池模块中进行充分快速反应生成 DDL，由流路传输模块将 DDL 输送进入检测模块进行荧光监测，数据处理、存储及仪器系统控制通过内置一体式工控机完成。

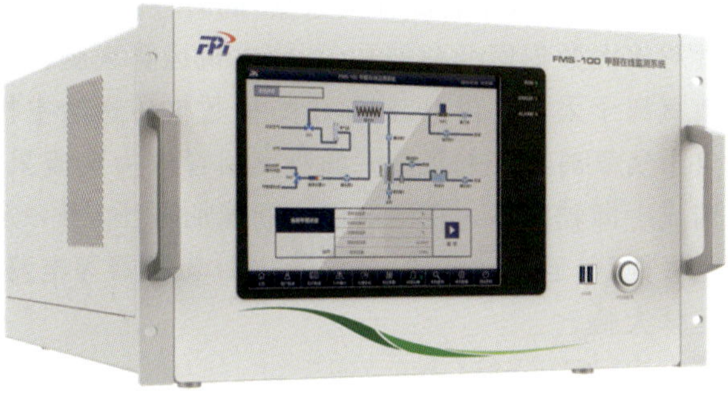

图 5.2.54.1　甲醛在线监测系统外观图

(4)性能指标(表 5.2.54.1)

表 5.2.54.1　甲醛在线监测系统性能指标

要素	主要指标	要素	主要指标
测定物质	甲醛	测量重复性	RSD±5%以内
检出限	≤50 ppt	工作温度	5～35 ℃
测量范围	50 ppt～3 ppm	相对湿度	0～95%
线性相关系数	R≥0.99	功率	<200 VA(启动小于 300 VA)
时间分辨率	秒级/分钟级(可选)	电源	AC 220 V,50 Hz
测量准确性	±10%以内	尺寸(长×宽×高)	636.5 mm×482 mm×275 mm

(5)业务应用

广泛应用于环境监测站、科研院所、气象局以及高校进行大气复合污染机理研究，为环境监管和大气光化学污染预警提供技术支持。

5.2.55　LJYQ-6000 空气负氧离子检测仪（扩展型）（北京朗净）

(1)观测原理

LJYQ-6000 空气负氧离子检测仪(扩展型)(图 5.2.55.1)通过独特的离子捕获与采集装置，使用金属圆管作为气流采样通道，金属圆管中心设置一细长棒状感应电极，两者构成一同轴电容。在两电极之间施加电压，当一定流量的空气从一圆管中通过时，带电的离子即被感应电极捕获，通过滤波器、放大器、AD 转换器等电路处理，信号转化为计算机可识别的数字量信号。

图 5.2.55.1　LJYQ-6000 空气负氧离子检测仪(扩展型)外观

(2)功能特点

这是集电子技术、嵌入式技术、通信技术、软件技术于一体的综合智能系统。功能是采集空气负离子含量、温度、湿度等信息，机器将所有数据打包后，通过 GPRS 无线传输发送到后台软件，对接各种气象报文，提供空气参数成分数据的保存与分析功能。具有上电自动启动，断电无线短信报警提醒；本机与服务器数据双重保存，数据上报率达 95%以上；单元模块化，便于维护；能在野外多种环境下长期、自动、连续工作，且具有较高的稳定性、可靠性和可维护性。

(3)组成结构

整体设备根据功能不同，具体分为六大单元：①主控电源单元，负责外接市电、备用电池、太阳能等电源接入与控制；②空气温、湿度传感器或其他传感器单元，负责探测各元素数据；③多参数综合控制采集器，负责集中收集各路探头数据，同时存储并对外发送所有数据，主机运算大脑；④无线发送传输模块，负责对接大数据库云存储平台，将主机运算大脑内数据顺利送达；⑤负氧离子供电系统与运算系统，负责给负氧离子采集管供电，将解析好的数据传送给主机 3 运算大脑；⑥负氧离子采集单元，负责采集大气中的自由负氧离子。采集单元的监测圆管作为气流采样通道，监测圆管中心设置一细长棒状感应电极，两者构成一同轴电容。在两电极之间施加电压，当一定流量的空气从一圆管中通过时，带电的离子即被感应电极捕获，通过滤波器、放大器、AD 转换器等电路处理，信号转化为计算机可识别的数字量信号到主机 3 运算大脑。

(4)性能指标(表 5.2.55.1)

表 5.2.55.1　LJYQ-6000 空气负氧离子检测仪(扩展型)性能指标

要素	主要指标
传感器原理	双重同心圆筒电容式吸入法
满足标准	符合《空气离子测量仪通用规范》(GB/T 18809—2019)
检测对象	空气中的正离子和负离子、温度、湿度(可选配 $PM_{2.5}$、PM_{10}、风向、风速、气压、臭氧、紫外线、降水量等)
采样流速	800 cm^3/s
离子测量	范围：1～300 万个/cm^3；分辨力：1 个/cm^3
测试精度	标准环境优于±8%
测量频率	1 次/min(可设定)
采样频率	400 次/s
通信方式	GPRS、RS-232、RS-485
温度测量	范围：−30～80 ℃；分辨力：0.1 ℃；精度：0.5 级
湿度测量	范围：0～95%；分辨力：0.1%；精度：±3%
工作环境	AC 220 V±15%宽电源与 12 V 太阳能电池 温度：−30～80 ℃；相对湿度：0～95%(无凝结)
数据分析系统	本地采集，大数据网络云平台分析软件，本机和云端双同步存储数据，微信显示功能，LED 发布显示功能，可直接通过电脑、iPad、手机登录 Internet 查看、下载数据；云平台下载或本机存储卡
保护功能	防雷、防风、防虫、防过载、掉线显示、断电提醒功能、IP65
显示方式	可同时显示多项参数；并可以以数值、曲线、棒图及综合界面显示。云平台显示：多参数同时显示、实时曲线模式、数据表格模式

(5)业务应用

多年来应用于国家林业和草原局调查规划设计院，浙江省环保厅、林业厅、气象局，江西省气象局、环保厅、林业厅，中国气象科学研究院，湖北省气象局，青海省西宁市气象局，青海省林业厅，江苏省林业厅，陕西省林业厅，陕西省气象局，商洛市气象局，河北省廊坊市气象局，内蒙古疾控中心(花粉监测)，山西省气象局，上海市气象局等单位，开展了长时间的数据观测与项目研究，设备多年运行稳定、数据可靠，是我国气象(天然氧吧)、林业(森林康养)、生态环保、文化旅游(宜居城市)、居家装修材料等行业和科研领域首选的专业监测设备，通过率高。

5.2.56　PM125 气溶胶粒径谱仪(北京华创维想)

(1)测量原理

PM125 气溶胶粒径谱仪(图 5.2.56.1)采用激光散射原理，在 24 个粒径通道中测量粒径范围在 0.35～40 μm 的空气颗粒物粒径谱分布，并可同时获得环境大气中 PC 花粉浓度、PCounts 粒径谱、PM_{10}、$PM_{2.5}$、PM_1、TC 总粒子浓度、TCounts 粒径谱等数据。

(2)功能特点

高精度、大气气溶胶专业级精密测量仪器；花粉浓度、PM、总粒子浓度、粒子谱；低功耗，免维护，免标校；野外全自动实时在线连续监测；智能通风、加热，适应极端恶劣天气。

图 5.2.56.1　PM125 气溶胶粒径谱仪

(3)组成结构

该设备由大气颗粒物核心模组、供电单元、通信单元及伺服系统组成。

(4)性能指标(表 5.2.56.1)

表 5.2.56.1　PM125 气溶胶粒径谱仪性能指标

要素	测量指标(测量参数)
大气颗粒物	工作原理:激光散射;空气动力学聚焦检测体积,无边界区域误差
	测量器:近红外激光二极管,波长 658 nm,快速信号处理
	通道数量:24 通道,各通道边界可设置
	吸气总流量:最大 5.5 L/min,可设置
	激光采样流量:280 mL/min,自适应调整
	粒径范围:0.35～40 μm
	花粉浓度精度:5%;0～10000 Pcs/m^3 粒径范围:10～40 μm,可设置
	总粒子浓度:0～3000000 P/L; 误差:0.84%(1000000 P/L),0.24%(500 P/L)
	颗粒物范围:0～10000 μg/m^3(PM_{10}),0～2500 μg/m^3($PM_{2.5}$),0～1000 μg/m^3(PM_1),可设置
	颗粒物精度:3%
	3.5 英寸彩色显示屏,实时显示校零过程、测量数据、自控状态
	功能指标(数据输出)
PC 花粉浓度	小时滑动平均值、日滑动平均值
PCounts 粒径谱	12 通道粒子个数分布分钟谱图,可设置
TC 总粒子浓度	分钟滑动平均值
TCounts 粒径谱	24 通道粒子个数分布分钟谱图
PM 颗粒物浓度	分钟滑动平均值、小时滑动平均值、小时平均值标准差

(5)业务应用

PM125 气溶胶粒径谱仪可用于气象台站大气气溶胶指标观测、公共健康花粉浓度指标监测、大气气溶胶粒径谱多元化观测、空气质量颗粒物指标监测。

5.2.57 气溶胶质量浓度监测系统（$PM_{2.5}/PM_{10}$）（安徽蓝盾）

（1）观测原理

采用β射线吸收原理。当原子核在发生β衰变时，放出β粒子，β粒子实际上是一种快速带电粒子，它的穿透能力较强，当它穿过一定厚度的吸收物质时，其强度随吸收层厚度增加而逐渐减弱的现象叫作β吸收。

（2）功能特点

大屏幕字符液晶屏；功能强大的微处理器和设计简洁的硬件线路；采用低密度、低辐射、半衰期长的C_{14}源；质量更好的滤纸可以使测量更精确；精密的机械加工技术使仪器机械运动更稳定、可靠；系统采用的高性能组件和更贴近用户的软硬设计使本仪器仅仅需要非常有限的维护和保养；可靠的远距离RS-485通信。

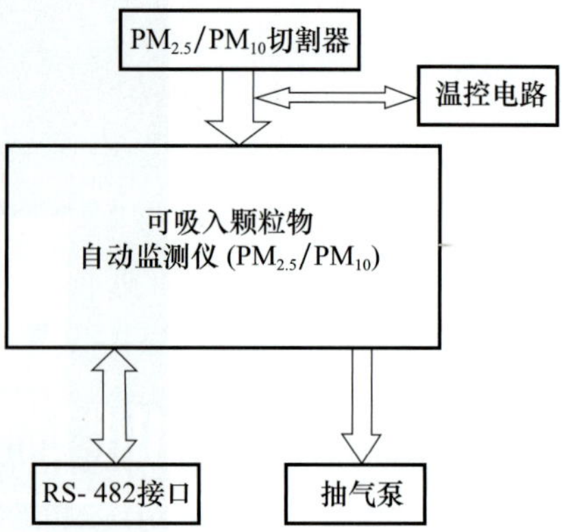

图 5.2.57.1 气溶胶质量浓度监测系统（$PM_{2.5}/PM_{10}$）结构组成图

（3）组成结构

可吸入颗粒物自动监测仪（$PM_{2.5}/PM_{10}$）包括仪器主机、PM_{10}（$PM_{2.5}$）切割器以及采样泵（图 5.2.57.1）。

（4）性能指标（表 5.2.57.1）

表 5.2.57.1 气溶胶质量浓度监测系统（$PM_{2.5}/PM_{10}$）性能指标

要素	主要指标	
仪器类型	PM_{10}自动监测仪	$PM_{2.5}$监测仪
测量范围	0～1或0～10 mg/m³	0～1或0～10 mg/m³
50%切割粒径	10±0.5 μm空气动力学直径	2.5±0.2 μm空气动力学直径
最小显示单位	0.1 μg/m³	0.1 μg/m³
采样流量偏差	≤±3%设定流量/24 h	≤±3%设定流量/24 h
平行性	≤±7%	≤±7%
测量精度	斜率：1±0.15； 截距：±10 μg/m³； 相关系数≥0.95	斜率：1±0.15； 截距：±10 μg/m³； 相关系数≥0.93
校准膜重现性	≤±2%	≤±2%
输出信号	模拟信号或数字信号	模拟信号或数字信号
工作电压	AC 220 V±10%，50 Hz	AC 220 V±10%，50 Hz
工作环境温度	0～40 ℃	0～40 ℃

（5）业务应用

于2014年9月中标中国气象局“气溶胶质量浓度监测项目”，设备广泛应用于中国气象局、生态环境部等相关部门。

5.2.58 全自动恒温恒湿精密称量系统（杭州微智兆）

（1）观测原理

全自动恒温恒湿精密称量系统是将待称重的样品放置于封闭的恒温恒湿的舱体内静置，机械手自动抓取静置时间到达后的样品送到读码装置处读取样品编码，静电消除区域消除样品静电后称量样品质量，输出样品的质量，每个样品根据标准要求间隔规定的时间称量两次，求两次质量的平均值得出样品的实际质量。

(2)功能特点

适应性强，能够称量低浓度采样头、滤筒、47 mm 滤膜、90 mm 滤膜等多种样品；可一次性处理 54 个低浓度采样头或 54 个 3 号滤筒或 252 个 47 mm 滤膜或 100 个 90 mm 滤膜，极大地减轻了实验室人员的工作强度；系统采用四级隔振技术，有效降低周围环境产生的振动；性能稳定，称量精度高，配备四个温湿度和一个风速探头实时监控工作舱内环境状态；系统支持天平自动校准；系统对样品除静电效率大于 90%；专用系统软件，采用中文界面，操作简单。

(3)组成结构

主要由恒温恒湿控制系统、保温箱体、大理石隔振平台、除静电装置、RFID 射频读卡器、二维码识别装置、机械臂、样品存储架、高精度百万分之一天平、风速传感器、温湿度传感器、系统软件组成。全自动恒温恒湿控制系统用于控制保温箱体舱内的温度和湿度；大理石隔振平台用于降低周围环境的振动传递到高精度天平；除静电装置用于消除被称量样品自身所带的静电荷；RFID 射频读卡器和二维码识别装置用于识别样品的身份编号；机械臂用于将被称量样品转运至各个流程工位；滤膜存储架用于放置和静置被称量样品；高精度百万分之一天平用于称量样品平衡后的质量；风速传感器用于观测舱内的风速变化；温湿度传感器用于测量舱内环境（温度、湿度）变化；系统软件根据任务需求进行系统的运转，并负责数据解析和处理。

(4)性能指标（表 5.2.58.1）

表 5.2.58.1　全自动恒温恒湿精密称量系统性能指标

要素	主要指标	要素	主要指标
温度控制范围	15～30 ℃	天平重复性	≤0.004 mg
相对湿度控制范围	30%～70%	系统稳定性	≤0.02 mg
温度控制精度	0.6 ℃	系统漂移	≤0.06 mg
湿度控制精度	2%	电源	AC 220 V±10%，50 Hz
洁净度	6 级（千级）	额定功率	2.0 kW
静电消除效率	>95%	工作温度	15～25 ℃
天平示值误差	≤0.01 mg		

(5)业务应用

国环境监测大气气溶胶滤膜称量和气象观测领域大气气溶胶滤膜称量。

5.2.59　双波长大气气溶胶激光雷达（安徽蓝盾）

(1)观测原理

近年来，已在全国各地级环境监测站、第三方检测单位、各大院校、中国疾控、中国气象局等机构长时间稳定运行，该设备应用于我双波长大气气溶胶激光雷达（图 5.2.59.1）采用米散射原理，发射出 532 nm、1064 nm 激光，通过望远镜接收和解析 532 nm 的垂直和平行偏振信号以及 1064 nm 的后向散射信号，反演颗粒物的消光系数和退偏振特性，实现气溶胶的空间分布监测。

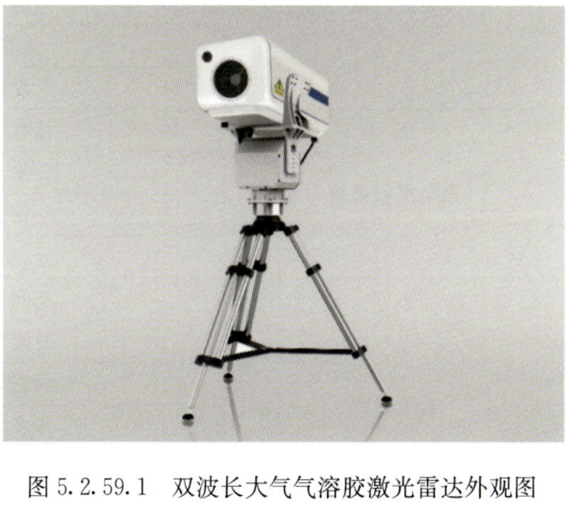

图 5.2.59.1　双波长大气气溶胶激光雷达外观图

(2)功能特点

532 nm 和 1064 nm 双波长探测，可以获得 $PM_{2.5}$/PM_{10} 的占比廓线，1064 nm 对扬尘、沙尘等粗颗粒物探测更加敏感，同时其在大气中穿透性强，可更好地实现团雾、能见度和云的探测。激光能量可调：适应不同污染天气。便携性：雷达主机体积小，质量轻，易操作。集成度高：主机为一体机设计，无须外置工控机即可独立工作。全天候：可全天候户外无人值守。多场景：室内、户外、车载等多种场景即开即用。

(3)组成结构

该激光雷达的发射激光波长为 532 nm 和 1064 nm，经过准直扩束、光楔和反射镜 M_1 和 M_2 后，从望远镜中心发射进入大气，大气中的气溶胶对激光产生米散射，其中后向散射回波信号光被望远镜接收，经过光阑和准直透镜，由分光镜对 1064 nm 和 532 nm 进行分光，分光出来的 1064 nm 信号由滤光片滤光后进入 APD 探测器；532 nm 信号经过 PBS 后分为 532 nm 平行信号和 532 nm 垂直信号，分别由滤光片滤光后进入 PMT 探测器。3 个探测器对光信号进行光电转换，转换成的电信号由前置放大器调理放大，然后输入采集卡进行信号的采集，转换为数字信号并存储为二进制文件，分析软件读取回波信号二进制文件，经算法反演计算，生成后向散射系数、消光系数、退偏比等产品数据，进而来研究被探测的大气情况。工控机内的采集控制软件，对激光器和采集卡进行同步控制，实现回波信号和其他环境和状态参数的采集和处理，笔记本电脑内的数据分析软件对原始回波信号进行算法反演计算，生成相关的产品数据(图 5.2.59.2)。

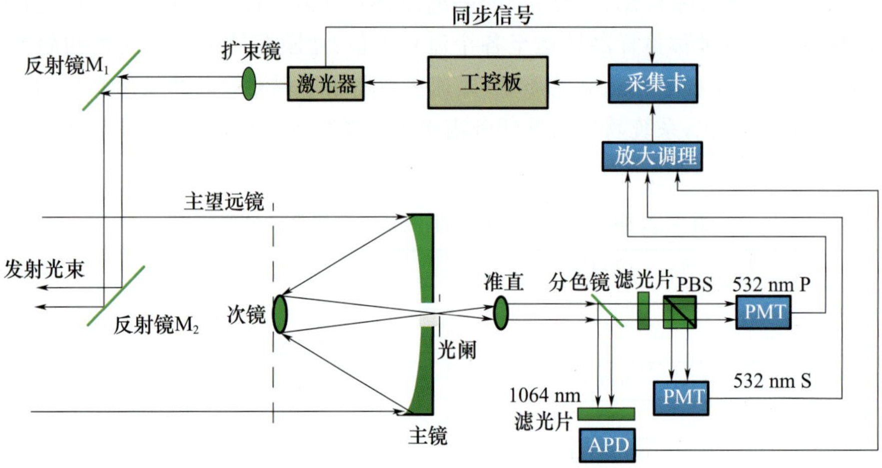

图 5.2.59.2　双波长大气气溶胶激光雷达结构图

(4)性能指标(表 5.2.59.1)

表 5.2.59.1　双波长大气气溶胶激光雷达性能指标

要素		主要指标
发射系统	激光器	二极管泵浦 Nd:YAG 激光器，风冷
	探测波长	532 nm、1064 nm
	单脉冲能量	最大值不低于 300 μJ@1064 nm、300 μJ@532 nm
	重复频率	4 kHz(可调)
	发散角	≤0.2 mrad
光学接收系统	接收望远镜	卡塞格林型
	滤光器	窄带滤光片
	探测器	PMT 和 APD
	通道	偏振通道
系统参数	空间分辨率	3.75 m 及其倍数(可调)
	时间分辨率	≥3 s，时间分辨率可调节
	扫描范围	0°～360°方位角，0°～180°俯仰角
	角度分辨率	0.1°
	扫描速度	0 (°)/s～30 (°)/s，软件可以调节
	探测距离	≥5 km(能见度＞8 km)
数据产品	雷达回波信号空间分布；回波信号的信噪比空间分布；气溶胶消光系数廓线；气溶胶退偏振廓线；气溶胶形态判识；边界层高度；气溶胶质量浓度空间分布	

(5)业务应用

该雷达能够对气溶胶、边界层、AOD(气溶胶光学厚度)、云等时空分布信息进行探测,同时可以区分区域传输的高度、强度和种类;激光雷达采用"垂直观测和扫描观测"交替的方式,能够对气象环境进行快速多维立体观测。在气象观测领域深度应用方面,结合气象要素进行模式同化,可以满足精细化气象预报和服务的需求。主要应用于国家基本气象站、各种(常规)气象观测站和其他行业相关气象监测站。

5.2.60 双波长拉曼气溶胶激光雷达(安徽蓝盾)

(1)观测原理

双波长拉曼气溶胶激光雷达(图 5.2.60.1)采用米散射和拉曼散射原理,同时发射出 355 nm 和 532 nm激光,每一发激光脉冲均被传输路径上的空气分子、大气气溶胶或云所散射,通过望远镜接收两个波长的米散射信号、退偏振信号和 387 nm 拉曼信号,经过滤光片和检偏棱镜分光后,光电倍增管将光信号转换为电信号后,送入数字采集子系统和显示,其数据文件被主控计算机记录、存储和反演计算,计算出空间中气溶胶的拉曼雷达比,精确反演垂直大气中颗粒物、云等的空间分布,为区域激光雷达组网提供质控手段,是区域激光雷达组网必不可少的垂直观测产品。相比传统的米散射激光雷达能够提高大气消光系数、气溶胶后向散射比等参数的探测精度。

(2)功能特点

单脉冲能量高:穿透能力强,适合各种天气条件观测。双波长探测:细粒子和超细粒子的研究更加有效。拉曼通道:提供激光雷达比空间廓线,最大程度提高气溶胶监测的准确性;升级版污染分类算法,更适合超级站的监测使用;拉曼雷达可以作为激光雷达组网中的标准数据源;雷达数据产品更加丰富。

(3)组成结构

总体结构由三个部分组成:发射单元、接收单元、数据采集和控制单元(图 5.2.60.2)。

图 5.2.60.1 双波长拉曼气溶胶激光雷达外观图

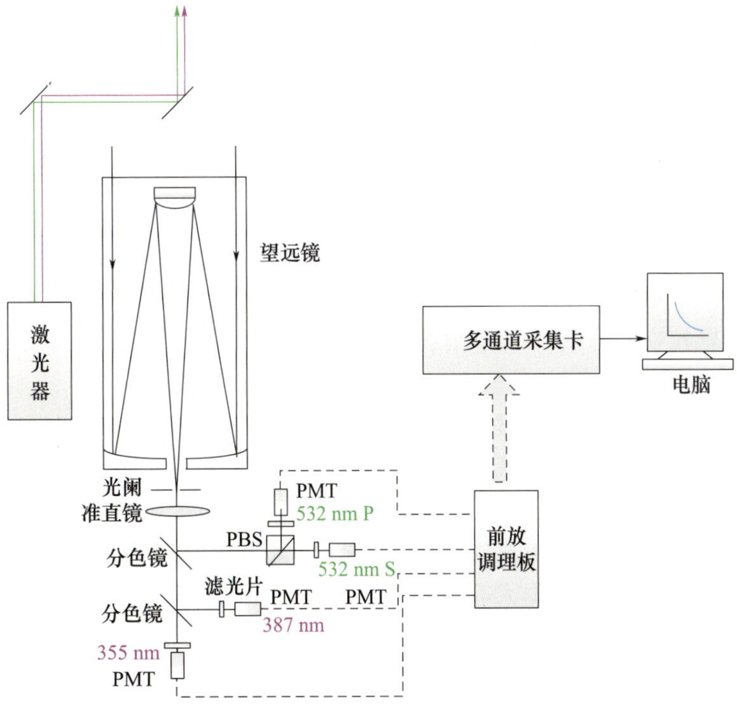

图 5.2.60.2 双波长拉曼气溶胶激光雷达结构图

（4）性能指标（表 5.2.60.1）

表 5.2.60.1 双波长拉曼气溶胶激光雷达性能指标

要素		主要指标
发射系统	激光器	二极管泵浦 Nd:YAG 激光器，风冷
	探测波长	532 nm、355 nm
	单脉冲能量	≥2 W@355 nm、≥2 W@532 nm
	重复频率	5 kHz(可调)
	发散角	≤0.5 mrad
光学接收系统	接收望远镜	卡塞格林型
	望远镜口径	200 mm
	滤光器	窄带滤光片
	探测器	光电倍增管
	通道	带偏振通道，拉曼通道
系统参数	空间分辨率	7.5 m 及其倍数(可调)
	时间分辨率	≥3 s，时间分辨率可调节
	探测距离	≥5 km(能见度>10 km)
数据产品	雷达回波信号空间分布；回波信号的信噪比空间分布；气溶胶消光系数廓线；拉曼雷达比廓线（选配）；边界层高度；气溶胶质量浓度空间分布	

（5）业务应用

该雷达能够对气溶胶、边界层、AOD、云等时空分布信息进行探测，同时可以区分区域传输的高度、强度和种类；激光雷达能够对气象环境进行快速多维立体观测。在气象观测领域深度应用方面，结合气象要素进行模式同化，可以满足精细化气象预报和服务的需求。主要应用于国家基本气象站、各种（常规）气象观测站和其他行业相关气象监测站。

5.2.61 TH-2000PM 大气颗粒物 PM_{10}/$PM_{2.5}$监测仪（赛默飞世尔）

（1）观测原理

TH-2000PM 大气颗粒物 PM_{10}/$PM_{2.5}$监测仪采用双路 β 射线法+DHS 动态补偿系统，β 射线是一种高速电子流，当它穿透物质后，部分被吸收，导致强度衰减。在一定条件下，其衰减量仅与吸收物质的质量有关，而与吸收物质的其他物理特性（如颗粒物材质、颜色、光泽、形状等）无关，所以能直接测量大气颗粒物的质量浓度。本仪器采用低能量 C_{14} 作为 β 射线源，射线在颗粒物采集前后两次穿过清洁滤纸和采集有颗粒物的滤纸，根据 β 射线被吸收的变化量，利用朗伯-比尔定律计算出颗粒物的质量。

（2）功能特点

采用采样和检测同位置连续监测方式，能够实现实时监测颗粒物浓度，这样从根本上解决了移动纸带所带来的测量误差；流量控制部分采用了 PID 精确控制调节阀，在室外温度为−30～60 ℃时准确控制切割器进口流量在 16.67 L/min；具有动态加热系统（DHS 系统），能根据室外空气湿度自动调节采样的样气温度，也可以设置成固定加热模式，尽可能减少 $PM_{2.5}$ 中挥发性气溶胶的损失；具有仪器报警、显示状态信息、记录历史数据大等功能，并可按用户需求通过本机查询、打印、数字通信等方式获取；具有多种数字通信方式和模拟信号接口，支持国际标准协议，能够适应各种外部设备的连接。

（3）组成结构

该监测仪采用同源采样的 β 射线法，同时监测 PM_{10} 和 $PM_{2.5}$。总流量为 33.34 L/min 的样气通过同一个采样入口，经 PM_{10} 切割器切割后，通过特种分流器将样气均匀分流成两路 16.67 L/min，一路直接测量 PM_{10}，另一路经 $PM_{2.5}$ 切割器切割后测量 $PM_{2.5}$，可有效克服不同采样点之间的误差。

(4)性能指标(表 5.2.61.1)

表 5.2.61.1 TH-2000PM 大气颗粒物 PM_{10}/$PM_{2.5}$ 监测仪性能指标

要素		主要指标	备注
测量范围		0～1000 μg/m³ 或 0～10000 μg/m³	
测量方法		β射线法+DHS 动态系统补偿	C_{14}
采样流量		16.67 L/min≤±2%设定流量/24 h	PID 自动调整
平行性		≤5%	
最小分辨力		0.1 μg/m³	
最低检出限		2 μg/m³	
检测器		光电倍增管闪烁体	
数据显示周期		5～300 s	默认 2 min
采样记录周期		10～1440 min(步进为 10 min)	默认 60 min
计数显示		实时计数频率显示	每秒自动更新
校准方法		标准膜	β射线法
接口	通信	RS-485；RS-232；ZigBee(选配) GPRS(选配)	
	模拟	2 路输出：电流(0～20 mA)或电压(0～5 V 或 0～10 V)可选	
噪声		<65 dB	
语言		中英文切换	
操作		触摸、键盘两种操作方式	

(5)业务应用

广泛应用在国家环境空气监测网中，PM_{10} 和 $PM_{2.5}$ 作为国标六项参数中的两项重要参数，单通道分别测量在湿度大时可能存在倒挂现象，双通道大气颗粒物监测仪有效解决了这一问题。

5.2.62 碳气溶胶组分在线分析系统 CASS(北京迈特高科)

(1)观测原理

碳气溶胶组分在线分析系统 CASS 应用热燃烧法/光学吸收法原理。总碳分析单元通过快速加热收集在石英过滤膜的样品，转换所有的碳为二氧化碳测量得出总碳；光学吸收测量单元通过滤带连续收集碳气溶胶并实时进行光学分析，经过转换得出元素碳含量；测得的总碳与元素碳之差值即为有机碳。

(2)功能特点

可实时测量 TC、BC、EC、OC、BrC，区别于现有的热光法 OC/EC 分析方法在程序升温过程中进行光学检测的工作方式，该系统气溶胶样品不会出现“焦化”和“裂解”。其给出的 OC、EC、BC 各组分测量结果具有唯一确定性，与分析过程中升温程序无关。不仅能真正实现颗粒物多种碳组分的连续在线分析，还能给出多波段气溶胶吸收特性数据，为高时间分辨率的源识别研究提供信息，同时该系统不使用玻璃器件和钢瓶气。性能稳定且易维护。

(3)组成结构

主要由总碳分析单元与光学吸收测量单元两部分组成。总碳分析单元采用双通道设计，可以交替采样和高温氧化，实现真正的连续观测。光学吸收测量单元用来测定颗粒物在 7 个波长上的气溶胶光学吸收数据。该系统配备进样系统，可以实现连续、在线观测。

（4）性能指标（表 5.2.62.1）

表 5.2.62.1　碳气溶胶组分在线分析系统 CASS 性能指标

要素	主要指标
采样周期	总碳/有机碳：20 min～24 h（可选），默认 60 min； 元素碳：1 s 或 60 s
测量范围	TC：0.3 μg/m^3～300 μg/m^3； BC：0.01～100 μg/m^3
采样流量	总碳：16.67 L/min；元素碳：2～5 L/min
滤膜	总碳：47 mm 石英滤膜； 元素碳：带有聚四氟乙烯涂层的玻璃纤维膜
最低检测限	TC：＜0.3 μg/m^3（1 h @16.67SLPM）； BC：＜0.005 μg/m^3（1 h@5SLPM）
灵敏度	TC：＜0.5 μgC； BC：0.03 μg/m^3（1 min @5LPM）
数据输出	通过 RS-232、Ethernet、USB 数据接口传输
数据存储	根据设定时间，数据传输到内置存储卡
电源	AC 100～230 V，50/60Hz（可调）
电源功率	625 W
外观尺寸和质量	78 cm×48 cm×57 cm，质量为 89 kg
质量控制和质量保证	使用外接标准流量计进行手动/自动流量校准，使用标准可溯源的中性密度光学滤光片对 BC 仪器光学部件进行校准。内置的零点测试和清洁空气测试进行总碳和 BC 测试
环境温度	10～40 ℃
相对湿度	30%～80%，不结露

（5）业务应用

常用于空气质量监测、健康影响、气候变化、废气排放等领域，在气象、海洋、环保、科研等行业获用户广泛好评。

5.2.63　在线 OC/EC 分析仪（杭州聚光科技）

（1）观测原理

将采集样品的石英滤膜在纯氦气（He）环境中逐级升温，致使 OC 被加热挥发逸出；此后样品在氦气/氧气混合气（He/O_2）环境中逐级升温，该过程中 EC 被氧化分解并逸出。这两个步骤中所逸出的产物都经催化氧化炉转化生成的 CO_2，再由非分散红外检测器（NDIR）定量检测。在每个样品分析结束时系统自动注入标气（He/CH_4），对分析结果校正。整个过程中都有一束激光照在石英滤膜上，当透射、反射光的强度恢复到开始强度时，这一时刻被称为 OC 和 EC 的分割点。

（2）功能特点

在线 OC/EC 分析仪（图 5.2.63.1）基于热光法在线监测大气中的 OC/EC，实现大气颗粒物中 OC 和 EC 的精确分割和定量；具有热光透射法（TOT）和热光反射法（TOR）双光学矫正系统，满足不同标准要求；通过工控电脑、单片机和控制电路三者结合来实现仪器的自动化控制，控制软件界面友好，操作简单；可应用于居民区、工业区、路边站等场所空气颗粒物中 OC/EC 的在线监测；可安装在固定站房，也可以车载安装。

（3）组成结构

整个系统由流路子系统、激光子系统、加热炉子系统、NDIR 检测子系统、数据采集和处理子系统构成。

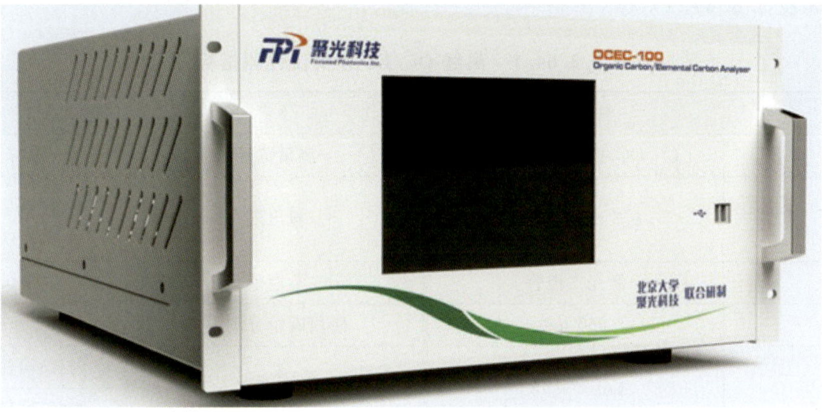

图 5.2.63.1　在线 OC/EC 分析仪外观图

(4)性能指标(表 5.2.63.1)

表 5.2.63.1　在线 OC/EC 分析仪性能指标

要素	主要指标	要素	主要指标
测量组分	OC,EC,TC,CC	线性度	相关系数>0.99
测量范围	0～1000 μg/m³	线性误差	<±10%
检出限	<0.3 μg	零点漂移	1 μgC/m³/24 h
重复性	<5%	量程漂移	±5%FS
内标物重复性	<3%	采样流量及体积	流量:8 L/min;体积:<±5%

(5)业务应用

工业污染区、居民区、空气站、路边站等环境空气质量监测领域;主要客户为环保局、监测站、科研院校等,可以单独运行,也可以与其他分析仪表组分网运行。

5.2.64　离线 OC/EC 分析仪(杭州聚光科技)

(1)观测原理

将采集样品的石英滤膜在纯氦气(He)环境中逐级升温,致使 OC 被加热挥发逸出;此后样品在氦气/氧气混合气(He/O_2)环境中逐级升温,该过程中 EC 被氧化分解并逸出。这两个步骤中所逸出的产物都经催化氧化炉转化生成的 CO_2,再由非分散红外检测器(NDIR)定量检测。在每个样品分析结束时系统自动注入标气(He/CH_4),对分析结果校正。整个过程中都有一束激光照在石英滤膜上,当透射、反射光的强度恢复到开始强度时,这一时刻被称为 OC 和 EC 的分割点。

(2)功能特点

离线 OC/EC 分析仪(图 5.2.64.1)基于热光法测量离线采样膜碳质气溶胶,可实现有机碳、元素碳以及碳酸盐碳精确测量和分割。具有热光透射法(TOT)和热光反射法(TOR)双光学矫正系统。精准的控温方式,可满足不同标准协议。系统可靠性高,稳定性好。

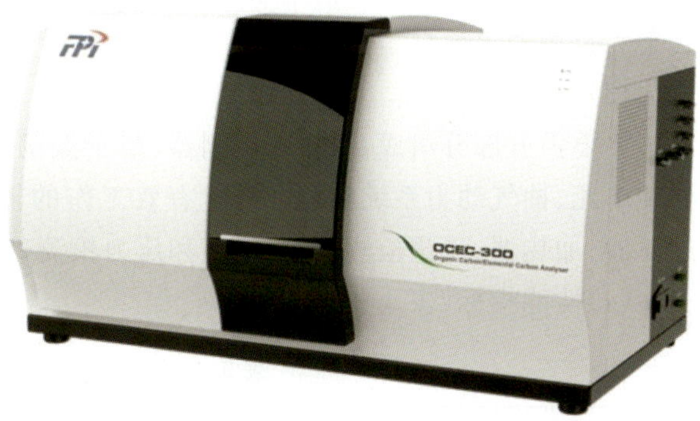

图 5.2.64.1　离线 OC/EC-300 分析仪外观图

(3)组成结构

该产品由进样子系统、流路子系统、激光子系统、加热炉子系统、NDIR 检测子系统、数据采集和处理子系统构成。

(4)性能指标(表 5.2.64.1)

表 5.2.64.1 离线 OC/EC 分析仪性能指标

要素	主要指标	要素	主要指标
测量组分	OC,EC,TC,CC	测量范围	0.05～750 μg/cm²
样品膜尺寸	0.5 cm²(圆形)	检出限	OC:0.18 μg/cm² EC:0.04 μg/cm² TC:0.22 μg/cm²
激光器类型	激光二极管	空白值	0.2 μg/cm²
激光波长	660 nm	阶段碳组分测量	有
检测方式	CO_2,NDIR	校准	内标:可用标气 CH_4、CO_2 等
			外标:可用 KHP 或蔗糖溶液

(5)业务应用

产品的目标市场主要包括工业污染区、居民区、空气站、路边站等环境空气质量监测领域;主要客户为环保局、监测站、科研院校等。主要放置于实验室台上,进行离线样品膜监测,可以单独运行,也可以与其他分析仪表组分网运行。

5.2.65 振荡天平法颗粒物监测仪(赛默飞世尔)

(1)观测原理

样品空气在抽气泵的作用下,将切割器分离出的待测颗粒物沉积在采样滤膜上,振荡天平称量质量增量后,与该时段内的样品气体积计算得出基础质量浓度。具有挥发性补偿装置的振荡天平法颗粒物监测仪还要在下一个时段使样品气先通过恒温的零气过滤器,再通过采样滤膜,该时段内的质量浓度为参考质量浓度。最终浓度为基础质量浓度减去参考质量浓度。

(2)功能特点

采用标准 X86 架构的高速嵌入式工业主板,抗干扰能力强、运行稳定、兼容性好、扩展性强;配置仪器气路零部件立体状态图,生动直观地显示出仪器的各项参数;内置专属抽气泵负压检测器,实时监测抽气泵的工作状态;独创性地融合了光散射传感器,自动判断并剔除系统异常值;内置大容量存储器,可存 5 年以上的数据,还可选配移动存储设备;可依据站房温度设置微质量振荡天平质量检测室的恒定温度。采用组合式分级切割方式,使用国标要求的旋风式切割器与特殊的无损失式分流器,使维护周期更长,维护更简便。配置挥发性补偿系统(同 FDMS),可同时测量挥发性物质和半挥发性物质的质量浓度;特殊的球形三通切换阀设计使该处无须经常清洁、无须担心堵塞;使用圆筒状零气过滤器,使得气流通道截面积增大了三倍,气阻更小,维护周期更长;使用双风扇加铜管散热方式,制冷、加热更迅速。独创的零气过滤器,使得恒温更均匀,不怕结冰,不怕堵塞气路。状态界面可实时监测的板式样气干燥器、切换阀、制冷式零气过滤器等数据。

(3)组成结构

主要由五部分组成:颗粒物切割器、基于振荡天平原理的质量检测单元、控制单元、数据采集及信号处理单元、抽气动力系统和配合系统有效工作的辅助单元。主要辅助单元包括干燥器、分流器、制冷器、过滤器、加热器、流量检测控制、温度和压力检测部件等。

(4)性能指标(表 5.2.65.1)

表 5.2.65.1 振荡天平法颗粒物监测仪性能指标

要素	主要指标
量程	0～10000 μg/m³
分辨力	0.01 μg/m³

续表

要素	主要指标
最低检测限	0.06 μg/m³
采样入口总流量	16.67 L/min
流量性能	平均流量控制误差:±1.5%设定值;平均流量重复性:1.5%(相对标准偏差);平均流量示值误差:±1.5%
切割器分流器	单通道:① 16.67 L/min 撞击式 PM_{10}切割器; ②16.67 L/min 旋风式 $PM_{2.5}$切割器; ③(1.67+15)L/min 无损失式分流适配器
工作温度	采样入口温度范围:−40～60 ℃;主机工作温度范围:8～30 ℃
过滤介质样品过滤器	玻璃纤维,有效直径 13 mm
挥发性补偿装置	4 ℃(或 50 ℃清洗)恒温、滤筒式过滤器、自定义设置工作方式
数据存储	可记录 5×10^6 条记录
电源	AC 90～264 V,50/60 Hz(主机); AC 220 V±10%,50 Hz(采样泵)
数据输入与输出	模拟输入:8 通道输入:−10～10 V; 模拟输出(软件设置):4 通道:4～20 mA 或 0～2.5 V 或 0～5 V 或 0～10 V 或−5～5 V 或−10～10 V; 隔离 IO 输入输出:8 通道继电输出(常开),8 通道光电隔离输入(3～24 V); 数据通信:RS-232、RS-485、USB2.0、RJ45 以太网
功率	<0.66 kW(含采样泵)

(5)业务应用

广泛应用在国家环境空气监测网中,取得了 CMC 计量认证和 CCEP 中环协认证证书;是国内取得中环协认证的第一款产品,有效解决了目前 β 射线法一小时出一个样品值的问题。

5.2.66 紫外吸收法臭氧分析仪(武汉天虹环保)

(1)观测原理

本仪器采用紫外吸收法,臭氧能吸收波长 254 nm 的紫外光,吸收紫外光的强弱与其浓度呈一定关系。样气检测方法:使用低压汞灯发射波长为 254 nm 紫外光,照射在检测室中,检测室中交替通过样气(含臭氧的样气)和参比气(剔除臭氧后的样气),通过两者的光强比,利用朗伯-比尔定律计算出样气中 O_3 的浓度,光路采用两路监测,一路作为样气光路测量,另一路作为参比气光路监测锌灯光源的变化,对光源变化进行自动补偿。

(2)功能特点

采用 7 英寸全触摸彩屏,监测值可在 ppb、ppm、μg/m³、mg/m³ 间任意切换;中文菜单式操作界面,操作简便;具有自动量程转换功能;监测值可图形显示,图形曲线可自由缩放;具有温度压力自动补偿功能;采用自适应优化算法,使响应时间和信噪比达到最佳;海量历史数据存储,一年有效数据,查询与输出功能(每 5 min 一条);具有多参数报警功能;所有阀及接头材质为聚四氟乙烯(PTFE)或聚偏二氟乙烯(PVDF),减少对测量的影响

(3)组成结构

该分析仪主要由主机、过滤器、流量控制装置、臭氧光电检测装置、温度控制装置和数据通信接口等组成。

(4)性能指标(表 5.2.66.1)

表 5.2.66.1　紫外吸收法臭氧分析仪性能指标

要素	主要指标	要素	主要指标
测量原理	紫外吸收法	零点漂移	±2 ppb/24 h
量程范围	0～500 ppb(含 0～10、20、50、100、200 ppb 或更多可选量程)	量程漂移	±5.0 ppb/24 h(20%量程漂移) ±5.0 ppb/24 h(80%量程漂移)
示值误差	±1% FS	采样流量	850 mL/min±10%
最低检测限	1 ppb	数字输出	RS-232、RS-485、USB、以太网
零点噪声	0.5 ppb	模拟输出	0～1 V、0～5 V、0～10 V、0～20 mA、4～20 mA 可选
重现性	<1%	最低分辨力	0.1 ppb(可定制 0.01 ppb)
线性	<±1% FS	工作环境温度	0～40 ℃
上升响应时间	T90,<150 s		

(5)业务应用

紫外吸收法臭氧分析仪广泛应用在环保系统国控点、市控点、乡街镇网格化自动监测中。

5.2.67　紫外荧光法二氧化硫分析仪(武汉天虹环保)

(1)观测原理

本仪器采用紫外荧光法。锌灯发出紫外光,经过滤为单色光(波长为 214 nm)并聚焦到 SO_2 反应室,样气中的 SO_2 吸收紫外光产生能级跃迁,SO_2 从基态变为激发态,激发态 SO_2 不稳定,瞬间发射出中心波长为 330 nm 的荧光,荧光的强度和 SO_2 浓度成正比,光电倍增管将光信号转变成电信号,从而测出 SO_2 的浓度。为了消除光路波动造成的测量误差,光路中采用两路监测,一路作为样气光路测量所激发的荧光强度,另一路作为参比光路监测锌灯光源的变化,对光源变化进行自动补偿。

(2)功能特点

采用 7 英寸全触摸彩屏,监测值可在 ppb、ppm、$\mu g/m^3$、mg/m^3 间任意切换;中文菜单式操作界面,操作简便;具有自动量程转换功能;监测值可图形显示,图形曲线可自由缩放;具有温度压力自动补偿功能;采用自适应优化算法,使响应时间和信噪比达到最佳;海量历史数据存储,一年有效数据,查询与输出功能(每 5 min 一条);具有多参数报警功能;对锌灯的光强进行跟踪监测及补偿,提高光强的稳定度。

(3)组成结构

分析仪主要由主机、粒子过滤器、流量控制装置、锌灯及灯电源、二氧化硫光电检测装置、温度控制装置和数据通信接口等组成。

(4)性能指标(表 5.2.67.1)

表 5.2.67.1　紫外荧光法二氧化硫分析仪性能指标

要素	主要指标	要素	主要指标
测量原理	紫外荧光法	零点漂移	±0.5 ppb/24 h
量程范围	0～500 ppb(含 0～10、20、50、100、200 ppb 或更多可选量程)	量程漂移	±2.5 ppb/24 h(20%量程漂移) ±5.0 ppb/24 h(80%量程漂移)
示值误差	±1% FS	采样流量	650 mL/min±10%
最低检测限	0.5 ppb	数字输出	RS-232、RS-485、USB、以太网

续表

要素	主要指标	要素	主要指标
零点噪声	0.25 ppb	模拟输出	0～1 V、0～5 V、0～10 V、0～20 mA、4～20 mA 可选
重现性	<1%	最低分辨力	0.1 ppb(可定制 0.01 ppb)
线性	<±1% FS	工作环境温度	0～40 ℃
上升响应时间	T90,<150 s		

(5)业务应用

紫外荧光法二氧化硫分析仪广泛应用在环保系统国控点、市控点、乡街镇网格化自动监测中。

5.2.68 AirV-200 型大气负氧离子观测仪(广东华风锐进)

(1)观测原理

AirV-200 型大气负氧离子观测仪采用“双重同心圆筒之电容式吸入法”原理进行负氧离子检测。在传感器外筒上加设一定的电压,在外筒和内筒之间形成一定强度的电场,当恒定流量通入传感器时,其中的负离子在电场的作用下向内筒移动,被内筒的电极收集产生微弱的电信号,通过测量电信号的大小确定负离子的浓度。双重同心圆筒之电容式吸入法原理示意如图 5.2.68.1所示,r_0 为外筒的内径,r_i 为内筒的半径,L 为圆筒的长,Φ 为单位时间内圆筒内的空气流量,V 为外筒的外设电压。

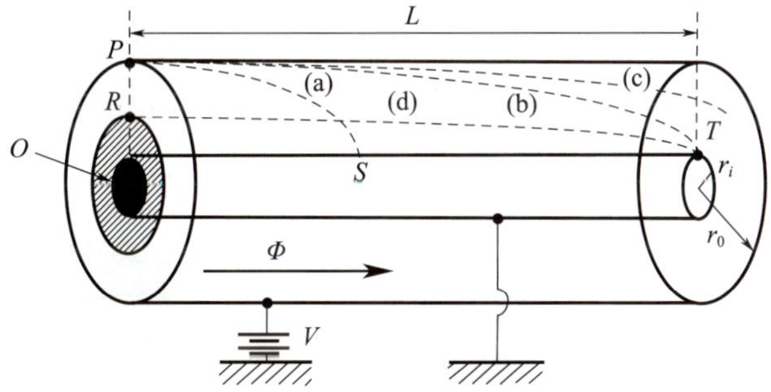

图 5.2.68.1 双重同心圆筒之电容式吸入法原理示意图

(2)功能特点

AirV-200 型大气负氧离子观测仪针对户外长时间运行设计,传感器采集筒与内部分析电路采用分离式设计,外部主机设计单独防护罩,内外都具备很强的防水、防潮特性,可延长设备使用寿命。

内置先进的放大电路及滤波技术,可高灵敏、稳定、准确地探测负离子数量。同时具备优良的电磁屏蔽功能,能较好地克服静电对测量的不利影响。内置加热除湿装置,保证了进入的气体的干燥性,同时采用调速风扇,结合流量反馈装置,可以根据风扇抽气流量自行调节,最大程度上解决了进气不稳定导致的数据异常现象。设备体积小,便于各种场景的安装实施,功率≤15 W,设备无人值守工作,具备远程平台控制功能。

(3)结构组成

AirV-200 型大气负氧离子观测仪主要由 MCU 单片机 、离子传感器、电信号放大器、供电部分、主机显示屏幕单元、风扇控制及流量反馈装置、存储接口、外部扩展接口、GPS 定位、温湿度传感器及气路除湿装置组成(图 5.2.68.2)。

在交通不便利、现场没有 220 V 交流电的情况下,可以使用太阳能发电系统(图 5.2.68.3),发电系统由太阳能发电板、太阳能蓄电池、太阳能控制器组成。大容量蓄电池可以供该观测仪连续使用 20 d 左右。

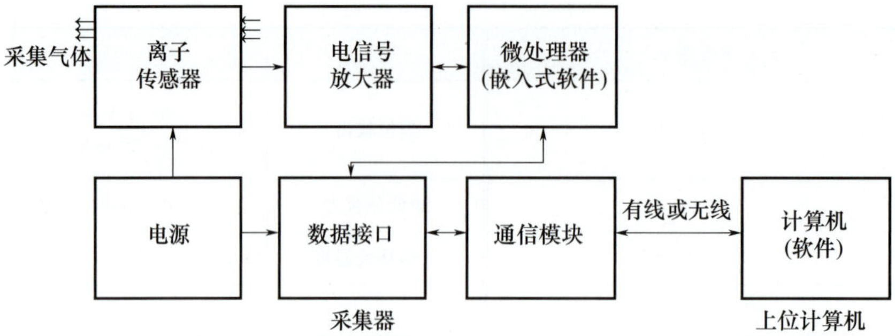

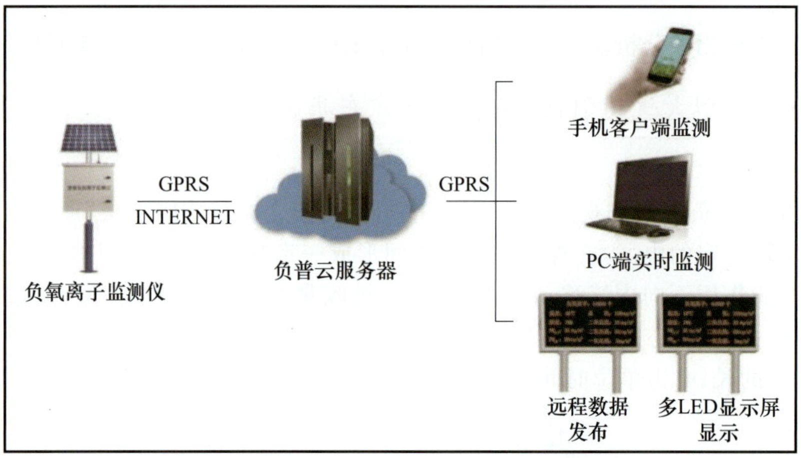

图 5.2.68.2　AirV-200 型大气负氧离子观测仪组成结构

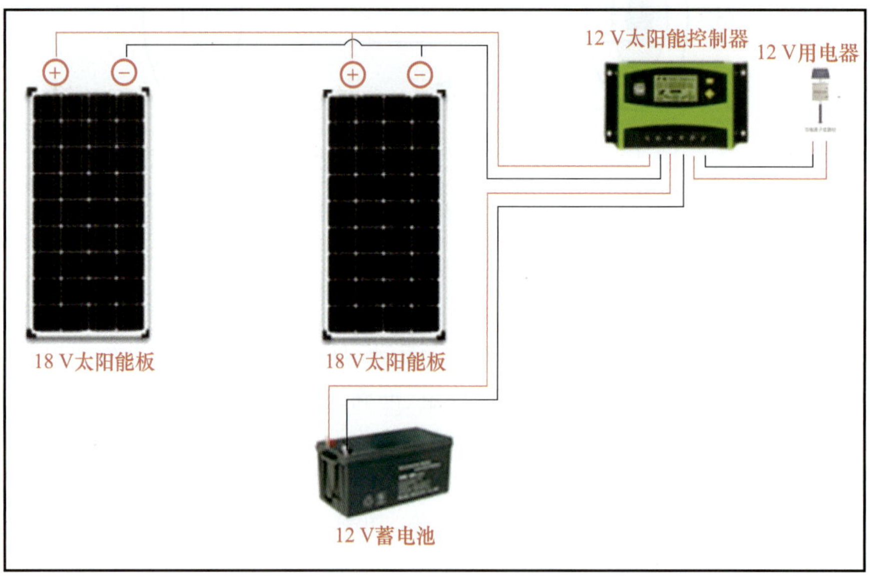

图 5.2.68.3　AirV-200 型大气负氧离子观测仪太阳能供电系统

该仪器的标定包括对离子筛选能力的标定和对离子测量浓度的标定。将待检测仪器放入烟雾箱中，并将烟雾箱设定一定温度及湿度。采用 HRDMA 筛选出特定电迁移率的离子，将筛选后的离子通入烟雾箱中，同时通入特定流速的零气，待烟雾箱内部混合均匀后，采用静电计测量烟雾箱内部的离子浓度，并定义为标准浓度(Q_1)，与待测试仪器所测量的浓度(Q_2)对比。通过调整零气的流速，改变烟雾箱内部的离子浓度，获得多组 Q_1、Q_2，从而得到仪器的标定曲线(图 5.2.68.4)。

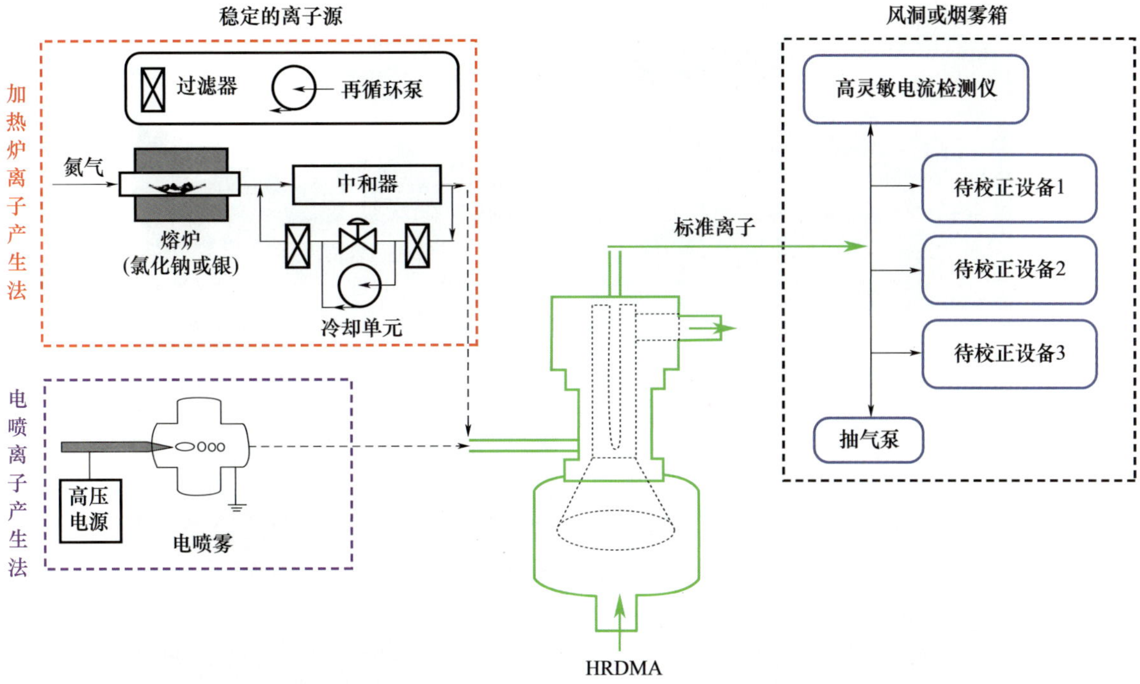

图 5.2.68.4　AirV-2000 型大气负氧离子观测仪标定示意图

(4)性能指标(表 5.2.68.1)

表 5.2.68.1　AirV-200 型大气负氧离子观测仪性能指标

要素	主要指标
测量方法	双重同心圆筒之电容式吸入法
测量范围	R_1:0～8000 个/cm^3;R_2:0～50000 个/cm^3;R_3:0～500000 个/cm^3(量程自动切换)
分辨力	1 个/cm^3
采样频率	1 s/次
迁移率	≥0.4 cm^2/(V · s)
存储	内置 16 GB 存储芯片
通信接口	4G、RS-232、RS-485
电源及功率	AC 220 V 或 DC 12 V;功耗≤15 W
误差	负离子:≤±5%RDG;离子迁移率:≤±5%RDG
工作模式	连续工作
温度	－20～70 ℃
相对湿度	0～100%
其他功能	卫星定位,防雷保护,防结露、防潮、防虫等功能

(5)业务应用

大气负氧离子被誉为大气中的“维生素”,对人体健康有很大作用,诸如镇静、自律神经,消除失眠焦虑,杀灭空气中的细菌、病毒,促进新陈代谢,对于哮喘、支气管炎、过敏性鼻炎等疾病均有治疗作用。大气负氧离子是空气质量衡量和旅游开发的背景依据,其含量是生态环境优劣的标志,开发空气负氧离子资源,是开展生态旅游的必备条件,空气负氧离子的含量水平作为公园建立森林浴场、森林别墅区、度假疗养区的重要依据,对于地方旅游业的发展具有重要意义(图 5.2.68.5)。

图 5.2.68.5　AirV-200 型大气负氧离子市场应用场景

5.3　生态气象观测仪器装备

5.3.1　CAWS3000-EC 涡度相关通量观测系统（北京华云升达）

（1）观测原理

CAWS3000-EC 涡度相关通量观测系统（开路涡度协方差）在实际运行中，超声风速仪高频响应三维风速（U_x、U_y、U_z）和虚温（T_s），CO_2/H_2O 分析仪高频响应 CO_2 和 H_2O，数据采集器实时采集这些变量数据，并对其做同步处理，之后在线计算得到感热通量、潜热（水汽）通量、CO_2通量、动量通量及摩擦风速，以及这些数据所需的协方差、均值等，并将计算结果保存在数据采集单元，与此同时，各种高频变量的原始数据也会保存在数据采集单元中，用户可以对这些原始数据进行后期处理（分析和插补），并对数据进行质量控制或保证，从而获得理想通量数据。

（2）功能特点

该系统是空气动力学梯度法、涡度相关法和能量平衡法的高度结合，相互印证，确保了长期观测数据的有效性，是边界层研究的重要手段。

连续观测 CO_2、H_2O 通量和环境要素，评价不同时间尺度的碳水通量特征及其环境响应，可在线计算大气边界层的动量、感热、CO_2、H_2O 通量；相对较大的空间代表性（几百米至几千米），填补了航空观测与地面定点调查之间的空间尺度不足，是地球观测系统的主要内容；一体化设计：红外分析仪与超声风速仪共测同一空间，避免传感器分离导致不到一个气团的问题，提高同步性；干扰性低：紧凑流体设计，减少了对风的扰动和器身及散热效应；功耗降低：非加热设计，在降低能耗的同时，避免了对被测流体的热力学影响；细节优化：采用光学补偿技术，消除因窗口轻度污染导致的数据偏差，窗口斜角设计，避免积水。

（3）组成结构

由 IRGASON 超声风/气体一体式传感器、数据采集器、通信模块、供电系统、安装结构件等部件组成。

（4）性能指标（表 5.3.1.1～表 5.3.1.3）

表 5.3.1.1　CAWS3000-EC 涡度相关通量观测系统性能指标

要素	主要指标	要素	主要指标
基础测量频率	10 Hz	输入电压	DC 10～16 V
输出信号	RS-232	功耗	5 W(25 ℃，稳态及启动时)
标定压力范围	70～106 kPa	工作环境	−20～50 ℃
输出速率	10 Hz、20 Hz；程序控制		

表 5.3.1.2　二氧化碳/水汽分析仪技术参数表

要素	CO_2	H_2O
校准范围	0～1830 mg/m^3(0～1000 ppm)	0～42 g/m^3
零点漂移（最大）	±0.55 mg/(m^3·℃)[±0.3 μmol/(mol·℃)]	±0.037 g/(m^3·℃)[±0.05 mmol/(mol·℃)]
增益漂移（最大）	读数的±0.1 %/℃	读数的±0.3 %/℃
灵敏度	±0.05 molH_2O/molCO_2	±5.6×10^{-5} molCO_2/molH_2O
环境温度	−30～50 ℃	

表 5.3.1.3　三维超声风速仪术参数表

要素	主要指标
输出	U_x,U_y,U_z,C(声速)
测量频率	1～50 Hz 可编程
风速	风速测量误差：U_x、U_y<±4 cm/s，U_z<±2 cm/s
	测量分辨力：U_x、U_y 为 1 mm/s，U_z 为 0.5 mm/s

（5）业务应用

适用于森林、草地、农田、沙漠及城市等各种下垫面环境，广泛应用于中国科学院、中国林业科学研究院、中国农业科学院、中国气象局及各科研领域对区域碳、水循环过程的研究，作为生态系统与大气之间的 CO_2、H_2O 和能量交换信息的有效手段，为分析地圈-生物圈-大气圈的相互作用、评价陆地生态系统在碳循环中的作用提供重要的数据基础，为大尺度、长期和连续的科学研究提供支撑（图 5.3.1.1和图 5.3.1.2）。

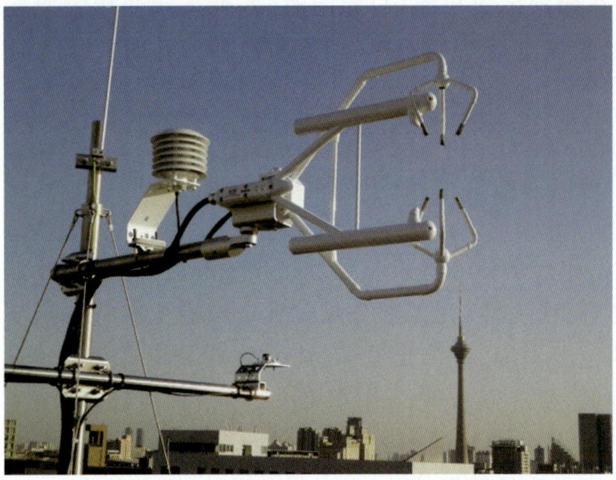

图 5.3.1.1 CAWS3000-EC 涡度相关通量观测系统应用场景 1

图 5.3.1.2 CAWS3000-EC 涡度相关通量观测系统应用场景 2

5.3.2 CAWS3000-NY 农业小气候自动观测站（北京华云升达）

（1）观测原理

CAWS3000-NY 农业小气候自动观测站是针对农业、生态环境、近地气层中表面小气候特点中各种气象要素的观测与记载而设计的一款智能化、高性能自动站，目的在于通过观测获取各种小气候形成过程中的特点及其变化规律，如时空分布、能量收支和输送等，为利用、调节和改善各种类型的小气候特征提供依据。观测内容一般包括温度和湿度、二氧化碳浓度、土壤温度/湿度/盐度、叶面温度、总辐射、光合有效辐射、日照，以及由这些所决定的农业、林业、高山、温室等环境的辐射平衡、热量平衡、水分平衡、二氧化碳输送和水汽输送等。具体观测内容可以依据用户的相关需求灵活搭配。

（2）功能特点

这是农业气象观测的重要组成部分，也是农业气象服务和科研的基础，是我国综合气象观测系统的重要组成部分，对保障我国粮食安全具有重要意义；可满足各种农业气象要素的探测需求，可对风向、风速、空气温度、相对湿度、降水量、气压、辐射、冠层温度、二氧化碳气象要素以及土壤温度、土壤水分要素进行数据采集；采用分布式结构。按照不同的需求把气象要素进行分类，由相关的分采集器完成探测数据的采集；全自动、全天候，适合各种不同环境使用；系统设备布局合理、结构紧凑，安装方便；可靠性高，免日常维护，后备电池可长时间使用；系统采集精度高，监测项目齐全，具有高度的智能化和灵活性；具有数据质量控制功能；支持多种通信方式（GPRS/CDMA，北斗通信）；技术规格统一、性能指标先进、数据格式规范、软件平台集中；可多站组网使用。

（3）组成结构

主要包括硬件和软件两个部分。硬件设备主要包括传感器、数据采集器和外围设备等（图 5.3.2.1 和图 5.3.2.2）。

硬件分为四大部分：采集系统、传感器系统、通信系统和供电系统。采集系统负责自动气象站所有数据的收集、存储及分析运算。传感器系统根据不同的观测需要，配置不同的传感器，用于测量相应的气象要素，并支持土壤水分观测等传感器的接入。所用各要素传感器应具备互换性，且传感器互换后，仍应符合性能要求。通信系统用于将采集系统处理后的数据传输到计算机，分为有线通信和无线通信。供电系统用于提供整个自动气象站系统运行的电力供应。一般分为交流供电、太阳能供电及交流与太阳能供电并用三种方式。

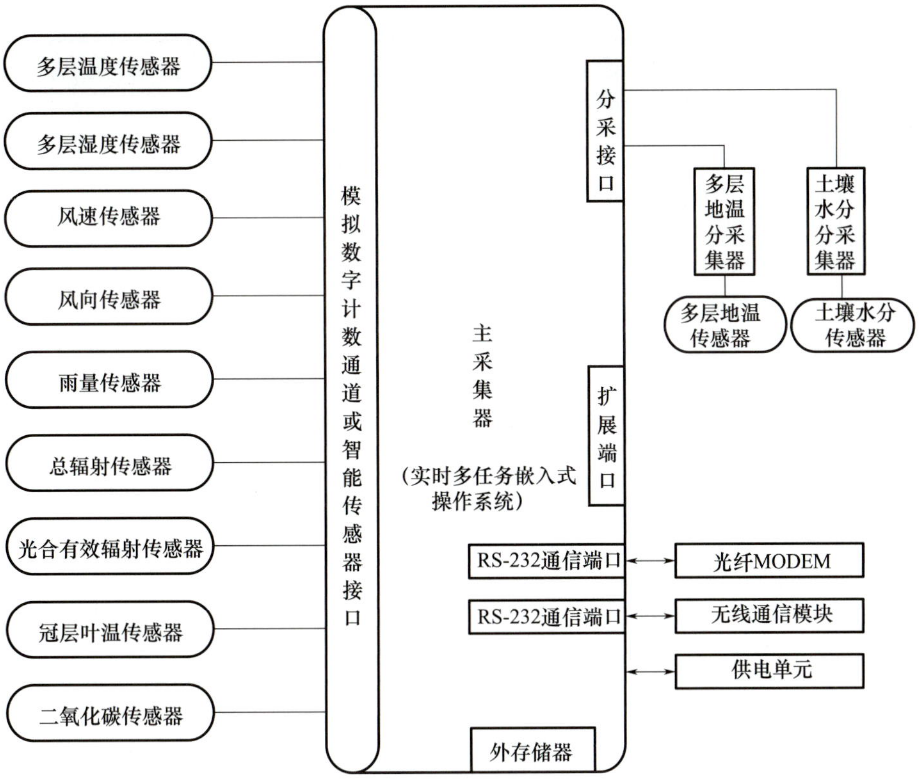

图 5.3.2.1 CAWS3000-NY 农业小气候自动观测站组成结构示意 1

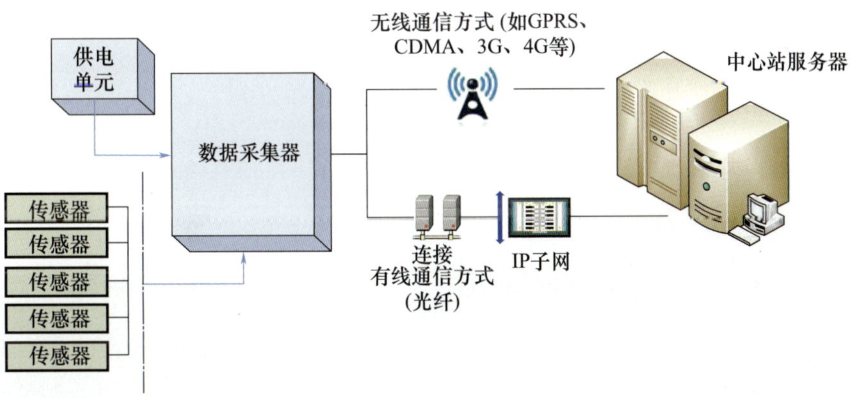

图 5.3.2.2 CAWS3000-NY 农业小气候自动观测站组成结构示意 2

软件主要为采集器嵌入式软件和中心站组网。采集软件由嵌入式操作系统和应用软件组成,嵌入式操作系统应选择实时性高、性价比好、稳定可靠的多任务实时操作系统。中心站组网软件是实现某一区域农业小气候自动观测站的自动组网和监控管理的应用软件。

(4)性能指标(表 5.3.2.1)

表 5.3.2.1 CAWS3000-NY 农业小气候自动观测站性能指标

要素	主要指标
空气温度	测量范围:−50~60 ℃;分辨力:0.1 ℃; 最大允许误差:±0.2 ℃;时间常数≤20 s(通风速度 2.5 m/s)
空气湿度	测量范围:5%RH~100%RH;分辨力:1%RH;最大允许误差:±3%RH(≤80%RH);±5%RH(>80%RH)
风向	测量范围:0°~360°;分辨力:3°;最大允许误差:±5°;起动风速≤0.5 m/s
风速	测量范围:0~60 m/s;分辨力:0.1 m/s;最大允许误差:±(0.5+0.03 v) m/s(v 为实际风速);起动风速≤0.5 m/s
冠层红外温度	测量范围:−20~60 ℃;分辨力:0.1 ℃;最大允许误差:±0.3 ℃

续表

要素	主要指标
雨量	承水口内径：200 mm；雨强测量范围：0～4 mm/min； 分辨力：0.1 mm；最大允许误差：±0.4 mm(≤10 mm)；±4%(>10 mm)。 冲击势能式雨量传感器性能符合下列要求： 采样区面积：40～80 cm^2；雨强测量范围：0～4 mm/min； 最大允许误差：±5%(日累计)
土壤温度	测量范围：−50～80 ℃；分辨力：0.1 ℃； 最大允许误差：±0.3℃；时间常数≤20 s
土壤水分	测量土壤体积含水量范围：0～100%；分辨力：0.1%； 最大允许误差：±2.5%(实验室)，±5%(田间)； 重复性误差：小于1%；预热时间：1 s
冠层总辐射	测量范围：0～1400 W/m^2；分辨力：5 W/m^2； 最大允许误差：±5%(日累计)； 相同类型传感器具有互换性(允许用计算机一次性设置灵敏度参数)
冠层光合有效辐射	测量范围：2～2000 $\mu mol/(m^2 \cdot s)$；分辨力：1 $\mu mol/(m^2 \cdot s)$； 最大允许误差：±10%(日累计)
CO_2 浓度	测量范围：0～2000 ppm；分辨力：1 ppm； 最大允许误差：±3%测量值

(5)业务应用

广泛应用于农业、林业、高山、温室等多个领域，特别针对大田作物、果树、农业设施(农业大棚、温室)等作物生长的小气候环境应用。对农作物、林果、牧草等的生长发育、产量形成及水产养殖等生产活动具有重大影响，掌握农业小气候变化规律，对农业生产服务和科学研究具有重要意义(图5.3.2.3和图5.3.2.4)。

图5.3.2.3 CAWS3000-NY农业小气候自动观测站应用场景1

图5.3.2.4 CAWS3000-NY农业小气候自动观测站应用场景2

5.3.3 CAWS3000-VE植被生态自动观测系统(北京华云升达)

(1)观测原理

CAWS3000-VE植被生态自动观测系统的网络摄像机通过红外、可见光的多个波段光谱对目标区域观测进行定时拍摄，获取地物反射率的初始信息。图像通过设备内部网络传输至图像采集器进行存储，并无线传输至云平台，也可通过局域网将图像传输至台站的服务器。自动气象站数据作为环境背景资料也可一并传入图像采集器。

利用云平台或台站服务器部署的图像解析处理软件，通过对各波段光谱图像进行分析、运算，结合植被的光谱特征，解析得出目标区域的 NDVI 指数，进而得出植被覆盖度情况，通过用户应用平台获得数据结果。图像解析处理算法利用机器深度学习方法生成，通过多场景、多台站应用，利用专家指导对算法识别结果进行纠正，经过算法反复迭代，可大大提高设备对图像的识别准确率(图 5.3.3.1)。

图 5.3.3.1　CAWS3000-VE 植被生态自动观测系统图像解析实例

(2)功能特点

植物在生长的不同阶段或受到某些胁迫时，都有着不同的光谱特征，通过此系统可进行高频、连续的取样，避免了关键物候时期的遗漏；可获取各阶段植被各阶段生长状况，为是否需要人为干预植被生产提供参考依据。对区域植被覆盖情况进行观测；数据结果可与卫星图像进行对比分析；软件算法可在线更新、升级；长期无人值守测量；易安装、便于维护；测量精度高，无须人工参与；数据采集密度可以自行设置；状态监控；支持交流、太阳能供电方式；可单站应用也可组网，无线数据传输；大容量数据存储器。

(3)组成结构

主要由数据采集系统和用户应用平台组成。数据采集系统主要包括自动气象站、网络摄像机、图像采集器及通信系统。自动气象站主要采集常规要素气压、温度、湿度、雨量、风向、风速等。网络摄像机通过红外、可见光的多个波段光谱对目标区域观测进行定时拍摄。图像采集器对自动站和网络摄像机的数据进行采集。通信系统主要包括 4G 无线网络及局域网光纤。用户应用平台主要对采集的数据进行数据算法分析，得出植被覆盖度的情况(图 5.3.3.2)。

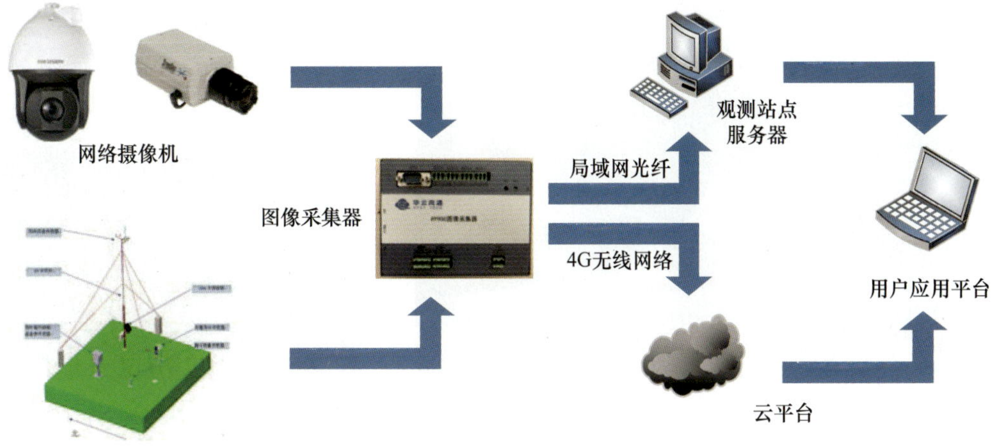

图 5.3.3.2　CAWS3000-VE 植被生态自动观测系统组成

（4）性能指标（表 5.3.3.1）

表 5.3.3.1　CAWS3000-VE 植被生态自动观测系统性能指标

要素	主要指标	要素	主要指标
植被长势图像	2592×1944	电源要求	DC 12 V/DC 24 V
最大传输速度	10 帧/s	工作温度	−40～50 ℃
像素	500 万	通信接口/方式	RS-232、DB9、4G 无线
网络接口	RJ45、10～100 以太网	供电系统	太阳能供电
植被指数	NDVI		

（5）业务应用

归一化植被指数 NDVI 是目前应用广泛的植被指数。不同的 NDVI 值对应不同的土壤类型，可以进行土地覆被方面的研究；NDVI 20 余年的时序资料可用于研究植被动态，以及与相关生态因子的相关性研究；卫星遥感技术具有覆盖面广、获取数据快等特点，可以用于环境、植被等的监测；应用 NDVI 发展生态学模型，可以开展生态学模拟研究，并在实地检验过程中完善。NDVI 指数虽然存在容易饱和、校正有限、噪声较多等缺点，而且已经发展了新的替代性指数，但其特有的优点仍将使其在今后的研究中发挥重大作用。植被指数是基于植物的光谱特征，将可见光与近红外遥感光谱观测通道进行组合运算而得到的数据。迄今为止，植被指数已经发展到 40 余种。其中，AVHRR-NDVI 是目前应用广泛的植被指数，应用领域包括土地利用、产量预报、区域检测以及生物地理学和生态研究等。NDVI 已经积累了 20 余年的数据资料，应用研究颇具成效（图 5.3.3.3～图 5.3.3.6）。

图 5.3.3.3　CAWS3000-VE 植被生态自动观测系统应用场景 1

图 5.3.3.4　CAWS3000-VE 植被生态自动观测系统应用场景 2

图 5.3.3.5　CAWS3000-VE 植被生态自动观测系统应用场景 3

图 5.3.3.6　CAWS3000-VE 植被生态自动观测系统应用场景 4

5.3.4 DZZZ-AOSA 农业生态气象观测系统(航天新气象)

(1)观测原理

DZZ4-AOSA 农业气象生态气象观测系统采用成熟的、稳定的、先进的多种传感器测量技术并结合信号处理、图像识别、数据传输、监控和业务应用软件等综合设计而成。其中,基于 B/S 架构设计的专业化业务软件,支持可视化气象数据展示;基于深度学习的作物长势自动观测系统,支持多种作物生长状况判识。

(2)功能特点

是一套集多种测量要素为一体,能够充分感知作物生长环境和作物生长状况的自动化观测系统。该产品在满足农业气象业务需求的同时,还可以开展农田生态系统环境要素实时监测、耕作制度监测、作物生育期动态监测、作物叶面积与生物量动态监测、作物收获期植株性状监测、作物产量监测以及作物品质、农田养分、土壤墒情、面源污染等方面的生态气象监测。系统具有稳定性、可靠性高等特点,平均故障间隔时间(MTBF)大于 10000 h。

(3)组成结构

整套系统包括农田小气候观测子系统、作物发育期观测子系统、株间小气候观测子系统、安全监控子系统及供电子系统。各子系统之间采用模块化设计的思路,降低耦合度,提高稳定性,子系统搭配组合更加灵活(图 5.3.4.1)。

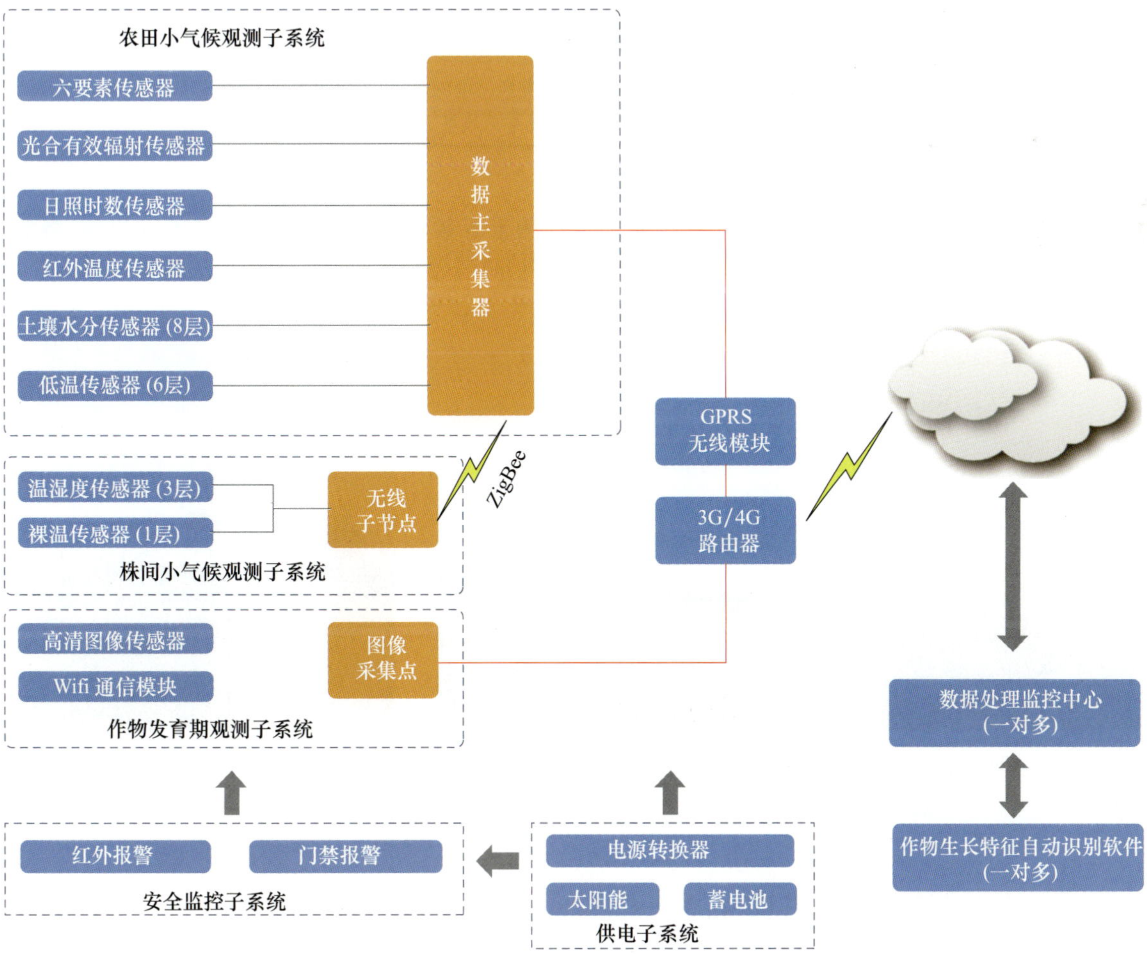

图 5.3.4.1 DZZZ-AOSA 农业生态气象观测系统组成

(4)性能指标(表 5.3.4.1)

表 5.3.4.1 DZZZ-AOSA 农业生态气象观测系统性能指标

要素	测量范围	分辨力	准确度
气温	−40～50 ℃	0.1 ℃	±0.3 ℃
作物层气温	−40～60 ℃	0.1 ℃	±0.3 ℃
相对湿度	0～100%	1%	±3%(≤80%); ±5%(>80%)
风向	0～360°	3°	±5°
风速	0～75 m/s	0.1 m/s	±(0.3+0.03 v)m/s(v 为实际风速)
降水量	雨强 0～4 mm/min	0.1 mm	±0.4 mm(≤10 mm); ±4%(>10 mm)
总辐射	0～1400 W/m²	5 W/m²	±5%(曝辐量日累计)
光合有效辐射	0～5000 μmol/(m² · s)	10 μmol/(m² · s)	±10%(曝辐量日累计)
日照时数	0～24 h	1 min	±10%(月累计)
冠层红外温度	−40～70 ℃	0.1 ℃	±0.5 ℃
土壤湿度	0～100%	1%	±2.5%(实验室); ±5%(田间)
土壤温度	−40～80 ℃	0.1 ℃	±0.2 ℃(−40～50 ℃); ±0.5 ℃(50～80 ℃)
图像传感器	焦距:6～180 mm(30 倍光学变焦);分辨率:2560×1920(有效像素大于 500 万);可实现大宗作物生育期、覆盖度、叶面积指数、密度、株高和干物质重量等长势状况自动判别		

(5)业务应用

该系统广泛应用于农业生产、生态气象科研和标准测量等领域,可安装于国家基本气象站、各种(常规)气象观测站、其他行业(如林业、农业、石油、电力、水利等)气象监测站(图 5.3.4.2、图 5.3.4.3)。

图 5.3.4.2 DZZZ-AOSA 农业生态气象观测系统安装应用场景 1

图 5.3.4.3 DZZZ-AOSA 农业生态气象观测系统安装应用场景 2

5.3.5 DZN1 型生态气象观测站(天津中环天仪)

(1)观测原理

DZN1 型生态气象观测站是一种可以自动观测、自动储存的气象设备,可以实时监测风向、风速、气温、相对湿度、气压、能见度、雨量、二氧化碳、臭氧、负氧离子、可吸入颗粒物 PM_{10} 和 $PM_{2.5}$、紫外辐射等多种生态气象要素，有多种类型。传感器将生态气象要素物理量转换成电信号或数字信号，数据采集器对气象、生态要素传感器测量信号进行采集，并对采样数据进行控制运算、数据计算处理、数据质量控制、数据记录存储，然后由通信设备将观测数据传输到本地数据显示终端或远程数据监控中心的计算机上。

(2)功能特点

该生态气象站是针对海洋气象观测场合高温、高湿、高盐雾、强风的气候环境特点而专门设计的一款高精度海洋生态气象站，各项功能性能符合中国气象局《海滨(海岛、石油平台)自动气象站功能规格需求书》的要求。其主要技术特点如下。

气象和生态要素测量：风向、风速、降水量、气温、湿度、气压、能见度、二氧化碳、臭氧、负氧离子、可吸入颗粒物 PM_{10} 和 $PM_{2.5}$、紫外辐射等。采样和算法：符合中国气象局《海滨(海岛、石油平台)自动气象站功能规格需求书》要求。数据质量控制：具有内置质量控制算法，提高观测数据质量。数据传输：支持本地有线/无线传输和远程 2G/3G/4G、北斗卫星传输等，支持北斗和 2G/3G/4G 冗余通信，提高数据传输的可靠性。数据存储：数据采集器内部数据存储、CF 卡数据存储。强风传感器双套冗余热备份：提高风观测数据的可靠性。供电：采用蓄电池供电并支持交流电源、太阳能等辅助电源为蓄电池浮充电或风光互补供电，蓄电池容量可满足 15 d 超长待机。环境适应性设计：抗风强度达到 75 m/s，IP65 防护等级，316 不锈钢材质，具有抗强风、耐高低温、防盐雾腐蚀、防潮湿和防霉设计，满足海洋气候环境要求。

(3)组成结构

该生态气象站由生态气象设备和数据监控中心组成。生态气象设备由气象生态传感器、数据采集器、外围设备(电源、通信设备、本地数据显示终端等)组成。数据监控管理中心主要用于与远程通信设备通信，接收生态气象站设备的观测数据，并将这些数据加工成符合规范要求的文件形式，实现报文上传和报文入库功能。生态气象站系统组成结构如图 5.3.5.1 所示。

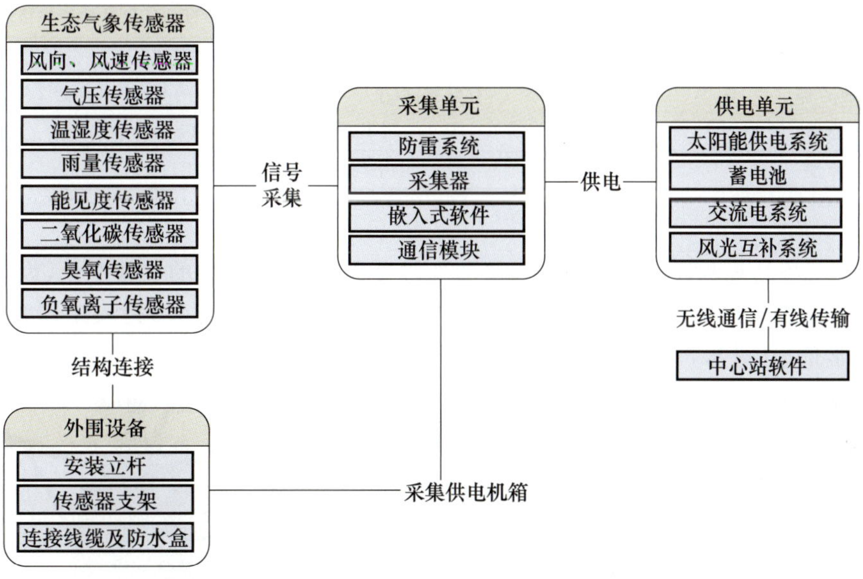

图 5.3.5.1 DZN1 型生态气象观测站结构图

(4)性能指标(表 5.3.5.1、表 5.3.5.2)

表 5.3.5.1 DZN1 型生态气象观测站性能指标

测量要素	范围	分辨力	最大允许误差
气压	500～1100 hPa	0.1 hPa	±0.2 hPa
气温	−50～60 ℃	0.1 ℃	±0.2 ℃
相对湿度	0～100%	1%	±4%(≤80%)
			±8%(>80%)

续表

测量要素	范围	分辨力	最大允许误差
风向	0°～360°	3°	±3°
风速	0～100 m/s	0.1 m/s	±(0.5+0.03 v)m/s
降水量	0～4 mm/min	0.1 mm	±0.4 mm(≤10 mm)
			±4%(>10 mm)
二氧化碳	0～2000 ppm	1 ppm	±5%
臭氧	0～100 ppm	0.1 ppm	±3%
能见度	10～30000 m	1 m	±10%(≤1500 m)
			±20%(>1500 m)
负氧离子	0～5 万个/cm^3	10 个/cm^3	±15%

表 5.3.5.2　DZN1 型生态气象观测站其他主要技术参数

要素		主要指标
环境条件	工作温度	−45～75 ℃
	相对湿度	0～100%
	环境风速	0～100 m/s
	降水强度	0～6 mm/min
	外壳防护	机箱等暴露于露天环境的部件的外壳防护等级：IP66
	抗盐雾能力	符合《环境试验 第 2 部分：试验方法 试验 Kb：盐雾，交变(氯化钠溶液)》(GB/T 2423.18—2012)规定的盐雾试验要求
电磁兼容性		满足中国气象局《海滨(海岛、石油平台)自动气象站功能规格需求书》要求
内置时钟准确度		月累计误差不大于 10 s
数据存储		存储器：取决于 CF 卡容量，1 GB 的 CF 卡可存储 2 年数据
可靠性		平均故障间隔时间(MTBF)≥10000 h
维修性		平均故障修复时间(MTTF)≤30 min

(5)业务应用

DZN1 型生态气象站观测通过监测生态环境的气候要素，揭示该地区的气候变化，为保护该地区的生态环境提供及时准确的气象资料，根据当地的气候特点进行分析，提出建议，为人工影响天气、生态环境修复工作提供科学依据(图 5.3.5.2、图 5.3.5.3)。

图 5.3.5.2　DZN1 型生态气象观测站采集器

图 5.3.5.3　DZN1 型生态气象观测站传感器

5.3.6 MAOS 小气候自动观测仪(上海气象仪器)

(1)观测原理

MAOS 小气候自动观测仪上挂接的各传感器实时采集数据信息，按照用户设置的时间间隔实时发送测量数据，最终显示在显示终端上，可以进行现场读数。

(2)功能特点

可以对环境的气象要素进行全自动观测，能实时测量温度、湿度、辐射、土壤水分和地温；按照用户设置的时间间隔实时发送测量数据；有显示终端可以进行现场读数；可通过内部的 GPRS 无线通信模块实现多个便携自动气象站组网观测；也可以通过 RS-232 或 RS-485 方式通信将测量并存储的数据输出到计算机形成文本文件；可选卫星或短距离无线传输；可手持、车载或固定安装使用。

(3)组成结构

MAOS 小气候自动观测仪主要由传感器、数据采集箱(包括电源、采集器、无线通信模块等)、固定支架、拉绳、地锚、便携包装箱、附件等部分组成。

(4)性能指标(表 5.3.6.1)

(5)业务应用

适用于军事、科考、生态、体育比赛、环保、消防等机动气象观测领域(图 5.3.6.1)。

表 5.3.6.1 MAOS 小气候自动观测仪性能指标

测量要素	测量范围	分辨力	测量精度
温度	−50～50 ℃	0.1 ℃	±0.2 ℃
相对湿度	5%～100%	1%	±2%(≤90%); ±3%(>90%)
光合有效辐射	0～4000 μmol		
二氧化碳浓度	0～5000 ppm	1 μmol	<±(50 ppm+测量值×3%)
土壤水分	0～100%	1%	±0.02 m^3/m^3
总辐射	0～2000 W/m^2	1 W/m^2	
地温	−50～80 ℃	0.1 ℃	±0.3 ℃
风向	0～360°	3°	±3°
风速	0～60 m/s	0.1 m/s	±0.3 m/s(≤10 m/s); ±0.03 v(>10 m/s)
降水量	雨强 0～4 mm/min	0.1 mm	±0.4 mm(≤10 mm); ±4%(>10 mm)
气压	500～1100 hPa	0.1 hPa	±0.25 hPa

图 5.3.6.1 MAOS 小气候自动观测仪应用场景

5.3.7 PASW-Ⅰ型便携自动土壤水分观测仪(上海气象仪器)

(1)观测原理

PASW-Ⅰ型便携自动土壤水分观测仪可通过其内的 GPS 实现现场定位；连接土壤水分传感器测量土壤的体积含水量，在输入相应参数的情况下可计算土壤的重量含水率、相对湿度和土壤水分贮存量；连接土壤温度传感器可以测量土壤的即时温度。

(2)功能特点

应用 FDR 原理的土壤水分测量传感器和数据采集技术于一体，具有现场测量和存储数据的功能，可以选配 GPS 模块。其传感器技术指标符合中国气象局土壤水分观测仪的设计要求并得到定型。便携式终端可通过其内的 GPS 实现现场定位；连接土壤水分传感器测量土壤的体积含水量，在输入相应参数的情况下可计算土壤的重量含水率、相对湿度和土壤水分贮存量；连接土壤温度传感器可以测量土壤的即时温度；通过 RS-232 通信接口可与计算机机连接，读取存储的数据及设置参数；可以通过局域网对数据进行汇总和网页发布。为便于野外作业，配专业手提箱，质量轻，配备延长工具，可使测量深度延至 60 cm。

（3）组成结构

该观测仪由手持终端、土壤水分传感器、土壤温度传感器和土钻等外围设备组成。

（4）性能指标（表 5.3.7.1）

表 5.3.7.1　PASW-Ⅰ型便携自动土壤水分观测仪性能指标

测量要素	测量范围	分辨力	测量精度
土壤水分测量范围	0～100%	1%	0～40%：≤±2%； 40%～100%：≤±3%
土壤温度	−40～80 ℃	0.1 ℃	±0.3 ℃
土壤水分传感器尺寸	不锈钢探针长 60 mm，探头总长 205 mm，配备延长工具，可使测量深度延至 600 mm		
土壤温度传感器尺寸	不锈钢探针长 350 mm，探头总长 430 mm		
GPS 定位准确度	10 m RMS，经纬度输出格式为度、分、秒		

（5）业务应用

该仪器能够对各类土壤和多种介质的水分进行测量，可作为水分定点监测或移动测量的基本工具，也可用于农业生产中的自动灌溉控制。广泛应用于气象、生态、农业、灌溉等领域的探测与研究（图 5.3.7.1）。

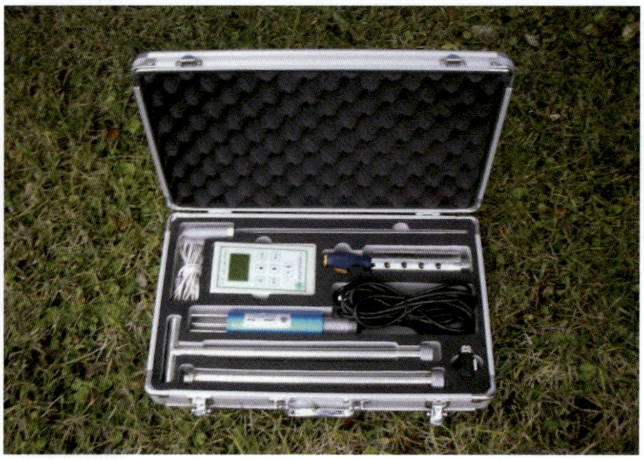

图 5.3.7.1　PASW-Ⅰ型便携自动土壤水分观测仪

5.3.8　PRD-756 光谱辐照度仪（安徽中科谱锐达）

（1）观测原理

PRD-756 光谱辐照度仪利用积分球余弦校正器接收入射光，精密跟踪太阳和遮挡太阳切换测量，通过光纤束导入光谱色散单元，线阵列探测器测量连续光谱辐射，获取地面入射光谱辐照度、天空漫射光辐照度和太阳直射光谱辐照度。

（2）功能特点

该光谱辐照度仪具有地面入射总光谱辐照度、天空漫射光谱辐照度、太阳直射光谱辐照度的全自动测量功能，为地表辐射观测、生态环境监测、气候变化研究、卫星遥感产品的真实性检验等提供基础数据。主要具备以下特点：全固化设计，坚固、耐用，低功耗、高稳定；宽光谱、高分辨率、低噪声、高精度；支持多种通信方式，具备强大远程监控功能；野外环境适应性设计，全天候无人值守自动观测。

(3)组成结构

主要由积分球余弦校正器、光纤束、分光探测模块、二维转动机构、太阳跟踪器、控制系统组成。

(4)性能指标(表 5.3.8.1)

表 5.3.8.1 PRD-756 光谱辐照度仪性能指标

要素	主要指标		
光谱波段	400～1000 nm	1000～1700 nm	1700～2500 nm
光谱分辨率	≤4 nm	≤12 nm	≤15 nm
信噪比	≥800@600 nm	≥1000@1500 nm	≥300@2100 nm
光谱辐照度定标精度	优于 5%		
通信方式	有线或无线方式		
环境感知	具有雨水感知和温、湿、压感知功能		
外壳防护等级	IP65 或以上		
环境温度	−30～60 ℃		
相对湿度	0～100%		
供电方式	市电		

(5)业务应用

PRD-756 光谱辐照度仪主要应用于卫星遥感产品校验场、国家基准气候站、各类辐射气象站(图 5.3.8.1、图 5.3.8.2)。

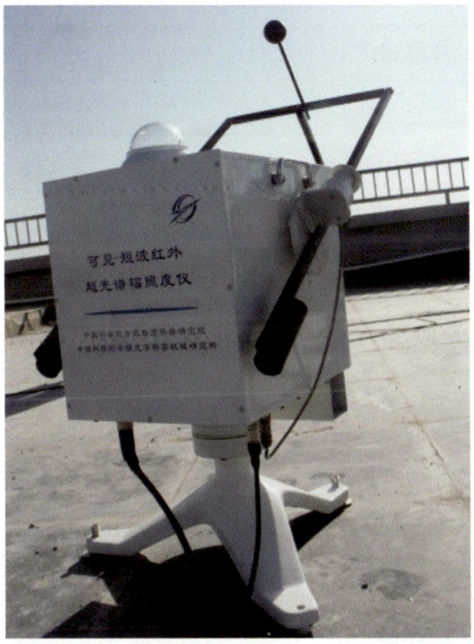

图 5.3.8.1 PRD-756 光谱辐照度仪应用场景1

图 5.3.8.2 PRD-756 光谱辐照度仪应用场景2

5.3.9 PRD-963 地面光谱辐射测量仪(安徽中科谱锐达)

(1)观测原理

PRD-963 地面光谱辐射测量仪采用地表反射观测镜头收集地表反射光谱辐射，余弦校正器接收天空入射光谱辐射，两路入射光切换进入分光探测模块测量得到地表反射辐亮度和天空入射光谱辐照度，两者的比值得到地表光谱反射率。

(2)功能特点

能够对可见光至短波红外波段的地表反射辐亮度、天空光辐照度、地表光谱反射率等多种地表光谱辐射参数进行全自动长序列测量，为生态环境监测、地表辐射平衡、气候变化研究、卫星遥感基础性产品的真实性检验等提供长序列基础数据。低功耗、自动化、高稳定、无人值守长期观测；宽光谱、高分辨率、低噪声、高精度、自校准；软硬件采用模块组合开放式设计，灵活组合应用；支持多种通信方式，具备强大远程监控功能；数据采集系统内核可靠性强，数据处理规范。

（3）组成结构

PRD-963 地面光谱辐射测量仪主要由地表反射观测镜头、余弦校正器、光纤束、分光探测模块、总控箱、自校准机构、支架附件组成。

（4）性能指标（表 5.3.9.1）

表 5.3.9.1 PRD-963 地面光谱辐射测量仪性能指标

要素	主要指标		
光谱波段	400～1000 nm	1000～1700 nm	1700～2500 nm
光谱分辨率	≤4 nm	≤12 nm	≤15 nm
信噪比	≥800@600 nm	≥1000@1500 nm	≥300@2100 nm
光谱辐亮度定标精度	优于 5%		
光谱辐照度定标精度	优于 5%		
光谱反射率测量精度	优于 3%（非吸收波段）		
通信方式	有线或无线方式		
环境感知	具有雨水感知和温、湿、压感知功能		
外壳防护等级	IP65 或以上		
环境温度	−30～60 ℃		
相对湿度	0～100%		
供电方式	市电		

（5）业务应用

PRD-963 地面光谱辐射测量仪主要应用于卫星遥感产品校验场、国家基准气候站、各类辐射气象站（图 5.3.9.1～图 5.3.9.3）。

图 5.3.9.1 PRD-963 地面光谱辐射测量仪外形图

图 5.3.9.2 PRD-963 地面光谱辐射测量仪外场观测图

图 5.3.9.3 PRD-963 地面光谱辐射测量仪观测运行图

5.3.10 REVOLVER30 环形轨道水质泥沙自动取样系统(南京思摩特)

(1)观测原理

REVOLVER30 环形轨道水质泥沙自动取样系统(图 5.3.10.1)是配套水环境监测中,除水质水量自动在线监测外,天然降雨事件或地表产流事件后进行自动水样留存取样系统。水质泥沙自动取样系统与主流技术雨量计或主流技术断面流量计配合使用,可以按等时、等水量(由流量时间累积得到水量)进行设定排程取样。REVOLVER30 环形轨道水质泥沙自动取样系统使用双 PAC 控制器对电源和通信进行隔离处理,控制器 1 负责时间信息、传感器数据输入、水泵控制以及流量算法和控制模型的运行,控制器 2 负责太阳能和蓄电池的充放电智能控制。

图 5.3.10.1 REVOLVER30 环形轨道水质泥沙自动取样系统外观

(2)功能特点

能够接入主流技术雨量计或主流技术断面流量计进行数据记录,并根据预设定参数进行水环境样品快速取样留存。支持扩展多参数水质传感器接入的数据记录,设备及接入传感器故障预警推送及设备维修记录、接入系统传感器定期校正事件记录。

按等时间间隔取样模式:以设定时间周期进行自动取样。

按等水量间隔取样模式 1:根据围堰水位数据和时间间隔积分运算流量值,当运算流量值达到预设值时进行自动取样。

按等水量间隔取样模式 2:根据翻斗径流传感器数据进行设定自动取样。

按等水量间隔取样模式 3:根据思摩特流量传感器值进行设定自动取样。

按其他自定义方式取样:最大支持三次函数运算变量值预设值进行自动取样。

(3)组成结构

REVOLVER30 环形轨道水质泥沙自动取样系统标准配置主要由 SR2000 环形轨道取样器,T20 流量泥沙分流预处理装置和 SS-XL05 翻斗称重式流量计组成。

(4)性能指标(表 5.3.10.1)

表 5.3.10.1 REVOLVER30 环形轨道水质泥沙自动取样系统性能指标

要素	主要指标	要素	主要指标
整机尺寸	高 130.0 cm,外直径 90.0 cm	取样方式设置	按流量(即产生过堰流量开始取样)或降雨触发,可以按等时、等水量(由流量时间累积得到水量)进行设定排程取样
质量	70 kg(包括电源系统和取样瓶)	置换清洗设置	每次取样前,吸水管可自动置换清洗最多 3 次,用户可设定
取样瓶最大容量	1000 mL	程序编辑方式	手机 App 配置软件界面进行
取样瓶材料	工程塑料	数据存储方式	内置实时数据库+历史数据库+内置 GPRS 传输通道
取样量重复性	±5 mL,或者平行样相差±5%	可扩展兼容的输入信号	脉冲、电压、电流、485modbusRTU、SDI-12
取样样品数	30 个样品,支持混合取样	电源	DC 9~36 V(40 W 太阳能供电系统+24 V 13 Ah 锂电池)
工作温度	5~60 ℃	通信方式	蓝牙 4.0,GPRS
泵头寿命	1 年以上	防护等级	IP65
取样频率选择	1 min~24 h,以 1 min 为增量		

(5)业务应用

该系统主要应用于土壤侵蚀(水土保持)原位监测及泥沙取样、农田面源污染原位监测及水质取样等领域。

5.3.11 SHMI2000 土壤水温盐检测仪(南京思摩特)

(1)观测原理

SHMI2000 土壤水温盐检测仪(图 5.3.11.1)是便携式原位同步测定土壤体积含水量、土壤温度、土壤电导率和土壤酸碱度参数的检测仪。

图 5.3.11.1 SHMI2000 土壤水温盐检测仪

土壤体积含水量测量技术，是通过频域法检测待测土壤介电参数，同时土壤温度及土壤电导测量数据补偿土壤介电测量参数，以此获得土壤含水量。

土壤电导测量技术，考虑探针与土壤的接触电阻对电导测量的影响，应用优化的电导探针结构设计及独立测量电路，使得在非常宽泛的电导率范围内去除接触电阻影响而准确测量土壤电导率。

土壤酸碱度测量技术，考虑测量电极与土壤接触界面动态变化的液接电位影响，是一种全新的分离式固态电极体系原位进行测量土壤 pH，替代传统玻璃电极测量体系。

以上的土壤参数测量技术都是考虑土壤测量环境不同于大气测量环境和水体测量环境建立和发明的针对土壤多参数准确测量的仪表，并具备原位校准功能。

(2)功能特点

能够对土壤体积含水量、土壤温度、土壤电导率和土壤酸碱度等多种土壤环境要素进行原位监测和校准。

针对土壤环境建立原位测量技术；仪表主机除了具备土壤参数的测量功能以外，同步记录时间信息和原位测量的定位信息，可进行统计学和地统计参数分析，便于土壤调查；仪表交互界面还具备指导用户规范测量步骤，科学指导用户养成准确测量的习惯；专业用户可以直接应用于水环境温度、盐度和酸碱度快速测定。

(3)组成结构

SHMI2000 土壤水温盐检测仪由 SS-TRS403 型土壤水温盐三参数传感器、SS-Mnd01 土壤酸碱度传感器、SHMI2000 土壤多参数快速检测仪主机组成。

(4)性能指标(表 5.3.11.1)

表 5.3.11.1 SHMI2000 土壤水温盐检测仪性能指标

要素	主要指标			
	土壤水分	土壤温度	土壤电导率	土壤酸碱度(pH)
测量范围	0～1.0 m^3/m^3(0～100%)	−30～55 ℃	0～23 dS/m	1～14
分辨力	0.10%	0.1 ℃	0.001 mS/cm(0～5 dS/m), 0.01 mS/cm(5～23 dS/m)	1.00%
测量精度	±0.03 m^3/m^3(±3%) 原位校准后： <±0.02 m^3/m^3(±2%)	±0.3 ℃ (−30～0 ℃：±0.6 ℃)	±5%FS(0～5 dS/m： ±5%×测量值； 5～23 dS/m： ±10%×测量值)	±0.1
功耗	12 V 电压下，空闲时 14.9 mA，测量时 36 mA			无源
耐水级别	IP68			

(5)业务应用

主要应用于国家级土壤调查、场地修复土壤调查、生产建设项目水土保持监测调查、土壤墒情监测站辅助现场校准、盐碱地土壤盐分监测站辅助现场校准及土壤相关科学实验室土壤物理及土壤化学研究。

5.3.12 ZY1200 型便携式土壤水分速测仪(河南中原测控)

(1)观测原理

ZY1200 型便携式土壤水分速测仪(图 5.3.12.1、图 5.3.12.2)利用插针式土壤水分传感器,进行土壤水分测量,同时具备温度、电导率测量功能,可以方便有效地测量地温和土壤电导率。设备依据自动土壤水分观测仪功能需求书采用小型化设计,成为便携式土壤水分测量的专用仪器。

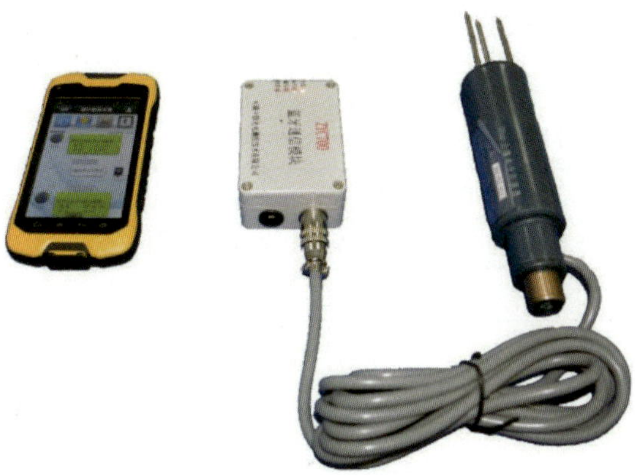

图 5.3.12.1 ZY1200 型便携式土壤水分速测仪外观图

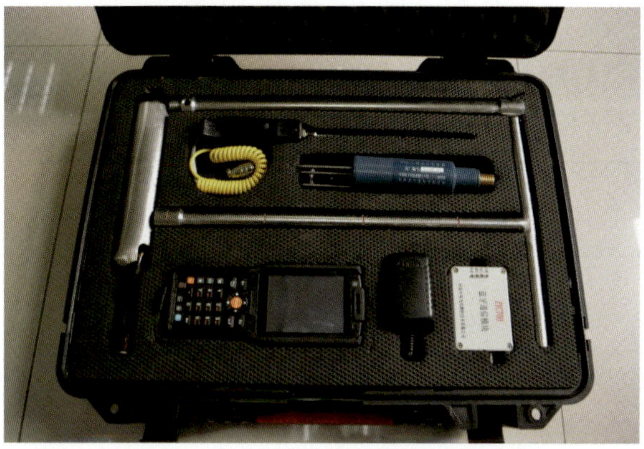

图 5.3.12.2 ZY1200 型便携式土壤水分速测仪装备图

(2)功能特点

设备小型化设计,便于携带,操作简单;多参数融合测量;低功耗、高可靠性;采用先进 FDR 检测技术,测量准确度高;现场测量数据可以直接上传至后台服务器。

(3)组成结构

由智能掌机、土壤水分温度盐分综合传感器、蓝牙采集器、取土工具等组成。

(4)性能指标(表 5.3.12.1)

表 5.3.12.1 ZY1200 型便携式土壤水分速测仪性能指标

要素	主要指标		
	土壤水分	土壤温度	电导率
测量范围	0～50%	35～60 ℃	0.01～1.5 S/m
分辨力	0.1%	0.1 ℃	0.01 S/m
测量精度	±2.0%(实验室); ±4%(田间)	±0.5 ℃	±2.0%或±0.005 S/m(取大值)
功耗	≤0.5 W		
耐水级别	IP68		

(5)业务应用

主要应用于气象、农业、水利等行业的土壤墒情普查、应急检测。

5.3.13 ZY1400 型一体式土壤水分观测仪（河南中原测控）

（1）观测原理

ZY1400 型一体式土壤水分观测仪，采用电容式频域反射法（FDR）原理进行土壤水分测量，通过检测因土壤中含水量变化引起的振荡电路固有频率变化，从而反演出土壤水分。

（2）功能特点

高度集成，实现低功耗、小型化设计，安装、维护更加便捷。超低功耗设计，最长可工作 1 年以上；多参数测量，可同步测量土壤水分、温度等参数；传输方式灵活，4G 与 ZigBee 数据传输可选；防盗报警，自带震动传感器、GPS 定位功能；无线调试，可通过蓝牙无线传输，非接触调试；占地面积小，最小占地面积为 20 cm×20 cm。

（3）组成结构

ZY1400 型一体式土壤水分观测仪由探测器、太阳能供电模块组成。

（4）性能指标（表 5.3.13.1）

表 5.3.13.1 ZY1400 型一体式土壤水分观测仪性能指标

要素	主要指标	
	土壤水分	土壤温度
测量范围	0～50%	35～60 ℃
分辨力	0.1%	0.1 ℃
测量精度	±2.0%（实验室）； ±4%（田间）	±0.5 ℃
功耗	<25 μA（静态）；<100 mA（采样或传输）	
耐水级别	IP67	

（5）业务应用

主要应用于气象、农业、水利等的土壤墒情、土壤温度的实时监测（图 5.3.13.1）。

图 5.3.13.1 ZY1400 型一体式土壤水分观测仪应用场景

5.3.14 ZY1700 型区域土壤水分自动观测仪（河南中原测控）

（1）观测原理

ZY1700 型区域土壤水分自动观测仪根据近地表宇宙射线快中子强度与土壤含水量呈反比关系的原理，利用架设在地表上方的中子探头测量宇宙射线快中子强度，从而反演出土壤含水量，并通过空气温度、相对湿度、气压等气象数据对结果进行修正，实现对周围百米级区域地表土壤水分的监测，填补了传统点测量和遥感大范围监测间的尺度空缺，是一种全新的土壤水分测量技术。

(2)功能特点

能够对区域土壤水分、风向、风速、空气温度、相对湿度、气压、雨量、总辐射等多种要素进行全天候自动监测。

无污染、连续、被动、非接触式原位测量；填补点测量法和遥感测量法之间的尺度空缺，可固定或移动测量；对土壤盐度、体积密度、质地和表面粗糙度不敏感；可穿透植被和冰雪覆盖，可测量固态水，拓展测量雪深及生物量；支持交流供电、太阳能供电等多种供电方式；支持4G/5G、RS-232/RS-485等多种通信方式，具备强大的远程监控功能。

(3)组成结构

由硬件和软件两部分组成。软件为采集器嵌入式软件；硬件主要包括传感器、数据采集器、通信单元、供电单元、外围设备(支架、机箱、避雷针)等部分(图5.3.14.1)。

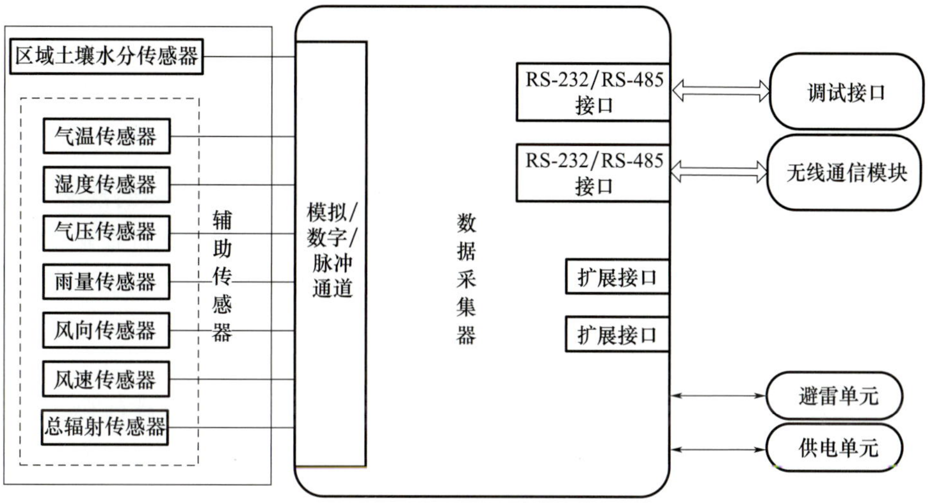

图5.3.14.1 ZY1700型区域土壤水分自动观测仪组成

(4)性能指标(表5.3.14.1)

表5.3.14.1 ZY1700型区域土壤水分自动观测仪性能指标

测量要素	测量范围	分辨力	最大允许误差
区域土壤水分	0～60%	0.1%	±4%
气温	−50～50 ℃	0.1 ℃	±0.2 ℃
相对湿度	0～100%	1%	±3%(≤80%)
			±5%(>80%)
气压	500～1100 hPa	0.01 hPa	±0.3 hPa
降水量	雨强 0～4 mm/min	0.1 mm	±0.4 mm(≤10 mm)
			±4%(>10 mm)
风向	0°～360°	3°	±5°
风速	0～60 m/s	0.1 m/s	±(0.5+0.03 v)m/s
总辐射	0～2000 W/m^2	1 W/m^2	±5%

(5)业务应用

该自动观测仪广泛应用于气象观测、农业生产、生态保护、水文水利、科研院所等行业领域。具体包括如下几个方面：墒情旱情监测预报；农业节水灌溉指导；土壤与气候变化研究；山洪地质灾害预警；卫星遥感产品地面验证；植被生态质量监测评价(图5.3.14.2)。

图 5.3.14.2　ZY1700 型区域土壤水分自动观测仪应用场景

5.3.15　ZY2000 型农业小气候自动观测站（河南中原测控）

（1）观测原理

ZY2000 型农业小气候自动观测站是通过建立实时作物-大气-土壤一体化观测的系统，对及时掌握作物生长状况、开展农事活动和现代化农田管理、科学评估气象因子对作物的影响、分析农业气象灾害实况与评估、制作作物产量预报、改进作物模型和陆面模型、提高卫星遥感应用的解译精度与验证能力等，具有重要应用价值。

（2）功能特点

能够实现空气温度、空气湿度、风向、风速、辐射、冠层叶温、降水量、二氧化碳（CO_2）浓度、地温、土壤湿度等多种要素全天候自动监测。全自动数据采集、传输及监控，稳定性好；要素完备且可扩充，要素与安装高度可灵活设置；支持有线和无线传输，具备一站多发功能；支持交流供电、太阳能供电等多种供电方式；可扩展性强，预留有接口，可与其他业务系统共享。

（3）组成结构

由硬件和软件两部分组成，硬件主要包括传感器、数据采集器和外围设备等，并支持土壤水分观测等传感器的接入。软件包括嵌入式软件和综合业务软件，嵌入式软件主要实现传感器数据的采集、存储、传输，综合业务软件主要实现对观测要素监控、识别与显示（图 5.3.15.1）。

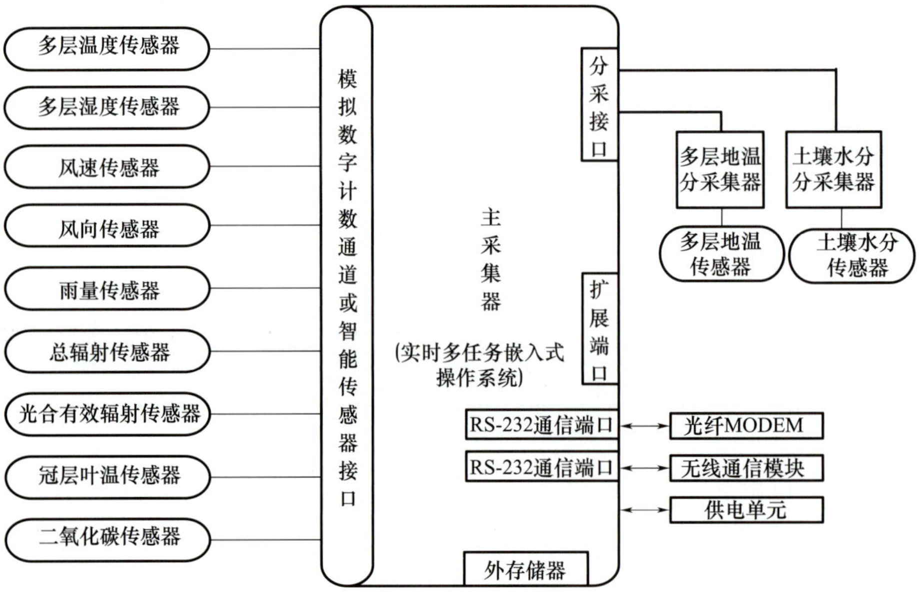

图 5.3.15.1　ZY2000 型农业小气候自动观测站组成

（4）性能指标（表 5.3.15.1）

表 5.3.15.1 ZY2000 型农业小气候自动观测站性能指标

观测要素	传感器类型	测量范围	准确度	分辨力
空气温度	铂电阻	−50～50 ℃	±0.2 ℃	0.1 ℃
空气相对湿度	电容式	5%～100%	±4%（≤80%）； ±8%（>80%）	1%
风向	风向标式	0°～360°	±5°	±3°
风速	风杯式	0～60 m/s	±(0.5+0.03 v)m/s， v 为实际风速	0.1 m/s
冠层红外温度	红外	−40～70 ℃	±0.5 ℃	0.1 ℃
雨量	翻斗式 0.1 mm	雨强 0～4 mm/min	±0.4 mm（≤10 mm）； ±4%（>10 mm）	0.1 mm
土壤温度	铂电阻	−30～60 ℃	±0.3 ℃	0.1 ℃
土壤相对湿度	FDR	0～50%	2.5%（实验室），5%（田间）	0.1%
冠层总辐射	热电堆	0～1400 W/m^2	日总量：±10%（日累计）	5 W/m^2
光合有效辐射	硅光电管	2～2000 μmol/(m^2·s)	日总量：±5%	1 μmol/(m^2·s)
CO_2 浓度	红外	0～2000 ppm	75 ppm 或 10%	1 ppm

（5）业务应用

该观测站广泛应用于气象、农业、科研院所等行业领域。具体包括如下几个方面：小麦、玉米、棉花等大田作物小气候观测；果树、牧草、烟草、设施农业等小气候观测；特色经济作物培育；现代农业产业园、农业高科技示范园区建设（图 5.3.15.2）。

图 5.3.15.2 ZY2000 型农业小气候自动观测站应用场景

5.3.16 ZY2100 型作物气象自动观测站（河南中原测控）

（1）观测原理

ZY2100 型作物气象自动观测站采用基于深度学习和激光点云的场景识别技术，构建农作物特征库，能够识别作物生长发育期、冠层高度、叶面积指数、覆盖度等特征参数，实现对作物生长特征的自动连续观测，可以广泛应用于农业生产、农业生态气象观测和农产品质量评估等领域。

（2）功能特点

能够实现农作物（小麦、玉米、棉花、水稻）生长发育期、冠层高度、叶面积指数、覆盖度等多种要素全天候自动监测。全自动数据采集、传输及监控，稳定性好；要素完备且可扩充，要素与安装高度可灵活设置；支持有线和无线传输，具备一站多发功能；自动识别发育期、冠层高度等 7 类特征参数；支持交流供电、太阳能供电等多种供电方式；可扩展性强，预留有接口，可与其他业务系统共享。

(3)组成结构

集作物生长状况观测、监控和分析于一体，由作物气象自动观测仪和业务软件组成，其中作物气象自动观测仪包括图像传感器、冠层高度传感器、视频传感器、图像采集器和外围设备，其中视频传感器为选装设备，可以与图像传感器合并；软件包括嵌入式软件和省级中心站综合业务软件(图 5.3.16.1)。

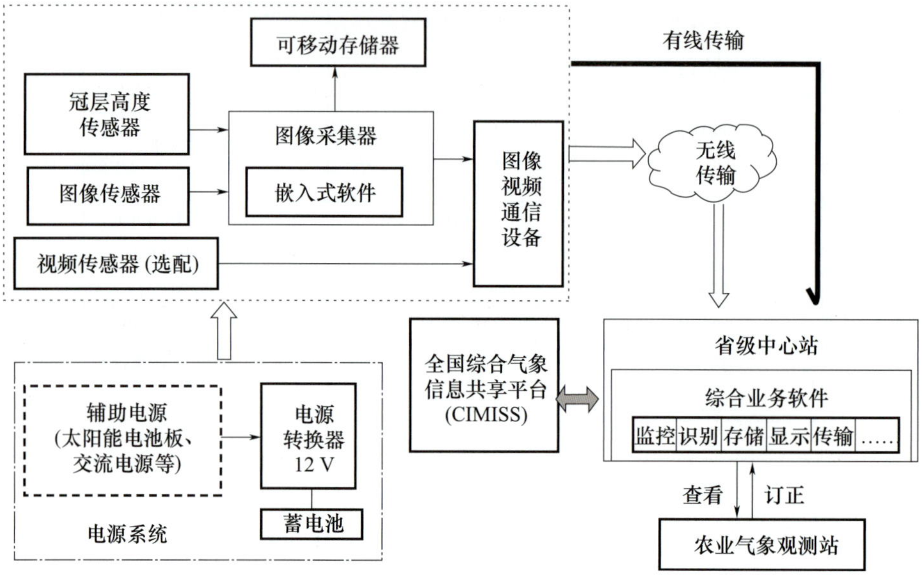

图 5.3.16.1　ZY2100 型作物气象自动观测站组成

(4)性能指标(表 5.3.16.1)

(5)业务应用

广泛应用于气象、农业、科研院所等行业领域。具体包括如下几个方面：大田和设施农业气象环境监测；农业试验站作物长势对比观测；科研院校实验；农业气象灾害监测和预警(图 5.3.16.2)。

表 5.3.16.1　ZY2100 型作物气象自动观测站性能指标

要素	主要指标
作物长势图片	输出图像格式：JPG； 有效分辨率：1000 万像素以上； 采集高度：4.5～6 m，可调； 拍摄角度：镜头中心延长线与地面垂直间的夹角不大于 45°； 拍摄目标面积≥5 m²； 采集频率≥4 次/d(默认时次为 10:00、12:00、14:00、16:00)
作物长势视频	有效分辨率：500 万像素以上； 变焦能力：30 倍光学变焦； 自动模式：自动对焦、自动曝光、自动自平衡、自动增益等； 云台水平角度：0°～360°；垂直角度：0°～90°
作物冠层高度	测量范围：0 ～10 m； 分辨力：1 cm； 区域最大允许误差：±3 cm； 单点最大允许误差：±0.8 cm
工作温度	−40～85 ℃
通信方式	全网通 4G/5G/光纤/WiFi
供电方式	供电方式：AC 220 V 或太阳能供电； 蓄电池：在无充电条件下 7 d 正常工作； 输入电压：DC 12 V
防护等级	IP65

图 5.3.16.2　ZY2100 型作物气象自动观测站应用场景

5.3.17 ZY2200 型牧草生态自动观测站(河南中原测控)

(1)观测原理

ZY2200 型牧草生态自动观测站基于物联网智能感知、图像处理、机器学习和三维激光测量等技术,集牧草长势分析、冠层高度测量、牧区安全及实景监控于一体,并将监测信息及时传送到数据中心分析处理,为牧草长期动态监测提供科学数据,同时也为牧草长势、产量预报、牛羊天气指数保险、生态环境植被状况以及气候影响评估等牧业气象服务与科学防灾减灾提供参考依据。

(2)功能特点

能够实现牧草生长发育期、冠层高度、植被指数、叶面积指数、蓄积量、覆盖度等多种要素全天候自动监测。

全自动数据采集、传输及监控,稳定性好;要素完备且可扩充,要素与安装高度可灵活设置;支持有线和无线传输,具备一站多发功能;自动识别牧草种类、发育期和冠层高度等特征参数;蓄电池供电,支持太阳能和 220 V 市电供电;业务软件功能设计合理,功能完备、使用方便;可扩展性强,预留有接口,可与其他业务系统共享。

(3)组成结构

主要包括用于采集牧草生长实景的图像传感器,用于采集牧草生长高度的冠层高度测量仪,用于数据采集、处理、存储、上传的采集器,用于数据传输的网络传输模块,用于系统供电的供电系统(包括蓄电池、太阳能板、太阳能控制器等),以及用于固定采集箱、传感器、太阳能板的结构件。

(4)性能指标(表 5.3.17.1)

表 5.3.17.1 ZY2200 型牧草生态自动观测站性能指标

要素	主要指标
观测项目	牧草种类:老芒麦、早熟禾、中华羊茅、鹅观草等; 牧草长势:发育期(出苗期、返青期、分蘖期、抽穗期、开花期、成熟期、黄枯期)、盖度、冠层高度、体积量等
牧草长势图片	输出图像格式:JPG;有效分辨率:1000 万像素以上;采集高度:4.5~6 m,可调; 拍摄角度:镜头中心延长线与地面垂直间的夹角不大于 45°;拍摄目标面积:≥5 m²; 采集频率:≥1 次/d(可根据业务需要,实时增加牧草图像采集频次)
牧草冠层高度	测量范围:0~10 m;分辨力:1 cm;区域最大允许误差:±3 cm;单点最大允许误差:±0.8 cm
植被指数	测量范围:−1~1;分辨力:0.001;最大允许误差:±5 %
工作温度	40~85 ℃
通信方式	全网通 4G/5G/光纤/WiFi
供电方式	供电方式:AC 220 V 或太阳能供电;蓄电池:在无充电条件下 7 d 正常工作;输入电压:DC 12 V
防护等级	IP65

(5)业务应用

广泛应用于气象、畜牧业、科研院所等行业领域。

具体包括如下几个方面:牧草长势分析和产量预报;牛羊天气指数保险评估;生态环境植被状况以及气候影响评估;牧业气象服务(图 5.3.17.1)。

图 5.3.17.1　ZY2200 型牧草生态自动观测站应用场景

5.3.18　ZY4000 型土壤冻融自动观测仪（河南中原测控）

（1）观测原理

ZY4000 型土壤冻融自动观测仪是根据土壤冻融过程中介电常数的变化特性和地表能量收支情况，利用 LC 振荡电路频率响应变化的原理，将土壤介电常数转换为频率信号，通过分析土壤冻结前后频率的变化规律，结合土壤热通量和温度建立土壤冻融状态判别模型，实现土壤冻融过程关键水热参数的自动监测。

（2）功能特点

能够对冻土深度、地温和土壤热通量等多种要素进行全天候监测。直接测量土壤真实冻结深度，准确度高；无人值守，全天候自动监测；冻土深度、梯度土壤水分和地温等多参数测量，模块化设计，传感器可根据测量深度需求配置；插管式结构，不破坏土层，安装维护方便；识别降水渗透深度、作物根系深度，预测山体滑坡等。

（3）组成结构

由频域反射（FDR）式冻土多参数传感器、土壤热通量板、数据采集器、供电单元、通信单元和外围设备组成。冻土多参数传感器由控制处理单元和若干层传感单元组成，传感单元由检测电容、信号处理电路、温度传感器和接口电路组成；土壤热通量板是基于热电堆的传感器，观测仪组成如图 5.3.18.1 所示。

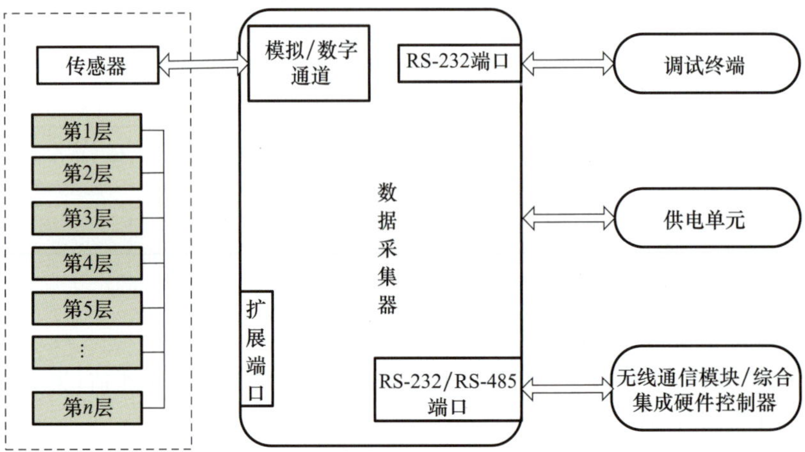

图 5.3.18.1　ZY4000 型土壤冻融自动观测仪组成

（4）性能指标（表 5.3.18.1）

表 5.3.18.1　ZY4000 型土壤冻融自动观测仪性能指标

要素	主要指标
测量要素	冻结层次及其上下限深度、土壤温度、土壤水分、土壤热通量
冻土深度	测量范围：0～320 cm，根据测量深度可配置；分辨力：1 cm；最大允许误差：±2 cm
土壤温度	测量范围：－50～60 ℃；分辨力：0.1 ℃；最大允许误差：±0.5 ℃
土壤水分	测量范围：0～60%（体积含水量）；分辨力：0.1%；最大允许误差：±5%（体积含水量）
土壤热通量	测量范围：－2000～2000 W/m^2；分辨力：1 W/m^2；最大允许误差：±3%
工作温度	－50～80 ℃
通信方式	RS-232/RS-485/GPRS/4G/5G/北斗等
供电方式	供电方式：AC 220 V 或太阳能供电；输入电压：DC 12 V；蓄电池：在无充电条件下 7 d 正常工作
功耗	≤3 W
平均故障间隔时间	＞8000 h
防护等级	IP65

（5）业务应用

广泛应用于气象、农业、交通、科研院所等行业领域。气象领域：土壤冻融观测为气候变化研究提供科学的数据资料，为气象灾害预警预报服务提供决策依据。农业领域：土壤墒情、冻土及地表能量收支观测可提升作物生长的土壤环境监测水平，为地下害虫繁殖评估、春耕和灌溉服务提供决策依据。交通领域：为冻土区公路、铁路等交通运输线路基沉降和变形提供冻融状态、深度变化等实时数据，为冻土区基础设施建设的科学决策提供依据。科研等其他领域：为水文科学实验研究提供土壤水分、地温、冻土深度等实时变化数据资料（图 5.3.18.2）。

图 5.3.18.2　ZY4000 型土壤冻融自动观测仪应用场景

5.3.19　ZY4200 型雪山冰川自动观测站（河南中原测控）

（1）观测原理

ZY4200 型雪山冰川自动观测站利用激光雷达测量原理实现对雪厚、冰川的轮廓、面积和变化量（厚度、运动速度、末端、雪线）等相关要素的自动连续观测，为及时掌握气候条件对雪山冰川环境的影响、实现地区生态环境可持续发展提供科学依据。

（2）功能特点

能够对冰川气象环境（降水量、温度、湿度、风向、风速、气压、总辐射）、雪厚、冰川的轮廓、面积和变化量（厚度、运动速度、末端、雪线）等多种要素进行全天候自动监测。全自动数据采集、传输及监控，稳定性好；要素完备且可扩充；支持有线和无线传输，具备一站多发功能；蓄电池供电，支持太阳能和220 V市电供电；业务软件功能设计合理，功能完备、使用方便；可扩展性强，预留有接口，可与其他业务系统共享。

（3）组成结构

由硬件设备和软件组成，其中硬件设备由冰川小气候自动观测仪、激光雷达、光场相机、光束定向器、雪厚自动观测仪、冻土自动观测仪等组成；软件包括嵌入式软件和中心站综合业务软件。

（4）性能指标（表5.3.19.1）

表5.3.19.1　ZY4200型雪山冰川自动观测站性能指标

设备名称	要素及其主要指标
小气候自动观测仪	①空气温度传感器 测量范围：−50～50 ℃；分辨力：0.1 ℃；最大允许误差：±0.2 ℃；时间常数：≤20 s（通风速度2.5 m/s）。 ②湿度传感器 测量范围：5%RH～100%RH；分辨力：1%RH；最大允许误差：±3%RH（≤80%RH）；±5%RH（>80%RH）。 ③风向传感器 测量范围：0°～360°；分辨力：3°；最大允许误差：±5°。 ④风速传感器 测量范围：0～60 m/s；分辨力：0.1 m/s；最大允许误差：±（0.5＋0.03 v）m/s，v为实际风速；最大允许误差：±5%（日累计）； 相同类型传感器具有互换性（允许用计算机一次性设置灵敏度参数）。 ⑥气压传感器 工作温度：−20～85 ℃；准确度：±0.4 hPa；测量范围：350～1100 hPa
激光雷达	测量距离：2 km；测量精度：0.3 m；扫描角度：垂直100°，水平360°
光场相机	测量距离：2 km；分辨率：单帧图像1 M像素，点云数量1 k，横向平均分辨率0.01 m，纵向平均分辨率1 m；拍摄面积：单帧画幅12 m×12 m，扫描融合为全景；提供数据：高清彩色三维图像
光束定向器	口径：550 m；缩束倍率：5.5；扫描角度：垂直−10°～90°，水平360°
雪厚自动观测仪	测量距离：≤5 m；测量精度：0.02 m；测量面积：1 m^2
冻土自动观测仪	冻土深度测量范围：0～320 cm，根据测量深度可配置；冻土深度分辨力：0.1 cm；冻土深度最大允许误差：±2.5 cm。 地温测量范围：−45～75 ℃；地温分辨力：0.1 ℃；地温最大允许误差：±0.5 ℃

（5）业务应用

ZY4200型雪山冰川自动观测站广泛应用于气象、生态保护、水文水利、科研院所等行业，包括区域气候变化研究、水文资源研究、生态环境保护等领域。

5.3.20　ZY6100型植被生态自动观测仪（河南中原测控）

（1）观测原理

ZY6100型植被生态自动观测仪通过在植被冠层架设图像传感器，利用深度学习方法，计算出植被盖度、植株密度；通过在植被冠层架设激光传感器，利用激光测距原理及数学三角变换，实现冠层高度测量；利用激光点云传感器并将数据经过去噪、滤波、重构、校正处理后得到植被冠层群落结构；通过布设一定数量的双通道光量子（红光、近红外）传感器，实现植被指数的测量，且可计算出植被大气阻抗植被指数、增强植被指数等多种植被指数。植被生态自动观测仪对及时掌握植被生长状况、科学评估气象因子对生态环境的影响、分析生态气象灾害实况与评估、制作生态环境良好发展预报、提高卫星遥感应用的解译精度与验证能力等，具有重要应用价值。

(2)功能特点

能够对植被长势实景图像、植被群落结构、冠层高度、覆盖度、植株密度、植被指数、物候等植被生长特征参数进行长期、自动、连续观测。观测植被种类多，涵盖针叶林、阔叶林、牧草、农作物等；自动测量植被长势图像、植被盖度、密度、冠层高度、归一化植被指数(NDVI)、物候、群落结构等参数，测量精度高、速度快；具有分布式自动观测能力，观测要素灵活组合；全自动数据采集、传输及监控，设备稳定可靠；支持有线和无线传输，具有一站多发功能；可扩展性强，预留有接口，可与其他业务系统共享。

(3)组成结构

ZY6100型植被生态自动观测仪由硬件和软件两部分组成，硬件主要包括图像传感器、三维激光扫描仪、激光点云传感器、双通道光量子传感器、物候传感器、综合采集器、通信单元、供电单元、外围设备(支架、机箱、避雷针)等部分。软件包括嵌入式软件和综合业务软件，嵌入式软件主要实现传感器数据的采集、存储、传输，综合业务软件主要实现对植被生态观测要素监控、识别与显示(图5.3.20.1)。

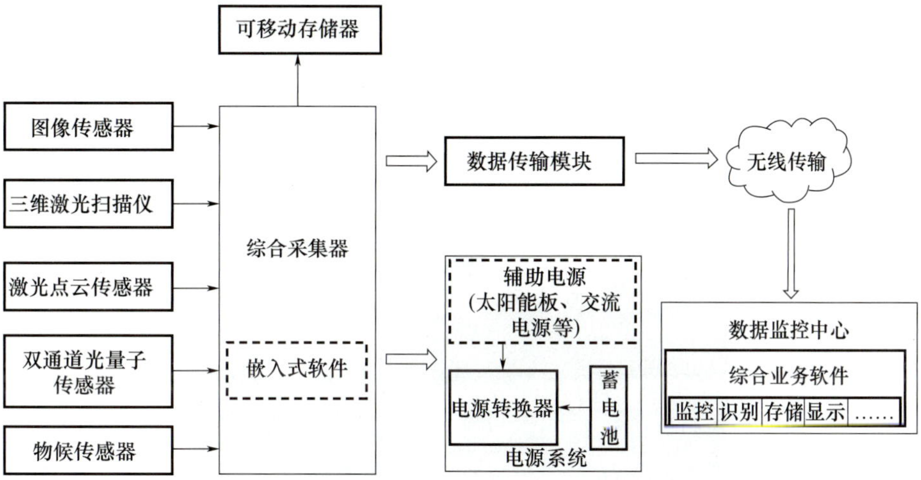

图5.3.20.1 ZY6100型植被生态自动观测仪组成

(4)性能指标(表5.3.20.1)

表5.3.20.1 ZY6100型植被生态自动观测仪性能指标

要素	主要指标
植被长势图像	输出图像格式：JPG或TIF；有效分辨率：2000万像素及以上； 采集高度：可调节，最低高度≥4.5 m，最高≤10 m；拍摄角度：镜头中心延长线与地面垂直间的夹角不大于45°； 拍摄目标面积≥5 m²； 采集频率：1次/h，可配置，每天≥4次(默认为10:00、12:00、14:00、16:00)
植被盖度	测量范围：0～100%；分辨力：0.1%；最大允许误差：±10%
植被冠层高度	测量范围：0～10 m；分辨力：0.1 cm；最大允许误差：±2 cm
植被密度	测量范围：1～1000株/m²；分辨力：1株/m²；最大允许误差：±20%
植被叶面积指数	测量范围：0～10；分辨力：0.01；最大允许误差：±20%
植被指数	测量范围：－1～1；分辨力：0.001；最大允许误差：±5%
物候	实时监测植被的生长节律；实时获取植被物候变化特征场景图像及物候音频数据；实现植被物候期的分类识别，识别种类≥4种，识别精度≥80%；实现物候音频数据的分类识别，识别种类≥3种，识别精度≥80%
群落结构	实时监测植被群落的季相变化；生成植被冠层分布等高图；生成植被群落分布三维网格图；实现植被群落分布图像的采集
工作温度	－40～85 ℃

续表

要素	主要指标
通信方式	全网通 4G/5G/光纤/WiFi
供电方式	供电方式：AC 220 V 或太阳能供电；蓄电池：在无充电条件下 7 d 正常工作；输入电压：DC 12 V
防护等级	IP65

（5）业务应用

ZY6100 型植被生态自动观测仪广泛应用于气象观测、生态保护、科研院所等行业领域。具体包括如下几个方面：典型生态功能区气象环境监测；特种植被培育；院校科研实验；森林、农田、果园、草场监测和预警；卫星遥感产品地面验证（图 5.3.20.2）。

图 5.3.20.2　ZY6100 型植被生态自动观测仪应用场景

5.3.21　ZY6200 型物候自动观测仪（河南中原测控）

（1）观测原理

ZY6200 型物候自动观测仪主要监测生物长期适应温度条件的周期性变化，形成与此相适应的生长发育节律。观测仪由物候传感器（图像传感器、冠层高度传感器、群落结构传感器、动物物候观测传感器、日光诱导叶绿素荧光传感器、冠层温度传感器、植被指数传感器、土壤温湿度廓线传感器）、大容量数据采集器等核心部件组成，集物候变化特征场景图像采集、物候音频数据获取、生长环境参数测量及物候过程分析于一体，实现长期、自动和连续的物候监测，对探索自然季节现象变化规律、农林业生产、灾害评估等方面具有重要的意义。

（2）功能特点

能够对植被生长节律、物候种类、物候期等多种要素进行全天候自动监测。可自动获取、存储和传输植被物候变化特征场景图像及物候音频数据，传输时间范围和间隔可灵活配置；多要素观测且采集器提供冗余接口，提高系统的可扩展性；智能化的自动测量与分析，采集器内置多种计算模型，可直接输出观测结果；提供有线、无线多种通信方式，具备一站多发功能，提高系统的稳定性；低功耗，系统采用太阳能板和蓄电池的供电方式，无光照条件下可连续工作 15 d 以上；业务软件功能设计合理，功能完备、使用方便；系统稳定可靠，MTBF≥8000 h。

(3)组成结构

由图像传感器、冠层高度传感器、群落结构传感器、动物物候观测传感器、日光诱导叶绿素荧光传感器、冠层温度传感器、植被指数传感器、土壤温湿度廓线传感器、鱼眼相机、大容量数据采集系统、通信单元和供电单元组成；整套设备采用太阳能供电、无线传输的方式，工作稳定可靠(图 5.3.21.1)。

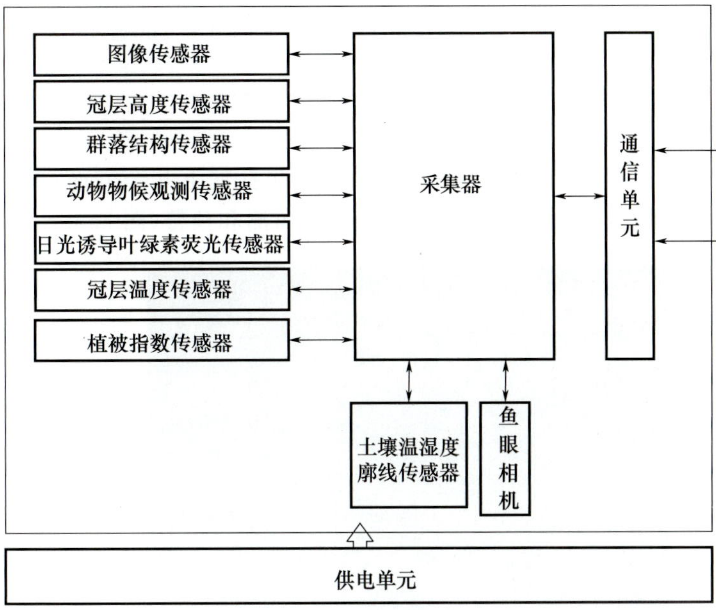

图 5.3.21.1　ZY6200 型物候自动观测仪组成

(4)性能指标(表 5.3.21.1)

表 5.3.21.1　ZY6200 型物候自动观测仪性能指标

要素	主要指标
植物物候观测系统	输出图像格式：JPG 或 TIF；有效分辨率：400 万像素以上； 冠层上方拍摄角度：镜头中心延长线与地面垂直间的夹角不大于 45°；冠层上方拍摄目标面积≥10 m^2； 采集频率，每天自动采集次数不少于 4 次(固定图像采集时次为 10：00、12：00、14：00 和 16：00)，可根据业务需要，实时增加图像采集频次。 植株盖度：测量范围：0～100%；分辨力：0.1%；最大允许误差：±10%。 植株密度：测量范围：1～1000 株/m^2；分辨力：1 株/m^2；最大允许误差：±20%。 发育期：实现植物物候期的分类识别，识别种类有小麦、玉米、棉花、水稻等，小麦、玉米、棉花、水稻；识别精度不小于 80%，其余植物可通过发育期积累制作发育期模型
动物物候观测系统	音频采样频率：48 kHz，每次采样 10 s，24 次/天；实现物候音频数据的分类识别，识别种类≥17 种，识别精度≥80%
冠层高度	测量范围：0～1000 cm；分辨力：0.1 cm；最大允许误差：±3 cm
植被指数	测量范围：－1～1；分辨力：0.001
叶面积指数	测量范围：0～10；分辨力：0.01；最大允许误差：±20%
群落结构	能够实时监测植物群落的季相变化，生成植被群落分布三维网格图。 测量范围：0～1000 cm；角度精度：≤0.1°；高度平均最大允许误差：±5 cm
叶绿素荧光	光谱范围：650～800 nm；光谱分辨率：0.3 nm；光谱采样间隔：0.17 nm；信噪比：1000：1； 采集电路积分时间：晴天太阳下行辐射采集积分时间优于 1 s，植被冠层上行辐射采集积分时间优于 2 s；采集通道：双光路设计； 具有控温功能，温控系统：采用半导体 TEC 制冷，PID 算法
冠层温度	测量范围：－40～80 ℃；分辨力：0.1 ℃；最大允许误差：±0.5 ℃

续表

要素	主要指标
土壤温湿度	测量范围：0～100 cm；垂直测点间距：10 cm； 土壤湿度(TDR)：测量范围：0～100%；分辨力：0.1%；最大允许误差：±2%； 土壤温度：测量范围：－40～50 ℃；分辨力：0.1 ℃；最大允许误差：±0.5 ℃
工作温度	－40～85 ℃
通信方式	全网通 4G/5G/光纤/WiFi
供电方式	供电方式：AC 220 V 或太阳能供电；蓄电池：在无充电条件下 7 d 正常工作；输入电压：DC 12 V
防护等级	IP65

(5)业务应用

广泛应用于气象、生态、林业、科研院所等行业领域。具体包括如下几个方面：典型生态功能区气象环境监测；卫星遥感产品地面验证；院校科研实验；农林业园区监测和预警(图 5.3.21.2)。

图 5.3.21.2 ZY6200 型物候自动观测仪应用场景

5.3.22 DAD1 型蒸发自动观测仪(河南中原测控)

(1)观测原理

DAD1 型蒸发自动观测仪采用称重式原理，使用高精度电阻应变式传感器获取蒸发皿中水的重量，基于水分蒸发与重量变化的关系，通过测量一定容积内的水重量变化，推导计算出水面蒸发量。内置温湿度传感器，获取蒸发观测时的周围环境温湿度数据，用于修正水面蒸发量。相较于传统的大型蒸发传感器，该观测仪具有安装简单、移动方便的特点；相较于传统小型蒸发传感器，该观测仪可实现数据实时自动观测，具有数据准确度高、系统稳定性强、不受区域位置和季节影响，可观测－40～60 ℃温度的水(冰)面蒸发量。

(2)功能特点

能够对分钟蒸发量、小时蒸发量、日蒸发量等数据进行自动监测。主动、被动测量模式可自由选择；精确度高，防虫、防鸟兽等对蒸发数据的干扰；环境适应性高，不受大风、极寒天气影响；本地测量数据存储量可长达1年;可对蒸发数据进行环境修正补偿;支持交流供电、太阳能供电等多种供电方式;支持4G/5G、RS-232/RS-485等多种通信方式,具备强大的远程监控功能;既可单独作为传感器使用,又可配套观测站使用;支持IAP、ISP、SWD、JTAG、USB等多种固件程序升级方式。

(3)组成结构

DAD1型蒸发自动观测仪由软件、硬件和结构三部分组成。软件为嵌入式软件,内置FreeRTOS实时操作系统。硬件主要包括传感器、数据采集器、通信单元、供电单元等。结构主要为防风、防鸟结构,内部装有蒸发皿、称重传感器结构件及其他外围设备(支架、机箱、避雷针)(图5.3.22.1)。

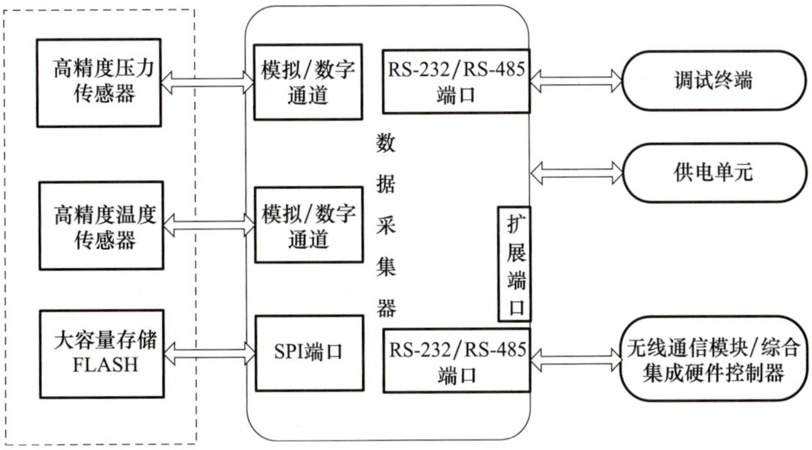

图5.3.22.1　DAD1型蒸发自动观测仪组成

(4)性能指标(表5.3.22.1)

表5.3.22.1　DAD1型蒸发自动观测仪性能指标

要素	主要指标	要素	主要指标
蒸发量	测量范围:0~100 mm; 分辨力:±0.01 mm; 测量误差:≤±0.1 mm	供电方式	供电方式:AC 220 V或太阳能供电; 蓄电池:在无充电条件下7 d正常工作; 输入电压:DC 12 V
工作温度	−40~60 ℃	防护等级	IP65
通信方式	全网通4G/5G		

(5)业务应用

DAD1型蒸发自动观测仪广泛应用于地面气象观测、水文观测、农业生产、生态保护等行业领域。具体包括如下几个方面:估算陆地蒸发、作物需水和作物水分平衡,水分循环变化规律研究;墒情、旱情监测预报;农业节水灌溉指导;卫星遥感地面验证;生态气候变化研究等(图5.3.22.2)。

图5.3.22.2　DAD1型蒸发自动观测仪应用场景

5.3.23 ZY1110 型土壤水分自动观测仪(河南中原测控)

(1)观测原理

ZY1110 型土壤水分自动观测仪采用时域反射(TDR)原理，通过监测电磁脉冲信号在土壤中的传播时间来计算土壤体积含水量，具有快速、准确、无辐射、免标定、免维护等优势，可对土壤含水量数据进行测量、采集、处理、存储与分析，为气象、农业、生态、水利等墒情监测管理提供数据支撑与决策支持。

(2)功能特点

能够对土壤水分、土壤温度、土壤电导率、降水量等多种要素进行全天候自动监测，观测层次和深度可根据观测需求进行调整。采用时域反射(TDR)测量原理，速度快、精度高；能够同时测量各剖面的介电常数、电导率、土壤体积含水量、温度等；设备模块化程度高，设备运行稳定、可靠性强；免标定、免维护、抗干扰性强、适用性广；自动化程度高，系统运行、数据采集无须人工干预；可多站点组网，便于大面积区域土壤水分监测；具有降雨量查询和降雨分布图功能，实现降雨量与土壤水分对比分析功能，实现对土壤含水量突变的智能判定；具有观测环境预警功能，有效指导台站人员对日常观测环境的维护。

(3)组成结构

由软件和硬件两部分组成。软件为采集器嵌入式软件；硬件主要包括土壤水分传感器(水分、温度、电导率)、雨量传感器、数据采集器、通信单元、供电单元、外围设备(支架、机箱、避雷针)等部分(图 5.3.23.1)。

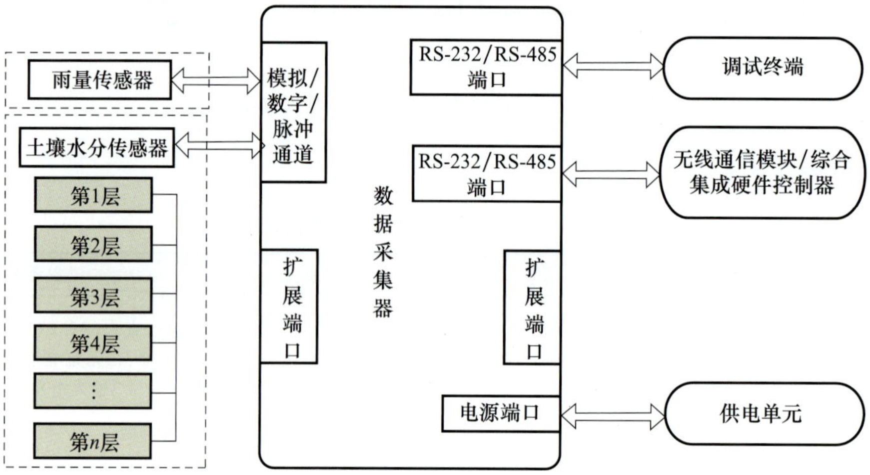

图 5.3.23.1 ZY1110 型土壤水分自动观测仪组成

(4)性能指标(表 5.3.23.1)

表 5.3.23.1 ZY1110 型土壤水分观测仪主要技术参数表

要素	主要指标	要素	主要指标
体积含水量	测量范围：0～100%	降水量	测量范围：雨强 0～4 mm/min
	分辨力：0.1%		分辨力：0.1 mm
	最大允许误差：±2%		最大允许误差：±0.4mm(≤10mm)；±4%(>10mm)
土壤温度	测量范围：−40～50 ℃	平均故障间隔时间	>16000 h
	分辨力：0.1 ℃	平均维修时间	≤40 min
	最大允许误差：±0.5 ℃	工作温度	−40～60 ℃
土壤电导率	测量范围：0～5000 μS/m	工作电压	DC 8～20 V，典型值为 DC 12 V
	分辨力：1 μS/m	功耗	≤2 W
	最大允许误差：±5%	传感器防护等级	IP68

（5）业务应用

ZY1110 型土壤水分自动观测仪广泛应用于气象观测、生态保护、科研院所等行业领域。具体包括如下几个方面：墒情、旱情监测预报；农业节水灌溉指导；土壤与气候变化研究；土壤入渗模拟与蒸发研究；山洪地质灾害预警；卫星遥感产品地面验证；植被生态质量监测评价（图 5.3.23.2）。

图 5.3.23.2　ZY1110 型土壤水分自动观测仪应用场景与安装示意图

5.3.24　ZYP400 型植被指数传感器（河南中原测控）

（1）观测原理

植物叶面在可见光红光波段有很强的吸收特性，在近红外波段有很强的反射特性，ZYP400 型植被指数传感器采用多光谱测量原理，通过多组光电探测器，测量植被在红光波段和近红外波段的入射和反射辐射值，得到植被冠层红光波段和近红外波段的反射率，从而实现 NDVI、RVI、DVI 等多种植被指数的测量。

（2）功能特点

能够实现 NDVI、RVI、DVI 等多种植被指数的自动监测。传感器体积小巧，使用简便，即插即用；非接触式测量，不破坏植被生长，对周边生态环境影响小；环氧树脂密封工艺，可耐受长期恶劣天气；低功耗设计，可实现野外长时间连续观测；安装布设简单灵活，可适应不同场景的观测需求。

（3）组成结构

ZYP400 型植被指数传感器由光电感应探头、数据采集器、供电单元、通信单元和外围设备组成。光电感应探头包含 1 组 650±2 nm 波段的可见红光光电探测器和 1 组 810±2 nm 波段的近红外光电探测器，采集器采用总线式设计，可以灵活配置不同数量的感应探头。

（4）性能指标（表 5.3.24.1）

表 5.3.24.1　ZYP400 型植被指数传感器主要技术参数表

SRPS-NDVI_半球传感器		
测量波段	650±2 nm（红光）	810±2 nm（近红外）
测量范围	0～2 W/(m² · nm)	0～2 W/(m² · nm)
分辨力	0.0001 W/(m² · nm)	0.0001 W/(m² · nm)
测量精度	±10%	±10%
测量带宽	20 FWHM	20 FWHM
视场范围	180°	180°

续表

SRPS-NDVI_场探测传感器		
测量波段	650±2 nm(红光)	810±2 nm(近红外)
测量范围	0～2 W/(m² · nm · sr)	0～2 W/(m² · nm · sr)
分辨力	0.0001 W/(m² · nm · sr)	0.0001 W/(m² · nm · sr)
测量精度	±10%	±10%
测量带宽	20 FWHM	20 FWHM
视场范围	35°	35°
探头电气特性		
供电电压	DC 7～15 V	
功耗	35 mW	
采集器电气特性		
供电电压	DC 7～20 V	
功耗	40 mW	
通信方式	RS-485	
工作温度	−40～60 ℃	
工作湿度	0～100%	
防护等级	IP68	

(5)业务应用

ZYP400 型植被指数传感器广泛应用于气象观测、农业生产、生态环境等行业领域。具体包括如下几个方面：地面植被实况遥感 NDVI；植物生物量和作物估产；森林和作物物候监测；植物光合性能和 CO_2 吸收分析；生物气候学及生物物理学研究(图 5.3.24.1)。

图 5.3.24.1　ZYP400 型植被指数传感器安装应用图

5.3.25　DTR1 型土壤热通量传感器(天津中环天仪)

(1)观测原理

DTR1 型土壤热通量传感器(图 5.3.25.1)以 W/m² 为单位测量通过组合对象或安装对象的热通量。

热通量传感器中的传感器是热电堆。该热电堆可测量陶瓷-塑料复合体上的温度差。热电堆是一种被动传感器，不需要电源，可以直接连接到常用的数据记录系统。通过将输出（一个小电压）除以灵敏度，可以计算出以 W/m^2 为单位的热通量，可用于测量土壤以及穿过墙壁和建筑物围护结构的热通量。

图 5.3.25.1　DTR1 型土壤热通量传感器

(2)功能特点

该传感器对热流敏感、高效，可长时间工作，对气候土壤条件的潮湿、霉菌腐蚀、虫蛀等均具备一定的防护能力，同时可用于 −40 ℃的冻土和 80 ℃的沙漠，具有稳定、坚固、适用范围广的特点；适用于在土壤中长期使用或在不同位置重复安装。宽防护面积（根据 ISO 9869 制定），低电阻（低能量损耗），无须外接电源，防护等级为 IP67（室外应用）。

(3)业务应用

可应用于岩土工程、土壤热通量分析，建筑物理隔热和能源预算测量，材料表征或导热率测量，气象表面能量通量测量、科学研究/传热和传热测量。

5.3.26　白龙浮标（天津中环天仪）

(1)观测原理

风、湿、温、压、雨量、长波辐射、短波辐射；0～700 m 海水的温度剖面、盐度剖面、溶解氧剖面。

(2)功能特点

双向实时通信；布放水深可达 7000 m 以上；水下数据感应耦合实时传输；2.3 m 高分子浮标体维护、装运方便；水下 0～700 m 温、盐、溶解氧剖面；云数据管理；紧绷式弹性锚系；浮标维护团队历经 10 年磨炼。

(3)组成结构

白龙浮标（图 5.3.26.1、图 5.3.26.2）分为水上和水下两部分。水上部分由一个直径为 2.3 m 的浮标体及安装在其上的气象传感器组成，构成了水上海气观测子系统。标体由离子键泡沫塑料制成。气象传感器安装在四脚铝制仪器塔上，可以测量风向、风速、气温、气压、相对湿度、降水量、太阳长波辐射、太阳短波辐射等气象要素，仪器架还装配铱星天线、GPS 和 XE 终端。

图 5.3.26.1　白龙浮标外观图

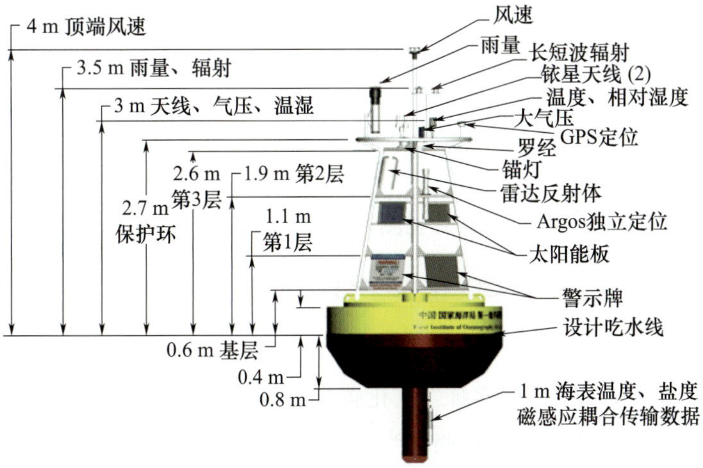

图 5.3.26.2　白龙浮标内部结构图

水下的锚系部分为紧绷式结构，为了保证紧绷状态，整体锚系的长度小于从浮标体到锚块的长度，比例为0.985。锚系部分由700 m包塑无扭矩钢缆、预拉伸尼龙绳、玻璃浮球、释放器和重块锚组成，其中水下0～700 m的13个温度传感器、8个盐度传感器、3个溶解氧传感器和4个单点海流传感器分13层来测量海表温度、海表盐度、海表流、温度剖面、盐度剖面、海流剖面。

(4)性能指标(表5.3.26.1)

表5.3.26.1　白龙浮标性能指标

要素	主要指标	要素	主要指标
直径	2.3 m	最大风速	60 m/s
排水量	4 t	最大波高	15 m
浮标体寿命	>15年	最大表层流速	6 kn(节，1 kn=1海里/时=1.852 km/h)
浮标维护周期	1～2年	环境温度	−20～45 ℃
水深	5～7000 m		

(5)业务应用

可应用于海洋环境和气候观测，海水剖面观测，水文和气象领域。

5.3.27　OTSS1-DO型溶解氧传感器(天津中环天仪)

(1)观测原理

OTSS1-DO型溶解氧传感器(图5.3.27.1)采用红外激光诱导荧光的测量原理，并利用氧的荧光波长进行淬灭寿命检测，测量水中液态和气态氧的百分比含量。

图5.3.27.1　溶解氧传感器外观图

(2)功能特点

该传感器可以测量水深6000 m以内的溶解氧含量，同时配备了被测介质的温度传感器用于内部温度补偿。

(3)组成结构

外壳采用工业纯钛，质量约为2.5 kg，通过配套的磁棒开关启动或关闭传感器。可以单独使用，也可以集成在多要素一体的设备上进行综合观测。

(4)性能指标(表5.3.27.1)

表5.3.27.1　OTSS1-DO型溶解氧传感器性能指标

要素	主要指标	要素	主要指标
耐压性	6000 dbar	响应时间	<2 s
测量范围	0～250%sat	材料	钛
准确性	±2%		

(5)业务应用

可应用于水下溶解氧观测，用于生态、海洋、湖泊、河流等领域。

5.3.28　OTSS1-CO_2溶解二氧化碳测量传感器(天津中环天仪)

(1)测量原理

OTSS1-CO_2型溶解二氧化碳传感器内部有一个测量腔室，通过透气的硅膜将CO_2从水中分离出来。液体和固体不能通过硅膜。当传感器放入水中，则在内部腔室和水之间实现CO_2等比例分离。传感器通过内部安装的光学探测设备进行CO_2浓度探测。

（2）功能特点

水中溶解二氧化碳（HCO_3^- 和 CO_3^{2-}）的测定是水质监测的重要参数之一。可用于在线式天然水、工业水和海水的监测，对硅酸盐、磷酸盐、HCO_3^- 和 CO_3^{2-} 没有信号干扰，内置高稳定性的参考标准，测量深度高达 1000 m，功耗低于0.5 W，内部温度、湿度补偿，加热的传感器头，以避免冷凝。

（3）组成结构

OTSS1-CO_2 型溶解二氧化碳传感器（图 5.3.28.1）外壳采用工业纯钛，质量约为 4 kg，通过配套的磁棒开关启动或关闭传感器。可以单独使用，也可以集成在多要素一体的设备上进行综合观测。

（4）性能指标（表 5.3.28.1）

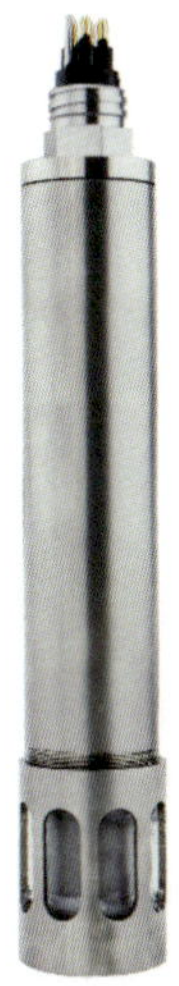

图 5.3.28.1　OTSS1-CO_2 溶解二氧化碳测量传感器外观图

表 5.3.28.1　OTSS1-CO_2 溶解二氧化碳测量传感器性能指标

要素	主要指标
耐压性	1000 dbar
测量范围	15 mg/L、50 mg/L、340 mg/L
准确性	0～5 mg/L CO_2：±0.06 mg/L 5～15 mg/L CO_2：±2% 15～50 mg/L CO_2：±3.5% 50～80 mg/L CO_2：±1.5 mg/L CO_2 80～340 mg/L CO_2：±6 mg/L CO_2
响应时间	<12 s
材料	钛

（5）业务应用

可应用于水下溶解二氧化碳观测，用于生态、海洋、湖泊、河流等领域。

5.3.29　OTSS1-TD 全要素传感器（天津中环天仪）

（1）观测原理

该传感器（图 5.3.29.1）是一款能给搭载最全面探测要素传感器的主流探测设备。其高质量和高精度的探测能力，可以很好地用于海洋学和湖泊学的物理、化学和光学参数的测量。标准产品最大探测深度可达 2000 m。可同时测量的要素包括压力、温度、电导率、pH、溶解氧、浊度、光照辐射、海流、叶绿素、荧光等。

（2）功能特点

该传感器可以很轻松地集成到一个采水器上，从而实现全自动或实时自动取样操作。探测器除在底部增加传感器外，可通过扩展通信端口的方式增加其他外部传感器，可以连接到 16 个传感器。

（3）组成结构

结构材质选用金属钛，质量约为 9 kg，通过用磁棒接触簧片触点来激活探针电源，LED 显示电源状态和存储器访问的光学控制。盐度传感器采用 7 电极设计，直接与被测水环境接触，不使用水泵和电导池方式，大大提高了测量的实时性和精度，所采集的数据为水环境的直接数据。

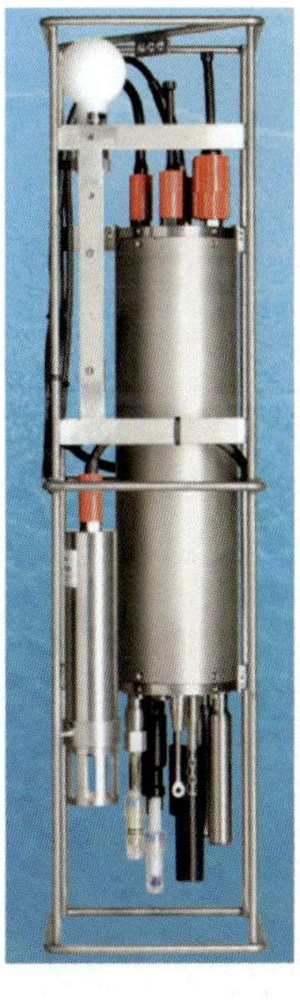

图 5.3.29.1　OTSS1-TD 全要素传感器外观图

（4）性能指标（表 5.3.29.1）

表 5.3.29.1 OTSS1-TD 全要素传感器性能指标

要素	测量范围	精度	要素	测量范围	精度
压力	5～200 bar	±0.05%	pH	0～14	±0.02
温度	−2～60 ℃	±0.005 ℃	溶解氧	0～20 mg/L	±2%sat
电导率	0～300 mS/cm	±0.01 mS/cm	浊度	0～4000 FTU	—

（5）业务应用

可应用于生态、海洋、湖泊、河流等观测。

6 地基遥感装备

6.1 天气雷达

6.1.1 AXPT0464 型 X 波段双极化有源相控阵天气雷达（广东纳睿雷达）

（1）观测原理

用户终端首先将雷达需要的参数发送到雷达控制与信号处理单元上，雷达控制与信号处理单元进行信号处理和波束合成控制的参数配置，并计算形成波束方向数据。波束方向数据通过数据总线发送到数字中频处理单元和射频收发单元阵列，等所有单元都完成数据装载，雷达就开始工作。雷达发射时，由数字中频处理单元输出波形信号，该信号经过上下变频单元及功率合成分配网络后，输送到射频收发单元阵列，由双极化阵列天线发射出去。雷达接收时，由双极化阵列天线将天气目标反射回来的回波信号进行放大和下变频后进入数字中频单元完成模数转换。模数转换后的数字信号通过数据总线发送到雷达控制与信号处理单元。雷达控制与信号处理单元将信号进行去杂波、天气信号识别和降维压缩处理，再将处理过的信号数据通过网络发送到远程的用户终端上，在用户终端上将生成和显示最终的气象产品。

（2）功能特点

AXPT0464 型 X 波段双极化有源相控阵天气雷达，将相控阵技术与双极化技术相结合，综合了脉冲多普勒、脉冲压缩及频率捷变等多种雷达体制的优势，是一款集先进相控阵技术、超大规模集成电路技术、先进固态器件、高速计算机及光电子技术于一身的新一代雷达，有以下主要技术特点。

① 双极化多普勒天气探测功能

该雷达除了提供反射率因子、速度和谱宽三种基础量产品，还能提供差分反射率因子、差分传播相位、差分传播相位率、相关系数等极化基础量产品。利用这些极化基础量产品，双极化有源相控阵天气雷达不但提高降水估计的准确性和杂波抑制能力，而且可以清晰识别空气中大雨、冰雹、雪和雨夹雪等粒子的相态，如体积、形状和类别以及确认融化层（如亮带）等，从而使其具有更有效的天气探测功能。

② 超高的时间分辨率

该雷达在垂直方向采用数字多波束以及相控阵电子扫描方式，在标准模式下先完成连续无间隔相控阵 RHI 扫描，然后切换到另一个方位角，再继续完成无间隔相控阵 RHI 扫描。该雷达典型观测周期只需要 60 s。

③ 更高的 RHI 扫描分辨率和准确性

该雷达在垂直方向采用数字多波束以及相控阵电子扫描方式，在完成 360°体扫描时，雷达的旋转速度不需要太快，既避免了机械雷达切换不同仰角时所带来的不同仰角数据污染，又可以获得实时准确的 RHI 数据。

④ 全固态相参收发 TR 组件

该雷达采用全固态收发 TR 组件的设计，在发射时通过多个 TR 在空间进行多路能量合成而得到所需的发射功率，在接收时由多个 TR 分别在接收通道进行低噪声放大然后再进行多路信号合成。

⑤ 脉冲压缩技术

该雷达为了获得远距离目标的高信噪比，采用在发射端发射大时宽带宽信号的方式，以提高信号的速度测量精度和速度分辨力。而在接收端，将宽脉冲信号压缩为窄脉冲，以提高雷达对目标的距离分辨精度和距离分辨力。

⑥ 更高的地物杂波抑制能力

该雷达可以使用双极化量来识别地物杂波与气象对象的不同特征，采用特征来识别地物杂波。

⑦ 结构紧凑、可靠性高、维护运行费用低

采用一体化和模块化设计，将射频前端、机械控制等集成一体，具有体积小、质量轻、运输方便、安装简便、操作容易等特点。

⑧ 组网观测功能

利用多台雷达可以搭建起组网协同观测系统，实现雷达组网协同式观测。协同观测系统可以让多台雷达几乎同时扫过同一个区域，实现重点区域的超精细化监测，从而实现高精度的风暴三维风场的反演。

(3)组成结构

典型的 AXPT0464 型 X 波段双极化有源相控阵天气雷达系统包括雷达设备、雷达控制与信号处理单元、雷达站配套基础设施、用户终端以及雷达软件系统，如图 6.1.1.1 所示。

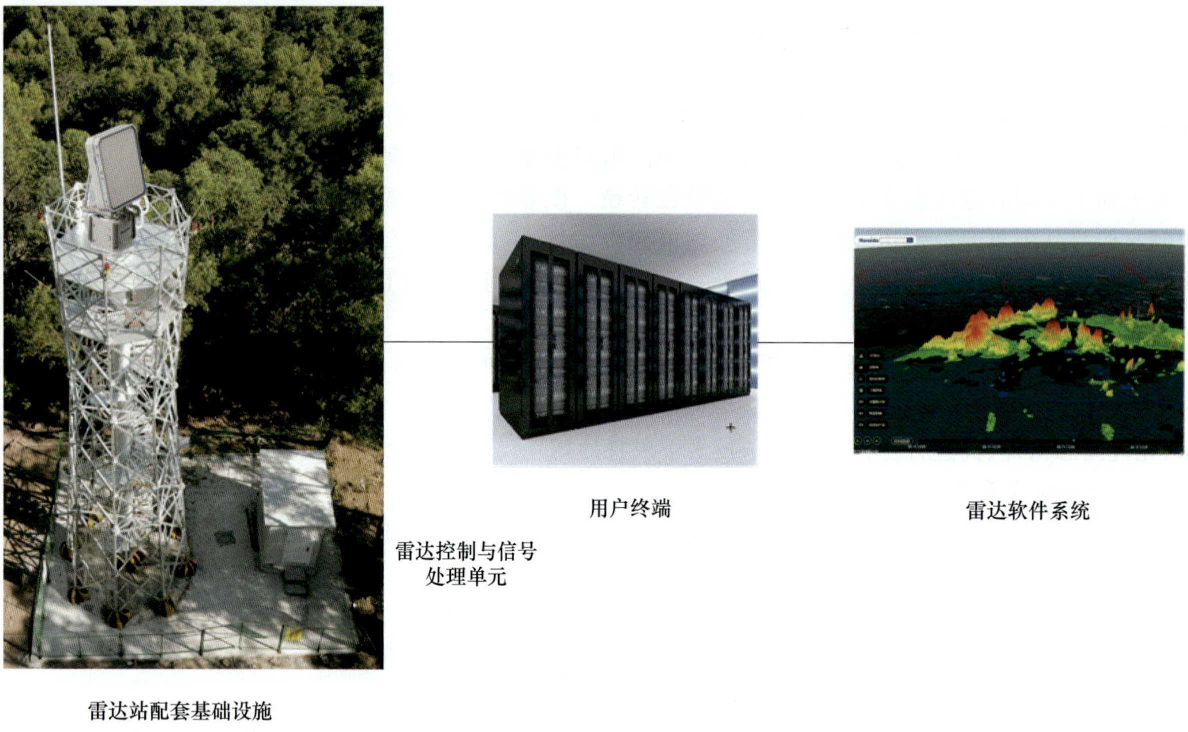

图 6.1.1.1 AXPT0464 型 X 波段双极化有源相控阵天气雷达系统组成

雷达设备是系统的主体部分，是整个系统的核心组成部分，用于天气信号的探测。

雷达控制与信号处理单元位于雷达塔下方舱，用于雷达系统监视与本地控制、雷达波束合成与控制、雷达信号处理以及雷达基数据产品输出。

雷达站配套基础设施是指用于雷达安装、防护以及保障的基础性设施，如雷达塔、防雷与接地设施、雷达方舱、雷达电力保障以及网络连接等设施。在不同应用条件和要求下，雷达站配套基础设施的具体实现方式可以不同，但所完成的功能基本相同。

用户终端是雷达软件系统运行的硬件平台，当雷达组网运行时，应选择使用专用的分布式高速数据处理平台作为用户终端。

雷达软件系统包括雷达控制软件、雷达产品生成软件、雷达产品显示分析软件、WebGIS三维数据可视化软件以及在此基础上开发的业务应用系统。雷达软件系统根据单站或组网应用还分为单站软件和组网软件。

(4)性能指标(表 6.1.1.1)

表 6.1.1.1　AXPT0464 型 X 波段双极化有源相控阵天气雷达性能指标

要素	主要指标	要素	主要指标
雷达体制	全相参多普勒、一维机扫、一维相扫、双极化	极化方式	水平极化、垂直极化、水平和垂直双极化
工作频率	9.3～9.5 GHz	交叉极化隔离度	≥30 dB
峰值发射功率	≥1024 W	双极化产品	差分强度(ZDR)、差分相位(PhiDP)、比差分相位(KDP)、相关系数(CC)
天线类型	双极化平面相控阵天线	探测距离	≥75 km
天线增益	≥38 dB	距离分辨力	≤30 m
天线最大副瓣	≤−23 dB	体扫范围	水平:0°～360°;垂直:−2°～60°
波束数量	≥16	体扫时间	快速 30 s,标准 60 s
波束宽度	≤1.8°		

(5)业务应用

AXPT0464 型 X 波段双极化有源相控阵天气雷达可以覆盖城市或指定预警区域,为气象业务部门提供高时空分辨率的实时气象数据,对气旋、暴雨、风切变、冰雹、龙卷风、大风等低空中小尺度强对流天气进行有效的监测和预警,为应对各种特殊极端天气事件提供应急综合气象信息支援。该型雷达也可以为机场、林业、水利、交通等部门提供精细化的气象保障。

6.1.2　CINRAD/CA-D 型新一代双偏振天气雷达(北京敏视达)

(1)观测原理

CINRAD/CA-D 天气雷达是根据云雨降水目标物对电磁波的后向散射原理来探测降水目标物,通过同时发射水平和垂直极化电磁波,根据接收的后向散射电磁波的延迟、振幅、相位、频率、偏振状态等信息,可探测到气象目标的线性退极化比、差分反射率因子、差分传播相移、差分传播相移率、相关系数等信息,反演降水粒子形状、尺寸、指向角的分布情况,进行降水类型的分类和识别。

(2)功能特点

具有大天线、高增益、高发射功率、中脉冲宽度、宽动态范围、高接收灵敏度等特点,能有效地监测与强降水、风害伴随的灾害性天气;具有较准确地测量回波强度的能力,进而较好地估测降水强度和估测较大范围内的降水累积量;主要雷达参数通过专用雷达参数测试平台可准确地定标和测量,保证回波强度和速度的较准确测量;有专用雷达参数测试平台和较完善的机内测试功能,实现在线自动校准、参量自我调整和修正,保证雷达定量估测降水的精度;采用速调管发射的全相干脉冲多普勒体制,并通过 Burst 信号幅相校正,大大提高系统相位噪声技术指标,其优良的相干性能,通过地物对消处理,可大大减少地物杂波对估测降水的影响;具有较完善的监控系统,出现参数超限或故障,能自动报警并采取相关保护措施,保证雷达能长期地连续运行,保障雷达获取数据的质量和数据存储的管理等;针对不同的天气状况,选择不同的体扫和工作模式,空域覆盖最佳化;针对不同的探测空域,采用不同的信号形式,通过地物抑制和电磁干扰抑制,有效缓解了多普勒测距与测速矛盾;产生幅度和相位可变的测试信号,能够实现双偏振参数测试、回波强度定标与速度检验等。

(3)组成结构

CINRAD/CA-D 型新一代双偏振天气雷达是一个智能型的雷达系统,它综合了先进的雷达技术、计算机技术、通信技术,集成探测、资料采集、处理、分发、存储等多种功能于一体。总体上雷达由三大部分组成:雷达数据采集(RDA)、产品生成(RPG)、用户终端(PUP)。

雷达数据采集:雷达主要硬件都集中在这一部分,包括天线、天线罩、馈线、天线座、伺服系统、发射机、接收机、信号处理器等。

产品生成:由计算机及通信接口等组成,对采集的雷达观测数据进行处理后形成多种分析、识别、预警预报产品,重点在软件系统的设计(软件编程、产品算法等)、运行。

用户终端:由计算机及通信接口等组成,对形成的产品进行图形、图像显示。

(4)性能指标(表 6.1.2.1)

表 6.1.2.1 CINRAD/CA-D 型新一代双偏振天气雷达性能指标

要素		主要指标
雷达作用距离	反射率	≥400 km
	径向速度和谱宽	≥200 km
	双偏振距离	≥400 km
	高度距离	≥24 km
参数测量误差	回波强度(Z)	≤1 dB
	速度(V)	≤1 m/s
	谱宽(W)	≤1 m/s
	差分反射率因子(ZDR)	≤0.2 dB
	差分传播相移(PhiDP)	≤3°
	相关系数(CC)	≤0.005
定位精度	距离	≤50 m
	方位	≤0.2°
	仰角	≤0.2°
发射机	发射频率范围	5.3~5.7 GHz(固定频点)
	峰值输出功率	≥0.25 MW
	平均输出功率	75~325 W
	脉冲宽度	1.0 μs、2.0 μs
	发射机输出极限改善因子	优于 55 dB
	脉冲重复频率(PRF)	宽脉冲:300~450 Hz; 窄脉冲:300~1300 Hz
天线/天线座	天线形式	C 波段中心馈电抛物面
	天线尺寸	4.5 m±10 mm
	波束宽度	≤1.0°针状波束
	天线增益	≥43 dB
	第一副瓣电平	≤−29 dB
	极化形式	线性水平极化和垂直极化
接收机/信号处理器	接收机工作频段	5.3~5.7 GHz
	中频带宽	宽带:1.00±0.05 MHz(脉宽 1.0 μs)
		窄带:0.50±0.05 MHz(脉宽 2.0 μs)
	数字中频 A/D 转换位数	≥16 bit
	动态范围	≥95 dB
	接收机噪声系数	≤3 dB
	最小可测功率	≤−108.0 dBm (窄脉冲); ≤−111.0 dBm (宽脉冲)
	杂波对消/抑制	≥55 dB

续表

要素		主要指标
伺服分系统	天线定位精度(最大误差)	在±0.10°范围内(方位和俯仰)
	体积扫描	VCP11-D、VCP21-D、VCP31-D、VCP41-D(高山模式)
	天线扫描最大速度	方位:36(°)/s;俯仰:36(°)/s
系统指标	距离分辨力	150 m
	系统相位噪声	≤0.1°
其他	自动标校系统	
	机内噪声源自动检测噪声系数	
	机内射频测试信号源自动标定接收机特性曲线	
	全机自动标校功能	
	完善的BITE(机内自检设备),完成自动监测功能	

(5)业务应用

CINRAD/CA-D型新一代双偏振天气雷达主要应用于国家天气雷达站、其他行业(如机场、林业、水利等)天气雷达站。

6.1.3 CINRAD/CC-D、CINRAD/CCJ-D型C波段双偏振全相参多普勒天气雷达(四创电子)

(1)观测原理

C波段双偏振全相参多普勒天气雷达采用同发同收双线偏振体制,发射水平、垂直两种极化的电磁波,经雷达天线定向辐射出去,电磁波在大气中传播,遇到雨滴、雪花、冰雹等粒子时,产生后向散射传播至雷达天线,经双路接收机放大和信号处理运算,获取降水粒子的空间位置和各种气象参数估值,从而实现对天气目标的判断识别。

(2)功能特点

C波段双偏振全相参多普勒天气雷达能够监测雷达测站周围高度24 km以下,400 km范围内天气目标的位置、强度,200 km范围内大气目标径向速度、速度谱宽等多普勒参数和差分反射率因子、差分传播相移、差分传播相移率、相关系数以及线性退极化比等双偏振参数,分析得到大气湍流状况、降雨类型、降雨强度、降雨量分布以及降雨云内部粒子相态、粒子尺度谱分布等信息,处理生成探测区域降水量、降水类型、雷暴、大风、下击暴流等气象保障产品。有效监测预警危险天气,为气象预报人员提供丰富全面的分析资料。

技术特点:高增益、低副瓣、交叉极化优良的抛物面天线;馈线功分网络前置、对称设计,兼容同发同收和单发双收模式;宽频带、多工作频率点可选,抗干扰能力强;发射频谱控制,降低占用带宽;恒温接收系统前置,通道一致性优异;基于通用服务器的软件化信号处理,精细化回波处理;接收、馈线双通道一致性自动标校;网络化系统架构,组网灵活;双套冗余热备份架构,实现多种组合状态;无人值守、远程遥控;自动举升、调平系统(机动式/可移式);多通道并联冗余全固态发射机,可靠性高(固态体制);适应固态化发射机的复合时序及数字脉压技术,补盲效果好(固态体制)。

(3)组成结构

C波段双偏振全相参多普勒天气雷达主设备包括天馈分系统、伺服分系统、发射分系统、接收分系统、信号处理分系统、监控与标校分系统、数据处理与应用分系统、电源分系统等。按结构配置划分为室外天馈单元、主机单元和终端单元。室外天馈单元主要有天线罩、天线转台、馈线等;主机单元包括发射机柜、接收机柜、综合机柜,主要配置发射机、接收机、伺服分机、服务器、网络交换机及配电分机等;终端单元包括监控终端、产品终端等(图6.1.3.1)。

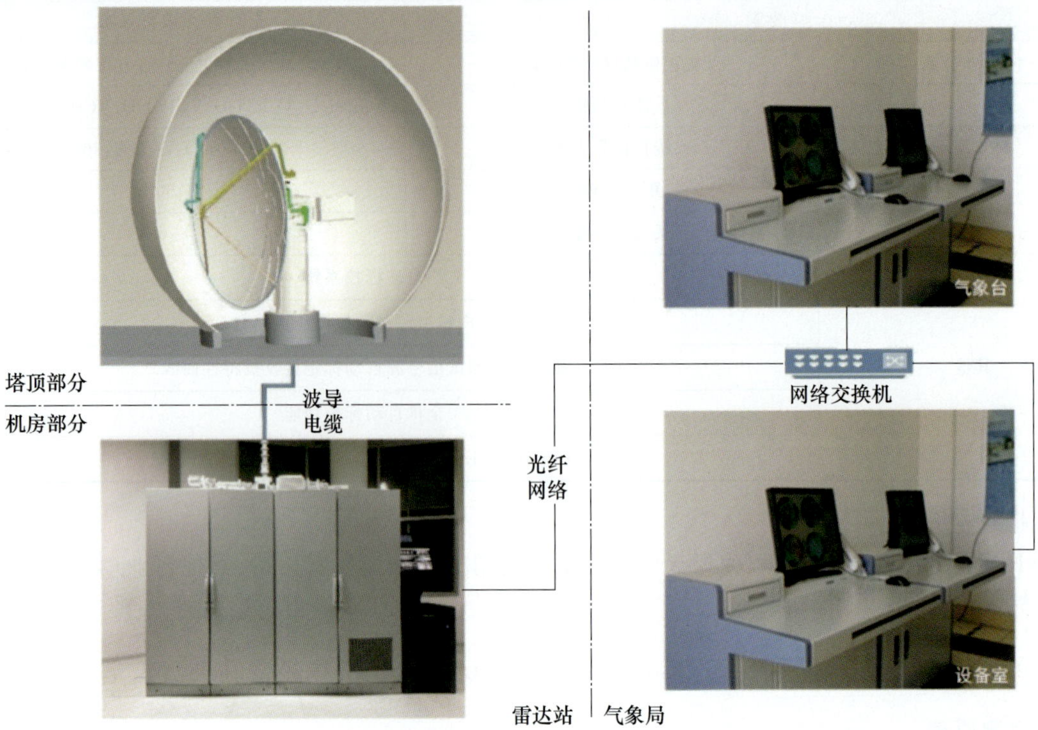

图 6.1.3.1　C 波段双偏振全相参多普勒天气雷达组成(固定式)

具有固定式、机动式、方舱可移式和船载式四种结构安装形式。固定式雷达(图 6.1.3.2)安装在固定的塔楼或者铁塔上,安装后不可移动。

机动式雷达(图 6.1.3.3)安装在一个货车底盘上,经过改装后,通过支撑腿和举升机构完成雷达天线的举升的撤收。使用时,可直接机动到指定位置。

图 6.1.3.2　固定式雷达

图 6.1.3.3　机动式雷达

方舱可移式雷达(图 6.1.3.4)安装在一个固定钢结构平台上,通过支撑腿和举升机构完成雷达天线的举升的撤收,使用时,通过普通货车运输至指定位置。

船载式雷达(图 6.1.3.5)安装在船顶部桅杆上,通过稳定平台保证雷达天线工作时的水平度。

图 6.1.3.4　方舱可移式雷达

图 6.1.3.5　船载式雷达

(4)性能指标(表 6.1.3.1)

表 6.1.3.1　CINRAD/CC-D、CINRAD/CCJ-D 型 C 波段双偏振全相参多普勒天气雷达性能指标

要素	主要指标	要素	主要指标
工作频率	5300～5700 MHz,多点可选	工作电源	AC 380 V±10%,50±2 Hz;整机功耗:≤15 kW
距离范围	400 km(强度)、2000 km(径向速度、谱宽、双偏振参数)	天线口径	3.2 m(移动式)、4.5 m(固定式)、8.54 m(固定式)
扫描范围	方位:0°～360°;俯仰:－2°～90°		
参数范围	强度:－15～85 dBZ	发射机体制	速调管/全固态
	速度:－48～48 m/s	发射功率	≥250 kW(速调管)、4 kW(固态)
	谱宽:0～16 m/s	发射脉宽	1 μs、2 μs(速调管)、1～200 μs(固态)
	差分反射率因子:－8～8 dB	动态范围	≥110 dB
	差分传播相移:－180°～180°	最小可测信号功率	≤－110 dBm(1 μs)
	差分传播相移率:－2(°)/km～0(°)/km	噪声系数	≤3.0 dB
	相关系数:0～1	距离库长	150 m
	线性退极化比:－44～6 dB	地物杂波抑制比	≥50 dB

(5)业务应用

应用领域:中国气象局新一代天气雷达组网观测设备;中国气象局各省(区、市)人工影响天气办公室;航空气象保障;各大科研院所科学研究、教学。

6.1.4　CINRAD/CD-D 型天气雷达(成都锦江电子)

(1)观测原理

CINRAD/CD-D 型天气雷达(以下简称 CD-D 雷达)利用云雨目标物对雷达所发射电磁波的散射回波来测定其空间位置、强弱分布、垂直结构等,利用物理学上的多普勒效应来测定降水粒子的径向运动速度,推断降水云体的移动速度、风场结构特征、垂直气流速度等。双偏振技术升级后,还可以利用不同的降水粒子对不同极化(通常是水平线极化和垂直线极化)电磁波的散射特性的差异来区分不同的降水,从而达到对降水类型的识别和分类,并提高雨强估值精度。CD-D 雷达工作时,首先由频率合成器产生 C 波段探测脉冲信号,该信号经再次脉冲调制以及多级放大后,由天馈分系统定向辐射到探测空间中,辐射路径上的云雨目标物对电磁波产生散射作用,形成叠加了云雨滴谱、运动、衰减、传播信息的电磁波能量会反射并被雷达天馈分系统所接收到,并通过处理后得到云雨目标的强度、速度、谱宽乃至双偏振等数据信息。

(2)功能特点

CD-D 雷达工作于 C 波段,采用全相参、脉冲多普勒、速调管放大链技术体制,可探测和测量的对象包括降水、热带气旋、雷暴、中尺度气旋、龙卷、冰雹、冻雨、冻结层、融化层等，能及时、连续、准确地探测和测量雷达测站周围半径 450 km 范围内目标的强度变化和位置，能对半径 200 km 范围内目标的强度进行定量测量，对半径 150 km 范围内目标的风场结构和频谱宽度进行准确测量。对于监测热带气旋、雷暴、中尺度气旋、龙卷、强风切变、下击暴流等灾害性天气的发生、发展、消亡过程有显著作用，是未来短期和短时天气预报的重要手段。

技术特点：具有先进的接收机天线技术；具有双通道幅相一致性技术；具有大口径、高对称性、低交叉偏振比双偏振天线技术；具有自动、连续运行和在线标校技术；具有智能故障定位及健康管理技术；具有双偏振雨强计算和水凝结物识别软件设计技术。

(3)组成结构

CD-D 雷达由天馈、发射、接收、信号处理、终端、伺服、监控、配电八个分系统以及天线罩、波导充气机等配套设备组成(图 6.1.4.1、图 6.1.4.2)。

图 6.1.4.1　CINRAD/CD-D 型天气雷达室内电子机柜

图 6.1.4.2　CINRAD/CD-D 型天气雷达室外天线装置

(4)性能指标(表 6.1.4.1)

表 6.1.4.1　CINRAD/CD-D 型天气雷达性能指标

要素	主要指标
技术体制	全相参脉冲多普勒体制；全相参脉冲多普勒双线偏振体制
工作频率	5300～5700 MHz(点频工作)
探测空间范围	强度监测距离≥450 km；强度测量距离≥200 km；速度监测距离≥200 km；双偏振参数监测距离≥200 km；方位角扫描范围：0°～360°；仰角扫描范围：−2°～90°；高度范围：0～24 km
探测参数范围	强度：−35～75 dBZ；速度：−48～48 m/s；谱宽：0～16 m/s；差分反射率因子：−7.9～7.9 dB；相关系数：0～1.0；差分传播相移：0°～360°；差分传播相移率：−2(°)/km～10(°)/km；退偏振比：−44～6 dB
测量误差	距离定位：≤50 m；方位角、俯仰角：≤0.05°；强度：≤1 dBZ；速度、谱宽：≤1 m/s；差分反射率因子：≤0.2 dB；相关系数：≤0.01；差分传播相移：≤3°；退偏振比：≤0.3 dB
分辨力	距离：≤150 m(窄脉冲)；方位角、俯仰角：≤0.01°；强度：≤0.5 dBZ；速度、谱宽：≤0.5 m/s；差分反射率因子：≤0.1 dB；相关系数：≤0.005；差分传播相移：≤0.1°；差分传播相移率：≤0.1(°)/km；退偏振比：≤0.1 dB
相位噪声	≤0.06°
地物杂波抑制比	≥60 dB

续表

要素	主要指标
输出产品	基本气象产品：平面位置显示(PPI)、距离高度显示(RHI)、等高平面位置显示(CAPPI)、垂直剖面(VCS)、组合反射率因子(CR)，其中 PPI、RHI 和 VCS 支持显示双偏振量。物理量产品：回波顶高、垂直累积液态水含量、累积降水量。风暴识别产品：风暴单体识别和追踪、冰雹识别、中尺度气旋识别、龙卷涡旋特征识别、风暴结构分析。风场反演产品：速度方位显示、垂直风廓线、风切变。双偏振反演产品：粒子相态识别、融化层识别、双偏振定量降水估测和滴谱反演
可靠性/可维修性	平均故障间隔时间(MTBF)≥1500 h；平均故障修复时间(MTTR)≤0.5 h
电源	采用三相五线制，电压(380±38) V，频率(50±1.5) Hz，功耗≤15 kW(不包括空调)
环境适应性	工作环境温度：−40～55 ℃(室外、罩内装置)，0～40 ℃(室内装置)，10～30 ℃(计算机终端设备)； 工作相对湿度(30 ℃)：95%～98%(室外、罩内装置)，90%～96%(室内装置)，80%(计算机终端设备)； 储存温度：−40～60 ℃；储存相对湿度：95%～98%(30 ℃)；海拔高度：不高于 5000 m 时，均能正常工作

(5)业务应用

CD-D 雷达属于大型地基雷达，可应用于强对流天气的监测和预警、大范围降水的定量测量、云雨粒子相态的识别、科学研究等方面。

6.1.5 CINRAD/SA-D 型新一代双偏振天气雷达(北京敏视达)

(1)观测原理

CINRAD/SA-D 天气雷达是根据云雨降水目标物对电磁波的后向散射原理来探测降水目标物，通过同时发射水平和垂直极化电磁波，根据接收的后向散射电磁波的延迟、振幅、相位、频率、偏振状态等信息，可探测到气象目标的线性退极化比、差分反射率因子、差分传播相移、差分传播相移率、相关系数等信息，反演降水粒子形状、尺寸、指向角的分布情况，进行降水类型的分类和识别。

(2)功能特点

具有大天线、高增益、高发射功率、宽脉冲宽度、宽动态范围、高接收灵敏度等特点，能有效地监测伴随强降水、风害的灾害性天气；具有较准确的测量回波强度的能力，进而较好地估测降水强度和估测较大范围内的降水累积量；主要雷达参数通过专用雷达参数测试平台可准确地定标和测量，保证回波强度和速度的较准确测量；有专用雷达参数测试平台和较完善的机内测试功能，实现在线自动校准、参量自我调整和修正，保证雷达定量估测降水的精度；采用速调管发射的全相干脉冲多普勒体制，并通过 Burst 信号幅相校正，大大提高系统相位噪声技术指标，其优良的相干性能，通过地物对消处理，可大大减少地物杂波对估测降水的影响；具有较完善的监控系统，出现参数超限或故障，能自动报警并采取相关保护措施，保证雷达能长期地连续运行，保障雷达获取数据的质量和数据存储的管理等；针对不同的天气状况，选择不同的体扫和工作模式，空域覆盖最佳化；针对不同的探测空域，采用不同的信号形式，通过地物杂波抑制和电磁干扰抑制，有效缓解了多普勒测距与测速矛盾；产生幅度和相位可变的测试信号，能够实现双偏振参数测试、回波强度定标与速度检验等。

(3)组成结构

CINRAD/SA-D 型新一代双偏振天气雷达是一个智能型的雷达系统，它综合了先进的雷达技术、计算机技术、通信技术，集成探测、资料采集、处理、分发、存储等多种功能于一体。总体上雷达由三大部分组成：雷达数据采集(RDA)、产品生成(RPG)、用户终端(PUP)。

雷达数据采集：雷达主要硬件都集中在这一部分，包括天线、天线罩、馈线、天线座、伺服系统、发射机、接收机、信号处理器等。

产品生成：由计算机及通信接口等组成，对采集的雷达观测数据进行处理后形成多种分析、识别、预警预报产品，重点在软件系统的设计(软件编程、产品算法等)、运行。

用户终端：由计算机及通信接口等组成，对形成的产品进行图形、图像显示。

(4)性能指标(表 6.1.5.1)

表 6.1.5.1 CINRAD/SA-D 型新一代双偏振天气雷达性能指标

要素		主要指标
雷达作用距离	反射率	≥460 km
	径向速度和谱宽	≥230 km
	双偏振距离	≥230 km
	高度距离	≥24 km
参数测量误差	回波强度(Z)	≤1 dB
	速度(V)	≤1 m/s
	谱宽(W)	≤1 m/s
	差分反射率因子(ZDR)	0.2 dB
	差分传播相移(PhiDP)	3°
	相关系数(CC)	0.01
定位精度	距离	≤50 m
	方位	≤0.1°
	仰角	≤0.1°
发射机	发射频率范围	2.7~3.0 GHz
	峰值输出功率	≥0.65 MW
	平均输出功率	300~1800 W
	脉冲宽度	1.57 μs、4.70 μs
	发射机输出极限改善因子	优于 55 dB
	脉冲重复频率(PRF)	宽脉冲:300~452 Hz; 窄脉冲:300~1304 Hz
天线/天线座	天线形式	S 波段中心馈电抛物面天线
	天线尺寸	8.53 m,外径
	波束宽度	1.0°针状波束
	天线增益	≥44 dB
	第一副瓣电平	≤−29 dB
	极化形式	双极化:线性水平极化和垂直极化
接收机/信号处理器	接收机工作频段	2.7~3.0 GHz
	中频带宽	宽带:0.63±0.05 MHz(脉宽 1.57 μs)
		窄带:0.21±0.05 MHz(脉宽 4.7 μs)
	数字中频 A/D 转换位数	≥16 bit
	动态范围	≥95 dB
	接收机噪声系数	≤3 dB
	最小可测功率	≤−110 dBm(窄脉冲); ≤−114 dBm(宽脉冲)
	杂波对消/抑制	≥55 dB
伺服分系统	天线定位精度(最大误差)	在±0.10°范围内(方位和俯仰)
	体积扫描	VCP11、VCP21、VCP31、VCP41(高山模式)
	天线扫描最大速度	方位:36(°)/s;俯仰:36(°)/s

续表

要素		主要指标
系统指标	距离分辨率	250 m
	系统相位噪声	≤0.1°
其他	自动标校系统	
	机内噪声源自动检测噪声系数	
	机内射频测试信号源自动标定接收机特性曲线	
	全机自动标校功能	
	完善的 BITE,完成自动监测功能	

(5)业务应用

CINRAD/SA-D 型新一代天气雷达主要应用于国家天气雷达站、其他行业(如机场、林业、水利等)天气雷达站。

6.1.6 CINRAD/SB 型新一代天气雷达(北京敏视达)

(1)观测原理

CINRAD/SB 型新一代天气雷达是根据云雨降水目标物对电磁波的后向散射原理来探测降水目标物,根据接收的后向散射电磁波的延迟、振幅、相位、频率、偏振状态等信息推断相应天气系统,尤其是降水天气系统的内部结构和风场特征。

它是分析中小尺度天气系统,警戒强对流危险天气和对灾害性天气监测、预测的重要手段,尤其是在短临预报中发挥着举足轻重的作用。

(2)功能特点

具有大天线、高增益、高发射功率、宽脉冲宽度、宽动态范围、高接收灵敏度等特点,能有效地监测与强降水、风害伴随的灾害性天气;具有较准确地测量回波强度的能力,进而较好地估测降水强度和估测较大范围内的降水累积量。

主要雷达参数通过专用雷达参数测试平台可准确地定标和测量,保证回波强度和速度的较准确测量;有专用雷达参数测试平台和较完善的机内测试功能,实现在线自动校准和参量自我调整和修正,保证雷达定量估测降水的精度。

采用速调管发射的全相干脉冲多普勒体制,其优良的相干性能,通过地物对消处理,可减少地物杂波对估测降水的影响;具有较完善的监控系统,出现参数超限或故障,能自动报警并采取相关保护措施,保证雷达能长期地连续运行,保障雷达获取数据的质量和数据存储的管理等。

针对不同的天气状况,选择不同的体扫和工作模式,空域覆盖最佳化;针对不同的探测空域,采用不同的信号形式,通过地物杂波抑制和电磁干扰抑制,有效缓解了多普勒测距与测速矛盾。

(3)组成结构

CINRAD/SB 型新一代天气雷达是一个智能型的雷达系统,它综合了先进的雷达技术、计算机技术、通信技术,集成探测、资料采集、处理、分发、存储等多种功能于一体。总体上雷达由三大部分组成:雷达数据采集(RDA)、产品生成(RPG)、用户终端(PUP)。

雷达数据采集:雷达主要硬件都集中在这一部分,包括天线、天线罩、馈线、天线座、伺服系统、发射机、接收机、信号处理器等。

产品生成:由计算机及通信接口等组成,对采集的雷达观测数据进行处理后形成多种分析、识别、预警预报产品,重点在软件系统的设计(软件编程、产品算法等)、运行。

用户终端:由计算机及通信接口等组成,对形成的产品进行图形、图像显示。

（4）性能指标（表 6.1.6.1）

表 6.1.6.1 CINRAD/SB 型新一代天气雷达性能指标

要素		主要指标
雷达作用距离	反射率	≥460 km
	径向速度和谱宽	≥230 km
参数测量误差	回波强度(Z)	≤1 dB
	速度(V)	≤1 m/s
	谱宽(W)	≤1 m/s
定位精度	距离	≤50 m
	方位	≤0.1°
	仰角	≤0.1°
发射机	发射频率范围	2.7～3.0 GHz
	峰值输出功率	≥0.65 MW
	平均输出功率	300～1800 W
	脉冲宽度	1.57 μs、4.70 μs
	发射机输出极限改善因子	优于 55 dB
	脉冲重复频率(PRF)	宽脉冲：300～452 Hz；窄脉冲：300～1304 Hz
天线/天线座	天线形式	S 波段中心馈电抛物面天线
	天线尺寸	8.53 m，外径
	波束宽度	1.0°针状波束
	天线增益	≥44 dB
	第一副瓣电平	≤−29 dB
	极化形式	线性水平极化
接收机/信号处理器	接收机工作频段	2.7～3.0 GHz
	中频带宽	宽带：0.63±0.05 MHz(脉宽 1.57 μs)
		窄带：0.21±0.05 MHz(脉宽 4.7 μs)
	数字中频 A/D 转换位数	≥16 bit
	动态范围	≥95 dB
	接收机噪声系数	≤3 dB
	最小可测功率	≤−110 dBm(窄脉冲)； ≤−114 dBm(宽脉冲)
	系统相位噪声	≤0.1°
	杂波对消/抑制	≥55 dB
伺服分系统	天线定位精度(最大误差)	在±0.10°范围内(方位和俯仰)
	体积扫描	VCP11、VCP21、VCP31、VCP41(高山模式)
	天线扫描最大速度	方位：36(°)/s；俯仰：36(°)/s
系统指标	距离分辨率	250 m
	系统相位噪声	≤0.1°
其他	自动标校系统	
	机内噪声源自动检测噪声系数	
	机内射频测试信号源自动标定接收机特性曲线	
	全机自动标校功能	
	完善的 BITE，完成自动监测功能	

(5)业务应用

CINRAD/SB 型新一代天气雷达主要应用于国家天气雷达站、其他行业(如机场、林业、水利等)天气雷达站。

6.1.7 CINRAD/SC-D 型新一代双偏振天气雷达(成都锦江电子)

(1)观测原理

CINRAD/SC-D 型天气雷达利用云雨目标物对雷达所发射电磁波的散射回波来测定其空间位置、强弱分布、垂直结构等,利用物理学上的多普勒效应来测定降水粒子的径向运动速度,推断降水云体的移动速度、风场结构特征、垂直气流速度等,还可以利用不同的降水粒子对不同极化(通常是水平线极化和垂直线极化)电磁波的散射特性的差异来区分不同的降水,从而达到对降水类型的识别和分类,并提高雨强估值精度。CINRAD/SC-D 型天气雷达(以下简称 SC-D 雷达)工作时,首先由频率合成器产生 S 波段探测脉冲信号,该信号经再次脉冲调制以及多级放大后,由天馈分系统定向辐射到探测空间中,辐射路径上的云雨目标物对不同极化电磁波产生散射作用,形成叠加了云雨滴谱、运动、衰减、传播信息的电磁波能量会反射并被雷达天馈分系统所接收到,并通过双偏振处理后得到云雨目标的强度、速度、谱宽乃至双偏振等数据信息。

(2)功能特点

SC-D 雷达工作于 S 波段,采用全相参、脉冲多普勒双偏振、速调管放大链技术体制,可探测和测量的对象包括降水、热带气旋、雷暴、中尺度气旋、龙卷、冰雹、冻雨、冻结层、融化层等,能及时、连续、准确地探测和测量雷达测站周围半径 500 km 范围内目标的强度变化和位置,能对半径 250 km 范围内目标的强度进行定量测量,对半径 150 km 范围内目标的风场结构和频谱宽度进行准确测量,探测能够反映降水粒子形状、大小、相态的差分反射因子、比差分传输相移和相关系数等多个参数。对于监测热带气旋、雷暴、中尺度气旋、龙卷、强风切变、下击暴流等灾害性天气的发生、发展、消亡过程有显著作用,是未来短期和短时天气预报的重要手段。

技术特点:采用 S 波段,具有雨区衰减小、探测距离远、测速范围大的特点;具有先进的接收机上天线技术;具有双通道幅相一致性技术;具有大口径、高对称性、低交叉偏振比双偏振天线技术;具有自动、连续运行和在线标校技术;具有智能故障定位及健康管理技术;具有双偏振雨强计算和水凝结物识别软件设计技术。

(3)组成结构

SC-D 雷达由天馈、发射、接收、信号处理、终端、伺服、监控、配电八个分系统以及天线罩、波导充气机等配套设备组成(图 6.1.7.1、图 6.1.7.2)。

图 6.1.7.1 CINRAD/SC-D 型天气雷达室内电子机柜

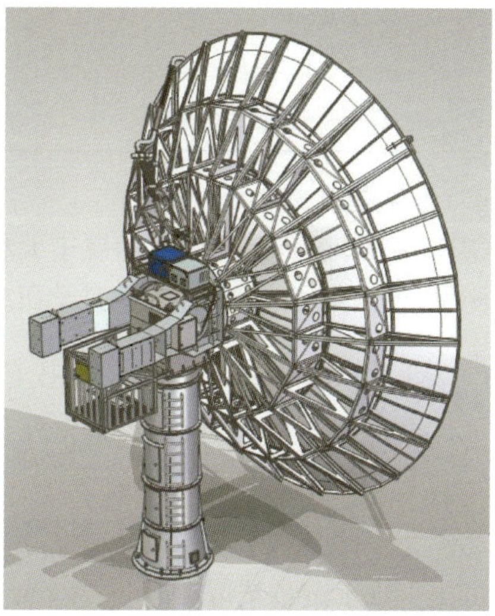

图 6.1.7.2 CINRAD/SC-D 型天气雷达室外天线装置

(4)性能指标(表 6.1.7.1)

表 6.1.7.1 CINRAD/SC-D 型天气雷达性能指标

要素	主要指标
技术体制	全相参脉冲多普勒体制/全相参脉冲多普勒双线偏振体制
工作频率	2700~3100 MHz(点频工作)
探测空间范围	强度监测距离:≥500 km;强度测量距离:≥250 km;速度监测距离:≥250 km;双偏振参数监测距离:≥250 km;方位角扫描范围:0°~360°;仰角扫描范围:-2°~90°;高度范围:0~24 km
探测参数范围	强度:-35~80 dBZ;速度:-48~48 m/s;谱宽:0~16 m/s;差分反射率因子:-7.9~7.9 dB;相关系数:0~1.0;差分传播相移:0°~360°;差分传播相移率:-2(°)/km~10(°)/km;退偏振比:-44~6 dB
测量误差	距离定位:≤50 m;方位角、俯仰角:≤0.05°;强度:≤1 dBZ;速度、谱宽:≤1 m/s;差分反射率因子:≤0.2 dB;相关系数:≤0.01;差分传播相移:≤3°;退偏振比:≤0.3 dB
分辨力	距离:≤250 m(窄脉冲);方位角、俯仰角:≤0.01°;强度:≤0.5 dBZ;速度、谱宽:≤0.5 m/s;差分反射率因子:≤0.1 dB;相关系数:≤0.005;差分传播相移:≤0.1°;差分传播相移率:≤0.1(°)/km;退偏振比:≤0.1 dB
相位噪声	≤0.1°
地物杂波抑制比	≥55 dB
输出产品	基本气象产品:平面位置显示(PPI)、距离高度显示(RHI)、等高平面位置显示(CAPPI)、垂直剖面(VCS)、组合反射率因子(CR),其中 PPI、RHI 和 VCS 支持显示双偏振量; 物理量产品:回波顶高、垂直累积液态水含量、累积降水量; 风暴识别产品:风暴单体识别和追踪、冰雹识别、中尺度气旋识别、龙卷涡旋特征识别、风暴结构分析; 风场反演产品:速度方位显示、垂直风廓线、风切变; 双偏振反演产品:粒子相态识别、融化层识别、双偏振定量降水估测和滴谱反演
可靠性/可维修性	平均故障间隔时间(MTBF)≥1500 h;平均故障修复时间(MTTR)≤0.5 h
电源	采用三相五线制,电压(380±38)V,频率(50±1.5)Hz,功耗≤30 kW(不包括空调)
环境适应性	工作环境温度:-40~55 ℃(室外、罩内装置),0~40 ℃(室内装置),10~30 ℃(计算机终端设备); 工作相对湿度(30 ℃):95%~98%(室外、罩内装置),90%~96%(室内装置),80%(计算机终端设备); 储存温度:-40~60 ℃; 储存相对湿度:95%~98%(30 ℃); 海拔高度:不高于 3000 m 时,均能正常工作

(5)业务应用

CINRAD/SC-D 型天气雷达属于大型地基雷达,可应用于强对流天气的监测和预警、大范围降水的定量测量、云雨粒子相态的识别、科学研究等方面。

6.1.8 CLC-12P 系列 X 波段相控阵天气雷达(南京恩瑞特)

(1)观测原理

CLC-12P 系列 X 波段相控阵天气雷达(图 6.1.8.1)采用全数字相控阵体制,利用瞬时多波束扫描技术能够快速获取中小尺度天气系统精细结构,提供高时空分辨率,高质量的回波数据。其中双偏振技术不仅可提高降水测量精度、抑制杂波,而且可获取更多有关降水粒子形状和相态的信息,为用户气象保障提供及时精确气象探测资料,更有利于对中小尺度风暴、暴雨、风切变、冰雹、龙卷、大风等灾害性天气的有效监测和预警。

CLC-12P 系列雷达特别适合对重点城市或区域低空天气进行监测和预警，形成对新一代天气雷达探测网的有效补充，适用于各级气象部门，并在航空、农业、交通、水利、大气物理研究等领域有着广泛的应用。

图 6.1.8.1　CLC-12P 系列 X 波段相控阵天气雷达外观

（2）功能特点

采用全数字相控阵技术，波束扫描快捷、灵活；采用双偏振技术，定量估计降水精度高；采用超低副瓣天线技术，回波数据测量准确；采用第三代半导体技术的数字 T/R 组件，可靠性高、维护性好；采用全数字多波束技术，时空分辨率高；采用远程遥控技术，支持无人值守。

（3）组成结构

CLC-12P 系列 X 波段相控阵天气雷达硬件系统（图 6.1.8.2）由阵列天线、T/R 组件、馈电网络、发射前级、四通道数字中频接收机、四通道信号处理器、伺服系统、天线座、数据处理与应用终端以及雷达配电等分系统组成。

该雷达软件系统主要包括波束控制软件、数字接收软件、信号处理软件、伺服控制软件、数据处理软件和产品终端软件等。

其中，数据处理软件主要包括系统控制、参数设置、数据采集、数据处理、基本产品显示、数据通信、数据存储与管理等模块。产品终端软件主要包括二次产品生成、产品显示、产品发布、三维显示和地理信息叠加显示等模块。

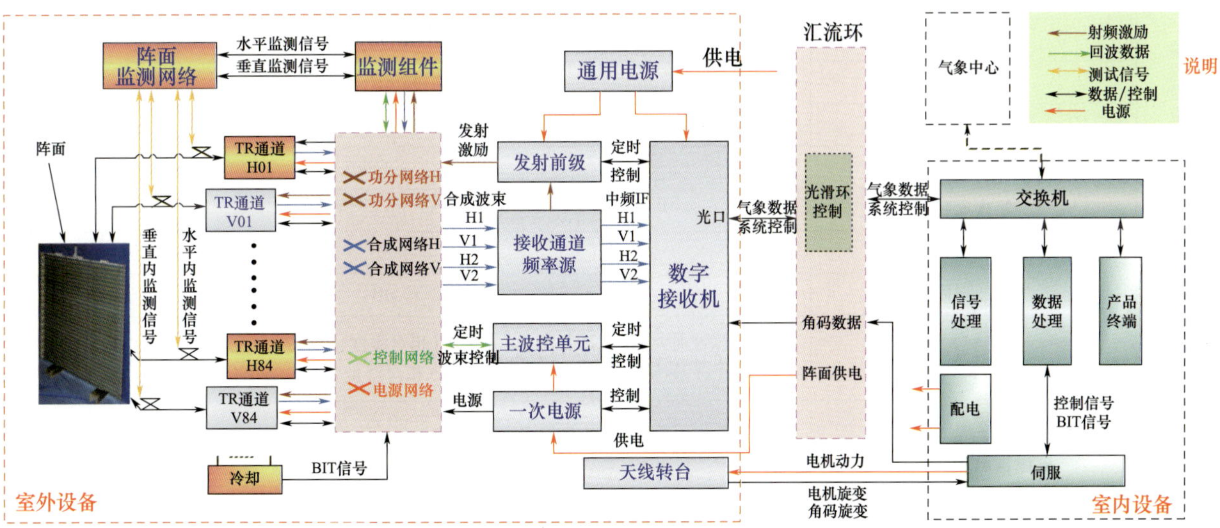

图 6.1.8.2　CLC-12P 系列 X 波段相控阵天气雷达系统组成

（4）性能指标（表 6.1.8.1）

表 6.1.8.1 CLC-12P 系列 X 波段相控阵天气雷达性能指标

要素		主要指标		
型号		CLC-12PZ-DP	CLC-12PB-DP	CLC-12PQ-DP
整体性能	工作频段	9300～9500 MHz（点频工作）		
	雷达体制	全数字双偏振多波束相控阵		
	探测距离	≥240 km（警戒）； ≥120 km（测量）	≥150 km（警戒）； ≥75 km（测量）	≥120 km（警戒）； ≥60 km（测量）
	强度测量范围	－15～70 dBZ		
	速度测量范围	－48～48 m/s		
	谱宽测量范围	0～16 m/s		
	差分反射率因子	－7.9～7.9 dB		
	线性退偏振比	－180°～180°		
	差分传播相移	－2(°)/km～10(°)/km		
	零延迟相关系数	0～1		
	方位机扫范围	0°～360°		
	俯仰电扫范围	0°～60°		
	地物杂波抑制比	≥45 dB		
	数据更新时间	≤60 s(0°～60°)		
	任务可靠性	平均严重故障间隔时间(MTBCF)≥2000 h		
天线阵面	有效口径（宽×高）	3.6 m×2.4 m	2.4 m×2.4 m	1.8 m×1.5 m
	天线增益	≥46 dBi	≥44 dBi	≥39 dBi
	波束宽度	0.7°×1.0°	1.0°×1.0°	1.3°×1.6°
	极化隔离度	≥30 dB	≥30 dB	≥30 dB
发射通道	总峰值功率	≥2 kW	≥2 kW	≥1.2 kW
	脉冲宽度	0.5～200 μs		
	最大工作比	≥15%		
	极限改善因子	≥50 dB		
接收通道	噪声系数	≤3.0 dB（均值）		
	动态范围	≥95 dB		
	接收灵敏度	优于－110 dB		
DBF/信号处理	最大波束合成数量	≥20 个波束		
	距离库长	30 m/60 m/120 m		
	距离库数	≥4000		
	杂波抑制	≥45 dB		
环境条件	环境温度	室外：－50～50 ℃（相对湿度：5%～100%）； 室内：－25～50 ℃（相对湿度：10%～90%）		
	海拔高度	≤3000 m		
电源供电		单相 220 V±10%，50 Hz±5%		
整机功耗		≤10 kW	≤10 kW	≤5 kW

（5）业务应用

该雷达针对气象局、部队气象保障部门、政府气象部门、民航管制部门和行业等用户设计。该雷达能对周边天气进行有效探测和预警，可获取雷达站周围上空天气目标的位置、强度、平均径向速度、速度谱宽和双偏振等气象参数，实时监测 120 km 范围内的强对流危险天气系统的生成、发展、消散、移动状态的能力，对中尺度风暴、暴雨、风切变、冰雹、龙卷、大风等灾害性天气能进行有效的监测和预警，为用户气象保障提供及时精确气象探测资料。

6.1.9 CPAR 型 C 波段相控阵天气雷达（四创电子）

（1）观测原理

CPAR 型 C 波段相控阵天气雷达（图 6.1.9.1）是新型有源相控阵雷达，它是一种接收、发射均采用数字波束形成（DBF）技术的全数字有源相控阵雷达。数字波束形成技术充分利用阵列天线各阵元所获得的空间信号信息，通过信号处理技术实现波束形成、目标跟踪以及空间干扰信号置零等。

图 6.1.9.1 CPAR 型 C 波段相控阵天气雷达设备布局

发射模式下信号处理机给出发射波束扫描时各单元所需的幅度和相位值的数据流送至数字收/发组件（DTR），经过上变频和放大后经各辐射单元发射出去在空间合成；接收模式下每个单元接收的信号经过下变频、DDC 后获得的 I/Q 信号送至信号处理机进行 DBF 处理，继而进行常规信号处理形成目标回波数据。

（2）功能特点

C 波段相控阵天气雷达采用一维有源数字阵列相控阵体制，监测雷达测站周围半径 400 km 范围内的云雨目标的位置、强度、平均径向速度、速度谱宽等参数变化，快速定量测量 200 km 范围内，高度 20 km 以下云雨目标的强度、平均径向速度和速度谱宽等参数，能自动识别风暴、暴雨、冰雹、中尺度气旋等危险天气，是分钟级短时灾害性天气临近预报的主要装备，主要用于大范围降水和台风、暴雨、冰雹等强对流灾害性天气的监测及预警。

技术特点：同时多波束和波束指向捷变，扫描灵活、快速；全固态分布式组件设计，任务可靠性高；开放、灵活系统软件架构形式，便于扩展和升级；多种探测模式适应不同观测需求；全数字收发组件，降低传统扫描惯性带来的误差，测量更准确。

（3）组成结构

C 波段相控阵天气雷达主要由天馈分系统、数字 T/R 分系统、DBF 与信号处理分系统、伺服分系统、监控分系统、环控分系统、数据处理终端分系统、配电分系统、天线罩以及配套设备组成。在总体布局上分为室外天线单元、室内工作台和配电箱。

(4)性能指标(表 6.1.9.1)

表 6.1.9.1　CPAR 型 C 波段相控阵天气雷达性能指标

要素	主要指标	要素		主要指标
雷达体制	一维有源数字阵列体制	测量范围	强度	−15～70 dBZ
工作频率	C 频段(5.3～5.7 GHz)		速度	−60～60 m/s(100 km)； −30～30 m/s(200 km)
探测距离范围	≥400 km(监测)； ≥200 km(定量)		谱宽	0～16 m/s
最大同时接收波束	≥15 个		方位	0°～360°(方位机械扫描)
数据率	≤1 min		仰角	0°～90°(电扫范围±45°，预仰角机械可调)
功耗	≤15 kW	参数测量精度(均方误差)	距离	≤50 m
工作模式	远程搜索模式、近程警戒模式、 中程监视模式		强度	≤1 dB
			速度	≤1 m/s

(5)业务应用

主要应用于气象局、民航气象保障。

6.1.10　CWR-05 型 C 波段调频连续波云雨廓线雷达(四创电子)

(1)观测原理

调频连续波雷达(FMCW)采用连续波体制通过对发射信号频率的调制、对返回信号的解调实现距离测量，采用快速傅里叶变换处理技术得到高距离分辨率的返回信号回波强度、速度、谱宽等谱参数产品和气象回波信号的谱分布信息。

(2)功能特点

能够连续高精度实时探测 0.2～30 km 高度以下的云雨目标的强度、速度和谱宽信息，利用其特有的高精细测距、测速能力对晴空大气、云、雨目标进行精细化探测和研究。无距离盲区，能在短时间内获得高空间分辨率的探测资料，探测微弱信号能力强，可用于对微弱气象信号回波、降水云体结构识别以及尺度较小、结构变化较快的强对流天气进行精细探测，为中短时临近预报、大气环境监测和科学研究等提供精确数据。

(3)组成结构

该雷达(图 6.1.10.1)分为室外设备和室内设备。室外设备包括天馈分系统、发射分系统、综合分机(包括接收分系统、信号处理和监控分系统)、配电分机和雷达装载平台。室内设备为终端显示分系统和 UPS。

图 6.1.10.1　CWR-05 型 C 波段调频连续波云雨廓线雷达

（4）性能指标（表 6.1.10.1）

表 6.1.10.1 CWR-05 型 C 波段调频连续波云雨廓线雷达性能指标

要素	主要指标	要素	主要指标
工作频率	5530 MHz	垂直速度精度	≤0.2 m/s
探测距离	0.2～30 km	速度谱宽精度	≤1 m/s
强度范围	−10～70 dBZ	探测能力	−10 dBZ@15 km
速度范围	−15～15 m/s	距离分辨率	15 m、30 m
谱宽范围	−8～8 m/s	时间分辨率	1～60 s 可调
强度精度	≤1 dBm	扫频带宽	≥5 MHz

（5）业务应用

主要应用于对云和降水云体的垂直探测及其微物理过程的反演研究。

6.1.11 DCPT0128 型 C 波段双极化全数字有源相控阵天气雷达（广东纳睿雷达）

（1）观测原理

DCPT0128 型 C 波段双极化全数字有源相控阵天气雷达采用全数字相控阵体制，具有完全独立控制的双极化整列数字收发通道，采用 DDS 技术生成中频信号，通过上变频到射频信号后发射，通过雷达阵列天线接收到的气象目标散射信号，经过多路接收通道转化为 I/Q 信号，I/Q 信号在信号处理单元通过 DBF 实现多波束接收，从而实现对天气过程的快速双极化电子多波束扫描，得到高时空分辨率的天气信息。

（2）功能特点

DCPT0128 型 C 波段双极化全数字有源相控阵天气雷达采用多波段雷达数据融合技术，可发挥 C 波段天气雷达对中远距离的中低空快速扫描和监测的优势，与现有新一代天气雷达以及 X 波段双极化有源相控阵天气雷达相互补充配合。结合相控阵技术、多波束技术、双极化技术、全固态全相参技术、脉冲压缩技术等先进技术体系，可以实现探测距离 200 km，距离分辨率为 75 m，最小波束宽度 0.9°，大大提高对杂波的识别、水的相态分类以及定量估测降水，实现高时空分辨率和快速扫描探测，提高预警的准确性，促进天气监测预报预警水平的提高，减少因天气灾害带来的人员伤亡和经济损失，满足了未来天气雷达市场的需求。

（3）组成结构

雷达系统包括天线阵面、底座转台、机房内的伺服柜体、信号处理柜体及电源处理柜体五部分。雷达电源处理柜体完成外部电源输入的末级保护、电源转换及电源开关控制等功能，并将处理后的直流、交流总线电源输出给各个用电设备。雷达信号与控制柜体用于雷达信号处理、雷达控制、雷达本地数据处理与显示以及雷达站点监视等功能。伺服柜体完成雷达系统的驱动控制等功能。雷达底座主要用于雷达方位旋转和俯仰支撑工作。雷达天线阵面主要完成电磁波收发、波形生成以及模数转换、雷达信号传输等工作。

（4）性能指标（表 6.1.11.1）

表 6.1.11.1 DCPT0128 型 C 波段双极化全数字有源相控阵天气雷达性能指标

要素	主要指标	要素	主要指标
雷达体制	全相参多普勒、一维机扫、一维相扫、双极化	俯仰角分辨力	1.8°（电子波束、单波束）
工作频率	5.3～5.7 GHz	波束数量	≥34 个
峰值发射功率	≥3200 W	天线增益	≥41 dB
天线类型	双极化平面相控阵天线	交叉极化隔离度	≥35 dB
探测距离	≥400 km（强度）； ≥200 km（速度、谱宽、差分反射率因子、相关系数、差分传播相移、差分传播相移率、退偏振比）	距离分辨率	≤75 m
方位角分辨力	0.9°（固定波束）		

（5）业务应用

DCPT0128 型雷达可用于气象、水利、民航等部门，实现高时空分辨率精细化天气探测以及重大灾害预警等功能。

6.1.12　DXPT0256 型 X 波段双极化全数字有源相控阵天气雷达（广东纳睿雷达）

（1）观测原理

DXPT0256 型 X 波段双极化全数字有源相控阵天气雷达综合了双极化探测、全数字有源相控阵技术、脉冲多普勒等多种雷达体制的优点。通过双极化探测技术，该雷达具有识别降水粒子的形状、尺寸和相态等微物理特征，获取更丰富的天气系统探测信息；通过全数字有源相控阵技术，该雷达以全数字方式控制波束形成和扫描，能实现宽发窄收、多波束扫描，其波束扫描速度更快，控制更加灵活，可覆盖更高的仰角，实现超高的时空分辨率；此外，该雷达还能通过多普勒技术探测天气系统的径向速度。因此，该雷达能够更快、更准确地探测雷雨、冰雹、大风、龙卷、下击暴流和风切变等灾害性强对流天气系统内部完整的结构，从而为研究其生消演变机制提供有效的数据支撑，为精准及时的天气预报服务提供重要的探测依据。

（2）功能特点

能够快速探测雷达上空周围天气目标的位置、强度（Z）、平均径向速度（V）、速度谱宽（SW）、差分强度（ZDR）、差分相位（PhiDP）、比差分相位（KDP）、相关系数（CC）等参数；全面提高了地物杂波抑制能力、抗干扰能力和自动化探测能力；具有监测雷达测站周围 150 km 范围内强对流天气系统的生成、发展、消散动等状态的能力，提高了对强对流天气系统的探测精度和质量；数字控制多波束同时扫描，时间分辨率最快 25 s，空间分辨率 30 m；可控制波束进行任意精确指向，完成对特定方位天气系统的重点扫描；无须球形天线罩和雷达机房，具有较强的环境适应性，可在全国范围内固定或移动部署；全固态和商业现货 COTS 系统设计提升性能价格比和系统可靠性；可维护性好，运维费用低。

（3）组成结构

DXPT0256 型 X 波段双极化全数字有源相控阵天气雷达主要由天线阵面分系统、雷达底座分系统和用户终端三部分组成。

天线阵面分系统：负责雷达的信号发射/接收、数字波束形成等一系列前端工作，其主要包含 X 波段双极化阵列天线、模拟收发器、数字收发器、中央控制与时钟同步单元、时钟分配网络等。

雷达底座分系统：负责雷达整体的控制、信号处理、网络通信等一系列后端的工作，其主要包含系统监控单元、雷达信号处理单元、主电源和伺服系统。

用户终端：负责对雷达进行控制、生成并显示各种气象产品，主要包含雷达控制软件、气象产品生成软件和气象产品显示软件。

（4）性能指标（表 6.1.12.1）

表 6.1.12.1　DXPT0256 型 X 波段双极化全数字有源相控阵天气雷达性能指标

要素	主要指标	要素	主要指标
雷达体制	全相参多普勒、一维机扫、一维相扫、双极化	探测距离	⩾150 km
工作频率	9.3～9.5 GHz	速度探测范围	−36～36 m/s
峰值发射功率	⩾12.8 kW	距离分辨率	⩽30 m
天线类型	双极化平面相控阵天线	体扫范围	水平：0°～360°；垂直：−2°～60°
天线最大副瓣	⩽−23 dB	体扫时间	快速 25 s，标准 60 s
极化方式	水平极化、垂直极化、水平 & 垂直双极化	整机功耗	⩽10 kW（220 V/50 Hz）
交叉极化隔离度	⩾30 dB	设备质量	⩽3000 kg
双极化产品	差分强度（ZDR）、差分相位（PhiDP）、比差分相位（KDP）、相关系数（CC）		

(5)业务应用

DXPT0256 型 X 波段双极化全数字有源相控阵天气雷达可以实时监测雷达测站周围150 km 范围内的中小尺度强对流天气系统的生成、发展、消散等状态变化，对雷雨、冰雹、大风、龙卷、下击暴流和风切变等灾害性天气进行有效的监测和预警，为气象业务部门提供高时空分辨率的观测资料。该雷达也可以为航空、林业、水利、交通等部门提供精细化的气象保障。

6.1.13 ETWS-X03 型 X 波段双偏振相控阵天气雷达(浙江宜通华盛)

(1)观测原理

ETWS-X03 型 X 波段双偏振相控阵天气雷达(图 6.1.13.1)采用全固态双线偏振全相参体制，延续了 YLX1-D 型雷达的优点，进一步提升了探测能力、探测灵活性、环境适应性、可靠性和维修性，具有大动态范围、高灵敏度、数字波束灵活设置，低副瓣、扫描策略灵活、高可靠性、使用维护方便等特点，能够对作用范围内云雨的空间位置与分布、强度、速度、谱宽和双极化参数等进行定量探测，获取目标的形状、相态和空间取向等特征。

(2)功能特点

采用高性能分布式收发组件、数字多波束技术和软件化信号处理系统，使雷达具备探测威力大、灵敏度高、扫描速度快、探测模式灵活、可靠性高、维修便利等特点；通过先进的具有低副瓣、高交叉极化隔离度的天线系统以及全面的标校系统，确保各种工作模式下双偏振量的探测精度；能够实现 60 km 内全空域定量探测、120 km 范围内全空域的有效预警，可获得强度、速度、谱宽、差分反射率、差分相移、差分相移率、相关系数、线性退偏振比等双偏振量信息。

图 6.1.13.1 ETWS-X03 型 X 波段双偏振相控阵天气雷达

(3)组成结构

主要由数据采集子阵雷达主机、同步控制 & 数据处理、数据呈现 & 应用终端三部分组成。

(4)性能指标(表 6.1.13.1)

表 6.1.13.1 ETWS-X03 型 X 波段双偏振相控阵天气雷达性能指标

要素	主要指标	要素	主要指标
雷达体制	全固态双极化有源相控阵	极限改善因子	≥55 dB
扫描方式	数字多波束	天线尺寸	1.2 m(长)，1.4 m(宽)
工作频率	9.3～9.5 GHz	天线最大副瓣	≤−25 dB
峰值发射功率	≥1280 W	天线阵元数量	128
探测距离	≥60 km	波束宽度	水平 1.6°，垂直 1.6°
速度探测范围	−64～64 m/s	波束数	≥16
距离分辨率	≤30 m	体扫范围	方位:0°～360°;俯仰:−2°～70°
强度探测精度	≤1.0 dBZ	体扫时间	24 s/30 s/48 s/60 s(可按需求设置)
速度探测精度	≤1.0 dBZ	整机功耗	≤7 kW
谱宽探测精度	≤1.0 m/s	设备尺寸	1780 mm×1588 mm×1650 mm
系统动态范围	≥95 dB	设备质量	≤1800 kg

(5)业务应用

ETWS-X03 型 X 波段双偏振相控阵天气雷达可灵活应用于大气科学研究、人工影响天气、天气自动化观测、机场气象保障、军事气象保障、城市灾害天气保障等领域，同时能够与其他雷达进行协同组网，可对短时强降水、中小尺度风暴、冰雹、强风切变、龙卷风、下击暴流等灾害性天气进行实时监测和自动报警，提高气象保障能力。

6.1.14 GLC-16A 型 S 波段全相参多普勒天气雷达（南京恩瑞特）

（1）观测原理

GLC-16A 型 S 波段全相参多普勒天气雷达（图 6.1.14.1）是中国气象局用于国内气象业务组网探测的新一代多普勒天气雷达，工作于 S 波段，采用多普勒信号处理技术。该雷达具有灾害性天气自动预警预报能力和天气产品自动生成、显示能力，能较早地探测到威胁航行的气流和灾害性洪水，极大地提高了对暴雨、降水、风切变、龙卷、冰雹等重大灾害性天气的检测和警报能力。

（2）功能特点

全相参脉冲多普勒体制；高稳定大功率主振放大式发射机；高增益、低副瓣天线；低噪声、大动态数字接收机；大规模可编程高速 DSP 技术；丰富的气象应用产品；全天候连续运行；远程监控，无人值守；完善的自动标校及 BIT 功能。

（3）组成结构

系统主要由天线罩、天线、伺服驱动、发射机、接收机、信号处理器、监控分机、数据处理、数据传输、用户终端等硬件和相关的系统软件、应用软件组成。

图 6.1.14.1 GLC-16A 型 S 波段全相参多普勒天气雷达

（4）性能指标（表 6.1.14.1）

表 6.1.14.1 GLC-16A 型 S 波段全相参多普勒天气雷达性能指标

要素	主要指标	要素	主要指标
工作频率	2700～3000 MHz	天线口径	8.5 m
探测范围	强度监测距离≥460 km； 强度、速度测量距离≥230 km	输出产品	强度、速度、谱宽
输出参数测量范围	强度：−15～70 dBZ；速度：−64～64 m/s； 谱宽：0～16 m/s	电源电压	三相 380 V±10%，50 Hz±5%
天线扫描范围	方位：0°～360°；俯仰：−1°～92°	整机功耗	≤20 kW
脉冲功率	≥650 kW		

（5）业务应用

该雷达是中国气象局用于国内气象业务组网探测的新一代天气雷达，不仅适用于各级气象部门，而且在航空、水利等领域有着广泛的应用。

6.1.15 GLC-16P 系列 S 波段相控阵天气雷达（南京恩瑞特）

（1）观测原理

GLC-16P 系列 S 波段相控阵天气雷达（图 6.1.15.1）采用全数字相控阵体制，利用瞬时多波束扫描技术能够快速获取中小尺度天气系统精细结构，提供高时空分辨率，高质量的回波数据。其中双偏振技术不仅可提高降水测量精度、抑制杂波，而且可获取更多有关降水粒子形状和相态的信息，为用户气象保障

图 6.1.15.1 GLC-16P 系列 S 波段相控阵天气雷达

提供及时精确气象探测资料，更有利于对中小尺度风暴、暴雨、风切变、冰雹、龙卷、大风等灾害性天气的有效监测和预警。该雷达能够对雷达测站周围 230 km 半径范围内的降水量分布和区域降水量进行准确的估测，对460 km 半径范围内的台风、暴雨、飑线、冰雹、龙卷等灾害性天气可以实施有效的监测和预警。

(2)功能特点

采用全数字相控阵技术，波束扫描快捷、灵活；采用双偏振技术，定量估计降水精度高；采用超低副瓣天线技术，回波数据测量准确；采用第三代半导体技术的数字 T/R 组件，可靠性高、维护性好；采用全数字多波束技术，时空分辨率高；采用健康管理技术，维护性能好；采用远程遥控技术，支持无人值守。

(3)组成结构

该 S 波段双偏振相控阵天气雷达包括室外设备、室内设备及附属设备等(图 6.1.15.2)。

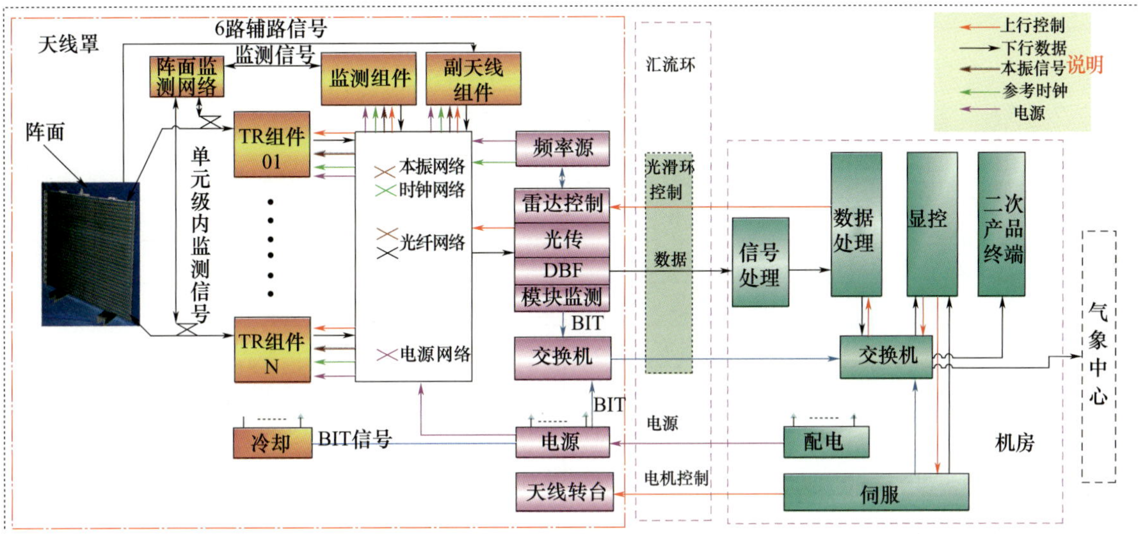

图 6.1.15.2 GLC-16P 系列 S 波段相控阵天气雷达组成结构

室外设备包括天线罩、天线阵面、天线座等；室内设备包括综合机柜、伺服机柜、显控终端等；附属设备包括天线罩内环控设备等。

室外设备、附属设备等安装在建筑物顶上，天线罩安装于建筑物顶部混凝土环形墙体上；天线阵面、天线座、环控设备等安装在天线罩内，室内设备安装在一个离天线尽可能近的主机房内，而显控终端可以放在较远的方便工作的地方，其距离由通信设备决定。

(4)性能指标(表 6.1.15.1)

表 6.1.15.1 GLC-16P 系列 S 波段相控阵天气雷达性能指标

要素		主要指标	
型号		GLC-16P	GLC-16P-DP
整体性能	极化方式	单偏振	双偏振
	工作频段	2700～3000 MHz(点频工作)	
	雷达体制	全数字多波束相控阵/双偏振	
整体性能	极化方式	单偏振	双偏振
	探测距离	≥460 km(警戒)；≥230 km(测量)	
	强度测量范围	−15～70 dBZ	
	速度测量范围	−64～64 m/s	
	谱宽测量范围	0～16 m/s	
	差分反射率因子	—	−7.9～7.9 dB

续表

要素		主要指标	
整体性能	线性退偏振比	—	−180°～180°
	差分传播相移	—	−2(°)/km～10(°)/km
	零延迟相关系数	—	0～1
	方位机扫范围	0°～360°	
	俯仰电扫范围	−2°～92°	−2°～60°
	地物杂波抑制比	≥55 dB	
	数据更新时间	≤90 s(32 层)	
	任务可靠性	MTBCF≥4000 h	
天线阵面	天线尺寸(宽×高)	优于 8.7 m×8.7 m	
	天线增益	≥44 dBi	
	波束宽度	≤1.0°	
	极化隔离度	≥35 dB	
发射通道	总峰值功率	≥12 kW	≥20 kW
	脉冲宽度	0.5～200 μs	
	最大工作比	≥15%	
	极限改善因子	≥55 dB	
接收通道	噪声系数	≤2.5 dB(均值)	
	动态范围	≥90 dB	
	接收灵敏度	优于−110 dB	
DBF/信号处理	最大波束合成数量	≥20 个	
	距离库长	10 m/37.5 m/75 m/150 m	
	距离库数	≥8000	
	杂波抑制	≥55 dB	
环境条件	环境温度和相对湿度	室外：−50～50 ℃；相对湿度：5%～100%； 室内：−25～50 ℃；相对湿度：10%～90%	
	海拔高度	≤3000 m	
电源供电		三相 380 V±10%，50 Hz±5%	
整机功耗		≤30 kW	

(5)业务应用

该雷达对追踪暴雨、龙卷、台风、冰雹等强对流天气过程，提高对冰雹、雷雨大风、飑线、短时强降水、龙卷等剧烈天气的探测能力，具有显著效果。适用于国家骨干天气雷达网的建设，也广泛适用于航空、水利等领域。国睿科技已与福建省气象局联合开展我国首套 S 波段相控阵双偏振天气雷达系统应用试验，于 2021 年在福州闽侯县部署。

6.1.16 GLC-18CS 型 C 波段全固态双线偏振多普勒天气雷达(南京恩瑞特)

(1)观测原理

GLC-18CS 型 C 波段天气雷达(图 6.1.16.1)采用全固态脉冲多普勒双线偏振体制，不仅可提高降水测量精度、消除杂波，而且具有识别水成物相态的能力，可获取更多有关降水粒子形状和相态的信息，对中小尺度风暴、冰雹、强风切变、气旋、龙卷、大风等灾害性气候具有实时检测和报警能力。该雷达不仅适用于各级气象部门，而且在航空、水利等领域有着广泛的应用。

图 6.1.16.1 GLC-18CS 型 C 波段全固态双线偏振多普勒天气雷达

(2)功能特点

全相参脉冲多普勒双线偏振体制;高增益、低副瓣双极化天线;采用第三代半导体技术的全固态发射机;低噪声大动态数字接收机;高速数字信号处理和数据处理技术;全天候连续运行;具有全寿命周期,运行维护费用低;完善的自动标校及 BIT 功能,无人值守。

(3)组成结构

系统主要由天线罩、双极化天线、伺服驱动、全固态发射机、接收机、信号处理器、监控分机、数据处理、数据传输、用户终端等硬件和相关的系统软件、应用软件构成。

(4)性能指标(表 6.1.16.1)

表 6.1.16.1 GLC-18CS 型 C 波段全固态双线偏振多普勒天气雷达性能指标

要素	主要指标	要素	主要指标
工作频率	5300～5700 MHz(点频工作)	天线口径	4.5 m/8.5 m
探测范围	强度监测距离≥400 km; 强度、速度、偏振量测量距离≥200 km	输出产品	强度、速度、谱宽、双偏振参数
输出参数测量范围	强度:－15～70 dBZ; 速度:－64～64 m/s; 谱宽:0～16 m/s	电源电压	三相 380 V±10%,50 Hz±5%
天线扫描范围	方位:0°～360°;俯仰:－1°～92°	整机功耗	≤10 kW
水平、垂直支路发射机峰值功率(单路)	≥3 kW		

(5)业务应用

该雷达不仅适用于各级气象部门,而且在航空、水利等领域有着广泛的应用。

6.1.17 GLC-18PJ 型 C 波段相控阵天气雷达(南京恩瑞特)

(1)观测原理

GLC-18PJ 型 C 波段相控阵天气雷达(图 6.1.17.1)是世界上首次在民航领域业务化应用的 C 波段全数字相控阵天气雷达,该雷达采用数字多波束相控阵体制,能够获取天气系统的精细结构,提供高时空分辨率,高质量的回波数据。该雷达能够实时监测强对流危险天气系统的生成、发展以及消散,对风暴、暴雨、风切变、冰雹、龙卷、大风等灾害性天气能够进行有效的监测和预警，为用户气象保障提供及时精确的气象探测资料。GLC-18PJ 型雷达可为航空起降及航天器发射回收等行动提供实时气象保障；也可为各级气象预报、抢险救灾等提供气象服务。

图 6.1.17.1　GLC-18PJ 型 C 波段相控阵天气雷达

（2）功能特点

采用数字固态有源相控阵技术，波束扫描快捷、灵活；采用三代半导体技术设计的数字 T/R 组件，可靠性高；采用频-相-机三维扫描结合的数字多波束技术，空间覆盖面大、实时性好；采用扫描波束修正补偿技术，探测精度高；采用大型数字化相控阵雷达健康管理技术，维护实用性好；采用无人值守、远程遥控技术。

（3）组成结构

相控阵天线由多个阵列单元组成，通过改变每个单元的相位来改变天线指向，实现快速扫描，扫描时间由常规雷达的 6 min(11 层)急剧缩短为 1 min(32 层)，有利于对风切变、下击暴流等生命周期较短的航空高影响天气系统的探测。

该雷达具备同时接收 20 个波束的能力，可实现对快速演变的天气系统的垂直结构瞬间探测；特有的宽度处理模式可实现低至 10 m 量级的距离分辨率，使天气目标内部结构更加清晰和精细。

该雷达采用超低副瓣天线技术，能确保从源头上有效降低地物和各种非气象强回波的干扰影响；同时使用基于军用抗干扰抑制和阵地优化技术，有效提升系统抗干扰能力，提高测量数据质量；而且因其快速扫描的特点，可更准确地还原大气真实状况。

该雷达采用分布式发射、热冗余和故障软化等技术，大幅提升系统的可靠性，可有力保障对台风等大尺度强对流天气全过程连续可靠的观测(持续监测时间 48 h 以上，监测距离覆盖 400 km 以上)。

（4）性能指标(表 6.1.17.1)

表 6.1.17.1　GLC-18PJ 型 C 波段相控阵天气雷达性能指标

要素	主要指标	要素		主要指标
工作频段	5365～5485 MHz （点频工作）	发射机	峰值功率	≥20 kW
			脉冲宽度	0.5～200 μs
雷达体制	数字多波束相控阵		最大工作比	≥15%
监测距离	400 km		极限改善因子	≥55 dB
测量距离	200 km			

续表

要素		主要指标	要素		主要指标
强度测量范围		−15～70 dBZ	接收机	动态范围	≥90 dB
速度测量范围		−64～64 m/s		噪声系数	≤2.5 dB
谱宽测量范围		0～16 m/s		A/D	16 bit
数据更新时间		≤90 s(32 层)	信号处理	距离库长	10 m/37.5 m/75 m/150 m
电源供电		三相 380 V±10%， 50 Hz±5%		距离库数	≥6000
				杂波抑制	≥50 dB
天线	天线尺寸	8.6 m×8.6 m		输出产品	强度、速度、谱宽
	天线增益	52 dBi	环境条件	环境温度和湿度	室外：−50～50 ℃， 5%RH～100%RH； 室内：−25～50 ℃， 10%RH～90%RH
	波束宽度	≤0.5°(水平)； ≤0.5°(垂直)			
	天线扫描范围	方位机扫：0°～360°；俯仰电扫：−2°～92°		海拔高度	≤3000 m
	天线控制精度	≤0.1°	整机功耗		≤15 kW

(5)业务应用

2019 年 9 月 25 日，C 波段相控阵天气雷达在北京大兴机场正式投入运行。该雷达由中国电科国睿科技股份有限公司承制，是世界首部在民航领域业务化应用的新型天气雷达。

6.1.18 HTXRR 型全固态 X 波段雨量雷达(西安华腾)

(1)观测原理

HTXRR 型全固态 X 波段雨量雷达(图 6.1.18.1)通过发射高频脉冲信号，借助云、雨等气象目标的散射来测量降水目标的强度、径向速度和谱宽。其中，雨量雷达系统用于实现降雨实时监测，雨滴谱系统由多个水滴谱仪构成，分布于雷达不同方位和距离上，用于反演修正降水量。四个雨滴谱监测站分别建设于雷达架设点周边不同距离的位置，最终获得一定地域范围内的高分辨率格点(面)雨量。

图 6.1.18.1 HTXRR 型全固态 X 波段雨量雷达设备

(2)功能特点

全固态发射机，免维护、体积小、寿命长、安全系数高；操作简单、工作稳定可靠，可实现无人值守，并且具有组网能力；全相参工作模式，相位稳定度高，可靠性强；能够精确测量雷达测站周围半径 48 km范围内的雨量进行降水量统计。

(3)组成结构

测雨系统由全固态 X 波段多普勒天气雷达、水滴谱仪、数据采集模块(选配)、数据通信模块等组成。四个激光水滴谱仪分布在距离雨量雷达周围，测得的雨滴信息通过数据采集模块、数据传输模块实时发送到数据处理计算机，该信息用于实时修正雨量计算模型。结合地形匹配扫描技术，可有效避开地物杂波的干扰，提高了测雨精度。整个系统由三个部分组成，外场安装全固态 X 波段多普勒天气雷达、水滴谱仪，室内安装云雷达产品输出器，中间采用光纤或者千兆网进行数据传输。

（4）性能指标（表 6.1.18.1）

表 6.1.18.1　HTXRR 型全固态 X 波段雨量雷达性能指标

要素		主要指标	
		精测模式	粗测模式
雷达体制		全固态、全相参多普勒、脉冲压缩	全固态、全相参多普勒、脉冲压缩
工作频率		X 波段，9.3～9.5 GHz 范围内可选	X 波段，9.3～9.5 GHz 范围内可选
天线扫描范围	方位角	0°～360°（无限制）	0°～360°（无限制）
天线扫描范围	俯仰角	−2°～90°（电气及机械限位）	−2°～90°（电气及机械限位）
探测距离范围	强度	≥36 km	≥48 km
探测距离范围	速度	≥36 km	≥48 km
探测距离范围	谱宽	≥36 km	≥48 km
雨量分辨率	空间	60 m×60 m	60 m×60 m
雨量分辨率	时间	5 min	5 min
雨量数据输出分辨率		0.01 mm/h	0.01 mm/h
电源要求		单相，AC 220 V±10%，50 Hz±5%	单相，AC 220 V±10%，50 Hz±5%
质量（标准配置，参考值）		≤800 kg（不包括天线罩）	≤800 kg（不包括天线罩）
环境要求	工作高度	海拔高度≤5000 m	海拔高度≤5000 m
环境要求	冲击、振动、淋雨	符合国家有关部门规定，且满足野外运输要求	符合国家有关部门规定，且满足野外运输要求
环境要求	抗干扰	电源干扰、电磁干扰、无线电频率干扰	电源干扰、电磁干扰、无线电频率干扰
环境要求	其他	防水、防霉、防盐雾	防水、防霉、防盐雾
整机功耗（峰值）		≤1 kW	≤1 kW
平均故障间隔时间（MTBF）		≥1000 h	≥1000 h
平均故障修复时间（MTTR）		≤0.5 h	≤0.5 h

（5）业务应用

广泛应用于城市内涝预报、气象灾害性预警、应急保障、重点区域防护等领域。

6.1.19　HTXPWR 型 X 波段相控阵天气雷达（西安华腾）

（1）观测原理

HTXPWR 型 X 波段相控阵天气雷达（图 6.1.19.1），采用数字多波束机电符合扫描脉冲多普勒体制，利用云、降水对电磁波的后向散射作用，探测气象参数，自动生成并显示气象产品。

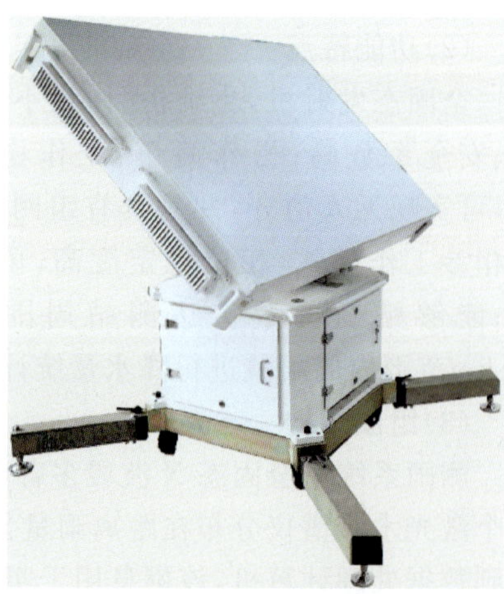

图 6.1.19.1　HTXPWR 型 X 波段相控阵天气雷达设备

（2）功能特点

能监测雷达测站周围高度 24 km 以下，50 km 范围内气象目标的位置、强度；40 km 范围内可对位置、强度、平均多普勒速度和速度谱宽等多个参数进行定量探测，与传统多普勒天气雷达相比具有更快的扫描速度，更高的时空分辨率，对于监测短时强对流天气有非常大的优势。

技术特点：快速扫描，波束指向灵活，无惯性扫描，数据率高；抗干扰性能好，复杂目标环境适应能力强；可靠性高，少量组件失效仍能正常工作；无人值守、可组网；近程化天气雷达精细探测。

（3）组成结构

X 波段相控阵天气雷达整个系统由两个部分组成，外场安装 X

波段相控阵天气雷达，室内安装云雷达产品(图 6.1.19.2)输出器，中间采用光纤或者千兆网进行数据传输。

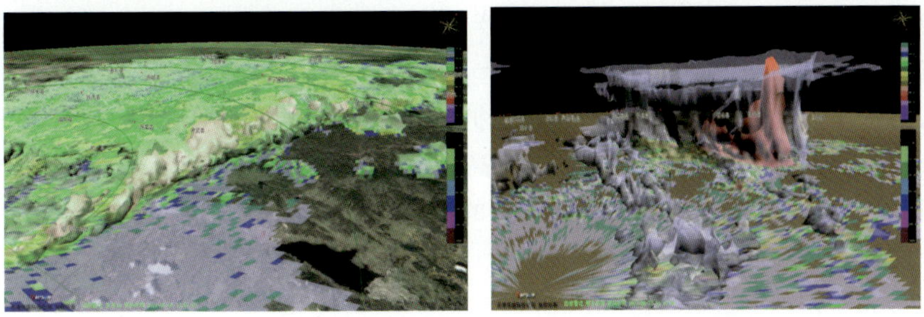

图 6.1.19.2　HTXPWR 型 X 波段相控阵天气雷达产品示例

(4)性能指标(表 6.1.19.1)

表 6.1.19.1　HTXPWR 型 X 波段相控阵天气雷达性能指标

要素	主要指标	要素	主要指标
技术体制	全相参多普勒，一维相扫，数字波束形成	探测分辨率	距离：≤50 m
工作频率	X 波段 9.3～9.5 GHz		角度：≤1.5°
扫描方式	方位：机械扫描	探测精度	距离：≤25 m
	俯仰：有源相扫		角度：≤0.1°
扫描范围	方位：0°～360°	参数测量范围	强度：−15～70 dBZ
	转速：≥40(°)/s		速度：−54～54 m/s
扫描周期	<1 min 20 s		谱宽：0～16 m/s
探测范围	强度：≥50 km(探测)；≥40 km(定量)	发射峰值功率	≥128 W
	速度：≥40 km		
	谱宽：≥40 km	标准配置质量	≤200 kg

(5)业务应用

广泛应用于气象灾害预警、应急保障、民航等重点区域防护等领域。

6.1.20　LLX-09XD 型多普勒天气雷达(北京爱尔达)

(1)观测原理

LLX-09XD 型天气雷达(图 6.1.20.1)发射机将来自频率源的射频激励信号进行放大，输出大功率射频脉冲信号并馈送至天线，经天线集束向空间辐射。天线波束在天线驱动控制电机的作用下也随之而动，并在设定的空域进行周期性扫描，捕捉目标。当目标进入波束内时，便产生目标反射回波被天线接收下来，经过环流器馈送至接收机。回波信号进入接收机高频模块，经大功率 PIN 开关和限幅器进入低噪声场效应管放大器。信号被放大后再经过镜像抑制滤波器，然后进入混频器与来自频率源系统的本振信号混频，形成中频信号。中频信号经过放大、滤波等处理后给数字中频接收机。接收机中另有一路为样本通道，该通道是将发射机输出的信号耦合后作为样本通道的射频信号，与频率源产生的本振信号进行混频后经过放大滤波等处理送至数字中频接收机。数字中频接收机主要用于对雷达回波的中频信号进行采样及下变频，同时本模块还对发射功率进行实时采样，用于脉冲压缩处理，并将处理后的中频数据

图 6.1.20.1　LLX-09XD 型多普勒天气雷达

通过光纤传至信号处理器。信号处理板将I/Q数据、天线角度、发射样本等数据打包传送至计算机，后者进行实时脉冲压缩处理并结合标定结果计算出R、V、W产品。

（2）功能特点

采用全固态、脉冲工作体制，可靠性高、运行维护成本低；接收机灵敏度高、动态范围大，采用固态保护器，工作寿命长；频率源相位噪声低，频率稳定度高；具有先进的信号处理系统及气象产品生成软件；具有实时标定校准和故障检测功能，保证了测量数据的准确性；体积小、质量轻，使用灵活方便，机动性强，架设和拆装快速、便捷。

（3）组成结构

天气雷达含天线罩、雷达主体（天线馈线分系统、发射分系统、接收分系统、信号处理与监控分系统、伺服控制分系统、数据处理终端分系统及稳压配电装置等）、操控显示终端各1套。

（4）性能指标（表6.1.20.1）

表6.1.20.1　LLX-09XD型多普勒天气雷达性能指标

要素	主要指标
雷达体制	全固态全相参脉冲多普勒雷达
工作频段	9300～9500 MHz点频可选
发射功率	≥180 W
探测范围	监测距离：6～300 km（强度）；测量距离：6～150 km（强度、速度、谱宽）； 高度探测范围：0～24 km；方位角：0°～360°；俯仰角：−2°～90°； 强度测量范围：−15～70 dB；速度测量范围：−48～48 m/s；谱宽测量范围：0～16 m/s
探测准确度（均方根误差）	定位精度：距离≤100 m（点目标）；方位角≤0.2°；俯仰角≤0.2°； 高度≤200 m（距离≤100 km），≤300 m（距离≤100～200 km）。 降水目标参数测量精度：反射率因子≤1 dBZ；速度≤1 m/s；谱宽≤1 m/s
探测分辨率	距离≤75 m；角度≤1°；强度≤1 dBZ；速度≤1 m/s
开机时间	正常开机时间不大于5 min，紧急开机时间不大于3 min
可靠性	平均故障间隔时间（MTBF）≥1000 h；MTBF最低可接受值：500 h
维修性	平均故障修复时间（MTTR）≤0.5 h
测试性	雷达具有机内自检（BITE）功能；故障检测率≥90%；故障隔离率≥80%；虚警率≤5%

（5）业务应用

LLX-09XD型多普勒天气雷达可用于地区、县、市级的气象部门的气象观测和预报，更适合于局域性短临预报，是灾害性天气防灾、减灾和人影工程的重要帮手，它能及时准确地预测当地局部的暴雨、冰雹、龙卷风等灾害性天气状况，给人影工程指挥提供依据：对组织防雹作业（使冰雹无法形成）、人工降雨作业赢得宝贵时间。为地方政府部门组织抗灾，保护人民的生命财产提供气象服务。也可用于军用和民用机场，探测场站周围局部地区天气状况，给飞机起飞和降落的安全提供气象支持。

6.1.21　PR11-D型X波段全固态双偏振天气雷达（成都锦江电子）

（1）观测原理

双偏振天气雷达是通过向空间发射一系列脉冲电磁波，同时接收云雾、雨、雪、冰雹等降水粒子对电磁波的后向散射信号，完成对回波强度、移向、移速及发展趋势的测量。引入双偏振体制，根据不同降水粒子对不同极化电磁波散射特性的差异，完成降水类型的识别和分类。

（2）功能特点

PR11-D型X波段全固态双偏振天气雷达（图6.1.21.1、图6.1.21.2）采用同时收发全固态双偏振全相参脉冲多普勒体制，可探测垂直高度24 km以下，水平半径120 km范围内的降雨、冰雹及其他气象目标的位置和强度；运用偏振技术极大地提高了雷达对降水量估测的精度；能实时提供120 km范围较准确的径向风场分布数据，对径向风速的测量大于±54 m/s；具有对暴雨、冰雹及大面积降水等天气现象的预报能力，以及对云、水凝结物等大气微观物理特性的细致分析能力。

图 6.1.21.1 PR11-D 型 X 波段全固态双偏振天气雷达外观

图 6.1.21.2 PR11-D 型 X 波段全固态双偏振天气雷达安装状态

产品特点：系列化、集成化、标准化程度高，系统配置灵活；全固态发射机，全机无寿命器件，运行维护成本极低；气象产品丰富；具有完善的在线实时标定和故障检测功能；可靠性高，连续工作能力强；结构紧凑，具有超强的机动性，安装架设简单快捷；发射峰值功率极低，电磁污染小，节能环保。

(3)组成结构

采用便携式一体化设计，集中配置在电子设备平台中，天线形式为圆旋转抛物面天线，发射、接收、信号处理、伺服等设备配置在天线背后；雷达全套设备集成在天线装置中。室内设备有 1 台工控机或笔记本电脑。天线罩直径 3 m，为选配系统。

(4)性能指标(表 6.1.21.1)

表 6.1.21.1 PR11-D 型 X 波段全固态双偏振天气雷达性能指标

要素	主要指标	要素	主要指标
雷达体制	全相参脉冲多普勒体制	时间分辨率	1 min
采用技术	全固态发射技术、脉冲压缩与补盲技术	空间分辨率	120 m×1°
测量范围	≥120 km	探测能力	8.7 dBZ@100 km
探测高度范围	0～24 km	可靠性	MTBF≥2000 h，系统能全天 24 h 不间断地连续工作，无人值守工作方式
天线罩尺寸	3 m(选配)	输出产品	0 级产品：强度、速度、谱宽、无抑制、差分反射率因子、差分传播相移、差分传播相移变化率、零延迟相关系数；1 级产品：物理量产品、风场产品、预警预报产品、双偏振产品等 50 余类
天线尺寸	≥1.8 m	整机功耗	≤500 W
发射机功率	≥100 W	整机质量	≤200 kg

（5）业务应用

在人工影响天气、暴洪监测、电网输电通道灾害天气监测、航空气象预警等领域有广泛的应用潜力，是灾害性天气如冰雹、暴雨、台风等研究的重要工具。

6.1.22　SMPAR 型 S 波段相控阵双偏振天气雷达（四创电子）

（1）观测原理

SMPAR 型 S 波段相控阵双偏振天气雷达（图 6.1.22.1）采用一维相扫全数字阵列体制，方位采用机械扫描，俯仰采用同时多波束扫描。发射/接收波束可根据不同模式灵活设置；数据处理（含信号处理）均基于计算机平台采用全软件化处理，处理软件配置在同一平台下。发射时，监控终端发出指令通过数字波束形成（DBF）控制各数字 T/R 模块的发射通道产生发射信号，经阵列天线在空间合成所需要的发射方向图。接收时，回波信号经过阵列天线接收，送至数字 T/R 模块对应的接收通道，输出多路 I/Q 信号至 DBF 板，进行数字波束合成处理后，传输至信号处理机；信号处理机完成幅相补偿、脉冲压缩、地物杂波滤除、参数估计、质量控制、距离订正、衰减补偿等功能，将结果通过网络送往数据处理终端分系统。终端分系统完成数据采集、处理、保存、传输及气象产品生成、显示等。

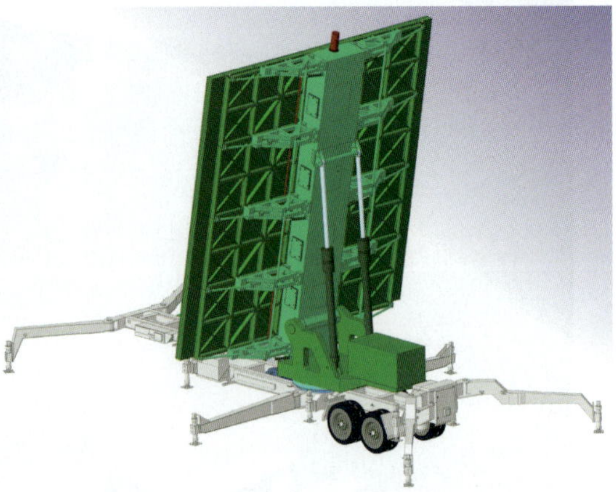

图 6.1.22.1　SMPAR 型 S 波段相控阵双偏振天气雷达

（2）功能特点

连续监测雷达测站周围 460 km 范围内天气变化过程，定量获取 230 km 范围内云和降水的位置、强度、径向速度、谱宽、双偏振参数等信息，智能识别下击暴流、阵风锋、湍流等危险性天气，并自适应探测、自动追踪，缩短扫描周期，提升远场预警、近场告警能力；为短期天气精准预报、灾害天气应急、航空气象保障以及降水定量测量等天气过程监测和预警提供服务，是气象短时预报的有力工具。

技术特点：低副瓣、低交叉极化双极化阵列天线、实现宽角扫描；高度集成的多通道数字阵列模块，可靠性高；同时多波束探测，提高了时空分辨率，资源利用率高，提升探测性能；基于通用服务器的软件化信号处理，算法精细、灵活；软件体系采用分层架构，动态可扩充，软件可组合、重构；全流程各节点信息可视，实现健康管理。

（3）组成结构

雷达主要由天馈分系统、数字 T/R 分系统、DBF 与信号处理分系统、伺服分系统、监控分系统、数据处理终端分系统、配电分系统以及配套设备组成。

（4）性能指标（表 6.1.22.1）

表 6.1.22.1　SMPAR 型 S 波段相控阵双偏振天气雷达性能指标

<table>
<tr><th>要素</th><th>主要指标</th><th colspan="2">要素</th><th>主要指标</th></tr>
<tr><td rowspan="2">雷达体制</td><td rowspan="2">一维有源数字阵列、
双线偏振体制</td><td rowspan="6">测量范围</td><td>强度</td><td>−15～70 dBZ</td></tr>
<tr><td>速度</td><td>−64～64 m/s</td></tr>
<tr><td>工作频率</td><td>S 频段（2.7～2.9 GHz）</td><td>谱宽</td><td>0～16m/s</td></tr>
<tr><td rowspan="2">探测距离范围</td><td rowspan="2">≥400 km（监测）；
≥200 km（定量）</td><td>差分反射率因子</td><td>−8～8 dB</td></tr>
<tr><td>差分传播相移</td><td>−180°～180°</td></tr>
<tr><td>最大同时接收波束</td><td>≥15 个</td><td>差分传播相移率</td><td>−2(°)/km～10(°)/km</td></tr>
</table>

续表

要素	主要指标	要素		主要指标
数据率	≤1 min	测量范围	线性退极化比	−44～6 dB
功耗	≤80 kW		相关系数	0～1
工作模式	远程搜索模式、近程警戒模式、中程监视模式		方位	0°～360°(方位机械扫描)
			仰角	0°～90°(电扫范围±45°,预仰角机械可调)

(5)业务应用

主要应用于气象局、航空气象保障。

6.1.23 WR-09A型机载X波段相控阵多普勒天气雷达(四创电子)

(1)观测原理

该雷达工作时,通过机载终端系统向信号处理板发送探测需求的工作模式,信号处理将控制信号及工作参数发送给各分系统,通过数字中频模块输出频率和相位符合特性要求的中频信号,经上变频的激励信号发送至片式有源模块,经片式有源模块中的T/R组件射频放大后输出至对应的天线阵元,各阵元辐射功率在空间合成形成需要的发射波束。水平方向上,通过改变各阵元信号的相位关系,即可改变发射波束水平方向上指向,实现波束扫描;垂直方向上,通过改变发射信号频率来改变垂直方向上的波束指向,实现频扫功能。天线阵元接收的回波信号送往片式有源模块,经过滤波放大合成处理后输出给收发单元,经过下变频、数字中频处理后,将I/Q信号通过光纤传送至信号处理器。信号处理器对回波信号进行脉冲压缩处理和多普勒处理后将得到反映气象目标信息数据。机载终端系统将信号处理器输出的数据处理生成气象产品并显示、存储。校正模块产生测试信号实现对各收发单元进行幅相检测、接收通道放大特性检测和定标。

(2)功能特点

机载X波段相控阵多普勒天气雷达采用了水平面相扫、垂直面频扫相结合的方式,波束灵活无惯性,可靠性高,可更好地满足机载平台需求。在机载控制模块的统一控制下,实现对特定区域和远海气象的机动探测,能够监测雷达测站周围500 km范围内天气目标位置、强度,定量监测150 km范围内的雷雨、暴雨、强降水天气目标,反演生成湍流、风切变等危险性天气气象产品,大大提高了航空气象预报的实时性和准确性。另外,雷达具备信标、地形测绘等功能,实现了“一机多用”,是重要的飞行安全保障设备之一。

机载雷达探测的重要价值集中体现在飞机探测的机动性和探测空域能力上,以及对探测对象的连续、机动探测。利用机载天气雷达,可以实现对紧急地区的快速部署,实现对特定区域和远海气象的机动实时探测,并可近距离获取气象信息的细微结构,完善综合气象观测系统,为飞行训练、作战安全、人工影响天气等提供准确、实时、全面的人工影响天气气象资料,为远距离跨海作战提供气象保障,为巡航导弹等作战单元的环境保障提供参数。

技术特点:三维精细结构探测能力强,准确获取气象目标结构和状态信息;连续追踪探测天气目标能力强,利用机载平台可连续跟踪,近距离探测气象目标;探测无盲区,可快速机动至指定阵地(高原、沿海、岛屿等),实现对特定区域和远海气象的机动实时探测;波束灵活无惯性;实现电扫描捷变波束,从而大大提高了雷达的时空分辨率,同时无惯性系统更好地适应机载平台;抗干扰性能更好,可靠性高,即使少量组件失效也能正常工作。

(3)组成结构

机载雷达由天馈分系统、片式有源模块(SAM)、接收分系统、信号处理分系统、机载终端分系统、电源分系统等组成;在结构上划分为阵列天线单元、收发单元、机载终端单元三个单元。阵列天线单元包括32根波导裂缝线源、波导校正网络、片式有源模块(SAM)等;收发单元包括收发通道、数字中频模块、频率源模块、信号处理模块等;机载终端单元包括机载天气雷达控制盒及显示模块,可统筹配置在机载操作平台上。同时,雷达设计标准输出接口,可直接接入机载平台的数据链,雷达结构如

图 6.1.23.1所示。

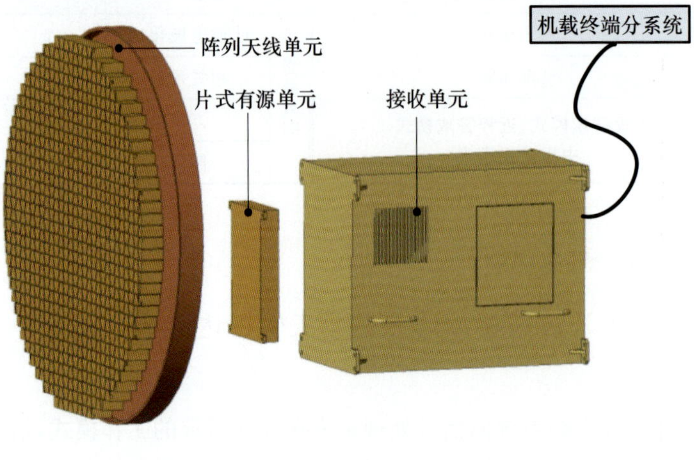

图 6.1.23.1　WR-09A 型机载 X 波段相控阵多普勒天气雷达结构

（4）性能指标（表 6.1.23.1）

表 6.1.23.1　WR-09A 型机载 X 波段相控阵多普勒天气雷达性能指标

要素		主要指标	要素		主要指标
雷达体制		二维（频相扫描）有源相控阵体制	参数测量精度（均方误差）	距离	≤75 m
工作频率		X 频段（9.3～9.5 GHz）		强度	≤1 dB
探测距离范围		≥500 km（监测）； ≥100 km（定量）		速度	≤1 m/s
测量范围	强度	−5～70 dBZ	总质量		≤60 kg
	速度	−32～32 m/s	供电方式		航空电源（DC 28 V）
	谱宽	0～10 m/s	功耗		≤1.50 kW
	方位	±60°（相控扫描）	工作模式		自检（TEST）、气象（WX）、气象告警（WXA）、信标（BCN）、地形测绘
	仰角	±10°（频扫）			

（5）业务应用

应用于人工影响天气、民航等领域。

6.1.24　WR-09B 型可搬移式 X 波段全相参多普勒天气雷达（四创电子）

（1）观测原理

该天气雷达为全相参俯仰电扫多普勒天气雷达，即雷达的发射信号、本振信号和相参基准信号都是由一个高稳定度和高纯度的主振源同步产生的，它们之间保持着严格的、固定的相位关系。雷达通过发射高功率的微波脉冲信号，借助云、雨等气象目标的后向散射来检测、分析和确定降水目标。

（2）功能特点

可搬移式 X 波段全相参多普勒天气雷达作为可搬移式装备，在需要执行探测任务时，采用车载或多人背负的方式快速机动至指定阵地（高原、沿海、岛屿等），通过北斗自动定位、授时和寻北装置实现快速点位、定时和定北，可采用市电或电池供电，可在 25 min 内（4 人）完成设备组装。该雷达能够连续监测 150 km 以内降雨区的发生发展变化，全面获取 100 km 范围内区域风场、大气湍流状况、降雨类型、降雨强度、降雨量分布；处理生成探测区域降水量、降水类型、雷暴、大风、下击暴流等气象保障产品。

小——小型化，组合设计：轻小型平板阵列天线，保证高增益、低副瓣；分布式收发组件；基于直流伺服的小型一维转台。轻——轻材质、单兵背负：天线罩采用玻璃钢，天线骨架和背板采用质量轻、刚度好的碳纤维复合材料。快——快部署、迅速工作:采用了快锁机构,避免螺栓连接烦琐,快速调平;采用全固态技术,无须预热,通电即可开发射,及时保障。

该雷达工作模式采用频率分集三脉冲复合模式。采用此种模式,能够有效抑制脉冲之间的串扰,同时使补盲的拼接点更加平滑,可以最大限度地发挥出收发组件的效率,重复频率得到有效利用。

(3)组成结构

该雷达在结构形式(图 6.1.24.1)上划分为天线设备、电子设备、转台设备及辅助设备等,采用人体工程学设计,实现快捷拆装、方便背负。主要包括天馈分系统、伺服分系统、收发分系统、信号处理分系统、波束控制分系统、数据处理与应用分系统及电源分系统等。雷达整机质量小于 90 kg,可拆分为 4 个背负单元,各单元质量均控制在 25 kg 以内。

图 6.1.24.1　WR-09B 型可搬移式 X 波段多普勒天气雷达工作及运输状态

(4)性能指标(表 6.1.24.1)

表 6.1.24.1　WR-09B 型可搬移式 X 波段多普勒天气雷达性能指标

<table>
<tr><th colspan="2">要素</th><th>主要指标</th><th colspan="2">要素</th><th>主要指标</th></tr>
<tr><td colspan="2" rowspan="3">雷达体制</td><td rowspan="3">一维有源数字阵列体制</td><td rowspan="3">参数测量精度
(均方误差)</td><td>距离</td><td>≤150 m</td></tr>
<tr><td>强度</td><td>≤1 dB</td></tr>
<tr><td>速度</td><td>≤1 m/s</td></tr>
<tr><td colspan="2">工作频率</td><td>9320～9420 MHz(5 点频率可选)</td><td colspan="2">天线口径</td><td>≤1 m×1 m</td></tr>
<tr><td colspan="2">探测距离范围</td><td>监测≥150 km;
定量≥100 km</td><td colspan="2">总质量</td><td>≤90 kg</td></tr>
<tr><td rowspan="5">测量范围</td><td>强度</td><td>－15～70 dBZ</td><td colspan="2" rowspan="2">供电方式</td><td rowspan="2">锂电池、市电或电源站</td></tr>
<tr><td>速度</td><td>－24～24 m/s(150 km);
－48～48 m/s(75 km)</td></tr>
<tr><td>谱宽</td><td>0～10 m/s</td><td colspan="2" rowspan="3">功耗</td><td rowspan="3">≤1 kW</td></tr>
<tr><td>方位</td><td>0°～360°</td></tr>
<tr><td>仰角</td><td>－2°～45°</td></tr>
</table>

（5）业务应用

可广泛应用于人工影响天气、气象预报、航空气象保障、应急气象保障及气象科研领域。

6.1.25 WR-09P、WR-09PM 型 X 波段双偏振全相参多普勒天气雷达（航天新气象）

（1）观测原理

X 波段双偏振全相参多普勒天气雷达采用同发同收双线偏振体制，发射水平、垂直两种极化的电磁波，经雷达天线定向辐射出去，电磁波在大气中传播，遇到雨滴、雪花、冰雹等粒子时，产生后向散射传播至雷达天线，经双路接收机放大和信号处理运算，获取降水粒子的空间位置和各种气象参数估值，从而实现对天气目标的判断识别。

（2）功能特点

X 波段双偏振全相参多普勒天气雷达能够监测雷达测站周围高度 24 km 以下，300 km 范围内天气目标的位置、强度，150 km 范围内天气目标径向速度、速度谱宽等多普勒参数和差分反射率因子、差分传播相移、差分传播相移率、相关系数以及线性退极化比等双偏振参数，分析得到大气湍流状况、降雨类型、降雨强度、降雨量分布以及降雨云内部粒子相态、粒子尺度谱分布等信息，处理生成探测区域降水量、降水类型、雷暴、大风、下击暴流等气象保障产品。有效监测预警危险天气，为气象预报人员提供丰富全面的分析资料。

技术特点：高增益、低副瓣、交叉极化优良的抛物面天线；馈线功分网络前置、对称设计；恒温接收系统前置，通道一致性优异；基于通用服务器的软件化信号处理，精细化回波处理；接收、馈线双通道一致性自动标校；网络化系统架构，组网灵活；无人值守、远程遥控；丰富的气象产品。

（3）组成结构

X 波段双偏振全相参多普勒天气雷达主设备包括天馈分系统、伺服分系统、发射分系统、接收分系统、信号处理分系统、监控与标校分系统、数据处理与应用分系统、电源分系统等。按结构配置划分为室外天馈单元、主机单元和终端单元（图 6.1.25.1～图 6.1.25.3）。室外天馈单元主要有天线、转台、馈线及前置的恒温接收分机等。主机单元包括发射机柜、综合机柜，主要配置发射机、伺服分机、服务器、网络交换机及配电分机等。终端单元包括监控终端、产品终端等。

图 6.1.25.1 X 波段双偏振全相参多普勒天气雷达天馈单元

图 6.1.25.2 X 波段双偏振全相参多普勒天气雷达主机单元

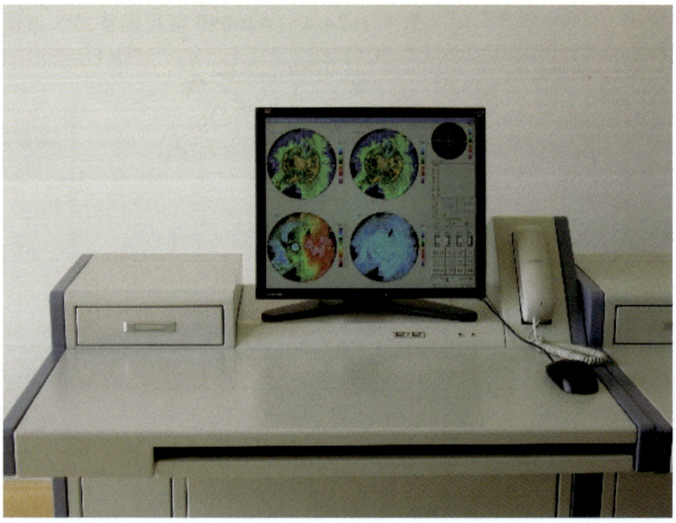

图 6.1.25.3 X 波段双偏振全相参多普勒天气雷达终端单元

雷达安装形式包括固定式、机动式和方舱可移式三种。固定式雷达安装在固定的塔楼或者铁塔上，安装后不可移动(图 6.1.25.4)。机动式雷达安装在一个货车底盘上，经过改装后，通过支撑腿和举升机构完成雷达天线的举升和撤收，使用时可直接机动到指定位置(图 6.1.25.5)。方舱可移式雷达安装在一个固定钢结构平台上，通过支撑腿和举升机构完成雷达天线的举升和撤收，使用时通过普通货车运输至指定位置(图 6.1.25.6)。

图 6.1.25.4　X 波段双偏振全相参多普勒天气雷达(固定式)

图 6.1.25.5　X 波段双偏振全相参多普勒天气雷达(机动式)

图 6.1.25.6　X 波段双偏振全相参多普勒天气雷达(方舱可移式)

(4)性能指标(表 6.1.25.1)

表 6.1.25.1　WR-09P/WR-09PM 型 X 波段双偏振全相参多普勒天气雷达性能指标

要素	主要指标	要素	主要指标
工作频率	9320～9420 MHz，多点可选	工作电源	AC 220 V±10%，50 Hz±2 Hz；整机功耗≤4 kW
距离范围	300 km(强度)、150 km(径向速度、谱宽、双偏振参数)	天线口径	2.4 m/3.2 m/4.5 m 可选
扫描范围	方位：0°～360°；俯仰：−2°～90°	发射机体制	速调管/全固态

续表

要素	主要指标	要素	主要指标
参数范围	强度：-15～70 dBZ	发射功率	≥75 kW(速调管)；200 W(固态)
	速度：-48～48 m/s	发射脉宽	0.5 μs /1 μs(速调管)；1～200 μs(固态)
	谱宽：0～16 m/s	动态范围	≥110 dB
	差分反射率因子：-8～8 dB	最小可测信号功率	≤-110 dBm(1 μs)
	差分传播相移：-180°～180°	噪声系数	≤3.0 dB
	差分传播相移率：-2(°)/km～10(°)/km	距离库长	75 m、150 m
	相关系数：0～1	地物杂波抑制比	30～50 dB
	线性退极化比：-44～6 dB		

(5)业务应用

可广泛应用于人工影响天气、气象预报、航空气象保障及气象科研领域。

与全相参多普勒天气雷达相比，X 波段双偏振全相参多普勒天气雷达可以进一步确定降水粒子的形状、尺寸、指向、相态和滴谱分布情况，对雨、雪和冰雹粒子具有识别作用，并提供降水率、冰雹含量、冰雹和雨滴大小及降水相态等目标特性，有助于了解降水分布的细节和微物理结构，适用于大气结构、粒子特性研究。

6.1.26 WR-15、WR-15M Ku 波段全相参多普勒天气雷达(四创电子)

(1)观测原理

Ku 波段全相参多普勒天气雷达采用全相参脉冲多普勒体制，直接数字合成信号源(DDS 信号源)产生中频信号经过上变频、放大后形成 RF 射频脉冲信号送入发射机，经固态发射机将其放大后经过馈线网络送至天线，由天线将高频脉冲信号形成波束向空间定向辐射。发射出去的电磁波在空中遇到降水粒子产生后向散射，天线接收回波信号经馈线进入接收机，经过低噪放、两次变频后形成 140 MHz 中频信号送入数字接收机，经数字中频处理、信号处理器处理，最终输出强度、速度、谱宽等数据，该数据经网络打包后，以标准 TCP/IP 协议送至终端分系统。由终端分系统完成参数的实时显示、存储以及各种气象产品的生成。

(2)功能特点

Ku 波段全相参多普勒天气雷达采用全相参脉冲多普勒体制，适用于阴天、小雨、中雨等多种云雨降水天气情况下 0～75 km 范围内天气状况的探测，能定量监测 0～37.5 km 内天气目标的位置、强度、平均多普勒速度和谱宽等参数，雷达转速快、重频高，系统具有较高的时间分辨率。

该雷达系统可实现远程全遥控操作，所有控制均可通过软件实现。数据传输采用 TCP/IP 方式，有利于数据传输和共享，方便用户判断天气发展趋势，为短时预报提供可靠的数据支持。

技术特点：全相参全固态脉冲多普勒天气雷达体制；整机在时序设计上采用三脉冲拼接工作模式，盲区小；高时间、空间分辨率，可实现精细化探测；支持 THI、PPI、RHI、VOL 以及扇体扫等多种扫描模式；系统结构采用一体化、小型化设计，拆收方便及机动性强；支持本地/远程全遥控操作。

(3)组成结构

Ku 波段全相参多普勒天气雷达(图 6.1.26.1)在结构形式上分为雷达电子设备、电源和雷达终端。雷达电子设备包括天馈分系统、伺服分系统、发射分系统、接收分系统、信号处理与监控分析分系统等所有的设备，在结构设计上，采用便携一体化设计，集中配置在电子设备的平台中。

电源设备包括 AC-DC 电源适配器及分系统电源模块，雷达终端选用高性能的便携式计算机，通过终端软件，利用网络通信完成雷达的控制、数据显示与处理等。

图 6.1.26.1　Ku 波段全相参多普勒天气雷达

(4)性能指标(表 6.1.26.1)

表 6.1.26.1　WR-15、WR-15M Ku 波段全相参多普勒天气雷达性能指标

要素	主要指标	要素	主要指标
工作频率	13.0～15.8 GHz	天线口径	0.9 m
探测范围	75 km	发射功率	≥100 W
强度范围	−5～70 dBZ@15 km	发射脉宽	1～80 μs
测速范围	−36～36 m/s	动态范围	≥90 dB
谱宽范围	0～9 m/s	最小可测信号功率	≤−109 dBm(1 μs)
方位范围	0°～360°	噪声系数	≤3.0 dB
仰角范围	−2°～90°	地物杂波抑制比	30～50 dB
工作电压	AC 220 V±10%,50±2 Hz		

(5)业务应用

Ku 波段全相参多普勒天气雷达主要用于解决山区小流域云降水监测预警,提升山区防洪预警水平,推动国内山地防洪综合监测预警技术的研究和发展。同时还可为山地防洪提供事前指导、全过程实时监视和事后分析,实现其覆盖区域内气象要素的连续不间断观测,在气象探测、天气预报、大气科学研究领域具有重要意义及巨大的市场需求,主要适用于对山地灾害监测和预警有需求的单位,如国土部门、气象局、天气业务单位、大气科研院所、水利等部门,同时也可以扩展到机场危险天气的监测和预警。

6.1.27　XPAR 型 X 波段相控阵天气雷达(四创电子)

(1)观测原理

雷达工作时,监控终端根据探测需求的工作模式将控制信号及工作参数送数字波束形成单元,数字波束形成单元包括发射波束控制与接收波束形成;在发射波束形成时,数字波束形成单元送控制字到数字阵列模块,数字阵列模块通过 DDS 实现发射移相,产生一定频率、相位的中频信号,然后经过上变频、射频放大输出至对应的天线单元,各阵元辐射信号在空间合成所需要的发射波束图。在接收波束形成时,天线各阵元接收的信号输出至 DAM,经过下变频、DDC 处理后输出 I/Q 回波信号,I/Q 信号通过高速大容量光纤传输设备和光汇流环传输至方舱内的信号处理机;实时信号处理机完成自适应波束形成(DBF)和软件化多普勒信号处理等;信号处理机的计算机完成数据采集、数据格式化,原始数据输出至产品终端,产品终端完成气象产品生成。天线控制系统根据终端控制完成预置的天线扫描模式,并将方位角和仰角信息送信号处理。

(2)功能特点

X 波段相控阵天气雷达(图 6.1.27.1)采用全数字有源 DBF 体制。该雷达采用警戒搜索模式、精细测量模式、快速观测模式和晴空探测模式等多种工作方式,完成快速获取天气目标探测资料的能力,可以将一个体扫时间从 6 min 时间缩短为 1 min 以内。该雷达对强降水天气测量距离大于 150 km,对雹云、龙卷、冰雹等中小尺度强天气现象的精细测量距离大于75 km,对径向风速测量的范围最高达±32 m/s。

技术特点:体制创新、工作方式灵活;技术先进、性能指标优越;高性能、高可靠、高机动;快速扫描,降低区域扫描的时间;多波束形成,提升气象信息获取能力。

(3)组成结构

X 波段相控阵天气雷达主要由天馈分系统、数字 T/R 分系统、信号处理分系统、伺服分系统、数据处理终端分系统、电源分系统以及配套设备组成。雷达设备布局由舱外设备和舱内设备组成。

图 6.1.27.1　XPAR 型 X 波段相控阵天气雷达

(4)性能指标(表 6.1.27.1)

表 6.1.27.1　XPAR 型 X 波段相控阵天气雷达性能指标

要素		主要指标	要素		主要指标
雷达体制		一维有源数字阵列体制	参数测量精度（均方误差）	距离	≤50 m
工作频率		X 频段(9370±20 MHz)		强度	≤1 dB
探测距离范围		≥150 km(监测);≥75 km(定量)		速度	≤1 m/s
测量范围	强度	−15～70 dBZ	工作模式		警戒搜索模式、快速观测模式、精细测量模式
	速度	−32～32 m/s			
	谱宽	0～16 m/s	最大同时接收波束		≥14 个
	方位	0°～360°(方位机械扫描)	数据率		≤1 min
	仰角	0°～90°(电扫范围±30°,预仰角机械可调)	功耗		≤10 kW

(5)业务应用

X 波段相控阵天气雷达可应用于灾害性天气监测预警、大气科学研究和航空气象保障领域。

6.1.28　714XDP 型双偏振天气雷达(成都锦江电子)

(1)观测原理

该雷达采用双通道双偏振全相参脉冲多普勒体制。固态发射机将小功率激励信号放大后,通过双路馈线,由天线形成 45°线极化电磁波向空中辐射;云雨目标的水平或垂直后向散射偏振回波由天线收集后,分别进入馈线的水平和垂直支路,再到双通道接收机,各自通过放大变频,送到数字中频信号处理器,处理计算得到回波的强度、速度、谱宽、差分反射率因子、差分相位、差分传播相移和相关系数等参数,输出至数据处理与显示分系统(以下简称终端系统),形成基本产品、物理量产品、识别和预报产品、风场产品和双偏振产品等气象产品供预报保障人员使用。

伺服分系统在监控与标校分系统的控制下,驱动天线进行不同方式的扫描探测。监控与标校分系统除接受命令对各分系统进行控制外,还对各分系统进行故障监测,以保护雷达安全运行。此外,该雷达还具有完善的故障自检、报警和标校等功能。

(2)功能特点

采用双路同时发射和同时接收的双偏振多普勒雷达技术体制，双偏振探测精度高；双偏振和多普勒探测模式间的自动转换控制，扩展了雷达的应用范围；天线采用冷拉成型的圆形旋转抛物面和高精度加工的波纹槽圆锥馈源，增益高、副瓣低，同时保证 H 路和 V 路波瓣的宽度一致性；具有发射功率、双通道接收机噪声系数、增益检测，以及采用实时全链路标校技术，实现对强度、速度、双偏振参数的实时校正，保证探测数据的准确性和一致性；采用全固态发射机、交流伺服和数字中频等技术，提高雷达可靠性和环境适应性；采用半导体恒温技术，微波器件工作环境温度恒定，确保雷达收发双通道的一致性，保障双偏振数据准确性。

(3)组成结构

该雷达如图 6.1.28.1 和图 6.1.28.2 所示，主要包括天馈线、发射、接收、信号处理、伺服、监控、数据处理与显示、电源系统等分系统。

图 6.1.28.1　714XDP 型双偏振天气雷达天线装置

图 6.1.28.2　714XDP 型双偏振天气雷达室外安装状态

(4)性能指标(表 6.1.28.1)

表 6.1.28.1　714XDP 型双偏振天气雷达性能指标

要素	主要指标
工作频率	9300～9500 MHz(点频工作)
空间探测范围	强度监测距离：1～300 km；强度、速度、谱宽和双偏振参数定量探测范围：1～150 km； 测高范围：0～24 km ；方位角范围：0°～360°；仰角范围：－2°～90°
参数测量范围	强度：－15～75 dBZ；测速：－24～24 m/s(PRF：1000 Hz，变比 4/3，距离 150 km)；谱宽：0～16 m/s； 差分反射率因子：－6～10 dB；差分传播相移：－20(°)/km～20(°)/km；相关系数：0～1
参数测量精度	强度：1 dBZ；速度：1.0 m/s；谱宽：1.0 m/s；差分反射率因子：0.2 dB；差分传播相移：0.2(°)/km； 相关系数：0.01
定位精度和分辨率(点目标)	距离精度：75 m、150 m；方位精度：0.2°；仰角精度：0.2°。 距离分辨率：75 m、150 m；方位分辨率：1°；仰角分辨率：1°
天线直径	2.4 m
天线增益	44 dB
馈线损耗	发射馈线损耗≤1.5 dB；接收馈线损耗≤2.5 dB
发射功率	400 W

续表

要素	主要指标
整机灵敏度	−109 dBm(1 μs)
整机动态范围	90 dB
输出产品	①基本产品：平面位置显示(PPI)；距离高度显示(RHI)；任意垂直剖面(VCS)；等高平面位置显示(CAPPI)；垂直最大回波强度(CR)；多层 CAPPI；等值线图。 ②物理量产品：雨强；垂直累积含水量(VIL)显示；1 小时雨量累积；任意小时雨量累积；回波顶高分布显示(ETPPI)；回波底高分布显示(EBPPI)。 ③识别和预报产品：阵风锋识别；中尺度气旋识别；龙卷涡旋识别；暴雨识别；雹云识别。 ④风场产品：速度方位显示(VAD)；速度多层处理(VWP)；径向风切变(RZS)；方位风切变(HZS)；合成切变；二维风场反演；风廓线显示；相对风暴平均径向速度；相对风暴平均径向速度区；径向散度；方位涡度；分层湍流组合。 ⑤双偏振产品：差分反射因子 PPI；差分反射因子 RHI；差分反射因子 CAPPI；任意垂直剖面差分反射因子；差分传播相移显示；相关系数显示；水凝结物类型识别；降水粒子相态识别；双偏振雨强测量
可靠性/维修性	平均故障间隔时间(MTBF)≥600 h；平均故障修复时间(MTTR)≤0.5 h
电源适应性	电压：单相 220×(1±10%) V；频率：50×(1±5%) Hz；功耗≤4 kW
环境适应性	室内设备工作温度：0～40 ℃；室内设备工作相对湿度：≤90%(30 ℃)； 室外设备工作温度：−40～60 ℃；室外设备工作相对湿度：≤95%(30 ℃)； 风速≤20 m/s(相当于 8 级)，保证工作精度；风速≤35m/s(相当于 12 级)，天线无永久性变形

(5)业务应用

714XDP 雷达具有高可靠性、高精度和高适应性优势，凭借其高分辨特性能够实现精细化气象探测与预报，能够通过多样化的雷达预报预警产品提高危险天气预警能力，广泛应用于天气预报、机场保障和水文预警等多个领域。

6.1.29　724XSM 全固态便携式多普勒天气雷达(南京中船鹏力)

(1)观测原理

724XSM 全固态便携式多普勒天气雷达(以下简称 724XSM 雷达)通过向天空发射电磁波，利用云雾、雨、雪等降水粒子对电磁波的散射和吸收，探测降水的空间分布和垂直结构，并以此为警戒跟踪降水系统。

通过向空中发射电磁波，然后接收被气象目标散射回来的电磁波，根据接收回波的返回时间、来向、强度、相位、偏振等信息，确定气象目标的空间位置和性质。

(2)功能特点

724XSM 雷达采用固态全相参、大动态范围数字接收机、低副瓣天线、数字信号处理、实时图像终端等技术，具有高分辨率、高灵敏、高精度、高可靠，使用维护方便等特点，能在短时间内(一次体扫 2 min)覆盖一个体积空间以提供气象评估数据。

724XSM 雷达主要功能为：中小尺度风暴、冰雹、强风切变、气旋、龙卷、大风等灾害性天气实时监测和报警；短临灾害性天气预报和预警；人影作业指挥辅助决策；新一代天气雷达补盲；区域组网协同观测。

(3)组成结构

724XSM 雷达由一体化前端和雷达终端两部分组成，二者之间通过千兆网连接用以实现控制命令的发送和数据的实时传输(图 6.1.29.1)。

一体化前端包括天/馈线(含天线罩)、一体化组件、信号处理模块、转台和伺服控制模块为雷达显控软件。雷达采用网络化设计，通过 5G/4G、专网等方式，实现与信息中心的数据交互(图 6.1.29.2)。

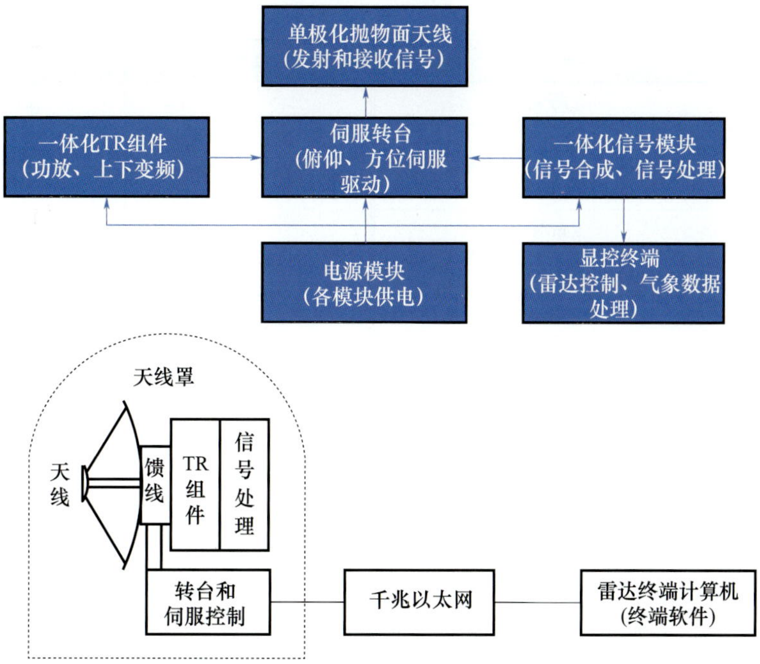

图 6.1.29.1　724XSM 全固态便携式多普勒天气雷达组成原理框图

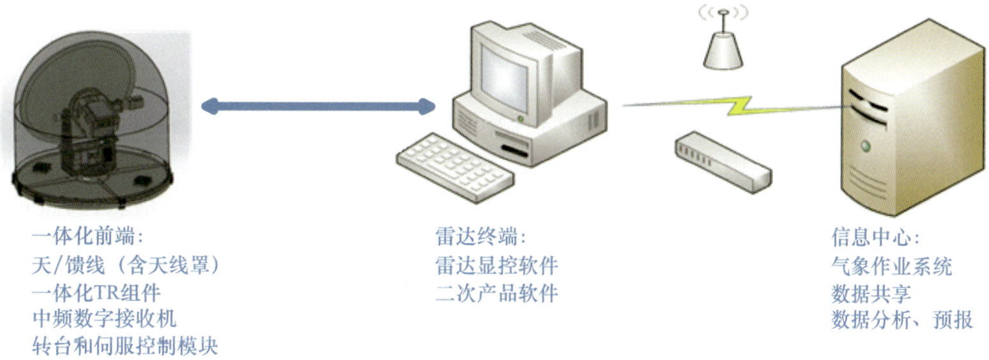

图 6.1.29.2　724XSM 全固态便携式多普勒天气雷达系统示意图

(4)性能指标(表 6.1.29.1)

表 6.1.29.1　724XSM 全固态便携式多普勒天气雷达性能指标

要素		主要指标
雷达体制		全固态，全相参
工作频率		X 波段，9.3～9.5 GHz 范围内可选
工作模式		单发单收
探测距离范围	强度	≥75 km
	速度	≥50 km
	谱宽	≥50 km
	高度	500 m～20 km
	方位角	0°～360°(无限制)
	俯仰角	−2°～182°(电气及机械限位)
参数测量范围	强度	−15～75 dBZ
	速度	−48～48 m/s
	谱宽	0～16 m/s

要素		主要指标
气象产品	基本数据产品显示	PPI 显示
		RHI 显示
		CAPPI 显示
		任意剖面(VCS)显示
		组合反射率因子(CR)显示
	物理量产品显示	回波顶高显示(ETPPI)
		回波底高显示(EBPPI)
		1 h 累积降水量(OHP)
		3 h 累积降水量(THP)
		N h 累积降水量(NHP)
		风暴总累积降水量(STP)
		垂直积分液态水含量(VIL)

续表

要素		主要指标
分辨率	距离	≤75 m
	角度	2.4°
	强度	1 dBZ
	速度	1 m/s
	谱宽	1 m/s
测量误差	距离	≤75 m
	角度	≤0.2°
	强度	≤1 dBZ
	速度	≤1 m/s
	谱宽	≤1 m/s

要素	主要指标
风场产品	速度方位显示(VAD)
	速度方位显示风廓线(VWP)
	强天气识别产品
	风暴结构分析(SS)
	冰雹指数(HI)
	风暴追踪信息(STI)
	中尺度气旋(M)
	龙涡旋特征(TVS)

(5)业务应用

可以广泛应用于地区、县、市气象台站和机场、部队、油田、林场、盐场、农场、海洋等专业气象台，能够在灾害天气预警、短临预报、防灾减灾、农业增产、气象导航以及辅助军事作业等方面发挥重要作用。

6.1.30 标准X波段双线偏振多普勒天气雷达（YLD3-D）（四创电子）

(1)观测原理

标准X波段双线偏振多普勒天气雷达采用同时发射同时接收双极化、脉冲多普勒体制，利用粒子对电磁波的散射作用，探测作用范围内的云、雨等目标，实时获取探测目标的位置、回波强度、径向速度、速度谱宽、差分反射率因子、双程差分传播相移/差分传播相移率、零延迟相关系数等信息，通过进一步的数据处理，生成云物理量产品、风场产品、强天气识别产品和双极化产品等气象产品，有助于了解降水微物理结构，提供更多、更全面的分析资料，并可对危险天气进行自动报警，提高气象保障能力。

(2)功能特点

全软件化信号处理，对I/Q信号进行实时采集、处理，实现脉压、滤波处理、视频积分、PPP/FFT和气象要素的估算，通过标准网络输出强度、速度、谱宽、双偏振参数等气象目标信息，并支持同时在线多信号处理功能，用于不同算法同时对比验证。

宽带高性能的数字中频接收机。具备水平、垂直各3路10 MHz信号带宽的数字下变频滤波处理和非线性调频信号(NLFM)的脉冲压缩运算；数字中频内设计一路独立下变频通道，对接收机的噪声进行单独的统计，避免降水回波对接收机噪声统计精度的影响。

波形设计灵活可变，具备线性调频和非线性调频功能，并可自行开发试验所需个性化波形。

高精度伺服系统，在整个速度区内可实现平滑控制，高速控制高精确位置控制额定运行区域内，实现恒力矩、低噪声没有电刷的磨损，电机免维护等特点。

频率抗干扰设计，通过跳频方法或其他选频方式使落在同一频带内的其他设备不被干扰，通过跳频避免同一频带内其他设备干扰雷达自身工作。

通过机内或外接专用测试平台、仪表等实现主要指标的标定。标定功能按照在线标定、离线标定两类进行设计，并能够通过长沙标校中心的自动标定集成控制平台对雷达进行控制，实现自动标定。

(3)组成结构

一套完整的标准X波段双线偏振多普勒天气雷达包括天线罩、天馈线系统、伺服系统、发射机、接收机、信号处理器、监控与显示终端和附属设备等。可分为本地系统和远程系统两大部分。本地系统包含雷达主机和本地终端，组成结构如图6.1.30.1所示。发射机、接收机等分系统安装在组合机箱内，直接与天馈线连接，形成一体化的主机结构。雷达主机结构设计综合考虑环境适应性、电磁兼容性和可维修性等要求，并在机壳预留接地端子。本地终端包括信号处理器、监控与显示终端两部分。信号处理器可采用通用计算机，也可根据系统需要合理配置。

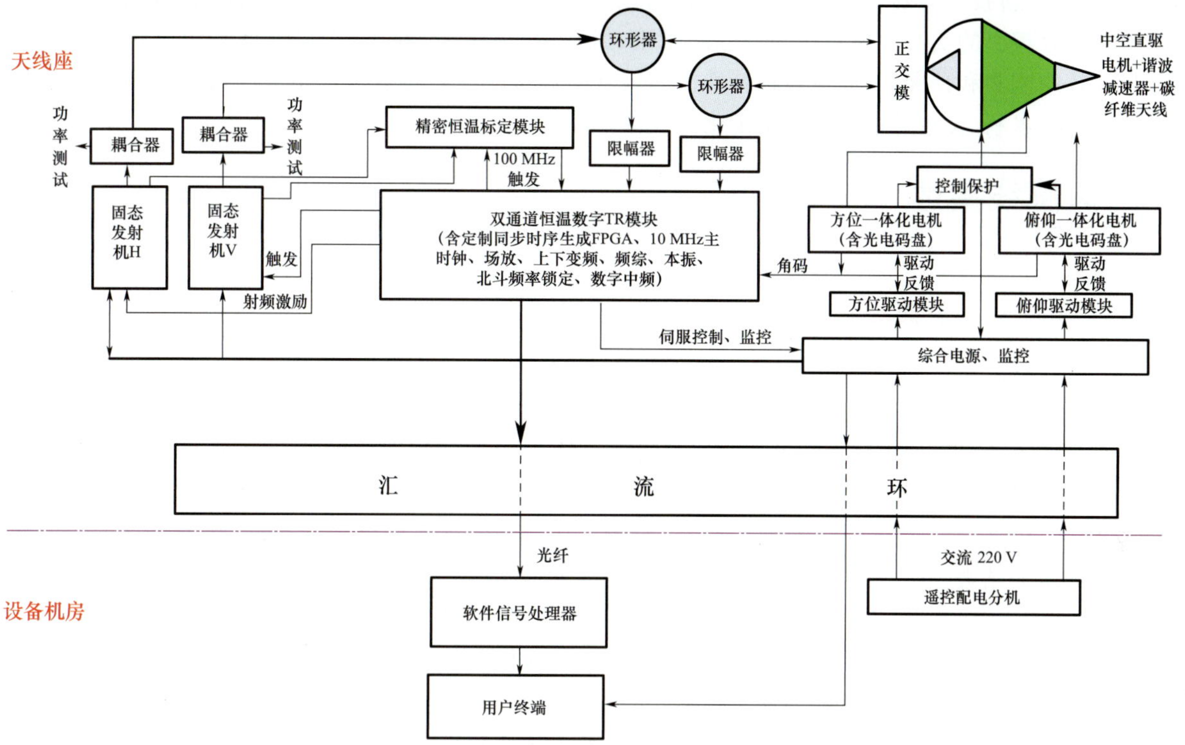

图 6.1.30.1　标准 X 波段双线偏振多普勒天气雷达系统结构框图

(4)性能指标(表 6.1.30.1)

表 6.1.30.1　标准 X 波段双线偏振多普勒天气雷达性能指标

要素	主要指标
工作频率	9300～9500 MHz(自适应跳频工作)
工作模式	水平、垂直偏振同时发射和接收，并可水平偏振发射，水平和垂直偏振同时接收；水平偏振和垂直偏振交替发射和接收
距离范围	盲区距离：≤500 m；警戒：≥150 km，定量：≥75 km
角度范围	方位角范围：0°～360°；仰角范围：－2°～90°
参数测量范围	强度：－15～80 dBZ；测速：－48～48 m/s(PRF：2000 Hz，变比 4/3，距离 150 km)；谱宽：0～16 m/s；差分反射率因子：－8～8 dB；差分传播相移：－2(°)/km～10(°)/km；相关系数：0～1
参数测量精度	强度：1 dBZ；速度：1.0 m/s；谱宽：1.0 m/s；差分反射率因子：0.2 dB；差分传播相移：0.2(°)/km；相关系数：0.01
最小可测回波强度	双线偏振工作模式下，在 50 km 处可探测的最小回波强度≤3 dBZ(距离库长 75 m，发射脉宽 100 μs)
天线直径	2.4 m
天线增益	44 dB
最大扫描速度	90(°)/s
脉冲功率	总功率≥1000 W
稳定控制精度	恒温精度：±2°范围内(工作温度点)；当环境温度为 0 ℃或 40 ℃，达到恒定温度的时间：不超过 10 min；当环境温度为－30 ℃或 50 ℃，达到恒定温度的时间：不超过 30 min
脉冲压缩主副瓣比	① 脉压比大于或等于 100 时，≥50 dB；② 脉压比小于 100 时，≥45 dB
可靠性	平均故障间隔时间(MTBF)≥5000 h

（5）业务应用

标准 X 波段天气雷达将与业务雷达开展比对观测，验证业务雷达的性能指标，保证不同雷达的数据一致性，可用于新技术研发、试验等工作。同时，该雷达可以覆盖城市或指定预警区域，为气象业务部门提供高时空分辨率的实时气象数据，对气旋、暴雨、风切变、冰雹、龙卷风、大风等低空中小尺度强对流天气进行有效的监测和预警，为应对各种特殊极端天气事件提供应急综合气象信息支援。该型雷达也可以为机场、林业、水利、交通等部门提供精细化的气象保障。

6.2 风廓线雷达

6.2.1 Airda3000 型固定式边界层风廓线雷达（北京爱尔达）

（1）观测原理

风廓线雷达主要以晴空大气作为探测对象，利用大气湍流对电磁波的散射作用进行大气风场等要素探测。风廓线雷达发射的电磁波在大气传播过程中，因为大气湍流造成的折射率分布不均匀而产生散射，其中后向散射能量被风廓线雷达接收。一方面，根据多普勒效应确定气流沿雷达波束方向的速度信息；另一方面，根据回波信号往返时间确定回波位置。从探测的基本原理来看，风廓线雷达是无线电测距和多普勒测速的结合。

（2）功能特点

最短 2 min 获取一条风廓线，最低探测高度 100 m，高度分辨率 60 m，最大探测高度可达 4 km；信号处理除采用经典信号谱分析技术外，在最大熵法、小波分析、最小二乘拟合等方法上进行理论研究和试验验证，持续优化信号处理及数据处理算法，有效地保证了探测精度、探测资料的准确度和系统工作的可靠性、安全性；雷达工作于 L 波段的 1290 ± 5 MHz，有两个工作频点供选择，为 1287 MHz 和 1292 MHz，能快捷避开同频干扰；相控阵天线采用独特的幅度相位加权设计，远区副瓣电平远低于 −30 dB，加上高隔离度的无孔金属屏蔽板，有效降低了地物杂波对雷达工作的干扰程度，同时可引入地面风数据以提高低空风质量；稳频技术、超外差接收技术、数字中频技术的升级式引入，有效保证了雷达高灵敏度、宽线性动态范围和对谱矩参数估计的准确性；除平均回波功率、平均噪声功率、径向速度、速度谱宽等原始数据（基数据）外，还具有风向风速、垂直气流、大气折射率结构常数、风切变、大气虚温等直观气象产品；应用软件丰富，除监控终端软件外，还有远程终端软件，基于 TCP/IP 网路远程监控本地端，具有全网监测的技术特性，并且，远程终端软件还包括二次开发的风切变伪彩图、大风、低空急流、天气预警等产品。

（3）组成结构

雷达系统主要由天馈分系统、发射分系统、接收分系统、信号处理分系统、监控分系统、标定分系统、数据处理及应用终端分系统、供电分系统等组成。天馈分系统主要包括相控阵天线、天线罩、天线支架和天线屏蔽网，安装在室外（图 6.2.1.1）；室内设备包括发射分系统、接收分系统、信号处理分系统、监控分系统、标定分系统、数据处理及应用终端分系统、供电分系统，安装在收发机柜内（图 6.2.1.2）。

图 6.2.1.1 Airda3000 型固定式边界层风廓线雷达（室外）

图 6.2.1.2 Airda3000 型固定式边界层风廓线雷达（室内）

(4)性能指标(表 6.2.1.1)

表 6.2.1.1 Airda3000 型固定式边界层风廓线雷达性能指标

要素	主要指标	要素	主要指标
产品类型	固定式边界层风廓线雷达	高度分辨率	60 m、120 m 可选
雷达体制	全相参脉冲多普勒体制	风速分辨率	0.2 m/s
工作频率	1287 MHz、1292 MHz 点频工作	风向分辨率	0.5°
发射功率	≥3 kW 峰值	时间分辨率	2 min
天线类型	五波束平板相控阵天线	整机功耗	≤3000 W
天线尺寸	3 m×3 m	整机运行平均故障间隔时间(MTBF)	≥2500 h
探测要素	水平风速、风向、垂直气流、谱宽、信噪比、C_n^2 等	整机运行平均故障修复时间(MTTR)	≤0.5 h
探测高度	100～3000 m	运行温度	室内设备:0～45 ℃;室外设备:−40～60 ℃
探测范围	风速:0～60 m/s;风向:0°～360° 垂直气流:0～±20 m/s	风速	在风速≤50 m/s 时可正常工作
		其他环境适应性	具有防盐雾、防霉、防沙尘能力
探测精度(均方根误差)	水平风速:≤1.5 m/s;水平风向:≤10°	数据传输	局域网、互联网实时数据传输

(5)业务应用

该雷达已在短时临近气象预报、民用机场、无人机场站业务保障等领域共部署 30 余部。

6.2.2 Airda3000M 型机动式边界层风廓线雷达(北京爱尔达)

(1)观测原理

该风廓线雷达(图 6.2.2.1)主要以晴空大气作为探测对象,利用大气湍流对电磁波的散射作用进行大气风场等要素探测。风廓线雷达发射的电磁波在大气传播过程中,因为大气湍流造成的折射率分布不均匀而产生散射,其中后向散射能量被风廓线雷达接收。一方面,根据多普勒效应确定气流沿雷达波束方向的速度信息;另一方面,根据回波信号往返时间确定回波位置。从探测的基本原理来看,风廓线雷达是无线电测距和多普勒测速的结合。

图 6.2.2.1 Airda3000M 型机动式边界层风廓线雷达

(2)功能特点

该雷达工作于 L 波段 1290±5 MHz,具备 2 个工作频点,抗干扰能力较强;相控阵天线采用加权设计,远区副瓣电平优于−30 dB,有利于地物杂波抑制,天线安装在舱顶不需要屏蔽网;高接收灵敏度可保证雷达在恶劣天气条件下的最大探测高度和可靠数据获取率,保证对功率谱矩的准确估值;应用软件功能丰富,除提供常规风廓线雷达气象产品外,还具有对风切变、强垂直气流、低空急流等天气现象识别的功能;采用军用依维柯越野车作为装载平台,提高了雷达的机动性。采用电动调平方式,缩短了架设拆收时间;地面风数据的引入,提高了大风等天气条件下探测数据的准确性和可靠性。

(3)结构组成

该雷达由雷达设备、载车平台和辅助设备三部分组成。

雷达设备:相控阵天线、主控计算机、频综/接收分机、发射机、电源控制分机。载车平台:越野型(NJ2045ASFA35G)依维柯二类底盘、电磁屏蔽方舱、载车调平装置、设备机柜、综合机柜。辅助设备:北斗/GPS

一体机、罗盘仪、野战气象仪、无线传输设备、柴油发电机、一体式空调。

（4）性能指标（表 6.2.2.1）

表 6.2.2.1 Airda3000M 型机动式边界层风廓线雷达性能指标

<table>
<tr><th colspan="2">要素</th><th>主要指标</th></tr>
<tr><td colspan="2">技术体制</td><td>全相参脉冲多普勒技术体制</td></tr>
<tr><td rowspan="2">工作频段</td><td>工作频率</td><td>1290±5 MHz（点频工作）</td></tr>
<tr><td>频点设置</td><td>1287 MHz、1292 MHz</td></tr>
<tr><td rowspan="3">工作模式</td><td>标准模式</td><td>适应不同天气、不同地域、不同季节的探测模式</td></tr>
<tr><td>增强模式</td><td>需要提高探测高度时</td></tr>
<tr><td>高分辨模式</td><td>需要提高高度分辨率时</td></tr>
<tr><td rowspan="4">探测范围</td><td>最小探测高度</td><td>100 m</td></tr>
<tr><td>风速</td><td>0～60 m/s</td></tr>
<tr><td>风向</td><td>0°～360°</td></tr>
<tr><td>垂直气流</td><td>±20 m/s</td></tr>
<tr><td rowspan="2">探测准确度（均方根误差）</td><td>风速</td><td>≤1.5 m/s</td></tr>
<tr><td>风向</td><td>≤10°</td></tr>
<tr><td rowspan="4">探测分辨率</td><td>高度</td><td>60 m，120 m</td></tr>
<tr><td>时间</td><td>2 min</td></tr>
<tr><td>气象产品</td><td>以时间-高度方式显示风向、风速及垂直气流等资料；
对风切变、强垂直气流、低空急流等天气现象进行识别（设计保证）</td></tr>
<tr><td>抗干扰能力</td><td>具备设置两个工作频点的功能；
可抑制地物杂波、飞机等对探测性能的影响</td></tr>
<tr><td rowspan="4">环境适应性</td><td>温度</td><td>工作温度：0～40 ℃（舱内）；－40～50 ℃（舱外）。
储存温度：－50～60 ℃。
UPS 电池包储存温度：0～40 ℃；显示器储存温度：－20～60 ℃</td></tr>
<tr><td>湿度</td><td>舱内：90%RH～96%RH（30 ℃）；舱外：95%RH～98%RH（30 ℃）</td></tr>
<tr><td>海拔高度</td><td>≤3000 m</td></tr>
<tr><td>抗风能力</td><td>在平稳风速≤30 m/s 的风环境条件下可正常工作</td></tr>
<tr><td rowspan="3">可靠性和维修性
（不含载车）</td><td>可靠性</td><td>平均故障间隔时间（MTBF）≥2500 h</td></tr>
<tr><td>维修性</td><td>平均故障修复时间（MTTR）≤0.5 h</td></tr>
<tr><td>测试性</td><td>具有机内自检装置（BITE）</td></tr>
</table>

（5）业务应用

在高空大气风场机动保障、大气科学研究等领域共部署 200 余部。

6.2.3 Airda3000N 型船载风廓线仪（北京爱尔达）

（1）观测原理

风廓线仪主要以晴空大气作为探测对象，利用大气湍流对电磁波的散射作用进行大气风场等要素探测。风廓线仪发射的电磁波在大气传播过程中，因为大气湍流造成的折射率分布不均匀而产生散射，其中后向散射能量被风廓线仪接收。一方面，根据多普勒效应确定气流沿雷达波束方向的速度信息；另一方面，根据回波信号往返时间确定回波位置。从探测的基本原理来看，风廓线仪是无线电测距和多普勒测速的结合。

(2)功能特点

Airda3000N 型船载风廓线仪是在陆用风廓线雷达的基础上，进行船载适应性改造研制，可装载在大型战舰艇和海洋调查船上，可为舰载机起降、舰载武器使用、大气波导探测、大气海洋环境仿真、海洋天气数值预报、海浪和海流数值预报等，提供实时连续的海上 3000 m 以下空中风速、风向、垂直气流随垂直高度分布探测数据。

(3)组成结构

该风廓线仪(图 6.2.3.1、图 6.2.3.2)是由收发机柜、终端机柜和一部天线系统三部分组成。其中收发机柜端主要由信号处理器，频综/接收分机、电源控制分机、发射前级分机、发射末级分机、UPS 电源和双 GPS 定位定向主机组成。终端机柜主要由工作站主机、显示器和键盘鼠标组成。天线系统主要由相控阵天线、姿态传感器、双 GPS 天线和电磁屏蔽网组成。

图 6.2.3.1 Airda3000N 型船载风廓线仪(室外设备)

图 6.2.3.2 Airda3000N 型船载风廓线仪(室内设备)

(4)性能指标(表 6.2.3.1)

表 6.2.3.1 Airda3000N 型船载风廓线仪性能指标

要素	主要指标
工作体制	全相参脉冲多普勒体制
工作频率	1290±1.5 MHz
发射机输出功率	≥1500 W(峰值)
相控阵天线	5 波束(1 个垂直波束、4 个方位正交倾斜 20°波束)
天线波束扫描校正	天顶角:0°～29.5°,0.5°步阶。方位:0°～359.5°,0.5°步阶。方向误差:±1°RMS
脉冲宽度	0.33 μs、2.67 μs
脉冲编码	0、2、4、8 位
探测范围	最大探测高度:3000 m;最小探测高度:50 m; 水平风向:0°～360°;水平风速:0～60 m/s;垂直气流速度:±20 m/s
探测精度	水平风速:±1 m/s(风速 30 m/s 以下),±2 m/s(风速 30～60 m/s)。水平风向:±15°
分辨率	高度分辨率:50/100 m 可选;时间分辨率:2～60 min 可选,1 min 步阶; 风向分辨率:1°;风速分辨率:0.1 m/s

续表

要素	主要指标
抗风强度	能经受不大于 50 m/s 的阵风风速（或不大于 30 m/s 的平稳风速）。在上述情况下，相控阵天线和电磁屏蔽网不产生永久性变形或破坏
电磁兼容性	具有静电屏蔽、电磁屏蔽设计，设备地线中模拟地线（Ga）与数字地线（Gd）和安全地线（Gp）要严格分开，以增强设备的抗干扰能力
航船运动环境适应性	船速：0～8 m/s；横摇角：±8°；最大横摇周期：5(°)/s；纵摇角：±8°；最大纵摇周期：小于 1.7(°)/s；升沉：±3 m；最大升沉周期：1.5 m/s
软件	Win XP/Win 7 操作系统。应用软件主要功能如下： 设定工作模式：脉冲串结构、波束扫描方式、信号采样设定、电源控制方式（本控/遥控）、雷达工作状态设置（本控/遥控）； 自检和工作状态监视：波控状态、发射机功率、动态范围与频偏、发射机温度和工作日志信息等； 生成气象产品：实时生成多普勒谱、水平风廓线、垂直速度廓线、速度、谱宽、SNR、C_n^2 和风切变等数据，此外具有天气告警产品

（5）业务应用

应用于海洋气象预报在大气波导、大气海洋环境研究科考船和海洋调查船共部署十余部。

6.2.4 Airda6000 型低对流层风廓线雷达（北京爱尔达）

（1）观测原理

风廓线雷达主要以晴空大气作为探测对象，利用大气湍流对电磁波的散射作用进行大气风场等要素探测。风廓线雷达发射的电磁波在大气传播过程中，大气湍流造成的折射率分布不均匀而产生散射，其中后向散射能量被风廓线雷达接收。一方面，根据多普勒效应确定气流沿雷达波束方向的速度信息；另一方面，根据回波信号往返时间确定回波位置。从探测的基本原理来看，风廓线雷达是无线电测距和多普勒测速的结合。

（2）功能特点

最短 2 min 获取一条风廓线，最低探测高度 150 m，高度分辨率 120 m/240 m，最大探测高度可达 8 km；信号处理除采用经典信号谱分析技术外，在最大熵法、小波分析、最小二乘拟合等方法上进行理论研究和试验验证，持续优化信号处理及数据处理算法，保证爱尔达风廓线雷达的信号处理技术领先。有效地保证了探测精度、探测资料的准确度和系统工作的可靠性、安全性；雷达工作于 L 波段的 1290±5 MHz，有 1287 MHz、1292 MHz 两个工作频点供选择。

能快捷避开同频干扰；相控阵天线采用独特的幅度相位加权设计，远区副瓣电平远低于－30 dB，配备高隔离度的金属屏蔽网，有效降低了地物杂波对雷达工作的干扰，可引入地面风数据以提高低空风质量；稳频技术、超外差接收技术、数字中频技术的引入，有效保证了雷达高灵敏度、宽线性动态范围和对谱矩参数估计的准确性；除平均回波功率、平均噪声功率、径向速度、速度谱宽等原始数据（基数据）外，还具有风向风速、垂直气流、大气折射率结构常数、风切变、大气虚温等直观气象产品；应用软件丰富，除监控终端软件外，还有远程终端软件，基于 TCP/IP 网路远程监控本地端，具有全网监测的技术特性，并且，远程终端软件还包括二次开发的风切变伪彩图、大风、低空急流、天气预警等产品。

（3）组成结构

雷达系统主要由天馈分系统、发射分系统、接收分系统、信号处理分系统、监控分系统、标定分系统、数据处理及应用终端分系统、供电分系统等组成。

天馈分系统主要包括相控阵天线、天线罩、天线支架和天线屏蔽网，安装在室外（图 6.2.4.1）；室内设备包括发射分系统、接收分系统、信号处理分系统、监控分系统、标定分系统、数据处理及应用终端分系统、供电分系统，安装在收发机柜内（图 6.2.4.2）。

图 6.2.4.1　Airda6000 型低对流层风廓线雷达室外图

图 6.2.4.2　Airda6000 型低对流层风廓线雷达室内图

(4)性能指标(表 6.2.4.1)

表 6.2.4.1　Airda6000 型低对流层风廓线雷达性能指标

要素		主要指标
雷达体制		全相参脉冲多普勒体制
工作频率		1287MHz、1292 MHz(两频点可选)
探测高度	起始探测高度	150 m
	最大探测高度	≥6000 m
测量范围	风速	0～60 m/s
	风向	0°～360°
测量误差(均方根误差)	风速误差	≤1.5 m/s
	风向误差	10°(风速≥5 m/s)
分辨率	风速分辨率	0.2 m/s
	风向分辨率	0.5°
	时间分辨率	3 波束:≤3 min;5 波束:≤5 min
	距离分辨率	低模式为 120 m, 中、高模式为 240 m
相干性	系统相位噪声	≤0.1°

要素		主要指标
输出产品		功率谱和谱的零、一、二阶矩
		回波信噪比
		水平风速、风向
		垂直气流
		大气折射率结构常数
可靠性		平均故障间隔时间(MTBF)≥2500 h
维修性		平均故障修复时间(MTTR)≤30 min
环境适应性	工作温度	室内:0～40 ℃;室外:−50～50 ℃
	储存温度	−45～60 ℃
	湿度	室内:90%(30 ℃); 室外:95%(35 ℃)
	抗风性能	抗持续风能力≥50 m/s, 抗阵风能力≥55 m/s
整机功耗		≤8 kW
校时		能通过卫星授时或网络授时校准雷达主控计算机的时间, 授时精度优于 0.1 s

(5)业务应用

应用于短时临近气象预报、大气风场组网探测、电磁波大气传播等领域,固定式暂无部署,机动式部署一部。

6.2.5　Airda16000 对流层风廓线雷达(北京爱尔达)

(1)观测原理

风廓线雷达主要以晴空大气作为探测对象,利用大气湍流对电磁波的散射作用进行大气风场等要素探测。风廓线雷达发射的电磁波在大气传播过程中,因为大气湍流造成的折射率分布不均匀而产生散射,其中后向散射能量被风廓线雷达接收。一方面,根据多普勒效应确定气流沿雷达波束方向的速度信息;另一方面,根据回波信号往返时间确定回波位置。从探测的基本原理来看,风廓线雷达是无线电测距和多普勒测速的结合。

(2)功能特点

Airda16000 对流层风廓线雷达为满足高空探测而开发的,用于探测从地面 100 m 至高空 16000 m 范围内的三维风场，测量多普勒谱宽和大气湍流廓线。该系统连续自动运行，无人值守，并实现远程监控，故障在线监测。可为航空飞行、航天发射及着陆提供实时的对流层风场数据，广泛应用于部队、气象气候研究等领域。

（3）组成结构

该雷达（图 6.2.5.1、图 6.2.5.2）包括双层 CO-CO 相控阵天线、半集中半分布式发射系统、数字中频接收分机、数字信号处理分机、BIT 巡测分机、T/R 组件、发射功分网络、接收功分网络、电源、控制机柜等。

图 6.2.5.1　Airda16000 对流层风廓线雷达室外设备

图 6.2.5.2　Airda16000 对流层风廓线雷达室内设备

（4）性能指标（表 6.2.5.1）

表 6.2.5.1　Airda16000 对流层风廓线雷达性能指标

要素		主要指标	要素		主要指标
雷达体制		全相参脉冲多普勒体制	输出产品		功率谱和谱的零、一、二阶矩
					回波信噪比
工作频率		445 ±1.5 MHz			水平风速、风向
					垂直气流
探测高度	起始探测高度	≤150 m			大气折射率结构常数
	最大探测高度	12000～16000 m	可靠性		平均故障间隔时间（MTBF）≥2000 h
测量范围	风速	0～120 m/s	维修性		平均故障修复时间（MTTR）≤30 min
	风向	0°～360°	测试性	故障检测率	≥95%
数据获取率		≥95%（8000 m 以下高度层）		故障虚警率	≤5%
		≥90%（8000～10000 m 高度层）		故障隔离率	≥90%
		≥80%（10000～12000 m 高度层）	环境适应性	工作温度	室内：0～40 ℃；室外：−40～50 ℃
		≥50%（12000～16000 m 高度层）		储存温度	−45～60 ℃
测量误差（均方根误差）	风速误差	≤1.5 m/s		相对湿度	室内：90%（30 ℃）；室外：95%（35 ℃）
	风向误差	10°（风速≥5 m/s）		抗风性能	风速≤24 m/s，正常工作；风速≤60 m/s，天线和屏蔽网不破坏
分辨率	风速分辨率	0.2 m/s			
	风向分辨率	0.5°	整机功耗		≤20 kW
	时间分辨率	3 波束：≤3 min；5 波束：≤5 min	使用寿命		10 年
	距离分辨率	低模式为 120 m，中、高模式为 240 m	校时		能通过卫星授时或网络授时校准雷达主控计算机的时间，授时精度优于 0.1 s
相干性	系统相位噪声	≤0.1°			

（5）业务应用

应用于航空/航天发射任务保障、气象/气候研究、大气物理成分研究等领域，已部署 3 部。

6.2.6 CFL-03 型边界层风廓线雷达(航天新气象)

(1)观测原理

风廓线雷达是利用大气湍流引起的大气折射指数起伏对电磁波的散射作用,采用多普勒雷达技术探测大气风速、风向及垂直气流等参量随高度分布的遥感设备。CFL-03 型边界层风廓线雷达工作时,首先由雷达系统产生 L 波段探测脉冲信号,该信号经多级放大后由天馈分系统辐射到空间中,经大气对电磁波的散射作用,一部分叠加了大气运动信息的电磁波能量将会反射并被风廓线雷达天馈分系统所接收到,并通过处理后得到各高度层风速、风向、大气折射率结构常数等数据信息。

(2)功能特点

该雷达采用全固态、全相参脉冲多普勒体制,高效率低副瓣平面相控阵天线、中频数字接收机、相位编码脉冲压缩、先进实用的信号处理技术和谱数据处理和质量控制方法以及远地遥控操作等新技术,能以高时空分辨率,连续提供 60 m~3 km 探测高度范围内的大气水平风场、垂直气流、大气折射率结构常数等气象要素随高度的分布;连续获取探测地域的大气折射结构波动和湍流起伏等气象信息。

技术特点:智能的故障定位与自动标定系统;先进的信号处理与数据处理技术;高可靠性固态相控阵技术;便捷的断电自关闭/来电自启动功能;全面的远程监控能力,支持无人值守。

(3)组成结构

该雷达由天馈分系统、发射分系统、接收分系统、信号处理分系统、数据处理终端分系统、监控分系统、标定分系统、配电分系统等组成。用户可根据需求选配无线电声学探测(RASS)分系统。

该雷达根据装载平台可分为固定式、车载式、方舱式三种(图 6.2.6.1~图 6.2.6.3)。

图 6.2.6.1 CFL-03 型边界层风廓线雷达室外设备

图 6.2.6.2 CFL-03 型边界层风廓线雷达室内设备

图 6.2.6.3 移动式 CFL-03 型边界层风廓线雷达

根据装载平台和使用需求，用户有三种阵面尺寸的天馈分系统可选，分别为 1.8 m×1.8 m，2.4 m×2.4 m，3.6 m×3.6 m，如表 6.2.6.1 所示。

表 6.2.6.1　CFL-03 型边界层风廓线雷达天线尺寸使用分类

装载平台	天线尺寸	装载平台	天线尺寸
固定式	2.4 m×2.4 m	方舱式	1.8 m×1.8 m
	3.6 m×3.6 m		2.4 m×2.4 m
车载式	1.8 m×1.8 m		3.6 m×3.6 m
	2.4 m×2.4 m		

（4）性能指标（表 6.2.6.2）

表 6.2.6.2　CFL-03 型边界层风廓线雷达性能指标

要素	主要指标
雷达体制	全相参脉冲多普勒体制
采用技术	相控阵天线技术、全固态发射技术、数字接收机技术、脉冲压缩技术
工作频率	在 1270～1295 MHz 和 1300～1375 MHz 范围内选择工作频点
最大探测高度	3～5 km
最小探测高度	60 m
测量范围	风速测量范围：0～60 m/s；风向测量范围：0°～360°；大气虚温测量范围：223～323 K（无线电声学探测选配时）
测量误差（均方根偏差）	风速测量误差≤1 m/s；风向测量误差≤10°；大气虚温测量误差≤1 K（无线电声学探测选配时）
分辨率	风速分辨率：0.2 m/s；风向分辨率：0.5°。高度分辨率：低模式为 60 m，高模式为 120 m（采用脉冲压缩技术）；时间分辨率：3 波束工作时为 3 min，5 波束工作时为 6 min
相干性	系统相位噪声≤0.1°
输出产品	功率谱和谱的零、一、二阶矩；回波信噪比；水平风速、风向；垂直气流速度和方向；大气折射率结构常数；大气虚温（无线电声学探测选配时）
可靠性/维修性	平均故障间隔时间（MTBF）≥2500 h，平均故障修复时间（MTTR）≤30 min
电源	采用交流电源 380/220 V±10%，50 Hz±5%；功耗≤3 kW
环境适应性	适应温度：室外为−50～50 ℃，室内为 0～40 ℃；适应湿度：室外为≤95%RH，室内为≤90%RH； 抗风能力：能经受不大于 55 m/s 的阵风风速（或不大于 50 m/s 的平稳风速），在上述情况下，天线和电磁屏蔽网不产生永久性变形或破坏； 其他环境适应性：防盐雾、防霉、防沙尘和防雷击能力；绝缘电阻≥10 MΩ，接地电阻≤4 Ω；电磁兼容性：应具有静电屏蔽、电磁屏蔽设计，设备地线中模拟地线（Ga）与数字地线（Gd）和安全地线（Gp）要严格分开，以增强设备的抗干扰能力

（5）业务应用

该雷达启用于 2013 年 3 月 8 日，并取得装备许可证（编号 SXZ-03-2013，已于 2017 年过期）。是中国风廓线观测网的重要观测装备之一，用户遍布国家和地方省市气象局、科研院所、民航机场、军队以及国外用户；地域覆盖内陆、沿海、高原和沙漠。

6.2.7　CFL-08 型对流层风廓线雷达（航天新气象）

（1）观测原理

CFL-08 型对流层风廓线雷达是利用大气湍流引起的大气折射指数起伏对电磁波的散射作用，采用多普勒雷达技术探测大气风速、风向及垂直气流等参量随高度分布的遥感设备。

该雷达工作时，首先由雷达系统产生 UHF 波段探测脉冲信号，该信号经多级放大后由天馈分系统辐射到空间中，经大气对电磁波的散射作用，一部分叠加了大气运动信息的电磁波能量将会反射并被风廓线雷达天馈分系统所接收到，并通过处理后得到各高度层风速、风向、大气折射率结构常数等数据信息。

(2)功能特点

该雷达采用全相参脉冲多普勒体制，全固态分布式有源相控阵、中频数字接收机、相位编码脉冲压缩、可编程数字信号处理器、远地遥控操作和 RASS 系统等新技术，能以高时空分辨率，连续提供 150 m～8 km 探测高度范围内的大气水平风场、垂直气流、大气折射率结构常数等气象要素随高度的分布；连续获取探测地域的大气折射结构波动和湍流起伏等气象信息。

主要具备以下特点：智能的故障定位与自动标定系统；先进的信号处理与数据处理技术；高可靠性的分布式固态有源相控阵；便捷的断电自关闭/来电自启动功能；全面的远程监控能力，支持无人值守。

(3)组成结构

该雷达由天馈分系统、发射分系统、接收分系统、信号处理分系统、数据处理终端分系统、雷达监控分系统、标定（自检）分系统、电源分系统、通信传输分系统、载车和方舱分系统等组成，用户可根据需求选配无线电声学探测（RASS）分系统。其中天馈分系统、发射分系统、接收分系统主要安装在室外，如图 6.2.7.1 所示。室内设备主要由信号处理分系统、数据处理及应用终端分系统、监控分系统等组成。

图 6.2.7.1　CFL-08 型对流层风廓线仪室外设备

(4)性能指标（表 6.2.7.1）

表 6.2.7.1　CFL-08 型对流层风廓线仪性能指标

要素	主要指标
雷达体制	全相参脉冲多普勒体制
采用技术	相控阵天线技术、全固态发射技术、数字接收机技术、脉冲压缩技术
工作频率	在 440～450 MHz 范围内选择工作频点
最大探测高度	≥8 km
最小探测高度	150 m
测量范围	风速测量范围：0～60 m/s；风向测量范围：0°～360°
测量误差（均方根偏差）	风速测量误差≤1.5 m/s；风向测量误差≤10°
分辨率	风速分辨率：0.2 m/s；风向分辨率：0.5°。高度分辨率：低模式为 120 m，高模式为 240 m（采用脉冲压缩技术）；时间分辨率：3 波束工作时为 3 min，5 波束工作时为 6 min

续表

要素	主要指标
相干性	系统相位噪声≤0.1°
输出产品	功率谱和谱的零、一、二阶矩；回波信噪比；水平风速、风向；垂直气流速度和方向；大气折射率结构常数
可靠性/维修性	平均故障间隔时间(MTBF)≥2500 h，平均故障修复时间(MTTR)≤30 min
电源	采用交流电源 380/220 V±10%，50 Hz±5%；功耗≤10 kW
环境适应性	适应温度：室外为−40～50 ℃，室内为 0～30 ℃；适应湿度：室外为≤100%RH，室内为≤95%RH； 抗风能力：能经受不大于 50 m/s 的阵风风速(或不大于 30 m/s 的平稳风速)，在上述情况下，天线和电磁屏蔽网不产生永久性变形或破坏； 其他环境适应性：防盐雾、防霉、防沙尘和防雷击能力；绝缘电阻≥10 MΩ，接地电阻≤4 Ω； 电磁兼容性：应具有静电屏蔽、电磁屏蔽设计，设备地线中模拟地线(Ga)与数字地线(Gd)和安全地线(Gp)要严格分开，以增强设备的抗干扰能力

(5)业务应用

该雷达已通过中国气象局气象探测中心综合试验基地的试验考核，并服务于地方省市气象局、研究院所、民航机场、部队等用户，地域覆盖内陆、沿海、高原等。

6.2.8 CFL-16 型对流层风廓线雷达(航天新气象)

(1)观测原理

风廓线雷达是利用大气湍流引起的大气折射指数起伏对电磁波的散射作用，采用多普勒雷达技术探测大气风速、风向及垂直气流等参量随高度分布的遥感设备。CFL-16 型对流层风廓线雷达工作时，首先由雷达系统产生 UHF 波段探测脉冲信号，该信号经多级放大后由天馈分系统辐射到空间中，经大气对电磁波的散射作用，一部分叠加了大气运动信息的电磁波能量将会反射并被风廓线雷达天馈分系统所接收到，并通过处理后得到各高度层风速、风向、大气折射率结构常数等数据信息。

(2)功能特点

该雷达采用全相参脉冲多普勒体制，全固态分布式有源相控阵、中频数字接收机、相位编码脉冲压缩、可编程数字信号处理器和远地遥控操作等新技术，能以高时空分辨率，连续提供 150 m～16 km 探测高度范围内的大气水平风场、垂直气流、大气折射率结构常数等气象要素随高度的分布；连续获取探测地域的大气折射结构波动和湍流起伏等气象信息。

主要具备以下特点：智能的故障定位与自动标定系统；先进的信号处理与数据处理技术；高可靠性的分布式固态有源相控阵；便捷的断电自关闭/来电自启动功能；全面的远程监控能力，支持无人值守。

(3)组成结构

该雷达(图 6.2.8.1～图 6.2.8.3)由天馈分系统、发射分系统、接收分系统、信号处理分系统、数据处理终端分系统、雷达监控分系统、标定(自检)分系统、电源分系统、通信传输分系统等组成。其中天馈分系统、发射分系统、接收分系统主要安装在室外，室内设备主要由信号处理分系统、数据处理及应用终端分系统、监控分系统等组成。

图 6.2.8.1　CFL-16 型对流层风廓线雷达室外设备

图 6.2.8.2 CFL-16 型对流层风廓线雷达室内设备

图 6.2.8.3 CFL-16 型对流层风廓线雷达数据接收微机

(4)性能指标(表 6.2.8.1)

表 6.2.8.1 CFL-16 型对流层风廓线雷达性能指标

要素	主要指标
雷达体制	全相参脉冲多普勒体制
采用技术	相控阵天线技术、全固态发射技术、数字接收机技术、脉冲压缩技术
工作频率	在 440～450 MHz 范围内选择工作频点
最大探测高度	≥16 km
最小探测高度	150 m
测量范围	风速测量范围:0～80 m/s;风向测量范围:0°～360°
测量误差(均方根偏差)	风速测量误差≤1.5 m/s;风向测量误差≤10°
分辨率	风速分辨率:0.2 m/s;风向分辨率:0.5°。高度分辨率:低模式为 120 m,高模式为 240 m/480 m(采用脉冲压缩技术);时间分辨率:3 波束工作时为 6 min,5 波束工作时为 10 min
相干性	系统相位噪声≤0.1°
输出产品	功率谱和谱的零、一、二阶矩;回波信噪比;水平风速、风向;垂直气流速度和方向;大气折射率结构常数
可靠性/维修性	平均故障间隔时间(MTBF)≥2500 h,平均故障修复时间(MTTR)≤30 min
电源	采用交流电源 380/220 V±10%,50 Hz±5%;功耗≤ 10 kW
环境适应性	适应温度:室外为−40～50 ℃,室内为 0～30 ℃;适应湿度:室外为≤100%RH,室内为≤95%RH; 抗风能力:能经受不大于 50 m/s 的阵风风速(或不大于 30 m/s 的平稳风速),在上述情况下,天线和电磁屏蔽网不产生永久性变形或破坏; 其他环境适应性:防盐雾、防霉、防沙尘和防雷击能力;绝缘电阻≥10 MΩ,接地电阻≤4 Ω; 电磁兼容性:应具有静电屏蔽、电磁屏蔽设计,设备地线中模拟地线(Ga)与数字地线(Gd)和安全地线(Gp)要严格分开,以增强设备的抗干扰能力

(5)业务应用

该雷达是高空风场探测的主力装备,用户遍布国家和地方省市气象局、科研院所、民航机场、军队以及国外用户;地域覆盖内陆、沿海、高原和沙漠。

6.2.9 CFL-MST 雷达(航天新气象)

(1)观测原理

CFL-MST 雷达是利用大气对电磁波的散射作用,实现对流层、平流层及中间层大气风场等要素探测的大型地基遥感设备。CFL-MST 雷达工作时,首先由雷达系统产生 VHF 频段探测脉冲信号,该信号经多级放大后由天馈分系统辐射到空间中,经大气对电磁波的散射作用,一部分叠加了大气运动信息的电磁波能量将会反射并被雷达天馈分系统所接收到,并通过处理后得到各高度层风速、风向、大气折射率结构常数等数据信息。

(2)功能特点

CFL-MST 雷达采用全相参、全固态、单元级相控阵、脉冲多普勒体制,应用脉冲压缩、数字波束合成等技术,能以高时空分辨率,连续提供 1.5～30 km、60～90 km 探测高度范围内的风速、风向、垂直气流、大气折射率结构常数等信息。

该雷达主要具备以下特点:大功率孔径积;单元级数字有源相控阵,丰富、灵活的波束形成技术;多路高效高集成度数字 TR 组件,灵活的幅相控制;智能的故障定位与自动标定系统;先进的信号处理与数据处理技术;全面的远程监控能力,支持无人值守。

(3)组成结构

CFL-MST 雷达(图 6.2.9.1～图 6.2.9.3)由天馈分系统、收发分系统、主控分系统、数字波束形成分系统(DBF)、信号处理分系统、显控分系统、电源分系统以及其他配套设备组成。

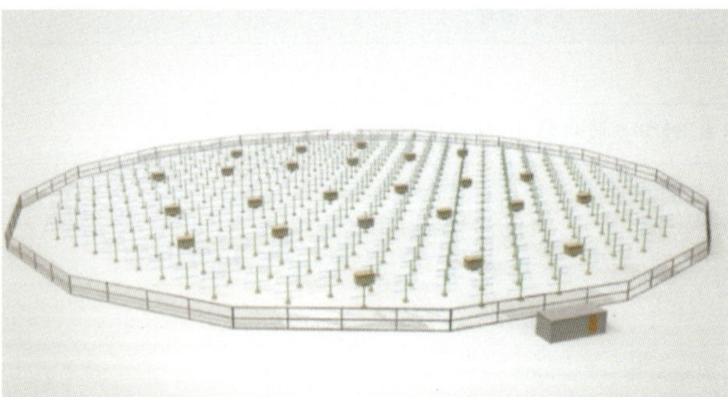

图 6.2.9.1　CFL-MST 雷达

图 6.2.9.2　CFL-MST 雷达室外数字 TR 机柜

图 6.2.9.3　CFL-MST 雷达室内电子机柜

（4）性能指标（表 6.2.9.1）

表 6.2.9.1　CFL-MST 雷达性能指标

要素	主要指标
雷达体制	全相参脉冲多普勒体制
采用技术	数字阵列雷达、全固态发射技术、脉冲压缩技术、数字波束形成技术
工作频率	52.5±1.5 MHz（可根据现场电磁环境在 46～68 MHz 范围进行调整）
探测高度范围	对流层、平流层：1.5～30 km；中间层：60～90 km
测量范围	风速测量范围：0～60 m/s；风向测量范围：0°～360°
测量误差（均方根偏差）	风速测量误差≤1.5 m/s；风向测量误差≤10°
分辨率	风速分辨率：0.2 m/s；风向分辨率：0.5°；高度分辨率：150 m/300 m/600 m/1200 m； 时间分辨率：3 波束工作时≤5 min；5 波束工作时≤10 min
相干性	系统相位噪声≤0.1°
输出产品	功率谱和谱的零、一、二阶矩；回波信噪比；水平风速、风向；垂直气流速度和方向；大气折射率结构常数
可靠性/维修性	平均故障间隔时间（MTBF）≥2500 h，平均故障修复时间（MTTR）≤30 min
电源	采用交流电源：380 V±10%，50 Hz±5%；功耗≤ 300 kW
环境适应性	适应温度：室外为－40～50 ℃，室内为 0～30 ℃；适应湿度：室外为≤100%RH，室内为≤95%RH； 抗风能力：能经受不大于 50 m/s 的阵风风速（或不大于 30 m/s 的平稳风速），在上述情况下，天线和电磁屏蔽网不产生永久性变形或破坏； 其他环境适应性：防盐雾、防霉、防沙尘和防雷击能力；绝缘电阻≥10 MΩ，接地电阻≤4 Ω； 电磁兼容性：应具有静电屏蔽、电磁屏蔽设计，设备地线中模拟地线（Ga）与数字地线（Gd）和安全地线（Gp）要严格分开，以增强设备的抗干扰能力

（5）业务应用

CFL-MST 雷达属于大型地基雷达，启用于 2020 年，可应用于大气风场观测、科学研究等方面。

6.2.10　CLC-11-D 型边界层风廓线雷达（南京恩瑞特）

（1）观测原理

CLC-11-D 型 L 波段边界层风廓线雷达采用全固态全相参有源相控阵脉冲多普勒体制，属于遥感设备，已经成为连续、实时遥感大气风场的有效工具，特别适合需要无球测风的场合。

雷达的主要目标是3～5 km 以下晴空大气湍流，利用布拉格散射原理探测随风飘动的湍团中大气折射率结构常数的变化，进而导出大气中风向风速的真实情况。

（2）功能特点

该雷达采用自动高/低组合工作模式和本/遥控制方式。

主要性能特点：全网监控无人值守全天候连续运行；全相参脉冲多普勒体制；有源相控平面阵列天线；分布式全固态发射机；超高灵敏度、大动态数字接收机；高性能可编程信号处理器；智能化数据处理终端；完善的 BIT 及自动定标功能。

（3）组成结构

该雷达主要设备有天馈线系统、分布式全固态收发系统、数字接收系统、波束控制系统、信号处理系统、数据处理及产品生成系统、自动定标系统、用户终端等（图 6.2.10.1 和图 6.2.10.2）。

图 6.2.10.1　CLC-11-D 型边界层风廓线雷达室外设备

图 6.2.10.2　CLC-11-D 型边界层风廓线雷达室内设备

（4）性能指标（表 6.2.10.1）

表 6.2.10.1　CLC-11-D 型边界层风廓线雷达性能指标

要素	主要指标	要素	主要指标
工作频率	1270～1295 MHz 及 1300～1375 MHz	风向测量范围	0°～360°
最大探测高度	3～5 km	风速测量精度	≤1.5 m/s(RMS)
最小探测高度	100 m	风向测量精度	≤10°(RMS)
高度分辨率	60 m/120 m	电源	单相 220 V±10%，50 Hz±5%
径向速度分辨率	≤0.2 m/s	整机功耗	≤3 kW
时间分辨率	3 波束指向：≤3 min；5 波束指向：≤6 min	输出产品	各高度层功率谱数据；各高度层的水平/垂直风向、风速、信噪比、大气折射率结构常数和时序图；各高度层大气虚温数据和时序图（配备 RASS）；探测数据气象报表文件
风速测量范围	0～60 m/s		
垂直风速	±20 m/s		

（5）业务应用

该雷达主要用于各级气象部门，在航空保障、空气污染潜势预报和空气质量预报以及城市环境气象应用服务等方面有着广泛的应用前景。

6.2.11　CLC-11-F 型对流层风廓线雷达（南京恩瑞特）

（1）观测原理

CLC-11-F 型对流层风廓线雷达采用全固态全相参有源相控阵脉冲多普勒体制，属于遥感设备，已经成为连续、实时遥感大气风场的有效工具，特别适合需要无球测风的场合。雷达的主要目标是 6～8 km 以下晴空大气湍流，利用布拉格散射原理探测随风飘动的湍团中大气折射率结构常数的变化，进而导出大气中风向风速的真实情况。

风廓线雷达主要用于各级气象部门，航空保障、空气污染潜势预报和空气质量预报以及城市环境气象应用服务等许多方面有着广泛的应用前景。

（2）功能特点

该雷达采用自动高/低组合工作模式和本/遥控制方式，主要性能特点有：全网监控无人值守全天候连续运行；全相参脉冲多普勒体制；有源相控平面阵列天线；分布式全固态发射机；超高灵敏度、大动态数字接收机；高性能可编程信号处理器；智能化数据处理终端；完善的 BIT 及自动定标功能。

（3）组成结构

该雷达主要设备有天馈线系统、分布式全固态收发系统、数字接收系统、波束控制系统、信号处理系统、数据处理及产品生成系统、自动定标系统、用户终端等(图 6.2.11.1)。

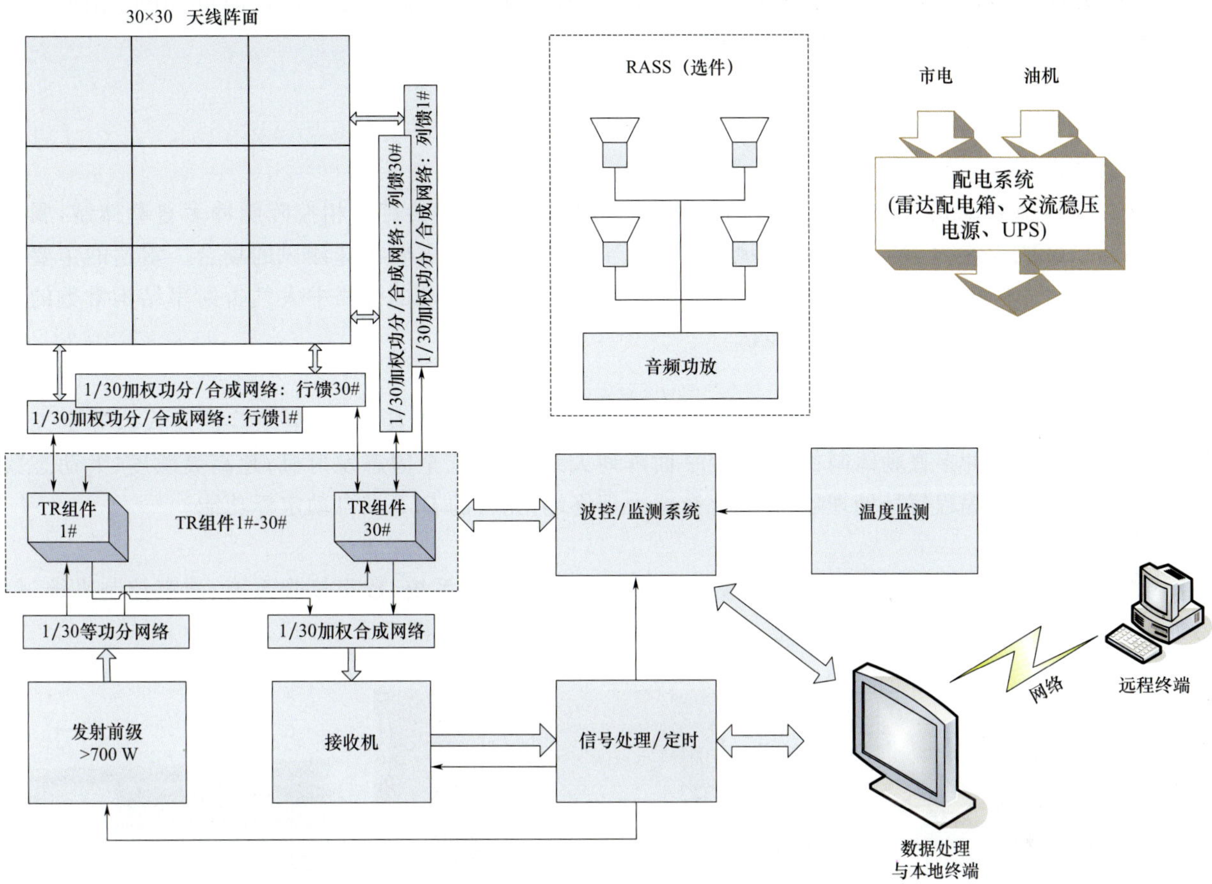

图 6.2.11.1 CLC-11-F 型对流层风廓线雷达结构

(4)性能指标(表 6.2.11.1)

表 6.2.11.1 CLC-11-F(D)型对流层风廓线雷达性能指标

要素	主要指标	
型号	CLC-11-F	CLC-11-D
工作频率	1270～1295 MHz 及 1300～1375 MHz	
最大探测高度	6～8 km(与季节、架设地点等有关)	3～5 km(与季节、架设地点等有关)
最小探测高度	150 m	100 m
高度分辨率	120 m/240 m	60 m/120 m
径向速度分辨率	≤ 0.2 m/s	
时间分辨率	3 波束指向：≤3 min；5 波束指向：≤6 min	
风速测量范围	0～80 m/s	0～60 m/s
垂直风速	±20 m/s	
风向测量范围	0°～360°	
风速测量精度	≤1.5 m/s (RMS)	
风向测量精度	≤10°(RMS)	
电源电压	单相 220 V±10%，50 Hz±5%	
整机功耗	≤6 kW	≤3 kW
输出产品	各高度层功率谱数据；各高度层的水平/垂直风速、风向、信噪比和 C_n^2 数据和时序图；各高度层大气虚温数据和时序图(配备 RASS)；探测数据气象报表文件	

（5）业务应用

该风廓线雷达系统在我国安徽、广西、福建、海口、河南、湖北、江苏、宁夏、青海、四川、山东、山西以及韩国坡州、韩国群山等国内外气象领域广泛使用，运行稳定。

6.2.12 CLC-11-G 型边界层风廓线雷达（南京恩瑞特）

（1）观测原理

CLC-11-G 型移动式 L 波段边界层风廓线雷达采用全固态全相参有源相控阵脉冲多普勒体制，属于遥感设备，已经成为连续、实时遥感大气风场的有效工具，特别适合需要无球测风的场合。雷达的主要目标是 2～3 km 以下晴空大气湍流，利用布拉格散射原理探测随风飘动的湍团中大气折射率结构常数的变化，进而导出大气中风向风速的真实情况。

（2）功能特点

该雷达采用自动高/低组合工作模式和本/遥控制方式，主要性能特点有：全网监控无人值守全天候连续运行；全相参脉冲多普勒体制；有源相控平面阵列天线；分布式全固态发射机；超高灵敏度、大动态数字接收机；高性能可编程信号处理器；智能化数据处理终端；完善的 BIT 及自动定标功能。

（3）组成结构

该雷达主要设备有车载平台、天馈线系统、分布式全固态收发系统、数字接收系统、波束控制系统、信号处理系统、数据处理及产品生成系统、自动定标系统、用户终端等（图 6.2.12.1）。

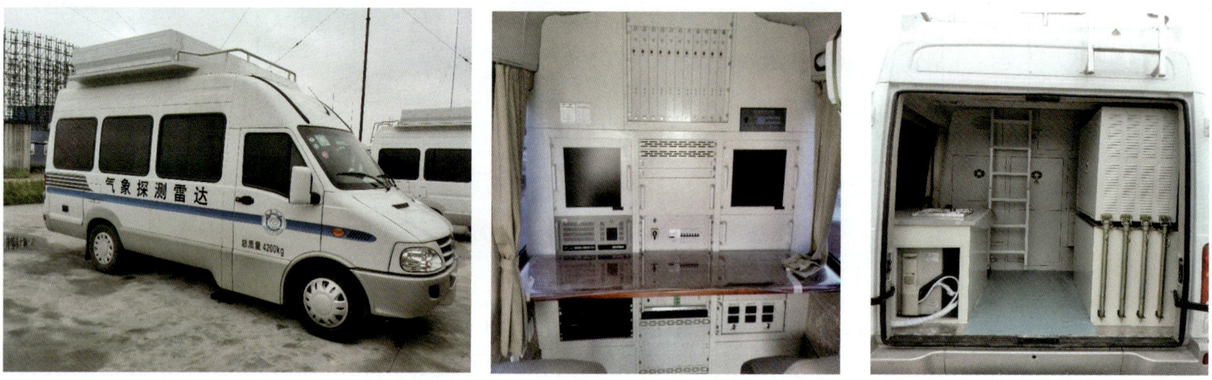

图 6.2.12.1　CLC-11-G 型边界层风廓线雷达设备

（4）性能指标（表 6.2.12.1）

表 6.2.12.1　CLC-11-G 型边界层风廓线雷达性能指标

要素	主要指标	要素	主要指标
工作频率	1270～1295 MHz 及 1300～1375 MHz	风向测量范围	0°～360°
最高探测高度	2～3 km	风速测量精度	≤1.5 m/s (RMS)
最低探测高度	100 m	风向测量精度	≤10°(RMS)
高度分辨率	60 m/120 m	电源	单相 220 V±10%，50 Hz±5%
径向速度分辨率	≤ 0.2 m/s	整机功耗	≤3 kW
时间分辨率	3 波束指向：≤3 min；5 波束指向：≤6 min	输出产品	各高度层功率谱数据；各高度层的水平/垂直风向、风速、信噪比、C_n^2 数据和时序图；各高度层大气虚温数据和时序图（配备 RASS）；探测数据气象报表文件
风速测量范围	0～60 m/s		
垂直风速	±20 m/s		

(5)业务应用

该风廓线雷达主要用于各级气象部门，在航空保障、空气污染潜势预报和空气质量预报以及城市环境气象应用服务等方面有着广泛的应用前景。

6.2.13 TWP3 边界层风廓线雷达(北京敏视达)

(1)观测原理

TWP3 边界层风廓线雷达是利用大气湍流引起的大气折射指数起伏对电磁波的散射作用，采用多普勒雷达技术探测大气风速、风向及垂直气流等参量随高度分布的遥感设备。该雷达工作时，首先由雷达系统产生 L 波段探测脉冲信号，该信号经多级放大后由天馈分系统辐射到空间中，经大气对电磁波的散射作用，一部分叠加了大气运动信息的电磁波能量将会反射并被风廓线雷达天馈分系统所接收到，并通过处理后得到各高度层风速、风向、大气折射率结构常数等数据信息。

(2)功能特点

采用全相参脉冲多普勒体制，全固态分布式有源相控阵、中频数字接收机、相位编码脉冲压缩、可编程数字信号处理器和远地遥控操作等新技术，能以高时空分辨率，连续提供 100 m～5 km 探测高度范围内的大气水平风场、垂直气流、大气折射率结构常数等气象要素随高度的分布；连续获取探测地域的大气折射结构波动和湍流起伏等气象信息。主要具备以下特点：无人值守、自动、连续运行的业务系统；标准化、模块化结构，系统间各模块无须调整可互换，特别适用于业务网；完善的自动、实时机内在线标定标校和自检功能有效保证探测资料的稳定性和测量精度；基于计算机网络的数据互传和远程监视、控制和诊断功能，系统可方便实现风廓线雷达组网，具备全网监控的技术特性。

(3)组成结构

该雷达由天馈分系统、发射分系统、接收分系统、信号处理分系统、数据处理及应用终端分系统、监控分系统、标定分系统、配电分系统等组成，用户可根据需求选配无线电声学探测(RASS)分系统。其中天馈分系统、天线阵支撑、屏蔽网等主要安装在室外，如图 6.2.13.1 所示；室内设备主要由发射分系统、接收分系统、信号处理分系统、数据处理及应用终端分系统、监控分系统等组成，如图 6.2.13.2 所示。

图 6.2.13.1　TWP3 边界层风廓线雷达室外设备

图 6.2.13.2　TWP3 边界层风廓线雷达室内设备(综合机柜)

(4)性能指标(表 6.2.13.1)

表 6.2.13.1　TWP3 边界层风廓线雷达性能指标

要素	主要指标
雷达体制	全相参脉冲多普勒体制
采用技术	相控阵天线技术、全固态发射技术、数字接收机技术、脉冲压缩技术

续表

要素	主要指标
工作频率	在 1270～1295 MHz 和 1300～1375 MHz 范围内选择工作频点
最高探测高度	≥5 km
最低探测高度	100 m
测量范围	风速测量范围：0～60 m/s；风向测量范围：0°～360°
测量误差（均方根偏差）	风速测量误差：≤1.5 m/s；风向测量误差：≤10°
分辨率	风速分辨率：0.2 m/s；风向分辨率：0.5°。高度分辨率：低模式为 60 m，高模式为 120 m（采用脉冲压缩技术）；时间分辨率：3 波束工作时为 3 min，5 波束工作时为 6 min
相干性	系统相位噪声≤0.1°
输出产品	功率谱和谱的零、一、二阶矩；回波信噪比；水平风速、风向；垂直气流速度和方向；大气折射率结构指数
可靠性/维修性	平均故障间隔时间（MTBF）≥2500 h，平均故障修复时间（MTTR）≤30 min
电源	采用交流电源 380/220 V±10%，50 Hz±5%；功耗≤10 kW
环境适应性	适应温度：室外为－40～50 ℃，室内为 0～30 ℃；适应湿度：室外为≤100%RH，室内为≤95%RH； 抗风能力：能经受不大于 50 m/s 的阵风风速（或不大于 30 m/s 的平稳风速），在上述情况下，天线和电磁屏蔽网不产生永久性变形或破坏； 其他环境适应性：防盐雾、防霉、防沙尘和防雷击能力；绝缘电阻≥10 MΩ，接地电阻≤4 Ω； 电磁兼容性：应具有静电屏蔽、电磁屏蔽设计，设备地线中模拟地线（Ga）与数字地线（Gd）和安全地线（Gp）要严格分开，以增强设备的抗干扰能力

（5）业务应用

TWP3 边界层风廓线雷达是中国风廓线观测网的主力观测装备之一，在广东、四川、海南、重庆、江西等地共安装 45 套，且均正常业务运行。

6.2.14　TWP3-M 边界层风廓线雷达（北京敏视达）

（1）观测原理

风廓线雷达是利用大气湍流引起的大气折射指数起伏对电磁波的散射作用，采用多普勒雷达技术探测大气风向、风速及垂直气流等参量随高度分布的遥感设备。TWP3-M 边界层风廓线雷达工作时，首先由雷达系统产生 L 波段探测脉冲信号，该信号经多级放大后由天馈分系统辐射到空间中，经大气对电磁波的散射作用，一部分叠加了大气运动信息的电磁波能量将会反射并被风廓线雷达天馈分系统接收到，并通过处理后得到各高度层风向、风速、大气折射率结构常数等数据信息。

（2）功能特点

可自动、连续运行的业务系统；标准化、模块化结构，系统间各模块无需调整可互换，特别适用于业务网；完善的自动、实时机内在线标定标校和自检功能，有效保证了探测资料的稳定性和测量精度；完善的实时系统监测功能和自保功能，系统监测的模拟和数字状态量超过 50 项，确保系统工作的安全性；基于计算机网络的数据互传和远程监视、控制和诊断功能；系统可方便实现风廓线雷达组网；具备全网监控的技术特性；单台风廓线雷达系统提供了单站点精确的大气时空运动；一种更为有效的风廓线雷达使用方式是配置成风廓线雷达网；通过将大范围廓线阵列数据的整合，产品能够显示随时动态变化的风场三维特性，这就使得未来的天气预报更为精确。

（3）组成结构

该雷达分为载车系统和雷达系统两部分（图 6.2.14.1）。载车系统可采用小型客车、自卸载式方舱或根据用户需求配置；雷达系统由天馈分系统、发射分系统、接收分系统、信号处理分系统、数据处理及应用终端分系统、监控分系统、标定分系统、配电分系统等组成，用户可根据需求选配无线电声学探测（RASS）分系统。

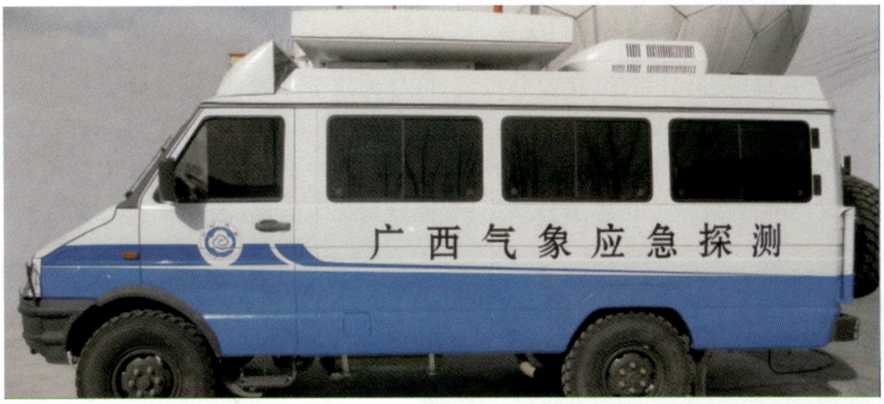

图 6.2.14.1　TWP3-M 边界层风廓线雷达外观

(4)性能指标(表 6.2.14.1)

表 6.2.14.1　TWP3-M 型边界层风廓线雷达性能指标

要素	主要指标
技术体制	在 1270～1295 MHz 和 1300～1375 MHz 范围内选择工作频点，单频全相参脉冲多普勒系统
最高探测高度	3～5 km
最低探测高度	100 m
测量范围	水平风速：0～60 m/s；垂直风速：±5 m/s；风向：0°～360°
高度分辨率	60 m/120 m
时间分辨率	3 波束指向：≤3 min；5 波束指向：≤6 min
径向速度分辨率	≤0.2 m/s
风速测量精度	≤1.5 m/s (RMS)
风向测量精度	≤10°(RMS)
可靠性	平均故障间隔时间(MTBF)≥2500 h
维修性	平均故障修复时间(MTTR)≤0.5 h
温度	室内装置：0～30 ℃(加空调)；室外装置：－40～60 ℃
相对湿度	室内装置：≤80%；室外装置：≤100%
抗风能力	正常风：50 m/s；阵风：75 m/s
承受雨强	≤80 mm/h
环境适应性	防盐雾、防霉、防沙尘、防雷击
抗干扰	抗电源干扰、电磁干扰、无线电频率干扰
供电	220 V 单相，频率 50 Hz，电源电压变化±10%，频率变化±5%时，系统能正常工作

(5)业务应用

该雷达在上海、北京、辽宁、广东、四川、福建、广西等地共安装 18 套，且均正常业务运行。

6.2.15　TWP16 对流层风廓线雷达(北京敏视达)

(1)观测原理

风廓线雷达是利用大气湍流引起的大气折射指数起伏对电磁波的散射作用，采用多普勒雷达技术探测大气风速、风向及垂直气流等参量随高度分布的遥感设备。TWP16 对流层风廓线雷达工作时，首先由雷达系统产生 P 波段探测脉冲信号，该信号经多级放大后由天馈分系统辐射到空间中，经大气对电磁波的散射作用，一部分叠加了大气运动信息的电磁波能量将会反射并被风廓线雷达天馈分系统接收到，并通过处理后得到各高度层风向、风速、大气折射率结构常数等数据信息。

(2)功能特点

该雷达采用全相参脉冲多普勒体制，全固态分布式有源相控阵、中频数字接收机、相位编码脉冲压缩、可编程数字信号处理器和远地遥控操作等新技术，能以高时空分辨率连续提供 150 m～16 km 探测高度范围内的大气水平风场、垂直气流、大气折射率结构常数等气象要素随高度的分布；连续获取探测地域的大气折射结构波动和湍流起伏等气象信息。主要具备以下特点：无人值守、自动、连续运行的业务系统；标准化、模块化结构，系统间各模块无需调整可互换，特别适用于业务网；完善的自动、实时机内在线标定标校和自检功能有效保证探测资料的稳定性和测量精度；基于计算机网络的数据互传和远程监视、控制和诊断功能；系统可方便实现风廓线雷达组网；具备全网监控的技术特性。

（3）组成结构

该雷达由天馈分系统、发射分系统、接收分系统、信号处理分系统、数据处理及应用终端分系统、监控分系统、标定分系统、配电分系统等组成，用户可根据需求选配无线电声学探测（RASS）分系统。其中天馈分系统、天线阵支撑、屏蔽网等主要安装在室外（图 6.2.15.1）；室内设备主要由发射分系统、接收分系统、信号处理分系统、数据处理及应用终端分系统、监控分系统等组成（图 6.2.15.2）。

图 6.2.15.1　TWP16 对流层风廓线雷达室外设备

图 6.2.15.2　TWP16 对流层风廓线雷达室内设备

（4）性能指标（表 6.2.15.1）

表 6.2.15.1　TWP16 对流层风廓线雷达性能指标

要素	主要指标
雷达体制	全相参脉冲多普勒体制
采用技术	相控阵天线技术、全固态发射技术、数字接收机技术
工作频率	445 MHz
最高探测高度	≥16 km
最低探测高度	150 m
测量范围	风速：0～80 m/s；风向：0°～360°
测量误差（均方根偏差）	风速：≤1.5 m/s；风向：≤10°
分辨率	高度分辨率：120 m（低模式），120 m/240 m（高模式）； 采用脉冲编码/脉冲压缩技术； 时间分辨率：6 min（3 波束），10 min（5 波束）
输出产品	径向速度功率谱和谱的零、一、二阶矩；回波信噪比；水平风廓线；垂直气流廓线；湍流大气折射率结构常数；径向速度和风；径向风谱；速度谱宽；大气虚温
可靠性/维修性	平均故障间隔时间（MTBF）≥4400 h； 平均故障修复时间（MTTR）≤30 min
电源	单相 AC 220 V±10%，50±1 Hz； 功耗：5 kW，能采用市电和油机双供电

续表

要素	主要指标
环境适应性	适应温度：室外为−40～50 ℃，室内为0～30 ℃（加空调）； 适应湿度：室外为≤98%RH，室内为≤95% RH； 抗风能力：能经受不大于50 m/s的阵风风速（或不大于30 m/s的平稳风速），在上述情况下，天线和电磁屏蔽网不产生永久性变形或破坏； 其他环境适应性：防盐雾、防霉、防沙尘和防雷击能力； 电磁兼容性：具有静电屏蔽、电磁屏蔽设计，设备地线中模拟地线（Ga）与数字地线（Gd）和安全地线（Gp）要严格分开，以增强设备的抗干扰能力

（5）业务应用

TWP16对流层风廓线雷达在上海、辽宁、广东、四川、福建等地共安装15套，且均正常业务运行。

6.2.16 WP3000型边界层风廓线雷达（四创电子）

（1）观测原理

WP3000型边界层风廓线雷达主要以晴空大气作为探测对象，利用大气湍流对电磁波的散射作用对大气风场等物理量进行探测的遥感设备，风廓线雷达发射的电磁波在大气传播过程中由于大气湍流造成的折射率分布不均匀而产生散射，其中后向散射能量被风廓线雷达所接收。雷达回波可根据多普勒效应确定气流沿雷达波束方向的速度分量，并根据回波信号往返时间确定回波的位置。为了获取雷达上空的三维风速信息，风廓线雷达通过一个垂直指向天顶波束和四个在东南西北均匀分布的倾斜波束进行探测，最终获取径向速度、速度谱宽、信噪比等气象信息。根据一个探测周期内获取的基础数据，进一步计算可以得到包括风速、风向、大气折射率结构常数在内的多种气象资料。

（2）功能特点

该雷达能以较高的时间分辨率和空间分辨率，连续、实时地探测大气边界层以下不同高度上的平均风向和风速，给出风的垂直廓线，以及大气折射率结构常数等气象要素随高度的分布。

该雷达具有以下技术特点：二维相控阵天线，电子五波束扫描；全固态发射机，系统稳定可靠；超高灵敏度、大动态数字化接收机；可编程大规模信号处理器；智能化数据处理终端、参数配置灵活；完善的系统BIT功能；高时空分辨率，抗干扰能力强；人机界面友好，操作使用方便。

（3）组成结构

该雷达有固定式（图6.2.16.1）和机动式（图6.2.16.2）两大类。

固定式雷达系统设备包括三个部分：天线及屏蔽网、室外电子机柜、室内设备（UPS及终端）。发射机、接收机、信号处理、标定、监控、配电等分系统均安装在室外电子机柜内，电子机柜安装在天线阵面下。

机动式货车或者依维柯车辆经过改装后，将天线安装在车辆顶部，雷达设备安装在车辆方舱内部，通过安装在车辆底盘上的支撑腿实现车辆的稳定。使用时可直接机动到指定位置。

图6.2.16.1　固定式WP3000型边界层风廓线雷达

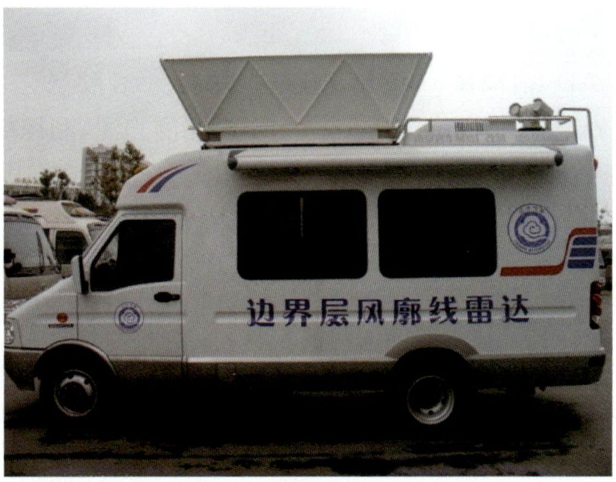

图6.2.16.2　机动式WP3000型边界层风廓线雷达

（4）性能指标（表 6.2.16.1）

表 6.2.16.1　WP3000 型边界层风廓线雷达性能指标

要素	主要指标
工作频率	在 1270～1295 MHz 和 1300～1375 MHz，多点可选
最高探测高度	≥3 km
最低探测高度	≤100 m
测量范围	风速：0～60 m/s；风向：0°～360°；垂直气流：0～20 m/s
测量误差（均方根偏差）	风速：≤1.5 m/s；风向：≤10°；垂直速度：0.2 m/s
分辨率	风速：≤0.2 m/s；风向：≤0.5°；高度分辨率：60 m（低模式），120 m（高模式）； 时间分辨率：3 min（3 波束），6 min（5 波束）
天线类型	二维相扫微带平面相控阵
发射机体制	全固态
发射功率	≥1 kW
相位噪声	≤0.1°
动态范围	≥90 dB
系统灵敏度	≤−150 dBm
工作电源	AC 220 V±10%，50±2 Hz；功耗≤6 kW
输出产品	功率谱和谱的零、一、二阶矩，回波信噪比，水平风速、风向，垂直气流速度和方向，大气折射率结构常数，大气虚温（选配 RASS 时）

（5）业务应用

该雷达作为连续、实时遥感大气风场的探测设备，特别适合高空连续风场探测和需要无球探测测风的场合，如机场或机场航道附近等，该雷达提供的详细的风场结构及时间演变在科学研究和业务应用上有着广泛的应用前景，为大气科学研究和天气预报提供有用的实时三维精细风场信息。此外，风廓线雷达在火箭发射保障、飞机起降、空气污染潜势预报、空气质量预报以及城市环境气象应用服务等许多方面有着广泛的应用前景。目前共有 118 部应用于中国气象局系统、民航系统及军方系统内，且均正常运行。

6.3　激光雷达

6.3.1　AD-LiDAR-03 型多波长偏振拉曼气溶胶激光雷达（山东经海仪器）

（1）观测原理

AD-LiDAR-03 型多波长偏振拉曼气溶胶激光雷达是一种主动式的遥感探测设备，采用 355 nm、532 nm与 1064 nm 三波长激光作为探测光源，利用望远镜接收不同波长激光与各高度上大气气溶胶相互作用的回波信号，包括 355 nm 与 1064 nm 米散射回波信号，532 nm 平行偏振与垂直偏振回波信号，387 nm与 607 nm 拉曼散射回波信号，可以实现 30 km 高度范围内大气气溶胶光学特性与微物理特性参数的实时、连续探测。

（2）功能特点

系统集成化设计，操作、维护、移动与安装方便；探测过程自动化，可长时间无人值守工作，适合业务化运行；实时记录在移动平台（船载等）工作时的姿态和方位信息；软件人机界面友好，方便工作人员进行本地或者远程操作；产品软件自动生成产品数据并图形化显示，方便业务人员使用；软件具有历史数据浏览功能，方便工作人员查询；探测内容主要包括气溶胶与云时空分布特征、后向散射系数、消光系数、光学厚度、退偏比、边界层高度、雾/霾厚度以及颗粒物浓度等，有助于对大气颗粒物的来源、时空分布、输送过程进行快速、准确地监测，对污染天气(沙尘、雾/霾等)、云与边界层结构精细化的监测与研究具有重要作用。

(3)组成结构

该雷达主要包括光学部分(激光发射单元与光学接收单元)和电学部分(供电单元、惯导模块、数据采集与处理单元)，光学部分与电学部分采用模块化设计，并集成安装在机柜(长 1300 mm、宽 700 mm、高 1650 mm)中(图 6.3.1.1、图 6.3.1.2)。

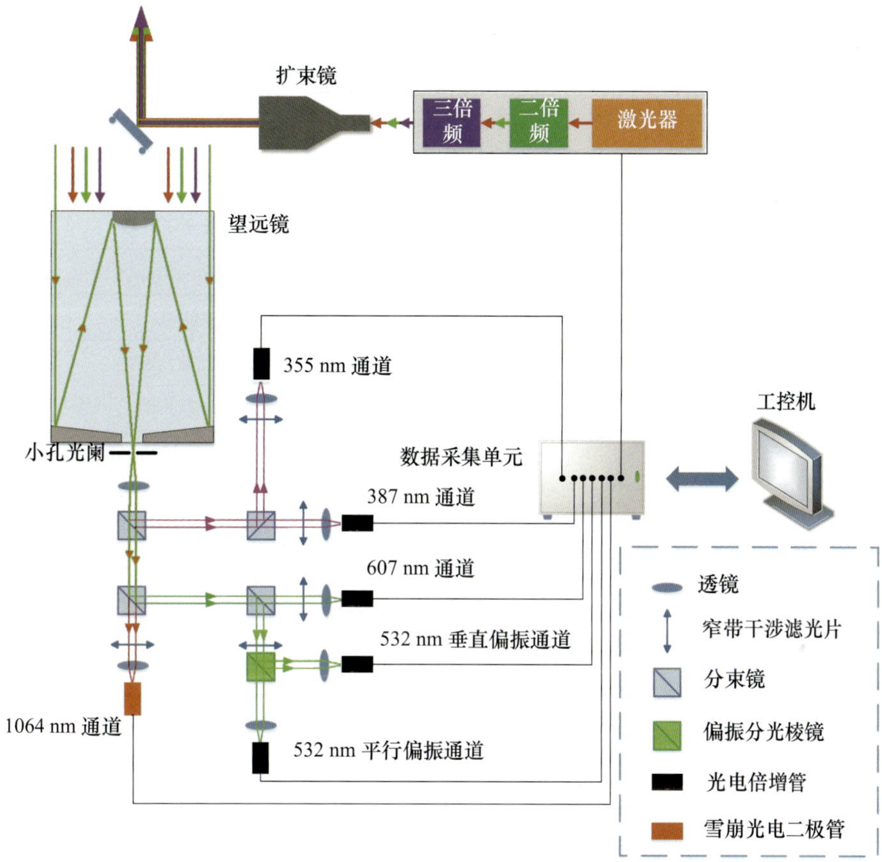

图 6.3.1.1　AD-LiDAR-03 型多波长偏振拉曼气溶胶激光雷达结构

图 6.3.1.2　AD-LiDAR-03 型多波长偏振拉曼气溶胶激光雷达外观

（4）性能指标（表 6.3.1.1）

表 6.3.1.1　AD-LiDAR-03 型多波长偏振拉曼气溶胶激光雷达性能指标

要素			主要指标
激光发射单元	激光发射波长及能量		40 mJ@355 nm，25 mJ@532 nm，50 mJ@1064 nm
	激光发射频率		20 Hz
	激光脉宽		≤10 ns
光学接收单元	接收通道		355 nm、532 nm 平行偏振、532 nm 垂直偏振、1064 nm、387 nm 与 607 nm
	望远镜类型		卡塞格林望远镜
	望远镜口径		300 mm
数据采集与处理单元	光电转换器	类型	APD/PMT
		模式	模拟或光子计数
	干涉滤光片	带宽	≤0.5 nm
		带外抑制	≥OD6
	数据采集器	模式	光子计数/模拟
探测参数	时间分辨率		1 min（可调）
	距离分辨率		3.75/7.5/15/30 m
	探测范围		0.1～30 km
主要数据产品			气溶胶时空分布、消光系数与后向散射系数、边界层高度、云底高度、退偏振比、粒子谱分布等

（5）业务应用

该雷达启用于 2014 年，主要应用于国家基准气候站、国家基本气象站、各种（常规、特种）气象观测站、各地环保局，可满足气象气候、环境监测等相关领域的科研和业务化应用的需求。

6.3.2　AGHJ-I-LIDAR (HPL) 型气溶胶激光雷达（无锡中科光电）

（1）观测原理

偏振特性，进而来研究被探测的大气情况，分析研究大气边界层内的气溶胶时空演变过程。雷达（图 6.3.2.1）发射 532 nm 波长的脉冲激光，经过准直扩束后入射大气，与大气中颗粒物相互作用，产生后向散射光，散射信号被望远镜系统接收，汇聚至光学分光系统，形成 532 nm 平行和 532 nm 垂直的两个通道信号，分析其激光路径上的回波强度和粒子的消光

激光雷达发射的激光经由扫描振镜的两个 45°反射镜两次反射后通过窗口镜出射，在大气中与颗粒物相互作用后产生后向散射光，后向散射光由窗口镜通过两次反射进入激光雷达主体。扫描振镜在水平和垂直转轴处均有高精度电机，可以控制扫描振镜的自由旋转，保证激光雷达能够获得任意空间方向上的颗粒物分布特征。

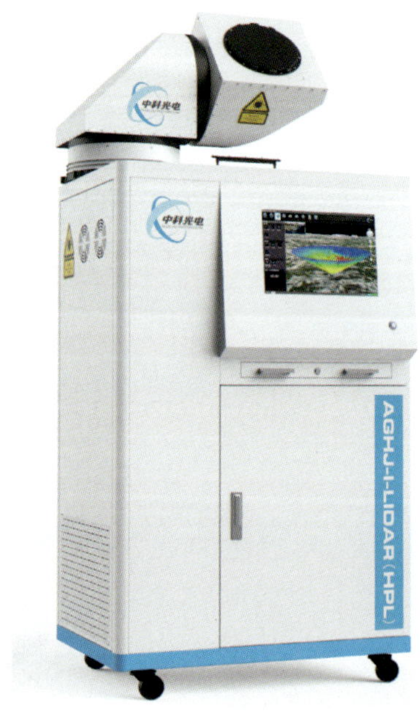

图 6.3.2.1　AGHJ-I-LIDAR(HPL)型气溶胶激光雷达

（2）功能特点

多工作模式：具有四种不同工作模式，满足定点和移动监测需求，可实现多种工作模式组合应用。

高能量探测：高穿透力，更适合重污染天气探测。
集成度高：主机一体化设计，部件模块化设计，集成度高。
可靠性高：低耗材，模块化设计，便于维护，使用寿命长。
高速响应：数据采集秒级响应，完成一次 360°扫描时间低于半小时。
交互性：一键启动、全状态监控、自动预警、自动出图、无人值守、全天候工作。
（3）组成结构
系统主要由扫描系统、光学收发系统、光电转换与数据采集系统和信号处理控制系统组成（图 6.3.2.2）。

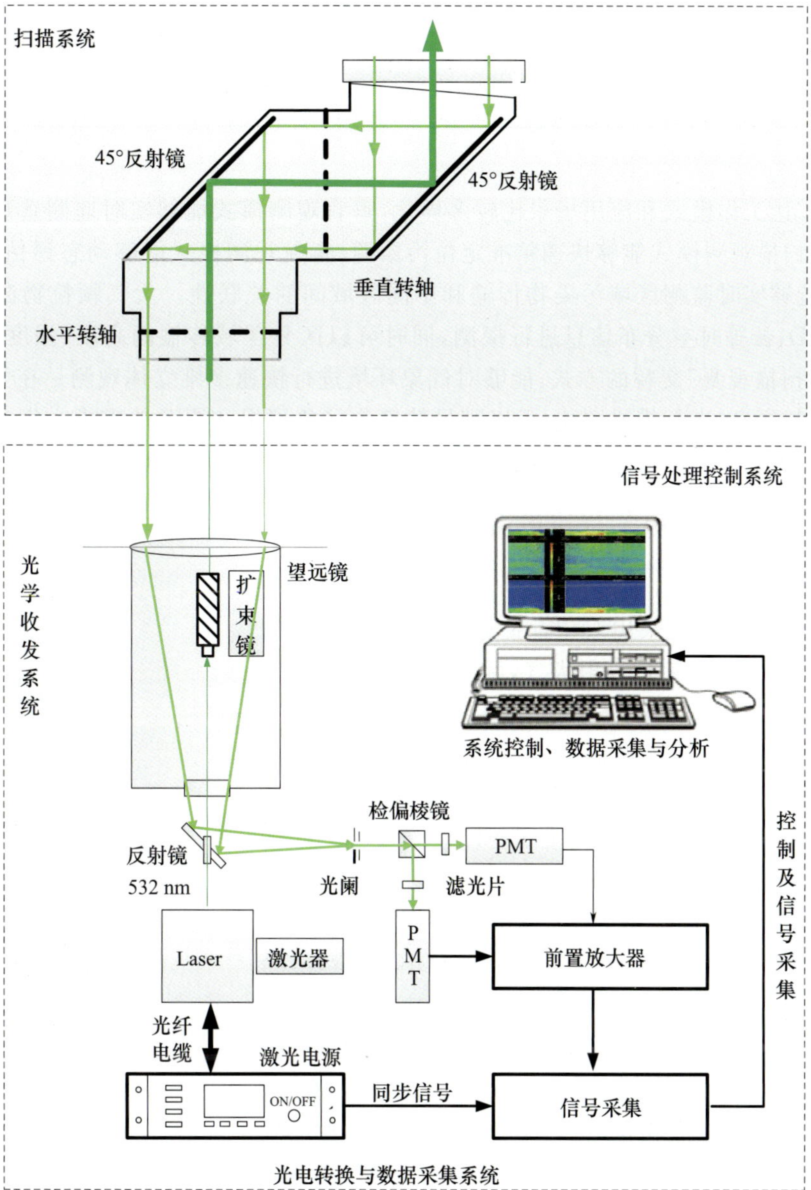

图 6.3.2.2　AGHJ-I-LIDAR(HPL)型气溶胶激光雷达组成结构

扫描系统是改变激光发射和接收方向，主要由水平转动模块和垂直转动模块构成。光学收发系统是激光发射系统和激光接收系统。其中激光发射系统由激光器、扩束器组成，而激光接收系统由望远镜和分光部件组成。光电转换及数据采集系统用于将光信号转化为电信号，并进一步转化为数字信号，由探测器、电信号处理模块和数据采集模块组成。信号处理控制系统用于整个系统控制，数据的采集和分析，主要由工控机、配套采集控制和分析软件组成。

（4）性能指标（表 6.3.2.1）

表 6.3.2.1　AGHJ-I-LIDAR(HPL)型气溶胶激光雷达性能指标

要素		主要指标	要素		主要指标
性能指标	时间分辨率	≥3 s	接收单元	望远镜口径	≥200 mm
	空间分辨率	7.5 m 及其倍数可调		分光系统	滤光片分光
	探测盲区	≤75 m		通道数	2 个，带偏振通道
	最大探测距离	≥20 km		探测器	光电倍增管
	扫描周期	优于 20 min	扫描系统	水平扫描范围	0°～360°
发射单元	激光波长	532 nm		垂直扫描范围	0°～180°
	脉冲重复频率	2 kHz		扫描精度	优于 0.1°
	单脉冲能量	10～1000 μJ			

（5）业务应用

气溶胶激光雷达工作模式和应用场景比较多样化，垂直观测模式能够实时监测垂直空间大气气溶胶的时空演变过程；扫描观测模式能够快速精准定位污染源；走航观测模式能够动态评估区域污染分布；组网联合观测模式能够实时监测区域污染物传输和不同区域间的关联性。大气颗粒物激光雷达能够对气溶胶、边界层、AOD、云等时空分布信息进行探测，同时可以区分区域传输的高度、强度和种类；激光雷达采用“垂直观测和扫描观测”交替的方式，能够对气象环境进行快速多维立体观测。在气象观测领域深度应用方面，结合气象要素，进行模式同化，可以满足精细化气象预报和服务的需求。气溶胶激光雷达主要应用于国家基本气象站、各种(常规)气象观测站和其他行业相关气象监测站。

6.3.3　AGHJ-I-LIDAR (MPL) 气溶胶激光雷达（无锡中科光电）

（1）观测原理

该雷达（图 6.3.3.1）系统采用双望远镜通道的设计，雷达发射 532 nm 激光，经过准直扩束后入射大气，两个接收望远镜收集气溶胶和云等对激光的后向散射信号，通过接收主望远镜的 532 nm 的垂直和水平偏振信号和次望远镜信号，分析其激光路径上的回波强度和粒子的消光偏振特性，进而研究被探测的大气情况，分析研究大气边界层内的气溶胶时空演变过程。

图 6.3.3.1　AGHJ-I-LIDAR(MPL) 气溶胶激光雷达

（2）功能特点

激光能量可调：适应不同污染天气。零盲区：双望远镜设计，实现零盲区探测。便携性：主机质量≤30 kg，体积小、质量轻，易操作。易用性：集成可视照相系统，实现同步影像功能。集成度高：主机一体化设计，无须外置工控机，可独立工作，一键启动。全天候工作：整机防护等级高，能够用于户外全天候无人值守。多场景：云台扫描和振镜扫描联合，室内、户外、车载等多种场景开机即用。高速响应：数据采集秒级响应，完成一次 360°扫描时间低于半小时。

（3）组成结构

气溶胶激光雷达系统主要由发射系统、接收系统、光电转换及数据采集系统、信号处理控制系统四部分组成。

发射系统用于产生激光雷达系统所需要的脉冲激光，由激光光源、扩束器构成。接收系统用于接收激光大气回波，由望远镜系统和分光系统构成。为了减少探测盲区，系统采用双望远镜设计。光电转换及数据采集系统用于将光信号转化为电信号，并进一步转化为数字信号，由探测器、电信号处理模块和数据采集模块组成。信号处理控制系统用于整个系统控制，由工控机和配套软件组成（图 6.3.3.2）。

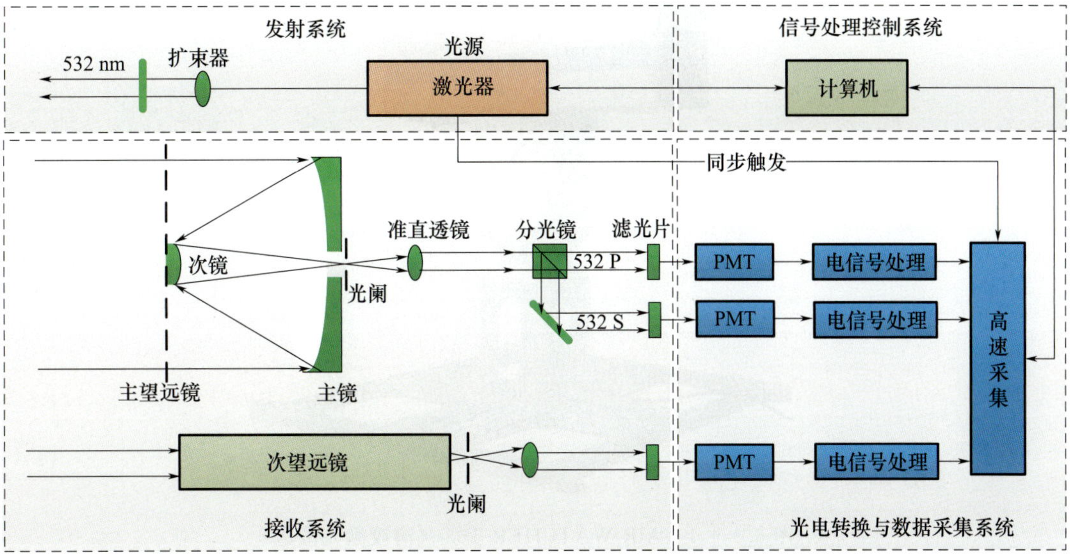

图 6.3.3.2　AGHJ-I-LIDAR(MPL)气溶胶激光雷达组成结构

(4)性能指标(表 6.3.3.1)

表 6.3.3.1　AGHJ-I-LIDAR(MPL)气溶胶激光雷达性能指标

要素		主要指标	要素		主要指标
性能指标	时间分辨率	≥3 s	发射单元	激光波长	532 nm
	空间分辨率	3.75 m 及其倍数可调		脉冲重复频率	5 kHz
	探测盲区	≤30 m		单脉冲能量	10～400 μJ
	最大探测距离	≥15 km	接收单元	望远镜口径	≥160 mm@主镜
	扫描周期	优于 20 min		分光系统	滤光片分光
数据采集系统	探测器	光电倍增管		通道数	3 个，带偏振通道
	采集系统	模拟采集			

(5)业务应用

大气气溶胶激光雷达工作模式和应用场景比较多样化，垂直观测模式能够实时监测垂直空间大气气溶胶的时空演变过程；扫描观测模式能够快速精准定位污染源；走航观测模式能够动态评估区域污染分布；组网联合观测模式能够实时监测区域污染物传输和不同区域间的关联性。大气颗粒物激光雷达能够对气溶胶、边界层、AOD、云等时空分布信息进行探测，同时可以区分区域传输的高度、强度和种类；激光雷达采用“垂直观测和扫描观测”交替的方式，能够对气象环境进行快速多维立体观测。在气象观测领域深度应用方面，结合气象要素，进行模式同化，可以满足精细化气象预报和服务的需求。气溶胶激光雷达主要应用于国家基本气象站、各种(常规)气象观测站和其他行业相关气象监测站。

6.3.4　AIR-WATCHER-T02 气溶胶激光雷达(北京是卓)

(1)观测原理

该激光雷达(图 6.3.4.1)发射出的脉冲激光与大气产生相互作用，产生包含气体分子和气溶胶粒子有关信息的后向回波信号，利用反演的方法就可以从中得到关于气体分子和气溶胶粒子的信息。激光雷达的技术基础是激光与大气中的分子以及气溶胶粒子之间相互作用的各种物理过程。

激光雷达发射出窄带脉冲激光，与发射同轴或共轴的光学望远镜系统会接收到大气和气溶胶粒子对激光的后向散射信号，这些信号经过偏振光分光系统进入到高灵敏度光电传感器后转变为电信号，之后使用时间相关信号采集卡将这些信号采集到计算机系统进行后续处理，经过算法可反演出大气的消光系数、能见度、球形粒子和非球形粒子等信息。

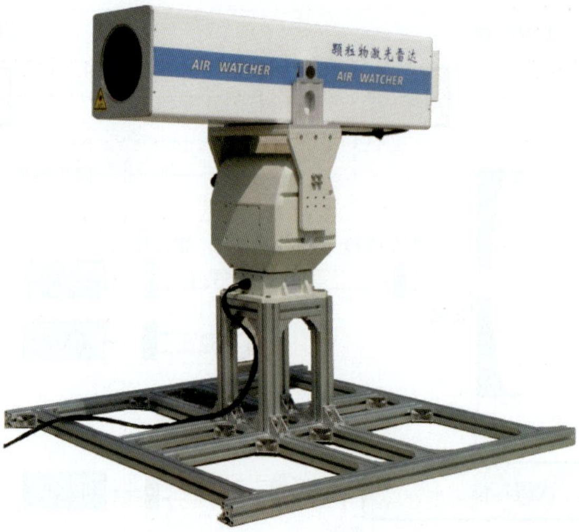

图 6.3.4.1　AIR-WATCHER-T02 气溶胶激光雷达

(2)功能特点

采用偏振激光技术，通过分析回波信号的 P、S 通道光信号的强度比值及总体回波信号的强度来分析被测大气中的气溶胶含量及气溶胶的形态，该雷达的重要功能特点如下：云层观测，测量云厚及云层；遥感测量不同空间位置的大气能见度；垂直探测大气，可以实现污染边界层分析；通过退偏比分析，可以分析气溶胶形态；采用冷却系统保障激光器在 25 ℃恒温条件下工作，确保雷达在恶劣天气下可以正常工作，极大程度保障采集到的数据的准确性，同时增加了激光器的使用寿命；采用三片式马克苏托夫-卡塞格林接收光学结构，最大程度消除盲区、降低几何重叠因子；具有 IP65 级别防水能力，确保仪器在淋雨时可正常使用，整机防护等级高，具备多种通信方式，可用于户外全天候无人值守工作；具备手机 App、网页、电脑软件等多种分析软件应用形式，极大程度方便用户使用与数据人员数据分析。

(3)组成结构

系统可以整体划分为多个部分，各部分之间协同工作来实现系统的正常运行（图 6.3.4.2）。TCSPC 信号采集模块作为设备的核心部分，分析光子探测器返回信号，对该信号进行时间统计。光源采用偏振脉冲激光器，其输出频率可控，单脉冲激光能量稳定。采用两个单光子探测器模块和一个 PIN 管探测器模块，单光子探测器 1 用于探测 P 通道回波信号，单光子探测器 2 用于探测 S 通道回波信号，PIN 管探测器模块探测激光能频率与能量。恒温系统用于激光器以及光子探测器的恒温处理。光学收发部分主要用于对发送光信号的扩束角调节，返回光信号的收集聚焦等，采用了卡塞格林结构。工业计算机用于数据分析与存储，与服务器通信，将采集的数据发送给服务器。

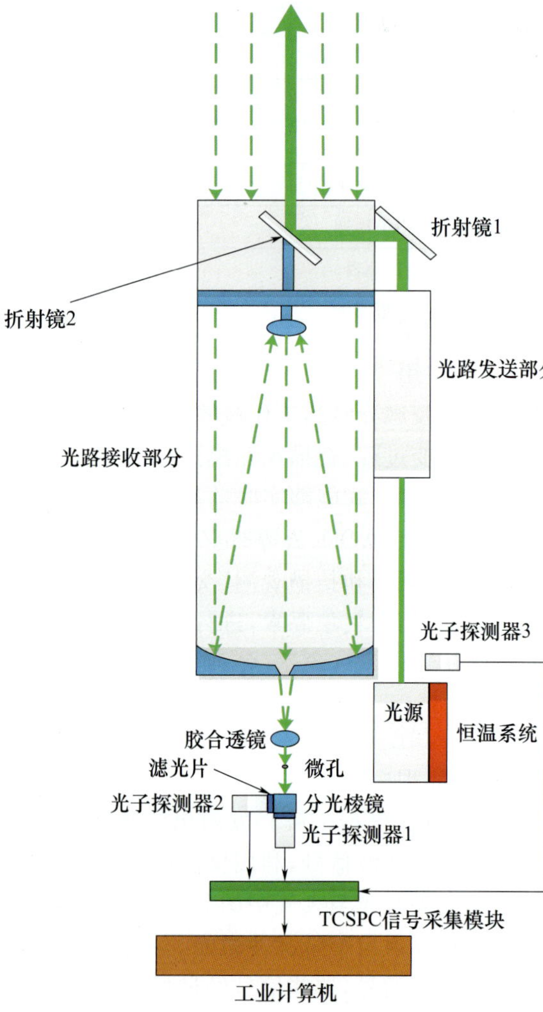

图 6.3.4.2　AIR-WATCHER-T02 气溶胶激光雷达结构

(4)性能指标(表 6.3.4.1)

表 6.3.4.1　AIR-WATCHER-T02 气溶胶激光雷达性能指标

要素		主要指标
性能指标	时间分辨率	≥1 s
	空间分辨率	3.75 m 及其倍数可调
	探测盲区	≤40 m
	最大探测距离	≥8 km(白天); ≥20 km(夜间)
	扫描周期	最小 20 min(监测效果满足大多数要求),周期越大,扫描效果越好
发射单元	激光波长	532 nm 或加配其他波长
	脉冲重复频率	1～5 kHz
	单脉冲能量	微脉冲雷达:10～100 μJ; 高能雷达:1～10 mJ
	泵浦方式	二极管泵浦为主,部分闪光灯泵浦

要素		主要指标
接收单元	望远镜口径	≥160 mm@主镜
	接收望远镜	卡塞格林-折返结构
	分光系统	PBS 分光棱镜
	通道	至少 2 个通道,带偏振通道
数据采集系统	探测器	光电倍增管
	采集系统	模拟单光子同步采集卡
工作环境	环境温度	−20～60 ℃
	相对湿度	≤90%
	大气压	80～106 kPa
	供电电压	AC 220±22 V,50/60 Hz 锂电池(24 V,30 Ah)

(5)业务应用

应用领域:颗粒物监测,适用于沙尘、雾和霾的长期观测;气溶胶散射系数的测量,应用于大气辐射平衡和气候变化的研究;机场、高速公路和道路能见度的测量;云层高度及厚度长期监测;走航监测大气污染物;大气污染溯源分析。

6.3.5　AMPLE-01 型多波长拉曼偏振大气探测激光雷达(北京遥测)

(1)观测原理

AMPLE-01 型多波长拉曼偏振大气探测激光雷达(图 6.3.5.1)通过激光遥感与大气中的分子、气溶胶和云等物质发生作用而产生的回波信号来反演大气,可对大气信息进行定量测量,满足气象气候、环境监测等相关领域的科研和业务应用的需求。

(2)功能特点

实现对大气的立体实时探测,获得气溶胶、云层信息,满足气象、环保等领域的科学研究和业务运行要求;米散射、瑞利散射、拉曼散射和偏振探测能力;三种波长激光发射,八测量通道拥有准确的三级数据产品反演能力;定点、扫描、车载走航等多种探测模式;多设备区域组网探测能力。

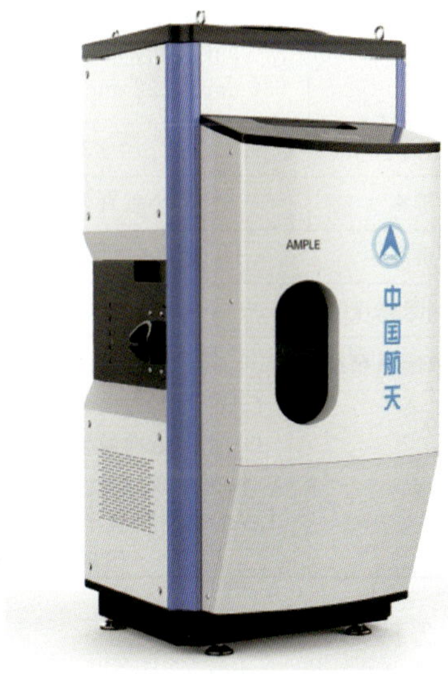

图 6.3.5.1　AMPLE-01 型多波长拉曼偏振大气探测激光雷达产品

(3)组成结构

三波长拉曼偏振大气探测激光雷达系统优化设计、合理布局,打造成用户使用方便、操作性强、便捷性好、具备单人作业条件的业务运行设备。

机柜尺寸(长×宽×高)为 0.8 m×1 m×2 m,为整个系统提供工作环境。三波长拉曼偏振大气探测激光雷达、信号处理及综合控制子系统依次放置于机柜内,结构布局如图 6.3.5.2 所示。

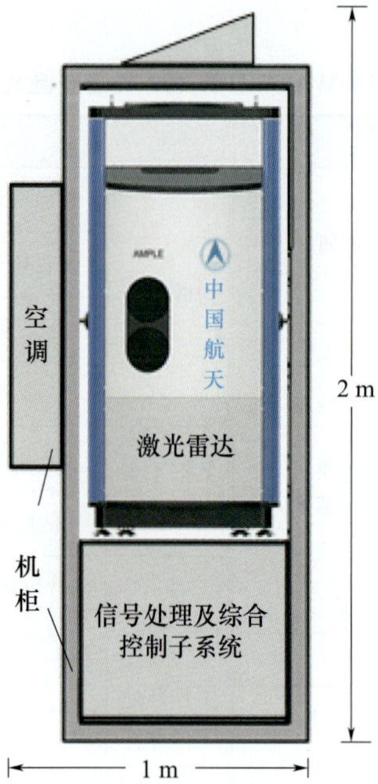

图 6.3.5.2　AMPLE-01 型多波长拉曼偏振大气探测激光雷达系统结构

（4）性能指标（表 6.3.5.1）

表 6.3.5.1　AMPLE-01 型多波长拉曼偏振大气探测激光雷达性能指标

要素	主要指标	要素	主要指标
发射中心波长	355 nm、532 nm、1064 nm	供电要求	AC 220 V
激光能量	≥0.6 mJ@355 nm 最大输出； ≥1 mJ@532 nm 最大输出； ≥1 mJ@1064 nm 最大输出	工作环境要求	工作及储存温度：−40～50 ℃； 最大工作湿度：≥90%； 工作高度：≤海拔 3 km； 抗干扰要求：电源干扰、电磁干扰、无线电干扰等； 防护要求：防水、防雾、防雷、防盐雾
激光重频	1 kHz		
接收通道	355 nm S，355 nm P，387 nm，407 nm，532 nm S，532 nm P，607 nm，1064 nm		
探测距离	0～30 km	整机功耗要求	≤5 kW
空间分辨率	最小垂直分辨率 15 m	整机质量	≤95 kg
时间分辨率	最高时间分辨率 1 min	整机尺寸（长×宽×高）	≤0.5 m×0.5 m×1.5 m
消光系数测量精度	≤30%（5 km 内）	整机寿命	5 年
后向散射系数测量精度	≤30%（5 km 内）	运输及安装要求	满足野外运输及安装要求
数据产品	Level 1：时空演化图、边界层高度； Level 2：后向散射系数、消光系数、偏振系数、水汽混合比、颜色比； Level 3：粒径谱分布、复折射率指数、质量浓度	安全性要求	符合《激光产品的安全 第 1 部分：设备分类、要求》（GB 7247.1—2012）
		维修性要求	激光雷达模块化设计，备份件可进行现场更换

（5）业务应用

多波长拉曼偏振大气探测激光雷达启用于 2009 年，主要应用于国家基准气候站、国家基本气象站、各类辐射气象站、各种（常规）气象观测站、其他应用如满足气象气候、环境监测等相关领域的科研和业务应用的需求。

6.3.6　DSL-A 型气溶胶激光雷达（深圳大舜激光）

（1）观测原理

该气溶胶激光雷达（图 6.3.6.1）向大气发射线偏振脉冲激光，激光在大气中传输时，受到传输路径上大气的衰减，包括气溶胶和空气分子的消光等。同时，一部分激光被气溶胶和空气分子散射的激光沿原路径返回，并且再次受到传输路径上大气的衰减，最终被激光雷达接收。通过接收激光的后向散射信号，可反演获得气溶胶的物理分布和形态特征，实现对污染物的观测和分析。

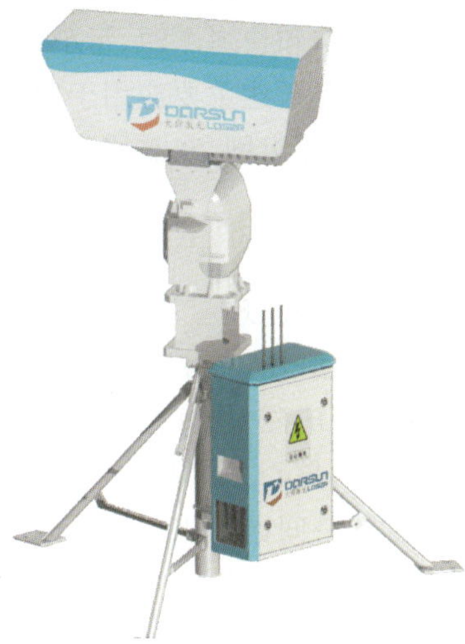

图 6.3.6.1　DSL-A 型气溶胶激光雷达设备

(2)功能特点

使用先进的遥感技术，无须接触测量，能够获得人类不易到达区域的观测资料，可实现无人值守，大量节省时间和人力，可反演多种数据产品，可提供给不同领域如沙尘暴、灰霾的研究，并具备以下特点：雷达网络、区域污染时间追踪；气溶胶、云层立体分布和时间变化检测；污染源扫描和追踪，捕获污染源位置；可进行水平扫描、垂直扫描，生成实时扫描图像；实现 $PM_{2.5}$、PM_{10} 立体定量测量；空间网格化和立体观测，3D 污染动图呈现，预报数据同化。

(3)组成结构

该雷达系统主要由激光收发单元和信号采集与控制单元组成，如图 6.3.6.2所示。激光收发单元主要由激光器、发射系统和接收系统组成。信号采集与控制单元主要由光电探测器、采集卡和嵌入式计算机组成。计算机控制激光器发射激光，回波信号通过望远镜接收，并经由光电探测器将光信号转换为电信号，进一步转化为数字信号。计算机将数字信号进行处理并绘制成图。

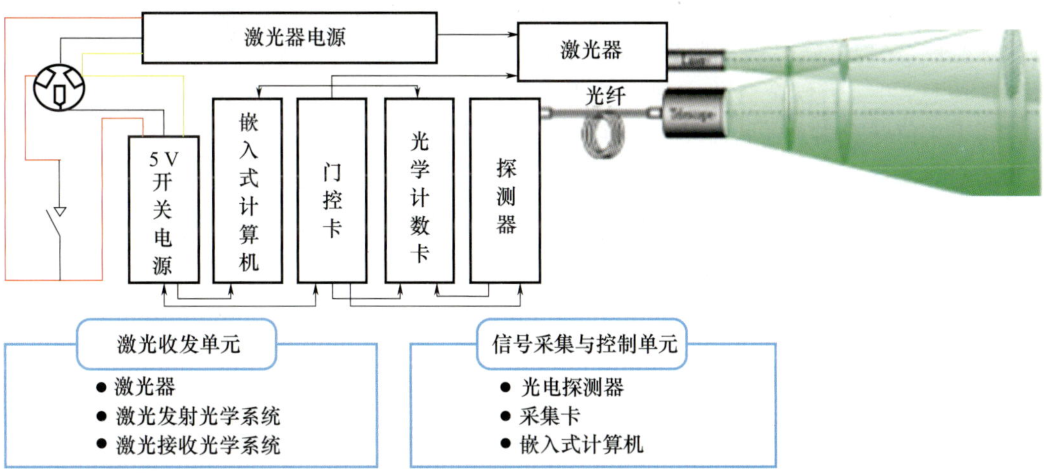

图 6.3.6.2　DSL-A 型气溶胶激光雷达结构

(4)性能指标(表 6.3.6.1)

表 6.3.6.1　DSL-A 型气溶胶激光雷达性能指标

要素		主要指标	要素		主要指标
性能参数	空间分辨率	≤15 m	发射系统	激光器类型	Nd:YAG
	时间分辨率	1 s～30 min(可调)		激光波长	1064 nm/532 nm/355 nm
	探测范围	>20 km(视天气情况)		单脉冲能量	100～200 μJ@1064 nm 20～100 μJ@532 nm 40 μJ@355 nm
	人眼安全	安全			
	电压	AC 220 V			
接收系统	通道数	2 通道		重复频率	1～10 kHz

(5)业务应用

该雷达能够监测垂直和水平方向上的大气消光系数，反演得出气溶胶浓度，获取大气气溶胶立体分布结构、大气气溶胶和云的垂直分布和时空演变等。通过气溶胶激光雷达与电子地图的结合，可实现污染物的追踪和快速溯源、污染物的扩散和沉降情况研究、污染应急监测、点源污染重点排查等多种功能。气溶胶激光雷达主要应用于国家气象站、各省市气象站、各种（常规）气象观测站、其他行业气象监测站等，用于雷达组网、灰霾监测、扬尘监测、污染源监测或背景站边界站观测等。

6.3.7 YLJ1型全光纤相干多普勒测风激光雷达（天津中环天仪）

（1）观测原理

该雷达（图 6.3.7.1）采用脉冲激光探测机制开发的一款全自动、无环境电磁干扰的相干多普勒测风激光雷达，采用人眼安全的近红外激光，核心光学器件采用全光纤结构，通过精密光学元件对特定距离上的空间区域进行信号探测，可进行 30～4000 m 范围内任意高度层的风场精确探测，可实现全自动无人值守观测大气风廓线及三维风场。

（2）功能特点

整体系统自主研发，掌握关键核心系统技术；模块化设计；全密封结构；体积小质量轻，结构紧凑；核心光源器件采用先进脉冲光纤激光器，稳定易维护；人眼安全；可进行 30～4000 m 范围内任意高度层的风场精确探测，具备智能状态监控功能，激光发射系统单脉冲能量及平均功率监控功能、激光器及测风雷达内部环境温湿监控，棱镜组件运行状态监控，保护镜除雾融雪监控等，如参数出现异常，能够及时上报警告信息，可全天候全季节实现户外无人值守实时观测。可实现全自动无人值守观测大气风廓线及三维风场。广泛应用于城市边界层和低空对流层大气三维风场的高精度机动探测。同时可用来进行垂直风廓线测量、复杂地形水平风场测量、陆上/海上风机功率曲线测试、风电场风机尾流测量、机场低空风切变预警、飞机尾涡观测预警等。

图 6.3.7.1 YLJ1 型全光纤相干多普勒测风激光雷达

（3）组成结构

该雷达由光学系统、电气硬件系统、伺服系统、结构系统、嵌入式软件系统和处理软件系统组成。

（4）性能指标（表 6.3.7.1）

表 6.3.7.1 YLJ1 型全光纤相干多普勒测风激光性能指标

要素	主要指标	要素	主要指标
工作方式	脉冲	风向测量范围	0°～360°
激光发射波长	1550 nm（人眼安全、近红外不可见）	风向分辨率	≤0.1°
脉冲宽度	200 ns，400 ns，500 ns，1 μs 可调	外形尺寸（长×宽×高）	510 mm×270 mm×690 mm
单脉冲能量	150 μJ（200 ns 脉宽）	质量	≤50 kg
脉冲重复频率	10 kHz	工作温度	−30～50 ℃
观测模式	廓线探测、三维扫描	储运温度	−40～60 ℃
天线扫描范围	0°～360°	工作海拔高度	≤3000 m
扫描速度	≥20(°)/s（可调）	输入电压	AC 220 V±10%
测量高度范围	30～4000 m	输入频率	50±2 Hz
时间分辨率	≤1 min	功耗	≤500 W
风速测量范围	0～60 m/s	通信接口	RJ45 接口、无线 WiFi、无线 4G
风速分辨率	≤0.1 m/s	预留接口	VGA 接口、USB 接口、串口、对外市电供电接口

(5)业务应用

YLJ1 型激光雷达 2022 年启用，主要应用于气象服务领域常规业务观测、精细化气象观测及灾害天气预报预警、重大活动服务保障等，应用场所包括国家基准气候站、国家基本气象站、各种(常规、特种)气象观测站、各地环保局、科研院所、其他行业(风电、国防、航空)气象监测站等。

6.3.8 LKJ-01 型气溶胶激光雷达(安徽蓝科信息)

(1)观测原理

LKJ-01 型气溶胶激光雷达利用气溶胶粒子对激光的散射和衰减作用，可以测量气溶胶的后向散射系数或消光系数。激光雷达发射激光脉冲到大气中，通过光波与大气的相互作用，会产生包含气体原子、分子、大气气溶胶粒子和云等有关辐射信号，利用相应的反演方法就可以从中得到关于气体原子、分子、大气气溶胶粒子和云等大气成分的信息。它的优点在于能够连续探测不同高度上气溶胶的分布，时空分辨率相对较高，测量范围大。

(2)功能特点

具有体重小、精度高、集成度高等特点，可根据用户需要选择垂直观测、扫描观测、走航观测三种工作模式，环境适应性强，可以野外全天候无人值守监测，可以输出大气气溶胶的消光系数、后向散射系数、粒子退偏比、颗粒物浓度、光学厚度、污染物混合层高度、垂直能见度和云信息等参数，还具有以下特点：收发一体，同轴设计，有效降低盲区；可在野外长时间无人值守监测；具备偏振通道，可鉴别沙尘、冰云、水云等粒子；多种扫描模式可选，精准鉴别污染源。

(3)组成结构

气溶胶激光雷达系统主要由激光发射系统、光学接收系统、信号探测与采集系统及工控机和处理系统四部分组成，同时整机还配备相关附属设备(图 6.3.8.1)。激光发射系统用于产生激光雷达系统所需

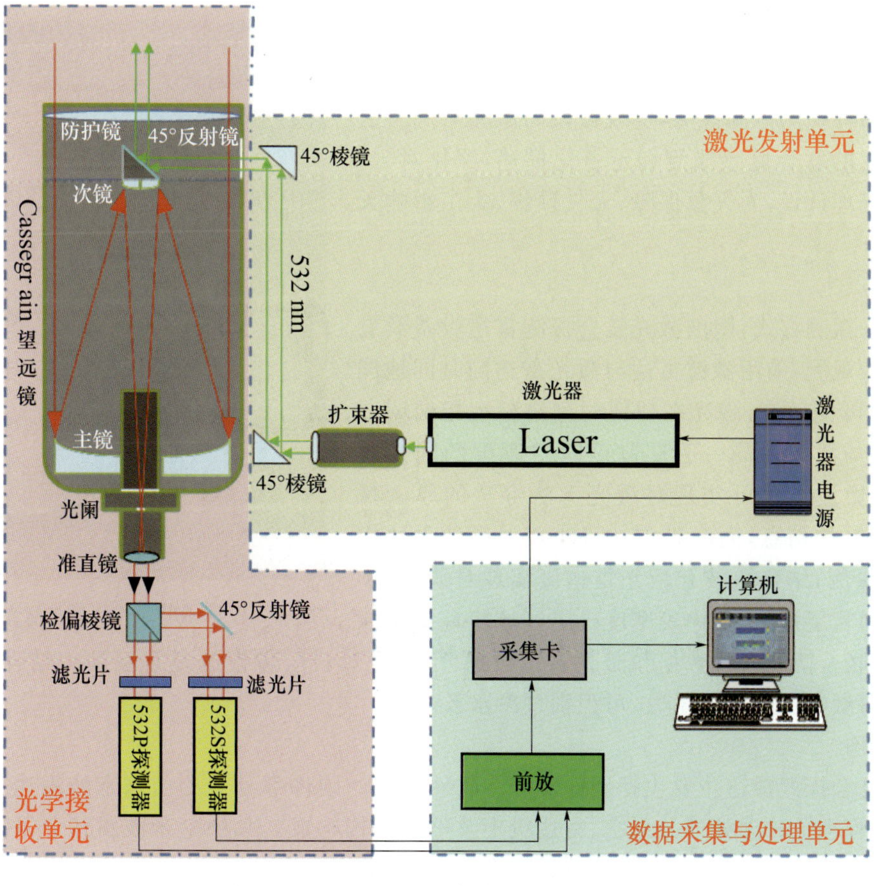

图 6.3.8.1 LKJ-01 型气溶胶激光雷达结构

要的脉冲激光，是由激光器和发射光路两部分组成。光学接收系统用于接收激光大气回波信号，系统由接收望远镜和后继光学部件组成。信号探测与采集系统通常由光电探测器、放大器和采集卡组成。光电探测器是信号接收系统的核心部分，它将透过滤光片入射到其光阴极面上的某一波长大气后向散射光转变成电信号。工控机和处理系统主要由工控机和配套处理分析软件组成。

（4）性能指标（表 6.3.8.1）

表 6.3.8.1　LKJ-01 型气溶胶激光雷达性能指标

要素		主要指标	要素		主要指标
性能指标	时间分辨率	1 s～30 min 可调	发射单元	激光波长	532 nm 或加配其他波长
	空间分辨率	7.5 m，可调		脉冲重复频率	10 Hz～3 kHz
	探测盲区	75 m		单脉冲能量	1～250 mJ
	最大探测距离	15 km		泵浦方式	二极管泵浦为主，部分闪光灯泵浦
数据采集系统	探测器	光电倍增管	接收单元	望远镜口径	≥120 mm
				分光系统	滤光片分光
	采集系统	模拟采集或光子计数采集		通道	至少 2 个通道，带偏振通道

（5）业务应用

该雷达能够对大气气溶胶、能见度、大气边界层、大气污染气体等多种参数进行监测，同时可以区分区域传输的高度、强度和种类。气溶胶激光雷达在大气科学、环境保护、气象与气候、大气遥感等领域都有广阔的应用前景。

6.3.9　MLCR-001 微波激光复合探测雷达（北京遥测）

（1）观测原理

MLCR-001 微波激光复合探测雷达（图 6.3.9.1）采用微波、激光同时同地同指向联合探测，兼具微波穿透能力强、激光灵敏度高两种探测体制优势，实现微波与激光对同一云层高度时空匹配的联合遥感探测和定量化描述，深化对云、气溶胶的转化机理认识，为气象保障、天气预报、人工影响天气服务。

图 6.3.9.1　MLCR-001 微波激光复合探测雷达

（2）功能特点

相对于单一探测方式，微波激光复合探测雷达设备具有如下特点。同步观测：采用微波雷达与激光雷达同时同地同指向联合观测，可使微波、激光在任何时刻高精度指向同一云层，实现微波与激光对同一云层高度时空匹配的同步观测。互补探测：微波雷达可实现对激光无法穿透的厚云探测，获取其内部结构信息，而激光雷达可实现对微波无法探测的薄云进行探测，结合微波和激光雷达可实现对薄云、中云及厚云等不同云层探测，在中等厚度云层区域实现握手探测。复合反演：联合微波雷达数据和激光雷达数据，可实现对云层特性的复合反演。结合云层低微波雷达散射系数和高激光雷达散射系数，可识别过冷水云。

（3）组成结构

微波激光复合探测雷达主要包括硬件部分和软件部分。硬件部分主要由毫米波雷达分系统、激光雷达分系统、系统管理及数据处理分系统、雷达机柜及整机结构构成。其中毫米波雷达分系统包含天馈线、收发单元、信号处理子系统等，激光雷达分系统包括激光发射子系统、光学接收子系统、光电转换及数据采集子系统等。微波激光复合探测雷达整机结构及分系统结构组成如图 6.3.9.2 所示。

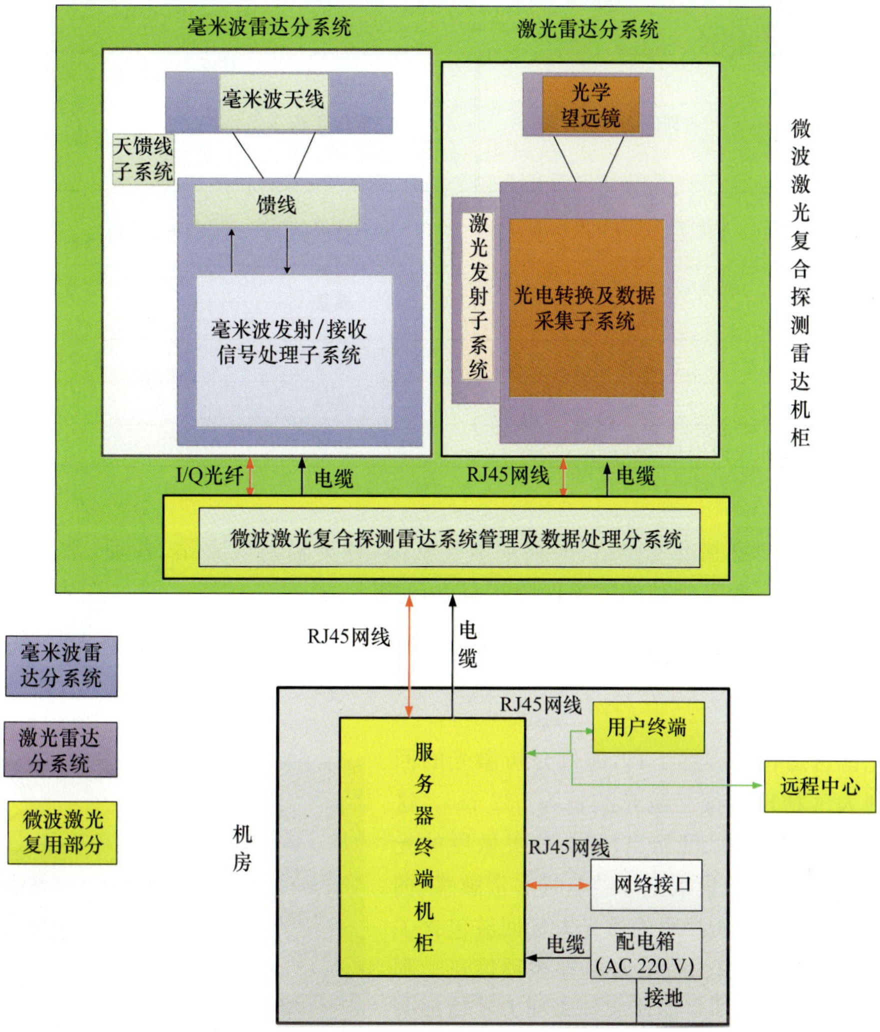

图 6.3.9.2 MLCR-001 微波激光复合探测雷达整机结构

软件系统包括监控终端软件、服务器端软件和用户终端软件。监控终端软件运行在雷达端计算机上，具有数据采集、处理、存储、通信和产品生成等功能；服务器端软件运行在服务器上，进行多级数据反演和复合数据反演；用户终端软件运行在用户终端计算机上，用于数据显示、运行监控和远程控制。

(4)性能指标(表 6.3.9.1)

表 6.3.9.1 MLCR-001 微波激光复合探测雷达性能指标

要素	主要指标	要素	主要指标
工作频率	毫米波/激光	激光雷达	
最大探测距离	≥15 km	工作波长	532 nm
距离分辨率	≤30 m	激光脉冲能量	≥0.1 mJ
时间分辨率	1～20 min	激光重频	≥1 kHz
毫米波		接收望远镜口径	≤200 mm
工作频率	Ka 波段	接收通道	532P、532S 偏振通道

续表

要素	主要指标	要素	主要指标
工作体制	全固态脉冲多普勒	数据产品	云反射率、速度、谱宽、气溶胶与云层后向散射系数、消光系数、偏振系数、光学厚度(AOD)、云底/云顶高、云厚、云类型
探测能力	优于−25 dBZ@5 km	对外接口	电源接口：AC 220 V；数据接口：RJ45 网口
探测精度	强度≤1 dB，速度≤1 m/s，谱宽≤1 m/s	质量	<280 kg
发射功率	≥50 W	尺寸	2.6 m×2 m×2.8 m
天线口径	≥1.8 m	供电	AC 220 V
数据格式	DAT、TXT、BIN、PNG	功耗	≤3000 W

(5)业务应用

该雷达主要应用于国家基准气候站、国家基本气象站、各类辐射气象站、各种(常规)气象观测站，其他应用如对气象、环保、军事等领域的气象保障和科学研究。

6.3.10 MPL-5000气溶胶激光雷达(杭州浅海)

(1)观测原理

气溶胶激光雷达是有源遥感工具，通过分析激光的回波信号从而得到大气物理特征。激光波长为532 nm。这与烟尘等大气气溶胶粒子的尺度相当，加上高灵敏度的光电探测器，因此激光雷达在测量烟尘等微粒时非常敏感，拥有极高的分辨率。激光雷达所接收的激光大气回波包含了大量大气散射光的光强、频率、相位、偏振等多种信息。利用这些丰富的激光大气回波信息能检测到多种大气物理要素，激光雷达的各种优势是其他探测手段所不能比拟的。MPL-5000气溶胶激光雷达如图6.3.10.1所示。

图 6.3.10.1　MPL-5000 气溶胶激光雷达

(2)功能特点

具有垂直观测、扫描观测、走航观测三种工作模式，能够全天候自动监测大气气溶胶的消光系数、后向散射系数、粒子退偏比、颗粒物浓度、光学厚度、污染物混合层高度、垂直能见度和云信息等参数，主要具备以下特点：高时间分辨率，可实现秒级响应，迅速得到测量结果；保证操作人员用眼安全，符合ANSI Z136.1 2000标准；高空间分辨率，且数值可调，详细展现气溶胶时空分布演变过程；探测距离远，能够探测整个对流层大气气溶胶分布情况；集成度高，模块化设计，便于维护，系统稳定可靠；高可靠性，低耗材，低维护，使用寿命长；整机防护等级高，具备多种通信方式，可用于户外全天候无人值守工作；具备软件交互系统，一键启动，自动分析结果，操作简单；产品种类丰富，工作场景多样化，工作模式多样化，能够满足各种使用场景需求。

(3)组成结构

气溶胶激光雷达系统主要由激光发射系统、回波信号接收系统和采集器以及控制器系统三部分组成。

激光发射系统(图6.3.10.2)包含激光器、反射镜系统、凹透镜组及液晶偏振片，用于产生激光雷达系统所需要的脉冲激光。回波信号接收系统用于接收激光大气回波，由镜头及反射镜系统构成。采集器以及控制器系统用于将光信号转化为电信号，并进一步转化为数字信号，控制器用于统一控制下位机的正常工作。整个系统由光子探测器、电信号处理模块、数据采集模块、计算机和配套软件组成。附属设备主要包含气象站、通信设备、备用电源、定位装置等。根据实际需求进行配备。

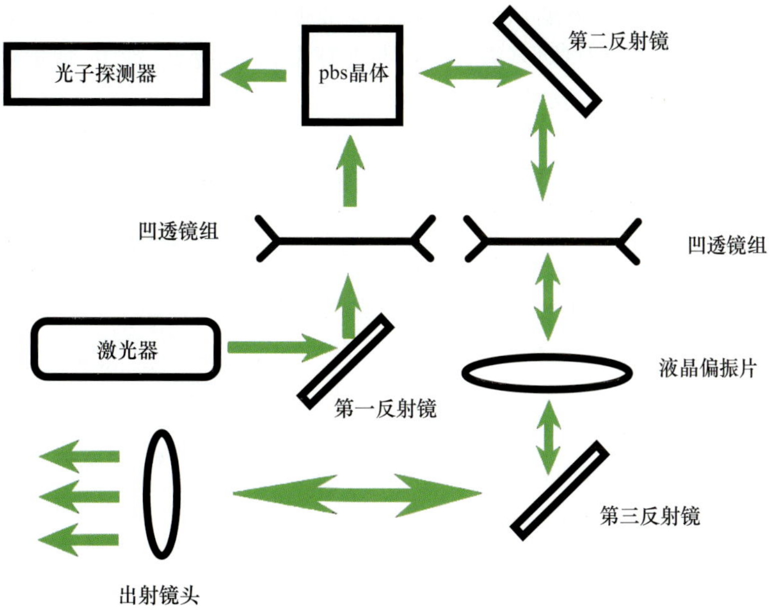

图 6.3.10.2 MPL-5000 气溶胶激光雷达激光发射系统

(4)性能指标(表 6.3.10.1)

表 6.3.10.1 MPL-5000 气溶胶激光雷达性能指标

要素	主要指标	要素	主要指标
工作能力	全天候(24 h)无人值守连续观测,全自动采集数据	信号处理模块	嵌入式信号处理模块
激光波长	532 nm Nd:YLF	光子计数模式	单通道光子计数模式
激光器类别	泵浦二极管固态激光器	空间分辨率	5/15/30/75 m (可选)
使用寿命	～10000 h(连续工作)	最大探测距离	25 km(取决于大气环境)
脉冲频率	2500 Hz	校准	经过后脉冲(Afterpulse)、重叠因子(Overlap)及饱和因子(Deadtime)校准
脉冲能量	10～15 μJ	数据种类	反演气溶胶及云层的垂直分布结构、后向散射系数、消光系数、气溶胶光学厚度、粒子种类、退偏比、质量浓度等,可根据需要将其保存成图片、CSV 或 NetCDF 格式数据
视野	240 μrad	工作温度	20～25 ℃
检测器	雪崩型 APD,光子计数模式	工作湿度	0～80%RH(温控环境)

(5)业务应用

该雷达能够对气溶胶、边界层、AOD、云等时空分布信息进行实时探测,同时可以区分区域传输的高度、强度和种类;激光雷达也可采用"垂直观测"和"扫描观测"交替的方式,对气象环境进行快速多维立体观测。如今在世界各地,气溶胶激光雷达广泛应用于气溶胶、污染物扩散追踪和大气边界层等监测研究,可监测工业烟尘的排放等城市上空环境污染物的扩散规律、监测灰霾和沙尘暴等天气过程,对大气环境监测和大气科学研究都有着重要的意义。

6.3.11 PMTracer 型气溶胶激光雷达(北京艾沃思)

(1)观测原理

PMTracer 型气溶胶激光雷达是以激光为光源,光束经光学天线发射到大气中,激光与气溶胶粒子相互作用，发射散射与吸收，回波信号经接收天线接收，高灵敏度光电探测器将光信号转换为电信号，被多道光子计数器采集，得到不同距离(高度)的回波信号，经数据处理单元处理，反演气溶胶各项参数。激光雷达偏振通道接收偏振信号，可以对球形(雾、水汽)与非球形粒子(卷云、沙尘、烟尘等)进行区分，进而研究被探测的大气情况，分析研究气溶胶时空演变过程。

(2)功能特点

该雷达(图 6.3.11.1)具有垂直观测、扫描观测、走航观测三种工作模式，能够全天候自动监测大气气溶胶的消光系数、后向散射系数、粒子退偏比、颗粒物浓度、光学厚度、污染物混合层高度、垂直能见度和云信息等参数，主要具备以下特点：IP65 防护等级，设备可直接在雨雪等恶劣环境中工作；设备便携性高，单人实现设备搬运；低功耗，使用锂电池可连续工作 10 h 以上；支持三维扫描，GIS 数据图层展示；网络化设备，客户端软件可以随时随地访问远在千里之外的设备；10 min安装部署，便于移动实验和变更观测地点。

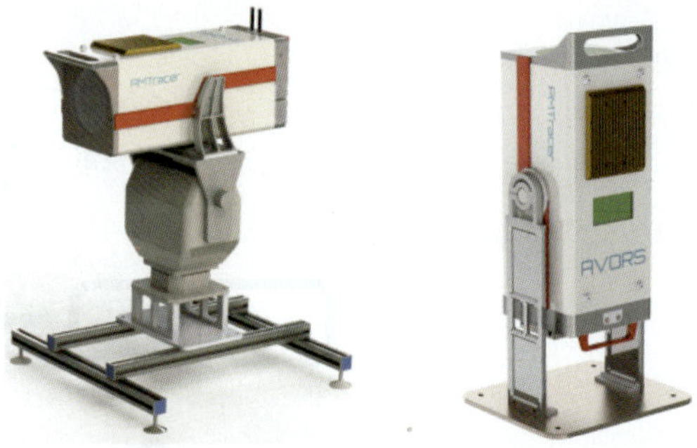

(a) 三维扫描观测　　(b) 固定垂直观测

图 6.3.11.1　PMTracer 型气溶胶激光雷达产品

(3)组成结构

该雷达系统主要由发射系统、接收系统、光电转换及数据采集系统、信号处理控制系统四部分组成(图 6.3.11.2)。发射系统用于产生激光雷达系统所需要的脉冲激光，一般由激光光源、扩束系统构成。接收系统由望远镜系统和分光系统构成，用于接收激光大气回波。接收与发射系统共用主透镜，发射与接收光路同轴，透镜为非球面透镜系统，大大降低了温度、振动对光学系统失调的影响，使得系统稳定性增强，同时减少了盲区，更适合户外使用。光电转换及数据采集系统用于将光信号转化为电信号，并进一步转化为数字信号，一般由探测器、电信号处理模块和数据采集模块组成。信号处理控制系统用于整个系统控制，由控制电路和配套软件组成。

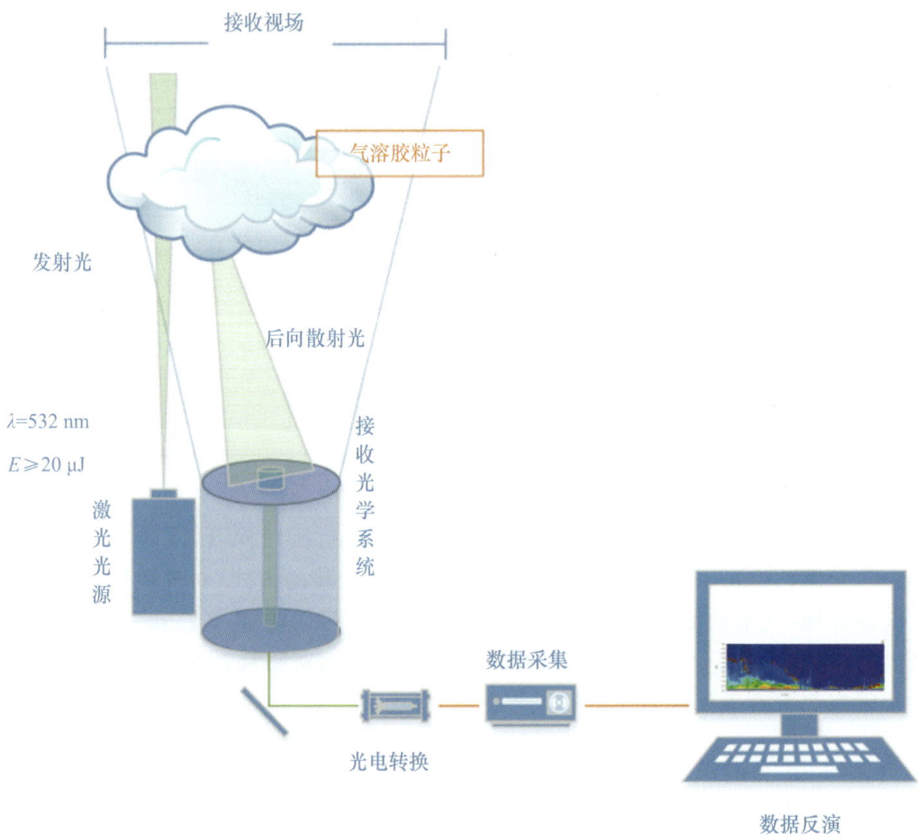

图 6.3.11.2　PMTracer 型气溶胶激光雷达结构

(4)性能指标(表 6.3.11.1)

表 6.3.11.1 PMTracer 型气溶胶激光雷达性能指标

要素	主要指标	要素	主要指标
型号	PMTracer	接收口径	162 mm
垂直可探测范围	25 km(理想天气)	定位功能	GPS/北斗
水平扫描范围	水平 5 km(能见度 10 km)	工作温度	−30～55 ℃
空间分辨率	7.5 m/15 m/30 m 可调	工作湿度	0～95%RH
时间分辨率	2～500 s 可调	功率	28～50 W(典型值) ≤280 W(温控工作)
偏振功能	带偏振	数据传输	以太网/WiFi/3G/4G
激光波长	532 nm	扫描功能	水平扫描:0°～360°连续旋转; 垂直扫描:0°～±90°
重复频率	2000～4000 Hz(软件可以设置)	图像采集	可选
脉冲能量	≥20 μJ	气象站	可选配件,无线传输
盲区	≤60 m	光学天窗	可选配件,自动清洁

(5)业务应用

该雷达能够对气溶胶、边界层、光学厚度(AOD)、云等时空分布信息进行探测;激光雷达通过扫描装置可以实现多种观测模式,能够对气象环境进行快速多维立体观测。气溶胶激光雷达主要应用于国家基本气象站、各种(常规)气象观测站以及气象环境研究领域。

6.3.12 RayAL-GB 型单波长 Mie 散射气溶胶激光雷达(安徽科创中光)

(1)观测原理

单波长 Mie 散射(米散射)气溶胶激光雷达是以固体 Nd:YAG 激光器为光源,通过探测激光与大气相互作用的 Mie 散射信号来遥感大气气溶胶分布。激光雷达发射激光脉冲到大气中,激光光波与大气的相互作用,会产生包含气体原子、分子、大气气溶胶粒子和云等有关信息的各类散射信号,接收望远镜收集并接收其中的后向散射信号,获取原始回波信号,分析其信号强度,并利用相应的反演计算可以解析从激光路径上大气消光系数和大气中粒子的非球形退偏属性,进一步确定大气气溶胶和云等大气成分的相关特征参数属性,进而来研究被探测的大气情况,分析研究大气边界层内的气溶胶时空演变过程。

(2)功能特点

单波长 Mie 散射气溶胶激光雷达具有垂直观测、扫描观测、走航观测三种工作模式,能够全天候自动监测大气气溶胶的消光系数、后向散射系数、粒子退偏比、颗粒物浓度、光学厚度、污染物混合层高度、垂直能见度和云信息等参数,主要具有以下特点:高时空分辨率,秒级响应,空间分辨率优于 7.5 m;探测距离远,能够探测整个对流层大气气溶胶分布情况;集成度高,模块化设计,便于维护,系统稳定可靠;高可靠性,低耗材,低维护,使用寿命长;整机防护等级高,具备多种通信方式和远程控制能力,可用于户外全天候无人值守工作;具备软件交互系统,一键启动和来电自启动,自动分析结果,操作简单;产品使用模式任意切换,工作场景多样化,工作模式多样化,能够满足各种使用场景需求(图 6.3.12.1)。

(3)组成结构

单波长 Mie 散射气溶胶激光雷达系统主要由发射系统、接收系统、光电转换及数据采集系统、信号处理控制系统四部分组成,同时整机还配备相关附属设备。

发射系统用于产生激光雷达系统所需要的脉冲激光,一般由激光光源、扩束器和准直镜构成。接收系统用于接收激光大气回波,一般由望远镜系统和分光滤波系统构成。光电转换及数据采集系统用于将光信号转化为电信号，并进一步转化为数字信号，一般由光电转换探测器、数据采集模块以及增益控制模块组成。信号处理控制系统用于整个系统控制，一般由计算机（或专用信号处理器）和配套软件组成。附属设备主要包含通信设备、供电模块、散热/加热温控模块，GPS/北斗定位装置等。根据实际需求进行配备（图 6.3.12.2）。

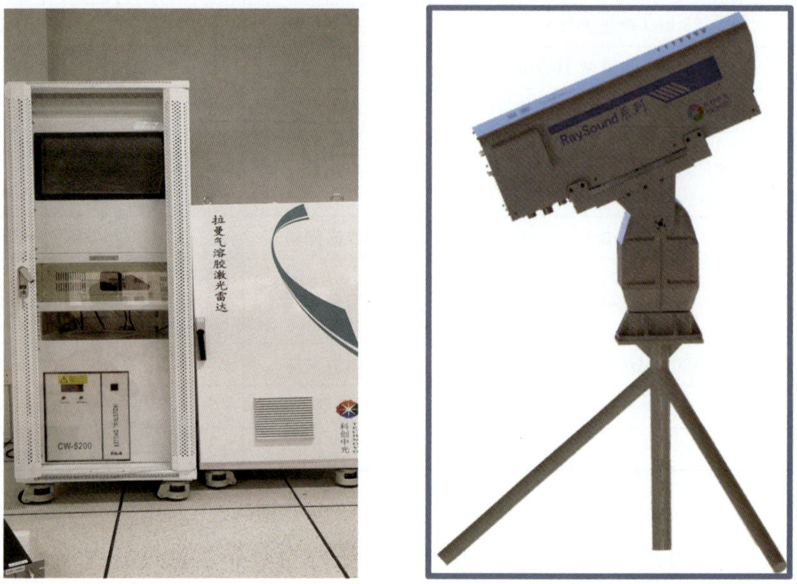

(a) 基站式　　(b) 户外扫描式

图 6.3.12.1　RayAL-GB 型单波长 Mie 散射气溶胶激光雷达

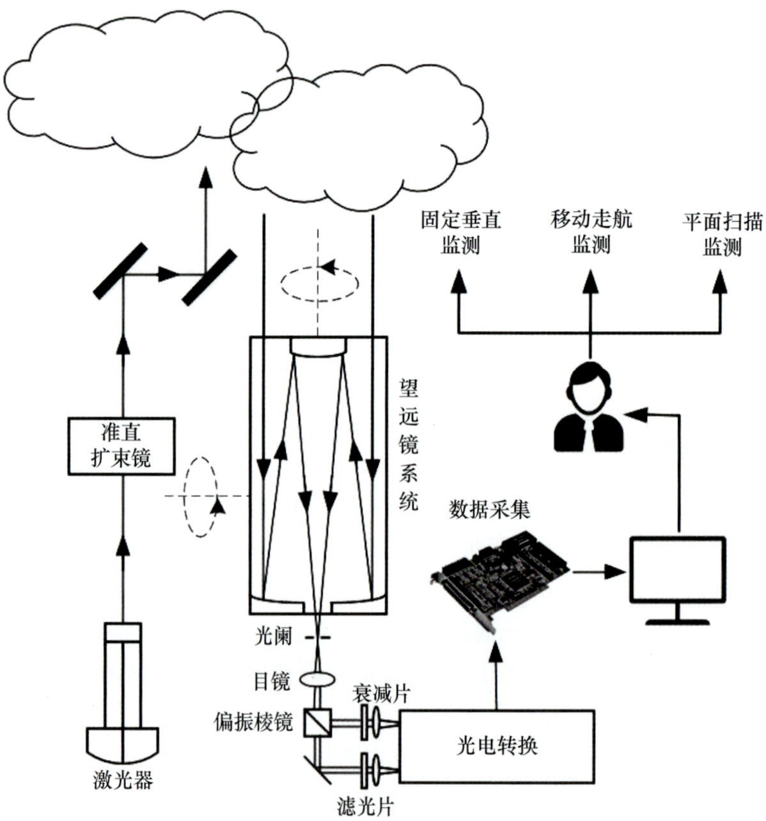

图 6.3.12.2　RayAL-GB 型单波长 Mie 散射气溶胶激光雷达结构

(4)性能指标(表 6.3.12.1)

表 6.3.12.1 RayAL-GB 型单波长 Mie 散射气溶胶激光雷达性能指标

要素		主要指标
性能指标	时间分辨率	≥1 s
	空间分辨率	7.5 m 及其倍数可调
	探测盲区	≥75 m
	最大探测距离	≥8 km
	扫描周期	优于 10 min
发射单元	激光波长	532 nm 或 1064 nm
	脉冲重复频率	10 Hz~7 kHz
	单脉冲能量	>1 mJ(高能高频雷达)
	泵浦方式	二极管泵浦全固态
接收单元	望远镜口径	≥120 mm@主镜
	分光系统	滤光片加 PBS 分光
	通道	至少 2 个通道,带偏振通道
数据采集系统	探测器	光电倍增管或 APD
	采集系统	模拟采集或光子计数采集

(5)业务应用

单波长 Mie 散射气溶胶激光雷达能够对气溶胶、边界层、AOD、云等时空分布信息进行探测,同时可以区分区域传输的高度、强度和种类;能够对气象环境进行快速多维立体观测。在气象观测领域深度应用方面,结合气象要素,进行模式同化,可以满足精细化气象预报和服务的需求。气溶胶激光雷达主要应用于国家基本气象站、各种(常规)气象观测站和其他行业相关气象监测站。

6.3.13 TGJ1 和 TGJ2 型气溶胶激光雷达(天津中环天仪)

(1)观测原理

首先雷达系统的发射单元向大气中发射一束窄脉冲线偏振激光,产生不同偏振态的后向米散射回波信号和拉曼信号,回波信号经大气衰减后由望远镜接收,其中的平行光分量和垂直光分量由分光及光电检测单元有效分离并分别转化为电信号,经过一系列的运算放大/数据采集和信号处理,最终被显示和记录,从而实现对几千米甚至十几千米范围内大气环境的实时快速探测。

(2)功能特点

TGJ1 和 TGJ2 型气溶胶激光雷达可分为米散射气溶胶激光雷达、拉曼散射气溶胶激光雷达两种类型,主要具备以下特点:激光器偏振度高、窄脉宽、重复频率稳定、使用寿命长、可靠性高、连续工作能力强;操作、维护简单方便,使用、运行成本低,具有较高的性价比;高稳定性、高精度、信号实时处理、可无人值守;可靠电源控制系统,可保证自动站在各种供电环境下连续运行;支持多种通信方式,具备强大远程监控功能;具有自动和人工检测功能,如参数出现异常,能够自动报警。

(3)组成结构

气溶胶激光雷达系统主要由发射系统、接收系统、光电转换及数据采集系统、信号处理控制系统四部分组成,同时整机还配备相关附属设备。

发射系统用于产生激光雷达系统所需要的脉冲激光,一般由激光光源、扩束器构成。接收系统用于接收激光大气回波,一般由望远镜系统和分光系统构成。为了减少探测盲区,可以集成两个望远镜系统:主望远镜和次望远镜。光电转换及数据采集系统用于将光信号转化为电信号,并进一步转化为数字信号,一般由探测器、电信号处理模块和数据采集模块组成。信号处理控制系统用于整个系统控制,一般由计算机（或专用信号处理器）和配套软件组成。附属设备主要包含通信设备、备用电源、定位装置等。根据实际需求进行配备（图 6.3.13.1）。

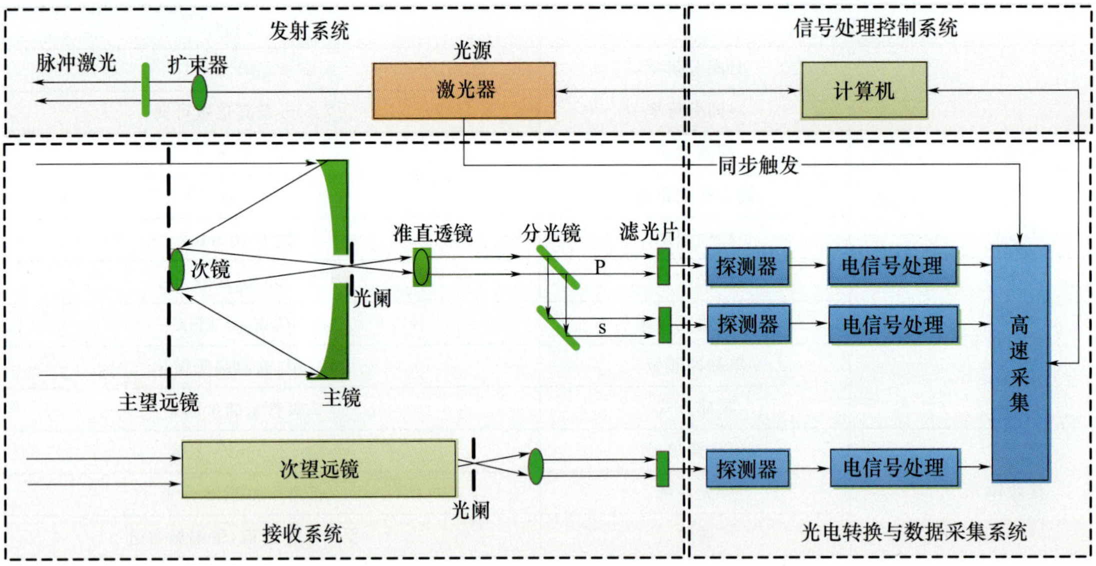

图 6.3.13.1　TGJ1 和 TGJ2 型气溶胶激光雷达结构

（4）性能指标（表 6.3.13.1）

表 6.3.13.1　TGJ1 和 TGJ2 型气溶胶激光雷达性能指标

<table>
<tr><th colspan="2" rowspan="2">要素</th><th colspan="2">主要指标</th></tr>
<tr><th>TGJ1</th><th>TGJ2</th></tr>
<tr><td colspan="2">观测模式</td><td colspan="2">廓线探测</td></tr>
<tr><td colspan="2">有效探测范围</td><td>白天：0～10 km；
夜间：0～18 km
（视大气状况）</td><td>白天：0～15 km；
夜间：0～25 km
（视大气状况）</td></tr>
<tr><td colspan="2">距离半径（仪表量程）</td><td colspan="2">30 km</td></tr>
<tr><td colspan="2">测量精度（均方误差）</td><td colspan="2">不大于空间分辨率</td></tr>
<tr><td colspan="2">气溶胶后向散射系数测量精度</td><td colspan="2">不大于 20%（0.5～2 km）；
不大于 40%（2～5 km，不计入激光雷达比误差）</td></tr>
<tr><td colspan="2">气溶胶消光系数测量精度</td><td colspan="2">不大于 20%（0.5～2 km）；
不大于 40%（2～5 km，不计入激光雷达比误差）</td></tr>
<tr><td colspan="2">开机时间</td><td colspan="2">正常开机≤30 min；紧急开机≤20 min</td></tr>
<tr><td rowspan="2">最大功耗</td><td>不含温控箱</td><td>300 W</td><td>500 W</td></tr>
<tr><td>含温控箱</td><td>1800 W</td><td>2000 W</td></tr>
</table>

（5）业务应用

TGJ1 和 TGJ2 型气溶胶激光雷达能够对气溶胶、边界层、AOD、云等时空分布信息进行探测，同时可以区分区域传输的高度、强度和种类；激光雷达采用垂直观测和扫描观测交替的方式，能够对气象环境进行快速多维立体观测。

在气象观测领域深度应用方面，结合气象要素，进行模式同化，可以满足精细化气象预报和服务的需求。

气溶胶激光雷达主要应用于国家基本气象站、各种（常规）气象观测站和其他行业相关气象监测站。

6.3.14 激光测云雷达(北京爱尔达)

(1)观测原理

激光测云雷达(图 6.3.14.1)采用半导体激光器为光源,通过光学发射天线对半导体激光器的发散角压缩后向垂直方向发射,激光发射后与不同距离上的气溶胶作用后产生后向散射的回波,回波通过光学接收天线被汇聚到光子计数器上,转换成电脉冲信号,多道采集电路对电脉冲信号进行采集,将不同时间段(对应不同高度)的光子数进行统计。经过多次激光发射及光子数采集,形成多道数据。数据反演电路对多道数据进行反演形成当前垂直能见度情况及云底高。

图 6.3.14.1 激光测云雷达产品

(2)功能特点

能够提供任务区域 1000~10000 m 垂直能见度信息;能够提供任务区域 200~8000 m 云底高信息;激光云雷达可以实时监测大气能见度及云底高信息。该设备具有体积小、质量轻、高可靠性和易维护性的特点;对于机动式测云雷达无法通行区域,其便携性能就可以充分发挥优势,该设备是对市场上其他测云雷达的有效补充,是先进的遥感探测大气参数的新一代高技术仪器,是光、机、电技术的集成;在现代军事上,为导弹提供能见度信息修正数据,可以提高导弹命中率;航空母舰上,机群的安全升空和着落都依赖周围大气风场及能见度的精确测量。产品在气象探测、大气污染监测、航空航天气象保障、海洋环境监测、国防军事等领域有广阔的应用前景,特别是在气溶胶和云探测、空气质量监测、空中交通安全、气候变化研究等领域的应用尤为突出。

(3)组成结构

激光测云雷达由激光发射与接收子系统、信号采集处理子系统、数据反演与控制子系统、远程测站通信子系统、供电子系统组成。激光测云雷达与 CL31 云高仪数据比对结果表明:通过两者云高测量对比可以发现探测的云高结果整体趋势一致。

(4)性能指标(表 6.3.14.1)

表 6.3.14.1 激光测云雷达主要技术性能指标

要素	主要指标
探测要素	垂直能见度、云底高
测量性能指标	垂直能见度:测量范围:1000~10000 m;测量误差≤15%。 云底高:测量范围:200~8000 m;测量精度:≤50 m (≤1000 m);≤200 m (1000~8000 m)
质量及外形尺寸	质量≤9.5 kg;外形尺寸:250 mm×250 mm×150 mm(长×宽×高)
时间指标	开机时间≤5 min;时间分辨率≤1 min
通信指标	数据传输时延≤1 min(不含北斗自身延时);留有有线和无线通信接口
可靠性	平均故障间隔时间(MTBF)≥500 h;平均故障修复时间(MTTR)≤0.5 h;使用寿命≥8 年
环境适应性	工作温度:−15~50 ℃;储存温度:−30~50 ℃;相对湿度:≤90%(35 ℃时);防尘防水等级:IP65; 海拔高度≤3500 m
系统功耗	垂直能见度激光雷达:≤150 W
供电分系统	供电方式:市电、直流电源、蓄电池。电压:AC 220 V±10%,110 V±10%(配有电源适配器);频率: 50 Hz±3%。电池容量≥ 14 Ah(可充电);一次充电后,连续工作时间≥1 h

(5)业务应用

应用领域:气象探测、大气污染监测、航空航天、海洋环境监测、国防军事(图 6.3.14.2、图 6.3.14.3)。

图 6.3.14.2　激光测云雷达应用场景 1

图 6.3.14.3　激光测云雷达应用场景 2

6.3.15　AWL-B600 型激光测风雷达（北京爱尔达）

（1）观测原理

激光测风雷达基于脉冲相干多普勒激光雷达体制，利用单频激光本振信号与大气气溶胶对激光的后向散射信号做外差检测，通过多普勒差频信息计算径向风速，实现风速风向廓线的反演。

（2）功能特点

激光测风雷达是小型化便携式、高精度的低空风场测量设备，能够提供 30～600 m 不同高度层的风速、风向信息。可用于无人机的发射及回收时的风场测量、巡航导弹弹道风场的监测。该设备具有测量精度高、质量轻、隐蔽性好、高可靠性和易维护性的特点；对于机动式测风雷达无法通行区域，其便携性能就可以充分发挥优势，该设备是对市场上其他测风雷达的有效补充，是先进的遥感测风设备。可通过北斗模块利用北斗卫星的通信功能，把风向风速数据传送到远程终端，提供决策支持。

（3）组成结构

该激光测风雷达（图 6.3.15.1、图 6.3.15.2）主要是由激光发射子系统、光学天线子系统、激光接收子系统、信号采集处理与控制子系统、数据处理与显示子系统、远程通信子系统、供电子系统等组成。在整个雷达系统中，所有的光学器件都是使用单模保偏光纤连接，模块化设计，保证了整个系统在运行时的可靠性。

图 6.3.15.1　AWL-B600 型激光测风雷达设备

图 6.3.15.2　AWL-B600 型激光测风雷达应用场景

(4)性能指标(表 6.3.15.1)

表 6.3.15.1 AWL-B600 型激光测风雷达性能指标

要素	主要指标
探测要素	风速、风向
测量性能指标	探测高度:30～600 m。高度分辨率:25 m(≤200 m);100 m(200～600 m)。风速范围:0～50 m/s;风向范围:0°～360°。风速测量精度:1 m/s(0～3 m/s),1.5 m/s(3～50 m/s)。风向≤15°
质量及外形尺寸	质量≤25 kg;外形尺寸(长×宽×高):410 mm×225 mm×425 mm
系统功耗	低空风场测量设备≤200 W
时间指标	开机时间≤5 min;时间分辨率≤1 min
通信指标	数据传输时延≤1 min(不含北斗自身延时);留有有线和无线通信接口
可靠性	平均故障间隔时间(MTBF)≥500 h;平均故障修复时间(MTTR)≤0.5 h;使用寿命≥8 年
环境适应性	工作温度:−15～50 ℃;储存温度:−30～50 ℃,其中液晶显示器为−20～50 ℃,电池为 0～40 ℃;相对湿度≤90%(35 ℃时);防尘防水等级:IP65;海拔高度≤3500 m
供电分系统	供电方式:市电、蓄电池。电压:AC 220 V±10%;110 V±10%(配电源适配器)。频率:50 Hz±3%。电池容量≥14 Ah(可充电);一次充电后,连续工作时间≥1 h

(5)业务应用

应用领域:①保障航空安全。激光测风雷达作为一种高时空分辨率的风场探测手段,能探测到可能的低空风切变和其他影响起降落的风力因素,实时而精确地掌握起降位置上空一定范围内的大气风场信息,可广泛应用于航空安全保障领域。②大气科学研究。大气动力学的研究需要长期连续的风场数据。对大气重力波的观测除了大气温度与密度上波动以外还有风场的测量。③提高气象预报和气候预测精度。造成天气变化或气象改变的原因很大一部分是大气的运动,比如气旋、锋面过境、信风带异变等。无论是边界层内高精度大范围的风场测量还是对高至平流层的长期风场探测,都可以对气象预报或气候预测提供参数信息。

6.3.16 DSL-W 3K 和 DSL-W 10K 相干测风激光雷达(深圳大舜激光)

(1)观测原理

相干测风激光雷达以激光为光源向大气发射激光脉冲,大气中气溶胶粒子的光回波信号与本振光信号相干拍频,通过检测所产生的多普勒频移量,进而获得激光光束方向的径向速度,同时结合光机扫描结构,在测量空域形成空间三维扫描场,通过风场的反演来获得测量空域的风场信息,可实现对大气边界层和低对流层风场的 24 h 高精度、高时空分辨率探测。

(2)功能特点

相干测风雷达体积小,质量轻,时空分辨率高,数据传输速度快,安全可靠,适用于船舰、浮标平台、风能监测等领域。主要具备以下特点:高精度,高时空分辨率;量程大,探测半径可达到 10 km 以上;可提供多扫描模式,包括 DBS/VAD/RHI/PPI 等,支持多模式交替功能;体积小、质量轻、功耗低,复杂平台安装、移动平台搭载;无人值守,远程联网数据获取及设备监控;IP67 高防护,陆上及海上严苛工作环境下持续稳定工作;相干测风激光雷达主要型号为 DSL-W 3K 和 DSL-W 10K,可获取 PPI 径向速度和风廓线数据,设备外观图及其相应的观测样例如图 6.3.16.1～图 6.3.16.3 所示。

(a) DSL-W 3K

(b) DSL-W 10K

图 6.3.16.1 相干测风激光雷达

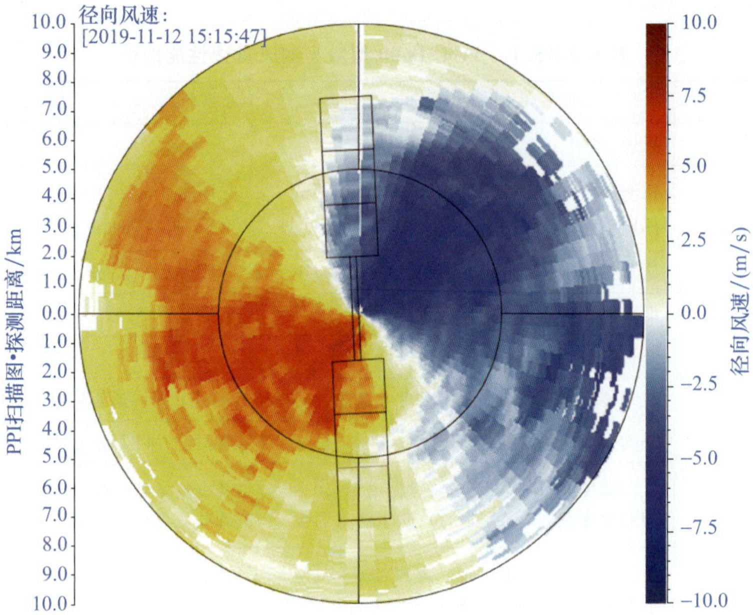

图 6.3.16.2　相干测风激光雷达 PPI 径向风速观测

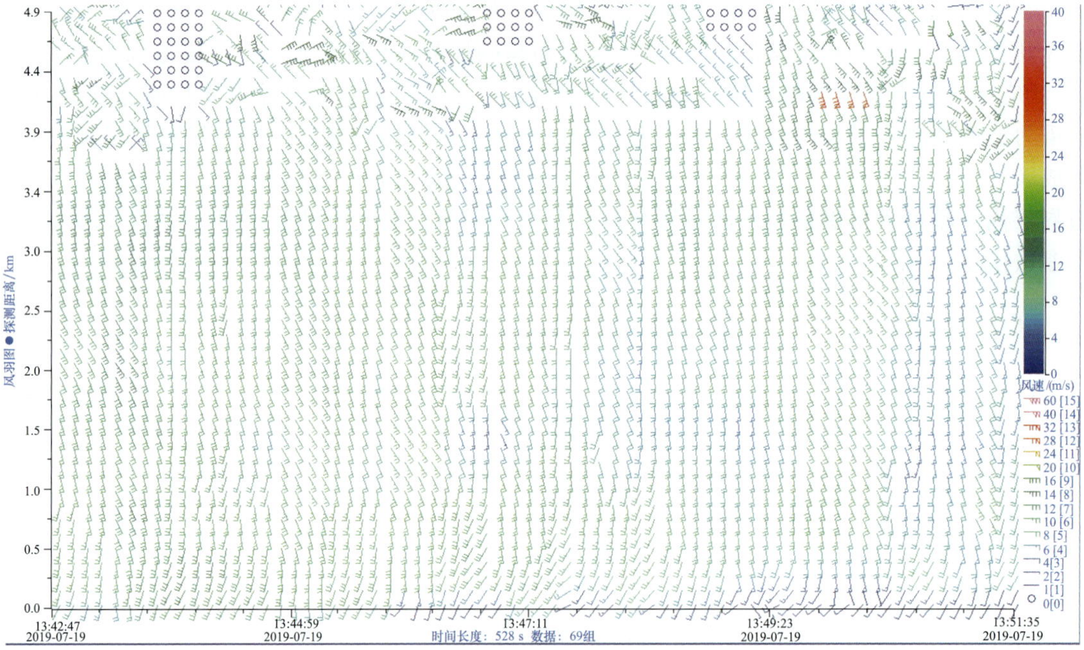

图 6.3.16.3　相干测风激光雷达风羽图观测

（3）组成结构

相干测风激光雷达由以下部分组成：激光发射系统、光学接收系统、信号采集与处理系统、扫描系统。

（4）性能指标（表 6.3.16.1）

表 6.3.16.1　相干测风激光雷达性能指标

要素	主要指标	
型号	DSL-W 3K	DSL-W 10K
激光源	1550 nm（人眼安全）	1550 nm（人眼安全）
光波类型	脉冲	脉冲

续表

要素	主要指标	
探测距离	0.03～3 km	5～10 km
风速测量精度	⩽0.3 m/s	0.2 m/s
风向测量误差	⩽6°	1°
空间分辨率	4.5 m/15 m/30 m/60 m/90 m 可调	30 m
风速测量范围	0～60 m/s	0～60 m/s
角度精度	0.1°	0.1°
扫描锥角	俯仰角:15°	水平:0°～360°;垂直:−90°～90°
防护等级	IP67	IP67
功率	300 W	350 W
数据产品	SNR 信噪比数据、VAD 风廓线、垂直气流、径向速度、湍流强度、风切变,兼容显示气象传感数据	SNR 信噪比数据、VAD 风廓线、垂直气流、RHI/PPI 径向速度场及反演风场、湍流强度、风切变、低空急流、下击暴流,兼容显示气象传感数据
质量	⩽100 kg	⩽150 kg

(5)业务应用

相干测风激光雷达针对精细化气象观测及灾害天气预报预警、大气海洋环境立体监测,主要应用于国家基准气候站、国家基本气象站、各种(常规、特种)气象观测站、各地环保局、其他行业(如航空、风电、国防等)气象监测站。

6.3.17 Molas B300 地基式测风激光雷达(南京牧镭激光)

(1)观测原理

地基式测风激光雷达(图 6.3.17.1)的观测原理如图 6.3.17.2 所示,光纤激光器产生的信号光通过光学天线和扫描机构发射到待测空气中,与其中的气溶胶颗粒作用产生包含其速度信息的后向散射信号。由多普勒原理可知,回波信号的多普勒频移 fd 与气溶胶颗粒运动速度(即风速)成正比,因此,光学天线接收到的后向散射信号通过和系统内光纤激光器产生的本振光拍频和数字解调,即可处理得到待测目标的风场信息。

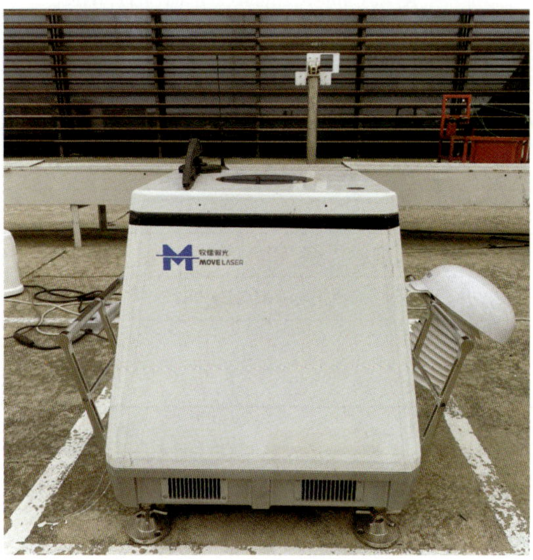

图 6.3.17.1 Molas B300 地基式测风激光雷达外观

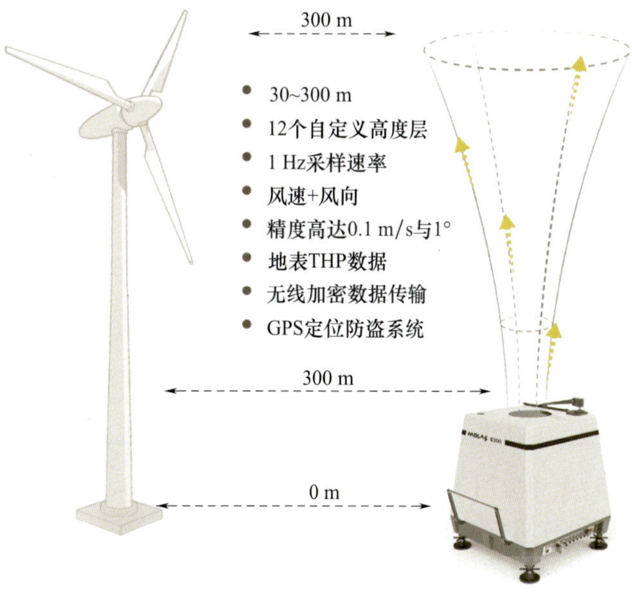

图 6.3.17.2 Molas B300 地基式测风激光雷达测风示意图

（2）功能特点

Molas B300 地基式测风激光系列，通过 VAD 扫描矢量合成技术，完成对雷达正上方 30～300 m 的 12 个距离层内的风速、风向，并通过传感器模块来测量温度、湿度等参数。其应用范围十分广泛，可以用于风资源评估、微观选址及复核、风功率预测系统、风机/风场性能评估、气象探测等场景。

产品特点：大量程；高精度；安装简单、易维护；灵活便携；高时空分辨率；数据安全可靠。

（3）组成结构

地基式测风激光雷达组成结构见图 6.3.17.3。

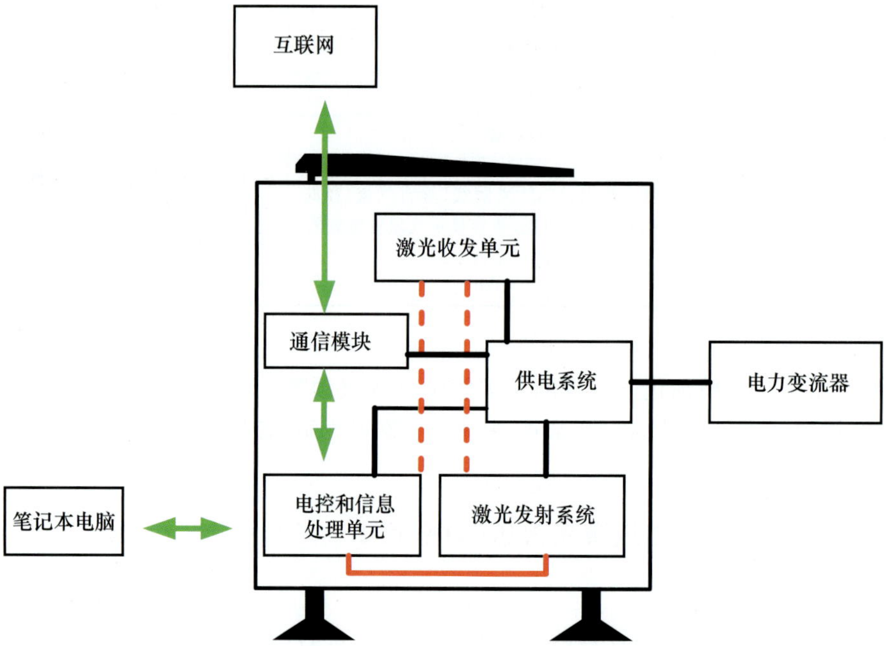

图 6.3.17.3　Molas B300 地基式测风激光雷达组成结构

（4）性能指标（表 6.3.17.1）

表 6.3.17.1　Molas B300 地基式测风激光雷达性能指标

要素	主要指标	要素	主要指标
测量范围	30～300 m	通信	RJ45 Cable，Cellular(2G/3G/4G)，WiFi，北斗短报文(选配)，卫星通信(选配)
测量层数	12	尺寸	603 mm×500 mm×602 mm(长×宽×高)
采样频率	1 Hz	质量	50 kg
风速精度	0.1 m/s	使用环境温度	−40～50 ℃
风向精度	1°	使用湿度范围	0～100%RH
测量风速范围	0～75 m/s	防护等级	IP67(整机)
测量风向范围	0°～360°	激光安全等级	Class 1M(EN60825-1)
输出数据	水平风速，垂直风速，风向，统计数据，时间，GPS，温湿压(THP)		

（5）业务应用

启用时间：2016 年。

应用领域：①大气研究：中尺度及国家性质的监测网络；②气象监测：短期天气预报和气象预报模式优化、风暴预警。

6.3.18 Molas 3D 三维扫描式测风激光雷达(南京牧镭激光)

(1)观测原理

Molas 3D 三维扫描式测风激光雷达(图 6.3.18.1)是一种基于相干多普勒测速原理的非接触式遥测激光雷达系统,光纤激光器产生的脉冲信号光通过光学天线(望远镜及扫描器)发射到待测空气中,与其中的气溶胶颗粒相互作用产生包含其速度信息的后向散射信号。由多普勒原理可知,回波信号的多普勒频移 fd 与气溶胶颗粒运动速度(即风速)成正比,因此,光学天线接收到的后向散射信号通过和系统内部光纤激光器产生的本振光在相干探测模块内拍频并通过数字解调,即可处理得到待测目标区域的风速信息。

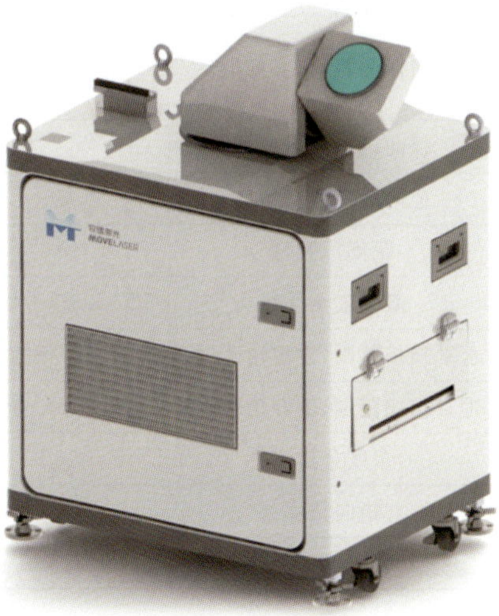

图 6.3.18.1 Molas 3D 三维扫描式测风激光雷达

(2)功能特点

额外具备可自由调整光束指向的扫描器,可针对特定空域范围执行特定方式的扫描,可提供全天候、全方位、实时高精度风场信息(图 6.3.18.2),可用于城市气象观测、风电资源评估、局地风切变预警、高空湍流、风洞空气动力学研究、复杂地形及离岸风电资源评估等应用场景。

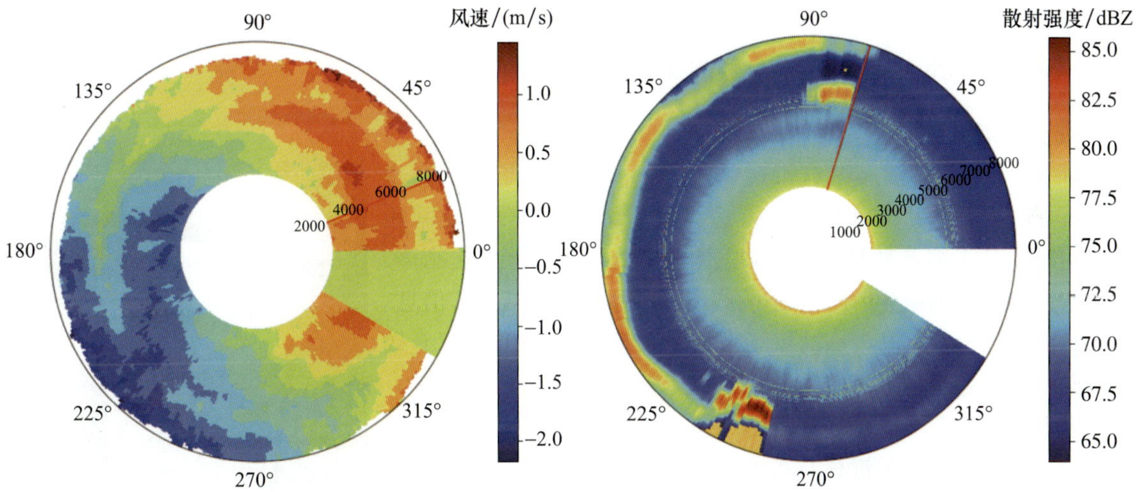

图 6.3.18.2 Molas 3D 三维扫描式测风激光雷达 PPI 扫描径向风速及后向散射强度观测样例

远距:6 km 典型径向风速探测距离,最高可达 10 km。精细:三维风场精细化测量,最多支持 300 个自定义距离层。高精度:指向精度 0.1°,径向风速精度 0.1 m/s。扫描方式丰富:PPI/RHI/DBS/LOS/可编程的任意扫描方式。测量设置多样:两种可选距离分辨率、五种可选的积累时间。数据获取灵活:多种数据输出形式,支持实时数据输出,支持远程无线监控及数据提取。使用安全:具备 GPS 位置上报及地理围栏功能,数据加密无泄露风险。全天候:无惧强风、暴雨、冰冻等野外恶劣环境,并具备 LPZ0B 雷区存活能力。

(3)组成结构

Molas 3D 主要由五大单元构成。三维扫描器:使激光光束的发射方向及回光接收方向指向雷达上空半球的任意方向。望远镜:准直激光光束。激光器:产生单频大能量激光并集成了相干探测链路。电控单元:采集及处理探测信号并输出径向风速,并进行整机的运行控制、环境监控、通信、数据存储等。电源单元:进行供电转换、对整机供电进行分配及监控,并配备了后备电池,防止断电后雷达无法工作。

（4）性能指标（表 6.3.18.1）

表 6.3.18.1　Molas 3D 三维扫描式测风激光雷达性能指标

要素	主要指标	要素	主要指标
径向探测距离（典型值）	6 km（积累时间 1 s，75 m 距离分辨率）；3 km（积累时间 1 s，30 m 距离分辨率）	扫描方式	支持以下五种扫描方式：PPI，恒定俯仰角；RHI，恒定方位角；DBS，垂直廓线；LOS，固定视线连续测量；编程扫描方式（用户自定义）
径向风速测量范围	−75～75 m/s		
径向风速测量精度	0.1 m/s	数据产品	时间戳，距离门，视向风速，视向风速偏差，数据有效率，信噪比，相对后向散射强度，方位角数值，俯仰角数值，扫描方式，经纬高，地面温湿压，设备运行信息等
距离门数量	300		
激光安全等级	IEC 60825-1(2014) Class 1M 人眼安全		
水平扫描范围（方位角范围）	360°×n		
垂直扫描范围（俯仰角范围）	−10°～190°	运行环境温度	−25～50 ℃，可扩展至−40～60 ℃（将增加额外制冷器及功耗）
角度分辨率	0.1°		
指向精度	0.1°	运行环境湿度	5%RH～100%RH，无冷凝
最大位置更新速率	2 Hz	防护等级	外壳 IP54，核心模块 IP66

（5）业务应用

启用时间：2018 年。

应用领域：提供风场信息，便于理解边界层中风的状态，提供近地面几千米范围内准确和高时空精度的风廓线信息，填补低空观测空白。

6.3.19　WindAnalyzer-50H 扫描式测风激光雷达（北京敏视达）

（1）观测原理

WindAnalyzer-50H 测风激光雷达（图 6.3.19.1）系统是典型的主动三维测风遥感雷达，由北京敏视达雷达有限公司自主研发。它采用先进激光技术，基于多普勒频移原理，根据空气中颗粒（灰尘、盐晶体、污染颗粒等气溶胶）的激光后向散射回波，连续测量风速、风向等信息，实时获取高时空分辨率、高精度的风场数据。该系统性能稳定，可有效探测风廓线、机场跑道近地面的风场、风切变以及飞机尾涡。

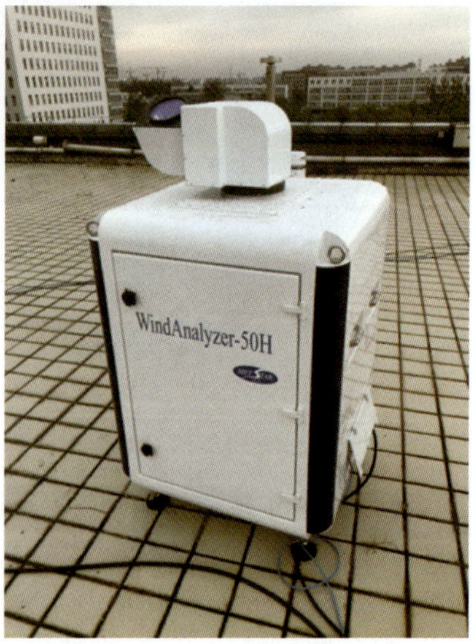

图 6.3.19.1　WindAnalyzer-50H 扫描式测风激光雷达

（2）功能特点

完全自主研发，掌握关键核心系统技术；核心光源器件采用先进脉冲光纤激光器；稳定易维护，对人眼安全；优秀稳定测量性能，速度探测范围广、测量精度高且稳定可靠；模块化设计，结构紧凑轻便，快速安装使用，可用于地面固定式或移动式测量；全自动数据采集与处理软件系统，提供多种数据产品；无人值守、远程控制设计；IP65 防护等级。

（3）组成结构

WindAnalyzer-50H 扫描式测风激光雷达由激光收发系统、探测系统、扫描系统、采集及信号处理系统、产品生成和显示系统、温控系统、配电及附属设备等组成。

（4）性能指标（表 6.3.19.1）

表 6.3.19.1　WindAnalyzer-50H 扫描式测风激光雷达性能指标

系统性能		软件产品	
探测距离	50～10 km	数据输出	ASCII
风速测量范围	−55～55 m/s	通信方式	Ethernet /4G

续表

<table>
<tr><th colspan="2">系统性能</th><th colspan="2">软件产品</th></tr>
<tr><td>风速精度</td><td>≤0.1 m/s</td><td rowspan="5">输出产品</td><td>扫描方位指示</td></tr>
<tr><td>风向精度</td><td>≤5°</td><td>LOS、PPI、RHI 风速显示</td></tr>
<tr><td rowspan="2">距离分辨率</td><td>30 m</td><td>CNR 载噪比</td></tr>
<tr><td>60 m</td><td>DBS 风廓线</td></tr>
<tr><td colspan="2">运行模式</td><td>风切变报警产品</td></tr>
<tr><td>扫描类型</td><td>连续扫描、全半球扫描</td><td colspan="2">硬件及使用环境</td></tr>
<tr><td>方位角范围</td><td>0°～360°</td><td>激光波长</td><td>1.5 μm</td></tr>
<tr><td>俯仰角范围</td><td>−10°～190°</td><td>人眼安全等级</td><td>激光等级:1 M</td></tr>
<tr><td>指向精度</td><td>≤0.1°</td><td>功耗</td><td>300 W(加热 1000 W)</td></tr>
<tr><td>最大扫描速度</td><td>40(°)/s</td><td>尺寸</td><td>700 mm×700 mm×1300 mm</td></tr>
<tr><td rowspan="5">扫描模式</td><td>RHI:恒定方位角扫描</td><td>质量</td><td>130 kg</td></tr>
<tr><td>PPI:恒定俯仰角扫描</td><td>工作温度</td><td>−35～50 ℃</td></tr>
<tr><td>DBS:垂直廓线</td><td>工作湿度</td><td><100%RH(非凝结)</td></tr>
<tr><td>LOS:固定视线测量</td><td rowspan="2">储存温度</td><td rowspan="2">−40～60 ℃</td></tr>
<tr><td>GPS:下滑道扫描模式</td></tr>
</table>

(5)业务应用

启用时间:2017 年。

应用领域:扫描式测风激光雷达主要应用于重大活动服务保障、国家基准气候站、国家基本气象站、各种(常规、特种)气象观测站、各地环保局、其他行业(如机场、风电等)气象监测站。

6.3.20 WindCube Scan 3D 扫描式多普勒激光雷达(北京维萨拉)

(1)观测原理

维萨拉的测风激光雷达系统是基于多普勒效应的外差激光雷达系统。按照以下程序依次完成测量:

① 激光雷达在大气层中发送红外脉冲。

② 当脉冲穿过大气层时,部分信号受空气中的颗粒(灰尘、云雾中的水滴、受污染的气溶胶、盐晶体、生物质燃烧产生的气溶胶)影响发生后向散射。这类移动的颗粒会造成在后向散射辐射中发生与颗粒的径向风速成正比的频移(称为“多普勒频移”)。

③ WindCube 激光雷达系统在一段时间内发送多个脉冲信号,该时间称为积累时间,对应于激光雷达系统的时间分辨率。

④ 激光雷达将处理后向散射的信号并计算径向风速。采用脉冲技术的优势在于可以在距离激光雷达的不同位置同时计算风速。为了提高系统效率,扫描激光雷达可在旋转的同时持续进行测量。

(2)功能特点

WindCube Scan 系列风和气溶胶激光雷达可执行全天候实时测量和高级数据处理。作为一种多功能工具,其能在任何扫描角度获取准确的实时风和气溶胶后向散射测量结果,且覆盖范围可达到 15 km 以上(图 6.3.20.1～图 6.3.20.3)。

主要功能:风、气溶胶后向散射和云的测量;可针对多种扫描模式和测量需求进行定制的灵活用户配置;自主远程操作;可实现包含现场维护服务方案,以延长正常运行时间及使用寿命。

图 6.3.20.1 WindCube Scan 3D 扫描式多普勒激光雷达产品外观

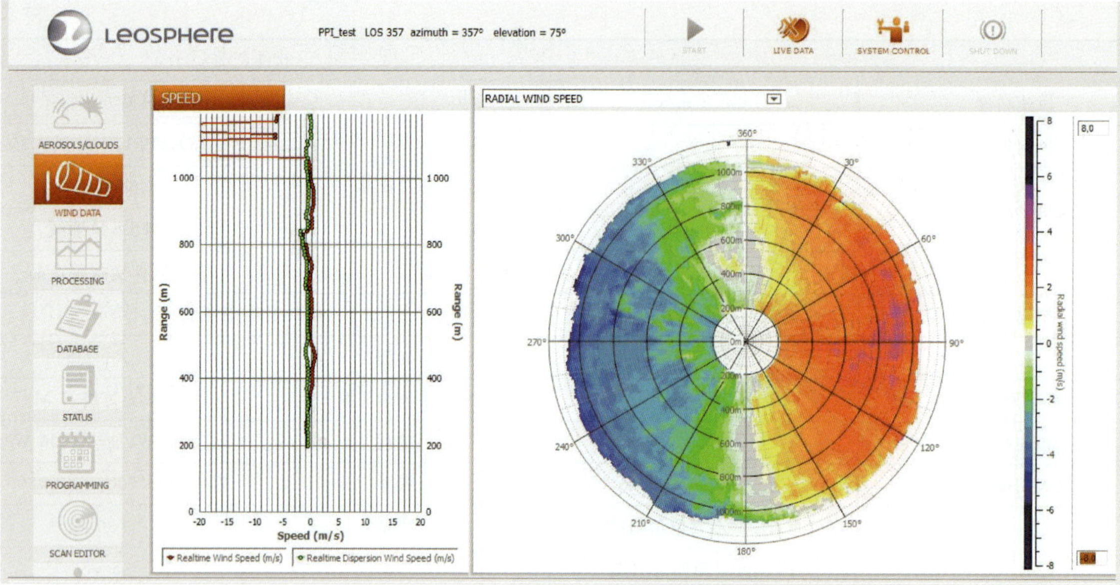

图 6.3.20.2　WindCube Scan 3D 扫描式多普勒激光雷达通过 WINDFORGE 客户端显示的实时径向风速

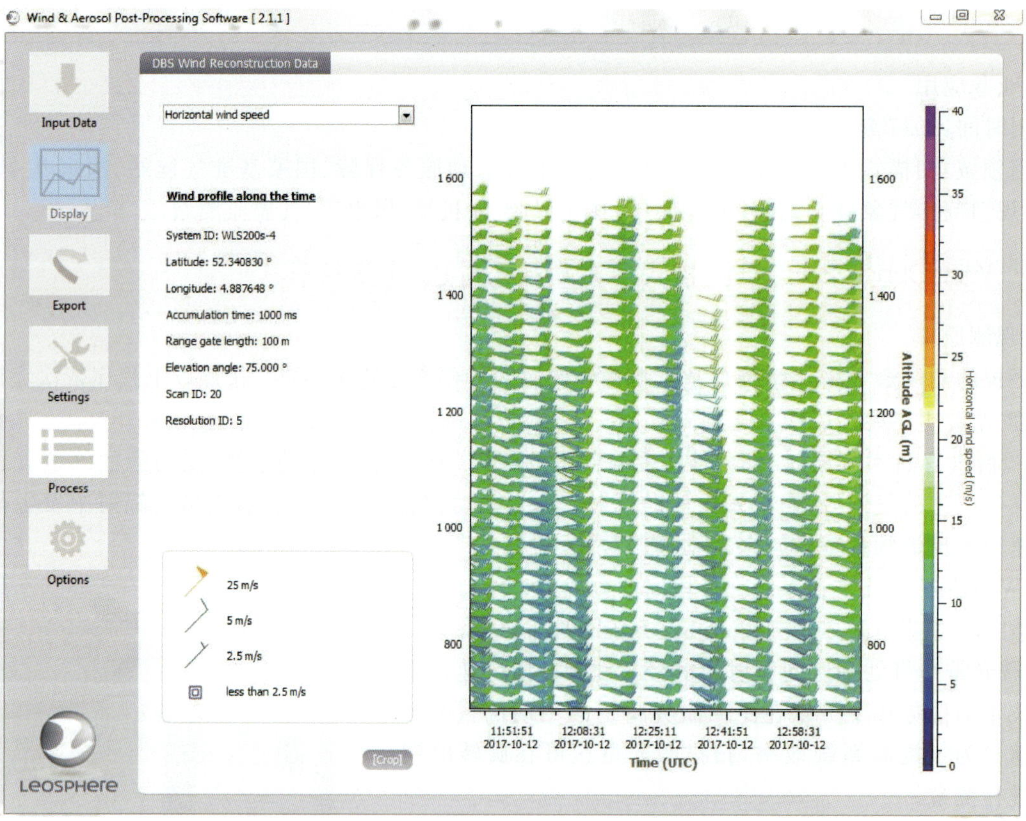

图 6.3.20.3　WindCube Scan 3D 扫描式多普勒激光雷达通过风与气溶胶后处理软件 WAPP 显示 DBS 扫描数据

WindCube Scan 激光雷达主要型号为 100 S、200 S 和 400 S。

可获取的风数据包括径向风（径向风速、径向风速分量、载波噪声比、可信指数）、垂直风廓线（水平风速、风向、垂直风速、载波噪声比、可信指数）、原始光谱数据（可依需激活）。

可获取的颗粒物数据（可依需激活）包括结构数据（残流层、混合层、气溶胶、云）、后向散射系数（相对衰减 Beta、绝对衰减Beta）。

(3)组成结构

激光雷达由以下主要元件组成:光电单元和光放大器,内置发射采集板的光电单元;光学头,一个不导热望远镜+光学发射与接收模块;由以下部件组成的扫描仪:用于通过激光雷达的两块旋转镜板引导光束扫描半球的扫描仪变速箱和扫描头;管理机械装置控制单元的扫描仪控制器;计算机单元包括一个控制模块、数据采集、信号处理和数据保存系统。

(4)性能指标(表 6.3.20.1)

表 6.3.20.1 WindCube Scan 3D 扫描式多普勒激光雷达性能指标

要素	主要指标		
型号	100 S	200 S	400 S
典型测风距离	3 km	6 km	10 km
最大距离	14 km 以上	14 km 以上	15 km 以上
扫描头转速	最大 30(°)/s		
累积时间	0.1~10 s		
数据传输	以太网/局域网		
数据格式	通过图形界面以 NetCDF 格式导出或导出至 FTP 服务器		
API 类型	REST web API		
API 功能	激光雷达配置和监测;状态/活动/日志监测;数据(JSON 流和 NetCDF 数据文件)下载		
尺寸(长×宽×高)	1008 mm×814 mm×1365 mm		
质量	232 kg		
温度范围	−30~45 ℃(−22~113 °F)		
功耗	500~1600 W,专为快速高效的现场服务而设计		

(5)业务应用

应用领域:天气和气候领域。激光雷达技术具备独特功能,能够测量风场以及云层、悬浮气溶胶层或大气边界层等大气结构数据,并以高分辨率实时显示这些数据。这项功能对进行各项研究和作业用途都具备极大的利用价值,其中包括天气与空气质量模型参数化、模型验证、预测;气象业务观测和大气环境研究;支持港务局、消防局和民防保安部队做出天气相关决策的解决方案;为改善大跨径桥梁或高层建筑物结构评估风力和湍流;风电、机场等行业应用中处于全球领先地位。

6.3.21 WINDLE-12000 三维风场探测激光雷达(北京遥测)

(1)观测原理

WINDLE-12000 三维风场探测激光雷达(图 6.3.21.1)利用激光器发射激光脉冲,与大气中的气溶胶粒子发生散射,获得光学望远镜收集的带有多普勒频移信息的大气回波信号,进而通过相干探测技术完成多普勒频移信息提取并计算径向风速,最后通过矢量反演算法获得大气三维风场信息。

图 6.3.21.1 WINDLE-12000 三维风场探测激光雷达

(2)功能特点

可实现多种探测模式,具有如下特点:使用人眼安全激光波段,无电磁辐射污染,不存在电磁干扰问题;采用转镜扫描系统,支持多种扫描模式,可探测三维风速矢量;采用大口径精密光学设计,探测距离远,可探测超过 10 km 水平范围内的风速信息;全密封设计,防水防尘防盐雾,提高系统可靠性和稳定性;配备环控和除雾系统,适应不同地区的温湿度环境;设计紧凑,体积小,质量轻,功耗低;全天候探测环控设计,雷达可以做到无人值守。

可获取原始数据、回波强度，风廓线时空演化图，PPI、RHI 径向风速分布图、水平风场分布图、下滑道迎风曲线、风切变等数据产品（图 6.3.21.2、图 6.3.21.3）。

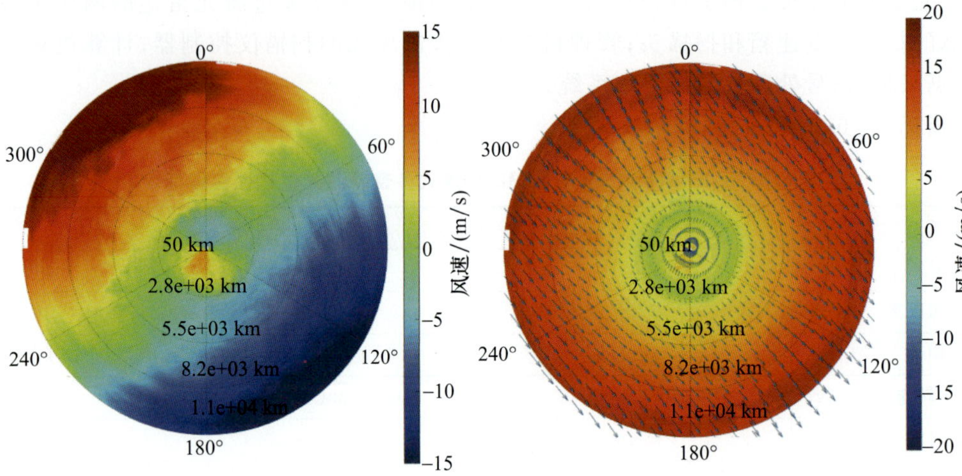

图 6.3.21.2　WINDLE-12000 三维风场探测激光雷达 PPI 径向速度及水平风速观测样例

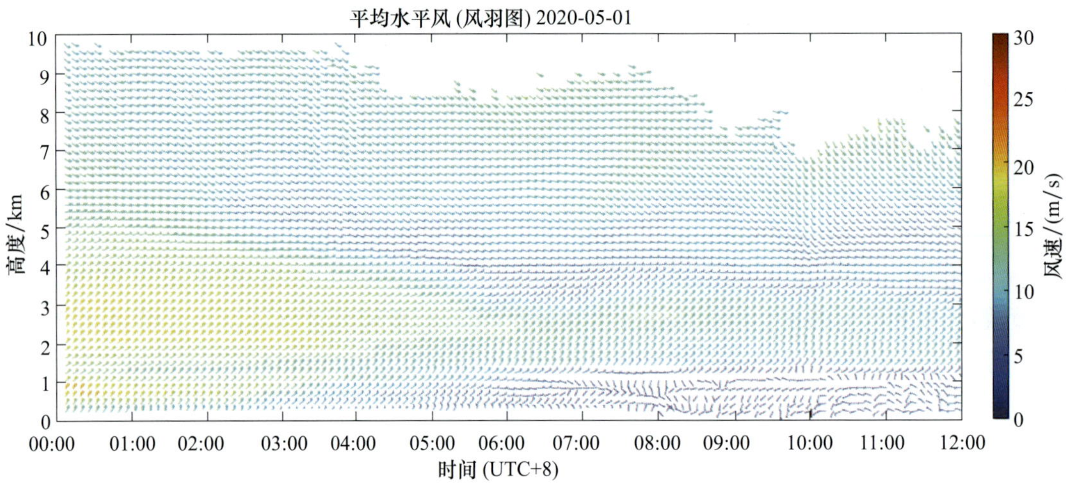

图 6.3.21.3　WINDLE-12000 三维风场探测激光雷达风羽图观测样例

（3）组成结构

主要由转动伺服子系统、望远镜收发子系统、激光发射子系统、光学处理子系统、系统控制与信号处理子系统、环境控制子系统构成，各子系统之间紧密联系，相互配合，完成测风任务。

（4）性能指标（表 6.3.21.1）

表 6.3.21.1　WINDLE-12000 三维风场探测激光雷达性能指标

要素		主要指标
探测距离、范围	探测距离	45～10000 m
	风速探测范围	0～75 m/s
探测精度	风速探测精度	0.4 m/s
	风向探测精度	3°
	扫描指向精度	0.1°
探测分辨率	距离分辨率	≤30 m
	时间分辨率	1 s

续表

要素		主要指标
综合性能	数据产品	原始数据(径向风速、频谱数据)回波强度(可用于判断云高),风廓线时空演化图(风速风向、垂直气流),PPI、RHI 径向风速分布图,水平风场分布图,下滑道迎风曲线、风切变
	连续工作时间	24 h
	尺寸(长×宽×高)	≤860 mm×720 mm×1750 mm
	质量	≤350 kg
	安全性要求	符合《激光产品的安全 第 1 部分:设备分类、要求》(GB 7247.1—2012)
	维修性要求	激光雷达模块化设计,备份件可进行现场更换

(5)业务应用

启用时间:2018 年。

应用领域:三维风场探测激光雷达主要应用于国家基准气候站、国家基本气象站、各类机场等,服务于风能利用、环境监测、火灾应急救援、海上搜救、重大活动保障等。

6.3.22 FC-Ⅱ型相干多普勒激光测风雷达(四川西物激光)

(1)观测原理

FC-Ⅱ型相干多普勒激光测风雷达(图 6.3.22.1)采用脉冲激光相干探测体制,利用人眼安全激光为照射光源,对大气中随风飘移的气溶胶的激光后向散射回波信号的多普勒频移进行检测,并结合单轴棱镜转动在空间形成的波束圆锥扫描,通过风场反演算法实现对大气风场廓线信息的获取。

(2)功能特点

该雷达具有结构紧凑、质量轻、可单人便携、野外及台站均可适用、操作简便快捷等特点。可对边界层的大气风场进行非接触式实时测量,响应快、精度高、空间分辨率高,能够输出风速、风向、垂直气流、风切变、下击暴流、合成风等数据产品(图 6.3.22.2、图 6.3.22.3)。在民航飞行保障、环境气象监测、野外风电选址、应急救灾保障等领域具有广泛的应用前景。

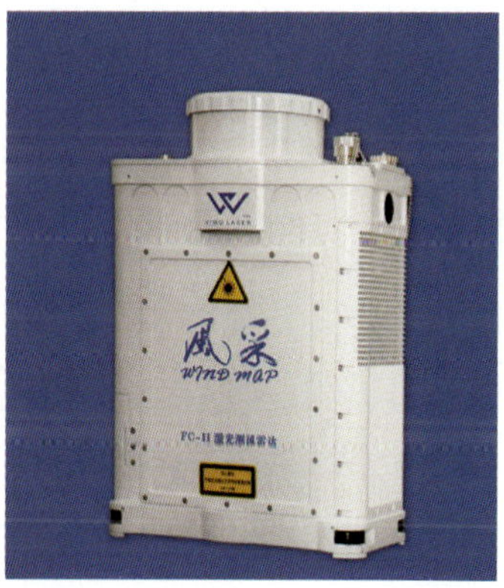

图 6.3.22.1 FC-Ⅱ型相干多普勒激光测风雷达

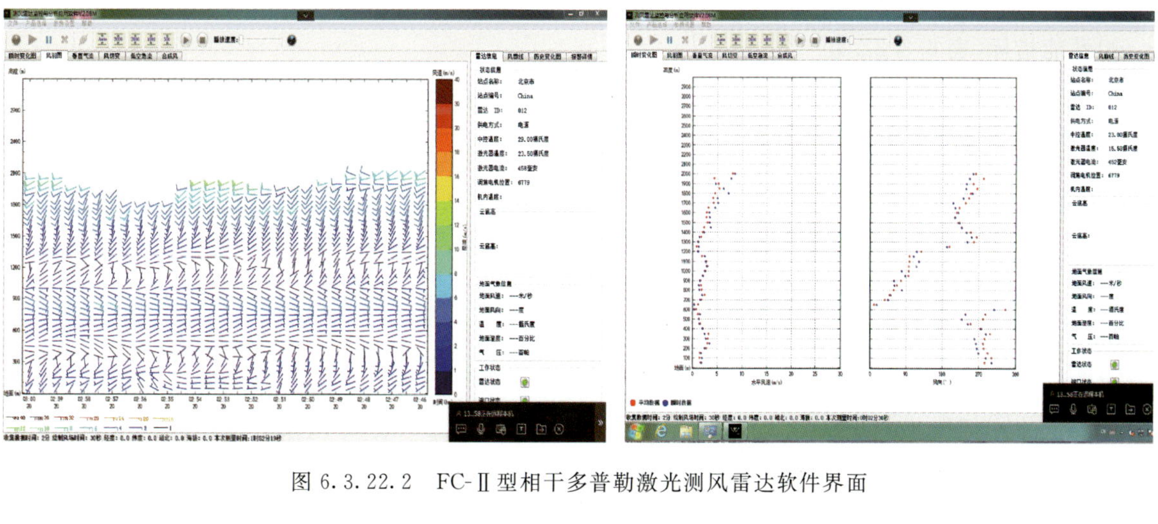

图 6.3.22.2 FC-Ⅱ型相干多普勒激光测风雷达软件界面

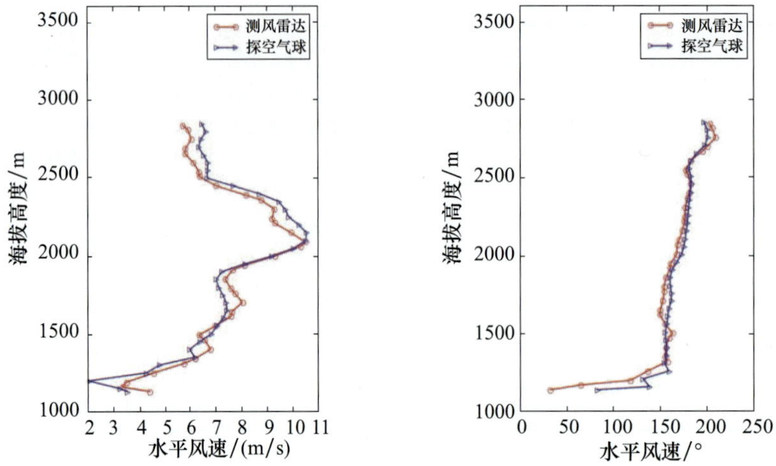

图 6.3.22.3 FC-Ⅱ型相干多普勒激光测风雷达与探空气球风场对比

(3)组成结构

该雷达设备主要包括雷达主机、显控终端和供电系统等。其中雷达主机承担野外大气风场信息探测任务；显控终端可用台式或笔记本电脑担任，同时支持手持式终端，主要控制雷达开启、关闭、参数设置和大气风场信息反演结果展示，通过网络可支持多机测量数据的分发；供电系统可支持蓄电池供电或 220 V 交流的二次电源供电(图 6.3.22.4)。

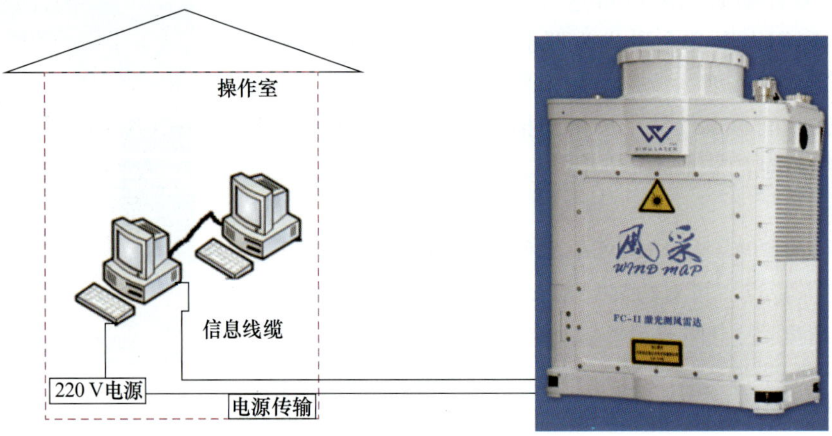

图 6.3.22.4 FC-Ⅱ型相干多普勒激光测风雷达内部构造

(4)性能指标(表 6.3.22.1)

表 6.3.22.1 FC-Ⅱ型相干多普勒激光测风雷达性能指标

要素	主要指标	要素	主要指标
工作波长	1550±10 nm(人眼安全)	质量	20 kg(含电池)
测量高度	30～4000 m	电源及功耗	DC 24 V/AC 220 V，≤120 W
探测范围	风速：0.1～75 m/s；风向：0°～360°	工作温度	−40～55 ℃
风速误差	≤0.1 m/s(径向)	相对湿度	0～95%
风向误差	≤3°(10 min 平均)	通信方式	LAN/无线传输(选配)
距离分辨率	30 m/50 m/75 m 可选	数据刷新率	4 s～10 min 可设置
数据产品	径向速度、谱宽、谱强、载噪比、水平风速、风向、垂直气流、风切变、云底高度、合成风等	激光辐射	符合 GB 7247.1—2012
整机尺寸(长×宽×高)	350 mm×200 mm×550 mm	质量	≤24 kg

(5)业务应用

启用时间：2017 年。

应用领域：该雷达主要应用于民航飞行保障、环境气象监测、野外风电选址、应急救灾保障等领域，是一种新型、高效的气象要素测量系统。

6.3.23 FC-Ⅲ型相干多普勒激光测风雷达(四川西物激光)

(1)观测原理

FC-Ⅲ型相干多普勒激光测风雷达(图 6.3.23.1)采用脉冲激光相干探测体制，利用人眼安全激光为照射光源，对大气中随风飘移的气溶胶的激光后向散射回波信号的多普勒频移进行检测，并结合二轴光机扫描装置，通过风场反演算法实现对大气三维风场信息的获取。

(2)功能特点

采用脉冲激光相干探测体制，以人眼安全激光为照射光源，采用独特的二轴光机扫描来实现激光波束的空间三维扫描，通过多种风场反演算法，实现对大气风场进行非接触式实时三维测量。

主要功能特点：雷达采用脉冲相干探测体制，具有响应快、测量精度高、空间分辨率高等特点，并具有 DBS、PPI、RHI、GLIDE 等多种扫描探测模式以及风切变、云特征、气溶胶特征等多种二次气象产品的功能。雷达采用独特的球形二轴扫描结构，具有外形美观、结构紧凑、体积小、质量轻、功耗低、人眼安全、安装简便、环境适应性强等特点。

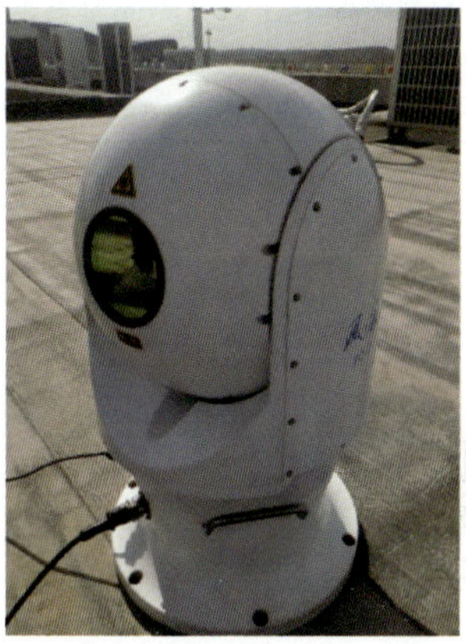

图 6.3.23.1 FC-Ⅲ型相干多普勒激光测风雷达

(3)组成结构

该雷达设备包括雷达主机和操控终端两部分。其中雷达主机安装于室外，承担着大气风场信息的直接探测任务；操控终端安装在室内，主要用于对雷达主机的远程操控、数据与状态的显示等。操控终端可通过网络将测量数据进行多机的远程二次分发；雷达主机与操控终端通过百兆网络线连接(图 6.3.23.2)。

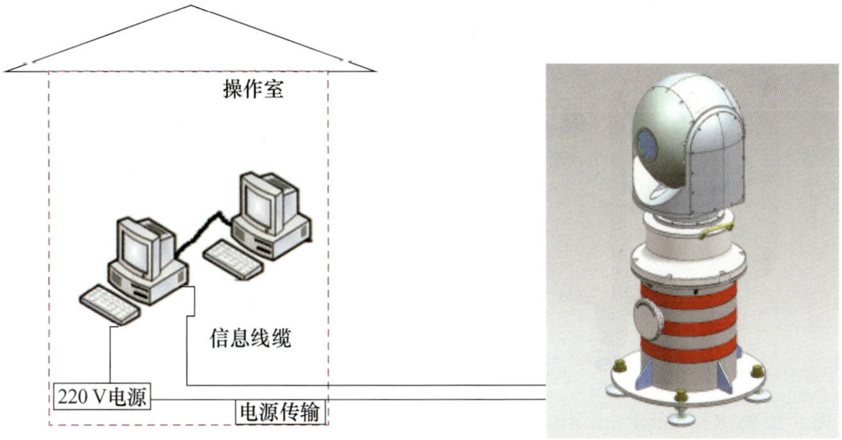

图 6.3.23.2 FC-Ⅲ型相干多普勒激光测风雷达组成及连接

(4)性能指标(表 6.3.23.1)

表 6.3.23.1 FC-Ⅲ型相干多普勒激光测风雷达性能指标

要素	主要指标	要素	主要指标
工作波长	1550±10 nm(人眼安全)	扫描方式	DBS、PPI、RHI、GLIDE、CPS、固定视线、扇扫、体扫等
水平测量距离	30～10000 m	尺寸	≤Ø420 mm×700 mm
风廓线测量范围	30～4000 m	质量	≤65 kg

续表

要素	主要指标	要素	主要指标
探测范围	风速：0.1～75 m/s；风向：0°～360°	电源	AC 220 V/50 Hz
风速误差	≤0.1 m/s(径向)	功耗	≤240 W
风向误差	≤3°(10 min 平均)	工作温度	−40～55 ℃
距离分辨率	15～100 m 可设置	工作相对湿度	10%～95%
数据产品	原始径向速度、谱宽、回波信噪比、频谱强度、水平风向风速、垂直风向风速、温度平流、边界层高度、云底高度、湍流耗散率、回流指数、垂直速度脉动、垂直速度方差、螺旋度、风切变、水平散度、相对涡度、跑道纵风、侧风等	通信方式	LAN/无线传输(选配)
		激光辐射	符合 GB 7247.1—2012

(5)业务应用

启用时间：2015 年。

应用领域：该雷达可广泛应用于民航飞行保障、风力发电、气象台站预报、环境监测等领域，是一种新型、高效的气象要素探测系统。

6.3.24 WindPrint 三维扫描型测风激光雷达(青岛华航)

(1)观测原理

WindPrint 三维扫描型测风激光雷达(图 6.3.24.1)基于脉冲光学相干多普勒分析检测原理，利用激光作用大气中气溶胶产生后向散射信号与激光发射系统的本振光信号做外差检测，获得两束光的外差信号，得到多普勒频移进而计算径向风速，采用微型光束扫描系统反演边界层水平风速风向廓线，同时提供大气消光系数、边界层高度数据，解决区域边界层上空风场立体监测，捕捉重要天气过程风场连续变化特征。

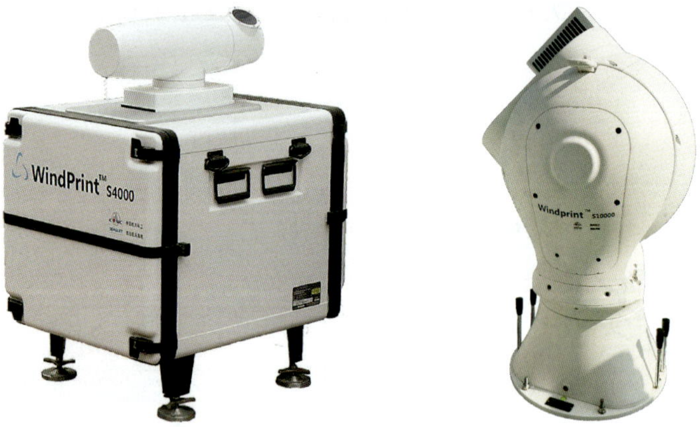

图 6.3.24.1 WindPrint S4000 和 WindPrint S10000 三维扫描型测风激光雷达

(2)功能特点

多普勒测风激光雷达系统是一种小型、全自动、无环境电磁干扰的多普勒激光雷达，是一种新型的环境遥感监测设备，用于实现地面到高空风场的全天时测量(城市边界层和低空对流层)、环境监测、风力发电、航空气象保障等。具备以下主要特点：高精度，高时空分辨率，可全方位三维扫描；高标准，航天级设计标准及制造工艺；高可靠性，陆上及海上严苛工作环境下持续稳定工作；探测距离远，探测半径最大可达 12 km；软件及数据产品深度定制化(图 6.3.24.2、图 6.3.24.3)，可提供多扫描模式；体积小、质量轻、功耗低，便于移动，适应复杂地形环境；无人值守，远程联网数据获取及设备监控。

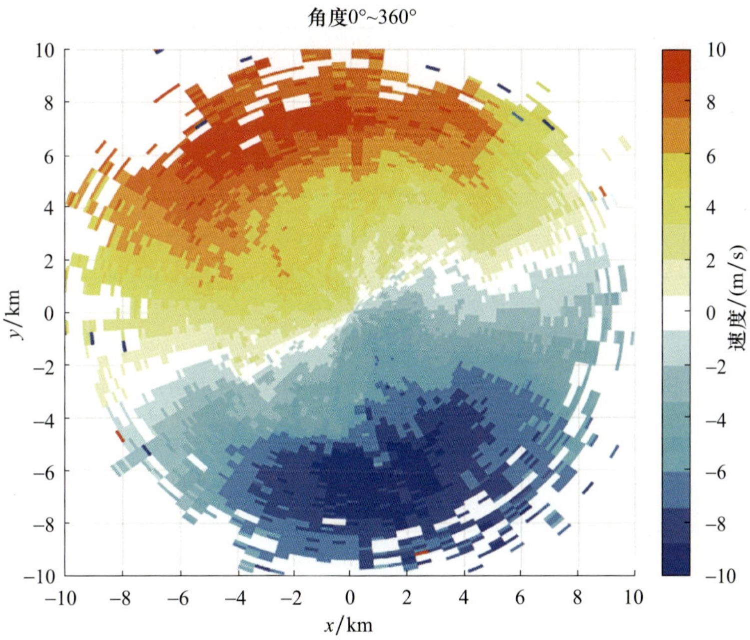

图 6.3.24.2　WindPrint 三维扫描型测风激光雷达 PPI 径向速度观测样例

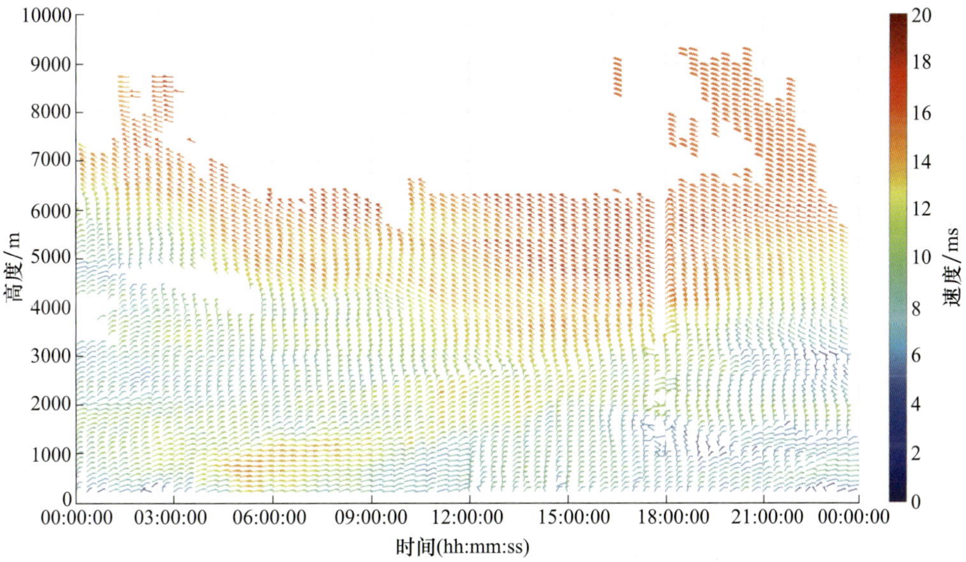

图 6.3.24.3　WindPrint 三维扫描型测风激光雷达风羽图观测样例

(3)组成结构

扫描型测风激光雷达包括以下组成部分：伺服扫描系统、激光发射及接收系统、信号采集系统、数据处理系统、环境控制系统。

(4)性能指标(表 6.3.24.1)

表 6.3.24.1　WindPrint 三维扫描型测风激光雷达性能指标

要素	主要指标	
型号(质量)	WindPrint S4000(≤90 kg)	WindPrint S10000(≤100 kg)
激光波长	1550 nm，人眼不可见且人眼安全	1550 nm，人眼不可见且人眼安全
最大探测范围	6000 m	12000 m
距离分辨率	15 m/30 m/60 m 软件设定	15 m/30 m/60 m/软件设定

续表

要素	主要指标	
数据刷新率	1～10 Hz(可软件设定)	1～10 Hz(可软件设定)
风速测量范围	0～75 m/s	0～75 m/s
风速测量精度	0.1 m/s	0.1 m/s
风向测量精度	2°	2°
扫描伺服精度	0.1°	0.1°
扫描范围	水平扫描范围:0°～360°; 俯仰扫描范围:－20°～200°	水平扫描范围:0°～360°; 俯仰扫描范围:－20°～200°
数据产品	径向风速、风廓线、垂直风速、PPI/RHI/CAPPI及自定义扫描数据产品、SNR信噪比,下滑道/三维风矢量场/脚本控制组合探测,地面大气温度、湿度、气压数据,气溶胶后向散射强度及输出云底高度等多种大气参数	径向风速、风廓线、垂直风速、PPI/RHI/CAPPI及自定义扫描数据产品、SNR信噪比,下滑道/三维风矢量场/脚本控制组合探测,地面大气温度、湿度、气压数据,气溶胶后向散射强度及输出云底高度等多种大气参数

(5)业务应用

启用时间:2014年。

应用领域:三维扫描型测风激光雷达可精细化大气垂直廓线探测装备和技术,对提高气象灾害预报和预警水平具有重要意义,设备主要应用气象服务领域常规业务观测以及其他行业如海洋局、中国人民解放军各军兵种、测绘/制导、航天航空等相关部门、环保部、科研院所、大型风电业主及主机厂等。

6.3.25 WindPrint V300垂直风塔型测风激光雷达(青岛华航)

(1)观测原理

垂直风塔型测风激光雷达基于脉冲光学相干多普勒分析检测原理,利用激光作用大气中气溶胶产生后向散射信号与激光发射系统的本振光信号做外差检测,获得两束光的外差信号,得到多普勒频移进而计算径向风速,采用微型光束扫描系统反演水平风速风向廓线。

(2)功能特点

该雷达是一种小型、全自动、无环境电磁干扰的多普勒激光雷达,是一种新型的环境遥感监测设备,用于实现地面到低空风场的全天时测量以及风机尾流、风功率预测等。具有以下主要特点:质量轻、体积小,可替代传统测风塔,方便移动、布置;高标准,航天级设计标准及制造工艺;无人值守,远程联网数据获取及设备监控;环境适应性,垂直风塔型测风激光雷达分为一体式、分体式(浮标专用型)、漂浮式激光雷达系统(图6.3.25.1),满足用户不同环境应用要求。青岛华航漂浮式激光雷达是最早进入市场的国产漂浮式雷达之一,独创分体式设计,相比传统型雷达在功耗、环境适应性、设备维护等方面具有突出的优势;采用DBS-5波束扫描方式,可任意配置24个高度进行风场测量,可为用户全天候不间断提供垂直方向上300 m以内的水平风速、风向数据。

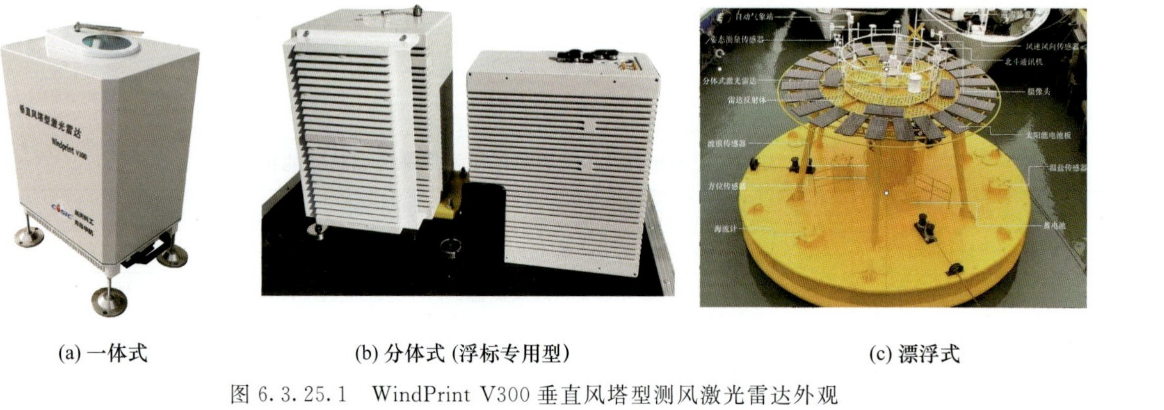

(a) 一体式　　(b) 分体式 (浮标专用型)　　(c) 漂浮式

图6.3.25.1　WindPrint V300垂直风塔型测风激光雷达外观

（3）组成结构

垂直风塔型测风激光雷达包括以下组成部分：激光发射分系统、光学接收分系统、扫描分系统、实时信号处理分系统及数据处理软件分系统等。

（4）性能指标（表 6.3.25.1）

表 6.3.25.1　WindPrint V300 垂直风塔型测风激光雷达性能指标

要素	主要指标	要素	主要指标
激光波长	1550 nm，人眼不可见且人眼安全	风速测量精度	≤0.1 m/s
探测范围	10～300 m	风向测量精度	2°
距离分辨率	24 层自定义高度，分辨率 1 m	风向测量范围	0°～360°
数据更新速率	1～10 Hz	数据产品	秒级风速和风向，平均风速和风向，最大、最小水平风速、风向，垂直气流，SNR 信噪比，系统内部状态数据，地面大气温度、湿度、气压数据等
风速测量范围	0～75 m/s	质量	<30 kg

（5）业务应用

启用时间：WindPrint V300（一体式），2015 年；WindPrint V300（分体式/漂浮式），2019 年。

应用领域：垂直风塔型测风激光雷达可精细化大气垂直廓线探测装备和技术，对提高气象灾害预报和预警水平具有重要意义，设备主要应用于陆上及海上风电场测风、气象服务领域常规业务观测以及其他行业（如海洋局、中国人民解放军各军兵种、测绘/制导等相关部门、环保部、科研院所等）。

6.3.26　WindPrint V2000 大气边界层风廓线激光雷达（青岛华航）

（1）观测原理

大气边界层风廓线激光雷达（图 6.3.26.1）基于脉冲光学相干多普勒分析检测原理，利用激光作用大气中气溶胶产生后向散射信号与激光发射系统的本振光信号做外差检测，获得两束光的外差信号，得到多普勒频移进而计算径向风速，采用微型光束扫描系统反演边界层水平风速风向廓线，同时提供大气消光系数、边界层高度数据。

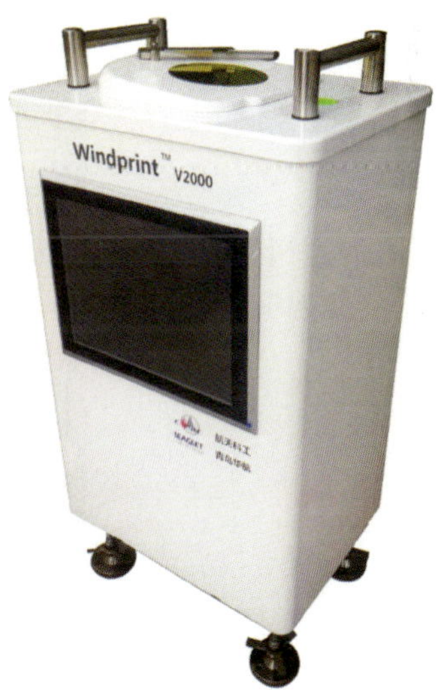

图 6.3.26.1　WindPrint V2000 大气边界层风廓线激光雷达

（2）功能特点

大气边界层风廓线激光雷达是一种小型、全自动、无环境电磁干扰的多普勒激光雷达，是一种新型的环境遥感监测设备，用于实现地面到高空风场的全天时测量（城市边界层和低空对流层）、环境监测、航空气象保障等。具有以下主要特点：质量轻、体积小，方便移动、布置，即放即测，后期可根据用户需求调整为单人背负式；使用方便，外置显示器，无须另接手持显示仪，方便实时监测雷达状态和测量数据；高标准，航天级设计标准及制造工艺；无人值守，远程联网数据获取及设备监控；高可靠性，陆上及海上严苛工作环境下持续稳定工作；采用楔形镜 VAD/DBS 扫描方式，支持 DBS-4 波束及步进角度可任意配置的 VAD 扫描模式，可为用户全天候不间断提供垂直方向上最远 4000 m 的水平风速、风向数据。

（3）组成结构

大气边界层风廓线激光雷达包括以下组成部分：激光发射分系统、光学接收分系统、扫描分系统、实时信号处理分系统及数据处理软件分系统。

（4）性能指标（表 6.3.26.1）

表 6.3.26.1　WindPrint V2000 大气边界层风廓线激光雷达性能指标

要素	主要指标	要素	主要指标
激光波长	1550 nm，人眼不可见且人眼安全	风速测量精度	≤0.1 m/s
探测范围	30～4000 m，常规大于 2000 m	风向测量精度	2°
距离分辨率	15 m/30 m/60 m 可设置	风向测量范围	0°～360°
数据更新速率	1～10 Hz，可设置	质量	<30 kg
风速测量范围	0～75 m/s	数据产品	秒级风速和风向，平均风速和风向，最大、最小水平风速、风向，垂直气流，SNR 信噪比，系统内部状态数据，地面大气温度、湿度、气压数据等

（5）业务应用

启用时间：2018 年。

应用领域：大气边界层风廓线激光雷达可精细化大气垂直廓线探测装备和技术，对提高气象灾害预报和预警水平具有重要意义，设备主要应用气象服务领域常规业务观测以及其他行业（如海洋局、中国人民解放军各军兵种、测绘/制导、航天航空等相关部门、环保部、科研院所等）。

6.3.27　WindSmarter-2H 连续波风廓线激光雷达（北京敏视达）

（1）观测原理

采用连续波激光探测机制开发的一款风廓线激光测风雷达（图 6.3.27.1），核心光学器件采用全光纤结构，通过精密光学元件对特定距离上的空间区域进行信号探测，可进行 5～200 m 范围内任意高度层的风场精确探测。

图 6.3.27.1　WindSmarter-2H 连续波风廓线激光雷达

（2）功能特点

整体系统自主研发，掌握关键核心系统技术；模块化设计；核心光源器件采用先进连续波光纤激光器，稳定易维护；人眼安全；50 Hz 风场数据采样率，测量数据精度高；最低 5 m 高度风场测量，5～200 m 定义任意高度层探测；实时提供地面风速、风向、气温及大气压等信息数据；全自动数据采集与处理软件系统，提供多种数据产品；小型化设计，结构紧凑轻便，快速安装使用，可用于地面或车载测量；无人值守、低功耗、远程控制设计。

(3)组成结构

WindSmarter-2H 风廓线激光雷达由激光收发系统、探测系统、扫描系统、数据采集及信号处理系统、产品生成和显示系统、温控系统、配电及附属设备等组成。

(4)性能指标(表 6.3.27.1)

表 6.3.27.1 WindSmarter-2H 连续波风廓线激光雷达性能指标

<table>
<tr><th colspan="2">要素</th><th>主要指标</th></tr>
<tr><td colspan="2">测量范围</td><td>5～200 m</td></tr>
<tr><td colspan="2" rowspan="2">探测长度</td><td>0.08 m@10 m</td></tr>
<tr><td>8.5 m@100 m</td></tr>
<tr><td colspan="2">测量高度层数</td><td>10(自定义)</td></tr>
<tr><td colspan="2">数据采样率</td><td>50 Hz</td></tr>
<tr><td colspan="2">扫描锥角</td><td>30°</td></tr>
<tr><td colspan="2">风速精度</td><td>≤0.1 m/s</td></tr>
<tr><td colspan="2">风速范围</td><td>0～70 m/s</td></tr>
<tr><td colspan="2">风向范围</td><td>0°～360°</td></tr>
<tr><td colspan="2">指向精度</td><td>≤0.1°</td></tr>
<tr><td colspan="2">全廓线数据更新率</td><td>1 min</td></tr>
<tr><td rowspan="10">软件产品</td><td>通信方式</td><td>Ethernet/LAN/4G 无线</td></tr>
<tr><td>数据输出</td><td>ASCII</td></tr>
<tr><td rowspan="8">输出数据</td><td>水平风速</td></tr>
<tr><td>垂直风速</td></tr>
<tr><td>最大风速</td></tr>
<tr><td>最小风速</td></tr>
<tr><td>风向</td></tr>
<tr><td>本站大气温度</td></tr>
<tr><td>本站大气压力</td></tr>
<tr><td>本站相对湿度</td></tr>
<tr><td rowspan="7">硬件及环境条件</td><td>激光源</td><td>连续光纤激光器</td></tr>
<tr><td>激光安全分类</td><td>1 M 级</td></tr>
<tr><td>功耗</td><td>100 W(加热时 400 W)</td></tr>
<tr><td>供电</td><td>AC 220 V/50 Hz</td></tr>
<tr><td>尺寸</td><td>500 mm×500 mm×600 mm</td></tr>
<tr><td>质量</td><td>60 kg</td></tr>
<tr><td>温度</td><td>−40～50 ℃</td></tr>
</table>

(5)业务应用

启用时间：2017 年。

应用领域：连续波风廓线激光雷达主要应用于重大活动服务保障，国家基准气候站，国家基本气象站，各种(常规、特种)气象观测站，各地环保局，其他行业(如风电、国防等)气象监测站。

6.3.28 WindSmarter-10H 脉冲风廓线激光雷达（北京敏视达）

（1）观测原理

WindSmarter-10H 激光测风雷达（图 6.3.28.1）是采用脉冲激光探测机制开发的一款风廓线激光测风雷达，核心光学器件采用全光纤结构，可进行 40～1200 m 高度范围内的风场精确探测。

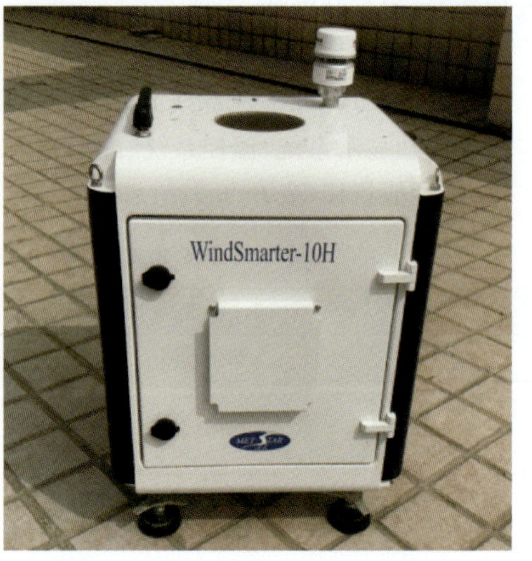

图 6.3.28.1 WindSmarter-10H 脉冲风廓线激光雷达

（2）功能特点

整体系统自主研发，掌握关键核心系统技术；模块化设计；核心光源器件采用先进脉冲光纤激光器，稳定易维护；人眼安全；10 s 全廓线数据更新率，测量数据精度高；40～1200 m 垂直测量范围，30 m 距离分辨率；实时提供地面风速、风向、气温及大气压等信息数据；全自动数据采集与处理软件系统，提供多种数据产品；小型化设计，结构紧凑轻便，快速安装使用，可用于地面或车载测量；无人值守、低功耗、远程控制设计。

（3）组成结构

WindSmarter-10H 风廓线激光雷达由激光收发系统、探测系统、扫描系统、数据采集及信号处理系统、产品生成和显示系统、温控系统、配电及附属设备等组成。

（4）性能指标（表 6.3.28.1）

表 6.3.28.1 WindSmarter-10H 脉冲风廓线激光雷达性能指标

要素		主要指标
测量范围		40～1200 m
距离分辨率		30 m
扫描锥角		30°
风速范围		0～70 m/s
风向范围		0°～360°
风速精度		≤0.1 m/s
指向精度		≤0.1°
全廓线数据更新率		≤10 s
软件产品	通信方式	Ethernet/LAN 或 4G 无线通信（选配）
	数据输出	ASCII
	输出数据	水平风速
		水平风向
		垂直气流
		载噪比
		回波频谱
		本站大气温度（选配）
		本站大气压力（选配）
		本站相对湿度（选配）

续表

要素		主要指标
硬件及环境条件	激光源	脉冲光纤激光器
	激光安全分类	1 M 级
	功耗	100 W(加热时 400 W)
	供电	AC 220 V/50 Hz
	尺寸	500 mm×500 mm×600 mm
	质量	60 kg
	工作温度	−40～50 ℃

(5)业务应用

启用时间:2017 年。

应用领域:脉冲风廓线激光雷达主要应用于重大活动服务保障,国家基准气候站,国家基本气象站,各种(常规、特种)气象观测站,各地环保局、其他行业(如风电、国防等)气象监测站。

6.3.29 Wind3D 6000 和 Wind3D 10K 三维扫描型测风激光雷达(青岛镭测创芯)

(1)观测原理

三维扫描型测风激光雷达(图 6.3.29.1)基于光学脉冲相干多普勒频移检测原理,利用大气中气溶胶的激光后向散射信号和激光发射系统的本振光做外差检测,获得两束光的外差信号,进而得到多普勒频移计算径向风速,采用微型光束扫描系统反演边界层风速风向廓线,可实现中下层对流层(包括大气边界层)三维风场的精细化探测。

图 6.3.29.1 Wind3D 6000 和 Wind3D 10K 三维扫描型测风激光雷达

(2)功能特点

三维扫描型测风激光雷达可实现三维立体扫描、虚拟测风塔、多雷达协同等多种探测模式,满足复杂地形风场、大气污染物立体分布等复杂测风需求,主要具有以下特点:高精度,高时空分辨率;量程大,探测半径可达到 10 km 以上;可提供多扫描模式,包括 DBS/VAD/RHI/PPI/CAPPI/虚拟测风塔等,支持雷达任务脚本编程功能;体积小、质量轻、功耗低,可方便在野外建站及转场运输;无人值守,远程联网数据获取及设备监控;高可靠性,陆上及海上严苛工作环境下持续稳定工作。

三维扫描型测风激光雷达,主要型号为 Wind3D 6000 和 Wind3D 10K,可获取三维风场数据和风廓线数据。

(3)组成结构

扫描型测风激光雷达由以下部分组成:激光发射及扫描子系统、接收子系统、实时信号处理子系统、通信子系统。

(4)性能指标(表 6.3.29.1)

表 6.3.29.1 Wind3D 6000 和 Wind3D 10K 三维扫描型测风激光雷达性能指标

要素	主要指标	
型号	Wind3D 6000	Wind3D 10K
激光波长	1550 nm,人眼不可见且人眼安全	1550 nm,人眼不可见且人眼安全
探测范围	45～6000 m	60～12000 m
距离分辨率	15 m/30 m/用户设定	15 m/30 m/60 m/用户设定
数据刷新率	1～10 Hz(可软件设定)	1～10 Hz(可软件设定)
风速测量范围	0～75 m/s	0～75 m/s
风速测量精度	0.1 m/s	0.1 m/s
风向测量精度	3°	3°
扫描伺服精度	0.1°	0.1°
数据产品	DBS/VAD 风廓线、垂直气流、RHI/PPI/CAPPI 径向速度场及反演风场、虚拟测风塔、风机尾流场、尾涡及风切变、云和气溶胶后向散射强度、联机协同观测、地面大气温度、湿度、气压数据等	DBS/VAD 风廓线、垂直气流、RHI/PPI/CAPPI 径向速度场及反演风场、虚拟测风塔、风机尾流场、尾涡及风切变、云和气溶胶后向散射强度、联机协同观测、地面大气温度、湿度、气压数据等
质量	<90 kg	<100 kg

(5)业务应用

启用时间:2018 年。

应用领域:三维扫描型测风激光雷达针对精细化气象观测及灾害天气预报预警、大气海洋环境立体监测,主要应用于国家基准气候站,国家基本气象站,各种(常规、特种)气象观测站,各地环保局、其他行业(如航空、风电、国防等)气象监测站。

6.3.30 724LR-C 机舱式测风激光雷达(南京中船鹏力)

(1)观测原理

机舱式测风激光雷达(图 6.3.30.1)是利用光的多普勒效应来工作的,即通过测量激光光束大气后向散射回波信号的多普勒频移来反演空间不同高度处的风速风向分布。若大气气溶胶粒子和空气分子相对于光源运动,则所接收大气气溶胶和空气分子的散射光频率不仅取决于发射激光的频率,而且还与大气气溶胶和分子的运动速度、运动方向和散射角有关。因此,根据大气气溶胶粒子或空气分子散射光的多普勒频移,就可以反演出其运动速度和方向,即大气风速和风向。

图 6.3.30.1 724LR-C 机舱式测风激光雷达

(2)功能特点

机舱式测风激光雷达通过直接测量一定距离范围内的 4 光束多普勒风速,可反演得水平矢量风速/风向、湍流强度、风切变等信息,同时提供风速与风向的瞬时值和平均值。产品主要包括谱数据、载噪比、实时风场信息、平均风场信息、径向风速风向、反演风速风向、上下光束平面风速风向、湍流强度、风切变等。

机舱式测风激光雷达可用于风电领域，实现风机偏航偏差校正、风机发电量优化、降低风机载荷，改善机组的发电性能。

主要功能和技术特点：距离库可自定义，时间分辨率可调；同时提供瞬时风和平均风信息以及径向风和矢量风、风切变、湍流等信息；有温控系统，可适应恶劣工作环境；具有系统报警功能，设备异常时给出警示；高度集成、便携设计；无机械旋转部件，高可靠性设计；可实现数据自动上传；内部集成电脑主机，可实现独立运行和数据自动存储。

(3)组成结构

机舱式测风激光雷达主要由光学天线模块、光学收发模块、信号处理和控制模块、雷达终端软件、雷达外壳等组成。

① 光学天线模块

光学天线模块主要是望远镜和光学开关，由于没有机械旋转设计，为了得到水平风速，需要从四个不同方向的激光束获得风速信息，因此，采用四天线设计。光学天线采用收发同轴式天线，这种天线的优点是雷达盲区小，回波信号强，适合于近距离探测。

② 光学收发模块

光学收发模块包括激光器、光电探测模块部分。选用保偏光纤脉冲激光器，通过开关进行发射和接收光路的四路收发信号的切换。发射信号经声光调制器移频之后，可区分正负风向。

③ 信号处理和控制模块

信号处理部分主要完成信号采集、信号处理和数据存储、传输的功能，控制部分主要是通过终端控制雷达的工作状态及数据传输，雷达供电和内部温度控制。

④ 雷达终端软件

雷达终端软件的主要功能是对采集的数据进行反演、计算，得到用户需要的数据产品，同时还可以完成雷达操控、状态指示、数据库管理等各种功能。

⑤ 雷达外壳

雷达外壳包括两部分，一个是光学前端模块，另一个是存储模块。外壳按照机舱顶部安装的要求进行设计，表面经特殊处理，防护等级满足机舱使用要求。

(4)性能指标(表 6.3.30.1)

表 6.3.30.1 724LR-C 机舱式测风激光雷达性能指标

要素	主要指标	要素	主要指标
激光中心波长	1550 nm	功耗	≤300 W
激光源	脉冲	数据更新速率	4 Hz
距离	50～200 m	工作温度	−30～50 ℃
距离层	≥10 个	存储温度	−40～65 ℃
风速范围	2～60 m/s	IP 等级	IP66(室外部分)
风向范围	−90°～90°	产品尺寸	535 mm×322 mm×277 mm(室外部分)
风速分辨率	≤0.1 m/s	质量	≤20 kg(室外部分)
风向分辨率	≤1°		

(5)业务应用

启用时间：2020 年 3 月。

应用领域：机舱式测风激光雷达可用于风电领域，实现风机偏航偏差校正、风机发电量优化、降低风机载荷，改善机组的发电性能。该型雷达已在海边和风电领域进行应用。

6.3.31 DSL-O 臭氧激光雷达（深圳大舜激光）

（1）观测原理

臭氧激光雷达（图 6.3.31.1）基于差分吸收原理，利用大气臭氧分子的吸收特性测量臭氧气体的浓度。雷达发射波长相近的两束激光：其中一束的波长处于臭氧气体吸收线上，臭氧对其有较强的吸收，另一束处于臭氧气体吸收线边翼或之外，臭氧对其吸收很弱或没有吸收。由于两束激光波长接近，大气气体分子和气溶胶的消光作用差异可以忽略，两束激光的回波信号强度差异主要由臭氧气体的吸收引起，从而可以根据两束激光的光信号衰减差确定路径上臭氧的浓度，探测臭氧的时空分布。

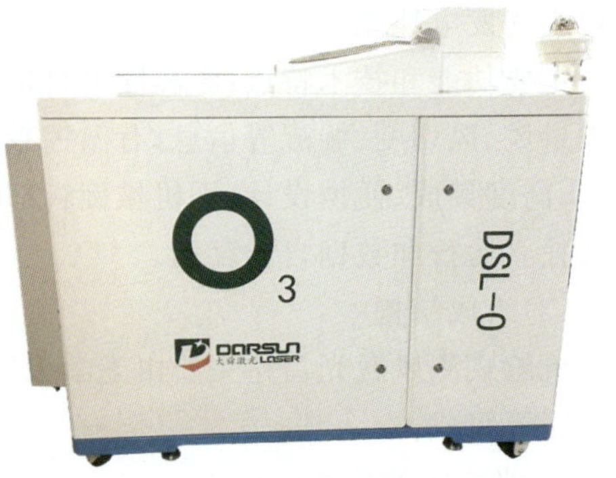

图 6.3.31.1 DSL-O 臭氧激光雷达设备

（2）功能特点

臭氧激光雷达能够进行臭氧的垂直探测，可用于臭氧的生成、消亡和传输研究，大气光化学研究和大气科学研究等。主要具有以下特点：选用固体拉曼激光作为发射装置；配置了高性能探测器和窄带滤光片；测量精度高，检测下限低，可达 ppb 级；非接触测量，可实时、连续、长期运行；探测距离远，可覆盖整个对流层；操作简易，维护方便，运行稳定；配套采集软件及数据分析软件；可实现远程控制，无人值守，自动运行。

（3）组成结构

臭氧激光雷达主要由光学系统和控制系统组成（图 6.3.31.2）。光学系统主要由发射系统的激光器和反射镜，接收系统的分光系统和探测器组成。发射系统采用的是紫外双波长固体拉曼激光器，此激光器最终发射的是 280 nm 和 295 nm 波长的激光，两波长的紫外光在激光内置系统已经过扩束准直处理，发散角较小（≤0.2 mrad），经反射镜分别转折光路方向后发射到大气中，激光受到大气中特定分子的散射，作为回波信号被接收，并经由各自的探测器被采集卡收集，进入控制系统。

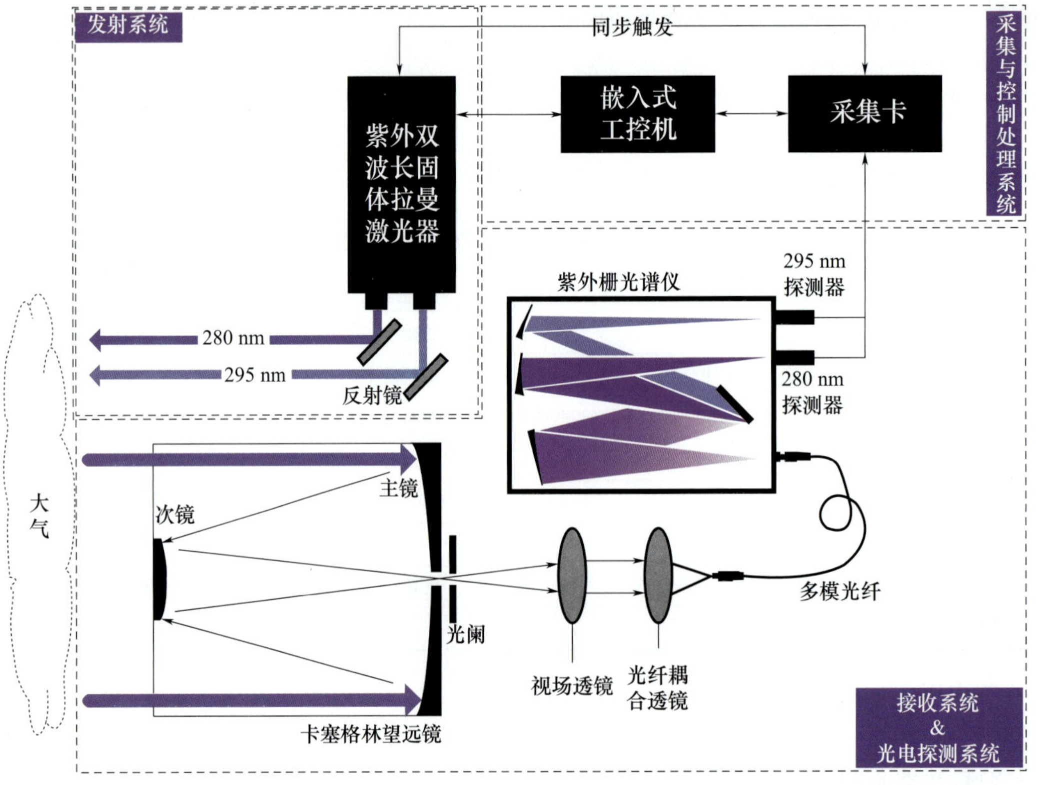

图 6.3.31.2 DSL-O 臭氧激光雷达结构

控制系统由采集卡和计算机组成，负责整个雷达系统的控制，并对接收到的通道回波信号进行处理及臭氧浓度时空分布图的绘制。

(4)性能指标(表 6.3.31.1)

表 6.3.31.1　DSL-O 臭氧激光雷达性能指标

要素		主要指标
性能参数	空间分辨率	15 m、30 m(其他可选)
	探测范围	0.1～3 km/5 km
发射系统	泵浦光波长	280 nm，295 nm
	频率	100 Hz
	激光单脉冲能量	≥500 μJ@280 nm，≥600 μJ@295 nm
	通道数	2 通道(可扩展)

(5)业务应用

臭氧激光雷达能够监测垂直方向上的臭氧分布，连续生成臭氧浓度分布图，可用于观测臭氧时空变化，臭氧的生成、传输及消散过程等，为对流层内的臭氧研究提供依据。主要应用于国家气象站、各省市气象站、各种(常规)气象观测站、其他行业气象监测站等。

6.3.32　LIDAR-G-2000 大气臭氧探测激光雷达(无锡中科光电)

(1)观测原理

大气臭氧探测激光雷达(图 6.3.32.1)基于差分吸收原理，利用大气臭氧分子的吸收特性测量臭氧气体的立体空间浓度分布。激光雷达向大气中发射一对波长相近的脉冲激光光束，其中一个波长位于臭氧吸收光谱的峰值附近，臭氧对它有较强的吸收，而另一个波长位于臭氧吸收光谱的翼区，臭氧对它吸收很弱或者基本没有吸收。由于这两个波长非常接近，其他气体分子和气溶胶对这两束激光的消光作用一般情况下基本相同，可以忽略，两束激光回波强度的差异基本由臭氧气体分子的吸收所引起，从而根据两个激光波长的吸收差别(两种波长光信号衰减差)，确定两个脉冲激光共同路径上臭氧的浓度，从而实现对臭氧时空分布的探测。

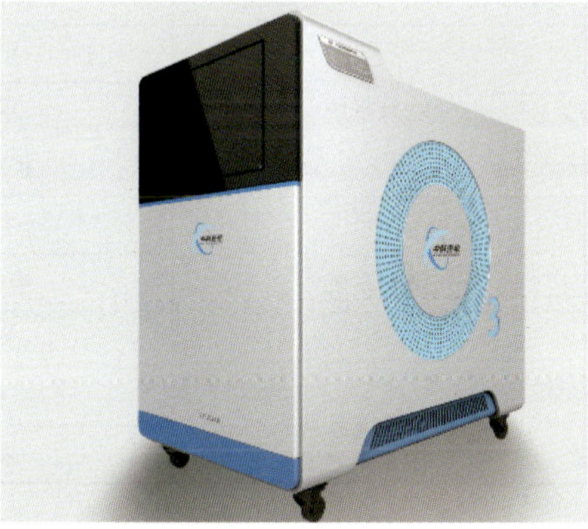

图 6.3.32.1　LIDAR-G-2000 大气臭氧探测激光雷达

(2)功能特点

大气臭氧探测激光雷达能够对臭氧浓度进行全天候自动监测，能够实现臭氧的时空分布演变展示，便于臭氧的溯源分析。主要具有以下特点：高空间分辨率，且数值可调，详细展现臭氧时空分布演变过程；高可靠性、使用寿命长、低维护、可长期无人值守；光机一体化设计，部件模块化设计，系统稳定可靠；具备多种通信方式，能够远程监控；可靠的电源控制系统，外部市电中断能启动备用电源，保障设备使用安全；具备软件交互系统，一键启动，自动分析结果，操作简单；高灵敏度，检测限达到 ppb 级；工作场景多样化，可用于固定站点观测，移动走航观测。

(3)组成结构

大气臭氧探测激光雷达系统主要由发射系统、接收系统、信号转换处理系统和控制系统四部分组成，如图 6.3.32.2 所示。发射系统产生所需要的脉冲激光光束，主要包含光源、拉曼频移器和扩束器。拉曼频移器是将光源激光转化为满足差分吸收测量需求的多束脉冲激光。接收系统接收激光大气回波光信号，主要由望远镜系统和分光系统组成。望远镜系统是用于接收发射激光光束在大气中的后向散射信号。分光系统是实现 2 束波长的光信号分离。信号转换处理系统将大气回波光信号转化为电信号，并进一步转化为计算机可识别的数字信号，主要包含探测器、电信号处理模块和数据采集模块。控制系统主要由计算机和配套的软件组成，实现整个雷达系统控制，得到臭氧的时空分布图并展示出来。

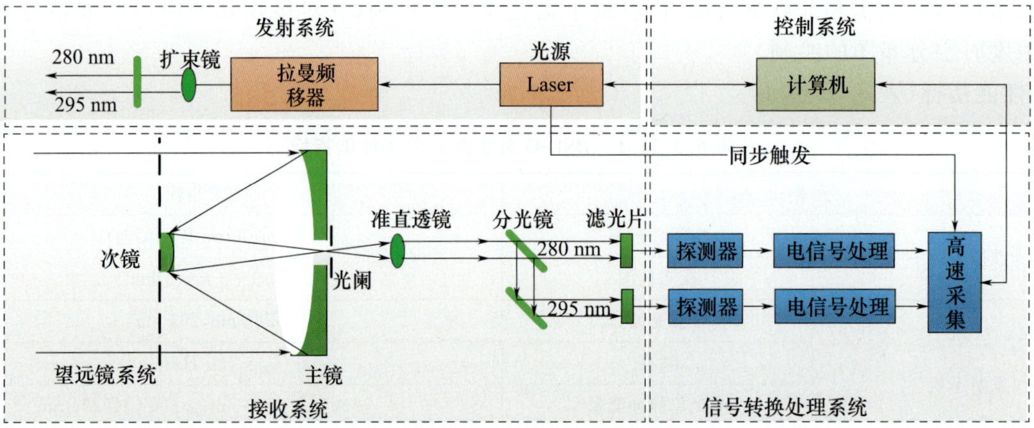

图 6.3.32.2　LIDAR-G-2000 大气臭氧探测激光雷达系统结构

（4）性能指标（表 6.3.32.1）

表 6.3.32.1　LIDAR-G-2000 大气臭氧探测激光雷达性能指标

要素		主要指标
性能参数	空间分辨率	7.5 m 及其倍数可调
	时间分辨率	30 s～30 min 可调
	探测高度	≥3 km
	探测灵敏度	优于 3 ppbv
发射系统	出光能量	≥1 mJ@280&295 nm
	重复频率	≥100 Hz
	扩束发散角	≤0.3 mrad
接收系统	主镜口径	≥200 mm
	接收视场角	≤0.5 mrad
	分光系统	滤光片分光
数据采集系统	探测器	光电倍增管
	采集系统	模拟采集

（5）业务应用

大气臭氧探测激光雷达能够连续监测对流层臭氧的时空分布变化，探明低空到高空臭氧生成来源、污染强度以及支撑臭氧来源解析，构建光化学烟雾等污染预警预报体系，形成臭氧前驱体控制方案，并能够持续加强对二次细粒子的生成机制的研究和探索。同时，基于多源观测资料数据质量控制算法和融合算法，构建臭氧三维同化分析场，为发展更客观准确的天气识别、预报预警方法研究和业务提供更精细可靠的观测数据支撑。大气臭氧探测激光雷达主要应用于国家气象站、各省市气象站、各种（常规）气象观测站、其他行业气象监测站等。

6.3.33　WARL-03 温湿度廓线激光雷达（合肥中科光博）

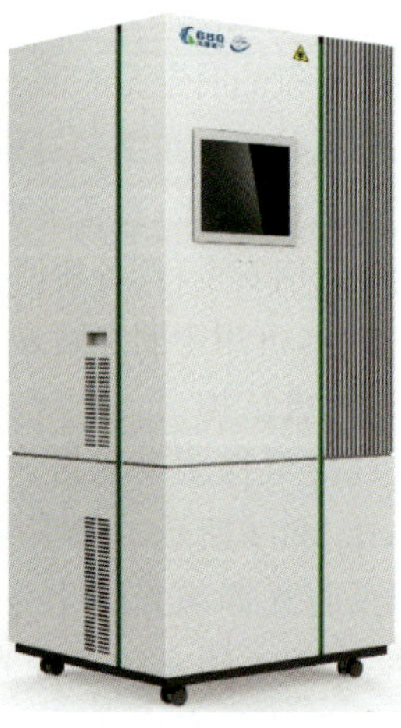

图 6.3.33.1　WARL-03 温湿度廓线激光雷达

（1）观测原理

WRAL-03 温湿度廓线激光雷达（图 6.3.33.1）基于大气拉曼激光遥测原理，利用纯转动拉曼探测信号进行校正，实现边界层温湿度廓线探测的目的。集合水汽、温度和气溶胶（颗粒物、沙尘、云等）观测为一体的多参数激光雷达。仪器发射355 nm激光，通过提取回波信号中氮气分子的转动拉曼散射信号，从而反演得到大气温度，通过分离水汽分子和氮气分子的振动拉曼散射信号反演得到水汽混合比，进而得到相对湿度。

(2)功能特点

多种监测用途；参数多、分辨率高；使用方便，维护量小。

(3)组成结构

主要由温湿度激光雷达主机、配套软件等组成。

(4)性能指标(表 6.3.33.1)

表 6.3.33.1　WARL-03 温湿度廓线激光雷达性能指标

要素		主要指标
总体指标	有效探测距离	温、湿度廓线可达 3 km (与天气情况有关)
	时间分辨率	5 min 可调
	空间分辨率	7.5 m 可调
	测量通道	温度：353 nm 和 354 nm； 湿度：386 nm 和 407 nm
	盲区	≤100 m
发射单元	输出波长	355 nm
	脉冲频率	20 Hz
	单脉冲能量	≥0.6 mJ
接收单元	接收口径	≥300 mm
	视场角	0.5～2 mrad

要素		主要指标
探测单元	探测器	光电倍增管(PMT)
采集控制单元	采样频率	20 MHz
	采集方式	模拟采集
	采样精度	16 bit
	主频	≥3.0 GHz
	内存	≥4 GB
	硬盘	≥500 GB
环境适应性	工作温度	10～50 ℃
	工作湿度	0～90%RH
其他参数	体积	湿度模块：≤1850 mm×740 mm×850 mm； 温度模块：≤1300 mm×560 mm×560 mm
	质量	≥500 kg

(5)业务应用

启用时间：2018 年。

应用领域：该雷达主要应用于满足气象气候、环境监测等相关领域，为环保部门、气象部门、高校以及科研院所等提供可靠的大气气溶胶立体探测产品(温度、湿度)和业务应用需求。

6.3.34　WATCL 15K 温湿度拉曼大气探测激光雷达(青岛镭测创芯)

(1)观测原理

拉曼激光雷达技术是基于对大气分子的非弹性弱散射的探测而发展起来的。对于某一特定类型的大气分子(如氧气、氮气和水汽等)，其存在相应的转动和振动分子能级。当该分子被一定波长的光束激发时，会产生相应的拉曼散射辐射带，并且会有特定的频移。理论上来讲，由于氮气和氧气可以通过已知的温度和压强进行计算，所以它们可以作为参考气体来标定其他未知含量的气体(如水汽、二氧化碳等)。拉曼激光雷达(图 6.3.34.1)正是基于对参考气体(氮气和氧气)分布的测量，通过探测这些气体的转动-振动拉曼光谱分布，可以获得大气温度和水汽混合比的垂直分布剖面图，并可同步获取气溶胶和光学薄云的消光系数、后向散射系数以及激光雷达比等光学参数。

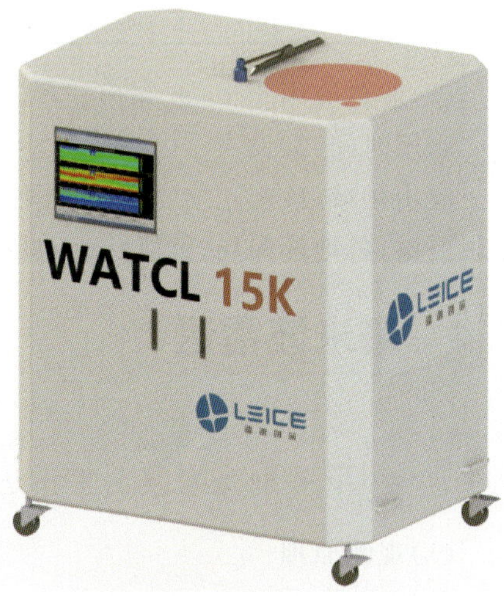

图 6.3.34.1　WATCL 15K 温湿度拉曼大气探测激光雷达

(2)功能特点

温湿度拉曼大气探测激光雷达可实现连续高时空分辨率的大气水汽混合比廓线、温度廓线、湿度廓线、气溶胶消光系数和后向散射系数等光学参数廓线信息。主要具有以下特点：高稳定性、高精度、可无人值守；窄波束、方向性极好；工程化、小型化、模块化、多通道系统结构和精密光机设计，便于移动、稳定运行；不易受环境电磁场、声场影响，易用性好、环境稳定性高；软硬件采用模块组合开放式设计，灵活组合应用，准业务化运行；支持多种通信方式，具备强大远程监控功能。

（3）组成结构

该雷达由以下部分组成：激光发射器分系统、光学接收分系统、信号探测和处理分系统、防护分系统和控制分系统。电源分配装置用来保护和驱动各系统，计算机连同 DAQ 和激光电源组成控制分系统。所有部件都装在室外气候控制舱内，可以方便地连接所有部件，并且易于取出与装入（检查和维护）。

（4）性能指标（表 6.3.34.1）

表 6.3.34.1 WATCL 15K 温湿度拉曼大气探测激光雷达性能指标

要素	主要指标	备注
激光发射波长	355 nm	激光发射分系统：Nd：YAG 脉冲激光器
激光单脉冲能量	120 mJ	脉冲能量达到百毫焦级，高峰值功率
脉冲重复频率	20 Hz	长寿命氙灯泵浦，易于维护
接收通道	5 通道	接收通道包括 355 nm 弹性散射通道、氮气拉曼通道、水汽拉曼通道、高量子数转动拉曼通道、低量子数转动拉曼通道
数据采集单元	模拟＋光子计数	系统采用高速数据采集系统
探测距离	温度：0.3～5 km； 水汽混合比：0.3～5 km； 气溶胶消光系数和后向散射系数：0.3～5 km	
距离分辨率	数据采集距离库：3.75 m； 数据产品生成距离库：7.5～15 m 可调	
时间分辨率	≤15 min	
数据产品	温度、水汽混合比、相对湿度、消光系数、后向散射系数廓线	
激光雷达工作环境	工作温度：－40～60 ℃； 工作相对湿度：0～100％； 海拔高度：≤5000 m	

（5）业务应用

启用时间：2018 年。

应用领域：该雷达主要应用于国家各类科研院所，国家基本气象站，国家本底站，各类（常规、特种）气象观测站，各地环保局、其他行业（如航空气象、卫星发射中心等）气象监测站。

6.4 毫米波雷达

6.4.1 ACP-2 型毫米波云雾雷达（北京爱尔达）

（1）观测原理

ACP-2 型毫米波云雾雷达主要利用云、弱降水云和雾等目标对电磁波散射作用，发射高功率射频信号由天线辐射出去，辐射出脉冲电磁波遇到大气中气象目标产生后向散射被天线接收成为气象回波信号。通过目标回波信号的信息，能够实现云、雨的形成、维持、发展和消散的过程观测，雾的分布、能见度观测。可获取目标空间位置与分布、移动和演变信息，了解天气系统的结构和特征。分析云的宏观、微观和动力学特性信息，可增强对灾害性天气系统精细结构的探测、改善降水定量测量精度、形成对不同气候区域晴雨转换过程的连续探测、改善天气数值预报和气象模式的预测精度。

(2)功能特点

ACP-2 型毫米波云雾雷达(图 6.4.1.1)能全天候实时连续探测获取高度 15 km 以下，水平 30 km 探测范围内云、雾、弱降水等气象目标的回波强度、径向速度、速度谱宽、线性退极化(单发双收参数)、差分反射率因子、差分传播相位移、差分传播相位移率、相关系数的平面位置显示(PPI)、垂直高度显示(RHI)、等高平面位置显示(CAPPI)、垂直指向时间高度显示(THI)。可提供功率谱反演，提供云底高、云顶高、云厚的数值，云水含量数值，雨滴谱，垂直积分液态水含量，云中空气上升速度，高、中、低云识别，云相态识别，云粒子谱分布等二次气象数据产品。具备自动获取探测数据，可通过远程遥控功能和数据通信实现无人值守运行。具有较高的可靠性、稳定性、可维护性，以确保雷达系统能稳定可靠运行，具备连续不间断工作能力和不同环境、天气条件下工作和探测的能力。在与微波辐射计、风廓线雷达组网联合探测的基础上，进行数据和算法融合，使云雷达探测数据和微波辐射计湿度廓线进行相互验证并进行质量控制，根据大气动力学方程，对三型设备探测的大气风、温、湿、压等气象参数进行综合处理，得到预报灾害性天气的重要气象指数产品。

图 6.4.1.1　ACP-2 型毫米波云雾雷达

采用全固态全相参脉冲多普勒雷达双偏振体制，采用超低副瓣脉冲压缩技术，在保证较强的探测能力的同时，具有较高的距离分辨率。采用卡塞格伦天线，具有增益高，副瓣低、交叉极化低、波导损耗小的特点。采用可编程并列式超大规模双通道数字中频多普勒信号处理器，处理方式灵活，具有 PPP、FFT 多普勒处理模式、脉冲压缩功能、相干积累、非相干积累、双重复频率退速度模糊和自适应地物抑制的功能。具备完善的系统机内标校、检测功能，雷达系统具有机内标校信号，可实时标校；具有数据质量控制算法，保证数据的准确性和可靠性；主要分系统具有机内检测装置(BITE)，监测各分机的工作状态和工作参数，并记录监测信息。具有良好的机动性能，自动化程度高。

(3)组成结构

毫米波云雾雷达由天馈线分系统、收发分系统、信号处理分系统、伺服分系统、终端处理分系统、配电分系统以及配套设备等组成。其中收发、信号处理、配电分系统封装在室外的伺服电子机箱内，伺服电子机箱上安装天馈线分系统等安装于室外，终端处理分系统(终端计算机、雷达软件)安装于室内；室外室内通过光纤进行数据传输。

(4)性能指标(表 6.4.1.1)

表 6.4.1.1　ACP-2 型毫米波云雾雷达性能指标

项目	性能指标	
技术体制	全固态脉冲多普勒双偏振体制	
偏振类型	单发双收	双发双收
天线扫描方式	PPI、RHI、体扫、扇扫、任意指向	
工作频率	35 GHz±100 MHz(±100 MHz 范围频点可选)	
探测距离范围	≥20 km(定量)；≥30 km(警戒)	
探测高度盲区	≤150 m	
输出参数	反射率因子、速度、谱宽、线性退极化比(单发双收参数)、差分反射率因子、差分传播相移、差分传播相移率、相关系数	
距离分辨率	30 m	

续表

项目		性能指标
天线口径		1.5 m/1.8 m
发射峰值功率		≥200 W/100 W
基本数据产品测量范围	反射率因子	−40～30 dBZ
	速度	−15～15 m/s
	谱宽	0～15 m/s
	线性退极化	−30～5 dB(单发双收参数)
	差分反射率因子	−7.9～7.9 dB
	差分传播相移	−180°～180°
	差分传播相移率	−3(°)/km～10(°)/km
	相关系数	0～1
基本数据产品测量精度	反射率因子	≤0.5 dB
	速度	≤0.5 m/s
	谱宽	≤0.5 m/s
	线性退极化	≤0.5 dB(单发双收参数)
	差分反射率因子	≤0.5 dB
	差分传播相移	≤5°
	差分传播相移率	≤0.5(°)/km
	相关系数	≤0.01
10 km 处可探测最小反射率因子		≤−30 dBZ
电源要求		市电 AC 220 V±10%、50 Hz±5%(可选配 UPS 电源或电机)
质量		≤500 kg
环境要求	工作温度	室外设备：−40～60 ℃；室内设备：0～40 ℃
	储存温度	−50～65 ℃
	相对湿度	≤95%(30 ℃)
	电磁抗干扰	电源干扰、电磁干扰、无线电频率干扰
	其他	防水、防霉、防盐雾
平均故障间隔时间(MTBF)		≥2000 h
平均故障修复时间(MTTR)		≤0.5 h
整机功耗(峰值)		≤3 kW
架设方式		固定式、移动式、方舱式

(5)业务应用

ACP-2 型毫米波云雾雷达广泛应用于军民用航空飞行保障、人工影响天气探测、天气监测和预报、军事气象勤务保障、公共安全应急气象保障、防灾减灾和大气科学研究等领域。

6.4.2 CR-35P/S 型全固态 Ka 波段双偏振测云雷达(四创电子)

(1)观测原理

CR-35P/S 型全固态 Ka 波段双偏振测云雷达工作于 Ka 波段，采用双偏振技术和全相参体制，主要用于 0.15～30 km 范围内非降水云和弱降水云的探测，利用水凝物对电磁波的散射作用，获取云、雾和雨等气象目标物的强度、径向速度、速度谱宽、偏振以及空间位置信息，反演云高、云厚、云量和云分布等宏观结构及云水含量、云粒子相态、云粒子有效半径等微物理参量。

(2)功能特点

采用全固态、全相参、双偏振、脉冲体制。偏振方式可采用双发双收线偏振模式,即同时发射水平偏振波和垂直偏振波,同时接收水平偏振波和垂直偏振波。也可采用单发双收线偏振模式,即发射水平偏振波或垂直偏振波,同时接收水平偏振波和垂直偏振波。根据云雷达的偏振体制输出基本产品。其中,单发双收线偏振模式输出强度(Z)、速度(V)、谱宽(W)、退偏振比(LDR)等产品,双发双收线偏振模式输出强度(Z)、速度(V)、谱宽(W)、差分反射率因子(ZDR)、差分传播相移(φDP)、差分传播相移率(KDP)及相关系数(ρHV)等产品。具有速度退模糊和距离退模糊能力,并向远程终端提供观测数据和状态信息等。天线采用格里高利天线,相对于传统卡塞格伦天线,具有低副瓣的特点。发射单元采用脉冲体制 100 W 固态功放设计技术。信号处理采用基于高性能服务器的软件化信号处理方式,可融合更多、更复杂的功能和信号处理算法,提高雷达精细化处理能力,改善雷达数据质量。

技术特点:采用全固态、全相参、双极化、脉冲体制;低副瓣高增益的格里高利天线;高可靠性和适应性的固态发射机;高速多网段分布式软件架构的雷达数据处理平台;基于雷达健康状态管理的监控系统;先进的数据处理终端系统实现丰富的二次数据产品生成;具有实时标定、故障检测和定位功能,保证雷达数据准确性;模块化设计、可靠性高、操作简便,实现全天候无人值守观测。

(3)组成结构

CR-35P/S 型全固态 Ka 波段双偏振测云雷达由雷达前端、雷达处理终端组成,外观如图 6.4.2.1 所示。雷达前端由天线、馈线、天线座、发射单元、接收机、伺服监控单元等组成。天线采用格里高利天线,包括主反射面、副反射面、馈源等。馈线包括正交模耦合器、波导等。天线座由方位转台和俯仰机构组成。伺服系统主要由电机、驱动器、PLC 控制器、编码器等组成。接收机包含毫米波收发变频组件和三脉冲数字收发模块等。发射单元包含 100 W 固态功放和功放电源等。雷达处理终端包括机柜、信号处理服务器、产品反演服务器、监控计算机、控制显示计算机、通风分机、遥控配电分机、交换机、UPS 电源、显示器等设备。

图 6.4.2.1 CR-35P/S 型全固态 Ka 波段双偏振测云雷达设备

（4）性能指标（表 6.4.2.1）

表 6.4.2.1　CR-35P/S 型全固态 Ka 波段双偏振测云雷达性能指标

要素	主要指标	要素	主要指标
雷达体制	全固态、全相参、双偏振、脉冲体制	天线口径	1.7 m，格里高利天线
工作频段	Ka 波段 35 GHz	发射功率	≥100 W
探测量程	30 km	电源要求	AC 220 V，50 Hz；功耗≤3 kW
强度范围	−40～40 dBZ	基本数据产品	回波强度、径向速度、速度谱宽、线性退极化比、差分反射率因子、双程差分传播相位变量、差分传播相位常数、零相关系数等
速度范围	−20～20 m/s	二次数据产品	云底高、云顶高、云厚、云量、云中水含量、0 ℃层亮带、液态水含量和粒子有效半径等
距离分辨率	30 m 或 60 m		

（5）业务使用

CR-35P/S 型全固态 Ka 波段双偏振测云雷达利用云滴对电磁波的散射作用和退极化效应，用于 30 km范围内非降水云和弱降水云的探测，实时获取探测范围内云的位置、分布、强度、速度、谱宽、偏振参数以及空间位置等相关信息，通过对云目标回波的加工处理，为气象预报提供云相态、云底高、云厚、云的分布等气象资料，适用于气象局、大气科学和云水资源研究、人工影响天气领域研究、机场、航空安全领域、水文局及科研院所等。

6.4.3　CWR-35 型 Ka 波段连续波测云仪（四创电子）

（1）观测原理

CWR-35 型 Ka 波段连续波测云仪工作于 Ka 波段，采用双偏振技术和线性调频连续波体制，利用云滴粒子群对电磁波的散射作用和退极化效应，实现对本场上空 20 km 范围内云的高密度、精细化探测，实时获取探测范围内云目标的位置、分布、强度、云滴粒子群相对于雷达的平均径向运动速度和速度谱宽以及线性退极化比等相关信息，通过对云目标回波的处理，提供云底高、云厚、云的分布、主要云相态的识别以及云粒子等效半径反演等气象资料。同时利用毫米波调频连续波雷达的优势，弥补采用脉压模式的脉冲多普勒测云雷达低空近区探测能力不足，实现对云目标在垂直高度上全量程高精度探测。

（2）功能特点

与传统脉冲雷达相比，连续波体制雷达具有峰值功率低、距离分辨率高、探测盲区短、设备相对简单等技术特点，可以对云目标进行高精细测距、测速能力的探测以及云相态、云底高度识别等相关研究，是自动观测系统中的一个重要仪器，在气象探测方面应用优势明显，是未来微波大气遥感的发展趋势之一。

技术特点：CWR-35 型 Ka 波段连续波测云仪采用全固态、全相参、双偏振、调频连续波体制；高隔离度低副瓣的双天线系统；较小的发射功率实现较大的探测威力；超高灵敏度、超宽带的接收系统；基于超低副瓣的信号处理技术；雷达盲区小、距离分辨率高；先进的数据处理终端系统实现丰富的二次数据产品生成；具有实时标定、故障检测和定位功能，保证雷达数据准确性；模块化设计、可靠性高、操作简便，实现全天候无人值守观测。

（3）组成结构

CWR-35 型 Ka 波段连续波测云仪使用收发分置的卡塞格伦双天线，整个系统主要由天馈、发射、接收、信号处理、监控和终端等分系统组成。

在结构上，该测云仪主要分为室内设备和室外设备两部分。室内设备主要是一台高性能计算机的终端设备，室外设备主要由天馈装置组成，其中天馈装置由电子设备、天线体和型材框架等组成。天线分为接收和发射天线，电子设备安装在两个单独的防雨设备箱内。

整个型材框架两边安装四对不锈钢吊环，框架底部设计有横向承重梁，设备转场时既可以使用吊车又可以使用叉车，型材框架四角安装相应的调平支腿，如图 6.4.3.1 所示。

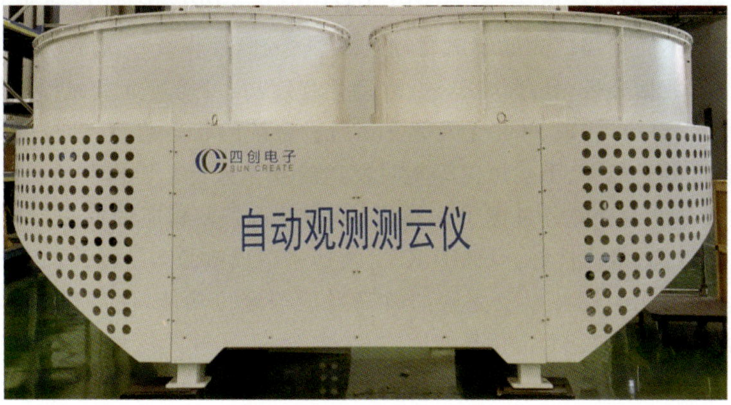

图 6.4.3.1　CWR-35 型 Ka 波段连续波测云仪设备

(4)性能指标(表 6.4.3.1)

表 6.4.3.1　CWR-35 型 Ka 波段连续波测云仪性能指标

要素	主要指标	要素	主要指标
雷达体制	全固态、全相参、双偏振、调频连续波体制	天线口径	1.5 m
工作频段	Ka 波段 35 GHz	发射功率	≥20 W
探测量程	20 km	电源要求	AC 220 V,50 Hz;功耗≤1 kW
强度范围	−50～45 dBZ	基本数据产品	反射率因子、速度、谱宽、线性退极化比、功率谱
速度范围	−15～15 m/s	二次数据产品	云底高、云顶高、云厚、云量、云中水含量、0 ℃层亮带、液态水含量和粒子有效半径等
距离分辨率	10 m		

(5)业务使用

启用时间:2018 年 12 月。

应用领域:CWR-35 型 Ka 波段连续波测云仪作为一个低功率、高分辨率的微波遥感设备，具有高精细、高灵敏度探测能力，有效解决采用脉压模式的脉冲多普勒测云雷达低空近区探测能力不足的问题，实现对晴空大气、云、雨目标进行精细化探测以及云相态、云底高度识别等相关研究，在气象探测方面应用拥有明显的优势，广泛应用于大气科学和云水资源研究、人工影响天气、航空安全等多领域。

6.4.4　HMB-KST 型毫米波云雷达(航天新气象)

(1)观测原理

HMB-KST 型毫米波云雷达(图 6.4.4.1)采用全固态、双发双收线极化、全相参脉冲多普勒体制，利用云、雾以及弱降水等气象目标对电磁波的散射作用，对作用范围内气象目标的空间位置与分布、回波强度、径向速度、速度谱宽和双极化参数等进行定量探测，获取目标的形状、相态和空间取向等特征，并反演生成丰富的二次产品。

(2)功能特点

丰富的数据产品:可获取 30 km/60 km 高度范围内各距离上探测目标的回波强度、径向速度、速度谱宽、极化信

图 6.4.4.1　方舱式 HMB-KST 毫米波云雷达

息和功率谱分布信息，通过数据反演算法可进一步生成云底高、云厚、云量、云/雨滴谱、云中含水量、相态识别、0 ℃层亮带、垂直气流等产品。丰富的数据产品是对云、雨、雾等天气现象及天气过程进行观测、预报以及研究的重要保证。多种扫描模式：具有 PPI、RHI、VOL、sPPI、sRHI 以及垂直指向等多种扫描模式，并可通过调度表实现不同扫描模式的定时自动切换、插入等操作。一次完整扫描的数据存储在同一个文件内，方便用户进行数据分析、处理与研究。自动化程度高：可通过远端遥控功能和数据通信进行雷达的远程操控及自动数据录取，实现 24 h 无人值守运行。系统的状态监测、标校等都可利用程序自动完成，系统故障状态可通过电子邮件、手机短信等实时发送给操作人员。操作简便：HMB-KST 雷达操作流程简便，易于掌握；软硬件的设计充分考虑了误操作的可能性，采取相应的保护措施，以防止误操作对雷达系统造成损坏。可靠性高，维修性好。HMB-KST 雷达采用成熟的产品设计及工艺设计，可全天候24 h 连续工作，可靠性高。模块化的设计以及完善的故障自检与定位功能，使雷达维护维修更为简便易行。机动性好，架设撤收方便：HMB-KST 雷达具有固定式、方舱式、车载式三种结构形式，满足公路、铁路、水路运输及空运要求。方舱式、车载式结构设计，使得雷达具有良好的机动性；架设撤收方便，可由两人在 30 min 内完成雷达的架设或撤收。

（3）组成结构

HMB-KST 型毫米波云雷达具有方舱式、车载式、固定式等多种结构形式（图 6.4.4.2、图 6.4.4.3）。雷达系统由雷达设备和设备间两大部分组成。雷达设备主要包括天馈分系统（反射面、馈线、正交模耦合器、极化组件等）；发射分系统（电源、功率放大器模块、功率分配及合成器、隔离器组件及控制保护板等）；接收分系统（高频接收机、中频接收机、频率综合器等）；信号处理分系统（数字接收机）；伺服分系统（天线控制组合、天线座等）；显控和终端分系统（控制终端、显示终端、服务器、控制软件、产品软件等）；配电分系统（电源模块、UPS、PDU 等）；通信分系统（光纤交换机、GPS 等）。

图 6.4.4.2　车载式 HMB-KST 型毫米波云雷达

图 6.4.4.3　固定式 HMB-KST 型毫米波云雷达

（4）性能指标（表 6.4.4.1）

表 6.4.4.1　HMB-KST 型毫米波云雷达性能指标

要素	主要指标	要素	主要指标
工作频段	Ka 频段	距离分辨率	30 m、60 m 可选
雷达体制	全固态、全相参、双偏振、脉冲多普勒	天线口径	1.5 m、1.8 m、2.0 m、2.4 m 可选
探测范围	120～30 km/60 km	发射功率	≥200 W
探测能力	≤−30 dBZ@5 km(30 m 空间分辨率)	安装方式	方舱式、车载式、固定式

（5）业务应用

主要应用于大气科学研究、人工影响天气、云自动化观测、机场气象保障、军事气象保障、航天发射气象保障等方面和领域。

6.4.5 HMB-KST-T 型毫米波测雾雷达(航天新气象)

(1)观测原理

HMB-KST-T 型毫米波测雾雷达利用低云、雾等气象目标对电磁波的散射作用,对 15 km 范围内云、雾等气象目标的空间位置与分布、强度、速度、谱宽和极化参数等进行定量探测,获取目标的形状、相态和空间取向等特征。

(2)功能特点

探测灵敏度高:测雾雷达采用大功率固态发射机、高增益天线、高工作频率以及适用于海雾粒子特征的信号处理提取算法,大大提高了对海雾的探测能力。丰富的数据产品:可获取探测范围内各距离上探测目标的回波强度、径向速度、速度谱宽、极化信息和功率谱分布信息,通过数据反演算法可进一步生成雾顶高度、雾厚度、雾分布范围、雾垂直剖面、水平运动气流等产品。组网观测能力:毫米波云雾雷达具有组网观测能力,多部雷达组网进行大范围云、雾探测,能够满足连续不间断观测和广地域覆盖的时空分辨率要求。自动化程度高:可通过远端遥控功能和数据通信进行雷达的远程操控及自动数据录取,实现 24 小时无人值守运行。

(3)组成结构

HMB-KST-T 型毫米波测雾雷达具有方舱式、固定式两种结构形式(图 6.4.5.1、图 6.4.5.2)。

图 6.4.5.1　方舱式 HMB-KST-T 型毫米波测雾雷达

图 6.4.5.2　固定式 HMB-KST-T 型毫米波测雾雷达

雷达系统由室外设备和室内设备两大部分组成。雷达设备主要包括天馈分系统(反射面、馈线、正交模耦合器、极化组件等);发射分系统(电源、功率放大器模块、功率分配及合成器、隔离器组件及控制保护板等);接收分系统(高频接收机、中频接收机、频率综合器等);信号处理分系统(数字接收机);伺服分系统(天线控制组合、天线座等);显控和终端分系统(控制终端、显示终端、服务器、控制软件、产品软件等);配电分系统(电源模块、UPS、PDU 等);通信分系统(光纤交换机)。

(4)性能指标(表 6.4.5.1)

表 6.4.5.1　HMB-KST-T 型毫米波测雾雷达性能指标

要素	主要指标	要素	主要指标
工作频段	Ka 频段	距离分辨率	30 m
雷达体制	全固态、全相参、双偏振、脉冲多普勒	天线口径	1.8 m、2.4 m 可选
探测范围	120 m～15 km	发射功率	≥200 W
探测能力	≤−35 dBZ@5 km(30 m 空间分辨率)	安装方式	方舱式、固定式

（5）业务应用

主要应用于港口等海雾多发地区的海雾监测、预警等方面和领域。

6.4.6 HTKACR-B34D 型全固态 Ka 波段云雷达（西安华腾）

（1）观测原理

HTKACR-B34D 型全固态 Ka 波段云雷达（图 6.4.6.1）采用全固态脉冲多普勒体制，利用云、雾以及弱降水等气象目标对电磁波的散射作用，对作用范围内气象目标的空间位置与分布、回波强度、径向速度、速度谱宽和双极化参数等进行定量探测，获取目标的形状、相态和空间取向等特征，具有高灵敏度、高空间分辨率、高可靠性等特点。

图 6.4.6.1 HTKACR-B34D 型全固态 Ka 波段云雷达

（2）功能特点

云雷达以高时空分辨率探测获取 30 km 范围内探测目标的回波强度（Z）、径向速度（V）、速度谱宽（W）、差分反射率（ZDR）、差分传播相移（φDP）、差分传播相移率（KDP）、相关系数（HV），可选择显示和存储所观测的 I/Q 信息和功率谱分布数据，并获取探测目标的三维坐标。

具有 VOL、PPI、RHI、SHI（扇扫）和 THI（定点指向）等多种观测模式，具有本地控制/遥控工作方式，自动获取探测数据，可通过远程遥控功能和数据通信实现无人值守运行。

雷达采用全固态、双通道双极化体制，运行稳定可靠，具备连续不间断工作能力以及不同环境和天气条件下工作、探测的能力。

通过数据反演算法生成云底高、云顶高、云厚、云量、云水含量、0 ℃层亮带、滴谱分布、云层识别和分类、云粒子相态识别等二次数据产品。

良好的电磁兼容能力，可与风廓线雷达、天气雷达、微波辐射计、激光雷达等多种气象设备联合探测。

（3）组成结构

HTKACR-B34D 型全固态 Ka 波段云雷达使用喇叭后馈式卡塞格伦双反射面抛物面天线，整个系统主要由天线分系统、馈线分系统、伺服转台分系统、发射分系统、接收与信号处理分系统及雷达控制分系统等部分组成，外场安装架设云雷达，室内安装雷达显示及控制终端，中间采用光纤或千兆网络进行数据传输。

（4）性能指标（表 6.4.6.1）

表 6.4.6.1 HTKACR-B34D 型全固态 Ka 波段云雷达性能指标

要素	主要指标	要素	主要指标
雷达体制	全固态、全相参多普勒、脉冲压缩	发射机功率	≥100 W
扫描方式	PPI、RHI、体扫、扇扫、定点	架设方式	固定、移动
工作频率	Ka 波段，34.5～35.6 GHz	电源要求	AC 220 V，50 Hz，功耗≤3 kW，可选配 UPS 和发电机
分辨率	30 m	参数测量范围	强度 −50～40 dBZ，速度 −17～17 m/s，谱宽 0～8 m/s
类型	双偏振型	气象产品	基本反射率、径向速度、速度谱宽（30 多种气象产品）
有效天线口径	1.8 m		

（5）业务应用

HTKACR-B34D 型全固态 Ka 波段云雷达启用于 2021 年 11 月，广泛应用于区域补盲、山洪和中小尺度的灾害性天气监测、应急气象保障、人工影响天气、机场气象监测等重点区域防护领域。可应用于航天发射气象保障、大气科学研究、人工影响天气、云自动化观测、机场气象保障、军事气象保障等方面和领域。能够强化对云的探测、增强对灾害性天气系统精细结构的探测、改善降水定量测量精度,形成对不同天气晴雨转换过程的连续探测,提高人工影响天气作业、天气数值预报和气候模式研究的水平,为短时天气预报、数值模拟云的发展演变、大气环流的分析、人工影响天气工作和科学研究提供重要依据。

6.4.7 YW-MMCR-35002-G01 型全固态 Ka 波段毫米波双偏振云雷达(成都远望探测)

(1)观测原理

YW-MMCR-35002-G01 型全固态 Ka 波段毫米波双偏振云雷达(图 6.4.7.1)利用云粒子对毫米波的散射特性反演云宏观和微观结构,连续观测云的水平和垂直结构变化,获取云底、云顶、云厚等宏观参数和反射率、速度、谱宽、液态水含量等。利用双偏振毫米波识别云粒子相态,把握云微物理变化。

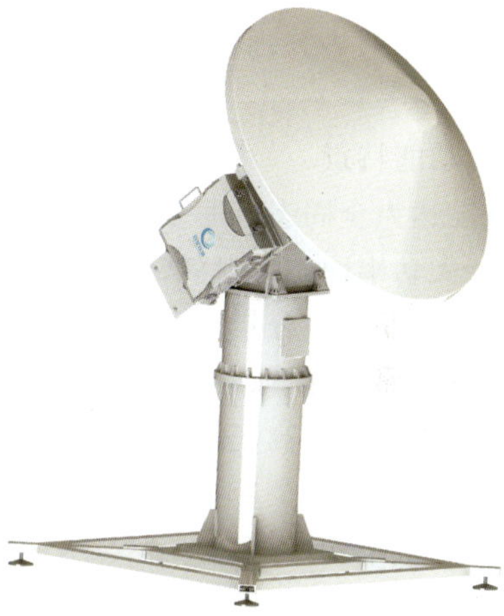

图 6.4.7.1 YW-MMCR-35002-G01 型全固态 Ka 波段毫米波双偏振云雷达

(2)功能特点

该雷达具有数据采集、处理、通信、存储、自动标定、质量控制、状态监控、远程配置及软件升级等功能,具备探测云体厚度、云顶高、云底高、云中含水量及云的分层结构的功能,雷达通过时间积分的方式获取积分云量,实现云高和云量同时观测,并按照规定数据格式输出。

技术特点:全固态发射机,免维护、体积小、寿命长、安全系数高;全相参工作模式,相位稳定度高,可靠性强;高性能高平衡性接收系统,偏振参量精度高;大口径天线,天线增益高、角度分辨率高;雷达结构紧凑、架设维护方便;自带刚性口面罩,不积水、不结冰、八级风不损坏;使用和运行成本低。

(3)组成结构

该雷达分室外设备和室内设备两大部分,室外设备为雷达主体,室内设备为云雷达数据质量控制及产品标准输出器,雷达主体与室内设备采用光纤进行数据传输。雷达主体主要由天馈线系统、收发系统、高精度伺服转台系统、高性能在线标定系统、天线底座和底座支撑架组成。可灵活完成 THI、PPI、RHI、CPPI 等多种扫描模式,能实现在线标定雷达发射功率、线性动态范围、噪声系数、地物杂波抑制能力等相关参数。

(4)性能指标(表 6.4.7.1)

表 6.4.7.1 YW-MMCR-35002-G01 型全固态 Ka 波段毫米波双偏振云雷达性能指标

要素		主要指标	要素		主要指标
雷达型号		扫描型(YW-MMCR-35002-G01)	参数测量范围	斜距	120 m～30 km
雷达体制		全固态、全相参、双偏振(单发双收、双发双收)		强度	－50～50 dBZ
扫描方式		机械扫描		速度	－17～17 m/s
工作频率		34.5～35.5 GHz 范围频点可选		谱宽	0～16 m/s
天线扫描方式	方位	0°～360°	参数测量精度	强度	≤1 dBZ
	俯仰	－2°～182°		速度	≤0.5 m/s
天线口径		1.8 m		谱宽	≤0.5 m/s
发射峰值功率		≥200 W	双极化参量		线性退极化比、差分反射率、差分传播相移率、差分传播相移、相关系数
探测距离范围		警戒:≥20 km;定量:≥15 km			
分辨率	距离	≤30 m	地物杂波抑制比		≥45 dB
	角度	≤0.4°			

（5）业务应用

Ka 波段毫米波双偏振云雷达启用于 2019 年，主要应用于全球气候变化、云物理研究、气象预报、气象防灾减灾工作以及其他行业（如林业、农业、电力、水利等）气象监测站。

6.4.8　714KaDP 型毫米波云雾雷达（成都锦江电子）

（1）观测原理

该雷达（图 6.4.8.1）具有较强的探测微小粒子的能力和较高的系统灵敏度，对云雾等气象目标进行观测，获取站点上空及一定范围内云雾的多种宏观和微观物理量，包括云高、云量以及雾强度、速度、范围、生消变化趋势等，同时还可提供云层、降水、云雾中气流分布等辅助信息。

（2）功能特点

该雷达为全固态脉冲多普勒雷达技术体制，采用大电尺寸卡塞格伦天线、大功率固态发射机、超低副瓣脉冲压缩技术，具有较强的探测能力和较高的距离分辨率。雷达可获取 30 km 探测范围内云、雾和弱降水目标的回波强度、径向速度、谱宽、线性退极化比，进而对云族进行识别。提供云底高、云顶高、云水（冰）含量、云量、云层识别、低云和大雾预警等二次气象数据产品。

（3）组成结构

雷达由室内、室外设备组成，室外设备为天线装置，室内设备为光交换机、计算机。

图 6.4.8.1　714KaDP 型毫米波云雾雷达

（4）性能指标（表 6.4.8.1）

表 6.4.8.1　主要性能技术指标

项目	性能指标	项目		性能指标
雷达体制	全相参、多普勒	基本数据产品		Z（反射率因子）、V（径向速度）、W（谱宽）、LDR（线性退极化比）
工作频率	Ka 波段			
天线尺寸	2.4 m	基本数据产品测量范围	反射率因子	−50～30 dBZ
发射功率	500 W		速度	−25～25 m/s
天线扫描方式	方位：0°～360°；俯仰：0°～180°		谱宽	0～15 m/s
探测范围	⩾30 km	基本数据产品测量准确度	反射率因子	⩽1 dBZ
10 km 处可探测的最小反射率因子	⩽−30 dBZ		速度	⩽1 m/s
距离分辨率	30 m		谱宽	⩽1 m/s

（5）业务应用

启用时间及地点：2014 年 12 月中国科学院大气物理研究所，2016 年 7 月昆明长水机场，2017 年中国民航大学，2018 年 3 月新疆人工影响天气办公室，2018 年 4 月张家口气象局，2019 年 1 月海口美兰机场，2019 年 11 月成都双流机场。

应用领域：广泛应用于云层观测、冻雨观测、人工影响天气、云雾气象监测等重点区域防护领域。

6.4.9　GLC-34 型全固态 Ka 波段调频连续波测云雷达（南京恩瑞特）

（1）观测原理

全固态 Ka 波段调频连续波测云雷达（图 6.4.9.1）采用全固态、调频连续波体制，雷达主要应用目标为观测非降水云系和弱降水云的三维动态结构，识别云内相态、水成物含量、云内气流分布，进而推断云内微物理结构参数，是研究云和降水形成与发展的微物理过程的理想工具。

(a)室外　　(b)室内

图 6.4.9.1　GLC-34 型全固态 Ka 波段调频连续波测云雷达

利用云粒子对毫米波的散射特性反演云宏观和微观结构，连续观测云的水平和垂直结构变化，获取云底、云顶、云厚等宏观参数和反射率、速度、谱宽和退极化比等。雷达具有单偏振和双偏振工作模式，利用双偏振模式工作还可以识别出云粒子相态。

(2)功能特点

可监测雷达周围 30 km 范围内气象目标的位置、反射率、径向速度、速度谱宽、差分反射率因子、线性退偏振率、差分传播相移、比差分传输相移、相关系数和功率谱数据等，处理生成各种二次产品数据。

技术特点：雷达采用全固态、调频连续波、脉冲压缩体制。采用连续波技术，雷达探测威力大，探测精度高，近距离探测效果更好，无距离盲区；通用化、系列化、组合化模块设计，工作性能更稳定可靠，备件通用维修方便；接收机灵敏度高、动态范围大；系统具有实时标校和故障监测功能，设备工作状态一目了然；远程监控、无人值守，使用维护成本低。

(3)组成结构

全固态 Ka 波段调频连续波测云雷达主要包括工作在 Ka 波段范围的脉冲多普勒天气雷达及相关的软硬件。该雷达采用调频连续波技术、收发隔离双天线体制，应用全固态发射机、数字中频接收机、高速数字信号处理、在线标校等技术，具有灵敏度高，动态范围大等特点。

整个雷达系统由天线、馈线、发射机、接收机、信号处理、数据处理、配电、伺服、汇流环、电源、天线座、通信系统以及附属设备等组成。从整体布局上分为两大部分：室外部分和室内部分。室外设备主要包括天线、馈线、天线座、汇流环、发射机、接收机和电源等设备，室内设备包括配电、伺服、信号处理、数据处理和综合机柜等。

(4)性能指标(表 6.4.9.1)

表 6.4.9.1　GLC-34 型全固态 Ka 波段调频连续波测云雷达性能指标

要素			主要指标
总体性能	工作频段		35±0.1 GHz
	技术体制		全固态、双偏振、调频连续波、全相参脉冲多普勒
	探测范围	距离	30 m～30 km
		强度	−40～40 dBZ
		速度	−20～20 m/s
		谱宽	0～8 m/s
		方位	0°～360°

续表

要素			主要指标
总体性能	探测范围	俯仰	0°～180°
		扫描速度	0(°)/s～24(°)/s
	分辨率	距离	10 m,30 m
		速度	≤0.1 m/s
		谱宽	≤0.1 m/s
	输出参数		反射率(Z)、径向速度(V)、速度谱宽(W)、差分反射率因子(ZDR)、线性退偏振率(LDR)、差分传播相移(φDP)、比差分传输相移(KDP)、相关系数(ρHV)和功率谱等
技术指标	天馈线	天线口径	≥1.5 m
		极化方式	水平/垂直
		天线增益	≥51 dB
		波束宽度	≤0.4°
		副瓣电平	≤－23 dB
		馈线损耗(双向)	≤3 dB
		极化隔离度	≥35 dB
	发射	发射机体制	全固态
		输出峰值功率	≥50 W(连续波)
	接收	通道数	2
		噪声系数	≤4 dB
		动态范围	≥80 dB
	信号处理	高度范围	30 m～30 km
		库长	10 m、30 m
		库数	≥1000
		处理脉冲数	128、256、512、1024
		谱积累数	1～8

(5)业务应用

① 用户:中国科学院大气物理研究所。应用领域:大气物理研究。启用时间:2016 年 11 月。

② 用户:武汉大学。应用领域:大气物理研究。启用时间:2019 年 12 月。

6.5 微波辐射计

6.5.1 MWP967KV 型地基多通道微波辐射计(西安北方天穹)

(1)观测原理

该微波辐射计(图 6.5.1.1)进行大气探测工作的物理基础来自近代量子理论:无论任何物质,只要处在绝对零度以上,任何时刻都必然向外辐射电磁波。地球大气也是热噪声源,时刻都在向各个方向辐射热噪声能量。在热平衡状态下,大气在微波波段的辐射特性依赖于其对微波能量的吸收。对流层大气中的氧气、水汽和云液态水等的吸收特性决定了微波和毫米波波段的大气微波吸收特性。图 6.5.1.2 描绘出了 100 GHz 以下频率的大气吸收系数曲线,其中水汽在 22 GHz(位于 K 波段)附近呈现明显的吸收尖峰,氧气在 60 GHz(位于 V 波段)附近呈现很强的吸收尖峰,云液态水没有明显的吸收峰,而是对整个大气吸收特性都起到加强的作用。

图 6.5.1.1 MWP967KV 型地基多通道微波辐射计

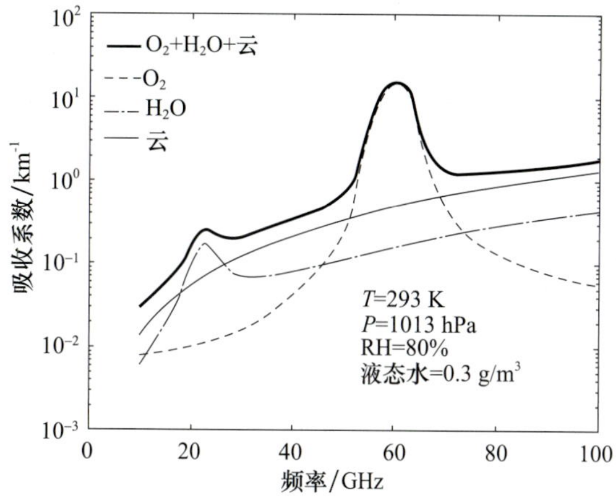

图 6.5.1.2 MWP967KV 型地基多通道微波辐射计大气微波辐射特性曲线

大气辐射在微波波段具有较为明显的频谱特征，那么探测敏感频率的大气微波辐射信息就能够反映出丰富的大气温湿特性。微波辐射计正是基于这一重要理论，采用毫米波双频段、多通道无源接收方式，精确探测大气温度及水汽敏感通道的自然辐射信号，通过反演得到对流层大气温湿度的立体垂直分布数据，即大气温湿度廓线。

(2)功能特点

能够全天时全天候观测大气在温度和湿度敏感频段的微波辐射亮温并实时反演出大气温度、水汽密度、相对湿度和液态水廓线，同时还能得到大气柱积分水汽、积分液态水、云底温度和云底高度等数据。

技术特点：纯被动探测，无须发射电磁波；系统具备高稳定性、高精度探测能力；可无人值守，具备全天时、全天候室外工作能力；实现大气温湿度廓线等数据的一体化探测；探测资料连续性好、时空分辨率高，能够连续监测大气变化过程；能够穿透云雾探测；软硬件采用模块化设计，适用于远程管理和组网应用；仪器具有自动定标能力，维护简单，适合长期野外观测。

(3)组成结构

微波辐射计系统(图 6.5.1.3)包括毫米波双频段组合天线、多通道辐射接收系统、红外观测仪、精密步进转台、标准黑体辐射源、内部标定单元、内部温度监测、外部工作环境测量、采集与控制单元、卫星接收等子系统。此外，还包括外部液氮定标组件、防雨雾干燥组件、地面气象要素观测组件和系统软件等辅助单元。系统软件具有数据质量控制、产品生成、状态监控、远程控制和软件升级等功能。

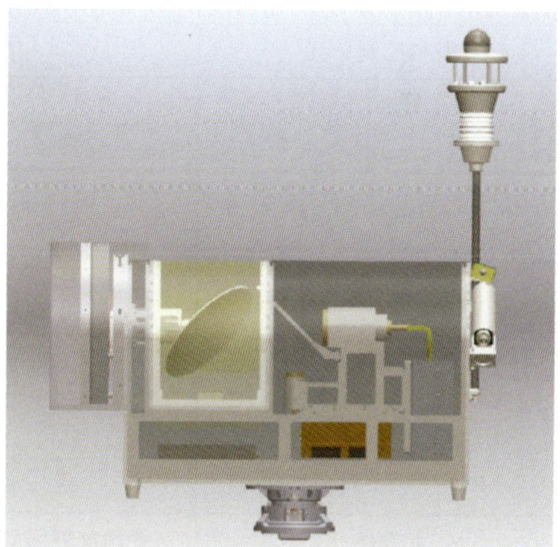

图 6.5.1.3 MWP967KV 型地基多通道微波辐射计组成结构

(4)性能指标(表 6.5.1.1)

表 6.5.1.1 MWP967KV 型地基多通道微波辐射计性能指标

要素		主要指标
廓线采样速率		≤2 min
探测高度		≥10 km
天线单元	天线半功率波束宽度	水汽通道＜5°，温度通道＜3°
	天线旁瓣电平	水汽通道＜−25 dB，温度通道＜−28 dB
	天线罩损耗	≤0.1 dB

续表

要素		主要指标	
接收单元	技术体制	直接检波或混频检波	
	工作频率	位于微波波段大气水汽和氧气分子吸收线附近	
	通道数量	温度通道≥7	
		水汽通道≥7	
	噪声系数	水汽通道≤4 dB，温度通道≤6 dB	
	亮温测量范围	0～800 K	
	亮温灵敏度	水汽通道≤0.2 K(1 s积分时间)； 氧气通道≤0.3 K(1 s积分时间)	
	亮温测量误差	≤1 K RMS	
	检波器线性度	0.9999	
定标单元	内置黑体温度均匀性	≤0.5 K	
	黑体内置温度传感器误差	≤0.2 K	
辅助单元	地面温度传感器	测量范围：−50～50 ℃； 允许误差：≤0.2 ℃	
	地面湿度传感器	测量范围：5%RH～100%RH； 允许误差：≤3%(≤80%RH)；≤5%(>80%RH)	
辅助单元	地面气压传感器	测量范围：500～1060 hPa； 允许误差≤0.3 hPa	
	雨雪传感器灵敏阈	≤0.03 mm	
	时钟精度	不会因断电造成走时误差，走时误差≤15 s/月	
采集与控制单元	存储	满足1年以上基数据和产品等数据存储要求	
观测性能	相对湿度廓线	垂直分辨率： ≤25 m(0～500 m)； ≤50 m(500～2000 m)； ≤250 m(2～10 km)	均方根误差≤15%RH
	温度廓线	垂直分辨率： ≤25 m(0～500 m)； ≤50 m(500～2000 m)； ≤250 m(2～10 km)	当高度>2000 m时， 均方根误差≤1.8 K； 当高度≤2000 m时， 均方根误差≤1 K
	积分水汽含量	均方根误差≤4 mm	
可靠性	平均故障间隔时间(MTBF)	≥2500 h	
维修性	平均故障修复时间(MTTR)	≤0.5 h	
其他	供电	AC 220 V、50 Hz，电压变化−15%～10%， 频率变化±3%时，系统能正常工作	
	功耗	未开启防雾干燥系统加热模块时， 整机功耗≤300 W；最大允许功耗≤800 W	

(5)业务应用

该微波辐射计是观测对流层大气温湿度廓线的重要仪器，在全国建站超过60个，且均正常运行。

6.5.2 QFW-6000型（YKW5）微波辐射计（中国电科二十二所）

(1)观测原理

地基微波辐射计在典型的微波V波段大气氧气窗口(51～59 GHz)和微波K波段大气水汽窗口

(22～31 GHz)内选择合适的频率，通过对大气微波辐射的遥感测量，反演获得对流层大气温度、湿度廓线、大气柱积分水汽量、大气柱积分云水含水量等信息。氧气和水汽大气窗口中的不同微波通道，具有不同的谱宽和衰减特性，采用多通道进行同时或分时探测，可以更全面地得到大气微波背景的辐射特性，满足气象业务和科研的实际使用需求。

(2)功能特点

主要功能：具有输出大气温度(含对流层、边界层)廓线、大气水汽(包括水汽密度和相对湿度)、液态水廓线、大气折射率廓线功能；能实时监测积分水汽、积分云液态水总含量；具有实时监测云底温度、云底高度、大气稳定度、边界层高度、埃玛图等功能；具有输出全天空水汽、液态水二维分布的功能；能实时监测地面温度、湿度、气压、风速、风向、雨量等气象参数。

技术特点：能全天候、自动长期稳定运行；采用模块化结构设计，运行稳定可靠，易于安装和调校，维修维护方便，可根据实际需要进行功能扩充。整机可靠性高、寿命长；日常运行过程中能实时内部自动定标，并具备不定期进行绝对定标的能力；具备抗外界电磁干扰能力，不受电台和手机等射频信号干扰；本地化模式，按地区自动匹配最佳模式算法；可根据用户需求二次开发气象综合观测、人工影响天气等产品；设备具备相应网络通信接口，便于多台组网，可根据用户实际情况给出组网解决方案。

(3)组成结构

微波辐射计硬件由主体设备和外围设备两部分组成。其中，主体设备包含微波辐射接收单元、数据采集与系统控制管理单元、内部定标单元和辅助单元。其中辅助单元包括外置液氮定标组件、防雨雾干燥组件、地面气象要素观测组件、时间同步组件、红外辐射仪组件、机体和支架等；外围设备包括计算机和供电电源。微波辐射计的控制管理应用软件安装于外部计算机中。

(4)性能指标(表 6.5.2.1)

表 6.5.2.1 QFW-6000 型(YKW5)微波辐射计性能指标

<table>
<tr><th colspan="2">要素</th><th colspan="2">主要指标</th></tr>
<tr><td colspan="2">廓线采样速率</td><td colspan="2">采样速率≤20 s</td></tr>
<tr><td colspan="2">探测高度</td><td colspan="2">≥10 km</td></tr>
<tr><td rowspan="4">观测性能</td><td>天线半功率波束宽度</td><td colspan="2">水汽通道≤5°,温度通道≤3°</td></tr>
<tr><td>天线旁瓣电平</td><td colspan="2">水汽通道<−25 dB,温度通道<−28 dB</td></tr>
<tr><td>天线罩损耗</td><td colspan="2">≤0.1 dB</td></tr>
<tr><td>亮温测量范围</td><td colspan="2">0～400 K</td></tr>
<tr><td rowspan="6">观测性能</td><td>亮温灵敏度</td><td colspan="2">水汽通道≤0.2 K(1 s 积分时间)；
氧气通道≤0.3 K(1 s 积分时间)</td></tr>
<tr><td>亮温测量误差</td><td colspan="2">≤1 K RMS</td></tr>
<tr><td>检波器线性度</td><td colspan="2">0.9999</td></tr>
<tr><td>相对湿度廓线</td><td>垂直分辨率：
≤25 m(0～500 m)；
≤50 m(500～2000 m)；
≤250 m(2～10 km)</td><td>均方根误差≤15%RH</td></tr>
<tr><td>温度廓线</td><td>垂直分辨率：
≤25 m(0～500 m)；
≤50 m(500～2000 m)；
≤250 m(2～10 km)</td><td>当高度>2000 m 时，
均方根误差≤1.8 K；
当高度≤2000 m 时，
均方根误差≤1 K</td></tr>
<tr><td>积分水汽含量</td><td colspan="2">均方根误差≤4 mm</td></tr>
</table>

(5)业务应用

该微波辐射计是基于大气微波遥感技术的气象观测设备，主要应用于气象、环保等领域，实现对气象要素实时立体监测、天气系统大气层结的监测和预警、云物理特征的监测和人工影响天气科研及业务的应用、雾霾天气等边界层大气环境要素的监测等（图 6.5.2.1、图 6.5.2.2）。

图 6.5.2.1　QFW-6000 型（YKW5）微波辐射计应用场景 1

图 6.5.2.2　QFW-6000 型（YKW5）微波辐射计应用场景 2

6.5.3　SC-HTP1 型地基微波辐射计（四创电子）

（1）观测原理

大气对于不同频率微波频段辐射吸收的差异，氧分子在 2.52 mm 及 5 mm（频率 60 GHz 属 V 波段）波段有强吸收带；水汽分子在 1.35 cm 及 1.6 mm 波段（频率 22～32 GHz 属 K 波段），有强吸收带。通过微波辐射计被动接收大气中氧气和水汽分子的辐射信号并结合地面的温度、湿度、压强等信息，依据基尔霍夫定律，应用神经网络算法来反演得出 0～10 km 的温湿度廓线，并进而得出大气柱积分水汽量、大气柱积分云液态水含量等多种应用产品，满足气象业务和科研的实际使用需求。

（2）功能特点

该微波辐射计具备对对流层范围内的大气温度廓线、湿度廓线、大气积分水汽量、大气积分云水含量、云底温度和高度的探测能力以及边界层大气温度廓线的探测功能和设备运行状态远程监控及自动报警等功能。

技术特点：低副瓣、高增益天线，确保地杂波和太阳对亮温的观测影响可忽略；高精度自适应恒温接收机，恒温精度≤0.03°；多通道并行接收技术，14 个通道并行同时接收，保障了设备具有足够的探测精度和探测时间分辨率；温湿廓线反演专家系统，该系统针对架设地区不同的季节和气候特征，可以智能化调整，满足用户的探测需求；高时空分辨温湿廓线，空间上 0～10 km 大气分层精细，高度分辨率可以达到 30 m；时间上温湿廓线积分时间范围在 1～1800 s 可设，最小时间分辨率达到 1 s 以下；完善的在线监测和标校功能；具备先进的 BIT 检测功能，并能实现全机的远程遥控；阵地要求低，室外设备和室内设备之间只通过一根电源线和一根光缆连接，其距离几乎不受限制，大大降低了对架设场地的要求。

（3）组成结构

该微波辐射计主要由微波辐射计主体、外围设备和系统软件三大部分组成，微波辐射计主体包括抛物面天线、光栅、波纹馈源、K 波段接收机、V 波段接收机、内置计算机等；外围设备包括地面气象站、GPS 接收器、红外测云仪、鼓风机和加热器等；系统软件包括客户端软件和反演软件（图 6.5.3.1）。

图 6.5.3.1　SC-HTP1 型地基微波辐射计

（4）性能指标（表 6.5.3.1）

表 6.5.3.1 SC-HTP1 型地基微波辐射计性能指标

要素		主要指标
探测输出产品		14 个通道电压和亮温、对流层温度廓线、边界层温度廓线、相对湿度廓线、水汽密度廓线、云底高度和云底温度、大气柱积分水汽量、大气柱积分云水含量等
微波辐射接收单元		并行接收体制，温度接收通道 7 个，湿度接收通道 7 个
探测性能	积分时间	最小积分时间≤1 s，积分时间用户可调
	廓线采样速率	最低采样速率≤10 s，采样速率用户可调
	亮温	探测范围：5～800 K； 测量误差：±1 K（绝对定标后）； 稳定性：飘移≤0.1 K/月
	湿度廓线	最高垂直分辨率：≤50 m（0～1000 m）；≤150 m（1000～10000 m）。 测量误差：±15%
探测性能	温度廓线 （天顶垂直探测模式）	最高垂直分辨率：≤50 m（0～1000 m）；≤150 m（1000～10000 m）。 测量误差：±1.5 K
	温度廓线 （边界层探测模式）	最高垂直分辨率：≤30 m（0～500 m）；≤50 m（500～1000 m）；≤100 m（1000～2000 m）。 测量误差：±1.5 K
探测自动扫描方式		俯仰扫描范围：0°～360°； 水平扫描范围：0°～360°

（5）业务应用

该微波辐射计探测大气温度廓线、湿度廓线、水汽、云水含量、降水和大气成分等重要大气参数，在监测边界层逆温和紊流预报大气稳定性以及监测锋面、暴风雨、数值天气或气候预报模式、雾凇、冻雨、雾等中小尺度天气现象等多个方面都有重要的应用价值，同时其在机场飞机保障、人工影响天气以及大气环境质量监测等方面发挥作用。

6.5.4 SMR-100 型微波辐射计（杭州浅海）

（1）观测原理

SMR-100 型地基辐射计系统的控制处理终端（上位机）通过中央处理单元控制步进电机旋转，通过天馈系统接收来自大气和定标源的辐射信号，通过接收机输出到中央处理单元，中央处理单元再将步进电机的角度信息、接收机的接收信息、地面气象探测单元（六要素气象传感器、GPS 和红外探测器）接收的环境信息打包发送给上位机，通过神经网络算法反演得到大气温湿度廓线。

（2）功能特点

具有连续探测大气亮温的功能；具有连续反演并输出温度廓线、湿度廓线、水汽密度廓线、液态水密度廓线、气压廓线、积分水汽含量、积分液态水含量产品的功能；具有设备运行状态自动监控、管理、报警功能；具有自动定标功能；具有数据可视化功能；独有的斜路经观测及相应的反演算法；全系列大气热力学参数、天气指数指标分析及预测预警技术。

（3）组成结构

该辐射计主要由 K 波段接收机、V 波段接收机、扫描天馈网络、中央处理单元、地面气象探测单元（包括气象传感器、GPS 模块、红外探测器）及控制处理终端（上位机）组成（图 6.5.4.1）。

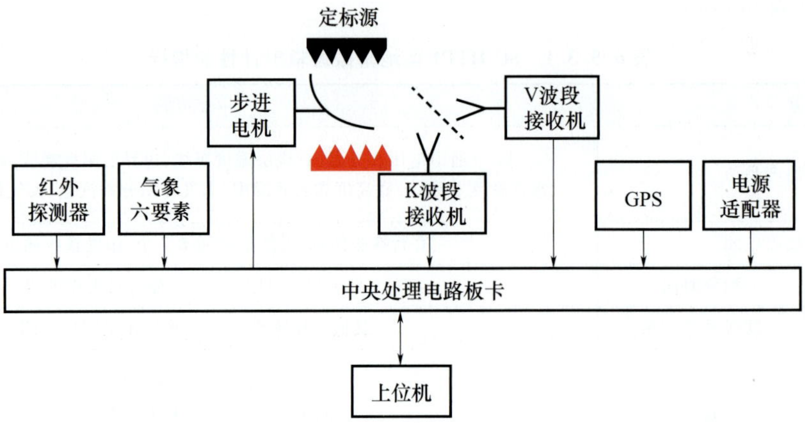

图 6.5.4.1 SMR-100 型微波辐射计组成结构示意图

K 波段接收机用于在 22～30 GHz 微波通道来测量反演大气水汽含量；V 波段接收机用于在 51～59 GHz 微波通道来测量反演大气温度；扫描天馈网络通过步进电机旋转带动天线扫描，从而获取场景和定标源的输入信息；中央处理单元作为硬件和软件提供交互信息的媒介，是辐射计的大脑中枢；气象传感器用于测量地面温度、相对湿度、压力、风向、风速和雨量数据；GPS 模块主要用于为系统授时；红外探测器用于测量云底温度；控制处理终端（上位机）用于训练神经网络，综合处理和分析显示探测数据。

（4）性能指标（表 6.5.4.1）

表 6.5.4.1 SMR-100 型微波辐射计性能指标

要素	主要指标
测量参数	温度廓线、相对湿度廓线、水汽廓线、液态水廓线等
频率范围	水汽波段（K 波段）：8 个通道，22.0～32.0 GHz； 氧气波段（V 波段）：8 个通道，51.0～58.0 GHz
系统噪声温度	K 波段：＜400 K；V 波段：＜500 K
亮温范围	0～500 K
辐射分辨率	K 波段：＜0.1 K RMS（1 s 积分时间）； V 波段：＜0.2 K RMS（1 s 积分时间）
亮温	精度：≤1 K RMS；稳定性：飘移≤0.1 K/月
温度廓线	垂直分辨率：≤25 m（0～500 m），≤50 m（500～2 km），≤250 m（2～10 km）。 精度：≤1 K RMS（≤2 km），≤1.8 K RMS（＞2 km）
相对湿度廓线	垂直分辨率：≤50 m（0～500 m），≤100 m（500～2 km），≤250 m（2～10 km）。 精度：≤15% RMS
水汽密度廓线	垂直分辨率：≤50 m（0～500 m），≤100 m（500～2 km）， ≤250 m（2～10 km）。精度：≤0.8 g/m^3 RMS。 测量范围：0～50 g/m^3
积分水汽含量	精度：≤4 mm RMS
定标方式	内部常温黑体定标 ＋内部高温黑体定标 ＋外部低温黑体定标
反演算法	神经网络算法
采样速率	≥1 s，用户可选择
物理性质	尺寸：110 cm×46 cm×60 cm（长×宽×高）；质量（含 IRT）：60 kg
功耗	≤300 W（AC 200～230 V，50～60 Hz）

(5)业务应用

该微波辐射计主要针对局部区域的大气要素探测，其具体应用主要表现在下面几个方面。人工影响天气：利用辐射计监测云层的数据为人工增雨的监测、催化、检验过程提供重要参考。区域空中水资源评估：利用辐射计大气湿度探测数据反演出区域大气分层中水汽含量，从而评估空中水资源。实时高精度空中气象要素监测：监测大气积分水汽、温度、湿度廓线，云中液态水含量、云高，并结合其他设备可进行风、雷电、气溶胶、气体分子等监测。短时天气预报：结合空中水汽、温度探测数据，进行区域短时天气预报。重点区域灾害天气预警：针对机场、航线进行云层水冰数据探测，保证飞行安全。雾/霾立体监测与预警：基于多种数据分析区域污染过程、区域污染特征以及区域污染来源，做好现状评估，提供决策依据。海洋环境监测：通过海洋表面辐射的比辐射率探测，可反演出中小尺度遥感海洋盐度、海洋内场、赤潮等海洋环境数据。

6.5.5 TK-001 型微波辐射计(上海雷探)

(1)观测原理

地基微波辐射计是基于大气微波遥感技术的气象观测设备，在典型的微波 V 波段大气氧气窗口(51～59 GHz)和微波 K 波段大气水汽窗口(22～32 GHz)内选择合适的频率，通过对大气微波辐射的遥感测量，反演获得对流层大气温度、湿度廓线、积分水汽含量、积分云水含量等信息。可作为常规高空观测的有益补充，为天气监测、预警、数值预报、人影指挥及作业效果评估提供连续的观测数据和决策依据。

(2)功能特点

该微波辐射计属于被动遥感设备，通过实时连续测量大气在温度和湿度敏感波段的多通道微波辐射亮温，并反演出大气温度、水汽密度、相对湿度和液态水等垂直廓线分布，同时还能得到积分水汽含量、积分云水含量、云底温度和云底高度等信息，主要具备以下特点：具备高稳定性、高精度大气亮温探测能力；具备实时、连续性探测大气参数能力，时空分辨率高，能够实时监测大气变化过程；探测信息丰富，可进一步开发多种二次产品；具备自动标定能力，维护简单，适合长期野外观测；纯接收体制，不主动发射电磁波，对环境干扰小；可无人值守，具备全天时、全天候室外工作能力；能够穿透云雾探测，具备在中雨条件下探测能力；具备设备状态及故障报警上传功能，可以远程操作，便于组网应用。

(3)组成结构

该微波辐射计硬件由主体设备和外围设备两部分组成。其中，主体设备包含微波辐射接收单元、数据采集与系统控制管理单元、内部定标单元和辅助单元。其中辅助单元包括外置液氮定标组件、防雨雾干燥组件、地面气象要素观测组件、时间同步组件、红外辐射仪组件、机体和支架等；外围设备包括计算机和供电电源。地基多通道微波辐射计的控制管理应用软件安装于外部计算机中。

(4)性能指标(表 6.5.5.1)

表 6.5.5.1　TK-001 型微波辐射计性能指标

要素	主要指标
探测通道数	微波通道 16 个(其中水汽通道 8 个，温度通道 8 个)，红外通道 1 个
亮温灵敏度	≤0.2 K(1 s 积分时间)
亮温准确度	<1.0 K
长期稳定性	飘移<1.0 K/年
廓线垂直分辨率	≤ 25 m(500 m 以下)，≤ 50 m(500～2000 m)， ≤ 250 m(2000～10000 m)，可根据用户需求定制分辨率
廓线采样速率	≤10 s，采样速率用户可调

续表

要素	主要指标
积分水汽反演误差	平均偏差：±2 mm以内。均方根误差：4.0 mm
温度廓线反演误差	平均偏差：±1.0 ℃以内(2000 m之上)； 均方根误差：0.8 ℃以内(2000 m之上)； 平均偏差：±0.4 ℃以内(2000 m之内)； 均方根误差：0.8 ℃以内(2000 m之内)
相对湿度廓线反演误差	平均偏差：±10%以内(降水时)，±4%以内(非降水时)。 均方根误差：15%以内
水汽密度廓线反演误差	平均偏差：±0.5 g/m^3以内。均方根误差：0.8 g/m^3以内
地面气象参数测量	内容：温度、相对湿度、气压、风向、风速、降雨量。 温度测量范围：−40～50 ℃，测量偏差：±0.1 ℃； 相对湿度测量范围：10%～100%，测量偏差：±3%； 气压测量范围：500～1100 hPa，测量偏差：±0.3 hPa
电源适应性	电压：AC 220(1±15%) V，频率：50(1±3%) Hz。 功率：≤0.5 kW(工作功耗)，≤2 kW(峰值功耗)
环境适应性	工作温度：−40～50 ℃(室外设备)，0～40 ℃(室内设备)； 储存温度：−50～55 ℃，工作湿度：0～100%(室外设备)。 气压：500～1060 hPa。外壳防护：室外设备外壳防护等级应达到IP55。 抗盐雾腐蚀：外露零件镀层耐48 h盐雾沉降试验
可靠性	平均故障间隔时间(MTBF)≥3000 h

（5）业务应用

该微波辐射计主要应用于气象行业中大气综合探测、数值预报、人影指挥及作业效果评估等领域的大气参数探测，其他行业如环保、导航、航空、电力、水利等气象观测。

6.6 地基导航卫星水汽探测系统

6.6.1 M300 ProⅡ型基于北斗的水汽电离层探索系统（上海司南导航）

（1）测量原理

全球导航卫星发射的载波信号（图6.6.1.1），在穿过大气层时受到大气的折射而延迟，将该延迟量作为待定参数引入到解算模型中，并逐项考虑误差的来源和消除的方法，精密的大气延迟量可以与定位参数一同求解出来。其中，大气延迟可划分为对流层延迟和电离层延迟，通过该延迟即可探测反演得到水汽参数。通过无几何组合观测或精密单点定位技术，即可将对流层延迟误差精确消除，获得包含接收处理单元差分码偏差的电离层延迟，将预先标定的接收处理单元差分码偏差参数扣除即可获得电离层延迟绝对量，以此为基础计算电离层TEC、电离层ROTI和电离层闪烁等参数。

（2）功能特点

通过接收机导航卫星信号，在全球范围内，探测、输出导航卫星的观测数据、导航数据、地面气象数据，生成并输出单站对流层ZTD和PWV、电离层TEC、ROTI和闪烁等产品，获取并输出系统状态等数据。可实时计算水汽和电离层的探测结果，并把探测结果传输给业务单元。

图 6.6.1.1　全球导航卫星发射载波信号

(3)组成结构

M300 ProⅡ型基于北斗的水汽电离层探索系统(即地基导航卫星水汽电离层综合探测系统,图 6.6.1.2)一般包括接收处理单元、接收天线、气象测量单元、可选配输出控制单元、电源等部分组成。系统结构如图 6.6.1.3 所示。

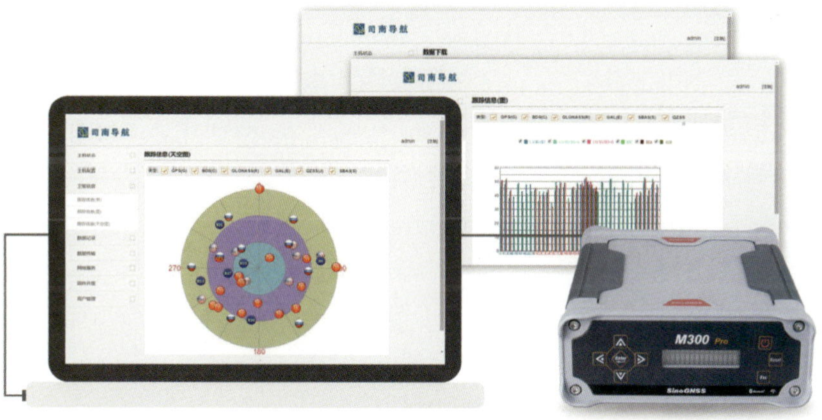

图 6.6.1.2　M300 ProⅡ型基于北斗的水汽电离层探索系统组成

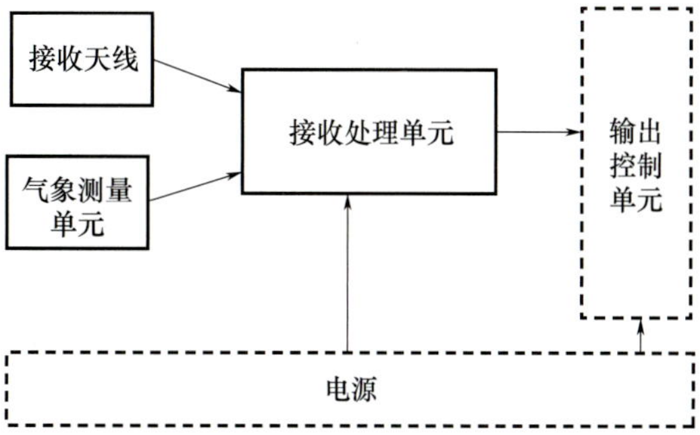

图 6.6.1.3　M300 ProⅡ型基于北斗的水汽电离层探索系统结构

（4）性能指标（表 6.6.1.1）

表 6.6.1.1　M300 ProⅡ型基于北斗的水汽电离层探索系统性能指标

①对流层 ZTD 测量误差：≤ 18 mm	⑧接收处理单元 DCB 标定测量误差：≤ 1.0 ns
②对流层 PWV 测量误差：≤3 mm	⑨ZTD 产品时间分辨率：≤5 min
③电离层 TEC 测量误差：≤ 0.3TECu	⑩PWV 产品时间分辨率：≤5 min
④电离层 S_4 指数测量误差：≤0.1	⑪TEC 产品时间分辨率：≤30 s
⑤电离层 σ_φ 指数测量误差：≤0.05	⑫闪烁产品时间分辨率：≤30 s
⑥S_4 监控能力：≥0.7	⑬产品时延：≤5 min
⑦电离层 ROTI 测量误差：≤0.5TECu/min	

（5）业务应用

水汽是大气的重要组成部分，其相态变化是天气和气候形成的必要基础；电离层是地球大气层被太阳射线电离的部分，是日地空间天气的重要影响因素。地基导航卫星水汽电离层综合探测系统，接收全球导航卫星系统信号，获取导航卫星的星历数据、观测数据和地面气象数据，并进行数据质控处理，获得高时间分辨率的观测数据和天顶总延迟、大气可降水量、电离层总电子含量、电离层扰动和电离层闪烁等产品，有助于更好地监测灾害性天气的发生和发展，对中尺度天气预报、气候研究、人工影响天气、日地空间环境预报预警等具有重要的应用价值。

7 海基观测装备

海基观测装备指的是在海面和海滨(沿岸、岛屿、平台、船舶)安装(布放)的观测装备(陆基包括陆地上的地面和江、河、湖等水面),分为海滨观测装备、海面观测装备、海基遥感装备和特种观测装备四类。

由于海洋气候环境具有高盐雾、高湿、强风等特点,海基观测装备在防腐蚀等方面应采用特殊的处理工艺或增加防腐罩以解决海洋环境适应性问题,确保装备在使用年限内能正常使用;船舶(含无人艇)和浮标(含漂流观测仪)上安装的某些气象观测装备需要加装减震装置以确保测量精度和使用年限符合要求,观测风项目时,采集器采用真风计算方法将设备安装载体走航时测得的视风转换为真风。

7.1 海滨观测装备

海滨观测装备包括在沿岸、岛屿、平台、船舶安装的气象观测装备,分为降水测量装备、云测量装备和综合测量装备三类,目前未办理气象装备许可证的有云测量装备和综合测量装备两类。

7.1.1 DZZ6-T 型梯度风自动气象站(天津中环天仪)

(1)观测原理

DZZ6-T 型梯度风自动气象站实现对几百米低层大气的中尺度城市气象观测,是大气边界层观测的重要组成部分;观测要素包含梯度风速风向、梯度气温、梯度相对湿度和气压、雨量等。自动站主要由硬件和软件两部分组成;硬件由采集器、传感器、供电组件和外围设备组件组成,软件由嵌入式软件和中心站软件组成。

传感器负责采集各气象要素并转换成模拟数字信号,采集器对气象要素传感器测量信号进行采集,并对采样数据进行数据计算处理、数据质量控制、数据记录存储;再经过通信单元将数据传输至中心站软件。

(2)功能特点

DZZ6-T 型梯度风自动气象站是针对梯度垂直气象要素的观测设备。气象要素测量:能测量风向、风速、降水量、气温、湿度、气压等气象要素。数据传输:支持本地有线/无线 GPRS、卫星传输等。供电:采用太阳能市电双供电,系统可满足无充电条件下正常运行 15 天。中心站软件:具有数据保存、报文生成及上传、界面显示分析、系统报警、补调等功能。环境适应性:传感器及系统具有耐高低温、防霉防潮处理,满足海洋气候环境要求。

(3)组成结构

DZZ6-T 型梯度风自动气象站由传感器单元、采集单元、通信供电单元、外围设备和中心站软件组成(图 7.1.1.1)。中心站软件接收站点气象设备的观测数据,并将这些数据加工成符合规范要求的文件形式,实现报文上传和报文入库功能。

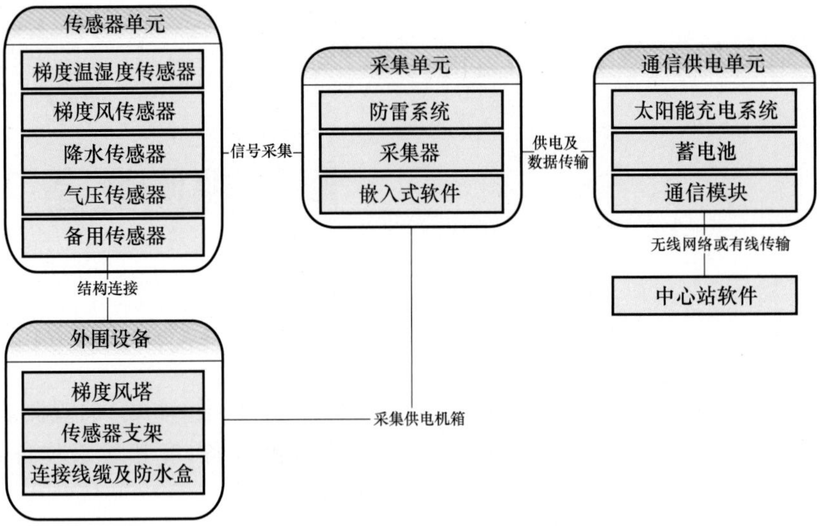

图 7.1.1.1　DZZ6-T 型梯度风自动气象站组成结构

(4)性能指标(表 7.1.1.1、表 7.1.1.2)

表 7.1.1.1　DZZ6-T 型梯度风自动气象站性能指标

测量要素	测量范围	分辨力	准确度
气温	−40～60 ℃	0.1 ℃	±0.2 ℃
气压	450～1100 hPa	0.1 hPa	±0.3 hPa
相对湿度	0～100%	1%	±3%(≤80%)
			±5%(>80%)
风向	0°～360°	3°	±5°
风速	0～60 m/s	0.1 m/s	±(0.5+0.03 v)m/s，v 为实际风速
雨量	雨强 0～4 mm/min	0.1 mm	±0.4 mm(≤10 mm)
			±4%(>10 mm)

表 7.1.1.2　DZZ6-T 型梯度风自动气象站其他主要技术参数

要素		主要指标
环境适应性	工作温度	−45～75 ℃
	相对湿度	0～100%
	环境风速	≤45 m/s 持续大风，瞬间风速≤75 m/s
	降水强度	0～6 mm/min
	外壳防护	机箱等暴露于露天环境的部件的外壳防护等级：IP65
	抗盐雾能力	沿海地区机箱使用 316 不锈钢材质，采用特氟龙耐腐蚀涂料，在海洋环境中具有极强的耐腐蚀性能
数据存储		数据采集器内部存储器：7 日分钟数据，1 个月小时数据
可靠性		平均故障间隔时间(MTBF)≥5000 h
维修性		平均故障修复时间(MTTF)≤120 min

(5)业务应用

DZZ6-T 型梯度风自动气象站适用于多层梯度观测，低至 10 m 梯度，高至 200 m 梯度。除标准六要素外还可增加辐射等梯度传感器(图 7.1.1.2)。

图 7.1.1.2　DZZ6-T 型梯度风自动气象站应用场景

7.1.2　FYAWS 型自动气候站(上海气象仪器)

(1)观测原理

该气候站智能气象测量仪测量各类气象要素,通过 ZigBee 发送到气象智能集成处理器,由气象智能集成处理器统计计算后发布。

(2)功能特点

自动气候站以气象智能集成处理器为核心,采用智能气象测量仪和 ZigBee 无线传输技术,实现温度、湿度、气压、雨量、风向、风速、土壤温度等要素的自动观测。应用当今成熟的、稳定的、先进的电子测量、数据传输和控制系统技术,基于统一标准、功能、结构、方法、规范的思路设计。其主要功能特点:性能可靠;准确性高;易维护;易备份;自动化程度高。

(3)组成结构

自动气候站由集成处理器、智能测量仪、供电系统、通信系统和外围部件组成。集成处理器由硬件和嵌入式软件组成,硬件包含高性能嵌入式处理器、高精度实时时钟电路、大容量程序存储器和数据存储器、ZigBee 收发器、各类接口(通信口、以太网口、光纤口、USB 口、SD 卡口、供电口等)、检测电路和指示灯等。智能测量仪由感应器件和数据处理模块组成。

(4)性能指标(表 7.1.2.1)

表 7.1.2.1　FYAWS 型自动气候站性能指标

测量要素	测量范围	分辨力	允许误差
气压	500～1100 hPa	0.1 hPa	0.2 hPa
气温	−50～50 ℃	0.01 ℃	±0.1 ℃
相对湿度	0～100%	1%	±2%(≤80%);±3%(>80%)
降水量	翻斗:雨强 0～4 mm/min	0.1 mm	±0.4 mm(≤10 mm); ±4%(>10 mm)
	称重:0～600 mm		

续表

测量要素	测量范围	分辨力	允许误差
风速	0～60 m/s	0.1 m/s	±0.3 m/s(≤10 m/s)； ±0.03 v(>10 m/s)， v 为实际风速
风向	0°～360°	3°	±5°
土壤温度	−50～80 ℃	0.1 ℃	±0.3 ℃

(5)业务应用

该装备适用于陆地、海岛和沿海地区(图 7.1.2.1)。

图 7.1.2.1 FYAWS 型自动气候站应用场景

7.1.3 SHCL1 云高仪(上海气象仪器)

(1)观测原理

发射器向云底发射一束脉冲激光，经过一定时间后，接收器接收到云层的激光回波信号，利用仪器收到回波信号的时间和仪器至所测云底间的斜距即可计算所测量云的云底高度。

云高仪获取整个探测路径上的高空间分辨率的激光大气回波廓线，对距离校正过的回波强度廓线特征进行分析，确定观测点上空是否存在云。若有云，依据不同云的特征确定云底位置进而得到云高；若无云，则输出垂直能见度。

(2)功能特点

SHCL1 云高仪主要用于测量云层、气溶胶层高度，提供天空状况指数、总云量、云层数、云层厚度、气溶胶层数和垂直能见度等信息。具有数据获取率高、探测信息丰富等优点。

云探测和后向散射廓线高度达 8 km；模块化设计，易于安装和维护；军品级可靠性设计，确保在恶劣天气下稳定运行；维修性和测试性能优异，自动故障诊断快速准确；具备抗盐雾、霉菌能力和防动物损坏措施。

(3)组成结构

SHCL1 云高仪由激光器、激光器控制模块、数据采集模块、电源系统等组成(图 7.1.3.1)。

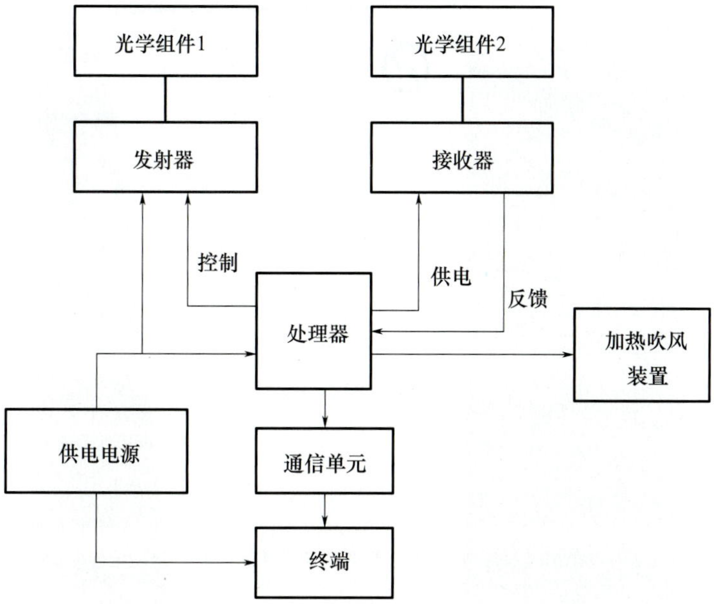

图 7.1.3.1　SHCL1 云高仪组成结构

(4)性能指标(表 7.1.3.1)

表 7.1.3.1　SHCL1 云高仪性能指标

测量指标		测量范围	分辨力	测量精度	测量周期
测云高度		5～15000 m	5 m	±10%	2～600 s
测量目标		气溶胶、云层;CBH1,默认 3 个云层,最多 9 层;云层穿透厚度;云量和天空情况指数;垂直能见度(VOR);气溶胶层高度;气溶胶后散射轮廓			
运行条件		工作温度:−45～55 ℃;工作湿度:0～100%RH			
光学参数	激光器	固态 YAG 激光,激光保护级别 class 1M			
	波长	905 nm			
	脉冲周期	20 ns			
	脉冲重复率(PRF)	7 kHz			
	光柱直径($1/e^2$)扩展	90 mm			
	激光发散角	<1 mrad			
	每次脉冲能量	2 μJ			
接口配置		标准接口:RS-232/485,RJ45; 通信:以太网口,Web 界面			
电气参数		电源:交流 220 V±15%;频率 50±2.5 Hz; 功耗:250 W(标准)/800 W(最大加热模式)			
规格尺寸		500 mm×1550 mm×500 mm(宽×高×深)			

(5)业务应用

该设备适用于沿海、海岛等航空、气象、环保领域(图 7.1.3.2)。

图 7.1.3.2　SHCL1 云高仪产品应用场景

7.1.4　SXZ2-2 型水文气象自动观测系统（山东经海仪器）

（1）观测原理

通过测量各类气象、水文要素，由智能集成处理器实时处理，完成海洋气象、水文要素自动化观测。实时收集潮汐、海浪、海流、表层海水温度、表层海水盐度、气压、空气温度、相对湿度、风速、风向、降水量、海面有效能见度、辐射、光照等参数进行连续自动观测、显示、打印并可以将数据存入存储器；能将传感器所获得的原始数据转换成工程数据并直接传输到计算机上。

（2）功能特点

具有系统设置、数据显示和记录、数据转换、历史数据查询、数据自动调取、系统自检、校时、报警、数据通信和供电功能；能设置每个传感器的最新标定数据；具有对采集的数据进行剔除明显误差的功能。

系统的水文参数符合《海洋调查规范　第 2 部分：海洋水文观测》(GB/T 12763.2—2007)；气象参数符合《海洋调查规范　第 3 部分：海洋气象观测》(GB/T 12763.3—2020)；数据采集、记录及传输格式符合《海滨观测规范　第 2 部分：海滨观测》(GB/T 14914.2—2019)的规定；仪器设备自动化技术设计符合《海洋站自动化观测通用技术要求》(HY/T 059—2002)的规定；也可以按照用户的需求标准规范进行数据的采集、处理、显示和存储。

（3）组成结构

该观测系统由系统数据采集器、多种水文气象传感器、系统供电模块、系统通信模块、传感器安装支架、附件、系统防雷模块以及系统上位机处理软件等部分组成，可根据不同海洋观测站实际需要灵活配置，由标准化通用接口、标准化模块结构和系列化模块组合而成(图 7.1.4.1)。

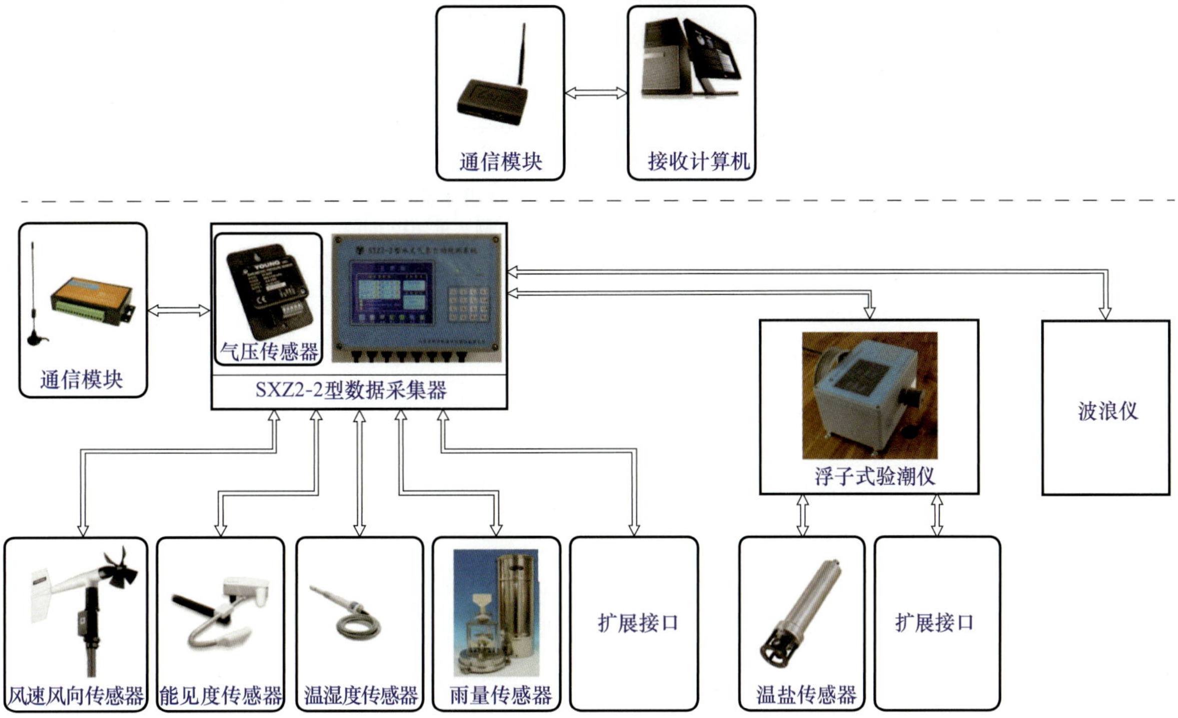

图 7.1.4.1　SXZ2-2 型水文气象自动观测系统组成结构

(4)技术指标和性能指标(表 7.1.4.1、表 7.1.4.2)

表 7.1.4.1　SXZ2-2 型水文气象自动观测系统技术指标

要素	主要技术指标
实时数据	实时显示风速、风向、温湿、气压、雨量、能见度、海水表层温盐、潮位、波浪、海流等,可显示实时数据曲线
数据刷新频率	1 次/3 s
数据管理	查询各站的气象、水文各参数的整分和整点数据
存储能力	系统存储器可存储大于 10 年的测量数据
历史曲线	支持曲线方式回放气象、水文和水质各参数历史数据
数据维护	具有自动调取数据以及具有丢失数据补调功能;支持观测数据进行备份及存储(大于 10 年)
通信方式和功能	有线通信(RS-232、RS-485 或 RS-422 串口,光纤、SDH 专线) 无线通信(4G/5G、北斗、天通、天启、海事、铱星等卫星通信) 能完成无线通信系统的一点多发、一点多收等功能
通信监视	支持服务器通信端口设置、数据调取、串口选择、发送命令等功能
校时功能	支持自动校时和手动校时,时钟准确度高,实时时钟走时准确度<15 s/月
供电方式	交流 220 V,50 Hz;直流 12 V 含太阳能电池、蓄电池以及充电控制器
系统远程诊断及报警	系统具有远程监控、诊断和部分维护功能,软件可远程升级。支持报警功能,如部件故障、数据传输中断、电池电压低等
传感器参数设置	支持各传感器参数的详细设置
具有自动值班功能	系统工作可无人值守,保持连续工作不间断;能够进行设备和数据的断电保护,能够自动重新启动
强大的扩展性	预留多种接口,可以扩展云高、天气现象、辐射、日照、水质等参数

表 7.1.4.2　SXZ2-2 型水文气象自动观测系统性能指标

测量要素	测量范围	准确度	分辨力
风向	0°～360°	±3°	1°
风速	0～100 m/s	±0.3 m/s	0.1 m/s
气压	800～1100 hPa	±0.2 hPa	0.1 hPa
降水量	0～999 mm	±0.4 mm(降水量≤10 mm)； ±4%(降水量>10 mm)	0.1 mm
气温	−50～50 ℃	±0.1 ℃	0.01 ℃
相对湿度	0～100%RH	±2%RH	1%RH
表层水温	−5～45 ℃	±0.05 ℃(0～35 ℃)	0.001 ℃
表层盐度	2～70 mS/cm	±0.05 mS/cm(2～65 mS/cm)	0.001 mS/cm
潮位	0～1000 cm	±1 cm	0.1 cm
波高	0～20 m	±2%实测值	0.01 m
波浪周期	1.5～50 s	±0.25 s	0.01 s
波向	0°～360°	±5°(主波向)	1°
能见度	10～50000 m	±10%(10～10000 m)； ±20%(10～35 km)	—
流速	±10 m/s	1% ± 0.5 cm/s	0.01 m/s
流向	0°～360°	±5°	1°

(5)业务应用

SXZ2-2 型水文气象自动观测系统具有多参数测量、多功能、多适用性，可安装在大陆站、海洋岸基站、无人岛屿站以及海上观测平台上，可实现水文(潮汐、海浪、表层海水温度、表层海水盐度、海流等)，气象(风、气压、空气温度、相对湿度、降水量、能见度、辐射、光照等)，各种水质以及生态参数数据的自动观测，具有强大的可扩展性，还可接入雷达式或压力式验潮仪、声学测波仪、测波浮标、海流传感器、水深传感器、多种水质传感器以及天气现象仪等。海洋台站自动观测系统环境适应性强，所有的设备、部件以及器件都经过严格的三防处理(防潮、防盐雾及防霉)。气象子系统和水文子系统具有体积小、功耗低、集成度高、抗雷击性能强等特点，安装灵活，适合岸基综合站、简易站、无人值守站或野外安装使用(图 7.1.4.2～图 7.1.4.4)。

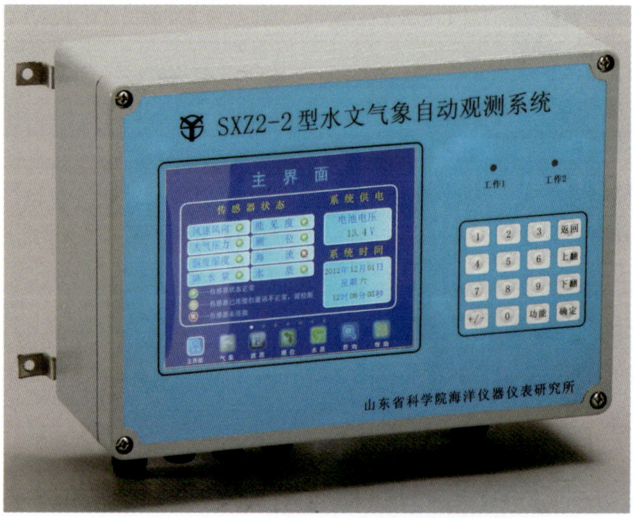

图 7.1.4.2　SXZ2-2 型水文气象自动观测系统采集器

图 7.1.4.3　SXZ2-2 型水文气象自动观测系统应用场景（平台）

图 7.1.4.4　SXZ2-2 型水文气象自动观测系统应用场景（海滨）

7.1.5　ZZ6-5 型船载自动气象站（上海气象仪器）

（1）观测原理

ZZ6-5 型船载自动气象站（图 7.1.5.1）按规定的采样频率对气象传感器输出的信号进行采样，并转换成相应的原始采样值。对采集的数据进行加工处理（采用真风计算方法将设备安装载体走航时测得的视风转换为真风），得到相应的导出量、统计量（极值、总量、累计量等），并通过无线通信将数据传回岸基数据处理中心。

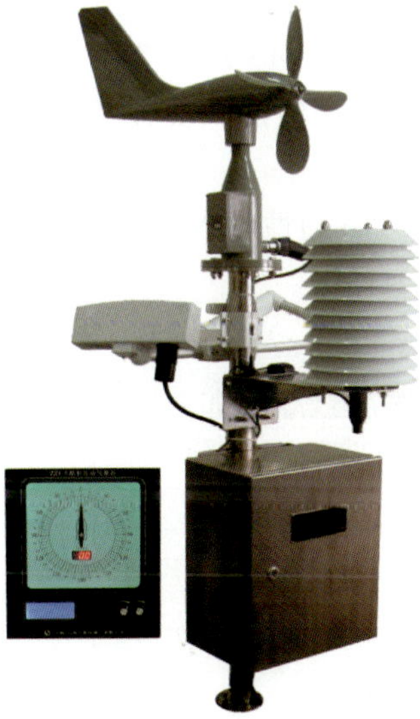

图 7.1.5.1　ZZ6-5 型船载自动气象站

（2）功能特点

ZZ6-5 型船载自动气象站应用气象传感器技术、数据采集器技术、GPS 定位与通信技术，实时地对大气温度、湿度、压力、风向、风速、水温等气象要素进行全自动观测。船舶与岸基数据处理中心实时通信，实时获取船载站气象观测数据，并对船舶状态有效监控。

（3）组成结构

ZZ6-5 型船载自动气象站由硬件和软件两部分组成。硬件由数据采集器、传感器和外围设备组成，外围设备包括通信设备、电源系统、GPS 定位系统、远程中心站、本地显示终端等，软件包括嵌入式软件和业务应用软件。

（4）性能指标（表 7.1.5.1）

表 7.1.5.1　ZZ6-5 型船载自动气象站性能指标

测量要素	测量范围	分辨力	测量精度
温度	−50～50 ℃	0.1 ℃	±0.2 ℃
相对湿度	5%～100%	1%	±5%
气压	500～1100 hPa	0.1 hPa	±0.5 hPa
风向	0°～360°	3°	±5°
风速	0～60 m/s	0.1 m/s	±(0.5+0.05v)m/s，v 为实际风速
能见度	10～20000 m	1 m	±10%(≤10000 m)；±20%(>10000 m)

（5）业务应用

该装备广泛应用于船舶、浮标、游轮等海洋水文气象观测领域。

7.1.6 PAMS-I (E) 型便携式自动气象站（上海气象仪器）

（1）观测原理

PAMS-I(E)型便携式自动气象站（图 7.1.6.1）通过综合传感器实时采集数据信息，按照用户设置的时间间隔实时存储测量数据，显示屏实时显示各要素测量数值，并可通过 RS-232 或 RS-485 的通信方式，将测量并存储的数据输出到计算机形成文本文件。

（2）功能特点

PAMS-I(E)型便携式自动气象站可通过手持或车载两种方式进行工作。其应用现代气象传感器技术、数据采集器技术、微机与通信技术，实时监测地区的大气温度、湿度、风向、风速、气压、降水/地温等气象要素，并在便携式显示终端（PAD）显示实时气象信息。仪器配有 RS-232/RS-485 接口，可通过便携式计算机读取、存储数据。

（3）组成结构

PAMS-I(E)型便携式自动气象站的基本配置为综合传感器，可选配便携式显示终端（PAD）及地温传感器、专用电源、固定支架等。

图 7.1.6.1 PAMS-I(E)型便携式自动气象站

（4）性能指标（表 7.1.6.1）

表 7.1.6.1 PAMS-I(E)型便携式自动气象站性能指标

测量要素	测量范围	分辨力	测量精度
温度	−50～50 ℃	0.1 ℃	±0.2 ℃
相对湿度	0～100%	1%	±5%
气压	500～1100 hPa	0.1 hPa	±0.3 hPa
风向	0°～360°	3°	±10°
风速	0～40 m/s	0.1 m/s	±(0.5+0.03 v)m/s，v 为实际风速
雨量	0～4 mm/min	0.1 mm	±0.4 mm(≤10 mm)； ±4%(>10 mm)
环境温度	−50～60 ℃		
环境相对湿度	0～100%		

（5）业务应用

广泛应用于军事、海洋科考、生态、环保、消防等机动气象观测领域。

7.1.7 SAMS-Ⅱ型小型自动气象站（上海气象仪器）

（1）观测原理

属于一体化结构的综合气象要素测量仪，内部集成各类气象敏感元件，按规定的采样频率对敏感元件的输出信号进行采样，并转化成相应的原始采样值。对采集的数据进行加工处理，得到相应的平均值、导出值和统计值(极值、累计值等),并通过无线通信将数据传送回数据中心。该装备外观如图 7.1.7.1 所示。

图 7.1.7.1　SAMS-Ⅱ型小型自动气象站

(2)功能特点

是一种将气象传感器与微处理技术高度集成,应用物联网技术,实现一体化、模块化、智能化、低功耗的新型便携式观测终端设备。符合中国气象局便携式自动气象观测仪分级技术规范要求,可对大气温度、湿度、气压、风向、风速、降水等气象要素进行全自动实时观测。可灵活组态,形成二要素(风向风速)、四要素(温雨风)、五要素(温雨风压/温雨风湿)、六要素(温湿压风雨)等一系列小型站;无人值守,对相关要素实时自动观测,测量精度高;安装灵活,多种通信方式和供电方式任选。

(3)组成结构

采用一体化结构,内部集成传感器模组、数据采集模组、电源模块、通信模块、摄像模组(选配)等。

(4)性能指标(表 7.1.7.1)

表 7.1.7.1　SAMS-Ⅱ型小型自动气象站性能指标

测量要素	测量范围	分辨力	测量精度	
			甲级	乙级
温度	−50～60 ℃	0.1 ℃	±0.2 ℃	±0.5 ℃
湿度	0～100%	1%	±3%(≤80%)	±4%(≤80%)
			±5%(>80%)	±8%(>80%)
气压	500～1100 hPa	0.1 hPa	±0.3 hPa	±0.6 hPa
风向	0°～360°	1°	±5°	
风速	0～60 m/s	0.1 m/s	±0.5 m/s(≤5 m/s)	
			±10%(>5 m/s)	
雨量	雨强 0～4 mm/min	0.1 mm	±0.4 mm(≤10 mm)(翻斗式)	
			±4%(>10 mm)(翻斗式)	
			±15%(光电式)	

(5)业务应用

该装备广泛应用于常规气象观测和移动应急气象观测等领域。

7.1.8　SFM-100 雾滴谱仪(杭州浅海)

(1)观测原理

是一种基于光的前向散射的光谱仪,控制泵来对空气中雾滴进行采样,当粒子通过 658 nm 激光照射的采集区域时,SFM-100 收集 3.5°～12°环形圆锥面内前向散射光子,收集到的光信号随后被定向到一个 50/50 分光镜,最后分别传输到名为尺寸和筛选的一对光子探测器,筛选光子探测器用于确定视场角,尺寸光子探测器用于确定粒子的大小,之后光子探测器将光脉冲信号转化为数字脉冲电信号并传输至笔记本电脑,笔记本电脑最后通过软件(数字分析和显示系统)来获取粒子体积和浓度以及 MVD、ED、LWC 等数据,记录数据,检测激光运行状态并进行数据分析。

(2)功能特点

具备防结冰加热器和全天候外壳的优势,一般用于连续监测空气中粒径范围 2～50 μm 的液滴,对液滴粒子进行分档计数，得到每档粒子的数密度、平均直径、液态水含量等数据。通过动态阈值功能实现偏振信号漂移自动校正，可获取每个采样粒子的原始数据，并可通过 PBP 功能获得粒子光散射强度的高分辨率信息。

(3)组成结构

SFM-100 雾滴谱仪主要由雾滴谱仪主机、真空泵、数据处理单元组成(图 7.1.8.1)。

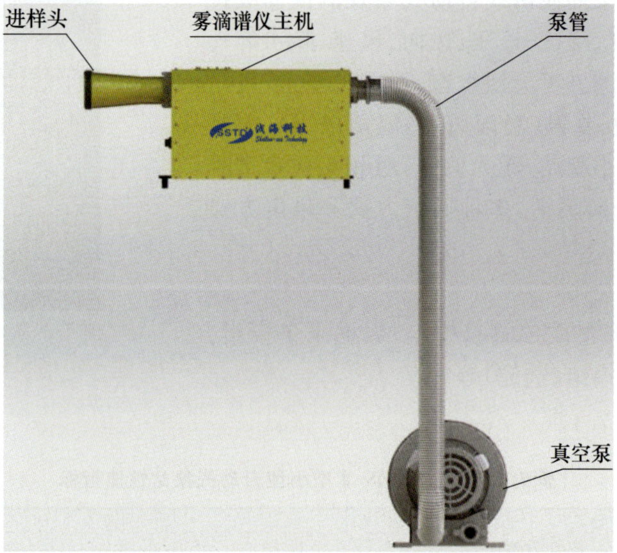

图 7.1.8.1　SFM-100 雾滴谱仪组成结构

(4)性能指标(表 7.1.8.1)

表 7.1.8.1　SFM-100 雾滴谱仪性能指标

要素	主要指标	要素	主要指标
测量参数	单粒子前向散射	光收集角度	3.5°～12°
衍生参数	粒径，粒子数浓度，液态水含量(LWC)，有效直径(ED)，中位数直径(MVD)	数据接口	串口 RS-422，速率 460 kb/s
		校验	精密玻璃珠
辅助参数	温度，压力	供电及功率	主机：AC 220 V，50～60 Hz；200 W 泵：AC 220 V；400 W
粒径范围	2～50 μm		
标准采样面积	0.24 mm^2	主机尺寸	23 cm×28 cm×37 cm(长×宽×高)
采样速率	1 m^3/ min	质量	主机 10 kg，泵 9.5 kg
采样频率	0.04～20 s 可选；PBP 数据速率：在粒子重合之前没有限制	运行环境	温度：−40～40 ℃ 相对湿度：0～100%，不结露 海拔：0～4000 m
折射率	不吸收，1.33(水行业标准)		

(5)业务应用

SFM-100 雾滴谱仪应用于天气研究、云雾物理研究、道路与电线结冰评估等领域。

7.2　海面观测装备

海面观测装备分为漂流观测仪、无人艇和锚碇浮标三类，其中锚碇浮标有三种型号。

7.2.1 Bailong 浮标（天津中环天仪）

（1）观测原理

通过配备的多种传感器，对海洋气候、气象以及深海进行观测，并通过卫星将观测数据实时发送到数据中心。

（2）功能特点

Bailong 浮标配备多种传感器，可以对 7000 m 深海多种海洋环境要素（风向、风速、雨量、气温、气压、长波辐射、短波辐射、水下温度、盐度、压力、溶解氧等）进行高频率采样；采用卫星通信，实现了大容量数据的实时传输和浮标双向控制，主要具备以下特点：高稳定性、高精度；使用寿命长；增加了卫星的双向控制功能，用户可以根据实际海况增加观测频次以及对传感器的控制；实现现场观测数据实时回传到国内实验室到全球电信系统的无缝链接。

（3）组成结构

Bailong 浮标包括数据采集分系统、控制分系统、能源分系统、卫星通信分系统、浮标体分系统、锚系分系统、独立定位通信分系统和岸站分系统。

（4）性能指标（表 7.2.1.1）

表 7.2.1.1　Bailong 浮标性能指标

要素	主要指标	要素	主要指标
尺寸	直径 2.3 m，排水量 4 t	最大风速	<60 m/s
浮标体寿命	>15 年	最大波高	<15 m
维护周期	1～2 年	最大表层流速	<6 kn
水深	5～7000 m	工作温度	−20～45 ℃

（5）业务应用

Bailong 浮标应用于海洋气象、气候、海洋物理观测领域（图 7.2.1.1）。

图 7.2.1.1　Bailong 浮标应用场景

7.2.2 DZZ4-ABS 型海洋气象锚碇浮标（航天新气象）

（1）观测原理

海洋气象锚碇浮标是一种自动观测、存储气象、水文条件设备，可以实时监测风速、风向、气温、相对湿度、气压、能见度、降水量、总辐射、长波辐射、表层海水温度、表层海水盐度、波高、波向、波周期、海水流速、海水流向等多种气象、水文要素。海洋气象锚碇浮标有多种类型，但结构基本相同，主要由浮标体、系泊系统、自动观测设备、供电设备、安全辅助设备和岸基数据接收站等组成。

传感器将海洋气象、水文物理量转换成电信号或数字信号，数据采集器实时采集气象、水文要素传感器以及浮标状态等测量信号，并对采样数据进行控制运算、数据计算处理、数据质量控制、数据记录存储，然后由通信处理模块将观测数据传输到远程数据监控中心的计算机。

（2）功能特点

海洋气象锚碇浮标是用于获取海上气象水文观测资料的综合性观测系统，具有以下功能特点：产品设计符合中国气象局《海洋气象锚碇浮标功能规格需求书》要求；具有内置数据检验功能，提高观测数据质量；支持 2G/3G/4G、北斗卫星、海事卫星等多模冗余通信；支持强风传感器冗余热备份，提高风观测数据的可靠性；具有抗强风、抗振动、耐高低温、防盐雾腐蚀、防潮湿和防霉等设计，满足海洋锚碇浮标环境要求。

(3)组成结构

海洋气象锚碇浮标包含 3 m 海洋气象锚碇浮标、6 m 海洋气象锚碇浮标、10 m 海洋气象锚碇浮标三种。海洋气象锚碇浮标由浮标体、系泊系统、自动观测设备、供电设备、安全辅助设备和岸基数据接收站等组成。安全辅助设备是提供浮标在位安全工作的助航、定位与状态检测的设备，包含卫星定位设备、锚灯、水警、门警和雷达反射器等。岸基数据接收站是数据接收、存储与转发的设备，由通信机、计算机及配套电源等组成，海洋气象锚碇浮标系统结构如图 7.2.2.1 和图 7.2.2.2 所示。

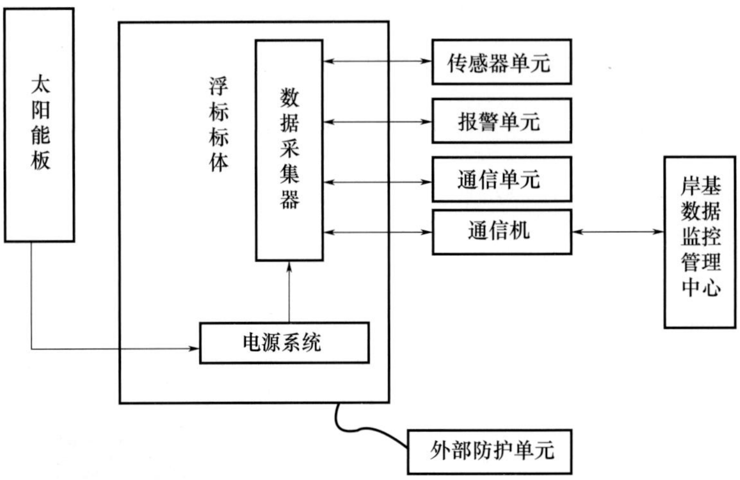

图 7.2.2.1　DZZ4-ABS 型海洋气象锚碇浮标组成结构

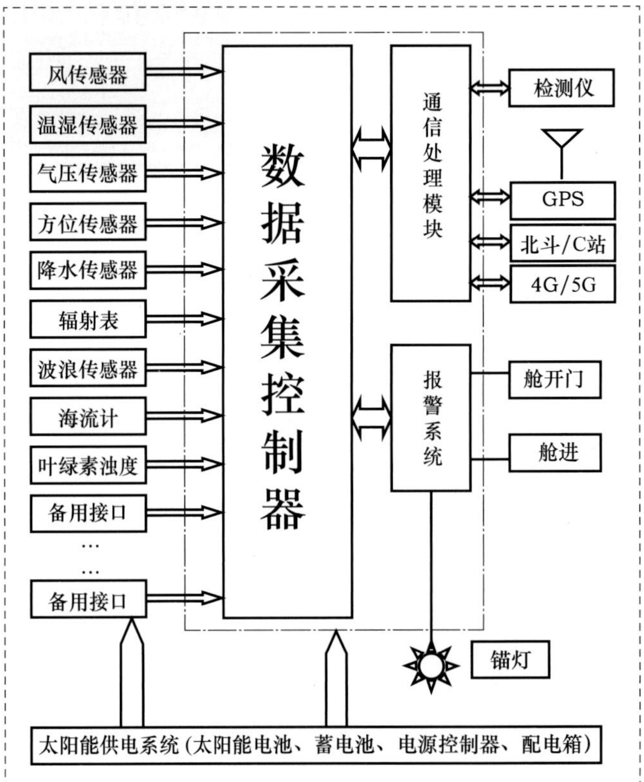

图 7.2.2.2　DZZ4-ABS 型海洋气象锚碇浮标观测设备结构

(4)性能指标(表 7.2.2.1)

表 7.2.2.1 DZZ4-ABS 型海洋气象锚碇浮标性能指标

观测要素	范围	分辨力	最大允许误差
风速	0～90 m/s	0.1 m/s	±0.3 m/s 或 1%
风向	0°～360°	1°	±3°
气温	−40～50 ℃	0.1 ℃	±0.3 ℃
相对湿度	10%～100%	1%	±5%
气压	800～1100 hPa	0.1 hPa	±0.3 hPa
能见度	10～20000 m	1 m	10%(10～10 km); 15%(10～20 km)
雨量	0～50 mm	0.1 mm	±1 mm
总辐射	0～2800 W/m²	1 W/m²	±2%
长波辐射	0～700 W/m²	1 W/m²	±2%
方位	0°～360°	1°	±5°
波高	0.5～15 m	1 cm	±10%
波周期	2～30 s	0.1 s	±0.5 s
表层海水温度	−5～40 ℃	0.1 ℃	±0.2 ℃
表层海水盐度	2‰～40‰	0.1‰	±0.2‰

(5)业务应用

DZZ4-ABS 型海洋气象锚碇浮标适合布放在海洋中,为海洋开发利用、养殖捕捞、航运等海洋气象预报、预警服务提供具有代表性、准确性和比较性的气象观测资料(图 7.2.2.3)。

图 7.2.2.3 DZZ4-ABS 型海洋气象锚碇浮标应用场景

7.2.3 HY-DB1A 型海洋气象漂流观测仪(北京华云升达)

(1)观测原理

HY-DB1A 型海洋气象漂流观测仪是一种漂流型海洋浮标观测系统,浮标观测系统布放在海中之后,浮标可以在海洋中随着洋流自动漂移,在其所经的路径完成对海洋的相关水气象要素的观测,并通过卫星数据通信系统把观测数据传回。

(2)功能特点

以海洋漂流浮标为工作平台，建立海洋气象、海洋水文方面综合观测系统；依托北斗卫星或 Arogs 卫星通信建立数据传输系统；通过数据中心站组网方式建立海洋气象漂流观测实时监测网为海洋气象观测服务提供第一手实测数据。

能够对海面气压、海面风、海面气温、海水表层温度、盐度等多种气象要素进行全天候自动监测，主要具备以下特点：漂流型，通过水帆随洋流漂流，在漂流过程中探测路径上的水文、气象数据，并通过卫星把观测数据传回陆地数据中心站；小型化，满足拉格朗日法浮标尺寸，具有很好的随流性；抛弃型，尽可能降低设备成本，设备一旦被布放出去之后，几乎无法再回收；低功耗设计，可保持长时间运行；真实、准确和快速地响应海洋环境的变化，实时观测到相关各种海洋气象水文要素；具有良好的海洋环境适应性。

(3)组成结构

该观测仪包括数据测量系统和结构系统两个主要部分(图 7.2.3.1)。数据测量系统主要包括主控制系统、传感器系统、状态检测系统、姿态检测系统、卫星通信系统、电源系统。海洋气象漂流观测仪结构系统主要包括浮标结构系统、水帆系统、缆绳。

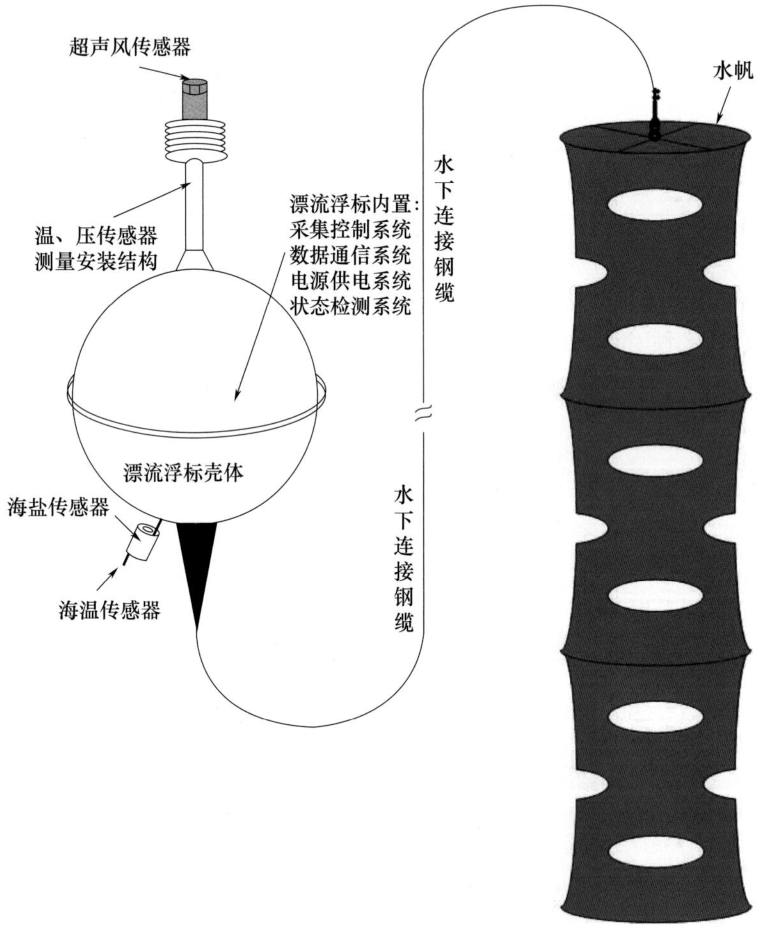

图 7.2.3.1　HY-DB1A 型海洋气象漂流观测仪组成结构

(4)性能指标(表 7.2.3.1)

表 7.2.3.1　HY-DB1A 型海洋气象漂流观测仪性能指标

要素	主要指标
气压	测量范围：800～1100 hPa；分辨力：0.1 hPa；最大允许误差(静态)：±0.3 hPa
气温	测量范围：－20～60 ℃；分辨力：0.1 ℃；最大允许误差(静态)：±0.2 ℃

续表

要素	主要指标
真风速	测量范围:0～60 m/s;分辨力:0.1 m/s;最大允许误差(静态):±0.5 m/s(或±10%)
真风向	测量范围:0°～360°;分辨力:1°;最大允许误差(静态):±10°
红外皮温(选配)	测量范围:−10～65 ℃;分辨力:0.3 ℃;最大允许误差(静态):±0.5 ℃(0～40 ℃),±1 ℃(<0 ℃或>40 ℃)
海水温度	测量范围:−2～40 ℃;分辨力:0.05 ℃;最大允许误差(静态):±0.1 ℃
海水盐度(电导率)	测量范围:0～65 mS/cm;分辨力:0.01 mS/cm;最大允许误差(静态):±0.05 mS/cm
环境适应性	空气温度:−20～55 ℃;海水温度:−5～55 ℃;相对湿度:0～100%RH;抗阵风能力:≤60 m/s
外壳防护等级	IP67
抗盐雾要求	依据 GB/T 2423.17—2008 进行试验,各金属件不出现锈蚀现象,非金属件不出现明显老化。 测试等级:试验温度:35℃;盐溶液浓度:5%;喷雾方式:每隔 45 min 喷雾 15 min;试验时间:96 h
电磁兼容性	依据 GB/T 17626.2—2018 进行试验,观测仪无异常。测试等级:接触放电 8 kV,空气放电 15 kV
可靠性要求	平均故障间隔时间(MTBF)≥4390 h

(5)业务应用

HY-DB1A 型海洋气象漂流观测仪是针对当前海洋气象观测业务的现状和发展需求研发的漂流型海洋气象观测系统,攻克恶劣海况环境下风、气压、气温等气象要素以及相关的海洋表层温度、盐度等海洋要素连续、稳定、可靠观测的关键技术。HY-DB1A 型海洋气象漂流观测仪应用于远海、远洋区域的观测,建立海洋气象、海洋水文方面综合观测系统(图 7.2.3.2、图 7.2.3.3)。2020 年 7 月 23 日—8 月 2 日参与"海燕计划"与无人机一起协同观测。

图 7.2.3.2　HY-DB1A 型海洋气象漂流观测仪试验样机

图 7.2.3.3　HY-DB1A 型海洋气象漂流观测仪应用场景

7.2.4　MWO-3 型海洋气象探测无人艇(上海气象仪器和中科院大气所)

MWO-3 型海洋气象探测无人艇是上海气象仪器厂和中国科学院大气物理研究所联合研发的一款可抗恶劣海况且具有长航程、超长航时、自动航行、自动探测等能力的海洋气象新型探测设备,可自动部署、自动探测和自动完成数据传输,并能按指令自动返航。

(1)观测原理

MWO-3 型海洋气象探测无人艇装有自动气象站,通过温度、湿度、气压、风向、风速传感器以及海温海盐传感器、波浪传感器、收放式温盐深仪等探测设备，可以实时获取探测海域连续高时间分辨率的海面温度、湿度、气压、风向、风速、海温、盐度、波高、波向和海洋次表层的温盐廓线等参数的探测数据，并通过北斗卫星自动将探测数据传送到地面中心。该装备应用当今成熟的、稳定的、先进的无人艇控制系统、北斗数据传输技术和艇体制造技术，基于统一标准、功能、结构、方法、规范的设计思路，研发的自动部署、自动探测、自动数传、性能可靠的海上移动气象观测站。

（2）功能特点

可自动部署、自动探测和自动数传；具有发射自身标识信号功能，对周围海域航行的船舶起到安全避障作用；太阳能供电，可进行长航程和长航时连续的海洋气象探测；艇体采用半潜式结构，可下潜，航行稳定，具备高抗倾覆能力，在高海况（6 级风以上）时不会倾覆可以生存并获取探测数据；北斗卫星数据传输，可实时获取高时间分辨率（1 min）探测数据。

（3）组成结构

MWO-3 型海洋气象探测无人艇组成部分包括无人艇艇体、艇载控制系统、动力系统、通信系统、气象水文观测载荷（艇载自动气象站、艇载火箭探空装置等）、艇载辅助单元和地面控制中心（图 7.2.4.1）。艇体具备自扶正功能，防水等级达到 IPX8，可在高海况下工作。艇载控制系统可预设和实时更改无人艇海上航行路线和观测模式。动力系统由太阳能供电，可为无人艇长时间航行和观测提供动力。通信系统通过北斗卫星通信实时传输控制指令和观测数据。无人艇平台可根据观测任务搭载多种类型的海洋气象探测设备。地面控制中心实时监控无人艇的工作状态、发送控制指令、接收和存储观测数据。

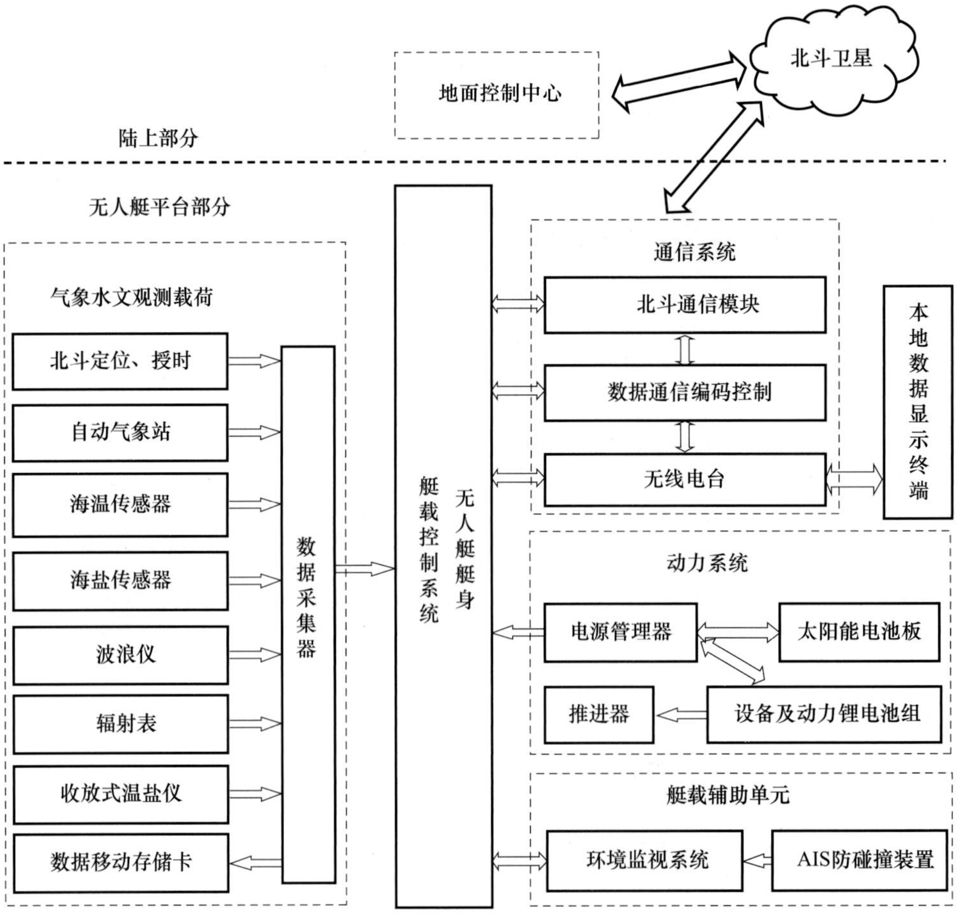

图 7.2.4.1　MWO-3 型海洋气象探测无人艇系统构成

(4)性能指标(表 7.2.4.1、表 7.2.4.2)

表 7.2.4.1 MWO-3 型海洋气象探测无人艇性能指标

要素	主要指标	要素	主要指标
工作模式	航行模式、定位模式、漂流模式	通信	北斗
质量	100 kg	数据接口	USB/RS-232
尺寸	4.0 m×1.9 m×1.5 m	供电	太阳能/24 V
航速	3～5 节①	功耗	400 W
航时	180 d	适应海况	9 级
定位精度	≤10 m	通信频次	1～60 min(可调)
观测载荷	20 kg	探测要素	海面温度、气压、湿度、风向、风速、海浪、海表海温、海水电导率及 0～150 m 深温盐廓线

表 7.2.4.2 艇载海洋气象水文探测传感器技术指标

传感器	观测要素	主要指标
自动气象站	气温	范围:−25～55 ℃,精度:0.2 ℃
	气压	范围:850～1150 hPa,精度:0.5 hPa
	湿度	范围:0～100%,精度:±3%(无沾水时)
	风速	范围:0～40 m/s,精度:1 m/s(5 min 平均)
	风向	范围:0°～360°,精度:2°～5°(高低风速时)
	总辐射	范围:0～2000 W/m², 相对误差 3%(无沾水时)
浪高仪	波高	0.2～20 m,±(0.2+5%测量值)m
	波周期	2～30 s,±0.5 s
	波向	0°～360°,±5°
温盐深测量仪	探测深度	150 m
	垂直分辨率	1 m
	海温	−5～35 ℃,精度:0.01 ℃
	电导率	0～80 mS/cm,精度:0.001 mS/cm

(5)业务应用

2020 年 7 月 23 日—8 月 2 日参与"海燕计划"与无人机一起协同观测(图 7.2.4.2、图 7.2.4.3)。

图 7.2.4.2 MWO-3 型海洋气象探测无人艇工作场景 1(近景)

图 7.2.4.3 MWO-3 型海洋气象探测无人艇工作场景 2(远景)

① 1 节=1.852 km/h。

7.2.5 CTD系列传感器(杭州浅海)

(1)观测原理

CTD(Conductivity,Temperature,Depth)即温度、盐度、深度传感器,用于测量海水的电导率、温度及深度三个基本的物理参数。根据这三个数据,还可以进一步计算出其他各种参量,如盐度、密度、声速等,是水文观测、海洋工程、防灾减灾、海洋牧场等多领域的重要观测设备。

(2)功能特点

根据携带传感器探头的数量、布放环境、使用方式的不同,CTD系列传感器包含单温(T)、温深(TD)、温盐深(CTD)等组合方式,按数据获取方式有直读、自容、直读自容一体等不同类别,深度测量范围0～7000 m,有些可达万米,采样频率最高可达25 Hz。满足定点观测、剖面观测、船载走航观测以及搭载运动平台等多种应用场景。CTD系列传感器具有超高的精度和稳定性,温度准确度±0.002 ℃,盐度准确度达到±0.003,压力准确度达到±0.05%FS,其电气接口和通信方式皆可依据用户需求定制。CTD系列传感器功耗低、体积小、质量轻、采样速率可调,通信协议与通信接口可定制,能够耐受海水高压、防生物附着,具备测量精度高、稳定性好等特点。

(3)组成结构

CTD系列传感器主要包含高精度温度、盐度、深度探头,探头保护装置,防生物附着装置,防腐耐压外壳,信号采集电路系统,逻辑控制电路,数据导出系统,电池仓,传感器固定装置等(图7.2.5.1)。

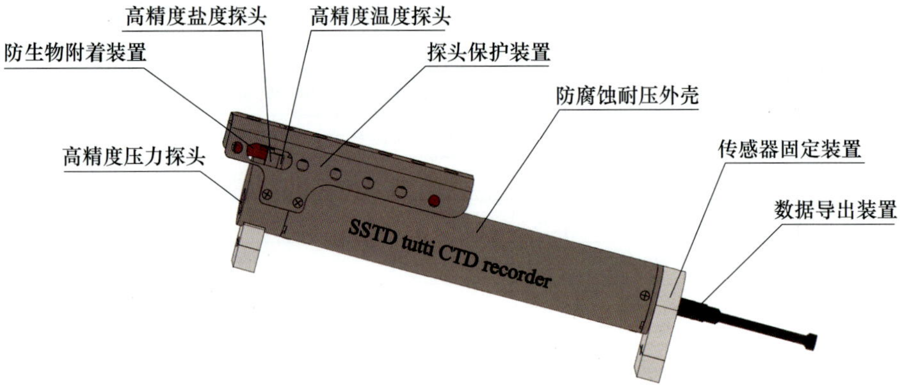

图7.2.5.1 CTD系列传感器组成

(4)性能指标(表7.2.5.1)

表7.2.5.1 CTD系列传感器性能指标

项目		性能指标
温度	范围	−5～35 ℃
	准确度	±0.002 ℃
	分辨力	0.0002 ℃
压力	范围	20～7000 m可选
	准确度	±0.05%FS
	分辨率	0.001%FS
电导率	范围	0～70 mS/cm
	准确度	±0.003 mS/cm
	分辨力	0.0003 mS/cm
材料耐压深度	塑料	350 m
	钛合金	7000 m

续表

项目	性能指标
测量速率	最快 16 Hz,可选,可设定
通信接口	RS-232/RS-485/TTL
通信协议	Modbus/Command Line/定制
供电范围	部分低至 3.3 V,最高达 30 V

(5)业务应用

CTD 系列传感器(图 7.2.5.2)主要应用于海面探测设备上。

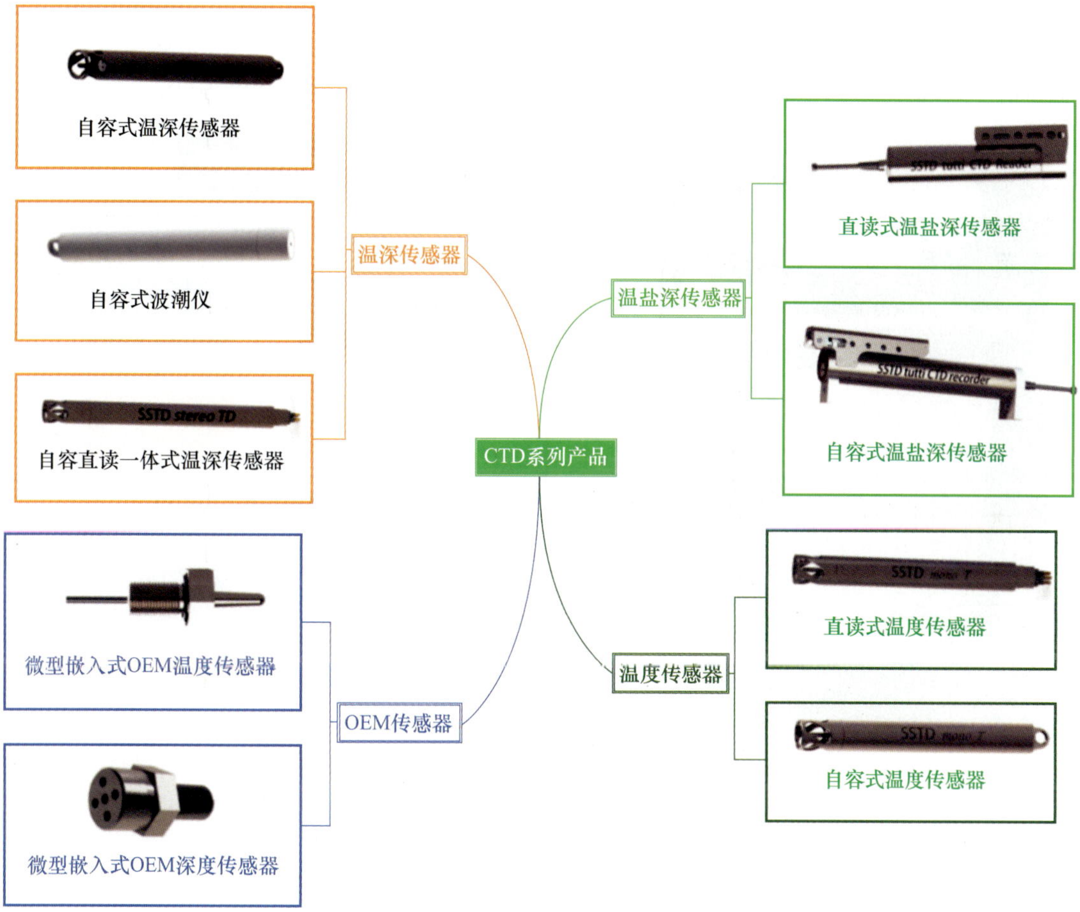

图 7.2.5.2 CTD 系列传感器主要应用类别

7.3 海基遥感装备

7.3.1 AeroNS Lidar 6000 型激光测风雷达(航天新气象)

(1)观测原理

AeroNS Lidar 6000 型激光测风雷达(图 7.3.1.1)以激光为光源,依据气溶胶的弹性后向散射信号来反演大气参数,它是一种遥感大气的有效探测工具。探测器所接收的后向散射信号,包含所探测粒子的光学、物理和化学信息。利用相应的反演算法可以从回波信号中得到多种大气参数。

基本工作原理是激光器产生一束激光,经过一定预处理之后向大气中发射,在大气介质中传播时会与大气中的粒子(气溶胶粒子、云粒子等)发生相互作用产生散射光;同时一部分散射光又沿原路径返回,被激光雷达接收单元所接收;信号处理单元提取出回波信号,并且实施光电信号的转换。

(2)功能特点

激光测风雷达具有探测距离远、时空分辨率高等优点,是一种优势明显的主动遥感设备,适合昼夜测量大气参数。目前,激光测风雷达在国内外大气科学领域的广泛应用已经获得许多有重要价值的研究成果。对激光测风雷达接收到的回波信号进行分析,可以获得消光系数时空演变特征、云层结构、边界层变化特征、大气能见度和大气透过率等信息。逐步成为强有力的大气探测工具,已被广泛应用于气候气象、大气环境监测、军事国防等领域。激光测风雷达主要具备以下特点:灵活的探测方式;高探测性能;高时空分辨率;人眼安全抗干扰能力强;较好的径向测风精度;高可靠性、易维护性。

(3)组成结构

激光测风雷达由以下分系统组成:激光器分系统、望远镜分系统、伺服分系统、光路和探测器分系统、综合控制和信号处理分系统、供电分系统、环境控制分系统、通信分系统以及软件等(图 7.3.1.2)。

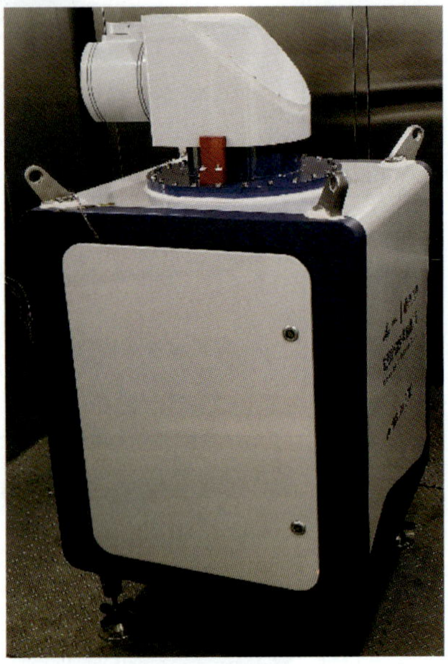

图 7.3.1.1　AeroNS Lidar 6000 型激光测风雷达产品

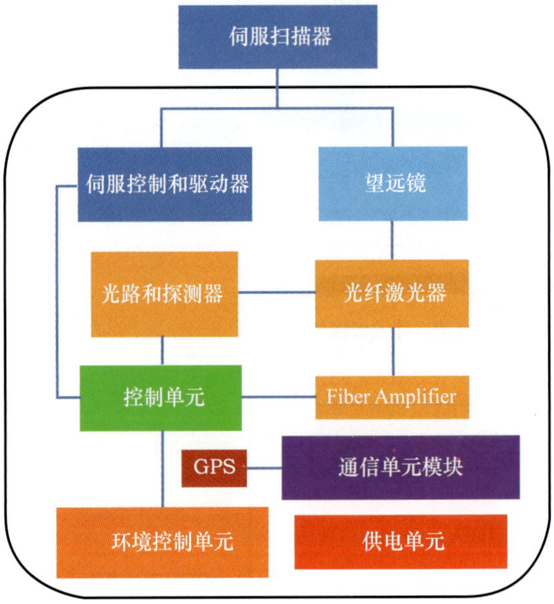

图 7.3.1.2　AeroNS Lidar 6000 型激光测风雷达系统构成

(4)性能指标(表 7.3.1.1)

表 7.3.1.1　AeroNS Lidar 6000 型激光测风雷达性能指标

要素	主要指标	要素	主要指标
工作波长	1550 nm	监测模式	具有垂直监测、三维扫描功能,可以 24 h 无人值守运行
最大探测距离	>6 km	供电	AC 220 V,50 Hz
扫描角度	俯仰范围:−20°～200°;方位向旋转范围:0°～360°	功耗	<2000 W
距离分辨率	30 m,60 m,120 m	通信接口	以太网、串口
温湿度监控系统	配置设备监测环境温湿度监控系统,软件显示	工作环境	0～95%,−40～50 ℃

(5)业务应用

主要应用于气象、民航、水文、风电、环保等多个领域。可以与现有的微波测风、有球测风结合,优势互补,体制互补,形成完整的全天候气象条件下的风场探测体系。

7.3.2 CLC-11-D 型边界层风廓线雷达（南京恩瑞特）

（1）观测原理

风廓线雷达是一种脉冲多普勒无线电探测和测距仪器，它以选定的频率和方向发射电磁能量脉冲。CLC-11-D 型边界层风廓线雷达工作时，首先由主控计算机控制产生高频探测脉冲信号，该信号在 T/R 组件中经过移相放大后，再经过天馈线系统辐射出去，进行空间功率合成，将能量集中到天线的某一波束方向上；当脉冲遇到晴空大气湍流，利用布拉格散射原理探测随风飘动的湍团中大气折射率结构常数 C_n^2 的变化，雷达天线接收到回波信号在 T/R 组件中放大、移相、合成后传输到数字中频接收机，再由数字中频接收机进行滤波、放大、正交相位检测、数据抽取；然后由信号处理机进行 FFT 计算，形成湍流回波信号功率谱；最后此功率谱由数据处理进行分析，进而导出大气中风向风速的真实情况。雷达通过计算信号发射时刻与收到回波信号时刻的时间间隔来计算出目标的距离。

（2）功能特点

该风廓线雷达采用全相干有源相控阵数字化脉冲多普勒体制，自动高/低组合工作模式和本/遥控制方式。

主要性能特点：全网监控；全相参脉冲多普勒体制；有源相控平面阵列天线；基于第三半导体管技术的分布式发射；超高灵敏度、大动态数字中频接收机；智能分布式的波束控制系统；高性能可编程信号处理器；智能化数据处理终端；灵活的参数设置功能；完善的 BIT 功能；完善的自动定标功能；高可靠性、低维护成本；人机界面友好，操作使用方便；时空分辨率高；抗干扰能力强。

（3）组成结构

该雷达分为室外部分和室内部分。室外部分主要包括风廓线雷达天馈系统（包括天线、反射面板、行列馈、阵面骨架）、加权合成网络、等功分网络、T/R 组件柜、阵面综合机柜、屏蔽网。室内部分主要包括风廓线雷达的接收机、信号/数据处理机、配电分机、UPS 主机、电池包、稳压源和空调。

（4）性能指标（表 7.3.2.1）

表 7.3.2.1 CLC-11-D 型边界层风廓线雷达性能指标

要素	主要指标
雷达体制	全相参脉冲多普勒体制
采用技术	相控阵天线技术、全固态发射技术、数字接收机技术、脉冲压缩技术
工作频率	在 1270～1295 MHz 和 1300～1375 MHz 范围内选择工作频点
最大探测高度	3～5 km
最小探测高度	100 m
测量范围	风速测量范围：0～60 m/s；风向测量范围：0°～360°
测量误差（均方根偏差）	风速测量误差：≤1.5 m/s；风向测量误差：≤10°
分辨率	风速分辨率：0.2 m/s；风向分辨率：0.5°； 高度分辨率：低模式为 60 m，高模式为 120 m（采用脉冲压缩技术）； 时间分辨率：3 波束工作时为 3 min，5 波束工作时为 6 min
相干性	系统相位噪声≤0.1°
输出产品	功率谱和谱的零、一、二阶矩；回波信噪比；水平风速、风向；垂直气流速度和方向； 大气折射率结构指数
可靠性/可维性	平均故障间隔时间（MTBF）≥2500 h，平均故障修复时间（MTTR）≤30 min
电源	采用交流电源 380/220 V±10%，50 Hz±5%

续表

要素	主要指标
环境适应性	适应温度：室外为－40～50 ℃，室内为 0～30 ℃； 适应湿度：室外为≤100%RH，室内为≤95%RH； 抗风能力：能经受不大于 50 m/s 的阵风风速（或不大于 30 m/s 的平稳风速），在上述情况下，天线和电磁屏蔽网不产生永久性变形或破坏； 其他环境适应性：防盐雾、防霉、防沙尘和防雷击能力；绝缘电阻≥10 MΩ，接地电阻≤4 Ω； 电磁兼容性：应具有静电屏蔽、电磁屏蔽设计，设备地线中模拟地线（Ga）与数字地线（Gd）和安全地线（Gp）要严格分开，以增强设备的抗干扰能力

（5）业务应用

CLC-11-D 型边界层风廓线雷达是针对海洋气象观测业务的国内外技术现状和未来发展需求而研制的风廓线雷达，广泛应用于海滨、海岛等地区（图 7.3.2.1～图 7.3.2.3），主要实现对重点区域的探测高度范围内大气水平风场、垂直气流、大气折射率结构常数等气象要素随高度的分布的实时探测，具备对晴空局地空域气流、中尺度灾害性天气、短时强对流天气、低空急流和锋面活动等监测和预报能力。

图 7.3.2.1　CLC-11-D 型边界层风廓线雷达应用场景 1

图 7.3.2.2　CLC-11-D 型边界层风廓线雷达应用场景 2

图 7.3.2.3　CLC-11-D 型边界层风廓线雷达室内机柜

7.3.3 CLC-11-H 型边界层风廓线雷达(南京恩瑞特)

(1)观测原理

CLC-11-H 型边界层风廓线雷达(图 7.3.3.1)是一种脉冲多普勒无线电探测和测距仪器,它以选定的频率和方向发射电磁能量脉冲。CLC-11-H 型边界层风廓线雷达工作时,首先由主控计算机控制产生高频探测脉冲信号,该信号在 T/R 组件中经过移相放大后,再经过天馈线系统辐射出去,进行空间功率合成,将能量集中到天线的某一波束方向上;当脉冲遇到晴空大气湍流,利用布拉格散射原理探测随风飘动的湍团中大气折射率结构常数 C_n^2 的变化,雷达天线接收到回波信号在 T/R 组件中放大、移相、合成后传输到数字中频接收机,再由数字中频接收机进行滤波、放大、正交相位检测、数据抽取;然后由信号处理机进行 FFT 计算,形成湍流回波信号功率谱;最后此功率谱由数据处理进行分析,进而导出大气中风向风速的真实情况。雷达通过计算信号发射时刻与收到回波信号时刻的时间间隔来计算出目标的距离。

图 7.3.3.1 CLC-11-H 型边界层风廓线雷达产品

(2)功能特点

该雷达采用全相干有源相控阵数字化脉冲多普勒体制,自动高/低组合工作模式和本/遥控制方式,主要性能特点包括:全网监控;全相参脉冲多普勒体制;有源相控平面阵列天线;基于第三半导体管技术的分布式发射;超高灵敏度、大动态数字中频接收机;智能分布式的波束控制系统;高性能可编程信号处理器;智能化数据处理终端;灵活的参数设置功能;完善的 BIT 功能;完善的自动定标功能;高可靠性、低维护成本;人机界面友好,操作使用方便;时空分辨率高;抗干扰能力强。

(3)组成结构

该雷达包括工作在 L 频段范围的相控阵脉冲多普勒雷达及相关的软硬件。雷达系统主要由天线分系统、发射分系统、接收分系统、信号处理分系统、监控分系统、标定分系统、数据处理、应用终端及支撑系统集成的通信设备构成。

(4)性能指标(表 7.3.3.1)

表 7.3.3.1 CLC-11-H 型边界层风廓线雷达性能指标

要素	主要指标
雷达体制	全相参脉冲多普勒体制
采用技术	相控阵天线技术、全固态发射技术、数字接收机技术、脉冲压缩技术
工作频率	在 1270～1295 MHz 和 1300～1375 MHz 范围内选择工作频点
最大探测高度	2～3 km
最小探测高度	100 m
测量范围	风速测量范围:0～60 m/s;风向测量范围:0°～360°
测量误差(均方根偏差)	风速测量误差:≤1.5 m/s;风向测量误差:≤10°
分辨率	风速分辨率:0.2 m/s;风向分辨率:0.5°; 高度分辨率:低模式为 60 m,高模式为 120 m(采用脉冲压缩技术); 时间分辨率:3 波束工作时为 3 min,5 波束工作时为 6 min
相干性	系统相位噪声≤0.1°

续表

要素	主要指标
输出产品	功率谱和谱的零、一、二阶矩；回波信噪比；水平风速、风向；垂直气流速度和方向； 大气折射率结构指数
可靠性/可维性	平均故障间隔时间（MTBF）≥2500 h，平均故障修复时间（MTTR）≤30 min
电源	采用交流电源 380/220 V±10%，50 Hz±5%；功耗≤3 kW
环境适应性	适应温度：室外为−40～50 ℃，室内为 0～30 ℃； 适应湿度：室外为≤100%RH，室内为≤95%RH； 抗风能力：能经受不大于 50 m/s 的阵风风速（或不大于 30 m/s 的平稳风速），在上述情况下，天线和电磁屏蔽网不产生永久性变形或破坏； 其他环境适应性：防盐雾、防霉、防沙尘和防雷击能力；绝缘电阻≥10 MΩ，接地电阻≤4 Ω； 电磁兼容性：应具有静电屏蔽、电磁屏蔽设计，设备地线中模拟地线（Ga）与数字地线（Gd）和安全地线（Gp）要严格分开，以增强设备的抗干扰能力

（5）业务应用

CLC-11-H 型边界层风廓线雷达是针对海洋气象观测业务的国内外技术现状和未来发展需求而研制的风廓线雷达，广泛应用于海滨、海岛、船舶、平台等载荷平台，主要实现对重点区域的探测高度范围内大气水平风场、垂直气流、大气折射率结构常数等气象要素随高度的分布的实时探测，具备对晴空局地空域气流、中尺度灾害性天气、短时强对流天气、低空急流和锋面活动等监测和预报能力。

7.3.4 GLC-34CW 毫米波云雷达（南京恩瑞特）

（1）观测原理

该雷达工作在 Ka 波段，采用全固态、调频连续波、双发双收线极化、全相参脉冲多普勒体制，雷达主要应用目标为观测非降水云系、弱降水云和雾的三维动态结构，识别云雾内相态、水成物含量、云内气流分布，进而推断云内微物理结构参数，是研究云和降水形成与发展的微物理过程的理想工具。

该雷达工作时，首先由主控计算机按照操作员确定的工作模式控制接收处理机产生高频探测激励信号，该信号在固态发射机放大然后传输到正交模极化器上，再经过卡氏天线辐射出去。

电磁波信号遇到云体等目标后散射返回，散射信号通过正交模极化器分别输出水平极化和垂直极化信号，再分别通过各支路的低噪声放大器进入混频器，与雷达本振混频到中频后信号输入到数字中频接收机，再由数字中频接收机进行滤波、放大和中频采样，通过光纤送给信号处理，最后由信号处理机进行脉冲压缩、FFT 计算和质量控制等处理获得强度、速度、谱宽和退极化比等产品，最后由数据处理进行显示。

（2）功能特点

该雷达采用线性调频连续波技术和成熟的工艺，主要具备以下特点：

探测威力大。雷达采用连续波体制，工作比大，平均功率大，馈线损耗小，因此可以探测到的回波强度更低，探测威力更大。

近距离探测性能好。连续波体制采用双天线设计，发射天线和接收天线分开，使得发射泄漏功率远小于接收机低噪声放大器的饱和值，接收通道始终工作在线性状态，雷达探测无近距离盲区。

距离分辨率高。雷达采用脉冲压缩技术，最高距离分辨率为 5 m，可满足精细化探测高距离分辨率的要求。

数据一致性好。连续波体制只需要一个工作模式就可以实现整个探测距离的连续探测，不需要多工作模式在距离上归一化拼接。

（3）组成结构

雷达系统由天线、馈线、发射机、接收机、信号处理机、数据处理机、伺服分机、电源、天线座、汇流环、配电分机、方舱、通信系统以及附属设备等组成。舱外设备主要包括天线、馈线、天线座、汇流环、发射机、接收机和电源等设备，舱内设备包括配电分机、伺服分机、信号处理、数据处理和综合机柜等。舱外设备固定安装在方舱上方，通过电缆组件与舱内设备互联。

(4)性能指标(表 7.3.4.1)

表 7.3.4.1 GLC-34CW 毫米波云雷达性能指标

要素	主要指标	
雷达体制	全固态、调频连续波、双偏振、全相参,脉冲多普勒	
工作频率	35±0.1 GHz,点频工作	
探测距离	30 m～30 km	
距离分辨率	5 m,10 m,30 m	
探测威力	优于－30 dBZ@10 km(30 m 距离分辨率)	
发射功率	≥50 W(连续波)	
天线口径	1.5 m	
参数测量范围	方位	0°～360°
	俯仰	0°～90°
	回波强度	－45～35 dBZ
	径向速度	－25～25 m/s
	速度谱宽	0～8 m/s
参数测量精度	回波强度	≤1 dB
	径向速度	≤1 m/s
	速度谱宽	≤1 m/s
	方位	≤0.1°
	俯仰	≤0.1°
输出产品	回波强度、径向速度、速度谱宽、线性退极化比、差分反射率因子、差分传播相移、比差分传播相移和零相关系数等	
功耗	≤3 kW	

(5)业务应用

主要在大气物理研究、人工影响天气、航空保障、农业服务、交通指挥和水利工程等诸多方面有着广泛的应用前景(图 7.3.4.1、图 7.3.4.2)。

图 7.3.4.1 GLC-34CW 毫米波云雷达

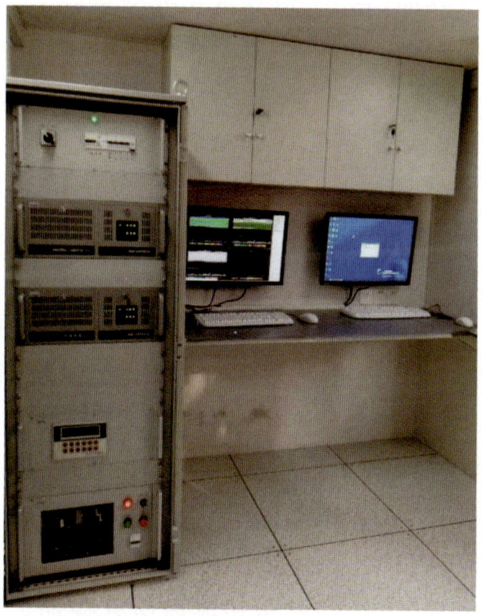

图 7.3.4.2 GLC-34CW 毫米波云雷达室内机柜

7.3.5 GLC-36X 型 X 波段相控阵天气雷达（南京恩瑞特）

（1）观测原理

GLC-36X 型 X 波段相控阵天气雷达采用一维电扫全数字化固态有源相控阵体制，利用云、降水粒子对电磁波的后向散射和多普勒效应，实时探测云高、云厚、云内含水量、云中流场径向分量，快速探测获取周围上空天气目标的位置、强度、平均径向速度和速度谱宽等参数。该雷达具有监测雷达测站周围 120 km范围内的强对流危险天气系统的生成、发展、消散、移动状态的能力，能对雷暴、下击暴流、中尺度气旋和晴空风切变等航空危险天气进行有效的探测和预警。

GLC-36X 型 X 波段相控阵天气雷达工作时，方位采用机械 360°旋转扫描，俯仰采用电扫描，俯仰波束电扫描范围设计为±30°，工作时天线阵面与大地的固定夹角选择为 60°，可实现 0°～60°的空域覆盖。

在接收波束设计上，系统设计有单波束接收和 5 波束同时接收，在低仰角区域为提高远距离探测能力采用窄波束发射，单波束接收的方式；在高仰角区采用宽波束发射，5 波束同时接收的方式以提高数据率，缩短扫描时间。

（2）功能特点

实时探测云高、云厚、云内含水量、云中流场径向分量，具有监测雷达测站周围 240 km 范围内的强对流危险天气系统的生成、发展、消散、移动状态的能力；利用双偏振功能实时获取 120 km 范围内降水粒子的形状和相态信息，提高降水测量的精度，同时对中尺度灾害性天气进行有效监测和预警；对雷暴、下击暴流、中尺度气旋和晴空风切变等航空危险天气进行有效的探测和预警；定量测量降水的位置和强度，测定降水区内部气流的速度和流向。

（3）组成结构

X 波段相控阵天气雷达硬件系统从结构上分为室外和室内两部分，室外部分主要包括天线座、天线阵面（含 84 根双极化波导缝隙天线、综合网络、阵面监测、阵面骨架和 168 路 T/R 通道等）、阵面电源和数字综合处理分系统等；室内部分包含信号处理服务器、伺服（天线控制）和数据处理终端（含雷达控制、气象信息处理显示）、二次产品生成以及电缆、机柜和网络等附属设备。

该雷达软件系统主要包括波束控制软件、数字接收软件、信号处理软件、伺服控制软件、数据处理软件和产品终端软件等。其中数据处理软件主要包括系统控制、参数设置、数据采集、数据处理、基本产品显示、数据通信、数据存储与管理等模块。产品终端软件包括二次产品生成、产品显示、产品发布和地理信息叠加显示等模块（图 7.3.5.1）。

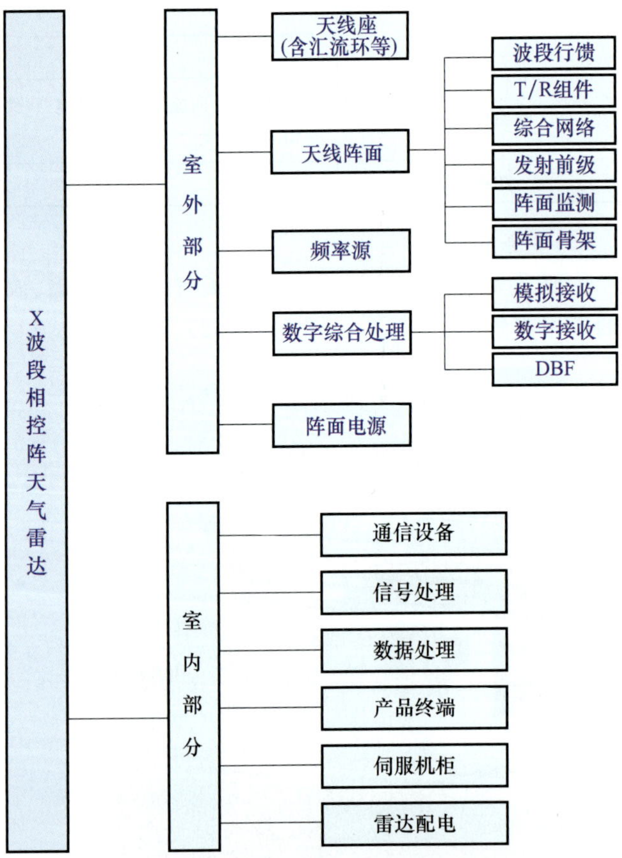

图 7.3.5.1 GLC-36X 型 X 波段相控阵天气雷达系统组成

(4)性能指标(表 7.3.5.1)

表 7.3.5.1　GLC-36X 型 X 波段相控阵天气雷达性能指标

要素	主要指标
技术体制	一维相控阵、双线偏振、全相参脉冲多普勒体制
工作频率	9300～9500 MHz(点频,可选)
探测范围	强度测量距离≥120 km;速度测量距离≥200 km;双偏振测量距离≥120 km; 方位:0°～360°;俯仰:0°～60°;测高范围:0～24 km;强度范围:－15～70 dBZ; 测速范围:－64～64 m/s(@60 km),－96～96 m/s(@30 km);谱宽范围:0～16 m/s
分辨率	距离分辨率≤75 m;测高分辨率≤100 m;强度分辨率≤0.5 dBZ; 速度分辨率≤0.2 m/s;谱宽分辨率≤0.2 m/s
测量误差(均方根误差)	距离误差≤100 m;测高误差≤200 m(100 km);方位角误差≤0.1°;俯仰角误差≤0.1°; 强度误差≤1 dBZ;速度误差≤1 m/s;谱宽误差≤1 m/s;差分反射率≤0.2 dB;差分传播相移≤0.2°; 传播常数≤0.2(°)/km;相关系数≤0.01
接收波束数	5 波束(5 H+5 V)
体扫时间	≤50 s(20 层扫描)
极限改善因子	≥45 dB
正常开机时间	≤2 min
可靠性和维修性	平均故障间隔时间(MTBCF)≥2000 h,平均故障修复时间(MTT/R)≤0.5 h
环境适应性	工作温度:室内:－25～50 ℃;室外:－30～50 ℃。储存温度:－50～60 ℃。 相对湿度:室内:10%～95%(30 ℃);室外:95%～100%(30 ℃)。相对海拔高度≤3000 m
安全性	整机设计保证操作人员在工作、维修时能预防触电、误操作及贵重器件损坏等事故的发生;具有天线限位、运输安全防护措施;整机具备防雷击措施
三防及其他要求	具有防盐雾、防霉、防沙尘和防雷击能力,具有防电源干扰、电磁干扰能力
供电	供电方式:三相交流电;电压:380 V±10%;频率:50 Hz±5%;雷达功耗:≤8 kW

(5)业务应用

该雷达针对气象局、部队气象保障部门、民航管制部门和行业等用户设计。该雷达能对雷达站周边天气进行有效探测和预警,可获取雷达站周围上空天气目标的位置、强度、平均径向速度、速度谱宽和双偏振等气象参数,实时监测 120 km 范围内的强对流危险天气系统的生成、发展、消散、移动状态的能力,对中尺度风暴、暴雨、风切变、冰雹、龙卷、大风等灾害性天气能进行有效的监测和预警,为用户气象保障提供及时精确气象探测资料(图 7.3.5.2)。

图 7.3.5.2　GLC-36X 型 X 波段相控阵天气雷达应用场景

7.3.6 HMB-LAD 型微波激光复合雷达(航天新气象)

（1）观测原理

微波激光复合雷达结合了微波与光学两个波段的优势，利用雾粒子对微波的散射作用和光学波段的消光作用，对15 km范围内的低云、雾等气象目标进行探测。微波激光复合雷达可生成反射率因子、能见度、消光系数等一系列刻画低云、雾的微观、宏观参数。

（2）功能特点

双波段优势。由于结合了微波与激光两个波段，该复合雷达综合了微波穿透性好和激光灵敏度高的两个特点。经过数据融合，为用户提供了雾边界分布、雾中能见度、雾运动趋势等更加丰富的数据产品。

丰富的数据产品。可获取探测范围内各距离上探测目标的回波强度、径向速度、速度谱宽、极化信息和功率谱分布信息，通过数据反演算法可进一步生成雾顶高度、雾厚度、雾分布范围、雾垂直剖面、水平运动气流等产品。

协同观测能力。微波激光复合雷达可实现微波探测与光学探测在时间、空间指向、天线扫描、探测距离、距离分辨率等多个维度上的同步，为多源数据的联合使用奠定了坚实的基础。

（3）组成结构

微波激光复合雷达由毫米波雷达、激光雷达和装载平台三部分组成。毫米波雷达部分主要包括天馈分系统、发射分系统、接收分系统、信号处理分系统等部分；激光雷达部分主要包括激光发射系统、光学接收系统、信号采集与控制系统等部分；装载平台包括伺服系统、配电系统、终端显示系统、通信系统四部分，为整个设备系统提供共用部分的支持。

（4）性能指标（表 7.3.6.1）

表 7.3.6.1 HMB-LAD 型微波激光复合雷达性能指标

要素	主要指标	要素	主要指标
工作频段	Ka 频段、光学波段	距离分辨率	15 m、30 m
探测范围	120 m～15 km	方位扫描范围	水平 0°～360°
时间分辨率	5 s～1 min 可调	能见度探测范围	20～20000 m

（5）业务应用

主要应用于港口等海雾多发地区的海雾监测、预警等领域（图 7.3.6.1、图 7.3.6.2）。

图 7.3.6.1 HMB-LAD 型微波激光复合雷达应用场景（毫米波部分）

图 7.3.6.2 HMB-LAD 型微波激光复合雷达应用场景（激光部分）

7.3.7 KuKa 双频段天气雷达(航天新气象)

(1)观测原理

KuKa 双频段天气雷达采用全固态、单发双收线极化、全相参脉冲多普勒体制,兼顾 Ku 频段与 Ka 频段分别在云、雨、雪等气象目标测量上的优势,利用云和降水对电磁波的散射作用,对作用范围内云、雨、的空间位置与分布、回波强度、径向速度、速度谱宽和双极化参数等进行定量探测,获取目标的形状、相态和空间取向等特征。

(2)功能特点

双频段双极化双偏振体制:采用 Ku、Ka 双频段、全相参系统。丰富的数据产品:可获取 100 km 高度范围内各距离上探测目标的回波强度、径向速度、速度谱宽和极化信息等,通过数据反演算法可进一步生成二次数据产品。多种扫描模式:具有 PPI、RHI、VOL、sPPI、sRHI 以及垂直指向等多种扫描模式。自动化程度高:可通过远端遥控进行雷达操控及自动数据录取,实现 24 h 无人值守运行。操作流程简便,易于掌握。可靠性高,维修性好:采用成熟的产品设计及工艺设计,可全天候 24 h 连续工作,可靠性高。模块化的设计以及完善的故障自检与定位功能,使雷达维护维修更为简便易行。

(3)组成结构

雷达各分系统主要有馈分系统(抛物面天线、馈线、正交模耦合器、环形器、天线罩等)、发射分系统(射频单元、电源单元、监控单元等)、接收分系统(接收机、频率综合器等)、信号处理分系统(主数字接收机、从数字接收机等)、伺服分系统(天线控制组合、天线座、汇流环等)、显控和终端分系统(控制计算机、显示器、系统软件、数据磁盘阵列等)、配电分系统(加电控制组合、加电控制模块、UPS、油机等)、通信分系统(以太网交换机等)、标校分系统(接收机标校系统、发射机标校系统,内置于其他各分系统)。

(4)性能指标(表 7.3.7.1)

表 7.3.7.1 KuKa 双频段天气雷达性能指标

要素	主要指标
雷达体制	双频段、全固态、双发双收线极化、脉冲多普勒
工作频率	Ka 频段:35.5 GHz±25 MHz。Ku 频段:13.6 GHz±25 MHz
探测目标	云、雾、降水等
探测要素	回波强度 ZH/ZV、径向速度 V、速度谱宽 W、线性退极化比 LDR、差分反射率 ZDR、差分传播相位移 FDP、差分传播相位移率 KDP、相关系数 rHV、时间、斜距、方位、俯仰
探测能力	在 15 km 高度上优于-10 dBZ
测量范围	斜距:300 m~100 km;方位:0°~360°;俯仰:-2°~90°~182°;扫描速度:0(°)/s~24(°)/s;回波强度:-45~70 dBZ;径向速度:±45 m/s;速度谱宽≤4 m/s;线性退极化比:-30~-5 dB;差分反射率:-5~5 dB;差分传播相位移率:-10(°)/km~10(°)/km;差分传播相位移:0°~360°;相关系数:0~1.0
测量误差(均方根偏差)	回波强度≤1.0 dBZ;径向速度≤1.0 m/s;速度谱宽≤1.0 m/s;线性退极化比≤0.5 dB;差分反射率≤0.5 dB;差分传播相位移率≤3.0(°)/km;差分传播相位移≤2°;相关系数≤0.05

(5)业务应用

KuKa 双频段天气雷达能够强化对云的探测,增强对灾害性天气系统精细结构的探测,改善降水定量测量精度,形成对不同天气晴雨转换过程的连续探测,提高人工影响天气作业、天气数值预报和气候模式的水平,为短时天气预报、数值模拟云的发展演变、大气环流的分析、人工影响天气工作和科学研究提供重要依据。因此,该系统可应用于大气科学研究、人工影响天气、云自动化观测、机场气象保障、军事气象保障等方面和领域(图 7.3.7.1)。

图 7.3.7.1　KuKa 双频段天气雷达应用场景

7.3.8　WR-CPD 型 C 波段相控阵天气雷达（航天新气象）

（1）观测原理

该雷达是一套全相参、全固态、双偏振、脉冲多普勒、单元级一维数字有源相控阵体制天气雷达，单元级数字有源相控阵是指每个天线单元都配有一套发射通道和接收通道，能够对发射信号和接收信号进行数字配相，实现发射波束和接收波束进行灵活配置，具有很高的自由度和可重构性。该雷达在方位向采用机械扫描，俯仰向采用电扫描，利用发射波束展宽和同时多波束接收技术实现对气象目标的快速探测，获取雷达周围上空云和降水的位置、强度、平均径向速度、速度谱宽以及双偏振等探测资料，实现对天气目标的自动识别、跟踪、分析，有效监测预警雷暴、下击暴流、风切变等危险性天气，为气象保障提供及时精准的危险天气信息。

（2）功能特点

能够探测周边云和降水的分布及其发生和演变过程，提供丰富的产品数据，具备以下特点：体制先进，天线波束灵活，探测距离远，时空分辨率高；扫描策略丰富灵活，可自定义扫描作业表；内外结合、主被兼具的系统标校措施和分布式监测设备；采用单元级数字阵列、全固态 TR 组件，可靠性高，维修性好；信号处理算法先进，数据质量高，气象产品丰富。

（3）组成结构

该雷达为固定式部署，主要由天线塔台和雷达控制机房组成，天线塔台主要包括天线座、伺服机构、天线阵面（包括天馈分系统、收发分系统等）、天线罩、避雷装置等，雷达控制机房紧邻天线塔台，集中了工作站、显控台、数据处理终端等设备。

（4）性能指标（表 7.3.8.1）

表 7.3.8.1　WR-CPD 型 C 波段相控阵天气雷达性能指标

要素	主要指标
雷达体制	单元级数字相控阵、全固态、双偏振、全相参、脉冲多普勒
工作频率范围	5300～5700 MHz 内点频工作，可设置工作频点
探测威力	优于 7 dBZ@200 km（单波束）
发射功率	12 kW＋12 kW（水平偏振＋垂直偏振）
分辨力	≤150 m
监测范围	≥400 km
测量范围	≥200 km
波束宽度	≤1°

续表

要素	主要指标	
参数测量范围	方位	0°～360°(机械扫描)
	俯仰	0°～60°(电扫描)
	回波强度	−10～70 dBZ
	径向速度	−30～30 m/s(200 km)
	速度谱宽	0～16 m/s
	差分反射率因子	−8～8 dB
	差分传播相位常数	−2(°)/km～10(°)/km
	零延迟相关系数	0～1
参数测量精度	方位	≤0.1°
	回波强度	≤1 dB
	径向速度	≤1 m/s
	速度谱宽	≤1 m/s
	差分反射率因子	≤0.2 dB
	差分传播相位常数	≤0.2(°)/km
	零延迟相关系数	≤0.01
输出产品	回波强度、径向速度、速度谱宽、差分反射率因子、差分传播相位常数、零延迟相关系数等	
供电	AC 220 V,50 Hz;功耗≤20 kW	
工作环境	−40～50 ℃	

(5)业务应用

WR-CPD 型 C 波段相控阵天气雷达(图 7.3.8.1),能更快、更准确地获取天气过程的精细信息,其高时空分辨率的特点,对于局地强降水、龙卷、冰雹等发展迅速、空间尺度较小的天气系统具有较大的探测优势,为准确发布预报预警信息提供强有力的支撑,同时有助于天气系统发生发展机理研究,可广泛应用于短临天气预报、高校科研院所、人影、交通、水利、民航、防灾减灾等领域。

图 7.3.8.1 WR-CPD 型 C 波段相控阵天气雷达天线塔台

7.3.9 WR-X20P 型 X 波段相控阵天气雷达-阵列(航天新气象)

(1)观测原理

WR-X20P 型 X 波段阵列天气雷达(图 7.3.9.1)由若干个雷达单元与控制和数据处理中心构成,雷达单元主要负责数据采集及向控制和数据处理中心传输探测数据,生成三维探测子区的探测数据,包含三组强度数据 $Z'_1(x,y,z)$、$Z'_2(x,y,z)$、$Z'_3(x,y,z)$和三组径向速度数据 $v_1(x,y,z)$、$v_2(x,y,z)$、$v_3(x,y,z)$。控制和数据处理中心主要负责系统的同步和控制,数据的处理、存储和分发,并完成与雷达单元的通信,将三组径向速度数据合成速度矢量场 $u(x,y,z)$、$v(x,y,z)$、$w(x,y,z)$，将三组强度数据融合为一个反射率因子 $Z(x,y,z)$。

三角形区域为三个收发单元共同扫描覆盖区在平面上投影，三个收发单元各自扫描方位 60°，俯仰 90°的空间，称之为三维探测（子）区。三个收发单元在同一空间探测的资料（反射率因子、径向速度）具有很高的时间同步性，因而利用三个收发单元探测的三个径向速度（三个速度分量），能较好地合成降水粒子的三维运动速度，利用三个收发单元探测的三个反射率因子能较好地融合成一个消除衰减影响的 Z 值。由于三个收发单元距离近，空间分辨率高，可以利用它们实现对降水的精细化探测。单个或者两个单元的覆盖区域称为搜索探测区，可以用于天气系统的预警。

图 7.3.9.1　WR-X20P 型 X 波段相控阵天气雷达-阵列

（2）功能特点

X 波段相控阵天气雷达组网观测能够全面认识小尺度天气系统以及与其他尺度天气系统的相互作用，通过研发 X 波段相控阵天气雷达和信息融合方法，更全面认识小尺度天气系统以及与其他尺度天气系统的相互作用，进行相关机制机理探索，提高灾害天气预报预警的有效性，实现科学防灾减灾。

X 波段相控阵天气雷达组网观测能够利用云和降水对电磁波的散射作用，快速获取作用范围内的变化快、强度大的小尺度系统灾害天气（龙卷、冰雹、暴雨等）的强度和三维速度等信息，实现对该类目标的精细化探测，其主要功能包括：能够获取作用范围在 20 km 范围内小尺度天气强灾害天气的强度、速度等信息，实现对该类目标的结构和演变的精细化探测；具有快速扫描能力，能够在 1 min 内完成作用范围的三维立体探测；可通过采用三部相控阵天气雷达单元组成的三角形布局，实现对同一三维探测区的同步探测，获取三维速度信息。

（3）组成结构

X 波段阵列天气雷达系统主要由三部相控阵天气雷达单元和一个中心站组成（图 7.3.9.2、表 7.3.9.1 和表 7.3.9.2）。

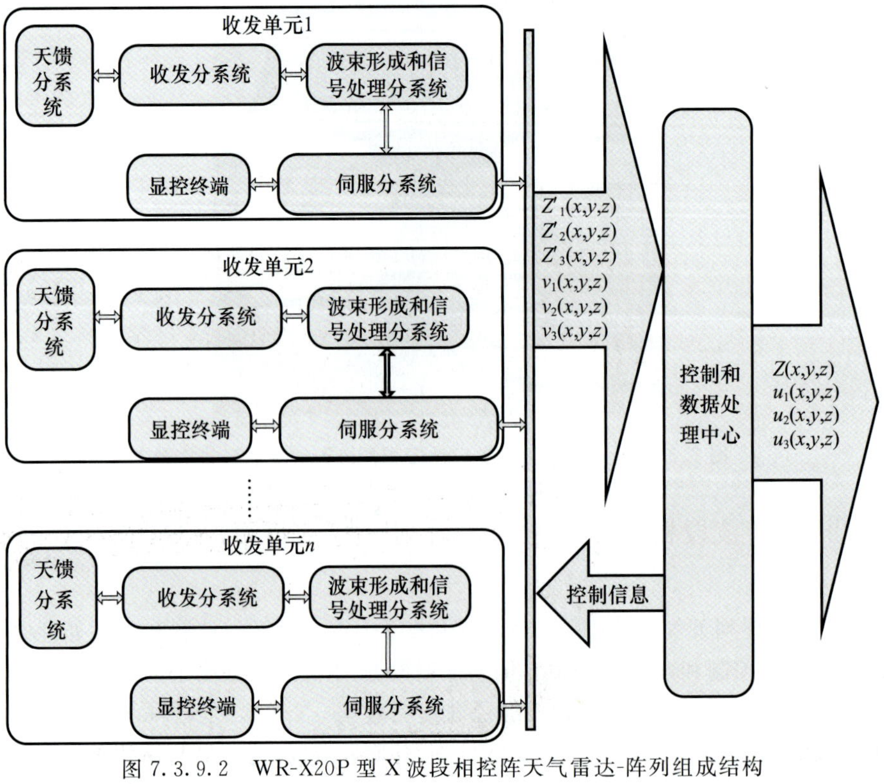

图 7.3.9.2　WR-X20P 型 X 波段相控阵天气雷达-阵列组成结构

表 7.3.9.1　WR-X20P 型 X 波段相控阵天气雷达-阵列组成结构

设备名称	单位	数量	设备名称	单位	数量
天线罩	个	1	伺服驱动组合	个	1
波导裂缝天线	个	1	伺服方位座	个	1
数字 TR 模块	个	8	显控终端	个	1
功分网络	个	1	GPS 授时	个	1
频综模块	个	1	视频监控	个	1
加电控制组合	个	1	空调	个	1
波束形成和信号处理组合	个	1			

表 7.3.9.2　WR-X20P 型 X 波段相控阵天气雷达-阵列中心站组成

设备名称	单位	数量	设备名称	单位	数量
监控终端	台	1	交换机	台	1
产品终端	台	1	磁盘阵列	台	1

(4)性能指标(表 7.3.9.3)

表 7.3.9.3　WR-X20P 型 X 波段相控阵天气雷达-阵列性能指标

要素		主要指标
雷达体制		双偏振体制
工作频率		9.3～9.5 GHz
探测距离范围		≥120 km(警戒);≥60 km(定量)
近距离盲区范围		≤300 m
50 km 处可探测的最小反射率因子(参考值)		≤12 dBZ
参数测量范围	强度	－15～70 dBZ
	速度	±24 m/s
	谱宽	0～16 m/s
参数测量精度	强度	≤1 dB
	距离	≤30 m
	速度	≤1 m/s
	谱宽	≤1 m/s
系统相位噪声		≤0.2°
地物杂波抑制比		≥50 dB
收发单元通道幅相一致性		幅度波动小于±0.5 dB
		相位波动均方根误差小于±3°
电源要求		单相 AC 220 V±10%,50 Hz±5%
环境要求	工作温度	室外、车厢外装备:－40～50 ℃;室内、车厢内装备:0～40 ℃
	储存温度	－40～60 ℃
	最大湿度(30 ℃)	室外≤95%RH,室内≤90%RH
	工作高度	海拔高度≤3000 m
	其他	防水、防霉、防盐雾
架设方式		可固定架设,也可车载移动式
整机功耗(峰值)		≤10 kW

(5)业务应用

X 波段相控阵天气雷达-阵列主要应用于观测能够全面认识小尺度天气系统以及与其他尺度天气系统的相互作用，是大气科学发展中面临的重要挑战和研究方向，对大气科学发展和提升气象灾害防御能力有着极其重要的意义。

7.3.10 WR-X50P 型 X 波段单元级数字相控阵双偏振雷达（航天新气象）

(1)观测原理

WR-X50P 型 X 波段单元级数字相控阵双偏振雷达(图 7.3.10.1)采用一维有源数字相控阵体制，雷达在方位上采用机械扫描，俯仰上采用电扫描，通过无惯性电扫描捷变波束可以获得雷达的时间、能量资源的合理运用。有源相控阵的辐射能量产生在阵面上，采用有源 T/R 组件，辐射功率在 T/R 组件内产生，众多单元独立产生相位同步的多档功率信号在空间相干合成，产生定向波束；收发均采用数字波束形成技术，系统组成简单，收发通道自由度高。

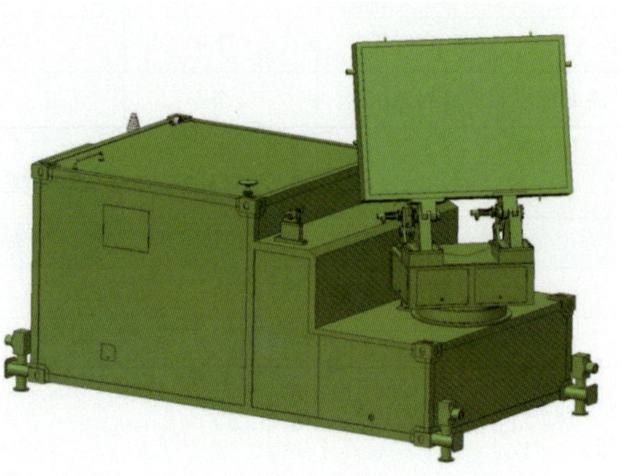

图 7.3.10.1 WR-X50P 型 X 波段相控阵天气雷达产品

(2)功能特点

X 波段单元级数字相控阵双偏振雷达采用 X 波段单元级数字相控阵、双偏振、全相参脉冲多普勒体制，应用于 50 km 范围内对流云、强对流天气快速识别和追踪、龙卷和下击暴流等小尺度的强风观测，能根据观测目的灵活改变主要观测参数，实现在 1 min 完成一次高时空分辨率观测，能实时、准确、全面地掌握云内作业前后高时空分辨率探测数据的宏微观参数变化，为实际作业提供观测依据。主要具备以下特点：单元级一维数字有源相控阵体制；大功率口径积，波束宽分辨率高和 2 kW 峰值发射功率；丰富灵活的扫描策略和控制方式，可自定义扫描作业表；任意偏振裂缝波导天馈系统，插损小，副瓣电平和交叉偏振低。

(3)组成结构

X 波段单元级数字相控阵双偏振雷达采用方舱式结构，方舱配有空调、起竖机构、电子机柜、GPS、避雷针、调平装置、视频监控等设施，方舱尺寸：5 m×2.4 m×52.5 m。雷达主要由天馈分系统、收发分系统、伺服分系统、数字波束形成和信号处理分系统(DBF 和信号处理分系统)、监控和标校分系统、显控和终端分系统、配电分系统、通信分系统以及配套设备等组成。

(4)性能指标(表 7.3.10.1)

表 7.3.10.1 WR-X50P 型 X 波段相控阵天气雷达性能指标

要素	主要指标	要素	主要指标	
雷达体制	单元级数字相控阵、全固态、双偏振、全相参、脉冲多普勒	参数测量范围	方位	0°～360°(机械扫描)
			俯仰	0°～60°(电扫描)
工作频率范围	9300～9500 MHz 内点频工作，可设置工作频点		回波强度	－10～70 dBZ
			径向速度	－48～48 m/s
探测威力	优于 10 dBZ@100 km(单波束)		速度谱宽	0～16 m/s
发射功率	1280 W＋1280 W(水平偏振＋垂直偏振)		线性退极化比	－30～－5 dB
分辨力	≤75 m		差分反射率因子	－7.9～7.9 dB
探测范围	≥50 km			
波束宽度	≤1.8°			

(5)业务应用

WR-X50P 型 X 波段单元级数字相控阵双偏振雷达在行业内属于新兴产品，暂时还没有相关的定型工作。该雷达可广泛应用于短临天气预报、高校科研院所、人影、交通、水利、民航、防灾减灾等领域。

7.3.11 WR-X100 型 X 波段全固态双偏振天气雷达(航天新气象)

(1)观测原理

WR-X100 型 X 波段天气雷达(图 7.3.11.1)采用同时发射同时接收双极化、脉冲多普勒体制，利用粒子对电磁波的散射作用，探测作用范围内云、雨等目标，实时获取探测目标的位置、回波强度、径向速度、速度谱宽、差分反射率因子、双程差分传播相移/差分传播相位常数、零延迟相关系数等信息，通过进一步的数据处理，生成云物理量产品、风场产品、强天气识别产品和双极化产品等气象产品。

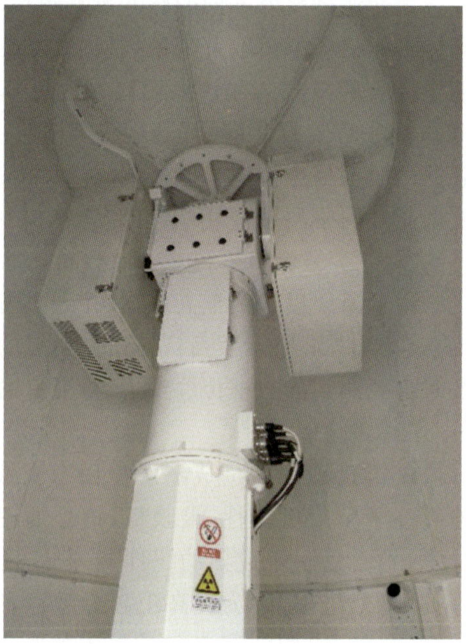

图 7.3.11.1 WR-X100 型 X 波段全固态双偏振天气雷达产品

(2)功能特点

该雷达的主要功能特点：监测 300 km 范围内各种天气现象过程，获取 150 km 距离范围内云雨目标的反射率因子 Z、径向速度 V、速度谱宽 W、线性退极化比 LDR、差分反射率因子 ZDR、双程差分传播相移 φDP、差分传播相位常数 KDP、零延迟相关系数 ρHV；通过数据反演算法生成基本数据产品、物理量产品、风场产品、强天气识别产品和双极化产品等气象产品；获取探测目标的三维坐标(方位、俯仰和距离)，具备 PPI、RHI、VOL、sPPI、固定指向等多种扫描模式；具备本地/遥控工作模式，自动获取探测数据，可通过远端遥控功能和数据通信实现无人值守运行，生成的各种气象产品数据可通过网络实现数据传输；雷达运行稳定可靠，具备连续不间断工作能力；具备不同环境和天气条件下的工作和探测能力；雷达集成度高、体积小、质量轻、可靠性好。

(3)组成结构

该雷达主要由天馈分系统、发射分系统、接收和频综分系统、信号处理分系统、伺服分系统、显控和终端分系统、配电分系统、通信分系统、标校分系统以及附属设备等部分组成。

(4)性能指标(表 7.3.11.1)

表 7.3.11.1 WR-X100 型 X 波段全固态双偏振天气雷达性能指标

要素	主要指标	要素	主要指标
工作频段	9.3～9.5 GHz	测量范围	强度：−15～80 dBZ；速度：±48 m/s；谱宽：0～16 m/s；差分反射率因子：−7.9～7.9 dB；差分传播相移：−180°～180°；差分传播相移率：−2(°)/km～10(°)/km；退偏振比：−44～6 dB；相关系数：0～1
探测范围	警戒：≥150 km；定量：≥75 km		
探测能力	≤8 dBZ@100 km	发射功率	≥400 W
距离分辨率	≤75 m	安装方式	方舱式、车载式、固定式

（5）业务应用

雷达可加强中、微观天气系统的精细探测，提高精细观测定量降雨计算的性能，对大城市强影响天气的早期发现和预防具有重要意义。它还广泛应用于强影响天气探测、人工影响天气、航空、军事领域、科学研究等领域。

7.3.12 YTD1型X波段双偏振雷达（南京恩瑞特）

（1）观测原理

雷达通过发射不同的脉冲重复频率和偏振脉冲波来监测或测量不同量程范围内的气象体目标。气象体目标信息的获取首先是气象回波通过天线进入馈线系统；馈线系统将回波信号送入接收机，接收前端将接收的微波信号放大后与本振信号混频，中频放大后对该信号进行采样生成数字正交I/Q信号；信号处理对正交I/Q信号进行处理，按照一定的算法提取强度、速度、速度谱宽和双偏振等参量，输出基本数据送数据处理计算机（前台计算机）进行数据合成、打包并进行实时显示，数据处理计算机打包操作的数据通过网络向用户终端（后台计算机）提供方位角、仰角、探测参量的基本数据，并生成用户所需的气象产品。

雷达系统设计为无人值守，在无人值守状态下，雷达发射、接收和信号处理功能以及系统在线标校和状态性能监测功能均可自动运行，所有的雷达故障监视信息和状态数据均可网络传输送往远程用户。为及时将观测到的数据传输到远端用户，通信系统采用有线网络实现数据的远程传输。

（2）功能特点

该雷达采用先进成熟的全固态双线偏振体制，优点如下：可靠性高，发射采用全固态发射机，极大地提高了发射可靠性，接收机、信号处理、伺服等分系统均采用成熟设计；成熟的脉冲压缩和近区补盲技术，本雷达采用成熟的线性调频脉冲压缩技术，算法已在多部X波段雷达上使用验证，使用效果良好；距离分辨率高，为提高距离分辨率，采用脉冲压缩技术来实现，经过脉冲压缩后，实际距离分辨率为30/60/120 m，可满足精细化探测的距离分辨率要求；工作模式灵活选择，本雷达设计的扫描模式主要有PPI模式、RHI模式、体积扫描模式、扇形扫描模式、定点工作模式；频点适应能力强，本雷达在工作频率范围内以5 MHz间隔设置了40个频点，同时本雷达在分系统设计上均考虑到抗干扰设计，在软件设计上采用随机相位编码可以消除同频干扰，极大地提高了雷达在复杂电磁环境条件下的数据可用度。

（3）组成结构

该雷达系统主要由雷达设备、方舱及附属设备组成。雷达设备主要由天线、馈线、天线座、接收机、发射机、电源、信号/数据处理机、伺服、综合机柜和远程遥控系统等组成，如图7.3.12.1所示。

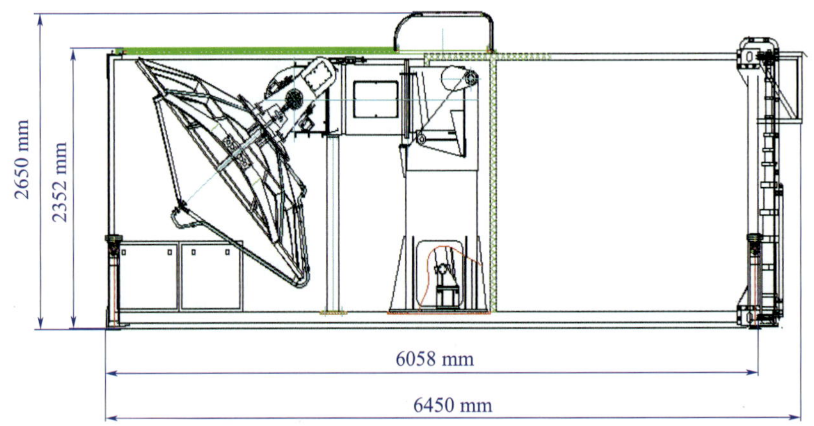

图7.3.12.1 YTD1型X波段双偏振雷达组成结构

(4)性能指标(表 7.3.12.1)

表 7.3.12.1 YTD1 型 X 波段双偏振雷达性能指标

要素		主要指标
雷达类型		全固态、双偏振、全相参多普勒、脉冲压缩
工作频率		9.3～9.5 GHz 可变,且频率间隔≤5 MHz,可避免同频干扰
监测距离		≥240 km(强度)
定量测量		≥120 km(常规和双偏振参数)
精细化测量		500～90 km
方位角扫描范围		0°～360°
仰角扫描范围		−2°～90°
测高范围		0～24 km
精度(均方根误差)	距离	30 m
	方位角	0.1°
	仰角	0.1°
	测高	200 m(R≤100 km)/300 m(100 km<R<200 km)
输出参数		反射率(ZH)(dBT、dBZ)、径向速度(V)、速度谱宽(W)、差分反射率因子(ZDR)、比差分传播相移(KDP)、线性退极化比(LDR)、零延迟水平垂直偏振波相关系数(ρHV)、差分传播相移(φDP)、数据质量因子(SQI)、信噪比(SNR)、I/Q 等
参数测量范围	强度	−20～70 dBZ
	速度	±96 m/s(30 km);±64 m/s(60 km)
	谱宽	0～16 m/s
	差分反射率因子	−8～8 dB
	差分相位	−180°～180°
	差分相位常数	−2(°)/km～10(°)/km
	相关系数	0～1
参数测量精度(均方根误差)	强度	≤1 dBZ
	速度	≤1 m/s
	谱宽	≤1 m/s
	差分反射率因子	≤0.2 dB
	线性退偏振比	≤0.5 dB
	差分传播相移	≤2°
	比差分传播相移	≤0.1(°)/km
	零延迟水平垂直偏振波相关系数	≤0.01
电源		单相 220 V±10%,50 Hz±5%
整机功耗		6 kW(含空调和照明)
平均故障间隔时间(MTBF)		≥2500 h
平均故障修复时间(MTTR)		≤0.5 h

(5)业务应用

该雷达可应用于各级气象局、部队、民航、高校、科研院所、人影、交通、水利、防灾减灾等领域(图 7.3.12.2)。

图 7.3.12.2　YTD1 型 X 波段双偏振雷达设备应用场景

7.3.13　Didar-50 型阵列式波浪雷达（南信大气科所）

（1）观测原理

Didar-50 型阵列式波浪雷达采用非接触测量技术，实现对海洋、河流的浪高、浪周期、水位、潮位、流速、流向、方向谱等连续监测，并提供网络数据服务。系统基于在水面上的两个 Sidar-50 型水位雷达和一个 Sidar-50E 型水位雷达组成，同步测量水面高度（起伏），Sidar-50E 雷达还能测量雷达安装点的运动状态。利用三台雷达头测量得到的高程，相对于两个垂直的水平轴计算水面坡度，最终利用计算的坡度和测量的起伏值之间的相关性来确定波浪特征和方向信息。三台雷达头将它们的数据传送到综合机箱内的处理单元，处理单元负责数据处理（同步测量、处理、分发和显示），并具有调试和远程服务功能。所有设备都可以通过在处理单元上运行的内置网络服务器访问。

（2）功能特点

Didar-50 型阵列式波浪雷达采用线性调频连续波技术和成熟的工艺，具备安装简单、免维护、不需要重新校准、精度高等特点。支持多种网络连接方式及协议，可定制；内部数据存储容量超过 5 年，能适应海上极端气象条件。

（3）组成结构

系统由两个 Sidar-50 型水位雷达和一个 Sidar-50E 型水位雷达组成。Sidar-50(E)型水位雷达有标准型和防爆型两种配置，标准型是将天线和电子设备内置在不锈钢外壳中，防爆型是将电子设备内置于防爆外壳中。标准型和防爆型的天线和电子设备相同，标准型更易于操作。

（4）性能指标（表 7.3.13.1）

表 7.3.13.1　Didar-50 型阵列式波浪雷达性能指标

要素	主要指标	要素	主要指标
工作频率	24～26 GHz	浪方向测量范围	0°～360°
雷达体制	FMCW	浪方向测量精度	± 2°
最大测量距离	≥75 m	时间分辨率	1 min
最小测量距离	0.5 m	输出接口	RS-232/485、以太网等数据接口
距离分辨率	±1 mm	通信方式	TCP/IP；RS-232/485；北斗

续表

要素	主要指标	要素	主要指标
浪高测量范围	0～60 m	供电	DC 12 V/AC 220 V,10 W
浪高测量精度	±1 cm	防护等级	IP67
浪周期测量范围	0.1～100 s	工作温度	室外－40～65 ℃
浪周期测量精度	±50 ms		

(5)业务应用

应用于海洋、河流监测,可固定安装,也可以安装在舰船上(图 7.3.13.1、图 7.3.13.2)。

图 7.3.13.1 Didar-50 型水位雷达应用 1

图 7.3.13.2 Didar-50(E)型水位雷达应用 2

7.3.14 HFR724 型高频地波雷达(南京中船鹏力)

(1)观测原理

高频地波雷达又称高频表面波雷达(HF Surface Wave Radar),它是利用垂直极化高频电磁波沿高导电率海水表面的绕射特性,实现对海洋环境(如风、浪、流等海洋动力学参数)的超视距探测。高频地波雷达的探测距离视雷达对回波信号的检测能力而定,最远可达 400 km 以上。高频电磁波沿海水表面传播时,一方面,电磁波绕地球表面爬行传播,另一方面,电磁波与海面波浪和海上目标相互作用而被散射。高频地波雷达利用接收到的波浪的后向散射回波 Doppler 谱和 Barrick 建立的海洋回波一阶和二阶散射截面方程,可探测海流、浪高、风场等海态信息,从而实现对海态的监测。

(2)功能特点

HFR724 型高频地波雷达采用先进的数字射频接收、数字阵列信号处理技术和软件无线电技术,克服了传统数模结合型高频地波雷达的缺点,避免了模拟处理方法带来的各种附加干扰,提高了系统探测性能;采用单板一体化十六通道数字阵列信号接收、处理和信号合成模块,最大程度减少了信号互联和转接,保证了多通道的幅相一致性和隔离度,极大地提高了系统探测的精确性、稳定性和可靠性;采用软件无线电实现频谱监测和自动选频功能，无需专用的频谱监测通道，简化了系统，提高了系统可靠性；采用快速、标准、可靠的千兆网数据传输方式，安装使用方便，适宜远程操控和无人值守；采用全固态、高集成、数字程控发射机，不但能够适应不同使用需要的功率要求，而且保护性能好，可靠性高；硬件平台具备很好的通用性，通过编程设置，既可实现便携、中近程、中远程和超远程的装备系列化，也可实现海洋环境与海上目标的共同探测，还可实现变频和双频功能；采用独特的双向色标表征径向海流的方法，使单站雷达能够清晰地显示海流流场结构和变化趋势；此外，设备硬件集成度高，还具有体积小、质量轻、功耗低、可靠性好等特点。

(3)组成结构

HFR724 型高频地波雷达由发射分机、发射天馈线、接收天馈线、信号分机、终端计算机和雷达终端软件等几部分组成(图 7.3.14.1)。

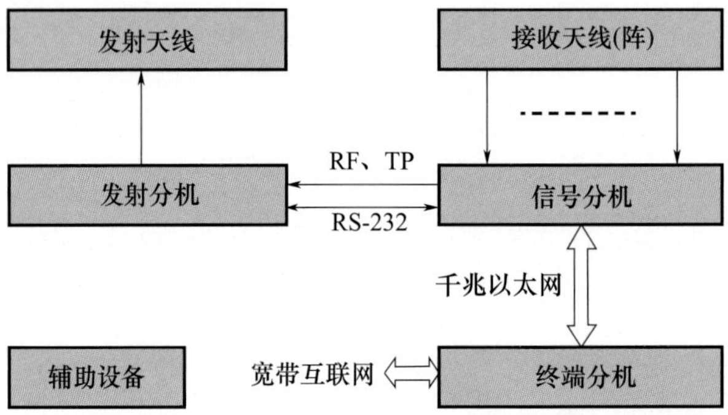

图 7.3.14.1　HFR724 型阵列式高频地波雷达组成框图

根据应用场景的不同又分为便携式和阵列式两种配置。便携式采用单级子发射天线和便携式交叉环单极子组合接收天线，探测范围、精度一般。阵列式采用三元八木发射天线及 6－16 单元标准阵列接收天线，能够同时探测流场、浪场、风场，探测范围和精度优于便携式。

(4)性能指标(表 7.3.14.1～表 7.3.14.6)

表 7.3.14.1　HFR724 型高频地波雷达基本功能

HFR724-A(n)阵列式系统					
流场探测		浪场探测		风场探测	
流向	流速	有效波高	波谱	风向	风速
√	√	√	√	√	√
HFR724-M 便携式系统					
√	√	—	—	—	—

表 7.3.14.2　HFR724 型高频地波雷达工作频率及输出数据更新率

	自定义频段	工作频率	量程规格	
工作频率	H1	5～7 MHz	远程	
	H2	7～9 MHz	中远程	
	H3	9～11 MHz	中程	
	H4	11～13 MHz	中近程	
	H5	13～15 MHz	近程	
	H6	23～25 MHz	超近程	
输出数据更新率	流场探测	浪场探测	风场探测	目标探测
	3～10 min	10～30 min	10～30 min	≥30 s

表 7.3.14.3　HFR724 型高频地波雷达距离覆盖

工作频率	HFR724-A(n)阵列式系统						HFR724-M 便携式系统	
	流场		浪场		风场		距离	距离分辨率
	距离	距离分辨率	距离	距离分辨率	距离	距离分辨率		
5～7 MHz	250 km	2.5/5 km	125 km	2.5/5 km	250 km	2.5/5 km	200 km	2.5/5 km
7～9 MHz	220 km	2.5/5 km	110 km	2.5/5 km	220 km	2.5/5 km	180 km	2.5/5 km
9～11 MHz	180 km	2.5/5 km	90 km	2.5/5 km	180 km	2.5/5 km	150 km	2.5/5 km
11～13 MHz	150 km	1.25/2.5 km	75 km	1.25/2.5 km	150 km	1.25/2.5 km	120 km	1.25/2.5 km
13～15 MHz	120 km	1.25/2.5 km	60 km	1.25/2.5 km	120 km	1.25/2.5 km	100 km	1.25/2.5 km
23～25 MHz	70 km	0.3/0.6 km	35 km	0.3/0.6 km	70 km	0.3/0.6 km	50 km	0.3/0.6 km

表 7.3.14.4　HFR724 型高频地波雷达方位覆盖

HFR724-A(n)阵列式系统				
项目	流场	浪场	风场	目标
方位覆盖角度	±60°(相对于接收天线法向)			
方位分辨率	2°	15°	15°	2°
HFR724-M 便携式系统				
方位覆盖角度	360°	—	—	—
方位分辨率	5°	—	—	—

表 7.3.14.5　HFR724 型高频地波雷达海态信息探测范围和误差

HFR724-A(n)阵列式系统						
参数	流场		浪场		风场	
	流向	流速	有效波高	波谱	风向	风速
测量范围	0°～360°	0～300 cm/s	1.5～10 m	0°～360° 0～15 s	0°～360°	5～75 m/s
均方测量误差	≤±5°	≤±5 cm/s	≤0.5 m+ 实测值的 20%	≤25° ≤1 s	≤25°	≤2 m/s+ 实测值的 20%
HFR724-M 便携式系统						
测量范围	0°～360°	0～300 cm/s	—	—	—	—
均方测量误差	≤±5°	≤±5 cm/s	—	—	—	—

表 7.3.14.6　HFR724 型高频地波雷达其他参数

要素	参数指标	要素	参数指标
在线故障检测	实时故障检测指示和报警	整机功耗	≤500 W
通用性和 可扩展性	通过软件编程,可以实现系统 功能的更新、扩展和提升	可靠性与 维修性	MTBF≥10000 h,支持无人值守工作; MTTR≤0.5 h,支持远程检查、设置 和配置
雷电保护	天线接口带避雷器	环境适应性	室外工作温度:−40～60℃;室内工作温度: −10～55 ℃;储存温度:−40～70 ℃
电源	AC 220 V±10%,50 Hz		

(5)业务应用

HFR724 雷达主要探测风、浪、流等海洋环境信息,广泛应用于军事、海洋、气象、资源开发等领域(图 7.3.14.2、图 7.3.14.3),对于维护国家海洋权益和防灾减灾等国计民生具有重要的实用意义。

图 7.3.14.2　HFR724 阵列式高频地波雷达应用 1

图 7.3.14.3　HFR724 便携式高频地波雷达应用 2

7.3.15　XFR1123 型测波雷达（南京中船鹏力）

（1）观测原理

XFR1123 型测波雷达是采用固态发射及全相参数字脉冲压缩体制的雷达，集高性能高精度海洋环境（浪流、海冰、溢油）监测以及海面与低空目标监视等功能于一体。在浪流观测方面，XFR1123 型测波雷达基于雷达高距离分辨率的海面水质点速度信息以及水质点的速度与浪高之间的对应关系，对距离元上雷达回波多普勒速度序列进行特定的滤波处理分别获取海流径向速度和海浪轨道速度，并结合不同方的海流径向速度，采用最小二乘法获取海面矢量流速和流向，利用雷达各径向不同距离元上的海浪轨道速度序列波动方差在波束方位上的分布获取海浪方向谱和有效波高。同时，对每个径向回波不同距离元的海浪轨道速度序列做傅里叶变换获取速度谱，通过速度谱与波数谱的转化关系推导出海浪波数谱。

（2）功能特点

采用固态全相参脉冲压缩及多普勒杂波抑制技术；高精度监测浪流、海冰及溢油等海洋环境参数；全天候、高性能探测海面与低空“低小慢”目标；多功能探测有效拓展信息价值空间及智慧应用能力；集成一体化设计，设备量小、适装性强，结构紧凑、免维护；软件化检测、跟踪、显示以及全数字信号处理；全自主国产设计，系统适应性强，信息安全性高。具有探测距离远、分辨率高、盲区小、抗干扰能力强、同时多功能探测等技术特点，体制先进、可靠性高，可全天候工作。

（3）组成结构

该雷达主要由室外天线、转台（包含固态收发机、信号处理器、电源模块、伺服传动装置等）和室内处理计算机、显示单元（选配）以及配套电缆组成（图 7.3.15.1）。

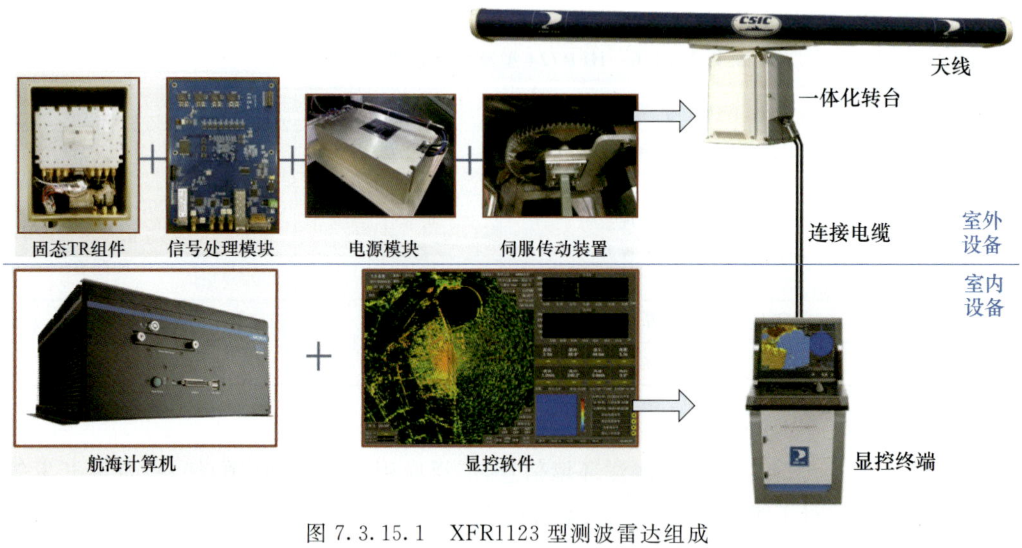

图 7.3.15.1　XFR1123 型测波雷达组成

(4)性能指标(表 7.3.15.1、表 7.3.15.2)

表 7.3.15.1 XFR1123 雷达浪流测量性能指标

序号	测量项目	范围	分辨率	精度
1	有效波高	0.5～20 m	0.1 m	±0.2 m或±5%
2	波峰周期	3～25.6 s	0.1 s	±0.5 s
3	波峰方向	0°～360°	1°	±5°
4	波峰波长	15～600 m	1 m	±5%
5	表面流速	0～10 m/s	0.01 m/s	±0.1 m/s
6	表面流向	0°～360°	1°	±2°
7	测量面积	300～8000 m 环形区域(与雷达安装高度有关)		

表 7.3.15.2 XFR1123 雷达其他参数

要素	参数指标	要素	参数指标
雷达体制	全相参脉冲压缩	接口	千兆以太网/RS-232/RS-485/RS-422 可选
技术类型	固态发射、频率分集、数字中频信号处理	可靠性、维修性	MTBF≥10000 h;MTTR≤30 min
工作频率	9.37～9.45 GHz	连续工作时间	48 h
发射峰值功率	不小于 100 W	故障检测	在线故障自动检测,将故障定位到可更换模块或部件
接收机噪声系数	≤3.5 dB	安全性	设计有天线安全保护开关;220 V 交流电源输入端至地之间绝缘电阻不小于 20 MΩ
电源	AC 220 V±5%,50～60 Hz	电磁兼容性	满足《军用设备和分系统 电磁发射和敏感度要求与测量》(GJB 151B—2013)及 IEC 60945 要求
功耗	≤800 W	电磁防护性	满足《系统电磁兼容性要求》(GJB 1389A 2005)要求

(5)业务应用

XFR1123 型测波雷达可全时段提供浪流监测、海面低空目标监视、避碰导航、海冰监测、溢油监测功能,适装于岸基(图 7.3.15.2)、海基、舰船(图 7.3.15.3)等各类应用平台,是智慧信息(情报)系统开展全天候海洋环境监测保障、海面与低空小目标监视应用的理想雷达。

(a)　　(b)

图 7.3.15.2 XFR1123 型测波雷达岸基应用

图 7.3.15.3　XFR1123 型测波雷达船载应用

8 空基观测装备

8.1 探空气球及仪器

8.1.1 广州厂气象气球(广州双一气象)

(1)观测原理

气象气球是用天然胶乳加工而成的橡胶制品,使用时将气球充入氢气或氦气等比空气密度少的气体,根据浮力原理气球会产生一个向上的浮力。按照使用要求不同,选用不同规格的气球将仪器或物件升空至所需的高度进行高空观测活动,如携带探空仪的升空探测,使探空仪能测定不同高度的温度、湿度、气压、风速等气象数据并通过无线电信号发回地面,从而获得高空的气象要素值。

(2)功能特点

采用新工艺技术使气象气球具有较高的耐低温、耐臭氧和耐紫外线的能力,确保气球能达到需要的高度;气球主体材料选用优质天然胶乳,使气球的物理性能达到最佳状态,保持气球升空高度的稳定性;具有施放简便、承载能力强、姿态稳定、飞行时间长、施放不受地域和气候因素影响、灵活性高等优点。

(3)组成结构

气象气球是由优质的天然橡胶胶乳为主和适当的配合剂制造而成的胶乳气球,它是球柄和球身连续组成的一个整体,规格有 10～3000 g,颜色有本色、红色、黑色等。

(4)性能指标(表 8.1.1.1)

表 8.1.1.1 广州厂气象气球性能指标

类别	规格	颜色	质量/g	爆破直径/m	平均升空高度/m
测风测云气球探空	100 g	本色、红色、黑色	85～115	≥2.05	9000
	200 g		185～215	≥3.00	12000
气球	500 g	本色	460～540	≥6.00	22000
	1200 g	本色	1100～1300	≥9.00	32000
	2000 g	本色	1950～2150	≥10.50	38000
	3000 g	本色	2900～3200	≥12.50	45000

(5)业务应用

气象气球广泛用于气象、农业、水利和特殊工程等行业,也是进行空间科学研究的重要而不可缺少的运载工具。

8.1.2 NSL 系列探空气球（中国化工株洲橡胶）

（1）观测原理

NSL 系列探空气球采用天然胶乳为主要原料，配合适量配合剂制作而成，由主体气球、辅助气球与充气嘴组装而成。利用气球组合体携带探空仪自动升空高度达到 40～50 km 的临近空间，在上升过程中对临近空间温度、气压、风场等进行原位探测。

（2）功能特点

NSL 系列探空气球一次性投资少，单次探测成本低，可携带不同探空仪进行多种环境要素的探测，有较大的灵活性。探测实施不受地域和气候因素影响。相对于气象火箭、激光雷达和卫星遥感等探测手段，它具有成本低、操作便捷、施放安全性能高等多项优点，能够广泛地普及应用。

（3）组成结构

NSL 系列探空气球（图 8.1.2.1）为胶乳制品，由辅助气球、主体气球与充气嘴组装而成。

图 8.1.2.1　NSL 系列探空气球

（4）性能指标（表 8.1.2.1）

表 8.1.2.1　NSL 系列探空气球性能指标

类别	规格	颜色	质量/g	爆破直径/m	平均升空高度/m	臭氧老化性能（试样在规定的时间内不发生龟裂、断裂或穿孔时间）/h
探空气球	辅助气球	本色	200～900	2.5～6.0	/	≥2
	NSL-30	本色	700～900	辅助球≥2.5，主体球≥6.0	30000	≥2
	NSL-35	本色	1500～1800	辅助球≥3.5，主体球≥10.5	35000	≥2.5
	NSL-40	本色	3000～4000	辅助球≥4.0，主体球≥13.0	40000	≥3
	NSL-45	本色	6000～8000	辅助球≥6.0，主体球≥15.0	45000	≥3

注：以上性能指标执行中国化工株洲橡胶研究设计院有限公司企业标准《NSL 系列探空气球》（Q/CAWR 013—2019）。

（5）业务应用

探空气球主要应用于地方（部队）高空站、高空天气站、探空站，气球配套气象仪器（装备）生产单位，气象研究机构、学校等。

8.1.3 GTH3 型卫星导航探空仪（天津华云天仪）

（1）观测原理

GTH 3 型卫星导航探空仪采用北斗和 GPS 双模卫星导航定位系统进行定位和测速。采用基带射频 SoC 一体化设计导航定位技术，实现 0～36 km 高空大气温度、湿度、气压和风向风速的高准确度和高空间分辨率的测量，提供卫星导航信息和状态信息，采用 GFSK 无线调频通信方式通过 P 波段频段将采集的数据实时发送至地面接收处理系统。

（2）功能特点

温湿度测量：探空仪温湿度测量元件安装在探空仪盒体伸出的支架上，测量探空仪所在位置的温度和相对湿度。气压测量：采用卫星定位测量高度反算气压和气压传感器直接测量结合的方式，获取探空仪所在位置的气压。风及空间位置的测量：由安装在探空仪上的北斗-GPS导航卫星定位模块，接收卫星时间信息、卫星位置信息和卫星信号状态信息等，实时确定探空仪飞行轨迹上每秒间隔的三维坐标和三维速度。初始化保存探空仪频点、空中传输速率、频分/时分工作模式等参数。具备探空仪频点、探空仪空中传输速率和探空仪频分/时分工作模式等设置功能。数据处理：具备将测量要素原始值转换为气象要素值的处理能力。数据传输：发射机将经过调制的载波信号通过功率放大器放大，经发射天线将放大后的射频信号向地面接收处理设备发送。与地面基测设备可以通过有线方式和无线方式进行参数传输、参数设置等交互。状态监控：探空仪具备相关状态信息的监控，包括探空仪卫星定位精度因子、探空仪卫星颗数、探空仪电池电压、探空仪盒内温度等状态。

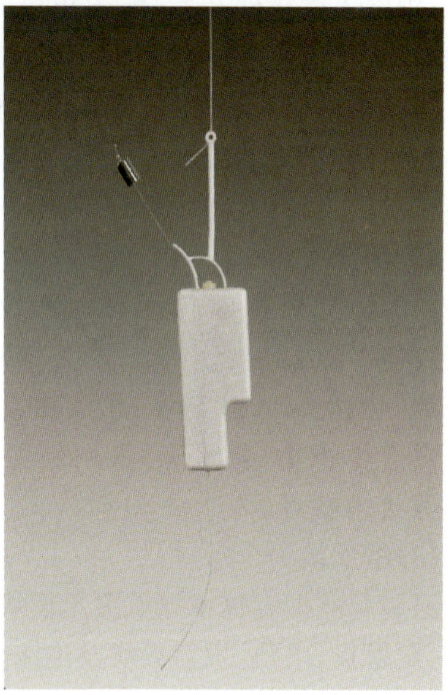

图 8.1.3.1　GTH 3 型卫星导航探空仪

(3)组成结构

该卫星导航探空仪(图 8.1.3.1)由气象专用芯片(导航射频基带一体化)及外围辅助电路、温度湿度气压测量元件及转换电路、射频芯片及信号调理电路、电池等组成。

(4)性能指标(表 8.1.3.1)

表 8.1.3.1　GTH 3 型卫星导航探空仪性能指标

要素		范围	分辨力	允许误差
工作频率		400.15～406 MHz	1 kHz	
发射功率		≤100 mW		
探测范围	高度	0～36 km		
	距离	≥200 km		
静态测量性能	气温	−90～50 ℃	0.01 ℃	±0.2 ℃
	相对湿度	0～100%	0.1%	±3%
	气压	1060～100 hPa(气压传感器)	0.1 hPa	±1.3 hPa(1060～500 hPa)；±0.7 hPa(500～100 hPa)
动态测量性能	气温	−90～50 ℃	0.01 ℃	0.4 ℃(0～16 km)，0.8 ℃(>16 km)
	相对湿度	0～100%	0.1%	5%(>−40 ℃)，10%(−40～−60 ℃)
	气压	1060～3 hPa	0.01 hPa	1.3 hPa(>100 hPa)；0.5 hPa(100～10 hPa)；0.2 hPa(<10 hPa)
	风向	0°～360°	0.1°	±3°(风速>3 m/s)
	风速	0～150 m/s	0.01 m/s	±0.3 m/s
定位性能		0～36 km	0.1 m	水平允许误差：±8 m；垂直允许误差：±15 m
质量		≤140 g		

(5)业务应用

广泛应用于气象、农业、水利、民航、环保等领域。

8.1.4　XGT003 型卫星导航探空仪(南京大桥机器)

(1)观测原理

该卫星导航探空仪(图 8.1.4.1)采用全球卫星导航定位系统(GNSS)导航技术进行探空仪定位和测

速，采用嵌入式软件开发，配备相应的采集电路，实现对 0～35 km 高空大气温度、湿度、气压、风向和风速的传感器高准确性和高空间分辨率的测量、卫星导航信息和状态信息记录，通过 P 波段（400～406 MHz）频段 GFSK 无线调频通信方式将采集的数据实时发送至地面接收系统。

（2）功能特点

该卫星导航探空仪配合地面设备完成地面至 35 km 高空，各高度层的温度、气压、湿度与风向风速的高精度综合气象探测，包括 GPS 探空仪、北斗探空仪和北斗/GPS 双模探空仪。具有体积小、质量轻；采用新型温、湿、压传感器，探空质量高等技术特点。

（3）组成结构

卫星导航探空仪由导航卫星模块、温度湿度气压传感器、测量板、发射板、电池、发射天线及泡沫盒等组成。

（4）性能指标（表 8.1.4.1）

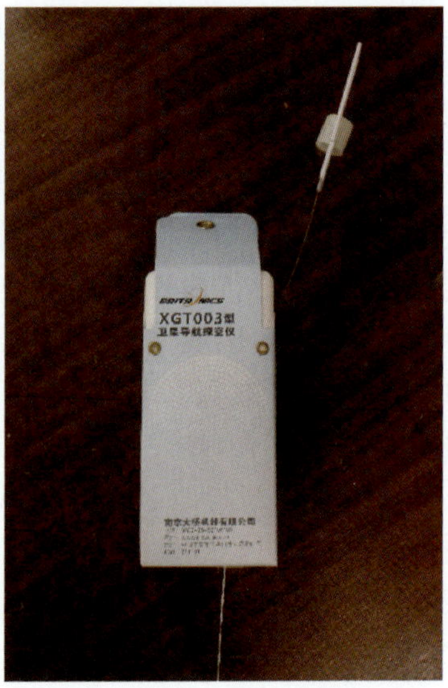

图 8.1.4.1　XGT003 型卫星导航探空仪

表 8.1.4.1　XGT003 型卫星导航探空仪性能指标

要素	主要指标	要素	主要指标
风向	0°～360°；±3°（风速大于 3 m/s，双施放标准差）	湿度	0～100%RH，±3%RH
风速	0～100 m/s；±0.3 m/s（双施放标准差）	气压	±1.0 hPa（≥500 hPa）；±0.7hPa（<500 hPa）
温度	−90～50 ℃，±0.2 ℃		

（5）业务应用

广泛应用于气象、农业、水利、民航、环保等领域。

8.1.5　GTH5 型卫星导航探空仪（太原无线电一厂）

（1）观测原理

该卫星导航探空仪（图 8.1.5.1）采用全球卫星导航定位系统（GNSS）导航技术进行探空仪定位和测速，采用嵌入式软件开发，配备相应的采集电路，实现对 0～35 km 高空大气温度、湿度、气压、风向和风速的传感器高准确性和高空间分辨率的测量、卫星导航信息和状态信息记录，通过 P 波段（400～406 MHz）频段 GFSK 无线调频通信方式将采集的数据实时发送至地面接收系统。

（2）功能特点

卫星导航探空仪配合地面设备完成地面至 35 km 高空，各高度层的温度、气压、湿度与风向风速的高精度综合气象探测，包括 GPS 探空仪、北斗探空仪和北斗/GPS 双模探空仪。具有体积小、质量轻，采用新型温、湿、压传感器，探空质量高等技术特点。

（3）组成结构

卫星导航探空仪由导航卫星模块、温度湿度气压传感器、测量板、发射板、电池、发射天线及泡沫盒等组成。

图 8.1.5.1　GTH5 型卫星导航探空仪

(4)性能指标(表 8.1.5.1)

表 8.1.5.1 GTH5 卫星导航探空仪性能指标

要素		范围	分辨力	最大允许误差
工作频率		400.15～406 MHz		
发射功率		≤100 mW		
探测范围	高度	0～35 km		
	距离	≥200 km		
调制方式		GFSK		
发射谱宽		≤50 kHz(−50 dBc)		
采样频率		1 Hz		
传输速率		2400 bps		
气压		5～1060 hPa	0.1 hPa	±1.3 hPa(≥500 hPa);±0.7 hPa(<500 hPa)
气温		−90～50 ℃	0.1 ℃	±0.2 ℃
相对湿度		0～100%	0.1%	±3%
风向		0°～360°	1°	±3°(风速大于 3 m/s,双施放标准差)
风速		0～150 m/s	0.1 m/s	±0.3 m/s(双施放标准差)

(5)业务应用

广泛应用于气象、农业、水利、民航、环保等领域。

8.1.6 GTS3 型北斗探空仪(上海长望气象)

(1)观测原理

GTS3 型北斗探空仪由充满氢气的气象气球携带升空,通过北斗探空仪系统的数据处理器和设置在现场的天线接收探空仪发出的气压、温度、湿度(PTU)以及定位数据,将这些数据集合起来送到计算机处理终端进行分析和存储。该设备采用数字点频技术能自动锁定探空仪频率,可稳定接收探空仪所传送的 PTU 和北斗/GPS 信息,完成地面至 36 km 垂直高度的温度、气压、湿度、风向和风速的综合探测。

(2)功能特点

GTS3 型北斗探空仪能够对高空大气的温度、气压、湿度、风向、风速进行原位探测,获得高空气象要素的垂直分布廓线。具有探测精度高、采样速度快、抗干扰能力强、可靠性高、地面设备简便、操作使用方便等特点。

(3)组成结构

GTS3 型北斗探空仪由温度传感器、气压传感器、湿度传感器、智能转换器、数字式发射机、北斗导航模块、电池和保温盒等组成(图 8.1.6.1)。

图 8.1.6.1 GTS3 型北斗探空仪外观

（4）性能指标（表 8.1.6.1）

表 8.1.6.1 GTS3 型北斗探空仪性能指标

要素	性能指标	
量程	温度	−90～50 ℃
	相对湿度	0～100%
	气压	5～1060 hPa
	风向	0°～360°
	风速	0～100 m/s
测量范围和不确定度（k=1）	温度	T：−80～50 ℃，$\Delta(T)\leqslant$0.2 ℃； T：−90～−80 ℃，$\Delta(T)\leqslant$0.3 ℃
	相对湿度	U：15%～95% $T>-25$ ℃，$\Delta(U)\leqslant$3% $T\leqslant-25$ ℃，$\Delta(U)\leqslant$6%
	气压	P：10～1050 hPa $P\geqslant$500 hPa，$\Delta(P)\leqslant$1.5 hPa； $P<$500 hPa，$\Delta(P)\leqslant$0.7 hPa
	风向	3°（风速大于 3 m/s 时）
	风速	0.3 m/s
基点（最大允许误差）	温度基点	−0.3 ℃$\leqslant\Delta T\leqslant$0.3 ℃
	相对湿度基点	−5%$\leqslant\Delta U\leqslant$5%
	气压基点	−2.0 hPa$\leqslant\Delta P\leqslant$2.0 hPa
定位	水平	10 m
	垂直	15 m
电气性能	频率范围	400～406 MHz
	频率设置步长	1 kHz
	频率稳定性	2×10^{-5} MHz
	发射功率	100～200 mW
	数字信号调制方式	GFSK
	传输速率	2400 bps
	采样周期	≤1 s
外形尺寸	140 mm×70 mm×120 mm	
质量	≤300 g（包括电池）	

（5）业务应用

GTS3 型北斗探空仪是一次性使用的高空气象仪器，由充满氢气的气象气球携带升空与北斗探空系统相配合，可综合观测到地面至 36 km 范围内，不同高度的大气温度、压力、相对湿度和风向风速。

8.1.7 GTC3 型北斗探空系统（上海长望气象）

（1）观测原理

北斗探空仪由充满氢气的气象气球携带升空，通过 GTC3 型北斗探空系统（图 8.1.7.1）的数据处理器和设置在现场的全向天线接收探空仪发出的气压、温度、湿度(PTU)以及定位数据,将这些数据集合起来送到计算机处理终端进行分析和存储。该设备采用数字点频技术能自动锁定探空仪频率,可稳定接收探空仪所传送的PTU和北斗/GPS信息,完成地面至36 km垂直高度的温度、气压、湿度、风向和风速的综合探测。

(2)功能特点

GTC3型北斗探空系统能够对高空大气的温度、气压、湿度、风向、风速进行原位探测,获得高空气象要素的垂直分布廓线。具有探测精度高、采样速度快、抗干扰能力强、可靠性高、地面设备简便、操作使用方便等特点。

(3)组成结构

GTC3型北斗探空系统包括用于运行专门软件的计算机处理终端、数据控制器、遥测接收系统、探空仪检测箱以及打印机。

图 8.1.7.1 GTC3型北斗探空系统

(4)性能指标(表8.1.7.1)

表 8.1.7.1 GTC3型北斗探空系统性能指标

要素	主要指标	
工作环境	温度范围	0~30 ℃(室内); −40~50 ℃(室外)
	相对湿度范围	30 ℃,20%~80%(室内); 50 ℃,5%~100%(室外)
	气压	570 hPa
探测距离	斜距	200 km
	探测高度	0~36 km
电源	AC 150~240 V,50~60 Hz	
外形尺寸	Ø350 mm×520 mm+900 mm	
质量	≤15 kg(含立柱)	

(5)业务应用

GTC3型北斗探空系统主要用于高空气象探测,与北斗探空仪相配合,可综合观测到地面至36 km范围内不同高度的大气温度、压力、相对湿度和风向风速。

8.1.8 GTC3-CZ型车载北斗探空系统(上海长望气象)

(1)观测原理

GTC3-CZ型车载北斗探空系统(图8.1.8.1)由车载北斗探空接收设备跟踪探空气球携带的北斗/GPS卫星导航探空仪,由探空仪测定从地面至35 km高空,斜距200 km各高度层的气温、气压、湿度与风向、风速等气象要素,并下传给车载接收设备对数据进行处理,并输出气象通报。通过地面气象站综合探测地面温度、气压、湿度、风向、风速等气象要素并对数据进行处理输出通报。

(2)功能特点

实现车载移动平台条件下从基测、充球、施放、探空数据获取、存储、传输等高空气象探测全部流程,获取从地面至35 km高度,斜距200 km范围内的大气温度、湿度、压力、风向、风速等气象信息;可测量地面五要素(温度、湿度、气压、风向、风速)气象信息;与中心站之间主要采用无线网桥通信,具有卫星通信的接口，无线局域网数据传输能力；具备系统状态监测、故障报警能力；具备分析制作符合中国气象局和WMO标准格式的探空报文、高空气象观测报表、气候月报等报表的能力。

图 8.1.8.1　GTC3-CZ 型车载北斗探空系统

（3）组成结构

车载式北斗探空系统主要由车体结构（依维柯 NJ6605ACM）、北斗探空系统、地面五要素气象自动站、基站导航设备、计算机处理终端、无线通信设备、辅助配套设备组成。

（4）性能指标（表 8.1.8.1、表 8.1.8.2）

表 8.1.8.1　GTC3-CZ 型车载北斗探空系统地面气象探测性能指标

<table>
<tr><th>要素</th><th colspan="4">主要指标</th></tr>
<tr><td>温度</td><td rowspan="5">测量范围</td><td>−50～50 ℃</td><td rowspan="5">测量误差</td><td>±0.2 ℃</td></tr>
<tr><td>湿度</td><td>0～100%RH</td><td>±5%RH</td></tr>
<tr><td>气压</td><td>500～1100 hPa</td><td>±0.3 hPa</td></tr>
<tr><td>风向</td><td>0°～360°</td><td>±10°</td></tr>
<tr><td>风速</td><td>0～40 m/s</td><td>±(0.5+0.03 v) m/s</td></tr>
</table>

表 8.1.8.2　GTC3-CZ 型车载北斗探空系统性能指标

<table>
<tr><th colspan="2">名称</th><th>性能指标</th><th colspan="2">名称</th><th>性能指标</th></tr>
<tr><td rowspan="5">量程</td><td>温度</td><td>−90～50 ℃</td><td rowspan="7">电气性能</td><td>频率范围</td><td>400～406 MHz</td></tr>
<tr><td>湿度</td><td>0～100%RH</td><td>频率设置步长</td><td>1 kHz</td></tr>
<tr><td>气压</td><td>5～1060 hPa</td><td>频率稳定性</td><td>2×10^{-5} MHz</td></tr>
<tr><td>风向</td><td>0°～360°</td><td>发射功率</td><td>100～200 mW</td></tr>
<tr><td>风速</td><td>0～100 m/s</td><td>数字信号调制方式</td><td>GFSK</td></tr>
<tr><td rowspan="2">测量范围和不确定度（$k=1$）</td><td rowspan="2">温度</td><td rowspan="2">T：−80～50℃，$\Delta(T)\leqslant0.2$ ℃；
T：−90～−80℃，$\Delta(T)\leqslant0.3$ ℃</td><td>传输速率</td><td>2400 bps</td></tr>
<tr><td>采样周期</td><td>≤1 s</td></tr>
</table>

续表

<table>
<tr><th colspan="2">名称</th><th>性能指标</th><th colspan="2">名称</th><th>性能指标</th></tr>
<tr><td rowspan="4">测量范围和不确定度（$k=1$）</td><td>湿度</td><td>U:15%RH～95%RH;
$T>-25$ ℃,$\Delta(U)\leqslant 3$%RH;
$T\leqslant -25$ ℃,$\Delta(U)\leqslant 6$%RH</td><td rowspan="3">探测距离</td><td>斜距</td><td>200 km</td></tr>
<tr><td>气压</td><td>P:10～1050 hPa;
$P\geqslant 500$ hPa,$\Delta(P)\leqslant 1.5$ hPa;
$P<500$ hPa,$\Delta(P)\leqslant 0.7$ hPa</td><td rowspan="2">探测高度</td><td rowspan="2">0～36 km</td></tr>
<tr><td>风向</td><td>3°（风速大于 3 m/s 时）</td></tr>
<tr><td>风速</td><td>0.3 m/s</td><td colspan="2">外形尺寸</td><td>140 mm×70 mm×120 mm</td></tr>
<tr><td colspan="2">定位</td><td>水平：10 m；垂直：15 m</td><td colspan="2">质量</td><td>≤300 g（包括电池）</td></tr>
</table>

（5）业务应用

该系统可广泛应用于气象、农业、水利、民航、环保、国防、气象应急服务等领域。

8.1.9 CF15ZDTK-48 型全自动探空系统（航天新气象）

（1）观测原理

该全自动探空系统（图 8.1.9.1）与探空仪联合使用，用于从地面至 35 km 高度、斜距 200 km 范围内，对大气温度、湿度、压力及风向、风速等气象信息的自动探测。全自动探空系统在无人操作的情况下，通过预置时间自动运行（或操作员在中心站发出控制指令），实现从探空仪加载、探空仪检测、气球充气、探空仪施放、探空数据获取与处理、探测资料上传等高空气象探测全部流程的自动化作业。

图 8.1.9.1 CF15ZDTK-48 型全自动探空系统

（2）功能特点

全自动探空系统是无人值守条件下完成高空气象探测业务的自动化作业平台。该系统可以自动完成探空仪加载、探空仪激活、探空仪检测、探空仪气球充气施放、探空数据获取处理以及探测数据上传等高空气象探测全流程作业。本系统支持全自动自主运行，也支持远端操控管理；具备系统故障自动诊断和故障定位功能，能够自动处置一般性故障，从而切实提高年平均正常运行时间占比。本系统能够适应严酷的自然环境，可以在高原、沙漠、海岛、极地等极端环境或气候敏感地区，完成高空气象探测任务。

（3）组成结构

全自动探空系统硬件部分由自动放球方舱、机器人子系统、北斗探空子系统、气体存储及输送子系统、通信监控子系统等组成。根据实际站点的场地条件或用户的实际要求，还能够选配电源车、中心站等分系统。系统控制软件分为主控软件、探空数据处理软件、机电控制软件、机器人控制软件，远程监控平台软件等。

全自动探空系统软件，具备探空数据处理、系统状态监控、数据管理、系统配置等功能。

（4）性能指标（表 8.1.9.1）

表 8.1.9.1　CF15ZDTK-48 型全自动探空系统性能指标

要素		主要指标
探测系统参数	探空仪	符合中国气象局《卫星导航探空仪功能规格需求书》
	装载能力	60 枚探空仪
	接收能力	高度：30 km；斜距：200 km
	接收机信道数量	最多同时接收 4 信道
	天线	探空接收天线，北斗/GPS 导航天线
机械规格	方舱尺寸	7500 mm×2500 mm×2500 mm(运输状态)； 7775 mm×2500 mm×3790 mm(工作状态)
	系统质量	方舱自重：3.2 t；全系统质量：9 t
	放球筒直径	≥2200 mm
	放球筒材料	玻璃钢
	挡风盖结构	框架蒙皮结构
	挡风盖材料	框架：碳素结构钢；蒙皮：玻璃钢
	旋转挡风盖驱动形式	旋转驱动：电机驱动；起竖驱动：液压驱动
电气规格	输入电压	AC 380 V，三相四线制，26 A
	功耗	待机功耗：≤1 kW(不开环控)；≤5 kW(打开环控)
		最大功耗≤10 kW
	UPS 能力	系统断电后，可完成一次探空任务
环境参数	工作温度	−40～50 ℃，95%RH，不结露
	储存温度	−40～60 ℃，95%RH，不结露
	工作风速	≤25 m/s
	可承受风速	37 m/s

（5）业务应用

应用实例：2017 年，全自动探空系统在锡林浩特安装一台。2019 年，北京城市气象研究所安装一台，用于北京冬奥会气象保障。

8.1.10　TK-06 型卫星导航探空系统（航天新气象）

（1）观测原理

TK-06 型卫星导航探空系统（球载式探空系统）通过气象探空气球携带探空仪升空，升空过程中进行高空大气参数的实时测量。探空仪利用传感器测量大气温度、湿度和气压，气压通过气压传感器和高度反算进行测量；利用导航定位数据，进行风场测量，风速通过多普勒频移测速方式测量。通过数据平滑滤波、误差修正等，提供高空温度、湿度、气压、风速、风向等大气参数。

（2）功能特点

该探空系统（图 8.1.10.1）可探测地面（船面）至高空 36 km 范围内大气各高度上的温度、湿度、气压、风向、风速，为天气预报、气候分析、科学研究提供重要依据，系统可应用于地面、船舶、车辆等。

图 8.1.10.1　卫星导航探空系统

该系统主要具备以下特点：高精度大气风场、温度、湿度、气压探测数据；数据传输距离远、频率资源利用率高；支持远程控制及管理；可实现全自动无人值守运行。

(3)组成结构

该探空系统由卫星导航探空仪和接收分系统组成。接收分系统由接收天线、基测箱、GNSS 接收天线、探空接收机、终端计算机和数据处理软件等组成。

(4)性能指标(表 8.1.10.1)

表 8.1.10.1　TK-06 型卫星导航探空系统性能指标

要素	主要指标
技术体制	卫星导航定位
工作频率	400.15～406 MHz
调制方式	GFSK
探测高度	0～36 km
探测范围	≥200 km
温度	测量范围：−90～50 ℃；允许误差：±0.2 ℃
湿度	测量范围：0～100%RH；允许误差：±3%RH
气压	测量范围：100～1060 hPa(气压传感器)，30～100 hPa(高度反算)； 允许误差：±1.3 hPa(1060～500 hPa)；±0.7 hPa(500～3 hPa)
风速	测量范围：0～200 m/s；允许误差：±0.3 m/s
风向	测量范围：0°～360°；允许误差：±3°(风速>3 m/s)
数据采样率	1 Hz
可靠性/可维性	平均故障间隔时间(MTBF)≥1000 h，平均故障修复时间(MTTR)≤30 min
环境适应性	室外温度：−45～60 ℃；湿度：95%RH(30 ℃)。室内温度：5～35 ℃；湿度：0～75%RH。 储运温度：−50～60 ℃；湿度：0～95%RH。 抗风性能：平均风速 8 级时设备可正常工作，平均风速 10 级设备不损坏。 海拔高度：4500 m 可正常工作

(5)业务应用

该卫星导航(球载式)探空系统启用于 2006 年，主要应用于气象台站业务化观探测、天气预报、气候分析、科学研究等方面。

8.1.11 北斗/GPS 探空接收机（南京大桥机器）

（1）观测原理

北斗/GPS 探空接收机（图 8.1.11.1）通过接收天线、探空仪信号接收和解调装置，接收和解调探空仪发射信息，获取探空仪随施放时间变化的三维坐标和三维速度；探空仪输出的测量到的温度、湿度和气压原始数据以及探空仪状态信息原始数据。

图 8.1.11.1 北斗/GPS 探空接收机

（2）功能特点

自处理，能对 400.15～406 MHz 频段调频数据进行接收、解调和传输；自诊断，能够自动检测设备状态，自动诊断出设备工作状态是否正常以及进行故障定位，具备实时监控能力；在线升级，通过规定的通信接口协议，能够实现嵌入式程序在线升级。

（3）组成结构

探空接收机包括接收天线、探空仪信号接收和解调单元、信号接收处理单元、供电单元、控制单元、馈线及机箱组成。

（4）性能指标（表 8.1.11.1）

表 8.1.11.1 北斗/GPS 探空接收机性能指标

要素	主要指标
工作频率	400.15～406 MHz
调制方式	GFSK
静态接收灵敏度	优于－120 dBm@2400 bps（误码率≤10^{-3}）
最大接收距离	≥200 km

（5）业务应用

北斗/GPS 探空接收机可广泛应用于气象、农业、水利、民航、环保等领域。

8.1.12 GTC1 卫星导航探空接收机（北京华云东方）

（1）观测原理

该卫星导航探空接收机（图 8.1.12.1、图 8.1.12.2）是新一代探空观测子系统的重要组成部分，是为气象高空物联网应用设计的支持多通道的无线接收设备，采用 FDMA、TDMA 技术，可同时接收多台终端数据。

图 8.1.12.1 GTC1 卫星导航探空接收机外观

图 8.1.12.2 GTC1 卫星导航探空接收机安装图

支持 GFSK、FSK 等多种调制方式，接收灵敏度可达－120 dBm @2400 bps，可在物联网应用中支持星状网拓扑，实现多站点互联互通，集中调度。提供移动终端的跨区漫游功能，实现移动终端在多站点覆盖范围内都可以有效工作。

(2)功能特点

卫星导航探空接收机完成对探空仪信号的调制解调；将数字解调结果和频谱扫描结果按照规定协议进行编码输出。

自处理，能对 400.15～406 MHz 频段调频数据进行接收、解调和传输；自诊断，能够自动检测设备状态，自动诊断出设备工作状态是否正常以及进行故障定位，具备实时监控能力；在线升级，通过规定的通信接口协议，能够实现嵌入式程序在线升级。

(3)组成结构

卫星导航探空接收机包括接收天线、探空仪信号接收和解调单元、信号接收处理单元、供电单元、控制单元、馈线及机箱组成。

(4)性能指标(表 8.1.12.1)

表 8.1.12.1　GTC1 卫星导航探空接收机性能指标

要素	主要指标	要素	主要指标
工作频段	P 波段(400.15～406 MHz)，分辨力 1 kHz	接收频率跟踪及搜索范围	±10 kHz
接收通道	1 通道，或者 8 通道及以上	频谱扫描特性	灵敏度范围：0～－110 dBm。分辨力：1 kHz/3 kHz/6 kHz，分辨力可设置
调制方式	GFSK	天线	天线增益≥3 dBi
静态接收灵敏度	优于－120 dBm@2400 bps(误码率≤10^{-3})	负仰角接收距离	≥5 km(可选)
邻道选择性	≥65 dB@±25 kHz@2400 bps	最大接收距离	200 km

(5)业务应用

该接收机是新一代探空观测系统的重要组成部分，广泛应用于高空气象探测以及往返式智能探空系统上升-平漂-下降三段式观测。

8.1.13　基测箱(天津华云天仪)

(1)观测原理

基测箱用于对将要放飞的探空仪温湿压进行检测，并且设置探空仪频率。具备稳定的温度、湿度测试室，提供的气压、温度和湿度标准值，符合气象要素量值传递的要求；具备智能供电系统，能对探空仪的电源进行赋能并检查其供电性能是否符合要求；作为探空仪和探空地面接收处理系统的连接设备，能够转发探空接收处理系统与探空仪之间的数据传输，并在界面显示转发数据的过程；具备故障自检测功能。

(2)功能特点

显示相对湿度、温度和气压值；基测箱标准器的输出值(包括温度、气压和相对湿度值)能传输至卫星导航探空接收系统，能够通过计算机对探空仪进行频率调整(可选)和其他操作。

(3)组成结构

基测箱由标准器、测试室、数据传输与处理模块(测量显示电路、数据传输电路、显示器)、通风器、电源、机箱、电缆及附件组成。

(4)性能指标(表 8.1.13.1)

表 8.1.13.1　基测箱性能指标

要素	范围	分辨力	允许误差	年漂移量
气温	0～40 ℃	0.01 ℃	±0.1 ℃	≤0.1 ℃
气压	450～1060 hPa	0.1 hPa	±0.3 hPa	≤0.2 hPa
相对湿度	0～95%	0.1%	±2%	

（5）业务应用

基测箱可广泛用于卫星导航探空系统卫星导航探空仪的地面基值测定。

8.1.14 GTCK1 探测高度控制装置（天津华云天仪）

（1）观测原理

该探测高度控制装置是气球净举力控制和气球球绳切断装置，依据定位数据获取单元所获取的气球位置、速度、加速度等信息，计算气球由上升阶段转为平漂阶段时的升速，在出现持续下降的状态时，根据内部设定的飞行控制策略，采用熔断方式分批次或一次分离配重以实现气球高度的均衡提升、非平衡态向平衡态调整等自适应控制的目的；根据预定设置条件如规定时间、规定高度、规定区域、紧急空域安全保障等，分离携带的探空仪以便启动下降段探测；根据用户需求配置远程控制接收单元，接收地面发送的远程控制信号，对配重或者携带的探空仪进行分离操作。

（2）功能特点

能在预设的条件下或者接收到远程控制指令后进行配重减轻、分离探空仪/载荷；能在恶劣天气环境（暴雨、低温、大风）中正常执行（分次熔断配重、终止探空等）操作。

（3）组成结构

该装置主要由主控单元、配重熔断执行单元、球绳熔断执行单元、近程通信单元、远程控制信号接收单元（可选件）、机载温控单元和供电单元等组成。

（4）性能指标（表 8.1.14.1）

表 8.1.14.1 GTCK1 探测高度控制装置性能指标

要素	主要指标	要素	主要指标
配重范围	0～150 g（最小间隔为 20 g）	熔断时间	单次执行时间≤15 s
熔断成功率	≥80%	电池容量	持续工作不少于 8 h

（5）业务应用

可应用于需控制下投式探测载荷起始高度、投放时间等场合的高空探测。

8.1.15 卫星导航探空接收系统（天津华云天仪）

（1）观测原理

卫星导航探空接收系统（图 8.1.15.1）采用多通道并行高空探测数据接收方式，结合 FDMA 和 TDMA 两种技术体制共用的技术路线，实现视距范围内的多个探空仪探测资料接收，最远距离达 300 km。高空数据处理软件平台对数据进行接收、处理、存储，生成高空气象探测业务所要求的各种信息。

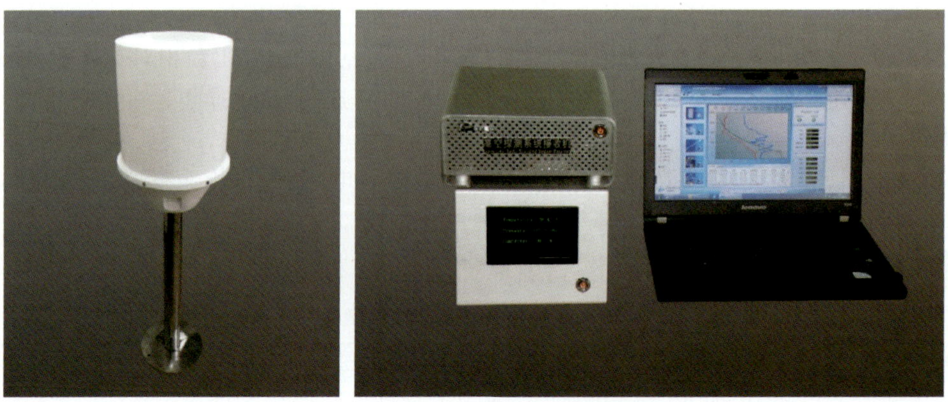

图 8.1.15.1 卫星导航探空接收系统

(2)功能特点

自处理,能对 400.15～406 MHz 频段调频数据进行接收、解调和传输;自诊断,能够自动检测设备状态,自动诊断出设备工作状态是否正常以及进行故障定位,具备实时监控能力;在线升级,通过规定的通信接口协议,能够实现嵌入式程序在线升级。

(3)组成结构

卫星导航探空接收系统由接收天线、接收机(探空仪信号接收和解调单元、信号接收处理单元、供电单元等)、数据处理终端、基测箱等组成。

接收天线采用四臂螺旋原理设计,天线组件包括全向天线和低噪放大单元。用于接收地平面以上的探空仪发射信号,经过低噪放大单元后将微弱信号传输至信号接收系统解调处理。探空仪信号接收和解调单元:包括信号接收处理单元、频谱扫描单元和数据打包单元。频谱扫描单元采集 400.15～406 MHz 频段内的 RSSI 强度(分辨率可调);信号接收处理单元接收到探空仪信号进行调理解调,输出探空仪发射的数据;数据打包单元将数字解调结果和频谱扫描结果按照规定协议进行编码输出。供电单元:为接收机各部件供电。控制单元:负责转发探空仪信号接收和解调单元的数据,响应监控操作命令。采用 RJ45 网络接口或光纤接口与台站端或中心端进行数据交互。

(4)性能指标(表 8.1.15.1)

表 8.1.15.1　卫星导航探空接收系统性能指标

要素	范围	分辨力
工作频率	400.15～406 MHz	1 kHz
调制方式	GFSK	
接收灵敏度	优于−120 dBm@2400 bps(误码率≤10^{-3})	
邻道选择性	≥65 dB@±25 kHz@2400 bps	
距离	≥200 km	10 m

(5)业务应用

卫星导航探空接收系统可广泛应用于气象、农业、水利、民航、环保等领域。

8.2 飞机观测

8.2.1 GTH3-JZ 型下投式探空仪(天津华云天仪)

(1)观测原理

无人机携带下投式探空仪升空后,当飞机飞行至预定高度时,地面数据接收和控制终端通过无人机通信链路发送装载探空仪指令,开启下投式探空仪,探空仪定位后,地面终端发送发射指令,探空仪发射。发射后降落伞打开,在下降过程中通过探空仪的温度、气压、湿度传感器和导航定位模块完成对大气参数的测量。机载多通道探空信号接收机可实时接收多个探空仪信号,并通过无人机通信链路转发给地面数据接收和控制终端,实现探测数据接收和控制指令转发。

(2)功能特点

下投式探空仪用于下投过程中实时测量大气的温度、湿度、气压和定位位置,并将测量数据通过数字发射机发送至机载遥测接收机。

GTH3-JZ 型下投式探空仪使用镀铝珠状热敏电阻、硅压阻式压力传感器、薄膜湿敏电容作为气象传感器。使用的镀铝珠状热敏电阻具有响应速度快、长短波辐射影响小的优点,薄膜湿敏电容具有响应速度快、长期稳定性好的优点,硅压阻式压力传感器具有良好的弹性和重复性的优点。接收机具有频率自动跟踪控制和自动增益控制功能。

(3)组成结构

下投式探空仪(图 8.2.1.1)主要由数据采集电路、发射机、导航定位接收机、气压传感器、温度传感器、湿度传感器、无线上电模块、锂电池、开关、对外接口、外壳、降落伞及延迟开伞结构等组成。

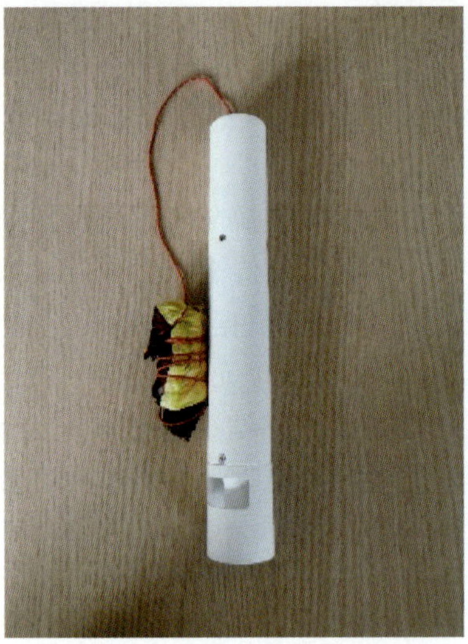

图 8.2.1.1　GTH3-JZ 型下投式探空仪

(4)性能指标(表 8.2.1.1)

表 8.2.1.1　GTH3-JZ 型下投式探空仪性能指标

要素	主要指标	要素	主要指标
测量和采集的要素	温度、气压、湿度、风向、风速	质量	≤260 g
测量高度范围	0～16 km	风向	≤3°(0°～360°)
温度	≤0.2 ℃(−90～50 ℃)	风速	≤0.5 m/s(0～200 m/s)
气压	≤1.0 hPa(1080～100 hPa)	卫星系统 GPS	L1 北斗:B1
相对湿度	≤5%(−25 ℃以上); ≤10%(−25 ℃以下)	发射谱宽	≤50 kHz
最大接收距离	≥200 km	定位	水平≤10 m,垂直≤15 m
频率	400～406 MHz		

(5)业务应用

下投式探空仪主要应用于无人机机载探空系统，对获取台风内部气象要素的垂直廓线及海-气边界层结构特征信息、加深对台风结构变化与强度演变机理认识、改进模式台风涡旋结构的真实性进而提高台风科学研究水平和台风预报能力十分必要。

8.2.2　CF-DC-16-5 型机载下投式探空系统(航天新气象)

(1)观测原理

CF-DC-16-5 型机载下投式探空系统(图 8.2.2.1)是以无人机为飞行平台，通过地面指挥站进行遥控或程控，完成自主投放探空仪，探空仪被投放后进行自主开伞，降落伞携带探空仪自上而下获取目标任务区域垂直方向的大气温度、湿度、气压、风速、风向等要素。

(2)功能特点

一键自动投放和预置多点程控投放，操作便捷；一体化吊舱式设计，适用机型范围广；探空仪装载量大，单次任务覆盖面积广、密度高；具备全面的、高效的故障检测、报警功能；自动化、智能化程度高，安全可靠。

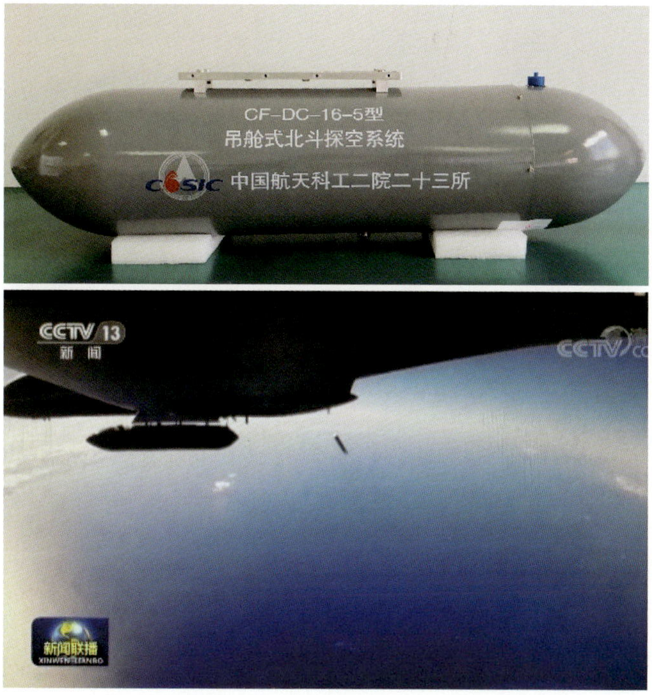

图 8.2.2.1　CF-DC-16-5 型机载下投式探空系统

(3)组成结构

该机载下投式探空系统由吊舱、下投式探空仪、地面检测设备和探空信号处理软件组成。

(4)性能指标(表 8.2.2.1)

表 8.2.2.1　CF-DC-16-5 型机载下投式探空系统性能指标

要素	主要指标	要素	主要指标
技术体制	卫星导航定位	气压	测量范围:100～1060 hPa(气压传感器),30～100 hPa(高度反算)。允许误差:±1.3 hPa(1060～500 hPa);±0.7 hPa(500～3 hPa)
工作频率	400.15～406 MHz		
调制方式	GFSK		
探测高度	≥8 km	风速	测量范围:0～200 m/s;允许误差:±0.3 m/s
吊舱容量	5、8、24、33	风向	测量范围:0°～360°;允许误差:±3°(风速>3 m/s)
温度	测量范围:－90～50 ℃;允许误差:±0.2 ℃		
相对湿度	测量范围:0～100%;允许误差:±3%	数据采样率	2 Hz

(5)业务应用

该机载下投式探空系统启用于 2017 年,可广泛应用于航空、军事、人工影响天气、特殊气候环境科学研究等领域,主要用于复杂地形、偏僻区域、灾害天气、高原以及海洋观测。

9 装备保障仪器设备

9.1 计量检定仪器设备

9.1.1 APM1200 精密绝压计(杭州佐格)

(1)工作原理

APM1200 精密绝压计采用高精度传感器测量被测环境压力，被测压力经传压介质作用于压力传感器上，压力传感器输出相应的电信号或数字信号，由信号处理单元处理后在显示器上直接显示出，被测压力的量值可选测量范围为 0～1100 hPa，500～1100 hPa，精度可达 0.01%FS。精度高，稳定性好，应用温度范围广。相较于专业实验室的同级测量表，大大提升了工作效率，是一款高性价比的压力标准表。

(2)功能特点

采用高精度传感器，拥有卓越的精度与稳定性；采用人性化设计，7 英寸触摸彩屏直观显示压力数值，并有多种压力单位可选；支持 RS-232/485、USB、LAN 等多种通信方式；内置电池可持续工作 8 h。

(3)组成结构

APM1200 精密绝压计(图 9.1.1.1)由显示界面(设备型号、通信状态、时间信息、测量数值、最值、曲线图、单位、快捷键栏)、前置 USB 接口、快捷键栏、充电指示灯、电源键、气压接口、散热孔、供电模块(电源开关、电源座)、通信接口(LAN、USB、RS-232/485)组成。

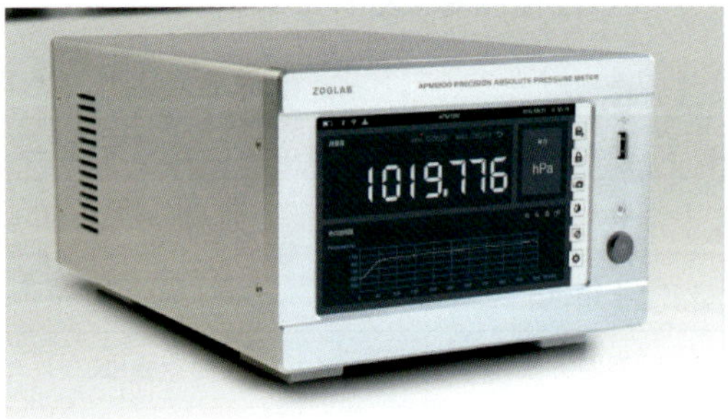

图 9.1.1.1　APM1200 精密绝压计外观

(4)性能指标(表 9.1.1.1)

表 9.1.1.1　APM1200 型精密绝压计性能指标

要素	主要指标	要素	主要指标
测量范围	0～1100 hPa，500～1100 hPa	储存环境	−20～70 ℃，10%RH～95%RH(不结露)
测量精度	0.01%FS	供电要求	AC 100～240 V，0.5 A，50/60 Hz
分辨力	0.001 hPa	电池类型	锂聚合物电池 14.8 V/8000 mAh
稳定性	优于 0.1 hPa/a	电池续航	连续工作 8 h/待机 90 d
超压限制	120%FS	通信接口	RS-485/232，USB，LAN
校准周期	365 d	电磁兼容标准	EN 50081-1 Class B，EN 50082-1 Class B
显示屏	7 英寸，800×480 TFT LCD 显示屏	静电防护	±25 kV
工作环境	−10～40 ℃，10%RH～95%RH(不结露)		

（5）业务应用

APM1200 精密绝压计是地市级气象计量实验室理想的气压标准器，也可用于工业、烟草、民航等行业，用于对各类气压传感器的检定或校准（图 9.1.1.2）。

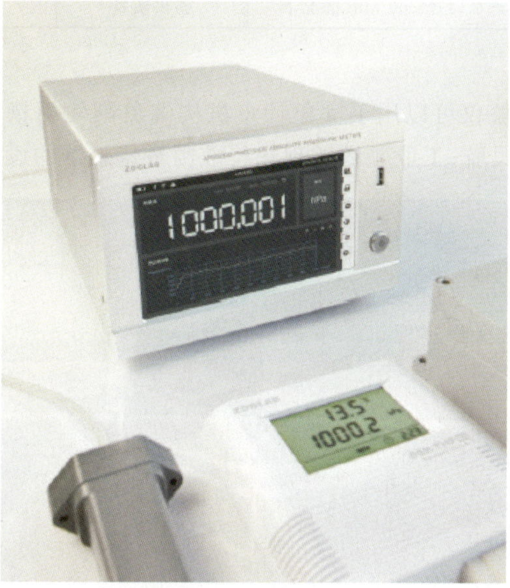

图 9.1.1.2　APM1200 精密绝压计业务使用场景

9.1.2　ARC100-M 全自动雨量检验仪（杭州佐格）

（1）工作原理

ARC100-M 全自动雨量检验仪内置 1 个 314 mL 标准雨量瓶，通过雨量检验仪内部控制系统自动上水、出水，并且流速可控，从而实现模拟大小雨强。一键启动，操作简单，相较于专业实验室的同级雨量检验仪，大大提升了工作效率，是一款高性价比的雨量检验设备，广泛应用于翻斗雨量传感器现场核查中。

（2）功能特点

设备连接好，点击电源，一键开启核查过程；平均误差±0.50 mL，最大误差±1.57 mL；支持多台设备联网使用；侧面透明塑料镂空设计，内部带 LED 灯，核查过程中，可以实时清晰观测机箱内玻璃量器检验过程的变化；顶部有便携把手设计，拿取更方便。机身质量 5 kg，体积小，方便运输携带。

（3）组成结构

ARC100-M 全自动雨量检验仪（图 9.1.2.1）由数值显示屏、万向水平仪、便携提手、功能按键区、启动键、信号接口、排水口、通信模块（LAN 接口、USB 接口、RS-232/RS-485 接口）、电源接口、进出水口组成。

图 9.1.2.1　ARC100-M 全自动雨量检验仪外观

（4）性能指标（表 9.1.2.1）

表 9.1.2.1　ARC100-M 型全自动雨量检验仪性能指标

要素	主要指标	要素	主要指标
检定雨量	314.16 mL	储存环境	−20～70 ℃，10%RH～95%RH（不结露）
平均误差	±0.50 mL	工作环境	5～40 ℃，10%RH～95%RH（不结露）
最大误差	±1.57 mL	工作环境风力	<3 级
检测时间平均误差	±2%	外接电源	DC 20 V，3.25 A

续表

要素	主要指标	要素	主要指标
检测时间最大误差	±3%	外形尺寸	206 mm×570 mm×430 mm
模拟雨强范围	0.4～5 mm/min(承水口径 200 mm 情况下)	整机质量	7.6 kg

(5)业务应用

ARC100-M 全自动雨量检验仪可以用于气象计量机构气象翻斗雨量传感器的实验室或者现场检定校准，也可作为水文水利部门、民航、工业领域的现场校准雨量传感器的设备(图 9.1.2.2)。

图 9.1.2.2　ARC100-M 全自动雨量检验仪业务使用场景

9.1.3　ARC400/800 全自动雨量检验仪(杭州佐格)

(1)工作原理

ARC400 全自动雨量检验仪由 4 台雨量检验仪组合而成，雨量检验仪内置两个标准雨量瓶，一个 314 mL，一个 942 mL，通过雨量检验仪内部控制系统自动上水、出水，并且流速可控，从而实现模拟大小雨强。一键启动，操作简单，相较于专业实验室的同级雨量检验系统，大大提高了工作效率，是一款高性价比的雨量检验系统，常被用作雨量计检定校准系统，广泛应用于检定实验室雨量检定中。

(2)功能特点

基于现代计算机技术、软件应用技术、网络技术、电子信息化技术和国家相关检定标准基础，实现对各类雨量筒的自动化检定，数据的集中管理。一键操作，全自动校准；支持多台设备联网使用，兼容多种雨量标准球；高亮 OLED 显示屏，适合实验室使用；自动上水系统，自带净水处理系统。

(3)组成结构

ARC400/800 全自动雨量检验仪(图 9.1.3.1、图 9.1.3.2)由报警指示灯、ARC100 雨量自动检定仪、净水系统、被检设备平台、储水箱、PC 组件(触控显示器、迷你主机、键盘、鼠标)组成。

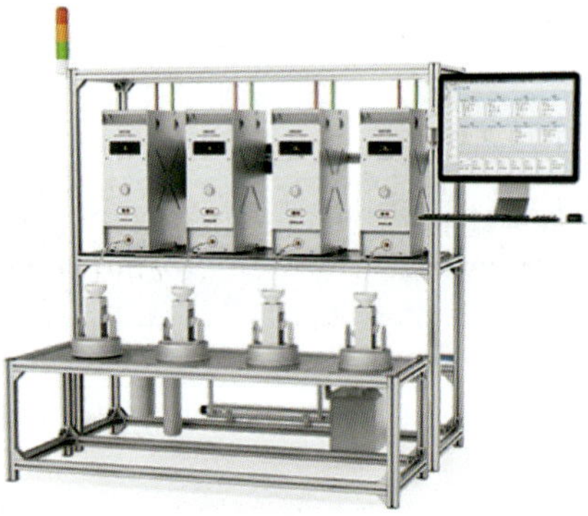

图 9.1.3.1　ARC400 全自动雨量检验仪外观

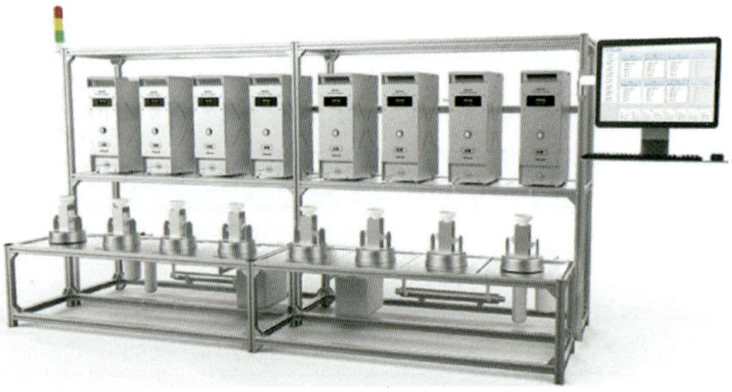

图 9.1.3.2　ARC800 全自动雨量检验仪外观

(4)性能指标(表 9.1.3.1)

表 9.1.3.1 ARC400/800 全自动雨量检验仪性能指标

要素	主要指标	要素	主要指标
检定雨量	314.16 mL,942.48 mL(可选)	模拟雨强范围	0.4～5 mm/min(承水口径 200 mm 情况下)
平均误差	±0.50 mL	储存环境	−20～70 ℃,10%RH～95%RH(不结露)
最大误差	±1.57 mL	工作环境	5～40 ℃,10%RH～95%RH(不结露)
检测时间平均误差	±2%	工作环境风力	<3 级
检测时间最大误差	±3%		

(5)业务应用

ARC400/800 全自动雨量检验仪检定过程无需人工干预,大幅度提高了检定效率,常被用作翻斗式雨量传感器的检定、校准系统,广泛应用于气象部门的雨量检定实验室中(图 9.1.3.3)。

图 9.1.3.3 ARC400/800 全自动雨量检验仪业务使用场景

9.1.4 BQY-4000G 全自动气体活塞式压力计(太原太航压力)

(1)工作原理

气体活塞式压力计是利用流体平衡原理进行压力测量的计量标准器,即作用在活塞有效面积上的流体压力与其负荷的重力相平衡。全自动气体活塞式压力计是在活塞式压力计基础上增加自动加载砝码装置、自动控制压力器以及执行机构、软件等。既保持了活塞式压力计准确度等级高、长期稳定性好的优点,同时又具备了自动标准压力发生器具有的连续测量、自动控制、自动检定功能。

(2)功能特点

符合《气体活塞式压力计检定规程》(JJG 1086—2013);一台仪器可更换多个测量范围的活塞组件;单点、步距、多循环等多种自动检定方法;更换活塞组件无须拆卸自动加码执行机构;独特的加载砝码机构准确、可靠。可避免突然加(卸)砝码载荷对活塞组件和被检仪表造成的冲击损坏;独特的转速驱动机构变速连续、平稳,能避免突然转动对活塞组件造成的冲击损坏;内置位置、温度、湿度、转速、大气压等参数传感器;计算出经过温度、重力加速度、形变系数、浮力、位置差修正后的实际压力值;内置测量、控制、自校准以及数据查询输出软件;配套的全自动压力控制器还能作为压力标准器单独使用。

(3)组成结构

全自动气体活塞式压力计(图 9.1.4.1)由活塞组件、专用砝码、自动加砝码机构、自动转动机构、自动加压控制器组成。内置温度传感器、位置传感器、气压传感器、真空计、转速传感器以及主机电路、控制电路、通信电路和软件。

图 9.1.4.1　BQY-4000G 全自动气体活塞式压力计外观

（4）性能指标（表 9.1.4.1）

表 9.1.4.1　BQY-4000G 全自动气体活塞式压力计性能指标

要素	主要指标	要素	主要指标
测量范围	10～160/400 kPa；50～600/1000/1600 kPa；100～2500/4000/6000 kPa	测压模式	表压、绝对压力
准确度等级	0.005 级（±0.005%）；0.01 级（±0.01%）；0.02 级（±0.02%）	加码方式	自动
活塞材料	活塞杆材料：碳化钨；活塞筒材料：碳化钨	控压方式	自动
工作介质	高纯氮气	检定方式	自动
专用砝码	专用不锈钢“kg”砝码一组		

（5）业务应用

2016 年中国气象局为 8 个省计量部门采购了 BQY-4000G 全自动气体活塞式压力计，该装置可作为本单位最高压力标准器进行建标，可用于对 745 型数字气压计进行检定或校准。

9.1.5　BQY-4000XT 气体活塞式压力计（太原太航压力）

（1）工作原理

气体活塞式压力计是利用流体平衡原理进行压力测量的计量标准器，即作用在活塞有效面积上的流体压力与其负荷的重力相平衡。

（2）功能特点

符合《气体活塞式压力计检定规程》（JJG 1086—2013）；一台仪器可更换多个测量范围的活塞组件；内置位置、温度、转速等参数传感器；计算出经过温度、重力加速度、形变系数、浮力、位置差修正后的实际压力值。

（3）组成结构

气体活塞式压力计（图 9.1.5.1）由活塞组件、专用砝码、自动加砝码机构、自动转动机构、自动加压控制器组成。内置温度传感器、位置传感器、气压传感器、真空计、转速传感器以及主机电路、控制电路、通信电路和软件。

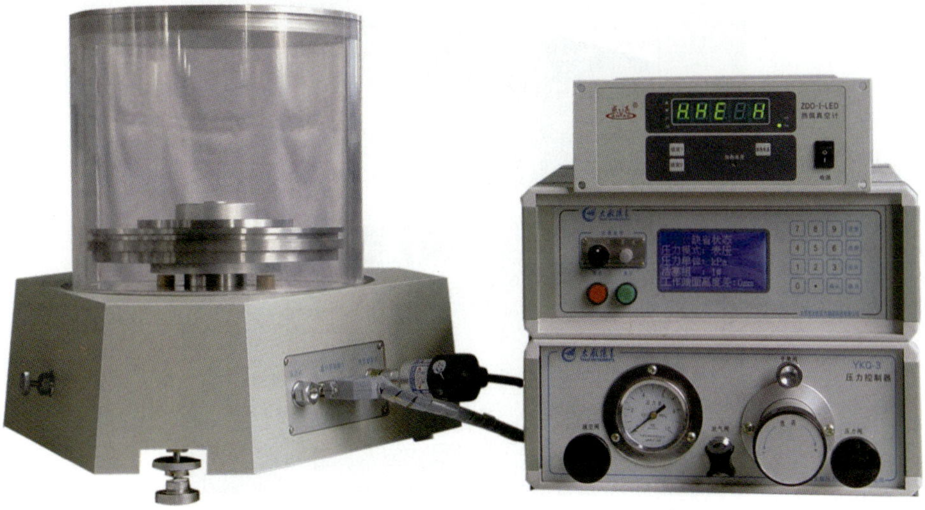

图 9.1.5.1　BQY-4000XT 气体活塞式压力计外观

(4)性能指标(表 9.1.5.1)

表 9.1.5.1　BQY-4000XT 气体活塞式压力计性能指标

要素	主要指标	要素	主要指标
测量范围	10～160/400 kPa;50～600/1000/1600 kPa;100～2500/4000/6000 kPa	测压模式	表压、绝对压力
准确度等级	0.005 级(±0.005%);0.01 级(±0.01%);0.02 级(±0.02%)	加码方式	手动
活塞材料	活塞杆材料:碳化钨;活塞筒材料:碳化钨	控压方式	手动
工作介质	高纯氮气	检定方式	手动
专用砝码	专用不锈钢“kg”砝码一组		

(5)业务应用

BQY-4000XT 气体活塞式压力计可作为本单位最高压力基准器进行建标,该设备配置在国家气象计量站,在气象部门进行气压量值传递。

9.1.6　ConST610 型温湿度检定箱(北京康斯特)

(1)工作原理

箱体工作腔内置换热器,通过制冷压缩机、电加热器控制恒温槽内介质温度,介质通过循环泵在恒温槽和换热器内循环,从而实现箱内温度的控制。

温湿度检定箱外接干气发生装置,干气经比例阀分为两股,一股干气进入饱和器加湿,再与另一股干气混合进入工作腔,通过控制干气和饱和湿气的比例,实现箱内湿度控制。温湿度检定箱可产生均匀稳定的温度及湿度环境,满足温湿计及温湿度传感器校准的需要。

(2)功能特点

温湿度检定箱能提供标准温湿度环境,温湿度范围宽,均匀度指标高,调节速度快,可无故障长时间连续运行,可以定时开关机,进行示值的折线修正及曲线记录。

(3)组成结构

温湿度检定箱(图 9.1.6.1)由控制屏、压缩机、加热器、恒温槽、换热器、循环泵、干气发生装置、饱和器、工作腔、循环风机等组成。

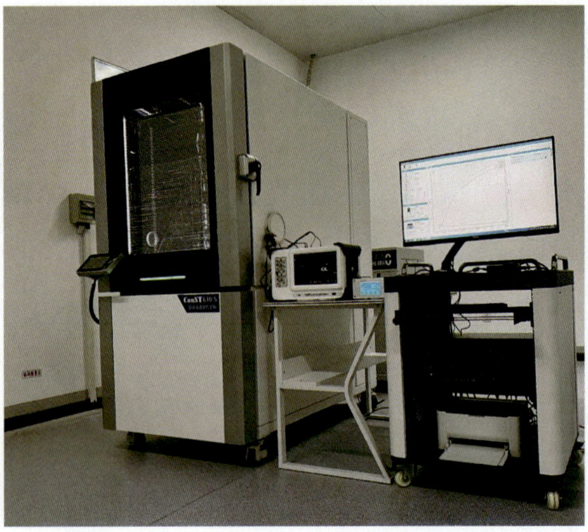

图 9.1.6.1　ConST610 型温湿度检定箱外观

（4）性能指标（表 9.1.6.1）

表 9.1.6.1　ConST610 型温湿度检定箱性能指标

要素	主要指标	要素	主要指标
温湿度范围	−20～80 ℃；5%RH～95%RH	温湿度均匀性	0.2 ℃（−20～80 ℃）；0.8%RH
温湿度精度	±0.1 ℃；±0.8%RH	温湿度变化率	0.1 ℃/min；0.3%RH/min
温湿度分辨力	0.01 ℃；0.01%RH	工作腔尺寸	350 L
温湿度波动度	±0.1 ℃/30 min；±0.3%RH/30 min		

（5）业务应用

温湿度检定箱可提供标准温湿度环境，用于湿度传感器、湿度变送器等温湿度仪表的计量检定和校准，广泛应用于气象部门温湿度检定实验室中。

9.1.7　ConST681 型智能精密恒温槽（北京康斯特）

（1）工作原理

恒温槽是通过对液体进行精密控温来获得一个均匀温场。将标准与被校温度计插入该温场，完成温度计的校准工作。恒温槽一般由保温容器、加热制冷装置、搅拌装置及控制装置组成。恒温槽温场覆盖范围一般在−80～300 ℃，可以满足气象行业绝大多数温度计的校准工作。

（2）功能特点

智能精密恒温槽具有以下功能及特点：可使用标准铂电阻控温，槽温无静差，无须修正，设定温度值即为标准温度；专业的整流罩、特殊角度的搅拌叶片、智能搅拌速度、阻断级隔热处理、交流电网参数变化补偿、先进的自适应控制算法，使其具备极佳的温场性能；工作腔、搅拌腔、储油腔三腔循环，冷热介质快速交换，配合压缩机强力制冷，实现高温快降，满足用户温度回差检定或当日多轮检定的需求；具有液体高温膨胀内部溢流和低温收缩自动补液功能，用户不必担心腔内液体溢出到地面以及液面降低时加热元件干烧的安全问题。

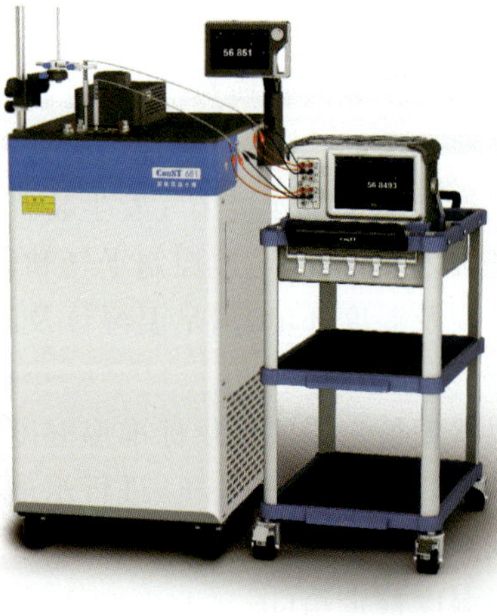

图 9.1.7.1　ConST681 型智能精密恒温槽外观

（3）组成结构

恒温槽（图 9.1.7.1）主要由主腔（工作腔、搅拌腔）、储液箱、制冷系统、加热系统及控制系统组成。介质在搅拌腔内通过加热和制冷装置达到设定温度，通过搅拌桨叶的推动在工作腔和搅拌腔件形成循环，为被测装置提供稳定的温场。

(4)性能指标(表 9.1.7.1)

表 9.1.7.1 ConST681 型智能精密恒温槽性能指标

要素	主要指标	要素	主要指标
控温范围	−80～300 ℃	内控温年准确度	±0.15 ℃
有效工作区	Ø138 mm×450 mm	绝缘耐压	1500 V
温度波动度	±0.005 ℃/10 min	供电要求	AC 220 V,50 Hz
温场均匀性	水平温场：±0.005 ℃	温度分辨力	四档可调：1 ℃、0.1 ℃、0.01 ℃、0.001 ℃
	水平温场：±0.007 ℃		

(5)业务应用

智能精密恒温槽可以用于气象计量机构温度仪器仪表、温度传感器的实验室检定或校准，也可以作为计量质检部门、研究院、高等院校、工厂企业理想的恒温设备。

9.1.8 ConST811 型现场全自动压力校验仪(北京康斯特)

(1)工作原理

ConST811 型现场全自动压力校验仪是利用标准的压力测量模块作为采集与控制，根据被检对象，对仪器进行预先程序设定，仪器自动完成压力发生、控制、输出及电信号的检测，最后将检测数据进行记录、判定、存储，完成对压力(气象仪表)检测的标准设备。

(2)功能特点

实现气压自动发生、气压测量，采用全智能控制，同时具有电压、电流信号测量、Hart 通信等，内置帮助菜单，可快速上手；自动阶跃功能，可一键升、减压，快速方便。支持被校仪表信息管理、校准过程参数设定、校准过程自动执行、数据自动分析、超差点自动标记、校准结果快速存储；结合配套软件使用，可下载任务、上传数据，让现场与实验室数据同步。

(3)组成结构

ConST811 型现场全自动压力校验仪(图 9.1.8.1)由上盖组件、执行控制组件、电源管理组件、气容阀岛组件、排污阀岛组件、正压阀岛组件及负压阀岛组件组成。

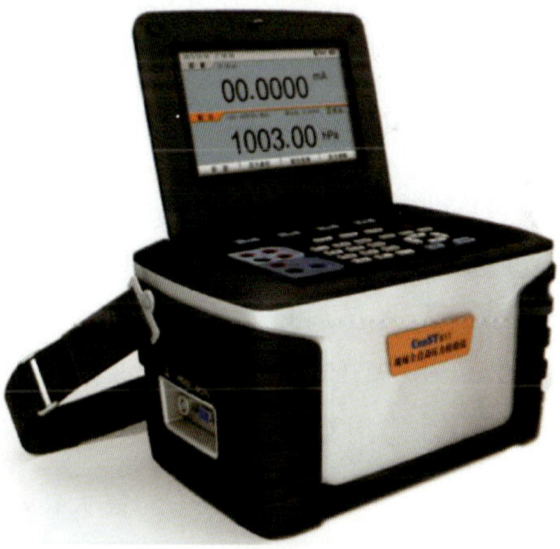

图 9.1.8.1 ConST811 型现场全自动压力校验仪外观

(4)性能指标(表 9.1.8.1)

表 9.1.8.1 ConST811 型现场全自动压力校验仪性能指标

要素	主要指标	要素	主要指标
压力测量范围	100～1100 hPa(绝对压力)	电压测量范围及测量准确度	−30～30 V；±(0.01%rdg+1.5 mV)
测量准确度	±0.10 hPa	电流测量范围及测量准确度	−30～30 mA；±(0.01%rdg+1.5 μA)
测量分辨力	0.01 hPa	电流输出范围及输出准确度	0～22 mA；±(0.02%rdg+2.2 μA)
控制稳定性	±0.02 hPa	24 V 输出	24±0.5 V，最大带载能力 50 mA
年稳定性	优于 0.10 hPa		

（5）业务应用

ConST811 型现场全自动压力校验仪广泛用于省级、地市级气象部门，对气压仪器进行现场校准，适用于常规气象压力仪表、微差压仪表、膜盒气压表、气压传感器的校准工作，也可以和 ConST129 型空盒气压表检定箱组成空盒气压表检定装置，可以对空盒气压表检定箱内的空盒气压表进行加压和疏空检定。

9.1.9 DM2000 型高精度镜面露点仪（杭州佐格）

（1）工作原理

DM2000 型高精度镜面露点仪在被测气体恒定的压力下，以一定的流速掠过光洁的用冷氮气致冷的金属镜面，随着温度逐渐降低，镜面达到某一个温度时开始结露（或霜），此时的镜面温度就是露点温度。仪器通过光学系统、测温电路、逻辑控制电路、数字显示电路等，测量露点温度 Td 并显示出来。露点测量范围－30～90 ℃dp，相对湿度测量范围 2%～100%。高精度镜面露点仪精度高，稳定性好，应用露点范围广。相较于专业实验室的同级测量表，大大提升了工作效率，是一款高性价比的镜面露点仪。

（2）功能特点

DM2000 型高精度镜面露点仪是一款高精度的湿度计，可进行精确的无漂移露点测量；温度测量精度为±0.1 ℃；露点测量最高精度为±0.2 ℃dp；传感器坚固耐用，具有强制结霜技术。

DM2000 型高精度镜面露点仪采用人性化设计，可以连接零漂移测量的露点传感器，完成实验室及工业湿度测量。配备 7 英寸触摸彩屏，界面友好；支持串口、以太网、USB 等多种通信方式；内置电池可持续工作 8 h，适合户外使用，操作便捷。

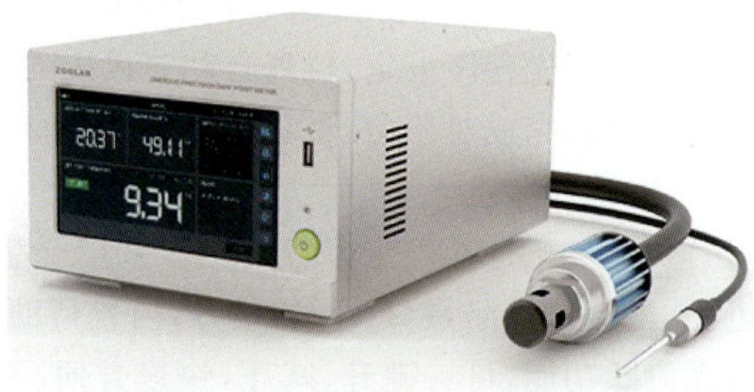

图 9.1.9.1　DM2000 型高精度镜面露点仪外观

（3）组成结构

DM2000 型高精度镜面露点仪（图 9.1.9.1）由触摸操作屏（设备型号、测量温度、相对湿度、露点温度、状态显示、快捷键栏、测量启停）、前置 USB 接口、充电指示灯、电源键、散热孔、温度探头接口、露点探头接口、电源开关、通信接口（LAN、USB、RS-232/485）组成。

（4）性能指标（表 9.1.9.1）

表 9.1.9.1　DM2000 型高精度镜面露点仪性能指标

要素	主要指标	要素	主要指标
测量精度	±0.2 ℃dp，±0.1 ℃温度	通信接口	RS-232/485、USB、LAN
测量单位	℃，°F 露点；%；℃，°F 温度；g/m³；g/kg；aw；Δ(t－t 露点)	工作温度	－20～50 ℃（整机工作温度）
分辨力	单位为℃，°F，%时为 0.1；单位为 g/m³，g/kg 时为 0.01	整机尺寸（宽×高×深）	215 mm×133 mm×302 mm（标准 3U，1/2 19 英寸机架安装尺寸）
响应速度	1 ℃/s 加设定时间（根据露点）	整机质量	5 kg
供电要求	AC 100～240 V，0.5 A，50～60 Hz	露点范围	－30 ℃dp@温度传感器 20 ℃，90 ℃dp@温度传感器 90 ℃
电池类型	14.8 V、8000 mAh 锂聚合物电池	温度范围	－40～90 ℃（露点探头工作温度）
电池续航	8 h	湿度范围	2%～100%
模拟输出	4～20 mA		

(5)业务应用

DM2000 型高精度镜面露点仪可用于气象计量机构对湿度传感器、湿度仪表的实验室检定、校准，广泛应用于气象湿度实验室和工业湿度测量领域中(图 9.1.9.2)。

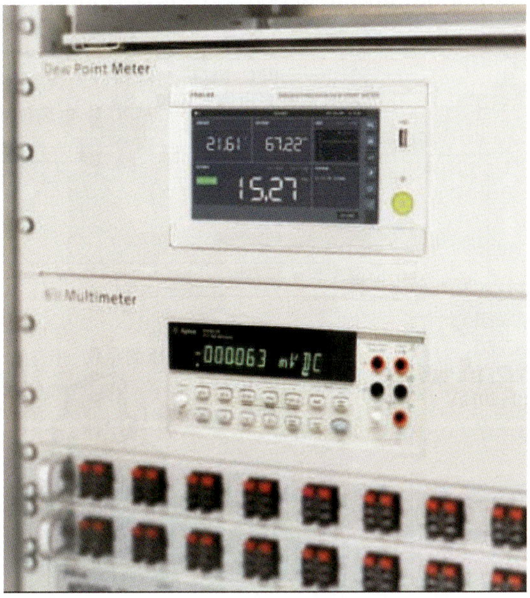

图 9.1.9.2　DM2000 型高精度镜面露点仪业务使用场景

9.1.10　EFC 型大气电场仪检定测试实验室(航天新气象)

(1)工作原理

实验室采用基于平板电容式原理的电场发生器，建立了一个数值已知的均匀、恒定电场。电场标定装置将两块金属平行板作为电极，以空气作为介质构成基本的标定箱。两极板采用绝缘支柱支撑，保证其距离恒定。下极板为高电位，上极板为低电位，调节极板两端的电压可以改变电场值。检测时采集系统能够获取被测大气电场仪的数据，完成所有测试点测试后，系统管理软件将生成测试报告。

(2)功能特点

大气电场仪检定测试实验室(图 9.1.10.1)是针对大气电场仪性能测试标定设计的，能够完成大气电场仪测量范围、最大允许误差、分辨率、零点漂移等性能指标的测试。该实验室依据国家标准研制，可为大气电场仪的生产和应用起到规范性和指导性作用，同时具有输出范围宽、线性度高、电场均匀性好、自动化程度高的特点。

图 9.1.10.1　EFC 型大气电场仪检定测试实验室外观

(3)组成结构

EFC 型大气电场标定系统包括 EFC-FSQ 电容式电场发生器、EFC-DY 高精度程控高压电源、EFC-HVC 高压分压器、EFC-CL 标准电压测量表、EFC-DYL 传感器电压测量表、EFC-DYL 传感器接口、EFC-PC 标定系统控制主机、频率测量采集器、超级隔离变压器以及计算机用户软件等(图 9.1.10.2)。

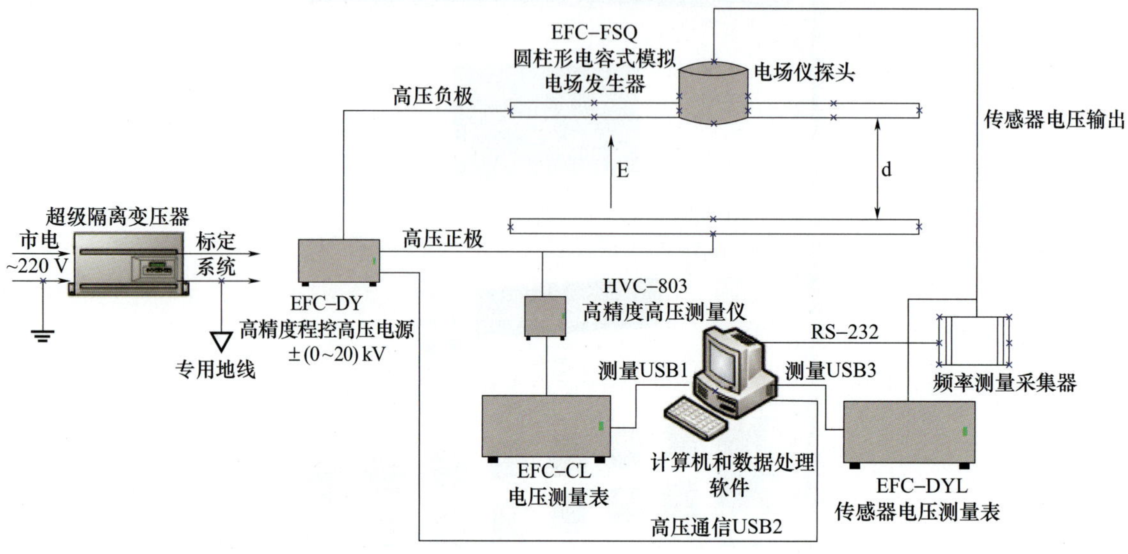

图 9.1.10.2　EFC 型大气电场仪检定测试实验室结构

(4)性能指标(表 9.1.10.1、表 9.1.10.2)

表 9.1.10.1　EFC 型大气电场仪检定测试实验室性能指标

要素	主要指标	要素	主要指标
尺寸(长×宽×高)	不小于 4 m×4 m×2.7 m	环境	防静电地坪
供电	不小于 1000 W@AC 220 V	温湿度	20±5 ℃,40%RH～80%RH
接地要求	独立接地,接地电阻<4 Ω		

表 9.1.10.2　EFC 型大气电场仪检定测试实验室电容式电场发生器性能指标

要素	主要指标	要素	主要指标
电场输出范围	±(5～100000) V/m	标定口口径	∅0.2 m
最大允许误差	±1.2%	平行极板尺寸	∅1000 mm×200 mm
电场发生器尺寸	∅1800 mm×1300 mm		

(5)业务应用

EFC 型大气电场仪检定测试实验室为大气电场仪产品性能提供较高精度的检测手段,可用于气象计量部门开展定期计量检定工作,也可用于大气电场仪生产厂家的生产检测。

9.1.11　FD500S-40L 型 40 m/s 气象回路风洞(苏州三维流体)

(1)工作原理

该装备是利用空气动力学原理研制,具有满足国军标《低速风洞和高速风洞流场品质要求》(GJB 1179A—2012),并且适于气象风速风向检定的高精度、高智能检定测试风洞。该风洞满足《地面气象观测规范　风向和风速》(GB/T 35227—2017)、《自动气象站风向风速传感器检定规程》(JJG(气象)004—2011),可模拟从低风速 0.2 m/s 到高风速 40 m/s 的均匀风场,提供 0°～360°的高精度自控度盘,能够进行各类三杯风速仪在内的主要气象风速风向测量仪器的检定标定。

(2)功能特点

该气象回路风洞具有测试风速范围广(涵盖了启动风速到12级强风,并且高低风速时均具有良好的流场指标)和测试精度高(优于国军标GJB 1179A—2012)的特点,可作为风速风向标准风洞用以检定风速风向仪,具备从启动风速0.5 m/s到40 m/s风速,以及0°～360°风向的检定能力。该装备不仅具有广泛的适应性,而且具有较高的集成度,占地小、功能全,具备一键检定、数据自动分析保存、证书自动打印的功能,是气象风要素检定领域的基础测试平台。

(3)组成结构

该气象回路风洞(图9.1.11.1)由钢结构洞体、整流装置、风扇转子动力系统、动力驱动系统、测控系统组成。

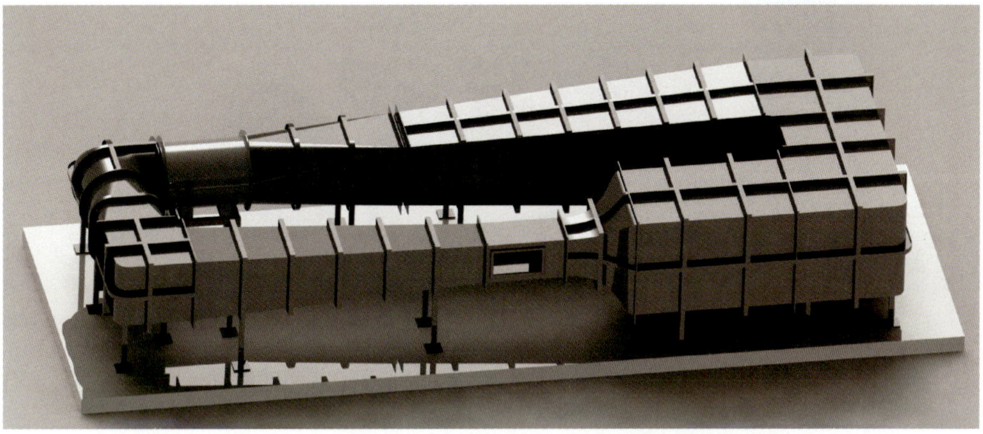

图9.1.11.1 FD500S-40L型40 m/s气象回路风洞外观

(4)性能指标(表9.1.11.1)

表9.1.11.1 FD500S-40L型40 m/s气象回路风洞性能指标

要素	主要指标	要素	主要指标
设备尺寸(长×宽×高)	10 m×5.0 m×2.2 m	流场均匀性 μ	0.5%
设备功率	15 kW(380 V)	流场稳定性 η	0.5%
试验段截面(长×宽×高)	1.2 m×0.5 m×0.5 m	气流偏角 $\Delta\alpha,\Delta\beta$	0.5°
流速范围	0.2～40 m/s	湍流度 ε	0.5%

(5)业务应用

2013年已应用于贵州省气象局,作为贵州省气象局风要素检定标准风洞。

9.1.12 FD600C-40S型40 m/s气象直路风洞(苏州三维流体)

(1)工作原理

该装备是利用空气动力学原理研制,具有满足国军标《低速风洞和高速风洞流场品质要求》(GJB 1179A—2012),并且适于气象风速风向检定的高精度、高智能检定测试风洞。该风洞满足《地面气象观测规范 风向和风速》(GB/T 35227—2017)、《自动气象站风向风速传感器检定规程》(JJG(气象)004—2011),可模拟从低风速0.2 m/s到高风速40 m/s的均匀风场,提供0°～360°的高精度自控度盘,能够进行包括各种三杯风速仪、超声风速仪在内的主要气象风速风向测量仪器的检定标定。

(2)功能特点

该气象直路风洞具有测试风速范围广(涵盖了启动风速到12级强风,并且高低风速时均具有良好的流场指标)和测试精度高(优于国军标GJB 1179A—2012)的特点,可作为风速风向标准风洞用以检定风速风向仪,具备从启动风速0.5 m/s到40 m/s风速,以及0°～360°风向的检定能力。该装备开创性地配置有密闭试验段驻室和低风速稳定系统，使该装备具备广泛的适应性和风速全量程的高精度测试，可以检定目前气象领域包括三杯风速仪、超声风速仪在内的主要风速风向仪，并且具备一键检定、数据自动分析保存、证书自动打印的功能，是气象风要素检定领域的重要测试平台。另外，该装备洞体采用非金属结构打造、基座及驻室采用铝合金结构，装备占地面积较小，有利于实验室布局与规划。

（3）组成结构

该气象直路风洞（图 9.1.12.1）由直流吸式洞体、整流装置、风扇动力段、动力驱动系统、低风速稳定系统、测控系统组成。

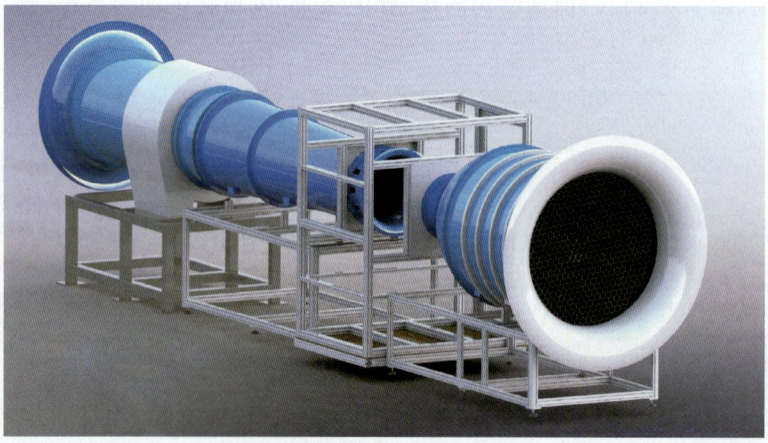

图 9.1.12.1　FD600C-40S 型 40 m/s 气象直路风洞外观

（4）性能指标（表 9.1.12.1）

表 9.1.12.1　FD600C-40S 型 40 m/s 气象直路风洞性能指标

要素	主要指标	要素	主要指标
设备尺寸（长×宽×高）	9.8 m×2.5 m×2.6 m	流场均匀性 μ	0.5%
设备功率	30 kW(380 V)	流场稳定性 η	0.5%
试验段截面	Ø0.6 m×1.2 m	气流偏角 $\Delta\alpha$，$\Delta\beta$	0.5°
流速范围	0.2～40 m/s	湍流度 ε	0.5%

（5）业务应用

该风洞具备一键检定、数据自动分析保存、证书自动打印等功能，主要用于气象计量部门的风速检定，可作为省级风洞实验室的标准风洞。

9.1.13　FD600C-70S 型 70 m/s 气象直路风洞（苏州三维流体）

（1）工作原理

该装备是利用空气动力学原理研制，具有满足国军标《低速风洞和高速风洞流场品质要求》（GJB 1179A—2012），并且适于气象风速风向检定的高精度、高智能检定测试风洞。该风洞满足《地面气象观测规范　风向和风速》（GB/T 35227—2017）、《自动气象站风向风速传感器检定规程》（JJG（气象）004—2011），可模拟从低风速 0.2 m/s 到高风速 70 m/s 的均匀风场，提供 0°～360°的高精度自控度盘，能够进行包括各种三杯风速仪、超声风速仪在内的主要气象风速风向测量仪器的检定标定。

（2）功能特点

该气象直路风洞具有测试风速范围广（涵盖了启动风速到强风，并且高低风速时均具有良好的流场指标）和测试精度高（优于国军标 GJB 1179A—2012）的特点，可作为风速风向标准风洞用以检定风速风向仪，具备从启动风速 0.5 m/s 到强风70 m/s，以及 0°～360°风向的检定能力。该装备开创性地配置有密闭试验段驻室和低风速稳定系统，使该装备具备广泛的适应性和风速全量程的高精度测试，可以检定目前气象领域包括三杯风速仪、超声风速仪在内的主要风速风向仪，并且具备一键检定、数据自动分析保存、证书自动打印的功能，是气象风要素检定领域的重要测试平台。另外，该装备洞体采用非金属结构打造、基座及驻室采用铝合金结构，装备占地面积较小，有利于实验室布局与规划。

（3）组成结构

该气象直路风洞（图 9.1.13.1）由直流吸式洞体、整流装置、风扇动力段、动力驱动系统、低风速稳定系统、测控系统组成。

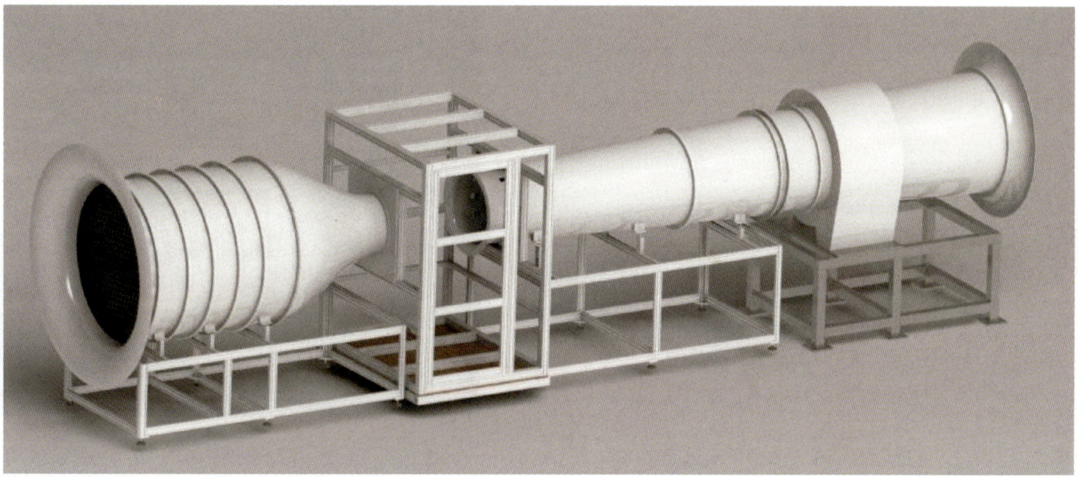

图 9.1.13.1　FD600C-70S 型 70 m/s 气象直路风洞外观

（4）性能指标（表 9.1.13.1）

表 9.1.13.1　FD600C-70S 型 70 m/s 气象直路风洞性能指标

要素	主要指标	要素	主要指标
设备尺寸（宽×高×长）	2.5 m×2.6 m×10 m	流场均匀性 μ	0.5%
设备功率	75 kW(380 V)	流场稳定性 η	0.5%
试验段截面	Ø0.6 m×1.2 m	气流偏角 $\Delta\alpha$、$\Delta\beta$	0.5°
流速范围	0.2～70 m/s	湍流度 ε	0.5%

（5）业务应用

2018 年启用，已分别通过中国气象局国家计量站和中国计量院流场检测，检测结果达到设计指标要求，可用作省级风洞实验室的标准风洞，开展气象部门风速检定业务。

9.1.14　FD800S-70LX 型 70 m/s 多功能气象回路风洞（苏州三维流体）

（1）工作原理

该装备是利用空气动力学原理研制，具有满足国军标《低速风洞和高速风洞流场品质要求》（GJB 1179A—2012），并且适于气象风速风向检定的高精度、高智能检定测试风洞。该风洞满足《地面气象观测规范　风向和风速》（GB/T 35227—2017）、《自动气象站风向风速传感器检定规程》（JJG（气象）004—2011），可模拟从低风速 0.2 m/s 到高风速 70 m/s 的均匀风场，提供 0°～360°的高精度自控度盘，能够进行目前所有气象风速风向测量仪器的检定标定。

（2）功能特点

该多功能气象回路风洞具有测试风速范围广（涵盖了启动风速到强风，并且高低风速时均具有非常好的流场指标）和测试精度高（优于国军标 GJB 1179A—2012）的特点，可作为风速风向标准风洞用以检定风速风向仪，具备从启动风速 0.5 m/s 到强风 70 m/s，以及 0°～360°风向的检定能力。该装备开创性地配置有开闭两用试验段及风速风向仪自动分发系统，使该装备具备广泛的适应性和高效的检定效率，可以检定目前气象领域包括三杯风速仪、螺旋桨风速仪、超声风速仪在内所有风速风向仪，并且具备一键检定、批量处理、数据自动分析保存、证书自动打印的功能，是气象风要素检定领域的重要测试平台。

(3)组成结构

该多功能气象回路风洞(图 9.1.14.1、图 9.1.14.2)由钢结构洞体、整流装置、风扇转子系统、驱动电机、动力驱动系统、风速风向仪自动分发系统、测控系统组成。

图 9.1.14.1　FD800S-70LX 型 70 m/s 多功能气象回路风洞外观

图 9.1.14.2　FD800S-70LX 型 70 m/s 多功能气象回路风洞试验段外观

(4)性能指标(表 9.1.14.1)

表 9.1.14.1　FD800S-70LX 型 70 m/s 多功能气象回路风洞性能指标

要素	主要指标		
设备尺寸(长×宽×高)	20 m×8 m×3 m		
设备功率	75 kW(380 V)		
试验段截面	2.5 m×1.3 m×1.3 m	1.6 m×0.8 m×0.8 m	0.65 m×0.65 m(开口)
流速范围	0.2～30 m/s	0.2～70 m/s	0.2～70 m/s
流场均匀性 μ	0.5%	0.5%	1%
流场稳定性 η	0.5%	0.5%	0.5%
气流偏角 $\Delta\alpha,\Delta\beta$	0.5°	0.5°	0.5°
湍流度 ε	0.5%	0.5%	0.5%

(5)业务应用

该风洞于 2012 年启用，目前已应用于沿海各省气象局，作为沿海各省风要素检定标准风洞。本装备可配备风速风向仪自动分发系统，具备一键检定、批量处理、数据自动分析保存、证书自动打印等功能，满足气象检定发展的需求。

9.1.15　FD1200S-90LX 型 90 m/s 国家级气象标准风洞(苏州三维流体)

(1)工作原理

该装备是利用空气动力学原理研制，具有满足国军标《低速风洞和高速风洞流场品质要求》(GJB 1179A—2012)，并且适于气象风速风向检定的高精度、高智能检定测试风洞。该风洞满足《地面气象观测规范　风向和风速》(GB/T 35227—2017)、《自动气象站风向风速传感器检定规程》(JJG(气象)004—2011)，可模拟从低风速 0.2 m/s 到高风速 90 m/s 的均匀风场，提供 0°～360°的高精度自控度盘，能够进行包括超声风速仪在内的主要气象风速风向测量仪器的检定标定。

(2)功能特点

该气象标准风洞具有测试风速范围广(涵盖了启动风速到强风,并且高低风速时均具有非常好的流场指标)和测试精度高(优于国军标 GJB 1179A—2012)的特点,是作为风速风向标准器用以检定风速风向仪的可靠性和准确性,具备从启动风速 0.5 m/s 到强风 90 m/s,以及 0°~360°风向的检定能力。该装备开创性地配置有开闭两用试验段,使该装备具备广泛的适应性和高效的检定效率,可以检定目前气象领域包括三杯风速仪、螺旋桨风速仪、超声风速仪在内所有风速风向仪,并且具备一键检定、数据自动分析保存、证书自动打印的功能,是国家级气象风要素检定标准测试平台。

(3)组成结构

该气象标准风洞(图 9.1.15.1)由直流吸式洞体、整流装置、风扇动力段、动力驱动系统、低风速稳定系统、测控系统组成。

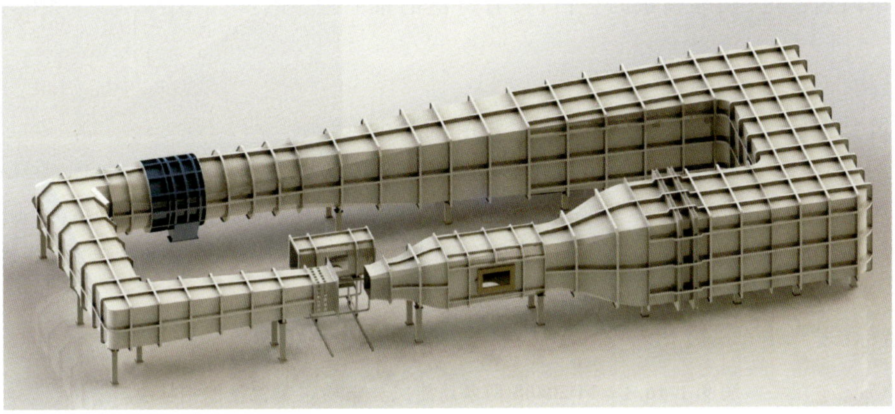

图 9.1.15.1 FD1200S-90LX 型 90 m/s 国家级气象标准风洞外观

(4)性能指标(表 9.1.15.1)

表 9.1.15.1 FD1200S-90LX 型 90 m/s 国家级气象标准风洞性能指标

要素	主要指标	
设备尺寸(长×宽×高)	25 m×10 m×3.5 m	
设备功率	315 kW(380 V)	
试验段截面	3.4 m×1.2 m×1.2 m(长×宽×高)	1.0 m×1.0 m(开口)
流速范围	0.2~90 m/s	0.2~90 m/s
流场均匀性 μ	0.5%	0.5%
流场稳定性 η	0.5%	0.5%
气流偏角 $\Delta\alpha$,$\Delta\beta$	0.5°	0.5°
湍流度 ε	0.5%	0.5%

(5)业务应用

该风洞于 2018 年启用,目前已应用于中国气象局,作为国家级风要素检定标准风洞。本设备具备一键检定、数据自动分析保存、证书自动打印等功能。2018 年该装备已通过中国气象局国家计量站流场校测,检测结果达到设计指标要求,并经专家评审认可该风洞达到国家级标准风洞水平。

9.1.16 FD5040S 型多功能风要素检定装置(苏州三维流体)

(1)工作原理

该装置主体为一套小型低速风洞,其设计标准参照《高低速风洞气动与架构设计》,利用空气动力学原理研制,具有满足国军标《低速风洞和高速风洞流场品质要求》(GJB 1179A—2012),并且适于气象风速风向检定的高精度、高智能检定测试。该风洞满足《地面气象观测规范　风向和风速》(GB/T 35227—2017)、《自动气象站风向风速传感器检定规程》(JJG(气象)004—2011)，可满足地市级气象区域站的风速风向测量仪器的检定需求。

(2)功能特点

该装置性能与普通低速风洞相比具有以下显著提升：显著提高在低风速时风速的稳定性及均匀性；集成度高、占地小，对安装场地无特殊要求；工作段为开放形式，配备有快速航插，可满足各类风速风向仪的使用，能够快速安装，操作简单，有效提升工作效率；该装置采用工业化设计、标准化制作，风洞洞体与测控操作集成一体，结构紧凑、外观精致，无须设置测控室，该装置采用整机运输，避免了风洞安装调试周期过长的缺点。该设备填补了地市级气象风速检定、校准领域的空白，具有广泛的推广和应用前景。

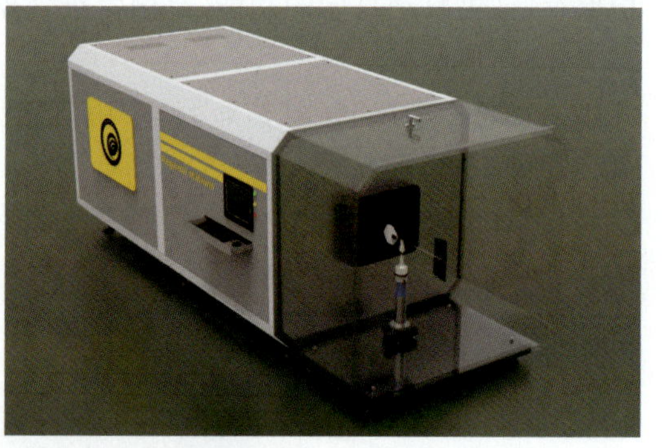

图 9.1.16.1　FD5040S 型多功能风要素检定装置外观

(3)组成结构

该多功能风要素检定装置(图 9.1.16.1)主要由风洞主体、机箱、控制系统、驻室等部件组成。风洞主体：小型矩阵式直流下吹式风洞。机箱：集成测控设备、变频器、数据采集箱、显示屏等。驻室：试验区，测试各风传感器的试验区域。控制系统：整机设备控制系统、含自动转盘装置。

(4)性能指标(表 9.1.16.1)

表 9.1.16.1　FD5040S 型多功能风要素检定装置性能指标

要素	主要指标	要素	主要指标
设备尺寸(长×宽×高)	3.6 m×1.4 m×1.25 m	流场均匀性 μ	0.5%
设备功率	2.5 kW(380 V)	流场稳定性 η	0.5%
试验段截面	0.5 m×0.4 m(开口)	气流偏角 $\Delta\alpha$、$\Delta\beta$	0.5°
流速范围	0.2～12 m/s	湍流度 ε	0.5%

(5)业务应用

该装置于 2019 年启用，现陈列于中国气象局气象装备陈列馆。该装置经中国气象局国家计量站流场校测，检测结果达到设计指标要求。主要业务领域是面向各地市级区域自动气象站风速风向仪的检定与保障。

9.1.17　GRZ110 型数字压力传感器(北京国瑞智新)

(1)工作原理

该数字压力传感器(图 9.1.17.1)的敏感元件选用硅压阻压力传感器，其具有高灵敏度、高准确度、动态范围大、性能稳定、可靠性高等特点。当传感器感受到压力变化时，它就输出一个正比于压力的电信号，此电信号经 A/D 转换后送至单片机，经过数字处理后得出数字化的压力值。数字压力传感器主要用于气象、航空、航天、航海、石油化工、动力机械、地质勘探、生物医学等领域的精密压力测量领域。

(2)功能特点

传感器经过严格老化筛选，长期稳定性好；全金属封装、工作可靠、抗冲击、适合各种环境应用；内含微处理器，全数字温度压力补偿，准确度高；数字信号输出，独立地址，方便用户组网使用；可进行绝压、表压、差压测量；支持 RS-232、RS-485 等多种通信方式。

图 9.1.17.1　GRZ110 型数字压力传感器外观

(3)组成结构

数字压力传感器由压力测量接口、硅压阻传感器模块、AD采集电路、CPU及电源电路、外壳和通信连接器等组成(图9.1.17.2)。

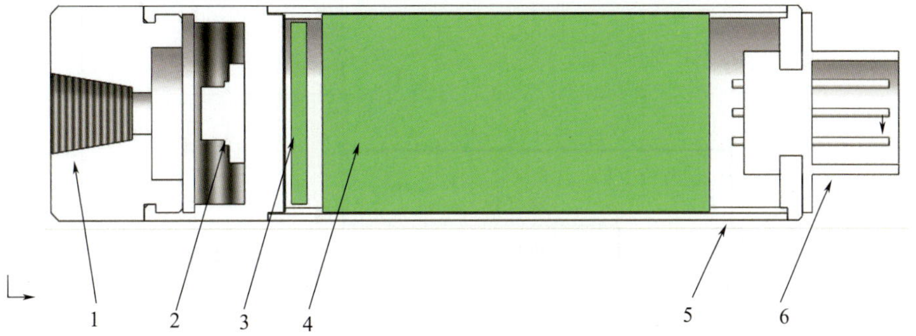

图9.1.17.2 GRZ110型数字压力传感器结构

1. 压力测量接口;2. 硅压阻传感器模块;3. AD采集电路;4. CPU及电源电路;5. 外壳;6. 通信连接器

(4)性能指标(表9.1.17.1)

表9.1.17.1 GRZ110型数字压力传感器性能指标

要素	主要指标		
测量范围	500～1100 hPa	0～1.4 MPa	0～60 MPa
备注	气象专用	气压,范围可定制	液压,范围可定制
最大允许误差	±0.3 hPa	±0.1%FS～±0.05%FS可选	±0.1%FS
工作温度	0～40 ℃,−40～60 ℃	−40～60 ℃	−40～60 ℃
压力接口	M20×1.5、ZG1/8阴螺纹	M20×1.5、ZG1/8阴螺纹	M12×1 74°锥
通信	RS-232/RS-485		
电源	DC 6～15 V		
外形尺寸	∅26 mm×120 mm		∅32 mm×130 mm
质量	0.3 kg		

(5)业务应用

该设备于2001年研制成功,后陆续应用于气象部门自动气象站、气压高度表、数字压力计、压力控制器中,在航天、航空和其他行业计量部门也被广泛使用。

9.1.18 GRZ150A型空盒气压表自动检定系统(北京国瑞智新)

(1)工作原理

空盒气压表自动检定系统(图9.1.18.1)通过温压一体的空盒气压表检定箱和压力控制器进行压力自动控制;通过图像识别技术自动读取空盒气压表指针读数;配合自动检定软件,实现把空盒气压表一次放入空盒气压表检定箱,即可由检定软件自动完成空盒气压表的温度系数检定、气压示值检定,并自动生成检定证书,实现了检定的全自动化。空盒气压表自动检定系统主要用于空盒气压表的自动检定。

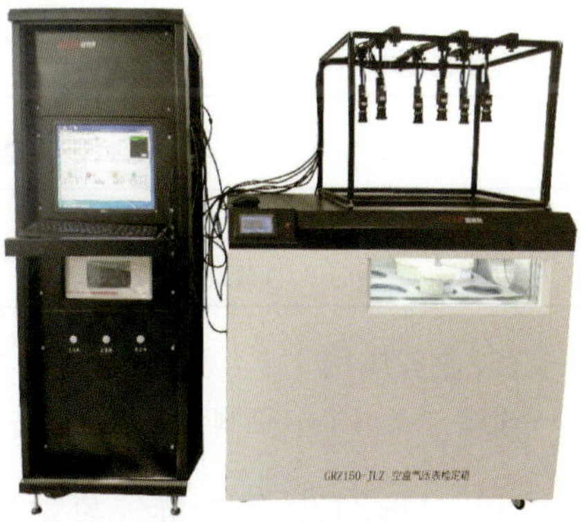

图9.1.18.1 GRZ150A型空盒气压表自动检定系统外观

(2)功能特点

温度压力一体化检定箱,去除人工更换试验箱的环节;温度系数、压力示值检定全自动完成;配备检定软件,流程可设,灵活高效;图像识别自动读数,无须人工观测。

(3)组成结构

空盒气压表自动检定系统由空盒气压表检定箱、压力控制系统、图像识别装置和检定软件等组成（图 9.1.18.2）。

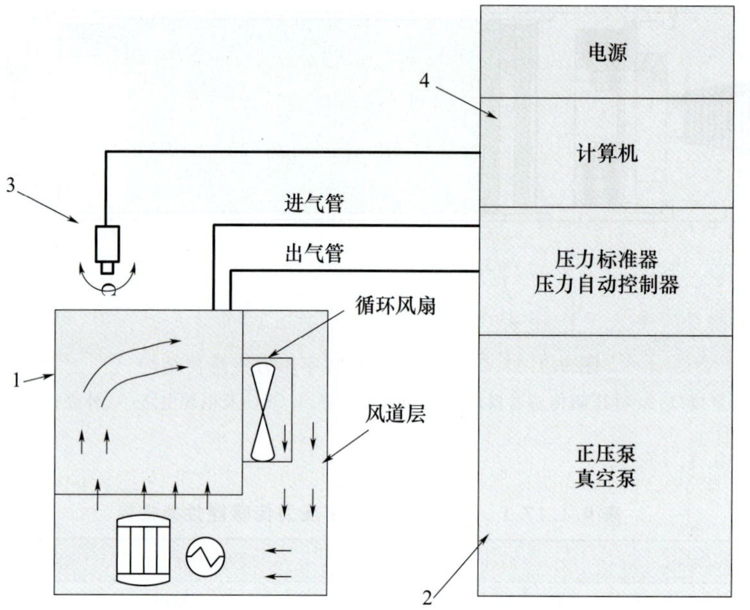

图 9.1.18.2　GRZ150A 型空盒气压表自动检定系统结构

1. 空盒气压表检定箱；2. 压力控制系统；3. 图像识别装置；4. 检定软件

(4)性能指标(表 9.1.18.1～表 9.1.18.3)

表 9.1.18.1　压力控制系统性能指标

要素	主要指标	要素	主要指标
管路连接气压控制范围	50～1100 hPa	控制稳定性	±0.03 hPa
检定箱气压控制范围	500～1100 hPa	升降压速率	5～1000 hPa/min 可调
气压最大允许误差	±0.01%FS、±0.02%FS		

表 9.1.18.2　空盒气压表检定箱性能指标

要素	主要指标	要素	主要指标
温度控制范围	−5～40 ℃	漏气率	<0.3 hPa/10 min
温度测量最大允许误差	±0.2 ℃	同时被检仪器数量	6 台
检定箱温度稳定性	±0.5 ℃	测试室尺寸	570 mm×360 mm×200 mm
检定箱温度均匀性	≤2.0 ℃		

表 9.1.18.3　图像识别系统性能指标

要素	主要指标
读数最大允许误差	±0.1 hPa

(5)业务应用

设备于 2019 年研制成功，并配备到国家气象计量站对空盒气压表开展自动化检定。

9.1.19　GRZ170 型手持气象站（北京国瑞智新）

(1)工作原理

手持气象站（图 9.1.19.1）是一种携带方便，操作简单，集多项气象要素于一体的可移动式气象观测仪器，可用于对大气温度、相对湿度、风向、风速、气压、雨量等气象要素进行全天候现场监测。手持气象站采用一体化的高强度结构设计，坚固耐用；风速采用超声波测风或差压测风；雨量采用压电式雨量传感器；温度、湿度和气压传感器均集成在防辐射罩内(百叶窗结构)，减少辐射误差，提高测量精度。手持气象站轻便小巧，自带显示屏和锂电池，用户可在野外随时随地测量和查看实时测量数据。同时手持气象站也可配备三脚架、太阳能板和采集系统等在野外固定安装，可进行全天候自动记录气象数据。

图 9.1.19.1　GRZ170 型手持气象站外观

(2)功能特点

高精度集成和数字化处理，集成多种气象要素测量于一身；小巧轻便，坚固可靠，可随身携带；−40～60 ℃工作温度下稳定测量；无机械部件，可在各种天气下可靠工作；提供风速风向、气温、气压、湿度、海拔高度、雨量多种气象参数；支持串口、蓝牙、NB-IoT 等多种方式连接。

(3)组成结构

手持气象站由压电雨量传感器、超声波测风传感器、气压传感器模块、铂电阻温度传感器、湿度传感器、防辐射、OLED 显示屏、电路模块、手柄和锂电池组成(图 9.1.19.2)。

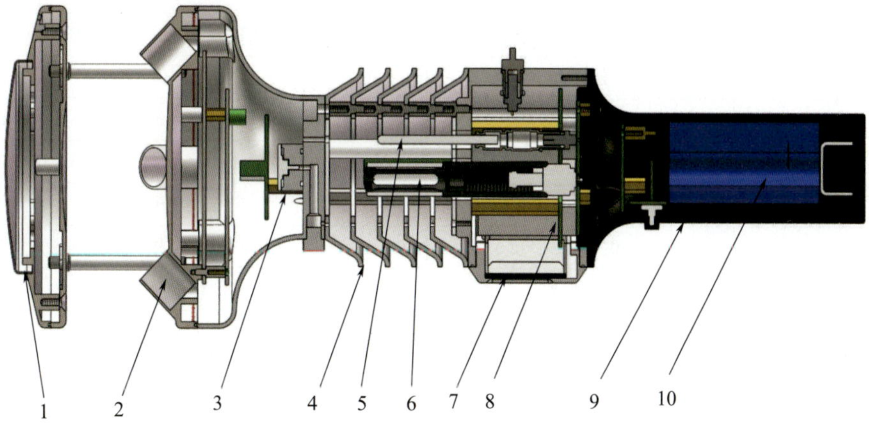

图 9.1.19.2　GRZ170 型手持气象站结构

1. 压电雨量传感器；2. 超声波测风传感器；3. 气压传感器模块；4. 防辐射罩；5. 铂电阻温度传感器；6. 湿度传感器；7. OLED 显示屏；8. 电路模块；9. 手柄；10. 锂电池

压电式雨量传感器使用压电效应来测量雨量。压电雨量传感器可以实时响应雨滴的压力变化，快速准确地测量降雨量，测量精度高，量程宽，稳定性能好，低功耗，抗外界干扰能力强，具有较好的耐久性和抗腐蚀性能，可以在各种环境条件下稳定工作。

超声波测风传感器是用超声波测量风向风速的仪器。将具有发射和接收功能的两个超声波传感器探头相对放置，交替发射和接受超声波，受气流运动的影响，在两个方向上，超声波的传播时间是不同的，其时间差是风速的函数。经过计算和校准就可以测量两探头之间的气流速度，从而精确测量风度和风向。

气压传感器采用硅压阻压力传感器进行测量，硅压阻传感器为模拟电阻输出，硅压阻传感器在收到外部压力后，传感器的 4 个电阻桥路产生形变而输出不同的阻值。将硅压阻压力传感器加载电压后，硅压阻传感器即可输出随压力变化的模拟电压值。为实现高精度测量，电路上通过高精度 AD 将压力对应的电压信号进行数字化，从而输出高分辨力的数量气压值。气压传感器在生产过程中进行了全温度范围的压力补偿，使气压传感器在全温度范围内均具备高准确度。

温度传感器采用 Pt100 铂电阻温度传感器，其具备很高的线性度和重复性，通过电路模块内置 AD 进行电阻采集并转换成温度值。湿度传感器采用湿敏电容湿度传感器，湿敏电容湿度传感器目前是气象观测的首选传感器，其小型化、结构简单可靠、性能好等特点使其在各种环境的湿度测量领域应用广泛。

（4）性能指标（表 9.1.19.1）

表 9.1.19.1　GRZ170 型手持气象站性能指标

要素		主要指标
风速	测量范围	0～40 m/s
	最大允许误差	±0.5 m/s(≤10 m/s)，±5%(>10 m/s)
	分辨力	0.1 m/s
风向	测量范围	0°～360°
	最大允许误差	±5°
	分辨力	0.1°
气压	测量范围	500～1100 hPa
	最大允许误差	±0.5 hPa
	分辨力	0.1 hPa
温度	测量范围	−40～55 ℃
	最大允许误差	±0.3 ℃
	分辨力	0.01 ℃
湿度	测量范围	0～100%RH
	最大允许误差	±5%RH(≥5 ℃)，±10%RH(<5 ℃)
	分辨力	0.1%RH
雨量	测量范围	0～999.9 mm，雨强 0～4 mm/min
	最大允许误差	±0.5 mm(<10 mm)，±5%(>10 mm)
	分辨力	0.01 mm
工作环境	供电方式	外接 DC 12 V，内置锂电池或太阳能供电
	工作温度	−40～55 ℃
	通信接口	串口、无线等方式可选

（5）业务应用

该设备于 2015 年研制成功，作为一款集多项气象要素观测于一体的可移动式气象观测仪器，于 2017 年起陆续配备到全国气象部门、环保部门等相关单位。

9.1.20　GRZ3260/GRZ3290 型恒温槽（北京国瑞智新）

（1）工作原理

该恒温槽（图 9.1.20.1）以酒精、纯净水等液体为导热介质，为温度计量提供稳定的校准环境。设备采用压缩机和加热管进行温度控制，采用 PID 温控系统对槽液温度精确控制到设定值，并采用搅拌方式使测试区内的温度达到均匀稳定。恒温槽广泛应用于各种温度传感器的计量检定和校准工作。

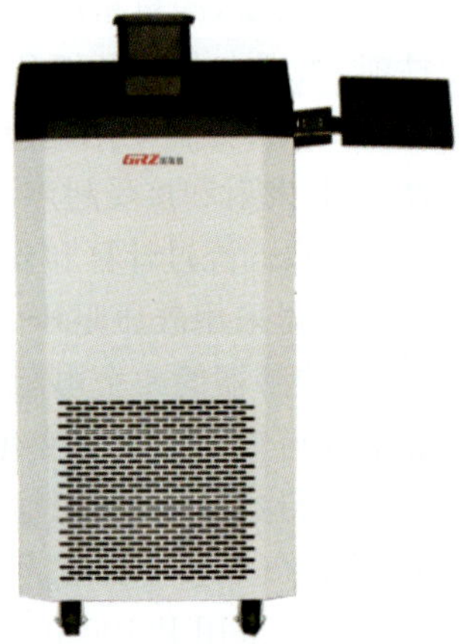

图 9.1.20.1　GRZ3260/GRZ3290 型恒温槽外观

（2）功能特点

恒温槽控制温度范围为−90～90 ℃，覆盖气象使用的所有温度传感器的测量范围；测试区温度均匀性和稳定性高，满足各种精度的温度传感器测试环境要求；设备全自动控制，人机操作简便明了；优异的控温性能，内置 PID 自适应控温算法，适应各种工作环境；具备多重保护功能：过温过压保护，保护压缩机不受损伤，延长使用寿命；加热器配置过温保护器，过热自动断电保护，防止缺液干烧；具备低液位报警功能，缺液自动切断加热器电源，安全可靠；配备上位机通信接口，通过软件可实现全自动检定。

(3)组成结构

恒温槽由制冷系统、加热系统、溢流盒、槽液搅拌系统、测试架、测试室、触摸屏、电路模块和机箱外壳等组成(图 9.1.20.2)。

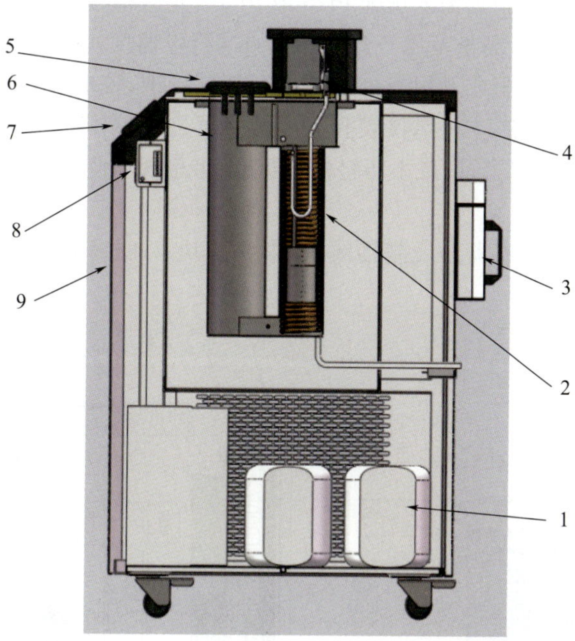

图 9.1.20.2　GRZ3260/GRZ3290 型恒温槽结构

1. 制冷系统；2. 加热系统；3. 溢流盒；4. 槽液搅拌系统；5. 测试架；6. 测试室；7. 触摸屏；8. 电路模块；9. 机箱外壳

(4)性能指标(表 9.1.20.1、表 9.1.20.2)

表 9.1.20.1　GRZ3260 型恒温槽性能指标

要素	主要指标	要素	主要指标
温度测量范围	−60～90 ℃	工作区尺寸	Ø130 mm×450 mm
稳定性	±0.01 ℃	通信接口	RS-232
均匀性	≤0.02 ℃	外形尺寸	780 mm×430 mm×975 mm
显示分辨力	0.001 ℃	质量	不超过 115 kg

表 9.1.20.2　GRZ3290 型恒温槽性能指标

要素	主要指标	要素	主要指标
温度测量范围	−90～90 ℃	工作区尺寸	Ø150 mm×500 mm
稳定性	±0.01 ℃	通信接口	RS-232
均匀性	≤0.02 ℃	外形尺寸	1300 mm×750 mm×1100 mm
显示分辨力	0.001 ℃	质量	不超过 360 kg

(5)业务应用

该设备于 2005 年研制成功，主要用于对各种温度传感器的检定、校准，后续技术不断升级，于 2016 年应用到国家气象计量站、各省市气象局计量实验室，也广泛配备到空军、陆军等部队和气象传感器生产厂家使用。

9.1.21　GRZ3800 型精密数字温度计(北京国瑞智新)

(1)工作原理

GRZ3800 型精密数字温度计(图 9.1.21.1)采用模数转换技术，通过给铂电阻传感器施加不大于

1 mA的恒流电流，使铂电阻两端产生电压。由 AD 转换芯片将铂电阻的电压转换成数字信号，计算后即可测量得到铂电阻的电阻值。通过 ITS90 公式可得出铂电阻阻值对应的温度值。

(2)功能特点

采用 1 mA 恒流供电，减少自热效应；采用电流换向技术，消除寄生电势影响；精密数字温度计可测量 Pt25、Pt100 铂电阻传感器；用户可根据需要选配 Pt25 或 Pt100 传感器，数字温度计可分别保存 5 组 Pt25 或 5 组 Pt100 的校准系数；双通道测量，测量范围 −100～100 ℃，测量速度快，可显示℃，℉，K 或 Ω；数字温度计具有自校准功能，可以采用标准电阻或万用表校准源进行外部校准，校准信息可通过前面板操作进行输入，对其进行校准调节时无须打开机箱；支持对仪表和温度传感器进行整体校准，校准参数可输入仪表；全触摸屏控制；内置锂电池，可续航 4 h 以上；设备小巧轻便，便于携带至现场使用；支持串口、网络等通信方式。

(3)组成结构

精密数字温度计由铂电阻传感器四线制接线柱、电源模块、AD 采集转换电路、锂电池、CPU 主板、触摸屏和机箱组成(图 9.1.21.2)。

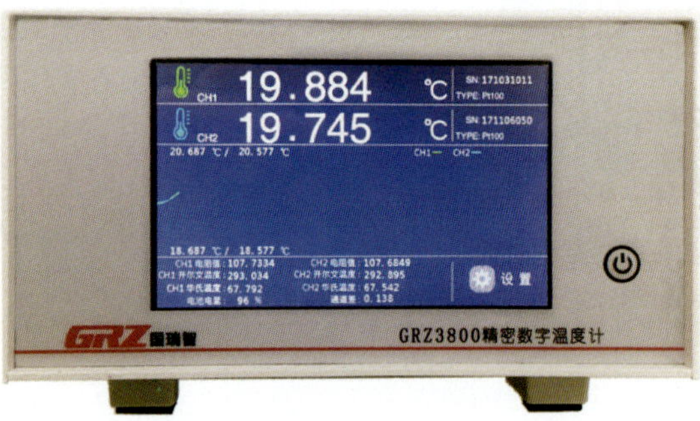

图 9.1.21.1　GRZ3800 型精密数字温度计外观

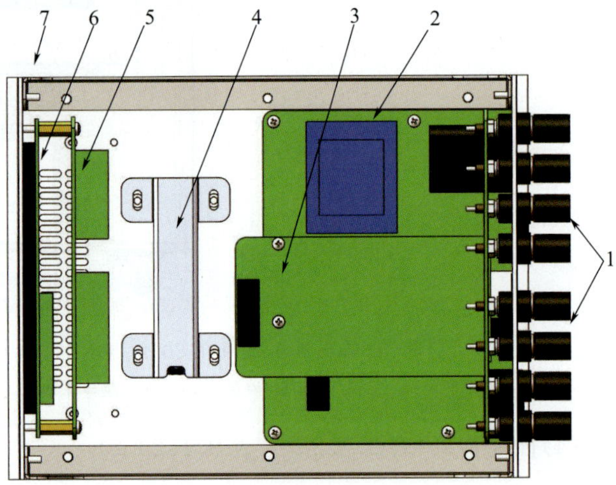

图 9.1.21.2　GRZ3800 型精密数字温度计结构

1. 铂电阻传感器四线制接线柱；2. 电源模块；3. AD 采集转换电路；4. 锂电池；5. CPU 主板；6. 触摸屏；7. 机箱

(4)性能指标(表 9.1.21.1)

表 9.1.21.1　GRZ3800 型精密数字温度计性能指标

要素	主要指标	要素	主要指标
通道	双通道	电阻测量最大允许误差 ±(%读数+%量程)	0.0005 Ω(15～35 Ω) ±20 ppm(35～150 Ω)
传感器类型	Pt25、Pt100	通信接口	RS-232、网口
连接方式	四线制	显示	触摸屏
电阻测量范围	15～150 Ω	工作温度	0～55 ℃(16～30 ℃保证满量程误差要求)
电阻显示分辨率	0.0001 Ω	电源	AC 220 V±10%，50/60 Hz
温度测量范围	−100～100 ℃	尺寸	270 mm×160 mm×80 mm
温度显示分辨率	0.001 ℃		

(5)业务应用

该设备于 2007 年研制成功，主要用于对温度传感器进行校准，后续技术不断升级，于 2016 年开始应用到国家气象计量站、各省市气象局计量检定部门，也广泛配备到空军、陆军等部队和气象传感器生产厂家使用。

9.1.22 GRZ5013双压湿度发生器(北京国瑞智新)

(1)工作原理

双压湿度发生器(图9.1.22.1)利用道尔顿定律实现测试室内的温度湿度精控,为湿度计量提供稳定的测试环境。设备的饱和器和测试室浸没在同一恒温液体槽中,经过净化、干燥的压缩气体进入饱和器,使其在加压状态下吸收水分达到水汽饱和,然后减压膨胀进入测试室。通过调节饱和器和测试室的压力比,可得到连续稳定输出的不同湿度值的湿气。双压湿度发生器广泛应用于各种湿度传感器的计量检定和校准。

图9.1.22.1 GRZ5013双压湿度发生器外观

(2)功能特点

双压湿度发生器基于物理定律的原理型设计,其准确度高、重复性好,可作为实验室湿度标准使用;双压湿度发生器自动控制发生10%RH～95%RH,操作简便,可任意设定流量并自动调节;湿度控制速度快,变湿控制时间3～5 min(20%RH间隔);双压湿度发生器可在0 ℃以下的温度条件下产生湿气,最低可达−60 ℃;提供相对湿度、露点、霜点、温度等显示;配备上位机通信接口,通过软件可实现全自动检定。

(3)组成结构

设备整体主要由控制电路、箱体、恒温槽、饱和器、测试室、传感器测试模块(饱和压力传感器、测试压力传感器、温度传感器)、流量阀(全自动控制)、气源等组成(图9.1.22.2)。

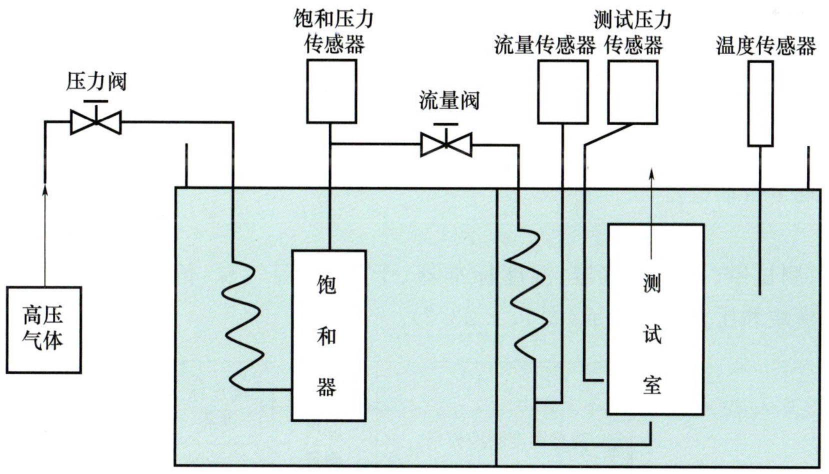

图9.1.22.2 GRZ5013双压湿度发生器结构

(4)性能指标(表9.1.22.1)

表9.1.22.1 GRZ5013双压湿度发生器性能指标

要素	主要指标	要素	主要指标
温度控制范围	−30～40 ℃,−60～40 ℃	测试室尺寸	Ø150 mm×400 mm
温度最大允许误差	±0.05 ℃	通信接口	RS-232、网口
湿度控制范围	10%RH～95%RH	电源	AC 380 V±10%,50 Hz

续表

要素	主要指标	要素	主要指标
湿度最大允许误差	±1%RH	功率	≤4 kW
湿度稳定性	±0.2%RH/30 min	外形尺寸	1250 mm×750 mm×1100 mm
流量范围	5～15 L/min(>80%RH 时)； 15～25 L/min(≤80%RH 时)		

(5)业务应用

该设备于2003年研制成功，用于对各种湿度传感器的计量检定和校准，后续技术不断升级后，于2016年开始应用到国家气象计量站、各省市气象局计量检定部门，也广泛配备到空军、陆军部队和气象传感器生产厂家使用。

9.1.23 GRZ5100型湿度检定箱(北京国瑞智新)

(1)工作原理

GRZ5100型湿度检定箱(图9.1.23.1)是作为湿度仪表或湿度传感器计量校准设备，能够在恒定温度下在大体积测试室内发生稳定的湿度场。测试室内的气体温度是通过测试室内换热器与恒温槽中的恒温液体介质进行循环换热实现精确控制。测试室内的湿度通过控制干气源和湿气源输出不同流量在测试室内混合实现。干气和湿气的混合量由控制模块通过采集测试室内控湿传感器的温湿度值对干气源和湿气源进行实时PID控制实现。湿度检定箱主要用于对湿度测量仪器和传感器进行批量检定和校准。

图9.1.23.1 GRZ5100型湿度检定箱外观

(2)功能特点

采用干、湿气混合法，变湿速度快，变湿控制时间小于3 min(10%RH间隔，30%RH～80%RH(20 ℃))；采用水汽换热方式实现测试区域温场均匀、稳定；测试室大容积，方便湿度传感器的批量检定测试；配备上位机通信接口，通过软件可实现全自动检定。

(3)组成结构

湿度检定箱由测试室、控湿传感器、湿度标准器、干气源、湿气源、恒温槽、温度湿度测控模块和压力泵等组成(图9.1.23.2)。

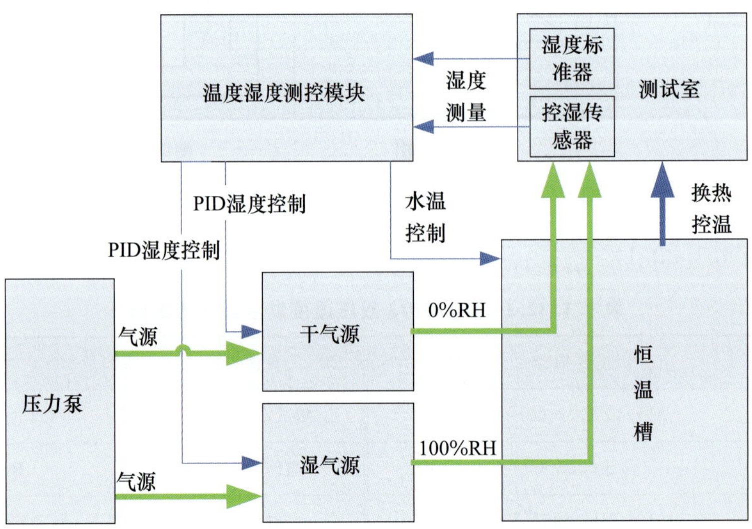

图9.1.23.2 GRZ5100型湿度检定箱结构

(4)性能指标(表 9.1.23.1)

表 9.1.23.1 GRZ5100 型湿度检定箱性能指标

要素	主要指标	要素	主要指标
温度控制范围	5～50 ℃	湿度控制稳定性	±0.3%RH/30 min
温度均匀性	≤0.3 ℃	测试室尺寸	600 mm×600 mm×500 mm
温度稳定性	±0.1 ℃/30 min	电源	AC 220 V±10%,50 Hz
湿度控制范围	10%RH～95%RH	功率	≤3.8 kW
湿度均匀性	≤0.8%RH	外形尺寸	1160 mm×990 mm×1800 mm

(5)业务应用

设备于 2015 年研制成功,后陆续配备到空军、陆军等部队气象计量单位及气象传感器生产厂家使用,并于 2017 年开始配备国家气象计量站、各省市气象局等单位。

9.1.24 GRZ5300 型露点发生器(北京国瑞智新)

(1)工作原理

GRZ5300 型露点发生器(图 9.1.24.1)能在一定温度条件下发生露点恒定的气流。露点发生器的饱和器置于恒温槽中进行恒温控制,由气泵输出一定流量的空气进入饱和器内充分饱和后输出,即可由输出端得到恒定露点的气流。该露点温度由恒温槽精确控温实现。露点发生器主要用于露点仪、湿度传感器的检定或校准。

(2)功能特点

露点发生范围宽,可自动控制产生−70～40 ℃内任意露点;低噪声,小体积,自动化;露点准确度高、稳定性好;自带恒温输出管路,可实现高温露点输出;可显示露点、ppmV、气体压力等参数;支持串口、网络或无线等多种通信方式。

(3)组成结构

露点发生器由气泵、自动除湿过滤装置、饱和器、恒温输出管路、恒温槽和电路模块等组成(图 9.1.24.2)。

图 9.1.24.1 GRZ5300 型露点发生器外观

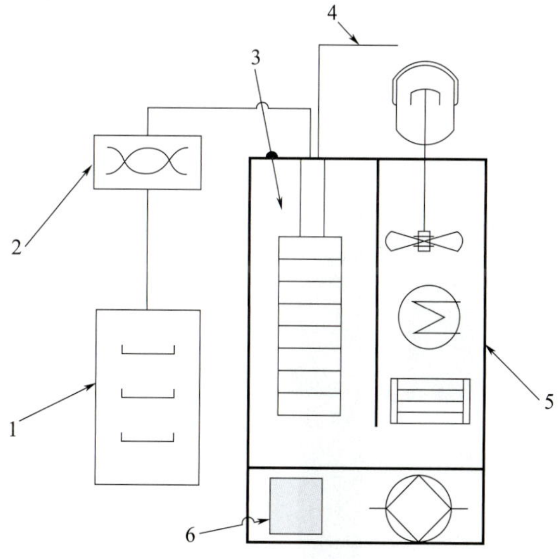

图 9.1.24.2 GRZ5300 型露点发生器结构

1. 气泵;2. 自动除湿过滤装置;3. 饱和器;4. 恒温输出管路;5. 恒温槽;6. 电路模块

（4）性能指标（表 9.1.24.1）

表 9.1.24.1　GRZ5300 型露点发生器性能指标

要素		主要指标	要素	主要指标
露点	发生范围	−70～40 ℃	电源	AC 220 V±10%，50 Hz
	分辨力	0.01 ℃		
	最大允许误差	±0.01 ℃		
流量	调节范围	0～5 L/min	尺寸	780 mm×430 mm×975 mm
	分辨力	0.1 L/min		
气压	测量范围	500～1100 hPa	质量	≤115 kg
	最大允许误差	±0.5 hPa		
	分辨力	0.1 hPa		

（5）业务应用

该设备于 2013 年研制成功，主要用于湿度传感器的检定、校准，广泛应用于气象部门湿度检定实验室中，后陆续配备到部队和其他计量部门使用。

9.1.25　GRZ5301 型温湿度检定箱（北京国瑞智新）

（1）工作原理

GRZ5301 型温湿度检定箱（图 9.1.25.1）采用了智能高精度的 PID 温控技术，精确控制压缩机的制冷量和加热管的加热量实现温度的精确控制。湿度控制采用蒸汽加湿法和制冷除湿技术，能快速进行湿度控制。温湿度检定箱设计有多层隔热的观察窗，可清晰观察试验空间内的样品和读取指针类仪表数据。温湿度检定箱主要用于对湿度测量仪器与传感器进行批量检定和校准。

（2）功能特点

满足《机械式温湿度计检定规程》（JJG 205—2005）、《温湿度标准箱校准规范》（JJF 1564—2016）；具有大容积测试室，可满足各类温湿度传感器的批量检定需求；蒸发器恒温技术和优异的循环风设计，使测试室内的温度均匀稳定；温度、湿度双模式，既可作为温湿度检定箱，又可作为环境试验箱；采用 7 英寸触摸液晶屏，提供相对湿度、温度、露点、霜点等显示；多种安全保护和报警功能，保证设备安全使用；配备上位机通信接口，通过软件可实现全自动检定。

（3）组成结构

该温湿度检定箱由储液罐自动补水装置、控湿水盘组件、制冷蒸发器组件、电路模块、加热管、风扇搅拌组件、测试室、玻璃视窗和制冷系统等组成（图 9.1.25.2）。

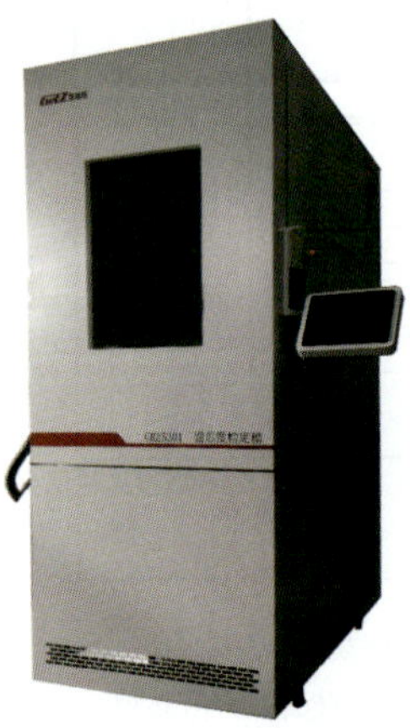

图 9.1.25.1　GRZ5301 型温湿度检定箱外观

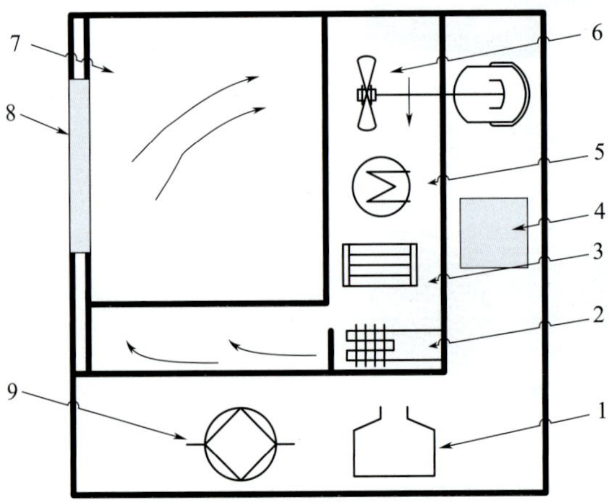

图 9.1.25.2　GRZ5301 型精密数字温度计结构

1. 储液罐自动补水装置；2. 控湿水盘组件；3. 制冷蒸发器组件；4. 电路模块；5. 加热管；6. 风扇搅拌组件；7. 测试室；8. 玻璃视窗；9. 制冷系统

(4)性能指标(表 9.1.25.1)

表 9.1.25.1　GRZ5301 型温湿度检定箱性能指标

要素	主要指标	要素	主要指标
温度控制和测量范围	−30～180 ℃	湿度均匀性	≤1%RH
温度均匀性	≤0.3 ℃(5～50 ℃时)	测试室尺寸	550 mm×600 mm×750 mm
温度稳定性	±0.1 ℃/30 min(5～50 ℃时)	电源	AC 380 V±10%,50 Hz
湿度控制范围	10%RH～95%RH	功率	≤6 kW
湿度控制稳定性	±0.5%RH/30 min	外形尺寸	900 mm×1400 mm×1800 mm

(5)业务应用

该设备于 2016 年研制成功,主要用于湿度传感器、湿度测量仪器的批量检定、校准,2020 年之后广泛应用于各省市气象部门的计量实验室中,后陆续配备到空军、陆军部队和气象传感器生产厂家使用。

9.1.26　GRZ5702 型便携式温湿度发生器(北京国瑞智新)

(1)工作原理

便携式温湿度发生器(图 9.1.26.1)采用分流法原理:内置温湿度标准器和控制模块,全自动发生干湿气,并在恒温控制的测试室中均匀混合,实现了测试室内温度和湿度的精确控制。便携式温湿度发生器主要用于对使用级湿度测量仪器与传感器进行现场核查和校准。

(2)功能特点

温湿度快速全自动控制,校准检定工作简捷高效,测试环境均匀稳定,校准结果准确可靠;采用一体化设计,自带干湿气源,小型便携,非常适合野外和现场使用;自带温湿度标准,可支持溯源校准;配备上位机通信接口,通过软件可实现全自动检定。

(3)组成结构

便携式温湿度发生器由湿度传感器测试口、测试室、测试室温度控制模块、湿气源、干气源、湿度控制模块、电路模块、触摸屏和机箱外壳等组成(图 9.1.26.2)。

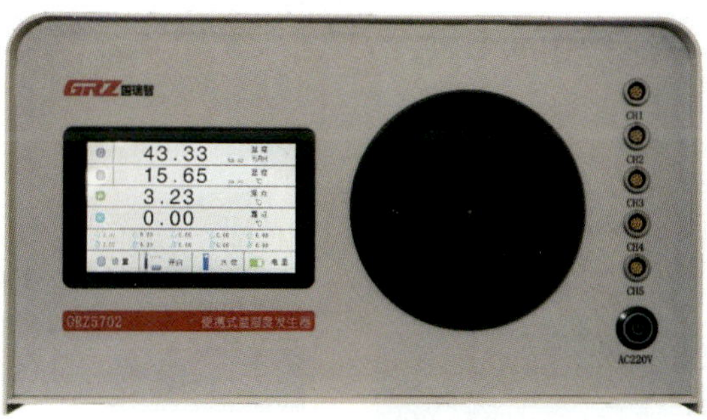

图 9.1.26.1　GRZ5702 型便携式温湿度发生器外观

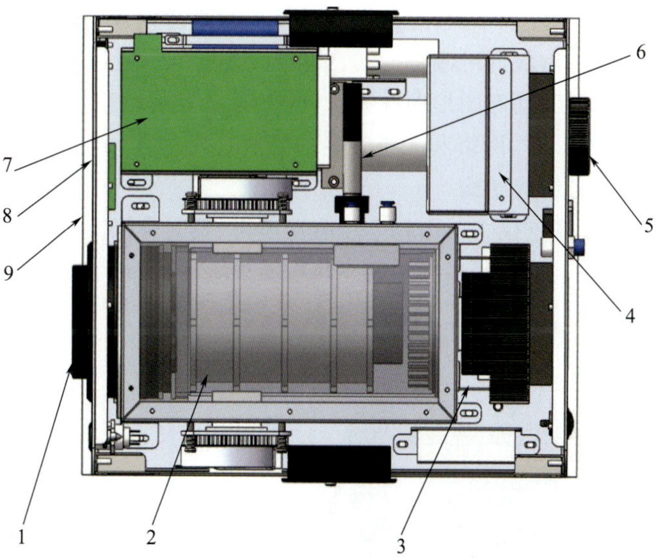

图 9.1.26.2　GRZ5702 型便携式温湿度发生器结构

1. 湿度传感器测试口;2. 测试室;3. 测试室温度控制模块;4. 湿气源;5. 干气源;6. 湿度控制模块;7. 电路模块;8. 触摸屏;9. 机箱外壳

（4）性能指标（表 9.1.26.1）

表 9.1.26.1 GRZ5702 型便携式温湿度发生器性能指标

名称	性能指标	名称	性能指标
温度控制范围	5～50 ℃	湿度测量分辨力	0.1%RH
温度均匀性	≤0.1 ℃(23±5 ℃)	湿度标准器最大允许误差	±1%RH(10%RH～90%RH)， ±2%RH(>90%RH)(23±5 ℃)
温度稳定性	±0.03 ℃(23±5 ℃)	响应时间	3 min(35%RH～80%RH)； 20 min(升温 5～50 ℃)； 20 min(降温 50～20 ℃)； 20 min(降温 20～5 ℃)
温度测量分辨力	0.01 ℃	电源	AC 220(1±10%)V,50±2 Hz
温度标准器最大允许误差	±0.1 ℃	功率	≤200 W
湿度控制范围	5%RH～95%RH	测试室尺寸	Ø83 mm×170 mm
湿度控制稳定性	±0.3%RH	外形尺寸	455 mm×412 mm×205 mm
湿度均匀性	≤±0.4%RH(23±5 ℃)	质量	≤14 kg

（5）业务应用

该设备于 2015 年研制成功，并于 2017 年陆续配备到国家气象计量站、各省市气象局，用于在野外和现场对湿度传感器进行现场校准和核查。

9.1.27 GRZ5931/32/33 型冷镜式精密露点仪（北京国瑞智新）

（1）工作原理

该冷镜式精密露点仪（图 9.1.27.1）通过控制冷镜发射面的温度，直到被测气体刚好在镜面上冷凝成水或霜的瞬间，测量此时镜面的平均温度即是露点或霜点。同时通过铂电阻温度传感器测量被测气体的温度，结合露点或霜点即可计算出被测气体的相对湿度值。冷镜式精密露点仪主要用于湿度检定或校准时作为标准器使用。

（2）功能特点

采用冷镜平衡原理，无滞后带来的测量误差，测量准确度高，可作为湿度标准；通过配置不同制冷能力的冷镜，最低可测量－90 ℃露点，测量范围覆盖广；重复性好、响应速度快、灵敏度高、稳定性好；触摸屏人机交互，动态图形曲线显示，操作容易直观；测量气路连接方便、携带方便，适合多种场合使用；支持串口（RS-232）、网络和无线等多种通信方式。

（3）组成结构

该露点仪主要由铂电阻测温模块、发光管及光电传感器调节模块、半导体制冷片、露点测量铂电阻传感器、铂金镜面、半导体制冷片控温模块、显示屏和箱体外壳等组成（图 9.1.27.2）。

图 9.1.27.1 GRZ5931/32/33 型冷镜式精密露点仪外观

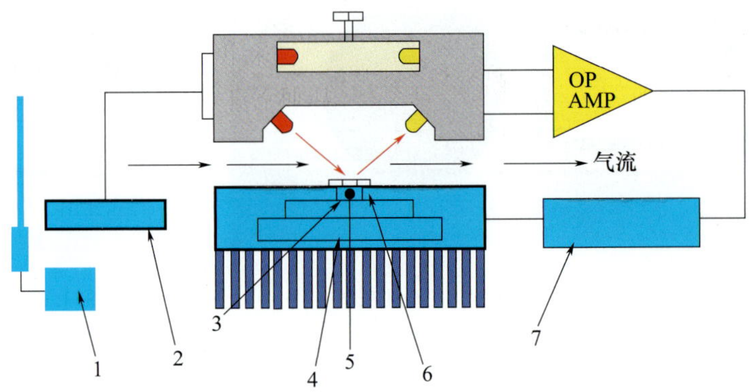

图 9.1.27.2 GRZ5931/32/33 型冷镜式精密露点仪结构

1. 铂电阻测温模块；2. 发光管及光电传感器调节模块；3. 传感器；4. 半导体制冷片；5. 露点测量铂电阻传感器；6. 铂金镜面；7. 半导体制冷片控温模块

(4)性能指标(表 9.1.27.1)

表 9.1.27.1 GRZ5931/32/33 型冷镜式精密露点仪性能指标

要素	主要指标		
产品型号	GRZ5931	GRZ5932	GRZ5933
工作温度	−10～40 ℃(整机) −10～60 ℃(探头)	−10～40 ℃(整机)	−10～40 ℃(整机)
露点范围	−15～60 ℃	−60～20 ℃	−90～20 ℃
露点最大允许误差	±0.2 ℃(±0.1 ℃可选)		
重复性	±0.05 ℃		
温度探头	Pt100 铂电阻		
气体流速	0.2～1.5 L/min	0.2～1 L/min	0.2～1 L/min
供电	AC 220 (1±10%)V,50/60 Hz		

(5)业务应用

该设备于 2016 年研制成功,用作各省市气象计量实验室的湿度标准器,用于对湿度测量仪器进行检定、校准,后陆续配备到部队和气象传感器生产厂家使用。

9.1.28 HG600 型便携式湿度发生器(杭州佐格)

(1)工作原理

HG600 型便携式湿度发生器内置高精度温湿度传感器,内置控制器可将干燥气体按不同比例准确地分为两股,其中一股在一定温度下通过饱和器增湿,使之成为饱和湿气,然后在相同的温度下与另一股干气混合,通过内置的高精度温湿度传感器反馈给内置控制系统再调节饱和湿气和干气的流量,便可得到相对湿度恒定并且连续可调的恒湿气流。

(2)功能特点

是一款便携式的双流法湿度发生器。基于半导体恒温技术,可在设定温度范围内产生各种湿度环境。内置泵循环与搅拌风扇,可快速响应设定的湿度值。平衡时间小于 10 min,可在短时间内完成校准和检定工作;内置锂聚合物电池,可持续工作 8 h;支持自动加水和液体检测及自动排净储液灌功能。具有 7 英寸超大电容式触屏,操作界面简捷易用,点击界面上的按钮即可快速实现温湿度设定、编程等基本功能。界面底部设有存储管理、示值锁定、屏幕截图、日夜模式、系统设置、触屏禁止等快捷键。

(3)组成结构

HG600 型便携式湿度发生器(图 9.1.28.1)由 TFT 触摸显示屏操作界面、测试舱盖、电源接口、模拟信号接口、数字信号接口、散热孔、支撑提手、加水/排水口、防爆便携箱、3 个置物袋、密封扣组成。

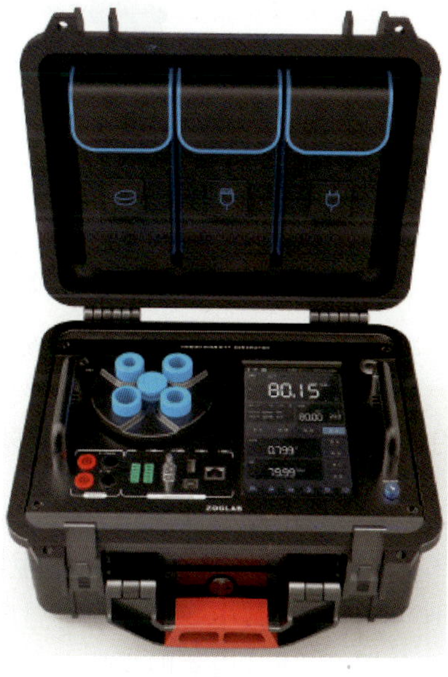

图 9.1.28.1 HG600 型便携式湿度发生器外观

(4)性能指标(表 9.1.28.1)

表 9.1.28.1 HG600 型便携式湿度发生器性能指标

要素	主要指标	要素	主要指标
湿度控制范围	10%RH～90%RH	湿度调节响应时间	变化 30%少于 5 min
温度控制范围	10～40 ℃	平均温度降低速度	1.0 ℃/min(环境温度低于 23 ℃)

续表

要素	主要指标	要素	主要指标
湿度控制稳定性	±0.2%RH	湿度调节升温速度	3.0 ℃/min
温度控制稳定性	0.1 ℃(23 ℃时)，0.2 ℃(全量程)	工作环境	−10～40 ℃，10%RH～95%RH(不结露)
温度精度	±0.2 ℃	储存环境	−20～70 ℃，10%RH～95%RH(不结露)
标准探头的湿度精度(23 ℃)	±1.5%RH(10%RH～90%RH)；±2.0%RH(其余范围)	干燥剂	75 g
检定腔温湿度稳定性	±0.1 ℃；±0.2%RH	供电要求	AC 100～240 V，1.3 A，50/60 Hz，DC 24 V
检定腔温湿度均匀性	±0.2 ℃；±0.3%RH		

(5)业务应用

HG600 是一款高性能的便携式湿度发生器，可在设定温度范围内产生各种湿度环境，可用于在野外对湿度测量仪器进行现场校准、核查，提高了各省市气象部门移动计量保障能力，也广泛应用于民航、军队、研究院、高等院校、工厂企业等其他计量部门(图 9.1.28.2)。

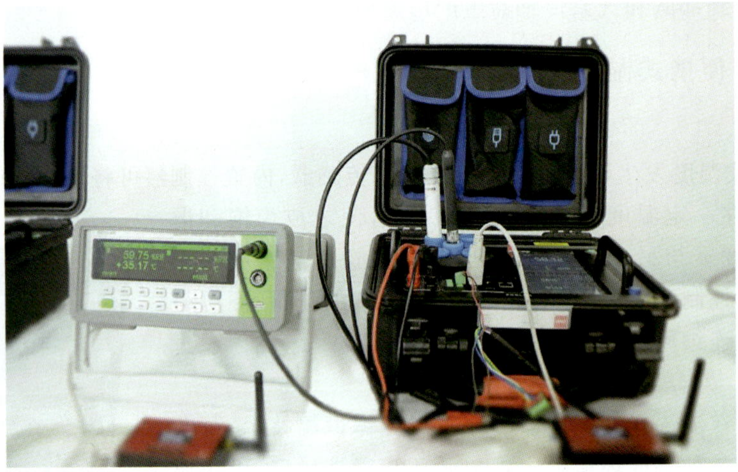

图 9.1.28.2　HG600 型便携式湿度发生器业务使用场景

9.1.29　HG6000 型双流法湿度发生器(杭州佐格)

(1)工作原理

HG6000 型双流法湿度发生器采用干燥的氮气作为气源，内置控制器可将干燥气体按不同比例准确地分为两股，其中一股在一定温度下通过饱和器增湿，使之成为饱和湿气，然后在相同的温度下与另一股干气混合，通过内置的高精度温湿度传感器反馈给内置控制系统再调节饱和湿气和干气的流量，便可得到相对湿度恒定并且连续可调的恒湿气流。

(2)功能特点

是一款高性能的双流法湿度发生器。基于半导体恒温技术，可在设定温度范围内产生各种湿度环境。内置双气泵与搅拌风扇，可快速响应设定的湿度值。HG6000 型双流法湿度发生器平衡时间小于 10 min，可在短时间内完成校准和检定；HG6000 具有 9 英寸触摸彩屏，便于操作读数；可同时校准 5 个探头；支持编程控制，实现全自动校准。HG6000 的操作界面简捷易用，点击界面上的按钮即可快速实现温湿度设定、编程等基本功能。用户可通过曲线图查看数值变化。

(3)组成结构

HG6000 型双流法湿度发生器(图 9.1.29.1)由操作界面、前置 USB 接口、检测舱、注水口、液位计、电源键、干燥剂舱、测试舱外扩接口、排水口、干燥机舱外扩接口、通信接口(LAN、USB、RS-232/485)、电源接口及开关组成。

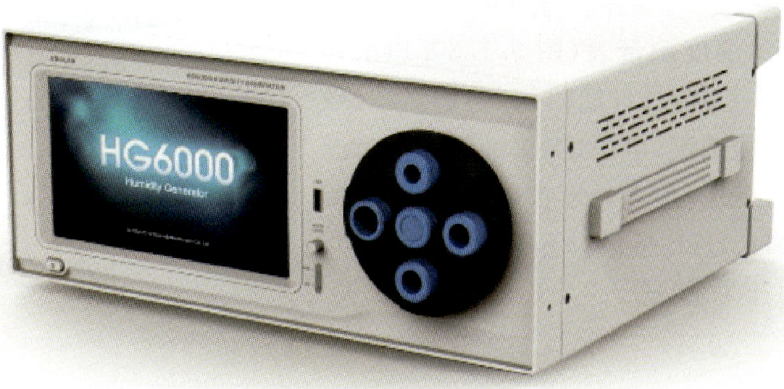

图 9.1.29.1 HG6000 型双流法湿度发生器外观

(4)性能指标(表 9.1.29.1)

表 9.1.29.1 HG6000 型双流法湿度发生器性能指标

要素	主要指标	要素	主要指标
温度测量范围	5～50 ℃	平均温度降低速度	1.0 ℃/min(环境温度低于 23 ℃)
湿度测量范围	5%RH～95%RH	湿度调节升温速度	3.0 ℃/min
控制稳定性	≤±0.2%; 0.1 ℃(23 ℃时),0.2 ℃(全量程)	检定腔内径尺寸	Ø110 mm×200 mm
温度准确度	≤0.2 ℃	检定窗尺寸	Ø25 mm,Ø18 mm,Ø15 mm, Ø12 mm,特殊尺寸可选配
标准探头的湿度准确度(23 ℃)	±1.0%RH(10%RH～90%RH); ±2.0%RH(≤10%RH,≥90%RH)	工作环境	−10～40 ℃,10%RH～95%RH(不结露)
检定腔温湿度稳定性	±0.1 ℃;±0.2%RH	储存环境	−20～70 ℃,10%RH～95%RH(不结露)
检定腔温湿度均匀性	±0.2 ℃;±0.3%RH	干燥剂	硅胶,可重复使用
湿度调节响应时间	变化 30%RH 少于 5 min		

(5)业务应用

HG6000 是一款高性能的双流法湿度发生器,可在设定温度范围内产生各种湿度环境,可在短时间内完成校准和检定,主要应用于各省气象计量部门进行温湿度计量性能测试及温湿度仪器仪表的检定,也广泛用于计量质检部门、研究院、高等院校、工厂企业,是理想的控温控湿设备。

9.1.30 HM2000 型高精度温湿度测量表(杭州佐格)

(1)工作原理

HM2000 型高精度温湿度测量表利用温湿度传感器将温度和湿度转换成容易被测量处理的电信号,通过测量模块测量温湿度传感器电信号,再换算成温湿度值。精度高,稳定性好,应用温度范围广。相较于专业实验室的同级测量表,大大提高了工作效率,是一款高性价比的温湿度标准表,广泛应用于温湿度测量中。

(2)功能特点

支持六路温湿度传感器;配备的高亮显示屏,即使在阳光下也能清晰读数;超大屏幕支持多种显示模式,可同时显示两组温湿度数据;支持串口、以太网、USB 等多种通信方式;内置电池能连续工作超过

12 h,人性化设计,操作便捷。支持前置双通道和后置四通道探头接口切换使用;内置数据记录器,数据可导出至外部 U 盘。

(3)组成结构

HM2000 型高精度温湿度测量表(图 9.1.30.1)由显示模块(标题栏:机型/通道名称/日期时间/电量显示、数值显示区、状态栏等)、功能按键(电源键、校准键、方向键、记录键、确认键等)、接线模块(前置通道接口、背面通道接口)、通信模块(LAN 接口、USB 接口、RS-232/485 接口)、供电模块(电源座、电源开关)组成。

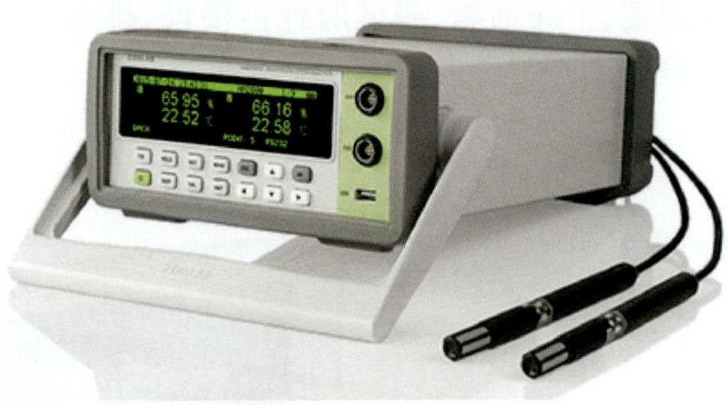

图 9.1.30.1 HM2000 型高精度温湿度测量表外观

(4)性能指标(表 9.1.30.1)

表 9.1.30.1 HM2000 型高精度温湿度测量表性能指标

要素	主要指标	要素	主要指标
温度测量范围	−40～100 ℃	测量周期	两通道 2 s
温度测量精度	±0.1 ℃(−20～40 ℃)	显示单位	℃、℉、%RH、g/m³
温度分辨力	0.01 ℃	记录间隔	1 s～24 h 可选
长期稳定性	<0.1 ℃/a	数据记录	内部 8000 组,外部 U 盘
湿度测量范围	0～100%RH	探头接口	四芯专用插座
湿度测量精度	±1.5%RH,高精度型±0.5%RH (15%RH～85%RH),测试环境(23±2)℃	计量校准	固定点校准,线性校准
湿度分辨力	0.02%RH	通信接口	RS-232/485、USB、以太网,Web 服务
长期稳定性	<1%RH/a		

(5)业务应用

HM2000 高精度温湿度测量表是地市级气象计量实验室和现场核查移动计量系统的湿度标准器,广泛应用于气象、民航、军事和科研院所野外科考保障(图 9.1.30.2)。

图 9.1.30.2 HM2000 型高精度温湿度测量表业务使用场景

9.1.31 HY-AJS2型雨量计全自动校准仪(北京华云升达)

(1)工作原理

HY-AJS2型雨量计全自动校准仪(图9.1.31.1)包括校准仪主机和系统软件控制部分,其基本方法是由电脑控制上水泵进行上水,使雨量标准球获取标定的水量,由供水装置按规定流速将水注入雨量计,从而模拟出不同雨强下雨量计的运行情况并记录检测数据,经与标定值比较后判定出雨量计的精确程度,在需要时指导操作者进行调试和校准。

图9.1.31.1 HY-AJS2型雨量计全自动校准仪外观

(2)功能特点

一键检测,全程自动完成:由电脑软件控制校准仪进行检测,标准检测程序一次润水三次强降水三次弱降水一键完成,全过程无须人工干预。流速精准,模拟任意雨强:由程序控制供水装置,水流速度前后均匀,流速稳定。可以任意设定流速模拟各种雨强,确保雨强的精度。智能校准,辅助快速维修:本系统开发了功能强大的雨量辅助校准模块,图文并茂的检修界面,通过记录并分析雨量计运行的精确数据,智能生成详细的调整步骤,指导操作人员快速对雨量计进行现场校准。图形诊断,多种故障分析:本系统精确记录检测过程中雨量传感器每次翻杯的数据,并以图形曲线的方式显示出来,可以直观地分析雨量计的运行状态并诊断各种以前难以发现的问题。数据建库,便于查询管理:检测结束时自动生成检测数据文件和检定证书、检定证书库。随时可以打印检定证书和检测报表,实现了设备建档。无线遥控,现场轻松操作:校准仪主机在观测现场与雨量计连接,电脑与校准仪之间可选择有线或无线的通信连接方式。

(3)组成结构

HY-AJS2型雨量计全自动校准仪主要由校准仪主机、专用软件、无线模块、雨量检定单元及各类信号线缆等组成(图9.1.31.2)。

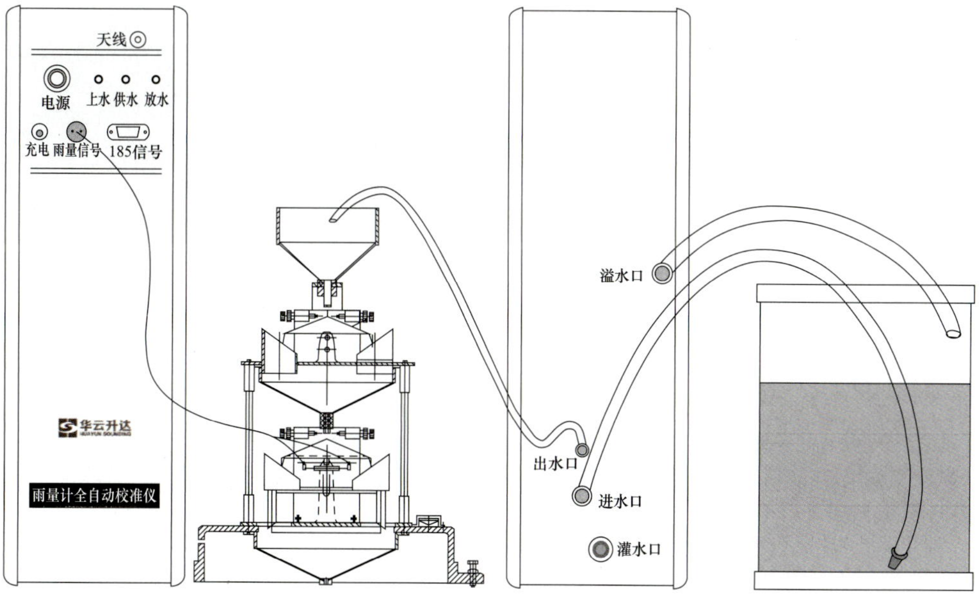

图9.1.31.2 HY-AJS2型雨量计全自动校准仪结构

(4)性能指标(表 9.1.31.1)

表 9.1.31.1　HY-AJS2 型雨量计全自动校准仪性能指标

要素	主要指标	要素	主要指标
标定水量(314.16 mL)平均误差	<±0.50 mL	电池使用时间	>4 h(检测状态)
检测时间平均误差	<±2%	无线控制有效距离	50 m(无障碍可视距离)
流速均匀性误差	<±2%	操作环境温度	室内外 5~40 ℃
流速可控范围	0~170 mL/min	适用电源	AC 200~240 V,50/60 Hz
模拟雨强范围	0.1~5 mm/min(承水口径 200 mm 情况下)	外形尺寸	480 mm×340 mm×140 mm

(5)业务应用

HY-AJS2 型雨量计全自动校准仪无需人工干预,可用于各省气象计量机构在户外或室内对翻斗式雨量传感器进行检定和校准,也可作为水文水利部门、民航、工业领域的现场校准设备。

9.1.32　HY-AJS3 型雨量计全自动校准仪(北京华云升达)

(1)工作原理

HY-AJS3 型雨量计全自动校准仪使用一台电子天平作为标准器,上置一个盛水容器,测试用水经过过滤净化后流入天平上的容器内,达到一定量后停止进水,自动控制部分读出当前的重量值,然后计量泵通过出水管将水从容器内抽出并按一定流速送至被检仪器中,达到一定量后停止,从而模拟出一定的降水环境,同时采集被检仪器的读数,与标准值比对后计算出被检仪器的误差。

(2)功能特点

精度高:校准仪使用高精度的电子天平作为标准器,其实际分度值可达 0.01 g,检定分度值 0.1 g,配以精密的液面跟踪取水器,并尽可能地优化取水管路和连接件,使得雨量控制的精度可以达到 0.01 mm(0.3 g)。自动化程度高:校准仪的自动化设计使得测试过程中测试人员只需要连接和取下被检仪器,无须对天平和容器进行任何操作。用户界面友好:校准仪采用一体化设计,主控系统内置于校准仪内,避免仪器和控制电脑分离造成的大量外部线缆和管路连接,提高了系统可靠性,也使测试环境更整洁,易于清理。

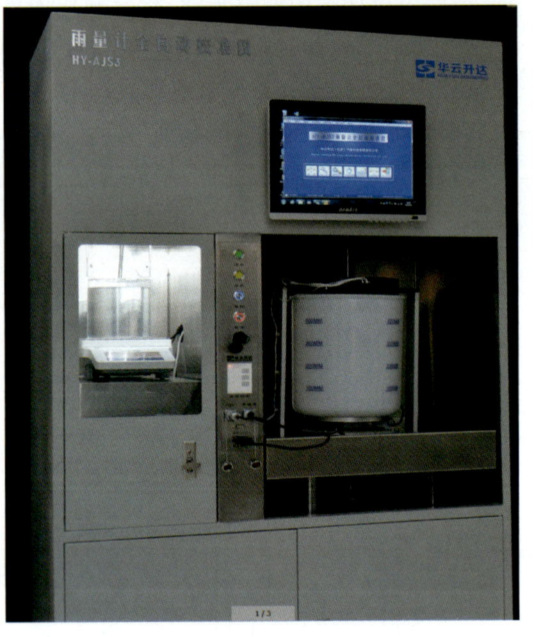

图 9.1.32.1　HY-AJS3 型雨量计全自动校准仪外观

(3)组成结构

该校准仪(图 9.1.32.1)主要由机柜、进水单元、称量单元、取水单元、被检适配单元、主控单元、计算机、检定系统软件组成。

(4)性能指标(表 9.1.32.1)

表 9.1.32.1　HY-AJS3 型雨量计全自动校准仪性能指标

要素	主要指标	要素	主要指标
量程	连续无间断雨量:0.1~50 mm; 可累计雨量:0.1~1000 mm	雨强误差	≤±3%
雨量控制误差	<0.01 mm	外形尺寸	190 cm×100 cm×50 cm

续表

要素	主要指标	要素	主要指标
不确定度	<0.02 mm($k=2$),雨量 10 mm	外部接口	USB、开关量、RS-232、RS-485,RJ45 网口,12 V 电源输出
雨强控制范围	0.1～7 mm/min		

(5)业务应用

HY-AJS3 型雨量计全自动校准仪是一款用质量法(称重法)对各种雨量传感器进行校准测试的仪器,适用于翻斗式、称重式等各种雨量传感器,具有精度高、自动化程度高、使用便捷、功能全面等特点,可应用于气象、水利等行业的计量检测机构。

9.1.33 HY-AJW 型风速风向校准仪(北京华云升达)

(1)工作原理

HY-AJW 型风速风向校准仪(图 9.1.33.1)是集风速传感器的启动风速校验、风速示值校验,风向传感器的风向角校验功能为一体的新型风速风向传感器校验设备,适用于风速风向传感器的现场和室内校准,具有校验精准、自动化程度高、标准可溯源、集成度高等特点。校准仪能够自动或通过按键手动设定检定点,传感器的示值自动采集并显示,检测过程可全程电脑控制完成,检测数据自动保存。

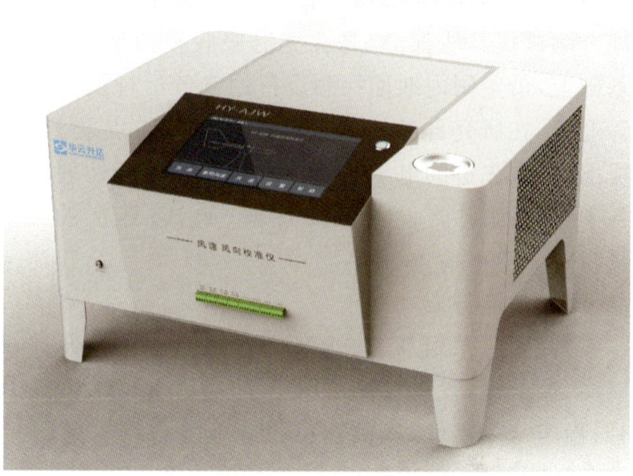

图 9.1.33.1 HY-AJW 型风速风向校准仪外观

(2)功能特点

启动风速校验功能:采用微型直流低速风洞式设计,能够模拟出均匀稳定的低速风场,校准传感器时使用热线式风速仪为启动风速标准器,可溯源至皮托管和微压计。可手动调节风场风速,风速调整分辨率为 0.1 m/s,调整范围为 0.2～2 m/s,也可连接电脑自动调节风场风速。风场均匀稳定,有效风场均匀性误差小于 0.1 m/s,稳定性误差小于 0.05 m/s。风速示值校准功能:采用高速电机带动风机轴转动,模拟高风速时风杯的转速,同时采集风速传感器的示值,运行稳定,量程大。使用标准转速表作为标准器,可按标准转速表相应规程溯源。风向校验功能:设定风向角度检定点后,电子按键控制电机进行风向角度校验,消除主观误差,分辨率为 1°,精确度高,使用角度编码器可送检,符合计量规程的量值传递要求。

(3)组成结构

HY-AJW 型风速风向校准仪主要由校准仪主机、热线风速计、标准转速表、角度编码器、检定软件及配套线缆组成。

(4)性能指标(表 9.1.33.1)

表 9.1.33.1 HY-AJW 型风速风向校准仪性能指标

要素	主要指标	要素	主要指标
启动风速测量范围	0.1～2 m/s	风向测量范围	0°～359°
测量不确定度	0.1 m/s	分辨力	1°一个格雷码 0.02 V
风场调节分辨力	0.1 m/s	最大允许误差	1°
标准器分辨力	0.01 m/s	外形尺寸	360 mm×480 mm×600 mm

续表

要素	主要指标	要素	主要指标
风速示值校验范围	2.0～60.0 m/s	质量	10 kg
风速示值分辨力	0.1 m/s	电源	AC 220(1±10%)V,50 Hz 或外接电池
准确度	不超过±(0.2+0.02 v)m/s,v 为风速示值		

(5)业务应用

HY-AJW 型风速风向校验仪全程自动控制、方便快捷，适用于风速风向传感器的现场和室内校准，可应用于各省气象计量和装备保障机构。

9.1.34 HY-2000 型自动气象站采集器校准仪（北京华云升达）

(1)工作原理

HY-2000 型自动气象站采集器校准仪(图 9.1.34.1)是由自动气象站综合测试仪标准信号源升级而来，同时保留了综合测试仪其他部分，是在充分吸收模拟信号源等成熟技术基础上，借鉴国内地面探测设备的业务运行及维护、维修保障等经验，在研究自动气象观测设备故障特点及分布规律的前提下，引入先进的电子测量技术和现代信号处理技术，建立的各类型地面观测设备故障诊断、测试、排查的便携式技术平台。

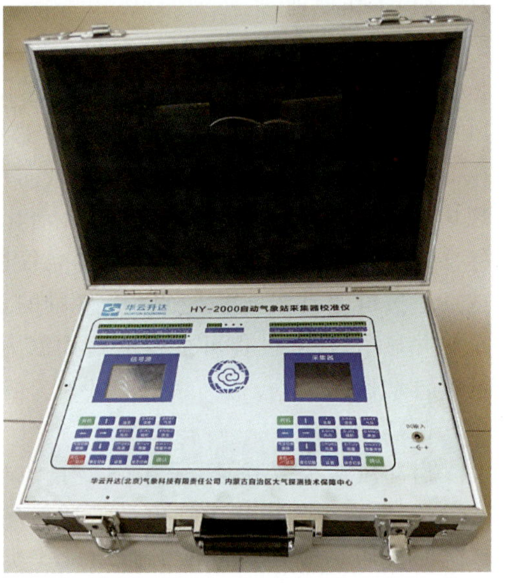

图 9.1.34.1 HY-2000 型自动气象站采集器校准仪外观

(2)功能特点

智能性，采用基于 ARM 单片机主控芯片设计，智能化程度高；便携性，设备主机总重不超过 3 kg，尺寸适中，便于携带；稳定与可靠性，本仪器已投入业务应用三年以上，使用中设备运行稳定，故障率极低；信号输出及信号测量精度准确可靠，不受环境条件、电池电量、开机时间的影响；功能完备，标准信号输出部分同时提供所有的输出信号，并同时显示电参量及气象要素量，采集器各通道可同时进行校准或测试；易用性，自带键盘，单屏显示信息，固化软件菜单设计合理，提示信息充足，便于操作。

(3)组成结构

自动气象站采集器校准仪由信号模拟、采集-控制两部分组成，两部分在设计上保持独立(图 9.1.34.2)。

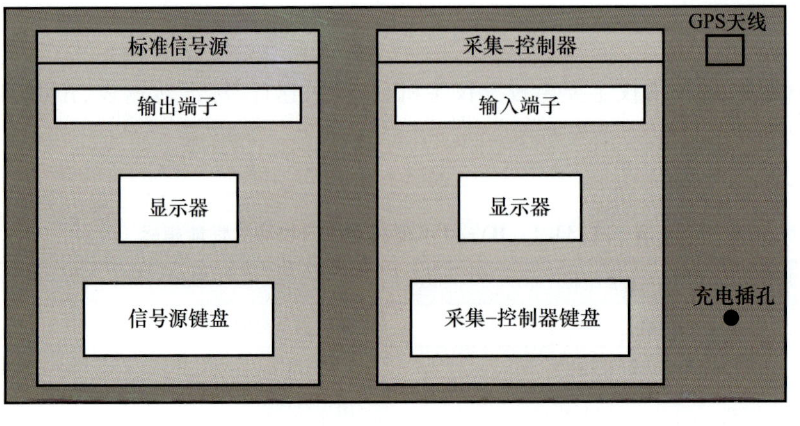

图 9.1.34.2 HY-2000 型自动气象站采集器校准仪设备结构

（4）性能指标（表 9.1.34.1）

表 9.1.34.1 HY-2000 型自动气象站采集器校准仪性能指标

气象要素	电参量	输出范围	分辨力	最大允许误差
气压	电压	500～1100 hPa(0～5 V)	0.01 hPa (0.08 mV)	±0.04 hPa (±0.33 mV)
		500～1100 hPa(0～2.5 V)	0.01 hPa (0.04 mV)	±0.04 hPa (±0.17 mV)
	数字信号(RS-232)	500～1100 hPa	字符串输出	—
	数字脉冲	500～1100 hPa (5000～11000)	0.1 hPa (1)	0 hPa (0)
温度	电阻	−50～80 ℃ (80.31～130.90 Ω)	0.003 ℃ (1 mΩ)	±0.03 ℃ (±12 mΩ)
湿度	电压	0～100% (0～1 V)	0.01% (0.1 mV)	±0.3% (±3 mV)
风速	频率	0～150 m/s (0～1500 Hz)	0.01 m/s (0.1 Hz)	±0.1 m/s (±1 Hz)
风向	六位格雷码	0°～360° (000000～111111)	5.6° (1)	0° (0)
	七位格雷码	0°～360° (0000000～1111111)	2.8° (1)	0° (0)
	电压	0°～360° (0～2.5 V)	0.14° (1 mV)	±0.4° (±3 mV)
雨量	脉冲	0～10 mm/min (0/min～100/min)	0.1 mm/min (1/min)	0 mm/h (0/h)
辐射	电压	0～2000 W/m² (0～20 mV)	0.01 W/m²	±0.02 mV
蒸发	电流	0～100 mm 蒸发水位 (4～20 mA)	0.01 mm	±10 μA
温度以特定值的形式输出，特定值分别是−50 ℃(80.31 Ω)、−30 ℃(88.22 Ω)、−10 ℃(96.09 Ω)、0.00 ℃(100.00 Ω)、10.0 ℃(103.90 Ω)、30.0 ℃(111.67 Ω)、50.0 ℃(119.40 Ω)、80.0 ℃(130.90 Ω)。 数字信号(RS-232)形式的气压以字符串输出，不存在分辨力；脉冲形式的气压为频率 5 kHz、占空比 50%、TTL 电平的方波				

（5）业务应用

HY-2000 型自动气象站采集器校准仪作为各类型地面观测设备故障诊断、测试、排查的便携式技术平台，不仅可广泛应用于气象计量、维护保障领域，同时可以作为便携式设备，应用于移动计量和保障系统，开展现场核查和故障诊断。

9.1.35 JJS6 型雨量自动检定系统（天津中环天仪）

（1）工作原理

JJS6 型雨量自动检定系统基于质量测量、体积换算的原理，通过准确测量和精密控制供水器出水质量和流量，实现对雨量测量仪器的量值传递，对促进我国雨量量值传递活动的可靠、准确、规范、有效开展，提升我国气象计量保障能力和服务水平具有积极的现实意义。

(2)功能特点

具有量值准确、性能可靠、方便高效等特点，检定系统扩展不确定度 $U=0.03$ mm($k=2$)，符合量值传递要求。

(3)组成结构

JJS6 型雨量自动检定系统(图 9.1.35.1)由控制台、检定终端工作台及系统软件构成。控制台由称量模块、供水模块、排水模块、分水泵、控制器模块、串口服务器等部分组成；检定终端工作台由分水阀、检定容器、检定泵、数据采集模块、检定端排水组件等部分组成。系统软件由基于 LabVIEW 的主软件及嵌入式软件组成。

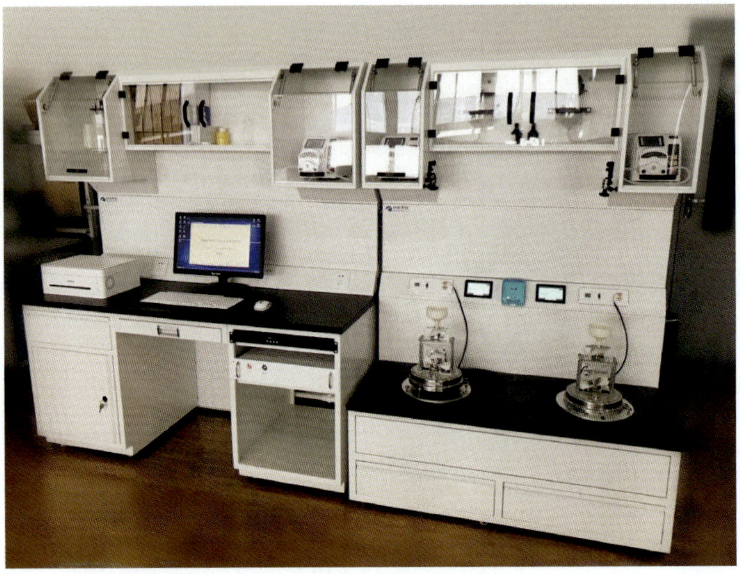

图 9.1.35.1　JJS6 型雨量自动检定系统外观

(4)性能指标(表 9.1.35.1)

表 9.1.35.1　JJS6 型雨量自动检定系统性能指标

要素	主要指标	要素	主要指标
雨量控制范围	单次单点 0.4～30 mm 内自由设定， 累计不低于 500 mm	数据通信接口	脉冲、RS-232、RS-485
雨量控制偏差	±0.1 mm	并行检定数量	2～8 台
雨强调节范围	0.5～10 mm/min	电源适应性	AC 220(1±10%)V,(50±2)Hz
工作温度范围	20±5 ℃	功耗	<1 kW
连续工作时间	≥24 h		

(5)业务应用

JJS6 型雨量自动检定系统用于省级气象计量检定部门对雨量筒进行计量检定，设备故障诊断、测试。

9.1.36　JSMN-1 型雨滴谱式降水现象仪模拟降水装置(北京华云升达)

(1)工作原理

在透明的亚克力转盘上放置不同直径大小的粒子标记——产生确定的直径；电机带动转盘转动，使粒子标记具有可设定的运行速度——产生确定的速度，测试装置从而具有模拟降水粒子速度和粒径的功能，利用被测降水现象仪上传的原始数据与真实设置的参数相比对，从而对降水现象仪进行性能检测。

(2)功能特点

上位机和下位机结合，自动对降水现象仪进行检测。

(3)组成结构

该模拟降水装置(图 9.1.36.1、图 9.1.36.2)主要包括两个部分。①降水粒子模拟单元:使某一直径的粒子标记,在某一预设速度下匀速运行。②综合测试及控制单元:将被测降水现象仪上传的数据与真实数据对比,从而检测被测设备的工作情况。

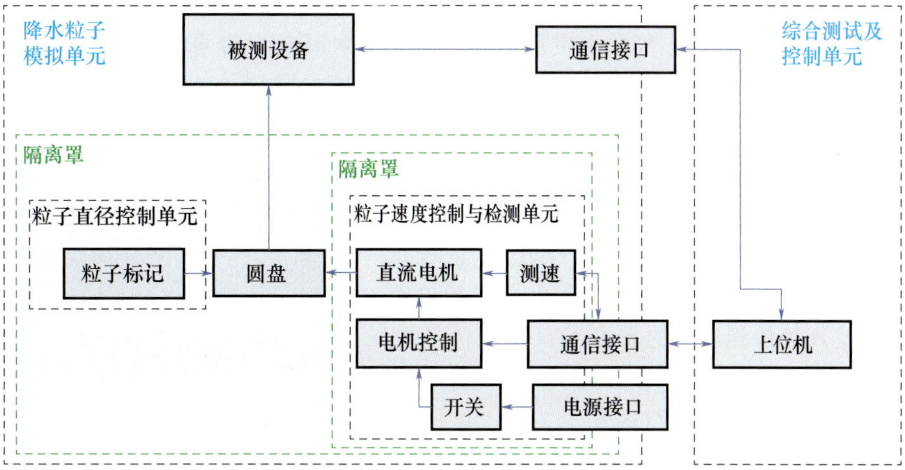

图 9.1.36.1　JSMN-1 型雨滴谱式降水现象仪模拟降水装置结构

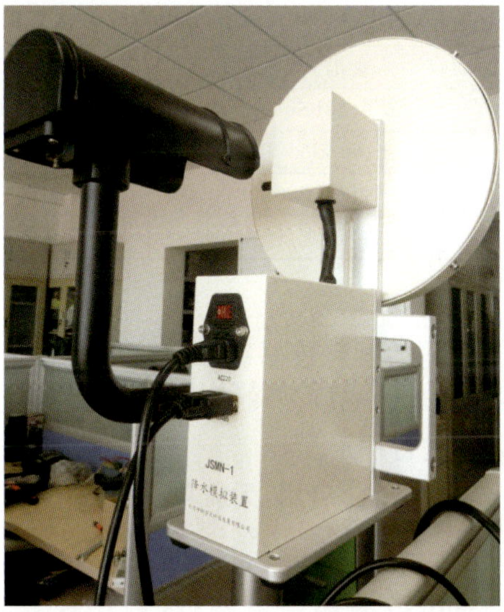

图 9.1.36.2　JSMN-1 型雨滴谱式降水现象仪模拟降水装置外观

(4)性能指标(表 9.1.36.1)

表 9.1.36.1　JSMN-1 型雨滴谱式降水现象仪模拟降水装置性能指标

要素	主要指标	要素	主要指标
降水粒子直径标准器	粒子直径范围:2.1～21 mm; 粒子直径误差:<1%	游标卡尺	精度:0.02 mm
降水粒子速度标准器	粒子速度范围:0.6～16 m/s; 粒子速度误差:<3%		

(5)业务应用

JSMN-1 型雨滴谱式降水现象仪模拟降水装置于 2018 年装配到气象部门开展业务应用,主要用于省级计量机构在现场对降水现象仪进行性能检测,核查降水现象仪测量性能和故障诊断。

9.1.37 LPC6000 型全自动压力校验仪（杭州佐格）

(1)工作原理

全自动压力校验仪是一种用于压力测量和压力控制高精度设备，通过压力泵提供给设备需要的压力值，设备内部的控制单元以及采集单元共同工作以达到输出和控制稳定的压力值。压力值显示在液晶屏上。支持远程通信，长期稳定性好，气象上常用量程为 0～1100 hPa，自带泵，精度 0.01%FS，可直接带到现场使用，无须单独配备气源。

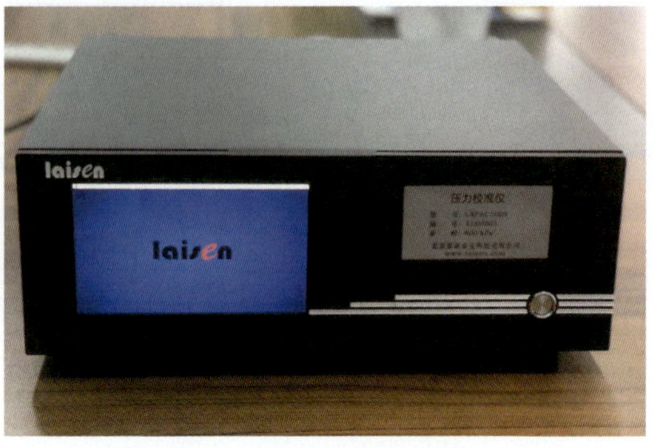

图 9.1.37.1 LPC6000 型全自动压力校验仪外观

(2)功能特点

可检测和校准多种压力设备，可提供绝压或表压方式，具有高精度、高可靠性、高稳定性。压力测量精度高达 0.01%FS，压力范围 0～1100 hPa 任意量程可选（量程定制化），因其质量轻、体积小、方便携带，非常适合现场检测工作，最大限度满足现场检测压力的需求。

(3)组成结构

LPC6000 型全自动压力校验仪（图 9.1.37.1）由主机、液晶触摸屏、通道、压力模块控制单元和通信单元组成。

(4)性能指标（表 9.1.37.1）

表 9.1.37.1 LPC6000 型全自动压力校验仪性能指标

要素	标准	可选
准确度	0.01%FS	0.01%、0.02%、0.05%、0.1%、0.2%
双向表压	±100 kPa	范围内任意量程
绝压	0～200 kPa	范围内任意量程
校准周期	365 d	365 d

(5)业务应用

LPC6000 型全自动压力校验仪所用的特殊传感器对震动和倾斜不是非常敏感。但是为了长期的稳定性和精度，尽量避免将其安装在过度运动或剧烈震动的表面上。在使用过程中要避免过压，使用全程禁油禁水，严格按有关规程规定，定期进行检定。

LPC6000 型全自动压力校验仪于 2011 年启用，无需单独配备气源，主要应用于各省市气象局计量部门对气压传感器进行现场检测。

9.1.38 LPMS1000-05 型数字气压仪器检定系统（杭州佐格）

(1)工作原理

LPMS1000-05 型数字气压仪器检定系统（图 9.1.38.1）以纯净干燥氮气或空气为工作介质，以莱森公司控制软件为核心，通过计算机进行自动控制，产生所需的标准压力，通过专用工装接口传递到被校大气压力传感器及被检设备，数据采集单元自动采集被校压力传感器的响应数据，实现压力传感器的检测，并自动记录、存储校准数据，根据指令打印原始记录或检定证书。

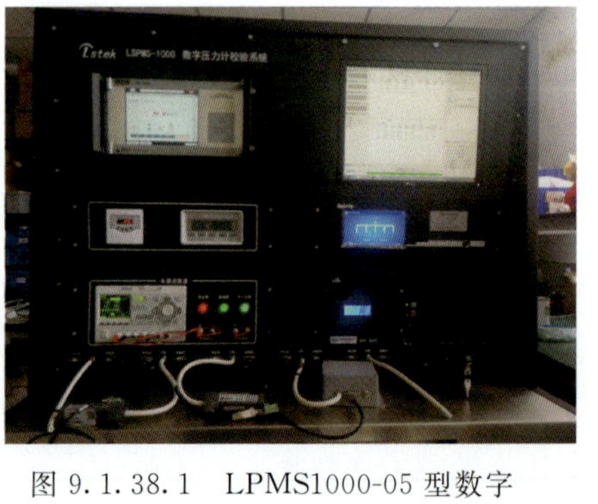

图 9.1.38.1 LPMS1000-05 型数字气压仪器检定系统外观

(2)功能特点

专为气象行业定制，完全实现了智能化。一次性可校验多个变送器，系统按用户使用习惯设计，在检定过程中变送器可以很快地接好并读数。在校验完成后会直接生成报告，解决了在工作过程中烦琐的填写、记录、计算和出报告等问题。完全根据用户需求定制，使得实验室的空间最大程度地被利用，各线路的连接清晰明了。实用简洁的操作台设计，使得移动整套系统非常方便。可提高工作效率、加快工作进度、节约人工成本。

(3)组成结构

LPMS1000-05 型数字气压仪器检定系统由压力源、数据采集计算机单元、显示器、工控机、高精度电源、智能气路控制器、智能串口服务器和控制台所组成(图 9.1.38.2)。

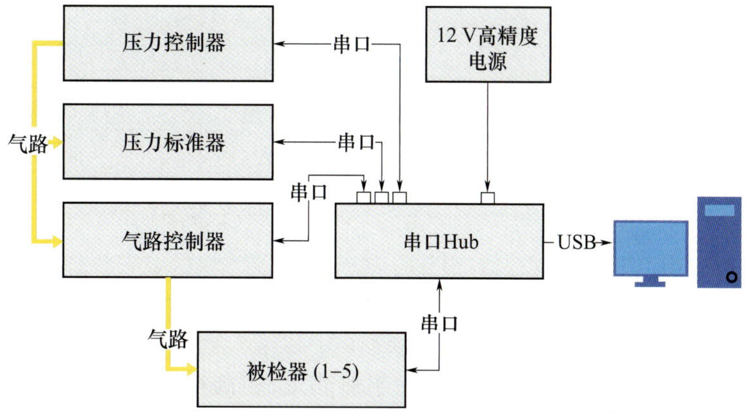

图 9.1.38.2 LPMS1000-05 型数字气压仪器检定系统结构

(4)性能指标(表 9.1.38.1)

表 9.1.38.1 LPMS1000-05 型数字气压仪器检定系统性能指标

要素	主要指标	要素	主要指标
测量压力范围	0～1100 hPa,0.01%FS	采集压力点	3～11 个
同时测量通道数	5 路	软件依据标准	《数字式气压计检定规程》(JJG 1084—2013)
被测设备供电	DC 12 V		
采集数据循环次数	2 次	通信	RS-232,RS-485

(5)业务应用

LPMS1000-05 型数字气压仪器检定系统是一款全自动数字气压仪检定系统，启用于 2019 年，瞄准气象行业计量测试需求，可实现一次性校验多个气压变送器，可应用到我国气象计量、检测、维修和质量控制等领域。

9.1.39 LPG2500 型高精度数字压力计(杭州佐格)

(1)工作原理

高精度数字压力计是通过数据采集将气压传感器的数值读出，并将当前的压力值显示在液晶屏上。支持远程通信，长期稳定性好，气象上常用量程为 0～2.5 kPa，精度 0.01%FS，属建标产品，可作为标准器使用。

(2)功能特点

LPG2500 型高精度数字压力计用于检测和校准多种绝压或表压设备，可提供绝压或表压方式，因其具有高精度、高可靠性、高稳定性，压力测量精度高达 0.01%FS，压力范围 0～40 MPa 任意量程可选(量程定制化)，可很好地解决风洞测量，最大限度满足检测需求。

(3)组成结构

高精度数字压力计(图 9.1.39.1)由主机、液晶触摸屏、压力通信单元组成。

图 9.1.39.1 LPG2500 型高精度数字压力计外观

（4）性能指标（表 9.1.39.1）

表 9.1.39.1　LPG2500 型高精度数字压力计性能指标

要素	主要指标	要素	主要指标
系统供电	AC 220 V,0.5 A	安全性	保证系统安全
通信接口	RS-232	压力接口	G1/8 内螺纹接口
支持多通道	最多 4 通道	质量	约 3 kg
选装大气参考	支持绝压及表压	工作环境	15～55 ℃,5%RH～95%RH
精确度	0.01%	结构	可订制化（按客户需求）
量程范围	−0.1～40 MPa	型号	标准型号
密封性	密封,零泄露	功能	便于集成化设计
外观	7 英寸大显示屏触摸操作	材质	采用订制工装和进口元件

（5）业务应用

LPG2500 高精度数字压力计使用时，请按操作手册要求，正确接入气源，它所用的特殊传感器，相较之下对震动和倾斜不是非常敏感。但是为了长期的稳定性和精度，请尽量避免将其安装在过度运动或剧烈震动的表面上。

LPG2500 高精度数字压力计启用于 2007 年，现广泛应用于各省市气象局风洞实验室中，对风要素测量仪器进行检定、校准。

9.1.40　MCCS1500 型绝热膨胀云雾舱系统（杭州佐格）

（1）工作原理

射出云室的高能粒子引起的离子在过饱和蒸汽中可成为蒸汽的凝结中心，围绕着离子将生成微小的液滴，于是粒子经过的路径上就出现一条白色的雾，在适当的照明下就能看到或拍摄到粒子运动的径迹，根据径迹的长短、浓淡以及在磁场中弯曲的情况，就可分辨粒子的种类和性质。相较于专业实验室的同级人工云室，MCCS1500 大大提高了工作效率。

（2）功能特点

绝热膨胀云雾舱系统整体采用现代工业设计，结合自动控制理论、计算机技术建造的云雾微物理环境模拟系统，通过控制云雾舱内温度、湿度、气压等参数，模拟自然环境中云的产生微物理环境条件，制造从冷云到暖云各种不同的人造云。

（3）组成结构

绝热膨胀云雾舱（图 9.1.40.1）为具备温度、压力、湿度、扰动气流控制，同时具备微观高速影像、滴谱检测、气溶胶导入以及多种光学检测手段为一体的多功能综合小型云舱。云舱主体设备由直径 1 m、高 1.5 m 的主云舱，以及直径 1.8 m、长 3.8 m 的预真空罐构成，辅助控制设备为遥控设备、真空设备和水汽导入设备，通信和控制设备包括控制机柜、控制台以及响应的显示设备等。

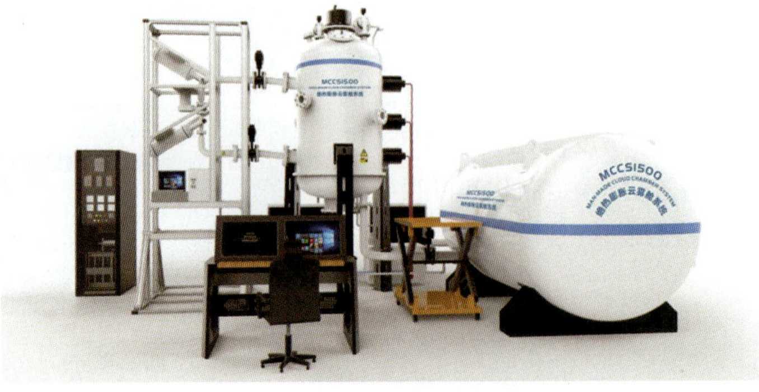

图 9.1.40.1　MCCS1500 型绝热膨胀云雾舱系统外观

(4)性能指标(表 9.1.40.1)

表 9.1.40.1 MCCS1500 型绝热膨胀云雾舱系统性能指标

名称	性能指标	名称	性能指标
工作温度范围	−45～45 ℃	预真空罐尺寸	Ø1.8 m×3.8 m
工作压力范围	30～1 atmos	快速降压	30→1 atmos
工作湿度范围	10%RH～100%RH	温度控制范围	−45～0 ℃
组成	不锈钢,隔热处理	快速制冷时间	35 ℃降到−40 ℃,8 h 内
云室主体尺寸	Ø1 m×1.5 m	相对湿度控制误差	≤10%RH

(5)业务应用

MCCS1500 型绝热膨胀云雾舱系统可在实验室环境下模拟自然环境中云的产生微物理环境条件,制造从冷云到暖云各种不同的人造云,系统主要应用于气象部门人工影响天气、科研院所环境模拟等领域(图 9.1.40.2)。

图 9.1.40.2 MCCS1500 型绝热膨胀云雾舱系统业务使用场景

9.1.41 MOR05 型能见度模拟舱(杭州佐格)

(1)工作原理

能见度模拟舱利用一个封闭的舱室,在方舱内水颗粒物生成装置和空气净化机组开始工作,制造出大雾弥漫的环境,从而模拟自然界中大雾,进而对能见度仪表进行校准检定。相较于专业实验室的同级能见度模拟舱,MOR05 大大提高了工作效率,常被用于能见度仪表的检定校准,广泛应用于自动气象站的能见度仪表检定校准中。

(2)功能特点

秉承佐格强大的工业设计能力,以及对光学、计量、电控和流体的掌握,MOR 系列能见度试验舱无论从性能指标还是功能表现均位于世界领先行列。

(3)组成结构

能见度舱系统(图 9.1.41.1)总体由四部分组成,分别是能见度舱主体部分、监测和控制部分、辅助与保障部分、相应的集成和服务软件系统。

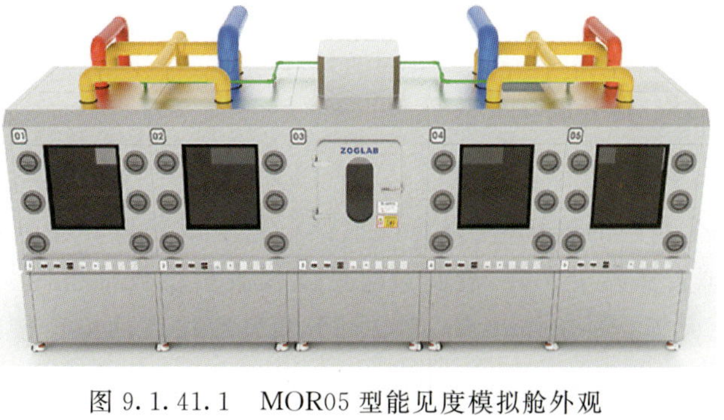

图 9.1.41.1 MOR05 型能见度模拟舱外观

(4)性能指标(表 9.1.41.1)

表 9.1.41.1 MOR05 型能见度模拟舱性能指标

要素	主要指标
试验舱主体	试验舱外部尺寸:5.5 m×1.7 m×2.5 m; 试验舱内部尺寸:5 m×1.5 m×1.2 m; 材料:316 L 不锈钢内部保温设计
造雾范围	5～35000 m
云雾介质	纯净水
云雾谱型	5～50 μm
云雾自然沉降速度	<100 m/h(20～1000 m)
造雾时间	<5 min
稳定性	30 min 内能见度变化小于 5%
工作温度	5～40 ℃
运行功率	5 kW
整体质量	3000 kg
造雾系统	造雾方式:超声波造雾;功耗:200 W/220 V; 使用水源:过滤后净化水

要素	主要指标
温湿压检测系统	温度测量范围:－30～70 ℃; 温度测量精度:±0.3 ℃(23±2 ℃),全程±0.5 ℃; 温度分辨力:0.1 ℃/0.2 ℉; 湿度测量范围:0～100%RH; 湿度测量精度:±3%RH(10%RH～85%RH); 湿度分辨力:0.1%RH; 气压测量范围:500.0～1100.0 hPa; 气压测量精度:±0.5 hPa(A 级),±1.0 hPa(B 级); 气压分辨力:0.1 hPa
除湿系统	除湿方式:压缩机冷凝除湿;除湿能力:1.1 L/h; 运行功率:0.3 kW
净化系统	净化方式:压缩机冷凝除湿; 净化能力:0.3 μm 极细颗粒物; 配套风机:2740 m^3/h
照明系统	LED 节能照明系统功率 50 W
前射式能见度检测	能见度测量范围:10～30000 m。 能见度测量误差:±10%(≤1500 m);±20%(>1500 m)。 数据上传时间间隔:60 s。 电源:DC 10～24 V。 功耗:<5 W;采样周期:1～10 s 可调

(5)业务应用

MOR05 型能见度模拟舱由 5 节舱体构成,通过超声波造雾,可以在实验室环境下人工模拟稳定的云雾、降雨环境,为能见度仪校准提供高标准的测试环境,该系统已应用到气象部门多家计量检测机构(图 9.1.41.2)。

图 9.1.41.2 MOR05 型能见度模拟舱业务使用场景

9.1.42 MOR12 型能见度模拟舱(杭州佐格)

(1)工作原理

能见度模拟舱利用一个封闭的舱室,在方舱内水颗粒物生成装置和空气净化机组开始工作,制造出大雾弥漫的环境,从而模拟自然界中大雾,进而对能见度仪表进行校准检定。相较于专业实验室的同级能见度模拟舱,MOR12 大大提高了工作效率,常被用于能见度仪表的检定校准,广泛应用于自动气象站的能见度仪表检定校准中。

(2)功能特点

秉承佐格强大的工业设计能力，以及对光学、计量、电控和流体的掌握，MOR 系列能见度试验舱无论从性能指标还是功能表现均位于世界领先行列。

(3)组成结构

能见度舱系统(图 9.1.42.1)总体由四部分组成，分别是能见度舱主体部分、监测和控制部分、辅助与保障部分、相应的集成及服务软件系统。

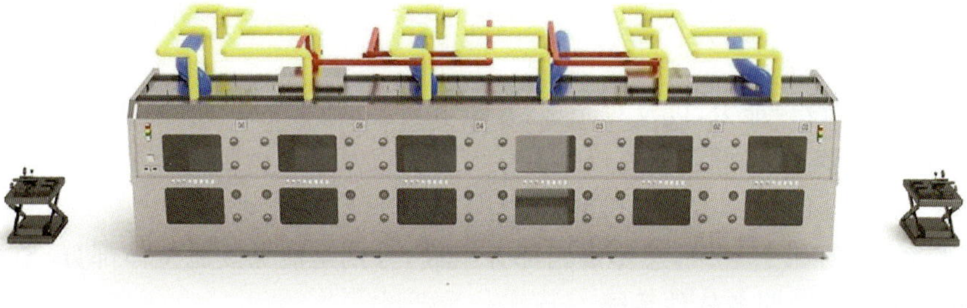

图 9.1.42.1　MOR12 型能见度模拟舱外观

(4)性能指标(表 9.1.42.1)

表 9.1.42.1　MOR12 型能见度模拟舱性能指标

要素	主要指标	要素	主要指标
造雾范围	12～10000 m	云雾自然沉降速度	<10 m/h
云雾介质	H_2O(过滤水)	工作温度范围	5～40 ℃(允许误差：±2 ℃)
云雾谱型	20～50 μm(重复性误差：±5%)	温度测量精度	5～40 ℃(测量误差：±2 ℃)
10 m 能见度制成时间	≤10 min	湿度测量精度	10%RH～95%RH(测量误差：±3%RH)
10000 m 能见度制成时间	≤120 min(常压，湿度≤80%RH)	方舱功率	20 kW
设定云雾制成时间	<60 min(能见度 500 m 时典型值)	方舱材质	316 L 不锈钢(内外壁) 3 层中空玻璃(两侧观测窗)
设定云雾稳定时间	>360 min (能见度 500/1000/2000/5000 m 时典型值)	方舱尺寸	长 12.0 m，宽 2.5 m，高 2.5 m
云雾快速排空时间	<30 min(10～2000 m 能见度)	方舱质量	6000 kg

(5)业务应用

MOR12 型能见度模拟舱由 12 节舱体构成，其通过超声波造雾，可以在实验室环境下人工模拟稳定的云雾、降雨环境，为能见度仪校准提供高标准的测试环境，该系统主要应用在气象计量部门、计量质检部门、研究院、科研学校，主要用于能见度传感器的性能测试及检定校准工作(图 9.1.42.2)。

图 9.1.42.2　MOR12 型能见度模拟舱业务使用场景

9.1.43 MOR20 型能见度模拟舱（杭州佐格）

（1）工作原理

能见度模拟舱利用一个封闭的舱室，在方舱内水颗粒物生成装置和空气净化机组开始工作，制造出大雾弥漫的环境，从而模拟自然界中大雾，进而对能见度仪表进行校准检定。相较于专业实验室的同级能见度模拟舱，MOR20 大大提高了工作效率，常被用于能见度仪表的检定校准，广泛应用于自动气象站的能见度仪表检定校准中。

（2）功能特点

秉承佐格强大的工业设计能力，以及对光学、计量、电控和流体的掌握，MOR 系列能见度试验舱无论从性能指标还是功能表现均位于世界领先行列。

（3）组成结构

能见度模拟舱系统（图 9.1.43.1）总体由四部分组成，分别是能见度舱主体部分、监测和控制部分、辅助与保障部分、相应的集成及服务软件系统。

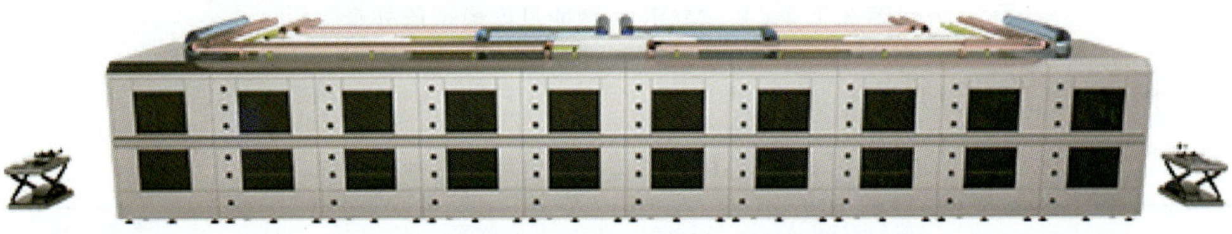

图 9.1.43.1 MOR20 型能见度模拟舱外观

（4）性能指标（表 9.1.43.1）

表 9.1.43.1 MOR20 型能见度模拟舱性能指标

要素	主要指标	要素	主要指标
造雾范围	20～10000 m	稳定性	30 min 内能见度变化值小于 5%
云雾介质	H_2O（过滤水）	工作温度范围	5～40 ℃（允许误差：±2 ℃）
云雾谱型	20～50 μm（重复性误差：±5%）	温度测量精度	5～40 ℃（测量误差：±2 ℃）
造雾能力	持续造雾 10 min 后， 能见度从 10000 m 下降到 10 m 以下	湿度测量精度	10%RH～95%RH（测量误差：±3%）
云雾自然沉降速度	＜10 m/h	方舱功率	25 kW
设定云雾制成时间	＜60 min（能见度 500 m 时典型值）	方舱材质	316 L 不锈钢（内外壁） 3 层中空玻璃（两侧观测窗）
设定云雾稳定时间	＞360 min （能见度 500/1000/2000/5000 m 时典型值）	方舱尺寸	长 20.0 m，宽 3.5 m，高 3.0 m
净化能力	10 min 能见度达到 10000 m 20 min 能见度大于 20000 m	方舱质量	20000 kg
均匀性	1%（20～3000 m）		

（5）业务应用

MOR20 型能见度模拟舱由 20 节舱体构成，其通过超声波造雾，可以在实验室环境下人工模拟稳定的云雾、降雨环境，为能见度仪校准提供高标准的测试环境，该系统主要应用在气象计量部门、国家级能见度计量检测实验室，用于能见度传感器的性能测试及检定校准工作（图 9.1.43.2）。

图 9.1.43.2　MOR20 型能见度模拟舱业务使用场景

9.1.44　MSC27 型降水现象仪检测实验室(杭州佐格)

(1)工作原理

降水现象仪检测实验室能够模拟不同粒径的标准雨滴，模拟雾、结冰、结霜、结露、毛毛雨、雨、雪、冰雹等天气现象。密闭式降水现象环境模拟装置，由降雨模拟器、人工降雪模拟器、人工冰雹模拟器、低温控制室、多组空气循环管路和温度、湿度控制组件、给排水装置、多路大屏显示单元等组成；建立待检设备安装测试区。

(2)功能特点

MSC27 型降水现象仪检测实验室具备可人工生成雾、结冰、结霜、结露、降水的检测环境的降水模拟舱、高精度降水强度标准测量系统、待检设备测试机位、数据采集分析等功能。

(3)组成结构

降水现象仪检测实验室(图 9.1.44.1)由降雨模拟器、人工降雪模拟器、人工冰雹模拟器、低温控制室、多组空气循环管路和温度、湿度控制组件、给排水装置、多路大屏显示单元等组成。

图 9.1.44.1　MSC27 型降水现象仪检测实验室外观

(4)性能指标(表 9.1.44.1)

表 9.1.44.1　MSC27 型降水现象仪检测实验室性能指标

要素	主要指标
标准降水粒子	粒径 0.4～6 mm 可调，阵列式分布
二维激光雨滴谱仪	二维扫描区域：100 mm×100 mm；垂直分辨力：0.2 mm；水平分辨力：0.19 mm；垂直速度精度：4%(垂直速度<10 m/s)；积分时间：15 s～12 h；电源：AC 100～240 V，50/60 Hz；功耗：300 W；室外组件温度范围：0～35 ℃；室内组件温度范围：0～35 ℃；最大允许温限：－20～50 ℃；室外组件尺寸：850 mm×850 mm×200 mm；质量：80 kg

续表

要素	主要指标
降水模拟舱	舱内空间：3 m×3 m×3 m；雨雪下落区为垂直结构，试验区面积不小于降水现象仪采集区的 3 倍，即不小于 240 cm×240 cm；标准雨滴粒径：0.4～6 mm；温度可调范围：−18～30 ℃；湿度可调范围：30%RH～95%RH；波动度：1 ℃；下垫面为水泥、柏油、泥沙、落叶等，可更换，面积不小于 1 m^2；具有模拟冰雹、降雪、雨夹雪、毛毛雨及结霜、结露功能
精密翻斗雨量计	雨强范围：0～20 mm/min；测量精度：±0.1 mm，±1%（<6 mm/min），±2%（>6 mm/min）；收集面积：200 cm^2；测量范围雨强：0～4 mm/min；雨量：>0.1 mm；分辨力：0.1 mm；脉冲宽度：≥30 ms；整机质量：1.5 kg；外形尺寸：200 mm×200 mm×320 mm
一维激光雨滴谱仪	电源：DC 12～28 V；降雨累积量：0.001～1200 mm/h；降水测量分辨力：0.001 mm；降水动态范围：0.1～500 mm/h；降水测量精度：优于 5%；降水能见度范围：100～5000 m±10%；接口：RS-485；工作温度：−40～50 ℃；防护等级：IP65；尺寸：700 mm×600 mm×120 mm；测量面积：50 cm^2；降水类型：可分为 5 种降水现象
温湿压监控	温度范围：−20～40 ℃；精度：±0.5 ℃；湿度范围：0～100%RH；精度：±5%； 气压范围：500～1050 hPa；精度：±1 hPa；具备自动记录功能，可记录数据超过 1 万组，记录间隔 2 s～24 h可调
大屏幕显示器	50 英寸液晶显示器
高速摄像机	1000 fps；10 bit；最大像素 1280×1080； 含高速摄像机、显示终端、图像采集显示系统、三角支架等
嵌入式软件	主要包括多路数据集中采集显示模块，硬件单元自动控制和状态显示模块、检测数据处理模块等
视频监控系统	1080P 高清摄像头，POE 供电，实现集中监控管理，并提供相应监控软件

（5）业务应用

MSC27 型降水现象仪检测实验室可应用于翻斗式雨量传感器、雨量筒、降水现象仪、降水雷达、压电式降水传感器的计量性能检测和定型测试，主要应用在测量降水设备的全国气象计量部门、计量质检部门、科研学校、交通气象领域等。

9.1.45 MTC25 型便携式温度校准炉（杭州佐格）

（1）工作原理

MTC25 型便携式温度校准炉利用温控模块控制制热模块和制冷模块，从而使温度井温度达到设定值并保持温度不变。便携式温度校准炉内部均热块采用导热较好的合金材料。独特的分区控温技术造就出色的均匀性和稳定性：均匀性±0.05 ℃（干），±0.01 ℃（液），稳定性±0.005 ℃。在所需的温度范围内使用，可方便地设置并精确产生所需温度。具有体积小、加热快速、控温稳定、无污染等特点，可将温度传感器与仪表进行整体校验，因此非常适合现场使用。

（2）功能特点

是一款干液混用的高精度温度校准炉，温度范围−22～155 ℃。MTC25 采用人性化设计，7 英寸触摸彩屏，界面友好；丰富的通信接口；可外接标准探头，提供 145 mm 的插入深度；高低温告警提示，防止烫伤及冻伤；支持编程控制，实现全自动校准。MTC25 是实验室与移动校准的理想解决方案。

图 9.1.45.1　MTC25 型便携式温度校准炉外观

（3）组成结构

MTC25 型便携式温度校准炉（图 9.1.45.1）由操作界面、快捷按键区（设置键、菜单键、运行键等）、传感器接口、测量接口（铂电阻测量、电流电压测量）、电源接口、电源开关、接地、热电偶接口、电源键、高低温警示灯、多区控温、把手、通信接口、进风孔组成。

(4)性能指标(表 9.1.45.1)

表 9.1.45.1 MTC25 型便携式温度校准炉性能指标

要素	主要指标	要素	主要指标
温度测量范围	−22～155 ℃	插入深度	145 mm
显示精度(外接参考探头)	±0.05 ℃	腔体直径	∅60 mm
显示精度(内置参考探头)	±0.18 ℃	升温时间	−20→23 ℃,9 min;23→80 ℃,23 min
液体均匀性	±0.01 ℃	降温时间	80→23 ℃,24 min;23→0 ℃,15 min;0→−15 ℃,21 min
干体均匀性	±0.05 ℃	稳定时间	<15 min
稳定性	±0.005 ℃	显示屏	7 英寸,800×480 TFT LCD 触摸屏
温度分辨力	0.1 ℃、0.01 ℃、0.001 ℃可选	供电电源	AC 100～240 V,0.5 A,50～60 Hz
工作环境	0～35 ℃,0～90%RH(无结露),海拔<2000 m		

(5)业务应用

MTC25 型便携式温度校准炉已广泛应用于地市级气象移动计量和现场核查中,是气象计量部门、计量质检部门、民航计量机构、研究院、工业领域理想的便携式控温设备,主要用于温度传感器的计量性能测试及温度仪器仪表的检定校准(图 9.1.45.2)。

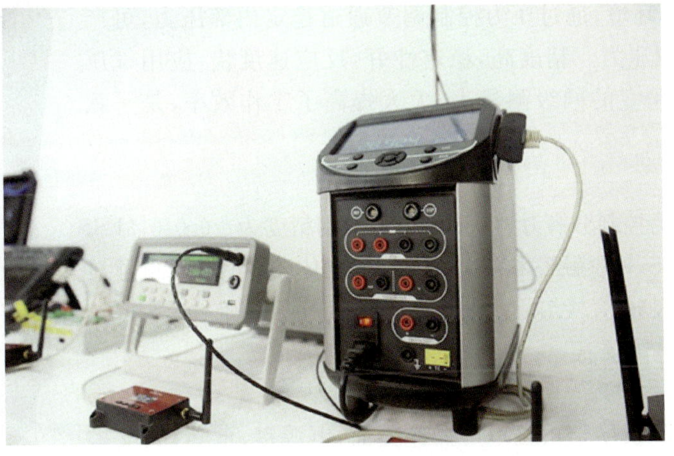

图 9.1.45.2 MTC25 型便携式温度校准炉业务使用场景

9.1.46 PG6 型精密活塞压力发生器(杭州佐格)

(1)工作原理

PG6 型精密活塞压力发生器(图 9.1.46.1)是以流体静力学平衡原理及帕斯卡定律为基础产生压力的,由活塞组件和砝码组成。活塞在活塞筒内垂直地自由运动,压力作用在活塞底面产生的力和加于活塞上端的砝码重力相平衡。PG6 型精密活塞压力发生器精度高,稳定性好,反应速度快,应用范围广。相较于专业实验室的同级仪器,大大提高了工作效率,是一款高性价比的精密活塞气压发生器。

图 9.1.46.1 PG6 型精密活塞压力发生器外观

(2)功能特点

是一款全自动气体活塞压力发生器,以洁净空气或氮气为介质,采用全新自动加码及智能控制技术,可实现全自动加载砝码输出压力,大幅减少手工更换砝码时的烦琐操作,有效避免人为因素造成的计量误差和效率下降。

体积仅为一般活塞压力计的1/3，常规尺寸的实验桌即可放置，便于移动或调整水平状态。

（3）组成结构

PG6型精密活塞压力发生器由玻璃罩、电磁阀、砝码抓取机构、水平仪、通气阀、把手、电源键、真空泵接口、控制器接口、系统进气口、通信接口、信号互联接口、活塞进气口组成。

（4）性能指标（表9.1.46.1）

表9.1.46.1　PG6型精密活塞压力发生器性能指标

要素	主要指标	要素	主要指标
测量范围	5～160 kPa	活塞材质	碳化钨
标称范围	5～160 kPa	砝码材质	不锈钢
精度等级	0.005级	工作介质	洁净干燥的气体（或氮气）

（5）业务应用

可应用于各级气象计量机构、法定计量检定机构或授权的计量技术机构开展气压和压力仪器设备的检测。

9.1.47　PG600型便携式气压发生器（杭州佐格）

（1）工作原理

PG600型便携式气压发生器（图9.1.47.1）利用内置气泵抽出内部空气，从而形成一定压力的环境，通过压力控制调节通道稳定内部压力，可产生100～1100 hPa内任意压力。精度高，稳定性好，反应速度快，应用气压范围广。相较于专业实验室的同级测量表，大大提高了工作效率，是一款高性价比的气压发生器。

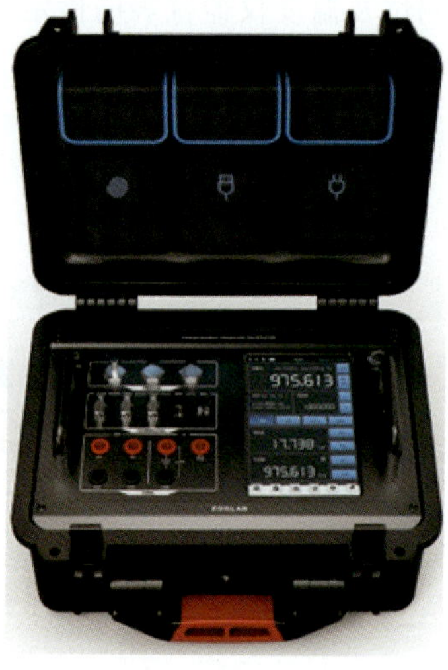

图9.1.47.1　PG600型便携式气压发生器外观

（2）功能特点

内置高精度泵源，压力控制分辨力为0.001 hPa；控制精度为±0.010%FS，控制稳定性为0.002%FS；7寸触摸彩屏，极佳的用户体验；可同时测量显示电压、电流等，支持多种通信接口，可选内置或外置气压标准器；支持数据U盘导出导入；支持多国语言。

（3）组成结构

PG600型便携式气压发生器由显示屏操作界面、电源键、散热孔、支撑提手、接口区（负压、正压、绝压、电源、COM、USB）、信号区域、防爆便携箱、密封扣、3个置物袋组成。

（4）性能指标（表9.1.47.1）

表9.1.47.1　PG600型便携式气压发生器性能指标

要素	主要指标	要素	主要指标
压力控制范围	100～1100 hPa	电流测量分辨力	1 μA
压力控制精度	±0.010%FS	电流测量精度	±5 μA
压力控制分辨力	0.001 hPa	显示屏	7英寸，480×800 TFT LED显示屏
压力控制稳定性	0.002%FS	触摸屏	电容式
压力控制速率	5～100 hPa/min可调（负载1 L）	背光	LED背光，可调节
电压测量范围	0～10 V	通信接口	RS-232 PTB210/220/330专用×1，普通RS-232×2，USB，USB存储，HART，WiFi（选装），BT（选装）
电压测量分辨力	0.1 mV		
电压测量精度	±1 mV		
电流测量范围	0～20 mA		

(5)业务应用

主要应用于地市级气象计量、移动计量和现场核查等领域(图 9.1.47.2)。

图 9.1.47.2 PG600 型便携式气压发生器业务使用场景

9.1.48 PG6000 型气压发生器(杭州佐格)

(1)工作原理

PG6000 型气压发生器利用内置气泵抽出内部空气,从而形成一定压力的环境,通过压力控制调节通道稳定内部压力,可产生 300～1100 hPa 内任意压力。精度高,稳定性好,反应速度快,应用气压范围广。相较于专业实验室的同级测量表,大大提高了工作效率,是一款高性价比的气压发生器。

(2)功能特点

控制精度为±0.010% FS,控制稳定性为 0.002% FS;内置高精度泵源,压力控制分辨力为 0.001 hPa;多种通信接口,可选内置或外置气压标准器;模块化设计支持不同量程同步计量校准;支持多国语言。

(3)组成结构

PG6000 型气压发生器(图 9.1.48.1)由操作界面(设定气压值、测量、编程等功能)、快捷按键区(存储、锁定、截屏、系统设置、步距调节)、数字按键区(数值设定、清除、返回、确认)、前置 USB 接口、多功能旋钮、型号指示区、电源键、背面接口区(外接气源、外置标准器接口、通大气等)、散热孔、电源接口、两个通道模块及模块拉手、通信接口(LAN、USB、RS-232/485)组成。

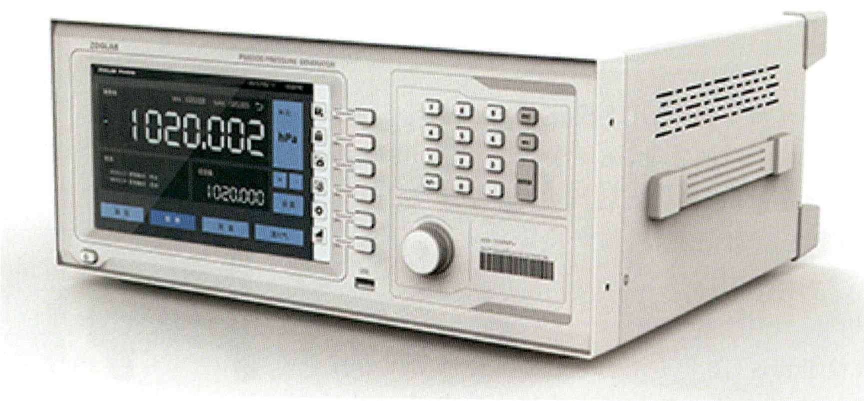

图 9.1.48.1 PG6000 型气压发生器外观

（4）性能指标（表 9.1.48.1）

表 9.1.48.1　PG6000 型气压发生器性能指标

要素	主要指标	要素	主要指标
压力控制范围	300～1100 hPa	气压标准器	内置或外置标准器
压力控制精度	±0.010%FS	校准周期	365 d
压力控制分辨力	0.001 hPa	显示屏	9 英寸，800×480 TFT LED 显示屏
控制稳定性	0.002%FS	触摸屏	电容式
控制速度	5～100 hPa/min 可调（负载 1 L）	背光	LED 背光，可调节
压力测量范围	100～1100 hPa	通信接口	RS-232/485，USB，LAN，WiFi（选装功能）
压力测量精度	±0.010%FS（最优±0.008%FS）	气压接口	Ø4 快拧接头
压力测量分辨力	0.001 hPa		

（5）业务应用

PG6000 型气压发生器可产生 300～1100 hPa 内任意压力，主要应用于气象计量部门开展对气压仪器计量测试（图 9.1.48.2）。

图 9.1.48.2　PG6000 型气压发生器业务使用场景

9.1.49　QYJD-2B 型空盒气压表检定装置（太原太航压力）

（1）工作原理

空盒气压表检定装置主要由全自动压力控制器、压力源、真空源、电脑和气压仪器示值检定箱组成。将空盒气压表放入气压示值检定箱内，通过上位机发出指令，由全自动压力控制器控制气压示值检定箱内的压力值，实现对空盒气压表的检定。

（2）功能特点

符合《空盒气压表和空盒气压计检定规程》（JJG 272—2007）；可通过软件对检定点的数量、循环次数、压力变化率、稳定时间等参数进行设定；可根据设定的压力值自动控制压力；可采集测试数据、形成原始记录表、判断检定结果、生成检定证书。

（3）组成结构

空盒气压表检定装置（图 9.1.49.1）主要由全自动压力控制器、压力源、真空源、电脑和气压仪器示值检定箱组成。

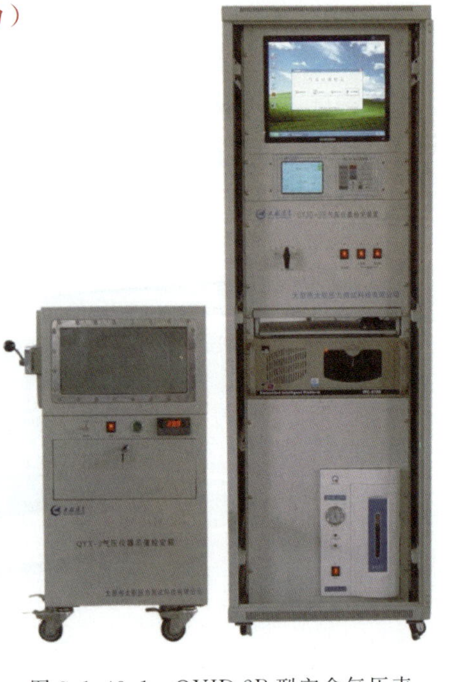

图 9.1.49.1　QYJD-2B 型空盒气压表检定装置外观

（4）性能指标（表 9.1.49.1）

表 9.1.49.1　QYJD-2B 型空盒气压表检定装置性能指标

要素	主要指标	要素	主要指标
测量范围	400～1100 hPa（空盒表）；10～1100 hPa（气压传感器）	采样通道	8 路（RS-232）
准确度等级	0.01 级（±0.01%）；0.02 级（±0.02%）	电源电压	AC 220 V，2 A
控制稳定性	±0.002%（空盒表）；±0.002%（气压传感器）	检定方式	自动
工作介质	气体	通信模式	RS-232
测压模式	绝对压力	操控模式	上位机
控压方式	自动		

（5）业务应用

QYJD-2B 型空盒气压表检定装置可作为空盒气压表和气压传感器的检定装置，主要应用于气象部门计量技术机构，开展空盒气压表（计）的计量检定。

9.1.50　TM500 型便携式基准温度计（杭州佐格）

（1）工作原理

TM500 型便携式基准温度计利用铂电阻在温度变化时自身电阻也随之改变的特性来测量温度，通过内部测温电桥测量铂电阻，进而换算出环境温度。测量范围为 −50～160 ℃，温度精度高达 ±0.05 ℃。因其高精度，良好稳定性，应用温度范围广，常被广泛应用于温度测试中。

（2）功能特点

使用大容量可充电锂电池，电量可维持 6 个月以上。高亮 IPS 显示屏，日光下可见。支持数据记录和蓝牙无线传输，可通过 PC、手机 APP 查看和导出。整体防水结构，横竖屏自动切换，方便读数。TM500 型便携式基准温度计小巧便携、使用方便，UI 操作界面简捷易用。

（3）组成结构

该温度计（图 9.1.50.1）由挂孔、光线传感器、指示灯、IPS 显示屏、功能按键区（开/关机键、菜单键、向上/加键、向下/减键、确认键）、温度探头、USB 接口、辅助照明灯组成。

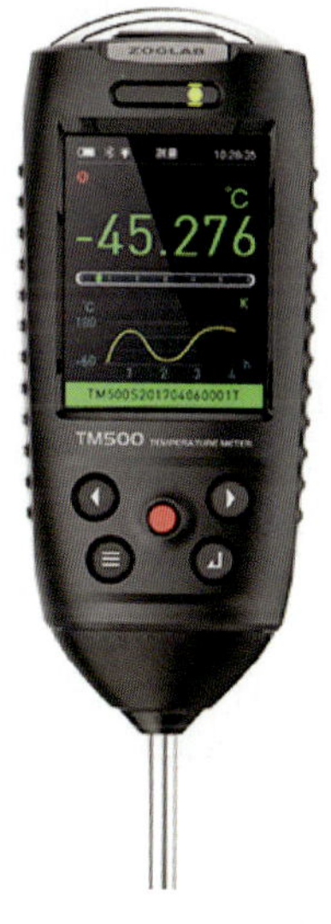

图 9.1.50.1　TM500 型便携式基准温度计外观

（4）性能指标（表 9.1.50.1）

表 9.1.50.1　TM500 型便携式基准温度计性能指标

名称	性能指标	名称	性能指标
温度测量范围	−50～160 ℃	电池型号	18650 可充电电池，2 节
温度测量精度	±0.05 ℃	电池容量	5200 mAh
温度分辨力	0.001 ℃	电池寿命	单次充电，待机时间可维持 6 个月以上
工作环境	−10～50 ℃，10%RH～95%RH（不结露）	屏幕材质	2.6 英寸，IPS，dpi 320×240
储存环境	−50～90 ℃，10%RH～95%RH（不结露）	防护等级	IP54
响应时间	14 s/21 s	通信接口	USB，蓝牙，WiFi（选装）
传感器尺寸	400 mm，∅6 mm	静电防护	±25 kV
存储容量	60000 个带时标的测试数据记录		

（5）业务应用

该温度计主要应用于地市级气象计量、移动计量和现场核查等领域，也可应用于在实验室开展温度计量测试（图 9.1.50.2）。

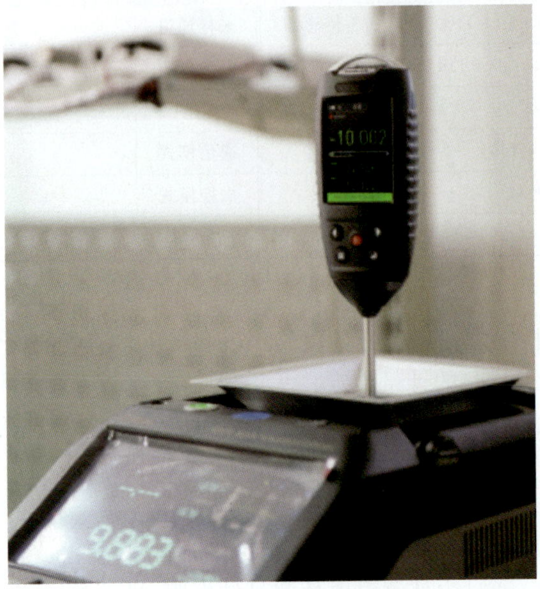

图 9.1.50.2　TM500 型便携式基准温度计业务使用场景

9.1.51　TM1000 型高精度温度测量表（杭州佐格）

（1）工作原理

TM1000 型高精度温度测量表利用测温电桥电路测量温度传感器电阻值，再换算成温度值。可接一等标准铂电阻，支持双路 Pt100，温度分辨力为 0.001 ℃。精度高，稳定性好，应用温度范围广。相较于专业实验室的同级测量表，大大提高了工作效率，是一款高性价比的温度基准表，常被用作温度测量仪表，广泛应用于自动气象站的温度测量中。

（2）功能特点

配备高亮显示屏，阳光下能够清晰读数；支持串口、以太网、USB 等多种通信方式；内置电池能够连续工作超过12 h，人性化设计，操作便捷。配有 16 只无源温度传感器，具有记忆识别功能；前后各两通道标准 PT100 探头接口，可切换使用；内置数据记录器，数据可导出至外部 U 盘。

（3）组成结构

TM1000 型高精度温度测量表（图 9.1.51.1）由显示模块（标题栏：机型/通道及探头名称/电量显示、数值显示区、状态栏等）、功能按键（电源键、校准键、方向键、记录键、确认键等）、接线模块（前置通道接口、背面通道接口）、通信模块（LAN 接口、USB 接口、RS-232/485 接口）、供电模块（电源座、电源开关）组成。

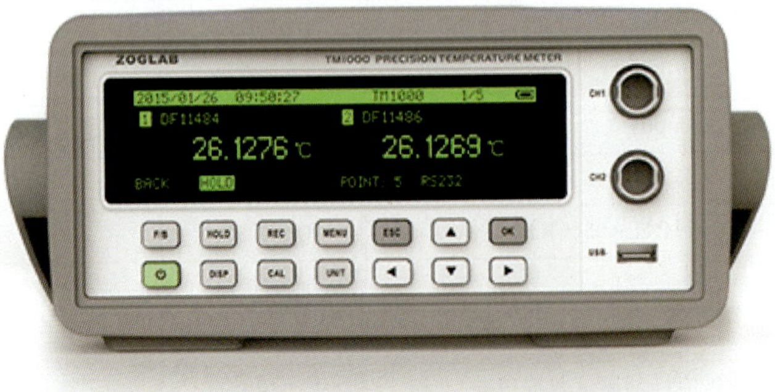

图 9.1.51.1　TM1000 型高精度温度测量表外观

(4)性能指标(表 9.1.51.1)

表 9.1.51.1　TM1000 型高精度温度测量表性能指标

要素	主要指标	要素	主要指标
温度测量范围	−60～160 ℃	测量周期	两通道 2 s
温度测量精度	±0.05 ℃	显示单位	℃、℉、K、Ω
温度分辨力	0.001 ℃	记录间隔	1 s～24 h 可选
电阻测量范围	0～400 Ω	最大记录数据条数	内部 8000 组,外部 U 盘
电阻测量精度	±0.0005 Ω(0～20 Ω),±25 ppm(20～400 Ω)	探头配置数据	支持 16 个探头的配置数据
电阻分辨力	0.0001 Ω	前置探头接口	四芯专用插座
温度稳定性	0.5 ppm/℃	后置探头接口	多用途插座
长期稳定性	6 ppm/a		

(5)业务应用

TM1000 高精度温度测量表大大提升了工作效率,是一款高性价比的温度基准表,可用作温度测量仪表,广泛应用于自动气象站的温度测量中(图 9.1.51.2)。

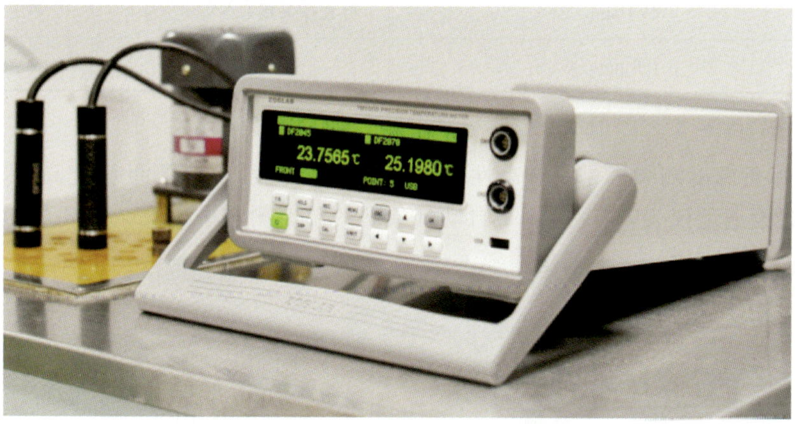

图 9.1.51.2　TM1000 型高精度温度测量表业务使用场景

9.1.52　TM2000 型高精度温度测量表(杭州佐格)

(1)工作原理

TM2000 型高精度温度测量表利用测温电桥电路测量温度传感器电阻值,再换算成温度值。精度高,稳定性好,应用温度范围广。相较于专业实验室的同级测量表,大大提高了工作效率。

(2)功能特点

是一款高精度测量表(小型电桥),可接一等标准铂电阻,支持双路 Pt25、Pt100,温度分辨力高达 0.1 mK(0.0001 ℃)。配备高亮显示屏,阳光下能够清晰读数;支持串口、以太网、USB 等多种通信方式;内置电池能够连续工作超过 12 h,人性化设计,操作便捷。配有 128 只无源温度传感器,具有记忆识别功能;前后各两通道标准 Pt25/Pt100 探头接口,可切换使用;内置数据记录器,数据可导出至外部 U 盘。

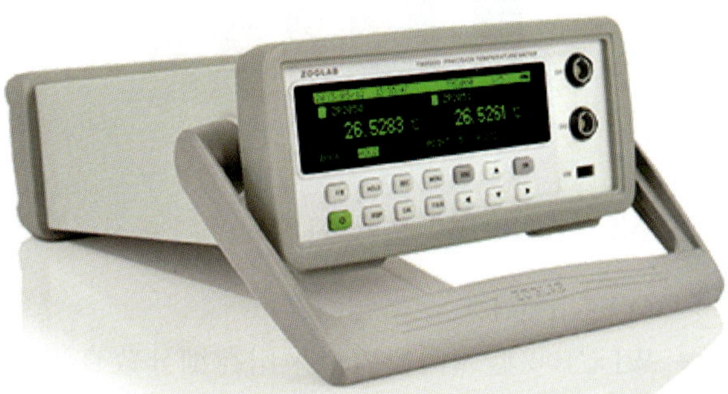

图 9.1.52.1　TM2000 型高精度温度测量表外观

(3)组成结构

TM2000 型高精度温度测量表(图 9.1.52.1)由显示模块(机型、通道及探头名称、电量显示、数值显示、状态栏等）、功能按键（电源键、校准键、方向键、记录键、确认键等）、接线模块（前置通道接口、背面通道接口）、通信模块（LAN 接口、USB 接口、RS-232/485 接口）、供电模块（电源座、电源开关）组成。

（4）性能指标（表 9.1.52.1）

表 9.1.52.1 TM2000 型高精度温度测量表性能指标

要素	主要指标	要素	主要指标
温度测量范围	−189～960 ℃	测量周期	两通道 2 s
温度测量精度	±0.005 ℃（主机），±0.005 ℃（Pt25 一等），±0.01 ℃（Pt25 二等）	显示单位	℃、℉、K、Ω
温度分辨力	0.001 ℃（可扩展 0.0001 ℃）	记录间隔	1 s～24 h 可选
电阻测量范围	0～400 Ω	最大记录数据条数	内部 8000 组，外部 U 盘
电阻测量精度	±0.0005 Ω(0～20 Ω)；±25 ppm(20～400 Ω)	探头配置数据	支持 128 个探头的配置数据
电阻分辨力	0.0001 Ω	前置探头接口	四芯专用插座
温度稳定性	0.5 ppm/℃	后置探头接口	多用途插座
长期稳定性	6 ppm/a		

（5）业务应用

TM2000 型高精度温度测量表是一款高性价比的温度基准表，具有测量精度高、人性化设计、操作便捷等优点，可用作温度测量仪表，广泛应用于自动气象站的温度测量中（图 9.1.52.2）。

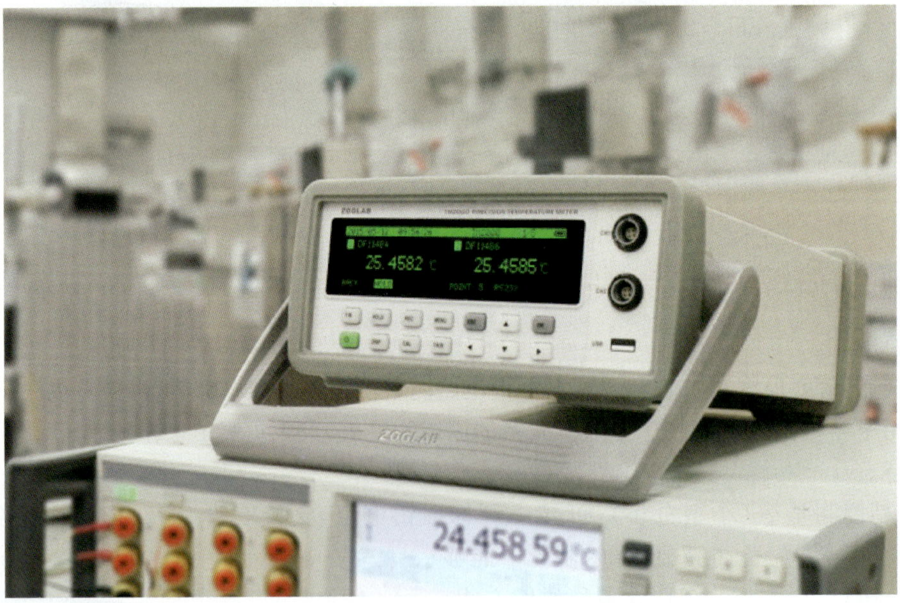

图 9.1.52.2 TM2000 型高精度温度测量表业务使用场景

9.1.53 WDC100 型风向校验仪（杭州佐格）

（1）工作原理

WDC100 型风向校验仪采用高细分数直流步进电机配合编码器的形式并结合设计的无误差同轴系统，在检定开始时系统会自动进行校零操作，以消除机械传动误差和仪表的自身误差。可以实现风向校准仪的指针和格雷码显示器同步输出。可溯源的编码器确保了检测的精度。精度高，稳定性好，操作简单。相较于专业实验室的同级风向校验仪，大大提高了工作效率，是一款高性价比的风向校验仪，常被用作风向校准检定装置。

(2)功能特点

是一款360°风向检测范围的风向校验仪，具有1°高风向分辨力，校验最大允许误差为±1°，支持RS-232/485、USB、LAN通信，可通过移动计量系统无缝连接省级业务平台系统。

(3)组成结构

WDC100型风向校验仪(图9.1.53.1)由步进电机、风向标传动件、航空接插件插座及调节旋钮组成。

(4)性能指标(表9.1.53.1)

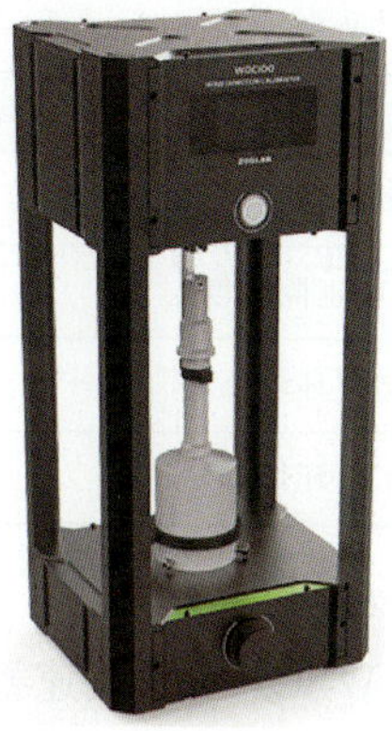

图9.1.53.1 WDC100型风向校验仪外观

表9.1.53.1 WDC100型风向校验仪性能指标

要素	主要指标	要素	主要指标
风向检测范围	0°～360°	外接电源	AC 220 V,50 Hz或DC 24 V
分辨力	1°	功耗	＜25 W
最大误差	±1°	通信接口	RS-232/485、USB、以太网、Web服务
可自矫正同轴度	2 mm	通信协议	可通过移动计量系统无缝连接省级业务平台系统
储存环境	－20～70 ℃,10%RH～95%RH(不结露)	外形尺寸	240 mm×232 mm×519 mm
工作环境	0～40 ℃,≤85%RH	整机质量	3 kg

(5)业务应用

WDC100型风向校验仪符合人体工学理念，体型美观，转动灵活，操作方便，可用于气象计量部门对风向传感器进行示值测试。

9.1.54 WSC100型风速校验仪(杭州佐格)

(1)工作原理

WSC100型风速校验仪的风速示值校验是在去掉风杯的情况下进行的，用机械传递方法强制风速传感器风杯轴转动，使风速传感器输出信号，校验装置显示器指示出与转速相关的风速值。该风速校验仪精度高，稳定性好，操作简单。相较于专业实验室的同级风速校验仪，大大提高了工作效率，是一款高性价比的风速校验仪，常被用作风速校准检定装置。

(2)功能特点

WSC100是一款高精度的风速校验仪，风速模拟范围0～75 m/s，最大误差±0.2 m/s±0.02v(v为标准风速)，同轴自校正系统可校正2 mm以内的误差，具有可靠的量值溯源体系，可通过移动计量系统无缝连接省级业务平台系统。

(3)组成结构

WSC100型风速校验仪(图9.1.54.1)由显示模块、电机驱动单元、风杯轴传动件、航空接插件插座及调节旋钮组成。

(4)性能指标(表9.1.54.1)

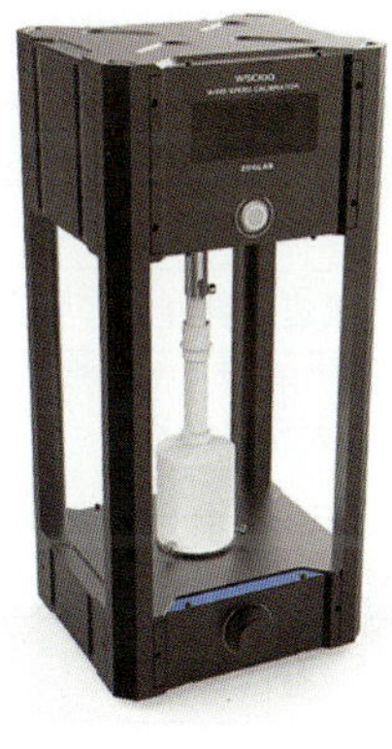

图9.1.54.1 WSC100型风速校验仪外观

表9.1.54.1 WSC100型风速校验仪性能指标

要素	主要指标	要素	主要指标
可模拟风速范围	0～75 m/s	外接电源	AC 220 V,50 Hz或DC 24 V
分辨力	0.1 m/s	功耗	＜25 W

续表

要素	主要指标	要素	主要指标
最大误差	±0.2 m/s±0.02v(v为标准风速)	通信接口	RS-232/485、USB、以太网、Web 服务
可自矫正同轴度	2 mm	通信协议	可通过移动计量系统无缝连接省级业务平台系统
储存环境	−20～70 ℃,10%RH～95%RH(不结露)	外形尺寸	240 mm×216 mm×519 mm
工作环境	0～40 ℃,≤85%RH	整机质量	3 kg

(5)业务应用

WSC100 型风速校验仪具有检测方便、数值准确、量值可靠溯源、移动便携等优点，可用于气象计量部门对风速传感器进行示值测试。

9.1.55 WSS500 型启动风速校验仪(杭州佐格)

(1)工作原理

WSS500 型启动风速校验仪采用了现代开路风洞的设计理念，在其内部形成恒定的启动风速，通过被测传感器读数与设定值进行比较，从而校准传感器。启动风速校验仪精度高，稳定性好，操作简单。相较于专业实验室的同级启动风速校验仪，大大提高了工作效率，是一款高性价比的启动风速校验仪，常被用作启动风速校验装置。

(2)功能特点

风速范围可达 0～2 m/s，具有极优异的风场参数和紊流度，高精度风速传感器分辨力为0.01 m/s，低风速检测误差全范围误差为 2%FS，最低可达 0.02 m/s，可通过移动计量系统无缝连接省级业务平台系统。

(3)组成结构

WSS500 型启动风速校验仪(图 9.1.55.1)由主机、防风风罩、显示模块、航空接插件插座及调节旋钮组成。

图 9.1.55.1 WSS500 型启动风速校验仪外观

(4)性能指标(表 9.1.55.1)

表 9.1.55.1 WSS500 型启动风速校验仪性能指标

要素	主要指标	要素	主要指标
风速范围	0～2 m/s	工作环境	0～40 ℃,≤85%RH
风速分辨力	0.01 m/s	外接电源	AC 220 V,50 Hz 或 DC 24 V
最大允许误差	±0.02 m/s 和±2%FS 取较大者 (2 m/s 时精度为±0.04 m/s)	功耗	<70 W
测量范围风场速率变化	<1%	通信接口	RS-232/485、USB、以太网、Web 服务
紊流度	<0.8%	主体外形尺寸	530 mm×580 mm×420 mm
横向风场均匀度	<0.5%	抗干扰风罩尺寸	384 mm×580 mm×420 mm
平均方向性	<0.2%	整机质量	5 kg
储存环境	−20～70 ℃,10%RH～95%RH(不结露)		

(5)业务应用

WSS500 型启动风速校验仪是一款高性价比的启动风速校验仪，常被用作启动风速校验装置，可用于气象计量部门对风速传感器进行启动风速示值测试(图 9.1.55.2)。

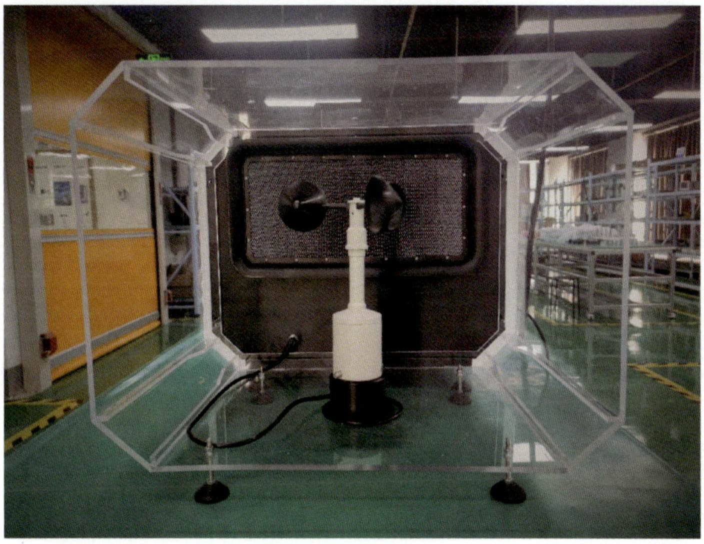

图 9.1.55.2　WSS500 型启动风速校验仪业务使用场景

9.1.56　WTC60 型计量级恒温水槽(杭州佐格)

(1)工作原理

WTC60 型计量级恒温水槽主要是依靠恒温控制器来控制恒温槽的热平衡。当恒温槽因对外散热而使水温降低时,恒温控制器控制槽内的加热器工作,待加热到所需要的温度时,它又控制加热器停止工作,这样使槽温保持恒定。

(2)功能特点

是一款高精度自控式温度检定设备,温度范围为－60～90 ℃。独特的喷射式搅拌技术造就出色的均匀性和稳定性,均匀性≤0.01 ℃,稳定性为±0.01 ℃。多级制冷,加热/制冷智能控制,使升降温速度极快。

采用先进人体工学设计,界面友好的 9 英寸触摸彩屏;丰富的通信接口;提供Ø150 mm×480 mm 的超大工作区域;支持编程控制,对温度上升时间和保持时间进行设定,实现全自动校准;自动更换液体,大大提高了工作效率,是温度计量校准的理想选择。

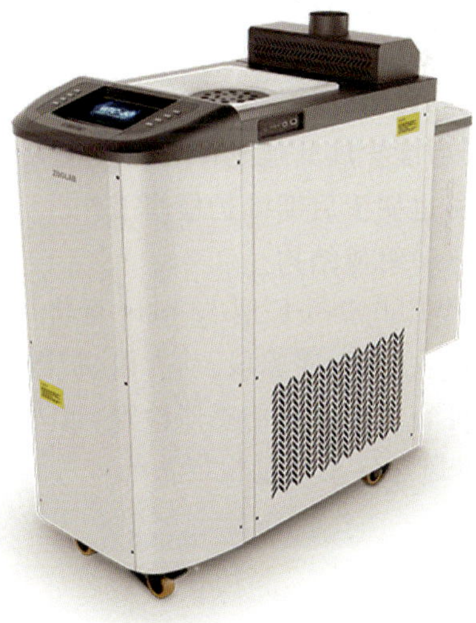

图 9.1.56.1　WTC60 型计量级恒温水槽外观

(3)组成结构

WTC60 型计量级恒温水槽(图 9.1.56.1)由操作界面(9 英寸彩色触控屏)、快捷键区域(左侧:菜单/设置/上一页/下一页,右侧:F1/F2/取消/运行)、工作区、排风口、抽风孔、通信接口区域(USB-A 型接口、RS-232/485 接口、USB-B 型接口、LAN 接口)、储液仓(两个)、散热孔、万向轮组成。

(4)性能指标(表 9.1.56.1)

表 9.1.56.1　WTC60 型计量级恒温水槽性能指标

要素	主要指标	要素	主要指标
温度范围	－60～90 ℃	升温时间	1 h(25～90 ℃)
温度稳定性	±0.01 ℃/30 min	降温时间	2 h(25～60 ℃)
温度均匀性	≤0.01 ℃	稳定时间	<20 min

续表

要素	主要指标	要素	主要指标
温度分辨力	0.1 ℃、0.01 ℃、0.001 ℃可选	显示屏	9英寸，800×480 TFT LED触摸屏
工作介质	99%无水乙醇或纯净水	供电电源	AC 220 V，50 Hz
工作区尺寸	Ø150 mm×480 mm	总功率	4.0 kW
容积	38 L	通信接口	RS-232/485、USB、以太网、WiFi、Web服务
工作环境	5～28 ℃，0～90%RH(无结露)，海拔<2000 m		

（5）业务应用

WTC60型计量级恒温水槽均匀性好、稳定性高，界面友好，操作方便，是气象计量部门理想的控温设备，主要用于温度计量性能测试及温度仪器仪表的检定，也广泛应用于计量质检部门、研究院、民航计量机构、高等院校、工厂企业。

9.1.57 WZ860040-E型40 m/s直路开口风洞（杭州佐格）

（1）工作原理

WZ860040-E型40 m/s直路开口风洞使用动力装置在一个专门设计的管道内驱动一股可控气流，使其流过安置在实验段的静止模型，模拟实物在静止空气中的运动。测量作用在模型上的空气动力，观测模型表面及周围的流动现象。根据相似理论将实验结果整理成可用于实物的相似准数。直路开口风洞是一款开口试验段直流式低速风洞，它不仅解决了传统低速风洞由于洞体内空气和外界隔离，长时间工作导致内部空气被电机不断加热，影响系统稳定性的问题；也解决了传统风洞试验段闭式设计导致操作空间狭小、被测设备更换不便的问题。相较于专业实验室的同级风洞，大大提高了工作效率，常被广泛应用于风速传感器检定校准实验中。

（2）功能特点

该风洞是一款开口试验段直流式低速风洞，具备占地面积小、建设费用较低等特点。动力段采用航空机翼翼型设计，高效低噪声。风洞的开口试验段设置了独立的透明驻室，可直观观察被检设备状态，也便于后续扩展其他延伸功能模块需求。风洞采用模块化设计，将大型装置截分为多个模块，便于运输及安装，也便于后期维护检修工作。

（3）组成结构

WZ860040-E型40 m/s直路开口风洞（图9.1.57.1）整体结构采用了流线型设计，主体由进口段、稳定段、收缩段、实验段、动力段、扩散段、出口段等组成，进口形状为圆形，检测区域采用了走入式全透明驻室，可容纳较大型传感器检定，也为其他辅助装置装载提供空间。风洞配置了独立控制系统，可无缝衔接3MS风速气象计量检定系统。

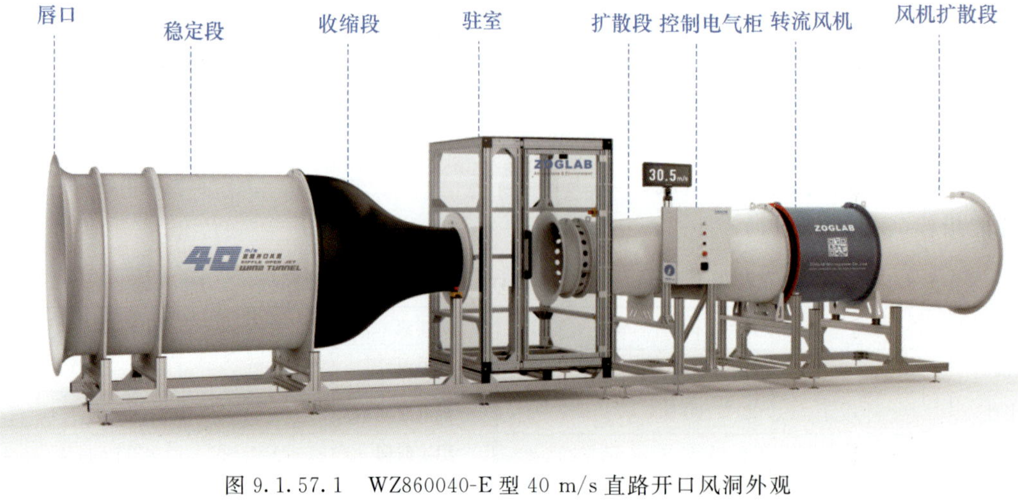

图9.1.57.1 WZ860040-E型40 m/s直路开口风洞外观

(4)性能指标(表 9.1.57.1)

表 9.1.57.1 WZ860040-E 型 40 m/s 直路开口风洞性能指标

要素	主要指标	要素	主要指标
工作段直径	600 mm	流速稳定性	<0.5%
工作段长度	1000 mm	流速均匀性	<1%
收缩比	1 : 6	气流偏角	≤1°
风速范围	0.3～40 m/s	风机输出功率	15 kW
紊流度	<0.8%;<0.1%(中心点);<0.5%(20 m/s 时)	风洞尺寸	10200 mm×2000 mm×2500 mm

(5)业务应用

WZ860040-E 型 40 m/s 直路开口风洞可产生 0.3～40 m/s 的风速环境,配套控制、采集和处理系统,主要用于气象计量部门进行风速传感器计量测试(图 9.1.57.2)。

图 9.1.57.2 WZ860040-E 型 40 m/s 直路开口风洞业务使用场景

9.1.58 WZ860070-E 型 70 m/s 直路开口风洞(杭州佐格)

(1)工作原理

该风洞使用动力装置在一个专门设计的管道内驱动一股可控气流,使其流过安置在实验段的静止模型,模拟实物在静止空气中的运动。测量作用在模型上的空气动力,观测模型表面及周围的流动现象。根据相似理论将实验结果整理成可用于实物的相似准数。直路开口风洞是一款开口试验段直流式低速风洞,它不仅解决了传统低速风洞由于洞体内空气和外界隔离,长时间工作导致内部空气被电机不断加热,影响系统稳定性的问题;也解决了传统风洞试验段闭式设计导致操作空间狭小、被测设备更换不便的问题。相较于专业实验室的同级风洞,大大提高了工作效率,常被广泛应用于风速传感器检定校准实验中。

(2)功能特点

WZ860070-E 型 70 m/s 直路开口风洞是一款开口试验段直流式低速风洞,具备占地面积小、建设费用较低等特点。动力段采用航空机翼翼型设计,高效低噪声。风洞的开口试验段设置了独立的透明驻室,可直观观察被检设备状态,也便于后续扩展其他延伸功能模块需求。风洞采用模块化设计,将大型装置截分为多个模块,便于运输及安装,也便于后期维护检修工作。

(3)组成结构

WZ860070-E 型 70 m/s 直路开口风洞(图 9.1.58.1)整体结构采用了流线型设计,主体由进口段、稳定段、收缩段、实验段、动力段、扩散段、出口段等组成,进口形状为圆形,检测区域采用了走入式全透明驻室，可容纳较大型传感器检定，也为其他辅助装置装载提供空间。风洞配置了独立控制系统，可无缝衔接3MS风速气象计量检定系统。

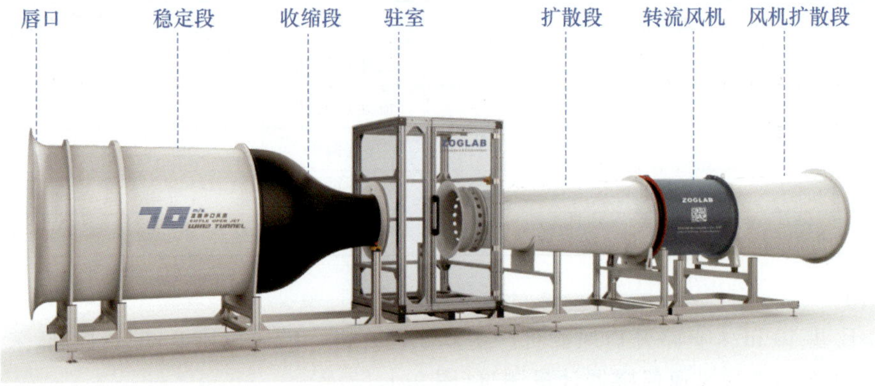

图 9.1.58.1　WZ860070-E 型 70 m/s 直路开口风洞外观

（4）性能指标（表 9.1.58.1）

表 9.1.58.1　WZ860070-E 型 70 m/s 直路开口风洞性能指标

要素	主要指标	要素	主要指标
工作段直径	600 mm	流速稳定性	<0.5%
工作段长度	1000 mm	流速均匀性	<1%
收缩比	1∶6	气流偏角	≤1°
风速范围	0.5～70 m/s	电源	AC 380 V,50 Hz
紊流度	<0.8%;<0.1%(中心点);<0.5%(20 m/s时)	风机输出功率	90 kW

（5）业务应用

WZ860070-E 型 70 m/s 直路开口风洞可产生 0.5～70 m/s 的风速环境，配套控制、采集和处理系统，主要用于气象计量部门进行风速传感器计量测试（图 9.1.58.2）。

图 9.1.58.2　WZ860070-E 型 70 m/s 直路开口风洞业务使用场景

9.1.59　XDY-05 型数字气压仪（太原太航压力）

（1）工作原理

数字气压仪内置高精度硅谐振压力传感器，采用微电子（MEMS）加工技术在一个单晶硅芯片表面的中心和边缘制作两个形状、尺寸、材质完全一致的 H 形状的谐振梁，谐振梁在自激振荡回路中做高频振荡。单晶硅片的上下表面受到的压力不等时，将产生形变，导致中心谐振梁因压缩力而频率减小，边缘谐振因受拉伸力而频率增加。两频率之差信号直接送到 CPU 进行数据处理，然后经 D/A 转换成 4～20 mA输出信号。

(2)功能特点

自动测量显示场面气压(QFE)及修正海平面气压(QNH)；实时显示当时、当地大气压力值曲线；自动测量本站大气压力值以及高度值的功能；自动压力单位换算 hPa、kPa、mbar、inHg、mmHg；气压传感器在线修正；QFE\QNH 数据存储及历史数据的浏览功能；标准 RS-232 通信接口，可进行实时数据通信；密码设置。

(3)组成结构

该数字气压仪(图 9.1.59.1)主要由高精度压力传感器、充电电池以及主机电路、通信电路和软件组成。

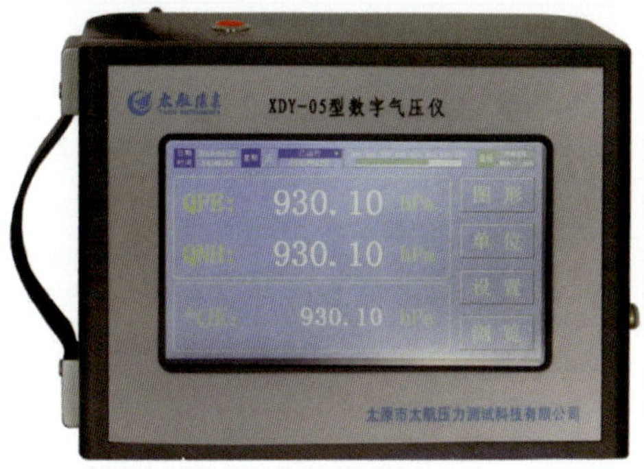

图 9.1.59.1　XDY-05 型数字气压仪外观

(4)性能指标(表 9.1.59.1)

表 9.1.59.1　XDY-05 型数字气压仪性能指标

要素	主要指标	要素	主要指标
测量范围	400～1100 hPa	通信模式	RS-232
准确度等级	0.01 级(±0.1 hPa)；0.02 级(±0.2 hPa)	电源	AC 220±22 V，2 A；内置充电电池
工作温度	−10～40 ℃		

(5)业务应用

XDY-05 型数字气压仪主要用作气象部门观测大气压力值的测量仪器，也可作为机场观测场面气压的测量仪器。

9.1.60　YKQ-20-B 型便携式自动标准压力发生器(太原太航压力)

(1)工作原理

便携式自动标准压力发生器(全自动压力控制器)是通过软件发出指令给控制电路使电磁阀开启和关闭，从而使系统内的压力值发生变化。仪器采用密封仪器箱，内置微型气泵和充电电池，具有体积小、外出携带方便等优点。由于其准确度等级高，操作简单方便，被作为计量工作标准器广泛地应用在现场检定工作中。

(2)功能特点

符合《自动标准压力发生器检定规程》(JJG 1107—2015)；内置自动检定程序；可调用内置程序直接对维萨拉公司 PTB220、PTB330 等型号的气压传感器进行检定；仪器可以存储检定数据并通过 USB 连接上位机完成检定数据的传输；可实现检定数据查询、存储；带网口可与上位机进行数据传输；军用机箱可防水和雨淋。

(3)组成结构

该压力发生器(图 9.1.60.1)主要由高精度压力传感器、电磁阀组件、压力-真空泵、充电电池以及主机电路、控制电路、通信电路和软件组成。

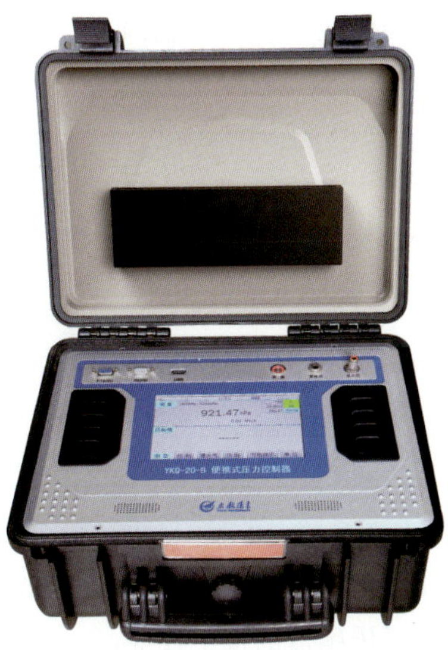

图 9.1.60.1　YKQ-20-B 型便携式自动标准压力发生器外观

（4）性能指标（表 9.1.60.1）

表 9.1.60.1 YKQ-20-B 型便携式自动标准压力发生器性能指标

要素	主要指标	要素	主要指标
测量范围	300～1200 hPa	压力单位	多种单位转换
准确度等级	0.01 级（±0.1 hPa）	测压模式	绝对压力
控制稳定性	±0.002%	控制方式	自动控制
电压测量	测量范围：−30～30 V；环境温度：20±5 ℃； 最大允许误差：±0.01%RDG+1.5 mV	控制方法	单点控制、步距控制和多循环控制
电流测量	测量范围：−30～30 mA；环境温度：20±5 ℃ 最大允许误差：±0.01%RDG+1.5 μA	通信模式	RS-232；USB；网口
工作温度	0～40 ℃	电源	内置充电电池

（5）业务应用

该自动标准压力发生器主要应用于气象计量部门，用作便携式压力控制器对气压传感器进行检定校准。

9.1.61 YKQ-20E 型自动标准压力发生器（太原太航压力）

（1）工作原理

自动标准压力发生器（全自动压力控制器）是通过软件发出指令给控制电路使电磁阀开启和关闭，从而使系统内的压力值发生变化。仪器内置气源开机即可使用。由于其准确度等级高，操作简单、方便，被作为计量工作标准器广泛地应用在压力计量的日常检定工作中。

（2）功能特点

符合《自动标准压力发生器检定规程》（JJG 1107—2015）；内置自动检定程序；可与维萨拉公司 PTB220、PTB330 等型号的气压传感器进行数据通信；仪器可以存储检定数据并通过 USB、网口与上位机连接完成检定数据的传输；可实现检定数据查询、存储；仪器内置微型气泵；一次能够携带 10 台以上的被检仪器。

（3）组成结构

自动标准压力发生器主要由高精度压力传感器、电磁阀组件、压力-真空泵以及主机电路、控制电路、通信电路和软件组成。

（4）性能指标（表 9.1.61.1）

表 9.1.61.1 YKQ-20E 型自动标准压力发生器性能指标

要素	主要指标	要素	主要指标
测量范围	300～1200 hPa	控制方法	单点控制、步距控制和多循环控制
准确度等级	0.01 级（±0.01%）；0.02 级（±0.02%）	带载能力	≥1 L
控制稳定性	±0.002%	检定方式	自动
工作介质	气体	通信模式	RS-232；USB；网口
测压模式	绝对压力	操控模式	本机触摸，上位机
控压方式	自动		

（5）业务应用

YKQ-20E 型自动标准压力发生器主要应用于气象计量部门的气压实验室，用作实验室压力控制器开展对气压传感器的检定校准。

9.1.62 辐射传感器检定测试实验室（航天新气象）

（1）工作原理

辐射传感器检定测试实验室（图 9.1.62.1）由室内检定实验室和室外检定平台两部分组成。

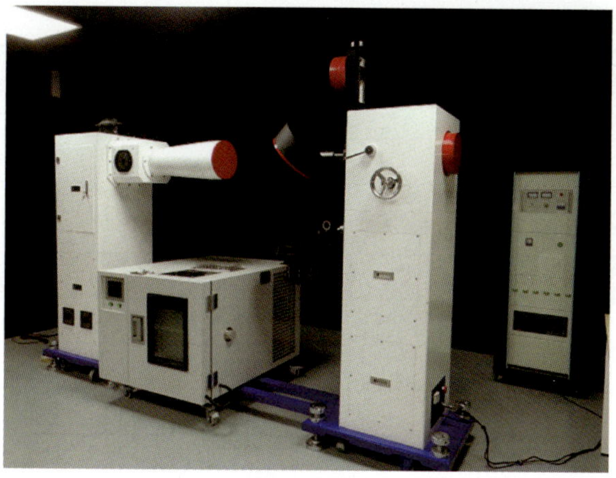

图 9.1.62.1　辐射传感器检定测试实验室外观

室内检定的原理是采用太阳模拟器技术，模拟室外真实太阳光束的辐照度、光谱特性、准直特性以及太阳在天空中的方位关系，利用辐射标准表以及数据采集系统来测量被检辐射表的响应时间、非线性、方向性响应、倾斜响应等，配合辐射高低温试验箱还可以完成温度响应和零点偏移的测试。

室外检定的原理是在室外符合条件的场地和天气条件中，将被检辐射表和标准辐射表在相同天气条件下、同时间进行比对。其中标准辐射表溯源至我国国家太阳辐射标准，并最终溯源至国际辐射基准，通过与标准辐射表的比对实现了被检辐射表灵敏度的校准，从而达到辐射量值传递的统一。

(2)功能特点

实验室通过自动化控制技术，实现了集设备控制、自动测试、数据采集、数据处理、报告打印等功能于一体，具有高度的集成化、强大的自动化功能，满足直接辐射表、总辐射表的检定需求，并可扩展长波辐射表的校准。

其突出特点是检定环境可控、辐照度可控、光谱特性接近室外真实太阳光谱，测量的重复性、稳定性以及可靠性能达到最佳状态。气象太阳模拟器将模拟太阳光源、转动机构、数据采集、质控、运算等功能高度集成化，既可模拟太阳光的辐照度，也可以模拟太阳在天空的方位，实现了在一台检定设备上对直接辐射表和总辐射表的所有性能进行准确测量。

(3)组成结构

室内检定实验室主要由辐射表检定设备、环境温湿度监控模块、多通道数据采集器、辐射标准器、被检辐射表、辐射传感器自动化检定测试软件以及终端电脑组成，整体是由光学暗室和新风系统组成的洁净的暗室环境。

室外检定实验室主要由室外检定平台、辐射标准器、多串口服务器、多通道辐射数据采集系统、供电系统以及计算机等部分组成。其中，室外检定平台分为全自动太阳跟踪器平台和水平校准平台两部分。

(4)性能指标(表 9.1.62.1～表 9.1.62.4)

表 9.1.62.1　实验室性能指标

要素	主要指标	要素	主要指标
尺寸(长×宽×高)	不小于 5 m×4 m×2.8 m	环境	光学暗室
供电	220 V、380 V	温湿度	20±5 ℃，0～80%RH

表 9.1.62.2　气象太阳模拟器性能指标

要素	主要指标	要素	主要指标
光斑直径	≥100 mm	辐照度	100～1100 W/m^2(连续可调)
光束均匀性	±1%(≤Ø60 mm)；±2%(Ø60 mm～Ø100 mm)	光束准直性	优于±1.5°
辐照不稳定度	±1%/h	光谱辐照度分布	A 级(AM1.5)

表 9.1.62.3　辐射高低温试验箱性能指标

要素	主要指标	要素	主要指标
温度范围	−30～60 ℃	温度均匀度	±0.5 ℃
温度波动度	±0.5 ℃		

表 9.1.62.4　低温黑体性能指标

要素	主要指标	要素	主要指标
有效辐照面范围	Ø120 mm	辐照度范围	0～250 W/m²（室温下）
辐照不稳定度	±0.5%/h	黑体发射率	≥0.996
可调距行程	>100 mm		

（5）业务应用

该实验室可用于气象辐射传感器的自动化检定业务以及科学实验研究，实现了气象辐射量值的统一，适合各级气象辐射计量、检定实验室以及开展气象辐射传感器研究的专业实验室使用。

9.1.63　日照传感器检定测试实验室（航天新气象）

（1）工作原理

日照传感器检定测试实验室完全模拟日照传感器室外运行时的辐射状态：检定测试装置以太阳模拟器发出的光线模拟太阳直接辐射；以散射光源在积分球壁上形成的均匀的漫射光来模拟天空散射辐射；以角度模拟器模拟赤纬角和时角变化，从而实现日照传感器室外运行环境的完全模拟，为日照传感器的计量溯源、测量规范化、性能一致性及测量数据的可靠性提供基本保证。

（2）功能特点

日照传感器检定测试实验室（图 9.1.63.1）可在室内产生一个稳定可控的模拟天穹照明环境，仅打开直接辐射光源即可实现总辐射传感器的计量测试，直接辐射光源与散射辐射光源均打开可实现日照传感器的计量测试。

图 9.1.63.1　日照传感器检定测试实验室外观

实验室完全依托《光电式日照传感器》（GB/T 33702—2017）国家标准及校准规范建设，并完美兼容了室外校准平台和室内校准实验室，量值溯源体系完整可靠。实验室全自动化的设计方案以及专业的计量设备，实现了一键式测试。

(3)组成结构

日照传感器校准实验室由室内校准实验室和室外校准平台组成。其中室内校准实验室主要由天穹模拟器、太阳模拟器、角度模拟器、辐照监测系统、数据采集系统、稳压供电系统、计算机控制系统组成。

(4)性能指标(表 9.1.63.1～表 9.1.63.5)

表 9.1.63.1 实验室性能指标

要素	主要指标	要素	主要指标
尺寸(长×宽×高)	不小于 6 m×4 m×2.7 m	环境	光学暗室
供电	不小于 5000 W@ 220 V	温湿度	20±5 ℃,0～80%RH

表 9.1.63.2 太阳模拟器性能指标

要素	主要指标	要素	主要指标
光斑直径	≥150 mm	辐照度	50～300 W/m^2(连续可调)
光束均匀性	±3%(≤Ø150 mm)	光束准直性	优于±2°
辐照不稳定度	±1%/h	光谱辐照度分布	A 级(AM1.5)

表 9.1.63.3 大型积分球性能指标

要素	主要指标	要素	主要指标
直径	≥2 m	辐照度均匀性	±8%(时角−180°～180°)
漫反射涂层反射率	≥97%	辐照不稳定度	±1%/h
辐照度调节范围	≥20 W/m^2		

表 9.1.63.4 电动旋转台性能指标

要素	主要指标	要素	主要指标
转动范围	−180°～180°(绕传感器轴心)	中心承重	50 kg
台面直径	≥200 mm	转动精度	±0.1°

表 9.1.63.5 电动角位台性能指标

要素	主要指标	要素	主要指标
转动范围	−25°～25°(绕传感器 D1 光电感应组件)	中心承重	120 kg
弧形导轨直径	≥800 mm	转动精度	±0.1°

(5)业务应用

该实验室具备对总辐射表的响应时间、方向性响应、灵敏度、年稳定性等指标的计量测试能力,具备对日照传感器阈值误差及阈值方向性响应的计量测试能力,可为气象观测、气候变化研究、现代化农业建设以及清洁能源开发提供统一、准确的基础数据。

9.1.64 总辐射表室内校准装置(航天新气象)

(1)工作原理

总辐射表室内校准装置利用氙灯光源、激励系统和整形积分球等模拟稳定可调的太阳辐照度,为待测总辐射表和标准总辐射表提供测试环境,通过传感器测试机构和采集控制系统实现待测总辐射表和标准总辐射表数据采集,通过上位机软件实现可视化操作、数据处理、统计管理、证书生成和打印功能,实现模拟输出型总辐射表灵敏度和数字输出型总辐射表修正系数测试。

（2）功能特点

总辐射表室内校准装置（图 9.1.64.1）相较于国际上窄角光束法和多光源半球积分球法校准装置具有无色散、高稳定、小型化、质量轻和节能环保等特点，其改变了长期以来总辐射表只能在室外利用太阳作为光源的校准模式，一方面解决了总辐射表室外校准对晴朗天气的依赖，提高了工作效率；另一方面降低了室外环境对校准数据的影响，提高了校准结果的复现性。

图 9.1.64.1　总辐射表室内校准装置外观

（3）组成结构

总辐射表室内校准装置主要由氙灯光源、激励系统、整形积分球、传感器测试机构、采集控制系统以及附属装置构成，可实现总辐射表灵敏度、修正系数和非线性等参数的自动测试。整个系统采用符合人体工程力学设计，配置安静化电源、通风装置和安全设备，具有自动化、小型化和节能环保等优点。

（4）性能指标（表 9.1.64.1）

表 9.1.64.1　实验室性能指标

要素	主要指标	要素	主要指标
积分球尺寸	400 mm×300 mm，椭球形	光谱匹配	国际 A 级 AM1.5 太阳光谱匹配（300～2500 nm）
积分球涂层	Spectraflect	辐照不稳定度	±1%/2 h
积分球框架	铝合金框架	辐照不均匀度	5‰
输入口	1 个	装置辐照度	10～1050 W/m^2
输出口	2 个	标准器	数字输出型二等标准总辐射表
光源	氙灯	工作温度	−40～60 ℃
电源	集成式电源	工作湿度	0～100%RH

（5）业务应用

总辐射表室内校准装置是为拓展总辐射表校准手段研制的气象计量专用设备，具有体积小、易于安装、操作简便等特点，可有效应用于省级总辐射表校准或测试业务中。该校准装置可兼顾总辐射表室内校准和室外校准使用，有效降低总辐射表校准对晴朗天气的依赖性。

9.1.65　ConST288 高精度数字大气压计（北京康斯特）

（1）工作原理

ConST288 高精度数字大气压计（图 9.1.65.1）是新一代智能大气压计量产品，它采用性能优异的硅谐振传感器，被测压力经传压介质作用于压力传感器上，压力传感器输出相应的频率信号，由信号处理单元处理后在显示器上直接显示压力值，是气象行业理想的计量标准器。

图 9.1.65.1　ConST288 高精度数字大气压计外观

（2）功能特点

采用 10.1 英寸 TFT 彩色一体式电容触摸屏，大幅提高了用户交互水平，它内置了压力测量最相关的应用，最大程度地提高了用户的工作效率。它支持机架安装，也可选配大容量锂电池供电，既适合实验室工作，又可方便地携带到现场使用。同时它可增选配置 1 路内置高精度数字压力模块，并支持外接 3 个高精度数字压力模块，实现最多5路压力连接。3个外接模块接口同时可自适应连接温湿度传感器，实现压力、温度、湿度全记录，进一步提升了应用场景。

(3)组成结构

ConST288高精度数字大气压计由主机和传感器测量模块组成，主机与外部可以通过以太网通信，支持通过USB连接U盘和扩展串口、WiFi等其他通信方式，支持HDMI显示接口；主界面支持最大、最小、平均值、压力变化率、过压提醒等二级参数显示，可选配大容量充电电池，电池可外部独立充电。

(4)性能指标(表9.1.65.1)

表9.1.65.1 ConST288高精度数字大气压计性能指标

要素	主要指标	要素	主要指标
测量范围	100～1100 hPa	储存环境	−20～70 ℃,0～95%RH
测量准确度	0.01%FS	供电要求	AC 100～240 V,0.5 A,50/60 Hz
分辨力	0.001 hPa	电池续航	锂电池，连续工作12 h
年稳定度	0.005%FS	通信接口	RS-232,USB,WiFi
校准周期	一年	质量	4.8 kg(不含外部压力模块和电池)
显示屏	10.1英寸，TFT显示屏	温湿度传感器	±1.5%RH,±0.15 K@10～30 ℃, 湿度范围:5%RH～95%RH
工作环境	0～50 ℃,0～90%RH(无冷凝)		

(5)业务应用

ConST288高精度数字大气压计可广泛应用于气象试验站、计量实验室、机场、航空等领域，可以作为标准器对气象站的变送器进行检定校准。

9.1.66 ConST603智能参考温湿度计(北京康斯特)

(1)工作原理

ConST603智能参考温湿度计(图9.1.66.1)采用精密电压测量技术，通过给铂电阻传感器施加不大于1 mA的恒流电流，使铂电阻两端产生电压。由模拟测量电路采集电压信号，经AD转换芯片将铂电阻的电压转换成数字信号，通过标准公式，经计算后可得到铂电阻值对应的温度值；湿度测量为数字信号输出，可以直接进行显示。

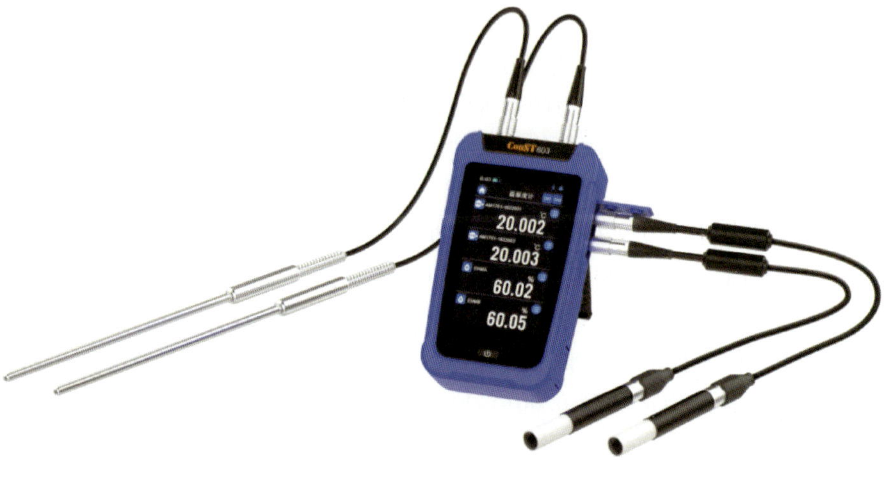

图9.1.66.1 ConST603智能参考温湿度计外观

(2)功能特点

可连接热电阻探头、数字湿度探头。具有参考级测温仪准确度，可以接入标准热电阻、精密热电阻对温度进行测量，可以实现高精度湿度测量，湿度级别达到一级计量标准，还可以作为环境参数测试仪使用，监测环境温度、湿度和大气压的变化。

(3)组成结构

ConST603 智能参考温湿度计由主机和测量传感器模块组成，测量传感器包含铂电阻传感器和数字湿度传感器，主机与外部可以通过 USB 连接 U 盘和扩展串口、WiFi 等方式通信，主界面支持最大、最小、平均值、温度变化率等二级参数显示。

(4)性能指标(表 9.1.66.1)

表 9.1.66.1　ConST603 智能参考温湿度计性能指标

要素	主要指标	要素	主要指标
温度测量	−196～100 ℃	CE 认证	TUV IEC61326、IEC61010
分辨力	0.001 ℃		
显示	5.0 英寸 480×800 TFT 液晶电容屏	防护等级	IP67，1 m 跌落测试
尺寸	177 mm×105 mm×52 mm		
质量	0.87 kg	通信	隔离 USB-TYPEC(从机)，蓝牙 BLE
电源	6600 mAh 锂电池，充电时间 4～6 h，电池可独立充电，典型工作时间 16 h		
环境条件	保证技术指标的温度范围：10～30 ℃；工作温度范围：−10～50 ℃；储存温度范围：−30～70 ℃；环境湿度：0～95%RH，非凝露；最大海拔：3000 m	数字湿度探头测量	5 芯智能航插接口，可连接罗卓尼克；HC2A-S 湿度传感器；10%RH～90%RH：±1%RH@10～30 ℃，±2%RH@−10～50 ℃；分辨力：0.1%RH；支持相对湿度、测点温度和露点温度同时显示

(5)业务应用

ConST603 智能参考温湿度计支持温度和湿度的双通道测量与记录，支持曲线显示、无线通信，可用于温湿度的精密测量，也可用于恒温槽温场测试。产品可广泛用于气象站计量校准和现场测量场合，也可以作为环境监测使用。

9.1.67　ConST8001 气象压力仪表检定系统(北京康斯特)

(1)工作原理

ConST8001 气象压力仪表检定系统以纯净干燥空气为工作介质，基于先进的电子控制技术、高精密的机械设计与加工技术，集成了嵌入式和外部独立操作软件程序，利用高精度的压力传感器感受压力来控制活塞驱动气体；反馈到控制端实现压力的高速、高精密输出，通过专用工装接口传递到被校大气压力传感器及被检设备，传感器的电信号或数字信号通过数据采集单元自动采集响应数据，发送到计算机，通过专用软件进行自动记录、计算、存储、判断被检仪器是否准确，根据指令打印原始记录或检定证书。实现校验 100～1100 hPa 范围内气象压力仪表全过程的自动化、信息化与智能化；避免人为操作可能引入的误差，减小操作人员的工作量，提高工作效率和设备的使用效率，该装置是当今世界最为先进的校准仪器。

(2)功能特点

ConST8001 气象压力仪表检定系统准、快、稳；从压力发生到压力点稳定小于 15 s；可以实现多点自动阶跃或自定义；整套系统的稳定度达到 0.003%FS，完全实现了智能化；使用 Acal-600 检定软件，人员只需将被测仪表与设备连接，即可完成整个过程的自动化测试或检定，并一次性可校验多个传感器或变送器，解决了在工作过程中烦琐的填写、记录、计算和出报告等问题，极大提高了工作效率。支持 Hart、Profibus PA 总线通信。

(3)组成结构

整套系统由 ConST822 智能压力控制器(气象版)、ConST171 气压发生装置、上位机软件 ACal-600、计算机、压力控制柜、工作台及专用工装等辅助性附件组成(图 9.1.67.1)。

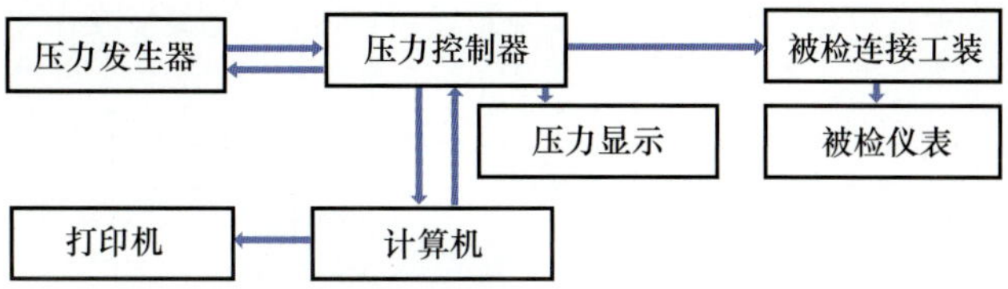

图 9.1.67.1　ConST8001 气象压力仪表检定系统结构

(4)性能指标(表 9.1.67.1)

表 9.1.67.1　ConST8001 气象压力仪表检定系统性能指标

项目	主要指标	项目	主要指标
测量压力范围	0～1100 hPa,0.01%FS	采集压力点	自定义
压力发生范围	100～1100 hPa	软件依据标准	《数字式气压计检定规程》(JJG 1084—2013)
控制稳定度	0.003%FS	通信	支持 WiFi、LAN、USB、RS-232 多种通信方式
同时测量通道数	10 路	电压测量	−300～300 mV,±(0.01%RDG+15 μV)
被测设备供电	DC 0～12～24 V	电流测量	−30～30 mA,±(0.01%RDG+1.5 μA)
采集数据循环次数	自定义		

(5)业务应用

该气象压力仪表检定系统广泛应用各级气象计量部门、计量检测部门、第三方校准机构针对大气压模拟、数字式压力传感器、变送器、气压计的检测及各类绝压仪表生产型企业的产品出厂检验(图 9.1.67.2)。

图 9.1.67.2　ConST8001 气象压力仪表检定系统业务应用

9.1.68　ConST685 智能多通道超级测温仪(北京康斯特)

(1)工作原理

ConST685 智能多通道超级测温仪(图 9.1.68.1)利用测温电桥电路测量温度传感器电阻值,再根据内置的热电阻库,自动换算成温度值。可接一等、二等标准热电阻、工业热电阻,最大支持 82 路等二线制温度传感器或 42 路三、四线制温度传感器,测温准确度最高可达 0.07 mK。

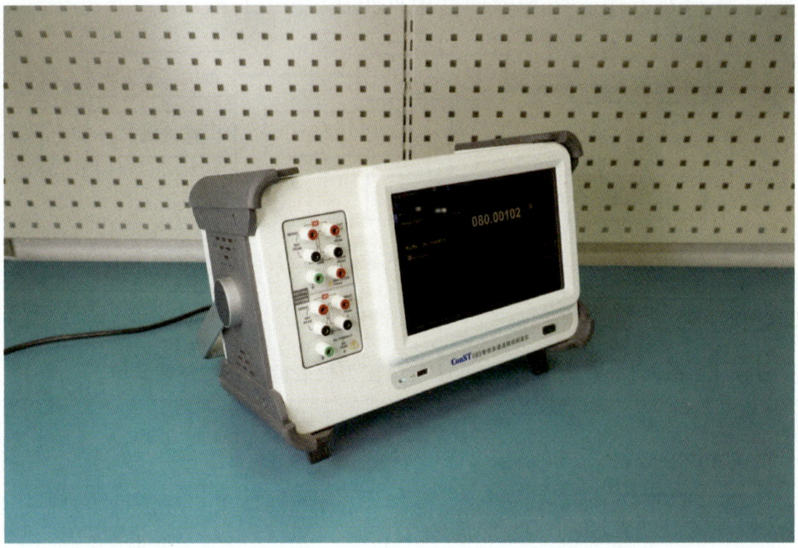

图 9.1.68.1　ConST685 智能多通道超级测温仪外观

（2）功能特点

ConST685 智能多通道超级测温仪将高精度电测技术、智能交互技术、行业深度需求高度整合，全面解决了现场温湿度场测试与记录，实验室温度传感器校准和检定，具有 8 位半温度高精度测量，多路测量及数据自动存储；无线通信，支持手机远程操作；创新设计接线探头，适合各种接线头接入，可以测量热电阻、热电偶、热敏电阻、温度变送器、温度开关、湿度传感器、压力传感器、直流电压、直流电流和直流电阻等信号。

（3）组成结构

ConST685 智能多通道超级测温仪（图 9.1.68.2）由主机 2 个前面板测量通道、10.1 英寸触控彩屏、通信模块（LAN 接口、USB 接口、WiFi 接口）、ConST685-01 多通道温度信号扫描装置、ConST685-02 多通道过程信号扫描装置、ConST685-03 远端智能接线装置、ConST685-25R/100R 标准电阻组成。

图 9.1.68.2　ConST685 智能多通道超级测温仪构造及连接

（4）性能指标（表 9.1.68.1）

表 9.1.68.1　ConST685 智能多通道超级测温仪性能指标

要素	主要指标
支持传感器类型	热电阻、热电偶、热敏电阻、温度变送器、温度开关、湿度传感器等
温度测量精度	满 8 位 热电阻测量准确度：30 ppm 或 0.7 mΩ，0 ℃时可达 3.8 mK； 热电偶测量准确度：36 ppm+9 ppm； 支持恒流换向正反测量，支持电信号和温度同时显示

续表

要素	主要指标
扫描速度	快速:10 通道/s;中速:1 通道/s;慢速:1 通道/4 s
数据存储	10 G 容量,每条数据均带有时间标记
显示单位	℃、℉、K、Ω
电阻测量范围	0～4000 Ω

(5)业务应用

在气象行业中,ConST685 可以用于测试环境试验箱、温湿度检定箱,还可以批量检定校准铂电阻温度计(图 9.1.68.3)。

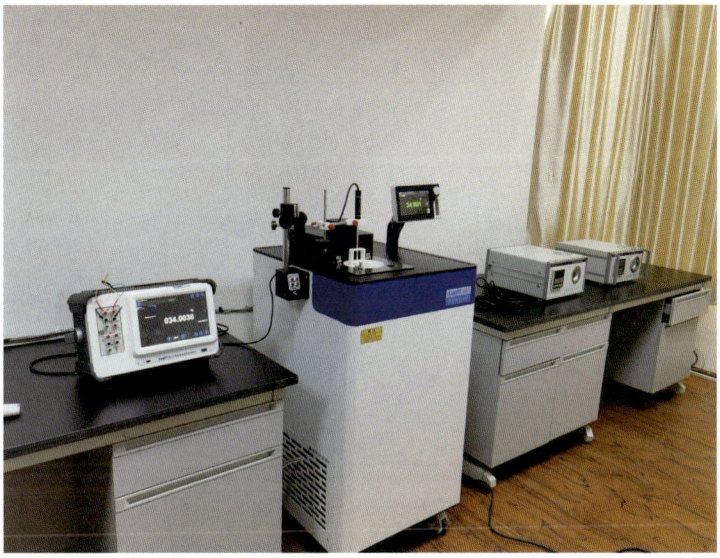

图 9.1.68.3 ConST685 智能多通道超级测温仪业务使用场景

9.1.69 ConST602 智能参考测温仪(北京康斯特)

(1)工作原理

ConST602 智能参考测温仪(图 9.1.69.1)采用内置电桥技术,通过给铂电阻传感器施加不大于 1 mA 的激励电流,使铂电阻两端产生电压。由 AD 转换芯片将铂电阻的电压转换成数字信号,计算后即可测量得到铂电阻的电阻值。通过内置的 ITS90 公式可得出铂电阻阻值对应的温度值。

(2)功能特点

ConST602 智能参考测温仪支持温度的双通道测量与记录,支持曲线显示、无线通信,可用于恒温槽温场测试,也可用于热电偶炉、干体炉温场测试,还可用于温度的精密测量。产品可广泛用于计量校准、科学实验、工业现场等领域。

功能特点主要包括:标准水银温度计的理想替代;双通道高精度测量;智能探头连接方便,即插即用;丰富的温度传感器库;1 mK 温度分辨力,0.1 mΩ/0.1 μV 电测分辨力,满足各类温源温场测试要求;强大的数据记录功能,支持多参数记录、支持趋势和局部曲线显示;坚固耐用外壳,使之成为一台理想的现场使用的校准

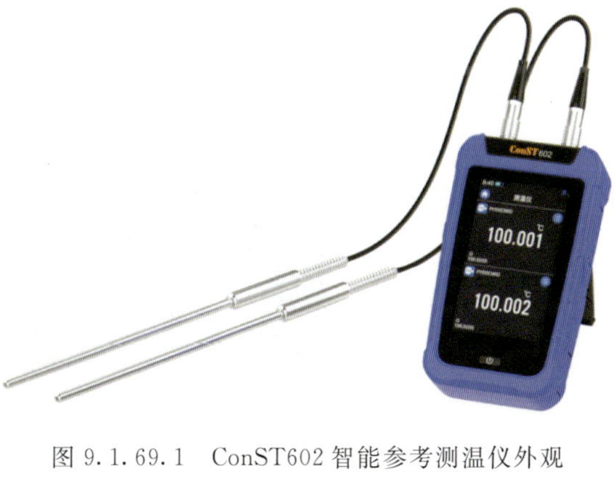

图 9.1.69.1 ConST602 智能参考测温仪外观

设备。

（3）组成结构

ConST602智能参考测温仪由主机和传感器测量模块组成，测量传感器为精密铂电阻或二等标准铂电阻温度计，主机与外部可以通过USB连接U盘和扩展串口、WiFi等方式通信，主界面支持最大、最小、平均值、温度变化率等二级参数显示。

（4）性能指标（表9.1.69.1）

表 9.1.69.1 ConST602 智能参考测温仪性能指标

<table>
<tr><th>要素</th><th>主要指标</th><th>要素</th><th>主要指标</th></tr>
<tr><td>通道</td><td>双通道</td><td rowspan="3">测量速率</td><td rowspan="3">CH1、CH2模拟通道交替循环测量；
热电阻测量速率：1.6 S/次；
热电偶测量速率：0.8 S/次</td></tr>
<tr><td>显示</td><td>5.0英寸480×800 TFT液晶电容屏</td></tr>
<tr><td>尺寸</td><td>177 mm×105 mm×52 mm</td></tr>
<tr><td>质量</td><td>0.87 kg</td><td rowspan="4">热电阻测量</td><td rowspan="4">6芯智能航插接口，可连接智能标准铂电阻温度传感器，即插即用；
0～400 Ω：±0.5 mΩ@(0～20 Ω)、
±25 ppm@(20～400 Ω)；
分辨力：0.1 mΩ；
四线测量，正反恒流换向，激励电流：1 mA；
温度系数：±2 ppmFS/℃(−10～10 ℃，30～50 ℃)；
测温范围：−200～850 ℃，最高温度分辨力：0.001 ℃</td></tr>
<tr><td>按键</td><td>1个电源键</td></tr>
<tr><td>电源</td><td>6600 mAh锂电池，充电时间4～6 h，
电池可独立充电，典型工作时间16 h</td></tr>
<tr><td>环境条件</td><td>保证技术指标的温度范围：10～30 ℃；
工作温度范围：−10～50 ℃；
储存温度范围：−30～70 ℃；
环境湿度：0～95%RH，非凝露；
最大海拔：3000 m</td></tr>
<tr><td>预热时间</td><td>开机10 min后，达到技术指标</td><td rowspan="6">热电偶测量</td><td rowspan="6">MINI-TC接口，可连接各类标准热电偶和工业热电偶；
−10～75 mV：50 ppmRDG+2 μV，分辨力：±0.1 μV；
温度系数：±5 ppmFS/℃(−10～10 ℃，30～50 ℃)；
测温范围：−270～1800 ℃，
最高温度分辨力：0.001 ℃；
冷端补偿方式：键入固定值、内部自动补偿和远端补偿；
内冷端CJC(冷端补偿器)：±0.15 ℃
(−10～50 ℃保证指标)</td></tr>
<tr><td>CE认证</td><td>TUV IEC61326、IEC61010</td></tr>
<tr><td>Rohs合规</td><td>Rohs II Directive 2011/65/EU，EN50581：2012</td></tr>
<tr><td>防护等级</td><td>IP67，1 m跌落测试</td></tr>
<tr><td>通信</td><td>隔离USB-TYPEC(从机)、蓝牙BLE</td></tr>
<tr><td>输入通道</td><td>壳体顶部CH1、CH2模拟通道，
6芯智能航插接口和MINI-TC接口</td></tr>
</table>

（5）业务应用

该测温仪可达到7位半的精度，满足精密测量需要，产品可广泛应用于气象计量、计量校准、科学实验、工业现场等领域（图9.1.69.2）。

图 9.1.69.2 ConST602 智能参考测温仪应用场景

9.1.70 ConST811A 智能全自动压力校验仪(北京康斯特)

(1)工作原理

ConST811A 智能全自动压力校验仪(图 9.1.70.1)是利用标准的压力测量模块作为采集与控制,根据被检对象,对仪器进行预先程序设定,仪器自动完成压力发生、控制、输出及电信号的检测,最后将检测数据进行记录、判定、存储,完成对压力(气象仪表)检测的标准设备。

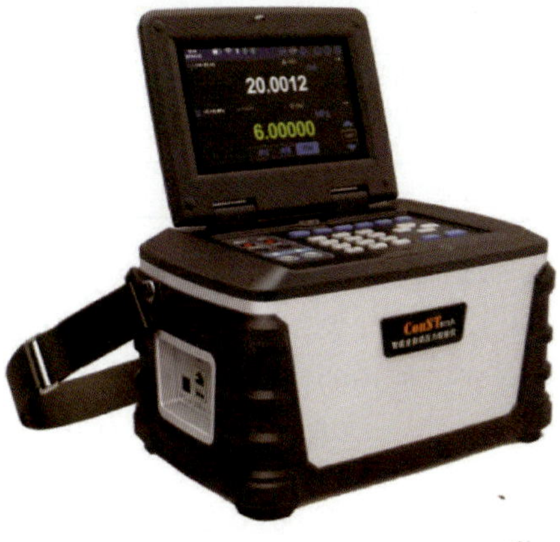

图 9.1.70.1 ConST811A 智能全自动压力校验仪外观

(2)功能特点

实现气压自动发生、气压测量,采用全智能控制,同时具有电压、电流信号测量、HART 通信等,内置帮助菜单,可快速上手;自动阶跃功能,可一键升、减压,快速方便。支持被校仪表信息管理、校准过程参数设定、校准过程自动执行、数据自动分析、超差点自动标记、校准结果快速存储;结合配套软件使用,可下载任务、上传数据,使现场与实验室数据同步。

(3)组成结构

ConST811A 智能全自动压力校验仪(图 9.1.70.2)采用一体式设计,主要由触摸屏、电测面板、压力模块接口、按键模块、参考口、输出口、高压控制模块、低压控制模块、通信接口以及电源模块等构成,具有更宽的控压范围、更高的控制准确度、更多检定对象、更快捷交互、更方便维护等众多鲜明属性。

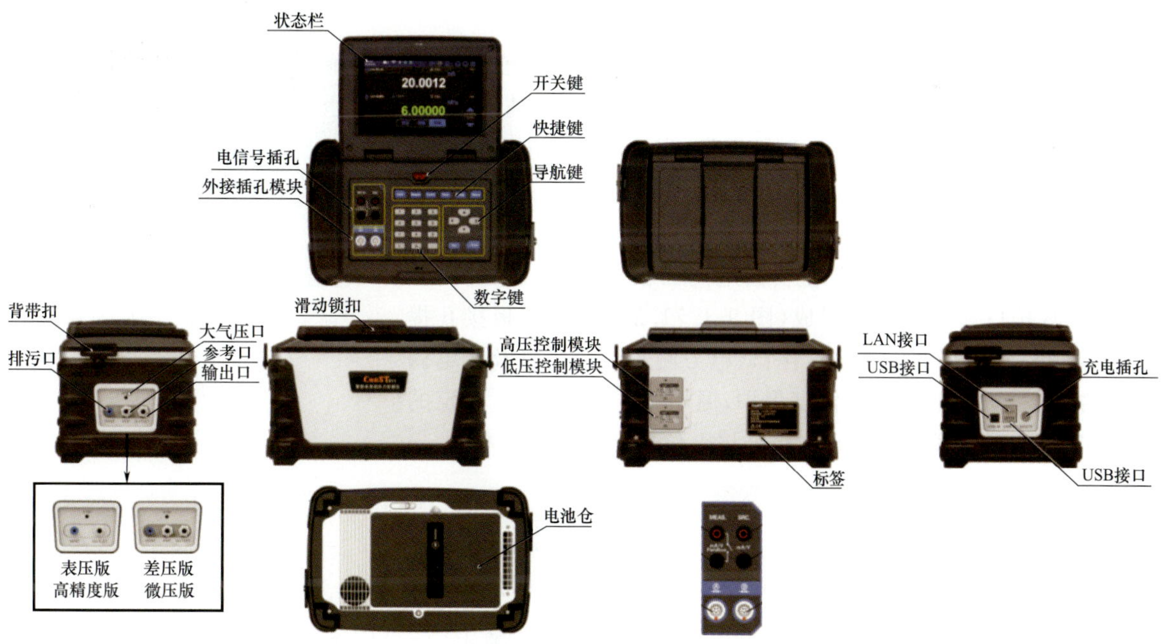

图 9.1.70.2 ConST811A 智能全自动压力校验仪结构

(4)性能指标(表 9.1.70.1)

表 9.1.70.1 ConST811A 智能全自动压力校验仪性能指标

项目	主要指标	项目	主要指标
压力测量范围	100~1200 hPa	V 测量	−5~5 V:20 μV±(0.008%RDG+100 μV); −12~12 V:100 μV±(0.008%RDG+240 μV); −30~30 V:100 μV±(0.008%RDG+600 μV)

续表

项目	主要指标	项目	主要指标
测量准确度	±0.10 hPa	mV 测量	−300～300 mV：1 μV±(0.008%RDG+6 μV)
测量分辨力	0.01 hPa	电流输出	0～2.5 mA：0.05 μA±(0.008%RDG+0.10 μA)； 2.5～25 mA：0.5 μA±(0.008%RDG+1.0 μA)
控制稳定性	≤0.02 hPa		
年稳定性	优于 0.10 hPa	电压输出	0～16 V：250 μV±(0.008%RDG+320 μV)

（5）业务应用

应用于气象领域，可校准测试气压传感器、数字气压计、气象压力变送器等仪表。ConST811A 充分考虑到了现场的使用环境，在便携性、气路保护及仪表接口等方面做了特殊设计，具有一定的防水、防尘等功能，可在各种复杂环境下使用。

9.1.71 ConST670 智能精密干体炉（北京康斯特）

（1）工作原理

ConST670 智能精密干体炉（图 9.1.71.1）通过精密控温来获得均匀温场，将被检温度计感温部分插入到精密干体炉中，只需要简单设定参数即可自动完成各种工业热电阻、低温热电偶、热电阻温度变送器、热电阻温度开关等温度设备的校准工作，数据超差自动计算，可保存至调整前、调整后，支持导出并生成记录和证书，还具有强大的被检仪表管理和历史校准数据查询功能。

图 9.1.71.1 ConST670 智能精密干体炉外观

（2）功能特点

升降温速度更快，室温到 100 ℃仅需 4 min，提供三通道电测：一路标准 RTD 通道、两路被检通道。创新的一指按压接线技术，无需工具可快速完成被检接线；可手机远程操作；支持内控温传感器周期校准和一键自校准功能。

（3）组成结构

ConST670 智能精密干体炉主要由电测面板接孔、控制组件、温场组件、USB 接口和网线接口组成（图 9.1.71.2），电测面板接孔提供电测连线接口，包括智能温度计接口、电力测试线接口以及热电偶接口；控制组件实现温度控制、温度保护；温场组件提供均匀、稳定的环境；USB 接口和网线接口分别用于连接上位机和连接下位机。

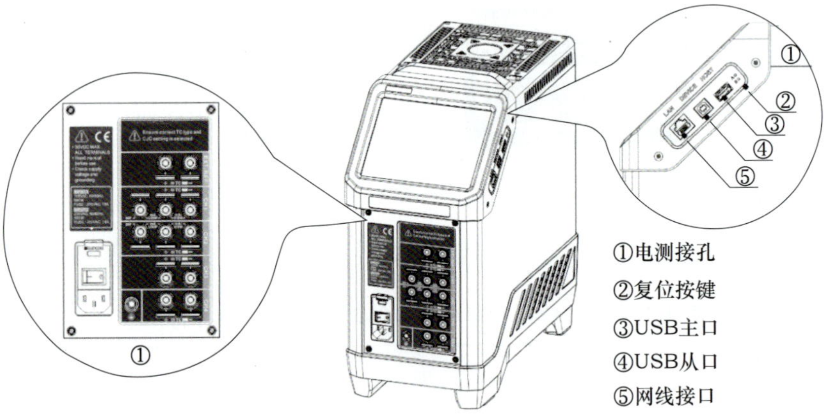

图 9.1.71.2 ConST670 智能精密干体炉结构

(4)性能指标(表 9.1.71.1)

表 9.1.71.1 ConST670 智能精密干体炉性能指标

项目	主要指标	项目	主要指标
温度范围	−40～155 ℃	控温波动度(温度稳定 15 min 之后测试 30 min)	±0.005 ℃
干井直径/井深	32 mm/160 mm	径向均匀性	±0.01 ℃
均热块直径/插孔深度	31.9 mm/155 mm	轴向均匀性(60 mm 内)	±0.035 ℃@−40 ℃; ±0.020 ℃@0 ℃; ±0.050 ℃@160 ℃
内控温准确度	±0.1 ℃	轴向均匀性(80 mm 内)	±0.050 ℃@−40 ℃; ±0.040 ℃@0 ℃; ±0.060 ℃@160 ℃
外控温准确度(ConST 智能二等温度计)	±0.014 ℃@−40 ℃; ±0.014 ℃@0 ℃; ±0.030 ℃@160 ℃		

(5)业务应用

该设备在气象领域主要用于温度传感器、温度计等温度仪表的测试、校准工作。

9.1.72 ConST326 智能过程校验仪(北京康斯特)

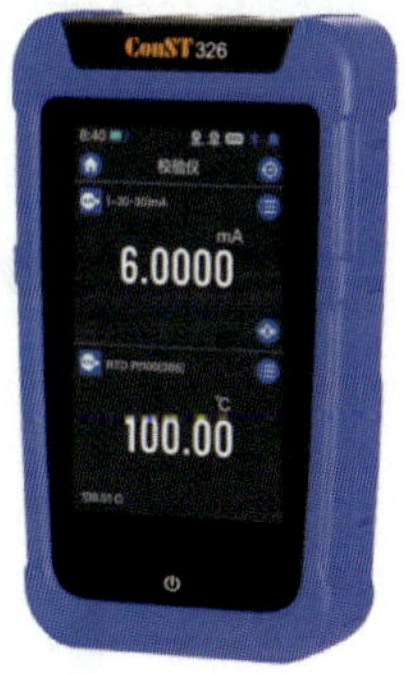

图 9.1.72.1 ConST326 智能过程校验仪外观

(1)工作原理

ConST326 智能过程校验仪(图 9.1.72.1)由精密测量单元及精密输出单元两部分组成,精密测量单元可以测量电压、电流和电阻信号,可以测量铂电阻和温度变送器的信号;精密输出单元可以输出电压、电流和电阻信号,可以模拟铂电阻和温度变送器输出电阻和电流信号,测量和输出信号可以同时显示。

(2)功能特点

ConST326 智能过程校验仪可连接热电阻探头,具有精密级测温仪准确度,可以接入精密热电阻对温度进行测量;ConST326 智能过程校验仪可输出电阻信号和电流信号,可以对温度数显仪表进行检测,仪器体积更小、质量更轻,单手可以轻松持握;内置 APP,智能手机式操作体验。具有数据记录仪、真有效值万用表、热工计算器等功能。

(3)组成结构

ConST326 智能过程校验仪由测量单元和输出单元组成,仪器与外部可以通过 USB 连接 U 盘和扩展串口、WiFi 等方式通信,主界面支持最大、最小、平均值、温度变化率等二级参数显示。

(4)性能指标(表 9.1.72.1)

表 9.1.72.1 ConST326 智能过程校验仪性能指标

项目	指标	项目	指标
电压测量	±300 mV:0.005%RDG+15 μV; 分辨力:1 μV;输入阻抗:大于 100 MΩ	电源	6600 mAh 锂电池,充电时间 4～6 h, 电池可独立充电; 典型工作时间 16 h
电流测量	±30 mA:0.01%RDG+1.5 μA; 分辨力:0.1 μA;输入阻抗:小于 40 Ω	环境条件	保证技术指标的温度范围:10～30 ℃; 工作温度范围:−10～50 ℃; 储存温度范围:−30～70 ℃; 环境湿度:0～95%RH,非凝露; 最大海拔:3000 m
电压输出	0～15 V:0.005%RDG+0.75 mV; 分辨力:0.25 mV;最大负载电流:10 mA		

续表

项目	指标	项目	指标
电流输出	0～25 mA：0.01%RDG+1.2 μA； 分辨力：0.5 μA；最大开路电压：24 V	CE 认证	TUV IEC61326、IEC61010
		防护等级	IP67，1 m 跌落测试
热电阻测量 （电阻测量）	0～400 Ω：0.005%RD+20 mΩ； 分辨力：1 mΩ/10 mΩ；激励电流：0.25 mA	通信	隔离 USB-TYPEC（从机）、蓝牙 BLE

（5）业务应用

ConST326 智能过程校验仪可以同时测量和输出电压、电流、电阻，可以对气象站的温度传感器、变送器及数显仪表进行检测校准，产品可广泛用于气象站计量校准和现场测量场合。

9.2 维修维护设备

9.2.1 CC 国家级天气雷达测试保障平台（四创电子）

（1）工作原理

CC 国家级天气雷达测试保障平台（图 9.2.1.1）通过测试工装以及信号中枢、控制中枢对 CINRAD/CC 雷达的相关分机进行测试，每个测试工装内部根据被测件的技术特点设计了模拟量、数字量等相关检测模块进行测试，通过网络将测试结果送至终端测试软件形成报表；同时，平台可以通过网络与通用检测仪表互联，对仪表控制和参数读取辅助平台进行更加全面的测试。

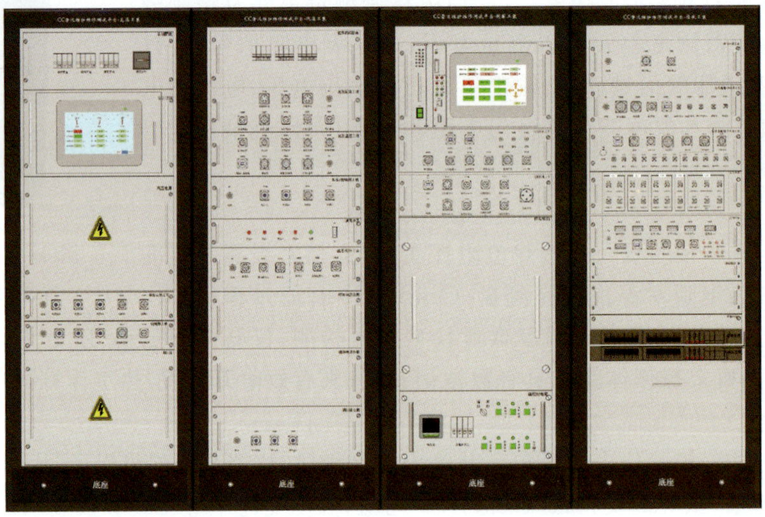

图 9.2.1.1　CC 国家级天气雷达测试保障平台

（2）功能特点

CC 国家级天气雷达测试保障平台是针对 CINRAD/CC 雷达开发设计的测试系统，通过测试雷达各分机或模块的参数以及控制回馈，来评估被测试件的性能；平台软件具备故障诊断、测试分析、维修指导等功能，可定位被测试件的故障点并给出维护维修建议方案，同时可对每次测试维修进行记录和管理，并提供可视化仪表控制界面。故障监测：测试平台具备开机自检功能，提示用户各设备状态，并可根据自检结果进行本系统的故障诊断；同时，可对雷达发射分系统、接收分系统、伺服分系统、信号处理、功率检测分机、遥控配电分机等的组（部）件的上百个故障进行监测和故障点判断。一键测试：根据各被测试件的工作特点，设计合理的测试流程，尽量减少人工干预，实现“一键式”自动测试，并输出测试报表和维修指导意见。

(3)组成结构

该系统硬件平台主要由测试机柜、主控计算机、信号中枢、控制中枢、程控电源、发射分系统测试工装、接收分系统测试工装、伺服分系统测试工装以及相关测试附件等组成。

(4)性能指标(表 9.2.1.1)

表 9.2.1.1 CC 国家级天气雷达测试保障平台性能指标

要素		主要指标
系统测试能力	测试指标数量	系统可测试至少 102 个指标参数
	故障状态监测数量	系统可监测至少 81 个故障状态
	可检测控制回馈数量	系统可检测至少 17 个控制、回馈功能
	功率测试准确度	±0.2 dB
信号产生能力	频率范围	10 kHz～6 GHz
	信号输出	可产生至少 6 种时钟信号
	供电输出种类	可产生至少 10 种供电信号
	信号输出方式	RF、IF、模拟 I/Q、数字 I/Q
测试组件	发射分系统	发射配电、发射监控、高压电源、调制器、钛泵电源、脉冲旁路器、发射功放、等地电源、磁场电源
	接收分系统	接收通道、频率源、数字中频、标定通道、接收电源、接收组件
	伺服及配电	伺服电机、伺服驱动器、伺服控制、伺服电源、天线编码器、配电分机

(5)业务应用

该系统主要应用于 CINRAD/CC 雷达相关分系统、备件的测试,便于对 CINRAD/CC 雷达及其备件进行维护维修。

9.2.2 SA/SB/CB 国家级天气雷达测试保障平台(南京恩瑞特)

(1)工作原理

SA/SB/CB 国家级天气雷达测试保障平台利用测试工装为雷达关键器件提供高低压测试环境,通过仪器仪表对被测件进行性能测试,辅以配套软件实现建模、自动测试、故障诊断、维修指导等功能。

(2)功能特点

主要功能:可进行天气雷达关键器件性能参数测试和故障诊断;系统可通过添加测试方法、设备驱动库、资料库、经验库、专家库等形式实现软件扩展;可记录设备的型号、编号、维修时间等数据。将故障现象、故障原因、排障方法等录入文档及维修记录以供调用和共享;具有被测设备图形信息显示及处理能力。

图 9.2.2.1 SA/SB/CB 国家级天气雷达测试保障平台

技术特点:技术先进性,包括多协议通信技术、误差修正技术、信号中枢技术、通用控制技术;结构模块化,不同仪表和测试工装可任意组合,提供被测件所需测试环境。

(3)组成结构

该测试保障平台(图 9.2.2.1)由硬件和软件系统两部分构成,主要包括离线式工装平台(发射机工装、接收机工装、伺服工装等）、仪器仪表（频谱仪、通用控制器、信号中枢等）、配套软件（测试程序集、故障诊断集、专家经验库）。

（4）性能指标（表 9.2.2.1）

表 9.2.2.1 SA/SB/CB 国家级天气雷达测试保障平台性能指标

要素	主要指标
信号产生能力	频率范围：0.01～10 GHz；输出功率范围：－110～20 dBm；调制方式：连续波、脉冲调制；输出方式：射频、中频、模拟 I/Q、数字 I/Q
系统测试能力	频率范围：0.01～10 GHz；最小测量脉宽：500 ns；功率测试准确度：±0.2 dB；相位测试准确度：0.6°
系统控制能力	可编程 I/O 接口：32 位数据位宽，输入、输出、双向或高阻状态； 串行控制接口：4 位数据线位宽、64 位串行数据深度、1 位时钟信号线、时钟频率范围 1 kHz～1 MHz； 并行控制接口：16 位数据位宽度、16 位地址位宽度、读写控制信号线各 1 根，片选信号线 4 根； 任意数字波形发生器：16 位输出数据宽度、时钟频率 1 kHz～10 MHz、存储深度≤1 MB

（5）业务应用

该平台主要应用于 SA/SB/CB 国家级雷达备件的性能测试、故障诊断、维修指导。同时可配合天气雷达性能测试评估仿真平台，开展新技术新算法研究。

9.2.3 SC/CD 国家级天气雷达测试保障平台（成都锦江电子）

（1）工作原理

该天气雷达测试保障平台主要是对 CINRAD/SC 雷达和 CINRAD/CD 雷达中关键的分机或模块进行性能测试评估。平台为分机或模块提供工作电源和正常工作所需的各种控制触发信号；同时采集分机或模块产生的各种模拟与数字信号，综合评估分机或模块的性能参数。

（2）功能特点

该天气雷达测试保障平台具有产生分机或模块所需的各种电源的功能，保证分机或模块的独立工作；具有数据采集、处理、存储、通信、自动测量、状态监控、仪器仪表智能控制等功能。具备对 CINRAD/SC 雷达的发射监控分机、触发器、可控硅调制分机、人工线、发射转换盒、高功率电源分机、充电控制分机、功放分机（末级）、钛泵电源、磁场电源、灯丝电源分机、频率综合器、开关定标组件、接收通道、微波延迟线、功率计、信号处理器、伺服监控模块、伺服控制箱、电机和伺服通信模块等分机或模块的测试功能；具备对 CINRAD/CD 雷达的发射监控分机、触发产生器、可控硅调制分机、人工线、发射转换盒、整流分机、充电控制分机、功放分机（末级）、钛泵电源、灯丝偏磁分机、频率综合器、开关定标组件、接收通道、微波延迟线、功率计、信号处理器、伺服监控模块、伺服控制箱、电机和伺服通信模块等分机或模块的测试功能，自动生成测试报告。

主要具备以下特点：自动化测量，操作简单；针对不同的待测分机或模块，仪器仪表的智能控制；测试完成后一键自动生成测试报告；根据测试报告可快速定位待测分机或模块的故障点。

（3）组成结构

SC/CD 国家级天气雷达测试保障平台（图 9.2.3.1）分为 SC 发射高压柜、CD 发射高压柜、发射控制柜、综合柜、仪器仪表柜和工作台六部分。SC 发射高压柜主要对人工线、触发器、可控硅调制分机和充电控制分机进行测试。CD 发射高压柜主要对人工线、可控硅调制分机和充电控制分机进行测试。发射控制柜主要完成对 SC、CD 发射机所需的各种控制信号、电源负载和状态的监控等。发射机的其他模块均在工作台进行测试。综合柜包括可编程控制分机、电源分机、接收测试工装分机、伺服测试工装分机、伺服手控分机、伺服负载和信号处理测试工装分机。仪器仪表柜可放置合同所列的各种仪器仪表。

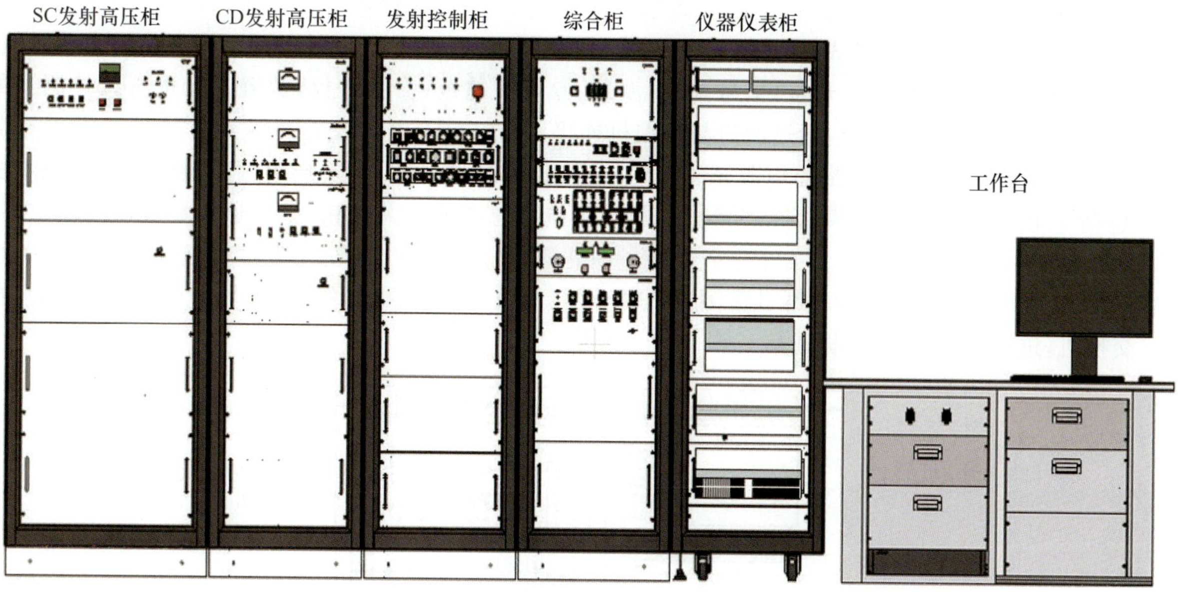

图 9.2.3.1　SC/CD 国家级天气雷达测试保障平台

(4)性能指标(表 9.2.3.1)

表 9.2.3.1　SC/CD 国家级天气雷达测试保障平台性能指标

雷达型号	测试分机或模块
CINRAD/SC	发射监控分机、触发器、可控硅调制分机、人工线、发射转换盒、高功率电源分机、充电控制分机、功放分机(末级)、钛泵电源、磁场电源、灯丝电源分机、频率综合器、开关定标组件、接收通道、微波延迟线、功率计、信号处理器、伺服监控模块、伺服控制箱、电机和伺服通信模块
CINRAD/CD	发射监控分机、触发产生器、可控硅调制分机、人工线、发射转换盒、整流分机、充电控制分机、功放分机(末级)、钛泵电源、灯丝偏磁分机、频率综合器、开关定标组件、接收通道、微波延迟线、功率计、信号处理器、伺服监控模块、伺服控制箱、电机和伺服通信模块

(5)业务应用

该平台用于 SC/CD 国家级天气雷达备件的性能测试、故障诊断、维修指导。

9.2.4　X 波段国家级天气雷达测试保障平台(西安八阵图)

(1)工作原理

X 波段国家级天气雷达测试保障平台是一个适用于速调管双偏振天气雷达和全固态双偏振天气雷达,用于 X 波段双偏振天气雷达维护测试与故障检测的专用型综合测试系统,既能满足台站智能化维护测试保障需求,又能满足典型故障诊断需求。集成信号中枢、测量单元、控制单元、数字电源、测试工装于一体,其中测量单元包括波形测量、功率测量、信号产生、频谱分析、幅相一致性测试等,具备远程控制、一键化测试、测试报告自动生成、测试数据及图片留痕等功能。集成度高、稳定性好、可靠性强。

(2)功能特点

集自检、波形测量、功率测量、频谱分析、信号产生、噪声分析、双通道一致性测试等功能于一体,实现雷达系统强度、速度、差分反射率、差分相移等测试,实现发射机、接收机等分系统和部件级常规测试,实现一项或多项测试项的一键自动测试;具备故障诊断和参数测试建模功能,结合仪表软件的故障诊断库、专家经验库,通过手动方式和自动方式进行常见故障定位与排除,提高检测效率,降低维修时间,提高综合保障能力;具备周维护、月维护、年维护、年巡检相关项目一键自动化测试;独立测试工装,覆盖发射机、接收机、信号处理、随动系统等部件测试。

(3)组成结构

X波段国家级天气雷达测试保障平台系统(图9.2.4.1)由8个部分构成:①控制与通信组合,设计包含工控计算机、控制板、电源板、母板、信号源、示波器、专用按键板;②频谱仪,放置一台进行维护测试的频谱仪仪表;③发射机测试工装,通过网口与工控机连接,包括电压/电流数显表、7英寸显示屏幕、5个高压接头、5个SMA接头、2个航插总电源开关按钮;④接收机测试工装,主要产生两路接收机所需的本振信号,包括8个电压/电流数显表、5个SMA接头、2个航插总电源开关按钮;⑤伺服测试工装,接收工控机发送的命令并进行响应,包括7英寸显示屏幕、6种电源端子、4个方向按钮键、2个航插总电源开关按钮;⑥电源组合;⑦测试附件柜,收纳日常测试的功分器、检波器、测试电缆等;⑧信号中枢组合,包括一台20口交换机,进行外部、内部数据通信。

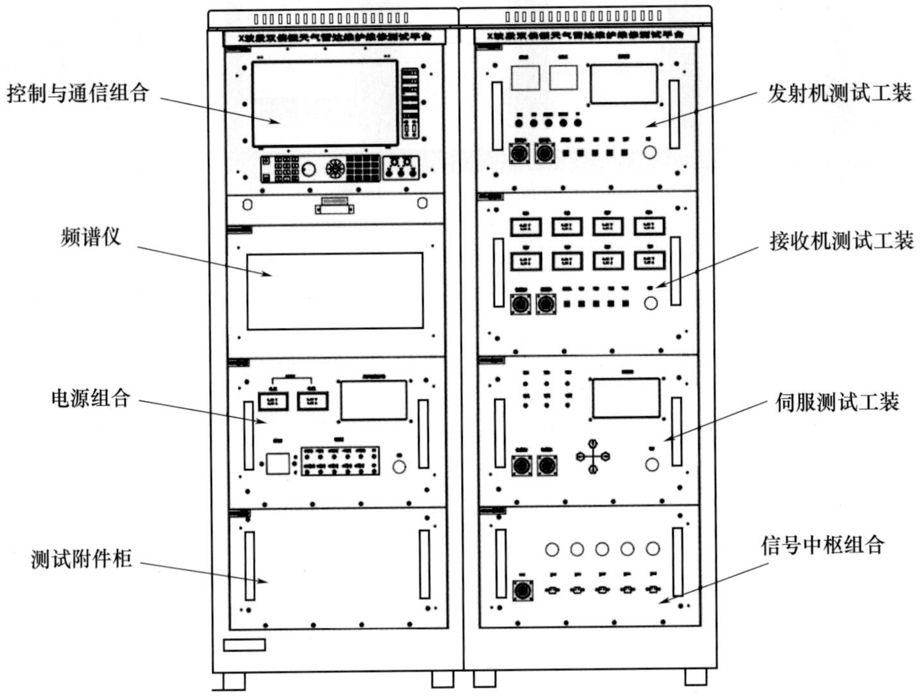

图9.2.4.1 X波段国家级天气雷达测试保障平台

(4)性能指标(表9.2.4.1)

表9.2.4.1 X波段国家级天气雷达测试保障平台性能指标

要素	主要指标	要素	主要指标
频率范围	0.01～10 GHz	功率测量精度	±0.2 dBm
输出功率范围	−110～20 dBm@10 GHz	频谱分析带宽	≥80 MHz
幅度步进	1 dB	分辨率带宽	RBW≤3 Hz
频率分辨率	1 Hz	输入电压	0.1～10 V
电平分辨率	0.1 dB	双通道测试	带宽:300 MHz;采样率:2 Ga/s
功率测量范围	−40～20 dBm		

(5)业务应用

X波段国家级天气雷达测试保障平台用于X波段双偏振天气雷达的维护维修测试,保障入网雷达安全运行,既能满足台站智能化维护保障需要,又能满足典型故障诊断需要。

9.2.5 双偏振天气雷达随机测试系统Ⅰ型(成都远望科技)

(1)工作原理

双偏振天气雷达随机测试系统(图 9.2.5.1)基于标准总线与合成仪器的架构,采用高集成度的射频收发硬件平台和具有二次开发能力的开放式可扩展软件平台相结合的方式进行设计,通过通信协议与雷达终端软件进行交互,改变雷达工作模式,一键测试雷达性能参数。

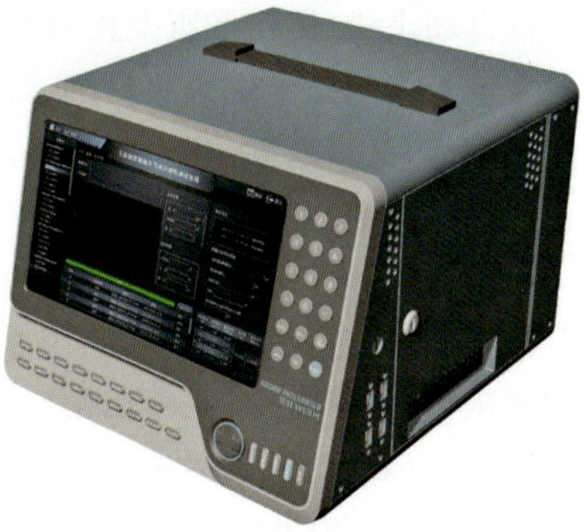

图 9.2.5.1 双偏振天气雷达随机测试系统Ⅰ型

(2)功能特点

针对双偏振天气雷达特点,以信息化、网络化、自动化为指导思想,以台站业务需求为出发点,建成集波形测量、功率测量、信号产生、频谱分析、幅相一致性测试等功能于一体,具备远程控制与测量、一键化测试、测试报告自动生成、测试数据及图片留痕等特点,集成度高、稳定性高、可靠性高的随机测试系统。

测试和维护:能够完成发射机、接收机、伺服等分系统参数测试以及回波强度、地物对消能力等系统指标测试,对周、月、年维护及年巡检中的一项或多项测试项进行一键测试。检测和诊断:具备故障诊断功能,结合测试系统的故障诊断库、专家经验库,通过人机交互方式/自动方式进行常见故障定位与排除,缩短维修时间,提高检测效率,增强综合保障能力。信息网络:具备数据上传与显示、远程软件升级、远程故障库与经验库更新能力。

(3)组成结构

双偏振天气雷达随机测试系统包括显控单元、主控制器、通信收发模块、矩阵开关、波形分析模块、功率测量模块、信号产生模块、频谱分析模块、扩展通信接口、通信总线模块等。

(4)性能指标(表 9.2.5.1)

表 9.2.5.1 双偏振天气雷达随机测试系统Ⅰ型性能指标

要素	主要指标
功率测量模块	具备峰值功率/平均功率测量功能;功率测量相对精度:≤±0.2 dBm;测量范围:−35~20 dBm; 具备 USB/PXI 总线接口;频率范围:50 MHz~10 GHz;最小可测脉宽:100 ns;驻波比<1.25 dB; 功率单位:dBm、W、kW
波形分析模块	带宽:200 MHz(当灵敏度为 5mV/div 时);采样率:1 GSa/s; 上升时间:≤3.5 ns;垂直灵敏度:1 mV/div~20 V/div; 水平扫描速率:2 ns/div~50 s/div;边沿触发类型:上升、下降、上升 & 下降;数学操作:加、减、乘、除、反相
信号产生模块	频率范围:2.7~3.0 GHz、5.3~5.7 GHz、9.3~9.5 GHz; 频率分辨率:1 Hz;输出功率:−114~15 dBm;定标功率:−10±0.5 dBm; 工作方式:内脉冲调制、外脉冲调制、外触发;调制深度:≥80 dB;微波泄漏:≤−110 dBm
频谱分析能力	频率范围:2.7~3.0 GHz、5.3~5.7 GHz;频率测量误差:≤1‰; 分析带宽:3 Hz~1 MHz;频率测量最大输入功率:≥100 mW;平均噪声电平:≤−110 dBm

(5)业务应用

用于台站级天气雷达性能测试、周维护、月维护、年维护/年巡检、关键点测试、故障诊断及系统定标。

9.2.6 双偏振天气雷达随机测试系统Ⅱ型(西安八阵图)

(1)工作原理

天气雷达随机测试系统是一个能够覆盖 S-C-X 波段双偏振(含单偏振)天气雷达不同型号及不同厂家产品,执行维护、维修等测试任务的通用型、便携式、智能化综合检测维修设备,集成波形测量、功率测量、信号产生、频谱分析、噪声源、数字万用表、数字电源、本振频率源等，具备远程控制、一键化测试、测试报告自动生成、测试数据及图片留痕等功能。体积小、质量轻、集成度高、稳定性好、可靠性强。既能满足产品运行期间维护定标项目测试需要，又能满足天气雷达检测维修需要，既可实现雷达系统在线测试与检测维修，又可对独立组件、部件及关键器件等脱机测试检测维修。

（2）功能特点

覆盖 S-C-X 波段，集信号产生、波形测量、功率测量、频谱分析、噪声分析、电流电压测量于一体，集成多种仪表，综合维护维修测试与独立使用于一体的综合测试系统；具备系统自检、一键测试及上传、关键点测试、通用仪表功能、外控精密仪表、噪声分析、双通道一致性、远程控制、检测和诊断、数据库管理、用户管理、报表管理、接口预留、雷达交互等功能，采用模块化设计，快速定位雷达故障，便于维修维护；结构外形尺寸为 430 mm×230 mm×380 mm，质量约为 17 kg，体积小，质量轻，便携性强，接口设计充分考虑现有测试需求及升级扩展等需要，为智慧保障奠定结构基础。

（3）组成结构

配电组合通过电源模块为天气雷达随机测试系统提供输出各种电压，并进行电压电流检测保护。通道选择模块输入射频信号到功率计和频谱仪，可以选择输入信号到功率计或者频谱仪。射频组合对信号源产生的信号进行滤波、放大。示波器模块、功率计模块、信号源模块、频谱仪模块、数字万用表完成测试系统通用仪表功能。交换机是计算机和各硬件模块的网络通道，负责网络接入和网络通信。主机模块由计算机、显示驱动板、13 英寸触摸屏、按键开关板、本机遥控待机控制板构成。USB 集线器负责各个模块之间的供电和通信（图 9.2.6.1）。

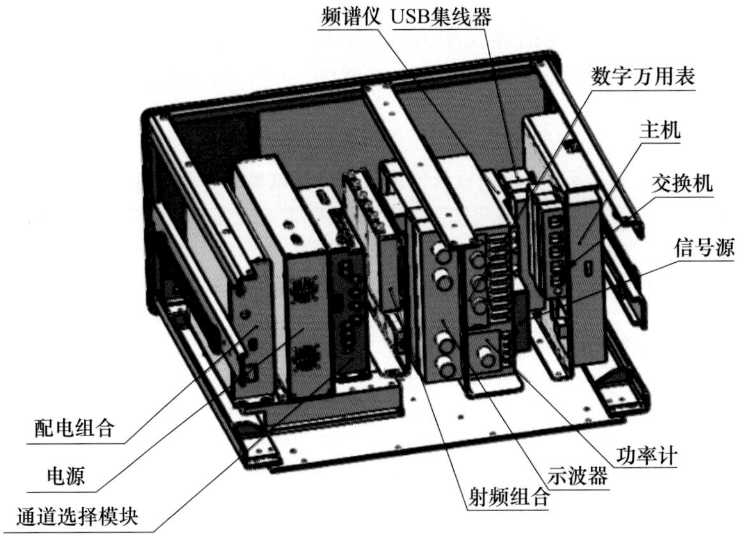

图 9.2.6.1 双偏振天气雷达随机测试系统Ⅱ型

（4）性能指标（表 9.2.6.1）

表 9.2.6.1 双偏振天气雷达随机测试系统Ⅱ型性能指标

要素	主要指标	要素	主要指标
最小测量脉宽	≤10 ns	噪声系数分辨率	0.01 dB
频率范围	2.7～3.0 GHz，5.3～5.7 GHz，9.3～9.5 GHz	噪声系数测量精度	0.1 dB
输出功率范围	−110～15 dBm	差分反射率分辨率	0.01 dB
功率测量范围	−35～20 dBm	差分反射率测量精度	0.06 dB
测试频率	10 MHz～6 GHz；9～10 GHz	差分传播相移分辨率	0.1°

续表

要素	主要指标	要素	主要指标
信号形式	连续波，脉冲调制	差分传播相移测量精度	0.5°
频率分辨率	0.5 Hz		

(5)业务应用

该天气雷达随机测试系统用于 S-C-X 双偏振(含单偏振)天气雷达的维护维修测试，保障天气雷达的运行时间和效率，缩短天气雷达维护维修时间，以现场操作、网络化远端操作与手机 App 操作结合，构建网络化、软件化、智慧型综合测试系统，为天气雷达的正常观测做好准备工作。

9.2.7 3 km/6～8 km 国家级风廓线雷达测试保障平台(航天新气象)

(1)工作原理

该风廓线雷达测试保障平台在控制中枢的控制下由微波信号源、波形发生器、矢量网络分析仪、噪声源等激励源产生相应的测试信号，由数字 I/O 产生相应的控制信号及脉冲波形；产生的测试信号通过开关系统进行激励路径选择，然后经测试适配器转接送至被测件进行测试，控制信号及脉冲波形则直接通过适配器送至被测件；被测件测量输出信号同样通过开关系统进行测试路径选择；然后经测试适配器转接将被测件输出信号送至矢量网络分析仪、频谱分析仪、噪声仪、功率计、示波器、数字万用表等仪器仪表进行相关技术指标的测试。

(2)功能特点

该风廓线雷达测试保障平台采用通用测试仪器、通用测试接口和专用测试接口相结合技术、先进的自动控制技术和自动测量技术，实现了对系列风廓线雷达的自动测试和故障诊断能力，能够对风廓线雷达发射机、接收机、波控机、信号处理器、监控组合等分系统及分系统内部关键部件的功能和电性能指标进行自动化测试以及测试结果诊断。

具有以下特点：多种电性能参数测量能力；自动化测试及故障诊断能力；全面的系统自检能力；测试资源管理及测试数据管理功能；通用化测试资源易扩展；模块化软件编程易升级。

(3)组成结构

该风廓线雷达测试保障平台(图 9.2.7.1)包括硬件平台和软件平台两部分。硬件平台主要由控制计算机、测试仪器和测试夹具组成。测试仪器由频谱分析仪、微波信号源、矢量网络分析仪、示波器、功率计、万用表、任意波形发生器、数字 I/O、串口通信卡、直流电源、交流电源、开关系统等组成。测试夹具由测试适配器、测试工装等组成。软件平台由平台应用软件和平台测试软件组成。

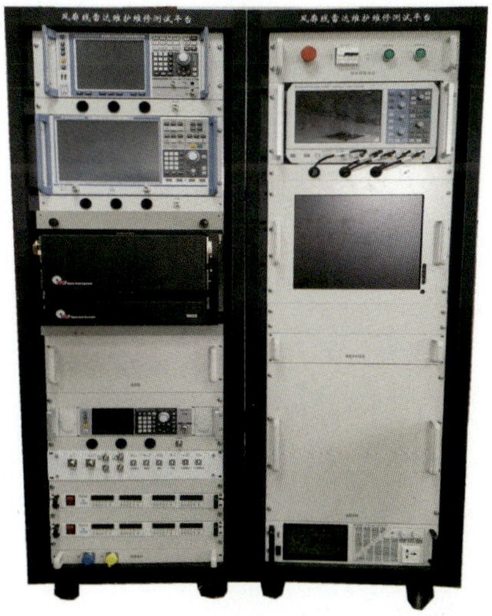

图 9.2.7.1 3 km/6～8 km 国家级风廓线雷达测试保障平台

(4)性能指标(表 9.2.7.1)

表 9.2.7.1　3 km/6～8 km 国家级风廓线雷达测试保障平台性能指标

要素	主要指标
雷达体制	全相参脉冲多普勒体制
采用技术	自动控制技术、自动测量技术
测量能力	雷达发射机、雷达接收机、雷达监控组合、雷达波控机、雷达信号处理测量能力 3～5 km
测量指标	具备功率、增益、灵敏度、相位、驻波、噪声系数、杂波抑制、隔离度、1 dB 压缩点及脉冲波形等多种参数进行指标性能的测试；同时提供常规电压、电流、电阻的测试
软件功能	选择被测件相应的雷达型号；登录认证功能；测试向导功能；信息查询和程序模块调用；生成工作日志；测试信息、仪器设备配置信息、故障信息的读取、保存、加载、配置功能；测试结果输出及诊断
可靠性/可维性	平均故障间隔时间(MTBF)≥2500 h，平均故障修复时间(MTTR)≤30 min
电源	采用交流电源 220 V±10%，50 Hz±5%，功耗≤5 kW
环境适应性	适应温度：0～30 ℃(室内)；适应湿度：≤90%RH(室内)； 其他环境适应性：防雷击能力；绝缘电阻≥10 MΩ，接地电阻≤4 Ω；电磁兼容性：具有静电屏蔽、电磁屏蔽设计，设备地线中模拟地线(Ga)与数字地线(Gd)和安全地线(Gp)要严格分开，以增强设备的抗干扰能力

(5)业务应用

该风廓线雷达测试保障平台能够为风廓线雷达装备安全运行提供高水平的保障，实现设备维护维修快速反应。目前已被中国气象局气象探测中心用于风廓线雷达设备的维护维修。

附录　气象装备厂家名录

（按单位名称拼音排序）

1. 安徽科创中光科技股份有限公司（简称“安徽科创中光”）

集研发、生产、销售、服务为一体的国家高新技术企业、专精特新“小巨人”企业和环保装备制造业规范条件企业，建设有安徽省工程研究中心、安徽省企业技术中心和安徽省工业设计中心等。

成立于2016年8月，持续专注于光电探测科学与技术研究、大气环境遥感监测技术研究、生态环境大数据分析与应用、大气环境监测产品开发与系统集成应用、人工智能技术与系统集成应用等，凭借专业的水平和成熟的技术，逐渐成长为行业龙头企业。

承担了颗粒物和臭氧协同防控项目，三维环境AI决策系统开发和弱小目标成像等多项国家级项目，颗粒物激光雷达、气溶胶激光雷达、臭氧激光雷达、相干多普勒测风激光雷达、温湿度廓线激光雷达、能见度激光雷达、环境生物气溶胶遥测激光雷达等产品广泛应用于大气环境综合监测、工业园区立体监测、城市走航快速溯源、污染源解析、污染物协同管控及污染预报预警、气象监测研究等，为生态、环保、气象、海洋、科研和生物研究等单位提供前沿技术设备、整体解决方案和技术服务，业务分布全国20余省份，并获得各地生态环境部门和气象部门的多次表扬与感谢。

产品咨询：胡国兴　13761600812。

2. 安徽蓝盾光电子股份有限公司（简称“安徽蓝盾”）

上市公司（股票代码300862），国家级高新技术企业，公司前身由原电子工业部4150厂、4963厂等三家企业下放地方后合并而成。现有员工1231人，其中硕士以上学历63人，本科以上学历占72%以上。公司现已在光学、电子及信息技术、精密机械制造等领域积累了40余年的科研、生产经验，以客户需求为导向，致力于环境监测、气象探测、工业过程监测、食品药品检测等领域高端分析仪器的研发，提供满足全球市场需求的仪器和行业应用解决方案，努力成为世界领先的高端分析仪器研发和创新中心，用技术和服务赢得客户满意和社会尊敬。

承担了多项国家级、省级重大项目。业务广泛应用于各级环境监测、气象探测、有关科研院所、军队、交通管理部门、各类污染源排放工矿企业等，并助力于北京奥运会、上海世博会、广州亚运会、南京青奥会、杭州G20峰会和厦门金砖会晤等重大项目的环境保障服务，极大地提升了我国环境和气象监测、交通管理的智能化、信息化水平，已成为国内环境监测、气象探测和智能交通管理行业拥有自主知识产权龙头企业之一。

公司先后被评为国家创新型企业、国家火炬计划重点高新技术企业、国家规划布局内重点软件企业、国家“守合同重信用”企业、国家知识产权示范企业、中国环保产业协会AAA级信用企业、中国环境服务一级资质企业、安徽省高新技术企业、安徽省人才工作先进单位、安徽省软件四强企业、安徽省环保产业优秀企业。先后被授予全国五一劳动奖章、中国环保产业理事单位、国家计算机信息系统集成一级资质。先后建立了国家级企业技术中心、国家环境光学监测仪器工程技术研究中心、国家博士后科研流动工作站、国家院士工作站、安徽省环境光学技术研究中心。

产品咨询：苏晓东　18605621760。

3. 安徽蓝科信息科技有限公司（简称“安徽蓝科信息”）

由安徽蓝盾光电子股份有限公司与中国科学院合肥物质科学研究院联合投资成立的高新技术企业，是“安徽光学精密机械研究所大气光学研究中心”和“中国科学院大气光学重点实验室”在大气探测领域产业化平台，也是安徽省科技厅认定的安徽省唯一激光雷达工程化研发单位。公司以国家生态环境文明建设需求为导向，致力于气象、环保、海洋等大气生态环境领域高端仪器研发、生产和销售，为客户提供系统解决方案和定制化技术咨询与服务。

主要气象观测产品（自主研发）：自动气象站（交通）、能见度监测仪、降水现象仪、气溶胶质量浓度监测仪、米散射气溶胶激光雷达（单波长、双波长、三波长等系列）、气象探测激光雷达[测风激光雷达（30～40000 米）、水汽拉曼激光雷达、温湿度拉曼激光雷达等]、大气成分激光雷达（颗粒物激光雷达、O_3激光雷达、SO_2/NO_2激光雷达、二氧化碳激光雷达等）。

产品咨询：苏晓东　18605621760。

4. 安徽新谱光电科技有限公司（简称“安徽新谱光电”）

专注于重大科学仪器研发和产业化创新的应用型企业，推动以技术创新实现对大气环境、气体成分检测与监测的自动化、智能化。在基础研究、应用开发、技术平台、产品系列等方面持续投入，坚持“自主研发、持续创新、应用拓展”的模式，保持公司解决方案的领先性。成功开发出以可调谐二极管激光调制吸收光谱（TDLAS）、离轴积分腔吸收光谱、激光外差光谱等多种光谱技术平台，并研发出系列高精度大气温室气体分析仪产品组合，目前在测量精度、稳定性、测量范围、响应时间等仪器性能方面均处于国际先进水平，并已广泛应用于气象、环保、生态、天然气、石化等众多领域。

产品咨询：马文斌　17718102792。

5. 安徽中科谱锐达光电有限公司（简称“安徽中科谱锐达”）

主要致力于气象、环境光辐射测量设备的研发、生产、定标及数据处理服务，所研发的太阳光度计、地物光谱仪、光谱辐射计、光谱照度仪、定标光源等系列产品已在气象观测、大气观测、环境监测、光谱辐射测量、卫星定标、科研教育等领域发挥了重要作用，在气象、环保等行业部门及高等院校和科研院所树立了良好的口碑。

公司研发团队具有 20 多年的光谱辐射测量仪器研发、应用、定标、数据处理的技术积累，长期深度参与行业应用，理论知识与实践经验丰富，掌握了光辐射测量的核心技术，具备解决全链路技术问题的能力，可以根据用户需求提供光辐射测量的定制化产品与服务。公司秉承“专业、诚信、创新”的经营理念，坚持用户至上、质量第一，以科技服务客户，坚持技术进步、不断创新、不断超越，努力成为客户最值得信赖的合作伙伴，共创美好未来。

产品咨询：丁言志　18326029982。

6. 北方天穹信息技术（西安）有限公司（简称“西安北方天穹”）

成立于 2017 年，位于西安市长安区。公司隶属于中国兵器工业集团，是一家专业的气象探测装备产业化公司，是兵器工业集团在“中兵人影[①]”气象探测装备领域的重要布局。主要负责“中兵人影”气象探测装备——地基多通道微波辐射计、全固态双偏振天气雷达等产品的开发、生产、销售、服务等相关工作。公司掌握完整的大气遥感探测微波/毫米波天线、接收机、系统控制、信号处理、数据处理等关键技术的仿真、设计、加工、测试平台及研发生产能力，研发生产的 MWP967KV 型地基多通道微波辐射计是专为气象观测业务研制的新型大气遥感仪器，产品广泛应用于航空、航天、部队、气象、环保等行业，为天气过程实时监测、预警、数值预报和人影指挥提供连续的观测数据和决策依据。

先后通过了质量管理体系（ISO 9001）、环境管理体系（ISO 14001）、职业健康安全管理体系（ISO 45001）、武器装备质量管理体系（GJB 9001C—2017）、信息安全管理体系（ISO 27001）、“双软评估”、陕西省高新技术企业、2020 年陕西省第二批“专精特新”中小企业、陕西省科技型中小企业认证等，被评定为 AAA 级信用企业等。团队负责起草的气象行业技术标准《地基多通道微波辐射计》（QX/T 504—2019）已由中国气象局正式批准发布实施。

产品咨询：雷连发　15877382866。

---

① 人影：人工影响天气的简称，后同。

7. 北京艾沃思科技有限公司(简称"北京艾沃思")

是行业领先的大气环境、气象遥感激光雷达(Lidar)供应商,致力于环境监测、气象监测、防灾减灾、风能管理,在环境监测、气象监测、风能管理等领域为客户提供有竞争力、安全可信赖的产品、解决方案与服务,与生态伙伴开放合作,持续为客户创造价值,是国内第三方监测市场的首要激光雷达产品供应商。公司坚持围绕客户需求持续创新,坚持自主研发,厚积薄发,推动行业发展与进步。

自2013年成立以来,先后服务用户遍及全国20多个省(自治区、直辖市),产品涉及颗粒物激光雷达、颗粒物通量激光雷达、风廓线激光雷达、臭氧监测激光雷达、大气综合移动监测车、城市颗粒物排放在线监测平台等。建立了覆盖200多万平方千米的大气激光雷达监测网,为用户提供在线数据与服务。

产品咨询:刘琦　18600036244。

8. 北京爱尔达电子设备有限公司(简称"北京爱尔达")

公司成立于1996年,是专业从事气象环境探测装备研制生产和应用服务的国家高新技术企业,被认定为国家级专精特新"小巨人"企业、北京市科技研究开发机构。公司位于北京中国气象科技园,建有6000平方米研发生产大楼和3000平方米外场试验场,建有多条电子产品和集成电路组装测试生产线和微波洁净车间,电子产品装配检测和环境测试条件齐套,生产工艺流程和质量控制程序健全,微波暗室、高/低温环境实验室、低压环境实验室、电磁环境实验室、冲击振动测试台等测试环境条件满足雷达电子、传感器和通信数传等设备设计研发和测试生产。

公司主要产品:微波辐射计、激光测风/测云雷达、风廓线雷达、天气雷达、毫米波测云雷达、雷电监测预警装备、地基遥感探空装备等遥感探测装备;地面气象观测、高空气象探测、无人机气象探测、临近空间探空火箭等综合观测装备;气象环境信息综合集成、气象综合保障和气象预报预警等气象应用服务业务系统。

公司致力于为气象、环保、民航、科研教学和军事国防等提供先进装备和优质服务,产品广泛应用于大气和海洋环境测量、临近空间环境探测、灾害天气监测、大气科学研究、人工影响天气、航空和航天气象保障、气象预报预警和军事活动气象水文空间天气保障等领域,在国内业界享有良好声誉。

持续贯彻"顾客至上、质量第一、爱人诚信、创新发展"的质量方针,2000年通过质量体系认证,质量体系长期、充分、适宜、有效,获得"质量管理体系认证证书",获得北京市诚信创建企业、质量信得过单位、AAA级信用企业、国防科技工业协会会员单位等荣誉资质。公司以过硬的产品质量和优质的服务保障获得了用户的充分肯定和一致好评。

在公司27年的拼搏发展历程中,锤炼了一支爱国奉献、自强不息、爱岗敬业、求实创新的专业人才队伍。这支队伍中,有获得国家科学技术进步一等奖和军队科技进步一等奖的科学家,有长期从事科学研究及应用的科研专家,有曾经长期在保障一线工作的业务专家,还有多年从事装备生产装配和检测调试的高级技工人才,先后获得60余项专利知识产权。

公司秉持"实践创新、服务社会"的使命,勇于承担社会责任,致力于技术服务社会。参与了2008年北京奥运会、2009年国庆阅兵和2015年反法西斯战争胜利70周年阅兵、2019年国庆阅兵、2021年建党100周年庆祝活动人工影响天气任务等重大活动装备保障和技术服务,参加了"神舟"号载人航天、"天宫"空间站、"嫦娥"探月等国家重大工程保障,多型设备入选2022年北京冬奥会保障序列。在2008年汶川、2010年玉树、2013年芦山地震等抗震救灾中,在2010年舟曲泥石流救灾中,公司积极响应号召,义务赶赴灾区,为抢险救灾和灾区重建贡献力量。

公司的战略目标是建设国内气象环境探测和应用服务的优秀企业,努力提供更先进、更高效的气象环境探测设备和更精细、更精确的气象服务,以实际行动响应科技强国、实业兴国号召,为防灾减灾、创造美好生活环境持续拼搏努力。

产品咨询:周天煜　18610133969。

9. 北京东创旭新测控技术有限公司(简称"北京东创旭新")

成立于2011年6月,致力于信号测量与自动控制研究,新型大气负氧离子观测系统研发与推广的原创企业,拥有相应核心专利和多项软件著作权。公司通过ISO 9001质量管理体系认证,产品通过具有

CNAS 认可资质的第三方检测，荣获北京市新技术新产品证书，是国家级高新技术企业。公司产品以大气测量产品为主导，广泛涉足环境气象、航空航天、电力辅助控制设备等高、精、尖领域，提供软、硬件研发、生产、调试、销售等综合服务。

力求创新、精心服务、追求品质。兢兢业业做研究，踏踏实实做产品，执诚信之心，做一流产品。公司新推出的大气负离子观测系统技术先进、工艺考究、性能卓越，正是源于公司对产品品质的高度重视。但公司并不满足于此，不断地投入力量，勇于创新，持续地提高品质，使之日臻完美，这已成为公司发展之永恒实践与追求。

产品咨询：张锦孚　13701393940。

10. 北京华创维想科技开发有限责任公司(简称“北京华创维想”)

成立于 2007 年，公司注册资金 2000 万元，是一家专业从事气象、水文、生态环境测量的综合性现代化企业团队。目标战略是大气科学领域品牌产品引领，国家命脉行业应用方案推广。产业链企业团队主要服务于气象、农林、水利、环保、交通、仓储、科研、公共服务等众多领域。

旗下品牌华创风云主要提供专业传感器与设备、全领域监测仪器与解决方案于一体的系统服务。团队以“精准可靠 追求卓越”为中心价值，通过严谨管理、强大研发、样板工程、德能销售、规范制造、用心服务建立了知名行业品牌 HUATRON®。多年来，华创风云不断秉承以用户需求为中心，在专注中国本地市场开辟的同时，与全球众多知名企业建立战略、产品、贸易等合作关系，不仅在中国本土市场服务于超过千家客户，而且产品也应用到一些其他国家和地区。完善的售后体系有助于跟客户建立良好的沟通桥梁，并且优质、用心的服务得到了众多企业的信任和好评。

核心竞争力：提供行业需求解决方案的能力；大气科学领域——品牌产品引领；国家命脉行业——应用方案推广；研制实力雄厚，较强的国际标榜引进吸收及自主创新能力。

主营产品：Huatron 大气降水测量仪(DSG4 降水现象仪、DSZ5 智能称重式降水测量仪，已获得装备许可证)、Huatron 大气成分测量仪(PM125 气溶胶粒径谱仪、OZ365 温室气体监测仪、FR500 大气负离子监测仪、VM910 视程能见度仪)、AdvanceSR 太阳辐射观测仪、SmartMet 智能微型站(AQM80 智能微空气站、BLI30 蓝天指数监测仪、UVE50 紫外辐射监测仪、ASR30 智能微辐射站、AWS60 智能微气象站等)、AirIndex 空气环境站、CAMS620 智能气象站、MAWS800 小型气象站。

产品咨询：胡玉峰　13801003515。

11. 北京华云东方探测技术有限公司(简称“北京华云东方”)

以国家级气象探测技术为依托，业务涵盖气象探测设备产品研发、生产、销售及维护保障各领域的国有创新型高新技术企业，深耕雷电监测预警、高空探测、大气成分与生态环境观测全产业链业务，是中国气象局雷电监测预警业务、新一代北斗探空业务、生态环境观测业务的开拓者和主力军。

成立于 2002 年，由中国气象局气象探测中心和中国华云气象科技集团有限公司共同出资组建而成，是全国各省(区、市)气象局雷电监测预警设备、软件平台及服务的提供商，提供的雷电监测预警设备及服务占全国业务的 90% 以上。公司作为国家创新型企业，承担“2020 年山洪地质灾害防治气象保障工程——雷电观测设备升级改造”“地－空物联网构建及一体化气象探空业务运行云平台研制”“温室气体观测网络建设”“卫星工程－天地一体化实验验证平台(一期)项目”“2022 年气象监测预警补短板工程视程障碍现象仪采购项目”等国家重大科技攻关及建设项目；研制生产的 DDW1 型全闪闪电监测系统、AEFI 型大气电场仪、NZD-W1 型物候自动观测仪、NZD-Y1 型土壤水分观测仪(宇宙射线法)、NZD-J1 型基准辐射观测仪(总/直/散/反/紫)、DTD1 型冻土自动观测仪、DXC1 视程障碍现象仪、GPZ3 自动探空系统、GTC1 卫星导航探空接收机、GTCZ1 卫星导航探空集成处理器、GTCY1 探空智能远程控制装置、DPZ1/2 综合集成硬件控制器、DPZ7 气象智能集成处理器等多款产品均已取得中国气象局气象专用技术装备使用许可证。公司拥有多项产品专利权及软件著作权，其产品与服务、系统解决方案等业务范围已从气象行业拓展至电力、农业、林业、环保、民航等相关行业；在国际上，主营产品已经出口到肯尼亚等多个国家和地区。

秉承“疑心聚力谋发展，砥砺奋进铸辉煌”的经营理念，始终以“创新发展”为企业发展的新引擎、新动能，担当起气象探测事业的引领者，奋力踏上“聚焦气象事业，建设美好东方”的新征程。

产品咨询：王喜双 13601379726。

12. 北京聚恒博联科技有限公司(简称“北京聚恒博联”)

成立于2013年，是一家以激光遥感探测技术为核心，致力于气象、海洋环境智能传感器设备的研发和生产，为客户提供系统解决方案与服务的高新技术企业，“专精特新”企业。2018年在洛阳设立研发生产基地(北京聚恒博联科技有限公司洛阳分公司)，2022年在南京成立南京本元环境科技研究院有限公司。

公司研发技术力量雄厚，由国内知名专家领军，形成一支老中青结合、多学科交叉的复合型研发技术团队。长期与国内著名大学和科研院所建立战略合作伙伴关系，是国防科技大学、南京信息工程大学、成都信息工程大学、长春理工大学等多所高校的优质就业基地。

参与国家重点专项“路面气象状态敏感元件及传感器”项目，获得第六届中国(国际)传感器创新创业大赛一等奖，第二届“5G＋防灾减灾”应用征集大赛最佳智能气象观测赛道优秀奖，申请及授权专利百余项。在气象海洋专用仪器研制领域处于国内领先水平，在行业内具有较强的竞争优势，主导产品市场占有率超过50％。

产品咨询：许家慈 18510635600。

13. 北京康斯特仪表科技股份有限公司(简称“北京康斯特”)

专注于为全球用户提供压力、温度、过程信号及电学仪表的校准及检测技术专业解决方案。公司拥有近600名员工，专职研发团队占总人数的40％；同时构建以北京总部、美国洛杉矶全资子公司、欧洲分部及国内各省营销分支为中心的全球24小时快速服务体系，致力于成为具有国际独特地位的高端校准及检测产业集团。2015年，公司于深交所创业板上市，股票代码300445。

多年来公司一直处于压力、温度、湿度校准行业领先地位，先后被评选为国家火炬计划重点高新技术企业、中国智能制造百强企业、制造业单项冠军示范企业，明星产品ConST811A现场全自动压力校验仪、ConST685智能多通道超级测温仪、ConST610温湿度检定箱，在国内省市级计量部门、校准公司一直畅销，成为计量、检测、校准的首选设备。

聚焦仪器仪表产业，把客户的成功作为发展的动力，公司将继续秉承“让检测更智慧”的核心理念，为客户创造更大的价值！

产品咨询：何循海 13601288481。

14. 北京莱森泰克科技有限公司(简称“北京莱森”)

成立于1993年，专业从事自动化仪器仪表销售、定制化技术服务及提供系统解决方案，具有丰富的压力(流量)控制系统及其他检测系统集成开发和应用经验，为客户量身定制控制系统软、硬件，并提供优质的系统解决方案。截至目前，已经拥有五项软件注册权、两项知识产权，并入选全国压力计量技术委员会委员、气象理事委员，中国仪器仪表学会物联网第一届理事会理事，全国力学委员会委员。公司拥有专业的技术团队，团队中高级技术工程师3人，中级工程师1人，为广大用户专业需求提供强有力保障。提供的定制化系统及解决方案，具有很强的针对性，采用高可靠性的硬件资源、成熟的软件开发和专业的系统集成，以“数字化、平台化、智能化”的“智慧计量”实验室为基准，为用户提供多路精密压力(流量等)控制的系统解决方案，实现检测全程自动化、计量无纸化，积极响应国家节能减排、绿色办公的号召。

产品咨询：马翠英 13520277456。

15. 北京朗净时代环境科技有限公司(简称“北京朗净”)

成立于2012年，是中国国内领先的生态环境技术服务提供商，被列为北京市西城区重点扶持发展的科技环保企业。相继获得中关村高新技术企业、北京市高新技术企业认证、ISO 9001质量认证、CE认证。公司基于客户需求创新研发，坚持技术为先的理念，以国家重点高校/科研院所——中国环境科学研究院、中国科学院、北京师范大学、华北航天学院等部分科研人员为依托，每年不断加大研发投入，已获得20

多项自主知识产权和专利技术。“朗华夏之空、净神州之水”是公司的使命。

专业从事环境保护监测科学技术研发、产品生产、销售和售后管理服务，是国家高新技术企业及环境管理、节能服务整体解决方案供应商。主要业务：生态监测系统（大气负氧离子、臭氧、$PM_{2.5}$、TVOC 等参数监测系统，无人机生态监测，全自动花粉监测，大气气象六要数监测，微型气象站，土壤综合指标监测，河流水质在线监测等）；大气污染治理系统超低排放；大数据监测软件平台建设开发及应用。各项气象技术领先一簇，特别是精工细做的负氧离子监测系统被各界认可并应用多年。所有产品都经过第三方专业检测机构检测通过，产品及品牌得到市场认可与广泛实地应用。

产品咨询：王红春　13871558551。

16. 北京迈特高科技术有限公司（简称“北京迈特高科”）

专业从事环境大气监测仪器仪表研发、生产和销售，致力于为大气复合污染监测提供系统解决方案。公司成立以来，专注于环境大气/颗粒物监测方向，立足国内科研和应用需求前沿，专业打造多层次成体系的解决方案，服务于科研院所和环保、气象、海洋、疾控、室内监测等不同领域。公司拥有一流的专业技术和服务团队，全程提供优质的咨询、沟通、售后、培训、应用等服务。

近年来，公司十分注重人才的引进与培养，不断提高自身科研实力与水平，目前已经形成了颗粒物光学监测技术、吸湿增长监测技术、高精度傅里叶红外（FTIR）监测技术等组成的先进研发平台，可提供多种参数的环境空气监测设备。同时公司还研发和生产颗粒物采样辅助相关系列产品，如温室气体样气除水系统、大气采样总管、浊度仪校准装置、单颗粒采样装置、采样器方舱、样气分流器等，并承接用户的定制化产品研发、设计、生产项目，相关产品已经广泛应用于颗粒物采样观测与研究中。

公司是 ISO 9001 质量管理体系和 ISO 14001 环境管理体系认证企业，拥有环保部颁发的运营资质，是国家环保部门推荐的优秀环保企业，先后获得发明专利 2 项、实用新型专利 4 项，软件著作权 4 项。拥有多年从事分析仪器和环境大气监测方面的专家和系统工程师。除北京总部外，在上海市、广东省、江苏省、浙江省、福建省、四川省、重庆市和深圳市建立了 10 个技术支持中心。公司始终以精致专业的服务赢得客户的认可，是客户可以信赖和托付的合作伙伴。

产品咨询：贺艳云　18618223893。

17. 北京普晟环境科技有限公司（简称“北京普晟”）

位于北京市昌平区振兴路 2 号，中国气象科技园区 3 号楼首层，占地面积 420 平方米。主要从事温室气体监测业务。从 2009 年至 2020 年代理美国 Picarro 产品，具有丰富的销售、维修、服务经验。

（1）建设温室气体监测站。严格遵守气象系统、环保系统各项规范，借鉴美国 NOAA、欧洲 ICOS 经验。全部满足 WMO 标准。目前已在中国建设 47 个温室气体连续监测站，涵盖气象系统、环保系统、海洋系统。占中国已建成站点的 95%。未来还会有更多的系统建设。2022 年完成中国环境监测总站山东长岛背景站升级，山东济南 4 站前处理系统；中国环境监测总站标准气体压制系统。

主要产品：初级除水模块，深度除水模块（除水达到 40 ppm 以下），控制阀箱，进气系统，标定系统，flask 瓶采样。

（2）公司全年负责气象系统运维 10 站，环保系统 9 个区域背景站技术支持。

（3）为温室气体观测站提供标准气体，这些标准气体溯源至美国 NOAA，亦即溯源至 WMO-GAW 标准。

产品咨询：鲍耸然　15711170038。

18. 北京市国瑞智新技术有限公司（简称“北京国瑞智新”）

公司成立于 2001 年，是一家专业从事压力、温度、湿度、风、雨量等计量测试产品和提供项目集成解决方案的高新技术企业。

2006 年就通过了 ISO 9001：2000 质量管理体系认证，目前执行 GB/T 19001—2016/ISO 9001：2015 国家标准和 GJB 9001C—2017 国家军用标准。经过 20 多年的艰苦努力，汇集了一批经验丰富的高级专业管理人员、研究员、高级工程师和技师，已具备独立的设计开发能力，建立了完善的温、湿、压、风计量室及标准，参与起草了多项国家行业标准，包括《自动标准压力发生器检定规程》《气体活塞式压力计检定规程》。2008年投资2000万元建立了全新的生产及研发楼，建筑面积达5000多平方米。

公司依托强大的专业技术团队、先进的生产设备、完善的工艺流程、可靠的军工质量保证体系以及国内一流的测试设备生产线，研制、生产拥有自主知识产权的温、湿、压、风计量测试产品，在准确度、稳定度、均匀性、容积适应性及效率等技术指标上已达到国外同类先进设备的水平。

主要产品：湿度检定箱、双压湿度发生器、精密露点仪、露点发生器、便携式湿度发生器、温度检定槽、水三相点瓶冻制及保持装置、通风干湿表、电子探空仪检测箱、精密数字温度计、气压仪器检定装置、压力传感器、固态测风传感器、数字压力计、数字微差压计、压力自动控制器、回流式风洞、双通道雨量校验仪等。产品广泛应用于航空、航天、气象、计量、石油、电力、医疗等行业，享有较高声誉。

公司恪守“质量可靠、数据准确、科技创新、持续发展、顾客满意”的企业理念，全力整合人力、技术、营销等各方面的资源优势，始终如一地为顾客提供满意的超值服务，努力为促进计量行业的技术进步作出应有的贡献。

产品咨询：许超 18611666014。

19. 北京是卓科技有限公司（简称“北京是卓科技”）

技术创新驱动型公司、国家级和中关村高新技术企业、全国光电测量标准化技术委员会（SAC/TC487）会员单位、“中关村标准”智库专家单位、中关村民营科技企业家协会会员单位，专注从事基于极弱光探测技术的仪器研发、生产及运营，可为工业、环保、气象、交通、医疗和科研等领域的极弱光探测与分析提供系统解决方案和成熟的产品。

公司基于APD/PMT单光子探测技术等多项关键技术，研发出环境科学、光电科学和生命科学三大领域的环境空气质量监测、环境水质监测、光电探测器、采集卡、科学类仪器和医疗类仪器六大系列，3D气溶胶激光雷达、大气积分浊度仪（$PM_{2.5}$/PM_{10}）、小型空气站、便携式水质在线监测仪等数十个产品，可以提供从软、硬件到整个系统的高效的组合解决方案。

产品咨询：张志伟 15010504053。

20. 北京沃斯彤科技有限公司（简称“北京沃斯彤”）

成立于2016年12月，主要从事空气负离子监测系统及其他空气要素监测设备的研发和销售，是一家专业的负离子设备供应商。

公司在负离子检测及标定领域拥有20多项专利，其中发明专利4项，拥有行业先进的测量技术及理念，目前是安徽省气象局的战略合作伙伴，参与建设国标实验室及提供负离子标定源解决方案，公司产品通过浙江省大气探测技术保障中心负离子标定，公司拥有自己的标定实验室及标定技术，可保证每台设备误差低于11%。

旗下的IonWoston品牌经过多年的发展，现已成为规模化、现代化、专业化的研发和销售企业之一，在民用领域占有80%的市场份额，每年出货量在2万台以上。

公司与各地林业局、气象局、浙江蓝天环保公司等合作，在浙江省多个城市进行销售监测。此外，公司还与大型网络平台合作，致力于将品牌以更多样化的形式进行推广，将产品以更方便快捷的渠道送到消费者手中。公司本着“客户至上、质量为本”的原则，建立健全了严苛的质量标准检验体系，通过了各项环境测试，取得了环境测试报告。

产品咨询：俞增胜 18911559551。

21. 北京遥测技术研究所（简称“北京遥测”）

创建于1957年，是新中国首批建立的航天电子信息技术专业研究所。北京遥测技术研究所的激光技术与应用专业，以国家重大需求为牵引，经过十余年创新攻关，已成为我国激光遥感载荷研制与应用的主力军，并被光荣列入国防动员力量队伍。

主要承担我国新型激光遥感载荷及气海环境探测集成装备的研制工作，产品覆盖星载、机载、地基、船载全平台，大气、测风、海洋、测绘等多领域。创新成果广泛应用于国家重大工程任务，出色完成了国庆

70 周年阅兵、2022 年冬奥会、南北极科考等重大活动保障，取得了重要的政治、社会和经济效益，有力推动了我国激光遥感技术的发展。

拥有在职员工 2500 余人，在聘院士 3 人，高级职称科技人员 600 余人，享受政府特殊津贴 40 余人，集团公司学术技术带头人 40 余人，航天各专业领域专家组成员超百人，获得全国技术能手、省部级及以上特殊荣誉的技能人才 50 余人。

拥有国家级技术创新平台——卫星导航应用国家工程研究中心、国防科技工业鸿鹄创新中心、国防科工局许健民气象卫星创新中心、科技部国家国际科技合作基地“航天电子信息技术国际联合研究中心”；是自然资源部与集团共建“海洋遥测工程技术研究中心”的挂靠依托单位。

产品咨询：胡涛涛　19910126016。

22. 北京依派伟业数码科技有限公司（简称“北京依派伟业”）

中关村国家自主创新示范区的瞪羚企业，生产的 EPEX 大气负离子自动监测系统整体技术水平全球领先。公司的主要产品包括大气负氧离子站、气象站、生态监测系统、花粉监测系统、水质监测系统等。广泛应用在气象、林业、环保、旅游及农业等行业。

公司软件企业通过了美国 CMMI 软件成熟度 3 级认证、ISO 9001 质量管理体系认证，获 AAA 级企业信用等级、国家高新技术企业认证，具有中国电子行业协会授予的信息系统集成三级资质。

EPEX 大气负离子自动观测系列产品运用国际最新的“Gerdien Tube”空气离子采集器原理，能长期、自动、连续、全天候监测大气负离子浓度变化。产品已获欧盟 CE 认证，具有华东国家计量测试中心出具的负离子浓度测试报告、中国气象局气象探测中心出具的设备测试报告、国家林业局规划设计院的外场测试报告。产品已有实用新型专利、软件著作权等十余项自主知识产权。

产品咨询：罗宝音　13311058055。

23. 北京志晨科技有限公司（简称“北京志晨”）

通过 ISO 9001 和 14001 体系认证，主营产品为环境检测分析仪器，公司坚持自主研发和产学研合作的技术创新路线。陆续完善光化学污染成分分析、大气细颗粒物检测、水质检测和运维服务四大业务板块。大气光化学污染、细颗粒物检测仪器在国内名列前列，尤其化学电离质谱、过氧化氢分析仪、亚硝酸分析仪等更是实现国产化，打破国外垄断。

公司于 2019 年在山东济南设立分公司，扩充仪器生产线，年生产值 2000 多万元。公司具有实用新型专利和软件著作权共计十余项，业绩分布于全国各地，参与生态环境部《气溶胶颗粒物有机碳元素碳离线分析仪的技术标准》的制定。

产品咨询：糜自年　13910125064。

24. 北京中科宇天科技发展有限公司（简称“北京中科宇天”）

成立于 2001 年，为中国科学院参股企业，位于中国农大国际创业园，从事研发工作的核心团队依托中科院自动化研究所，拥有稳定的人才队伍和高效的工作作风。

公司建立了完备的质量、环境和安全体系，通过了 ISO 9001 质量体系认证、ISO 14001 环境体系认证和 ISO 45001 安全管理体系认证。生产的产品均符合国家和行业标准，其技术性能和质量均达到国内领先水平。

公司着重于气象仪器的开发，已经开发出的主要产品有降水现象仪、降水现象仪检测装置、智能雨量模块、全天空云量自动观测仪、融雪型雨雪量计等，拥有相关专利和著作权 30 多项。

产品咨询：李建成　15910833678。

25. 长春华信气象科技有限公司（简称“长春华信”）

原名为长春天信气象仪器有限公司，成立于 1999 年，是集气象自动观测系统研制生产、气象业务应用软件开发、气象设备安装集成和气象技术服务等业务为一体的多元化高新技术企业。

公司研制出一系列具有自主知识产权的核心产品，获得了 GJB 9001C—2017 国军标质量管理体系认证证书、装备承制单位资格证书等军工四证及高新技术企业证书，拥有实用新型专利和软件著作权证书

30余项。

在2008年“5·12”汶川特大地震中，公司研制开发的基于北斗卫星通信和太阳能供电的DZB6型便携式自动气象站，解决了震区供电和通信中断的情况下降雨量观测和数据传输问题，为唐家山堰塞湖防汛和排险发挥了重要作用，并获得中国气象局的嘉奖。

公司研发生产的地面自动气象站、水文气象测量浮标、船基海气测量系统、高原环境气象测量系统、浅层风测量系统、森林火险预警监测系统、机动类气象站等气象装备，广泛应用于气象预报、大气探测、航空航天、林业、海洋、海事、交通、环保等领域，在业内受到了广泛的好评。

产品咨询：孙驰　18504315560。

26. 长春金太阳光电设备技术有限公司（简称“长春金太阳”）

金太阳光电——追逐阳光、诠释阳光。是一家专注于高端光电产品研究、开发、生产、销售与技术服务的高科技企业，成立于2010年4月，总部及研发基地设立于长春市总部基地。依托多所科研院所及高校相关领域专家建立了联合交叉技术团队，为公司发展提供技术支撑，并与国内多家计量单位建立了广泛的合作与交流。

公司立足于光电技术领域前沿，致力于太阳光辐射遥感技术应用及相关装备研发，包括光谱测量、光学辐射观测、大气监控、辐射定标仪器等专业设备研制及技术方案、测试等内容，为国民经济领域包括气象、工业、农业、环保、卫星定标等多行业用户提供高技术、高性能的光电产品及优质的技术服务。

现已成功研制了CW193智能化全自动多波段太阳光度计系列、STS全自动精密太阳跟踪系列、全自动高光谱太阳定日镜、高光谱太阳/月球光度计、高精度大气辐射探测总表/直表、高光谱全自动漫总比系统、高精度全自动红外温度辐射计、多通道地表监控辐射计、ACS便携式大气二氧化氮和臭氧柱总量探测仪、JTDI-1热电式直接辐射表等多款产品。积极参与了国家辐射定标、大气监控与探测等建设任务，为国内多家企业提供产品与服务，获得业界广泛好评，实现了技术储备，赢得了客户信誉。

网址：www.jintaiyangcn.com；E-mail：ccjintaiyang@sina.com。

产品咨询：王颖　13596161228。

27. 长春气象仪器有限公司（简称“长春气象仪器”）

始建于1954年，原名“中国人民解放军3613工厂”，后用名“长春气象仪器厂”，2008年更名为“长春气象仪器有限公司”，是国内最大的气象仪器制造企业之一。

企业自行研发的自动气象站，1996年通过中国人民解放军总参气象局的军工产品定型，1998年7月获得中国气象局气象技术装备使用许可证，2002年通过国家ISO 2000：2002质量管理体系认证，2009年9月通过GJB 9001A—2001军工产品质量管理体系认证审核，2015年取得中国人民解放军总装备发展部装备承制单位资格证书。

公司主要产品有各型号多要素自动气象站、便携气象站、高速公路气象监测系统、机场自动气象站、梯度风气象站等自动化仪器，广泛应用于气象、国防、水利、林业、机场、高速公路、农业、环保、新能源等众多领域。

公司以气象与环境现代化建设的需求为导向，面向社会和市场，不断开发新产品，本着“质量第一，用户至上”宗旨，为广大用户提供优质的产品和服务。

产品咨询：李梦蕾　13944907993。

28. 成都锦江电子系统工程有限公司（简称“成都锦江电子”）

军工代号“国营第七八四厂”，是国家“一五”期间156项重点工程之一，始建于1954年，1958年建成投产，专业从事军民用地面雷达等电子系统工程产品研发、生产、经营。

公司气象雷达产品覆盖五个频段（L、S、C、X、Ka），具有多种体制（常规、多普勒、双偏振、相控阵）。在不同频段、型号和体制的天气雷达研制中实现了19个第一，获得16项国防、28项发明、74项实用新型专利，主导制定了7项国家标准、22项行业标准，先后荣获国家级、省级、部级各种奖项24项，累计生产天气雷达600余部，目前在役400余部。产品广泛服务于中国气象局、中国民航局、水利部、农业部、电力部门、科研院所等。产品遍布全国，在低气压、高温、高湿、高盐，特别是沿海、岛礁等复杂环境下的生存能力得到长期检验。

产品咨询：韦一　13658032921。

29. 成都远望科技有限责任公司（简称“成都远望科技”）

是国内领先的天气雷达信号处理器提供商，主要从事气象雷达关键部件及保障设备研制和多场景气象应用系统服务。公司长年精耕旅游、农业、应急减灾等气象雷达信号处理系统细分领域，已形成气象雷达信号处理系统、雷达测试与故障诊断系统、人影雷达组网作业评估系统、强对流天气雷达预警系统等气象探测服务完整产品矩阵。

公司以推进我国气象探测数字化、智能化为己任，致力于成为独具特色的气象探测关键部件及应用服务赛道领先企业。公司通过了国军标武器装备质量管理体系认证，先后获得了国家级高新技术企业、四川省“专精特新”企业、国家级科技型中小企业、成都市新经济梯度培育企业等荣誉称号，核心产品获得了四川省科技进步奖(2011 年、2016 年)、中国气象学会气象科学技术进步成果二等奖、成都市自主创新产品等评奖。

产品咨询：付晓君　18190983875。

30. 成都远望探测技术有限公司（简称“成都远望探测”）

是一家以气象探测技术装备研发和气象应用服务系统解决方案设计为核心的国家高新技术企业。公司拥有多型多体制气象雷达系统设计、信号处理、协同组网、数据融合和产品应用等关键技术，具备气象探测设备建设与气象应用服务相结合的能力和经验。

公司与中国气象局、成都信息工程大学等单位合作，积极探索气象探测领域的前沿技术与方法。现已成功研制 X 波段全固态双偏振天气雷达、X 波段双线偏振一维相控阵天气雷达、毫米波全固态云雷达、W 波段连续波云雾雷达、微波激光(云-气溶胶)复合雷达、激光测风雷达、气象无人机探测系统、人工影响天气决策分析系统、雷达组网观测系统、强对流天气雷达预警系统和强对流天气短临预报系统等。

公司以推进我国气象探测现代化和气象服务商业化为己任，全力打造中国商业气象应用服务生态系统，致力成为国内领先的气象探测装备和气象服务解决方案提供商。

产品咨询：李佩芝　13398463177。

31. 广东华风锐进科技有限公司（简称“广东华风锐进”）

是一家以大气环境、生态监测系统研发、生产、技术服务为主营业务的专业化企业。产品涉及环境监测、气象监测、石油石化、实验室分析、公安、消防、卫生、安监、海关、质检等多个领域。并在 ISO 9001 的框架下建立健全了一套完整的生产工艺流程和产品质量控制程序。

公司自成立以来呈高速发展趋势，已经组建了一支高素质、创新能力强的核心研发和生产团队，具有较强的研发和服务能力。公司已与高校科研机构建立长期战略合作关系，并组建了核心团队，团队由多名高校教授、科研专家及技术骨干组成。

在 2018 年与广东省气象局、中山大学联合成立科研中心，联合研发大气负氧离子观测设备，经过市场调研和研发测试，成功开发出第一代设备，并应用于广东省天然氧吧和生态环境观测。随着技术革新和市场要求，已在相继研发第二代设备和相关便携式产品。

已成功研制出气溶胶激光雷达、可视型 3D 扫描激光雷达、臭氧廓线激光雷达、拉曼温湿廓线激光雷达、多普勒激光风廓线雷达、云高仪、大气负氧离子观测仪、能见度激光雷达、大气综合观测仪等系列仪器，获得多项国家发明专利，并开发出拥有自主知识产权的系列分析测试软件。产品自投入市场以来，取得了很好的市场效应。全面科学的管理、先进的研究技术及严格的质量控制标准，是产品质量的全面保障，公司所有自主产品均已实现批量化生产，填补了多项国内监测技术空白。

有专业的技术团队提供系统搭建、设备硬件维护和软件应用技术支持服务，总部位于广州，主要服务于华南区域，同时在北京、上海、成都等地设有办事处，并处于扩大过程中，为客户提供优质、及时的售后服务。

产品咨询:尹航　18888873485。

32. 广东纳睿雷达科技股份有限公司(简称“广东纳睿雷达”)

上市公司(股票代码 688522),成立于 2014 年 5 月,是国内掌握自主知识产权全极化多功能有源相控阵雷达关键核心技术并实现了产业化的高新技术企业。也是全球为数不多掌握从微带贴片阵列天线、射频前端、数字中频后端、信号处理、数据融合到雷达数据产品开发等相控阵雷达设计制造、雷达软件生态和雷达算法服务全价值链系统解决方案提供商。

公司自主研发的有源相控阵雷达产品采取全球独特的技术路线,将相控阵技术和极化技术相结合,突破了先进相控阵雷达技术在民用领域推广应用的技术壁垒和成本瓶颈,致力于解决“尺度小、生消快、致灾性强的低空快速变化危害气象目标探测”和“低空慢小目标探测及海面目标探测”等世界性探测难题。公司主营相控阵雷达系统产品研究及其应用被中国雷达行业协会鉴定为“国际先进水平”。目前,公司已在全国十多个省、自治区、直辖市及香港特别行政区完成了百余套雷达系统的布设或运行。产品已广泛应用于气象探测领域,并逐步向水利监测、民用航空、海洋监测、森林防灾、公共安全等领域推广。

公司创始团队由海归博士科学家和资深工程师技术团队组成,分别具有全球雷达巨头、世界 500 强芯片企业和北美微波国家重点实验室技术背景,是广东省引进的“创新创业团队”。公司先后获得国家级高新技术企业、国家级专精特新“小巨人”企业、省级相控阵雷达系统工程技术研究中心、省级企业技术中心、省级工业设计中心等殊荣。

产品咨询:曹虎文　18902538415。

33. 广东省气象计算机应用开发研究所(简称“广东气象计算机所”)

是一家致力于地面气象观测设备研制的高科技企业,主要产品包括 DZZ1-2 型自动气象站、WP3103 型自动气象站、DZH7 海滨(海岛、石油平台)自动气象站等。产品在广东省范围内广泛应用于气象、军事、海洋、航空、生态等领域,备受好评。

始终坚持“以人为本”的用人理念,实施“引进人才、培养人才、留住人才”的人才战略,加强在职人员培养力度,形成一支知识结构合理、实践经验丰富、创新意识强、管理与技术力量雄厚的员工队伍,培养了正研级高工 1 人、高级工程师 12 人、工程师 9 人。

生产场地共有 1800 平方米,交通便利,能够为批量生产提供便利条件;委托生产车间工艺集成均采用现代生产工作台,为流水线生产提供基础性保障。生产管理上严格按 ISO 9001:2015 质量管理体系组织生产,务必做到规范、有序、高效。

始终秉承“诚信为民、服务大众”的宗旨,“客户的满意才是我们的成功”是单位一直以来不变的追求。

产品咨询:黄宏智　13512753770。

34. 广州禾信仪器股份有限公司(简称“广州禾信”)

上市公司(股票代码 688622),成立于 2004 年,海外归国高层次人才创业企业,国家火炬计划重点高新技术企业,集质谱仪器研发、制造、销售及技术服务于一体的规模化自主研发的专业质谱仪器企业。

面向环境监测、生物医药、食品安全、工业生产等领域,提供多种质谱产品及技术服务解决方案。提出空气污染在线来源解析监测方法,小时级别精准锁定污染源,助力国家打赢“蓝天保卫战”。

19 年锲而不舍,聚焦质谱主业,加强自主创新,积极建设“禾信质谱产业化基地”“粤港澳大湾区高端科学仪器创新中心”,聚集高端科学仪器优势产业资源,协同创新,集中力量办大事,树立质谱仪器民族品牌,建设具有国际竞争力的高端质谱仪器制造企业。

公司建有我国专业飞行时间质谱仪器正向研发平台,平台拥有广东省飞行时间质谱仪(禾信)工程技术研究中心、广东省大气污染在线源解析系统工程技术研究中心、广东省环境保护大气污染在线源解析工程技术研究中心、广东省企业技术中心、广东省禾信质谱院士工作站、博士后科研工作站。

产品咨询:江磊　15201226781。

35. 广州市双一气象器材有限公司(简称“广州双一气象”)

成立于2008年,是一家专业研制、生产气象气球的企业,公司前身是军委气象局于1953年引进气象气球制造技术的中国第一家气象气球生产企业,至今已有70年历史,经历并参与了我国气象气球产品的研发、定型、标准制定、质量提升的发展过程,积累了丰富的气象气球生产经验,一直以来是中国气象局和部队的气象气球供应商,深得使用单位的信赖和好评。

拥有“气象专用技术装备使用许可证”“装备承制单位注册证书”“高新技术企业证书”等证书,并持续不断创新、研发新产品,公司在2021年获得广东省科技进步二等奖,2022年被认定为广东省专精特新中小企业。

公司生产的气象气球产品规格齐全、品质优良,有10克至4500克各种规格型号的系列产品;生产技术人员经验丰富,生产设备先进科学,通过了ISO 9000、GJB 9001A等一系列质量体系认证,具有良好的产品质量保障能力和满足客户使用需求的供货能力。公司将秉持“质量第一、客户至上”的宗旨,持续改进,不断提高,为气象行业提供更多、更好、更优质的产品和服务,为中国气象事业作出更大贡献。

产品咨询:林秀萍　13802965630。

36. 航天新气象科技有限公司(简称“航天新气象”)

公司成立于2017年12月25日,是中国航天科工集团二院二十三所控股的混合所有制高新技术企业,设有无锡本部和北京分公司。公司建有国家级博士后科研工作站和省级工程中心、院士工作站、研究生工作站等多个创新平台,并与中科院大气物理所、电子所及南京大学、南京信息工程大学等建立多个产学研平台。公司已获得CNAS、CE和船级社等多项国际认证,具有国内行业领先的研发和创新能力,拥有发明专利70多项。截至2022年底,公司员工500余人,其中硕博士超过100人,研发人员200人左右,每年研发投入占比超过10%。

公司始终牢记习近平总书记对气象工作的重要指示精神,充分发挥混合所有制的体制优势,紧随国家重大发展战略,继续深耕气象、军事、机场、国际、行业观测和气象服务六大核心市场,全面建立和优化以客户为中心的运营体系,持续提升客户服务能力和水平,致力于成为国际一流的“空天地海”综合性气象探测仪器装备及服务提供商,为实现科技强军、航天报国作出更大贡献!

产品咨询:蒋健　13912367401(自动站);杨彬　18811222860(雷达)。

37. 杭州浅海科技有限责任公司(简称“杭州浅海”)

是一家集研发、生产、销售、服务为一体的高新技术企业。主营业务包括气象、海洋仪器以及解决方案,为气象局、民航、科研院所、高校、自然资源部等不同领域用户提供众多探测设备及解决方案。

先后被评为国家级高新技术企业、瞪羚企业、杭州市专家工作站、市级企业高新技术研究开发中心、浙江省科技型中小企业,并受邀加入杭州市国防科技工业协会、中国仪器仪表学会。2021年,取得武器装备科研生产单位二级BM资格证书,为继续开拓军工市场奠定了良好的基础,为国防建设作出了贡献。

是首批获得中国气象局下发的气象专用技术装备使用许可证厂家之一,是中国气象服务协会理事单位,在中国气象服务协会牵头组织的企业信用等级评价工作中荣获“AAA级信用企业”的荣誉称号。

先后为多个国家级重大项目提供保障工作,分别参与了2022年北京冬奥会和冬残奥会气象服务保障、2019年第七届世界军人运动会环境空气质量保障、中华人民共和国成立70周年庆祝活动气象服务保障等重大项目。2023年,公司携微波辐射计、激光雷达等专业气象设备为杭州亚运会提供保障服务。

产品咨询:郭臣　18502250086。

38. 杭州微智兆智能科技有限公司(简称“杭州微智兆”)

成立于2014年,位于浙江省杭州市上城工业园区,是一家专业从事智慧质控溯源技术开发和智能质控溯源设备生产的高新科技企业。公司致力于提供环境监测数据质量控制和溯源整体解决方案,作为质控溯源先导品牌,是目前该领域中唯一拥有全面独立的核心技术和完整自主知识产权的公司。公司根据环保体制改革现状和趋势,结合国际先进智能技术的发展,自主创新,推出了多项符合中国环保监测数据质量控制和溯源的整体智能化方案,并成功应用于环境保护、气象等领域。

产品咨询:汪涛　18657175651。

39. 合肥中科光博量子科技有限公司(简称“合肥中科光博”)

坐落于合肥国家级高新技术产业开发区，是国家高新技术企业和“专精特新”企业，“国家环境光学监测仪器工程技术研究中心”“安徽省环境气象探测装备工程技术研究中心”承建单位。

致力于生态环境大数据应用与服务，专注于先进的激光雷达立体探测技术、卫星遥感技术、数值预报模式技术，通过“地、空、天”立体组网，融合地理信息、气象及生态要素等数据，布局智慧应用平台，并深入开发环境监测、气象观测、智慧园区、交通安全、智慧农业、智慧林业、碳监测与评估、军工制造等应用场景，构建生态环境大数据应用中心，提供科学的总体数字解决方案。

核心团队包括中国工程院院士 1 人、万人计划(科技创业领军人才)1 人、博导级专家 8 人，其中硕士及以上学历研发人员占 50%，并与中国科学院安光所、北京大学、中国科学技术大学、南京大学、合肥工业大学、安徽大学、南京信息工程大学、安徽农业大学等高校科研院所建立了良好的产学研合作关系。

获得多项资质荣誉，在人才团队方面，先后获得安徽省高层次科技人才团队、江淮硅谷创新创业团队、安徽省新型研发机构等资质；在公司荣誉方面，先后荣获国家高新技术企业、安徽省专精特新企业、安徽省首台(套)重大技术装备认定企业、安徽省节能环保产业重点培育企业、安徽省企业技术中心、环保装备制造业规范条件企业、安徽省大数据企业、科技型中小企业、安徽省软件企业、安徽省创新型中小企业、安徽省商标品牌示范企业、合肥市高成长企业、合肥高新区高成长企业、合肥市服务型制造示范企业、合肥市市级工业设计中心、合肥市国家知识产权管理标准化试点单位、合肥市优质小微企业、合肥高新区深科技企业等荣誉称号；在知识产权方面，共取得知识产权 200 余项，包括发明专利、外观专利、实用新型专利、软件著作权等。

产品咨询：徐纬煜　17344058262。

40. 合肥中科环光技术有限公司(简称“合肥中科环光”)

由中科院合肥物质科学研究院、安徽光学精密机械研究所环境光学中心技术团队联合投资成立，位于合肥市蜀山区“中国环境谷”。

公司依托大气污染监测先进技术与装备国家工程实验室，坚持以“技术创新”为核心，以“客户价值”为牵引，秉承“合作共赢”的原则，坚持面向世界科技前沿、面向国家环境气象领域重大需求、面向人民生命健康，聚焦“环境、气象、交通、应急、海洋”领域，对标国际前沿技术发展水平，开展高端智能立体监测设备的技术研发和生产制造，提供科学专业、全方位的解决方案，打造成为立体监测领域的国际一流品牌。

拥有院士 1 名，国家万人计划 1 名，拥有立体监测领域技术专家 20 余名，拥有 50 余名从事产品研发、软件开发、产品应用升级的资深技术工程师，硕士、博士学历占 80%以上。

产品咨询：张方方　15715515039。

41. 河南中原光电测控技术有限公司(简称“河南中原测控”)

成立于 1991 年，隶属于中国电子科技集团有限公司，是集研发、生产、销售于一体的高新技术企业。公司坚持以市场为导向，以科技为支撑，以信息化为主导，共享中国电科二十七研究所、中电科新防务技术有限公司科研支撑资源，拥有多项高新技术产品，是国内气象、农业、智能制造等行业高端传感器主要供应商和行业信息化软件平台、系统级解决方案及服务提供商。

公司主要从事环境监测技术、现代农业电子技术、交通气象电子、冶金测控和特种光电探测设备的开发研制和推广应用，产品已广泛应用于气象、农业、交通、水利等领域。

主要有三大业务板块：①气象探测与应用，分为生态气象、交通气象、农业气象三个方向。生态气象方向产品包括冻土自动观测仪、区域土壤水分自动观测仪和植被自动观测仪等；交通气象方向产品包括 DLY10 型遥感式路面状态传感器、ZYV200 型前向散射式能见度仪等；农业气象方向产品包括 DZN2 型自动土壤水分观测仪、ZY2100 型农作物气象自动观测仪等。②智慧农业板块，包含大田四情智能监测系统和水肥一体化智能控制灌溉系统等。③工业测量与控制板块，分为激光测量和烟支检测两个方向。

产品咨询：王中金　15237133806。

42. 华纳创新（北京）科技有限公司（简称“北京华纳创新”）

是集设备制造、应用服务、国际贸易于一体的综合性创新企业集团，在北京、苏州分别设有研发中心和生产基地。是国家高新技术企业，且通过了 ISO 9001 质量管理体系认证。

以自动化技术为核心优势，自有软硬件平台，为铁路、化工、科研、环保等多个行业的用户提供自动化、智能化仪器装备和一体化解决方案，在多个细分市场处于领导地位。在自动化系统研发方面技术实力雄厚，拥有多项专利和专有技术，是国家重点研发计划参与单位。目前，公司已和中国铁路总公司、中国科学院、中国石化、中国石油、中化集团、中国大唐、中国气象局、北京大学、清华大学等单位建立了稳定的合作关系，已有近百套自动化仪器设备在各铁路局焊轨基地、中科院科研院所、大气监测站点、企业研发机构和高校成功运行，得到了用户的广泛认可。

公司旗下“天霁”品牌服务于环境空气监测领域，提供从大气采样到高精度空气组分监测的完整解决方案。天霁 ODS5-PRO 高精度环境空气 ODS 和含氟温室气体监测系统，采用双捕集阱超低温预浓缩进样系统，以气相色谱-质谱联用仪(GC-MS)为分析仪器，配合全自动化控制系统和软件平台，可实现大气中约 50 种 ODS 和含氟温室气体的高精度自动化观测。天霁 ODS5-PRO 是国家重点研发计划成果，是世界范围内率先实现商品化的 ODS 与含氟温室气体分析监测系统，具有监测物种数量多、检测限低、精度高、可监测气体浓度范围宽、自动化程度高的优点。天霁系列正压空气采样器广泛应用于 ODS、含氟气体、温室气体分析用空气样品的采集，适用于苏玛罐、双口不锈钢采样罐、玻璃瓶等多种采样容器，采样压力和流量可调。双模大气采样器内置抽气泵及阀门切换装置，可在现场全自动完成采样罐的抽气清洗与充气采样操作，极大提高采样效率。

产品咨询：谈际良　13389903279。

43. 华云敏视达雷达（北京）有限公司（简称“北京敏视达”）

是由中国气象局所属的中国华云气象科技集团公司于 1995 年在北京投资兴办的高新技术企业。公司始终坚持融合国内外先进气象与电子技术，为国内外用户提供一流的、可靠的大气探测产品及优质服务，已形成一支在天气雷达、风廓线雷达、激光测风雷达的硬件设计、软件开发、生产调试、现场安装和维护保障等各个方面具有科学管理水平和雄厚技术实力的专业技术队伍。

公司目前已具备年产 20 台天气雷达、20 台风廓线雷达、50 台 GNSS 遥感水汽探测设备、10 台测风激光雷达的生产能力，在基础设施上拥有 800 平方米的各型雷达组装车间及 4000 平方米的测试基地，可以同时调试 4 部天气雷达和 5 部风廓线雷达及其他气象探测设备。

严格贯彻落实 ISO 9001 国际质量管理体系，对生产和服务的提供过程进行严格的质量控制，确保产品和服务符合顾客要求。在执行国内外数百部各型雷达系统合同过程中，公司严格遵守合同约定、履行合同义务，从未与用户发生过履约纠纷。在雷达交付用户后，每年通过定期巡检和售后服务制度，收集用户使用情况、指导用户维护维修、保障雷达业务运行的长期稳定和高效。

产品咨询：郭志勇　13501210991。

44. 华云升达（北京）气象科技有限责任公司（简称“北京华云升达”）

是中国华云气象科技集团公司于 2012 年 8 月 8 日正式成立的全资子公司，独立承担气象探测仪器设备的研发、生产、销售以及技术服务等方面的业务，形成以气象综合探测装备及保障为主体，稳步推进专业气象服务的发展格局。

依托完善的研发体系，公司拥有覆盖海、陆、空三大领域几十款专业气象软硬件产品，形成了以智能自动站、新型自动气象站、骨干区域自动站、海岛气象站等新技术、新工艺、新材料、新服务的自动气象站产品系列，以交通气象站、机场气象站、航道观测站等新应用场景的产品系列，以能见度仪、云高仪、天气现象自动观测系统为主的云能天自动化观测产品系列，以超声风传感器、气压传感器、日照传感器、新一代数据采集器为主的国产化产品系列，并开展地面综合观测软件业务系统的研发和推广服务。建立了全时段声讯服务、远程网络、现场多维度立体服务保障体系及专项服务保障团队，具备同时为交通、环保、水利、电力、农业、民航和军队等用户提供产品及系统解决方案的能力，成为中国政府实施国际气象援助项目的首选供应商。

公司主导产品在国内同类产品市场占有率已超过60%，为我国农业、气象、环保、水利、交通、航天、军事等多个行业领域提供了高性能的系统解决方案，产品及服务遍及澳大利亚、罗马尼亚、印度、韩国等多个国家。

产品咨询：郎淑歌　13681378106。

45. 聚光科技(杭州)股份有限公司(简称“杭州聚光科技”)

上市公司(股票代码300203)，成立于2002年，总部位于中国杭州，是一家以高端仪器装备产品技术为核心的高科技平台型企业。

用感知分析技术与数字化管理持续守护地球环境与人类生命的健康与安全。公司业务涵盖智慧环境、智慧工业、智慧实验室、生命科学等领域，为环境、水利水务、应急安全、冶金、石化、化工、水泥、半导体、材料、能源、地矿、食品药品、疾控、生命科学等众多行业客户提供分析仪器、试剂耗材、信息化软件、运维服务、检测服务、咨询服务等创新产品组合与解决方案。

秉承“科技基因、研发基石、产业深耕”的经营理念，致力于打造成为“高端仪器装备民族品牌领军企业”。坚持掌握自主可控的核心技术，不断攻克“卡脖子技术”，构筑多领域技术平台及创新应用，同步数字化、智能化时代发展趋势。

未来，杭州聚光科技将继续秉持创新与匠心精神双轮驱动，始终与时代共呼吸，以自主可控的高端仪器装备产品、技术服务于各行各业，共夯科学仪器强国之基，拥抱科学仪器新未来！

产品咨询：晚晚　13611289859。

46. 凯迈(洛阳)环测有限公司(简称“洛阳凯迈”)

公司成立于2011年，利用精确制导武器的军用技术转化，专业研发、生产制造、销售气象环境监测产品。获得科技型中小企业、河南省及洛阳市科技小巨人培育企业等称号，拥有100余项专利、软件著作权和科技成果，编写了多项行业、国家及军用标准，通过了军民品体系认证，具有武器装备承制资格。

建有设施完备、国内领先的大气环境模拟实验室、光学实验室、环境与可靠性试验室、强度实验室及综合观测试验场，是洛阳市环境监测装备工程技术研究中心。

自主研发出气象环境感知、专业气象观测、公共气象服务、产品解决方案和应用软件5大系列40余种产品、10多项系统解决方案，广泛应用于军方及多个省(自治区、直辖市)的气象、交通、海事海洋、机场、港口航道、环保等领域。

坚持“改革引领、市场为先、创新驱动、人才为本”的发展思路，秉承“合作双赢，树民族品牌”的发展理念，践行“以市场需求为导向、以技术创新为依托”，致力于为用户提供更加完善的解决方案，创造更大的价值！

产品咨询：魏国栓　18639286953。

47. 来山(北京)生态科技有限公司(简称“北京来山生态”)

成立于2011年，位于北京海淀。公司专注于生态环境领域，是专业的生态环境仪器研发厂家及国外知名产品在中国的代理和服务商。主要服务于气象、农业、林业、水文、军事等众多科研及应用领域。

公司与中国农业大学智慧农业传感与检测实验室、美国Campbell等战略合作，合作开发了TDR土壤水分传感器、TDR阵列/TDR螺旋式土壤水分传感器、大孔径闪烁仪/微波闪烁仪、植物茎秆液流等产品和系统。同时，公司也是美国EEC(天气雷达)、德国Scintec(风廓线雷达)、美国Campbell、美国Picarro、荷兰Kipp&Zonen等公司在中国大陆地区代理和技术服务中心。获得ISO 9001质量体系认证，拥有11项软件著作权等。

产品咨询：杨波　13601302321。

48. 南京大桥机器有限公司(简称“南京大桥机器”)

成立于1958年，是专业从事气象装备研制生产的高科技电子企业，具备研制生产军用、民用气象观探测装备的各种资质，研制生产了我国第一部高空气象探测雷达、第一部气象卫星云图接收设备、第一部炮兵综合气象保障车、第一部全自动探空系统，为提高我国气象装备建设发展作出了突出贡献。

公司现有两个厂区，职工500余人，高、中级职称技术人员200余人，享受政府津贴、省市中青年专家、学科带头人20余人，取得了50多项具有完全自主知识产权的发明专利，多项产品获国家科技进步一等奖、部级特等奖。全自动智能探空装备获2016年度江苏省科学技术进步二等奖、2015年度南京市科技进步一等奖和南京市优秀发明专利奖。

公司是国家高新技术企业、国家专精特新小巨人企业，建有江苏省大气探测装备工程技术研究中心、江苏省企业技术中心，产品涵盖气象观（探）测、气象预报、卫星信息接收处理三个领域。公司始终秉承"质量第一，信誉至上；科技创新，精益求精；优质服务，顾客满意"的质量方针，深入贯彻各项质量要求，生产出高、精、尖的优质产品，为客户提供高质量气象装备和技术支撑。

产品咨询：侯维佳　13770965180。

49. 南京恩瑞特实业有限公司（简称"南京恩瑞特"）

成立于2003年1月8日，是国睿科技股份有限公司的全资子公司。国睿科技是由中国电子科技集团公司第十四研究所（简称十四所）整合优质产业资源组建而成的民品产业平台，于2013年在上海证券交易所上市（股票代码600562），总注册资本12.42亿元。公司控股方十四所是中国雷达工业的发源地，是国内唯一有能力同时提供海、陆、空、天全领域预警探测系统装备的大型、高科技、综合性研究所，被誉为"三军之眼、大国重器"。

本公司长期服务于气象领域，是国内气象探测系统的主要供应商。依托十四所强大的技术力量及资源，持续加大研发投入，推动技术创新，取得了一系列突破。在气象雷达领域，公司形成了富有特点的从雷达装备到应用系统整体解决方案，拥有测风、测雨、测云全谱系气象雷达。公司将新一代雷达技术成功应用于民用雷达领域，攻克了大型相控阵天气雷达技术，研发出代表世界先进水平的大型相控阵天气雷达，持续引领气象雷达发展。公司以先进的探测感知装备、大数据智能分析预警系统构建了智慧气象网信体系整体解决方案，服务国家重大战略、国家应对气候变化战略、政府防灾减灾、国民经济特定行业需求和智慧城市健康运行。

产品咨询：王为　15605150200。

50. 南京牧镭激光科技股份有限公司（简称"南京牧镭激光"）

成立于2015年，是一家以激光探测技术为核心，研发、生产、销售激光雷达产品的高新技术企业。公司先后推出了地基式、机舱式、三维扫描式等多个系列测风激光雷达产品，自主实现了激光雷达系统核心关键模块的研发和生产，拥有相关专利百余项，覆盖了激光雷达系统，为风电机组降本增效、快速部署提供有力的技术支撑，是风电产业测风激光雷达系统应用的推动者。

公司是国内首批建成大规模批量化测风激光雷达生产线的企业，并长期参与国际电工委员会（IEC）、全国风力发电标准化技术委员会（简称"风标委"）相关标准制定工作，产品通过CE、UL、DNV-GL、Wind-Guard、DTU、Risø、北京鉴衡认证中心以及中国气象局风能太阳能资源中心的测试和认证。公司业务已覆盖国内全部主流风电主机厂商及电力行业业主端，并拓展到海外多个区域和国家，如欧洲、美国、日本、韩国、印度、智利等。

公司获得多项荣誉和资质，如国家级专精特新小巨人企业、国家级知识产权优势企业、江苏省测风激光雷达工程技术研究中心、苏南潜在独角兽培育企业、南京市瞪羚企业等，荣获中央电视台《新闻联播》《大国重器》《国货品牌》报道。

公司以遥感激光技术为基础，不断向其他领域拓展，2020年开始进入气象环保等领域，快速生产出颗粒物雷达、臭氧激光雷达、痕量气体检测仪等系列产品，为公司发展注入了新的动力。未来，公司将持续加强研发、市场建设，致力于成为世界一流的激光企业，为新能源、数字化、智能化产业发展及"30·60"双碳目标贡献应有的力量。

产品咨询：徐少兵　13584007699。

51. 南京思摩特传感器有限公司（简称"南京思摩特"）

长期深耕于土壤水、盐和酸碱度原位测定新技术、新材料的研发，产品固态数字pH传感器和pH

计系列填补国内该细分领域高端传感器空白，并应用在国家重点领域。公司为国家级高新技术企业、国际 SDI-12 数字传感标准学会理事成员、中国传感器与物联网产业联盟智慧农业传感技术与应用专委会理事单位，在业内积极组织推动国内传感器标准化、产业化、网络化、智慧化相关工作，获得广泛认同。

产品咨询：王亮亮　13951013457。

52. 南京微麦科斯电子科技有限责任公司（简称“南京微麦科斯”）

成立于 2016 年，是一家研发水利、气象、海洋、环保、新能源领域的雷达装备及系统的专精特新高新技术企业。公司总部位于南京市江北新区产业技术研创园，在辽宁、湖南、云南、四川等地均设有分公司。公司响应科技部“智慧中国、数字中国”的号召，自主创新，坚决保障高端雷达设备的国产化。

公司遵循“引领行业技术发展、创建国际知名品牌、提供顾客优质服务”的方针，聚焦高端雷达及应用系统，研制生产 Ridar® 系列雷达侧扫测流仪、K 波段测浪雷达系统（Sidar）、雷达水位计、雷达电波流速仪、雨量雷达、微测风雷达、微测雨雷达等，包括硬件、软件和网络系统，是为水文、气象、海洋业务提供的新型智慧探测设备。深化信息梯级产品加工，可以为农业、渔业、海洋运输、电力安全、交通安全、水利洪涝、新能源开发、保险服务、环境保护、商务运作等应用部门提供智慧服务。

拥有有源相控阵、稀疏阵、软件无线电等先进技术，在深度感知及物联网领域有较深入研究。目前拥有相关发明专利及软件著作权 35 项。雷达设备全部自行研制，能够提供长期的售后服务，维护费用低；雷达的研制生产完全采用军工产品质量管理规定，质量与可靠性达到军工产品要求；拥有研发设计、调试、交付、培训与售后等系列服务体系，同时拥有众多知名的国际国内相关行业战略合作伙伴，因此具有雄厚的技术与生产研发能力，可为客户提供专业的水文、气象、海洋观测系统的一体化解决方案。

产品咨询：曾仲毅　15150566145。

53. 青岛华航环境科技有限责任公司（简称“青岛华航”）

2014 年由国家财政部批复设立，是一家从事军民两用雷达装备研发、设计、生产和销售的高科技企业；主要涉及航空航天、国防军工、水文气象、环境海洋、风电新能源等多领域空间立体观测。以国防安全、空间立体监测、新能源开发为切入点，发展城市和海上高分辨率遥感探测和应用技术。公司具备完整的雷达产品线和强大的技术服务运维团队，生产的各型号雷达现已在国内外陆、海、岛礁等多平台载体部署数百套，并多次为党和国家的重大活动提供技术支持与保障。

产品咨询：苏豆豆　18351800266。

54. 青岛镭测创芯科技有限公司（简称“青岛镭测创芯”）

是国家级“专精特新”小巨人企业、国家高新技术企业、山东省“省级新型研发机构”、山东省瞪羚企业、山东省“专精特新”中小企业，专注于气象、环境、海洋立体遥感监测激光雷达整机及关键器件研发、制造和相关技术服务，相关技术和装备获得教育部 2022 年度高等学校科学研究优秀成果奖（科学技术进步奖）二等奖。公司激光雷达产品已经通过中国气象局、德国 WindGuard、挪威船级社（DNV）等权威机构第三方认证，产品各项指标达到了国际一流水平。相关产品及技术成功应用在国庆 70 周年阅兵式、“航空飞镖”2019 年国际军事竞赛、2022 年北京冬奥会、“巅峰使命 2022”珠峰科考等重大活动或赛事的气象保障中。公司坚持以“激光遥感赋能绿色、安全、高质量发展”为使命，持续助力我国气象环境立体监测能力提升、智慧风电新能源降本增效、航空安全与效率提升等。

产品咨询：秦胜光　18661951589。

55. 赛默飞世尔科技（中国）有限公司（Thermo Fisher Scientific，简称“赛默飞世尔”）

进入中国发展已超过 40 年，在中国的总部设于上海，并在北京、广州、香港、成都、沈阳、西安、南京、武汉、昆明等地设立了分公司，员工人数超过 4000 名。产品主要包括分析仪器、实验室设备、试剂、耗材和软件等，提供实验室综合解决方案，为各行各业的客户服务。为了满足中国市场的需求，现有 6 家工厂分别在上海、北京和苏州运营。在全国还设立了 5 个应用开发中心，将世界级的前沿技术和产品带给中国客户，并提供应用开发与培训等多项服务；位于上海的中国创新中心结合中国市场的需求和国外先进技术，研发适合中国的技术和产品；拥有遍布全国的维修服务网点和特别成立的中国技术培训团队，在全国有超过2000名专业人员直接为客户提供服务。

产品咨询：王朝　18652016702。

56. 山东省经海仪器设备有限公司（简称“山东经海仪器”）

山东省科学院海洋仪器仪表研究所（简称海仪所）设立的全资子公司。是依托齐鲁工业大学海洋技术科学学部、国家海洋监测设备工程技术研究中心、国家海洋监测设备产业技术创新战略联盟而建立的海洋监测装备产业化平台，承接海仪所成熟科研成果的转化任务，并服务于全国海洋监测装备领域成果转化和产业发展。公司以服务国家战略、保障海洋安全为使命，致力于成为海洋信息工程领域整体解决方案的供应商和引领者。

公司主要经营各类海洋水文气象仪器装备并执行维保任务，为我国海洋气象预报、预警减灾、工程建设、科学研究等提供实时监测数据。

公司的领航系列海洋环境监测浮标处于国内领先地位，已形成14个系列浮标产品，业务化运行的浮标300余套，占我国海洋浮标观测网的90%以上。守望系列海洋自动化台站观测设备包含岸边站、海岛站、海上平台站等，系统性能可靠、稳定性高，实现了无人值守连续监测。扬帆系列船舶测报仪产品，可安装在各种从事海上活动的船舶上，以获取近岸、中远海航线上的海洋观测资料。开拓系列智能气象、水文、生态等传感器，具有自主知识产权，产品耐候性强、可靠性高、稳定性强，可满足在海洋恶劣环境下长期在位观测的需求。

产品咨询：裴亮　18153250771。

57. 上海纪本电子仪器有限公司（简称“上海纪本”）

公司成立于1990年1月12日，位在上海市长宁区华阳路200号，从事技术服务、压力仪表及其零配件等业务，经营范围为环境监测系统的技术开发、技术服务，生产环保测定仪器、压力仪表及其零配件；销售自产产品。

公司与环保局、气象局合作，在上海市进行销售监测。此外公司还与大型网络平台合作，致力于将品牌以更多样化的形式进行推广，将产品以更方便快捷的渠道送到消费者手中。

产品咨询：戴明晨　18911559551。

58. 上海雷探科技有限公司（简称“上海雷探”）

公司由深耕环境气象和航天电子领域的专业团队于2017年组建，总部位于上海市闵行区航天城，并设有分支机构服务全国；有完善的研发、生产、销售、服务体系；主要服务气象、海洋、环境监测、应急减灾等部门。

主营产品：地基多通道微波辐射计，包括小型化微波辐射计、机载型微波辐射计、多极化微波辐射计；温湿风廓线一体化探测复合雷达；空间电波环境一体化探测仪、链路雨衰减监测雷达、大气波导监测仪；GNSS水汽探测系统、智能面雨量监测仪；微型气象传感器、空气质量传感器、微型气象扬尘噪声传感器、便携式多要素大气环境测量仪；大气网格化监测系统、航空气象要素一体化探测系统、云水资源监测系统、航海气象信息辅助决策系统等。

产品咨询：马志兵　18660202103。

59. 上海气象仪器厂有限公司（简称“上海气象仪器”）

国内生产地面气象仪器的骨干企业，主要研发和生产地面气象观测设备及传感器。公司创建于1949年，原名为上海气象仪器厂，2004年改制为有限公司，2016年公司与上海长望气象科技股份有限公司（简称长望公司）地面气象事业部进行全面重组，将长望公司地面气象业务整体并入上海气象仪器厂有限公司，至此，公司实现了气象自动测量设备与传统测量仪器的优势互补。公司是上海市高新技术企业，多项产品获得中国气象局颁发的气象装备使用许可证，并成为水利、水文系统的指定产品。

公司研制、生产的气象仪器产品有50多种，主要包括多要素自动气象观测系统、便携式自动气象站、自动土壤水分观测仪、农田小气候站、能见度测量仪、海洋自动气象站、船舶气象仪、民用航空气象站、公路交通气象站、自动雨量站、微智气象站、半潜式无人艇等综合气象观测产品以及雨量传感器、土壤水分传感器、超声风传感器等特色传感器产品。产品广泛应用于国内外气象、水文、水利、航空、环保、农林业、海洋、交通、国防等领域。产品参与过第三届中国国际进口博览会、2008年奥运会青岛赛区、2022年厦门马拉松等会议或赛事的气象保障任务。

产品咨询：夏国瑞　18917984571。

60. 上海司南卫星导航技术股份有限公司(简称“上海司南导航”)

成立于2012年，是国内自主掌握高精度北斗/GNSS模块核心技术并成功实现规模化市场应用的高新技术企业，集研发、生产、销售、服务于一体，致力于为全球用户提供全方位、多领域的高精度北斗/GNSS芯片、板卡、终端和系统解决方案。

产品咨询：倪国勋　18521738140。

61. 上海长望气象科技股份有限公司(简称“上海长望气象”)

成立于1930年，前身为上海无线电二十三厂，是长三角投资(上海)有限公司旗下企业，是上海高新技术企业。1955年，成为中国第一家制造高空气象仪器的企业。1959年，公司研制成功59型探空仪，走上了自主研制和生产的道路，打破高空探空仪对进口产品的依赖。先后研制成功了中国第一台机械式探空仪、第一台电子式探空仪、第一台数字式探空仪等。60多年来，公司在气象探测领域积累了大量的经验与专业技术，并获得了显著成就。公司掌握了精密气象仪器的核心技术包括相关传感器技术，能够自行研制生产用于数字探空仪的温度、湿度传感器。

公司主营气象观/探测仪器，主要产品有数字探空仪、火箭探空仪、下投探空仪、卫星导航高空气象探测系统、大风放球设备、微波辐射计等。传感器包括镀铝珠状热敏电阻、薄膜铂电阻、高分子湿敏电容等。此外，公司还研制和生产多种地面气象观测仪器。公司主要产品探空仪作为细分领域的专业气象仪器，主要用户是中国气象局、各军兵种气象局及科研院校。公司产品参与“两弹一星”、神舟载人航天、奥运会珠峰圣火采集等重大国家国防气象保障任务。

担负国企的历史使命，在新的历程中，在国资委的要求下，制定了公司的“十四五规划”，明确目标：立足气象行业，拓展行业气象。产品升级，从传统制造业向“智造业＋”发展。产业升级，从产品提供向“传感器＋数据＋服务”服务业升级。

产品咨询：方佳言　13817516388。

62. 深圳大舜激光技术有限公司(简称“深圳大舜激光”)

以激光遥感遥测为技术平台、致力于研究生态环境安全监测和气象生态观测技术，专业从事“激光雷达”产品及系统平台的设计、制造及服务的高新技术企业。拥有强大的技术研发团队，具有在激光雷达领域30余年研究经历的国内外知名专家学者、高级研究人员作为研发团队核心，为公司提供长期稳定、可持续发展的技术保障，确保公司产品的独创性、先进性和实用性。

公司具备独立的创新能力和工程制造能力，目前已拥有数十项自主知识产权。总部位于深圳，在安徽黄山设立工程化和量产化生产基地。以“创新、专业、高效、让用户满意”作为自己的经营方针和服务宗旨，将国际领先的技术平台与国际水准的服务相结合，为客户提供优质、安全、可靠的产品设备和技术服务。

核心产品：海雾/平流雾监测预警系统、公路团雾监测预警系统、机场斜程能见度观测系统、机场风切变预警监测系统、雾/霾立体监测系统、防火监控系统、3D云高云量仪、多通道拉曼激光雷达、相干/非相干测风激光雷达、臭氧激光雷达、多轴差分吸收光谱仪等，并可按客户需求提供定制各种规格的激光雷达解决方案。

产品咨询：徐文静　18565763370。

63. 四川西物激光技术有限公司(简称“四川西物激光”)

创立于1988年，位于美丽的“天府之国”四川省成都市，是北方激光研究院有限公司(西南技术物理研究所)控股子公司，隶属于兵器工业集团有限公司，主要从事激光应用技术产品的研发、集成生产、销售、技术与售后服务。公司致力于兵器激光军民融合成果的转化，拥有多个激光应用技术产品研发实验室和产品组装测试生产线，配备有先进的检测设备和优越的环境测试条件，2013 年起连续通过 ISO 9001 质量管理体系认证，2017 年起连续被评定为国家高新技术企业，2018 年取得武器装备科研生产二级保密资格。主要产品包括测风激光雷达、激光云粒子探测系统、激光雾滴谱仪、激光雨滴谱仪、冰晶粒子探测仪等气象探测装备，广泛应用于大气科学研究、民航机场气象保障、人工影响天气、大气环境监测、应急救援、风电、国家大型活动等领域。

多款产品获各种奖项，其中测风激光雷达获“四川省科学技术进步奖”三等奖，同时在 2022 年中国光学工程学会启动的首届“金燧奖”中国光电仪器品牌榜获铜奖，是唯一上榜的测风激光雷达品牌项目。

公司产品在精度、稳定性、可靠性居国内领先地位，产品足迹遍布大江南北、海洋山川。其中，测风激光雷达参与了“9·3 反法西斯”阅兵、“建国 70 周年”阅兵、北京冬奥会和冬残奥会气象保障；还于 2019 年 7 月、12 月作为首批青藏科考装备两次随中国科学院青藏科考雅鲁藏布大峡谷水汽通道考察分队进藏；在向阳红 01、海钓 6 号、实验 3 号、远望 3 号等舰船上完成了大量的海上保障与科研任务，应用范围跨越全部中国管辖海域、西北太平洋、菲律宾以东洋面、南印度洋等海域，行程超过 10 万海里①。

牢固树立以品质赢得信赖的发展理念，始终秉持务实创新、开拓、进取的企业精神，朝着争创国内激光技术应用行业一流企业的发展目标稳健迈进。

产品咨询：李扬聪　13518144158。

64. 四创电子股份有限公司（简称“四创电子”）

位于合肥国家高新技术产业开发区，2000 年 8 月成立，现控股股东为中电博微电子科技有限公司，注册资本 2.11 亿元，总资产 74.49 亿元。2004 年 5 月，公司在上海证券交易所挂牌上市，股票代码 600990。

公司立足中国电科电子装备、产业基础、网信体系板块，以电磁感知技术、产品和产业为主业，重点聚焦气象雷达、空管雷达、低空监视雷达、特种车辆改装、印制电路板、电源、微波器件、安防信息系统、应急人防、粮食信息系统等核心业务，着力打造国内民用雷达及配套产品研发生产基地。

公司是国家技术创新示范企业、国家高新技术企业、全国电子信息行业标杆企业，是首批安徽省创新型企业、安徽省产学研联合示范企业、安徽省重点软件企业。拥有国家认定企业技术中心、博士后科研工作站、安徽省院士工作站、安徽省北斗卫星导航技术重点实验室、安徽省工业设计中心和精密电路设计制造合肥市技术创新中心。拥有省市级领军人才、江淮硅谷创新创业团队、合肥庐州产业创新团队等各类高端领军人才。历年来，公司主持承担了国家科技支撑计划、国家高技术研究发展计划(863 计划)和国家重大科学仪器设备开发专项等多项国家项目，先后取得多项国家级、省部级等各类科技进步奖，国家级、省部级重点新产品。

产品咨询：丁页峰　18655756620。

65. 苏州三维流体技术有限公司（简称“苏州三维流体”）

2019 年成立，是昆山市三维换热器有限公司(简称“三维公司”)的全资子公司，作为承接三维公司流体力学科研及试验设备的载体。其前身是三维公司的风洞工程部，具有规划布局与选型、气动设计与数值仿真、结构设计与制造、测控设计与集成、安装调试及流场校测在内的综合技术能力，在航天、航空、气象、军工、高校等领域具有丰富的技术实践经验和业绩，是专业的空气动力学试验技术与成套设备供应商。在气象检定领域 10 多年，已为中国气象局建设了 90 m/s 国家级气象检定风洞、70 m/s 木质标准风洞搬迁恢复、木质微风标准风洞搬迁恢复，为各省气象局建设了 40 m/s 气象检定风洞，为沿海各省气象局建设了 70 m/s 回路气象检定风洞，是气象风要素检定标定装备的重要供应商。

产品咨询：陆华　13511621620。

66. 太原市太航压力测试科技有限公司（简称“太原太航压力”）

隶属于中国航空工业集团太原太航科技有限公司，是集科研设计、生产试验、销售服务为一体的高新

① 海里：一种国际度量单位，1 海里≈1852 m。

技术企业。公司建立了气体压力、液体压力计量标准实验室，通过了 CNAS 校准实验室认证，具备对外承担压力校准和测量的能力。涉及航空大气参数测试、压力计量、气象气压测试三大领域。

公司产品：气压仪系列；空盒气压表检定系统；高精度综合测试仪系列；动静压测试仪；全自动大气数据测试系统；活塞压力计系列；自动标准压力发生器；真空控制系统；智能非标设备。产品广泛用于航空、航天、部队、气象、计量、石油、电力、热力、冶金等行业。

公司秉承"传承军工基因、助力行业发展"的使命、"务实奋进、开拓创新、共享成果"的价值观，在产品上不断探索，在专业上持续精进，与合作方实现互利共赢。

产品咨询：王钧　18603513507。

67. 太原无线电一厂有限公司(简称"太原无线电一厂")

成立于 1960 年，隶属于太原市国有资本运营集团有限公司，是太原市国资委监管的重点子企业。

公司历史悠久，实力雄厚，始终秉承"团结、高效、创新、卓越"的经营理念，主营气象仪器、气象装备，主产品包括探空仪、基测箱、接收机、高空气象探测系统等，还可提供多要素环境监测及解决方案，是一家集设计研发、生产经营、成品检验、技术服务及售后服务为一体的专业化公司，也是高空气象仪器主要生产企业。公司武器装备四证齐全、作为省级"专精特新"中小企业、国家级科技型中小企业、太原市诚信企业、高校产学研"实训基地"，多次被评为太原市模范先进企业。

公司拥有专业化的设施设备、工艺装置、试验检测装备，具有年产 10 万套各型号探空仪的生产能力，累计为全国各省(区、市)和各军兵种气象台站提供探空仪 300 多万套，为我国气象事业发展提供了坚实的保障，作出了巨大贡献，在同行业中具有良好信誉，彰显了国企责任和担当。

近年来取得多项软件著作权、专利和其他成果，主产品均通过设计定型并取得许可证。公司"天"字牌系列产品不仅服务于气象探测，还广泛用于航空航天、军事保障、环境监测、农林牧渔等行业，保障用户，服务社会。

产品咨询：刘颖　15835103271。

68. 天津华云天仪特种气象探测技术有限公司(简称"天津华云天仪")

成立于 2010 年，是由华云升达(北京)气象科技有限责任公司与中环天仪股份有限公司共同投资的企业。公司秉承"志在云天、共创卓越、攻坚克难、无私奉献"的方针，面向国际、国内气象探测市场需求，打造了一支集研发、生产、销售和服务为一体的专业化技术团队，发展成为以高空气象探测、雨雪探测产品为主的国家高新技术企业，通过了 ISO 9001、ISO 14001、ISO 45001 认证。

目前公司已经拥有卫星导航探空系统、称重式降水传感器、雨量传感器等特种气象探测产品，远销喀麦隆、苏丹、老挝等国家。2010 年 7 月，作为中国气象局的代表之一，参加了世界气象组织(WMO)第八届国际探空系统比对试验，2022 年参加了世界气象组织(WMO)2022 国际探空比对；2010 年，公司承担了全国第一个覆盖华北、东北的称重式降水观测网络的设计开发、集成及建设实施；2018 年以来，公司承担或参与了多项科技部重点研发计划项目。

随着行业的发展需求，公司将在高空气象探测、雨雪探测等装备的标准化、信息化、智能化等方面深耕细作，致力于为客户提供高精度、高可靠的专业化气象探测仪器装备。

产品咨询：左吉桦　15822555910。

69. 天津云天环境科技有限公司(简称"天津云天")

成立于 2019 年，坐落于天津市武清区京滨工业园。公司自成立以来，一直专注于气象观测设备的研制。公司通过了质量、环境、职业健康安全等管理体系认证，获得了 AAA 级企业信用等级证书，有完善的研发、生产、销售、服务体系；主要服务气象、环境监测等部门。

产品咨询：贺军　18511866553。

70. 维萨拉(北京)测量技术有限公司(简称"北京维萨拉")

气象、环境和工业测量领域的设备生产厂商。成立于 1936 年，总部位于芬兰赫尔辛基，在纳斯达克赫尔辛基证券交易所上市。1994 年在中国成立了维萨拉公司北京代表处，2005 年成立了中国售后服务中心以及校准实验室，从事中国的业务联络、销售及售后服务与技术支持。立足于 85 年以上的丰富经验，致力于通过观测打造更加美好的世界。客户涵盖气象、水文、民航、道路、海事、可再生能源及多个工业领域。

产品咨询：杨嵩　13911214060。

71. 无锡智鸿达电子科技有限公司（简称“无锡智鸿达”）

创立于 2017 年，是专注于雷达电子系统产品开发的高科技企业，融研发、生产、销售和服务于一体。为建立专业的产品研发和质量保证体系，公司吸纳了来自各高校的专业人才，组建了技术研发中心，并同北京理工大学、北京邮电大学、电子科技大学和南京信息工程大学等高校建立了产学研相结合的合作机制。

质量是产品的基石，是赢得长期顾客的源泉，2017 年以来，在公司质量部体系运营中心带领下，全员积极参与，公司先后通过了 ISO 9001 质量管理体系和 ISO 45001 职业健康安全管理体系认证，并于 2023 年，拿到了国家级高新技术企业证书，共拥有 34 项相关专利，同年，公司获得了武器装备科研生产单位二级保密资格，并通过武器装备质量管理体系认证。

公司拥有大型回流焊接机、全自动锡膏印刷机、中高速贴片机、全自动贴片线、AOI（自动光学检测）设备、SPI（锡膏检测）设备、插装自动流水线、焊接自动流水线、全电脑在线测试仪、电磁屏蔽房、照度测试仪、智能全电脑测试仪、恒温恒湿高低温试验箱、频谱分析仪、网络分析仪等先进的生产和测试设备，确保满足顾客对产品生产质量的潜在需求。

产品咨询：陈光日　13521868049。

72. 无锡中科光电技术有限公司（简称“无锡中科光电”）

以“共建美丽中国，守护地球生态”为己任，以“高端装备与高质量服务引领者”为目标。是国家首批“专精特新小巨人”科技企业，国家高新技术企业，目前拥有 800 余人的多学科技术人才队伍，在北京、南京、广州、合肥、西安、青岛有全资及控股公司 8 家，营销及工程服务覆盖全国。

公司先后获“工信部专精特新小巨人企业”“科创中国新锐企业奖”“江苏省科技小巨人企业”“苏南自创区瞪羚企业”“江苏省最具成长性高科技企业 100 强”“无锡市高成长创新型企业 50 强”等荣誉，获中国专利优秀奖 1 项，世界物联网博览会新产品金奖 1 项，江苏省首台（套）重大装备 2 项，江苏省重点推广应用的新技术新产品 2 项，江苏省重点领域首版次软件产品 1 项，并主持制定了 2 项产品团体标准。

公司专注于精密光学技术平台建设及其产品研发，在气象探测领域聚焦大气物理和大气成分光学观测装备的“卡脖子”技术与国产化发展，自主研制出多波长多通道拉曼-米散射激光雷达、温湿度廓线激光雷达、能见度激光雷达、臭氧激光雷达、风温湿一体机雷达和多普勒激光测风雷达等多系列激光雷达装备以及高精度、碳通量、碳同位素、柱浓度大气成分与温室气体监测装备。

公司各型号激光雷达装备已售 600 余套，市场占有率超过 40%，除在气象领域外，已逐步推广应用至生态环境、生物安全、海洋监测及交通运输等多个领域。

产品咨询：杜鹏　18861514787。

73. 武汉天虹环保产业股份有限公司（简称“武汉天虹环保”）

原武汉宇虹环保产业发展有限公司，是研制、生产、销售各种环境监测设备为主的专业环保公司。坐落于武汉东湖新技术开发区华师园北路 11 号天虹环保科技工业园，2015 年完成股改，注册资金 7500 万元，是一家专业从事环境监测分析仪器的研发、生产、销售与服务的国家高新技术企业及软件企业。

作为国内环境监测分析仪器市场的先入者，公司专注于产品研发及销售服务，在大气环境监测领域精耕细作近 30 年。拥有超过百项授权专利，其中美国、欧盟、日本等国际发明专利 8 项；获得 6 项国家重大科学仪器设备开发专项，其中 2 项由公司牵头研发；公司创建伊始就通过了质量管理体系认证、环境管理体系认证、职业健康安全管理体系认证；荣获国家科技进步二等奖、湖北省科技进步一等奖、湖北省分析仪器制造状元、AAA 级信用企业、中国环境保护产业骨干企业、环境监测仪器仪表排头企业等多项荣誉称号，现为湖北省环保产业协会会长单位。

公司主营业务涵盖环境空气质量自动监测技术与设备、污染源在线监测技术与设备、挥发性有机物监测技术与设备、工地扬尘在线监测技术与设备、便携式监测技术与设备、汽车尾气在线监测技术与设备、餐饮业油烟在线监测技术与设备、应急监测决策指挥系统等环境监测解决方案及运营服务，并已逐步开拓水质监测市场。公司产品的客户对象主要为环境监测站、污染源企业、第三方检测公司、大专院校、科研机构等，并远销美国、德国、韩国、印度等国家。

公司秉承“人无我有、人有我全、人全我精”的差异化产品理念，不断进行新产品的研发及现有产品的升级改进，效果显著：TH-2000 系列环境空气质量自动监测系统具有完全自主知识产权，并捐赠古巴，是中国环境保护部首次在环境监测领域实现对外设备援助；TH-300B 大气挥发性有机物在线监测系统(VOCs)是目前能同时监测 100 种以上 VOC 物质的商业化在线监测仪器；TH-2000Z1 型震荡天平法颗粒物监测仪(监测 PM_{10}、$PM_{2.5}$，含单通道和双通道)是国内第一个通过中国环境监测总站检测，获得中环协 CCEP 认证的震荡天平法颗粒物监测仪；公司共有 6 款仪器入选中国环境监测总站环境空气颗粒物($PM_{2.5}$、PM_{10})适用性检测合格产品名录，入选数量位居首位。

始终坚持“监测仪器智能化、环保产品系列化、研发创新国际化、售后服务网络化”的理念，充分发扬自身优势，厚积薄发，把握行业及资本市场发展机遇，通过技术、产品、业务及管理模式的不断创新，持续提供企业核心竞争力，并一如既往地为客户提供优质的环境监测系统解决方案。

产品咨询：朱涛　13554193933。

74. 西安八阵图电子科技有限公司(简称“西安八阵图”)

成立于 2016 年，位于西安市国家民用航天产业基地，是一个由国企军工骨干与海归留学人员共同组建的技术型公司。公司长期从事雷达系统以及相关分系统、组件、部件产品的研发、生产、销售和服务，公司汇聚了雷达行业的优秀技术人才，拥有先进的生产测试仪器设备，以研发和生产为主体，以科技创新为目标，以市场为主导。公司始终坚持以“雷达科技服务全人类”为动力，以“主动、高效、服务、创新”为行为准则，以产品质量为立身之本，不断践行国家科技兴国战略。公司始终秉承“质量求存、服务为本、诚信务实、客户满意”的质量方针，立足于雷达探测、测试、标定等技术领域的开拓创新，致力于赢得客户和市场信赖。

产品咨询：吕捷　13152080531。

75. 西安华腾微波有限责任公司(简称“西安华腾”)

西安华腾是国家级高新技术企业，主要致力于雷达领域产品的研发、生产、销售和服务，致力于为客户提供高品质的解决方案和技术服务。多年深耕雷达观测领域，率先获得中国气象局 X 波段全固态天气雷达与毫米波测云仪定型许可，是中国气象局天气雷达与云雷达设备研发制造及客户服务主流企业之一。

成立于 1997 年，先后承担新一代天气雷达配套、国家及地方 X 波段雷达及毫米波雷达布网、各项国家及地方重大活动保障及若干重大工程项目建设等工作。目前主要产品有 X 波段全固态双偏振天气雷达、毫米波云雷达(测云仪)、垂直观测系统、激光测风雷达、内涝监测预警系统、车载气象观测系统、短时临近观测及预警系统、人影指挥辅助决策系统等。公司拥有多项专利及软件著作权，其产品和服务在气象、水利、民航、环保、应急、电力、农业等行业均有应用，并逐渐由国内拓展至国际市场。

公司始终坚持“客户至上、高效执行、团结协作、积极奋斗、持续提升”的企业文化，以“技术感知环境、数据创造价值、专业成就客户”为使命，努力成为国内一流、世界知名的雷达装备和数据服务提供商。

产品咨询：王刚　17316605929。

76. 浙江恒达仪器仪表股份有限公司(简称“浙江恒达”)

成立于 2005 年 9 月 9 日，是一家专业从事气象、环保、核辐射及劳动职业卫生监测仪器的研发和生产的国家高新技术企业。2015 年 7 月公司挂牌新三板，股票代码 833091。

公司自成立以来一直注重技术创新，通过自主研发，不断推出符合国家相关标准及市场高度认可的产品，来提升企业的核心竞争力。公司被科技部认定为科技型中小企业，公司的研发技术中心被认定为

“省级高新技术企业研究开发中心”，是浙江省“专精特新”中小企业、杭州市技术中心。拥有一支由数十位具有多年相关领域研发经验的研发人员组成的结构合理、专业齐全的研发团队。公司自行研发的 TCYⅠ 1 型和 TCYⅡ 1 型酸雨自动观测系统获得中国气象局颁发的气象专用技术装备使用许可证。拥有发明专利 12 项(其中一项为美国发明专利)、实用新型专利 27 项、外观专利 4 项、软件著作权 45 项。

产品咨询:顾剑莲　13306507039。

77. 浙江宜通华盛科技有限公司(简称“浙江宜通华盛”)

成立于 2014 年，注册资金 10128.5 万元，是一家自主研发、生产相控阵天气雷达和短临预报预警平台的高新技术企业，是首批获得中国气象局“气象专用技术装备使用许可证” 的相控阵雷达企业。

公司在全国设有 10 余个分支机构及售后响应点，现有员工 200 余人，其中研发人员占 50%以上，公司掌握多波束相控技术、双线偏振相控阵技术、高极化隔离度正交的交叉偶极子阵元天线技术、软件化信号处理技术、多雷达分布式协同探测技术、实时获取精准三维流场技术等国际先进技术，目前已取得专利与软件著作权 70 余项。

公司立志成为“相控阵天气雷达领跑者”及“短临预报预警平台领头羊”，数年来始终秉承“持续创新，为客户赋能”的企业理念，致力于为各级气象部门及民用航空、水文气象、能源电力等领域用户提供从精细化探测到短临预报预警的一体化解决方案，为人影作业、森林防火、大型赛事等活动提供应急保障支持，多次参与国家级重大工程项目，为我国新时代气象事业高质量发展贡献了积极力量。

产品咨询:栗云歌　0575－88500688。

78. 中船鹏力(南京)大气海洋信息系统有限公司(简称“南京中船鹏力”)

隶属于中国船舶重工集团公司第七二四研究所(简称七二四所)。七二四所是 1970 年经中央军委和国防科委批准正式成立的军工央企，是从事电子信息系统等大型装备研制和生产的国防重点研究所、国家智慧海洋工程牵头单位、江苏省大气海洋探测技术研究中心，也是国内专门从事对大气和海洋观测系统平台研制生产的单位。在海洋、海事、气象、渔政管理等非接触式探测和测量领域，先后研制生产了 724XD 多普勒天气雷达、724XS 全固态全相参多普勒雷达、724XSP 全固态双线偏振多普勒雷达、724XDM 人工影响天气作业指挥系统、OS081H 新一代数字化高频地波雷达、XFR 系列 X 波段全固态高分辨力多功能雷达、测冰雷达、雷达波浪仪、微波测速雷达和 VTS 船舶交通管理系统等产品。

产品咨询:陈超　13815801335。

79. 中国电子科技集团公司第二十二研究所(简称“中国电科二十二所”)

成立于 1963 年，是我国唯一从事电波环境观测研究与服务的国家级专业研究所，也是国际上规模较大的电波环境观测研究与服务机构之一。本所代表中国出任国际无线电咨询委员会、国际无线电科学联盟、国际空间环境服务组织、欧洲非相干散射科学联合会等多个国际组织的组长单位。

本部设在河南省新乡市，在山东省青岛市建有分所，在国内 21 个城市、国外 14 个国家和地区建设了常年电波环境观测站。1984 年以来，参与了国家历次极地科学考察，构建了世界第一条短波通信线路。参与了国家重大科学工程——“子午工程”，建设了空间天气监测网络。

以“建设电磁空间环境领域世界一流研究所”为引领，聚焦“电波观测国家队、电磁频谱作战主力军、战场环境保障核心力量、电波技术创新与应用策源地”四大定位，核心业务包括电波环境观测及服务、联合电磁频谱作战、战场环境信息保障、电磁空间环境调控、地下环境及目标探测、气象电子系统、电磁空间信息产业等，为“强军兴军”“科技强国”提供先进的系统装备、产品和服务，巩固该领域“国家队”地位，打造世界一流水平研究所。

产品咨询:陈后财　18663988665。

80. 中国化工株洲橡胶研究设计院有限公司(简称“中国化工株洲橡胶”)

前身为化学工业部乳胶工业研究所，现隶属于全球规模领先的综合性化工企业——中国中化控股有限责任公司。公司 1964 年成立，1999 年转制为科技型企业，2018 年整体注入四川天一科技股份有限公司，现为上市公司昊华科技的组成企业。占地面积 3.85 万平方米，注册资本 3198 万元，资产总额 1.85 亿元。

公司是全国胶乳行业专业研究机构、全国胶乳制品配套产品开发研制生产单位、国家乳胶制品质量监督检验中心、全国工业(乳胶制品)产品质量控制和技术评价实验室、临近空间探空气球材料与技术湖南省重点实验室、高新技术企业、湖南省“专精特新”小巨人企业、湖南省新材料企业、世界气象组织(WMO)供应商、世界水文气象设备行业协会(HMEI)会员、中国气象局气象气球定点研制生产企业。全国橡胶与橡胶制品标准化技术委员会胶乳制品分技术委员会秘书处、湖南省橡胶与橡胶制品质量监督检测站和株洲市特种橡胶工程技术中心均设在公司内。

公司立足高分子材料和特种乳胶(橡胶)制品两大业务领域,主要从事以气象气球为主的乳胶制品、特种防护制品、特种橡胶制品、高分子复合新材料的研制、生产、销售与检测。公司主导产品气象气球获得国家工信部“制造业单项冠军产品”。

公司共有中高级专业技术人员 110 人,其中,享受政府特殊津贴人员 1 人、教授级高工 29 人、株洲市领军人才 3 人、株洲市高层次人才 8 人。迄今,公司共完成科研课题 300 多项,获国家级和省部级奖励的项目有 60 多项。共获得 68 项专利授权,其中 1 项获得第二十届中国专利奖优秀奖。共主持起草 1 项国际标准、23 项国家标准、7 项国家军用标准和 30 多项化工行业标准。

产品咨询:谌志鹏　18273261123。

81. 中国科学院大气物理研究所(简称“中科院大气所”)

始建于 1928 年,是大气科学及相关领域研究的综合研究机构。自 2008 年开始,大气所开始自主研发海洋气象观测无人艇,拥有一支专业化无人艇研发团队,其中研发人员 20 余人、产业化人员 50 余人,取得了 10 余项发明专利和实用新型专利,并建有产业化研发基地。团队在无人艇艇型及结构设计、航控、通信、航电、动力、载荷、火箭探空、微型无人机探空、多传感器协同观测以及专业软件设计方面具备完全自主研发能力。团队的产业化产品包括太阳能无人艇和油电混合动力半潜式无人艇。

两型海洋气象观测无人艇在渤海、黄海、南海以及青海湖、洱海和抚仙湖等湖泊进行了数十次海(湖)上试验。海洋气象观测无人艇成功穿过了 2020 年第 3 号台风“森拉克”,实现了世界首次太阳能无人艇穿越台风中心,以及在世界上首次使用无人艇发射探空火箭,取得了大量连续的实时多要素观测数据,系统性能稳定,运行可靠,抗风浪性能好,主要技术指标均达到国内外领先水平。太阳能无人艇目前是我国单次航行时间最长、航程最大、经历海上恶劣天气时间最长的太阳能气象探测无人艇,已成为一种新型海洋气象水文观测装备,即可自动航行、自主观测、实现实时数据传输的气象站和水文站。

产品咨询:潘继东　13601139333。

82. 中环天仪(天津)气象仪器有限公司(简称“天津中环天仪”)

前身为天津气象海洋仪器厂,始建于 1956 年,是目前国内专门从事地面、探空与海洋气象水文环境探测仪器设备研发、生产的骨干企业。国际气象水文组织成员单位、国家仪器仪表学会理事单位。服务领域涉及气象、海洋、水文、环保、科研、交通运输、农业、能源、国防等各行业。

产品咨询:马剑哲　13702111470。

83. 佐格微系统(杭州)有限公司(简称“杭州佐格”)

创立于 2002 年,总部位于浙江省杭州市富阳区银湖板块九龙大道中国智谷 B5 座、B6 座,是一家研发环境与大气探测仪器的国家级高新技术企业。公司在中国香港和美国加州硅谷分别设有子公司,业务遍及全球 40 多个国家和地区。多年来公司与中国气象局、中国计量院、WMO 及各地科研机构强强联合,致力于环境仪器、气象仪器、计量仪器、科研定制化系统的研发和制造,是一家科研引领创新型的高科技企业。

公司业务覆盖环境监测、气象探测、计量检测、光学遥测、前沿科研等,拥有一支强劲的技术研发团队以及自主知识产权的软硬件平台。一直以科技为动力、以质量为生命、以服务为宗旨、以品牌为荣誉,拥有众多全球 500 强企业客户,在气象、民航、医药、食品、烟草、化工、电子、农业、馆藏等领域赢得广泛赞誉。

产品咨询:陈凌江　18868756235。